# Talaro 미생물학 길라잡이

보이지 않는 세계를
이해하는 첫걸음

12판

TALARO'S FOUNDATIONS IN MICROBIOLOGY: BASIC PRINCIPLES, 12/E

**Talaro's Microbiology, 12th Edition**



1 2 3 4 5 6 7 8 9 10 GMP 20 25

Original: Talaro's Microbiology, 12th Edition © 2024
By Barry Chess
ISBN 978-1-26-511266-0

This authorized Korean translation edition is jointly published by McGraw-Hill Education Korea, Ltd. and GYOMOON Publisher. This edition is authorized for sale in the Republic of Korea.

This book is exclusively distributed by GYOMOON Publisher.

**When ordering this title, please use ISBN 978-89-363-2662-3**

**Printed in Korea**

# Talaro 미생물학 길라잡이

보이지 않는 세계를
이해하는 첫걸음

12판

TALARO'S FOUNDATIONS IN MICROBIOLOGY : BASIC PRINCIPLES, 12/E


지음 Barry Chess

옮김 박윤경 변종회
신수임 이은우
이종민 이중재
이지연 장원제
최백동 황재성

감수 변종회


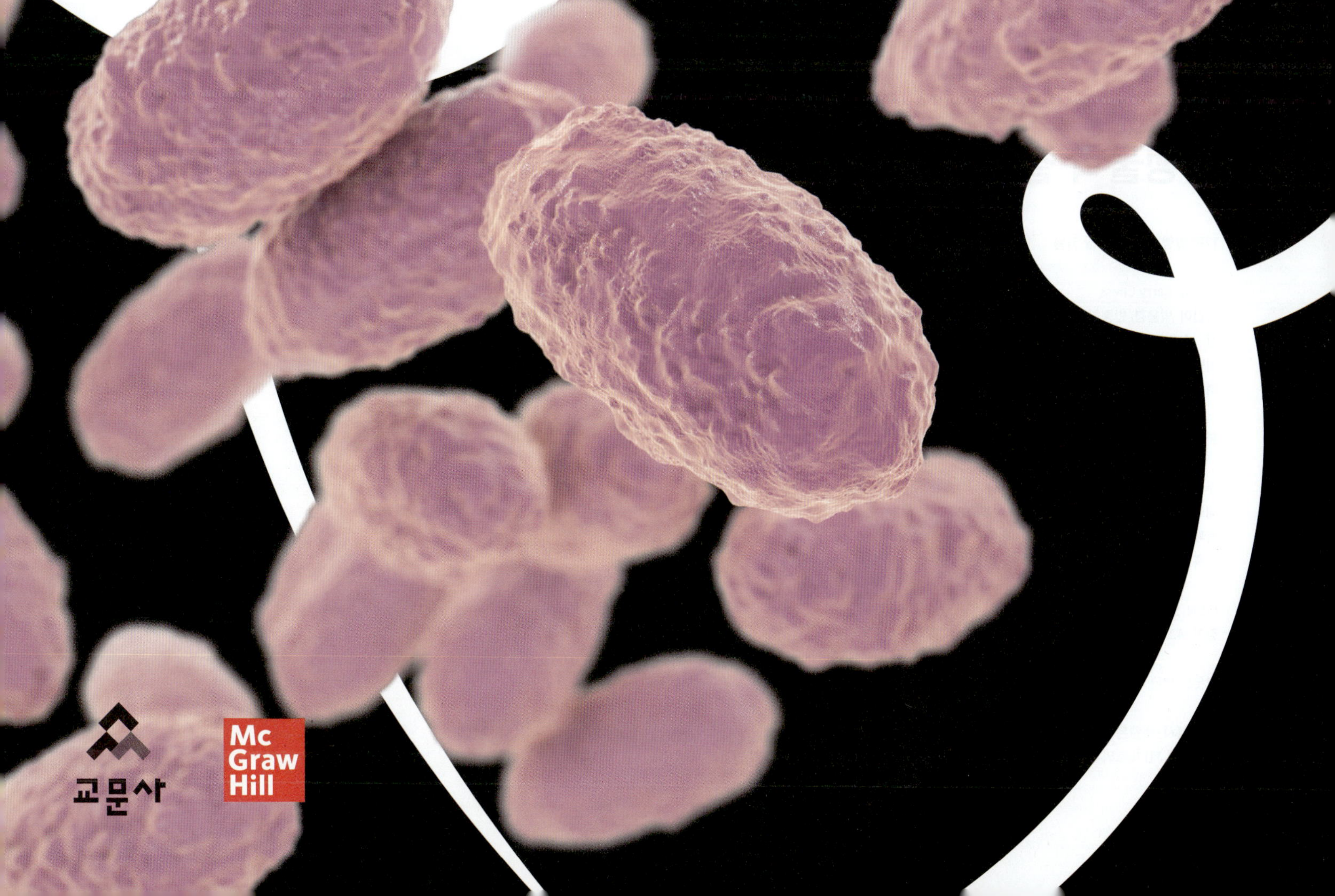


교문사

McGraw Hill

**옮긴이**

**박윤경** 조선대학교 의생명과학과
**변종회** 단국대학교 의생명과학부
**신수임** 전남대학교 생물공학과
**이은우** 동의대학교 바이오의약학과
**이종민** 국립부경대학교 생물공학과
**이중재** 강원대학교 생화학전공
**이지연** 동의대학교 식품영양학과
**장원제** 동의대학교 바이오의약학과
**최백동** 동아대학교 응용생물공학과
**황재성** 경희대학교 유전생명공학과

*Talaro*
# 미생물학 길라잡이 12판

**12판 발행** 2025년 8월 31일

**지은이** Barry Chess
**옮긴이** 박윤경, 변종회, 신수임, 이은우, 이종민, 이중재, 이지연, 장원제, 최백동, 황재성
**감 수** 변종회
**펴낸이** 류원식
**펴낸곳** 교문사

**편집팀장** 성혜진 | **책임진행** 김성남 | **디자인 · 본문편집** 김도희

**주소** 10881, 경기도 파주시 문발로 116
**대표전화** 031-955-6111 | **팩스** 031-955-0955
**홈페이지** www.gyomoon.com | **이메일** genie@gyomoon.com
**등록번호** 1968.10.28. 제406-2006-000035호

**ISBN** 978-89-363-2662-3 (93470)
**정가** 42,000원

잘못된 책은 바꿔 드립니다.

# 머리말

미생물학(微生物學, Microbiology)은 눈에 보이지 않는 미시 생명체에 관한 학문이다. 크기가 작아 육안으로 보이지 않지만, 그렇다고 그 중요성까지 보이지 않는 것은 아니다. 지구상에 가장 많은 수로 존재하며, 인류에 직간접적으로 지대한 영향을 끼치고 있는 것이 바로 미생물이기 때문이다. 아직도 그 그림자가 드리워진 코로나-19를 보아도 그러하고, 실제로 코로나-19는 본 12판이 나오게 된 주요 사유 중 하나이다.

우리나라 초창기의 미생물학은 의과대학을 중심으로 병원성 미생물 연구가 많았다. 그러나 1959년, 한국미생물학회가 탄생하면서 제각기 진행되던 미생물 연구들이 각자의 정체성을 확보하기 시작했고, 이런 다양성의 토대 위에서 한국 미생물학은 기초과학, 의학, 공학, 농학과 산업 응용 전반을 아우르는 학문으로 꽃피게 되었다. 시중에 미생물학 관련 도서가 적지 않은데, 그 종류와 수가 많은 것이 이러한 사실을 뒷받침한다. 미생물학은 응용 성격이 강한 종합과학이지만, 기초과학처럼 실제 바이오 기업들이 가장 많이 요구하는 역량 과목이 되었고, 관련 실험 기법은 산업 현장의 많은 수요에 부응하고 있다.

Barry Chess의 《Talaro's Foundations in Microbiology: Basic Principles, 12th Edition》은 2024년 출간된 교재로 최신 사례와 기법, 창의성을 북돋우는 생각거리들, 실용적인 접근법 등이 풍부한 교재로서 이론과 실제를 효과적으로 학습할 수 있고, 출판국인 미국뿐만 아니라 여러 국가에서 신뢰받는 교재이다. 따라서 이 책을 한국어로 번역하는 작업은 전 세계적으로 검증받은 교재의 최신 내용을 국내 미생물학 전공자들이 언어의 장벽 없이 학습할 수 있도록 함으로써 미생물학 교육의 질적 향상과 저변 확대를 위한 디딤돌을 제공한다는 데 큰 의미를 부여할 수 있다.

이렇게 새로이 출간된 《Talaro 미생물학 길라잡이, 12판》의 번역 및 감수 작업은 다음과 같이 진행되었다. 번역진과 감수자는 미생물학 및 관련 강의를 하고 있는 교수들로 구성되었고, 번역은 각자 분담한 챕터를 책임지고 번역하였으며, 감수자는 번역과 감수를 병행하였다. 챕터 간 독립적인 번역과정에서 발생할 수 있는 용어 통일성과 내용 구성의 일관성 결여 문제를 방지하기 위하여, 사전에 감수자가 원서의 색인(index)을 초벌 번역 및 확정하여 공유하고 번역에 사용하였다. 최종적으로 각 챕터 번역 결과물에 대한 감수는 번역자의 의도를 최대한 존중하여, 심각한 오역이나 누락에 국한하여 수정을 진행하였다. 그러나 이런 세심한 노력에도 불구하고, 오타, 오류, 또는 누락이 있을 수 있다. 교재 관련 수정 및 문의 사항은 오로지 감수자의 몫이다(jonghoe@dankook.ac.kr). 부디 이 교재가 미생물학을 처음 접하는 많은 학생들에게 쉽고 유용한 가이드가 되기를 바라며, 앞으로의 무궁한 발전을 기대한다.

오직 미생물학에 대한 애정과 열정으로 바쁜 시간을 쪼개어 지난한 번역 작업을 완수하신 교수님들께 이 자리를 빌려 경의를 표한다. 또한 어려운 출판 시장 상황에도 불구하고 국내 미생물학 분야 발전을 위하여 기꺼이 번역출판 결정을 내리신 ㈜교문사와 애쓰신 관계자분들께도 깊은 감사의 마음을 전하는 바이다.

"모두들 정말 수고 많으셨습니다. 고맙습니다!"

감수자 변종회
단국대학교 생명과학과 교수

Barry Chess

**Barry Chess** 20년 넘게 파사데나 시립대학(Pasadena City College, PCC)에서 미생물학을 가르쳐 왔다. 그 전에는 캘리포니아 주립대학교(California State University)와 캘리포니아 대학교(University of California)에서 근육과 뼈 발달에 관여하는 유전자 발현에 대한 연구를 수행했다. PCC에서는 미생물학 실험실과 강의실 활동을 넘어 전공자와 비전공자를 대상으로 생물학을 강의했고, 인간 유전학 과정을 개발했으며, 캠퍼스 내 생명공학 프로그램 설립에도 기여했다. 또한 생명과학 분야에서 독립적인 연구 프로젝트를 수행하는 학생들을 정기적으로 지도하며, 최근에는 학생들의 더 큰 성공으로 이어지는 혁신적인 교수법에 관심을 두고 있다.

National Center for Case Study Teaching in Science에서 사례를 집필하고 검토했으며, 《Science Stories You Can Count On: 51 Case Studies with Quantitative Reasoning in Biology》라는 책에도 기고했다. 그는 교실에서 사례 연구를 효과적으로 활용하는 방법, 학습 향상을 위한 디지털 도구 활용에 대한 논문과 강연을 진행했으며, 수년간 미국 영화 연구소(American Film Institute)의 과학 고문으로 활동했다.

《Foundations in Microbiology》 외에도 현재 4판까지 출간된 《Laboratory Applications in Microbiology: A Case Study Approach》의 저자이기도 하다. 미국 과학진흥협회(AAAS), 미국 미생물학회(ASM), 회의론자 협회(Skeptics Society)의 회원이다. 강의나 집필 활동 외 시간에는 50 kg에 가까운 '팬데믹 강아지' Toby와 함께 스키, 다이빙, 하이킹을 즐긴다. 《What Scientists Actually Do》라는 책에서는 콘센트에 포크를 꽂으려는 양 갈래 머리 소녀로 묘사되어 소개되기도 했다.

《Foundations in Microbiology》 제12판은 전적으로 SARS-CoV-2라는 어두운 그림자 아래에서 집필되었다. 이는 미생물학이 우리 삶의 모든 측면에서 여전히 중요함을 보여 주는 가장 강력한 사례이다. Go away.

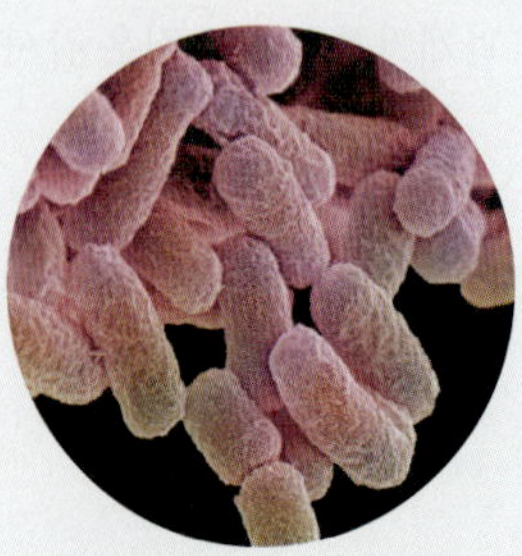

Steve Gschmeissner/Science Photo Library/Getty Images

# 이 책을 공부하는 학생들에게

이 글은 보통 미생물학이 '눈에 보이지 않는 과학'이라는 이야기로 시작하곤 합니다. 온갖 종류의 미생물과 밀접하고 끊임없이 상호작용하고 있음에도 불구하고, 이 주제는 바로 "눈에서 멀어지면 마음에서도 멀어진다"라는 정의에 딱 들어맞습니다.

이제 더 이상 그렇지 않습니다.

지난 3년은 단 하나의 주제에 의해 지배되어 왔습니다. 여러분은 작은 교실에 발을 들여놓거나 단 한 권의 교과서도 읽지 않고도 미생물학의 적어도 몇몇 측면에 대한 속성 강좌를 수강했습니다. 바이러스의 스파이크 단백질, 이버멕틴, 집단 면역에 대해 알고 있으며, 모더나와 화이자 백신의 부작용에 대해 낯선 사람과 여러 번 대화를 나눴을 것입니다. 단일 유기체(대부분은 그것이 유기체가 아니라고 말하겠지만, 그 논의는 6장으로 미루겠습니다)에 초점을 맞춘 미생물학에 대한 산발적인 강좌를 수강했고, 사실과는 전혀 상관없는 의도를 가진 사람들이 무수히 많은 사례를 주도했습니다. 저는 우리가 이러한 과정을 개선할 수 있기를 바랍니다.

이 과목은 아마도 여러분의 진로를 위한 필수 과정일 겁니다. 하지만 미생물학은 그보다 훨씬 더 많은 것을 담고 있습니다. 우리는 태어나기 전부터 죽은 다음에까지도 온갖 종류의 미생물과 긴밀한 관계를 맺고 있으며, 이 책의 목표는 이러한 관계를 더욱 친숙하게 만드는 것입니다. 어떤 미생물이 위험한가요? 유익한가요? 유용한가요? 그 과정에서 그리스어 용어, 약간의 화학, 그리고 약간의 수학이 포함될 것입니다. 죄송합니다.

이 책을 읽으시면서 이 책을 꼭 '사용'해 주세요. 이 책은 오로지 여러분을 염두에 두고 만들어졌습니다. 사진을 살펴보고, 낯선 단어를 찾아보고, 질문에 답하고, 정보를 여러분의 것으로 만드세요. 자신도 모르는 사이에 여러분 주변 세계뿐만 아니라 여러분 안쪽 세계에 대해서도 더 깊이 이해하게 될 것입니다. 시간을 보내기에 나쁘지 않은 방법입니다.

저자 Barry Chess

CONTENTS

# 차 례

CHAPTER 3

## 실험실 도구: 미생물 연구 방법 54

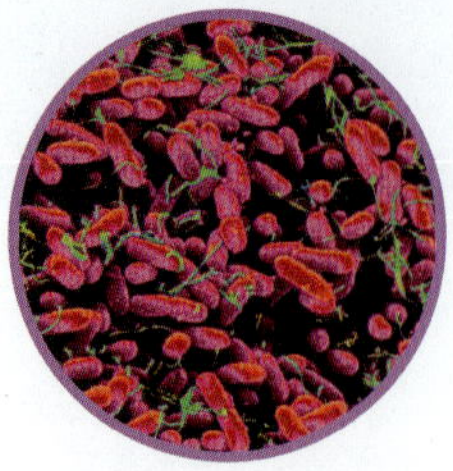

Moredun Animal Health LTD/ Science Photo Library/Alamy Stock Photo



CHAPTER 4

## 원핵세포와 미생물 개관 80

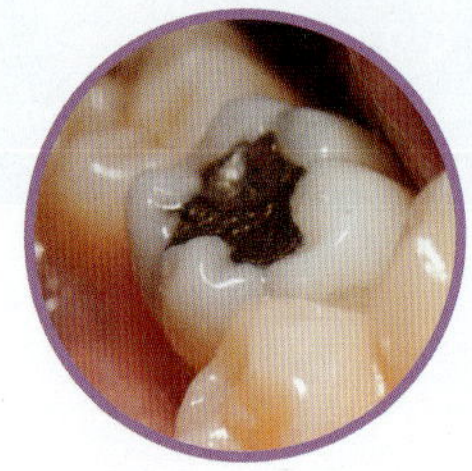

Szasz-Fabian Jozsef/ Shutterstock

CHAPTER 5

## 진핵세포와 미생물 개관 114

Jorgen Bausager/
Folio Images/
Getty Images



CHAPTER 6

## 바이러스, 바이로이드, 프리온 소개 146

Greg Knobloch/CDC

CHAPTER 7

## 미생물 영양, 생태, 그리고 성장 172

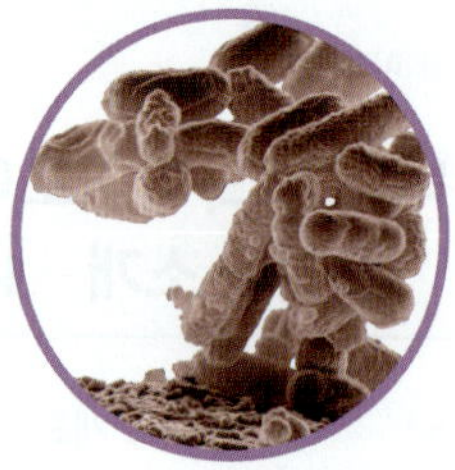

Eric Erbe, ChrisPooley/ARS/USDA



CHAPTER 8

## 미생물 대사 소개: 생명의 화학적 교차로 204

Ingram Publishing/Alamy Stock Photo

CHAPTER 9

## 미생물 유전학 소개 240

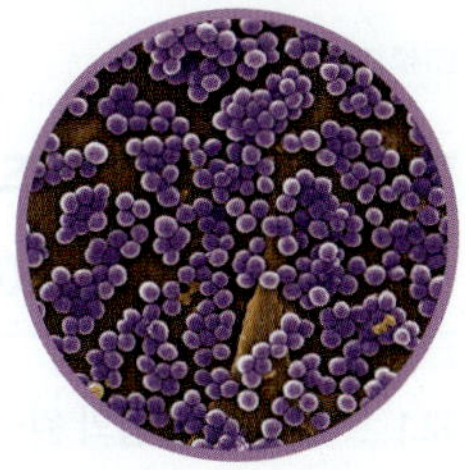
Source: Janice Carr/CDC



CHAPTER 10

## 유전공학과 유전 분석 274

Akil Rolle-Rowan/ Shutterstock

CHAPTER 11

## 미생물 제어를 위한 물리적 및 화학적 작용제 300

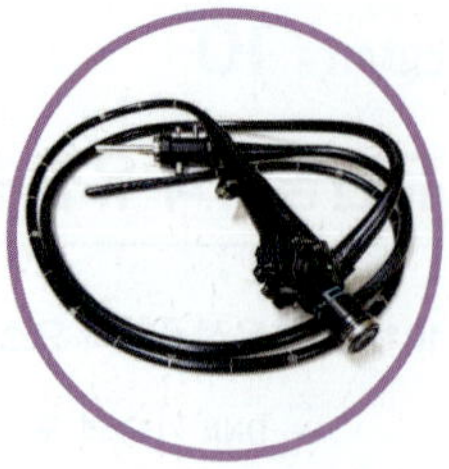

Tadaki crew/Shutterstock



CHAPTER 12

## 약물, 미생물, 숙주 — 화학요법의 요소 330

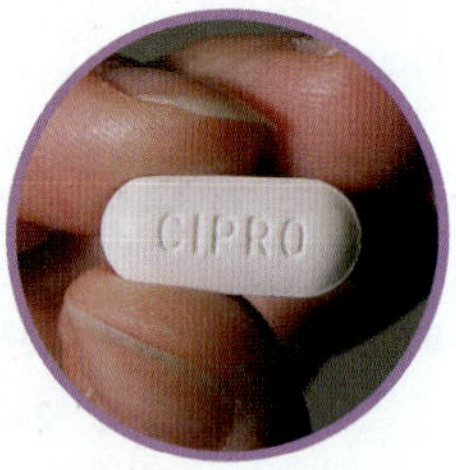


Scott J. Ferrell/Congressional Quarterly/Getty Images

CHAPTER **13**

## 미생물 - 인간 상호작용: 감염, 질병, 그리고 역학 364

Custom Medical Stock Photo/Alamy Stock Photo



CHAPTER **14**

## 숙주 방어와 선천면역 소개 400

Science Photo Library/Alamy Stock Photo

CHAPTER **15**

## 적응면역, 특이면역, 그리고 면역 426

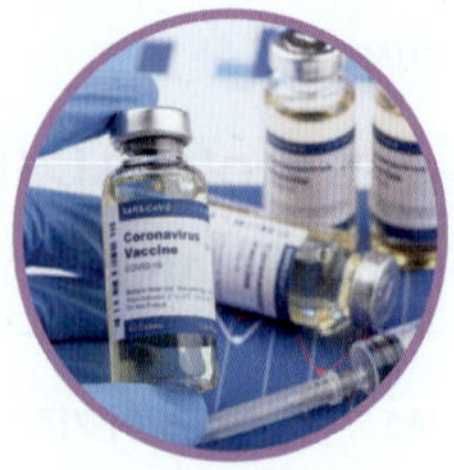

Nevodka/Alamy Stock Photo



CHAPTER **16**

## 면역 질환 458

Baylor College ofMedicine, PublicAffairs

CHAPTER 17

## 병원체 식별과 감염 진단 절차 488

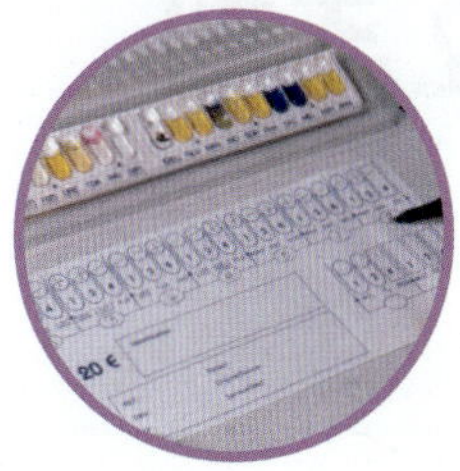

John Watney/Science Source



동봉된 북티켓을 활용하시면 부록, 연습문제 및 해답을 전자책으로 보실 수 있습니다.

CHAPTER

# 1 미생물학의 주요 주제

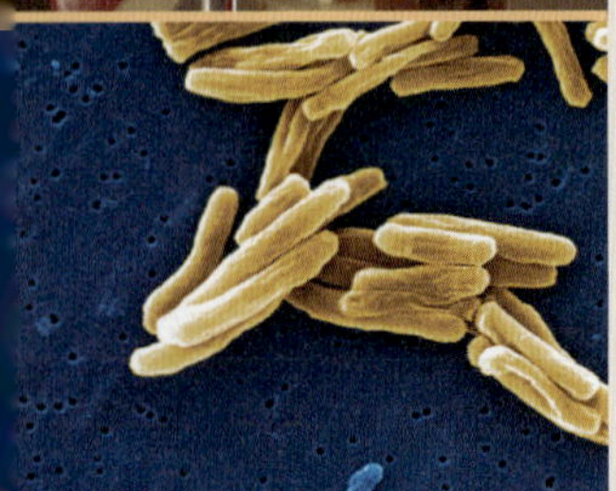

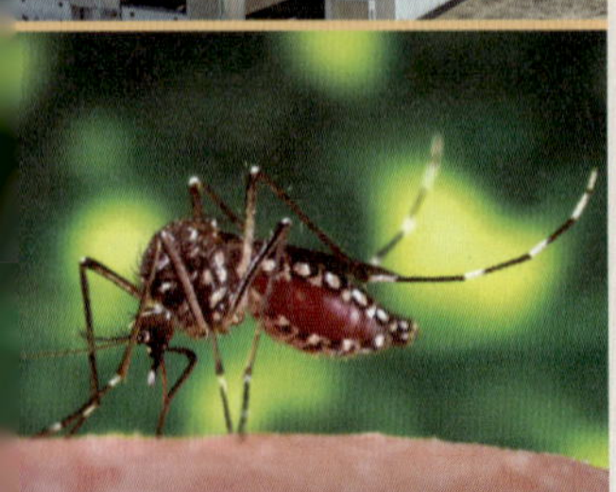

**이 장의 구성**



(이미지 출처: Vintage Space/Alamy Stock Photo; John Thoeming/McGraw Hill; Janice Carr/CDC; INTREEGUE Photography/Shutterstock; Frank Hadley Collins, Dir, Center for Global Health and Infectious Diseases; University of ND/CDC; Pixtal/age fotostock)

사례 연구 **Part 1**

# 바이러스 대유행

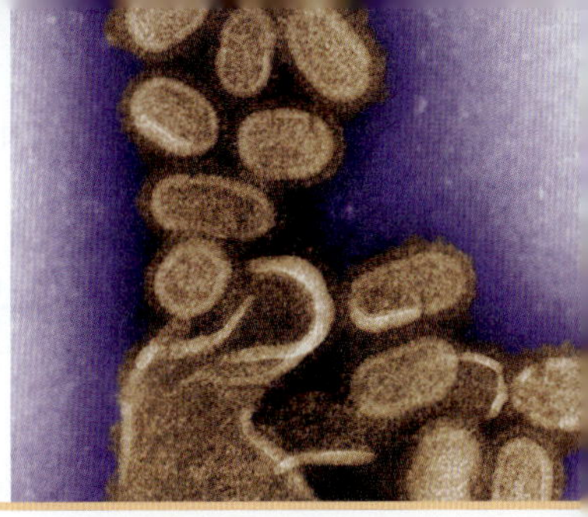

이 **바이러스**(virus)의 기원은 영원히 알 수 없을 것이며, 미국에서 처음으로 그 질병에 걸린 사람 또한 밝히기 어려울 것이다. 미국에서는 태평양 연안 북서부에서 처음 발병 사례가 나타났고, 3월과 4월에는 발병 속도가 너무 빨라 이 바이러스에 대비하기 위한 초기 대책은 무용지물이었다.

오리건주 포틀랜드 보건 책임자인 조지 패리시는 바이러스 전파 방식에 대한 대중 교육 캠페인을 하면서, 특히 혼잡한 공공장소에서 **기침과 재채기**(coughing and sneezing)를 자제해야 한다고 강조했다. 그리고 그 내용이 연단을 통해 신자들에게도 전달될 수 있도록 지역 종교 지도자들에게 도움을 요청했다. 도시에서 첫 번째 확진 사례가 발생한 지 일주일 후, 오리건주 보건위원회는 모든 공공 모임 장소 **폐쇄**(shutdown)를 지시했다. 그렇게 식당, 극장, 수많은 학생들이 다니던 학교도 모두 문을 닫았다. 공무원들은 대중에게 **손 씻기**(hand washing)의 중요성을 상기시키고 **사회적 거리두기**(social distancing)를 장려하는 캠페인을 시작했다. 북쪽으로 200마일 떨어진 시애틀에서는 이미 이 질병으로 12명이 사망했다. 시애틀 시장은 사람들에게 교회 모임을 자제하도록 부탁했고, 일부 공공 모임은 완전히 금지됐다. 반대쪽 동부 해안지역에서는 사람들에게 백악관, 의회, 대법원을 더 이상 공개하지 않았지만, 상황은 나아지지 않았다. **마스크**(mask)가 바이러스 **전파**(transmission) 위험을 줄이는 것으로 밝혀지면서 정부 기관은 마스크 유용성을 홍보했다. 샌프란시스코 유명 신문사는 마스크 착용을 거부하는 사람들을 두고 "위험한 게으름뱅이"라 했고, 마스크 착용은 자신의 건강을 지킬 뿐만 아니라 심각한 위험에 처할 가능성이 있는 다른 사람들을 보호한다는 공익광고를 게재했다. 그 직후 샌프란시스코시는 마스크 조례를 통과시켰고, 적십자는 마스크 부족 문제를 해결하고자 곧바로 마스크 5,000개를 시작으로 이후 4일 동안 마스크 10만 개 이상을 배포했다. 마스크 구매 열풍으로 품절 현상이 빈번하자 집에서 마스크를 직접 만드는 방법도 제공됐다.

**범유행**(pandemic)이 2차 **급증**(wave)을 지나 3차에 이르자 사람들 인내심은 점점 바닥을 드러냈다. 일부 도시에서는 벌금, 심지어 징역형까지 도입했음에도 불구하고 마스크 착용을 강제하기 어려웠고, 사람들이 항상 사회적 거리두기 권고를 따르는 것도 아니었다. 전국적으로 사람들이 마스크 착용 여부를 두고 편을 가르자 정치적으로도 이용됐다. 포틀랜드 한 의원이 마스크 착용 명령을 "독재적이고 위헌적"이라고 비난하며 "어떤 상황에서도 미친 개처럼 입마개를 하지 않을 것"이라고까지 말하자 시의회 토론장은 아수라장이 됐다. 샌프란시스코에서는 의사뿐만 아니라 감독위원회 구성원까지 포함된 2,000명이 실내에서 마스크 반대 집회를 가졌다. 시장을 포함한 여러 시 공무원들이 마스크 없이 권투 경기를 관람하는 모습이 사진에 찍히면서 대중의 분노는 더욱 커졌다. 샌프란시스코 상황은 보건위원회 특별 사무관이 마스크 착용을 둘러싼 말다툼에서 한 남자를 총으로 쏘며 극에 달했다(총에 맞은 사람은 살았지만, 마스크 미착용으로 경찰에 체포됐다).

대부분 **공중보건**(public health) 결정은 지역 단위로 이루어졌기 때문에 발병 감소 전략 성과는 아주 다양했다. 필라델피아 보건당국은 시장에게 바이러스 확산을 막기 위해 퍼레이드를 비롯한 여러 대규모 공개 행사를 취소하라고 권했다. 시장은 거절했고, 뒤이어 발병 사례가 급증했다. 한편, 세인트루이스에서는 대규모 행사들이 신속히 중단돼 바이러스 확산경로를 차단했다. 결국 세인트루이스 사망자 수는 필라델피아의 1/8 정도였다. 의료 전문가들은 대부분 **격리**(quarantine)와 마스크 착용을 권장했지만, 《뉴욕타임즈》는 많은 도시에서 보건 담당자들이 "이 두 가지 조치에 모두 반대하고, **백신**(vaccine) 개발에 큰 기대를 걸었다"고 보도했다.

그해는 1918년이었고, 백신 완성까지는 25년이 걸렸다.

- **미생물학 분야 중 지역사회 내 질병 확산에 중점을 두고 연구하는 것은 무엇인가?**
- **지역 유행인 풍토병은 대유행병과 어떻게 다른가?**

이 장 끝에서 사례 연구 Part 2로 이어짐.

(삽화 출처: Cynthia Goldsmith/Centers for Disease Control and Prevention; DigitalMammoth/Shutterstock)

## 1.1 미생물학 탐구 분야

**학습목표**

1. 미생물학과 미생물을 정의하고, 미생물학에서 다루는 주요 생명체를 파악한다.
2. 미생물학 연구와 관련된 주요 분야를 확인하고 각 분야를 정의한다.

집 안 거실에 코끼리가 있다고 상상해 보자. 그 정도 크기를 가지는 생명체는 우리 눈으로 항상 인지할 수 있다. 그러나 코끼리뿐만 아니라 수많은 식물 그리고 사람에게는 크기가 너무 작아 눈에 보이지 않지만, 그 표면이나 안에는 미생물 수십억이 함께 살아가고 있다. 미생물은 극지방 빙원 아래, 독성 폐기물 처리장 또는 콤부차 병 속 같은 곳에도 있는데, 결국 미생물은 **어디에나 존재**(ubiquitous)* 한다고 볼 수 있다.

**미생물학**(microbiology)은 생물학에서 확대 없이 관찰하기 어려운 작은 생명체, 즉 **미시적**(microscopic)* 생명체를 전문적으로 다루는 분야다. 그리고 **미생물**(microorganism 또는 microbe)* 이라고 불리는 것들이 끼치는 영향은 분명히 그 크기에 비해 훨씬 크다. 미생물학에서 다루는 주요 미생물은 **세균**(bacteria), **바이러스**(virus), **진균류**(fungi), **원생동물**(protozoa), **조류**(algae), **기생충**(helminth 또는 parasitic worm)으로 분류된다. 각 분류군은 독특한 생물학적 특성을 통해 서로 구분된다. 미생물 특성은 미생물 연구를 쉽게 또는 까다롭게 할 수 있다. 미생물은 보통 번식력이 좋아 실험실에서 대량 배양이 가능해 연구가 수월해질 수 있지만, 크기가 너무 작아서 현미경 같은 특별한 기기가 없으면 관찰과 분석이 어려울 수 있다.

미생물학은 생물학 분야에서 가장 크고 복잡한 것 중 하나인데, 그 이유는 미생물학이 다양한 분야의 주제가 모여서 설명되기 때문이다. 따라서 미생물학자들은 미생물 유전, 생리, 해롭거나 이로운 특성뿐만 아니라 미생물 간 관계, 환경과 상호작용 방식 그리고 산업과 농업에서 이용 등 미생물과 관련된 다양한 주제를 다룬다.

실제로 미생물학에는 미생물과 관련된 특정 주제별로 많은 전문 분야가 있는데, 그중 몇 가지는 아래와 같다.

- 세균학—세균 연구. 작은 단세포성 원핵생물
- 균학—진균류 연구. 미세한 크기를 가지는 곰팡이와 효모뿐만 아니라 크기가 더 큰 버섯류를 포함하는 진핵생물
- 원생동물학—원생동물 연구. 주로 단세포성 진핵생물
- 바이러스학—바이러스 연구. 세포에 기생하는 비세포성 입자
- 기생충학—기생충 연구. 일반적으로 병원성 원생동물, 기생충, 일부 곤충
- 조류학—단순 광합성 진핵생물인 조류 연구. 단세포 형태부터 크기가 큰 해조류까지 포함
- 미생물형태학—미생물 세부 구조 연구
- 미생물생리학—세포와 분자 수준에서 미생물 대사 연구
- 미생물분류학—미생물 분류, 명명과 동정
- 미생물유전학과 분자생물학—세포 대사를 구성하는 유전물질과 생화학 반응 연구
- 미생물생태학—미생물과 환경 사이 관계. 영양 순환과 자연 생태계에서 미생물의 역할

미생물학 연구는 생물학에 대한 많은 일반 원리 이해에 큰 도움이 됐다. 예를 들어, 미생물 연구는 생명체에서 화학, 유전 시스템뿐만 아니라 영양소, 무기질 그리고 기체의 지구적 순환에 관한 일반적 개념을 확립했다. 표 1.1은 광범위한 미생물학 분야에 포함되는 직업 중 일부를 보여준다.

## 1.2 일반적인 미생물 특성과 지구 환경에서 미생물의 역할

**학습목표**

3. 원핵세포와 진핵세포 특징과 진화적 기원을 설명한다.
4. 미생물이 지구 생태계에서 담당하는 몇 가지 역할을 서술한다.
5. 미생물 세포 구성과 그 크기 범위를 알고, 바이러스가 세포로 이루어진 미생물과 다른 점이 무엇인지 설명한다.

### 미생물 기원과 번성

미생물은 수십억 년 동안 지구 환경을 형성해 왔고, 다른 생명체 진화에 영향을 미쳤다. 따라서 과학자들은 지구 외 다른 행성에서 생명체 존재 여부를 알기 위해 먼저 미생물 흔적을 조사해 볼 것이다.

고대 암석과 퇴적물에서 발견된 화석 기록에 따르면 세균과 비슷한 세포가 적어도 35억 년 전부터 지구에 존재해 왔다(그림 1.1). 이런 초기 미생물은 처음 20억 년 동안 번성했다. 이런 초기 세포들은 작고 단순해서 어떤 기능을 수행하기 위한 특별한 내부 구조물이 없었다. 이 세포들의 유전물질은 **핵**(nucleus)이라는 특정 구역에 들어 있지 않았다. 이런 세포와 미생물을 **원핵**(prokaryotic)* 이라 부르는데, '핵이 있기 전'이라는 의미다. 약 18억 년 전, 화석을 통해 더 복잡한 세포가 발견됐는데, 이 세포는 핵이 있었고, 특수한 내부 구조인 **세포소기관**(organelle)* 이 다양하게 형성돼 있었다. 이런 세포와 생명체는 **진핵**(eukaryotic)* 이라

* 어디에나 존재 라틴어 ubique(어디에나)와 -ous(~을 가진)에서 유래. '동시에 어디에나 존재하거나 그렇게 보임'을 의미.

* 미시적 그리스어 mikros(작은)와 scopein(보다)에서 유래.

* 미생물 그리스어 mikros(작은)와 bios(생명)에서 유래.

**표 1.1** 미생물학 분야와 직업에 대한 예

### 의학미생물학, 공중보건미생물학과 역학

의학미생물학은 미생물이 인간에게 미치는 영향을 연구한다. 관련 분야인 공중보건미생물학과 역학 주제는 지역사회에서 질병 확산 감시와 통제다. 이 일을 담당하는 기관은 미국 공중보건국(U.S. Public Health Service, USPHS)과 질병통제예방센터(Centers for Disease Control and Prevention, CDC)가 있다. CDC는 미국 내 질병정보와 통계를 수집해 ≪이환율과 사망률 주간 보고서(The Morbidity and Mortality Weekly Report)≫에 게재한다(13장 참조).

기생충 전문가가 낙엽 표본에서 라임병 매개체인 검은다리진드기를 찾고 있다. (출처: Scott Bauer/USDA)

### 면역학

침입한 미생물과 해로운 물질에 대해 생성되는 방어 물질과 반응에 대한 복잡한 관계를 연구한다. 면역학은 혈액 검사, 백신 접종, 알레르기 등 다양한 영역을 다룬다(15장, 16장, 17장 참조).

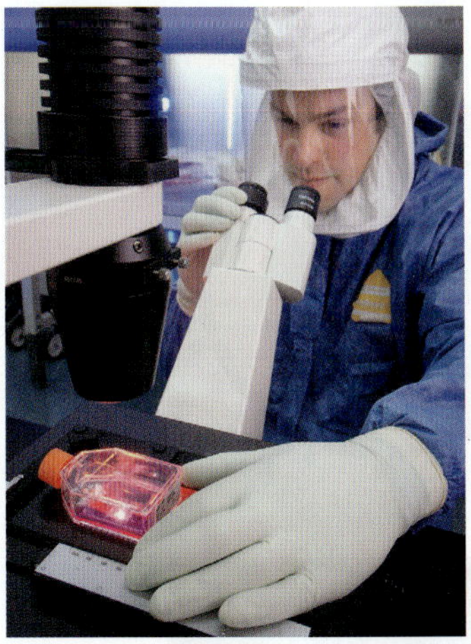

CDC 바이러스학자가 백신 제조에 사용되는 인플루엔자 바이러스 배양액을 조사하고 있다. 이 일에는 높은 단계의 생물학적 위험 격리가 필요하다. (출처: James Gathany/CDC)

### 생명공학, 유전공학, 산업미생물학

이 분야에서 미생물은 맥주에서 백신에 이르기까지 인간에게 유용한 제품을 생산하도록 연구된다. 생명공학은 미생물이 원래부터 가진 능력에 중점을 두지만, 유전공학은 독특한 행동과 생리를 가진 새로운 미생물, 식물, 동물을 만들기 위해 생명체 유전적 구성을 인위적으로 바꾸는 것이 핵심이다. 산업미생물학은 미생물을 이용해 원하는 산물을 대량으로 생산하기 위한 산업적 공정을 연구하는 분야다(10장 참조).

한 전문가가 새로운 에너지원을 생산하는 미생물의 효율을 시험하고 있다. (출처: Lawrence Berkeley National Laboratory)

### 농업미생물학

미생물과 가축 또는 작물 사이 관계를 연구한다. 작물 전문가는 작물 질병, 토양 비옥도, 영양적 상호작용을 연구한다. 가축 전문가는 전염병 그리고 동물과 미생물 사이 기타 상호작용을 다룬다.

미국 식품의약국 미생물학자들이 동물에 대한 병원체를 찾기 위해 토양 시료를 수집하고 있다. (출처: Black Star/Steve Yeater for FDA)

### 식품미생물학

이 분야 과학자들은 식품 공급에 대한 미생물 영향에 관심이 있고, 여기에는 식품 부패, 식품 매개 질병과 생산 등이 포함된다.

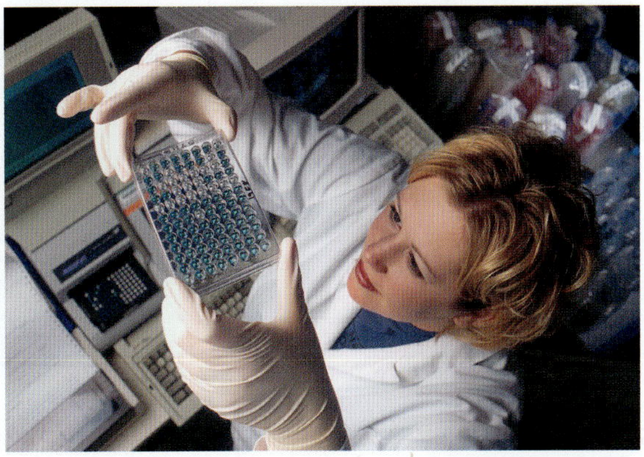

미국 농무부 기술자가 식품 내 대장균 존재 여부를 확인하기 위한 검사를 하고 있다. (출처: Keith Weller/USDA)

- **원핵** 그리스어 pro(이전의)와 karyon(핵)에서 유래.
- **세포소기관** 그리스어 organa(도구)와 ella(작은)에서 유래.
- **진핵** 그리스어 eu(진짜 또는 좋은)와 karyon(핵)에서 유래.

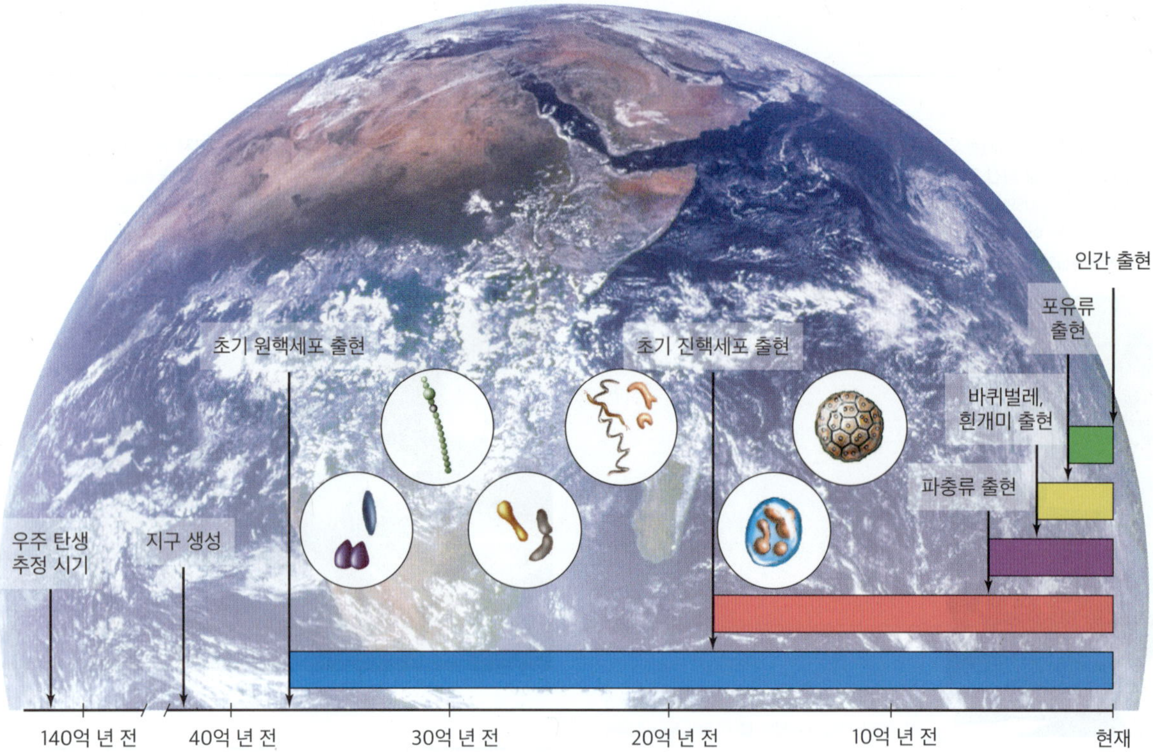


**그림 1.1** **진화 시간표.** 첫 원핵생물은 약 35억 년 전에 지구에 출현했고, 최초 진핵생물은 약 20억 년 전에 나타났다. 생명체는 갑자기 나타난 것처럼 보이지만, 이런 단계로 진화하는 과정에 수억 년이 걸렸다고 볼 수 있다. 이 시기 화석 기록은 불완전한데, 이것은 초기 미생물 대부분이 구조적으로 너무 연약했기 때문이다. (출처: NASA)

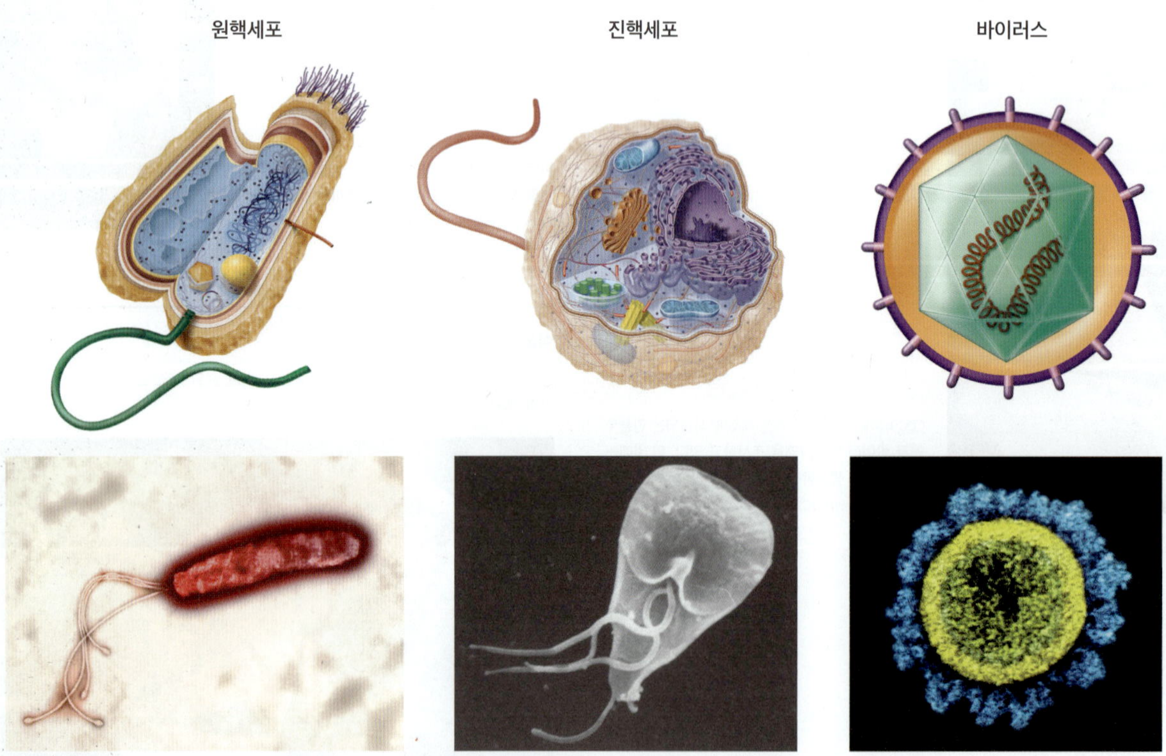


**그림 1.2** **세포와 바이러스에 대한 기본 구조.** 원핵세포와 진핵세포, 바이러스 그림과 함께 *Helicobacter pylori*(왼쪽), *Giardia lamblia*(가운데), SARS-CoV-2(오른쪽)에 대한 전자현미경 사진 비교. (출처: Heather Davies/Science Photo Library/Science Source; Janice Haney Carr/CDC; NIAID)

부르며, '진짜 핵'이라는 뜻이다. 그림 1.2는 이 두 세포를 바이러스와 함께 제시하며 비교한다. 5장에서 진핵세포 기원에 대해 더 배우지만, 이들은 갑자기 새롭게 나타난 것이 아니라 일부 원핵세포로부터 세포내공생(endosymbiosis)이라는 흥미로운 과정을 통해 수천 년에 걸쳐 진화한 것이다. 초기 진핵생물은 조류나 원생생물과 비슷했을 것이고, 여러 경로로 진화를 시작해 진균류나 식물뿐만 아니라 벌레나 곤충 같은 다세포동물(multicellular animal)로 이어졌다. 그림 1.1을 보면, 그 과정이 얼마나 오래 걸렸는지 알 수 있다. 세균은 가장 초기 동물보다도 약 30억 년 전에 출현했다. 이것은 인간이 미생물을 지구에서 제거할 수도 없고, 그럴 필요도 없다는 좋은 지표다. 미생물이 긴 시간 동안 진화하며 계속해서 존재하는 것은, 지구가 안정된 상태를 유지하는 데 꼭 필요하다.

## 미생물 세포 구성

원핵세포 크기는 대부분 진핵세포보다 작고, 핵뿐만 아니라 세포소기관이 없다. 여기서 세포소기관은 에너지 변환을 담당하는 미토콘드리아나 단백질 변형이 일어나는 골지체처럼 특정 기능을 수행하는 작은 막으로 둘러싸인 구조물을 가리킨다. 원핵세포도 비슷한 기능이 있지만, 세포소기관이 없어서 효율은 낮은 편이다.

원핵생물은 모두 현미경으로만 관찰할 수 있을 만큼 작고, 대개 단세포성이다. 반면에 훨씬 큰 진핵생물은 작은 단세포부터 거대한 다세포생물까지 다양하다(그림 1.3). 미생물학에서는 세균과 같이 미세한 원핵생물뿐만 아니라 질병이나 감염병 확산과 관련된 더 큰 진핵생물도 연구 대상이다. 따라서 미생물학자는 기생충이나 감염병을 매개하는 모기, 진드기, 벼룩 등에도 관심을 가진다. 고균(archaea)은 세균과 여러 면에서 비슷하지만, 다른 생물군으로 분류된다. 고균과 관련된 질병은 거의 없으므로 특별히 언급할 때를 제외하고는 고균이라는 용어를 별도로 사용하지 않을 것이다. 다만 세균에 해당하는 많은 특성이 고균에도 적용된다는 점은 계속 기억해야 한다.

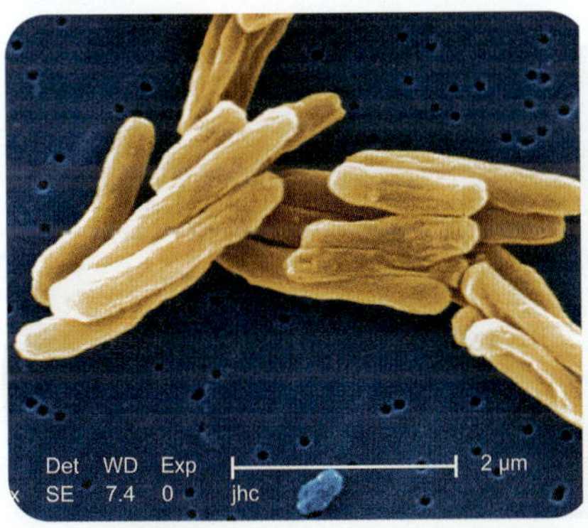


세균: *Mycobacterium tuberculosis*, 간균세포 (15,500배)

진균류: *Rhizopus*, 빵에서 흔히 볼 수 있는 곰팡이로, 막대사탕 모양 생식구조를 가진다(1,000배).

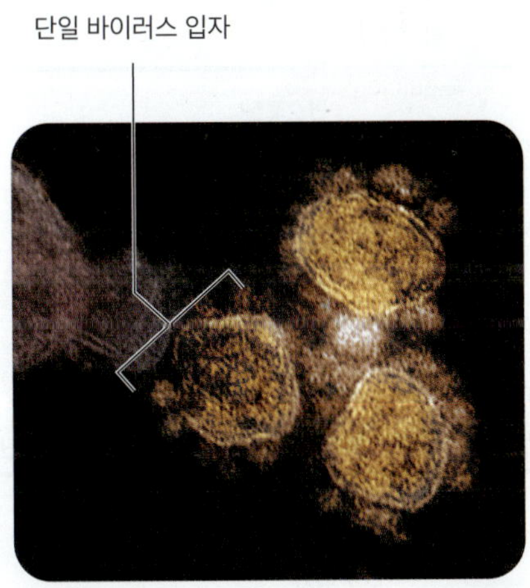


바이러스: COVID-19의 원인인 SARS-CoV-2 (100,000배)

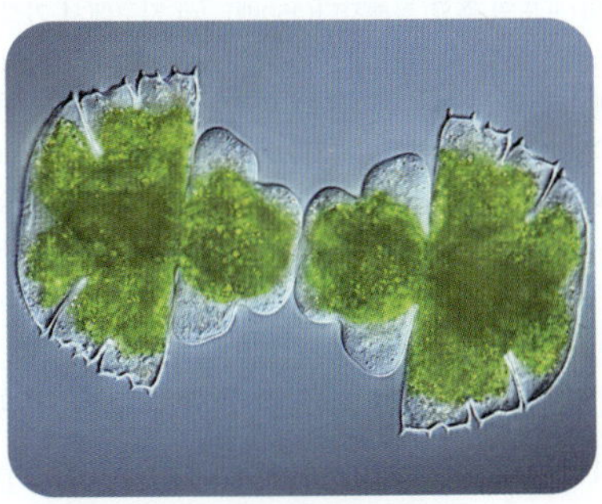

조류: 현재 식물의 조상 중 하나인 *Micrasterias truncata*(750배)

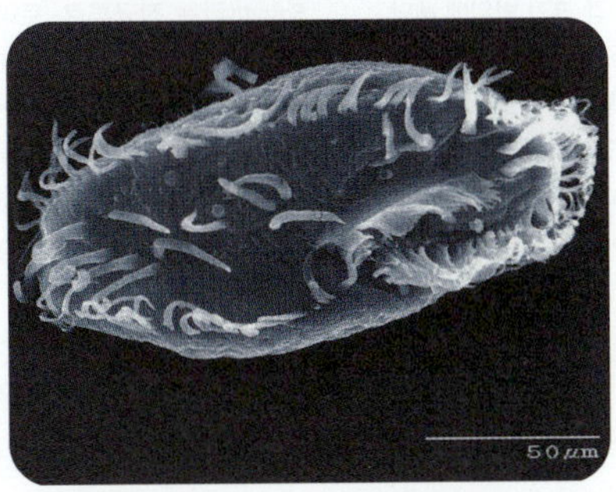


원생동물: 마치 작은 다리처럼 기능하는 다발성 섬모를 가진 *Oxytricha trifallax* (3,500배)

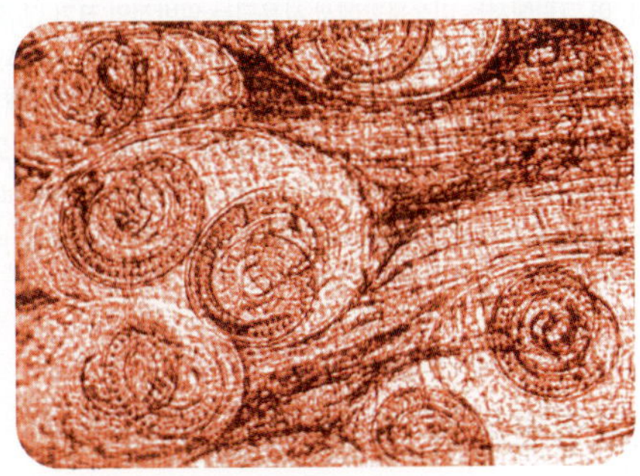

기생충: 숙주 근육 안에 감겨 있는 회충인 *Trichinella spiralis*(250배). 이 기생충은 선모충증을 일으킨다.

**그림 1.3** 미생물 6종에 대한 현미경 사진. 각 미생물 사진에 대한 배율이 같지 않아 대략적인 배율만 표시돼 있다. 크기를 정확히 비교하려면 그림 1.4를 참고하자. (출처: Janice Carr/CDC; Rattiya Thongdumhyu/Shutterstock; NIAID-RML; Lebendkulturen.de/Shutterstock; National Human Genome Research Institute; Centers for Disease Control and Prevention)

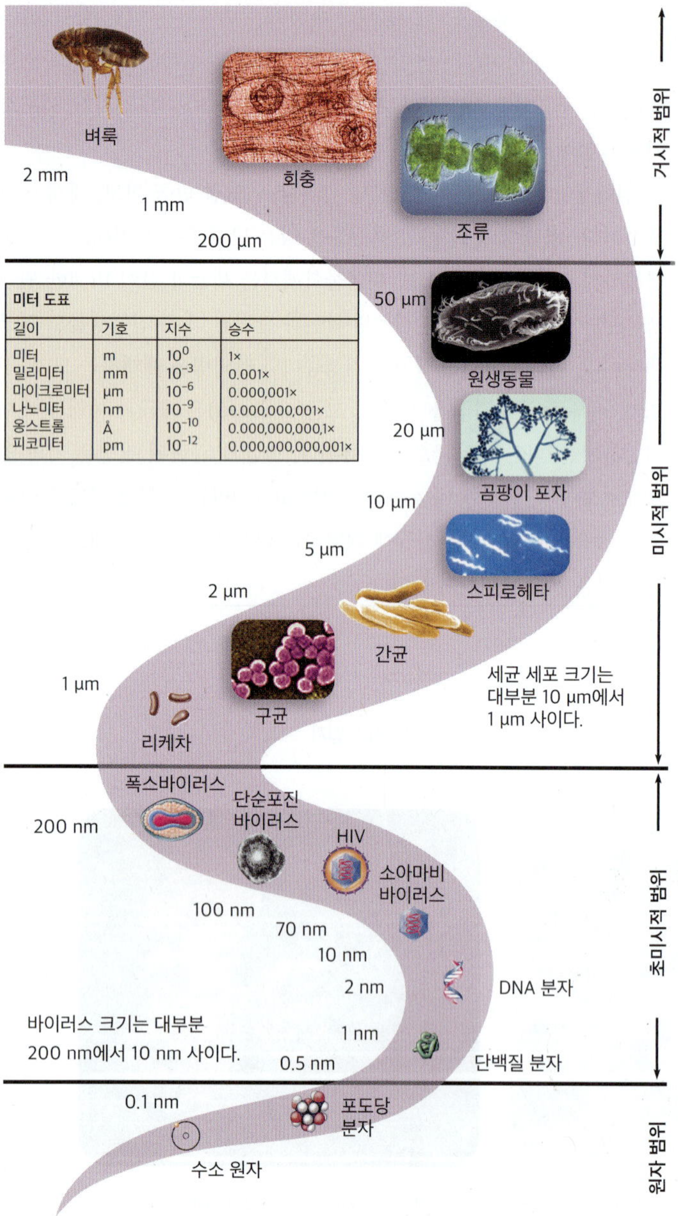


미터 도표

| 길이 | 기호 | 지수 | 승수 |
|---|---|---|---|
| 미터 | m | $10^{0}$ | 1× |
| 밀리미터 | mm | $10^{-3}$ | 0.001× |
| 마이크로미터 | μm | $10^{-6}$ | 0.000,001× |
| 나노미터 | nm | $10^{-9}$ | 0.000,000,001× |
| 옹스트롬 | Å | $10^{-10}$ | 0.000,000,000,1× |
| 피코미터 | pm | $10^{-12}$ | 0.000,000,000,001× |

**그림 1.4** 가장 작은 생명체와 물질의 크기. 그림에 보이는 것 모두 매우 작지만, 크기에 큰 차이가 있다. 이 그림에서는 미생물학에서 사용되는 일반적인 크기 단위와 각 크기 범위에 해당하는 생명체나 물질에 대한 예를 보여 준다. 크기 범위는 거시적, 미시적, 초미시적 그리고 원자 수준으로 각각 구분돼 있다. 연구자들이 주로 다루는 미생물 크기는 대부분 100 μm에서 10 nm 정도다. 각 범위 내 예시는 실제 크기와 조금 다를 수 있지만, 그 범위를 벗어나지 않는다. (출처: Cosmin Manci/Shutterstock; Centers for Disease Control and Prevention; Lebendkulturen.de/Shutterstock; National Human Genome Research Institute; Dr. Lucille K. Georg/CDC; CDC; Janice Carr/CDC; Jeff Hageman, M.H.S/Janice Carr/CDC)

**그림 1.5** 현미경 속 세계. (a) 여름 연못 표면에 떠다니는 조류 중 먼지말(*Micrasterias rotata*, 600배)에 속하는 녹조류 여러 종이 관찰됐다. (b) 곰팡이가 자란 썩은 토마토. 이 곰팡이는 *Botrytis*라는 진균류로, 토마토와 포도의 주요 분해자다(250배). (c) 지구에서 가장 추운 지역 중 하나인 남극(-35℃) 빙하를 뚫은 터널. 여기서 발견된 붉은 시아노박테리아 *Nostoc*(3,000배)은 수천 년 동안 얼음 아래에 보존돼 있었다. 이것은 먼 미래에 이런 환경을 가진 다른 행성에서 생명체가 발견될 가능성이 있음을 의미한다. (출처: Lynn Betts, USDA Natural Resources Conservation Service; Lebendkulturen.de/Shutterstock; McGraw Hill; McGraw Hill; Ames Research Center/NASA; Image courtesy of the Priscu Research Group, Montana State University, Bozeman)

## 비세포성 병원성 입자: 바이러스와 프리온

바이러스는 지구에서 가장 흔한 미생물이고, 감기부터 에이즈까지 다양한 질병을 일으키기 때문에 미생물학에서 많이 연구되는 분야다. 그러나 바이러스 자체는 세포가 아니다. 바이러스는 소량의 유전물질이 단백질 외피에 둘러싸인 매우 작고 단순한 구조이고, 많은 생물학자들이 바이러스를 생명체로 보지 않는다(바이러스는 스스로 복제할 수 없기 때문).

프리온은 단백질성 감염성 입자(proteinaceous infectious particle)를 줄인 말로, 바이러스보다 더 단순하게 단백질로만 이루어져 있다. 20세기 후반까지 그 존재 자체가 의심됐었지만, 현재는 전염성해면상뇌증의 일종인 광우병과 인간의 크로이츠펠트-야콥병(Creutzfeld-Jakob disease) 같은 치명적인 질병의 주범으로 밝혀졌다. 바이러스와 프리온에 대해서는 6장에서 더 자세히 다룰 것이다.

## 미생물 크기: 얼마나 작을까

미생물은 눈으로 보기에 너무 작다고 하지만, 실제로 얼마나 작은 것일까? 이 개념은 미생물 집단을 눈으로 볼 수 있는 거시적 생물 또는 분자와 원자 세계와 비교해 보면 가장 잘 이해할 수 있다(그림 1.4). 거시적 생물 크기는 일반적으로 센티미터(cm)와 미터(m)로 나타내지만, 대부분 미생물 크기는 마이크로미터(μm) 범위에 속하며, 어떤 경우 나노미터(nm)나 밀리미터(mm)에 속할 수 있다. 미생물 크기는 대부분 바이러스 중 가장 작은 것부터 시작하는데, 그 크기는 약 10 nm로 생체 고분자와 크게 차이 나지 않는다. 반면, 원생동물은 3~4 mm 정도로 맨눈으로도 볼 수 있을 만큼 크다.

## 미생물이 에너지와 물질 흐름에 미치는 영향

미생물은 수십억 년에 걸쳐 모든 자연환경에서 살아오고 진화해 왔다. 아직 미생물의 역할을 모두 알지 못하지만, 지구 생태계 구조와 기능에 중요한 요소임은 분명하다.

특히 미생물은 지구 생태계에서 에너지와 영양소 공급에 깊이 관여하고 있다.[1] 많은 사람이 식물의 **광합성**(photosynthesis)을 통해 이산화탄소가 유기물로 바뀌고, 산소가 생성된다는 것을 알고 있지만, 사실 미생물은 식물이 나타나기 훨씬 전부터 광합성을 시작해 지구 대기를 산소가 풍부한 상태로 변화시켰다. 지금도 광합성 미생물(조류 포함)은 지구 전체 광합성 절반 이상을 담당하며, 대기 중 산소 대부분을 공급하고 있다(그림 1.5a).

지구 생태계 유지를 위한 또 다른 과정은 생물학적 **분해**(decomposition)와 영양소 순환이다. 분해는 죽은 생명체나 폐기물 구성 성분이 자연 순환에 다시 사용되도록 단순한 화합물로 변화하는 과정이다(그림 1.5b). 수많은 세균과 균류가 없다면 많은 화학 원소 순환이 불가능해져 생명체가 이용할 수 없게 될 것이다. 장기적으로 미생물은 토양, 물, 대기 구조와 성분에 큰 영향을 미친다. 그 예는 아래와 같다.

- 지구 온도는 이산화탄소나 메테인 같은 '온실가스'가 대기 중에 단열층을 형성하여 열을 보존함으로써 조절된다. 온실가스 중 상당량은 환경이나 동물 소화관에 서식하는 미생물이 생성한다.
- 최근 무게와 개체수 기준으로 지구 생명체 중 최대 50%는 지구 지각 아래 토양, 바위, 심지어 얼어붙은 남극에도 존재할 것으로 추정됐다(그림 1.5c). 이런 대규모 지하 미생물 군집이 풍화, 광물 추출, 토양 형성에 큰 영향을 미치고 있다는 것은 갈수록 확실해지고 있다.

1 생태계는 살아 있는 생물들과 그들이 둘러싸인 환경이 함께 이루는 공동체다.

**임상 사례**

### 오염된 치료

브라질에서는 10만 명 이상(미국에서는 50만 명 이상) 신부전을 앓고 있는데, 이들이 생명을 유지하기 위해서는 주기적으로 투석을 해야만 한다. 신부전이 있는 아르날도 루이스 고메스는 일주일에 세 번, 브라질 카루아루시에 있는 병원에서 4시간 동안 투석 기계를 통해 혈액 속 독소를 제거했다. 그런데 어느 날 아르날도는 뭔가 잘못됐음을 알았다. 투석 후 두통과 복통이 있었고, 특히 황달로 눈 흰자위가 노랗게 변했는데, 이것은 간이 손상됐음을 나타내는 확실한 신호였다. 의사들이 치료에 매달렸지만, 아르날도는 2시간 후에 독성간염으로 사망했다. 이후 3일 동안 100명 이상 환자들이 비슷한 증상을 보였다.

문제 원인은 조류 중 하나인 *Microcystis*로, 이 조류는 강력한 간 독소를 생성한다. 세균 오염과 달리, *Microcystis*로 오염된 물은 끓여도 소용이 없고, 오직 이 독성 조류를 제거해야만 안전하다. 조사 결과, 지역 상수도 수원지 물이 제대로 여과되지 않아 독소가 포함된 물을 병원에서 사용하게 됐고, 그 결과 신부전 환자 46명이 사망한 것으로 밝혀졌다.

유독성 조류는 브라질뿐만 아니라 다른 지역에서도 건강을 위협하고 있다. 이리 호수(Lake Erie)가 식수원인 미국 오하이오주 톨레도에서는 매년 여름 호수의 *Microcystis* 수치가 높아지는 날에는 수돗물 음용이 위험하다. 브라질에서처럼, 여름 동안 풍부한 햇빛과 함께 주변에서 농업 유출수가 호수에 유입되면 조류는 위험한 수준으로 불어난다.

톨레도에서처럼 조류 대번식이 주로 여름철에 발생하는 원인을 분석하시오.

- 세균과 진균류는 식물과 복잡한 관계를 맺고 있는데, 이들은 식물이 영양소와 물을 얻도록 도와주고, 질병으로부터 보호하기도 한다. 미생물은 주로 신체 여러 부위에 머물면서 동물과도 비슷한 상호관계를 형성한다.

**핵심 점검 1.1~1.2**

1. 미생물을 정의하고, 미생물이 지구 생태계에 기여하는 중요한 역할을 설명하시오.
2. 인간이 미생물을 이용해 얻는 다섯 가지 이익을 설명하시오.
3. 미생물학 연구 대상이 되는 미생물군을 조사하고, 그 이유를 설명하시오.
4. 그림 1.3에서 표시된 배율을 이용해 미생물을 크기순으로 나열하시오.
5. 세포 종류에 따라 미생물 그룹을 분류하는 표를 작성하시오.
6. 다음 문장을 설명하시오. "우리는 미생물 없이 생존할 수 없으므로 그들과 공존해야만 한다."

## 1.3 인간에게 유용한 미생물

**학습목표**

6. 미생물이 환경문제 해결과 산업 제품 생산에 어떻게 이용되는지 논한다.

놀라운 미생물 다양성과 적응력은 인간이 가진 문제 해결에 훌륭한 수단이 될 수 있다. 인간은 수천 년 동안 미생물을 우연히 또는 의도적으로 사용하여 삶을 개선하고 인류 발전을 이룩해 왔다. 미세 진균류 중 하나인 효모는 빵을 부풀리고 당을 발효시켜 술을 만든다. 기록에 의하면, 고대 이집트에서는 곰팡이가 핀 빵을 외부 상처나 질병 부위에 사용했었는데, 아마도 이것은 페니실린을 최초로 사용한 예일 것이다. 산업 분야에서 제품을 만들기 위해 미생물을 인위적으로 이용하는 분야를 **생명공학**(biotechnology)* 이라고 한다. 생명공학을 통한 미생물 응용 사례로는, 석유 제품을 대신하기 위해 조류 배양으로 일종의 기름(바이오디젤)을 얻는 것이 있다(그림 1.6a).

**유전공학**(genetic engineering)은 생명공학 중 한 분야로 미생물, 식물 또는 동물의 유전물질 변형을 다룬다. 여기에는 서로 다른 종 DNA[2]를 결합해 **재조합 DNA**(recombinant DNA)를 만드는 기술이 필요하다. DNA 재조합을 통해 만들어진 생명체는 그 자체로 유용하거나, 인간의 효소나 호르몬을 생성하게 된 세균처럼 필요한 산물을 생산할 수 있다. 세균과 진균류는 유전자 변형이 맨 먼저 이루어진 생명체인데, 그 이유는 비교적 유전체 크기가 작아 실험실에서 쉽게 조작할 수 있었기 때문이다. 재조합 DNA 기술은 의료, 산업 및 농업 분야에서 무한한 잠재력을 가지고 있다(표 1.1 참조).

생명공학자들이 설계한 유전적으로 새로운 생명체로는 천연 살충제를 가진 세균, 인간 호르몬을 생산하는 효모, 헤모글로빈을 생산하는 돼지, 질병에 강한 식물 등이 있다(표 1.1 참조). 유전공학의 이런 방법은 인간 유전물질과 질병을 파악하기 위한 길을 열기도 했다.

미생물의 무한한 가능성을 이용하는 또 다른 방법은 비교적 새로운 분야인 **생물학적 정화**(bioremediation)*다. 이것은 미생물을 환경에 투입해 생태계를 회복시키거나 유해물질을 제거하는 기술이다. 생물학적 정화는 인간 활동으로 발생하는 막대한 오염을 조절하는 데 꼭 필요하다. 미생물은 다른 생명체에게 해로울 수 있는 화학물질을 분해하는 놀라운 능력이 있다. 정부기관과 기업은 유출된 기름을 처리하고 중금속, 살충제, 심지어 방사성 폐기물로 오염된 지역을 해독하기 위해 미생물을 개발해 왔다(그림 1.6b). 고체 폐기물 처리 산업은 특히 플라스틱이나 종이 제품 등 매립지에 대량으로 버려지는 쓰레기를 분해하는 방법에 주목하고 있다. 이미 오래전부터 사용되어 온 생물학적 정화 중 하나는 물과 하수 처리다. 전 세계적으로 깨끗한 담수 공급량이 줄어들면서 오염된 물을 다시 사용할 수 있는 방법을 찾는 것은 더욱 중요해졌다.

(a)

(b)

**그림 1.6 유용한 미생물들.** (a) 화석연료를 대체할 지속가능한 대안으로 이용되는 조류. (b) 생명공학이 생물학적 정화에 적용된 예. 태평양북서부국립연구소(PNNL)의 과학자들은 새롭게 발견된 두 가지 세균인 *Shewanella*(초록색)와 *Synechococcus*(노란색)(1,000배)의 방사성 폐기물 감소와 해독 능력을 조사하고 있다. 대형 생물 반응기에서 수행되는 이 공정은 위험한 핵폐기물에 대한 정화 속도를 높일 수 있다. (출처: INTREEGUE Photography/Shutterstock; Pacific Northwest National Laboratory; Pacific Northwest National Laboratory)

* 생명공학 미생물이나 그 생성물을 산업이나 상업에 활용하기 위한 학문.

2 DNA(deoxyribonucleic acid)는 생명체의 유전물질이다.

* 생물학적 정화 bios는 '생명', re는 '다시', mederi는 '치유하다'. 생물학적 물질을 이용해 환경 문제를 해결하는 것.

## 1.4 감염병과 미생물

**학습목표**

7. 미생물이 기생체나 병원체로서 감염과 질병을 일으키는 역할을 안다.
8. 신종 감염병과 재출현 감염병이 무엇인지 정의한다.

대다수 미생물은 비교적 해롭지 않다 볼 수 있는데, 이것은 미생물이 인간과 환경에 유익하고, 많은 경우 우리가 알고 있는 생명에 필수적이라는 점을 뜻한다. 미생물은 홀로 살아갈 수 있고, 생존에 필요한 모든 것을 주변 환경에서 얻는다. 또한 다른 생명체와 긴밀한 공동체 형성을 통해 서식지와 영양분을 공유한다. 공생이나 생물막에서 볼 수 있는 자연스러운 협력관계가 좋은 예다.[3]

일부 미생물은 홀로 살아가는 것보다 기생이라고 불리는 생활방식에 적응해 왔다. **기생체**(parasite)는 자신보다 더 큰 생명체인 **숙주**(host) 내부나 표면에서 영양분을 얻어 살아간다. 감염과 질병을 통한 기생체 활동은 일반적으로 숙주에 손상을 입힌다. 이런 미생물을 **병원체**(pathogen)*라 부른다.

인류에게 질병을 일으키는 병원체는 약 1,500가지고, 전 세계적으로 감염병을 통한 사망자 수는 매년 1,000만 명 정도다. 사망 대부분은 소수의 감염원 때문이고, 개발도상국에 집중된다. 80억 지구 인구 중 상당수는 영양실조 상태고, 예방접종이 제대로 되지 않았으며, 약에 접근할 기회도 거의 없어 모든 감염병 유형에 훨씬 더 취약하다. 표 1.2는 세계에서 가장 가난한 사람들 사이에서 만연하고 너무 적은 관심을 받는 열대 풍토성 소외질환(neglected tropical disease, NTD)과 감염된 사람 수를 보여 준다. NTD는 대부분 약물로 쉽게 치료하거나 백신으로 예방할 수 있다. 모기를 매개체로 전파된 미생물에 의해 발생하는 말라리아로 전 세계적으로 매년 40만 명이 사망한다. 개발도상국 사람들이 말라리아를 피하는 가장 좋은 방법은 모기장을 치고 자는 것인데, 그 이유는 모기가 저녁에 가장 활동적이기 때문이다. 모기장 가격은 3~5달러 정도지만, 가난한 개발도상국 사람들에게는 이 금액조차도 감당하기 어려운 경우가 많다.

### 감염병 변화와 위험성 확장

지난 수십 년간 항생제와 백신에 대한 폭넓은 사용은 감염병으로 인한 고통 완화에 크게 기여했다. 2022년 기준 세계 10대 사망 원인 중 7개는 심장병, 뇌졸중, 만성폐쇄성폐질환 같은 비전염성 질병이었다. 동시에 HIV/AIDS로 인한 사망은 급격히 감소하여 지난 20년 동안 8위에서 19위로 하락했다. 그러나 자세히 살펴보면 모든 국가가 같은 조건에 있지 않다는 사실을 알 수 있다. 저소득 국가에서는 신생아 감염, 하기도 감염(기관지염, 폐렴), 설사병, 말라리아, 결핵, HIV/AIDS가 아직도 주요 사망 원인 10위 안에 들며, 이것은 고소득 국가에서 보이는 것과 상당히 다르다(그림 1.7). 인간은 끊임없이 미생물과 상호작용하기 때문에 새로 확인된 감염병과 예전 감염병 모두에 대한 훌륭한 거점으로 볼 수 있다.

**표 1.2** 치료나 예방이 가능한 열대 풍토성 소외질환

| 질병 | 발생 건수 |
|---|---|
| 회충증 | 1,000,000,000 |
| 구충 감염 | 700,000,000 |
| 회선사상충증(강변 실명 증후군) | 20,900,000 |
| 림프사상충증 | 51,000,000 |
| 주혈흡충증 | 240,000,000 |
| 트라코마 | 2,000,000 |

**신종 감염병**(emerging infectious disease)은 새롭게 확인된 감염병으로, 보고 건수가 증가하고 있다. 1980년 이후 적어도 90종의 새로운 감염원이 인간 집단 내에서 발생했다. 일부는 에볼라강(Ebola River)에서 이름을 따온 에볼라 출혈열 바이러스처럼 특정 지역과 관련되지만, 어떤 감염원은 대륙을 넘어 퍼지는 **범유행**(pandemic)을 일으켰다. 그 대표적 예가 COVID-19를 일으키는 바이러스인 SARS-CoV-2다. 또 어떤 것은 동물에게 고유한 감염병이면서 인간에게도 전파되는 **인수공통감염병**(zoonosis)*을 일으킨다. 최근 사례로 치쿤구니야(chikungunya) 바이러스가 있는데, 모기를 통해 인간과 다른 포유류로 전파된다. 이 바이러스는 2014년에 카리브해에서 플로리다로 확산됐다. 북쪽으로 갈수록 모기 생장에 불리한 조건이기 때문에 이 바이러스가 미국 전역에 얼마나 빨리 퍼질지는 불확실하다. 가장 최근에는 같은 모기 종에 의해 퍼지는 지카(Zika) 바이러스(그림 1.8)가 미국에서 발견됐다.

**재출현 감염병**(reemerging infectious disease)은 오래되고 잘 알려진 감염병 발생률이 증가한 것이다. 가장 흔한 재출현 감염병으로는 결핵(TB), 인플루엔자, 말라리아, 콜레라, B형 간염 등이 있다. 고대부터 기록된 결핵은 지금도 신규 감염이 매년 1,000만 건 발생하고, 100만~200만 명이 사망한다. 감염병이 끈질기게 유행하는 요인은 아주 많지만, 근본적인 원인은 미생물이 개인, 지역사회 그리고 환경 변화에 적응하는 놀라운 능력이다.

정부기관이 감시하는 신종 그리고 재출현 감염병은 모두 100개 이상이다. 재출현 감염병은 그 병원체를 알고 있고, 퇴치하기 위한 약물과 백신을 가지고 있더라도 그것이 일으키는 질병을 근절하는 것이 얼마나 어

3 생물막은 자연환경에서 흔히 볼 수 있는 것으로, 여러 미생물과 그들이 분비한 물질로 이루어진 복잡한 구조다. 이 내용은 4장에서 더 자세히 다룬다.

* **병원체** 그리스어 pathos(질병)와 gennan(생기게 하다)에서 유래. 질병을 일으키는 인자.

* **인수공통감염병** 그리스어 zoion(동물)과 nosos(질병)에서 유래. 동물로부터 사람에게 전염될 수 있는 모든 질병.

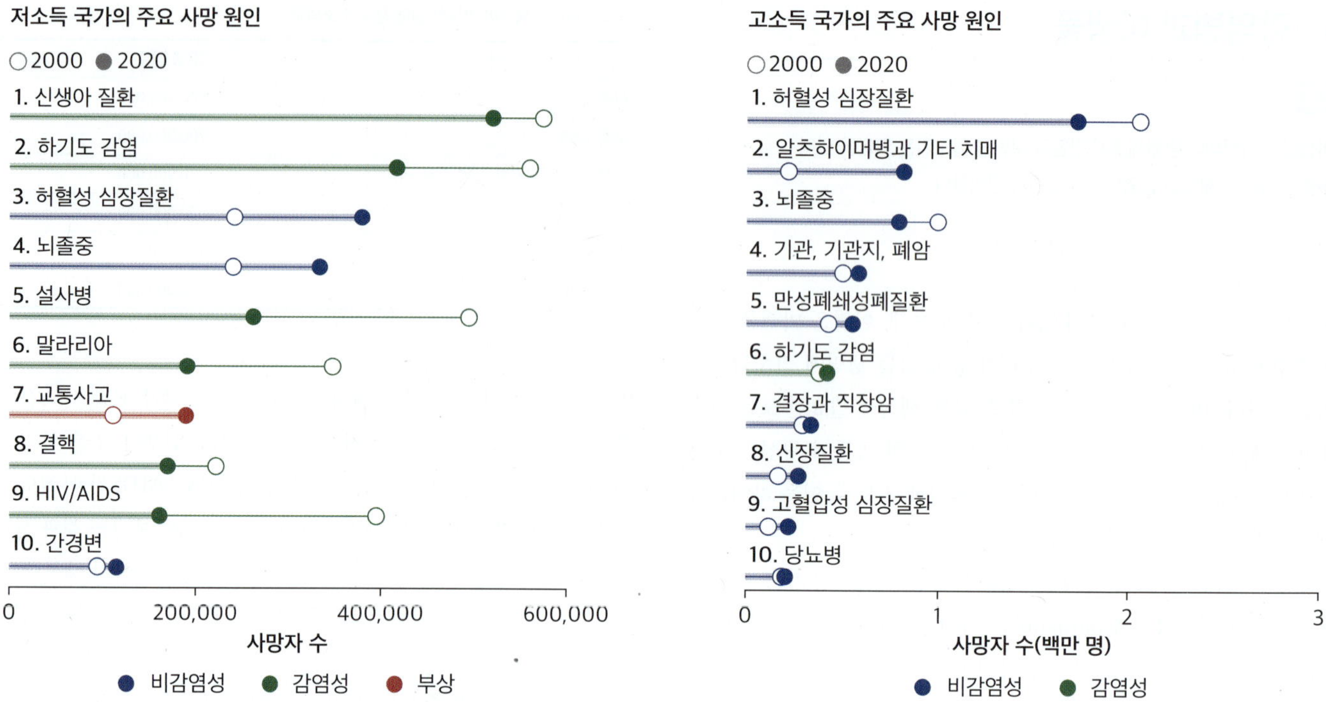


**그림 1.7** **감염병 부담.** 국가 평균 소득이 증가함에 따라 감염병으로 인한 사망 위험은 급격히 감소한다. 대부분 노년기에 발생하는 만성질환은 선진국에서 훨씬 더 큰 피해를 준다.

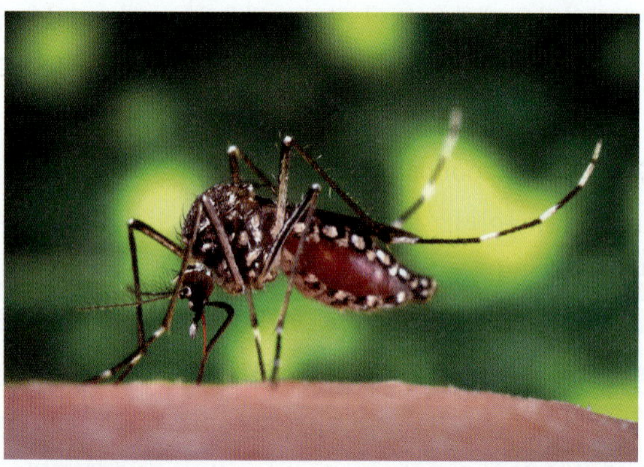

**그림 1.8** **이집트숲모기(*Aedes aegypti*)는 몇 가지 신종 바이러스성 질병의 매개체다.** 사진작가를 흡혈하고 있는 이 암컷 모기 흡혈관과 팽창한 복부에서 혈액을 명확하게 볼 수 있다. 이 종은 아메리카 전역에서 발견되기 때문에 지카, 뎅기, 치쿤구니아 바이러스가 미국에 자리 잡는 것은 어렵지 않을 것으로 보인다. (출처: Frank Hadley Collins, Dir, Center for Global Health and Infectious Diseases; University of ND/CDC)

려운지를 잘 보여 준다. 인류가 근절한 감염병은 오직 천연두뿐이고, 소아마비 근절은 거의 이뤄진 상태다. 실제로 백신으로 예방할 수 있는 소아 질병은 계속 유행하고 있는데, 대표적인 예는 홍역으로, 미국에서 근절된 것으로 알려졌지만 예방접종률이 감소하면서 2000년에 다시 등장했다.

감염병 확산의 주요인은 이동, 특히 항공편을 통한 해외여행 증가다. 감염된 사람은 감염 증상을 보이기 전에 전 세계를 여행하며 감염원을 먼 곳으로 가져가고, 그 과정에서 접촉한 사람들을 감염시킬 수 있다. 두 번째 요인은 벼룩, 진드기, 모기와 같이 살아 있는 매개체에 의한 감염병 확산이다. 치쿤구니아, 뎅기, 지카와 같은 신종 바이러스는 모두 이집트숲모기에 의해 퍼졌는데, 이 모기는 매우 공격적이어서 흡혈을 위해 사람을 따라 실내로 들어가는 경우도 흔했다(그림 1.8). 또 다른 중요한 이유는 인구 증가와 식량 생산 방식이다. 인간이 새로운 지역과 야생 서식지로 계속 확장하면서 새로운 병원체와 접촉할 가능성이 생겼고, 이것은 에볼라 출혈열, 라임병, 한타바이러스 폐 증후군 같은 감염병을 발생시켰다. 땅을 파는 지금 농업 방식은 휴면 상태이거나 드러나지 않았던 미생물에 노출될 가능성을 높인다. 가축장 내에 서식하는 세균인 *Escherichia coli* O157: H7은 심각한 신장질환을 일으키는 병원체로, 소 분변에 오염된 음식과 물을 통해 수십만 명이 감염됐다. 대량생산된 신선식품도 전 세계로 운반되는 과정에서 사람들을 감염시켰다. 살모넬라증, 세균성 이질, 리스테리아증 등의 대규모 발병은 오염된 유제품, 가금류 제품과 채소에서 비롯된 것으로 확인됐다.

놀라운 미생물 저항성도 지속적인 확산에 기여했다. 약물 내성 '슈퍼버그(superbug)' 출현은 의학계에서 심각한 문제가 됐다. 메티실린 저항성 황색포도상구균(*Staphylococcus aureus*, MRSA)과 결핵균(*Mycobacterium tuberculosis*) 같은 일부 세균은 너무 많은 약물에 내성이 있어 치료가 매우 어렵거나 불가능한 경우도 있다. 130여 년 전 저명한 미생물학자 루이 파스퇴르가 "미생물이 최후 승자가 될 것이다."라고 단언한 것처럼, 미생물을 다루기 위한 그 어떤 노력도 무력화될 수 있다는 사실을 알아야 한다.

### 비감염성 질병에서 미생물의 역할

한때 비감염성으로 알려졌던 많은 질병이 실제로는 미생물 감염과 관련이 있을 수 있다는 점은 놀라운 발견 중 하나다. 많은 과학자는 언젠가 만성질환 대부분이 미생물과 관련될 것으로 보고 있다. 가장 잘 알려진 예는 위궤양으로, 현재 헬리코박터 파일로리(*Helicobacter pylori*)라는 세균에 의해 발생하는 것으로 알려졌다. 제1형 당뇨병, 강박장애, 관상동맥 질환과 같이 연관성이 없어 보이는 질병도 만성적인 미생물 감염과 관련이 있었다. 건강한 상태에서도 가지고 있는 미생물 군집(microbiome)조차 이전에 생각했던 것보다 건강에 훨씬 더 큰 영향을 미치는 것으로 밝혀졌다. 최근 연구에 따르면 미생물 군집 변화는 심장병, 뇌졸중과 당뇨병 위험성을 높이는 고콜레스테롤, 고혈압, 고혈당, 과도한 지방 상태인 대사 증후군과 관련이 있다고 알려졌다.

모든 질병의 특징이 '명백하게' 밝혀지고 치료법이나 예방법이 마련되던 시기는 정확히 미생물학 발전에서 첫 번째 황금기라 볼 수 있다. 인류는 처음에 몰랐었지만, 느리고 파괴적인 질병에서 미생물 연관성을 밝혀냈다. 클라미디아(*Chlamydia*) 감염에 의한 여성 불임과 간암(간염 바이러스) 그리고 자궁경부암(인유두종 바이러스)과 같은 악성 종양이 좋은 예다. 실제로 세계 암 통계를 분석하는 역학자들은 여섯 가지 암 중 한 가지가 감염원과 관련될 수 있다고 추정했다.

감염병에서 또 다른 중요한 발전은 면역력이 약해진 상태로 환자들이 오래 생존하는 경우가 증가하고 있는 점이다. 인류는 의학 발전 때문에 오히려 전염병에 더 취약해지고 있다. 사람들은 더 오래 살고 있으며 아픈 사람들도 예전보다 오래 살 수 있게 되면서 '흔한' 미생물에 더 취약해졌다.

**핵심 점검 1.3~1.4**

7. 감염원으로서 미생물은 부정적인 영향이 크다고 생각하기 쉽다. 그러나 미생물 대부분은 감염원이 아니라 훨씬 더 유익한 역할을 하고 있는데 그 예를 몇 가지 설명하시오.
8. 표 1.2에 나온 질병 중 일부를 찾아보고, 각 질병 퇴치에 사용되는 전략(약물, 백신 또는 기타)을 결정하시오.
9. 신종 감염병과 재출현 감염병을 구분하고, 확산을 촉진하는 원인을 설명하시오.

## 1.5 미생물학의 역사적 발자취

**학습목표**

9. 초기 현미경 개발, 의학 발전, 무균기술, 질병 배종설에 대한 주요 공헌자들과 함께 미생물학 역사에서 중요한 사건의 개요를 안다.
10. 과학적 방법의 주요 특징을 설명하고, 귀납법과 연역법, 가설과 이론을 구별한다.

지난 300년 동안 수많은 미생물학자들의 광범위한 관심, 호기심, 헌신이 없었다면, 우리를 둘러싼 미시적 세계에 대해 거의 알지 못했을 것이다. 많은 미생물학적 발견은 가장 기본적인 장비로 어두운 실험실에서 오랜 시간 동안 고생한 사람들의 연구 결과였다. 각 연구자의 크고 작은 견해가 쌓여 현재 우리가 알고 있는 생명체와 과정에 대한 지식을 더했다. 이 절에서는 지난 300년 동안 이루어진 중요한 발견, 즉 현미경, 과학적 방법의 등장, 배종설(germ theory) 그리고 현대 미생물학 이론의 기원을 포함한 의학미생물학 발전을 다룬다.

### 현미경 발전: 눈으로 확인한 믿음

인류는 아주 오래전부터 특정 음식이 상하면 못 먹게 되거나 질병을 유발하지만, 그중 어떤 것은 해롭지 않고, 오히려 더 맛있어진다는 사실을 알아냈을 것으로 보인다. 몇 세기 전에도 흑사병이나 천연두와 같은 질병은 어떤 전달성 물질 때문에 퍼진다는 생각도 있었다. 그러나 당시에는 연구에 필요한 도구나 지식이 없어서 그 이유는 정확히 알지 못했다. 결국 이런 일들을 신비로운 현상으로 여기고 미신과 연결해 생각했다. 이런 분위기는 교육을 잘 받은 과학자들조차 자연발생설을 믿게 만들었다(**1.1 연결고리 찾기**).

현미경이 개발되면서부터 미생물이 광범위하게 분포한다는 사실과 일부 특성에 대한 확실한 이해가 가능해졌다. 현미경은 미생물이 눈에 보이는 큰 식물이나 동물과 비슷한 특징을 가지는 독립적인 존재임을 밝혀냈다. 여러 초기 과학자가 고안한 확대렌즈와 현미경은 세균과 기타 작은 단세포 유기체 분석에 필요한 광학적 선명도가 떨어졌다. 가장 세심하고 정확한 관찰은 네덜란드 리넨 상인이자 독학 미생물학자인 **안톤 판 레벤후크**(Antonie van Leeuwenhoek)가 직접 만든 단순한 단일 렌즈 현미경을 통해 이뤄졌다.

1600년대 후반 네덜란드에서 레벤후크는 자신의 초기 렌즈를 사용하여 가게에서 판매하는 커튼과 실내 장식품의 실무늬를 조사했다. 손님이 뜸할 때는 가게 뒤편에 있는 작업대에 틀어박혀 유리 렌즈를 훨씬 더 정밀하게 개량했다. 몇 년 후 점점 더 선명한 상을 볼 수 있게 되면서 그는 다른 것에 관심이 생겼다. 어느 날에는 점토 항아리에 있는 빗물을 표본 집게에 묻히고 자신의 가장 좋은 렌즈를 통해 자세히 들여다봤다. 그는 "물에서 맨눈으로 볼 수 있는 것보다 만 배나 많은 동물"을 찾아냈다.

그는 거기서 멈추지 않고, 자기 치아와 평생 치아를 닦은 적이 없는 지원자들 치아에서 치태를 긁어내고 자세히 살펴본 다음 이렇게 기록했다. "그 물질에는 아주 작고 아름답게 움직이는 극미동물(animalcule)들이 많이 있었다. 게다가 종류가 아주 다양해서 물 전체가 살아 있는 것처럼 보였다." 레벤후크는 관찰 결과를 런던 왕립 학회에 보내기 시작했고, 결국 뛰어난 업적을 지닌 과학자로 인정받았다.

레벤후크는 최대 300배까지 확대되는 작고 강력한 현미경을 250개 이상 만들었다(그림 1.9). 그가 과학을 정식으로 배우지 않았고, 최초로

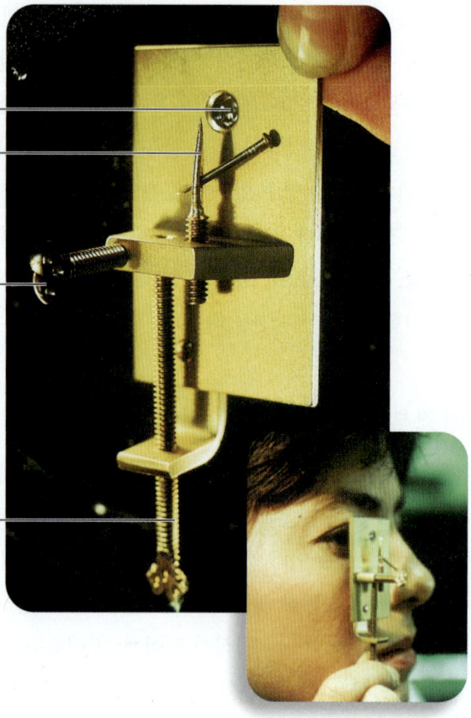


(a)

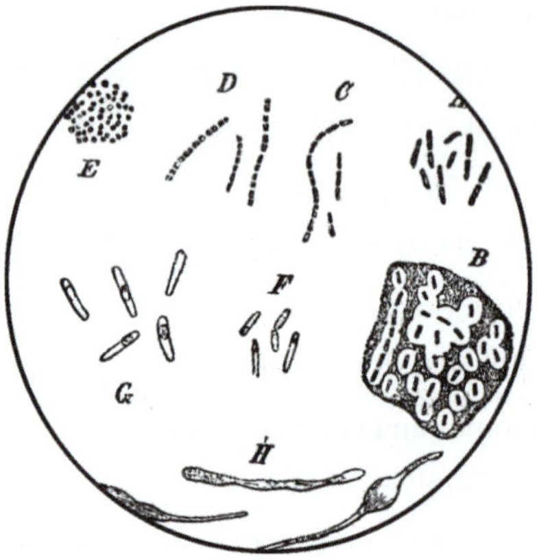


(b)

**그림 1.9 레벤후크의 현미경.** (a) 레벤후크 현미경에 대한 황동 복제품과 그것을 잡는 방법(삽도). (b) 우유 표본을 약 300배 확대해서 보이는 세균 세포를 그린 초기 그림. 이 그림은 레벤후크가 극미동물을 묘사한 것과 매우 비슷하다. (출처: McGraw Hill)

이 기묘한 새로운 세계를 제대로 기록한 사람이라는 점을 생각해 볼 때, 세균과 원생동물(레벤후크는 '극미동물'이라 부름)에 대한 그의 설명은 영리하고 정확했다.

레벤후크 이후 현미경은 개선된 렌즈, 집광기(condenser), 더 미세한 초점 장치와 내장 광원이 추가되면서 더 복잡해지고 발전됐다. 1800년대 중반부터 사용된 복합 현미경 원형은 배율을 위한 두 종류의 렌즈를 한 세트로 가지고 있어서 1,000배 이상 확대할 수 있었다. 우리가 지금 사용하고 있는 실험실 현미경의 기본 구조와 기능은 초기 현미경과 크게 다르지 않다. 3장에서는 주로 현미경과 현미경 검사의 기술적 특징에 대해 다룬다.

## 과학적 방법과 지식 탐구

과학의 영향은 너무 익숙해서 우리 일상생활 중 많은 부분이 과학적 방법을 적용한 결과로 이뤄져 있다는 사실을 쉽게 잊을 수 있다. 백신, 항생제, 우주여행, 컴퓨터, 의료 진단, DNA 검사 등이 있게 된 것은 수많은 과학자가 어떤 대상에 대한 비판적 분석을 위해 객관적 관찰, 측정과 정량적 표현이 가능한지를 고려한 덕분이다.

과학적 방법을 통해 얻은 정보는 현상을 설명하고 예측하는 것이 가능하다. 이 정보는 현상이 어떻게 그리고 왜 발생하는지를 설명하고, 주어진 조건에서 무슨 일이 일어날지 예측하는 데 중점을 둔다.

과학자들은 어떻게 과학적 방법을 적용할까? **연역적 추론**(deductive reasoning) 방법에서 과학자는 어떤 현상이 일어나면 자신이 가진 지식이나 경험 등을 토대로 그 현상이 왜 또는 어떻게 발생하는지 짐작한다. 즉 자신이 본 현상에 대한 설명을 추론한 것이다. 이 초기 설명을 **가설**(hypothesis)이라 부르고, 이것은 일단 추측일 뿐이지만, 미신이나 신화에서 비롯된 주관적 믿음이 아닌 과학적 사고에 기반을 둔다. 과학적 가설은 실험과 검증이 가능하고, 그 가설이 거짓임이 증명될 수 있어야 한다. 연역적 추론을 통한 가설의 예로 "혈우병은 유전될 수 있다."를 들 수 있다. 이 가설이 참인지 거짓인지 알기 위해서는 혈우병에 유전이 미치는 영향을 볼 수 있는 특정 실험을 계획하면 된다. 과학적이지 못한 가설의 예는 "혈우병 발생은 영국 왕실에 대한 저주 때문이다." 같은 것이다. 이런 초자연적인 믿음은 실험과 검증이 불가능한 현상이라 결코 과학적으로 다룰 수 없다.

**귀납적 추론**(inductive reasoning)은 구체적인 관찰만을 바탕으로 일반적인 설명을 이끌어 내는 방법이다. 이 방법은 종종 연구 초기 단계에 사용되며 이렇게 만들어진 일반적인 설명은 연역적으로 검증할 수 있다. 앞의 예에서 귀납법은 가족 관계인 여러 사람이 혈우병을 앓고 있는 것을 관찰하면서 시작될 수 있고, 이것은 혈우병이 유전될 수 있다는 일반적인 생각으로 이어질 수 있다.

오랫동안 실험, 분석, 검사가 계속되면 결국 가설을 지지하거나 반박하는 결론에 도달한다. 실험이 가설을 지지하지 않는다면, 즉 가설에 결함이 있는 것으로 밝혀지면 가설 전체 또는 일부를 수정한다. 이것은 결과가 쓸모없다는 것이 아니라 가설에 대한 수정이나 추가 실험이 필요하다는 뜻이다. 결국 가설은 실험 결과에 따라 폐기되거나 수정된다. 가설이 실험 결과로 뒷받침되더라도 즉시 사실로 받아들여지지는 않는다. 그래서 가설은 여러 다른 실험을 통해 계속해서 검증돼야 한다. 실제로 이것은 가설 수용의 중요한 원칙이다. 실험 결과는 공개돼야 하고, 다른 연구자들에 의해 반복될 수 있어야 한다.

시간이 지남에 따라 각 가설을 지지하는 결과들이 쌓이고, 엄격한 검증을 통과하면 그것은 **이론**(theory)으로 발전한다. 이론은 자연 현상을 설명하거나 해석하기 위해 제시된 표현, 정리 또는 개념의 집합이다. 이론은 실험 한 가지를 반복한 결과가 아니라 현상의 여러 측면을 나타내

1.1 연결고리 찾기

## 미신의 몰락과 미생물학의 부상

수천 년 동안 사람들은 특정 생물체가 무생물이나 부패하는 물질에 존재하는 생명력에서 생겨난다고 믿었다. **자연발생설**(spontaneous generation)이라고 알려진 이 고대 개념은 사람들이 밖에 놓아둔 고기에서 금방 구더기가 '생겨나는 것', 썩은 나무에서 버섯이 자라는 것, 쥐가 쓰레기 더미에서 나오는 것 같은 신비해 보이는 현상을 관찰하면서 계속 보강됐다. 이런 초기 생각 중 일부는 현대 지식에 비추어 보면 엉뚱하고 우스꽝스럽게 보이지만, 당시에는 자연의 신비함이 받아들여졌고, 과학적 방법은 널리 실천되지 않았음을 기억해야 한다.

1600년대 중반에 단세포생물이 발견된 후에도 자연발생설은 계속 유지됐다. 일부 과학자들은 미세한 생명체는 더 복잡한 생명체의 초기 단계라고 가정했다.

이후 200년 동안 과학자들은 단순한 생명체의 기원을 설명할 수 있는 두 가지 가설에 대해 실험으로 격렬하게 논쟁했다. 일부는 여전히 **자연발생설**(abiogenesis)*을 고집했지만, 다른 한편에서는 생명체는 생명체로부터만 발생한다는 **생물속생설**(biogenesis)*을 지지했다. 양쪽 모두 굳건한 지지자들이 있었고, 각각은 자신의 증거가 더 정확한 이유에 대한 그럴듯한 설명을 내놓았다. 생물속생설을 위한 설득력 있는 증거가 계속 쌓이면서 자연발생설 지지는 점점 감소했다. 다음 실험은 그 균형을 무너트리는 데 결정적 역할을 했다.

가설을 검증하는 데 고려해야 할 중요한 변수에는 영양소, 공기, 열의 영향과 환경에 이미 있는 생명체였다. 자연발생설을 처음으로 검증한 사람 중 한 명은 이탈리아의 **프란체스코 레디**(Francesco Redi)였다. 그는 고기를 병에 넣고 고운 거즈로 병을 덮는 간단한 실험을 했다. 병에 모인 파리는 안으로 들어갈 수 없어 거즈 밖에 알을 낳았다. 구더기는 고기에서 떨어진 곳에서 생겼으므로 구더기가 파리의 자손이며 고기가 가진 어떤 '생명력'에서 나온 것이 아님을 보여 줬다. 이와 관련된 실험들은 곤충과 쥐와 같은 더 복잡한 동물이 자연발생을 통해 생긴다는 생각을 없애 줬지만, 그보다 더 단순한 생명체가 자연발생하지 않는다는 것을 확신시키지는 못했다.

프랑스인 **루이 쟈블로**(Louis Jablot)는 미시적 생명체도 부모가 있어야 한다고 추론했고, 물에 우려낸 건초 혼화물을 이용한 실험은 그 가설을 지지했다. 쟈블로는 생명체를 제거하기 위해 건초 혼화물을 끓인 후, 공기와 차단된 용기와 공기에 노출된 용기로 나눴다. 공기에 노출된 용기에서만 미생물이 발달했는데, 그는 이것이 먼지로 가득 찬 공기에서 들어왔다고 추정했다. 황당하게도, 생물속생설에 대한 검증은 영국인 **존 니덤**(John Needham)의 실험을 통해 일시적으로 퇴보했다. 니덤은 양고기 즙을 사용해 쟈블로와 비슷한 실험을 했는데, 결과는 가열된 용기와 가열되지 않은 용기 모두 미생물이 증식했기 때문에 쟈블로의 결과와 부딪쳤다. 아쉽게도 니덤의 실험은 열저항성 미생물이 그냥 끓여서는 죽지 않는다는 것을 알기 전에 이뤄졌다. 쟈블로의 건초 혼화물은 무균이었기 때문에 단순히 운이 좋았다고 볼 수 있다.

그런 다음 1800년대 중반에 뛰어난 미생물학자인 **루이 파스퇴르**(Louis Pasteur)가 등장했다. 그는 당시에 맥주와 포도주 발효에서 미생물 역할을 연구하고 있었는데,

파스퇴르의 실험

발효는 공기, 과일 또는 곡물에서 음료로 유입된 미생물 활동으로 발생한다는 것이 확실했다. 파스퇴르가 자연발생을 무너트리는 데 사용한 방법은 단순하면서도 훌륭했다.

공기와 먼지가 미생물의 근원임을 더욱 명확히 하기 위해 파스퇴르는 플라스크에 고기즙을 채우고 입구를 길고 굽은 백조목 모양 관으로 만들었다. 플라스크 입구는 공기가 통하도록 열려 있었지만, 공기 중 먼지 입자는 중력에 의해 아래로 굽은 목 부분에 쌓였다. 그 후 플라스크를 가열하여 고기즙을 멸균한 다음 배양했다. 플라스크가 굽은 그대로 있는 쪽의 고기즙은 무균 상태를 유지했지만, 목이 부러진 쪽은 먼지가 용기 안으로 직접 들어오면서 즉시 미생물 생장이 시작됐다.

파스퇴르는 자신의 발견을 이렇게 요약했다. "나는 플라스크 안에서 인간이 만들 수 없는 것의 생성을 막았고, 지금도 유지 중이다. 즉 공기 중에 떠다니는 미생물이 고기즙에 들어오지 못하게 함으로써 생명체가 생성되지 못하게 한 것이다."

**존 니덤의 실험 결과를 오류로 이끌고, 쟈블로와 파스퇴르의 실험에서 없었던 미생물은 무엇인가?**

거나 해석하는 생각 전체를 하나로 정리한 것이다. 흔히 "그냥 이론일 뿐이야."라며 근거 없이 어떤 생각을 쉽게 말하는 경우가 있는데, 이것은 과학적 관점에서 이론이라는 용어를 잘못 사용한 것이다. 이론은 결코 약한 개념이나 막연한 추측이 아니다. 이론은 오랜 시간 동안 검증됐고, 엄격한 과학적 조사에도 불구하고 지금까지 틀리지 않은 타당한 설명이다. 이론은 수십 년 동안 연구를 통해 발전하고, 새로운 발견에 따라 수정되곤 한다. 이론이 왜 그런 일이 발생하는지를 설명한다면, **법칙**(law)은 어떻게 그런 일이 발생하는지에 더 관심이 있다. 법칙에는 아인슈타인의 $E = mc^2$과 같은 많은 수학 공식을 예로 들 수 있다. 생명 시스템은 사람

* 자연발생설 라틴어 a(없는), bios(생명), genesis(시작)에서 유래.

* 생물속생설 생명체는 생명체로부터 생겨난다는 개념.

키, 몸무게, 수명 등 다양성을 가지는 것들이 많아 정확한 수학적 표현이 어렵다. 이런 변동성으로 인해 법칙을 항상 개발할 수 있는 것은 아니며, 그 결과 생물학에서는 물리학에 비해 법칙 수가 적다. 그럼에도 불구하고 질병에 대한 배종설이나 자연 선택에 의한 진화 이론을 의심하는 진지한 과학자는 없다.

과학과 그에 따른 가설과 이론은 기술과 함께 발전해야 한다. 새로운 도구와 장비 발달로 생명 현상에 대한 더욱 상세한 관찰이 가능해지면 기존 이론을 재검토하고 수정하거나 새로운 이론을 제안할 수 있다. 과학적 지식은 축적되는 것이고, 새로운 발견을 수용할 수 있는 유연성을 가져야 한다. 이런 이유로 과학자들은 이론이 완전히 증명됐다고 주장하지 않는다.

그림 1.10은 에드워드 제너의 백신 개발을 통해 실제로 적용된 과학적 방법을 요약해 준다. 제너의 업적은 질병 예방을 위한 실험 모델을 과학적 사고를 통해 구축했다는 점에서 훌륭하다. 또한 그가 바이러스나 미생물에 대해 아무것도 모르는 상태에서 이것을 이뤄 냈다는 점도 놀랍다. 그는 면역계에 대한 이해가 전혀 없던 시기에 인공 면역을 안전하게 부여하는 개념을 고안했다.

## 의학미생물학 발전

미생물 기원에 대한 초기 실험들은 미생물이 어디에나 존재한다는 놀라운 사실을 밝혀냈다. 공기와 먼지만이 아니라 지구 모든 표면, 물, 그리고 모든 물체에 미생물이 서식하고 있었던 것이다. 이 발견이 곧바로 의학에 반영되면서 의학미생물학은 19세기 중후반, 최초로 사용 가능한 백신 도입, 질병 배종설 등장, 그리고 그에 따른 멸균, 무균, 순수 배양 기술 사용과 함께 시작됐다.

### 오네시무스와 종두법

1706년, 보스턴의 청교도 목사인 코튼 매더(Cotton Mather)는 신도들로부터 선물로 아프리카계 노예 한 명을 받았는데, 그는 성경에서 비슷한 처지인 노예 이름을 따서 오네시무스라고 불렀다. 오네시무스는 아프리카에서 천연두를 예방하는 절차를 거쳤다고 매더에게 말했다. 그 방법은 매우 간단해서, 감염된 사람의 고름을 상처 난 피부에 문지르는 것이었다. 대부분 이 과정을 거치면 사람 면역계가 활성화되어 질병으로부터 보호됐다. 매더는 이런 관행이 특히 터키와 중국에서 오랫동안 사용되었다는 것을 알게 된 후 확신을 갖게 됐지만, 다른 사람들은 흑인에 의해 또는 흑인을 위해 개발된 어떤 것이든 비난하며 반대했다.

1721년, 보스턴에 천연두가 대규모로 유행하면서, 매더는 보스턴에서 유일하게 이 방법을 지지한 의사인 잡디엘 보일스턴(Zabdiel Boylston)의 도움을 받아 그의 아들과 자신의 노예들을 포함하여 242명에게 접종했다. 결국 접종받은 사람은 40명 중 1명만 사망한 반면, 접종을 받지 않은 사람은 6명 중 1명이 사망했다. 오네시무스와 접종은 에드워드 제너의 천연두 백신 연구를 위한 기반이 됐다.

### 제너와 백신 도입

그림 1.10에서 영국 의사이자 과학자인 **에드워드 제너**(Edward Jenner)가 과학적 방법을 어떻게 따랐는지 봤다. 결론적으로 그의 실험은, 비슷한 병원체를 환자에게 접종해 천연두를 예방할 수 있는 실행 가능한 방법을 최초로 탄생시켰다. 제너의 업적은 역사상 어떤 업적보다도 많은 생명을 구했다고 알려져 있다. 이 연구는 미생물학과 의학에서 가장 획기적 발전을 일으킨 위대한 과학적 성취로 평가받는다.

### 내생포자 발견과 멸균

혼화물에 대한 파스퇴르의 독창적인 연구(**1.1 연결고리 찾기**)에 이어, 영국 물리학자 **존 틴달**(John Tyndall)은 먼지와 공기에 있는 미생물 중 일부는 열저항성이 아주 높고, 이것을 없애기 위해서는 아주 강력한 처리가 필요하다는 증거를 발표했다. 나중에 독일 식물학자인 **페르디난드 콘**(Ferdinand Cohn)이 열저항성 세균에서 내생포자를 발견하고 상세하게 설명함으로써 열처리만으로 모든 미생물을 완전히 제거하지 못하는 이유가 밝혀졌다. 이때부터 **멸균**(sterilization)의 현대적 의미는 모든 미생물뿐만 아니라 내생포자, 바이러스, 그리고 프리온까지 완벽하게 제거된 상태를 의미하게 됐다. 물건과 재료를 멸균하는 것은 미생물학, 의학, 치의학, 그리고 일부 산업에서 꼭 필요한 과정이라 할 수 있다.

### 무균기술 발전

아주 오래전부터 사람들은 썩은 것에서 나오는 '보이지 않는 힘'이나 '독성 증기'가 질병을 일으킨다는 막연한 믿음을 가지고 있었다. 미생물학 연구가 더욱 과학적으로 발전하고 보이지 않던 것이 보이면서, 이런 알 수 없는 증기에 대한 두려움은 '세균'에 대한 지식, 그리고 때로는 두려움으로 대체됐다. 약 130년 전, **로베르트 코흐**(Robert Koch)의 첫 연구는 미시적 생명체와 특정 질병을 명확하게 연결했다. 그 이후로 미생물학자들은 질병을 일으키는 물질을 계속 찾아왔다.

자연발생설에 대한 논쟁이 한창일 때 일부 젊은 미생물학자들은 미생물이 손상과 부패뿐만 아니라 감염병도 일으킬 수 있다는 의문을 품기 시작했다. 일부는 인체 자체가 감염원이 될 수 있다고 생각했다. 미국 의사 **올리버 웬델 홈즈**(Oliver Wendell Holmes)는 집에서 출산한 산모들이 병원에서 출산한 산모들보다 감염이 덜 발생한다는 것을 확인했고, 헝가리 의사 **이그나즈 제멜바이스**(Ignaz Semmelweis)는 산부인과 병동 여성들이 부검실에서 바로 온 의사들의 진찰을 받은 후 감염된다는 사실을 확실하게 증명했다.

영국의 외과의사 **조지프 리스터**(Joseph Lister)는 이러한 관찰에 주

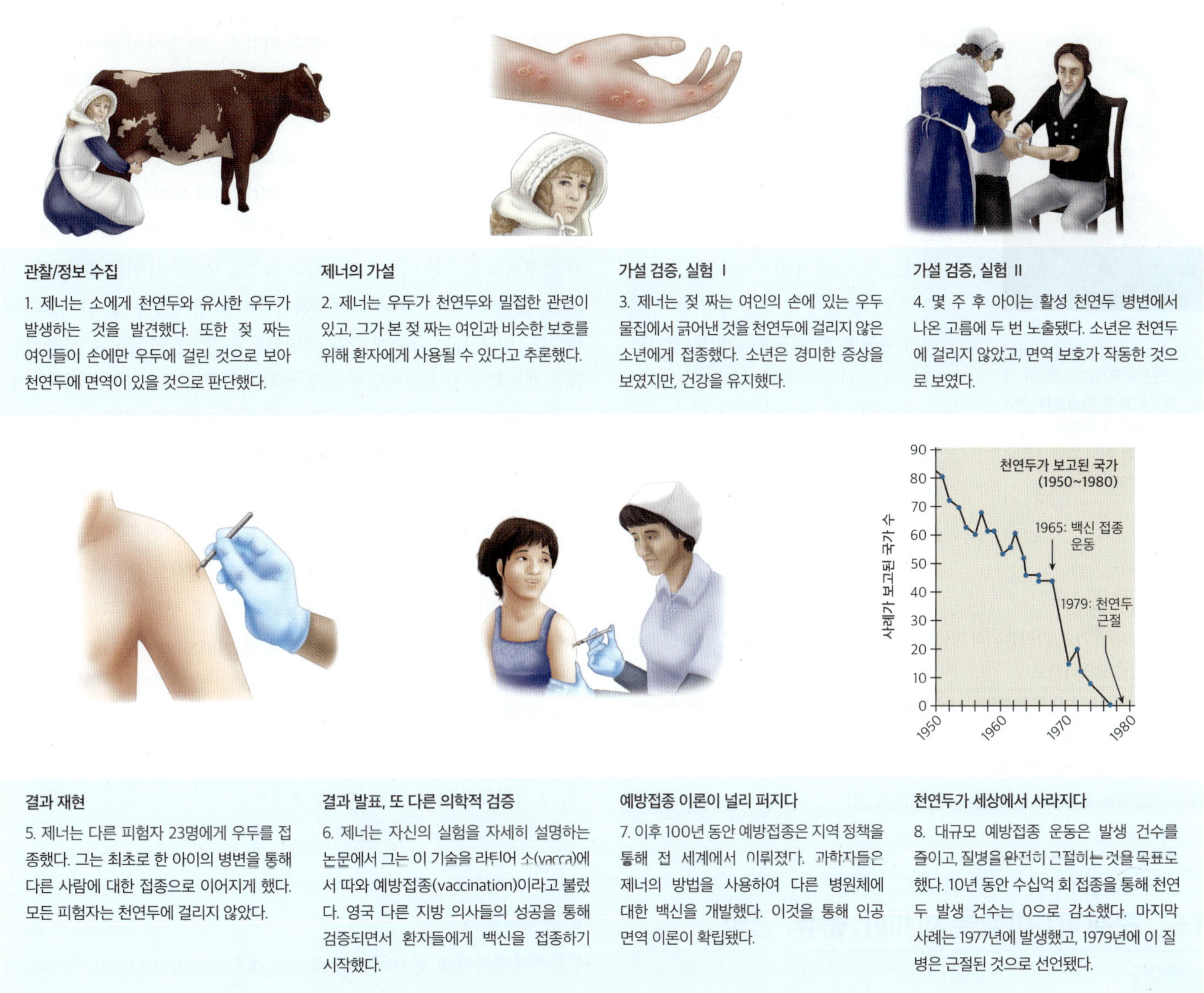


**그림 1.10** **에드워드 제너와 천연두 백신 이야기.** 제너는 최초로 과학적 방법을 사용해 전염병인 천연두를 통제하기 위한 연구를 기록했다. 이 질병은 확산성 피부 물집(pox) 발생이 특징이고, 종종 심각한 장기 손상을 일으킨다. 1977년 마지막 사례가 보고될 때까지 이 치명적인 질병으로 전 세계적으로 많은 사람이 사망했다.

목하여 의료 환경에서 미생물을 줄이고, 상처 감염을 예방하기 위한 **무균기술**(aseptic* technique)을 최초로 도입했다. 리스터의 무균 개념은 우리의 현대적인 예방 조치보다 훨씬 제한적이었다. 주로 수술 전에 페놀과 같은 강력한 소독약으로 손과 공기를 소독하는 것이 전부였다. 믿기 어렵겠지만, 1800년대 후반까지 외과의사들은 수술실에서 평상복을 입었고, 손 씻기 중요성을 거의 알지 못했다. 리스터의 기술과 멸균을 위한 열 이용은 물리적·화학적 방법을 통한 미생물 통제의 기초가 됐고, 이는 오늘날에도 여전히 쓰이고 있다.

* 무균 그리스어 a(없는)와 sepsis(부패 또는 감염)에서 유래. 병원체를 줄이는 방법을 말하고, 반드시 멸균되는 것은 아님.

## 병원체 발견과 질병 배종설

프랑스의 파스퇴르(그림 1.11)와 독일의 코흐라는 두 천재적인 미생물학자는 오늘날에도 사용되는 기술을 개발했다. 파스퇴르는 의학과 산업의 여러 분야에서 미생물 역할을 이해하는 데 크게 기여했다. 그는 두 가지 백신(광견병과 탄저병)을 개발했고, 포도주와 맥주 발효에서 미생물 작용을 확실히 밝혔다. 그는 저온살균법(pasteurization)을 발명하고, 감염을 통해 인간 질병이 발생할 수 있음을 보여 주는 초기 연구 중 일부를 완료했다. 다른 과학자들의 연구와 함께 이 연구들은 **질병 배종설**(germ theory of disease)로 알려졌다. 파스퇴르와 동시대 인물인 코흐는 질병 배종설을 검증했고, 어떤 생명체가 병원성인지, 어떤 질병을 일으키는지 확인할 수 있는 체계적 증거인 코흐의 가설을 확립했다(13장 참조). 1875년경 코흐는 이 실험 체계를 사용해 탄저병이 *Bacillus anthracis*라는

**그림 1.11** 미생물학의 아버지 루이 파스퇴르(1822~1895) 사진. 파스퇴르의 미생물학 기여 범위와 영향력에 필적할 수 있는 미생물학자는 거의 없다. (출처: Pixtal/age fotostock)

세균에 의해 발생한다는 것을 입증했다. 코흐의 가설은 매우 유용해서 1875년과 1900년 사이에 20개 이상 다른 질병의 원인 인자가 발견됐으며, 지금도 병원체와 질병 간 연결을 확립하기 위한 기본 전제로 사용된다. 코흐와 그의 동료들이 3장에서 설명하는 많은 기술, 즉 접종, 분리, 배지, 순수 배양 유지, 현미경 관찰을 위한 표본 준비를 고안했다고 해도 과언이 아니다. 이 발견의 시대에 있었던 다른 중요 성과는 미생물 제어(11장 참조)와 백신 접종(15장 참조)으로, 나중에 다루게 된다.

**핵심 점검 1.5**

10. 현미경, 배양 기술, 그리고 기타 미생물 취급 또는 제어 방법에서 가장 중요한 발견과 사건을 요약하시오.
11. 가설과 이론의 차이점을 설명하시오. 누군가 과학적 설명이 "단지 이론일 뿐"이라고 말한다면 실제 의미는 무엇인가?
12. 질병 배종설은 정말로 법칙인가? 그 이유를 설명하시오.
13. 자연발생설 폐기가 매우 중요한 이유는 무엇인가?

## 1.6 분류학: 미생물 체계화, 분류, 명명

**학습목표**

11. 분류학과 여기에 연관된 용어인 분류, 명명, 동정, 계통발생을 정의한다.
12. 분류체계의 각 단계가 서로 어떻게 관련돼 있는지 설명하고, 각 단계의 이름을 알고 분류체계에 배치해 본다.
13. 명명법의 목적과 이명법이 어떻게 구성되는지 설명한다. 학명을 올바르게 작성하는 법을 안다.

미생물학을 처음 시작하는 학생들은 끝없이 나오는 새롭고 특이하며, 때로는 혼란스러운 미생물 이름에 종종 당황한다. 미생물 **명명법**(nomenclature)* 을 배우는 것은 새로운 언어를 배우는 것과 아주 비슷하며, 때로는 어려울 수 있다. 하지만 정확한 미생물 이름을 아는 것은 야구 경기를 보는 것과 같다. 선수를 구별하기 위해서는 어떤 기준이나 규칙이 필요하듯이, 미생물이 어떻게 명명되는지에 대한 몇 가지 일반적인 규칙을 배우면 미생물에 대한 이해와 지식은 크게 향상될 것이다.

생명체를 체계화, 분류, 명명하는 공식적인 체계를 **분류학**(taxonomy)* 이라 한다. 이 과학 분야는 250년 전에 스웨덴 식물학자 **칼 폰 린네**(Carl von Linné, 또는 Linnaeus라고도 알려짐, 1701~1778)가 분류학적 범주(category) 또는 **분류군**(taxa)에 대한 기본 규칙을 정하면서 시작됐다. 린네는 일찍이 생명체 특징을 판단하고 정의하는 체계가 각 생명체에 고유한 이름을 부여하고 그것을 분류하기 위한 정확한 '자리(slot)'를 제공함으로써 과학 연구에서 혼란을 방지할 수 있다는 것을 깨달았다. 이 분류는 나중에 같은 생명체를 동정하는 수단으로 사용됐고, 많은 생물학 분야 연구자들이 서로 논의하는 생명체가 같은지 다른지 알 수 있게 됐다. 린네 체계는 그 이후로 발견된 200만 종 이상의 서로 다른 유형을 지닌 생명체를 분류하는 데 잘 이용됐다.

분류학의 주된 관심사는 지구상 수천만 종 생물을 구조화하는 데 필요한 분류, 명명 그리고 동정이다. 스마트폰에서 사진을 그룹화하는 것처럼 생명체 목록을 만드는 방법은 다양하지만, 가장 유용한 방법은 공통된 진화 역사와 유전적 특징 공유를 기반으로 개체를 그룹화하는 **계통발생학적**(phylogenetic) 체계다. **분류**(classification)는 생명체를 진화적 관계와 역사를 나타내는 분류군으로 묶는 것이다. 명명법은 다양한 분류 단계에 속한 각 미생물 종에 이름을 부여하는 과정이다. **동정**(identification)은 어떤 생명체의 분류학적 특징을 기존 생물들과 비교해, 그 정확한 이름과 분류 위치를 결정하는 과정이다. 몇 가지 일반적인 동정 방법은 3장에서 살펴볼 것이다.

### 분류 단계

분류체계에서 주요 분류군 또는 그룹은 **계층**(hierarchy)이라 부르고, 여러 하위 등급으로 구성된다. 계층은 고유한 세포 종류를 기준으로 하는 가장 크고 포괄적인 '역'에서 시작해 가장 작고 구체적인 '종*'으로 끝난다. 역에 있는 모든 구성원은 하나 또는 두 가지 정도로 일반적인 특성만을 공유하는 반면, 종 구성원은 특성 대부분을 공유한다. 계층 순서는 내림차순으로 **역**(domain), **계**(kingdom), **문**(phylum* or division)[4], **강**(class), **목**(order), **과**(family), **속**(genus)*, **종**(species)으로 정렬된다. 따라서 각 역은 더 작은 계로 나눌 수 있고, 각 계는 여러 문으로 구성되며, 각 문은 여러 강을 포함하는 방식이라 볼 수 있다. 어떤 경우에는 세부 분류를 위해 계층 바로 위(상, super) 또는 아래(하, sub)에 상문(superphylum)과 아강(subclass)과 같은 계층이 추가될 수 있다.

* 명명법 라틴어 nomen(이름)과 clare(부르다)에서 유래. 이름을 붙이는 체계.

* 분류학 그리스어 taxis(분류)와 nomos(이름)에서 유래.

* 종 라틴어 specere(종류)에서 유래. 생물학에서는 항상 복수형으로 사용됨.

* 문 그리스어 phylon(계통 또는 집단)에서 유래.

4 원생생물, 동물, 세균, 균류에는 문(phylum)이라는 용어를 쓰고, 조류와 식물에는 계(division)라는 용어를 씀.

* 속 복수형은 genera. 라틴어로 '출생', '종류'를 의미.

이 계층체계가 어떻게 사용되는지 알기 위해 인간과 연못에 흔한 원생동물 사이 분류체계를 비교했다(그림 1.12). 인간과 원생동물은 같은 진핵생물(Eukarya) 역에 속하지만, 계에서는 서로 갈라진다. 인간과 해파리는 같은 계에 속하는데, 이것은 계 범위가 상당히 광범위하다는 것을 의미한다. 이 계 내 여러 문 중에서 인간은 척삭동물문(Chordata)에 속하지만, 문 범위도 꽤 넓어서 인간은 다른 척추동물뿐만 아니라 우렁쉥이 같은 생물과도 같이 속해 있다. 다음 계층인 포유강(Mammalia)은 털이 있고 새끼에게 젖을 먹이는 척추동물만이 속한 영역으로 범위가 상당히 좁아진다. 다음은 인간과 유인원만 포함하는 과인 사람과(Primates)다. 마지막 계층인 종에서 우리 속인 *Homo*(현대와 고대 모든 인간 속)와 종소명인 *sapiens*(현명하다는 뜻), 이 두 단어를 사용해 현생 인류 종인 *Homo sapiens*로 명명된다. 계층이 아래로 내려갈수록 인간과 원생동물 모두에 대해 범위가 점점 좁아지고, 개별 구성원이 더 밀접하게 관련되면서 전체적인 형태가 비슷해짐을 알 수 있다. 다른 분류체계에 대한 예는 4장, 5장과 몇몇 후속 장에서 다룬다. 미생물 분류체계에 대한 좋은 자료는 위키피디아다. 거기에서 어떤 종이든 검색하면 첫 페이지 오른쪽 상단에 분류법이 표시된다.

모든 분류체계에서 특정 생명체군이 어떤 계층에 속할지는 전문성을 지닌 과학자들이 판단하지만, 현재 사용되고 있는 분류체계가 영구적인 것은 아니다. 그러므로 생물 분류체계는 새로운 사실이 밝혀지거나 학문적 관점 변화에 따라 지속적으로 개선된다. 분류학을 알아야 하는 주된 이유는 다양한 미생물군을 살펴보고, 주요 계층을 이해하기 쉽도록 도와주는 방법이기 때문이다. 이 책에서는 미생물 상위 계층(눈, 상)과 하위 계층(속, 종)에 중점을 둘 것이다.

## 과학적 이름 붙이기

큰 생물들은 대부분 눈에 띄는 특징을 바탕으로 만들어진 일반명으로 알려져 있다. 예를 들어, 어떤 새는 '노란배수액빨이딱따구리'로, 어떤 현화식물은 '해바라기'로 불릴 수 있다. 일부 미생물 종(특히 병원체)들도 때로는 '임질균(gonococcus, *Neisseria gonorrhoeae*)'이나 '결핵균(TB bacillus, *Mycobacterium tuberculosis*)'처럼 비공식적인 이름으로 불리지만, 보통은 이렇게 부르지 않는다. 만약 '작은 노란 구균(little yellow coccus, *Micrococcus luteus**)'이나 '곤봉 모양 디프테리아균(club-shaped diphtheria bacterium, *Corynebacterium diphtheriae**)' 같은 일반명을 쓰기로 하면, 과학적 이름보다 더 혼란스럽고 어려워질 것이다. 더 심각한 것은, 일반명은 같은 나라 안에서도 지역에 따라 달라질 수 있다는 것이다. 표준화된 명명의 확실한 장점은 지구상 모든 나라 과학자들이 자유롭게 정보를 교환할 수 있는 공통 언어를 쓴다는 것이다.

**특정 별명**(specific epithet)이라고도 하는 **학명**(scientific name)은 **이명법**(두 이름)[binomial (two-name) system]을 사용하여 지정된다. 학명은 항상 속명(genus)과 뒤에 오는 종명의 조합으로 구성된다. 학명의 속명 부분은 대문자로 표기되며, 종명 부분은 소문자로 시작된다. 두 부분 모두 이탤릭체로 표기해야 하며(이탤릭체를 사용할 수 없는 경우 밑줄을 그어야 한다), 다음과 같이 표기된다.

*Histoplasma capsulatum* 또는 <u>Histoplasma capsulatum</u>

다른 분류 계층은 이탤릭체로 쓰지 않고, 한 단어로만 돼 있어서 학명은 항상 알아볼 수 있다. 생명체 학명은 공간을 절약하기 위해 때때로 *H. capsulatum*처럼 줄여 쓸 수 있지만, 속명이 앞에서 전부 언급된 경우에만 가능하다. 명명법 단어는 대개 라틴어나 그리스어를 사용한다. 영어나 프랑스어 같은 다른 언어가 사용되면 단어 끝이 라틴어 어미로 수정된다.

학명을 관장하는 국제단체에서는 새로 발견된 모든 생명체에 대한 명명을 감독하여 표준 절차가 준수됐는지 확인하고, 그 생명체나 다른 생명체에 이미 같은 이름이 있는지도 확인한다. 이름의 의미나 유래는 매우 다양하고, 종종 상당히 독특하다. 과거에는 저명한 사람(종종 미생물학자)이나 미생물이 발견된 장소 이름을 따서 명명되기도 했지만 요즘은 그런 경우가 적다(**1.2 연결고리 찾기**). 어떤 이름은 미생물 특징(모양, 색깔)이나 감염 증상을 나타낼 수 있다. 학명과 그 유래에 대한 몇 가지 예는 다음과 같다.

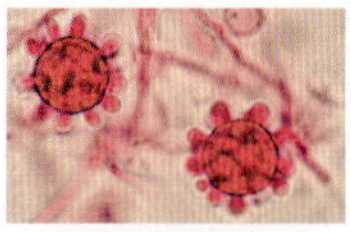

1. ***Histoplasma capsulatum*** 그리스어 histo는 조직, plasm은 형성하다, 라틴어 capsula는 작은 껍질을 뜻한다. 이 곰팡이는 오하이오 계곡열을 일으킨다.

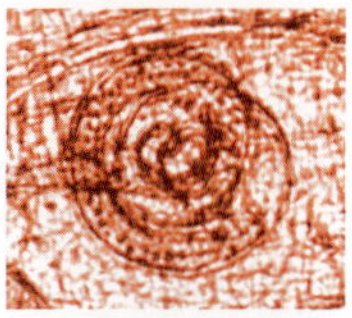

2. ***Trichinella spiralis*** 그리스어 trichos는 털, ella는 작은 것, 라틴어 spira는 나선형을 의미한다. 이 선충은 식품 매개 감염증인 선모충증을 일으킨다.

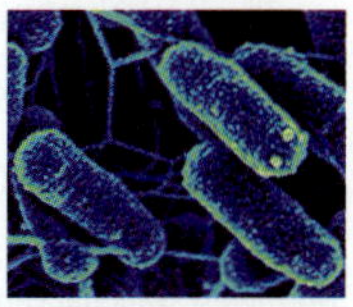

3. ***Shewanella oneidensis*** 영국 세균학자 스완(J. M. Shewan)의 이름과 뉴욕주에 있는 오네이다(Oneida) 호수에서 발견된 것을 따서 명명됐다. 이 세균 종은 오염된 폐기물 현장에서 방사성 금속을 생물학적 정화할 수 있는 놀라운 능력을 가지고 있다.

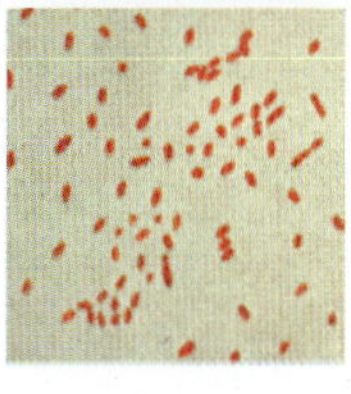

4. ***Bordetella pertussis*** 벨기에 미생물학자 쥘 보르데(Jules Bordet)의 이름과 함

---

* *Micrococcus luteus* 그리스어 micros(작은)와 kokkus(둥근 알갱이), luteus(노란색)에서 유래.

* *Corynebacterium diphtheriae* 그리스어 coryne(곤봉), bacterion(작은 막대), diphtheriae(디프테리아를 일으키는 원인 인자)에서 유래.

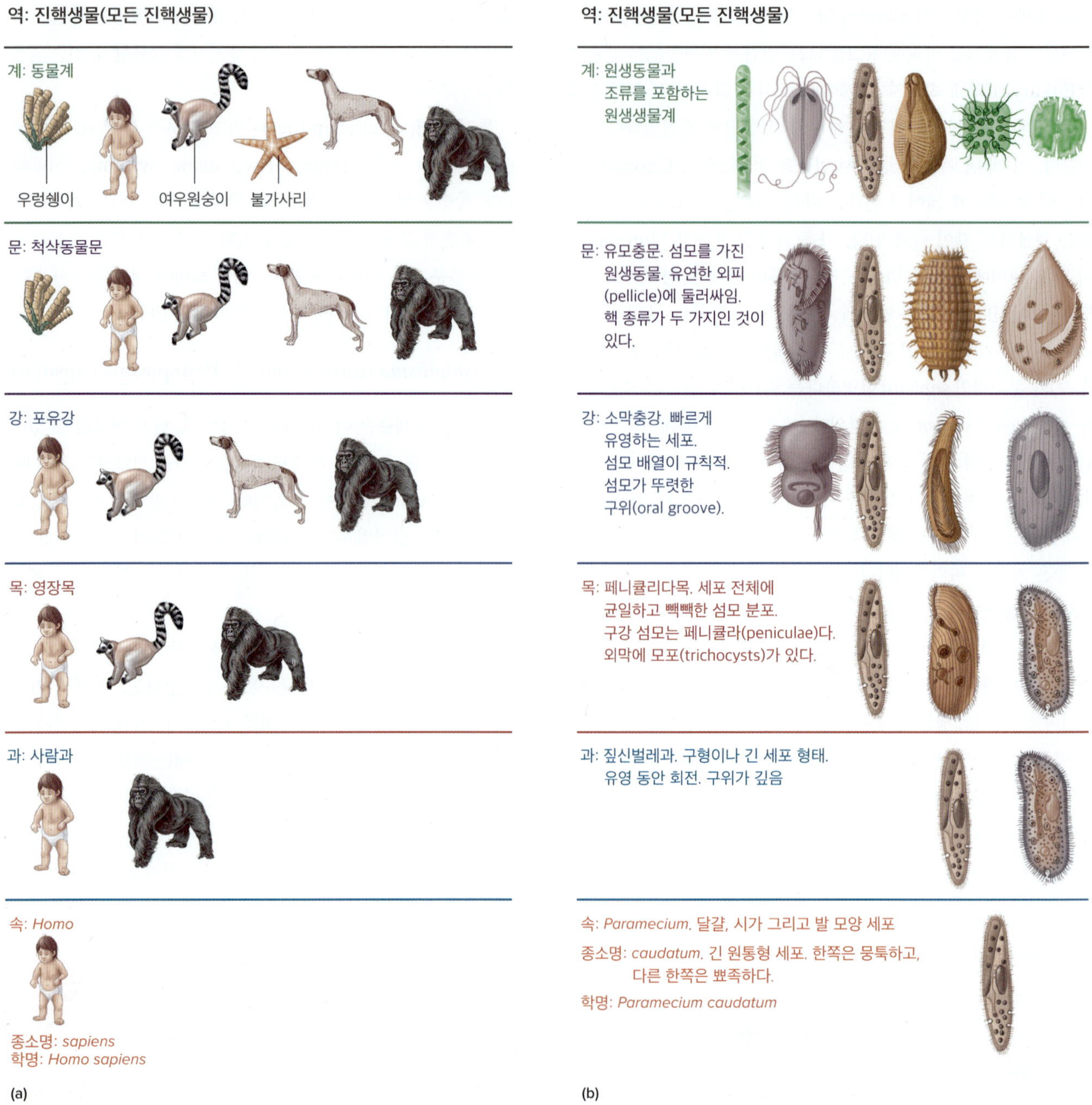


**그림 1.12 분류학의 예.** 진핵생물역에 속하는 두 생명체는 분류체계를 통해 분류된다. (a) 현대 인류인 *Homo sapiens*. (b) 일반적인 원생동물인 *Paramecium caudatum*.

께 라틴어 per는 심한, tussis는 기침을 의미한다. 이 세균은 백일해(pertussis)를 일으키는 원인이다.

(1. Dr. Libero Ajello/CDC, 2. Centers for Disease Control and Prevention, 3. Rizlan Bencheikh and Bruce Arey, Environmental Molecular Sciences Laboratory, DOE Pacific Northwest National Laboratory, 4. CDC)

앞으로 미생물 이름을 볼 때, 한 음절씩 천천히 소리 내어 반복해 읽으면 기억하고 익숙해지는 데 큰 도움이 될 수 있다.

**핵심 점검 1.6**

14. 분류학, 분류, 명명법 사이 차이점을 구분하시오.
15. 계통발생학적 분류 기준은 무엇인가?
16. 이명법을 설명하고, 가장 일반적인 단계에서부터 가장 구체적인 단계까지 분류 순서를 나열하시오.
17. 생명체 이름으로 학명을 사용하는 것이 왜 좋은지 그 장점을 설명하시오.

1.2 연결고리 찾기

### 모두를 위한 WHO

우리 대부분은 SARS-CoV-2와 관련된 비하적인 명칭인 '중국 독감', '중국 바이러스', '쿵 독감' 같은 용어에 익숙하고, 그보다 더 심한 것도 잘 알고 있다. 또한 그 바이러스의 시초를 트집 잡아 자신들 행동이 정당하다고 생각한 사람들이 저지른 인종차별적인 행동 – 무례함부터 살인까지 – 도 자주 접한다. 하지만 SARS-CoV-2 명명에 대한 논쟁은 지금 이야기 중 일부에 불과하다.

일반적으로 생명체에 이름을 붙이는 규칙은 그것을 발견한 사람이 정하는 것이다. 그러나 세계보건기구(World Health Organization, WHO)는 어떤 명칭이 불쾌감을 주면 비난에 대한 부담 때문에 항상 명명 과정에 관여해 왔다. 100년이 넘도록 새로운 생명체 이름은 대부분 사람, 장소, 동물 이름을 따서 명명됐다. 예를 들어, 살모넬라균(*Salmonella*)은 데이비드 살몬(David Salmon)이라는 사람의 이름을 따서, 마르부르크 바이러스(Marburg virus)는 독일의 한 도시 이름에서, 돼지 독감(swine flu)은 돼지라는 동물 이름에서 유래했다. 하지만 이런 방식은 에이즈(AIDS) 초기 이름인 GRID(남성 동성애 관련 면역결핍, gay-related immune deficiency) 같은 차별적 명칭을 낳기도 했다. 노워크(Norwalk) 바이러스라는 이름 때문에 오하이오주 노워크 지역 부동산 가치가 떨어졌을까? 돼지 독감 때문에 돼지 농가들이 손해를 봤을까? 이 두 질문에 대한 대답은 거의 확실히 '그렇다'이다.

2015년, WHO는 사람에게 영향을 미치는 새로 발견된 병원체 명명에 대한 최신 지침을 발표했다. 사람, 장소, 동물 이름은 물론 직업, 음식, '치명적' 또는 '전염병' 같은 공포를 조장하는 용어도 금지됐다. 새로운 규칙은 증상(호흡기 질환, 설사)과 역학 용어(계절성, 중증, 소아)를 바탕으로 명명하도록 했다. 이렇게 해서 '중증급성호흡기증후군 관련 코로나바이러스 2형', 즉 SARS-CoV-2라는 이름이 탄생했다. 참고로 WHO는 이미 문헌에 확립된 병원체나 질병 이름을 변경하는 것은 권장하지 않는다. 그 예로 에볼라 바이러스나 샤가스병은 그대로 남아 있다.

최신 명명 지침은 사람들 감정을 더 존중하는 방식이지만, 많은 미생물학자는 새 규칙에 따른 이름이 별로 인상적이지 않다고 느낀다. 예를 들어, '록키산 홍반열'이라는 이름이 '구진성 발진질환, 11형' 같은 이름보다 애초에 더 흥미롭다는 것이다. 콜롬비아 대학 바이러스학자 이안 립킨(Ian Lipkin) 같은 사람들은 새로운 명명 규칙이 관련 사실을 모호하게 할 수 있다고 주장한다. 예를 들어, 원숭이두창(monkeypox) 같은 이름은 자연 숙주와 잠재적 감염원에 대한 정보가 담겨 있어서 유지하는 것이 도움이 될 것이라고 말했다. 또한 때로는 좋은 의도가 제대로 반영되지 않을 수도 있다. 그 예로, 'SARS'라는 이름은 불쾌감을 주지 않기 위해 고안되었지만, 공식적으로 '홍콩 특별행정구(special administrative region, SAR)'로 알려진 홍콩에서는 받아들이기 어려웠다.

**델타항공사는 SARS-CoV-2 변종 중 하나가 그리스 알파벳 네 번째 글자인 '델타'를 따서 '델타 변이'로 명명되면서 손해를 봤을 가능성이 크다. 이 항공사가 미국 정부나 WHO에 손해배상을 청구할 수 있을까? (참고로, 미국 정부는 팬데믹으로 인해 피해를 본 기업들에게 수십억 달러를 지원한 바 있다.)**

## 1.7 미생물 기원과 진화

학습목표

14. 진화의 기본 원리, 진화적 경향을 검증하는 데 사용되는 증거, 생명체 연구에서 진화 이론이 어떻게 활용되는지 논한다.
15. 주 생명 계통수 두 가지의 구성 원칙을 설명하고, 주요 미생물군이 이 계통수 어디에 위치하는지 설명한다.
16. 분류, 분류학, 명명법 기초를 설명한다.
17. 계층 순서와 학명을 작성할 때 사용되는 표기법을 기억한다.

### 모든 생명체 사이 연결고리: 진화

앞에서 언급한 대로, 생물종을 구분하는 분류학은 모든 생명체 형태를 정리하는 체계다. 오늘날 생물학에서는 분류 범주를 결정하는 다양한 방법이 있지만, 이들 모두 생명체 역사와 관련성에 의존한다. 생명체 집단 사이 자연적 연관성을 **계통발생**(phylogeny)이라고 부른다. 생물학자들은 계통발생적 관계에 대한 지식을 활용해 분류체계를 만들 수 있다.

생명체가 어떻게 발생하는지 이해하려면 **진화**(evolution)에 대한 기본 원리를 알아야 한다. 진화가 "그저 이론일 뿐"이라며 받아들이기 어려운 것처럼 말하는 의견을 들어 본 적 있을 것이다. 그러나 과학적 이론은 매우 잘 기록되고, 확립된 개념이다. 과학적 방법을 통한 진화과정에 대한 지식은 수백 년에 걸쳐 축적됐고, 이 지식의 양이 방대해 모든 학문 분야 과학자들은 진화를 사실로 받아들이고 있다. 진화는 생물학, 특히 미생물학을 포함한 모든 생물학에서 중요한 주제다. 간단히 말해, 진화에 대한 과학적 원리는 생명체가 시간에 따라 점진적으로 변화한다는 것이다. 특정 생물이나 생물 집단 생존에 유리한 변화는 유지되는 경향이 있고, 생존에 덜 유리한 변화는 사라지는 경향이 있다. 위대한 박물학자 찰스 다윈(Charles Darwin)은 이 과정을 자연 선택(natural selection)이라고 명명했다. 여기서 진화 이론에 대한 자세한 분석을 다룰 여유는 없지만, 진화라는 현상은 화석 기록과 **형태학**(morphology, 구조), **생리학**(physiology, 기능), **유전학**(genetics, 유전) 연구에서 아주 많은 증거에 의해 검증됐다. 진화는 지구상에 생명체가 수백만 종 있고, 이들 종이 다양한 서식지에 적응한 과정을 설명해 준다.

진화는 두 가지 전제에 기반을 둔다: (1) 모든 새로운 종은 기존 종에서 유래하고, (2) 밀접하게 연관된 생물들은 공통 조상으로부터 진화했기 때문에 비슷한 특징이 있다.

생명체 진화는 일반적으로 더 복잡한 방향으로 진행된다. 원래부터 계통발생, 즉 생명에 대한 역사는 다양한 생명체의 기원을 보여 주기 위해 나무가 가지를 뻗는 형태로 표현된다(그림 1.13과 1.14). 나무 밑부분에는 가장 오래된 조상 형태가 있고, 위로 갈수록 진화적으로 더 젊은 생물이 나타나며, 진화가 계속되면서 가지가 주 줄기에서 갈라져 나간다. 이 배열에서 서로 더 밀접하게 관련된 생물들은 나무에서 서로 더 가깝게

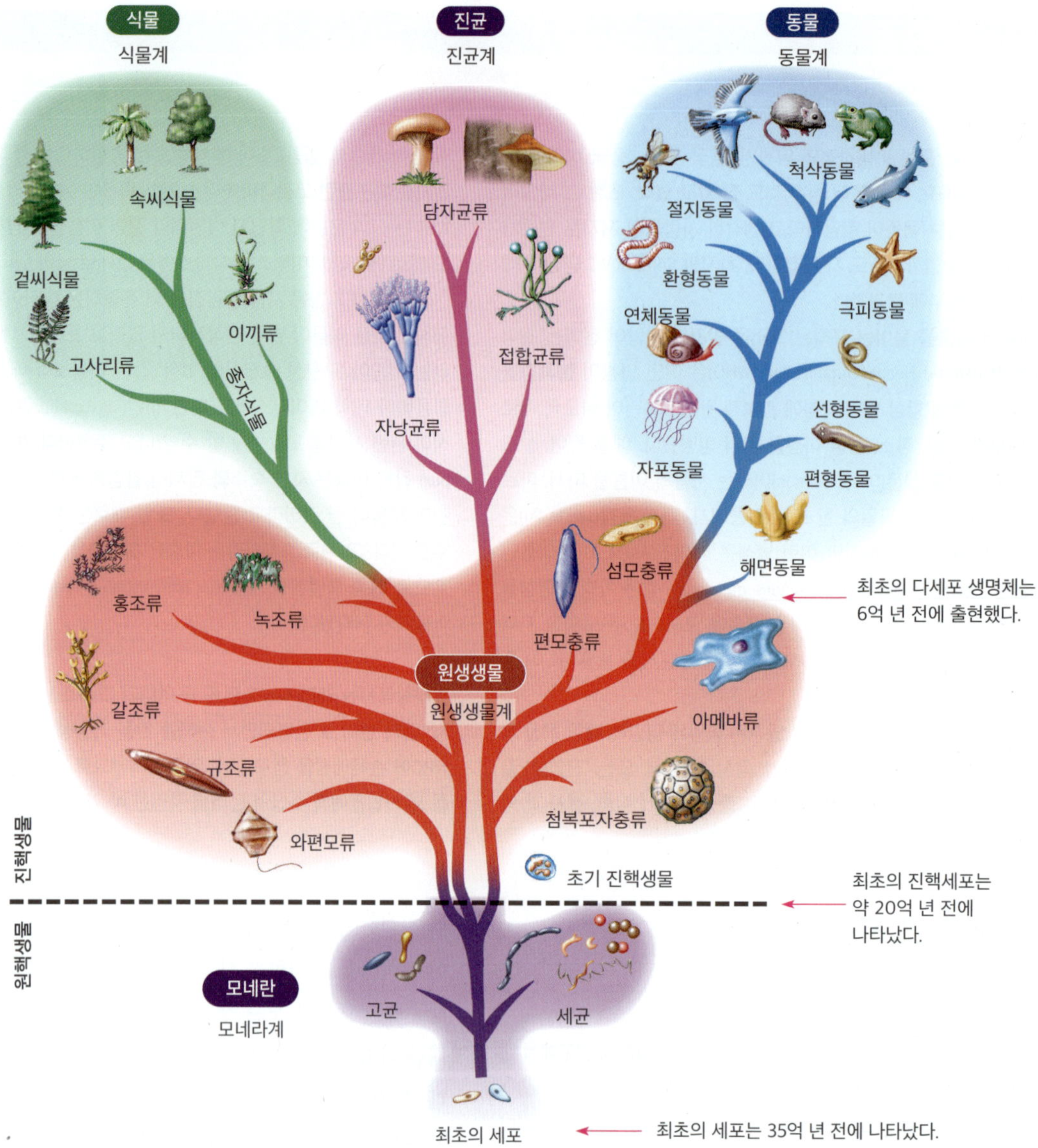


**그림 1.13 전통적인 휘태커 분류체계.** 이 체계에서는 계를 세포 구조와 종류, 신체 구성 특성, 영양 유형에 따라 분류한다. 세균과 고균(모네란)은 원핵세포에 속하고, 단세포 생명체다. 원생생물은 진핵세포로 구성되고, 단세포 또는 군체를 이루는 단순한 생명체다. 이들은 광합성을 하거나(조류), 다른 생물을 먹이로 삼을 수 있다(원생동물). 균류는 진핵세포를 가지며, 단세포 또는 다세포로 이뤄져 있고, 세포벽이 있으며 광합성이 불가능하다. 식물은 진핵세포를 가지며, 다세포이고, 세포벽이 있으며 광합성을 한다. 동물은 진핵세포로 구성되고, 다세포이고, 세포벽이 없으며 다른 생물로부터 영양분을 얻는다.

위치한다. 이 생명 계통수(tree of life)는 단지 생명체를 분류하는 한 체계일 뿐이고, 그 분류과정에 사용되는 특징은 계통수를 만든 사람이나 모임에 의해 정해진다. 생물을 알파벳 순서로 분류[땅돼지(aardvark), 아시네토박터(acinetobacter), 알로에(aloe), 영양(antelope)]하거나 크기 순서로 분류[거대 삼나무(giant redwood), 흰긴수염고래(blue whale)]하는 것은 모두 적절한 방법이다. 그러나 과학적으로 가장 유용한 분류체계는 생명체들이 공유하는 생물학적 특징(예: 개, 늑대, 코요테, 여우)을 기준으로 묶고, 계통수에서 보여 주는 생물들 사이 진화적 관계를 이용해 이것을 시각화하는 것이다.

## 공통 생명 계통수를 만들기 위한 다양한 시도

가장 초기 분류체계에서는 모든 생명체를 식물계(Plant Kingdom) 또는 동물계(Animal Kingdom)로 나눴다. 하지만 이 두 계층 중 어느 하나에도 적합하지 않은 경우도 많았다. 세포 구조, 영양소 획득 방법, 이동 방식에 대한 지식이 증가하면서, 로버트 휘태커(Robert Whittaker)는 1960년대에 생물계(그림 1.13) 5개를 기준으로 하는 체계를 개발했다. 이 체계는 오랫동안 표준으로 사용됐다. 생물계 5개 — 모네라(Monera), 진균(Fungi), 원생생물(Protists), 식물(Plants), 동물(Animals) — 에 속한 개별 생물은 20세기 중반 실험실 대부분에서 사용되는 기술을 통해 쉽게 구별할 수 있었다.

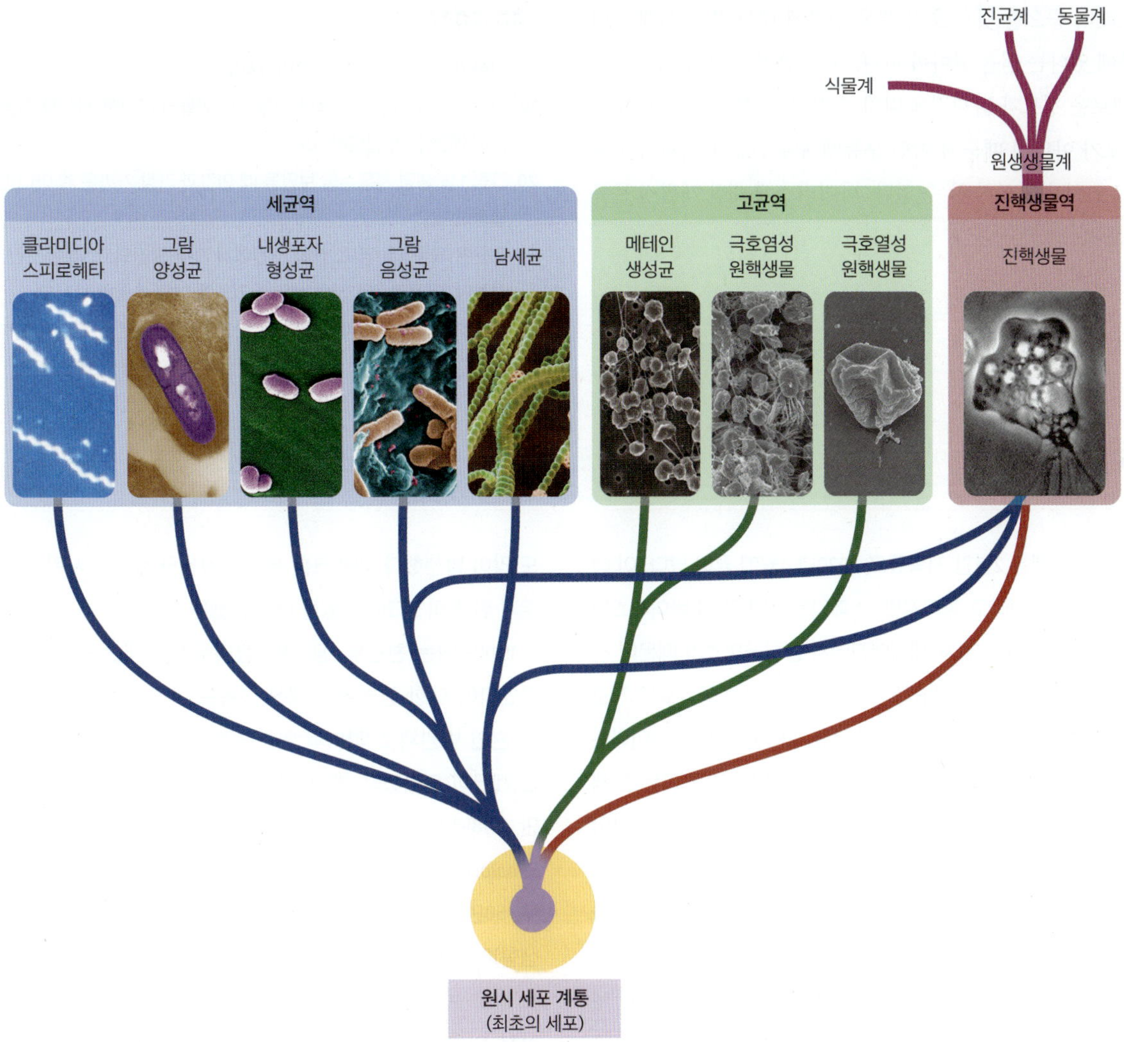


그림 1.14 우즈-폭스 분류체계. 이 체계는 세포 계통과 주요 분류군의 기원을 나타내는 체계로, 칼 우즈와 동료들이 제안했다. 이들은 세 가지 구별된 세포 계통을 역(domain)으로 구분하고 상단에 배치했다. 최초 세포인 프로게노트(progenotes)에 대해서는 거의 알 수 없지만, 이들이 원핵세포였다는 것만은 확실하다. 이런 초기 원시 세포 계통은 세균역(Domain Bacteria)과 고균역(Domain Archaea)으로 갈라졌다. 분자적 증거에 따르면, 고균이 나중에 진핵생물역(Domain Eukarya)으로 나아가는 가지를 시작했다. 두 가지 초기 세균 계통이 진핵생물 진화에 기여한 것도 주목할 만하다. 이 체계에는 전통적인 진핵생물계도 여전히 포함돼 있다(그림 1.13 참조). 분류체계에 대한 자세한 내용은 4장과 5장에서 다룬다. (출처: CDC; CDC/Dr. Balasubr Swaminathan & Peggy Hayes, photo by Elizabeth White; Laura Rose & Janice Haney Carr/CDC; Janice Haney Carr/CDC; Steve Gschmeissner/Science Photo Library/Getty Images; Maryland Astrobiology Consortium, NASA and STScl; From *Stand Genomic Sci.* 2011 July 1;4(3): 381-392 doi: 10.4056/sigs.2014648; CDC-DPDx)

20세기 후반, 생명체 연구 방식이 급격히 변화했다. 분자생물학 기술 덕분에 과학자들은 개별 유전자 구조와 기능을 조사하고, 단순히 공통된 특징이 아니라 유전물질 유사성을 바탕으로 생명체 사이 관계를 명확히 할 수 있게 됐다. 이런 새로운 분자적 방법을 사용하여 칼 우즈(Carl Woese)와 조지 폭스(George Fox)는 몇몇 사람들이 나무라기보다 생명체의 덤불(shrub)처럼 보인다고 표현한 분류체계를 고안했다(그림 1.14). 이 체계에서는 생명체가 가장 넓은 세 가지 역 중 하나에 속하는 것으로 분류된다. **세균역**(Domain Bacteria)에는 원핵세포를 가진 전통적인 세균 종이 포함된다. **진핵생물역**(Domain Eukarya)에는 진핵세포 구조를 가진 모든 생물이 포함되며, 동물계, 식물계, 원생생물계, 진균계가 여기에 속한다. **고균역**(Domain Archaea)도 원핵생물로 구성되지만, 이 원핵세포들은 세균과 진핵생물에서 발견되는 세포들과 매우 달라서 별도 역으로 분류됐다. 고균역 생명체 대부분은 극한 환경에서 살아가거나 독특한 대사 부산물을 생성하는 특징을 가지고 있다. 일부 종은 거의 끓는 물 근처 해저 화산 분출구에서, 또는 35%에 달하는 높은 염도에서 번성하고, 다른 종들은 대사과정 부산물로 메테인 가스를 생성한다.

현재는 6개 또는 7개 생물계로 이뤄진 새로운 분류체계가 제안됐지만, 아직 널리 인정되지 않았다. 우즈-폭스 체계는 여전히 생물 사이 가장 정확한 관계를 나타낸다. 어쨌든 최종적으로 선택된 분류체계는 미생물에 대한 논의에는 대부분 큰 영향을 미치지 않는다. 미생물은 보통 속(genus)과 종(species) 수준에서 논의되기 때문이다. 그러나 생물학적 분류학—그리고 더 중요한 것은 초기 생물 진화에 대한 우리 이해—이 현재 전환기 중에 있다는 점을 알아야 한다. 분류 방법은 현재 이해를 반영해야 하고, 새로운 정보가 밝혀짐에 따라 수정될 수 있어야 한다. 또한 바이러스는 세포가 아니기 때문에 어떤 분류체계나 진화적 체계에 포함되지 않으며, 그 위치를 확실히 할 수 없다. 바이러스에 대한 개별적 분류는 6장에서 다룬다.

**핵심 점검 1.7**

18. 진화가 무엇을 뜻하는지 설명하시오.
19. 진화과정이 지구상 수백만 생물종과 이들의 다양한 서식지 적응에 어떻게 기여했는지 예를 들어 설명하시오.
20. 그림 1.13 생명 계통수를 보았을 때 인간과 가장 가까운 계 아니면 계들이 무엇인지 결정하시오.
21. 고균은 극한 열, 염도, 산성 조건에서 자주 발견되고, 이런 조건은 초기 지구와 유사하다. 고균과 관련하여 생명의 기원에 대해 추측해 보시오.
22. 역 체계와 다섯 계 체계를 서로 비교하시오. 새로운 체계가 원핵세포와 진핵세포에 대한 기본 개념을 바꿨는가? 세 번째 세포 종류는 무엇인가?

## 사례 연구 Part 2

1918년 인플루엔자 대유행은 2년간 지속됐고, 1920년 4월에 끝이 났다. 이 대유행은 종종 '스페인 독감'이라고 불리지만, 스페인은 실제로 이 바이러스에 대한 피해가 적었다. 스페인이 제1차 세계대전에서 중립국이었기 때문에 감염에 대한 정보는 스페인에서 많이 제공됐다. 전쟁을 벌이던 국가들은 적군이 병력 상황을 알 수 없도록 역학 보고서를 검열했기 때문이다. 이 바이러스는 약 5억 명, 즉 전 세계 인구 1/3을 감염시켰다. 현재와 비교하면, 이는 전 세계적으로 COVID-19 사례 25억 건과 비슷한 숫자다. 인플루엔자로 인한 사망자 5,000만 명 중에서 미국에서만 67만 5,000명이 사망했다.

COVID-19 대유행에서 봤던 거의 모든 문제점이 100년 전에도 나타났다(다행히도 1919년에는 잘못된 정보가 담긴 페이스북 게시물은 없었다). 마스크 착용, 사회적 거리 두기, 격리 조치는 처음에는 잘 지켜졌다. 미국은 제1차 세계대전 중에는 병사들의 안전을 보장하는 것이 애국적 의무로 여겨졌다. 그러나 바이러스가 2년 동안 네 차례 대유행을 일으키고 전쟁이 끝나면서 이런 조치들을 지키는 것이 어려워졌다. 가족들은 병사들 귀환을 축하하는 파티를 열었고, 극장, 식당, 댄스홀 소유자들은 정부에 제한 조치를 해제해 달라고 청원하거나 완전히 무시했다. 그 외에도 결핵, 장티푸스, 백일해 같은 다른 질병도 많이 발생했다. 마스크를 제대로 착용하는 대신 사람들은 종종 담배를 피우기 위해 마스크에 구멍을 내기도 했다.

1918년에는 천연두, 광견병, 장티푸스에 대한 백신이 존재했지만, 인플루엔자에 대한 광범위한 백신 접종은 아직 초기 단계였다. 당시 인플루엔자 원인 병원체로 '파이퍼 인플루엔자 바실리(Pfeiffer influenza bacillae)'라는 세균이 의심됐다. 백신 4만 회분이 이 세균에 맞춰 제작되고 접종됐었지만, 1918년 말에는 효과가 없다는 의견이 대부분이었다. 두 번째 백신은 죽은 *Streptococcus*와 *Micrococcus* 세균 그리고 앞에서 언급한 세균을 조합한 것으로, 50만 명 이상에게 접종됐다. 이 백신은 인플루엔자(바이러스에 의해 발생함)에는 보호 효과가 없었지만, 폐렴을 유발하는 2차 세균 감염에 대해 어느 정도 보호를 제공했을 것으로 보인다. 당시에도 지금처럼 수십 가지 백신, 혈청, 약물이 개발되고 효능이 시험됐지만, 대부분은 효과가 없었다. 인플루엔자를 일으키는 바이러스는 1933년에야 확인됐고, 대중을 위한 백신은 그로부터 12년 후에야 허가됐다. Pfeiffer 인플루엔자 세균은 결국 *Haemophilus influenzae*로 이름이 바뀌었고, 현재는 인플루엔자가 아닌 수막염에 대한 원인으로 밝혀졌다.

**주요 용어로 보는 요약**

### 1.1 미생물학 탐구 분야

A. **미생물학**(microbiology)은 **세균**(bacteria), **바이러스**(virus), **진균**(fungi), **원생동물**(protozoa), **조류**(algae) 등을 연구하는 학문으로, 이러한 생물을 총칭하여 **미생물**(microorganism 또는 microbe)이라 부른다. 일반적으로 미생물은 **미시적**(microscopic)이기 때문에 맨눈으로 볼 수 있는 **거시적**(macroscopic) 생명체와는 다르게 관찰과 연구에 확대가 필요하다.

B. 미생물학은 다양한 하위 과학과 응용 분야로 확장됐다. 주요 하위 분야에는 **면역학**(immunology), **역학**(epidemiology), 공중보건, 식품, 유제품, 수생, 산업 미생물학 등이 있다.

### 1.2 일반적인 미생물 특성과 지구 환경에서 미생물의 역할

미생물은 지구상 어디든 존재하고, 지구에서 생명체가 정상적이고 균형 잡힌 삶을 유지하는 데 필수적이다. 이들은 지구 생태계에서 다양한 역할을 한다.

A. 미생물은 **어디에나 존재**(ubiquitous)한다.

B. 미생물과 인간 사이에는 다양한 관계가 있고, 대부분은 이롭지만, 일부는 해롭다.

C. 미생물은 영양소 생산과 에너지 흐름에 관여한다. 조류와 특정 세균은 **광합성**(photosynthesis)으로 태양 에너지를 포획해 영양소를 생산한다.

D. 다른 미생물은 **분해**(decomposition)를 통해 영양소에 대한 화

학적 분해와 재활용을 책임진다. 미생물은 공기, 토양, 물 유지에 필수적이다.

E. 미생물 세포는 작고 비교적 단순하며 핵이 없는 **원핵세포**(prokaryotic cell)이거나, 더 크고 복잡하며 **핵**(nucleus)과 **세포소기관**(organelle)을 포함하는 **진핵세포**(eukaryotic cell)일 수 있다.

F. **바이러스**(virus)는 미생물학에서 중요하게 다루지만 세포가 아니다. 이들은 크기가 매우 작고, 증식을 위해 원핵세포나 진핵세포성 생명체를 숙주로 삼아 감염을 일으킨다.

G. **기생체**(parasite)와 **병원체**(pathogen)는 **숙주**(host)의 몸에 침입하여 종종 감염과 질병을 통해 손상을 주는 미생물이다.

### 1.3 인간에게 유용한 미생물

미생물은 환경, 농업, 의료 문제를 해결하는 데 활용돼 왔다.

A. **생명공학**(biotechnology)은 산업 제품, 식품, 의약품 제조에 미생물의 힘을 이용한다.

B. 미생물은 **유전공학**(genetic engineering)과 **재조합 DNA**(recombinant DNA) 기술에 대한 기반을 제공해 유전물질 조작을 가능하게 함으로써 새로운 제품이나 변형된 생명체를 만들 수 있게 한다.

C. **생물학적 정화**(bioremediation)에서는 미생물을 이용하여 자연환경에서 오염물과 폐기물을 처리한다.

### 1.4 감염병과 미생물

A. 알려진 미생물 종 중 약 1,500종은 **병원체**로 작용해 감염병을 일으키고 높은 사망률과 질병 발생을 초래한다. 많은 감염병이 **신종**(emerging) 병원체에 의해 새롭게 발견되고 있고, 이미 알려졌던 질병 중 일부는 재출현하고 있다.

B. **인수공통감염병**(zoonosis)은 원래 동물 감염병이지만, 인간에게도 전염될 수 있는 감염병을 뜻한다.

C. 이전에 비감염성으로 여겨졌던 일부 질병은 미생물 감염이 원인일 수 있다(예: 위궤양을 유발하는 헬리코박터).

D. 면역력이 약해진 사람 수가 늘고 있는데, 이들은 감염성 질병에 더 취약하다.

### 1.5 미생물학의 역사적 발자취

A. 미생물학은 약 300년의 역사를 가진 학문이다. 많은 학자가 미생물에 대한 우리의 이해를 돕기 위해 발견과 지식을 제공했다.

B. 레벤후크는 간단한 현미경을 통해 그가 극미동물이라 부른 미생물들을 발견했다. 이 발견과 **과학적 방법**(scientific method)의 발전으로 인해 **자연발생설**(spontaneous generation or abiogenesis)은 폐기됐고, **생물속생설**(biogenesis)이 자리 잡았다. 과학적 방법은 검증될 수 있는 합리적 **가설**(hypothesis)과 **이론**(theory)을 제시한다. 반복적인 검증을 거친 이론은 시간이 지나면 **법칙**(law)이 된다.

C. 초기 미생물학은 **멸균**(sterilization), **무균기술**(aseptic technique), **질병 배종설**(germ theory of disease) 이론에 대한 개념이 발전하면서 꽃을 피웠다. 이 시기 저명한 과학자로는 로베르트 코흐, 루이 파스퇴르, 조지프 리스터가 있다.

### 1.6 분류학: 미생물 체계화, 분류, 명명

A. **분류학**(taxonomy)은 생물을 **분류**(classification)하고 **동정**(identification)하며 **명명**(nomenclature)하는 계층적 체계다. 여기서 생명체들은 넓은 범주인 일반적 특징에서 시작해 점점 좁은 범주인 구체적인 특징에 따라 단계적으로 묶이는데, 이것은 **분류군**(taxa) 또는 계층(hierarchy)이라 한다.

B. 가장 넓은 범주에서 점점 좁은 범주 순으로, 계층은 **역**(domain), **계**(kingdom), **문**(phylum or division), **강**(class), **목**(order), **과**(family), **속**(genus), **종**(species)으로 나뉜다. 생물종은 속명과 종명으로 이뤄진 **이명법**(binomial scientific name)으로 명명된다.

### 1.7 미생물 기원과 진화

A. 지구상 모든 생명체는 약 35억 년 전에 고대 바다에서 나타난 단순세포에서 **진화**(evolution)했다.

B. 진화적 변화는 환경 변화에 직면했을 때 적응에 가장 적합한 유전자를 가진 개체가 선택되고 생존할 때 발생한다.

C. 모든 새로운 종은 기존 종에서 유래하고, 화석, 형태학, 생리학, 유전학 등 다양한 과학적 방법을 통해 그 조상을 추적할 수 있다.

D. **계통발생**(phylogeny) 기록은 생명체들의 연관성에 따라 생명 계통수 형태로 표현된다.

E. 휘태커가 고안한 다섯 계 체계는 예전 분류체계 중 하나로, 다음과 같다.

1. 원핵생물계(모네라): 진정 세균과 고균으로 구성
2. 원생생물계: 조류와 원생동물 같은 원시적 단세포성 미생물로 구성
3. 진균계: 곰팡이 같은 진균류로 구성
4. 동물계: 동물로 구성
5. 식물계: 식물로 구성

F. 최신 분류체계는 리보솜에 대한 유전적 구조가 기반이고, 그에 따라 우즈-폭스체계에서는 다음과 같은 세 가지 **역**(Domain)을 제시했다: **고균**(Archaea)역: 극한 환경에서도 살아갈 수 있는 단순한 원핵생물, **세균**(Bacteria)역: 세균과 같은 전형적인 원핵생물, **진핵생물**(Eukarya)역: 모든 유형의 진핵세포성 생명체.

CHAPTER

# 2 생물학의 화학

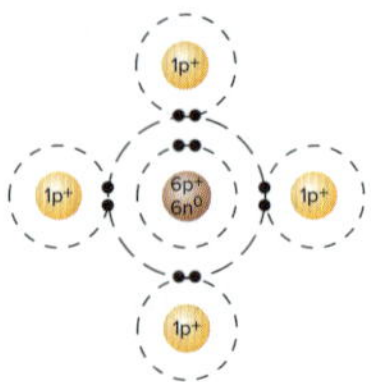


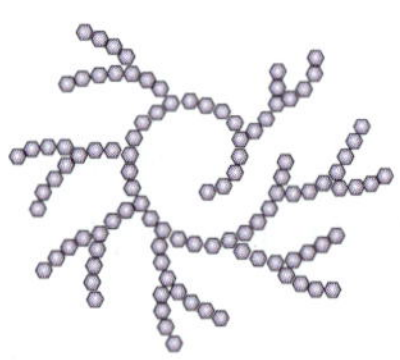

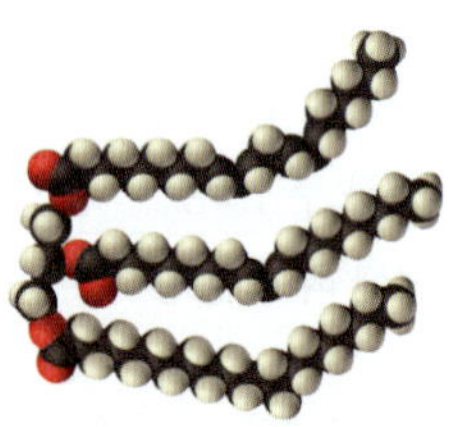

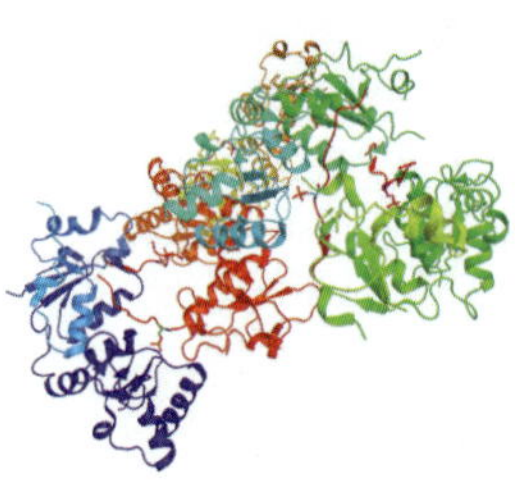

## 이 장의 구성





(이미지 출처: Aardvark/Alamy Stock Photo; ibreakstock/Shutterstock; Petarg/123RF)

사례 연구 **Part 1**

# 우유를 마셔 본 적 있나요?

대형 의료센터 7층에서 고등학교 2학년인 메긴 장은 간호사에게 자신의 병력을 설명하고 있다. 지난 8주 동안 메긴은 **복부 경련**(abdominal cramps), **설사**(diarrhea), **복부 팽만감**(bloating), **가스**(gas), **메스꺼움**(nausea) 등 다양한 **소화 문제**(digestive issues)를 겪은 일로 병원을 찾게 됐다. 메긴은 처음에 이러한 위장 장애가 **수면 부족**(lack of sleep)과 관련이 있을 수 있다고 생각했다. 6개월 전 새 학기가 시작된 이후, 고교 심화과정(AP)의 물리학 수업에 등록하면서 늘어난 공부량으로 인해 밤새는 날이 많았다. 또한 물리학 수업 때문인지 평소보다 더 많은 **스트레스**(stress)를 받고 있다고 언급했다. 2개월 전, 메긴은 스터디 그룹에 가입한 이후로 잠도 더 많이 자게 됐고 스트레스도 덜 느끼게 됐기 때문에 증상이 나아질 것이라고 기대했지만, 오히려 위장 문제는 점점 악화되고 있었다. 그녀는 농담조로 "저도 파산했어요. 모카 라테에 중독되기도 했고요. 왜냐하면 저희 스터디 그룹이 일주일에 세 번씩 커피 하우스에서 만나거든요!"라고 말했다.

메긴의 주치의가 진료실에 들어와 몇 분간 잡담을 나눈 후(AP 물리학에 대한 약간의 동정 포함), 메긴의 차트를 검토하기 시작했다. 의사는 메긴이 유당을 소화하지 못하는 **유당불내증**(lactose intolerance)을 앓고 있을 가능성이 매우 높다고 설명했다. 의사는 메긴이 어렸을 때, 지구상의 거의 모든 사람들처럼 소장의 내벽 세포에서 락테이스(lactase)라는 효소를 생산했다고 설명했다. 락테이스 효소는 **이당류**(disaccharide)인 유당의 **단당류**(monosaccharides)인 **포도당**(glucose)과 **갈락토스**(galactose)로의 분해를 **촉매**(catalyzed)했다. 이렇게 분해된 두 단당류는 소장 세포에 흡수돼 혈류로 들어가 신체의 여러 반응을 촉진하는 데 사용됐다. 락테이스 수치는 일반적으로 태어날 때는 높지만 나이가 들면서 급격히 감소하며, 이 변화는 약 2세부터 시작된다.

의사는 "16세쯤 되면 락테이스를 거의 생성하지 않기 때문에, 소량의 유당 외에는 거의 소화할 수 없게 됩니다."라고 설명했다. 소화되지 않은 유당은 소장에서 흡수되지 않고 대장으로 그대로 이동하게 되며, 이 과정에서 다양한 세균에 의해 **대사**(metabolized)돼 수소, 이산화탄소, 메탄 같은 가스를 생성하게 된다. 이로 인해 복부 팽만감, 가스, 메스꺼움 등의 증상이 나타난다. 의사는 메긴의 **호흡**(breath) 검사를 통해 진단을 확정하고자 했다.

같은 병원의 신생아 집중 치료실(INCU)에서는 소아 **위장병 전문의**(gastroenterologist)가 6주 조산아로 태어난 생후 3주 된 남자아이인 알렉스를 검사하고 있었다. 출생 시 체중이 5파운드 4온스(약 2.4 kg)였던 알렉스는 처음에는 건강했지만, 이후 체중이 절반 이상 줄어들었고, 소아과 의사는 알렉스가 **성장 장애**(failure to thrive) 징후를 보이고 있다고 판단했다. 명백한 문제 중 하나는 알렉스가 **수유**(nurses) 후에 자주 복부 팽만감과 설사를 보인다는 것이다. 위장병 전문의는 유당불내증 여부를 확인하기 위해 **대변 산도 검사**(stool acidity test)를 지시했다.

- **효소는 일반적으로 어떤 유형의 생체 분자로 구성되는가?**
- **산은 pH 척도에서 어디에 위치하는가?**

이 장 끝에서 사례 연구 Part 2로 이어짐.

(삽화 출처: Cathy Yeulet/amenic181/123RF)

## 2.1 원자: 우주에 있는 모든 물질의 기본 구성 요소

**학습목표**

1. 원자의 특성을 설명하고, 원자를 구성하는 입자들 간 관계를 확인한다.
2. 원소와 그 동위원소의 특성을 설명한다.
3. 원자 번호, 질량수, 원자량의 차이점을 설명한다.
4. 생명과 관련된 주원소를 나열한다.
5. 전자 궤도와 에너지 껍질 및 이들이 어떻게 채워지는지 설명한다.

우주는 기체, 액체, 고체 상태로 존재하는 무한히 다양한 물질로 구성돼 있다. 공간을 차지하고 질량을 갖는 모든 것을 **물질**(matter)이라고 부른다. 공기, 암석, 박테리아 등 다양한 물질의 조직은 원자라고 하는 개별 구성요소에서 시작된다. **원자**(atom)는 특성을 잃지 않고 더 작은 물질로 세분화할 수 없는 가장 작은 입자로 정의된다. 아주 작은 것을 다루는 과학에서조차도 원자의 미세한 크기에 놀라게 된다. 예를 들어, 산소 원자의 직경은 0.0000000013 mm(0.0013 nm)에 불과하며 클러스터에 있는 100만 개는 육안으로는 거의 보이지 않는다.

과학자들은 원자의 세부적인 구조를 직접 관찰하지는 못했지만, 정교한 기구를 사용한 광범위한 물리적 분석을 통해 원자의 정확한 조성을 잘 확립했다. 일반적으로 원자는 양전하를 띠는 **양성자**(protons, $p^+$), 전하가 없는 **중성자**(neutrons, $n^0$)와 음전하를 띠는 **전자**(electrons, $e^-$)라는 아원자 입자의 조합에서 특성이 부여된다. 양성자와 중성자는 질량과 부피가 서로 비슷하지만 전자보다 약 2,000배 무겁다. 양성자와 중성자는 중심핵 또는 **원자핵**(nucleus)[1]을 구성하며, 그것은 하나 이상의 전자로 둘러싸여 있다(그림 2.1). 핵은 원자의 대부분의 질량(무게)을 구성하는 반면, 때때로 "전자 구름"이라고 불리는 전자 영역은 매우 큰 부피를 차지한다. 비율에 대한 견해를 얻기 위해, 원자가 축구 경기장 크기라면 핵은 구슬 정도의 크기일 것이다! 원자 구조의 안정성은 대체로 다음에 의해 유지된다.

- 양성자와 전자가 서로 끌어당기는 힘(반대 전하가 서로를 끌어당김) 그리고
- 양성자 수와 전자 수의 정확한 균형(반대 전하가 서로를 상쇄됨)

그러므로 적어도 이론상으로는, 고립된 온전한 원자는 전하를 띠지 않는다.

1 원자핵과 세포핵을 혼동하지 않도록 주의한다.

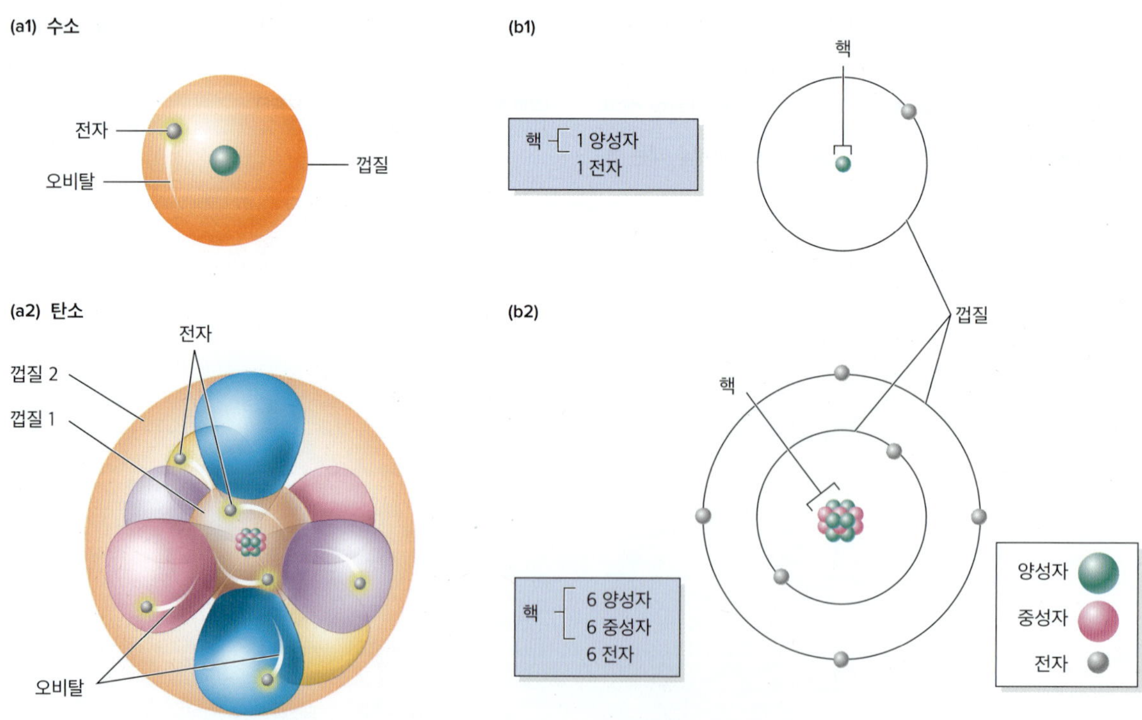


**그림 2.1** **원자 구조의 모델.** 3차원 모델로 표현된 수소와 탄소의 실제 구조를 근사화한 것이다. 원자핵은 전자에 의해 둘러싸여 있으며, 이 전자들은 궤도 안에서 움직이며 껍질(shell)이라고 불리는 에너지 준위에 존재한다. (a1) 수소는 하나의 궤도와 하나의 껍질을 가진다. (a2) 탄소는 4개의 궤도와 2개의 껍질을 가진다. 외부 궤도는 원이나 구보다는 로브 모양 쌍으로 표현하는 것이 더 정확하다. (b1, 2) 수소와 탄소의 단순한 모델은 원자 구조를 엄밀하게 표현하지 않지만, 껍질과 전자의 수, 핵 내의 양성자와 중성자의 수를 빠르게 참조할 수 있도록 설계된다. (비율은 맞지 않음)

## 다양한 유형의 원자: 원소와 그 속성

모든 원자는 동일한 기본 구조를 공유한다. 모든 양성자는 동일하고, 모든 중성자는 동일하며, 모든 전자도 동일하다. 그러나 이러한 아원자 입자들이 구체적이고 다양한 조합으로 결합할 때, **원소**(elements)라고 불리는 독특한 유형의 원자가 생성된다. 각 원소는 고유한 원자 구조와 예측 가능한 화학적 성질을 지닌 순수한 물질이다. 현재까지 118개의 원소가 발견됐으며, 이 중 94개는 자연적으로 존재하고 나머지는 핵 입자를 조작하여 인위적으로 생성됐다. 원소는 규칙에 따라 축약된 기호와 고유한 이름이 할당된다. 흔히 생체 원소라고 불리는, 생명에 필수적인 원소는 표 2.1에 요약돼 있다. 이들은 어떤 형태로든 지구상의 모든 유기체와 바이러스의 물질을 구성한다. 미생물은 이러한 원소의 대부분과 밀접한 관계를 가지며, 이는 미생물이 다른 유기체가 사용할 수 있는 형태로 원소를 순환시키는 과정에서 중요한 역할을 하기 때문이다.

대다수의 생명체는 자연적으로 존재하는 94개의 원소 중 약 20개만 필요로 한다. 나머지 약 70개는 생명에 필수적이지 않으며, 그중 일부(예: 비소와 우라늄)는 세포에 매우 독성이 있을 수 있다. 7장에서 살펴보겠지만, 미생물은 이러한 원소가 많이 포함된 극한 환경에서도 생존할 수 있는 놀라운 '생존 기술'을 가지고 있다. 그러한 미생물을 설명하는 용어는 **극한미생물**(extremophile)* 이다. 이들은 다른 생명체에 해로울 수 있는 매우 가혹한 조건에서도 생존할 수 있는 미생물이다.

## 생명의 주원소와 주요 특성

각 원소의 고유한 특성은 그 안에 포함된 양성자, 중성자 및 전자의 수에서 비롯되며, 각 원소는 특정 물리적 측정으로 식별할 수 있다.

각 원소에는 가지고 있는 양성자의 수에 따라 **원자 번호**(atomic number, AN)가 할당된다. 원자 번호는 원소의 양성자 수가 변하지 않기 때문에 중요한 측정값이며, 이를 알면 자동으로 일반적인 전자의 수를 알 수 있다(중성 원자는 양성자와 전자의 수가 같다는 점을 기억해야 한다). 또 다른 유용한 측정값은 양성자와 중성자의 수를 합한 **질량수**(mass number, MN)다. 질량수와 원자 번호를 알면 이를 통해 중성자의 수를 결정할 수 있다. 수소는 일반적으로 양성자가 하나뿐이고 전자가 하나뿐이며 중성자가 없기 때문에, 원자 번호와 질량수가 동일한 유일한 원소로 독특한 특징을 가진다.

**동위원소**(isotopes)는 중성자의 수가 다르기 때문에 질량수가 다른 동일한 원소의 변형이다. 이러한 동위원소는 특정 비율로 자연적으로 존재한다. 예를 들어, 탄소는 주로 6개의 중성자를 가진 탄소-12(MN = 12)로 존재하지만, 소량(약 1%)은 7개의 중성자를 가진 탄소-13과 8개의 중성자를 가진 탄소-14로 구성된다. 동위원소는 거의 동일한 화학적

**표 2.1** 생명의 주원소의 화학적 특성

| 원소 | 원자 기호* | 원자 번호 | 원자 질량** | 이온화 형태 (2.3절 참조) |
|---|---|---|---|---|
| 칼슘 | Ca | 20 | 40.08 | $Ca^{2+}$ |
| 탄소 | C | 6 | 12.01 | $CO_3^{2-}$ |
| 탄소 동위원소* | C-14 | 6 | 14.0 | |
| 염소 | Cl | 17 | 35.45 | $Cl^-$ |
| 코발트 | Co | 27 | 58.93 | $Co^{2+}$, $Co^{3+}$ |
| 구리 | Cu | 29 | 63.54 | $Cu^+$, $Cu^{2+}$ |
| 수소 | H | 1 | 1.00 | $H^+$ |
| 수소 동위원소* | H-3 | 1 | 3.01 | |
| 요오드 | I | 53 | 126.9 | $I^-$ |
| 요오드 동위원소* | I-131 | 53 | 131.0 | |
| 철 | Fe | 26 | 55.84 | $Fe^{2+}$, $Fe^{3+}$ |
| 마그네슘 | Mg | 12 | 24.30 | $Mg^{2+}$ |
| 망간 | Mn | 25 | 54.93 | $Mn^{2+}$, $Mn^{3+}$ |
| 질소 | N | 7 | 14.0 | $NO_3^-$ (질산염) |
| 산소 | O | 8 | 15.99 | |
| 인 | P | 15 | 31.97 | $PO_4^{3-}$ (인산염) |
| 인 동위원소* | P-32 | 15 | 32 | |
| 칼륨 | K | 19 | 39.10 | $K^+$ |
| 나트륨 | Na | 11 | 22.99 | $Na^+$ |
| 황 | S | 16 | 32.06 | $SO_4^{-2}$ (황산염) |
| 아연 | Zn | 30 | 65.38 | $Zn^{2+}$ |

* 원소의 라틴명에 기반하여 기호를 정의한다. 첫 글자는 항상 대문자로 쓰며, 두 번째 글자가 있는 경우에는 소문자로 표기한다.

** 원자 질량 또는 무게는 해당 원소의 동위원소 질량수의 평균과 같다.

* 해당 원소의 동위원소 표시.

성질을 가지지만, 일부는 방사선을 방출하는 불안정한 핵을 가지고 있다. 이러한 방사성 동위원소는 연구와 의료 응용에서 중요한 역할을 한다. 방출되는 에너지를 통해 화학반응에서 주요 원자나 분자의 위치를 추적하는 데 사용하거나, 진단 및 치료 도구로 활용되며, 심지어 멸균 절차에도 적용될 수 있다(11장 참조).

원소의 또 다른 중요한 측정값은 **원자 질량**(atomic mass) 또는 **원자량**(atomic weight)* 이다. 원자 질량은 모든 동위원소 형태의 평균 질량수로 주어지며(표 2.1), 대부분의 원소는 여러 동위원소를 가지고 있고 그 비율이 다르기 때문에 이 수치는 정수로 나오지 않을 수 있다. 예를 들어, 염소 원자의 76%는 질량 35(양성자 17개, 중성자 18개)를 가지며, 나머지 24%는 질량 37(양성자 17개, 중성자 20개)을 가진다. 이를 평균하면 염소의 원자 질량은 약 35.45가 된다.

* 극한미생물 대부분의 다른 생물에게 해로울 수 있는 극한 환경에서도 살아갈 수 있는 미생물.

* 질량과 무게는 기술적으로 동일하지 않지만, 변하지 않는 중력을 다루는 한(예: 모든 것이 지구에서 일어나는 한) 두 값은 동일하다고 본다.

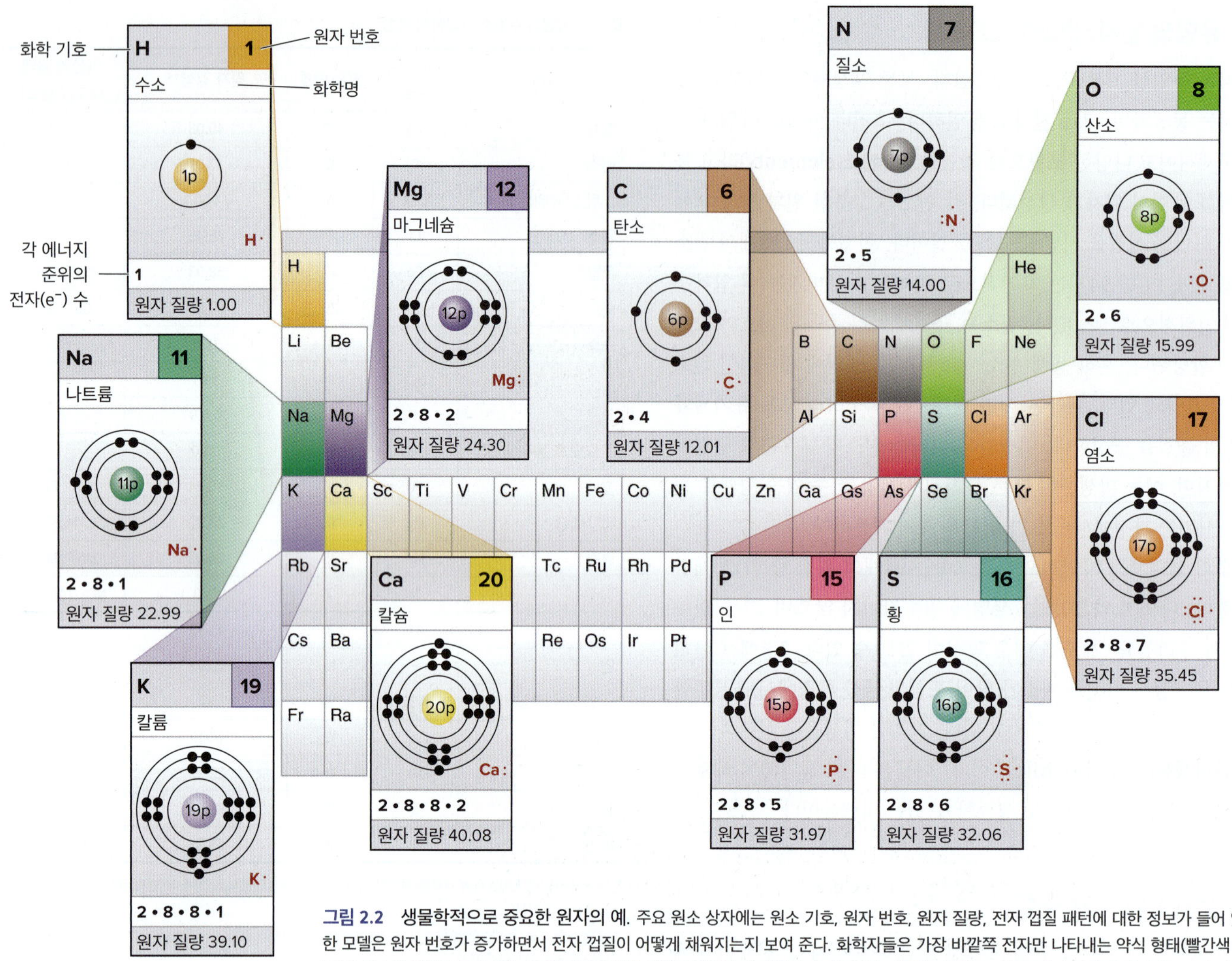


그림 2.2 생물학적으로 중요한 원자의 예. 주요 원소 상자에는 원소 기호, 원자 번호, 원자 질량, 전자 껍질 패턴에 대한 정보가 들어 있다. 간단한 모델은 원자 번호가 증가하면서 전자 껍질이 어떻게 채워지는지 보여 준다. 화학자들은 가장 바깥쪽 전자만 나타내는 약식 형태(빨간색 루이스 구조)로 원소를 표현하는데, 이는 이 전자들이 화학 결합에 관여하기 때문이다. 배경에는 이 원소들이 주기율표에서 어디에 위치하는지가 나와 있다.

## 전자 궤도 및 껍질

원자의 구조는 핵을 둘러싸고 있는 전자 구름으로 구성된 중심핵으로 상상할 수 있다(그림 2.1 참조). 전자는 매우 빠른 속도로 궤도를 따라 움직이며, 이 경로를 **오비탈**(orbitals)이라고 한다. 오비탈은 실제 물체나 위치를 의미하는 것이 아니라, 전자가 발견될 가능성이 높은 3차원 공간의 부피를 나타낸다. 전자의 위치는 어느 한순간에 그 에너지 준위 또는 **껍질**(shell)에 의해 결정되며, 이는 핵에 가장 가까운 낮은 에너지 전자부터 외부 껍질의 높은 에너지 전자까지 이어진다.

전자는 궤도와 껍질을 쌍(pairs)으로 채우며, 핵에 가장 가까운 껍질부터 시작한다.

- 첫 번째 껍질에는 1개의 오비탈이 있으며 최대 2개의 전자를 포함한다.
- 두 번째 껍질에는 4개의 오비탈이 있으며 최대 8개의 전자를 포함한다.
- 세 번째 껍질에는 9개의 오비탈이 있으며 최대 18개의 전자를 보유할 수 있다.
- 네 번째 껍질에는 16개의 오비탈이 있으며 최대 32개의 전자를 포함할 수 있다.

오비탈과 껍질의 수, 그리고 그것이 얼마나 완전히 채워지는지는 전자 수에 따라 달라지므로 각 원소는 고유한 전자 배치를 가지게 된다. 예를 들어,

- 헬륨(AN = 2)은 2개의 전자로 채워진 첫 번째 껍질만 가지고 있다.
- 산소(AN = 8)는 첫 번째 껍질은 채워져 있고, 두 번째 껍질에 6개의 전자가 부분적으로 채워져 있다.
- 마그네슘(AN = 12)은 첫 번째와 두 번째 껍질이 모두 채워져 있고, 세 번째 껍질에는 하나의 오비탈만 채워져 있어 거의 비어 있다.

앞으로 보게 되듯, 원소의 화학적 성질은 주로 가장 바깥쪽 껍질에 있는 전자의 분포에 의해 제어된다. 그림 2.2는 원소 주기율표의 일부와 함께 원자 구조와 전자 지도의 여러 단순화된 모델을 보여 준다.

**핵심 점검 2.1**

1. 원자와 원소의 개념은 어떻게 관련돼 있는가? 원소가 서로 다른 이유는 무엇인가?
2. 아원자 입자는 무엇이며, 원자의 구조와 특성에 어떻게 기여하는가?
3. 질량수와 원자 번호는 어떻게 도출되는가? 원자 질량 또는 원자량은 무엇인가?
4. 원소의 동위원소는 어떤 점에서 독특하며, 왜 중요한가?
5. 고립된 원자가 전기적으로 중성인 이유는 무엇인가?
6. 원자핵, 전자 궤도, 껍질의 개념을 설명하시오.

## 2.2 결합과 분자

**학습목표**

6. 원소가 화학 결합을 통해 분자와 화합물을 형성하는 방법을 설명한다.
7. 원자, 분자, 화합물 간의 관계를 서술한다.
8. 공유 결합, 이온 결합, 수소 결합 간의 차이점을 식별한다.
9. 원자가, 극성, 이원자 요소의 개념을 요약한다.
10. 이온화 과정을 설명하고, 음이온과 양이온의 차이를 구별한다.
11. 산화와 환원, 그리고 그 효과를 비교한다.

대부분의 원소는 자연 상태에서 순수한 형태로 존재하지 않고 분자나 화합물 형태로 결합해 있다. **분자**(molecule)*는 2개 이상의 원자가 결합하여 형성된 구별되는 화학물질이다. 몇몇 원소, 예를 들어 산소($O_2$), 수소($H_2$), 질소($N_2$)와 같이 동일한 원자 2개가 결합된 것은 이원자 분자라 한다. 그러나 대부분의 분자—예를 들어 이산화탄소($CO_2$)와 물($H_2O$)—는 서로 다른 2개 이상의 원소로 구성돼 있으며, 이는 **화합물**(compounds)이라 불린다. 따라서 화합물은 분자의 한 주요 유형이다. 다른 화합물의 예로는 단백질, 당류, 지방 등 생물학적 분자가 있다.

원자들이 분자로 결합할 때, 원자는 원래의 특성을 잃고 결합된 물질의 특성을 갖게 된다. 마찬가지로, 원자가 원자량을 가지는 것처럼 분자는 모든 구성 원자의 원자 질량을 합한 **화학식량**(formula mass) 또는 **분자량**(molecular weight)[2]을 가진다.

분자의 **화학 결합**(chemical bonds)은 2개 이상의 원자가 전자를 공유하거나 주거나(잃거나) 받음(얻음)으로써 형성된다(**그림 2.3**). 결합을 형성하는 능력은 **원자가**(valence)*라고 하며, 이는 결합 형성 시 다른 원자와 함께 잃거나 공유할 수 있는 전자 수에 의해 결정된다. 원자가 전자는 원소의 반응성 정도와 결합할 수 있는 결합의 유형을 결정한다. 가득 찬 외부 궤도를 가진 원소는 다른 원자에 줄 수 있는 여분의 전자가 없기 때문에 상대적으로 반응성이 낮다. 예를 들어, 헬륨은 하나의 껍질이 채워져 있어 다른 원소에 전자를 주거나 받을 필요가 없어 안정적이고 비활성(반응성이 낮은) 가스로 존재한다. 반면, 부분적으로 채워진 외부 궤도를 가진 원소들은 덜 안정적이며 어떤 형태로든 결합을 형성하기 쉽다.

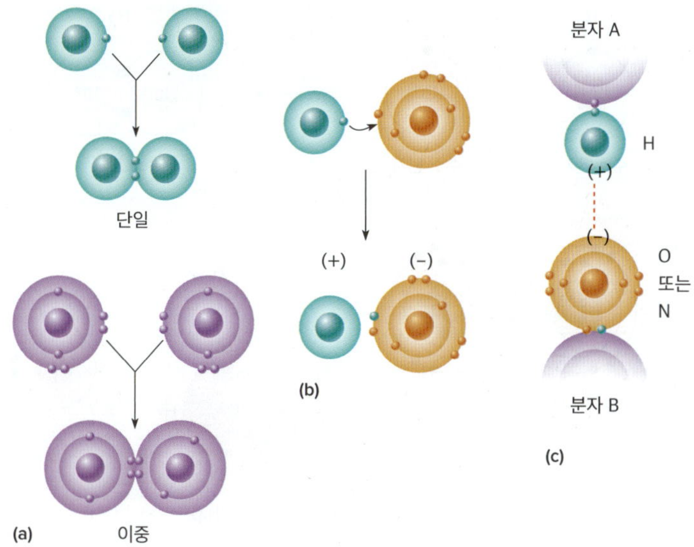


**그림 2.3** 세 가지 결합 유형의 일반적인 표현. (a) 단일 및 이중 공유 결합. (b) 이온 결합. (c) 수소 결합. 수소 결합은 모델과 화학식에서 점선으로 표현된다.

많은 화학반응은 가득 찬 외부 껍질을 가지거나 가까워짐으로써 더 큰 안정성을 얻으려는 경향에 기반한다. 예를 들어, 2개의 전자를 추가로 받을 수 있는 원자(예: 산소)는 전자를 공유하거나 줄 수 있는 원자(예: 수소)와 쉽게 결합한다. 다음 절에서는 기본적인 결합 유형의 추가 예시를 알아본다.

원소의 반응성 외에도 외부 껍질에 있는 전자의 수는 원자가 형성할 수 있는 화학 결합의 수를 결정한다. 예를 들어, 수소는 다른 원자와 하나의 결합을 할 수 있고, 산소는 최대 2개의 다른 원자와 결합할 수 있으며, 탄소는 4개의 다른 원자와 결합할 수 있다.

### 공유 결합: 전자를 공유하는 분자

**공유 결합**(covalent bonds)은 전자를 주거나 받는 대신 공유하는 것이 적합한 원자들 간에 형성된다. 간단한 예로는 수소 가스($H_2$)가 있으며, 이는 2개의 수소 원자로 구성된다. 각 수소 원자는 단 하나의 전자를 가지고 있지만, 두 원자가 결합하면 각 원자는 전자를 두 핵 주변에서 공유하게 돼 2개의 전자가 가득 찬 궤도를 형성하게 되며, 결과적으로 단일 공유 결합을 만든다(**그림 2.4a**). 산소 가스($O_2$)에서도 공유 결합이 형성되지만 차이가 있다. 각 산소 원자가 2개의 전자를 공유할 수 있어 두 쌍의 전자가 공유되는 이중 공유 결합을 형성한다(**그림 2.4b**). 대부분의 생명과 관련된 분자들은 단일 및 이중 공유 결합으로 구성되며, 이는 탄소,

* **분자** 라틴어 molecula(작은 덩어리)에서 유래.

2 생물학자들은 이 용어를 사용하는 것을 선호한다.

* **원자가** 라틴어 valentia(힘)에서 유래. 원자의 결합 특성으로 최외각 전자 수에 의해 결정됨.

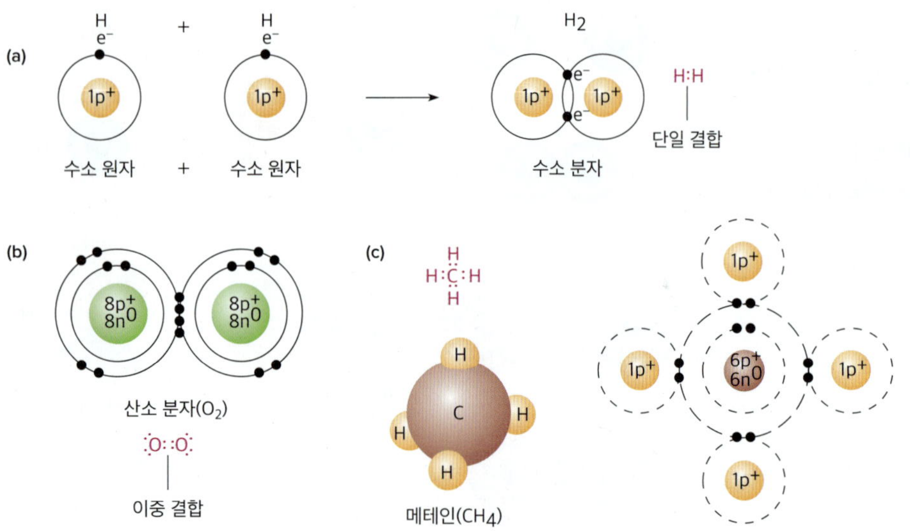


**그림 2.4** 공유 결합을 가진 분자의 예시. (a) 수소 분자는 2개의 수소 원자가 전자를 공유하고 단일 결합을 형성할 때 생성된다. (b) 이중 결합의 경우, 두 산소 원자의 외부 껍질이 겹쳐 각각 전자 2쌍(총 4개)을 공유하여 두 원자의 외부 껍질을 채운다. (c) 메테인의 간단한, 3차원, 그리고 실제 사용 모델을 보여 준다. 탄소는 공유할 전자 4개를 가지고 있으며, 수소는 각각 1개를 가지고 있어 모든 원자의 껍질이 완성되고 4개의 단일 결합을 형성한다. (a)와 (b)는 이원자 분자의 형성을 보여 준다.

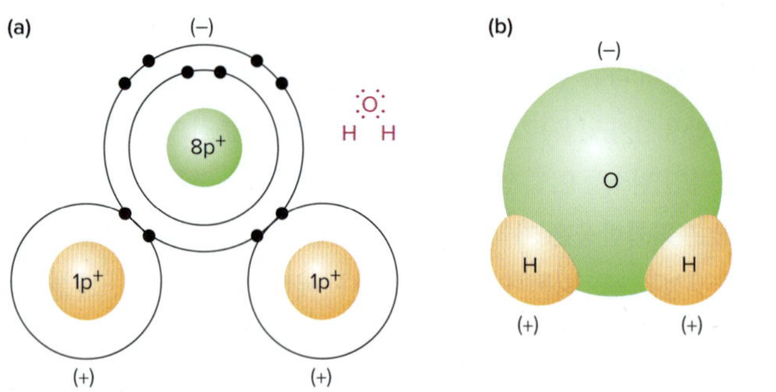


**그림 2.5** 극성 분자. (a) 간단한 모델과 (b) 물 분자의 3차원 모델은 전기적 전하의 불균등 분포. 즉 공유된 전자가 산소 쪽으로 끌려가 생기는 극성을 나타낸다.

수소, 산소, 질소, 황, 인 같은 주요 생물학적 원소 간의 결합으로 이루어진다(7장 참조). 그림 2.4c는 메테인($CH_4$)의 더 복잡한 공유 결합 패턴을 보여 준다.

## 분자의 극성

전기음성도란 원자나 분자가 전자를 끌어당기는 경향을 말한다. 다른 전기음성도를 가진 원자들이 공유 결합을 형성하면, 전자는 균등하게 공유되지 않고 전기음성도가 더 높은 원자 쪽으로 끌리게 된다. 이 힘은 분자의 한쪽 끝에 부분적인 음전하를, 반대쪽 끝에 부분적인 양전하를 형성하게 한다. 이러한 불균등한 전하 분포를 가진 분자는 **극성**(polar)을 갖는다고 하며, 양쪽에 양극과 음극이 있는 상태를 의미한다.

그림 2.5에 나타낸 물 분자를 보면, 산소 원자가 수소 원자보다 크고 더 많은 양성자를 가지고 있어 공유 전자를 더 강하게 끌어당긴다. 따라서 전자는 산소 쪽에 더 많이 머물며 부분적인 음전하를 형성하게 된다. 반면, 수소 원자의 궤도에는 전자가 덜 끌리므로 수소의 양성자에 의한 양전하가 우세하게 된다. 물의 극성은 여러 생물학적 반응에서 중요한 역할을 하며, 이러한 반응은 이후에 다룬다. 극성은 생명체 시스템 내의 많은 큰 분자의 중요한 특성이며, 그들의 반응성과 구조에 큰 영향을 미친다.

원자들 간에 공유 결합이 형성될 때, 만약 그 원자들이 동일하거나 비슷한 전기음성도를 가지고 있다면 전자는 두 원자 사이에서 균등하게 공유된다. 이러한 균형 잡힌 전자 분포로 인해 분자의 어느 부분도 전자에 대해 더 큰 인력을 가지지 않게 된다. 이러한 전기적으로 중성인 분자를 **비극성**(nonpolar) 분자라고 한다. 비극성 분자의 예로는 산소, 메테인(그림 2.4 참조), 지질(그림 2.20 참조)이 있다.

## 이온 결합: 원자 간 전자 전달

**이온 결합**(ionic bonds)을 형성하는 반응에서 전자는 완전히 한 원자에서 다른 원자로 이동하며 공유되지 않는다. 이러한 반응은 반드시 상보적인 원자가를 가진 원자들 간에 일어난다. 이는 한 원자가 전자를 쉽게 받을 수 있는 비어 있는 외부 껍질을 가지고 있고, 다른 원자가 전자를 줄 수 있는 껍질을 가지고 있을 때 발생한다. 대표적인 예로는 나트륨(Na)과 염소(Cl) 간의 반응이 있다. 나트륨은 부드럽고 광택이 있는 금속으로 매우 반응성이 높으며, 염소는 매우 독성이 있는 노란색 기체다. 하지만 두 원자가 결합하면 염화나트륨(sodium chloride, NaCl)[3], 즉 우리가 아는 독성이 없는 식염이 된다(그림 2.6).

이 변환은 어떻게 일어나는가? 나트륨은 11개의 전자(첫 번째 껍질에 2개, 두 번째 껍질에 8개, 세 번째 껍질에 1개)를 가지고 있어, 완전한 외부 껍질을 채우려면 7개의 전자가 부족하다. 반면 염소는 17개의 전자(첫 번째 껍질에 2개, 두 번째 껍질에 8개, 세 번째 껍질에 7개)를 가지고 있어, 완전한 외부 껍질을 채우기 위해 1개의 전자가 부족하다. 이 두 원자가 결합할 때, 나트륨 원자는 쉽게 자신의 원자가 전자 하나를 기부하고, 염소 원자는 이를 받아들인다. 이 반응은 단일 나트륨 원자가 단일 염소 원자와 결합하는 것보다 조금 더 복잡하지만, 여기서 설명된 기본적인 반응의 본질은 변하지 않는다. 이 반응의 결과로는 수백만 개의 나트륨과 염소 원자가 서로 연결된 고체 결정 구조가 형성된다(그림 2.6c, d).

3 일반적으로 염이 형성되면 음전하를 띤 이온의 이름의 끝 부분이 -ide와 같이 변경됨.

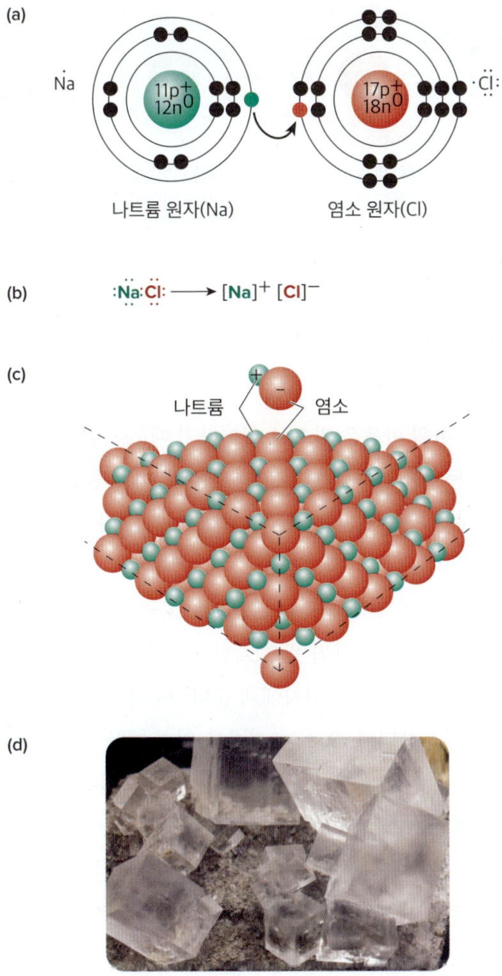


**그림 2.6 나트륨과 염소 간의 이온 결합.** (a) 반응 중 나트륨은 염소에 외부 껍질의 전자 1개를 제공하여 염소의 껍질을 채운다. (b) 이온 결합의 간단한 모델. (c) 나트륨과 염화 이온은 규칙적이고 기하학적인 패턴으로 큰 분자 또는 결정체를 형성한다. (d) 나트륨 염화물(NaCl) 결정의 육면체 특성을 거시적 수준에서 볼 수 있다. (출처: Vladislav Gajic/Shutterstock)

$Na^+$와 $Cl^-$의 결합은 3차원적으로 존재하며, 각 나트륨은 6개의 염소에 둘러싸여 있고, 반대로 각 염소도 6개의 나트륨에 둘러싸여 있다. 이들의 전하는 서로 상쇄되며, 단일 NaCl 분자는 존재하지 않는다.

## 이온화: 전하를 띠는 입자의 형성

온전한 이온 결합을 가진 화합물은 전기적으로 중성이지만, 용매라고 불리는 액체에 용해되면 전하를 가진 입자를 생성할 수 있다. 이러한 현상을 **이온화**(ionization)라고 하며, 이온 결합이 깨져 원자들이 전하를 띠는 입자인 **이온**(ions)으로 분리되는 과정이다(그림 2.7). 이온에 전하가 생기는 원리를 설명하기 위해 나트륨과 염소 간의 반응을 다시 살펴보자. 나트륨 원자가 염소와 반응하여 전자 하나를 잃으면 나트륨은 전자보다 양성자가 하나 더 많아진다. 이 불균형으로 인해 양전하를 띠는 나트륨 이온($Na^+$)이 형성된다. 반면, 염소는 전자를 하나 얻어 이제 양성자보다 전자가 하나 더 많아져 음전하를 띠는 염소 이온($Cl^-$)이 된다. 양

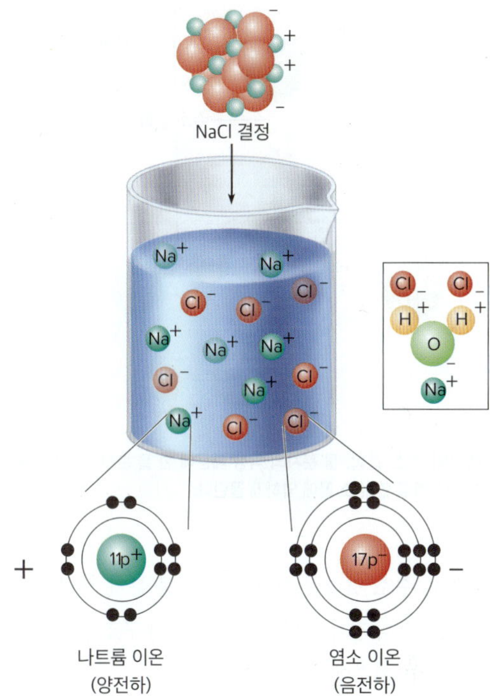


**그림 2.7 이온화.** 결정 상태의 NaCl이 물에 첨가되면, 이온은 용액 내에서 양이온과 음이온 형태로 분리된다. (그림 2.12도 참조) 이 용액에서 $Cl^-$ 이온은 물의 수소에 끌리고, $Na^+$ 이온은 물의 산소에 끌린다.

전하를 띠는 이온을 **양이온**(cations)* 이라 하고, 음전하를 띠는 이온을 **음이온**(anions)* 이라 한다. 물에 용해될 때 이온을 방출하는 소금, 산, 염기와 같은 물질을 **전해질**(electrolytes)이라 부르며, 이들은 전하로 인해 전류를 전달할 수 있다.

동일한 전하를 가진 입자들은 서로를 밀어내고, 반대 전하를 가진 입자들은 서로를 끌어당기기 때문에 이온은 다른 이온이나 극성 분자와 정전기적으로 상호작용한다. 이러한 상호작용은 많은 세포 화학반응에서, 용액의 형성에서, 미생물이 염료와 반응할 때 중요한 역할을 한다.

### 수소 결합

어떤 결합은 전자를 공유하거나 잃거나 얻는 것이 아니라, 근처의 분자나 원자 간 인력에 의해 형성된다. 그중 하나가 **수소 결합**(hydrogen bond)으로, 이는 한 분자에 공유 결합된 수소와 같은 분자 또는 다른 분자의 산소나 질소 원자 사이에서 형성되는 약한 정전기적 힘이다. 이러한 현상은 공유 결합된 수소 원자가 양전하를 띠는 경향이 있기 때문에 발생한다. 따라서 수소는 근처의 음전하를 띤 원자를 끌어당겨 쉽게 파괴될 수 있는 다리를 형성한다. 이러한 결합은 분자 모델에서 보통 점

---

* 양이온 양전하를 가진 이온으로, 전기장 내에서 음극인 음의 극 쪽으로 이동함.
* 음이온 음전하를 가진 이온으로, 양극인 양의 극 쪽으로 이동함.

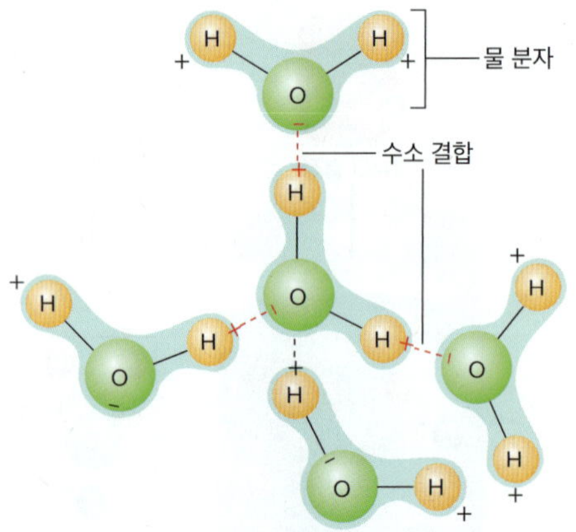


그림 2.8 물에서의 수소 결합. 물 분자의 극성 때문에 한 물 분자의 음전하를 띤 산소 끝이 인접한 물 분자의 양전하를 띤 수소 끝에 약하게 끌린다.

선으로 나타낸다. 수소 결합의 간단한 예는 물 분자 간의 결합이다(그림 2.8). 더 광범위한 수소 결합은 단백질과 핵산의 구조와 안정성에 부분적으로 기여하며, 이는 이후에 다룰 것이다.

**반 데르 발스 힘**(van der Waals forces)은 수소 결합과 유사한 약한 분자 상호작용으로 생체 분자의 형태와 기능에 중요한 역할을 한다. 이 상호작용의 기본도 원자나 분자의 두 영역 사이의 반대 전하에 의한 인력에 기반한다. 그러나 반 데르 발스 힘은 수소, 산소, 질소를 포함하는 분자뿐만 아니라 거의 모든 종류의 분자들 사이에서도 발생할 수 있다. 이 힘은 분자의 전자가 궤도에서 움직일 때 불균등하게 분포될 때 작용한다. 이러한 불균등함은 분자 내에서 짧은 시간 동안 '끈적한 부분(sticky spots)'을 형성하게 하는데, 일부는 양전하를, 일부는 음전하를 띤다. 그러한 영역이 서로 가까이 있을 때 그 반대 전하들이 서로 끌어당긴다. 이러한 힘은 많은 상호작용 부위의 누적 효과로 인해 큰 분자도 결합할 수 있게 한다. 반 데르 발스 힘은 분자 간뿐만 아니라 동일한 큰 분자의 다른 영역 간에도 발생할 수 있다. 반 데르 발스 힘은 단백질의 접힘과 안정성에 중요한 요소다(그림 2.24의 3, 4단계 참조).

## 전자 이동과 산화-환원 반응

세포의 대사적 작업(합성, 이동, 소화 등)은 에너지 교환과 전달을 중심으로 이루어진다. 세포에서의 에너지 관리는 거의 전적으로 화학반응에 의존하며, 대부분의 세포가 열, 방사선 같은 강한 에너지를 다루기에는 너무 섬세하기 때문이다. 외부 껍질의 전자는 쉽게 이동하고 조작할 수 있는 에너지원이다. 실제로, 세포 내 대부분의 에너지 교환은 분자 간 전자의 이동에 의해 이루어진다. 따라서 세포가 생명 과정을 수행하려면 전자를 얻거나 잃을 수 있는 원자 공급이 필요하다.

전자가 한 원자나 분자에서 다른 원자나 분자로 이동하는 현상을 **산화-환원 반응**(oxidation-reduction reaction, 약칭으로 redox 반응)이라고 한다. **산화**(oxidation)는 원자가 전자를 잃는 모든 반응을 포함

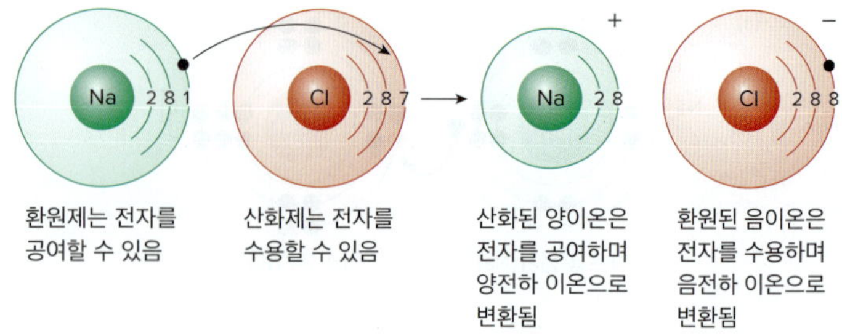


그림 2.9 산화-환원 반응 동안 전자의 교환을 간단히 나타낸 그림. 숫자는 각 껍질에 있는 전자의 총수를 나타낸다.

한다. 모든 산화-환원 반응은 쌍으로 일어나기 때문에 **환원**(reduction)은 다른 원자가 동일한 전자를 얻는 결과로 이어진다. 환원 동안 전자가 추가되므로, 전자를 받는 원자는 더 음전하를 띠게 된다. 이것이 이 문맥에서 환원의 의미다.

이 현상을 분석하기 위해 염화나트륨(NaCl)의 생성과정을 다시 살펴보자. 이 두 원자가 산화-환원 쌍으로 반응하여 염화나트륨을 형성할 때 나트륨 원자는 전자를 염소 원자에게 준다. 이 과정에서 나트륨은 전자를 잃기 때문에 산화되며, 염소는 전자를 얻기 때문에 환원된다(그림 2.9). 나트륨과 같은 원자가 전자를 주고 다른 원자를 환원시키는 역할을 하면 이를 **환원제**(reducing agent)라 하고, 여분의 전자를 받아 다른 분자를 산화시키는 원자를 **산화제**(oxidizing agent)라 한다. 이러한 개념을 더 쉽게 이해하려면 산화-환원제를 파트너처럼 생각하면 도움이 된다. 환원 파트너는 전자를 주고 산화되며, 산화 파트너는 전자를 받아 환원된다.[4]

산화-환원 반응은 8장에서 다룰 생화학적 과정의 많은 부분에서 필수적이다. 세포 대사에서는 전자가 한 분자에서 다른 분자로 자주 이동한다. 다른 반응에서는 산화와 환원이 한 화합물에서 다른 화합물로 수소 원자(양성자와 전자)가 이동하면서 발생한다.

**핵심 점검 2.2**

7. 분자와 화합물의 개념이 어떻게 관련돼 있는지 설명하시오.
8. 공유 결합, 이온 결합, 수소 결합의 일반적인 반응을 구별하시오.
9. 어떤 원소들이 주로 공유 결합을 형성하는가?
10. 단일 결합과 이중 결합의 차이는 무엇인가?
11. 극성(polarity)이란 무엇이며, 그 원인은 무엇인가?
12. 어떤 원소가 주로 이온 결합을 형성하는가?
13. 음이온과 양이온의 차이를 예를 들어 설명하시오.
14. 산화와 환원의 차이, 그리고 산화제와 환원제의 차이를 예를 들어 설명하시오.

4 이를 쉽게 기억하는 기억법으로는 LEO says GER: Lose Electrons Oxidized; Gain Electrons Reduced가 있다.

## 2.3 화학반응, 용액, 그리고 pH

**학습목표**

12. 다양한 화학 약어와 반응 유형을 분류한다.
13. 용질, 용매, 수화 과정을 설명한다.
14. 친수성과 소수성을 구별한다.
15. pH 척도의 개념과 유래를 설명하고 산, 염기, 중성 수준을 정의한다.

### 화학식, 모델, 방정식

분자의 원자 성분은 몇 가지 편리한 화학식으로 표현될 수 있다. 우리는 이미 원자 기호와 원자의 수를 간결하게 첨자 형태로 나타내는 분자식을 사용하고 있다(예: $CO_2$, $H_2O$). 포도당($C_6H_{12}O_6$)과 같은 더 복잡한 분자도 이러한 방식으로 표시할 수 있지만, 이 화학식은 유일하지 않다. 예를 들어, 과당과 갈락토오스도 같은 화학식을 공유하기 때문이다. 분자식은 유용하지만, 화합물 내의 원자의 배열과 결합의 위치를 나타내지 않는다. 이를 위해 화학자들은 원자의 관계와 결합의 수 및 유형을 설명하는 구조식을 사용한다(그림 2.10). 다른 구조 모델들은 분자의 3차원 모양을 나타내어 원자의 배열(색상 코드로 구별)과 분자의 전체적인 형태를 보여 준다(그림 2.11). 단백질과 같은 많은 복잡한 분자는 이제 컴퓨터로 생성된 이미지로 표현된다(그림 2.24, 4단계 참조).

세포 내에 있는 분자를 포함한 분자들은 항상 **화학반응**(chemical reactions)에 참여하며, 그들이 포함하는 물질의 구성에 변화를 가져온다. 이러한 변화는 일반적으로 결합의 형성 및 파괴와 원자의 재배치를 포함한다. 화학반응을 시작하고 그 과정에서 변하는 화학물질을 **반응물**(reactants)이라 하고, 반응의 결과로 생성되는 물질을 **생성물**(products)이라 한다. 어떤 반응에서도 모든 물질은 어떤 형태로든 보존되며, 반응에 들어간 원자의 유형과 수는 생성물에서도 동일하게 유지된다는 점을 기억해야 한다. 화학자와 생물학자는 화학반응의 내용을 요약하기 위해 **화학 방정식**(chemical equation)을 사용한다. 방정식에서 반응물은 화살표 왼쪽에, 생성물은 화살표 오른쪽에 있다. 각 원소의 원자 수는 화살표 양쪽에서 균형을 이루어야 한다. 반응물과 생성물의 수는 화학식 앞의 계수로 표시되며(계수가 없으면 1을 의미), 나트륨과 염소의 반응은 다음과 같이 나타낼 수 있다.

$$2Na + Cl_2 \rightarrow 2NaCl$$

대부분의 방정식은 반응의 세부사항이나 정확한 순서를 나타내지 않으며, 단지 과정을 간략하게 개관하는 것이 목적이다. 생물체에서 흔히 일어나는 반응에는 합성, 분해, 교환 반응이 있다.

**합성 반응**(synthesis* reaction)에서는 반응물이 결합하여 완전히 새로운 분자를 생성한다(반응물 A + 반응물 B → 생성물 AB). 한 가지 예가 황 연료를 태울 때 발생하는 부산물이며 스모그의 중요한 구성요소인 이산화황의 생산이 있다.

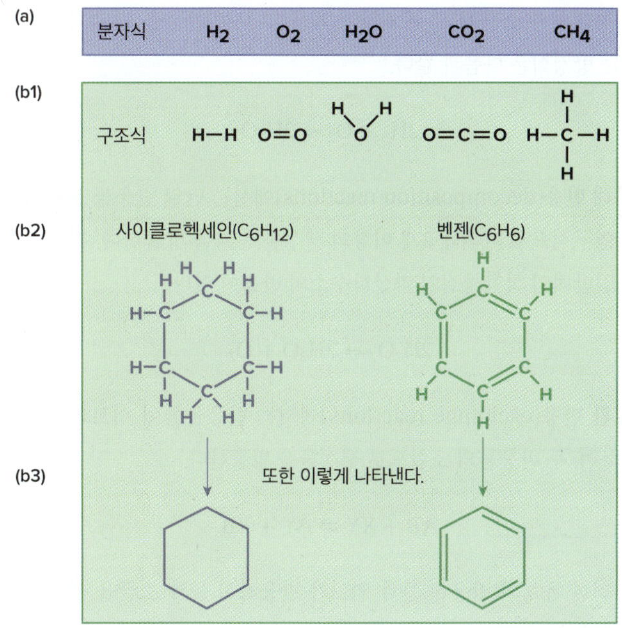


**그림 2.10** 분자식과 구조식의 비교. (a) 분자식은 화합물에 있는 원소들을 간략하게 요약한다. (b1) 구조식은 분자 내 원자 간의 관계를 명확히 보여 주며, 단일 결합은 단일 선으로, 이중 결합은 이중 선으로 나타낸다. (b2) 유기 화합물의 구조식에서 고리 화합물은 완전히 표시되거나, (b3) 탄소가 각 각도에 존재하고 수소가 결합돼 있다고 가정하는 약식 형태로 나타낼 수 있다. 같은 분자식인 $C_6H_{12}O_6$을 가진 세 가지 당의 구조식은 그림 2.17에서 확인할 수 있다.

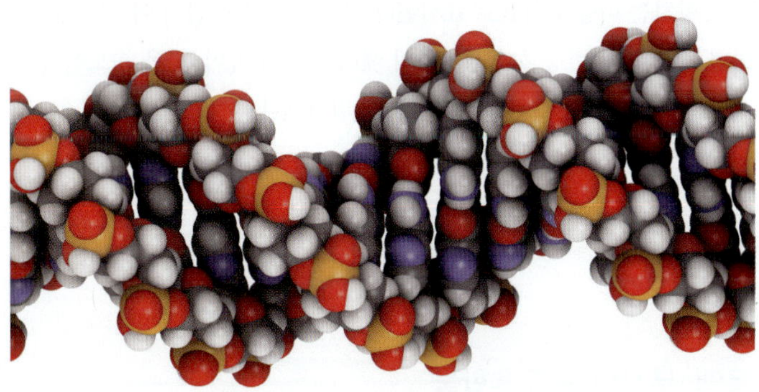

**그림 2.11** DNA의 3차원 또는 공간 채우기 모델. 각 원소는 고유의 색상으로 표현된다. DNA의 나선형 꼬임을 확인할 수 있다. (출처: Molekuul/SPL/age fotostock)

$$S + O_2 \rightarrow SO_2$$

어떤 합성 반응은 조합이 그렇게 간단하지 않다. 예를 들어, 물이 합성될 때의 반응은 실제로 하나의 산소 원자가 2개의 수소 원자와 결합하는 것을 의미하지 않는다. 왜냐하면 원소 형태의 산소는 $O_2$로 존재하고,

* 합성 그리스어 synthesis(함께 모으는 것)에서 유래.

원소 형태의 수소는 $H_2$로 존재하기 때문이다. 이 반응을 더 정확하게 나타내는 방정식은 다음과 같다.

$$2H_2 + O_2 \rightarrow 2H_2O$$

**분해 반응**(decomposition reactions)에서는 단일 반응물 분자의 결합이 영구적으로 파괴돼 2개 이상의 생성물 분자를 방출한다. 간단한 예로는 일반적인 화학물질인 과산화수소의 반응이 있다.

$$2H_2O_2 \rightarrow 2H_2O + O_2$$

**교환 반응**(exchange reactions)에서는 반응물들이 서로의 일부를 교환하며, 두 반응물의 조합으로 생성물을 방출한다.

$$AB + XY \rightleftharpoons AY + XB$$

이러한 유형의 반응은 산과 염기가 반응하여 물과 소금을 생성할 때 발생한다.

$$HCl + NaOH \rightarrow NaCl + H_2O$$

생물학적 시스템에서의 반응은 가역적일 수 있으며, 이는 반응물과 생성물이 서로 전환될 수 있음을 의미한다. 이러한 가역 반응은 양방향으로 향하는 이중 화살표로 표시된다. 반응이 가역적인지 여부는 이러한 화합물의 비율, 반응물과 생성물의 에너지 상태 차이, 반응 속도를 증가시키는 **촉매**(catalysts)의 존재에 따라 달라진다.

$$X + Y \xrightarrow{CD \curvearrowright C} XYD$$

## 용액: 분자의 균질 혼합물

**용액**(solution)은 **용질**(solutes)이라 불리는 하나 이상의 물질이 **용매**(solvent)라 불리는 용해 매질에 균일하게 분산된 혼합물이다. 용액의 중요한 특징은 용질이 여과나 가라앉는 방식으로 분리될 수 없다는 점이다. 용질은 기체, 액체, 고체일 수 있으며, 용매는 일반적으로 액체다. 용액의 예로는 물에 용해된 소금이나 설탕, 알코올에 용해된 요오드가 있다. 일반적으로 용매는 용해성 규칙에 따라 유사한 전기적 특성을 가진 용질만을 용해시킨다. 즉 '유사한 것이 유사한 것을 용해시킨다'는 것이다. 예를 들어, 물은 극성 분자이므로 NaCl과 같은 이온성(극성) 용질을 잘 용해하지만, 벤젠과 같은 비극성 용매는 NaCl을 용해하지 않는다.

물은 자연계에서 가장 흔한 용매이며, 이 역할을 수행하기에 적합한 여러 특성을 가진다. 물 분자의 극성은 물이 다른 물 분자와 수소 결합을 형성하게 하며, 전하를 띤 분자나 극성 분자와도 쉽게 상호작용할 수 있다.

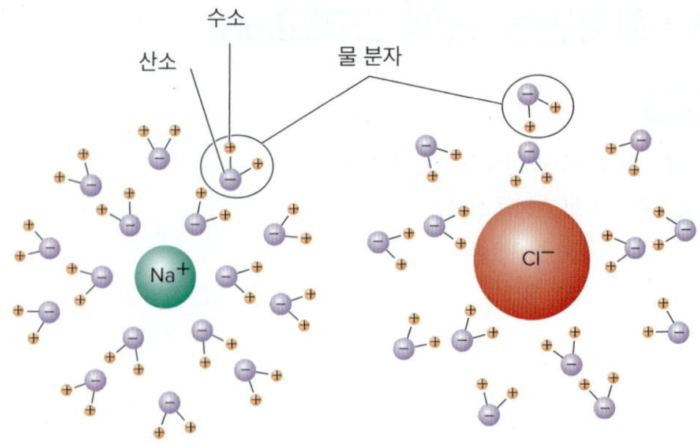


**그림 2.12** 용액에서 이온 주위에 형성된 수화 구. 이 예에서는 나트륨 양이온이 물 분자의 음전하 영역을 끌어들이고, 염화 음이온은 물 분자의 양전하 영역을 끌어들인다. 두 경우 모두 이온은 특정 수와 배열의 물 분자로 둘러싸여 구형 층을 형성하게 된다.

이온성 용질인 NaCl 결정이 물에 첨가되면, $Na^+$와 $Cl^-$가 용액 속으로 방출된다. 이는 $Na^+$가 물 분자의 음극 쪽으로, $Cl^-$가 양극 쪽으로 끌려가기 때문이다. 이로 인해 $Na^+$와 $Cl^-$는 결정에서 각각 떨어져 나와 용액으로 들어간다. 이때 각 이온은 **수화**(hydrated)돼 물 분자의 구체에 둘러싸이게 된다(그림 2.12). 소금이나 설탕과 같이 물을 표면으로 끌어당기는 분자는 **친수성**(hydrophilic)* 이라 부른다. 벤젠과 같은 비극성 분자는 물을 밀어내므로 **소수성**(hydrophobic)* 이라고 부른다. 세포막의 인지질 같은 세 번째 유형의 분자는 **양친매성**(amphipathic)* 으로, 친수성과 소수성 특성을 모두 가진다.

대부분의 생물학적 활동은 수용액(물 기반 용액)에서 일어나기 때문에 이러한 용액의 농도는 매우 중요하다(7장 참조). 용액의 **농도**(concentration)는 일정량의 용매에 용해된 용질의 양을 표현하며, 퍼센트(%)나 몰 농도(M)로 나타낼 수 있다.

퍼센트 농도를 계산하는 일반적인 방법은 그램(g) 단위로 측정된 용질의 무게를 밀리리터(ml) 단위로 측정된 특정 용매 부피에 용해하는 것이다. 예를 들어, 3 g의 NaCl을 물에 용해하여 100 ml의 용액을 만드는 경우 3% 용액이 되고, 30 g을 물에 용해하여 100 ml의 용액을 만들면 30% 용액이 된다. 또한 3 g을 1,000 ml(1리터)에 용해하면 0.3% 용액이 된다.

생물학적 용액의 농도를 표현하는 또 다른 일반적인 방법은 몰 농도로 표현하는 것이다. 표준 몰 용액은 화합물의 분자량을 그램으로 측정하여 1 L(1,000 ml)의 용액에 용해하여 만든다. 1 M 용액을 만들기 위해서는, 예를 들어 58 g의 NaCl을 1 L의 용액에 용해시킨다. 0.1 M 용액은 5.8 g의 NaCl을 1 L의 용액에 용해하여 만든다.

* **친수성** 그리스어 hydros(물)와 philos(사랑하다)에서 유래.
* **소수성** 그리스어 phobos(두려움)에서 유래.
* **양친매성** 그리스어 amphi(둘 다)에서 유래.

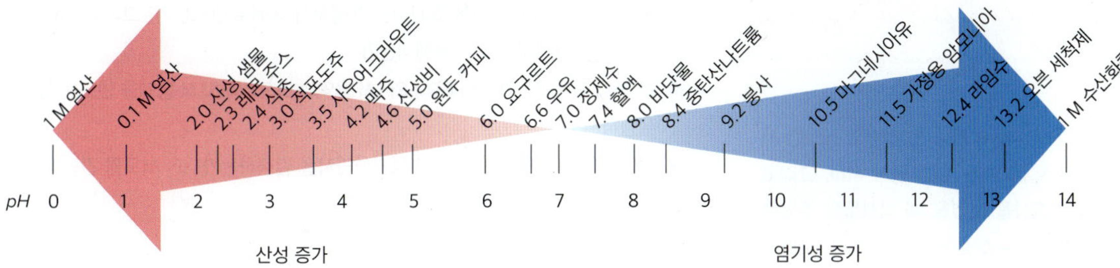


**그림 2.13** pH 척도. 다양한 물질에 대한 산성 및 알칼리성 정도와 대략적인 pH 수치가 표시된다.

**표 2.2** 수소 이온과 수산화 이온 농도에 따른 pH

| 수소 이온의 몰 농도 | 로그값 | pH | 수산화 이온의 몰 농도 |
|---|---|---|---|
| 1.0 | $10^{0}$ | 0 | $10^{-14}$ |
| 0.1 | $10^{-1}$ | 1 | $10^{-13}$ |
| 0.01 | $10^{-2}$ | 2 | $10^{-12}$ |
| 0.001 | $10^{-3}$ | 3 | $10^{-11}$ |
| 0.0001 | $10^{-4}$ | 4 | $10^{-10}$ |
| 0.00001 | $10^{-5}$ | 5 | $10^{-9}$ |
| 0.000001 | $10^{-6}$ | 6 | $10^{-8}$ |
| 0.0000001 | $10^{-7}$ | 7 | $10^{-7}$ |
| 0.00000001 | $10^{-8}$ | 8 | $10^{-6}$ |
| 0.000000001 | $10^{-9}$ | 9 | $10^{-5}$ |
| 0.0000000001 | $10^{-10}$ | 10 | $10^{-4}$ |
| 0.00000000001 | $10^{-11}$ | 11 | $10^{-3}$ |
| 0.000000000001 | $10^{-12}$ | 12 | $10^{-2}$ |
| 0.0000000000001 | $10^{-13}$ | 13 | $10^{-1}$ |
| 0.00000000000001 | $10^{-14}$ | 14 | $10^{0}$ |

## 산성, 알칼리성, 그리고 pH 척도

생명체에 광범위한 영향을 미치는 또 다른 요소는 환경 내의 산성 또는 염기성 용액의 농도다. 용액이 산성이나 염기성으로 되는 이유를 이해하기 위해 물 분자의 행동을 다시 살펴봐야 한다. 수소와 산소는 공유 결합으로 유지되지만, 특정 조건에서는 물 분자가 이온화될 수 있다. 이때 수소 원자가 양이온($H^+$) 또는 **수소 이온**(hydrogen ion)으로 떨어져 나가며, 나머지 분자는 음이온($OH^-$) 또는 **수산화 이온**(hydroxide ion)으로 남게 된다. $H^+$ 이온은 전자를 잃었기 때문에 양전하를 띠며, $OH^-$는 전자를 가지고 있어 음전하를 띤다. 물의 이온화는 항상 일어나지만, 다른 이온이 포함되지 않은 순수한 물에서는 $H^+$와 $OH^-$가 동일한 양으로 생성돼 용액이 중성을 유지한다. 한 정의에 따르면, **산성**(acidic) 용액은 그 구성요소 중 하나인 산이 여분의 수소 이온을 방출할 때 형성된다.[5] **염기성**(basic) 용액은 그 구성요소 중 하나인 염기가 여분의 수산화 이온을 방출하여 두 이온 간의 균형이 깨질 때 형성된다. **알칼리성**(alkaline)이라는 용어는 염기성과 같은 의미로 사용된다.

5 사실 이때 하이드로늄 이온($H_3O^+$)이 형성되지만, 간단히 하기 위해 $H^+$ 표기를 사용한다.

용액의 산과 염기 농도를 측정하기 위해 과학자들은 **pH** 척도라는 숫자 척도를 사용한다. 이 척도는 0(가장 산성)에서 14(가장 염기성)까지의 범위를 가지며, 물질의 상대적인 산성 또는 염기성을 나타내는 유용한 기준이다(그림 2.13). pH 척도는 임의적인 것이 아니라, 용액 내의 수소 이온 농도($[H^+]$, 몰/리터)의 음의 로그를 기반으로 수학적으로 유도된 것이다.

$$pH = -\log[H^+]$$

산성 용액은 $OH^-$보다 $H^+$의 농도가 더 높으며, pH 0은 1.0 몰 $H^+$/L를 포함한다. 척도에서 그다음의 각 정수는 $[H^+]$ 농도가 10배씩 감소함을 나타낸다.

- pH 1은 [0.1 몰 $H^+$/L]
- pH 2는 [0.01 몰 $H^+$/L]
- 이와 같은 방식으로 pH 14까지 이어지며, [0.00000000000001 몰 $H^+$/L]을 포함한다.

이러한 농도는 지수 형태로 보다 간단하게 나타낼 수 있다.

- pH 2는 $[H^+]$가 $10^{-2}$M
- pH 14는 $[H^+]$가 $10^{-14}$M(표 2.2)

pH 단위는 이러한 지수 자체에서 유래한 것이다. pH 척도의 기본은 $[H^+]$이지만, 중요한 점은 용액의 $[H^+]$가 감소하면 $[OH^-]$가 비례해 증가한다는 점이다. 중간점인 pH 7에서는 $[H^+]$와 $[OH^-]$의 농도가 정확히 같아 **중성**(neutrality)을 이루며, 이는 앞서 언급한 순수한 물의 pH와 같다.

결론적으로, pH 척도는 용액의 산도 또는 알칼리도를 결정하는 데 사용된다. 이 척도에서 pH 7보다 낮으면 산성이며, pH가 낮을수록 산도가 높다. pH 7보다 높으면 염기성이며, pH가 높을수록 알칼리도가 높다. 참고로, 여기서는 pH 값을 정수로 나타냈지만, pH 값은 종종 소수 형태로 주어진다(예: pH 4.5 또는 6.8은 산성, pH 7.4 또는 10.2는 염기성). 매우 농축된 산이나 염기의 손상 효과 때문에 대부분의 세포는 중성, 약산성, 또는 약염기성 조건에서 가장 잘 작동한다.

수용액에는 산과 염기가 모두 포함돼 **중화**(neutralization) 반응에 관여하여 물과 중성 부산물을 생성할 수 있다. 예를 들어, 염산(HCl)과

임상 사례

### 너무 많이 먹어서 움직일 수가 없어

갑작스러운 신경 증상은 의료 전문가들의 주의를 끌기에 충분하다. 킹스턴 시티 병원 응급실을 방문한 한 환자가 복시, 발음 장애, 삼킴 반사 저하, 그리고 서지 못할 정도로 심각한 근육 약화 등의 증상을 보였을 때 의사들은 주목했다. 환자가 보여 준 하향성 이완 마비는 보툴리누스 중독의 주요 증상 중 하나인데, 이는 종종 치명적인 식중독의 한 형태다. 보툴리누스 중독은 클로스트리듐 보툴리눔(*Clostridium botulinum*) 세포가 자라면서 강력한 신경 독소를 생성할 때 발생할 수 있다. 보툴리누스 중독이 널리 퍼지지 않는 이유 중 하나는 이 세균이 (흙에 흔히 존재하지만) pH가 4.6 이상이고 산소가 없는 조건에서만 자라기 때문이다.

환자는 증상이 나타나기 2일 전에 주최한 저녁 파티에서 여러 조각의 마늘빵을 먹었다. 그는 생마늘을 다져 마가린과 섞은 후 피타 빵에 바른 마늘 빵을 준비했다. 마늘의 실험실 검사 결과 클로스트리듐 보툴리눔 세포와 보툴리누스 신경 독소가 발견됐다. 그 마늘은 다진 생마늘을 엑스트라 버진 올리브유와 혼합해 제품으로 만들어진 것이었다. 마늘의 pH는 5.7로 세균이 자랄 수 있을 만큼 높았고, 올리브유는 산소의 유입을 막아 혐기성 환경을 만들었다. 의사들의 신속한 치료 덕분에 보툴리누스 항독소와 호흡 보조를 위한 기계적 산소호흡기를 사용해 환자는 29일 후 병원을 떠날 수 있었다.

미국 식품의약국(FDA)은 이 사건에 대응하여 마늘처럼 생으로 기름에 포장된 음식은 시트르산, 프로피온산 또는 유사한 산으로 산성화하여 pH 4.6 이하로 유지하도록 했다(아마도 여러분 냉장고에도 이런 방식으로 제조된 음식이 있을 것이다).

제산제를 복용하는 것은 *Vibrio cholerae*와 같은 특정 위장관 병원체에 감염될 위험을 상당히 증가시킬 수 있다. 이에 대한 이유를 추측해 보시오.

수산화나트륨(NaOH, 염기)의 동일 몰 농도 용액을 혼합하면 다음과 같은 반응이 일어난다.

$$HCl + NaOH \rightarrow H_2O + NaCl$$

여기서 산과 염기는 각각 $H^+$와 $OH^-$ 이온으로 이온화돼 물을 형성하고, 다른 이온인 $Na^+$와 $Cl^-$는 염화나트륨(NaCl)을 형성한다. 산과 염기가 반응하여 물 이외의 생성물을 생성할 때 이를 염(salt)이라 부른다. **대사**(metabolism)* 에서 중요한 역할을 하는 젖산, 호박산과 같은 많은 유기산은 세포의 조건에 따라 산과 염 형태로 사용될 수 있다(8장 참조).

핵심 점검 2.3

15. 화학반응의 유형과 이를 식으로 표현하는 일반적인 방법을 검토하시오.
16. 용액(solution), 용매(solvent), 용질(solute)을 정의하시오.
17. 물의 어떤 특성이 그것을 효과적인 생물학적 용매로 만드는가? 그리고 NaCl과 같은 분자가 물에서 어떻게 용해되는가?
18. 몰 농도란 무엇인가? $Mg_3(PO_4)_2$의 1 M 용액과 $CaSO_4$의 0.1 M 용액을 만드는 방법을 설명하시오.
19. 어떤 요인이 물질이 산성인지 염기성인지를 결정하는가? pH 척도를 간단히 설명하시오.

* 대사 세포 내에서 일어나는 모든 화학적 및 물리적 과정을 총칭하는 일반적인 용어.

## 2.4 탄소와 유기 화합물의 화학

학습목표

16. 탄소의 화학적 특성과 무기 화합물과 유기 화합물의 차이를 설명한다.
17. 작용기를 식별하고 몇 가지 예를 든다.
18. 고분자, 중합체, 단량체를 정의한다.

지금까지 우리의 주요 초점은 생물체의 구조와 기능에서 다양한 역할을 하는 원자, 이온, 간단하고 작은 물질의 특성에 있었다. 이러한 물질은 종종 **무기 화합물**(inorganic chemicals)이라는 범주로 묶인다. 화합물이 보통 탄소와 수소를 모두 포함하지 않을 때 무기 화합물로 간주된다. 무기 화합물의 예로는 $H_2O$, $O_2$, NaCl(염화나트륨), $Mg_3(PO_4)_2$(인산마그네슘), $CaCO_3$(탄산칼슘), $CO_2$(이산화탄소) 등이 있다. 사실상 생물체의 생물학은 **유기 화합물**(organic compounds)의 화학에 의존한다. 유기 화합물로 간주되기 위한 최소 조건은 탄소가 수소와 결합한 기본적인 구조를 포함하는 것이다. 유기 분자는 가장 간단한 메탄($CH_4$, 그림 2.4c 참조)에서부터 분자량이 거의 100만에 달하는 항체 분자(면역 반응에 의해 생성)와 같은 매우 복잡한 분자에 이르기까지 다양한 복잡성을 가진다. 세포 내 대부분의 유기 화합물은 탄소와 수소 외에 산소, 질소, 인과 같은 다른 원소를 포함한다.

생명의 근본 원소로서의 탄소의 역할을 이해하려면 탄소의 화학적 특성과 결합 패턴을 살펴봐야 한다. 탄소의 원자가 전자는 유기 분자의 뼈대를 형성하기 위한 이상적인 원자적 구성요소가 되며, 외곽 껍질에 4개의 전자가 있어 공유 결합을 통해 다른 원자(다른 탄소 포함)와 공유할 수 있다. 그 결과 탄소는 수천 개의 탄소 원자를 포함하는 안정적인 사슬을 형성할 수 있으며, 여전히 많은 다른 원자와 공유 결합을 형성할 수 있는 결합 위치를 가지고 있다. 탄소는 선형, 가지형, 또는 고리형 결합을 형성할 수 있으며, 4개의 단일 결합, 2개의 이중 결합, 또는 하나의 삼중 결합을 형성할 수 있다(그림 2.14). 다이아몬드와 흑연은 탄소 분자로만 구성된 독특한 구조를 가진다.

나노기술학자—분자 크기의 구조를 실용적으로 이용하는 것을 전문으로 하는 과학자들—는 두 가지 관련 시스템인 리포좀과 풀러렌에 주목한다(그림 2.15). 이 둘은 모두 속이 빈, 탄소 기반의 구조로, 체내에서

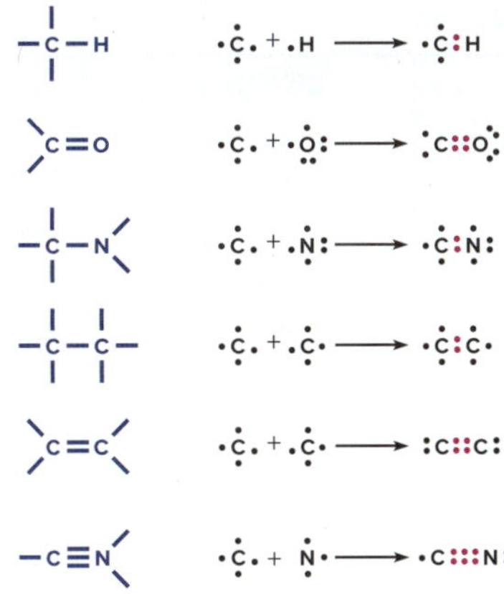

(a)

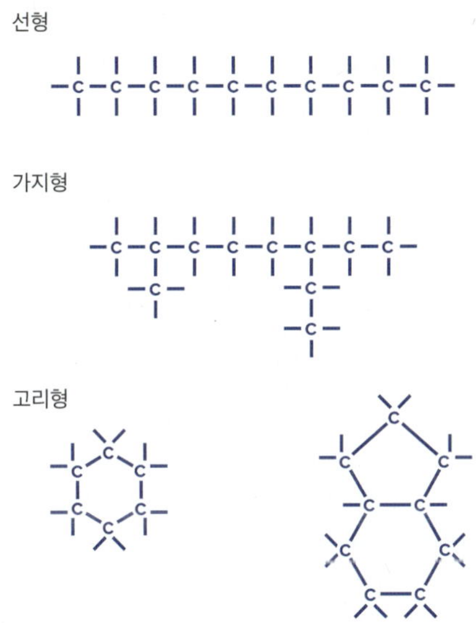


(b)

**그림 2.14** **탄소의 결합 다용성.** 대부분의 화합물에서 각 탄소는 총 네 가지 결합을 한다. (a) 단일, 이중, 삼중 결합은 다른 탄소, 산소 및 질소와 할 수 있고, 단일 결합은 수소와 한다. 단순 전자 모델은 이러한 결합에서 전자가 어떻게 공유되는지를 보여 준다. (b) 탄소의 다중 결합은 길고, 가지를 치거나, 고리 구조를 가진 화합물을 형성할 수 있으며, 많은 경우 매우 크고 복잡하다.

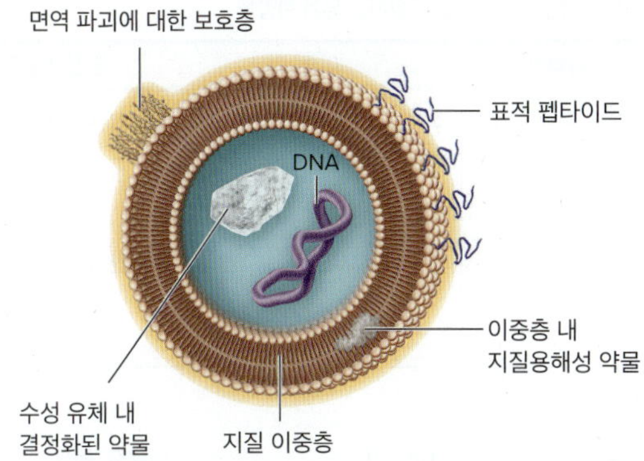


(a)

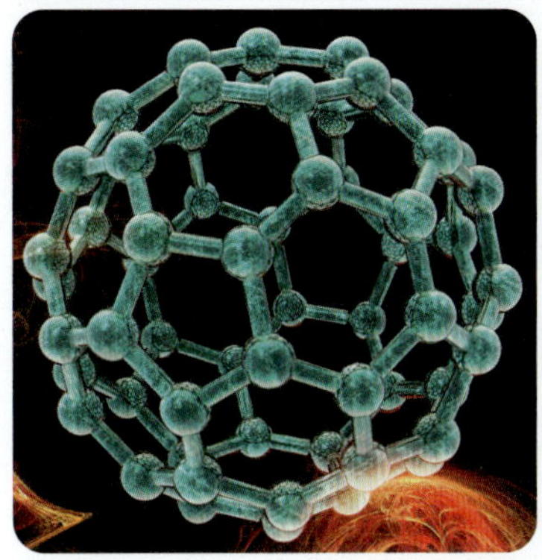

(b)

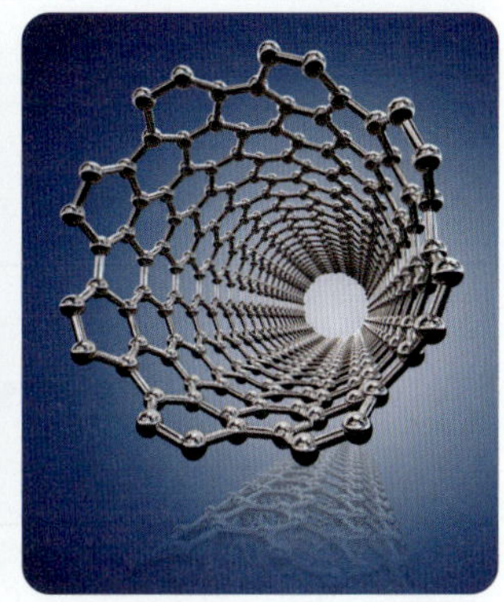

(c)

**그림 2.15** (a) 리포솜의 도식은 약물을 운반하고 약물 전달 중 리포솜을 안내하는 표면 분자를 나타낸다. 이 유형의 리포솜은 코로나바이러스 mRNA를 체내 세포로 전달하는 COVID-19 백신 벡터로 사용된다. (b) 버키볼의 구조는 육각 탄소가 축구공처럼 생긴 모양을 나타낸다. (c) 나노튜브의 모델은 약물이나 생체 분자를 세포로 정확히 전달하는 데 사용할 수 있는 속이 빈 내부를 표시한다. (출처: Laguna Design/Science Photo Library/Alamy Stock Photo; Miriam Maslo/Science Photo Library/Alamy Stock Photo)

약물을 정밀하게 전달하는 데 적합해 보인다. 가장 큰 성공은 리포좀에서 이루어졌으며, 이는 세포막과 유사한 지질 이중층으로 구성돼 있다. 리포좀은 코어에 다양한 약물을 담을 수 있으며, 목표로 하는 세포의 막과 쉽게 융합하여 세포질로 직접 내용을 전달한다. 모더나(Moderna)와 화이자(Pfizer)의 COVID-19 백신 모두 리포좀을 사용해 SARS-CoV-2 mRNA 조각을 체내 세포에 전달한다. 풀러렌은 모든 탄소가 서로 결합해 형성된 격자 구조를 가지는 특이한 분자군으로, 여러 형태를 취할 수 있으며 **버키볼**(buckyballs)* 과 나노튜브도 포함된다. 이들 분자도 약물을 코어에 담아 특정 세포나 기관으로 전달할 수 있지만, 체내에서 분해되지 않아 기존 약물 전달체보다 훨씬 오래 남아 있을 수 있다. 풀러렌은 방사성 동위원소로 암을 치료하거나 바이러스에 감염된 세포에 항바이러스제를 전달하는 수단으로 시험된다.

* 버키볼은 지오데식 돔(geodesic dome)의 발명가인 버크민스터 풀러(Buckminster Fuller)의 이름을 따서 지어졌다. 이는 탄소 구조가 지오데식 돔과 매우 유사한 모습을 하고 있기 때문이다.

## 유기 화합물의 작용기

탄소가 생물체의 분자적 골격으로 사용되는 한 가지 중요한 장점은 다양한 특수 분자군 또는 부속 분자인 **작용기**(functional groups)와 결합할 수 있다는 점이다. 작용기는 특정 유기 화합물 그룹의 화학적 특성을 정의하고 전체 분자에 고유한 반응 특성을 부여한다(표 2.3). 각 유형의 작용기는 고유한 방식으로 행동하기 때문에 유기 화합물의 반응은 그 안에 포함된 작용기를 아는 것으로 예측할 수 있다. 많은 합성, 분해, 전이 반응은 R—OH 또는 R—$NH_2$와 같은 작용기에 의존한다. 여기서 R은 분자의 나머지를 나타내는 줄임말이며, 그 위치에 부착된 그룹은 화합물마다 다를 수 있음을 나타낸다.

**표 2.3** 대표적인 작용기와 그것을 포함하는 유기 화합물

| 작용기의 화학식 | 이름 | 발견 가능한 곳 |
|---|---|---|
| R* — O — H | 수산기 | 알코올, 탄수화물 |
| 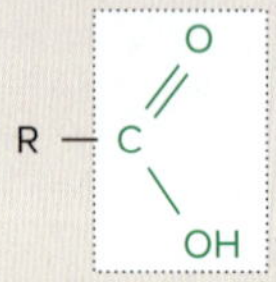 | 카복실기 | 지방산, 단백질, 유기산 |
| 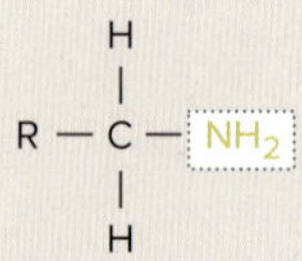 | 아미노기 | 단백질, 핵산 |
| 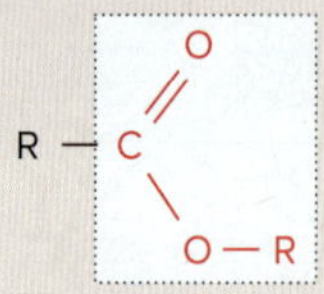 | 에스터 | 지질 |
| 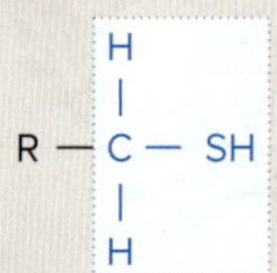 | 설프히드릴기 | 시스테인(아미노산), 단백질 |
| 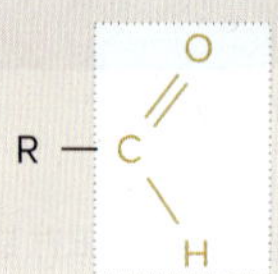 | 카보닐기(말단) | 알데하이드, 다당류 |
| 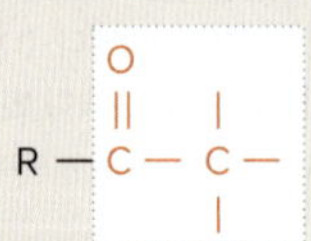 | 카보닐기(내부) | 케톤, 다당류 |
| 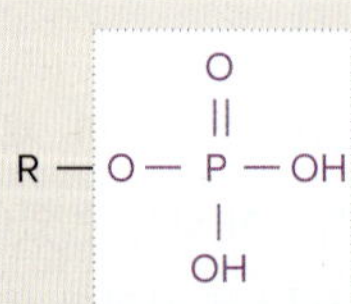 | 인산기 | DNA, RNA, ATP |

* 분자 내 'R' 표기는 나머지(remainder)를 나타내며, 화합물마다 해당 부위에 결합된 것이 다를 수 있음을 의미한다.

## 유기 고분자: 생명의 초구조

생명체의 화합물은 **생화학**(biochemistry)의 영역에 속한다. 생화합물은 생물체에 의해 생성되거나 그 구성요소인 유기 화합물을 말하며, 탄수화물, 지질, 단백질, 핵산의 네 가지 주요 그룹으로 나뉜다(표 2.4). 이 그룹의 화합물들은 더 작은 분자 단위 또는 구성요소로 조립되며, 종종 매우 큰 화합물이기 때문에 **고분자**(macromolecules)라고 한다. 모든 고분자는 지질을 제외하고는 중합체화라는 과정을 통해 형성되며, 이 과정에서 반복되는 **단량체**(monomers)*가 결합돼 다양한 길이의 **중합체**(polymers)*가 형성된다. 예를 들어, 아미노산(단량체)이 사슬 형태로 배열되면 단백질(중합체)이 된다. 고분자의 큰 크기와 복잡한 3차원 구조는 그들이 구조적 구성요소, 분자적 전달자, 에너지원, 효소(생화학적 촉매), 영양소 저장, 유전정보의 원천으로 기능할 수 있게 한다. 2.5절과 이후의 장에서는 세포 내 고분자의 역할과 관련된 다양한 개념을 다룰 것이다. 표 2.4는 8장에서 대사를 공부할 때 유용한 참고 자료가 될 것이다.

**표 2.4** 거대 분자와 그 기능

| 거대 분자 | 설명/기본 구조 | 예/비고 |
|---|---|---|
| **탄수화물** | | |
| 단당류 | 탄소 3~7개 당 | 포도당, 과당/대사 반응에 관여하는 당. 이당류 및 다당류의 기본 단위 |
| 이당류 | 2개의 단당류 | 맥아당(엿당)/2개의 포도당으로 구성. 전분 분해의 주요 산물 |
| | | 유당(락토스)/포도당과 갈락토스로 구성 |
| | | 자당(설탕)/포도당과 과당으로 구성 |
| 다당류 | 단당류의 사슬 | 전분, 셀룰로스, 글리코겐/세포벽, 식품 저장소 |
| **지질** | | |
| 트라이글리세라이드 | 지방산 + 글리세롤 | 지방, 기름/세포막의 주요 구성요소. 저장 |
| 인지질 | 지방산 + 글리세롤 + 인산염 | 막 구성 |
| 왁스 | 지방산, 알코올 | 마이콜산/결핵균의 세포벽 |
| 스테로이드 | 고리 구조 | 콜레스테롤, 에르고스테롤/진핵생물 및 일부 세균의 막 구성 |
| **단백질** | | |
| 폴리펩타이드 | 펩타이드 결합으로 연결된 아미노산 사슬 | 효소. 세포막, 세포벽, 리보솜, 항체의 일부/대사 반응. 구조적 구성요소 |
| **핵산** | 뉴클레오타이드, 펜토스당 + 인산염 + 질소 염기 | 퓨린: 아데닌, 구아닌.<br>피리미딘: 시토신, 티민, 유라실 |
| 디옥시리보핵산(DNA) | 디옥시리보스 당과 티민 포함(유라실 없음) | 염색체. 바이러스의 유전물질/유전 |
| 리보핵산(RNA) | 리보스 당과 유라실 포함(티민 없음) | 리보솜. mRNA, tRNA/유전적 특성의 발현 |
| 아데노신 삼인산(ATP) | 아데닌, 리보스 당, 3개의 인산 그룹 포함 | 세포 내 반응에 에너지를 제공하는 고에너지 화합물 |

**핵심 점검 2.4**

20. 유기 화합물로 간주되기 위해 분자에 반드시 포함돼야 하는 원자는 무엇인가?

* 단량체 그리스어 mono(하나)와 meros(부분)에서 유래.
* 중합체 그리스어 poly(많은)에서 유래. 또한 다당류(polysaccharide), 폴리펩타이드(poly-peptide), 폴리뉴클레오타이드(polynucleotide) 등의 어근으로 사용됨.

21. 여러 가지 무기 화합물을 나열하시오.
22. 탄소가 유기 화합물을 형성하는 데 이상적인 이유는 무엇인가?
23. 작용기란 무엇인가?
24. 단량체와 중합체의 차이를 설명하시오. 중합체는 어떻게 형성되는가?

## 2.5 생명의 분자: 탄수화물

학습목표

19. 탄수화물을 정의하고 탄수화물의 특성을 나타내는 작용기를 안다.
20. 단당류, 이당류, 다당류를 구분하고 이들의 결합이 어떻게 형성되는지 설명한다.
21. 세포 내 탄수화물의 기능을 논의한다.

**탄수화물**(carbohydrate)이라는 용어는 이 화학 그룹의 대부분이 탄소와 물의 조합을 닮은 방식에서 유래했다. 탄수화물은 일반적으로 $(CH_2O)_n$의 형태로 나타내며, 여기서 n은 완성된 탄수화물을 만들기 위해 결합하는 단위의 수를 나타낸다. 간단한 탄수화물 단량체의 기본 구조는 탄소가 2개 이상의 하이드록실기(−OH)와 결합한 뼈대다. 또한 알데하이드기 또는 케톤기 중 하나를 가지고 있기 때문에, 종종 다가 히드록시(polyhydroxy) **알데하이드**(aldehydes) 또는 **케톤**(ketones)으로 명명된다(그림 2.16). 간단히 말해, 포도당과 같은 당은 끝부분의 카보닐기가 수소와 다른 탄소에 결합된 알데하이드다. 과당은 2개의 탄소 사이에 카보닐기가 결합된 케톤이다.

탄수화물은 다양한 형태로 존재한다. 일반적인 용어인 **당류**(saccharide)*는 단맛이 나는 단순 탄수화물로, 단당류 또는 이당류와 같은 것이다. **단당류**(monosaccharide)는 3~7개의 탄소를 포함하는 간단한 다가 히드록시 알데하이드 또는 케톤 분자이며, **이당류**(disaccharide)는 2개의 단당류가 결합된 것이다. **다당류**(polysaccharide)는 5개 이상의 단당류가 직선 또는 가지형으로 결합된 중합체다(그림 2.16). 단당류와 이당류는 당의 특징을 나타내는 접두사와 접미사 **-ose**를 결합하여 명명된다. 예를 들어, **헥소스**(hexoses)는 6개의 탄소로 구성되며, **펜토스**(pentoses)는 5개의 탄소를 포함한다. **포도당**(glucose)은 그리스어로 '달콤한'을 의미하며, 가장 흔하고 보편적으로 중요한 헥소스다. **과당**(fructose)은 과일(그중 하나의 원천)에서 유래했으며, 자일로스는 그리스어로 '나무'에서 유래했다. 이당류의 경우도 비슷하게 명명된다. **락토스**(lactose)는 라틴어로 '우유'를 의미하며, **맥아당**(maltose)은 '엿당'을 의미한다. **자당**(sucrose)은 프랑스어로 '설탕'

* 당류 그리스어 sakcharon(달콤한)에서 유래.

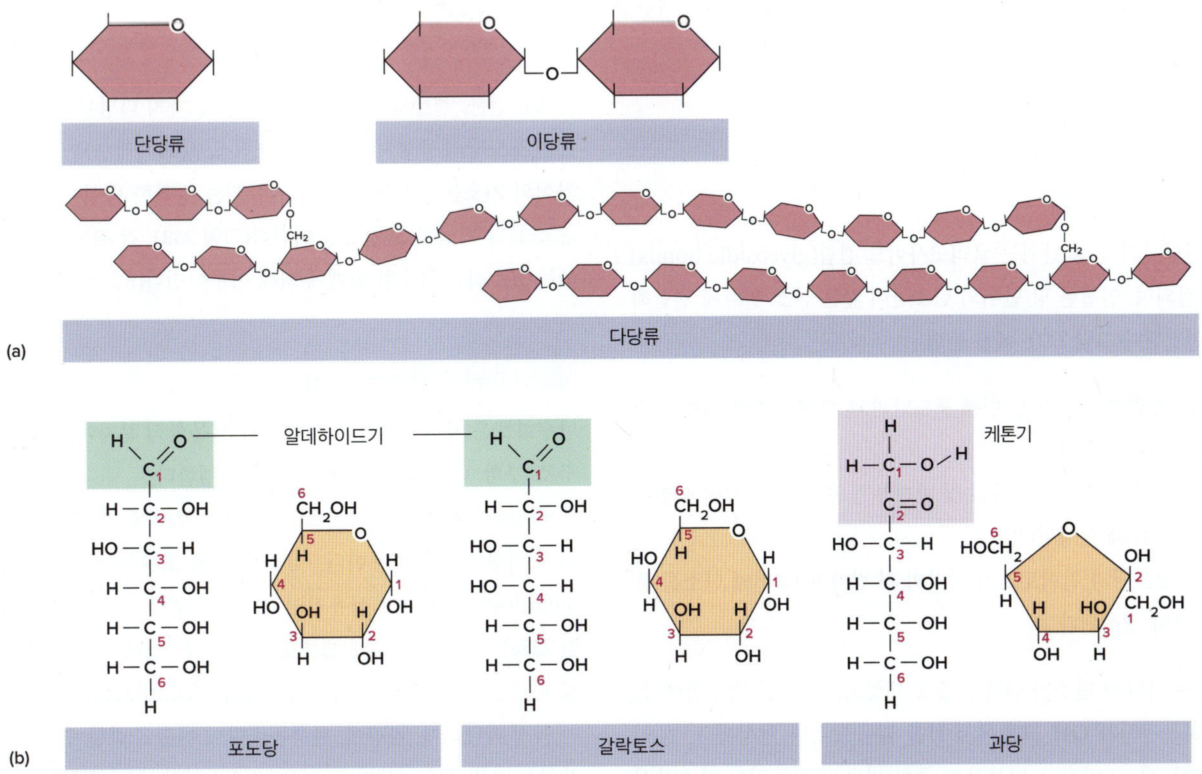


그림 2.16 일반적인 탄수화물의 종류. (a) 당 단위의 수에 따라 명명된 주요 당류 그룹. (b) 동일한 분자식($C_6H_{12}O_6$)을 가지면서도 서로 다른 구조식을 가진 세 가지 헥소스. 선형과 고리 모델이 모두 제공된다. 선형 형태는 알데하이드기와 케톤기를 강조하며, 용액 내에서는 당이 고리 형태로 존재한다. 반응을 추적하기 위해 탄소는 빨간색으로 번호가 매겨져 있다.

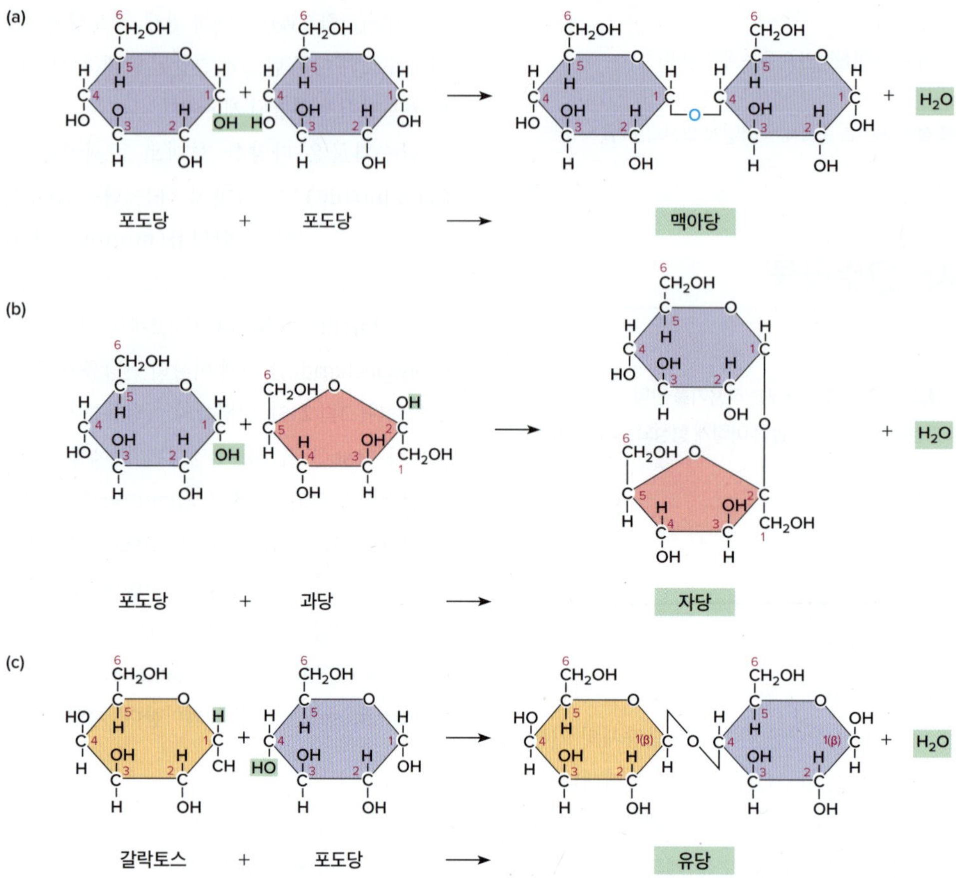


**그림 2.17** 세 가지 일반적인 이당류의 예를 설명하는 글리코사이드 결합. (a) 2개의 α-포도당이 1,4 결합을 형성하여 맥아당을 생성하는 과정. (b) 포도당과 과당 사이에 1,2 결합이 형성돼 자당이 생성되는 과정. (c) 갈락토스와 포도당이 1,4 결합을 형성하여 유당이 생성되는 과정. 모든 탈수합성 반응은 물을 방출함을 주의하자.

을 의미하며, 흔히 정제당이나 사탕수수 설탕으로 알려져 있다.

## 탄수화물 결합의 특성

이당류와 다당류의 구성 단위는 **글리코사이드 결합**(glycosidic bonds)을 통해 연결되며, 인접한 당 단위의 탄소들이 같은 산소 원자에 결합해 사슬처럼 연결된다(그림 2.17). 예를 들면,

- 맥아당은 첫 번째 탄소가 두 번째 포도당의 네 번째 탄소에 있는 산소와 결합할 때 형성된다.
- 자당은 포도당과 과당이 각각의 첫 번째와 두 번째 탄소 사이에 있는 산소를 공유할 때 형성된다.
- 락토스는 포도당과 갈락토스가 각각의 첫 번째와 네 번째 탄소를 통해 연결될 때 형성된다.

이 결합은 하나의 탄소가 OH 그룹을 내놓고, 다른 탄소(결합에 산소를 기여하는 쪽)가 OH 그룹에서 H를 잃음으로써 형성된다. 물이 생성되기 때문에 이 반응은 대부분의 중합 반응에 공통적인 **탈수합성**(dehydration synthesis)으로 알려져 있다(단백질에 대해서는 2.7절 참조). 전분, 셀룰로오스, 글리코겐의 세 가지 다당류는 모두 같은 단당류인 포도당의 중합체이지만, 구조적 및 생화학적으로 구별된다. 이들의 차이의 기초는 포도당 분자가 결합되는 정확한 방식에 있으며, 이는 최종 산물의 특성에 큰 영향을 미친다(그림 2.18). 각 결합 유형의 합성과 분해는 효소라는 특수한 촉매에 의해 이루어진다(8장 참조).

## 세포 내 탄수화물의 기능

탄수화물은 자연계에서 가장 풍부한 생물학적 분자다. 탄수화물은 세포 구조, 부착, 대사에서 다양한 역할을 수행한다.

다당류는 일반적으로 구조적 지지와 보호에 기여하며, 영양소와 에너지 저장소로도 작용한다. 식물과 미세 조류의 세포벽은 **셀룰로오스**(cellulose)라는 길고 섬유질의 중합체로부터 강도와 강성을 얻는다(그림 2.18a). 이 역할 때문에 셀룰로오스는 지구상에서 가장 흔한 유기 물질 중 하나일 가능성이 높지만, 셀룰레이스(cellulace)라는 효소를 생산하는 특정 박테리아, 곰팡이, 원생동물만이 이를 소화할 수 있다. 이러한 미생물은 분해자라고 불리며, 식물 재료를 분해하고 재활용하는 데 필수적인 역할을 한다. 일부 박테리아는 덱스트란(dextran)이라는 포도당 중합

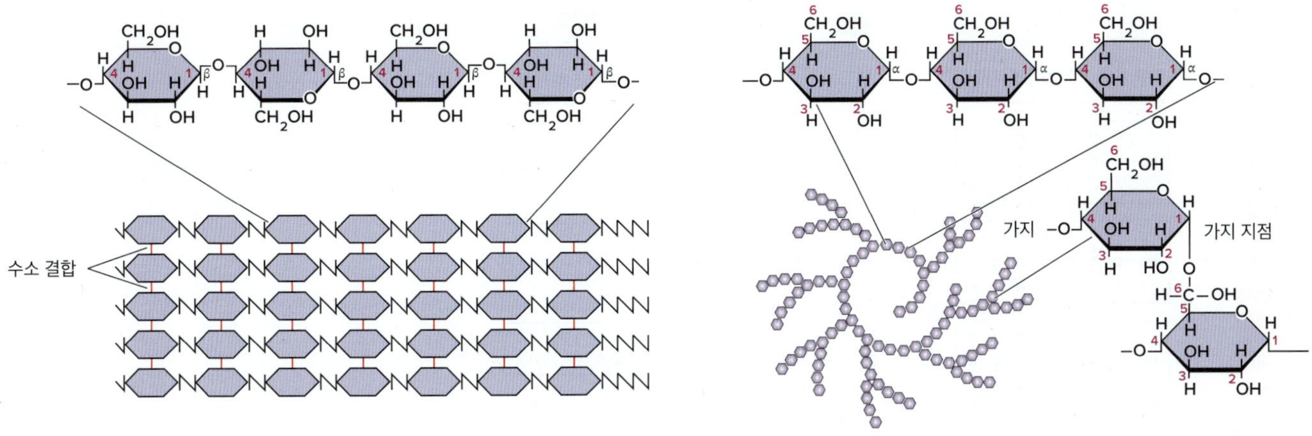


(a) 셀룰로오스 (b) 전분

**그림 2.18** 다당류. (a) 셀룰로오스는 β-포도당이 1,4 결합을 통해 형성한 긴 선형의 다당류로, 이 사슬들이 수소 결합을 통해 서로 연결돼 있다. 이러한 구조로 인해 식물의 섬유성 지지 구조를 형성하게 된다. (b) 전분 또한 포도당의 중합체로 이루어져 있으며, 이 경우 α-포도당으로 구성돼 있다. 주된 구조는 1,4 결합으로 연결된 아밀로스이며, 아밀로펙틴의 가지는 1,6 결합을 통해 형성된다. 전체 분자는 조밀하고 과립 모양을 띤다.

체의 점액층을 분비한다. 이 물질은 치아에 플라크를 유발하는 끈적한 층을 형성한다.

다른 구조적 다당류는 아미노산, 질소 염기, 지질, 또는 단백질과 결합(접합)될 수 있다. **한천**(agar)은 고체 배양 배지를 준비하는 데 필수적인 다당류이며, 특정 해조류의 천연 성분이다. 이는 갈락토스와 황을 포함한 단수화물의 복잡한 중합체다. **키틴**(chitin)은 글루코사민(아미노 작용기를 가진 당)의 중합체로, 곰팡이의 세포벽과 곤충의 외골격에서 주요 성분으로 사용된다. **펩티도글리칸**(peptidoglycan)은 다당류(글리칸)가 펩타이드 조각(짧은 아미노산 사슬)과 연결된 특수한 화합물로, 박테리아 세포벽에 주요한 구조적 지지 역할을 제공한다. 그람 음성 세균의 세포벽에는 **지질다당류**(lipopolysaccharide)도 포함돼 있으며, 발열 및 쇼크와 같은 증상의 원인이 된다.

많은 세포의 외부 표면에는 다당류가 다양한 방식으로 단백질과 결합하여 구성된 섬세한 '당 코팅'이 있다(이 조합을 뮤코단백질 또는 당단백질이라고 한다). 이 구조를 **당질피층**(glycocalyx)* 이라고 하며, 다른 세포와의 부착 또는 수용체(receptors)로 작용하는 부위로 사용된다. 수용체는 외부 자극에 반응하는 표면 분자다. 인간 혈액형의 차이는 작은 당 분자로 설명되며, 탄수화물은 항체라고 불리는 대형 단백질 분자의 구성 요소다. 일부 바이러스는 당단백질을 표면에 가지고 있어 숙주세포에 결합하고 침입하는 역할을 한다.

다당류는 보통 포도당 중합체 형태로 세포에 저장되며, **전분**(starch, 그림 2.18b)이나 **글리코겐**(glycogen)과 같이 에너지와 기타 대사적 요구사항을 위한 원천으로 쉽게 사용된다. 두 포도당 분자 간의 결합을 깨기 위해 물 분자가 필요하기 때문에, 소화는 **가수분해**(hydrolysis)* 라고도 불린다. 전분은 녹색식물, 미세 조류, 일부 곰팡이의 주요 저장 식품이며, 글리코겐(동물 전분)은 동물과 특정 그룹의 박테리아, 원생동물을 위한 저장 탄수화물이다.

## 2.6 생명의 분자: 지질

**학습목표**

22. 지질, 트라이글리세라이드, 인지질, 지방산, 콜레스테롤을 정의한다.
23. 에스터 결합이 형성되는 방법을 설명한다.
24. 세포 내 지질의 주요 기능을 논의한다.

**지질**(lipid)이라는 용어는 그리스어 lipos에서 유래했으며, 지방을 의미한다. 이는 화학적 정의가 아닌 다양한 물질을 지칭하는 운영적 용어다. 지질은 물과 같은 극성 용매에는 용해되지 않지만, 벤젠이나 클로로포름과 같은 비극성 용매에는 용해되는 특성을 갖는다(기름과 물이 섞이지 않는 것을 상기하자). 이러한 특성은 지질로 불리는 물질이 상대적으로 긴 또는 복잡한 C–H(탄화수소) 사슬을 가지고 있어 비극성이며 소수성이기 때문이다. 지질로 분류되는 주요 화합물군은 트라이글리세라이드, 인지질, 스테로이드, 왁스다.

중요한 저장 지질은 **트라이글리세라이드**(triglycerides)로, 여기에 지방과 기름이 포함된다. 트라이글리세라이드는 한 분자의 글리세롤에

---

* **당질피층** 그리스어 glycos(달콤한)와 calyx(덮개)에서 유래.

* **가수분해** 그리스어 hydro(물)와 hydrein(녹이다)에서 유래.

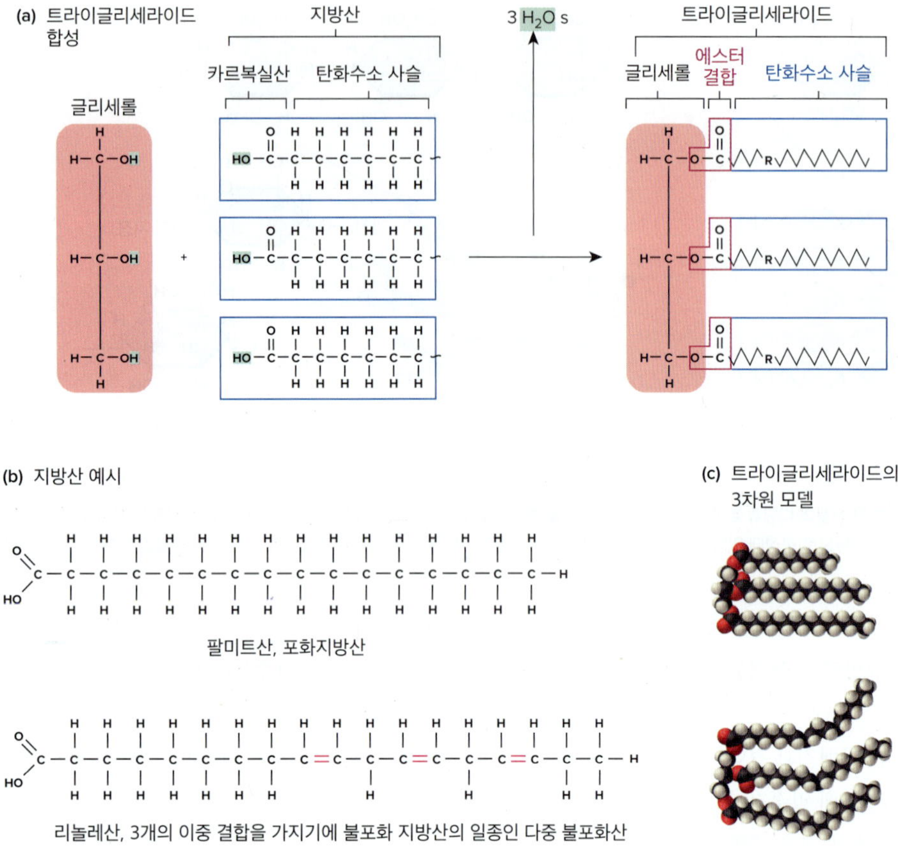


**그림 2.19** 트라이글리세라이드의 합성과 구조. (a) 각 에스터 결합에서 물 분자가 방출되기 때문에 이 과정은 또 다른 형태의 탈수합성이다. 들쭉날쭉한 선과 R 기호는 일반적으로 매우 긴 지방산의 탄화수소 사슬을 나타낸다. (b) 두 가지 종류의 지방산의 구조 모델. (위쪽)포화 지방산은 길고 곧은 사슬로 밀접하게 포장될 수 있다. (아래쪽)불포화 지방산은 적어도 하나의 이중 결합을 가지고 있으며, 이중 결합으로 인해 긴 사슬이 구부러져 조밀하게 포장되지 못한다. (c) 포화 지방산(위)과 불포화 지방산(아래)을 포함하는 트라이글리세라이드의 3차원 모델. 이 두 가지 지방 중 어느 것이 오일(액체)이고 어느 것이 고체일까?

3개의 **지방산**(fatty acids)이 결합된 형태로 구성된다(그림 2.19). **글리세롤**(glycerol)은 3개의 탄소로 이루어진 알코올이며[6], 3개의 OH기를 갖고 있어 결합부위로 작용한다. 지방산은 긴 사슬 모양의 가지가 없는 탄화수소 분자로, 끝부분에 카복실기(COOH)를 갖고 있어 글리세롤과 결합할 수 있다. –OH기와 –COOH기 사이에서 형성되는 결합을 **에스터 결합**(ester bond)이라고 정의한다(그림 2.19a). 지방산의 탄화수소 부분은 4개에서 24개의 탄소로 구성될 수 있으며, 지방의 종류에 따라 포화(saturated) 또는 불포화(unsaturated)일 수 있다. 포화 지방산은 사슬 내 모든 탄소가 수소와 단일 결합하고 있는 형태이다. 1개 이상의 탄소-탄소 이중 결합을 가진 지방산은 불포화로 간주된다(그림 2.19b). 이러한 지방산을 포함하는 지방은 각각 그에 따라 설명된다. 지방산의 구조가 지방과 기름(액체 지방)의 기름지고 불용성인 특성을 부여한다. 일반적으로 고체 지방(예: 버터)은 더 포화된 형태고, 기름(액체 지방)은 덜 포화된 형태다.

대부분의 세포에서 트라이글리세라이드는 장기적인 사용을 위해 농축된 방울 또는 구형 입자 형태로 저장된다. 소화효소인 리페이스(lipase)에 의해 에스터 결합이 작용하면, 지방산과 글리세롤이 분리돼 대사과정에서 사용될 수 있다. 지방산은 다른 저장 분자(전분)보다 두 배의 에너지를 제공하는 우수한 에너지 공급원이다. 비누는 $K^+$ 또는 $Na^+$의 지방산 염으로, 그 특성상 훌륭한 기름 제거제이자 세정제로 작용한다(11장 참조).

## 막 지질

**인지질**(phospholipids)은 세포막의 주요 구조적 구성요소로 작용한다. 인지질도 글리세롤과 지방산을 포함하지만, 트라이글리세라이드와는 큰 차이가 있다. 인지질은 글리세롤에 2개의 지방산만이 결합돼 있으며, 세 번째 글리세롤 결합부위는 인산기를 가진다. 이 인산기는 알코올과 결합되며, 인지질마다 알코올이 다르다(그림 2.20a). 이 지질군은 분자의 인산-알코올 '머리' 부분의 전하로 인해 친수성 부분을 가지며, 지방산으로 형성된 길고 비전하를 띤 '꼬리' 부분이 소수성 부분에 해당한다. 물에 노출되면, 전하를 띤 머리는 물 쪽으로 끌리고, 비극성 꼬리는 물 쪽에서 밀려나게 된다(그림 2.20b). 이러한 성질로 인해 지질은 자연스럽게 단일층과 이중층을 형성하게 되며, 이는 생물학적으로 세포막에서 중요한 역할을 한다. 2개의 단일층이 이중층을 형성할 때 각 단일층의 외부 친수성 면은 용액을 향해 배열되고, 소수성 부분은 이중층의 중심에 위치하게 된다. 세포막 구조의 표준 모델은 지질이 연속적인 이중층을 형성하는 형태다. 이중층에는 여러 크기의 구형 단백질이 삽입돼 있다(그림 2.21).

6 알코올은 하이드록실(–OH) 작용기를 포함하는 유기 화합물이다.

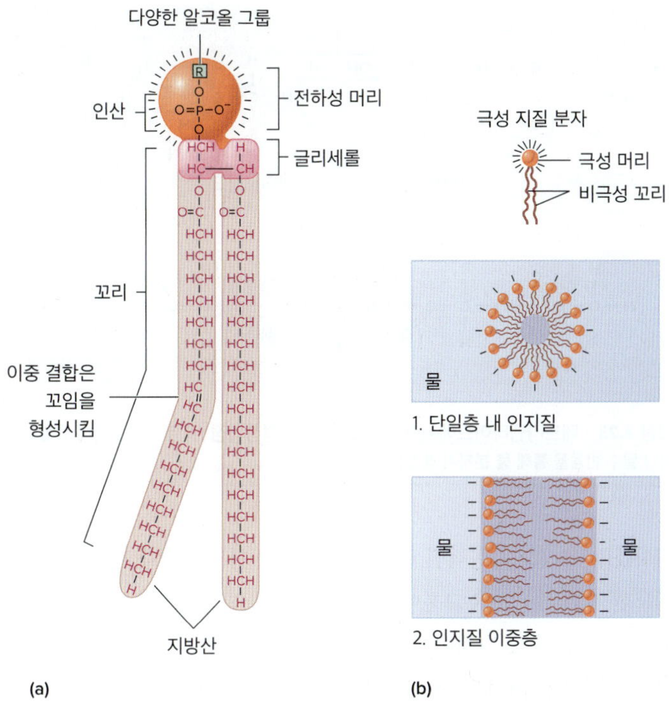


**그림 2.20** **인지질–막 분자.** (a) 단일 인지질 분자의 모델. 인산-알코올 머리 부분이 분자 한쪽에 전하를 제공하며, 긴 탄화수소 사슬은 비전하를 띤다. (b) 인지질은 물 기반 용액에서 (1) 미셀이라는 단일층 형태로 배열되며, 전하를 띤 머리는 수분에 노출되고 소수성의 비극성 꼬리는 물에서 멀리 배치되거나, (2) 이중층 구조를 형성하여 소수성 꼬리가 두 친수성 층 사이에 샌드위치된다.

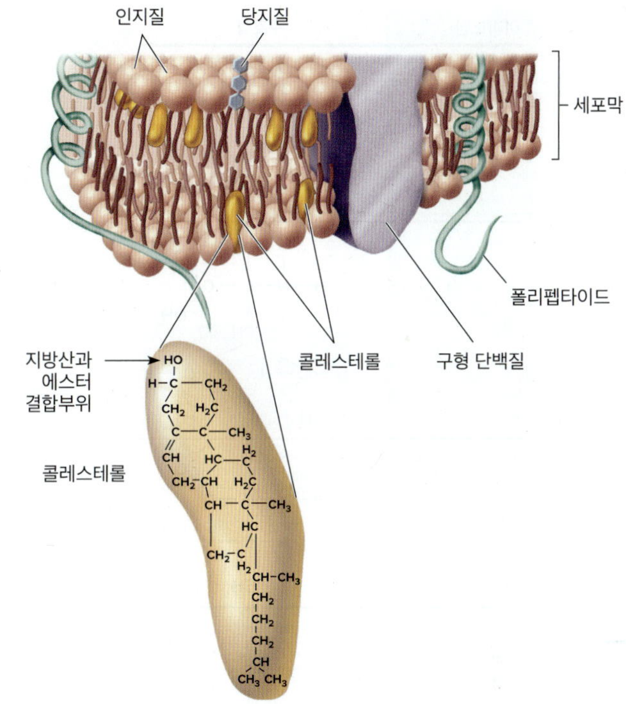


**그림 2.21** **이중층 지질로 이루어진 막의 절단면.** 주요 지질은 인지질이지만 콜레스테롤이 일부 막에 삽입된다. 다른 구조물로는 단백질과 당지질 분자가 있다. 콜레스테롤은 지방산과 에스터화돼 OH– 그룹에서 인지질과 유사한 극성을 가질 수 있다.

일부 단백질은 표면에만 위치하며, 다른 일부는 전체 막을 통해 확장된다. 막은 유동성을 가지며, 지질 층이 움직이고 많은 단백질들이 자유롭게 이동할 수 있기 때문에 역동적이다. 이 유동성은 음식 섭취와 세포 분비와 같은 활동에 필수적이다. 지질층의 구조는 분자의 선택적 투과성과 수송을 설명하는 침투할 수 없는 장벽을 제공한다. 막 단백질은 분자 신호 수신(수용체), 영양소 결합 및 운반, 효소 기능을 하며, 이는 7장과 8장에서 더 자세히 다룬다.

## 기타 지질

스테로이드(sterioids)는 일반적으로 세포막과 동물 호르몬에서 발견되는 복잡한 고리형 화합물이다. 이 중 가장 잘 알려진 것은 OH 그룹을 가진 스테로이드인 **콜레스테롤**(cholesterol)이다(그림 2.21). 콜레스테롤은 동물 세포의 세포막 구조를 강화하며, 세포벽이 없는 비정상적인 박테리아인 마이코플라스마에서도 발견된다.

진균의 세포막은 에르고스테롤이라는 독특한 스테롤을 포함한다. **프로스타글란딘**(prostaglandins)은 지방산 유도체로, 염증 및 알레르기 반응, 혈액 응고, 평활근 수축 등에 중요한 역할을 한다. 왁스는 화학적으로 장쇄 알코올과 포화 지방산 사이의 에스터 결합으로 형성된 물질이다. 결과물은 따뜻할 때 유연하고 부드럽지만, 차가울 때는 단단하고 물에 저항하는 특성을 가진다. 생명체에서 털, 깃털, 과일, 잎, 인간 피부, 곤충의 외골격 등이 왁스 층으로 방수 처리돼 있다. 결핵과 나병을 일으키는 박테리아는 병원성에 기여하는 왁스를 생산한다.

**핵심 점검 2.5~2.6**

25. 탄수화물의 구조와 글리코시드 결합의 구조를 설명하시오.
26. 단당류, 이당류, 다당류의 차이점을 구분하고 각각의 예를 드시오.
27. 세포 내 다당류의 기능은 무엇인가?
28. 트라이글리세라이드와 인지질의 단순 구조 분자를 그려서 그들의 차이점과 유사점을 비교하시오. 에스터 결합이란 무엇인가?
29. 세포막에서 물, 지질 그리고 단백질의 상호작용을 설명하시오.

## 2.7 생명의 분자: 단백질

**학습목표**

25. 펩타이드와 폴리펩타이드의 구조와 그 결합이 형성되는 방식을 설명한다.
26. 단백질 구조의 네 가지 수준을 특징짓고, 접힘 패턴을 설명한다.
27. 단백질의 주요 기능을 요약한다.

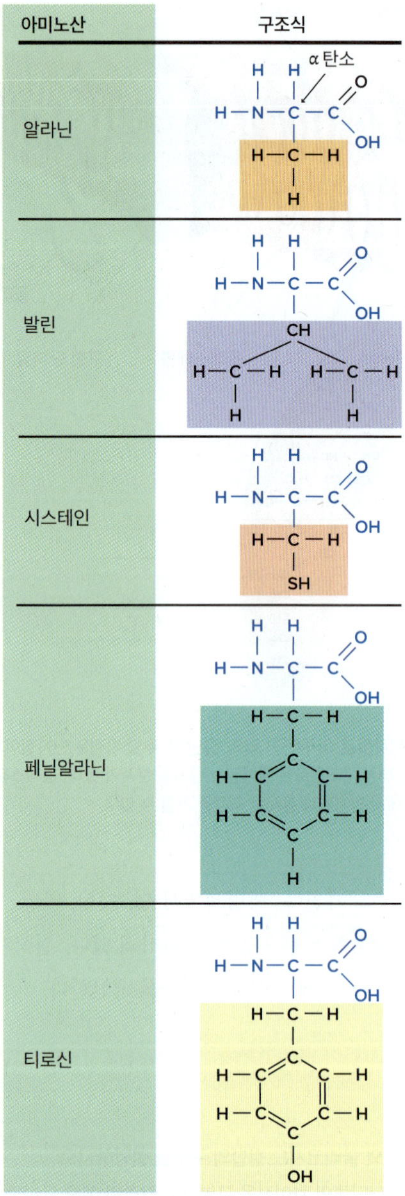


**그림 2.22** 일부 아미노산의 구조식. 모든 아미노산에 공통적인 기본 구조는 파란색으로 표시됐으며, 가변 그룹(R 그룹)은 색깔 상자에 배치돼 있다.

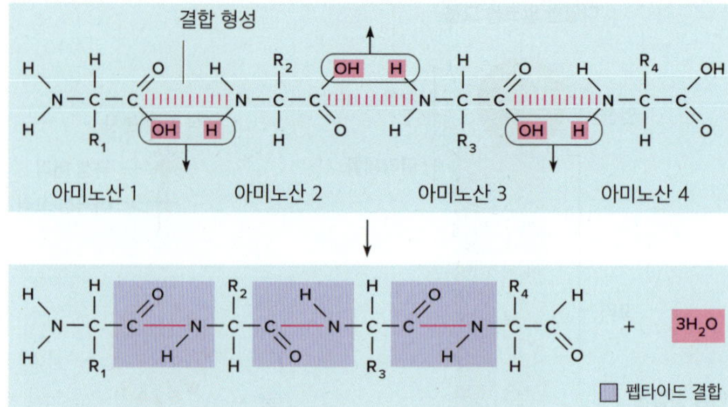


**그림 2.23** 테트라펩타이드에서 펩타이드 결합의 형성과정. 각 두 아미노산이 결합할 때마다 탈수 반응을 통해 물 분자가 생성된다.

세포 내 주요 유기 분자는 **단백질**(proteins)이며, 이는 그리스어 proteios에서 유래하여 '첫 번째', '주요한'을 의미한다. 생물체의 구조, 행동, 그리고 고유한 특성은 상당 부분 그들이 함유한 단백질에 의해 결정된다. 단백질의 특별한 특성과 다재다능함의 기원을 가장 잘 설명하려면 단백질의 일반적인 구조를 살펴보아야 한다.

단백질의 구성요소는 **아미노산**(amino acids)이며, 이는 20가지의 자연 발생 형태로 존재한다. 그림 2.22는 여러 일반적인 아미노산의 예를 제시한다. 부록 A는 20가지 모든 아미노산을 보여 주는 표를 제공한다. 다양한 아미노산의 조합이 거의 무한한 단백질의 다양성을 만들어 낸다. 아미노산은 탄소(α 탄소)에 아미노기($NH_2$), 카복실기(COOH), 수소 원자(H), 그리고 가변적인 R 그룹이 결합된 기본 골격을 갖고 있다. 아미노산 간의 차이는 R 그룹에서 발생하며, 이 R 그룹은 각 아미노산마다 다르며 그 분자 및 그것이 포함된 단백질에 고유한 특성을 부여한다. **펩타이드 결합**(peptide bond)이라 불리는 공유 결합이 한 아미노산의 아미노기와 다른 아미노산의 카복실기 사이에 형성된다. 펩타이드 결합 형성의 결과로 2개의 아미노산부터 수천 개의 아미노산을 포함하는 다양한 길이의 분자를 생성할 수 있다.

펩타이드 결합을 포함하는 화합물의 성질을 나타내기 위해 다양한 용어가 사용된다. **펩타이드**(peptide)*는 일반적으로 짧은 아미노산 사슬로 이루어진 분자를 의미하며, 다이펩타이드(아미노산 2개), 트라이펩타이드(아미노산 3개), 테트라펩타이드(아미노산 4개) 등의 용어가 사용된다(그림 2.23). **폴리펩타이드**(polypeptide)는 명확히 정해지지 않은 수의 아미노산을 포함하며, 보통 20개 이상의 아미노산으로 이루어진 단백질의 작은 단위로 간주된다. 단백질은 이러한 화합물 중 가장 크며, 최소 50개의 아미노산을 포함하는 경우가 많다. 폴리펩타이드와 단백질은 서로 혼용되는 경우가 많지만, 모든 폴리펩타이드가 단백질로 간주될 만큼 충분히 크지 않다. 9장에서 살펴보듯이, 단백질 합성은 아미노산을 무작위로 연결하는 것이 아니라 DNA가 제공하는 정보에 의해 지시된다.

## 단백질 구조와 다양성

단백질이 이토록 다양하고 특정한 이유는 단백질이 단순한 아미노산 직선 사슬(1차 구조라고 함) 형태로 기능하지 않기 때문이다. 단백질은 자연스럽게 복잡한 조직화 수준을 취하는 경향이 있으며, 이를 2차 구조, 3차 구조, 4차 구조라고 한다(과정그림 2.24).

**1차 구조**(primary (1°) structure)는 단백질의 아미노산 배열 순서

---

* **펩타이드** 그리스어 pepsis(소화)에서 유래.

1 1차 구조는 한 사슬에 결합된 일련의 아미노산들임. 아미노산은 작고 전하를 갖는 작용기(빨간색 기호)로 표시함

2 2차 구조는 인접한 아미노산의 CO와 NH기 간 수소 결합이 형성될 때 형성됨. 이러한 작용으로 사슬은 α-나선과 β-병풍으로 불리는 국소적인 배열로 접힘. 대부분의 단백질은 두 형태의 이차 구조를 가짐

3 3차 구조는 2차 구조 일부가 이황화 결합과 주기적인 상호작용을 형성할 때 생성됨. 이를 바탕으로 안정적인 3차원 분자가 나타남. 단백질에 따라 이것은 최종 기능 상태가 될 수 있음

4 4차 구조는 하나 이상의 폴리펩타이드 사슬로 구성된 단백질에서 존재함. 모든 인간 세포에서 발견되는 인간 종양 억제 단백질인 BRCA1의 구조는 서로 다른 폴리펩타이드(다른 색상으로 표시)의 조합임

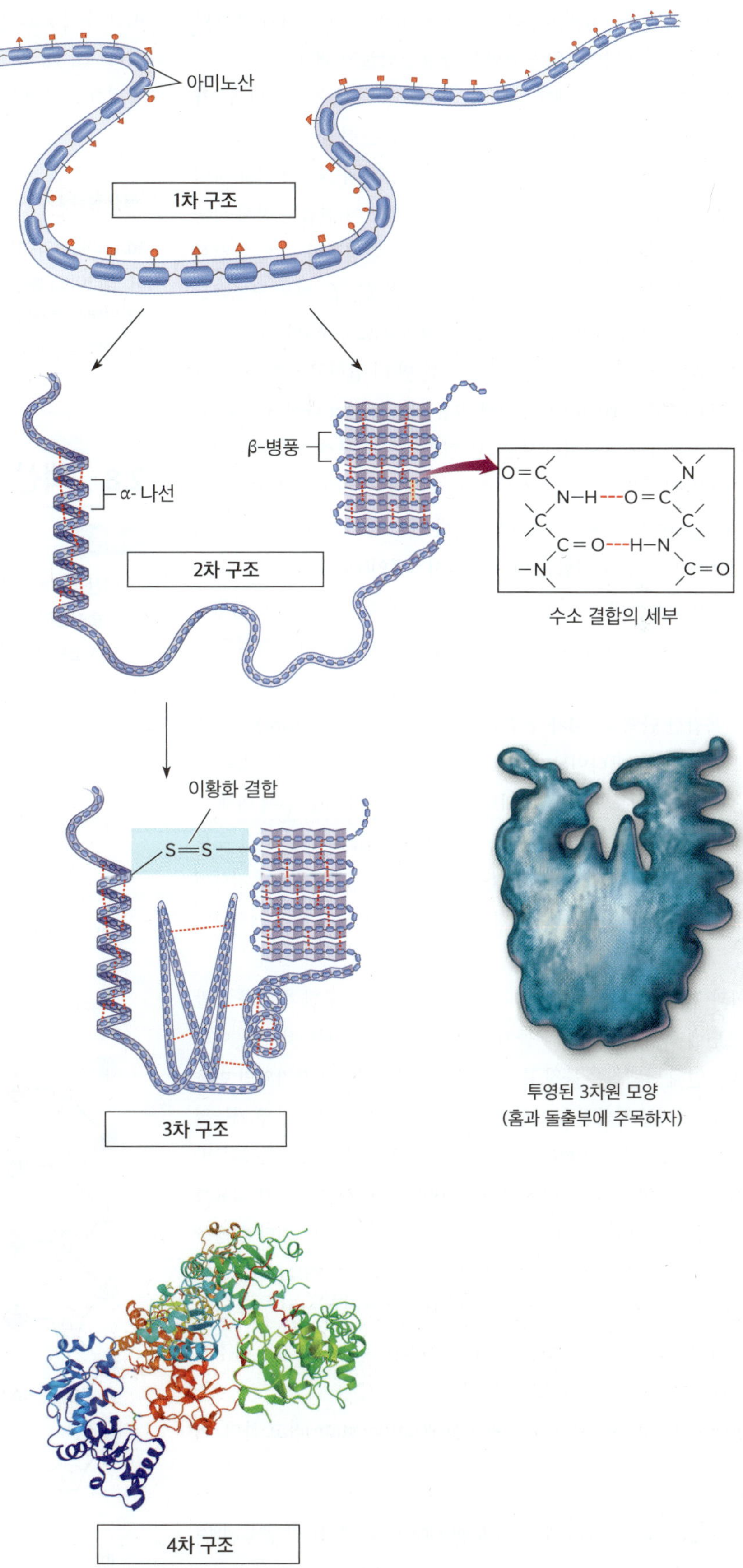


**과정그림 2.24** 단백질의 구조적 수준의 형성과정. 빨간색 점선은 수소 결합을 나타낸다. (출처: ibreakstock/Shutterstock)

를 나타낸다. 단백질은 아미노산의 정확한 순서, 종류, 수에 따라 크게 다르며, 이러한 특성이 단백질의 무한한 다양성을 만들어 낸다.

폴리펩타이드는 1차 상태에 그대로 남아 있지 않고, 자연스럽게 **2차 구조**(secondary (2°) structure)라 불리는 더 높은 복잡성 수준으로 자신을 정렬한다. 2차 구조는 아미노산의 C=O 그룹과 N–H 그룹 사이에서 발생하는 수많은 수소 결합에 의해 형성된다. 이 결합은 전체 사슬을 나선형으로 꼬이거나 접히는 규칙적인 패턴으로 만든다. 꼬인 나선형 형태는 α 나선 구조라고 하고, 접힌 아코디언 형태는 β-병풍 구조라고 한다. 폴리펩타이드는 일반적으로 두 가지 형태를 모두 포함한다.

사슬이 2차 구조를 형성한 후에는 다시 한 번 더 접히고 압축되는 **3차 구조**(tertiary (3°) structure)로 진행된다. 이 구조는 α 나선 구조와 β-병풍 구조의 여러 부분 사이의 사슬 간[7] 힘과 결합을 통해 형성된다. 3차 구조를 형성하는 주요 요소는 전하를 띤 작용기 사이의 추가적인 수소 결합, 폴리펩타이드의 여러 부분 사이의 반 데르 발스 힘, 공유 결합, 이황화 결합이다. 이황화 결합은 아미노산 **시스테인**(cysteine)*의 황 원자 사이에서 발생하며, 이러한 결합은 단백질 구조 전체에 높은 안정성을 부여한다. 그 결과로 만들어진 복잡한 3차원 단백질이 대개 완성된 기능적 상태다.

가장 복잡한 단백질은 **4차 구조**(quaternary (4°) structure)를 가지며, 2개 이상의 폴리펩타이드가 상호작용하여 큰 다중 단위 단백질을 형성한다. 폴리펩타이드 단위는 반 데르 발스 힘 및 기타 약한 힘에 의해 느슨하게 결합한다. 4차 구조를 가진 단백질의 폴리펩타이드는 같을 수도 다를 수도 있다. 이러한 개별 폴리펩타이드의 배열은 대칭적인 경향이 있으며, 완성된 단백질의 정확한 형태를 결정한다(과정그림 2.24의 4단계).

결합과 접힘의 가장 중요한 결과는 각 단백질이 고유한 형태를 개발하고, 표면에 독특한 주머니와 돌기 패턴을 가지게 된다는 것이다. 이러한 결과로 인해 단백질은 특정 표면 특성과 맞아떨어지는 분자와만 반응할 수 있다. 이러한 정확한 특이성은 세포 내 수천 가지 서로 다른 기능적 다양성을 제공할 수 있게 한다. **효소**(enzymes)는 세포 내 모든 화학반응의 촉매제 역할을 하며, 거의 모든 반응마다 서로 다른 효소가 필요하다(8장 참조). **항체**(antibodies)는 특정 세균, 바이러스 및 기타 미생물과 결합할 수 있는 복잡한 당단백질이다. 특정 박테리아 독소(독성 단백질)는 오직 특정 기관 또는 조직과만 반응한다. 세포막에 박혀 있는 단백질은 특정 영양소에 제한된 반응 부위를 가진다. 일부 단백질은 환경으로부터 자극을 수신하는 수용체로 기능한다.

단백질의 기능적 3차원 형태는 원래 상태(native state)라고 하며, 어떠한 수단으로 인해 구조가 방해될 경우 이를 변성(denatured)됐다고 한다. 열, 산, 알코올, 일부 소독제와 같은 요인은 안정화 사슬 내 결합을 방해하고 단백질 분자를 비기능적 상태로 만든다(11장 참조).

7 Intrachain은 사슬 내에서의 의미를 가지며, interchain은 2개의 사슬 간이라는 의미를 가짐.

* 시스테인 그리스어 kystis[자루(sac)]에서 유래. 요석(urine stones)에서 처음 발견된 아미노산.

**핵심 점검 2.7**

30. 아미노산의 기본 구조와 펩타이드 결합의 형성을 설명하시오.
31. 펩타이드, 폴리펩타이드, 단백질의 차이를 구분하시오.
32. 단백질 분자의 구조 수준을 결정짓는 요인은 무엇인가?
33. 단백질이 세포에서 수행하는 기능은 무엇인가?

## 2.8 핵산: 유전 프로그램

**학습목표**

28. 핵산을 식별하고 DNA와 RNA의 차이점을 설명한다.
29. 뉴클레오타이드의 구조를 설명하고 질소 염기를 나열한다.
30. DNA 코드가 어떻게 복사될 수 있는지 설명하고, RNA의 기본 기능을 설명한다.

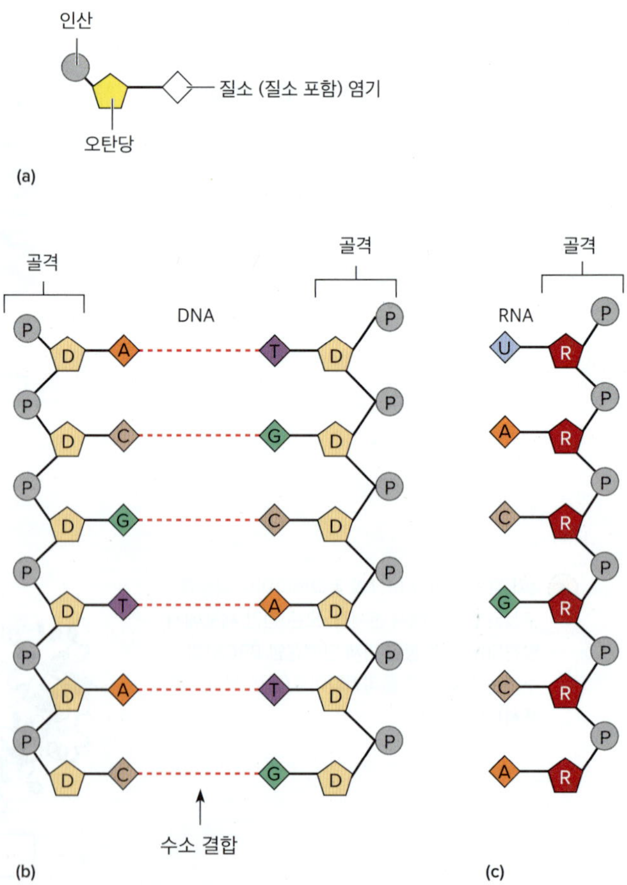


그림 2.25 핵산의 일반적인 구조.

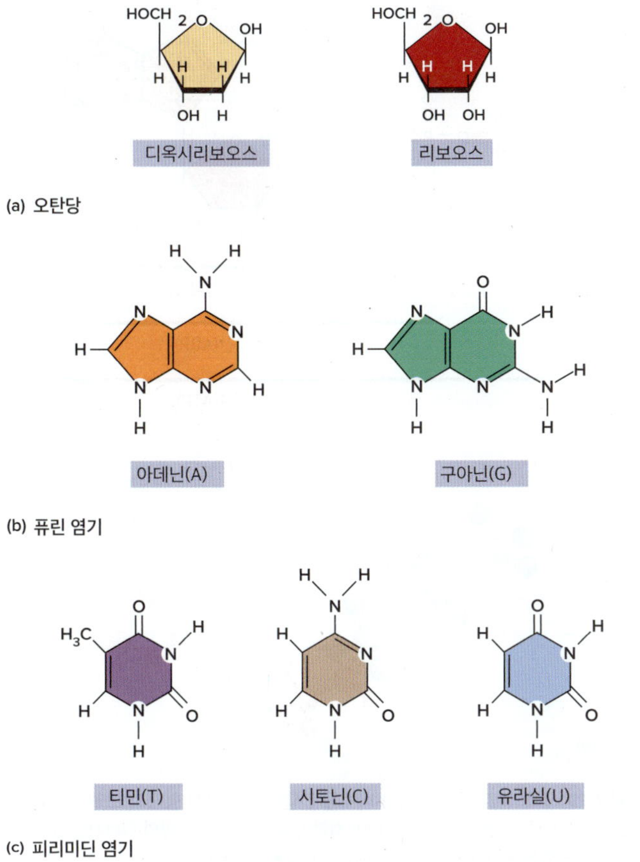


**그림 2.26** **DNA와 RNA를 구성하는 당과 질소 염기.** (a) DNA는 디옥시리보오스를 포함하고, RNA는 리보오스를 포함한다. (b) A와 G 퓨린 염기는 DNA와 RNA 모두에 존재한다. (c) 피리미딘 염기는 DNA와 RNA 모두에 존재하지만, T는 DNA에서만, U는 RNA에서만 발견된다.

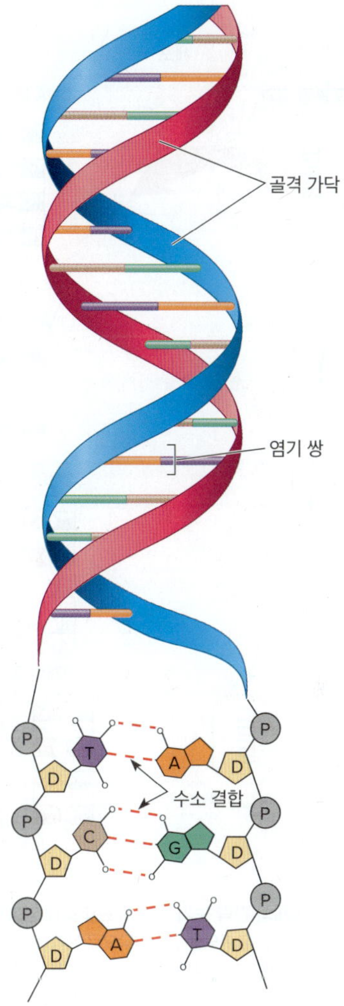


**그림 2.27** **DNA 이중나선의 구조적 표현.** 하단에는 두 가닥의 질소 염기 사이에 형성된 수소 결합의 세부사항이 표시된다.

핵산, 즉 **디옥시리보핵산**(deoxyribonucleic acid, DNA)과 **리보핵산**(ribonucleic acid, RNA)*은 원래 세포의 핵에서 분리됐다. 이후, 다른 핵이 있는 세포 부분과 핵이 없는 세포(박테리아)와 바이러스에서도 발견됐다. 모든 알려진 세포와 바이러스에서 핵산이 존재한다는 것은 정보 분자로서 중요한 역할을 한다는 것을 의미한다. DNA는 세포의 주요 명령서로, 각 생물체의 유전에 대한 세부적이고 구체적인 지침을 포함한 유전 프로그램을 담고 있다. DNA는 이 프로그램의 세부사항을 RNA로 전달하며, RNA는 DNA의 지침을 수행하고 DNA 프로그램을 단백질로 번역하여 생명 기능을 수행할 수 있게 한다. 이제 DNA, RNA, 아데노신 삼인산(ATP)의 구조와 기능을 간단히 살펴보자.

두 핵산은 **뉴클레오타이드**(nucleotides)*라는 반복되는 단위로 이루어진 고분자다. 뉴클레오타이드는 **질소 염기**(nitrogenous base), 오탄당(5-탄소 당), 인산(phosphate)의 세 가지 작은 단위로 구성돼 있다(그림 2.25a). 질소 염기는 환형 화합물로, **퓨린**(purines, 2개의 고리)과 **피리미딘**(pyrimidines, 1개의 고리) 두 가지 형태로 존재한다. 퓨린에는 **아데닌**(adenine, **A**)과 **구아닌**(guanine, **G**)이 있으며, 피리미딘에는 **티민**(thymine, **T**), **시토신**(cytosine, **C**), **유라실**(uracil, **U**)의 세 가지 종류가 있다(그림 2.26). DNA와 RNA를 구별하는 특징 중 하나는 DNA는 유라실을 제외한 모든 질소 염기를 포함하고, RNA는 티민을 제외한 모든 질소 염기를 포함한다는 것이다. 질소 염기는 RNA에서 리보오스(ribose), DNA에서는 디옥시리보오스(deoxyribose, 리보오스에서 산소 하나가 빠짐)에 공유 결합돼 있다. 인산($PO_4^{3-}$)은 인산($H_3PO_4$)의 유도체로, 당을 연결하는 공유 결합 다리 역할을 한다. 따라서 핵산 사슬의 골격은 인산-당-인산-당 분자의 사슬로 이루어져 있으며, 질소 염기는 이 골격의 측면에 가지처럼 달려 있다(그림 2.25b, c).

* 리보핵산 간단하고 쉬운 발음 때문에 약어를 사용함.
* 뉴클레오타이드 nucleus(핵)와 acid(산)에서 유래.

## DNA의 이중나선 구조

DNA는 매우 긴 폴리뉴클레오타이드(여러 뉴클레오타이드가 결합한 것) 사슬 2개로 이루어진 거대 분자다. 이 두 사슬은 질소 염기

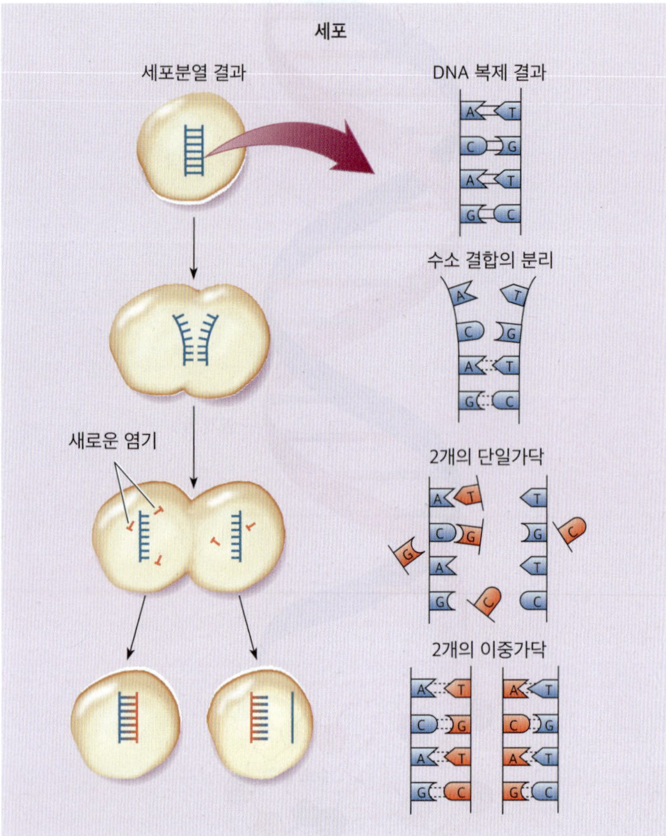


**그림 2.28 세포 내 DNA 복제의 간략 보기.** 세포가 분열할 때 염색체의 DNA는 복제돼야 한다. 이 복제과정은 DNA 이중나선의 두 가닥을 단일가닥으로 분리하고, 원래 가닥을 기준으로 새로운 상보적인 염기를 사용하여 새로운 가닥을 합성하는 방식으로 진행된다.

의 상보적인 쌍 사이에 형성된 수소 결합으로 연결돼 있다. 상보적(complementary)이라는 것은 질소 염기가 특정한 짝을 이루어 결합한다는 의미로, 아데닌은 보통 티민과, 시토신은 구아닌과 짝을 이룬다. 각 짝은 산소, 질소, 수소 원자가 정확히 위치하여 수소 결합이 형성되기 유리한 상태로 돼 있기 때문에 이와 같은 방식으로 서로 끌린다(그림 2.27).

DNA 구조를 이해하기 쉽게 가끔 사다리에 비유하기도 한다. 이때 당-인산 골격은 난간을, 짝을 이룬 질소 염기는 계단을 나타낸다. 평면적인 사다리는 기본 구성요소와 방향성을 이해하는 데 유용하지만, 실제로 DNA는 이중나선(double helix)이라고 불리는 3차원 배열을 가지고 있다. 더 나은 비유는 나선형 계단일 수 있다. 이 모델에서 두 사슬(나선)은 서로 감겨 있으며, 당-인산이 외부 리본을 형성하고, 짝을 이룬 염기는 그 사이에 끼어 있다(그림 2.27). 단백질과 마찬가지로 DNA의 구조도 그 기능과 밀접한 관련이 있다. DNA 분자는 보통 매우 길며, 이는 염기 쌍의 배열로 유전정보를 저장해야 하는 요구사항을 만족시킨다. 염기 쌍 사이의 수소 결합은 DNA가 복사될 때 파괴될 수 있으며, 고정된 상보적인 염기 쌍 결합은 유전 코드 유지에 필수적이다.

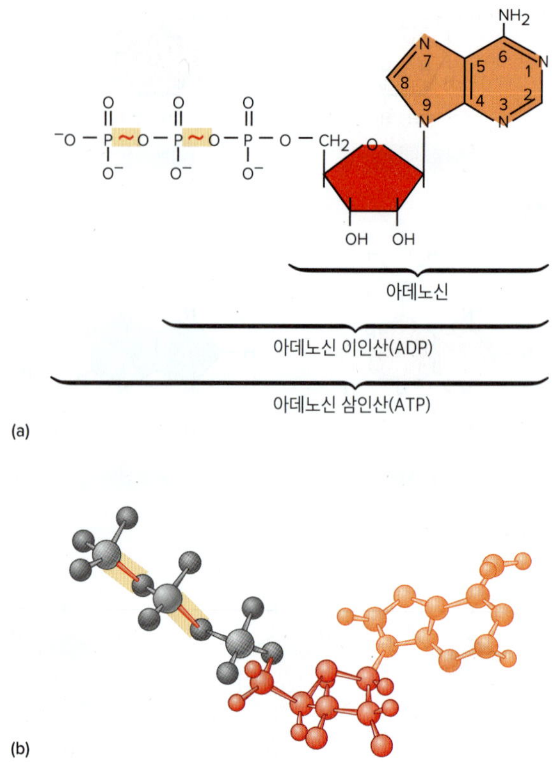


**그림 2.29 ATP 분자, 세포에서 에너지를 전달하는 화학적 형태의 모델.** (a) 구조식에서 물결표는 인산들 간 결합을 나타내며, 이 결합이 끊어질 때 많은 양의 에너지를 방출한다. (b) 공과 막대 모델은 원자가 3차원적으로 배열된 모습을 보여 준다.

## 새로운 DNA 만들기: 유전정보 전달

세포와 바이러스의 생물학적 특성은 궁극적으로 핵산으로 구성된 주 코드에 의해 프로그래밍된다. 이 코드는 모든 세포와 많은 바이러스에서 DNA 형태로 존재하며, 일부 바이러스는 RNA만을 기반으로 한다. 정확한 유전적 구성에 관계없이, 세포와 바이러스는 유전물질을 복제하고 이를 다음 세대로 전달할 수 있어야 계속 존재할 수 있다. 그림 2.28은 이 과정의 주요 단계를 요약하여 보여 준다.

세포는 분열 주기 동안 DNA를 **복제**(replication)* 하는 메커니즘을 가지고 있으며, 원래의 DNA 사슬을 패턴으로 사용한다. 복제는 이중나선 구조의 DNA와 염기 쌍의 정확한 결합에 의해 지시된다. 복제는 이중 사슬을 2개의 단일 사슬로 분리하는 효소에 의해 이루어진다. 이 과정은 염기 코드를 노출시켜 복사 가능하게 한다. 상보적인 뉴클레오타이드가 사용돼 A-T, C-G의 결합 요구사항에 맞추어 새로운 DNA 사슬을 합성한다. 그 결과, 원래 분자와 동일한 염기 순서를 가진 2개의 별개 이중 사슬이 생성된다. 이러한 복제 방법으로 각 새로운 이중 사슬은 시작 DNA의 원래 단일 사슬 중 하나를 포함하게 된다.

* 복제 정확한 복사본을 만드는 과정.

### RNA: 단백질 합성의 조정자

DNA와 마찬가지로 RNA도 긴 뉴클레오타이드 사슬로 구성된 폴리뉴클레오타이드다. 그러나 RNA는 리보오스당을 포함하며, 디옥시리보오스 대신 유라실을 포함한다(그림 2.25 참조). 여러 기능적 RNA가 DNA 템플릿을 사용하여 복제와 유사한 과정을 통해 형성된다. 단백질 합성에 중요한 세 가지 주요 RNA가 있다. 전령 RNA(mRNA)는 DNA에서 유전자를 복사하여 아미노산 순서를 지시하는 역할을 한다. 운반 RNA(tRNA)는 단백질 합성 중 올바른 아미노산을 운반하는 역할을 한다. 리보솜 RNA(rRNA)는 리보솜의 주요 구성요소로, 리보솜은 단백질 합성이 이루어지는 장소다. 이러한 중요한 과정에 대한 더 많은 정보는 9장에서 설명된다.

### ATP: 세포의 에너지 분자

RNA의 친척 중 전혀 다른 세포 활동에 관여하는 것은 **아데노신 삼인산**(adenosine triphosphate, ATP)이다. ATP는 아데닌, 리보오스, 그리고 3개의 인산을 포함하는 뉴클레오타이드다(그림 2.29). ATP는 고에너지 화합물 범주에 속하며[예: 구아노신 삼인산(GTP) 포함], 가장 바깥쪽의 두 번째와 세 번째 인산 사이의 결합이 끊어질 때 에너지를 방출한다. 이러한 고에너지 결합의 존재 덕분에 ATP는 세포의 화학반응에 에너지를 저장하고 방출할 수 있다. 말단 인산 결합이 끊어질 때 방출된 에너지는 세포의 작업을 수행하며, 동시에 아데노신 이인산(ADP)을 생성한다. ADP는 세 번째 인산이 다시 첨가되면 ATP로 다시 전환될 수 있으며, 이로써 에너지 저장소 역할을 한다. 산화-환원 활동을 위한 운반체[예: 니코틴아미드 아데닌 다이뉴클레오타이드(NAD)] 역시 뉴클레오타이드의 유도체다(8장 참조).

**핵심 점검 2.8**

34. 뉴클레오타이드와 폴리뉴클레오타이드를 설명하고, DNA와 RNA의 일반적인 구조를 비교하고 대조하시오.
35. 두 가지 퓨린과 세 가지 피리미딘을 나열하시오.
36. RNA의 기능은 무엇인가?
37. ATP란 무엇이며, 세포에서 어떻게 기능하는가?

### 사례 연구 Part 2

의사는 메건에게 수소 호기 검사(HBT)를 지시하면서, 유당이 포함된 음료를 섭취한 후 2시간 동안 매 15분마다 플라스틱 백에 숨을 불어 넣어야 한다고 설명했다. 플라스틱 백에 모인 가스를 분석한 결과, 수소 수치가 높게 나타났으며, 이는 유당불내증의 징후였다.

메건의 사례는 환자의 병력 기록이 얼마나 중요한지를 보여 준다. 메건의 의사는 신체검사 이전에 이미 유당불내증을 올바르게 진단할 수 있었을 것이다. 북유럽 조상의 15% 정도가 유당불내증을 가지고 있지만, 아시아계 사람들의 90% 이상이 유당불내증을 가지고 있으며, 유당을 소량만 섭취해도 증상을 보일 수 있다. 메건은 자신도 모르게 평생 동안 유당에 대한 노출을 제한해 왔는데, 이는 가족 내에서 우유가 선호하는 음료가 아니었고, 요구르트나 아이스크림도 좋아하지 않았기 때문이다. 의사는 메건의 증상이 어려운 물리학 수업을 시작했을 때 악화된 것이 아니라, 스터디 그룹에 가입하고 일주일에 세 번씩 모카 라테를 마시기 시작했을 때 심해졌다는 점을 주목했다. 유당 불내증을 완치할 수 있는 치료법은 없지만, 의사는 블랙 커피로 전환하라고 처방했고, 메건은 그것을 시도하기 어려워했지만, 아몬드 우유(유당이 없는)로 만든 모카 라테를 마셨을 때 증상이 가라앉았다.

청소년과 성인에게는 우유 속의 유당이 꼭 필요한 것은 아니지만, 진화의 관점에서 보면 신생아는 모유의 주요 성분인 유당을 소화할 수 있는 능력을 갖추고 태어난다. 그러나 자궁 내에서는 임신 마지막 몇 주 동안까지 락테이스가 많이 생산되지 않는다. 알렉스는 6주 일찍 태어났기 때문에 유당불내증을 앓고 있었으며, 메건의 대장에서 일어난 것과 같은 발효반응이 알렉스의 대장에서도 발생하여 복부 팽만감, 통증, 가스 발생을 초래했다. 또한 대장에서 유당의 존재는 삼투를 통해 대장으로 물을 끌어들여서 설사를 유발하고 있었다. 대장의 유당은 장내 세균에 의해 발효돼 젖산을 부산물로 생성하고 대변의 pH를 낮춘다. 대변 산도 검사 결과, 알렉스의 대변 pH는 5.3으로 대장에 과도한 당이 있다는 것을 나타내는 5.5 이하였다. 다행히도 신생아 시기에는 유당을 계속 공급함으로써 락테이스 생산을 유도할 수 있다. 알렉스는 모유와 저유당 분유의 혼합물을 먹었으며, 이는 유당 생산을 유도하는 것과 유당 불내증 증상을 피하는 것 사이의 균형을 맞추는 역할을 했다. 몇 주 후 알렉스의 유당 내성은 크게 개선됐다.

- **유당불내증은 흔하지만, 포도당불내증은 매우 드물다. 왜 이런 차이가 있을까?**
- **어떤 사람들은 유당불내증을 유당을 피하는 방식으로 관리하지만, 어떤 사람들은 유당이 풍부한 음식을 섭취할 때 락테이스가 포함된 알약을 복용한다. 단순히 유당을 피하는 대신 유당 불내증을 치료해야 할 좋은 이유가 있을까?**

유당불내증에 대해 더 알아보려면 미국 국립 당뇨병, 소화기 및 신장질환 연구소(National Institute of Diabetes and Digestive and Kidney Diseases)의 웹사이트(http: //niddk.nih.gov)를 방문해 보라.

주요 용어로 보는 요약

**2.1 원자: 우주에 있는 모든 물질의 기본 구성요소**

A. 원자의 구조와 원소

1. 우주에 존재하는 모든 **물질**(matter)은 **원자**(atom)라는 미세한 입자로 구성돼 있다. 원자는 화학적 방법으로 더 이상 분해할 수 없는 가장 단순한 형태의 물질이다. 원자는 **양성자**(proton), **중성자**(neutron), **전자**(electron)로 구성된다.
2. a. 양성자는 양전하(+), 중성자는 전하가 없고, 전자는 음전하(−)를 가지고 있다.
   b. 양성자와 중성자는 원자의 **핵**(nucleus)을 형성한다.
   c. 전자는 에너지 껍질에서 핵 주위를 공전한다.
3. 양성자, 중성자, 전자의 수가 다른 원자는 원소라고 한다. **원소**(element)는 **원자 번호**(atomic number, AN, 핵에 있는 양성자 수)와 **질량수**(mass number, MN, 양성자와 중성자의 총합)로 설명할 수 있으며, 각 원소는 고유한 이름과 기호로 알려져 있다. 원소는 **동위원소**(isotope)라는 형태로 존재할 수 있다. **원자 질량**(atomic mass) 혹은 **원자량**(atomic weight)은 동위원소의 질량수의 평균값과 같다.

**2.2 결합과 분자**

A. 원자는 상호작용하여 **화학 결합**(chemical bond)과 **분자**(molecule)를 형성한다. 원자가 다른 원소로 구성된 경우, 이 물질은 **화합물**(compound)이라고 한다.

1. 결합 유형은 원자의 바깥 궤도의 전자 구성[**원자가 전자**(valence)]에 의해 결정된다. 결합 유형에는 다음이 포함된다.
   a. **공유 결합**(covalent bond): 전자를 공유한다. 한 원자가 다른 원자와 전자를 공유하여 분자를 형성하며, 전하의 균형은 비대칭적이면 **극성**(polar)을 띠고, 균형적/전기적으로 중성이면 **비극성**(nonpolar)이 된다.
   b. **이온 결합**(ionic bond): 한 원자가 전자를 다른 원자에게 전달하여 외부 궤도를 채우게 한다. 이러한 화합물이 해리되면 양전하의 **양이온**(cation)과 음전하의 **음이온**(anion)이 형성된다.
   c. **수소 결합**(hydrogen bond): 수소(양전하)와 주변의 산소 또는 질소(음전하) 사이의 약한 인력으로 형성된다.
   d. **반 데르 발스 힘**(van der Waals force): 단백질과 같은 분자의 극성 영역 간의 약한 상호작용이다.

B. **산화**(oxidation)는 전자를 잃는 것이고, **환원**(reduction)은 전자를 얻는 것이다. 산화를 유도하는 물질을 **산화제**(oxidizing agent)라 하고, 환원을 유도하는 물질을 **환원제**(reducing agent)라 한다.

**2.3 화학반응, 용액, 그리고 pH**

A. 화학물질[**반응물**(reactant)]은 상호작용하여 서로 다른 화합물[**생성물**(product)]을 형성할 수 있다. 반응의 예로는 합성과 분해가 있다.

B. **용액**(solution)은 고체, 액체 또는 기체의 화학물질[**용질**(solute)]이 액체 매질[**용매**(solvent)]에 녹아 있는 혼합물이다. 물은 자연계에서 가장 흔한 용매다.

C. 물의 이온화는 수소 이온($H^+$)과 수산화 이온($OH^-$)을 방출한다. **pH** 척도는 $H^+$의 농도를 표현하며, pH가 7.0 미만이면 **산성**(acidic), 그 이상이면 **염기성**[basic, **알칼리성**(alkaline)]으로 간주된다.

**2.4 탄소와 유기 화합물의 화학**

A. **생화학**(biochemistry)은 생명체에서 발견되는 분자를 연구하는 것이다. 대부분의 이러한 물질은 탄소와 수소가 다양한 조합으로 공유 결합된 **유기**(organic) 화합물이며, 일부는 C와 H 외의 원소로 구성된 **무기**(inorganic) 화합물이다.

B. 작용기는 많은 유기 화합물에 결합된 소형 부속 분자로 고유한 특성을 부여한다.

C. **고분자**(macromolecule)는 매우 큰 유기 화합물이며, 일반적으로 **단위체**(monomer)로부터 중합에 의해 조립된다. 생명의 분자는 탄수화물, 지질, 단백질, 핵산의 기본 범주로 나눌 수 있다.

**2.5 생명의 분자: 탄수화물**

A. **탄수화물**(carbohydrate)은 탄소, 수소, 산소로 구성돼 있으며 알데하이드 또는 케톤기를 포함한다.

1. 포도당과 같은 **단당류**(monosaccharide)는 3~7개의 탄소를 가진 가장 단순한 탄수화물이며, 탄수화물의 단위체다.
2. 젖당과 같은 **이당류**(disaccharide)는 2개의 단당류가 **글리코시드 결합**(glycosidic bond)으로 연결된 형태다.
3. **전분**(starch)이나 **펩티도글리칸**(peptideglycan) 같은 **다당류**(polysaccharide)는 5개 이상의 단당류가 연결된 형태다.

**2.6 생명의 분자: 지질**

A. **지질**(lipid)은 긴 탄화수소 사슬을 포함하며, 비극성, 소수성 특성 때문에 극성 용매인 물에 잘 녹지 않는다. 지질의 일반적인 구성 성분은 **지방산**(fatty acid)으로, 카복실기(−COOH)를 가진 긴 분자다. 지질의 예로는 **트라이글리세라이드**(triglyceride), **인지질**(phospholipid), 스테롤, 왁스 등이 있다.

1. 세포막은 지질 이중층으로 형성된다.

**2.7 생명의 분자: 단백질**

A. **단백질**(protein)은 생명 과정에서 필수적인 복잡한 거대 분자다.

1. **아미노산**(amino acid)은 단백질의 기본 구성 단위다. 모든 아

미노산은 아미노기, 카복실기, R기, 그리고 탄소 원자에 결합된 수소로 구성된 기본 구조를 공유한다. 아미노산은 총 20가지가 있으며, 각각의 R기가 아미노산을 고유하게 정의한다.

2. **펩타이드**(peptide)는 **펩타이드 결합**(peptide bond)으로 연결된 짧은 아미노산 사슬을 의미하며, **단백질**(protein)은 최소 50개의 아미노산을 포함한다.
3. 단백질의 구조는 그 기능 면에서 매우 중요하다. 구조는 **1차 구조**(primary structure, 아미노산의 사슬), **2차 구조**(secondary structure, α 나선과 β 병풍 형성), **3차 구조**(tertiary structure, 특히 이황화 결합을 통한 2차 구조 간의 교차 결합), **4차 구조**(quaternary structure, 다중 단백질 단위체의 형성)로 설명된다. 단백질의 다양한 모양은 **효소**, **항체**, 수용체, 구조적 구성요소로서의 다양한 역할을 가능하게 한다.

**2.8 핵산: 유전 프로그램**

A. **뉴클레오타이드**(nucleotide)는 핵산의 기본 구성 단위다. 이는 **질소 염기**(nitrogenous base), 오탄당(펜토스), 인산으로 구성된다. 질소 염기는 고리형 화합물로 **아데닌**(adenine, A), **구아닌**(guanine, G), **시토신**(cytosine, C), **티민**(thymine, T), **유라실**(Uracil, U) 등이 있다. 오탄당은 핵산의 종류에 따라 디옥시리보오스 또는 리보오스로 구성될 수 있다.

B. **디옥시리보핵산**(deoxyribonucleic acid, DNA)은 뉴클레오타이드의 중합체로, 수소 결합을 통해 두 가닥이 연결된 나선형 구조로 존재한다. DNA는 유라실을 제외한 모든 염기를 가지고 있으며, 오탄당으로 디옥시리보스를 포함한다. DNA는 세포의 모든 생명 과정의 주된 코드이며, **복제**(replication)를 통해 자손에게 전달돼야 한다.

C. **리보핵산**(ribonucleic acid, RNA)은 뉴클레오타이드의 중합체로, 당으로 리보오스를 포함하며 티민 대신 유라실을 가진다. 일반적으로 단일가닥으로 존재하며, DNA의 코드를 단백질로 발현하는 역할을 한다.

D. **아데노신 삼인산**(adenosine triphosphate, ATP)은 3개의 인산을 가진 뉴클레오타이드로 세포에서 에너지를 저장하고 전달하는 역할을 한다.

CHAPTER

# 3 실험실 도구: 미생물 연구 방법

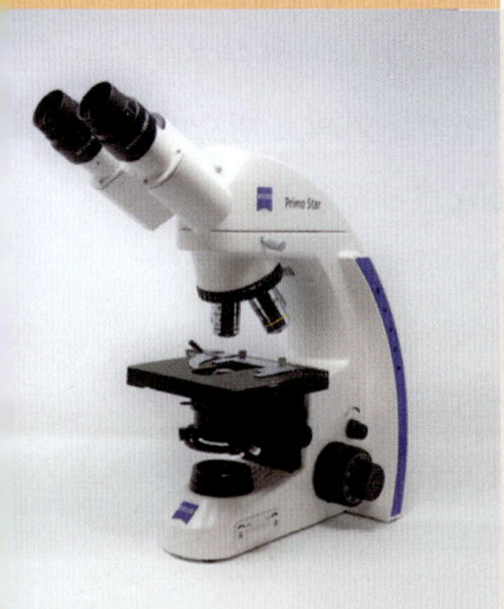

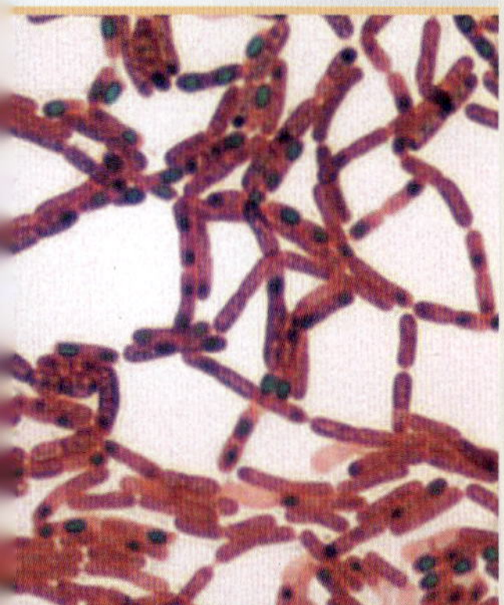

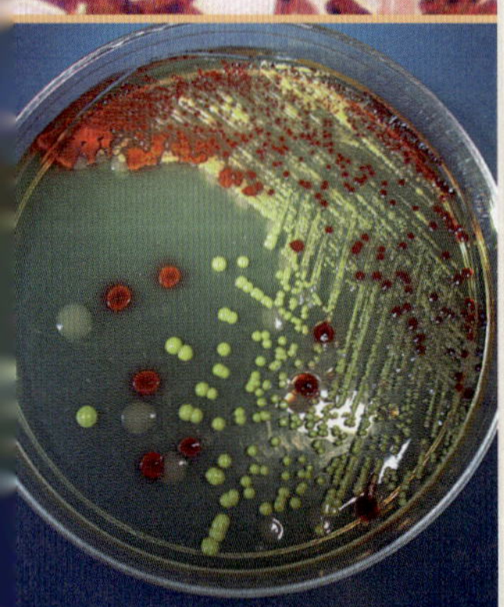

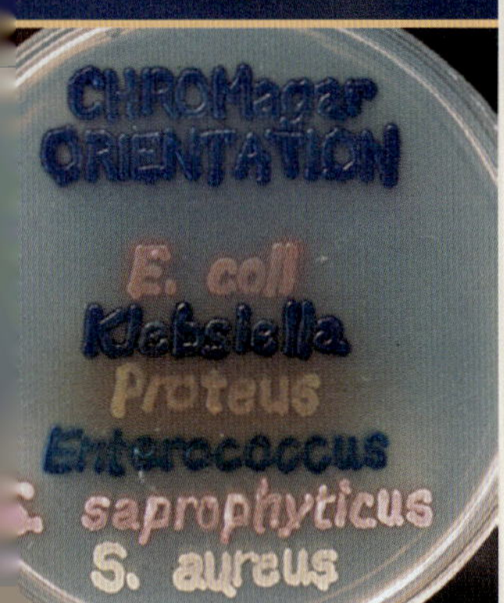


**이 장의 구성**

**3.1 미생물 연구 방법**

**3.2 현미경: 보이지 않는 영역을 보는 창**

- 배율 및 현미경 설계
- 광학현미경의 변형
- 전자현미경

**3.3 광학현미경용 표본 준비하기**

- 신선하고 살아 있는 표본
- 고정되고 염색된 도말 표본

**3.4 여섯 가지 'I'의 추가 기능**

- 접종, 성장 및 배양 동정
- 분리 기술
- 동정 기술

**3.5 배지: 배양의 기초**

- 배지 종류
- 배지의 물리적 상태
- 배지의 화학적 성분
- 모든 기능에 적합한 배지



(이미지 출처: John E. Kelly/Photodisc/Getty Images; Barry Chess; Larry Stauffer/Oregon State Public/CDC; McGraw Hill)

사례 연구 **Part 1**

# 살사와 장티푸스를 부리토와 함께 드시겠습니까?

**장티푸스**(typhoid fever)는 *Salmonella enterica*, serovar Typhi(종종 *Salmonella* Typhi로 줄여서 부름)에 감염돼 발생하며, *Salmonella* 중에서 가장 우려되는 **균주**(strain)다. 미국에서는 드물지만, 많은 국가에서 **풍토병**(endemic)이며 매년 2,200만 건의 감염과 20만 명의 사망을 유발한다. 미국에서 매년 보고되는 5,700건의 장티푸스 발병 사례 중 거의 대부분은 최근 해외여행을 다녀온 사람들에게서 나타난다. 인간은 *Salmonella* Typhi의 유일한 **숙주**(reservoir)며, 감염된 사람의 대변이 음식이나 물에 닿으면 박테리아가 **전파될**(transmitted) 수 있다.

장티푸스는 **법정 감염병**(notifiable disease)으로 분류돼 진단된 감염은 주 및 지역 보건 당국에 보고되며, 이들은 정보를 질병통제예방센터(CDC)에 보고한다. 2015년 9월 11일, 콜로라도 공중보건환경부(CDPHE)에 장티푸스 발병 사례가 보고됐다. 이 환자는 최근 해외여행을 다녀왔기 때문에 처음에는 여행 관련 감염으로 생각했지만, 최근 여행력이 없는 환자에게서 두 번째 사례가 확인되자 CDPHE는 세 가지 목표를 가지고 조사를 시작했다. 1) 이러한 사례가 더 큰 **발병**(outbreak)의 일부인지 확인하고, 2) 공통적인 **노출원**(exposure sources)을 식별하며, 3) 박테리아의 **전파**(transmission)를 막는 것이다.

환자들은 각각 9월 2일과 20일에 발열, 두통, 변비, 오한, 근육통(통증), 권태김(피로) 등의 증상을 처음으로 보였으며, 초기 심문에서 즉각적인 역학적 연관성은 밝혀지지 않았다. 환자들은 서로 알지 못하고 6마일(약 9.6 km)이나 떨어진 곳에 살았다. 조사관들은 과거 여행, 최근 식사, 입원, 동물 접촉 등의 질문이 포함된 긴 설문조사인 **살모넬라 국가 가설 생성 설문지**(Salmonella National Hypothesis Generating Questionnaire)를 사용해 각 환자를 심문했다. 신용카드 영수증, 단골 구매 카드 및 소셜 미디어 상호작용을 조사한 결과, 두 환자가 동일한 식료품점에서 신선한 농산물을 구매하고 6개의 공통적인 식당에 노출된 것으로 밝혀졌다. 10월 19일, CDPHE는 9월 15일에 증상이 시작된 *Salmonella* Typhi 감염 양성 판정을 받은 세 번째 사람에 대해 통보받았다. 처음 두 사례에 사용된 것과 유사한 조사를 실시한 결과, 세 환자 모두 신선한 재료로 음식을 준비하는 동일한 멕시코 식당에서 식사를 한 것으로 밝혀졌으며, 이는 세 사례 모두의 유일한 **역학적 연관성**(epidemiological link)이었다.

- **조사관들이 이 사례에서 어떤 표본을 수집했다고 생각하는가?**
- **이러한 사례에서 격리가 왜 그렇게 중요할까?**

이 장 끝에서 사례 연구 Part 2로 이어짐.

(삽화 출처: Moredun Animal Health LTD/Science Photo Library/Alamy Stock Photo)

## 3.1 미생물 연구 방법

학습목표

1. 미생물의 독특한 특성이 연구 대상으로서 어렵게 만드는 이유를 설명한다.
2. 미생물을 다루고 유지하며 연구하는 데 사용되는 여섯 가지 유형의 절차의 과정과 목적을 간략하게 설명한다.

동물이나 식물 같은 큰 유기체를 연구하는 생물학자들은 대부분 실험 대상을 즉시 알아보고 주변 환경 및 다른 개체와 구별할 수 있다. 그들은 시각, 후각, 청각, 심지어 촉각을 사용해 식별 특성을 감지 및 평가하고 성장 및 발달 변화를 추적할 수 있다.

미생물학자는 시각 외에 다른 감각에 크게 의존할 수 없기 때문에 몇 가지 독특한 문제에 직면한다. 첫째, 대부분의 서식지(예: 토양 및 인간의 입)는 복잡한 연관성으로 미생물을 품고 있다. 식별하고 연구하려면 유기체를 서로 분리해야 하는 경우가 많다. 둘째, 이러한 작은 연구 대상을 유지하고 추적하기 위해 미생물학자는 일반적으로 인공 조건에서 성장시켜야 한다. 미생물을 다루는 세 번째 어려움은 육안으로 볼 수 없다는 것이다. 이는 넓은 분포와 함께 바람직하지 않은 것들이 눈에 띄지 않게 실험에 도입돼 잘못된 결과를 초래할 수 있다는 것을 의미한다.

작고 때로는 파악하기 힘든 표적의 어려움을 해결하기 위해 미생물학자들은 미생물을 조사하고 특성화하는 여러 절차를 개발했다. 이러한 기술은 간결하게 **여섯 가지** 'I'(six 'I's)로 요약할 수 있다: **접종, 배양, 분리, 검사, 정보 수집, 동정**(표 3.1, 그림 3.1). 특정 연구자의 목적에 따라 이러한 기술은 다양한 조합과 순서로 수행될 수 있지만 다 같이 미생물학자의 주요 도구 역할을 한다. 초보 미생물학자로서 여러분은 몇 가지 기본 현미경, 접종, 배양 및 동정 기술을 배우게 될 것이다. 많은 전문 연구자들은 배양에서 미생물의 성장이나 절대적인 분리가 필요하지 않을 수도 있는 보다 진보된 조사 및 동정 기술을 사용한다.

이 장의 처음 네 절에서는 여섯 가지 'I'를 중심으로 하는 몇 가지 필수 개념을 다루지만 표 3.1에 제시된 정확한 순서대로 다루지는 않는다. 현미경은 미생물학 연구에 매우 중요하므로 현미경, 배율 및 염색 기술 주제부터 시작한다. 그다음에는 배양 절차와 배지로 이어진다.

핵심 점검 3.1

1. 미생물학의 특수 도구가 필요한 미생물의 주목할 만한 특징을 설명하시오.
2. 여섯 가지 'I'에 포함된 내용을 각각의 문장으로 정의하시오.

## 3.2 현미경: 보이지 않는 영역을 보는 창

학습목표

3. 광학현미경의 기본 설계를 설명하고 배율과 해상도를 구별한다.
4. 빛의 역할과 렌즈의 다양한 배율과 함께 이미지가 형성되는 방식을 설명한다.
5. 해상력을 결정하는 방법과 해상도가 이미지 가시성에 미치는 영향을 나타낸다.
6. 주요 유형의 광학현미경, 광원, 이미지 모양 및 용도를 구별한다.
7. 전자현미경의 작동 기능을 설명하고, 광원, 배율, 해상도, 이미지 모양에서 광학현미경과 어떻게 다른지 설명한다.
8. 이미지 형성 및 모양에서 투과전자현미경과 주사전자현미경을 구별한다.

**레벤후크**(Leeuwenhoek)가 빗방울을 처음 보고 신비로운 생물이 가득한 놀라운 미세 세계를 엿보았을 때 그의 흥분과 경이로움을 상상해 보라. 초보 미생물학 학생들은 여전히 이 감각을 경험하고 숙련된 미생물학자조차도 첫 번째 관찰을 기억한다. 미생물의 존재는 참으로 또 다른 세계지만 필수 도구인 현미경 없이는 대체로 미개척 상태로 남을 것이

**표 3.1** 미생물학 실험 기법에 대한 소개

| 기술 | 포함 과정 | 목적 및 결과 |
|---|---|---|
| 접종 | 성장을 위한 영양분을 공급하는 배지 용기에 샘플을 넣는 것으로, 배양의 첫 단계 | 가시성을 높이기 위해 인공 환경에서 미생물을 다루고 관리할 수 있게 하고 샘플에 무엇이 포함돼 있는지 분석하기 시작한다. |
| 배양 | 접종된 배지를 최적의 성장 조건에 노출시키는 것으로, 일반적으로 몇 시간에서 며칠 동안 진행 | 증식을 촉진하고 실제 배양을 생성한다. 미생물 수가 증가하면 추가 테스트에 필요한 더 많은 양을 제공한다. |
| 분리 | 개별 미생물을 분리하고 육안으로(macroscopically)* 쉽게 구별할 수 있는 분리된 콜로니를 얻는 방법 | 순수 배양, 즉 추가 관찰 및 테스트를 위해 단일 종의 미생물만 포함하도록 단일 콜로니에서 추가 배양을 만든다. |
| 검사 | 성장 모양에 대한 육안 배양 관찰 및 세포 모양에 대한 현미경 관찰 | 샘플에서 미생물의 초기 특성을 분석한다. 세포 염색은 세포 유형 및 형태에 대한 정보를 드러낼 수 있다. |
| 정보 수집 | 생화학적 및 효소적 특성, 면역학적 반응, 약물 감수성 및 유전적 구성을 분석하는 절차를 사용한 배양 테스트 | 특정 데이터를 제공하고 미생물의 전체 프로필을 생성한다. 이러한 테스트 결과 및 설명은 마지막 범주인 식별에서 주요 결정 요인이다. |
| 동정 | 수집된 데이터를 분석해 원래 샘플에 존재하는 미생물 유형의 최종 결정을 지원한다. 이는 다양한 방식으로 수행된다. | 이러한 미생물의 본질과 역할에 대한 추가 연구를 위한 토대를 마련한다. 또한 일반적으로 감염 진단, 식품 안전, 생명공학 및 미생물 생태학의 첫 번째 단계다. |

* 육안으로 볼 수 있음. 이 용어는 일반적으로 연구의 배양 수준에 적용된다.

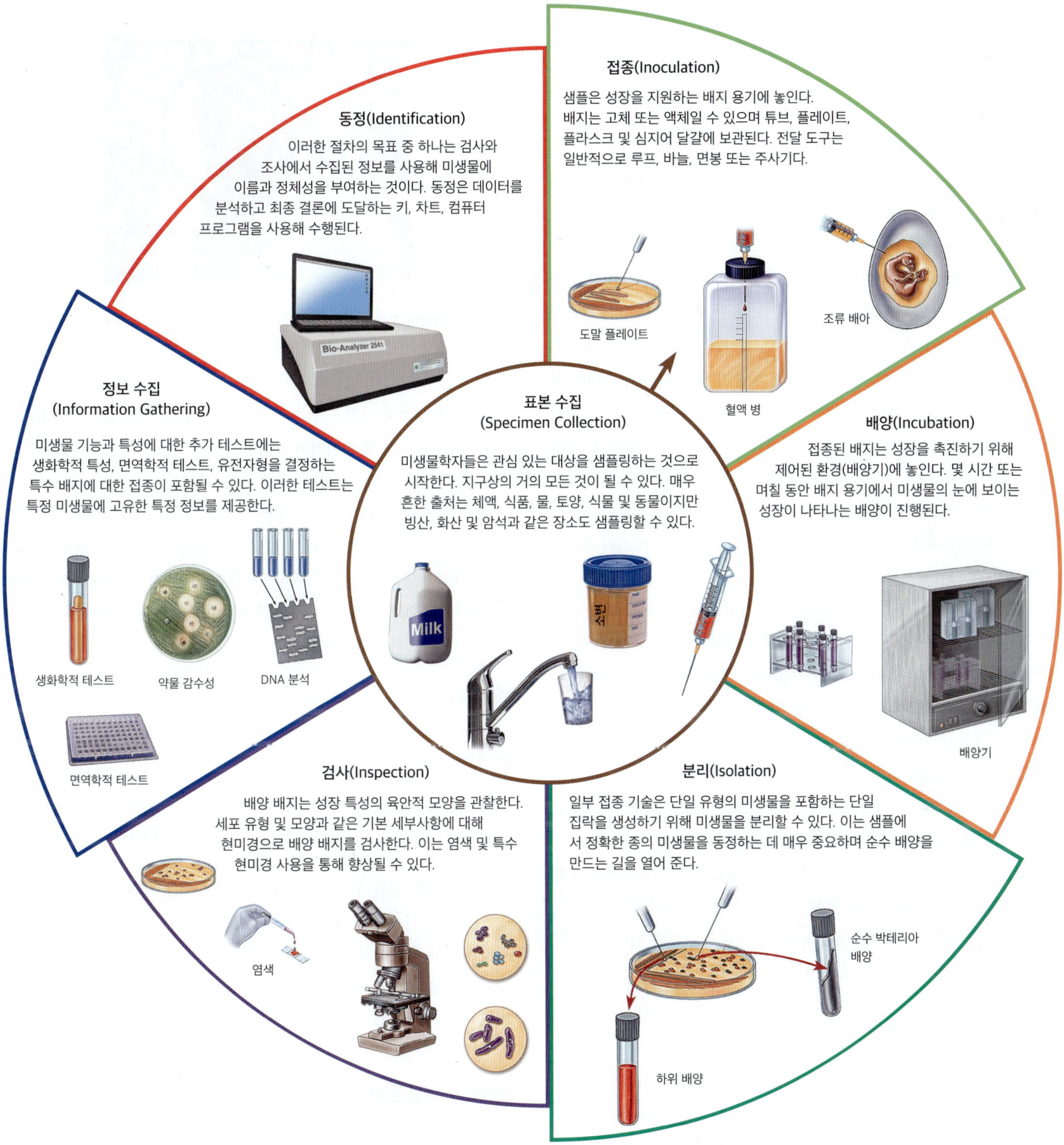


**그림 3.1 미생물학자들이 수행하는 몇 가지 일반적인 실험실 기술 개요.** 여섯 가지 'I' 절차는 표본 수집의 중앙 '허브'에서 시작해 접종, 배양, 검사 등으로 진행된다. 하지만 모든 단계가 항상 수행되는 것은 아니며 반드시 이 순서대로 진행되는 것도 아니다. 일부 연구자들은 샘플링에서 현미경 검사로 직접 이동하거나 샘플링에서 DNA 테스트로 이동한다. 다른 사람들은 특수 배지 또는 테스트 시스템에서 접종과 배양만 필요할 수 있다. 각 절차, 목적 및 의도된 결과에 대한 간략한 설명은 표 3.1을 참조하라.

다. **현미경학**(microscopy)* 및 표본 준비의 몇 가지 필수사항을 이해하면 미생물 탐구 노력이 더욱 의미 있어질 것이다.

## 배율 및 현미경 설계

신뢰할 수 있는 현미경의 두 가지 주요 특징은 물체를 확대하는 능력인 **배율**(magnification)*과 세부사항을 표시하는 능력인 **분해능**(resolving power)이다.

미생물학 발전을 촉진한 초기 현미경 제작자의 발견은 투명한 유리 구체가 작은 물체를 확대하는 렌즈 역할을 할 수 있다는 것이다. 대부분의 현미경에서 배율은 가시광선 파장과 렌즈 곡률 사이의 복잡한 상호작용에서 비롯된다. 공기를 통해 전달되는 빛줄기 또는 광선이 유리의 볼록한 표면에 부딪쳐 통과할 때, 렌즈와 같은 매체를 통과할 때 광선의 각도가 구부러지거나 변하는 것으로 정의되는 **굴절**(refraction)*을 경험한다. 빛이 통과하는 두 물질의 구성 성분의 차이가 클수록 굴절이 커진다. 물체가 구형 렌즈에서 특정 거리에 놓이고 빛으로 조명되면 굴절된 빛에 의해 광학 복제본 또는 **이미지**(image)가 형성된다. 렌즈의 크기와 곡률에 따라 이미지는 배율이라고 하는 특정 정도로 확대돼 나타나며 일반적으로 ×와 결합된 숫자('배'로 읽음)로 식별된다. 유리 공 또는 돋보기 같은 일상적인 물체를 통해 보면 빛의 이러한 동작이 분명하다(그림 3.2). 이는 대부분의 광학(optical or light)현미경의 기본 기능이지만 이미지의 크기를 정의, 개선, 증가시키는 추가 기능이 많다.

최초의 현미경은 **단순**(simple)했다. 즉, 단일 확대 렌즈와 몇 개의 작동 부품만 포함했다. 이러한 유형의 현미경의 예로는 돋보기 또는 그림 1.9a에서 보인 레벤후크의 기본적인 작은 도구가 있다. 오늘날의 **복합**(2 렌즈) **현미경**(compound microscope) 개발로 이어진 개선사항 중에는 두 번째 확대 렌즈 시스템의 추가, 가시광선을 방출하고 표본을 **조명**(illuminate)*하는 베이스의 램프, 광선을 수렴하거나 물체의 단일 지점에 초점을 맞추는 **집광기**(condenser)라는 특수 렌즈가 있다. 현대 복합 광학현미경의 기본 구성은 그림 3.3a에 나와 있다.

## 광학현미경의 원리

가장 효과적인 현미경은 적절한 배율, 해상도 및 이미지 선명도를 제공해야 한다. 복합 현미경에 의한 물체 또는 표본의 배율은 두 단계로 발생한다. 이 시스템의 첫 번째 렌즈(표본에 가장 가까운 렌즈)는 대물렌즈고

그림 3.2 배율의 효과. 투명한 유리 '렌즈'의 배율 및 이미지 형성 능력 시연. 적절한 광원이 주어지면 돋보기는 2~10배의 배율을 제공할 수 있다. (출처: John Foxx/Getty Images)

두 번째 렌즈(눈에 가장 가까운 렌즈)는 접안렌즈 또는 접안경이다(그림 3.3b). 대물렌즈는 **실제 이미지**(real image)라고 하는 표본의 초기 이미지를 형성한다. 실제 이미지가 접안렌즈의 평면에 투사되면 접안렌즈가 이를 확대해 두 번째 이미지인 **가상 이미지**(virtual image)를 생성한다. 가상 이미지는 눈에 받아들여져 망막과 시각적 이미지로 변환되는 이미지다. 대물렌즈의 배율은 보통 4배에서 100배까지며, 접안렌즈의 배율은 10배에서 20배까지다. 결합된 렌즈에 의해 형성된 최종 이미지의 총배율은 두 렌즈의 개별 배율의 곱이다.

### 배율 계산

| 대물렌즈 배율 | × | 접안렌즈 배율 | = | 총배율 |
|---|---|---|---|---|
| 4× 스캐닝 대물렌즈 | × | 10× | = | 40× |
| 10× 저배율 대물렌즈 | × | 10× | = | 100× |
| 40× 고배율 드라이 대물렌즈 | × | 10× | = | 400× |
| 100× 유침 대물렌즈 | × | 10× | = | 1,000× |

현미경에는 필요에 따라 위치를 회전할 수 있는 3개 이상의 대물렌즈를 담는 회전판이 장착돼 있다. 접안렌즈의 배율은 일반적으로 특정 현미경에 대해 일정하게 유지된다. 접안렌즈의 배율에 따라 표준 광학현미경의 총배율은 최저 배율 대물렌즈(스캐닝 대물렌즈라고 함)에서 40배, 최고 배율 대물렌즈(유침 대물렌즈)에서 2,000배까지[1] 다양할 수 있다.

### 해상도: 확대된 물체를 명확하게 구별하기

배율 외에도 현미경은 적절한 **해상도**(resolution) 또는 **분해능**을 가져야 한다. 해상도는 2개의 인접한 물체 또는 점을 서로 구별하는 광학 시스템의 능력이다. 예를 들어 25 cm(10인치) 거리에서 인간 눈의 렌즈는 두 물체가 0.2 mm 이상 떨어져 있는 한 2개의 작은 물체를 분리된 점으로 구별할 수 있다. 검안사가 실시하는 시력 검사는 실제로 20피트(약 6미

* 현미경학 현미경 기술을 연구하는 학문. 그리스어 mikros(작은)와 ficere(만들다)에서 유래.
* 배율 물체를 더 크게 보이게 만드는 것. 라틴어 magnus(크게)와 ficere(만들다)에서 유래.
* 굴절 빛이 매질의 경계를 통과하면서 꺾이는 현상. 라틴어 refringere(쪼개다, 분해하다)에서 유래.
* 조명 관찰 대상에 빛을 비추는 행위. 라틴어 illuminatus(빛을 비추다, 밝히다)에서 유래.

1 일부 현미경에는 20배(20×) 접안렌즈 또는 배율을 두 배로 증가시킬 수 있는 특수 고리가 장착돼 있다.

터) 거리에서 읽는 다양한 크기의 글자에 대한 인간 눈의 분해능 테스트다. 미생물은 매우 작고 일반적으로 매우 가까이 있기 때문에 현미경 렌즈가 이를 분해할 수 없는 한 선명도나 세부사항의 정도를 볼 수 없다.

현미경의 분해능은 사용된 빛과 렌즈에 따라 다르며 다음 공식을 사용해 계산할 수 있다.

$$\text{분해능(RP)} = \frac{\text{빛의 파장(nm)}}{2 \times \text{대물렌즈의 개구수}}$$

가시광선의 파장은 400 nm(보라색)에서 750 nm(빨간색) 범위다. 빛은 분해되는 물체 사이를 통과해야 하므로 파장이 짧을수록 해상도가 향상된다(그림 3.4). 보라색이 가장 짧은 파장을 갖지만 인간의 시각은 보라색 빛에 민감하지 않기 때문에 일반적으로 청록색 빛(약 500 nm)을 사용해 최상의 결과를 얻는다. 해상도에 영향을 미치는 다른 요인은 렌즈의 **개구수**(numerical aperture, NA)다. 개구수는 빛을 모으고 세부사항을 분해하는 렌즈의 능력을 나타내는 수학적 상수다. 각 대물렌즈는 최저 배율 렌즈에서 0.1, 최고 배율(유침) 렌즈에서 약 1.25까지의 고정된 개구수 값을 갖는다. 유침 렌즈가 최대 분해능을 달성하려면 렌즈 끝과 유리 슬라이드 표본 사이에 오일 한 방울을 놓아야 한다. 유침 오일은 유리와 동일한 광학 특성을 가지므로 빛이 슬라이드에서 공기로 통과할 때 일반적으로 발생하는 굴절 손실을 방지해 개구수를 효과적으로 증가

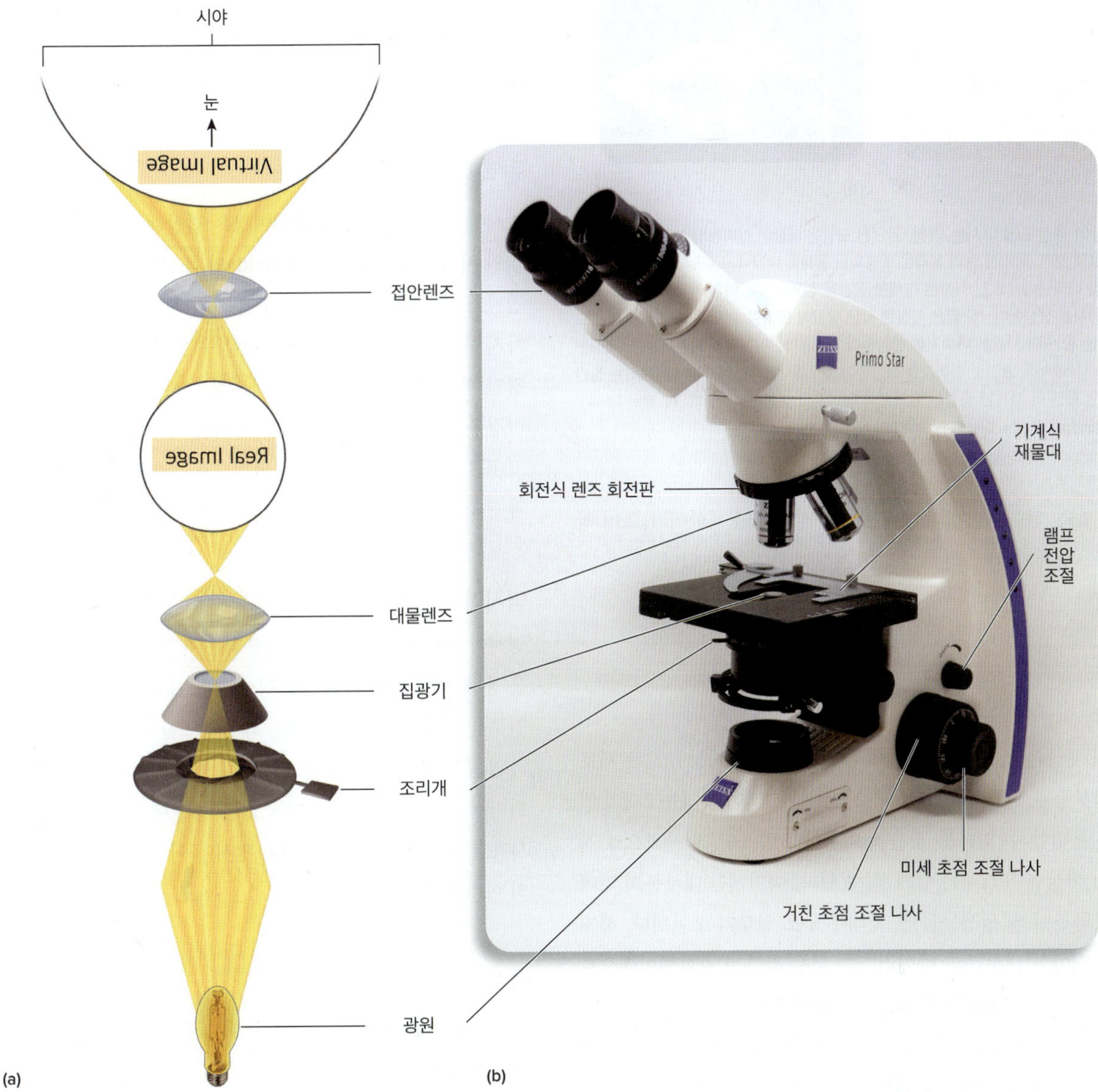


**그림 3.3** (a) **광학현미경의 빛 경로와 이미지 형성.** 램프에서 형성된 빛은 램프 필터를 통해 전달되고 조리개 개구부로 들어간다. 집광기는 광선을 모아 표본의 단일 지점에 초점을 맞춘다. 표본의 확대된 이미지(실제 이미지)는 다음 대물렌즈에 의해 형성된다. 이 이미지는 보이지 않지만 가상 이미지라는 최종 배율 수준을 형성하는 접안렌즈에 투영된다. 이 이미지는 눈으로 시야에서 관찰되고 뇌에서 인지된다. 렌즈가 이미지를 반전시키고 거꾸로 뒤집는다는 점에 유의하라. (b) **현미경의 주요 부품.** 관찰을 위한 2개의 접안렌즈(쌍안)가 있는 복합 광학현미경. 이러한 현미경은 일반적으로 4개의 대물렌즈, 표본을 움직이는 기계식 재물대, 집광기, 조리개 및 내장 광원(램프)을 가지고 있다. (출처: Barry Chess)

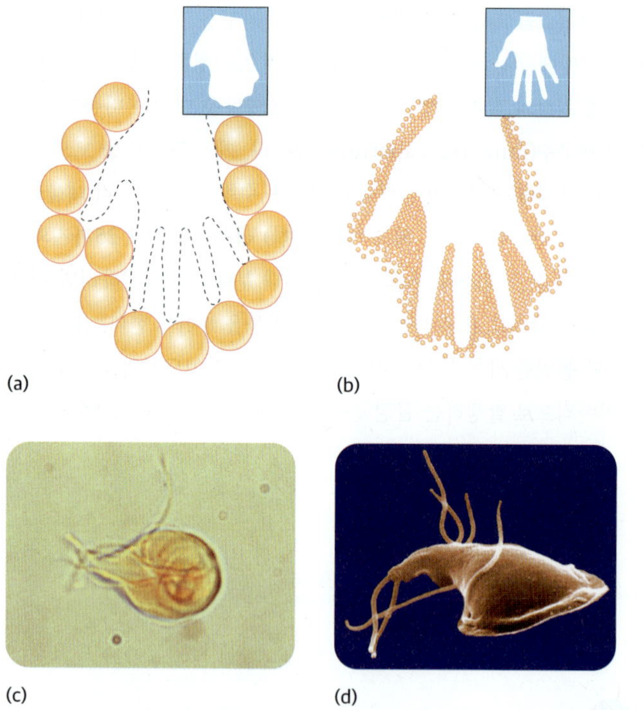


그림 3.4 파장이 해상도에 미치는 영향. 간단한 모델은 파장이 현미경의 분해능에 어떤 영향을 미치는지 보여 준다. 여기서 손의 윤곽은 조명되는 물체를 나타내고 2개의 다른 크기의 구슬은 빛의 파장을 나타낸다. (a) 긴 파장은 미세한 공간을 침투하기에 너무 커서 흐릿하고 세부 사항이 없는 이미지를 생성한다. (b) 짧은 파장은 작은 공간에 들어갈 수 있을 만큼 작아서 손으로 인식할 수 있는 훨씬 더 자세한 이미지를 생성한다. (c) 광학현미경에서 사용되는 긴 파장은 원생동물 기생충 *Giardia*의 흐릿한 이미지를 생성한다. (d) 주사전자현미경에서 사용되는 훨씬 짧은 전자 파장은 훨씬 더 자세한 동일한 유기체의 이미지를 생성한다. (출처: Dr. Mae Melvin/CDC; Dr. Stan Erlandsen and Dr. Dennis Feely/CDC)

시킨다(그림 3.5). 광학현미경의 해상도에는 절대적인 제한이 있으며 청록색 빛을 사용해 유침 렌즈의 해상도를 계산해 확인할 수 있다.

$$\begin{aligned} RP &= \frac{500\,\text{nm}}{2 \times 1.25} \\ &= 200\,\text{nm}\,(\text{또는 } 0.2\,\mu\text{m}) \end{aligned}$$

실제로 이 계산은 오일 침지 렌즈가 직경이 0.2 μm 이상인 모든 세포 또는 세포 일부를 분해할 수 있으며, 0.2 μm 이상 떨어져 있는 2개의 인접한 물체를 분해할 수 있다는 것을 의미한다(그림 3.6). 일반적으로 직경이 0.5 μm 이상인 유기체는 쉽게 볼 수 있다. 여기에는 대부분의 박테리아와 함께 곰팡이 및 원생동물과 그 내부 구조 일부가 포함된다. 하지만 일부 박테리아와 대부분의 바이러스는 너무 작아서 광학현미경으로 확인할 수 없으며 전자현미경이 필요하다. 현미경 이미지의 선명도를 가장 제한하는 요소는 현미경의 분해능이다. 광학현미경이 수천 배로 확대할 수 있도록 설계됐다고 해도 분해능을 높일 수 없고, 현미경이 만들어 내는 이미지는 확대는 되지만 흐릿해진다. 해상도의 한계를 넘어서는 배율을 '빈' 배율이라고 한다. 이러한 한계에도 불구하고 해상도를 약간 개선할 수 있다. 하나는 파장을 가능한 한 가장 짧은 값으로 유지하면서 청색광을 사용하는 것이다. 다른 하나는 오일 침지 렌즈를 사용할 때 슬라이드에 오일을 추가해 렌즈의 개구수를 최대화하는 것이다.

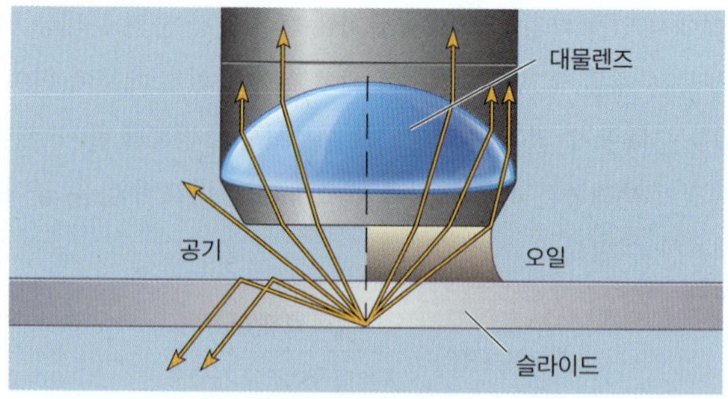


그림 3.5 유침 렌즈의 작동. 분해능을 최대화하려면 유침 렌즈(최고 배율의 렌즈) 끝에 오일 한 방울을 놓아야 한다. 이렇게 하면 집광기에서 대물렌즈로 연속적인 빛의 원뿔이 전달돼 빛의 양이 증가하고 결과적으로 개구수가 증가한다. 오일이 없으면 표본을 통과하는 빛의 일부가 공기 중이나 유리 슬라이드에 산란돼 해상도가 감소한다.

## 광학현미경의 변형

가시광선을 사용하는 광학현미경은 접안렌즈를 통해 관찰되는 원형 영역인 **시야**(field of view or field)의 특성에 따라 설명할 수 있다. 렌즈, 집광기, 광원에 특별한 적응을 통해 명시야, 암시야, 위상차, 간섭의 네 가지 특수 유형의 현미경을 설명할 수 있다. 다섯 번째 유형의 광학현미경인 형광현미경은 광원으로 자외선을 사용하고 여섯 번째인 공초점 현미경은 레이저 빔을 사용한다. 이러한 각 현미경은 다음 절에서 설명하고 표 3.2에 요약된 대로 특정 방식으로 표본을 보는 데 적합하다. 미생물과 분자의 크기 비교는 그림 1.4를 다시 참조하라.

### 명시야 현미경

명시야 현미경은 가장 널리 사용되는 유형의 광학현미경이며 빛이 표본을 통해 전달될 때 이미지를 형성한다. 표본의 불투명한 영역은 이 빛의 일부를 흡수하고 나머지 빛은 대물렌즈를 통해 직접 전달된다. 이렇게 하면 주변의 밝게 조명된 시야보다 어두운 이미지가 생성된다. 명시야 현미경은 살아 있는 염색되지 않은 물질과 보존된 염색된 물질 모두에 사용할 수 있는 다목적 도구다. 명시야 이미지는 표 3.2에서 다른 현미경의 이미지와 비교된다.

### 암시야 현미경

집광기에 스톱(stop)이라는 특수 디스크를 추가해 명시야 현미경을 암시야 현미경으로 개조할 수 있다. 스톱은 표본의 측면에서 반사되는 주변광을 제외한 모든 빛이 대물렌즈로 들어오는 것을 차단한다. 결과 이미지는 어두운(검은색) 시야에 둘러싸인 밝은 조명의 표본이다(표 3.2). 암시야 현미경의 가장 효과적인 용도는 건조 또는 가열로 인해 왜곡되거나

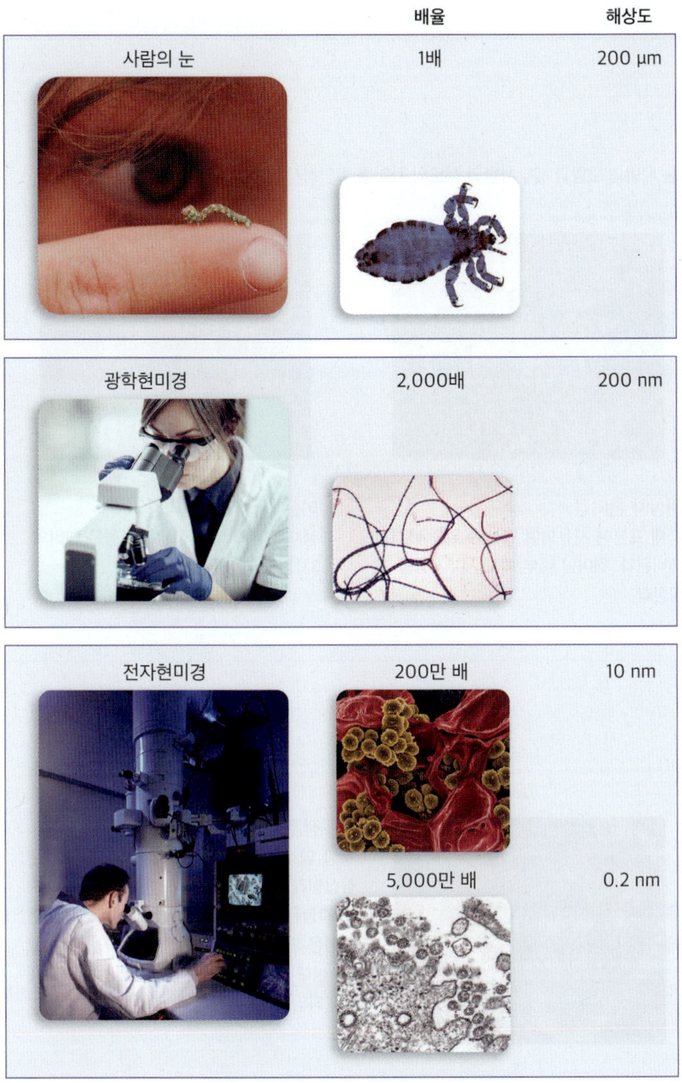


**그림 3.6** 배율 및 해상도 예시. (위) 보조되지 않은 사람의 눈(1배 배율)은 0.8 mm 머릿니를 쉽게 분해할 수 있다. (중간) 광학현미경은 표본을 2,000배 확대할 수 있으며 보조되지 않은 눈보다 1,000배 더 높은 분해능을 가져 탄저균과 같은 박테리아를 시각화할 수 있다. (아래) 가장 일반적으로 사용되는 두 가지 유형의 전자현미경은 가장 높은 분해능으로 가장 작은 유기체를 시각화하는 데 사용된다. 수백만 배로 물체를 확대할 수 있지만 둘 다 일반적으로 훨씬 낮은 배율로 사용된다. 주사전자현미경(SEM)은 일반적으로 백혈구에 의해 소비되는 이러한 황색포도상구균 세포와 같은 표본을 약 10만 배 확대해 놀라운 3차원 뷰를 생성하는 데 사용된다(상단 이미지). 투과전자현미경(TEM)은 일반적으로 100만~200만 배 범위에서 SARS-CoV-2(하단 이미지)와 같은 바이러스만큼 작은 표본을 시각화하는 데 사용된다. (출처: Adriana Varela Photography/Getty Images; Likoper/Shutterstock; Steve Allen/Brand X Pictures/Alamy Stock Photo; Science Photo Library/Alamy Stock Photo; Centers for Disease Control and Prevention; Callista Images/Image Source; C.S. Goldsmith and A. Tamin/CDC)

일반적인 방법으로는 염색할 수 없는 살아 있는 세포를 시각화하는 것이다. 암시야 현미경은 유기체의 윤곽을 파악하고 신선한 표본에 나타날 수 있는 유영 세포(swimming cells)를 빠르게 인식할 수 있지만 내부의 미세한 세부사항은 드러나지 않는다.

### 위상차 및 간섭 현미경

투명한 플라스틱과 같은 맑은 유리로 만들어진 유사한 물체가 동일한 물통에 담겨 있으면 관찰자는 광학적 특성이 비슷하기 때문에 이를 구별하기 어려울 것이다. 마찬가지로 염색되지 않은 살아 있는 세포의 내부 구성요소도 쉽게 구별할 수 있는 충분한 대비가 부족하다. 위상차 현미경에는 표본을 통과하는 빛 파장의 미묘한 변화를 빛 강도의 차이로 변환하는 장치가 포함돼 있다. 예를 들어 세포소기관과 같은 밀도가 높은 세포 부분은 세포질과 같은 밀도가 낮은 영역보다 빛의 경로를 더 많이 변경해 대비를 생성한다. 이 방법으로 볼 수 있는 내부 세부사항의 양은 명시야 또는 암시야 방법보다 크다(표 3.2). 위상차 현미경은 박테리아 포자, 과립 및 세포소기관 같은 세포 내 구조뿐만 아니라 진핵세포의 운동 구조를 관찰하는 데 가장 유용하다.

위상차 현미경과 마찬가지로 **미분 간섭 대비**(differential interference contrast, DIC) 현미경은 빛을 조작해 염색되지 않은 살아 있는 표본의 자세한 뷰를 제공한다. 그러나 이 현미경에는 이미지에 대비되는 색상을 추가할 수 있는 추가 개선 기능이 있다. DIC 현미경은 종종 생생한 색상을 띠고 3차원처럼 보이는 매우 선명한 이미지를 생성한다(표 3.2).

### 주사 공초점 현미경

일반적인 광학현미경은 기존 렌즈가 모든 수준의 세포에 동시에 초점을 맞추기에 표본이 너무 두꺼운 경우가 많기 때문에 고배율에서 선명한 이미지를 형성할 수 없다. 이는 복잡한 내부 구조를 가진 더 큰 세포의 경우 특히 그렇다. 기존 조명을 사용하는 대신 주사 공초점 현미경(scanning confocal microscopes)은 레이저 광선을 사용해 표본의 다양한 깊이를 스캔하고 단일 평면에 초점을 맞춘 선명한 이미지를 제공한다. 이렇게 하면 고화질 '슬라이스' 표본 이미지가 생성된다. 그런 다음 컴퓨터를 사용해 슬라이스를 고해상도 3차원 이미지로 조립한다. 형광 염색 표본에 가장 자주 사용되지만 살아 있는 염색되지 않은 세포와 조직을 시각화하는 데도 사용할 수 있다(표 3.2).

### 형광현미경

형광현미경은 가시광선과 반대로 자외선을 사용한다. 표본에 특정 미생물이 포함된 것으로 의심되는 경우 특정 세포 또는 바이러스를 인식하고 결합하는 면역학적 단백질인 항체가 표본에 추가된다. 형광 염료에 화학적으로 결합된 이러한 항체는 존재하는 경우 표본에 부착된다. 그런 다음 형광현미경은 표본에 자외선을 조사해 결합된 항체가 형광을 발하도록 해 보이지 않는 자외선을 가시광선으로 변환한다. 테마파크에 재입장하기 위해 검은색(자외선) 조명 아래서 빛나는 손 도장을 받은 적이 있다면 형광이 작동하는 것을 본 것이다. 사용된 염료에 따라 표본은 암시야에 대해 강렬한 파란색, 노란색, 녹색, 주황색 또는 빨간색 이미지를 생성

**표 3.2 현미경 유형 비교**

### I. 가시광선 조명을 사용하는 현미경

최대 유효 배율 = 1,000~2,000배*
최대 분해능 = 0.2 μm

연구 대상은 네 가지 유형의 현미경으로 400배로 검사된 아메바다. 각 유형의 현미경을 사용해 보이는 시야의 모양과 세부사항의 정도의 차이를 확인하자.

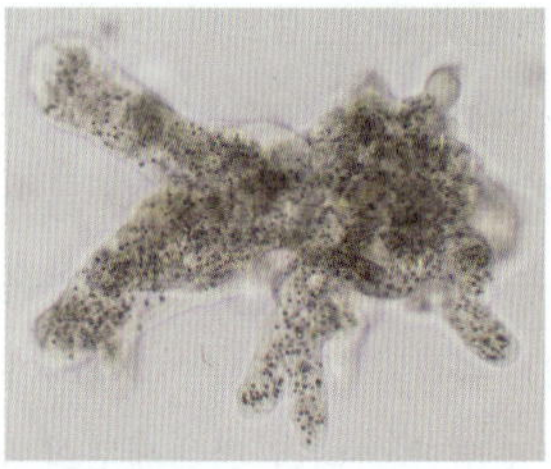

**명시야 현미경**
생체 및 보존된 염색 표본 모두를 위한 일반적인 다목적 현미경. 표본은 어둡고 시야는 밝으며 적절한 세포 세부사항을 제공한다.

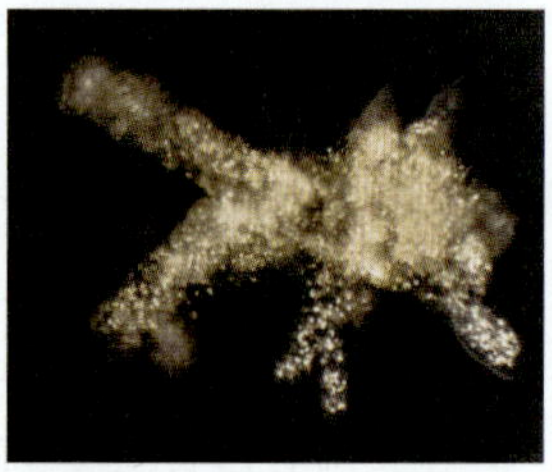

**암시야 현미경**
염색되지 않은 생체 표본 관찰에 가장 적합하며 표본은 밝고 시야는 어둡다. 내부 세포 세부사항이 감소된 표본의 윤곽을 제공한다.

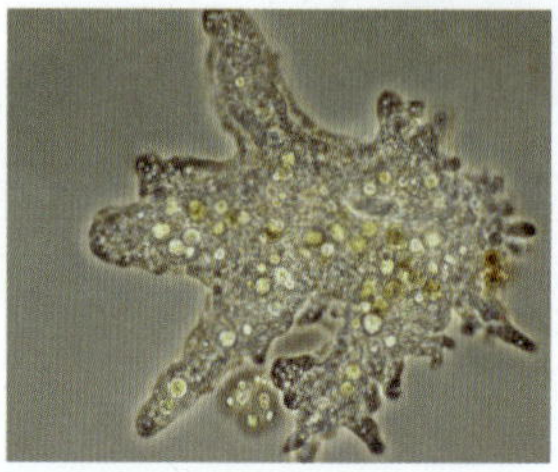

**위상차 현미경**
생체 표본에 사용되며 표본은 회색 배경과 대비된다. 뛰어난 내부 세포 세부사항을 제공한다.

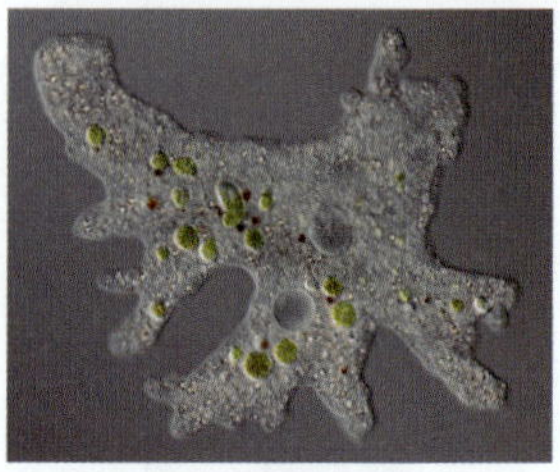

**미분 간섭 대비 현미경**
생체 표본의 매우 상세하고 높은 대비의 3차원 이미지를 제공한다.

### II. 자외선 또는 레이저 빔 조명을 사용하는 현미경

최대 유효 배율 = 1,000~2,000배*
최대 분해능 = 0.2 μm

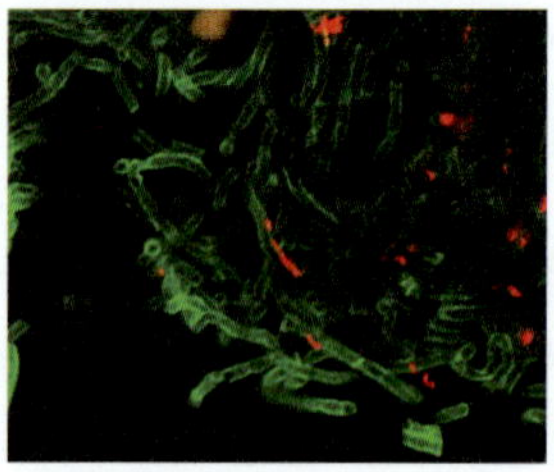

**형광현미경**
1,500배로 본 페스트균의 세포. 표본을 조명하는 데 자외선이 사용된다. 형광 염료로 표지된 항체는 항체가 세포를 인식하고 결합하는 경우에만 가시광선을 방출한다. 이 기술의 특이성이 우수한 진단 도구로 만들어 준다.

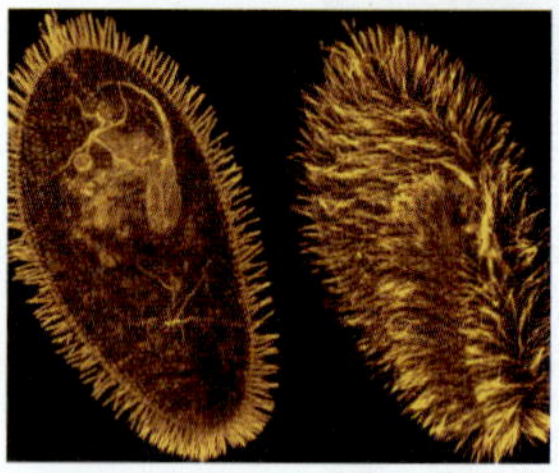

**공초점 현미경**
형광 염료로 염색되고 레이저 빔으로 스캔된 짚신벌레의 1,500배 확대 모습은 3차원 이미지로 결합된 여러 이미지를 형성한다. 공초점 현미경은 가시광선 또는 자외선을 사용할 수 있다. 섬모 및 세포소기관의 미세한 세부사항에 주목하라.

### III. 전자 빔 조명을 사용하는 현미경

최대 유효 배율 TEM = 2,000,000배
최대 유효 배율 SEM = 650,000배
최대 분해능 TEM = 0.2 nm
최대 분해능 SEM = 10 nm

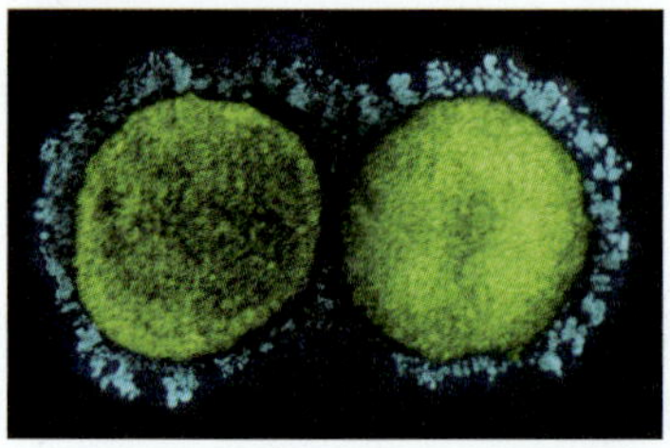

**투과전자현미경(TEM)**
투과전자현미경(TEM)으로 본 SARS-CoV-2 바이러스 입자. 이 유형의 현미경은 최고의 분해능을 제공하며 세포와 바이러스의 내부 구조를 보는 데 사용할 수 있다. 전자현미경은 흑백 이미지만 생성하지만 컴퓨터의 도움으로 종종 인위적으로 색칠된다. 코로나 바이러스란 이름을 얻은 왕관 모양의 스파이크는 더 잘 보이도록 파란색으로 칠해져 있다.

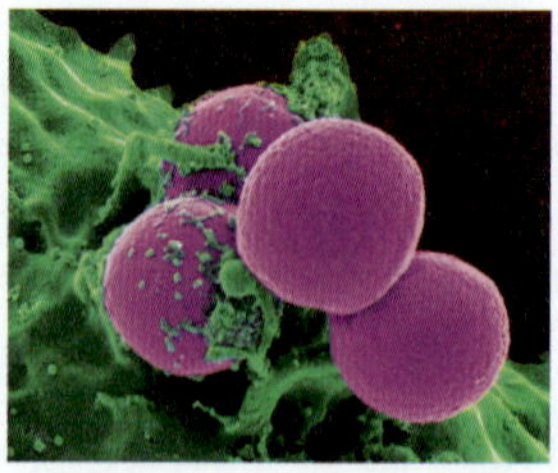

**주사전자현미경(SEM)**
인위적으로 색칠된 주사전자현미경(SEM)이미지는 인간 호중구에 의해 섭취되는 메티실린 내성 황색포도상구균 세포다. 전자 빔은 세포 표면을 스캔해 3차원 이미지를 생성한다.

* 2,000배 최대치는 20배 접안렌즈 또는 2배 환형 조명을 사용해 달성된다.

이미지 출처: Lisa Burgess/McGraw Hill; Stephen Durr; Micro photo/iStock/Getty Images; Dr. Sherif Zaki, Dr. Kathi Tatti, and Elizabeth White/CDC; Anne Fleury; NIAID

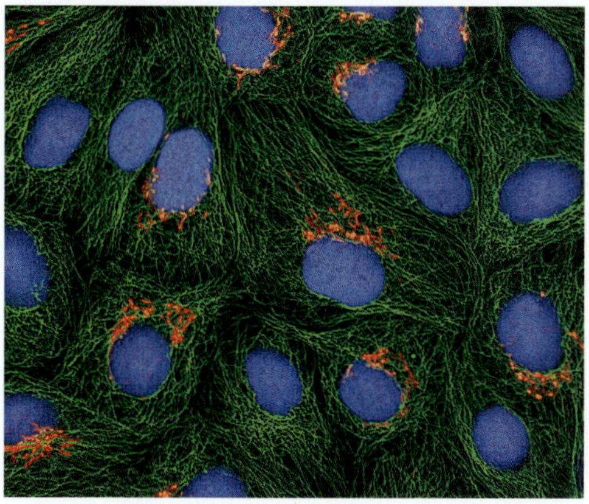

**그림 3.7 세포 내 구조를 밝히기 위한 형광염색.** 이 HeLa 세포는 세 가지 다른 항체로 염색되었으며, 각각 특정 구조를 인식하도록 설계된 형광염색 항체를 이용했다. 미세소관은 녹색으로, 골지체는 주황색으로, DNA는 파란색으로 염색(1,000배). (출처: National Institutes of Health (NIH)/NIH/USHHS)

**표 3.3 광학현미경과 전자현미경 비교**

| 특성 | 광학 | 전자(투과) |
|---|---|---|
| 유용한 배율 | 2,000배* | 100만 배 이상** |
| 최대 분해능 | 200 nm(0.2 μm) | 0.5 nm |
| 생성된 이미지 | 광선 | 전자 빔 |
| 초점 조절 | 유리 대물렌즈 | 전자기 대물렌즈 |
| 관찰 방법 | 유리 접안렌즈 | 형광 스크린 |
| 표본 배치 | 유리 슬라이드 | 구리 메시 |
| 생존 가능 | 예 | 일반적으로 아님 |
| 특수 염색 필요 | 기술에 따라 다름 | 예 |
| 자연색 표시 | 예 | 아니요 |

* 이 최댓값은 20배 접안렌즈가 필요하다.

** 생물학적 샘플의 경우 100만 배가 일반적인 상한이지만 다른 응용분야의 경우 배율이 5,000만 배만큼 높을 수 있다.

한다. 형광현미경은 항체로 표적화된 세포만 형광을 발하기 때문에 복잡한 혼합물에서 특정 미생물을 찾는 데 유용하며, 이는 많은 배경 물질이 결과를 가릴 수 있는 경우 특히 중요하다. 형광 항체는 매독, 클라미디아, 트리코모나스증, 헤르페스, 인플루엔자의 원인 병원체를 식별하는 데 일상적으로 사용된다. 형광현미경의 두 번째 용도는 항체를 사용해 세포의 특정 부분을 시각화하는 경우에 발생한다(그림 3.7).

## 전자현미경

일반적인 광학현미경이 미세 세계로 향하는 창이라면 전자현미경(electron microscope, EM)은 해당 세계의 가장 작은 세부사항으로 향하는 창이다. 광학현미경과 달리 전자현미경은 고속으로 가속될 때 파동 패턴으로 이동하도록 만들 수 있는 전자 빔으로 이미지를 형성한다. 이러한 파동은 가시광선 파동보다 10만 배 짧다. 분해능(RP)은 파장의 함수이므로 RP 분수와 숫자가 매우 작아지는 것을 알 수 있다. 실제로 전자현미경으로 원자를 분해할 수 있지만 대부분의 생물학적 응용분야에 대한 실제 분해능은 약 0.2 nm다. 분해능은 배율을 매우 높게 만들 수 있다. 일반적으로 생물학적 표본의 경우 5,000~100만 배 사이이며 일부 응용분야에서는 최대 5,000만 배다. 배율 및 분해능 용량은 EM을 세포 및 바이러스의 가장 미세한 구조를 연구하는 데 귀중한 도구로 만든다. 전자현미경이 없었다면 생물학적 구조 및 기능에 대한 우리의 이해는 여전히 초기 이론 단계에 머물러 있을 것이다.

근본적인 방식에서 전자현미경은 광학현미경과 유사하다. 광학현미경의 구성요소와 유사한 구성요소를 사용한다(표 3.3). 예를 들어 2개의 렌즈 시스템을 통해 단계별로 확대하고 집광기 렌즈, 표본 홀더 및 초점 장치가 있다. 그 외에는 두 유형에 수많은 차이점이 있다(표 3.3). 전자총은 진공을 통해 광선을 링 모양의 전자석에 조준해 광선의 초점을 시편에 맞춘다. 표본은 대비를 높이기 위해 화학물질이나 염료로 전처리해야 하며 일반적으로 살아 있는 상태에서는 관찰할 수 없다. 확대된 이미지는 접안렌즈를 통해 직접 관찰하기보다는 보기 화면에 표시하거나 추가 연구를 위해 사진으로 촬영한다. 전자가 만들어 내는 이미지에는 색이 없기 때문에 전자현미경 사진(현미경 사진은 미세한 물체를 촬영한 사진)은 항상 검은색, 회색, 흰색의 음영으로 표시된다. 컬러 강화 현미경 사진은 컴퓨터로 색상을 추가한 것이다.

전자현미경의 두 가지 일반적인 형태는 **투과전자현미경**(transmission electron microscope, TEM)과 **주사전자현미경**(scanning electron microscope, SEM)이다(표 3.2 참조). 투과전자현미경은 세포와 바이러스의 상세한 구조를 보기 위해 선택되는 방법이다. 이 현미경은

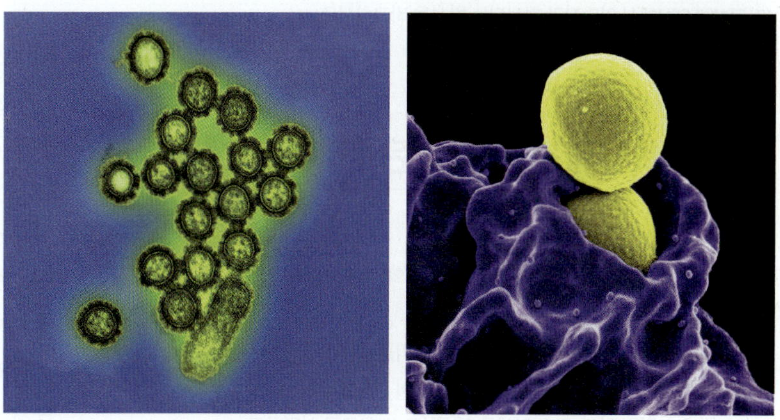

(a) (b)

**그림 3.8 두 가지 유형의 전자현미경 사진.** (a) 내부 내용물을 표시하는 H1N1 인플루엔자 바이러스의 색상이 지정된 TEM 이미지. 이것은 2009년에 처음 관찰된 새로운 바이러스 변종이었다. (b) 인간 호중구의 식균작용을 받는 과정에 있는 2개의 메티실린 내성 황색포도상구균(MRSA) 박테리아의 색상이 지정된 SEM 이미지. (출처: National Institute of Allergy and Infectious Diseases(NIAID)/CDC)

표본을 통해 전자를 투과시켜 이미지를 생성한다. 전자는 세포 절편을 직접 투과할 수 없기 때문에 금속 염료로 염색하여 대비를 높이고 얇게 절편화(20~100 nm 두께)해야 한다. 표본을 통과한 전자는 형광 스크린으로 이동해 패턴이나 이미지를 표시한다. 이미지의 더 어둡고 밝은 영역은 표본의 밀도가 높은 부분과 낮은 부분에 해당한다(그림 3.8a).

주사전자현미경은 현존하는 가장 극적이고 사실적인 이미지를 제공한다. 이 장비는 치태부터 촌충의 머리까지 모든 생물학적 존재를 매우 세밀하게 3차원으로 볼 수 있게 한다. 이미지를 생성하기 위해 주사전자현미경(SEM)은 금속으로 코팅된 전체 표본의 표면을 앞뒤로 스캔하면서 전자를 쏘아 댄다. 표면에서 편향된 전자의 소나기가 정교한 검출기에 의해 매우 정확하게 포착되고 전자 패턴이 모니터 화면에 이미지로 표시된다. 주사전자현미경으로 관찰한 표본의 윤곽은 종종 놀랍다. 광학현미경으로는 매끄럽고 평평해 보이는 영역이 SEM을 사용하면 흥미로운 표면 특징을 보여 준다(그림 3.8b). 기술이 발전하면서 전자현미경은 계속해서 개선됐고 기본 설계에 대한 변형도 개발됐다. 주사탐침현미경과 원자력현미경은 전자현미경의 일부 변형된 형태다.

**핵심 점검 3.2**

3. 배율, 굴절, 해상도의 개념을 구별하고 각각 이미지 선명도에 어떻게 기여하는지 설명하시오.
4. 이미지가 만들어지고 확대되는 방식을 간략하게 설명하시오.
5. 분해능 공식에 따라 RP 값이 클수록 작은 값보다 선호되는 이유를 설명하고 분해능이 1.0 μm인 경우 실제 의미를 설명하시오.
6. 현미경의 해상도를 높이는 조정은 무엇인가?
7. 명시야, 암시야, 위상차, 공초점, 형광 현미경을 시야 모양, 표본 모양, 광원, 용도별로 비교하시오.
8. 광학 복합 현미경과 전자현미경을 비교하고 대조하시오.
9. 전자현미경에서 해상도가 훨씬 우수한 이유는 무엇인가?
10. TEM과 SEM에서 이미지가 형성되는 방식을 비교하시오.

## 3.3 광학현미경용 표본 준비하기

**학습목표**

9. 현미경 검사를 위한 신선 표본과 고정 표본의 기본적인 차이점과 사용 방법을 설명한다.
10. 염료를 정의하고 염색 과정의 기본 화학 원리를 설명한다.
11. 음성 염색과 양성 염색을 구별하고 예를 들어 설명한다.
12. 단순 염색, 감별 염색, 구조 염색을 구별하고 그 용도를 설명한다.
13. 그람 염색 과정과 그 결과가 동정 과정에 어떻게 도움이 되는지 설명한다.

광학현미경용 표본은 일반적으로 집광기와 대물렌즈 사이의 재물대에 있는 적절한 유리 슬라이드에 샘플을 장착해 준비한다. 슬라이드 검체 또는 표본 준비 방식은 (1) 살아 있는 상태 또는 보존 상태 등 표본의 상태, (2) 전체 구조 관찰, 미생물 식별 또는 움직임 확인 등 검사자의 목적, (3) 명시야, 암시야, 위상차 또는 형광 등 사용 가능한 현미경 유형에 따라 달라진다.

### 신선하고 살아 있는 표본

미생물의 살아 있는 샘플은 가능한 한 자연 상태에 가깝게 관찰할 수 있도록 **습식 프레파라트**(wet mounts)를 준비한다. 세포는 일시적으로 생존력을 유지하고 이동을 위한 공간과 배지를 제공하는 적절한 유체(물, 액체 배지, 식염수)에 현탁된다. 습식 프레파라트는 슬라이드에 배양액 한두 방울을 떨어뜨린 후 덮개 유리로 덮는 것으로 구성된다. 이 준비는 빠르고 쉽게 만들 수 있지만 몇 가지 단점이 있다. 커버 유리는 큰 세포를 손상시킬 수 있으며 슬라이드는 건조에 매우 취약해 취급자의 손가락을 오염시킬 수 있다.

보다 만족스러운 대안은 특수 오목(함몰) 슬라이드, 접착제 또는 실란트, 작은 샘플 한 방울이 매달려 있는 커버슬립으로 만든 **행잉 드롭 슬라이드**(hanging drop slide, 아래)다. 이러한 유형의 단기 표본은 세포의 크기, 모양, 배열, 색상 및 운동성에 대한 진정한 평가를 제공한다. 위상차현미경이나 간섭현미경으로 더 세밀한 세포를 관찰할 수도 있다.

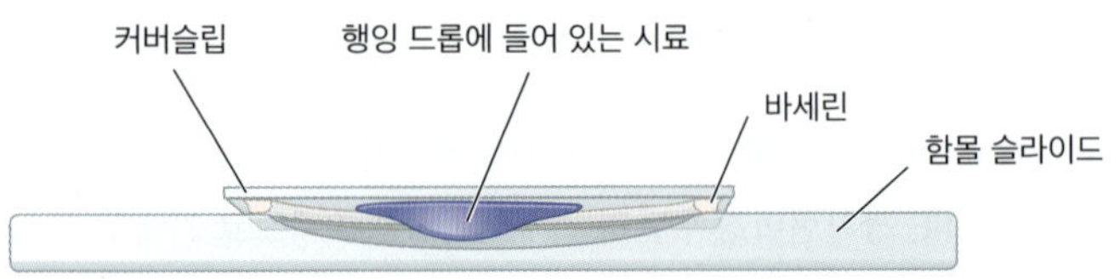


### 고정되고 염색된 도말 표본

장기 연구를 위한 보다 영구적인 표본은 고정된 염색 표본을 준비해 얻을 수 있다. 100년 전 로버트 코흐(Robert Koch)가 개발한 도말 기법은 세포의 액체 현탁액으로 만든 얇은 필름을 슬라이드에 펴서 공기 건조하는 방식으로 이루어진다. 그런 다음 공기 건조된 **도말**(smear)은 일반적으로 **열 고정**(heat fixation)이라는 과정을 통해 부드럽게 가열해 표본을 사멸시키는 동시에 슬라이드에 고정한다. 고정은 또한 다양한 세포 구성요소를 최소한의 왜곡으로 자연 상태로 보존한다. 일부 유형의 고정은 알코올과 포르말린 같은 화학물질로 수행된다.

고정 도말의 염색되지 않은 세포는 불분명하므로 대비를 만들고 생물학적 특징을 돋보이게 하기 위해 염색이 필요하다. 염색은 염료라는 유색 화학물질을 표본에 적용하는 모든 절차를 말한다. 염료는 화학반응을 통해 세포 또는 세포 일부에 부착돼 색을 부여한다. 일반적으로 양전하

**표 3.4** 양성 염색과 음성 염색의 비교

| 구분 | 양성 염색 | 음성 염색 |
|---|---|---|
| 세포 모양 | 염료로 착색<br>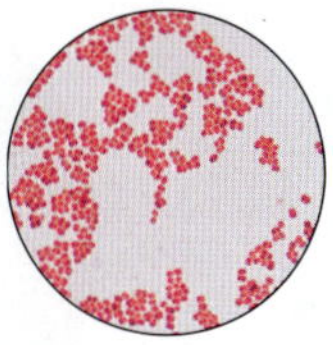 | 투명하고 무색<br>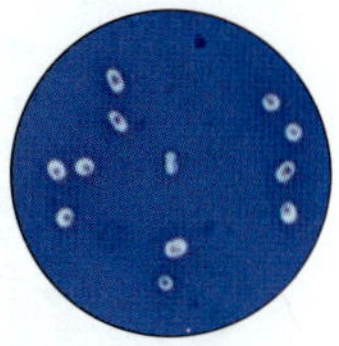 |
| 배경 | 염색되지 않음(보통 하얀색) | 염색됨(어두운 회색 또는 검은색) |
| 사용된 염료 | 염기성 염료:<br>크리스탈 바이올렛<br>메틸렌 블루<br>사프라닌<br>말라카이트 그린 | 산성 염료:<br>니그로신<br>인디아 잉크 |
| 염색의 하위 유형 | 몇 가지 유형:<br>단순 염색<br>감별 염색<br>그람 염색<br>항산성 염색<br>포자 염색<br>구조 염색<br>협막 염색의 한 종류<br>편모 염색<br>아포 염색<br>과립 염색<br>핵산 염색 | 몇 가지 유형:<br>협막<br>포자<br>협막을 보여 주는 탄저균의<br>음성 염색<br>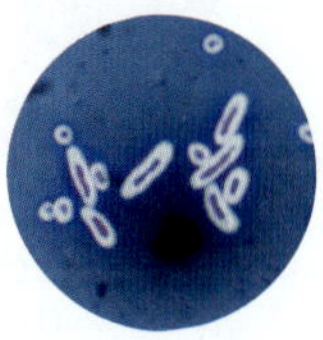 |

이미지 출처: Kallayanee Naloka/Shutterstock; Lisa Burgess/BIOIMAGE INC/McGraw Hill; Lisa Burgess/McGraw Hill

를 띠는 **염기성**(양이온성) **염료**[basic (cationic) dyes]와 음전하를 띠는 **산성**(음이온성) **염료**[acidic (anionic) dyes]로 분류된다.

## 음성 염색과 양성 염색

염료가 표본과 반응하는 방식에 따라 두 가지 기본 유형의 염색 기법이 사용된다(표 3.4에 요약). 대부분의 절차에는 염료가 실제로 세포에 달라붙어 색을 내는 **양성 염색**(positive stain)이 포함된다. 반면에 **음성 염색**(negative stain)은 그 반대다. 염료는 표본에 색을 입히지 않고 바깥쪽 경계에서 건조돼 실루엣을 형성한다. 니그로신(청흑색 염료)과 인디아 잉크(탄소 입자의 검은색 현탁액)는 음성 염색에 가장 일반적으로 사용되는 염료다. 이러한 염료는 음전하를 띠고 세포의 음전하 표면에 의해 튕겨져 나가기 때문에 세포 자체는 염색되지 않는다. 음성 염색의 장점은 상대적으로 간단하고 도말이 열에 고정되지 않기 때문에 세포의 수축이나 왜곡이 줄어든다는 점이다. 따라서 세포의 크기, 모양, 배열을 빠르게 평가할 수 있다. 음성 염색은 특정 박테리아와 효모를 둘러싸고 있는 협막을 강조하는 데도 사용된다(그림 3.9).

## 염료의 염색 반응

많은 미생물 세포는 대비가 부족하기 때문에 자세한 구조를 관찰하고 식별하기 위해서는 염료를 사용해야 한다. 염료는 C=O, C=N, N=N과 같은 이중 결합기를 가진 유색 화합물이다. 이러한 그룹에 조명을 비추면 특정 색을 발산한다. 염료의 색을 가지는 부분은 **크로모포어**(chromophore)라고 하며, 이 부분은 반대 전하를 가진 세포 부분에 끌려간다.

염기성 염료는 양전하를 띠는 크로모포어를 가지며 음전하를 띠는 세포 성분(핵산과 단백질)에 끌린다. 박테리아는 다량의 음전하를 띤 물질을 포함하기 때문에 메틸렌 블루, 크리스탈 바이올렛, 푹신, 사프라닌 같은 염기성 염료로 쉽게 염색된다.

산성 염료의 크로모포어는 음전하를 띠기 때문에 양전하를 띠는 세포 영역에 결합한다. 혈액 세포를 염색하는 데 사용되는 적색 염료인 에오신을 예로 들 수 있다. 박테리아 세포는 산성 물질이 많고 표면이 약간 음전하를 띠기 때문에 산성 염료를 튕겨 내는 경향이 있다. 니그로신과 인디아 잉크 같은 산성 염료는 여전히 음성 염색 방법을 사용해 세균에 성공적으로 적용될 수 있다(표 3.4). 이 기술을 사용하면 염료가 세포 주위에 침전돼 어두운 배경을 만든다.

### 단순 염색과 감별 염색

양성 염색 방법은 단순 염색, 감별 염색 또는 구조 염색으로 분류된다(그림 3.9 참조). **단순 염색**(simple stains)은 단일 염료와 복잡하지 않은 사전 절차만 필요하며, **감별 염색**(differential stains)은 세포 유형이나 부위를 구별하기 위해 주 염료와 대조 염료라는 두 가지 다른 색의 염료를 사용한다. 이러한 염색 기법은 더 복잡한 경향이 있으며, 원하는 반응을 일으키기 위해 추가적인 화학 시약이 필요한 경우도 있다.

대부분의 간단한 염색 기법은 말라카이트 그린, 크리스탈 바이올렛, 염기성 푹신, 사프라닌 같은 염료에 박테리아 세포가 이미 결합돼 있는 것을 이용한다. 단순 염색은 도말의 모든 세포가 종류에 관계없이 거의 같은 색으로 나타나지만 모양, 크기, 배열과 같은 특성을 드러낼 수 있다. 메틸렌 블루를 사용한 단순 염색은 종종 *Corynebacterium* 같은 박테리아의 과립을 염색하는 데 사용되며, 이는 식별에 중요한 요소가 될 수 있다.

### 감별 염색의 종류

효과적인 감별 염색은 대비되는 색상의 염료를 사용해 두 세포 유형 또는 세포 부분 간의 차이를 명확하게 강조한다. 빨간색과 보라색, 빨간색과 녹색 또는 분홍색과 파란색을 조합하는 것이 일반적이다. 감별 염색은 세포의 크기, 모양, 배열과 같은 다른 특성도 정확히 찾아낼 수 있다. 대표적인 예로는 그람, 항산성, 내생포자 염색이 있다. 일부 염색 기법(포자, 협막)은 두 가지 이상의 범주에 속한다.

**그람 염색**(gram staining)은 개발자인 **한스 크리스티안 그람**(Hans Christian Gram)의 이름을 딴 130년 된 방법이다. 오늘날에도 박테

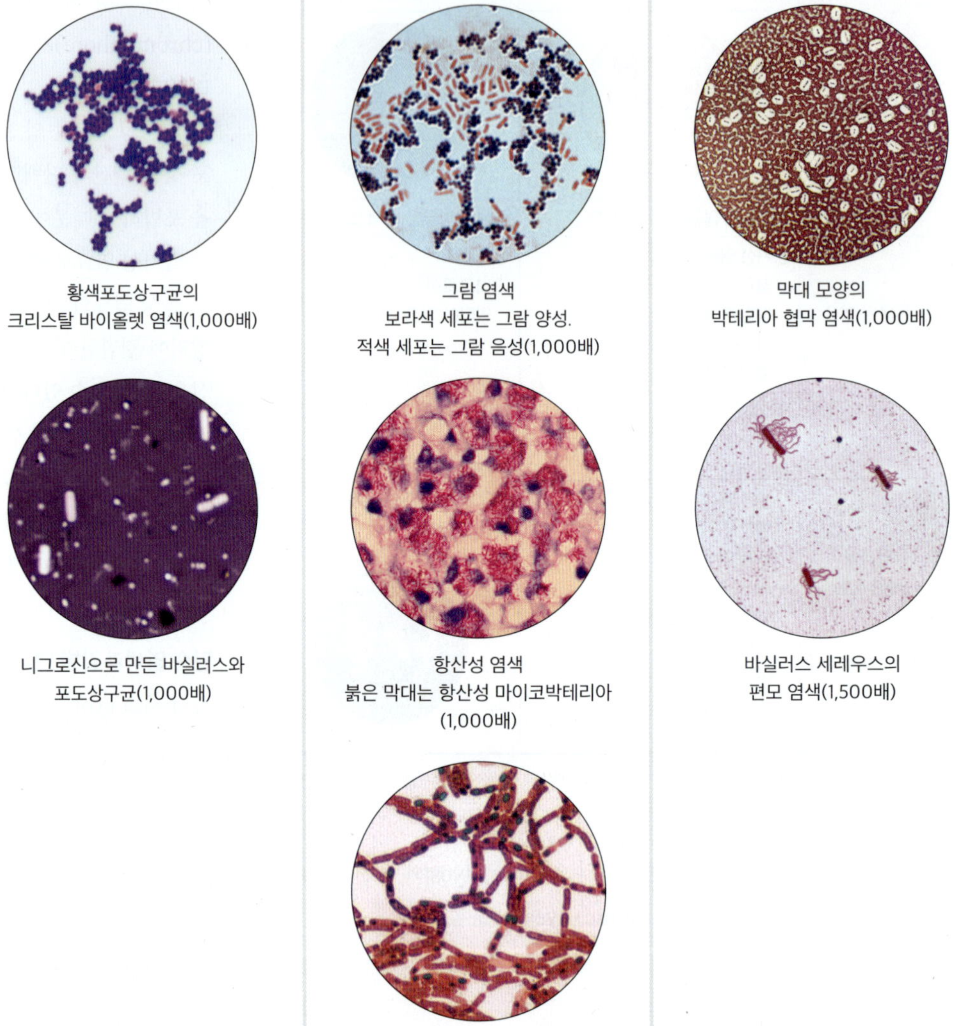

**그림 3.9** 미생물학적 염색의 종류. (a) 단순 염색과 음성 염색. (b) 감별 염색: 그람, 항산성, 내생포자. (c) 구조 염색: 협막 및 편모. 내생포자 염색은 감별 및 구조 범주에 모두 적합한 방법 중 하나다. (출처: Toeytoey2530/iStock/Getty Images; Lisa Burgess/McGraw Hill; Auburn University Research Instrumentation Facility/Michael Miller/McGraw Hill; Dr. Edwin P. Ewing, Jr./Centers for Disease Control and Prevention; Larry Stauffer/Oregon State Public/CDC; Steven P. Lynch; Dr. William A. Clark/CDC)

**(a) 단순 염색과 음성 염색**
하나의 염료를 사용한 세포 관찰

황색포도상구균의 크리스탈 바이올렛 염색(1,000배)

니그로신으로 만든 바실러스와 포도상구균(1,000배)

**(b) 감별 염색**
두 가지 염료를 사용해 세포 유형을 구분

그람 염색
보라색 세포는 그람 양성.
적색 세포는 그람 음성(1,000배)

항산성 염색
붉은 막대는 항산성 마이코박테리아 (1,000배)

포자(녹색)와 식물 세포(빨간색)를 보여 주는 내생포자 염색(1,000배)

**(c) 구조 염색**
세포 디테일을 향상하는 데 사용되는 특수 염색

막대 모양의 박테리아 협막 염색(1,000배)

바실러스 세레우스의 편모 염색(1,500배)

리아에 대한 중요한 진단적 염색 기법으로 사용되고 있다. 세포의 색 반응에 따라 보라색으로 염색되는 **그람 양성**(gram-positive)균과 빨간색으로 염색되는 **그람 음성**(gram-negative)균을 쉽게 구분할 수 있다(그림 3.9b). 이러한 염색 품질의 차이는 박테리아의 세포벽에서 발견되는 구조적 변화 때문이다. 그람 염색은 박테리아 분류, 식별 및 약물 치료의 출발점이다. 그람 염색에 대해서는 **3.1 연결고리 찾기**에서 자세히 설명한다.

**항산성 염색**(acid-fast stain)은 일반적으로 사용되는 또 다른 감별 염색법으로 검체에서 *Mycobacterium tuberculosis*를 검출하는 특정 방법으로 시작됐다. 이 박테리아 세포는 외벽에 산과 알코올이 혼합된 용액으로 세척해도 항산성 염색에 사용되는 염료(카볼 푹신)에 단단히 고정되는 화합물을 가지고 있다(그림 3.9b). 염색 후 항산

---

**임상 사례**

## 뉴욕시에는 염소가 없다

뉴욕에 거주하는 이 환자는 아프리카 전통 드럼 연주와 춤을 선보이는 공연에 참여하기 위해 펜실베이니아로 여행을 떠났다. 그곳에서 쓰러져 지역 병원에 입원했고, 지난 3일 동안 호흡곤란, 마른기침, 불쾌감 등의 증상을 호소했다. 2월 중순에 독감에 걸리는 것은 드문 일이 아니지만, 흉부 엑스레이에서 폐렴부터 결핵, 폐암까지 모든 것을 시사하는 양측성 침윤과 흉막 삼출이 발견되면서 의사들은 심각한 문제가 발생하고 있음을 깨달았다. 이후 며칠 동안 환자의 호흡기 상태는 계속 악화됐고, 2월 17일 혈액 채취를 통한 미생물학적 검사 결과 탄저병의 원인균인 *Bacillus anthracis*로 확인된 그람 양성, 내생포자 형성 박테리아가 발견됐다.

탄저병은 미국에서 드물게 발생하며, 양이나 염소 같은 동물이 피부에 *Bacillus anthracis* 포자를 가지고 있는 경우가 대부분이다. 탄저병에 가장 취약한 사람들은 뉴욕시의 무용수들이 아니라 목장주와 양치기를 하는 사람들이다. 추가 조사 결과, 이 환자는 아프리카 코트디부아르의 마을에서 염소 가죽 4개를 구입해 뉴욕으로 가져와 젬베 드럼 헤드로 만들었던 것으로 밝혀졌다. 이 과정에서는 가죽을 물에 담가 불린 후 날카로운 칼로 긁어내어 균일한 두께의 북 가죽을 만드는 작업이 필요했다. 이 과정에서 작고 환기가 잘되지 않는 작업 공간에는 염소 가죽의 미세한 조각이 공기 중에 퍼졌다. 그리고 *Bacillus anthracis*도 함께 퍼졌다.

한 달 동안 병원에 입원하고 아파트의 오염을 철저히 제거한 후 환자는 18년 만에 미국에서 자연적으로 발생한 *Bacillus anthracis* 사례에서 회복돼 퇴원했다.

**이 사례에서 내생포자 염색은 환자 진단에 명백히 중요했다. 그의 아파트에서 채취한 샘플의 내생포자 염색도 중요한 이유는 무엇인가?**

성 박테리아는 분홍색 또는 빨간색으로 나타나고, 항산성 박테리아가 아닌 박테리아는 파란색으로 나타난다. 이 염색법은 한센병(나병) 균과 폐와 피부 감염의 원인인 *Nocardia*와 같이 의학적으로 중요한 다른 마이코박테리아에 사용된다.

**내생포자 염색**(endospore stain, 포자 염색)은 내성이 강한 생존 세포인 포자 또는 내생포자에 열을 이용해 염료를 침투시키는 과정으로, 항산성 염색과 유사하다. 이러한 포자는 불리한 환경 조건에 반응해 형성된다. 이 염색법은 포자와 이를 형성하는 영양 세포를 구별하는 데 사용된다(그림 3.9b). 의학 미생물학에서 중요한 것은 *Bacillus* 속(탄저병의 원인)과 *Clostridium* 속(보툴리누스 중독과 파상풍의 원인)에 속하는 그람 양성, 포자 형성 세균이다. 이러한 세균은 전 세계적으로 널리 알려진 심각한 질병을 유발하며, 이후의 장에서 더 자세히 살펴볼 것이다.

**구조 염색**(structural stains)은 기존의 염색 방법으로는 드러나지 않는 협막, 내생포자, 편모 같은 특수한 세포 부분을 강조하는 데 사용된다. 협막 염색은 일부 박테리아와 곰팡이의 세포를 둘러싸고 있는 비구조적 보호막인 미생물 협막을 관찰하는 방법이다. 협막은 대부분의 염색과 반응하지 않기 때문에 종종 인디아 잉크로 음성 염색되거나 특수한 양성 염색으로 입증될 수 있다. 모든 미생물이 협막을 보이는 것은 아니라는 사실은 병원균을 식별하는 데 유용한 특징이다. 한 가지 예로 에이즈 환자에게 심각한 곰팡이성 수막염을 일으키는 *Cryptococcus*가 있다.

편모 염색은 박테리아가 이동하는 데 사용하는 가느다란 실 모양의 구조인 편모(flagella)를 나타내는 방법이다. 박테리아의 편모는 너무 가늘어 광학현미경으로는 구별할 수 없기 때문에 필라멘트의 바깥쪽을 코팅해 두껍게 만든 후 염색한다. 편모의 존재 여부, 개수, 배열 방식은 박테리아를 식별하는 데 유용한 정보가 될 수 있다.

**핵심 점검 3.3**

11. 다양한 염색 방법을 나열하고, 각각을 간단히 설명하시오.
12. 양성 염색에서 세포 내 반응이 일어나는 과정을 설명하시오.
13. 음성 염색에서 최종 결과가 나오는 과정을 설명하시오.
14. 어떤 염색법이 감별 염색으로 간주되기 위해 갖추어야 할 조건은 무엇인가?
15. 주요 감별 염색법의 종류와 그 사용법을 개요 형태로 정리하시오.

**3.1 연결고리 찾기**

## 그람 염색법: 첫 단계

1884년, 한스 크리스티안 그람은 감염된 표본의 박테리아를 더 잘 볼 수 있는 염색 기법을 발견했다. 그의 기술은 크리스탈 바이올렛(기본 염료), 그람 요오드(IKI, 매염제), 알코올 린스(탈색제), 대조 염색제(보통 적색 염료인 사프라닌)를 시간차를 두고 순차적으로 도포하는 방식으로 구성됐다. 이 색상 선택은 보라색으로 염색하는 박테리아(그람 양성)와 빨간색으로 염색하는 박테리아(그람 음성)를 구분하는 데 도움이 된다.

이러한 염색 반응에는 하전된 염료에 대한 세포의 인력이 포함되지만, 그람 양성 및 그람 음성이라는 용어는 세포 또는 염료의 전하가 아니라 탈색 후 세포가 기본 염료-요오드 복합체를 보유하는지 여부를 나타내는 데 사용된다는 점에 유의해야 한다. 그람 양성 세포의 1차 염료에 대한 반응이나 그람 음성 세포의 대조 염색에 대한 반응에는 특별한 차이가 없다. 그람 염색의 다른 결과는 세포벽의 구조와 세포에 적용된 일련의 시약에 반응하는 방식에 차이가 있기 때문이다.

첫 번째 단계에서 크리스탈 바이올렛은 세포를 모두 같은 보라색으로 얼룩지게 한다. 두 번째 단계는 매염제인 그람 요오드다. 매염제는 염료가 세포벽의 그물망에 갇히는 큰 결정을 형성하게 한다. 그람 양성 세포의 이 층은 더 두껍기 때문에 그람 음성 세포보다 염료의 포획이 훨씬 더 광범위하다. 세 번째 단계에서 알코올을 적용하면 그람 음성 세포의 외막에 있는 지질이 용해돼 세포에서 염료가 제거된다. 반면 그람 양성균에 단단히 박혀 있는 염료 결정은 상대적으로 접근이 어렵고 제거하기 어렵다. 그람 음성 박테리아는 탈색 후 무색이기 때문에 마지막 단계에서 대조 염색제인 사프라닌을 적용해 박테리아의 존재를 확인할 수 있다.

이 염색 방법은 박테리아 분류 및 식별에 중요한 기초로 남아 있다. 색 반응과 모양에 따라 그람 양성 막대, 그람 양성 구균, 그람 음성 막대, 그람 음성 구균의 네 가지 주요 범주를 구분할 수 있다. 그람 염색은 감염 진단과 약물 치료 안내에 실질적인 도움이 될 수도 있다. 예를 들어, 신선한 소변이나 인후 표본의 그람 염색은 감염의 예비 원인을 가리킬 수 있으며, 경우에 따라 이 염색을 바탕으로 약물 치료를 시작할 수 있다. 정교하고 값비싼 의료 기술이 발달한 오늘날에도 그람 염색은 진단에서 중요하고 탁월한 첫 번째 도구로 남아 있다.

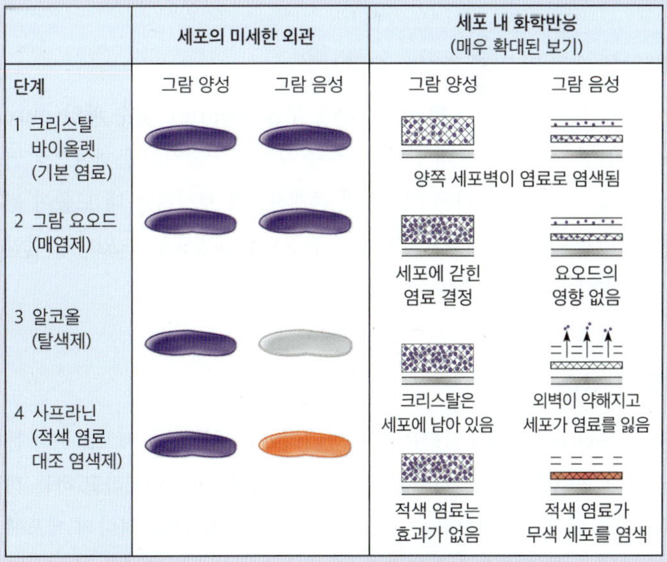


그람 염색을 독감 진단에 사용할 수 있는가? 왜 그러한가?

## 3.4 여섯 가지 'I'의 추가 기능

학습목표

14. 접종, 배지, 배양을 정의하고 샘플링 방법 및 도구와 통제해야 하는 측면을 설명한다.
15. 도구, 배지, 배양 및 결과를 포함한 세 가지 기본 분리 기술에 대해 설명한다.
16. 단일 집락이 무엇이고 어떻게 형성되는지 설명한다.
17. 순수 배양, 계대 배양, 혼합 배양 및 오염 배양을 구분하고, 오염을 정의한다.
18. 정보 수집 중에 수집되는 데이터의 종류가 무엇인지 안다.
19. 샘플에서 미생물을 식별하는 데 관련된 몇 가지 과정을 설명한다.

### 접종, 성장 및 배양 동정

미생물을 **배양**(culture)*하기 위해서는 미생물이 증식할 수 있는 환경을 제공하는 **배지**(medium)*가 담긴 용기에 작은 샘플(접종액)을 넣는다. 이 과정을 **접종**(inoculation)*이라고 한다. 나중에 배지 안이나 배지 위에서 관찰할 수 있는 성장을 배양이라고 한다. 배양되는 샘플의 특성은 분석의 목적에 따라 달라진다. 감염성 질환의 원인을 파악하기 위한 임상 검체는 체액(혈액, 뇌척수액), 분비물(객담, 소변, 대변) 또는 병든 조직에서 얻는다. 미생물 분석 대상 시료에는 거의 모든 천연 물질이 포함될 수 있다. 일반적으로 토양, 물, 하수, 음식, 공기, 무생물 등이 있다. 배지의 중요한 개념은 3.5절에서 더 자세히 다룬다.

#### 배양에 대한 몇 가지 특별한 요구사항

이러한 실천 방식에는 **멸균**(sterile), **무균**(aseptic), **순수 배양**(pure culture)[2] 기술이 내재돼 있다. 접종 중 오염은 지속적인 문제이므로 멸균 기술은 샘플에서 나온 미생물만 존재하도록 보장하는 데 도움이 된다. 또 다른 우려는 배양된 감염원이 환경으로 재방출될 수 있다는 점인데, 이는 무균 기술을 통해 방지할 수 있다.

### 분리 기술

특정 **분리**(isolation) 기술은 개별 박테리아 세포를 다른 세포로부터 분리하고 적절한 공간과 영양분을 제공하면 **집락**(colony)이라고 하는 개별 세포 더미로 성장한다는 개념에 기반한다(그림 3.10). 하나의 세포에서 발생하기 때문에 단일 집락은 단 하나의 종으로만 구성된다. 적절한

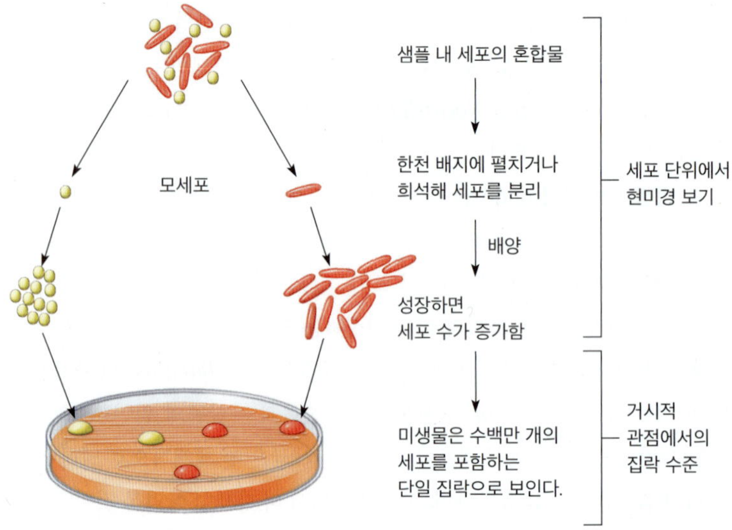


**그림 3.10** 분리 기술. 미시적인 사건과 거시적인 결과를 보여 주는 단일 집락 형성의 단계. 사선 도말과 같은 분리 기법은 단일 세포를 분리하는 데 사용할 수 있다. 수많은 세포분열을 거친 후의 거시적인 세포 덩어리, 즉 군집이 형성된다. 이는 혼합 샘플에서 다양한 유형의 박테리아를 분리하는 비교적 간단하면서도 성공적인 방법이다.

분리를 위해서는 적은 수의 세포를 비교적 많은 양 또는 넓은 면적의 배지에 접종해야 한다. 일반적으로 페트리 접시(Petri dish)라고 하는 투명하고 평평한 덮개가 있는 접시에 비교적 단단한 표면을 가진 배지와 배지를 접종할 수 있는 특수 도구가 필요하다.

**사선 도말법**(streak plate method)에서는 샘플을 점차적으로 얇게 만들고 플레이트의 여러 구역에 걸쳐 세포를 공간적으로 분리하는 패턴에 따라 **접종 루프**(inoculating loop)라는 도구로 샘플의 작은 방울을 배지 표면에 뿌린다(그림 3.11a, b). 간편하고 효과적이기 때문에 대부분의 응용분야에서 선택되는 방법이다.

**루프 희석법**(loop dilution technique) 또는 **주입 평판법**(pour plate technique)에서 샘플은 루프(loop)를 사용해 연속된 여러 개의 식었지만 아직 액체 상태인 한천 튜브에 접종되며, 이를 통해 각 연속된 튜브에서 세포 수를 점진적으로 희석한다(그림 3.11c, d). 그런 다음 접종한 튜브를 멸균 페트리 접시에 도말하고 굳힌다. 부피당 세포 수가 감소해 세포가 두 번째 또는 세 번째 플레이트에서 별도의 군집을 형성할 수 있는 충분한 공간을 확보한다. 이 방법과 사선 도말법의 한 가지 차이점은 루프 희석 또는 주입 평판법에서는 일련의 냉각됐지만 여전히 액체 상태인 한천 튜브에 샘플을 루프와 함께 접종해 일련의 각 연속 튜브의 세포 수를 희석한다는 점이다.

**평판 도말법**(spread plate technique)을 사용하면 희석된 시료의 소량의 액체를 피펫으로 배지 표면에 묻혀 멸균 스프레딩 도구('하키 스틱'이라고도 함)로 균일하게 퍼뜨린다. 사선 도말법과 마찬가지로 세포가 넓은 표면적에 퍼져 개별 집락을 형성할 수 있도록 한다(그림 3.11e, f).

배지가 담긴 용기에 접종한 후에는 미생물 성장을 촉진하기 위해 온

---

* 배양 그리스어 cultus(돌보다, 경작하다)에서 유래. 명사나 동사로 모두 사용될 수 있다.
* 배지 라틴어 media에서 유래. 미생물의 성장을 위해 사용되는 영양 환경.
* 접종 라틴어 in(안으로)과 oculus(눈)에서 유래. 미생물을 배지에 넣는 행위. 명사로 사용됨.

2 멸균이란 살아 있는 미생물이 완전히 존재하지 않는 상태를 의미한다. 무균 상태는 감염을 예방하는 개념이다. 순수 배양은 단일 미생물 종만을 배양한 것을 의미한다.

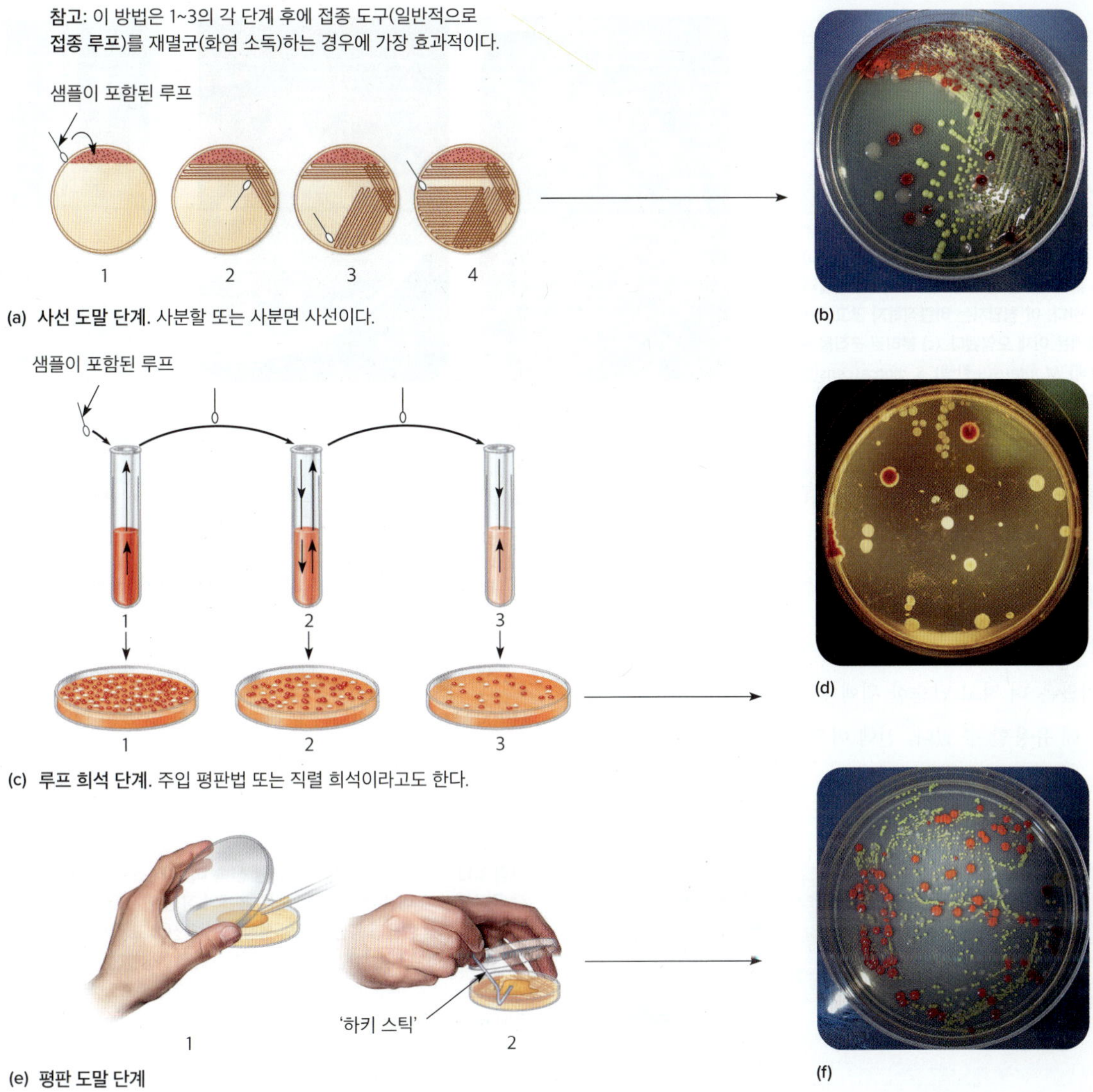


**그림 3.11** 박테리아를 분리하는 방법. (a) 사분면 줄무늬 플레이트의 단계와 (b) 분리된 박테리아 집락의 결과물. (c) 루프 희석 단계와 (d) 플레이트 3의 모습. (e) 평판 도말과 (f) 그 결과. (a)와 (c)의 기법은 반복 배양을 사용하는 반면, (e)는 미리 희석된 샘플로 시작한다. (출처: McGraw Hill)

도 조절 챔버(인큐베이터)에서 **배양**(incubated)한다. 미생물은 동결에서 끓는 온도까지 다양한 온도에서 성장하는 데 적응했지만, 실험실 번식에 사용되는 일반적인 온도는 20~40℃ 사이이다. 또한 배양기는 특정 미생물의 성장에 필요할 수 있는 산소와 이산화탄소 같은 대기 가스의 함량을 조절할 수 있다. 배양 기간(몇 시간에서 몇 주까지) 동안 미생물은 여러 번 증식해 거시적으로 관찰 가능한 성장으로 배양액을 생산한다. 액체 배지에서의 미생물 성장은 탁함, 침전물, 표면 찌꺼기 또는 유색 색소로 구체화된다. 고체 배지에서의 성장은 퍼지는 매트(spreading mat) 또는 별도의 집락 형태로 나타날 수 있다.

어떤 면에서 미생물 배양은 정원 가꾸기(gardening)와 유사하다. 배지는 작은 밭과 같으며, 미생물 세포를 '심어(seeding)' 배양한다. 이 과정에서 잡초(오염된 미생물)가 들어가지 않도록 각별히 주의해야 한다. 순수 배양이란 하나의 알려진 미생물 종 또는 한 유형만이 배양된 배지 용기를 의미한다(그림 3.12c). 순수 배양은 특정 미생물을 개별적으로 정밀하게 연구하고 조작할 수 있기 때문에 실험실 연구에서 가장 많이 사용된다. [일부 미생물학자들은 '순수 배양' 대신 '무균 배양(axenic culture)'이라는 동의어를 선호하기도 한다.] 순수 배양을 만드는 표준적인 방법은 **계대 배양**(subculture) 기법을 기반으로 한다. 즉, 잘 분리된 군집에서 소량의 세포를 채취해 새로운 배지 용기로 옮긴 후 배양하는 방식이다.

**혼합 배양**(mixed culture, 그림 3.12a)은 두 가지 이상의 쉽게 구별되는 미생물 종이 포함된 용기를 의미하며, 마치 당근과 양파가 함께 자라는 정원과 비슷하다. **오염된 배양**(contaminated culture, 그림 3.12b)은 정체가 불확실한 **오염물질**(contaminants, 원하지 않는 미생물)이 들어간 배양을 말하며, 마치 정원에 잡초가 들어간 것과 같다. 오염물질은 실험과 시험을 방해할 수 있기 때문에 이를 제어하기 위한 특별한 절차가

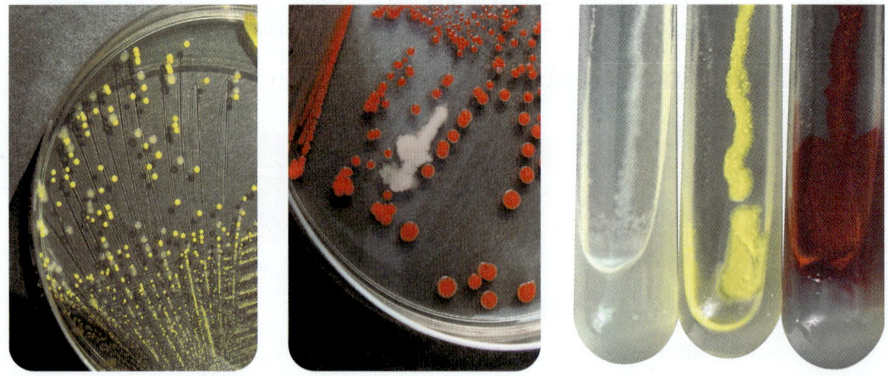

(a) (b) (c)

**그림 3.12** **다양한 배양 상태.** (a) *Micrococcus luteus*와 *Escherichia coli*의 혼합 배양은 색으로 쉽게 구분할 수 있다. (b) 이 *Serratia marcescens* 플레이트는 실내 공기에 과도하게 노출돼 커다란 흰색 군집을 형성한다. 이 침입자는 바람직하지 않고 식별되지 않았기 때문에 배양액은 이제 오염됐다. (c) 분리된 군집을 계대 배양해 만든 *E. coli*(흰색), *M. luteus*(노란색), *S. marcescens*(빨간색)의 순수 배양액을 담은 튜브. (출처: McGraw Hill)

개발됐으며, 실험실에서 직접 경험하게 될 것이다.

## 동정 기술

배양액에서 어떤 종류의 미생물이 분리됐는지 어떻게 확인할 수 있는가? 물론 현미경적 외관은 더 작고 단순한 원핵세포와 더 크고 복잡한 진핵세포를 구별하는 데 유용할 수 있다. 진핵 미생물의 외관이 더 뚜렷하기 때문에 진핵 미생물을 속이나 종 수준까지 식별하는 데 외관을 사용할 수 있는 경우가 많다.

박테리아는 매우 다른 종이 매우 유사하게 보일 수 있기 때문에 일반적으로 이러한 방법으로 쉽게 식별할 수 없다. 따라서 박테리아의 세포 대사를 특성화하는 다른 기법을 사용해야 한다. **생화학 검사**(biochemical tests)라고 하는 이러한 방법은 영양소 요구량, 성장 과정

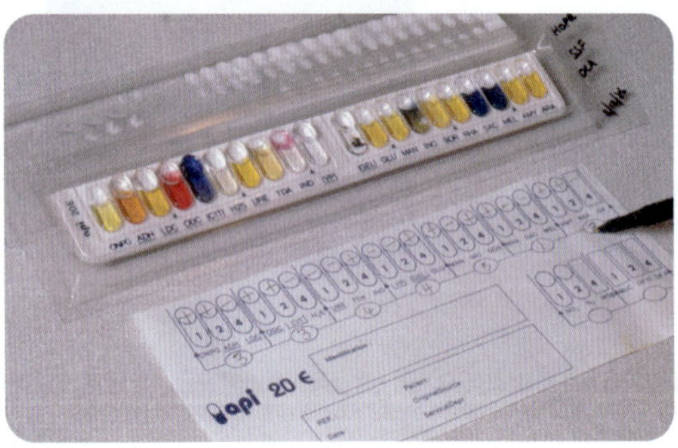

(a)

**그림 3.13** **박테리아 분리주에 대한 신속 미니 테스트 시스템과 식별 키.** (a) 일반적인 그람 음성 간균에 대한 테스트 시스템은 20개의 작은 배지 웰을 사용해 순수 배양액을 접종하고 배양한다. 양성 반응과 음성 반응의 특정 조합(사진에 표시된 데이터 시트에 표로 표시됨)을 통해 미지의 분리주를 동정할 수 있다. (b) 테스트 데이터(양성 또는 음성 반응)를 사용해 그람 양성, 구균 모양의 박테리아를 적절한 속, 경우에 따라 종으로 식별하도록 안내하는 키다. (출처: John Watney/Science Source; McGraw Hill)

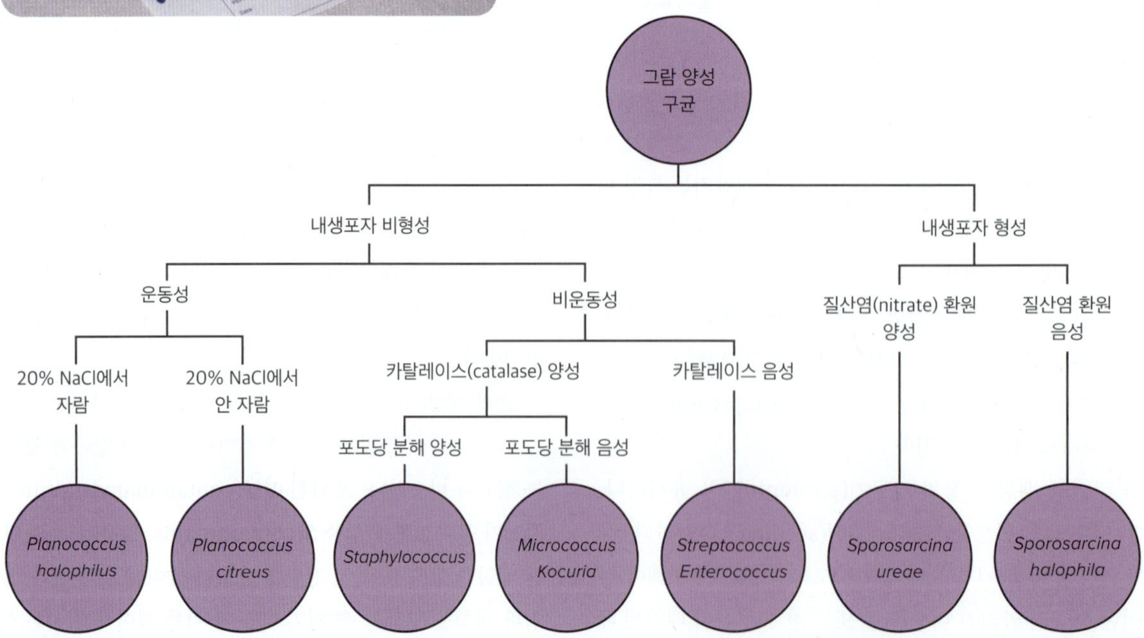


(b)

에서 생성되는 산물, 효소의 존재 여부, 에너지 생성 메커니즘과 같은 기본적인 화학적 특성을 파악할 수 있다. 그림 3.13a는 생화학적 특성을 얻기 위한 다중 테스트, 소형화 시스템의 예를 보여 준다. 이러한 테스트는 17장과 병원체 동정을 다루는 장에서 더 자세히 설명한다.

광학적 및 미세적 특성, 생화학적 및 생리학적 시험 결과를 종합함으로써 미생물에 대한 완전한 그림을 그릴 수 있다. 박테리아 동정의 전통적인 방법은 흐름도(flowchart) 또는 키(key)를 사용하는데, 이는 시험 결과를 선택과정에 적용한다(그림 3.13b). 키의 상단은 일반적인 범주를 제공하며, 여기서부터 여러 가지 분기점이 시작된다. 각 분기점에서는 보통 두 가지 경로로 나뉘며, 분리 지점은 각 시험에서 긍정적 또는 부정적인 결과를 바탕으로 한다. 해당 특성에 맞는 경로를 따라가면 유기체의 이름이 주어지는 끝점에 도달하게 된다. 이 과정을 통해 '키로 식별(keying out)'하면 식별과정이 단순화될 수 있다. 어떤 경우에는 분리된 배양을 알려진 항체(면역학적 시험)나 적합한 실험 동물에 접종해 동정할 수도 있다. 점점 더 많은 진단 도구가 유전적 특성을 분석해 DNA나 RNA를 기반으로 미생물을 탐지할 수 있게 하고 있다.

**핵심 점검 3.4**

16. 접종(inoculation), 생장(growth), 오염(contamination)에 각각 어떤 과정이 포함되는지 설명하시오.
17. 순수 배양, 혼합 배양, 오염된 배양의 유사한 점 두 가지와 다른 점 두 가지를 제시하시오.
18. 미생물의 단일 집락 분리를 위해 어떤 절차가 필요한지 설명하고 그 이유도 설명하시오.
19. 혼합 시료에서 박테리아를 분리하는 세 가지 실험 기술을 비교 및 대조하시오.
20. 단일 집락이 어떻게 형성되는지 설명하시오.
21. 단일 집락과 순수 배양이 동일하지 않은 이유를 설명하시오.

## 3.5 배지: 배양의 기초

**학습목표**

20. 실험실에서 미생물을 배양할 때 배지의 중요성에 대해 설명한다.
21. 배지의 고유한 특성과 용도에 따라 세 가지 일반적인 범주의 이름을 말한다.
22. 액체, 고체, 반고체 배지의 예를 들어 비교하고 대조한다.
23. 화학적으로 정의된 복잡한 배지를 분석해 기본적인 차이점과 내용을 설명한다.
24. 기능성 배지를 설명하고, 여러 가지 범주를 나열하고, 각 유형의 기능성 배지의 특징을 설명한다.
25. 풍부, 선택, 차별 배지의 특성을 파악하고 예를 들어 그 내용과 목적을 설명한다.
26. 미생물을 배양할 수 없다는 말이 무엇을 의미하는지 설명한다.
27. 생균배지와 이것이 필요한 상황을 설명한다.

1800년대 후반 미생물학의 부상에 큰 자극을 준 것은 미생물을 자연 서식지에서 벗어나 실험실에서 순수한 형태로 배양하는 기술의 개발이었다. 이 획기적인 발전을 통해 미생물의 형태, 생리학, 유전학을 면밀히 조사할 수 있게 됐다. 성공적인 배양을 위해서는 배양되는 미생물에 필요한 모든 영양분을 인공 배지에서 제공해야 한다는 것이 처음부터 분명했다.

어떤 미생물은 성장을 위해 몇 가지 간단한 무기 화합물만 필요한 반면, 어떤 미생물은 특정 무기 및 유기 화합물의 복잡한 목록이 필요하다. 이러한 엄청난 다양성은 준비할 수 있는 배지의 종류에서도 분명하게 드러난다. 미생물을 배양하고 식별하는 데 사용되는 배지의 종류는 최소 500가지가 넘는다. 배양 배지는 시험관, 플라스크 또는 페트리 접시에 담겨 있으며 루프, 바늘, 피펫, 면봉 같은 도구를 사용해 접종한다. 배지는 영양소 함량과 일관성이 매우 다양하며 특정 목적을 위해 특별히 제조될 수 있다.

실험을 적절하게 제어하려면 멸균 기술이 필요하다. 즉, 멸균 배지로 접종을 시작해야 하며 멸균 팁이 있는 접종 도구를 사용해야 한다. 실내 공기나 손가락 같은 비멸균 물질이 배지에 직접 유입되는 것을 방지하기 위한 조치를 취해야 한다.

### 배지 종류

여기서 설명하는 대부분의 배지는 박테리아와 곰팡이용으로 설계됐지만, 조류와 일부 원생동물도 배지에서 번식할 수 있다 바이러스는 살아 있는 숙주세포에서만 배양할 수 있다. 배지는 물리적 상태, 화학적 조성, 기능적 유형 등의 특성에 따라 세 가지 일반적인 범주로 나뉜다(표 3.5).

### 배지의 물리적 상태

**액체 배지**(liquid media)는 영하의 온도에서 응고되지 않고 용기를 기울이면 자유롭게 흐르는 경향이 있는 수용액으로 정의된다(그림 3.14). **배양액**(broths), 우유 또는 수액이라고 하는 이러한 배지는 증류하지 않

**표 3.5 배지 분류의 세 가지 범주**

| 물리적 상태 (배지의 정상적인 점도) | 화학적 조성 (배지에 포함된 화학물질 종류) | 기능적 유형(배지 목적)* |
|---|---|---|
| 1. 액체<br>2. 반고체<br>3. 고체(액체로 변환 가능)<br>4. 고체(액화 불가) | 1. 합성(화학 성분이 밝혀진)<br>2. 비합성(복합체. 화학 성분이 밝혀지지 않은) | 1. 일반 배지<br>2. 강화 배지<br>3. 선택 배지<br>4. 감별 배지<br>5. 혐기성 배양 배지<br>6. 검체 운반 배지<br>7. 시험 배지<br>8. 계수 배지 |

* 일부 배지는 두 가지 이상의 기능을 수행할 수 있었다. 예를 들어, 뇌-심장 주입(brain-heart infusion) 배지는 일반 배지이면서 영양 강화(enriched) 배지다. 만니톨 염 한천(mannitol salt agar) 배지는 선택 배지이자 감별 배지이며 혈액 한천(blood agar) 배지는 영양 강화 배지이면서 감별 배지에 해당한다.

(a)
(b)

**그림 3.14** **액체 배지 예시.** (a) 액체 배지는 용기를 기울이면 자유롭게 흐르는 경향이 있다. 요소 용액은 요소분해효소(urease)가 요소를 소화하고 암모늄을 방출하는 생화학반응을 보여주기 위해 사용된다. 이렇게 하면 용액의 pH가 상승하고 염료가 점점 분홍색으로 변한다. 왼쪽: 접종하지 않은 원액, pH 7, 오른쪽: 양성, pH 8.0. (b) 분변 박테리아 유무 검사는 물 샘플에서 분변 박테리아의 존재를 감지하기 위한 검사다. 여기에는 유당과 브롬크레솔 보라색 염료가 포함된다. 일부 분변 박테리아는 유당을 발효시키면서 산성 물질을 방출한다. 이렇게 하면 pH가 낮아지고 염료가 보라색에서 노란색으로 바뀐다(오른쪽은 대장균). 슈도모나스(왼쪽)와 같은 비발효성 세균은 성장하지만 pH를 변화시키지 않는다(보라색은 중성 pH를 나타냄). (출처: Lisa Burgess/McGraw-Hill)

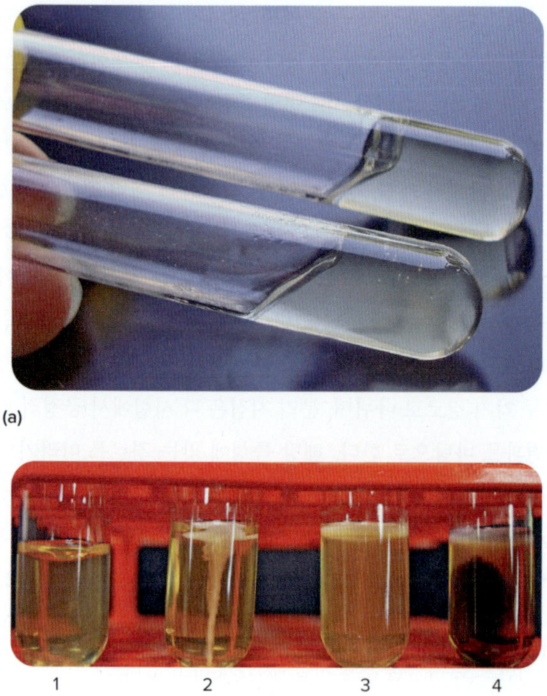


(b)

**그림 3.15** **반고체 배지 예시.** (a) 반고체 배지는 액체 배지보다 점성이 있으나, 고체 배지보다 부드럽다. 자유롭게 흐르지 않으며, 부드럽고 응집성 있는 젤 형태를 가진다. (b) 황 인돌 운동성(SIM) 배지. 이 배지를 접종하고 찔러 넣었을 때, 접종 선 주변의 성장 형태를 통해 운동성 여부를 판별할 수 있다. 운동성이 없는 경우(튜브 2)와 운동성이 있는 경우(튜브 3). 튜브 1은 미접종(접종되지 않은 대조군)이며, 튜브 4는 접종 후 황화수소($H_2S$) 생성 시 검은색 침전이 형성된다. (출처: McGraw Hill)

은 물에 용질을 용해해 만든다. 용기 전체에 걸쳐 성장이 일어나고 분산되거나 흐리거나 벗겨지는 모양을 보일 수 있다. 일반적인 배양액인 영양액에는 소고기 추출물과 부분적으로 소화된 단백질이 물에 녹아 있다. 액체 배지의 다른 예로는 전유와 염료가 포함된 메틸렌 블루 우유와 리트머스 우유가 있다. 유체 티오글리콜레이트는 산소의 성장 패턴을 결정하는 데 사용되는 약간 점성이 있는 배양액이다(그림 7.11 참조).

일반 실온에서 **반고체 배지**(semisolid media)는 단단한 기질을 생성하지 않고 걸쭉하게 만들 수 있을 만큼의 응고제(한천 또는 젤라틴)를 포함하고 있기 때문에 농도가 더 짙다(그림 3.15). 반고체 배지는 박테리아의 운동성을 억제하고 특정 부위에서 반응을 국소화하기 위해 사용된다. 운동성 테스트 배지와 황 인돌 운동성(sulfur indole motility, SIM) 배지에는 모두 소량(0.3~0.5%)의 한천이 포함돼 있다. 두 경우 모두 접종 바늘로 배지의 중앙을 조심스럽게 찌른 다음 나중에 찌른 선 주변의 성장 패턴을 관찰한다. SIM은 운동성 외에도 동정에 사용되는 생리적 특성(황화수소 생성 및 인돌 반응)을 테스트할 수 있다.

**고체 배지**(solid media)는 세포가 개별적인 집락을 형성할 수 있는 단단한 표면을 제공하며(그림 3.11 참조) 박테리아와 곰팡이를 분리하고 배양하는 데 유리하다. 액화형과 비액화형의 두 가지 형태가 있다. 가역성 고체 배지라고도 하는 액화 가능 고체 배지에는 온도에 따라 물리적 특성이 변하는 고화제가 포함돼 있다. 이러한 작용 물질 중 가장 널리 사용되고 효과적인 것은 홍조류 젤리디움에서 분리한 다당류인 **한천**(agar)이다. 한천의 장점은 다양하다. 한천은 상온에서 고체이며 물의 끓는 온도(100℃)에서 녹는다(액화). 한천은 일단 액화되면 42℃로 식을 때까지 응고되지 않으므로 미생물이나 취급자에게 해를 끼치지 않는 온도(45~50℃)에서 액체 형태로 접종하고 부을 수 있다(체온은 약 37℃). 한천은 유연하고 성형 가능하며, 수분과 영양분을 유지하는 기본 모체를 제공한다. 또한 대부분의 미생물이 쉽게 소화하지 못하므로, 미생물의 영양원이 아니다.

1~5% 한천을 포함하는 배지는 보통 이름에 'agar'가 포함된다. 영양 한천(nutrient agar)이 일반적인 예다. 영양 한천에는 육즙 추출물, 펩톤 그리고 약 1.5% 한천이 포함된다. 배지의 기능적 분류에 대한 절에서 한천이 포함된 배지의 많은 예시를 다룬다.

젤라틴은 한천만큼 이상적인 고형화제로 작용하지 않지만, 10~15% 농도에서 비교적 안정적인 고체 표면을 형성할 수 있다. 젤라틴의 주요 단점은 일부 미생물에 의해 소화될 수 있거나, 더운 환경에서는 녹아서 액체가 된다는 점이다. 한천과 젤라틴 배지의 예시는 그림 3.16에 나와 있다.

**비응고성 고체 배지**(nonliquefiable solid media)는 녹지 않는다.

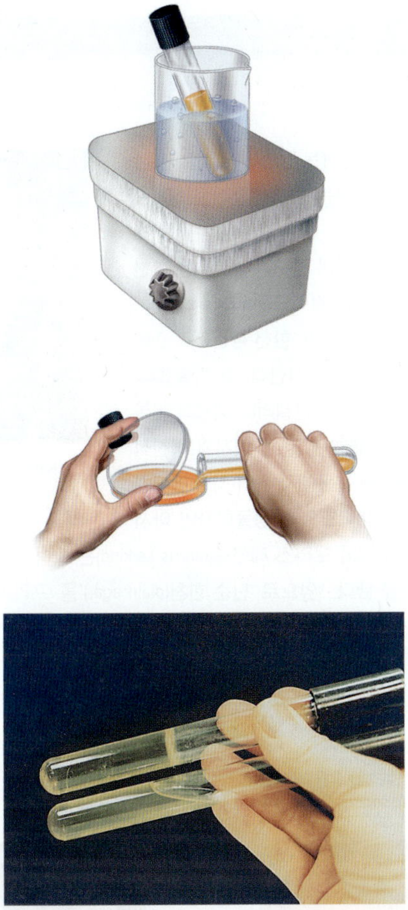

(a)

(b)

**그림 3.16** 액체로 가역적인 고체 배지. (a) 1~5% 한천이 포함된 배지는 고체이며 용기를 기울이거나 뒤집어도 움직이지 않는다. 가역적으로 고체이므로 열을 가하면 액화되고 다른 용기에 부어 다시 고형화할 수 있다. (b) 영양 젤라틴은 고체 농도가 되기에 충분한 젤라틴(12%)을 함유하고 있다. 상단 튜브는 고체로 표시된다. 아래쪽 튜브는 가열하거나 미생물 효소가 젤라틴을 소화해 액화할 때 어떤 일이 일어나는지를 나타낸다. (출처: McGraw Hill)

**표 3.6A** 병원성 *Staphylococcus aureus*의 성장 및 유지에 사용되는 화학적으로 정의된 합성 배지

| 0.25 g씩 포함된 아미노산 | 0.5 g씩 포함된 아미노산 | 0.12 g씩 포함된 아미노산 |
|---|---|---|
| 시스테인(Cystine) | 아르기닌(Arginine) | 아스파르트산(Aspartic acid) |
| 히스티딘(Histidine) | 글라이신(Glycine) | 글루탐산(Glutamic acid) |
| 류신(Leucine) | 아이소류신(Isoleucine) | |
| 페닐알라닌(Phenylalanine) | 라이신(Lysine) | |
| 프롤린(Proline) | 메티오닌(Methionine) | |
| 트립토판(Tryptophan) | 세린(Serine) | |
| 티로신(Tyrosine) | 트레오닌(Threonine) | |
| | 발린(Valine) | |

**추가 성분**

비타민:
- 니코틴아마이드(Nicotinamide) 0.005 몰
- 티아민(Thiamine) 0.005 몰
- 피리독신(Pyridoxine) 0.005 몰
- 비오틴(Biotin) 0.5 마이크로그램

무기염:
- 황산마그네슘(Magnesium sulfate) 1.25 그램
- 인산이수소칼륨(Dipotassium hydrogen phosphate) 1.25 그램
- 염화나트륨(Sodium chloride) 1.25 그램
- 염화철(Iron chloride) 0.125 그램

모든 성분은 1,000 mL의 증류수에 용해되며, 최종 pH 7.0으로 조정된다.

여기에는 쌀(곰팡이 배양용)이나 조리된 고기 배지(혐기성 배양용), 달걀 또는 혈청 배지(수분 열에 의해 영구적으로 응고됨)가 포함된다.

## 배지의 화학적 성분

**화학적으로 정의된**(chemically defined) 조성을 가진 배지를 **합성**(synthetic) 배지라고 한다. 이러한 배지는 순수한 화학적 영양소(pure chemical nutrients)로 구성되며, 출처에 따라 거의 변화가 없고, 분자 조성이 정확한 화학식으로 명확히 정의된다. 합성 배지는 다양한 형태로 존재한다. 예를 들어, 균류(fungi)를 위한 최소배지(minimal media)는 소금과 아미노산을 물에 용해한 것만 포함할 수 있다. 일부 배지에는 정확하게 측정된 수십 가지의 성분이 포함돼 있다(표 3.6A). 이러한 표준화된 배지와 재현 가능한 배지는 연구와 세포 배양에 가장 유용하다. 그러나 이러한 배지는 실험 대상 미생물의 정확한 영양 요구 조건이 알려져 있을 때만 사용 가능하다. 예를 들어, 기생성 원생생물 *Leishmania*를 배양하기 위해 개발된 배지에는 총 75가지의 화학물질이 포함돼 있었다.

배지가 포함하는 성분 중 하나라도 화학적으로 정의할 수 없다면, 이 배지는 **비합성 배지**(nonsynthetic medium) 또는 **복합 배지**(complex medium)[3] 로 분류된다(표 3.6B). 이 유형의 배지는 화학적 공식으로 정확하게 정의할 수 없으며, 일반적으로 고기, 식물, 달걀, 우유와 같이 한때 살아 있던 유기물에서 유래한 성분을 포함한다. 그 예로 혈액, 혈청, 콩 단백질 가수분해물, 펩톤 등이 있다. 펩톤(peptone)은 부분적으로 소화된 단백질이며, 탄소와 질소 공급원으로 사용된다. 영양 배지(nutrient broth), 혈액 한천(blood agar), 맥콘키 한천(MacConkey agar) 같은 배지는 기능과 외형이 다르더라도, 모두 복합 비합성 배지에 속한다. 이러한 배지는 영양 요구 조건이 복잡한 미생물에게 다양한 영양소를 제공한다.

표 3.6A와 3.6B는 두 가지 유형의 배지를 실용적으로 비교한 것이다. 이 표에서 *Staphylococcus aureus* 배양을 위해 사용된 배지를 기반으로 비교하고 있다. 배지 A는 모든 성분이 매우 정밀하게 알려진 상태, 배지 B는 미지의(하지만 필수적일 가능성이 있는) 거대 분자를 포함한다. 결론적으로 두 배지 모두 박테리아를 배양하는 데 적절한 기능을 한다. (그러나 여러분이라면 어떤 배지를 만들겠는가?)

## 모든 기능에 적합한 배지

미생물학자들은 다양한 종류의 배지를 사용할 수 있으며, 새로운 배지가 계속 개발되고 있다. 배지에 어떤 성분이 추가되는지에 따라 미생물학자

3 복합 배지란 단백질, 다당류, 지질 등의 거대 분자를 포함하며, 그 정확한 조성이 크게 변할 수 있는 배지를 의미한다.

**3.2 연결고리 찾기**

## 프라우 헤세의 배지

세균은 개별적으로 연구하기 어려울 정도로 서로 분리하기 힘든 특성을 가지고 있다. 1763년, 칼 린네우스(Carl Linnaeus)는 이러한 한계를 인정하고 모든 박테리아를 '혼돈'이라는 하나의 분류군으로 묶었다. 그러나 한 세기가 지나면서 로베르트 코흐와 같은 미생물학자들은 곰팡이가 빵이나 치즈에서 자라는 것처럼 세균도 고체 배지에서 자라면 개별적으로 연구하기 쉬울 것이라는 사실을 깨닫기 시작했다.

코흐 연구실의 실험실 기술자였던 발터 헤세(Walther Hesse)는 고체 배지를 만드는 방법을 연구하는 임무를 맡았다. 그는 젤라틴을 이용해 실험실에서 사용하는 소고기 육수를 굳히려 했다. 이 방법은 차가운 상태에서는 비교적 단단한 표면을 형성했지만, 세균이 성장하기 위해 필요한 따뜻한 온도에서는 쉽게 녹아 버렸다. 더욱이 일부 세균은 젤라틴을 영양원으로 사용해 분해돼 버렸고, 결국 배지는 액체로 변했다. 그가 사용한 소고기 육수는 발터 헤세의 아내인 안겔리나 패니 헤세(Angelina Fanny Hesse)가 준비한 것이었다. 그녀는 가끔 남편의 연구를 돕는 과학 삽화가였다. 안겔리나는 해조류에서 추출한 다당류인 한천(agar)을 사용할 것을 제안했다. 한천은 아시아에서 흔히 음식(특히 디저트)을 걸쭉하게 만들기 위해 사용됐으며, 그녀는 과거 네덜란드 이민자들에게 이 물질을 사용한 경험이 있었다. 한천은 끓인 후 식으면 단단한 젤을 형성하는 성질이 있었으며, 세균이 이를 소화할 수 없다는 점에서 젤라틴보다 뛰어났다.

U.S. National Library of Medicine

1882년, 결핵균을 밝혀낸 연구에서 코흐는 한천 배지의 장점을 설명하며, "결핵균은 다양한 배지에서 자랄 수 있다. ... 예를 들어, 한천-한천으로 준비된 젤라틴 덩어리에서도 잘 자란다."고 기술했다. 그러나 그의 논문 어디에도 안겔리나 헤세의 이름은 등장하지 않았다. 1939년, 한천 배지의 혁신적인 영향에 대해 논하는 논문에서 월터 리드 메디컬 센터와 존스홉킨스 대학교의 미생물학자인 아서 히친스(Arthur Hitchens)와 모리스 레킨드(Morris Leikind)는 그녀의 공로를 인정하며, 다음과 같은 제안을 했다. "앞으로 '단순 한천(plain agar)'을 '프라우 헤세 배지(Frau Hesse's medium)'로 명명할 수는 없을까?" 그녀의 공헌은 미생물학 역사에서 중요한 업적으로 남았다.

**표 3.6B** 뇌-심장 주입 배지: 병원성 *Staphylococcus aureus* 배양 및 유지용 복합 비합성 배지

| |
|---|
| 뇌-심장 추출물, 펩톤 추출물 27.5 그램 |
| 포도당 2 그램 |
| 염화나트륨 5 그램 |
| 인산수소이나트륨(Disodium hydrogen phosphate) 2.5 그램 |
| 모든 성분은 1,000 mL의 증류수에 용해되며, 최종 pH 7.0으로 조정된다. |

는 특정 목적에 맞게 배지를 미세 조정할 수 있다.

**일반 목적 배지**(general-purpose media)는 특별한 성장 요구 조건이 없는 다양한 미생물의 배양을 위해 설계된 배지로 일반적으로 비합성(복합) 배지며, 여러 미생물의 성장을 지원할 수 있는 다양한 영양소를 포함한다. 예시로 영양 한천, 영양 배지, 뇌-심장 주입 배지(brain-heart infusion), 트립티케이스 대두 한천(trypticase soy agar, TSA)이 있다. TSA 배지는 부분적으로 소화된 우유 단백질(카제인), 대두 단백질 가수분해물, NaCl 및 한천을 포함하는 복합 배지다.

**강화 배지**(enriched media)는 혈액, 혈청, 헤모글로빈 등의 복합 유기물이나 특정 균주의 성장에 필수적인 **성장 인자**(growth factors)를 포함하는 배지다. 성장 인자는 비타민 및 아미노산 같은 유기 화합물로, 일부 미생물은 이를 스스로 합성할 수 없기 때문에 반드시 공급돼야 한다. 이러한 성장과 복합 영양소가 필요한 세균은 배양 조건이 **까다로운**(fastidious) 세균으로 분류된다. 혈액 한천은 대표적인 예로 멸균된 한천 배지에 동물 혈액(주로 양의 혈액)을 첨가해 제조된다(그림 3.17a). 이 배지는 성장이 까다로운 연쇄상구균과 기타 병원균 배양에 널리 사용된다. 병원성 *Neisseria* 및 *Yersinia* 속의 균들은 초콜릿 한천(chocolate agar)에서 계대 배양되는 경우가 많으며, 초콜릿 한천은 혈액을 가열해

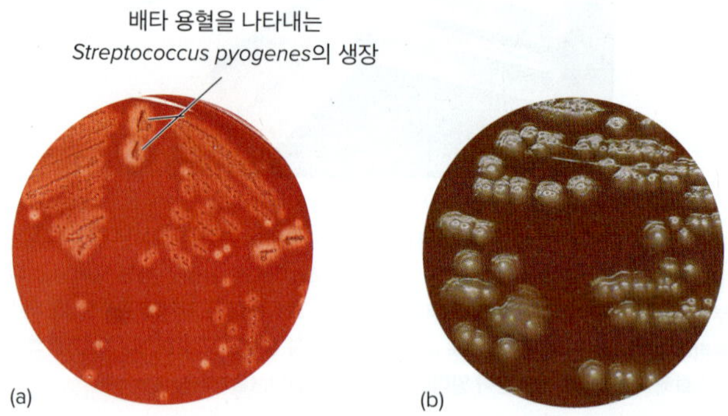


**그림 3.17** 강화 배지의 예시. (a) 혈액 한천 배지에서 자란 병원성 세균, *Streptococcus pyogenes* 균주는 편도염(strep throat)과 성홍열(scarlet fever)의 원인균이다. 또한 이 배지는 용혈(hemolysis)의 유형에 따라 집락을 감별하는 기능도 있다. 뚜렷한 투명 영역을 형성하는 집락인 베타 용혈(beta hemolysis)과 덜 명확한 경계를 가진 집락인 알파 용혈(alpha hemolysis)을 관찰하자. (b) 초콜릿 한천 배지에서 자란 *Yersinia pestis*. 이 배지는 가열된 혈액에 의해 갈색을 띠며, 용혈 반응을 나타내지 않는다. 페스트(흑사병)의 주요 병원균과 같은 까다로운 병원균의 배양에 사용된다. (출처: Richard R. Facklam, PhD/CDC; McGraw Hill)

만든 배지로, 실제 초콜릿 성분은 포함되지 않으며 초콜릿과 유사한 색을 띠기 때문에 이런 이름이 붙었다(그림 3.17b).

### 선택 배지와 감별 배지

가장 뛰어나고 혁신적인 배지 조성 중 일부는 선택 배지와 감별 배지에 속한다. 이 배지는 특정 미생물 그룹을 위한 설계이며, 미생물의 분리 및 동정에 광범위한 응용 가능성을 제공한다. 이러한 배지는 하나의 단계에서 속(genus) 또는 종(species)의 예비 식별이 가능하도록 돕는다.

**선택 배지**(selective medium, 표 3.7)는 하나 이상의 성분을 포함해

표 3.7 선택 배지, 선택적 인자와 용도의 예

| 배지 | 선택적 인자 | 용도 |
|---|---|---|
| 만니톨 염 한천(MSA) | NaCl 7.5% | 감염성 물질에서 *Staphylococcus aureus* 분리 |
| *Enterococcus faecalis* 배지 | 아자이드 나트륨, 테트라졸륨(Tetrazolium) | 분변 장구균 분리 |
| 페닐에탄올 한천(Phenylethanol agar, PEA) | 페닐에탄올 클로라이드(Phenylethanol chloride) | 포도상구균과 연쇄상구균 분리 |
| 토마토 주스 한천 | 토마토 주스, 산(Acid) | 타액에서 락토바실러스 분리 |
| 맥콘키 한천(MacConkey agar, MAC) | 담즙(Bile), 크리스탈 바이올렛 | 그람 음성 장내 세균 분리 |
| 에오신-메틸렌블루 한천(Eosin-methylene blue agar, EMB) | 담즙, 염료 | 시료에서 대장균류 분리 |
| *Salmonella-Shigella* 한천(SS agar) | 담즙, 시트르산염(Citrate), 브릴리언트 그린 | *Salmonella*와 *Shigella* 분리 |
| 사부로 한천(Sabouraud's agar, SAB) | pH 5.6 (산성 조건) | 균류 분리 |

일부 미생물의 성장을 억제하고 특정 미생물의 성장을 선택적으로 촉진하는 배지다. 이러한 특성을 통해 하나의 미생물이 선택적으로 성장할 수 있도록 하며, 복잡한 환경 시료(예: 대변, 타액, 피부, 물, 토양 시료)에서 특정 미생물 분리가 가능하다. 불필요한 배경 미생물의 성장을 억제해 원하는 균주만 성장하도록 해 분리 속도를 향상한다.

담즙염은 장내 세균의 성장에 영향을 주는 선택적 인자로, 그람 양성균의 성장을 억제하는 반면 그람 음성균의 성장은 허용한다. 장내 병원균을 배양하는 배지(EMB, 맥콘키, HE 한천)에는 담즙염이 포함된다. 염료도 선택적 역할을 수행하는데, 메틸렌 블루와 크리스탈 바이올렛은 특정 그람 양성균을 억제하는 역할을 한다. 반대로, 다른 선택적 인자를 사용하면 반대 효과를 얻을 수도 있다. 만니톨 염 한천(mannitol salt agar, MSA)에는 고농도의 NaCl(7.5%)이 포함돼 있어 대부분의 인간 병원균의 성장을 억제하지만, 포도상구균 속의 그람 양성균은 이 환경에서도 잘 성장할 수 있다. 따라서 *Staphylococcus*를 선택적으로 배양하는 데 사용될 수 있다. 이러한 선택적 특성을 가진 다른 요인으로는 항균제와 산이 있으며, 일부 선택 배지는 특정 병원균의 성장을 촉진하면서도 다른 균의 성장을 강하게 억제하는 물질을 포함한다. 셀레나이트(selenite)와 브릴리언트 그린(brilliant green) 염료는 대변에서 *Salmonella*를 분리하는 배지에 사용되고, 아자이드 나트륨(sodium azide)은 물과 식품에서 장구균을 분리하는 데 사용된다.

**감별 배지**(differential media)는 여러 종류의 미생물을 배양할 수 있지만, 미생물 간의 차이를 육안으로 식별할 수 있도록 설계된 배지다. 이러한 차이는 집락 크기 또는 색상의 변화, 배지 색상의 변화, 기포 또는 침전물 형성 등의 형태로 나타난다(표 3.8). 이러한 변화는 배지에 포함된 특정 화학물질과 미생물의 반응 방식에 의해 결정된다(그림 3.18a). 가장 단순한 감별 배지는 일부 집락에서만 색상이 변화하는 경우와 일부 집락에서 변화가 나타나지 않는 경우의 두 가지 반응 유형을 보여 준다. 최근 개발된 감별 배지 중 일부는 크로모겐(chromogen)이라는 인공 기질을 포함하는데, 이는 특정 미생물과 반응해 다양한 색상을 생성한다. 그림 3.18b는 여섯 가지 서로 다른 박테리아의 결과를 보여 준다. 또한 크로모제닉 한천은 *Staphylococcus*, *Listeria*, 병원성 효모를 식별하는 데 사용할 수 있다.

염료는 효과적인 감별제 역할을 할 수 있으며, 이는 pH 변화에 따라 색이 변하는 지시약의 기능을 가지기 때문이다. 예를 들어, 맥콘키 한천에는 중성 적색 지시약이 포함돼 있으며, 중성 상태에서는 황색, 산성 상태에서는 분홍색이나 적색으로 변한다. *Escherichia coli*와 같은 장내 세균은 유당을 대사하면서 산을 생성해 적색 또는 분홍색 집락을 형성한다. 반면, *Salmonella*와 같은 일부 세균은 유당을 발효하지 않기 때문에 자연스러운 미색(연한 흰색)을 유지한다. 일부 발효 배지에는 페놀 레드 지시약이 포함돼 있어 당류가 분해돼 산이 형성되면 pH가 변하는 것을 확인할 수 있다(그림 3.19).

표 3.8 감별 배지의 예

| 배지 | 감별을 위한 주요 성분 | 감별 대상 |
|---|---|---|
| 혈액 한천(Blood agar plate, BAP) | 적혈구(RBC) | 용혈 유형 감별 |
| 만니톨 염 한천(MSA) | 만니톨(mannitol)과 페놀 레드(phenol red) | *Staphylococcus* 종 감별 |
| 헥토엔 엔테릭 한천(Hektoen enteric(HE) agar)* | 브로모티몰 블루(Bromothymol blue), 산성 푹신(acid fuchsin), 자당(sucrose), 살리신(salicin), 티오황산염(thiosulfate), 페리 시트르산 암모늄(ferric ammonium citrate), 담즙 | *Salmonella*, *Shigella* 및 기타 유당 비발효균 감별, $H_2S$ 생성 여부 확인 가능 |
| 맥콘키 한천(MAC) | 유당(lactose), 중성 적색(neutral red) | 유당을 발효해 pH를 낮추는 균과 그렇지 않은 균 감별 |
| 에오신-메틸렌블루 한천(EMB) | 유당, 에오신, 메틸렌 블루 | 맥콘키 한천과 동일한 감별 기능 |
| 우레아 한천(Urea broth) | 요소(urea), 페놀 레드 | 요소를 가수분해해 암모니아를 생성하고 pH를 높이는 균 감별 |
| 황 인돌 운동성(SIM) 배지 | 티오황산염(thiosulfate), 철(iron) | $H_2S$ 생성 균 감별, 운동성 및 인돌 생성 여부 감별 |
| 삼당 철 한천(Triple-sugar iron agar, TSIA) | 포도당(glucose), 자당, 유당, 철, 페놀 레드 | 당 발효 및 $H_2S$ 생성 균 감별 |
| 자일로스 라이신 디옥시콜레이트 한천(Xylose lysine deoxycholate(XLD) agar) | 라이신(lysine), 자일로스(xylose), 철, 티오황산염, 페놀 레드 | *Enterobacter*, *Escherichia*, *Proteus*, *Providencia*, *Salmonella*, *Shigella* 구별 가능 |

* 그람 양성균 성장을 억제하기 위해 담즙염 및 염료가 포함됨

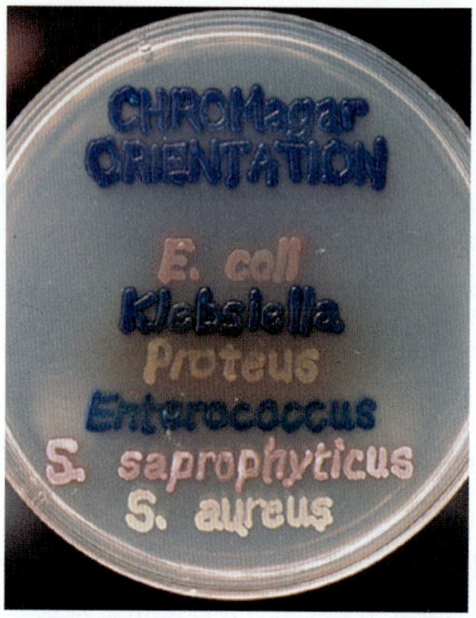


**그림 3.18 박테리아의 여러 특성을 구별할 수 있는 배지.** (a) 삼당 철 한천(TSIA)을 표면에 접종하고 바닥의 두꺼운 부분(엉덩이)에 찔러 넣었다. 이 배지에는 세 가지 설탕, pH 변화를 나타내는 페놀 레드 염료(밝은 노란색은 산성, 다양한 색조의 빨간색, 염기성), $H_2S$ 가스 생성을 나타내는 철염이 포함돼 있다. 반응은 가장 흔한 비뇨기 병원균을 배양하고 식별하는 것이다. (1) 접종하지 않음, (2) 전체적으로 산 생성, (3) 반응 없음, (4) 엉덩이에서만 산 생성, (5) 엉덩이에서 $H_2S$ 침전(검은 침전물)과 함께 전체적으로 산 생성, (6) $H_2S$ 침전과의 알칼리성 반응. (b) 크로마가 오리엔테이션(CHROMagar Orientation™)을 위해 개발된 배지는 색 형성 반응을 사용해 최소 일곱 가지 종을 구별하고 신속하게 동정 및 처리할 수 있다. 이 예에서는 박테리아 이름의 철자를 쓰기 위해 자국을 냈다. 상단의 이름을 쓰는 데 사용된 박테리아는 어느 것일까? (출처: Lisa Burgess/McGraw Hill)

단일 배지는 포함된 성분에 따라 둘 이상의 범주로 분류될 수 있다. 예를 들어, 맥콘키 한천과 EMB 배지(그림 3.20)는 표 3.7(선택 배지), 표 3.8(감별 배지) 모두에 해당한다. 혈액 한천은 강화 배지, 감별 배지의 기능을 모두 가질 수 있다. 또한 배지 제조업체들은 선택 및 감별 기능을 모두 갖춘 배지를 개발해 한 번의 획선 접종(streak plate)만으로 병원체를 식별하는 것이 가능하도록 설계했다. 이러한 배지의 예시는 이후 장에서 추가로 다룰 것이다.

## 기타 특수 배지

**환원 배지**(reducing medium)는 다음과 같은 기능을 가진다. 산화환원제(티오글리콜산 또는 시스틴) 포함 또는 산소를 흡수하거나, 배지 내부로의 산소 확산을 감소시켜 산소 이용 가능성을 낮춘다. 이러한 특성 덕분에 혐기성 세균 배양에 필수적이다. 또한 미생물의 산소 요구도를 확인하는 실험에도 활용된다. 탄수화물 발효 배지는 발효 가능한 당류를 포함하며, 산성화 여부를 나타내는 pH 지시약을 포함해 발효 여부를 확인할 수 있도록 설계됐다(그림 3.19). 박테리아와 곰팡이를 동정하는 데 기초가 되는 생화학적 반응을 위한 배지는 이후 장에서 다룬다.

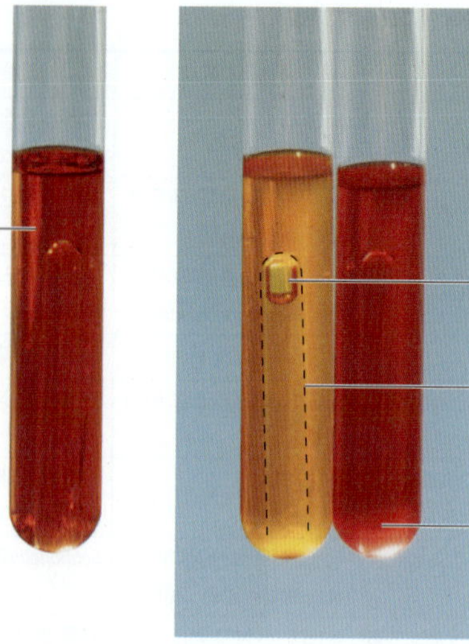


**그림 3.19 액체 배지에서 탄수화물 발효 실험.** 이 배지는 페놀 레드 배지를 사용해 산(acid) 생성과 가스 형성을 관찰하기 위해 설계됐다. 실험에는 뒤집힌 더럼관(Durham tube)이 사용되며, 이는 가스 방울을 수집하는 역할을 한다. 왼쪽 시험관은 접종되지 않은 음성 대조군, 가운데 시험관은 산성 반응(황색)과 가스 생성(공간이 있음) 모두 양성, 오른쪽 시험관은 미생물 성장만 보이며 산성 반응도 가스 생성도 없다.

**운송 배지**(transport media)는 임상 분석 전에 보관해야 하는 검체

**그림 3.20 선택 및 감별 기능을 가진 배지.** EMB 한천은 식품과 유제품에서 장내 세균을 검출하는 데 일반적으로 사용된다. 에오신과 메틸렌 블루 염료를 포함하며, 배지가 선택 및 감별 기능을 동시에 수행할 수 있도록 한다. 유당을 발효하지 않는 그람 음성균은 배지에서 자라지만, 투명하거나 약간 착색된 집락을 형성한다(*Salmonella enterica*, Typhimurium 아종, 왼쪽, 그리고 *Pseudomonas aeruginosa*, 위쪽). 유당을 발효하는 그람 음성균은 훨씬 더 어두운 색의 집락을 형성하며, 때때로 금속성 녹색 광택을 띠기도 한다(*Escherichia coli*, 오른쪽). 그람 양성균(*Staphylococcus aureus*, 아래쪽)은 성장이 거의 완전히 억제된다(즉, 선택적으로 배제). (출처: Lisa Burgess/McGraw Hill)

를 유지하거나, 민감한 균주가 적절한 환경에서 보관되지 않을 경우 신속히 사멸하는 것을 방지하는 역할을 한다. 스튜어트 운송 배지와 아미스 운송 배지는 세포 파괴를 방지하는 완충제와 흡착제를 포함하지만, 세균의 성장을 촉진하지는 않는다. **검사 배지**(assay media)는 연구자들이 항미생물제의 효과를 시험하는 데 사용되며(12장 참조), 제약업체들은 소독제, 방부제, 화장품, 항균제 등이 미생물 성장에 미치는 영향을 평가하는 데 이 배지를 활용한다. 계수 배지는 산업 및 환경 미생물학자들이 우유, 물, 식품, 토양 등 다양한 시료 내 미생물 개체수를 측정하는 데 사용된다.

## 절대 기생체와 배양 불가능한 미생물

일부 미생물, 특히 바이러스, 리케차와 일부 세균은 살아 있는 세포나 동물에서만 성장할 수 있다. 이러한 절대 기생체(obligate parasites)는 특정한 생존 조건이 필요하며, 일반적으로 토끼, 기니피그, 생쥐, 조류 배아(bird embryos) 등과 같은 생물체에서 배양해야 한다. 이러한 동물 모델은 미생물을 연구, 배양 및 동정하는 데 필수적인 도구가 될 수 있다.

다른 미생물 중 일부는 배양 자체가 거의 불가능한 특성을 갖고 있다. 이러한 미생물은 **생존 가능하지만 배양할 수 없는 미생물**(viable but nonculturable, VBNC)로 불리며, 환경에 존재하는 미생물의 약 99%가 이에 해당할 수 있다고 보고된다. 과거에는 이러한 미생물을 실험실에서 배양할 수 없었기 때문에 연구가 어려웠으나, 유전자 분석(genetic testing)과 같은 비배양(nonculturing) 기술의 발전 덕분에 DNA 분석만으로 미생물을 식별하는 것이 가능해졌다.

인간의 미생물 군집(human microbiome)에도 배양 불가능한 미생물(VBNC)이 다수 포함될 가능성이 있으며, 이는 과거 비감염성(noninfectious)으로 간주되던 질병에 영향을 미칠 수도 있다. 예를 들어, 한때 무해하다고 여겨졌던 구강 내 미생물들이 심장병과 암 같은 질환과 관련될 수 있음이 밝혀지고 있다.

**핵심 점검 3.5**

**22.** 다양한 배지의 주요 유형을 설명하고, 물리적 상태, 화학적 조성, 용도에 따라 이를 세 가지 범주로 분류하시오.
**23.** 강화 배지, 선택 배지, 감별 배지의 성분과 기능을 비교해 설명하시오.
**24.** 배지의 두 가지 주요 기능을 설명하시오.
**25.** 어떤 박테리아는 실험실에서 배양하기 어려운 이유는 무엇인가? 미생물 성장에 필요한 영양소와 관련해 설명하시오.
**26.** 실험실에서 바이러스 배양 시 필요한 조건은 무엇인가?

### 사례 연구 Part 2

식품 위생 및 취급에 대한 검사를 수행한 결과, 해당 레스토랑에서는 위생 또는 식품 취급 절차에 관한 명백한 위반사항이 발견되지 않았다. 적절한 손 씻기는 특히 화장실 사용 후 매우 중요하며, 이는 분변-경구 경로(fecal-oral route)로 전파되는 살모넬라균 같은 미생물 감염을 예방하는 핵심 요소다. 레스토랑 관리자들은 검사관들의 조사에 협조했고, 식품 취급에 관여한 모든 직원의 이름이 기록됐으며, 이들은 개별적으로 면담 및 건강 검진을 받았다.

직원들 중 감염자가 없었기 때문에 조사관들은 '무증상 보균자'를 찾고 있다고 가정했다. 즉, 감염이 됐으나 증상이 없고, 질병의 징후를 보이지 않는 개인이 존재할 가능성이 있었다. 인체 장내 미생물총에는 수백 가지 다양한 박테리아 종이 포함돼 있어 특정 병원균을 분리하는 것이 매우 어려운 과정이 될 수 있다. 모든 직원의 대변 샘플이 채취됐으며, 순수 배양 기술을 사용해 *Salmonella* Typhi를 분리했다. 감염된 직원은 단 한 명이었으며, 15년 전 장티푸스가 유행했던 국가를 방문했던 이력이 있었다. 그러나 그는 그 이후로 건강한 상태를 유지했고, 감염 증상도 나타나지 않았으며, 병에 걸린 사람과도 접촉한 적이 없었다. 결국 이 직원은 식품 서비스 업무에서 제외됐으며, 28일 동안 항생제 치료를 받았다. 또한 1개월 간격으로 연속 3회 대변 검사를 시행한 결과 모든 검사에서 살모넬라균 음성으로 확인된 후, 업무 복귀가 허용됐다. 고용주는 해당 직원의 직위를 계속 유지해 주었다.

- **파리는 살모넬라균을 어떻게 감염시키고 전파할 수 있을까?**
- **이 감염 사례에서 선택 배지는 해당 박테리아 유형을 고려할 때 어떻게 특히 유용할 수 있을까?**

살모넬라균과 이 질병에 대한 추가 정보가 알고 싶다면 https: //www.cdc.gov/salmonella/index.html에서 "살모넬라(*Salmonella*)"를 검색하라.

**주요 용어로 보는 요약**

### 3.1 미생물 연구 방법

A. 미생물학 연구는 특정 실험실 기술에 의존한다.

1. 초기 미생물 표본은 환경 또는 환자로부터 채취해야 한다.
2. 미생물을 **배지**(medium)에 **접종**(inoculation)하는 것이 **배양**(culturing)의 첫 단계다.
3. 미생물 배지를 적절한 조건에서 **배양**(incubation)하면 육안으로 확인 가능한 성장이 이루어진 **배양균**(culture)이 생성된다.
4. 샘플 내 미생물을 개별적으로 **분리**(isolation)해 독립적인 **집락**(colonies)을 형성하도록 유도하는 것이 주요 목표다.
5. **검사**(inspection)는 배양된 미생물의 거시적 특성 관찰로 시작되며, 이후 미시적 분석으로 이어진다.
6. 미생물의 생리적, 면역학적, 유전적 특성을 분석해 추가적인 **정보를 수집**(information gathering)한다.
7. 미생물의 핵심 특징을 분석해 해당 미생물의 종을 정확히 **동정**(identification)한다.

### 3.2 현미경: 보이지 않는 영역을 보는 창

A. 광학현미경은 빛을 **굴절**(refract)시키는 렌즈를 활용해 확대된 이미지를 생성한다.

1. 단순 현미경은 단일 렌즈를 사용하지만, 복합 현미경은 대물렌즈와 접안렌즈를 조합해 이미지를 확대한다.
2. 배율은 접안렌즈와 대물렌즈의 배율을 곱해 계산한다.
3. **해상도**(resolution) 또는 **분해능**(resolving power)은 현미경이 아주 작은 물체를 선명하게 구분하여 보여 주는 능력의 척도다. 해상도는 짧은 파장의 빛과 높은 **개구수**(numerical aperture)를 가진 렌즈를 사용할수록 향상된다. 광학현미경은 해상도의 제한으로 인해 2,000배 정도까지의 배율로 제한된다.
4. 조명 조절을 통해 명시야, 암시야, 위상차, 간섭, 형광, 공초점 현미경 기법을 적용할 수 있다.

B. 전자현미경은 전자석을 이용해 전자 빔을 초점에 맞추는 장치다. **투과전자현미경**(transmission electron microscope, TEM)은 전자를 얇게 절단된 표본을 통해 투과시켜 세포 구조, 세포 기관, 바이러스 등의 세부 이미지를 제공한다. **주사전자현미경**(scanning electron microscope, SEM)은 암시야 현미경과 유사한 방식으로 검체 표면에서 전자를 튕겨내어 표면 구조를 관찰해 표본 표면을 3차원적으로 분석하는 데 유용하다.

### 3.3 광학현미경용 표본 준비하기

A. 광학현미경에서 표본을 준비하는 과정은 검체의 특성, 검사 목적, 사용되는 현미경의 유형에 따라 다르다.

1. 습식 프레파라트 및 행잉 드롭 표본은 살아 있는 세포의 특징(운동성, 형태, 배열 등)을 관찰할 수 있다.
2. 고정 프레파라트는 검체를 건조 및 가열해 얇은 막을 만든 후, 염색해 세포 구조를 관찰할 수 있도록 한다.

B. 염색은 **염기성**(양이온) **염료**[basic (cationic) dyes] 또는 **산성**(음이온) **염료**[acidic (anionic) dyes]를 사용한다. 미생물의 표면은 일반적으로 음전하를 띠므로, 양전하를 띤 염기성 염료를 끌어당긴다. 이를 **양성 염색**(positive staining)이라 하며, **음성 염색**(negative staining)에서는 미생물이 염료를 밀어내고 배경이 염색된다. 염색은 단독으로 사용하거나 혼합해 사용할 수 있다.

1. **단순 염색**(simple stains)은 단일 염료만 사용해 세포의 형태를 강조한다.
2. **감별 염색**(differential stains)은 1차 염료와 대조 염료를 사용해 세포 유형이나 특정 구조를 구별한다. 대표적인 감별 염색 방법에는 **그람 염색**(Gram stain), **항산성 염색**(acid-fast stain), 포자 염색이 있다.
3. **구조 염색**(structural stains)은 특정 구조를 강조하는 염색법이며, 협막 염색, 편모 염색 등이 포함된다.

### 3.4 여섯 가지 'I'의 추가 기능

A. 배지에 미생물을 접종한 후 **배양**(cultures)하면 육안으로 확인할 수 있는 미생물 집락이 형성된다.

B. 고체 배지를 사용하는 실험에서는 개별적인 미생물을 분리해 **단일 집락**(isolated colonies)을 형성할 수 있다.

1. **사선 도말법**(streak plate)은 루프를 사용해 샘플을 배지 표면에 점진적으로 얇게 도포해 미생물을 분리한다.
2. **루프 희석법**(loop dilution)을 사용해 액체화된 고체 배지를 단계적으로 희석해 샘플을 희석한다.
3. **평판 도말법**(spread plate)은 배지 표면에 균일하게 미량의 접종액을 분산하는 방법이다.
4. 단일 집락은 추가적인 실험을 위해 **계대 배양**(subcultured)할 수 있다. 이 단계에서 대부분의 목표는 **순수 배양**(pure culture)을 확보하는 것이며, 경우에 따라 **혼합 배양**(mixed culture)이 형성될 수도 있다. **오염된 배양**(contaminated cultures)은 연구 및 분석 결과를 왜곡할 수 있다.

### 3.5 배지: 배양의 기초

A. 인공 배지는 실험실에서 미생물의 성장과 분리를 가능하게 하며, 물리적 상태, 화학적 조성, 기능적 유형에 따라 분류될 수 있다. 실험실에서 배양되는 미생물의 영양 요구량은 단순하거나 복잡할 수 있다.

B. 배지는 물리적 상태에 따라 **배양액**(broths) 및 우유와 같은 형태인 **액체**(liquid) 배지, **반고체**(semisolid) 배지, **한천**(agar) 또는 젤라틴과 같은 응고제를 포함해 액체에서 고체로 변화할 수 있는 고체 배지로 나뉜다.

C. 배지의 화학적 조성은 완전히 **합성**(synthetic)된 형태일 수도 있고, **비합성**(nonsynthetic) 또는 일부 성분이 정확히 정의되지 않은 **복합**(complex) 배지일 수도 있다.

D. 배지는 실험 목적에 따라 다양한 기능을 수행하며, 동시에 생화학적 검사를 가능하게 한다. 주요 유형에는 **일반 목적 배지**(general-purpose media), **강화 배지**(enriched media), **선택 배지**(selective media), **감별 배지**(differential media)가 있다.

1. 강화 배지는 미생물이 성장하는 데 필요한 **성장 인자**(growth factors)를 포함한다.
2. 선택 배지는 특정 미생물의 성장을 허용하면서 불필요한 미생물의 성장을 억제한다.
3. 감별 배지는 미생물의 성장 패턴에서 눈으로 보이는 차이를 나타낸다.
4. 그 외에도 혐기성 배지, 검사 배지, 미생물 계수용 배지 등이 있으며, 운송 배지는 임상 검체를 실험실로 안전하게 전달하는 데 중요한 역할을 한다.

E. 특정 경우에는 미생물을 세포 배양이나 숙주 동물에서 배양해야 한다.

F. 환경에서 발견되는 대부분의 미생물은 현재의 기술로 배양할 수 없다. **생존 가능하지만 배양할 수 없는 미생물**(viable but nonculturable, VBNC)은 일반적으로 DNA 분석을 통해서만 검출된다.

CHAPTER

# 4 원핵세포와 미생물 개관

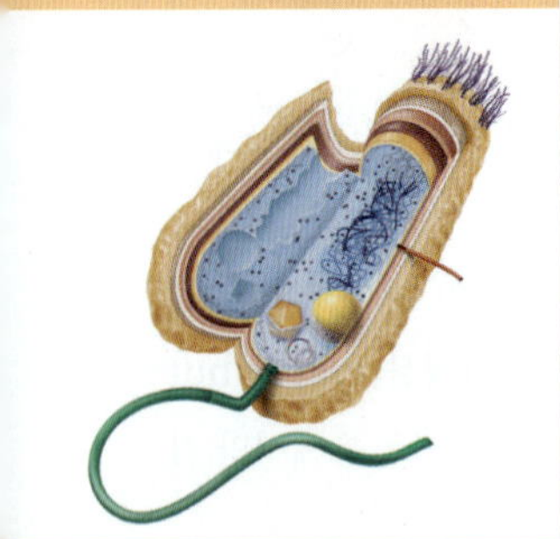

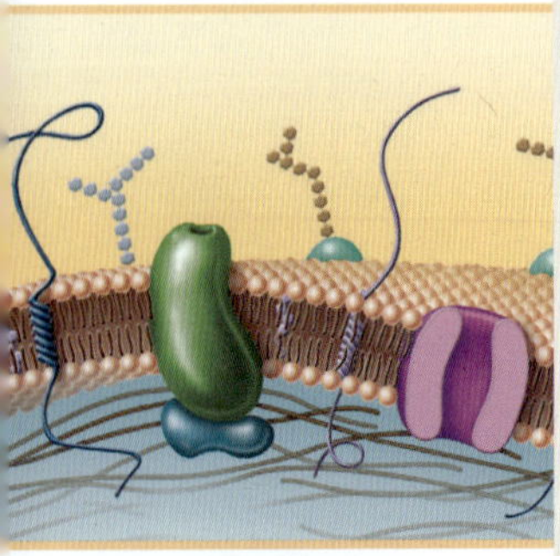

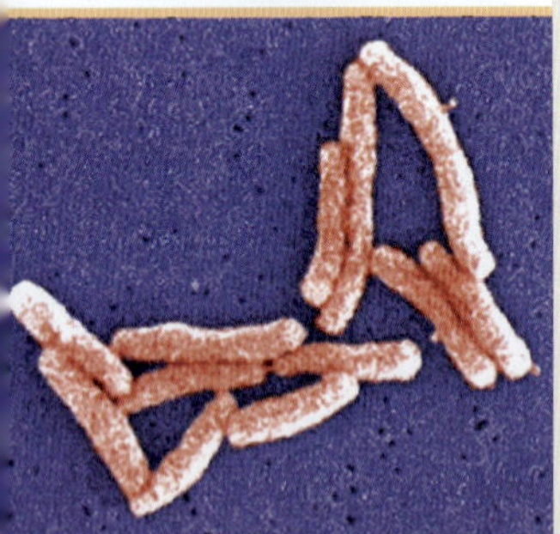

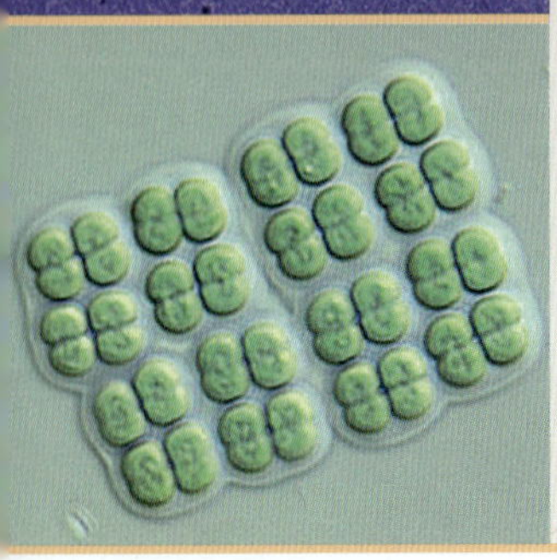

## 이 장의 구성





(이미지 출처: Steve Gschmeissner/Science Photo Library/Brand X Pictures/Getty Images; Janice Haney Carr/CDC; Jason Oyadomari)

사례 연구 **Part 1**

# 이것은 전혀 아프지 않을 거야

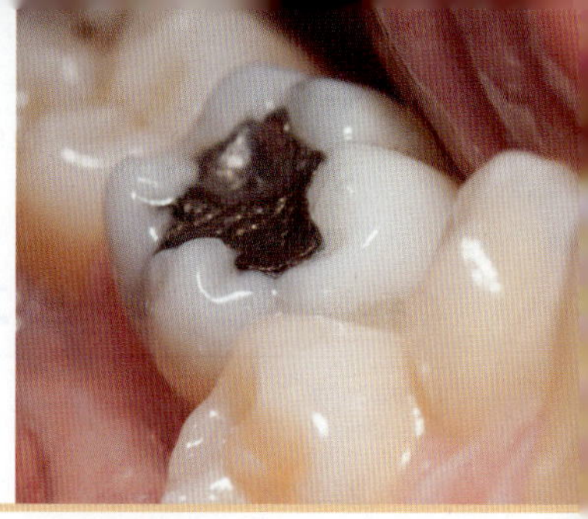

2015년 9월 13일, 조지아 공중보건부는 입원이 필요한 **마이코박테리움 압세수스 감염**(*Mycobacterium abscessus* infection) 클러스터에 대한 통보를 받았다. 초기 클러스터에 속한 20명의 환자들은 평균 연령이 7세였고, 모두 같은 소아 치과에서 **치수절단술**(pulpotomy)을 받았다. 치수절단술은 근관 치료라고도 하며, 유치에서 충치와 **병든 치수**(diseased pulp)를 제거하는 것을 포함한다. 치아 내부를 보호재로 채운 다음 치아를 스테인리스스틸 크라운으로 덮는 시술로, 이것은 유치를 보존해 영구치의 공간을 확보하기 위해 시행된다. 일반적으로 매우 안전하지만, 시술 중에 **혈관과 신경**(blood vessels and nerves)이 있는 연조직이 노출되고, 충치를 치료할 때보다 **감염**(infection) 위험이 더 크다.

각 어린이의 상황은 본질적으로 같았다. 치수절단술을 받은 지 몇 주 후, 치아 주변에 **통증**(pain), **부어오름**(sweeling), **붉어짐**(redness)이 나타나기 시작했고, 많은 아이들이 칫솔질을 할 때 피가 났다. 검사 결과 감염이 분명했고, **감염된 조직**(infected tissues)에서 *Mycobacterium abscessus*가 분리됐다. 감염 치료를 위하여 장기적으로 **항생제 요법**(antibiotic therapy)이 필요했고 경우에 따라 감염된 치아, 잇몸 조직, 어떤 경우에는 턱뼈를 제거하는 **수술**(surgery) 치료가 이루어졌다.

몇 달 후, 서쪽으로 2,200마일 떨어진 캘리포니아 애너하임에서 동일한 사례가 발생했다. 오렌지 카운티 보건국(OCHA)은 지역 소아 치과 집단에게 시술 시 물 사용을 중단하라고 명령했다. 68명의 치수절단술 환자가 심각한 감염으로 입원했기 때문이다. 그리고 오렌지 카운티 보건 책임자인 에릭 핸들러(Eric Handler) 박사는 치과에 세균 오염 가능성이 있는 워터시스템과 장비를 완전히 교체할 것을 명령했다. 병원은 OCHA의 명령을 따랐고 해당 사례에 기여했을 가능성이 있는 장비를 교체했다. 2016년 12월, 장비를 교체한 지 불과 몇 달 만에 *M. abscessus*가 워터시스템에서 다시 검출되자 병원에 폐쇄 명령이 내려졌다. 2017년 4월, 병원은 치수절단술과 같은 시술을 위해 **멸균된 생수**(sterile, bottled water)에 의존하는 장비를 설치한 후 다시 문을 열었으나, 몇 달 후 세균이 다시 검출돼 영구적으로 문을 닫았다.

이 장 끝에서 사례 연구 Part 2로 이어짐.

(삽화 출처: Szasz-Fabian Jozsef/Shutterstock)

## 4.1 세포와 생물의 기본 특성

학습목표

1. 세포의 기본적인 특성에 대해 설명한다.
2. 생명현상과 생물을 정의하기 위한 1차적인 특성을 이해한다.

유기체(organism)의 몸 전체가 단 하나의 세포로 이루어진 세균이든 수조 개의 세포로 이루어진 코끼리든 세포가 생물의 기본 단위라는 것은 보편적인 생물학적 진실이다. 기원에 관계없이 모든 세포는 몇 가지 공통적인 특징을 공유한다. 세포는 입방체, 구형 또는 원통형 모양을 띠는 경향이 있고, **세포질**(cytoplasm)이라는 내부 기질을 둘러싼 **세포막**(cell membrane)을 가진다. 모든 세포는 DNA를 포함하는 하나 이상의 염색체를 가진다. 또한 모두 단백질 합성을 위한 리보솜을 가지고 있으며, 매우 복잡하고 정교한 화학반응을 수행할 수 있다. 1장에서 배웠듯이 지금까지 발견된 모든 세포는 근본적으로 다른 두 그룹 중 하나로 분류된다. 그것은 바로 크기가 작고, 겉보기에 단순한 구조를 가진 **원핵세포**(prokaryotic cells)와 비교하였을 때, 크기가 크고 구조적으로 복잡한 **진핵세포**(eukaryotic cells)다.

진핵세포는 동물, 식물, 진균류, 원생동물 등을 구성한다. 진핵세포는 내부에 복잡한 **세포소기관**(organelles)을 지니고 있는데, 세포소기관은 세포에서 유용한 역할을 수행한다. 관례에 따라, 세포소기관은 대사, 영양, 합성 등과 같은 특정 활동을 수행하는 막으로 둘러싸인 세포 구성요소로 정의된다. 세포소기관은 진핵세포를 더 작은 구획으로 나눈다. 가장 눈에 띄는 세포소기관은 핵이며, 핵은 세포의 DNA를 포함하는 것으로 이중의 막으로 둘러싸인 구형의 덩어리다. 이 외에 골지체(Golgi apparatus), 소포체(endoplasmic reticulum), 액포(vacuoles), 미토콘드리아(mitochondria) 등이 있다(5장 참조).

원핵세포는 세균과 고균에서만 발견된다. 때때로 원핵생물이 '가진 것이 없는 것'처럼 여겨지기도 하는데, 이는 원핵생물이 진핵생물에 비해 무언가 부족하다고 설명되기 때문이다. 원핵생물은 핵이나 다른 세포소기관이 없다. 그러나 원핵생물은 세부적인 구조가 복잡하기 때문에 이런 단순함은 오해의 소지가 있다. 전반적으로 원핵세포는 진핵세포가 할 수 있는 거의 모든 활동에 참여할 수 있고, 오히려 진핵생물은 할 수 없는 기능을 가지는 경우도 있다.

이 장에서는 세포에 생명의 본질을 부여하는 특성에 대한 설명을 시작으로 원핵세포의 구조와 원핵세포로 이루어진 주요 분류군에 대해 살펴본다. 5장에서는 진핵생물에 대해 유사한 설명이 진행될 예정이다.

이 장과 5장에 제시된 세포를 공부한 후, 원핵세포와 진핵세포 간의 주요 차이점을 요약한 표 5.4를 참조하자.

### 생명이란 무엇인가

생물학자들은 오랫동안 생명체에서 볼 수 있는 생명 활동이나 살아 있음(being alive)을 확실히 입증할 수 있는 보편적인 특성에 대해 논쟁을 벌여 왔다. 무생물과 비교했을 때 세포는 과연 어떤 일을 하는 걸까? 가장 먼저 떠오르는 것 중 하나는 운동성이 있거나 성장하는 능력이다. 그러나 이러한 특성에 예외적인 것도 있으므로 이것은 생명을 입증할 수 있는 수단이 아니다. 무생물도 움직일 수 있고, 수정(crystals)도 자랄 수 있다. 우리가 생명의 궁극적인 지표로 내세울 수 있는 단일 속성은 아마도 없을 것이다. 실제로 생명을 정의하기 위해서는 가장 단순한 유기체조차도 가질 수 있는 공통적인 특징이 필요하며, 여러 특징 중 가장 중요하고 우선시되는 것이 바로 생명 활동을 수행하는 독립적이고 고도로 조직화된 단위인 **세포**(cell)다. 세포는 유전, 생식, 성장, 발달, 대사, 반응성, 수송 같은 생명을 유지하는 현상이 이루어지는 장소다(그림 4.1).

바이러스가 무생물로 간주되는 주된 이유 중 하나는 세포로 이루어지지 않았기 때문이다. 바이러스가 유전, 발달, 진화와 같은 생명의 일부 특성을 가지고 있긴 하지만, 살아 있는 숙주세포의 도움 없이는 이러한 특성을 보이지 않기 때문이다. 숙주 밖에서 바이러스는 생명의 특징이 거의 없다(비활성 상태)고 할 수 있다. 6장에서 이러한 바이러스의 특징에 대해 논의할 것이다.

핵심 점검 4.1

1. 생명의 기본적인 특성을 정리하시오.
2. 원핵세포를 정의하기 위해 사용될 수 있는 일반적인 특징을 나열하시오.

## 4.2 원핵생물의 구조: 세균과 고세균

학습목표

3. 세균 세포의 일반적인 구조에 대해 설명한다.
4. 세포 외부에 부착된 여러 가지 부속기를 구분한다.
5. 세균 편모, 축사의 구조와 위치, 부착 패턴에 대해 설명한다.
6. 편모가 세포의 운동 및 운동 양식에 영향을 주는 방식에 대해 설명한다.
7. 선모와 핌브리아의 구조와 기능에 대해 논한다.
8. 당질피질에 대해 정의하고 다양한 형태와 기능에 대해 설명한다.

1장에서는 주요 원핵세포 유형인 세균과 고세균에 대해 소개했다. 지구상 최초의 세포 유형인 원핵세포의 진화 역사는 35억 년 이전으로 거슬러 올라간다. 최초의 세포에 대한 정확한 본질은 알 수 없으나, 많은 미생물학자들은 심해의 열수분출공에서 황화합물을 사용하는 극단적인 생활사를 가진 오늘날의 고세균과 매우 유사할 것이라고 추측한다. 이들은

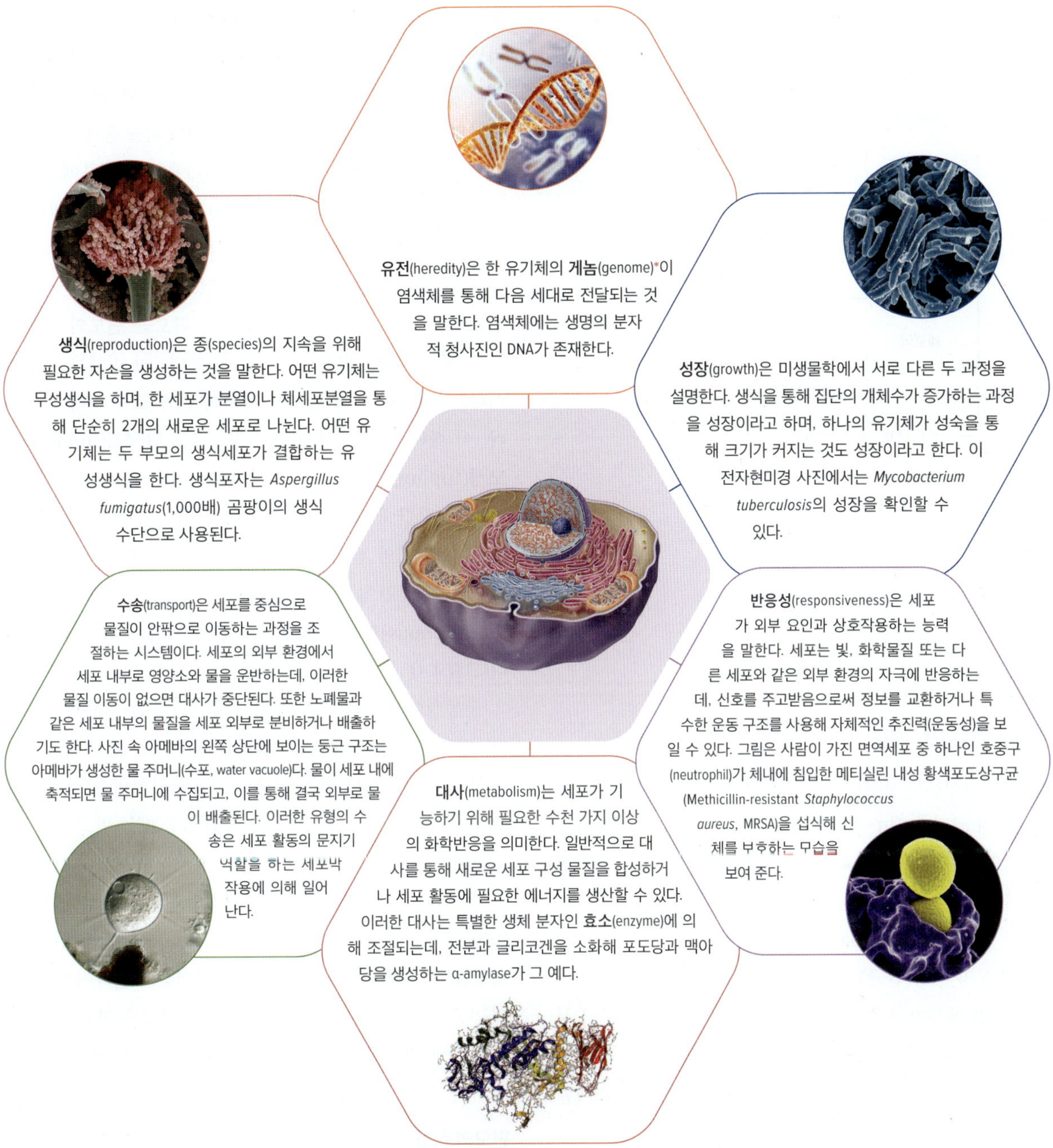


**그림 4.1 생명을 정의하는 주요 특징.** 세포는 생명현상이 이루어지는 중심이 되며, 세포는 곧 생명체라고 할 수 있다. (출처: McGraw Hill; Jannicke Wiik-Nielsen/iStock/Getty Images; Explode/Shutterstock; Phanie/Alamy Stock Photo; Callista Images/Image Source/Getty Images; Leonid Andronov/Shutterstock; Stephen Durr)

35억 년이 지난 지금까지도 극한의 서식지에서 생활한다. 세균은 고세균과 같은 기간 진화했으며, 유사한 초기 진화과정을 가지고 있다. 생물학자들은 이 두 역(domain)이 지구상에 존재하는 생명체 중 차지하는 비중이 매우 크며, 그 질량은 최소 절반 이상이라고 추정하고 있다. 이처럼 세균과 고세균이 다양한 서식지에서 오랫동안 생존해 왔다는 사실은 세포의 구조와 기능이 믿을 수 없을 만큼 다재다능하고 뛰어난 적응 능력이 있음을 보여 준다.

여러 세포 구조 중 모든 원핵세포가 기능을 수행하기 위해 필수적으로 가지고 있는 것은 세포막, 세포질, 리보솜, 그리고 하나 이상의 염색체 등이다. 또한 대부분의 세균은 세포벽과 함께 세포 표면을 코팅하는 당질피질과 같은 구조를 가지고 있다. 일부 세균의 경우 편모, 선모, 핌브리아, 협막 또는 점질층, S층, 세포골격, 세포함유물, 미세 분획구조, 내생포자, 세포 내막 등의 특정 세포 구조를 가진다.

* 게놈 유기체에 존재하는 유전물질의 복합체(유전정보)를 의미.

원핵세포가 가지는 일반적인 구조는 다음과 같다.

- 원핵세포 (세균 및 고세균 역)
  - 세포 외부
    - 세포부속기
      - 편모
      - 선모
      - 핌브리아
    - S층
    - 당질피질
      - 협막
      - 점질층
  - 세포막
    - 외막(그람 음성 세균에만 존재)
    - 세포벽
    - 세포막
  - 세포 내부
    - 세포질
    - 리보솜
    - 세포함유물
    - 미세 분획구조
    - 핵양체/염색체
    - 세포골격
    - 내생포자
    - 플라스미드
    - 세포내막

## 일반적인 세균 세포의 구조

원핵세포는 일반 현미경으로 관찰하면 별다른 특징이 없고 평면 구조로 보이지만, 이는 단지 크기가 매우 작기 때문이다. 배율을 높여 관찰하면 복잡한 구조를 확인할 수 있다(그림 4.18, 4.28 참조). 본문에서 특별한 언급이 없는 한 원핵세포의 구조에 대한 설명은 세포벽에 펩티도글리칸을 가진 원핵생물의 한 종류인 **세균**(bacteria)을 대상으로 한다. 그림 4.2는 일반적인 막대 모양 세균(간균) 세포의 구조를 3차원으로 나타낸 것이다. 이 세포의 주요 해부학적 특징을 토대로 세포의 외부 구조부터 시작해 내부를 살펴본다. 4.6절과 4.7절에서는 원핵생물의 분류학을 다루며, 세균과 고세균의 차이점을 논의하고, 고세균의 주요 특징을 소개할 것이다.

## 세포의 외부와 표면에 존재하는 구조

세균은 종종 세포 표면에 **부속기**(appendages)를 가지고 있으며, 부속기는 두 가지 주요 그룹으로 나눌 수 있다. 하나는 운동성을 제공하는 부속기로 편모와 축사가 있고, 다른 하나는 부착 부위 또는 통로 역할을 하는 부속기로 핌브리아와 선모가 있다.

### 편모 – 세균의 프로펠러

원핵생물의 **편모**(flagellum)*는 세균의 운동성 또는 자체적 추진을 담당하는 부속기로, 세포가 수중에서 유영할 수 있게 도와준다. 세균의 편모는 필라멘트, 후크(덮개), 기저체의 세 부분으로 나뉜다(그림 4.3). **필라멘트**(filament)는 **플라젤린**(flagellin)이라는 단백질로 구성된 나선형 구조로, 지름은 약 20 nm이고 길이는 1~70 μm 정도이며 휘어진 관 모양의 후크에 삽입돼 있다. 후크는 세포벽을 통해 세포막에 단단히 고정된 고리 모양의 **기저체**(basal body)에 의해 세포에 고정된다. 후크와 필라멘트는 작은 프로펠러처럼 360° 회전할 수 있는데, 이는 앞뒤로 물결치는 진핵세포의 편모와 대조적이다.

모든 나선균은 편모를 가지고 있으며, 절반의 간균과 일부 구균이 편모를 가지고 있다고 알려져 있다. 편모는 편모의 개수와 배열에 따라 크게 두 가지 패턴으로 나뉠 수 있다. 첫 번째는 **극성**(polar) 패턴이다. 극성 패턴에서 편모는 세포의 한쪽 또는 양쪽 말단에 부착돼 있다. 이 패턴의 세 가지 세부 유형으로는 **단극성**(monotrichous)*, **군모성**(lophotrichous)*, **양극성**(amphitrichous)*이 있다. 단극성은 한쪽 말단에 하나의 편모를 가진 형태를 말하며, 군모성은 한쪽 말단에 여러 개의 편모가 존재하는 형태를 말한다. 그리고 양극성은 세포의 양쪽 말단에 편모가 존재하는 형태를 말한다. 두 번째는 **주모성**(peritrichous)* 패턴으로, 세포 표면 전체에 편모가 분산돼 있는 형태다(그림 4.4).

운동성이라는 특징은 여러 가지 세균을 동정하는 중요한 정보가 된다. 편모는 너무 미세해서 광학현미경으로는 편모의 배열 패턴을 보기 어렵고, 특수한 염색법을 사용하거나 전자현미경으로 관찰할 수 있다. 세균의 운동성 여부 정도만 확인하고 싶을 때는 반고형의 배지에 세균을 접종해 성장 상태를 살펴보는 것만으로도 충분하다(그림 3.15 참조). 운동성이 있는 세균이라면 배지 전체적으로 세균의 성장이 관찰될 것이다. 또는 현적 슬라이드(hanging drop slide)를 이용해 현미경으로 세균을 관찰할 수도 있다. 운동성이 있는 세균이라면 슬라이드에서 활발히 움직이는 것을 볼 수 있지만, 운동성이 없는 세균은 한곳에서 흔들리기만 할 뿐 움직임(전진 등 위치의 이동과 같은 것)을 관찰할 수 없다.

#### 편모의 작용

편모는 단순한 운동 장치 이상의 기능을 하기도 하는데, 외부의 환경 신호를 감지하고 반응할 수 있는 감각 부속기로 작용하기도 한다. 신호가 화학적 성질을 가질 때 화학적 성질로 인한 행동양식을 **주화성**(chemotaxis)*이라고 하며 주화성은 양성 주화성과 음성 주화성으로

---

* 편모 복수형은 flagella. 라틴어로 '채찍'을 의미.
* 단극성 그리스어 mono(하나)와 tricho(머리카락)에서 유래.
* 군모성 그리스어 lopho(술 또는 능선)에서 유래.
* 양극성 그리스어 amphi(양쪽)에서 유래.
* 주모성 그리스어 peri(주변)에서 유래.
* 주화성 그리스어 chemo(화학물질)와 taxis(흐름 또는 배열)에서 유래.

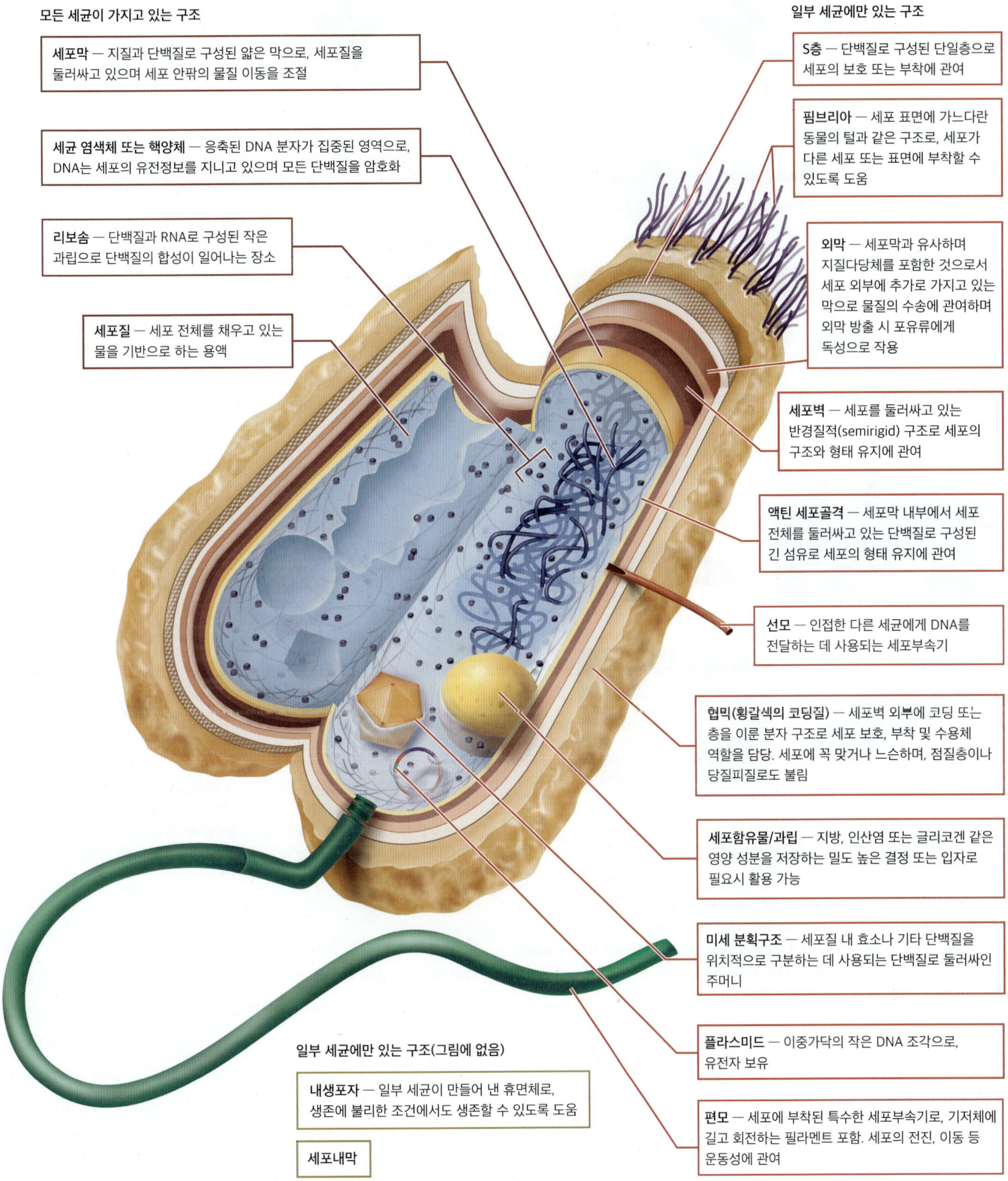


**그림 4.2** 전형적인 세균 세포의 구조. 주요한 구조적 특징을 보여 주는 간균의 단면도.

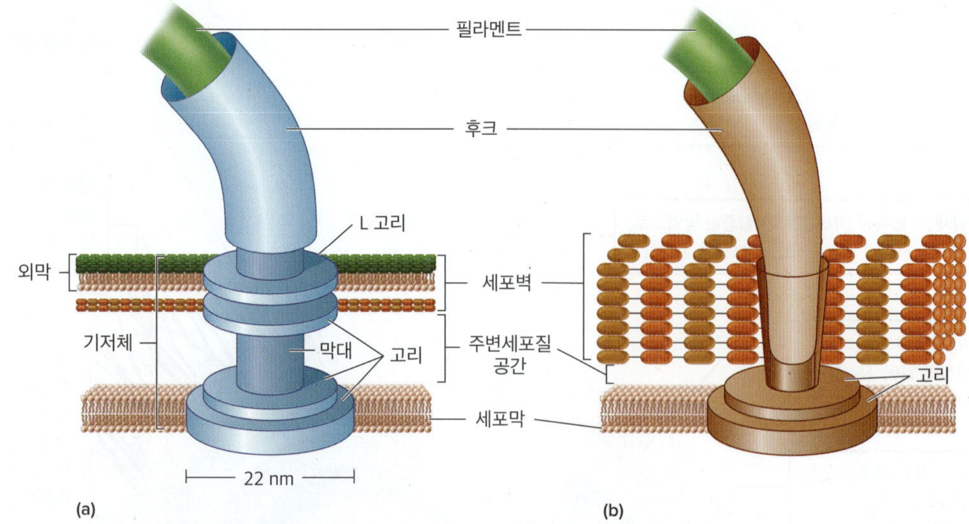


**그림 4.3 편모 기저체의 세부 구조와 세포벽에서의 위치.** 후크(hook), 고리(ring), 막대(rod)의 작용에 의해 필라멘트가 360° 회전한다. (a) 그람 음성 세균에서의 편모 구조. (b) 그람 양성 세균에서의 편모 구조.

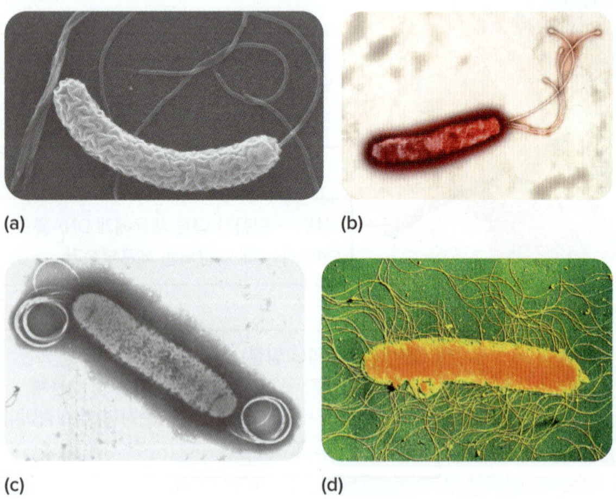


**그림 4.4 전자현미경으로 살펴본 편모의 배열 패턴.** (a) 병원성 *Vibrio cholerae*의 단극성 편모(10,000배). 당질피질의 질감을 유의 깊게 보자. (b) 위궤양 원인 세균인 *Helicobacter pylori*의 군모성 편모(14,000배). (c) *Aquaspirillum*에서 관찰되는 양극성 편모는 끝이 코일처럼 말려 들어간 독특한 형태를 가진다(7,500배). (d) *Proteus mirabilis*의 주모성 편모(10,000배). (출처: Louisa Howard/Dartmouth Electron Microscope Facility; Heather Davies/Science Photo Library/Science Source; From Strength, W. J., & Krieg, N. R. (May 1971). Flagellar activity in an aquatic bacterium. *Can. J. Microbiol., 17,* 1133-1137, Fig. 5. Reproduced with permission of the National Research Council of Canada.; A. Barry Dowsett/Science Source)

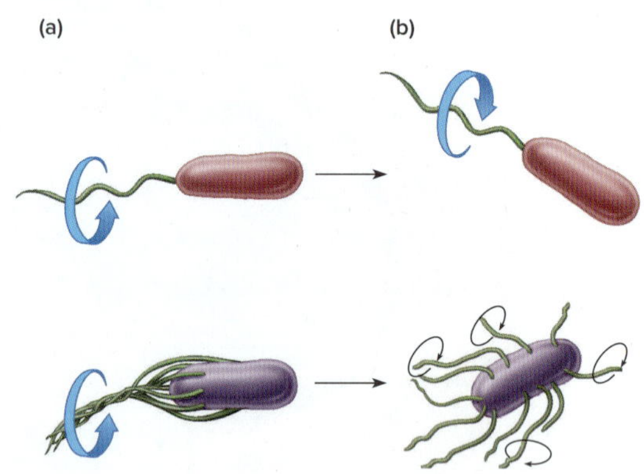


**그림 4.5 극성 편모와 주모성 편모를 가진 세균에서의 편모 작동 방식.** (a) 주행. 극성 편모에서는 반시계 방향으로 회전하면 세포는 주행하는 것처럼 앞으로 내달린다. 주모성 편모에서는 모든 편모가 한 방향으로 모여 하나의 몸처럼 회전한다. (b) 전도. 극성 편모에서는 편모가 시계 방향으로 회전하면 세포는 멈추고 전도된다. 주모성 편모에서는 편모들이 회전 방향을 바꾸면서 세포의 조정력을 상실시켜 멈추게 만든다.

나뉜다. 양성 주화성은 유리한 화학 자극(일반적으로 영양소)에 의해 자극이 있는 방향으로 세포가 움직이는 것을 말하며, 이에 반해 음성 주화성은 반발성을 지닌 화학 자극(잠재적으로 해로운 물질)에 의해 자극으로부터 멀어지는 것을 말한다.

편모는 화학물질을 감지하는 시스템이 편모를 구동하는 기작과 연결돼 있기 때문에 특정 방향으로 세균을 이동시킬 수 있다. 세포막에는 외부 환경에 존재하는 특정 분자를 결합할 수 있는 수용체[1] 클러스터가 존재하며, 수용체에 충분한 양의 분자가 결합하게 되면 편모에 신호가 전달돼 회전 운동을 조절한다. 한 세포에 여러 개의 편모가 있다면 이들 편모는 하나로 통합돼 정렬되고 하나의 몸처럼 회전한다(**그림 4.5**). 편모가 반시계 방향으로 회전하면 세포 자체가 자극을 향해 부드럽고 선형적인 방향으로 헤엄치며, 이러한 작용을 주행(run)이라고 한다. 주행은 전도(tumbles)에 의해 중단되는데, 전도는 편모가 시계 방향으로 회전할 때 발생한다. 이로 인해 세포가 멈추고 세포의 진행 방향이 바뀌게 된다. 유인물질(attractant molecules)은 전도를 억제하고 주행의 길이를 증가시켜 세균을 자극으로 향하게 한다(**그림 4.6**). 반면에 기피물질

1 다른 분자와 특이적으로 결합하는 세포 표면 분자.

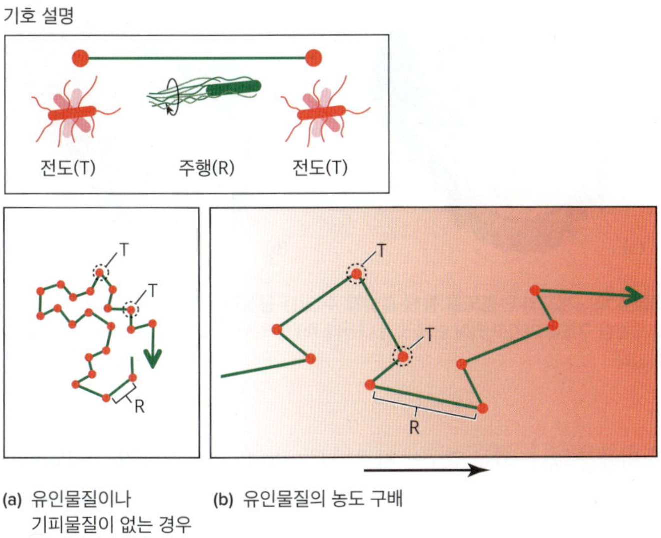


**그림 4.6** **세균의 주화성.** (a) 세균이 유인물질이나 기피물질이 없을 때는 주행과 전도를 무작위적으로 반복하며 움직인다. (b) 세균이 유인물질에 가까워지면 주행 횟수를 점차적으로 늘린다.

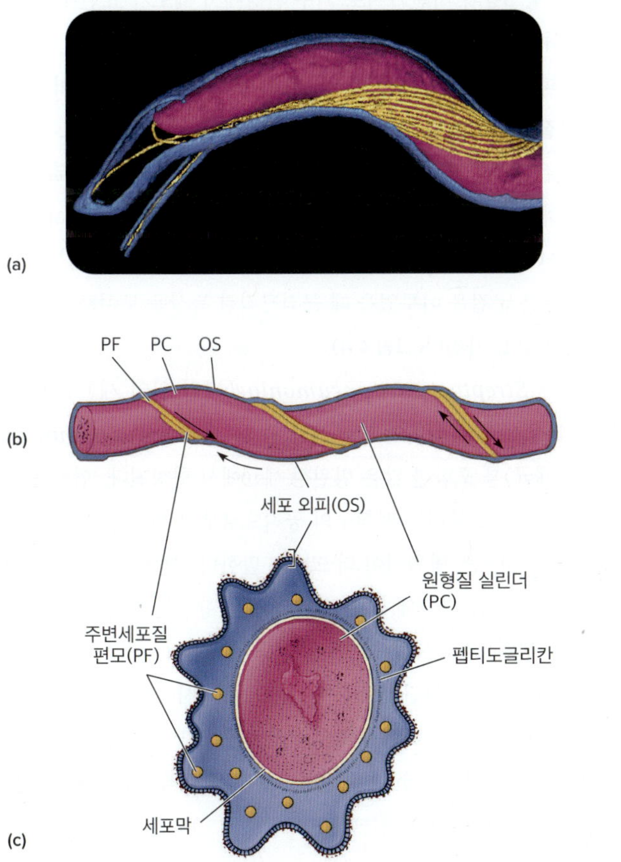


**그림 4.7** **나선균에서 관찰되는 주변세포질 편모.** (a) 라임병(Lyme disease)의 원인 세균인 *Borrelia burgdorferi*의 단면. 노란색은 주변세포질 편모이며, 파란색은 세포 외피(outer sheath), 분홍색은 원형질 실린더(protoplasmic cyclinder)다. (b) 주요 세포 부위를 확인할 수 있는 종단면. (c) 편모의 위치를 확인할 수 있는 횡단면. 필라멘트의 수축은 세포의 회전운동이나 파동운동에 관여한다. (출처: Dr. Kudryashev, M., & Dr. Frischknecht, F. (March 2009). *Mol. Microbiol.*, *71*(6), 1415-1434)

(repellents)은 전도를 반복해 세균이 방향을 바꿈으로써 자극으로부터 멀어질 수 있도록 한다. 일부 광합성 세균은 화학물질이 아닌 빛에 반응해 움직이는 주광성(phototaxis)을 보인다.

일부 병원성 세균의 경우 감염과정에서 편모를 사용해 점막 표면에 침입한다. 위궤양의 원인 세균인 *Helicobacter pylori*는 편모를 이용해 위 점막을 뚫고 침입하며, 콜레라의 원인 세균인 *Vibrio cholerae*는 편모의 도움을 받아 소장에 침입한다.

### 주변세포질 편모

**나선균**(spirochetes)*은 2개 이상의 길고 꼬인 실, 주변세포질 편모 또는 **축사**(axial filaments)를 통해 벌레나 뱀과 같이 꿈틀거리는 운동 방식을 가진다. 주변세포질 편모는 주변세포질 공간에서 세포를 감싸고 있는 일종의 내부 편모다(그림 4.7). 필라멘트는 나선균 주위로 밀접하게 말려 있지만, 수축이 자유롭고 세포의 꼬임 또는 굽힘을 유도할 수 있다. 이러한 형태의 운동은 살아 있는 나선균에서 직접 확인해야 이해하는 데 도움이 된다.

### 기타 세포부속기: 핌브리아와 선모

**핌브리아**(fimbria)*는 다양한 세균의 표면에서 관찰되는 동물 털과 같은 섬유가닥이다(그림 4.8). 핌브리아의 구성성분은 다양하지만 주성분은 단백질이다. 핌브리아는 다른 핌브리아 또는 기타 표면에 부착하는 경향이 있으며, 이는 세균이 서로 엉겨붙게 만들어 액체 표면에 생물막을 형성하거나 바위나 유리 등의 무생물 표면에서 군집화(colonization)하는 데 영향을 미친다. 일부 병원성 세균의 핌브리아는 숙주의 상피세포에 강하게 부착해 병원성 세균의 숙주 감염에 도움을 주기도 한다. 예를 들어, 병원성 대장균(*Escherichia coli*)은 장에 정착한 뒤 핌브리아를 통해 조직으로 침투하는데, 핌브리아가 없는 돌연변이 균주의 경우 조직으로의 침투가 불가능해져 숙주를 감염시키지 못한다.

**선모**(pili)*는 여러 종류가 있으며, 그중 4형 선모(Type IV pilus)는 그람 음성 세균에서만 발견되는 특별한 선모다. 주성분인 단백질은 유연한 관 형태를 가진 필린(pilin)이다. 선모를 가지는 세균은 **접합**(conjugation)[2]이라고 하는 교미 과정(mating process)에 참여할 수 있는데, 이때 소위 성 선모(sex pilus)라고 하는 것을 연결자로 사용해 공여세포(donor cell)에서 수용세포(recipient)로 DNA를 전달한다(그림 4.9). 선모의 이러한 역할은 9장에서 자세히 다룬다.

4형 선모는 성병의 일종인 임질의 원인 세균인 *Neisseria gonor-*

---

* 나선균 그리스어 speria(꼬임, 나선)와 chaite(털)에서 유래.
* 핌브리아 복수형은 fimbriae. 라틴어로 술(fringe)을 의미.
* 선모 복수형은 pili. 라틴어로 털을 의미.

2 교미 과정이라고 했으나 이것이 증식(reproduction)의 형태는 아니다.

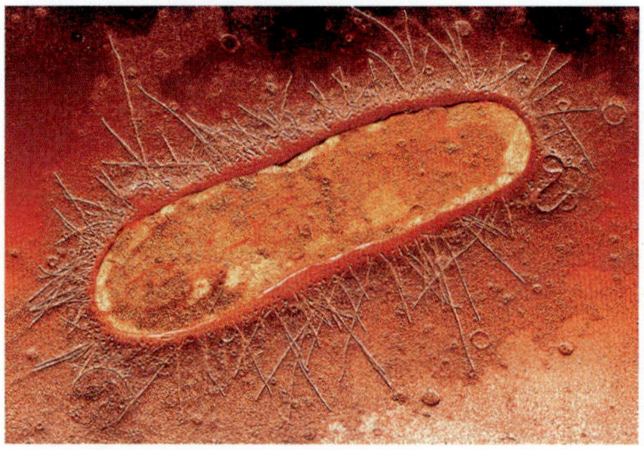

그림 4.8 세균 핌브리아의 형태와 기능. 병원성 대장균(*Escherichia coli*) 세포 주위로 핌브리아가 퍼져 있는 모습. 핌브리아는 세균 세포가 표면에 부착할 수 있도록 돕는다(32,000배). (출처: BSIP SA/Alamy Stock Photo)

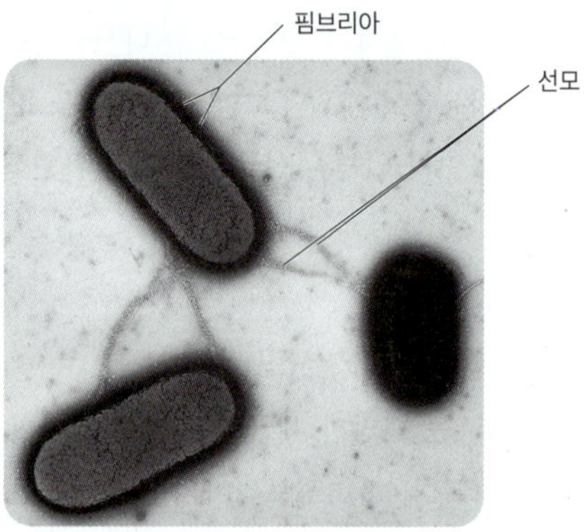


그림 4.9 접합돼 있는 3개의 세균. 공여세포(상단의 세포 1개)와 수용세포(하단의 세포 2개) 사이에 접합 다리를 형성하고 있는 성 선모를 관찰할 수 있다. 또한 공여자에서 핌브리아도 관찰할 수 있다. (출처: L. Caro/SPL/Science Source)

*rhoeae*가 생식관의 상피세포에 부착하는 데 관여해 감염의 주요인이 된다. 슈도모나스(*Pseudomonas*)에서 발견되는 4형 선모는 연축운동(twitching motility)을 하는데, 이것은 선모가 수축과 이완을 반복하는 운동 과정을 말하며, 연축운동을 통해 세포가 물질의 습한 표면을 미끄러지듯 이동할 수 있게 한다. 미생물학자들은 이 운동이 편모의 운동성만큼이나 복잡하고 세밀하게 조절된다고 말한다.

## 세균 표면의 코팅질: S층과 당질피질

세균은 외층이 외부 환경과 맞닿아 있어 종종 극단적인 외부 환경에 노출되기 때문에 세포 보호를 위해 외층을 진화시켰다. 그 첫 번째가 S층이다. **S층**(S layer)은 단일 단백질 수천 개가 모여 세포를 강하고 단단하게 둘러싸고 있는 층을 말한다. 흥미롭게도 S층은 항상 존재하는 것이 아니라 세균이 생존에 불리한 조건에 놓였을 때만 생성되는데, 이 때문에 S층은 비교적 최근에 발견됐다. 생존에 유리한 실험실 조건[예: 순수 배양(pure culture), 영양 배지(nutritious broth)에서 배양, 경쟁자 없는(no competition) 조건 등]에 있는 세균에게는 보호층을 생성

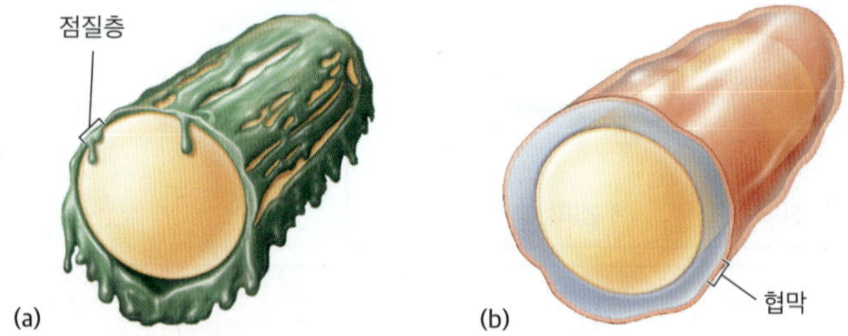


그림 4.10 세포의 단면도를 통해 관찰할 수 있는 당질피질 종류. (a) 점질층은 상대적으로 느슨한 구조를 가지고 있어 쉽게 씻겨 나간다. (b) 협막은 두껍고 구조가 치밀해 쉽게 제거할 수 없다.

할 이유가 없다. 최근 연구에 따르면 *Clostridioides difficile* 및 *Bacillus anthracis* 같은 병원성 세균을 포함한 많은 세균들이 혹독한 조건에서 S층을 생성한다고 알려졌다. 또한 S층은 감염 초기 단계에서 세포가 기저 기질에 부착될 수 있도록 도와주기도 한다.

두 번째로 당질피질이 있다. **당질피질**(glycocalyx)은 일반적으로 모든 환경 조건에서 생성되는 다당체 단위로 구성된 층이며 단백질을 포함할 수 있다. S층과 마찬가지로 외부 환경에서 세포가 표면에 부착할 수 있도록 돕는다.

당질피질은 세균마다 두께, 구성, 화학 조성이 다르다. 어떤 세균은 소위 **점질층**(slime layer)이라고 불리는 느슨한 보호막으로 덮여 있는데, 이것은 부착 역할을 할 뿐만 아니라 탈수와 영양소 손실로부터 세균을 보호하는 역할을 한다(그림 4.10a). 또 어떤 세균은 **협막**(capsules)을 생성하는데, 이것은 점질층보다 세포에 더 단단히 결합돼 있고, 협막이 있는 세균은 군집을 이루었을 때 끈적끈적한 특성을 부여하는 두꺼운 고무 같은 질감을 가진다(그림 4.11).

협막은 *Streptococcus pneumoniae*(폐렴 원인 세균), *Haemophilus influenzae*(뇌막염 원인 세균 중 하나), *Bacillus anthracis*(탄저병 원인 세균)를 포함한 많은 병원성 세균에서 형성된다. 협막을 형성한 세균은 식세포로 불리는 백혈구의 공격으로부터 세균을 보호할 수 있기 때문에 일반적으로 병원성이 더 크다고 말한다. 식세포는 신체의 자연적인 방어막 역할을 하는데, 외부에서 침입한 항원을 삼켜서(몸속으로 끌어당기는 행위) 파괴시킴으로써 감염을 예방한다. 협막은 식세포가 세균에 부착하는 것을 차단함으로써 삼키고 파괴시키는 것을 막는다. 식세포작용을 피한 세균은 자유롭게 증식하면서 신체 조직을 감염시킬 수 있다. 협막을 형성하는 세균이 돌연변이로 인해 협막을 형성할 수 없게 되면 일반적으로 병원성을 잃는다.

## 생물막

미생물은 단독으로 사는 경우가 매우 드물다. 많은 경우 그들은 **생물막**(biofilm)이라고 하는 복잡한 형태를 이루며 모여 산다. 이것은 주변 환경에서 쉽게 관찰할 수 있는데 화장실 변기나 샤워실 등에서의 물때, 심

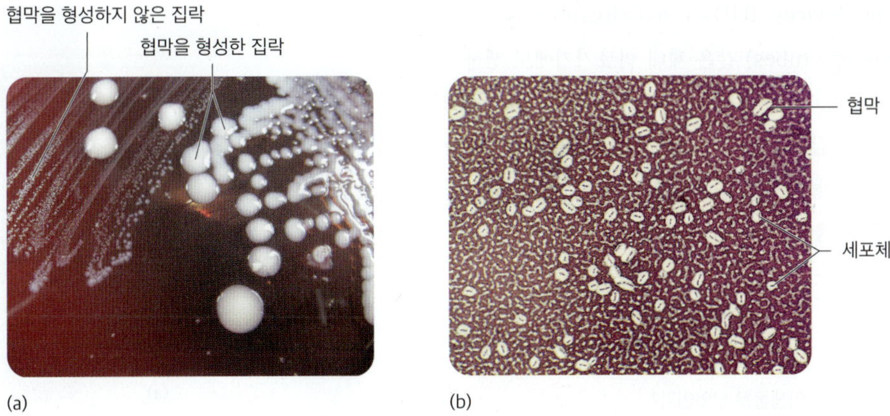


**그림 4.11 협막을 형성한 세균의 모습.** (a) *Streptococcus mutans*는 협막이 없어서 집락이 작고 분리된 형태로 형성되었고, *Klebsiella pneumoniae*는 협막이 있어서 집락이 훨씬 더 크고 점액질인 것을 볼 수 있다. 육안으로 관찰해도 협막의 끈적끈적한 특성을 분명하게 관찰할 수 있다. (b) 간균을 특별한 방법으로 염색해 협막을 현미경으로 관찰하면 세균 주위의 크고 잘 발달된 협막(세포 주위의 투명한 부분)을 확인할 수 있다(1,000배). (출처: Barry Chess; Steven P. Lynch)

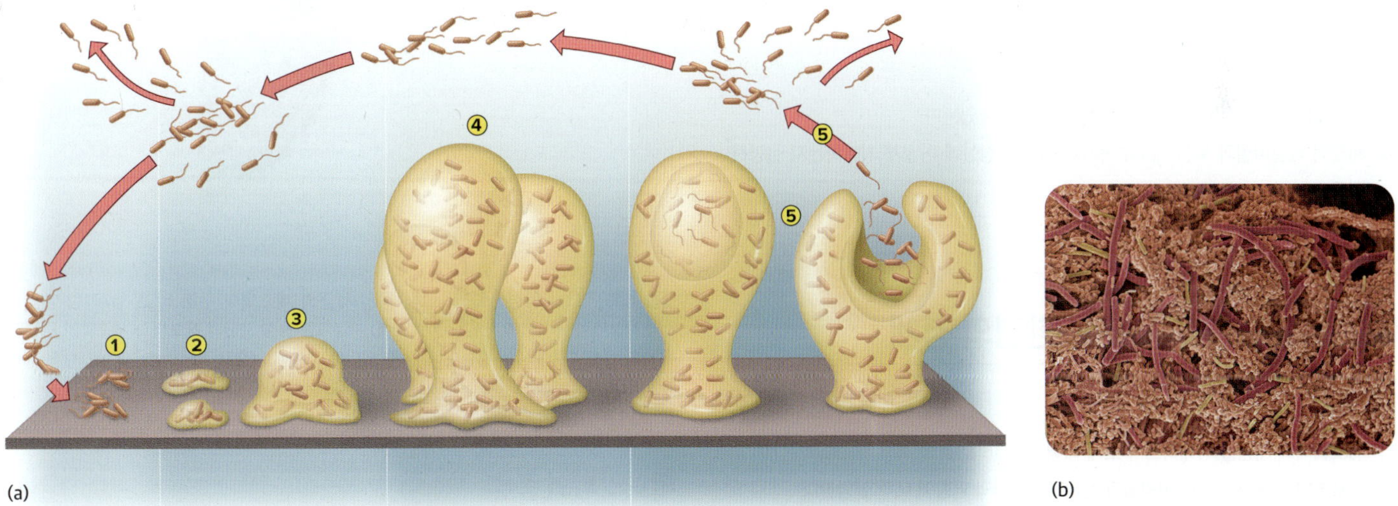


**과정그림 4.12 생물막 형성.** (a) (1) 부유하던 세포가 표면에 부착한다. (2), (3) 다당류, 당단백질, 선모, 핌브리아, 점질층, 협막 등의 세포 외 기질이 생성돼 세포가 표면에 안정적으로 부착하면서 군집을 이룬다. (4) 세포분열과 새로운 세포의 유입으로 생물막이 발달된다. (5) 생물막 내 세포가 다른 서식지로 떨어져 나가면서 새로운 생물막을 형성한다. (b) 전자현미경으로 본 치아 표면에 형성된 생물막의 모습(6,000배). (출처: Steve Gschmeissner/Science Photo Library/Brand X Pictures/Getty Images)

지어는 치아에 생성되는 치석(plaque)도 생물막의 일종이다. 생물막은 세균, 진균류, 조류와 원생동물 같은 여러 미생물뿐만 아니라 때에 따라 동식물도 형성할 수 있다. 다당류나 당단백질 같은 촉촉하고 얇은 유기물이 있는 표면은 생물막이 형성되기 좋은 기질이다. 이러한 기질의 특성은 세균의 군집화를 용이하게 하는데, 기질에 세균을 부착시키고 증식시켜 마침내는 끈적한 생물막 매트릭스가 형성된다. 이때 세균은 핌브리아, 선모, 점질층, 협막 등을 사용해 생물막에 정착한다. 더 많은 세균이 생물막에 이끌려 생물막이 발달하며, 생물막에 대한 적응을 거친다. 어느 시점에서는 생물막이 기질에 단단히 부착돼 있음에도 불구하고 생물막 내의 세포가 다른 서식지로 떨어져 나가면서 새로운 위치에 생물막을 형성시킬 수도 있다(과정그림 4.12).

생물막의 형성을 이해하기 위해 주목할 개념이 하나 있는데, **정족수 감지**(quorum sensing, 쿼럼 센싱)라는 것이다. 생물막의 형성은 세균의 행동양식 중 정족수 감지로 생겨나는 대표적인 예다. 생물막이 형성될 때 생물막 내에서 세포들이 서로 협력하기 위해 유전자 발현을 조절할 때 정족수 감지가 작동한다고 할 수 있다. 예를 들어, 하나의 종이 성장인자를 합성하는 동안 다른 종은 항생제로부터 그들을 보호한다. 세균의 유전자는 세균이 **부유하면서 성장하는 것**(planktonic growth)과 같이 단독으로 성장할 때와 생물막의 일부로서 성장할 때 다르게 발현된다. 이와 같이 생물막은 정족수 감지 덕분에 세균을 각 개체가 모인 집단보다는 하나의 큰 유기체처럼 작동하게 한다.

생물막은 심장의 판막이나 치아의 단단한 표면이 손상되었을 때 손상된 조직에 정착하려는 경향이 있어 심각한 문제를 일으킨다. 또한 자궁

내 피임장치(intrauterine devices, IUD)나 카테터(catheters), 션트(shunts), 위루관(gastroscopy tubes) 같은 체내 의료기기에도 생물막이 형성될 수 있어 문제가 된다. 생물막은 두꺼우며, 생물막 내부에 존재하는 항생제 내성균은 이러한 감염의 치료를 어렵게 한다. 이에, 현재 생물막과 관련한 많은 연구가 생물막 형성을 어떻게 저지할 수 있을지, 형성된 생물막에 대해 어떻게 대응할지에 집중돼 있다.

**핵심 점검 4.2**

3. 세균 외에 원핵세포를 가지는 다른 미생물은 무엇인가?
4. 편모의 구조와 운동 양식에 대해 설명하시오. 네 가지 주된 편모의 배열 패턴은 무엇인가?
5. 편모가 운동성 세균의 행동을 어떻게 조절하는지 설명하고 편모를 주변세포질 편모와 구별하시오.
6. 선모와 핌브리아의 구조 및 기능을 구별하시오.
7. 당질피질의 위치를 설명하시오.
8. 점질층과 협막의 구조 및 기능을 구별하시오.
9. 세균 집락에서 점질층과 협막을 어떻게 감지할 수 있는가?
10. 세균의 당질피질과 특정 세포부속기가 생물막 형성에 어떻게 기여하는지 설명하시오.

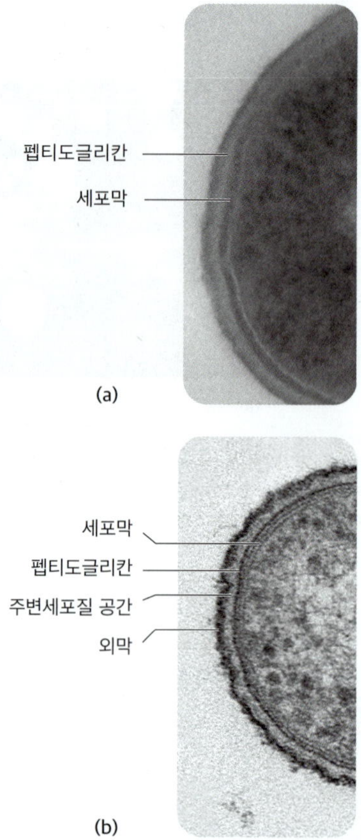


**그림 4.13** 그람 양성 세균과 그람 음성 세균의 세포외피 구조 비교. (a) 그람 양성 세균의 세포벽과 세포막의 단면도(92,000배). (b) 그람 음성 세균의 세포벽과 세포막의 단면도. 세 겹의 샌드위치 모양의 층을 관찰할 수 있다(90,000배). (출처: Newcastle University Electron Microscopy Unit; Source: Cynthia Goldsmith and Melissa Bell/CDC)

## 4.3 세포외피: 세균과 환경의 경계

**학습목표**

9. 세포외피의 개념을 이해하고 구조에 대해 설명한다.
10. 세포벽의 구조와 기능을 파악하고 펩티도글리칸의 역할에 대해 설명한다.
11. 그람 양성 세균 세포벽과 그람 음성 세균 세포벽의 구조적 차이에 대해 설명한다.
12. 그람 양성 세균과 그람 음성 세균이 보이는 반응이 어떻게 다른지 정리한다.
13. 다른 형태의 세포벽과 세포벽이 없는 세균의 특징에 대해 설명한다.
14. 세포막의 구조를 이해하고 세균에서 세포막의 주요 역할에 대해 설명한다.

대부분의 세균은 화학적으로 복잡한 조성을 가지는 세포외피(cell envelope)에 둘러싸여 있다. 이 세포외피는 세포벽(cell wall)과 세포막(cell membrane)이라는 두 가지 주요 층으로 이루어져 있으며, 이들은 마치 코코넛 열매의 구조처럼 밀접하게 연결돼 있다. 각 층은 고유한 기능을 수행하면서도, 세포가 정상적으로 기능할 수 있도록 서로 유기적으로 협력해 세포를 지탱한다.

### 세포외피의 종류

세균의 세부적인 구조가 알려지기 이전에 덴마크의 의사인 **한스 크리스티안 그람**(Hans Christian Gram)은 **그람 염색**(Gram staining)[3] 이라는 염색법을 개발했다. 이 염색법을 통해 세균은 그람 양성 세균과 그람 음성 세균으로 구분될 수 있다(이 염색법에 대한 내용은 **3.1 연결고리 찾기** 참조).

그람 양성 세균과 그람 음성 세균의 차이는 세포외피의 구조를 통해 확실히 알 수 있다(**그림 4.13**). **그람 양성**(gram-positive) 세포를 현미경으로 관찰해 보면 미세한 층 2개가 관찰되는데, 그것은 주로 두꺼운 펩티도글리칸(뒤에서 상세히 설명)으로 구성된 세포벽과 세포막이다. 그람 음성 세포의 외피에서는 3개의 층을 관찰할 수 있는데, 그것은 바로 외막(outer membrane)과 상대적으로 얇은 펩티도글리칸, 세포막이다. 그람 염색 반응에 따른 세균의 구분은 이러한 구조적인 차이의 결과다. 그

3 이 단어는 미국미생물학회(ASM)의 형식을 따랐다. 그람 염색(Gram stain과 Gram staining)은 대문자로 표기하며, 그람 음성(gram-negative)과 그람 양성(gram-positive)은 제목(headings)을 제외하고는 소문자로 표기한다.

**표 4.1** 그람 양성 세균과 그람 음성 세균의 세포벽 특징

| 특징 | 그람 양성 | 그람 음성 |
|---|---|---|
| 주요 층 개수 | 1개 | 2개 |
| 화학적 조성 | 펩티도글리칸<br>테이코산<br>리포테이코산<br>일부 세포에서 마이콜산과 다당체 | 지질다당체(LPS)<br>지단백질<br>펩티도글리칸<br>포린 단백질 |
| 두께 | 두꺼움(20~80 nm) | 얇음(8~11 nm) |
| 외막 | 없음 | 있음 |
| 주변세포질 공간 | 좁음 | 넓음 |
| 투과성 | 상대적으로 투과성이 높음 | 상대적으로 투과성이 낮음 |

람 양성 세포가 가진 두꺼운 펩티도글리칸은 염색제인 크리스탈 바이올렛과 매염제가 구성한 복합체를 고정시키고 탈색제가 작용할 수 없게 만들어 세포를 보라색으로 보이게 한다. 반면, 그람 음성 세포가 가진 펩티도글리칸은 얇기 때문에 크리스탈 바이올렛은 탈색제인 알코올로 비교적 쉽게 제거될 수 있고, 동시에 알코올로 인해 그람 음성 세포가 가진 외막이 용해돼 염료의 손실은 촉진된다. 이러한 요인으로 그람 음성 세포는 무색이 되며, 대조염색을 위해 사용되는 붉은색 염색제에 의해 최종적으로 붉은색으로 보이게 된다. **표 4.1**은 그람 양성 세균과 그람 음성 세균이 가지는 세포벽의 특징을 비교한 것이다.

(a) 세포벽의 펩티도글리칸은 거대한 3차원적 격자형태를 가진 구조물이다. 이는 세포를 둘러싸고 있으며 세포의 외형을 지탱하는 역할을 한다.

(b) 펩티도글리칸의 분자배열 패턴은 글리칸의 일종인 NAG(N-acetyl glucosamine)와 NAM(N-acetyl muramic acid)이 긴 가닥으로 연결돼 있는 형태를 가진다. 뮤람산(muramic acid)은 평행하게 인접해 있는 뮤람산과 함께 펩타이드 교차결합을 형성한다(길쌕 공 모양).

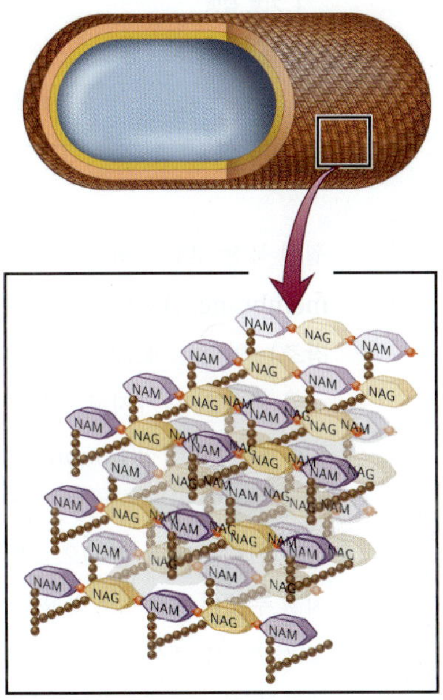



(c) NAM 분자 사이에 형성된 결합의 상세 구조. 뮤람산 간 교차결합은 아미노산 중간다리(amino acid interbridges)를 통해 일어나는데, 이것은 뮤람산에 부착된 4개의 아미노산으로 이루어진 구조[테트라펩타이드(tetrapeptide)]가 연결돼 있는 형태를 뜻한다. 중간다리를 구성하는 아미노산의 종류와 길이는 다양하며, 이 구조에 따라 세포의 유연성, 경도 등이 결정되기도 한다.

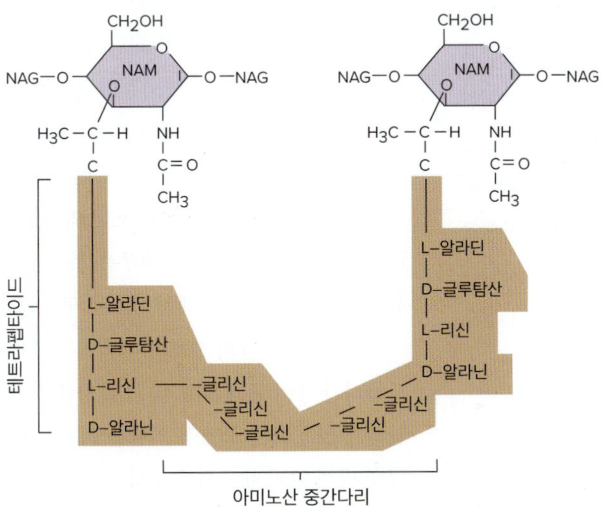



**그림 4.14** 세포벽의 주요 구성성분인 펩티도글리칸의 구조.

## 세포벽의 구조

세포벽은 세균의 여러 가지 특성을 설명하는 중요한 구조다. 우선 세균의 외형에 영향을 미치며, 끊임없이 변화하는 외부 환경의 조건 속에서도 세균을 온전하게 유지할 수 있는 구조적 지지대 역할을 한다. 대부분의 세균이 가지는 세포벽은 **펩티도글리칸**(peptidoglycan, PG)이라는 독특한 거대 분자로 구성돼 있는데, 이 거대 분자는 세포벽을 강하고 안정적이게 만든다. 펩티도글리칸은 이름에서도 알 수 있듯 긴 사슬의 **글리칸**(glycan)* 뼈대에 짧은 펩타이드 조각이 결합돼 있는 형태다(**그림 4.14**). 펩티도글리칸의 양과 정확한 구성은 주요 세균 분류군에 따라 다양하게 나타난다.

대부분의 세균은 용질 농도가 낮은 저장액 상태에 노출되는 경우가 많아 삼투압에 의해 끊임없이 물이 유입될 수밖에 없는 환경이다. 만약 세포벽에 펩티도글리칸이라는 구조적 지지대가 없다면 그들은 내부 압력에 의해 부풀어 버린 풍선이 터지듯 세포가 파괴될 것이다. 페니실린(penicillin)이나 세팔로스포린(cephalosporin) 같은 세균 감염을 치료하는 항생제는 펩티도글리칸의 펩타이드 교차결합을 타깃으로 하는데, 이 교차결합을 파괴시킴으로써 세균을 사멸시키는 원리다. 세포벽이 불완전하거나 없는 세포는 **용균**(lysis)*에 매우 취약한 상태에 놓이게 된다. 사람의 눈물이나 침에는 라이소자임(lysozyme)이라는 효소가 있는데, 이것은 펩티도글리칸이 가진 글

* 글리칸 그리스어 glycan[당(sugar)]에서 유래. 이는 단순당(simple sugar)의 중합체임.
* 용균 그리스어 lysis(느슨해짐)에서 유래. 터지는 것과 같은 세포 파괴의 과정을 설명하는 데 사용됨.

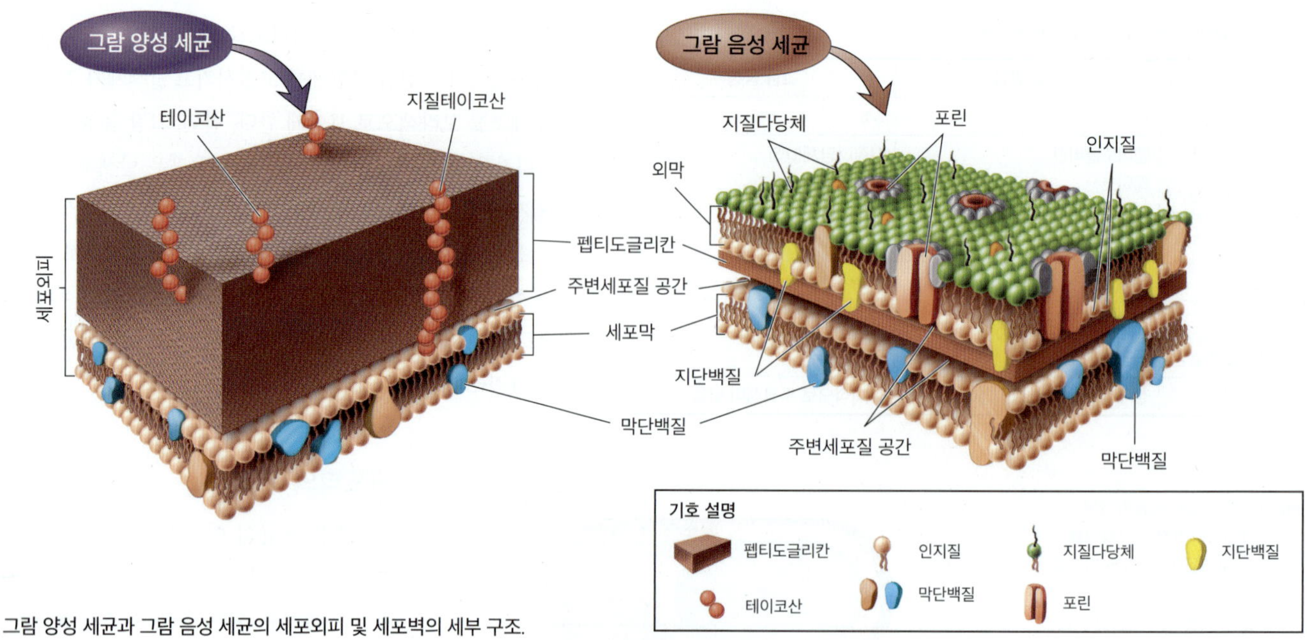


그림 4.15 그람 양성 세균과 그람 음성 세균의 세포외피 및 세포벽의 세부 구조.

리칸 사슬을 가수분해해 세포벽을 파괴시키는 데 관여하는 중요한 인체 방어수단으로 작동한다. 11장과 12장에서는 이러한 항생제 등 약품에 대해 구체적으로 설명할 예정이다.

## 그람 양성 세균의 세포벽

그람 양성 세균의 세포벽은 대부분 두께가 20~80 nm 정도의 두꺼운 펩티도글리칸 층으로 돼 있으며, 여기에 산성 다당체 등이 단단히 결합돼 있고 펩티도글리칸 층에 직접 연결된 테이코산과 리포테이코산(lipoteichoic acid)이 있다(그림 4.15). 세포벽에 존재하는 **테이코산**(teichoic acid)은 리비톨(ribitol)이나 글리세롤이 인산으로 연결돼 있는 인산염 중합체다. 리포테이코산은 테이코산과 구조적으로 유사하나 세포막의 지질 부분에 결합돼 있는 물질이다. 이 분자들은 세포벽의 유지와 세포분열 시 세포외피의 성장, 일부 병원성 세균의 부착에 관여한다. 그람 양성 세균의 세포벽은 세포막에 느슨하게 부착돼 있는데, 그 접합부에는 **주변세포질 공간**(periplasmic* space)이라고 불리는 작은 공간이 존재한다. 그람 음성 세균에도 유사한 것이 존재하지만 기능적으로는 차이가 있다. 이 공간은 세포막이 분비한 효소가 일시적으로 저장되는 곳이며, 최근 연구에 의하면 펩티도글리칸 합성의 주요 부위인 것으로 보고됐다.

## 그람 음성 세균의 세포벽

그람 음성 세균의 세포벽은 그람 양성 세균의 세포벽보다 형태학적으로 훨씬 복잡하다. 그람 음성 세균은 펩티도글리칸 층이 얇으며 **외막**(outer membrane, OM)이라고 하는 추가적인 막을 가지고 있다(그림 4.13, 4.15 참조). 외막은 세포막과 구조적으로 유사하나 세포막에는 없는 특별한 종류의 물질을 가지고 있는데 바로 **지질다당체**(lipopolysaccharides, LPS)와 **지단백질**(lipoproteins)이다. 지질다당체는 지질 분자와 다당체가 결합돼 있는 형태로, 지질은 외막의 바깥층을 형성하고 이로부터 다당체가 세포 외부 방향으로 뻗어 있다. 일부 병원성 세균에서는 감염 시 지질 부분이 독성으로 작용하기도 하는데, 이것을 내독소(endotoxin)라고 하며 이는 13장에서 상세히 다룬다. 다당체는 그람 음성 세균에서 체세포항원[somatic (O) antigen]으로 작용하기도 하는데, 이것을 세균의 동정(identification)에 활용할 수 있다. 다당체는 수용체로서의 기능을 하거나 숙주의 방어 기작을 교란시키는 역할을 하기도 한다.

외막에는 두 종류의 단백질이 존재한다. **포린**(porin)은 외막의 바깥층(상층)에 삽입돼 있고 이것은 물질의 이동을 조절한다. 많은 그람 음성 세균이 담즙이나 소독제, 약물 등에 대해 선택적 투과성을 가지는 이유는 주로 포린에 의한 결과다. 포린 외에도 다른 구조의 단백질 또한 외막 바깥층에 존재한다. 외막 내부층(하층)은 세포막의 구성과 전반적으로 유사하며 인지질, 지단백질 등으로 구성돼 있다.

그람 음성 세균의 세포벽 하층에는 두께가 1~3 nm 정도로 얇은 펩티도글리칸 층이 존재한다. 앞서 설명한 것처럼 펩티도글리칸은 세포를 단단하게 보호하는 구조적 역할을 하기는 하지만, 그람 양성 세균이 가진 것에 비해 얇기 때문에 구조적으로 취약하며 용균에 민감하게 반응한다. 그람 음성 세균은 펩티도글리칸을 중심으로 위아래에 주변세포질 공간이 잘 발달돼 있으며, 여기에서는 단백질 합성 및 수송, 효소 활성, 에너지 방출 등과 같은 다양한 대사반응이 일어난다.

* 주변세포질 그리스어 peri(주변)와 plastos(세포의 유동 물질)에서 유래.

### 예외적인 세포벽

일부 세균의 경우 그람 양성 또는 그람 음성 세균의 세포벽과 구조적으로 다른 세포벽을 가지거나, 심지어는 세포벽이 아예 없기도 하다. 예외적인 형태의 세포벽이라도 그람 염색으로 염색될 수는 있으나, 세포벽의 세부 구조나 화학 성분을 상세히 살펴보면 그람 양성 또는 그람 음성 세균의 전형적인 세포벽과는 차이가 있다는 것을 알 수 있다. 예를 들어, *Mycobacterium*과 *Nocardia*는 펩티도글리칸을 가지고 있으며 그람 양성 세균처럼 보이나, 그들의 세포벽은 독특한 지질 형태를 가진다. 그 예로, 마이콜산(mycolic acid) 또는 코드 인자(cord factor)라고 불리는 장쇄지방산을 가지고 있는데, 이것은 두 세균의 병원성에 관여한다. 이러한 지질에 의해 세포벽은 두껍고 왁스 같은 특성을 갖게 돼 다양한 화학물질과 염료에 저항성이 생긴다. 이러한 저항성은 결핵과 한센병(나병) 등을 진단하는 데 사용되는 **항산성염색**(acid-fast stain) 반응의 기본 원리의 배경이다. 항산성염색에는 카볼푸신(carbol fuchsin) 염색약을 이용해 가온염색을 실시하고 염산이 혼합된 알코올(산-알코올 용액)로 탈색시키는 과정이 포함된다. 카볼푸신 염색약은 세포벽에 마이콜산과 같은 독특한 지질을 가진 세포와 단단하게 결합돼 산-알코올 용액에 의한 염료의 탈색이 일어나지 않게 한다.

### 세포벽과 감염

세포벽 구조의 다양성은 세포에서 염색 반응의 차이 외에도 여러 차이점의 원인이 된다. 그람 음성 세균의 외막은 세포의 입장에서 추가적인 보호장벽으로 작용하기 때문에, 그람 음성 세균의 경우 염색제나 소독제 같은 일부 화학물질의 영향을 적게 받아 그람 양성 세균보다 상대적으로 억제 또는 사멸시키기 어려울 수 있다. 다만 알코올을 기반으로 한 화합물은 외막의 지질을 용해해 제거할 수 있다. 그람 음성 세균에 감염돼 약물치료를 할 때는 약물이 외막을 통과해야 하기 때문에 그람 양성 세균의 감염과는 다른 종류의 약물이 사용돼야 한다.

또한 세균의 세포벽이나 그 구성물질은 인체 조직을 자극해 질병을 발생시킬 수 있다. 앞서 언급했듯 지질다당체는 뇌수막염(meningitis)이나 장티푸스(typhoid fever) 같은 그람 음성 세균의 감염에서 발열과 쇼크 등을 유발해 내독소라고도 한다. 디프테리아의 원인 세균인 *Corynebacterium diphtheriae*와 인후염의 원인 세균인 *Streptococcus pyogenes*를 포함한 여러 그람 양성 세균도 세포벽 바깥쪽에 부착된 단백질이 독성을 가진다. *Mycobacterium* 속에 속하는 일부 종의 세포벽에는 우리 건강에 악영향을 주는 지질이 포함돼 있기도 하다. 이처럼 기본적으로 세포벽을 구성하는 거대 분자는 인간에게 외부 침입 물질과 같이 이질적으로 작용하기 때문에 면역을 활성화시켜 항체 형성을 유도한다(15장 참조).

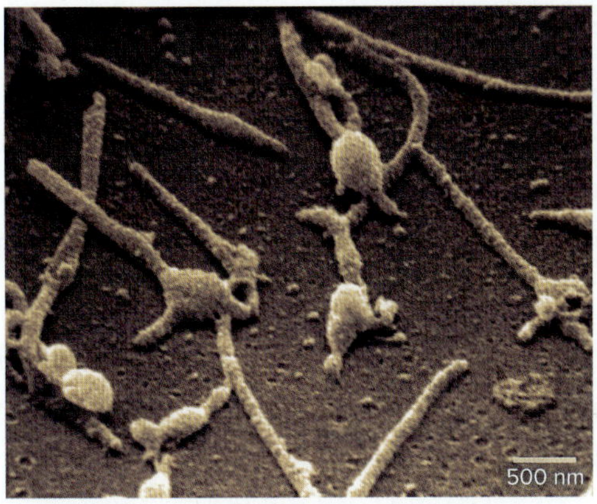


**그림 4.16** *Mycoplasma pneumoniae*의 주사전자현미경 사진(10,000배). 세포벽이 없기 때문에 세균의 형태가 매우 다양하다. (출처: Dr. Heinrich Lünsdorf, HZI)

### Mycoplasmas와 기타 세포벽이 없는 세균

**Mycoplasmas**는 원래 세포벽이 없는 세균이다. 세포가 터지는 것을 막기 위해 세포벽을 가지는 다른 세균들과는 달리, mycoplasmas는 세포막에 세포막의 강도를 보강할 수 있는 스테롤(sterols)을 가지고 있다. 이들은 크기가 매우 작아 0.1~0.5 μm 정도다. 실과 같은 모양부터 동그랗거나 도넛 모양까지 형태가 매우 다양하며, 이러한 다양성을 **다형성**(pleomorphism)*이라고 한다. Mycoplasmas는 식물, 동물, 토양 등 자연계에 널리 존재하며, 이들 중 의학적으로 가장 중요한 종은 *Mycoplasma pneumoniae*로(그림 4.16), 인간의 폐 상피세포에 부착해 비정형 폐렴(증세가 가벼워 일상적인 생활이 가능해 '보행성 폐렴'이라고도 불림)을 일으킨다.

일반적으로 세포벽이 있는 세균은 세포 주기를 반복하는 동안 세포벽을 상실하기도 한다. 이처럼 세포벽이 상실된 상태를 **L형 세포**(L forms) 또는 L-상 변이(L-phase variants, 변이를 발견한 Lister Institute에서 붙인 이름)라 한다. L형 세포는 세포벽 형성 유전자의 돌연변이 또는 라이소자임이나 페니실린과 같이 세포벽을 파괴시키는 화학물질의 인위적인 작용에 의해 생겨날 수 있다. 그람 양성 세균이 세포벽을 완전히 상실하면 **원형질체**(protoplast)*가 되는데, 원형질체는 용균에 매우 취약한 막으로만 둘러싸인 형태기 때문에 세포가 굉장히 약해진 상태라고 할 수 있다. 그람 음성 세균의 경우에는 세포벽이 상실돼도 외막이 그대로 남아 있기 때문에 원형질체보다는 상대적으로 용균에 덜 취약한 **스페로플라스트**(spheroplast)*가 된다. 일부 만성 감염의 경우 L형 세포가 역할을 수행한다는 증거도 있다.

---

* 다형성 그리스어 pleon[더(more)]과 morph(형태 또는 모양)에서 유래. 즉, 같은 종의 세포라 할지라도 모양과 크기가 다양한 경향(달라지는 경향)이 있을 수 있음을 의미.
* 원형질체 그리스어 proto(처음)와 plastos(형성됨)에서 유래.
* 스페로플라스트 그리스어 sphaira[구형체(sphere)]에서 유래.

## 세포막의 구조

세포벽 바로 아래에는 세포질을 둘러싼 5~10 nm 정도의 얇은 **세포막**(cell membrane 또는 cytoplasmic membrane)이 있다. 세포막의 구조는 **유동 모자이크**(fluid mosaic) 모델로 설명될 수 있으며, 세포막은 인지질과 단백질로 구성된 연속적인 이중층으로 이루어져 있다. 인지질에서 물을 좋아하는 친수성 머리는 세포막 바깥쪽으로, 물을 좋아하지 않는 소수성 꼬리는 세포막 안쪽으로 향하도록 배열돼 있다. 막의 30~40%는 인지질로 구성돼 있고, 나머지 60~70%는 단백질로 구성돼 있다. 세포막에 존재하는 단백질은 종종 막 표면에 부착돼 있거나 관통한 채로 존재하는데, 주변단백질(peripheral proteins)은 세포막 표면에 부착돼 있으며 쉽게 제거할 수 있다. 내재성 단백질(integral proteins)은 막 전체를 관통해 제자리에 고정된 채로 존재하는 경우가 많다(그림 4.17). 이처럼 세포막에 위치한 단백질의 종류가 다양하기 때문에 세포막 내부와 외부는 비대칭적인 형태를 보인다.

유동 모자이크 모델로 설명되는 세포막은 인지질 덕분에 '유체'의 성질을 가지고 있어 역동적이고 끊임없이 변화하며, 이로 인해 막에 존재하는 일부 단백질은 필요에 따라 특정 위치로 이동할 수 있다. 이러한 유동성은 세포 성장이나 물질 분비 같은 세포 활동에 필수적이다. 지질은 다양한 물질이 자유롭게 투과하는 것을 어렵게 하는 장벽으로 작용하며, 이로 인해 세포막은 선택적 투과성을 가질 수 있다. 물론 예외적인 경우도 있는데, 대부분의 원핵생물과 달리 mycoplasmas는 세포벽을 가지고 있지 않아서 세포막을 단단하게 만들 수 있는 스테롤을 함유하고 있다. 반면에 고세균의 세포막은 지질 구성 자체가 다르다.

비록 세균이 막으로 구성된 다양한 세포소기관을 가지고 있지는 않지만 일부 종의 경우 내막(internal membrane)으로 구성된 세포소기관과 유사한 구조를 가지기도 하며, 에너지 발생과 같은 생리적 과정을 수행할 수 있다. 이러한 막은 보통 세포막이 세포질 내부로 함몰되면서 생성되며, 이로 인해 세포막은 표면적을 늘려 막의 기능성 향상에 도움을 줄 수도 있다. 남세균(cyanobacteria)은 내막을 가진 대표적인 세균이다. 남세균은 원핵생물이지만 광합성을 하는데, 내막의 한 종류인 틸라코이드막(thylakoid membrane) 덕분에 광합성을 할 수 있다. 세균으로부터 유래했다고 여겨지는 진핵세포의 미토콘드리아도 내막이 매우 중요한 역할을 한다.

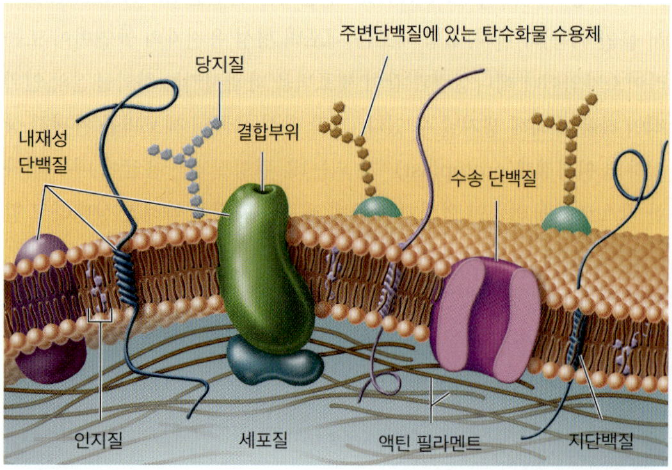


**그림 4.17 세포막 구조.** 세포막의 구조를 설명하는 유동 모자이크 모델은 인지질 이중층을 기본으로 하여 이 이중층에 단백질이 함께 포함돼 있는 것을 말한다. 단백질에 부착돼 있는 분자의 경우 세포의 각종 반응과 결합 등의 역할에 관여해 독특한 표면 특성을 제공한다. 유동 모자이크 모델은 세포막의 유연성과 투과성, 특이성 및 수송을 포함한 막의 다양한 특성을 설명하는 효과적인 모델이다.

## 세포막 기능

원핵세포로 구성된 세균은 진핵세포와 달리 세포소기관이 없기 때문에 세포막이 세포소기관의 다양한 역할(에너지 대사, 영양 물질 처리, 물질 합성 등)을 담당한다. 여러 역할 중 가장 중요한 것은 하나의 장벽으로서 영양소가 세포 내부로 유입되고 노폐물이 세포 외부로 방출되는 **물질수송**(transport)을 조절하는 것이다. 물이나 전하를 가지지 않는 작은 분자는 별다른 도움 없이 확산에 의해 막을 통과할 수 있고, 앞서 말했듯 막은 **선택적 투과성**(selective permeable)이 있는 구조이기 때문에 대부분의 물질은 특수한 수송 기작을 통해 운반된다(7장 참조). 당질피질과 세포벽은 큰 분자의 통과를 막을 수 있으나, 이들이 물질수송의 주된 역할을 담당하는 것은 아니다. 세포막은 물질수송뿐만 아니라 대사산물을 세포 밖으로 방출하는 **분비**(secretion)도 담당한다.

세균의 세포막은 여러 대사활동이 일어나는 중요한 장소다. 예를 들어 호흡과 관련된 에너지 반응을 처리하는 대부분의 효소는 세포막에 위치한다(8장 참조). 또한 세포외피나 세포부속기의 재료가 되는 다양한 고분자물질을 합성하는 데 참여하기도 한다. 효소나 독소 같은 생성물은 세포막을 통해 세포 밖으로 분비될 수 있다.

**핵심 점검 4.3**

11. 그람 양성 세균과 그람 음성 세균의 세포외피의 기본 구조를 비교하시오.
12. 펩티도글리칸의 기능을 설명하고, 그 구조에 대해 간단히 설명하시오.
13. 펩티도글리칸이 파괴되거나 제거되면 세포에 어떤 영향을 미치는가?
14. 그람 양성 세균과 그람 음성 세균의 세포벽 구조가 어떻게 다른지 정확하게 설명하시오.
15. 그람 양성 세균과 그람 음성 세균에서 염색 외에 관찰할 수 있는 차이점은 무엇이 있는가?
16. 주변세포질 공간을 정의하고, 그 기능을 설명하시오.
17. 그람 양성 세균과 그람 음성 세균의 세포벽의 차이가 의학적으로 어떠한 영향을 미치는지 설명하시오.
18. 세포막의 구조를 설명하고 세포막이 선택적 투과성을 가질 수 있는 이유를 설명하시오.
19. 세균의 세포막이 수행하는 필수 기능 다섯 가지를 나열하시오.

## 4.4 세균의 내부구조

학습목표

15. 세포질 내 존재하는 세포소기관에 대해 나열한다.
16. 세균 염색체와 플라스미드의 특징에 대해 설명한다.
17. 세균이 가지는 리보솜과 세포골격의 특징을 설명한다.
18. 세포함유물과 과립에 대해 이해하고 세포에서의 역할을 설명한다.
19. 내생포자의 형성과 발아과정을 포함한 내생포자 형성 세균의 생활사에 대해 설명한다.
20. 내생포자의 저항성과 중요성을 이해한다.

### 세포질의 구성

세포막은 각종 화학물질로 가득 찬 **세포질**(cytoplasm 또는 cytoplasmic matrix)을 둘러싸고 있으며, 이러한 세포질은 세포의 다양한 생화학적 반응과 합성과정이 일어나는 중요한 장소다. 세포질의 70~80%는 물로 구성돼 있으며 용매로 작용해 당, 아미노산, 기타 유기분자와 같은 영양소와 염을 포함한다. 세포질을 구성하고 있는 각종 물질은 세포의 생합성과정의 기본 요소로 작용하거나 에너지원으로 사용된다. 세포질은 염색체나 리보솜, 과립, 액틴과 같은 큰 구조물을 가지고 있기도 하다.

### 세균의 염색체와 플라스미드: 유전정보의 원천

대부분의 세균은 유전물질로서 하나의 원형 DNA를 가지고 있고, 일부 세균의 경우 여러 개 또는 선형의 염색체를 가진다. 원핵생물에 속하는 세균은 핵을 가지고 있지 않다. 세균의 DNA는 막으로 둘러싸여 있지 않고 그 대신 **핵양체**(nucleoid)라고 하는 영역에 모여 있으며, 이것은 세포의 중앙 부근에 위치한다. 염색체는 긴 DNA 분자가 응축돼 존재하는 형태로, 제한된 세포 내부에 위치하기 위해 단단하게 꼬여 있고 세균의 생존과 성장에 필요한 정보를 전달하는 유전물질(유전자)을 함유하고 있다(그림 4.18).

**세균 염색체**(bacterial chromosome)에는 세포가 생존하는 데 필수적인 유전물질이 충분히 존재하지만, 많은 세균이 **플라스미드**(plasmids)라고 하는 추가적인 유전정보를 갖고 있다. 플라스미드는 세포질 내에서 염색체와는 별개로 존재하는 작은 원형의 DNA 조각이며, 경우에 따라 세균의 염색체 안으로 삽입되기도 한다. 염색체와 마찬가지로 플라스미드 또한 세균이 증식할 때 복제돼 모세포에서 딸세포로 전달된다. 플라스미드는 생존에 필수적이지는 않으나, 독소를 생산하거나 특정 항생제에 내성을 갖는 등 세균에게 생존에 유리한 특성을 부여하는 유전정보를 갖고 있다(9장 참조). 또한 실험실 내에서 쉽게 복제할 수 있고 한 세균에서 다른 세균으로 이동할 수 있는 특성 덕분에 플라스미드는 현대 유전공학 기술에서 매우 중요한 요소로 간주된다. 즉, 플라스미드를 통해 특정 세균의 유전정보를 다른 세균에게 전달(운반)할 수 있으며, 돌연변이를 유발할 수도 있다.

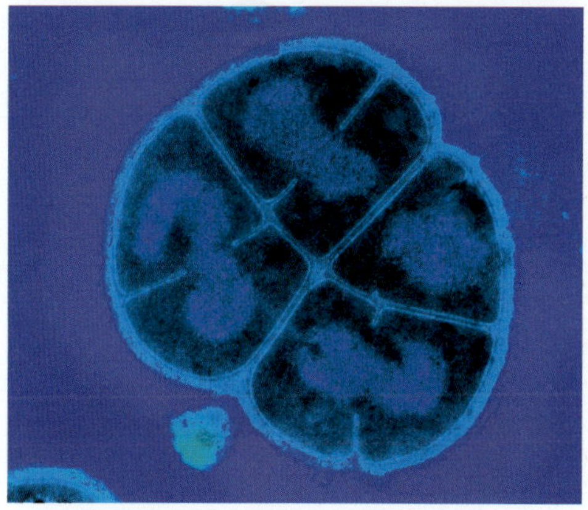

그림 4.18 세균 내 염색체의 구조. 염색체가 확실히 구분돼 보이도록 염색한 세균은 밝은 파란색을 보인다. 구균인 *Deinococcus radiodurans*는 하나 이상의 염색체 또는 핵양체를 가지고 있다(1,200배). 일부 세포는 분열 중이다. 세포 전체 공간에서 염색체가 얼마나 많은 부분을 차지하고 있는지 주목하자. (출처: Michael J. Daly)

### 리보솜: 단백질 합성 장소

모든 세균은 수만 개의 **리보솜**(ribosomes)을 가지고 있으며, 리보솜은 RNA와 단백질로 구성돼 있다. 고배율로 리보솜을 관찰해 보면 리보솜은 세포질 전체에 분산돼 작은 구형의 반점으로 관찰되며, 많은 양의 리보솜이 세포막에 부착돼 있기도 하다. 경우에 따라 폴리솜(polysomes)이라고 불리는 사슬 형태로 연결돼 존재하는 리보솜도 있다. 화학적으로 살펴보면 리보솜은 RNA 약 60%, 단백질 약 40% 정도로 구성돼 있다. 리보솜이 가지는 RNA는 리보솜 RNA(ribosomal RNA 또는 rRNA)라고 부른다.

리보솜의 특징을 구분하는 한 가지 방법은 스베드베리(Svedberg)[4] 단위(줄여서 S로 표시)로, 이것은 세포 내 구성성분을 원심분리할 때 나타나는 침강속도를 표현하는 단위다. 침강속도는 분자량과 분자의 모양에 따라 결정되는데, 분자량이 크고 구조적으로 치밀한, 즉 밀도가 높은 물질은 그렇지 않은 물질보다 더 빨리 침전돼 높은 S 단위가 부여된다. 이러한 분석과 전자현미경 분석을 종합해 보면 원핵세포의 리보솜은 70S를 가지며, 이것은 2개의 소단위체로 구성돼 있음을 알 수 있다(그림 4.19). 소단위체는 서로 결합해 단백질 합성 장소가 된다. 리보솜의 기능에 대해서는 9장에서 자세히 살펴볼 것이다.

4 1926년 초원심분리기를 개발한 스웨덴의 화학자 테오도르 스베드베리(Theodor Svedberg)를 기리기 위해 명명됐다.

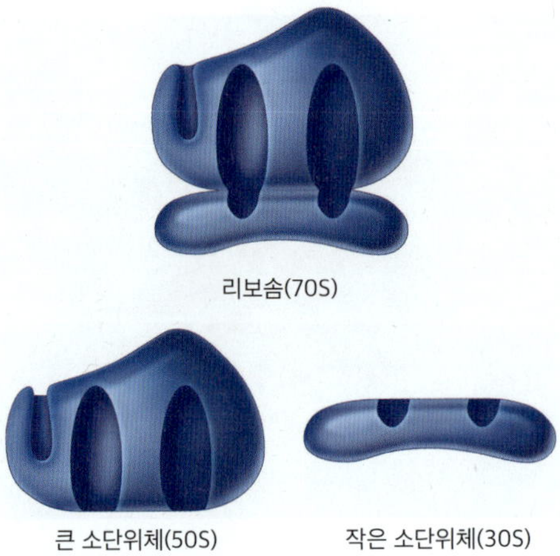


**그림 4.19** **원핵세포의 리보솜.** 큰 소단위체(50S)와 작은 소단위체(30S), 그리고 소단위체 2개가 결합돼 있는 형태(70S).

## 세포함유물: 세포 내 저장물질

원핵세포는 다양한 세포소기관을 가지고 있지 않으나, 세포질 내에 다양한 기능을 수행할 수 있도록 구획화된 구조를 갖기도 한다. 예를 들어, 세균은 영양소가 부족한 환경에 서식하는 경우가 대부분이기 때문에 영양소를 저장해 둘 수 있는 형태가 필요한데 그것이 바로 **세포함유물**(inclusion bodies 또는 inclusions)이다. 세포함유물은 영양소가 풍부할 때 세균이 영양소를 저장해 놓은 형태며, 세균이 영양소를 얻기 어려운 환경에 놓이면 필요에 따라 세포함유물로부터 영양소를 꺼내 사용할 수 있다. 세포함유물의 한 예로, 고에너지를 낼 수 있는 유기물질인 글리코겐(glycogen)과 폴리베타하이드록시부티르산염(poly β-hydroxybutyrate, PHB)은 특수한 구조의 단일막으로 둘러싸여 세포함유물을 구성하고 있다(그림 4.20a). 기체소낭(gas vesicles)은 일부 수생세균에서 발견되는 세포함유물로 세균에게 부력을 제공해 물에서 오래 떠 있도록 부유성을 준다. 또 다른 세포함유물은 무기물의 결정체로 구성돼 있는 **과립**(granules)이며, 이것은 다른 세포함유물과 달리 막으로 둘러싸여 있지 않다. 광합성 세균이 가진 황 과립과 *Corynebacterium*과 *Mycobacterium*이 가진 폴리인산 과립이 과립의 대표적인 종류다. 폴리인산 과립의 경우 핵산과 ATP 합성에 중요한 원료로 사용된다. 과립은 메틸렌블루 염색 후에도 대비되는 색상(붉은색, 보라색)으로 염색되기 때문에 **이염성 과립**(또는 이염소체, metachromatic granules)이라고도 불린다.

세포함유물은 영양소를 저장하는 것 이상의 역할을 하기도 한다. **미소구획**(microcompartments)은 단백질로 이루어진 다면체 구조를 말한다(그림 4.20b). 미소구획은 대사과정에 필요한 반응물과 함께 하나 이상의 효소를 포함한다. 가장 잘 연구된 미소구획은 카르복시솜(carboxysome)으로, 남세균과 기타 광합성 세균에서 찾아볼 수 있다. 이것은 공기 중의 이산화탄소를 고정해 과당과 같은 유기물로 전환하는 탄소동화과정에 관여하는 효소를 저장하고 있다.

세포함유물 중 가장 주목할 만한 것은 영양이나 대사에 관여하지 않고 세균에 방향성을 부여하는 세포함유물일 것이다. 주자성 세균(magnetotactic bacteria)은 산화철의 결정으로 구성된 마그네토솜(magnetosomes)을 가지고 있는데, 이것은 세균에게 자성을 부여한다(그림 4.20c). 주로 해양이나 습지에 서식하는 세균에서 관찰되며, 마치 자석과 같이 지구 자기장 방향으로 세포의 방향을 이끄는 역할을 한다. 마그네토솜은 세균이 생존에 유리한 환경(산소나 영양소가 풍부한 퇴적층)으로 스스로 이동하게끔 만드는 역할을 할 것으로 생각된다.

## 세균의 세포골격

진핵생물과 마찬가지로 원핵생물도 세포골격[5]을 갖고 있다. 세포 전체를 감싸고 있는 단백질 중합체는 세포 모양의 결정에 주요하게 작용하며, 세포분열, 이동, DNA나 미소구획의 구조적 분리와 같은 과

5 세포를 결합하고 지지하는 섬유질과 미세관(tubules)으로 이루어진 세포 내 골격을 뜻한다.

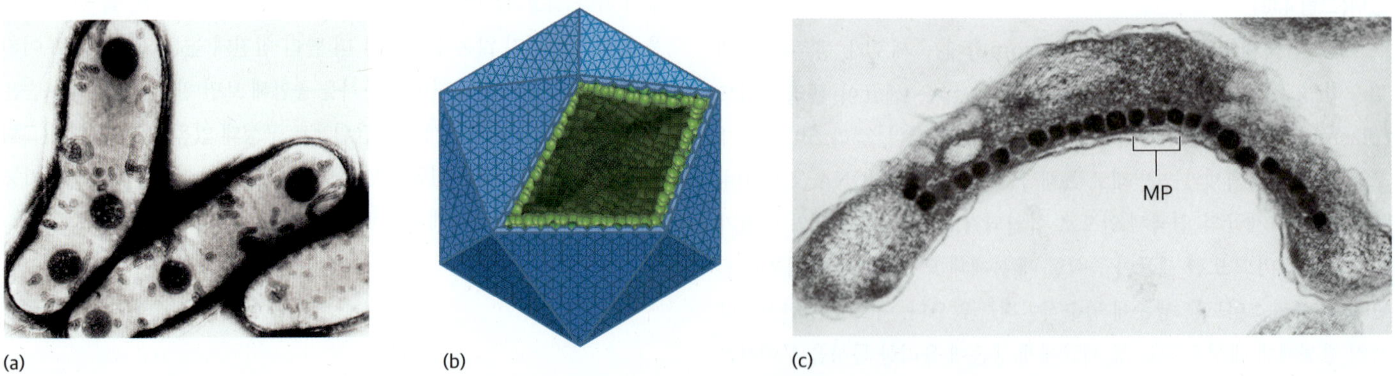


**그림 4.20** **세균의 세포함유물.** (a) 세포 내부에 있는 크고 어두운 입자는 영양분의 지속적인 공급을 통해 농축돼 형성된 불용성의 폴리베타하이드록시부티르산염이다(32,500배). (b) 세균이 가진 미소구획의 3차원적 구조. 바깥 단백질층(파란색)은 특정 대사과정에 관여하는 효소(초록색)를 감싸고 있다. (c) *Aquaspirillum* 속에서 발견되는 작은 마그네토솜(magnetosomes, MP) 사슬. 일부 세균의 경우 이러한 세포함유물을 이용해 서식지 내에서 방향을 결정한다(123,000배). (출처: Kwangshin Kim/Science Source; D. Balkwill and D. Maratea)

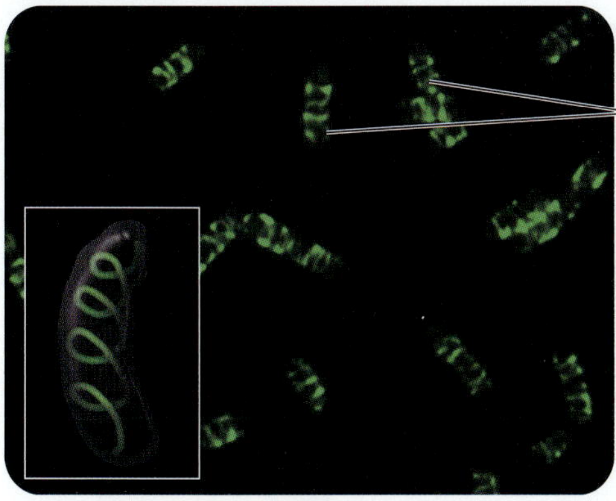


그림 4.21 *Bacillus* 속이 가지는 세포골격. 세포 내에서 형광의 가느다란 나선형 리본으로 보이는 것은 액틴 필라멘트다. 왼쪽 하단의 그림은 액틴 필라멘트를 3차원적으로 표시한 것이다. (출처: Rut Carballido-Lopez/I.N.R.A. Jouy-en-Josas, Laboratoire de Génétique Microbienne)

정에 참여한다. 원핵생물이 가지는 일부 세포골격 단백질은 진핵생물에서 발견되는 액틴(actin), 튜불린(tubulin), 중간 필라멘트 단백질(intermediate filament proteins)과 유사하고, 세균만 고유하게 가지고 있는 세포골격 단백질도 있다(그림 4.21).

## 세균의 내생포자: 환경 저항성이 큰 입자

미생물이 가지는 구조 중 극단적인 환경을 견뎌 내고 생존을 용이하게 하는 것으로 **내생포자**(endospore, 또는 포자)만큼 강한 것은 없을 것이다. 내생포자는 *Bacillus*나 *Clostridium* 및 기타 세균이 만들어 내는 휴면체의 일종이다. 이러한 세균은 2개의 생활사를 가지고 있는데, 각 생활사에서 세균은 **영양세포**(vegetative cell, 과정그림 4.22의 1단계)의 형태를 유지하거나 내생포자로 존재한다(과정그림 4.22의 8단계). 특정 환경에 노출됐다는 신호를 받게 되면 세균은 **포자형성**(sporulation)이라는 과정을 통해 내생포자를 생성한다. 포자는 환경 저항성을 가지고 있으며 오래도록 생존할 수 있는 불활성의 휴면상태로 존재한다. 내생포자를 포자로 줄여서 부르는 것은 종종 혼동을 일으킬 수 있는데, 세균의 내생포자와 진균류의 생식 구조인 포자와 혼동하지 않도록 주의해야 한다.

### 내생포자의 형성과 저항성

내생포자의 형성을 유도하는 주요 인자는 영양소, 특히 아미노산의 부족이다. 이러한 '부족'이 영양세포에 의해 인지되면 영양세포는 **포자낭**(sporangium)이라 불리는 세포로 변형되면서 포자형성을 준비한다. 영양세포가 내생포자로 완전히 변형되는 데는 6~12시간 정도 소요되며, 내생포자가 형성되는 과정에서의 몇 가지 주요 물리화학적 변화는 과정그림 4.22에서 확인할 수 있다.

세균의 내생포자는 그 어떤 생명체보다도 강인하며, 세균을 파괴시킬 수 있는 극한의 조건(고온이나 건조한 환경, 동결, 방사선, 화학물질)에서도 견딜 수 있다. 그들이 이처럼 혹독한 환경에서도 생존할 수 있는 데는 여러 요인이 작용한다. 포자의 열 저항성은 칼슘과 디피콜린산(dipicolinic acid)의 높은 함량과 연관이 있을 것이라 생각되나 아직 정확한 기작은 밝혀지지 않았다. 열은 세균의 단백질과 DNA를 불활성화시키는 요인이며, 이때 많은 양의 물이 필요한 것으로 알려져 있다. 이러한 상황에서 칼슘-디피콜린산 복합체가 형성돼 내생포자 내에 존재하는 물을 제거해 세포 자체를 탈수시킴으로써 열에 대한 저항성을 갖게 한다. 또한 물이 제거됨으로써 대사활성이 극히 낮아지며 건조에 의한 손상에도 잘 견딜 수 있게 된다. 더불어 두껍고 불침투성인 피질(cortex)과 포자 외피(spore coats)는 방사선이나 화학물질로부터 포자를 보호하는 역할을 한다.

세균 포자의 수명은 불멸에 가깝다. 2,500만 년 전 화석화된 벌(bee)에서 살아 있는 내생포자를 분리했다는 기록이 있고, 최근 미생물학자들은 2억 5,000만 년 전의 소금 결정에서 생존 가능한 내생포자를 발굴하기도 했다. 이 내생포자들은 우리에게 이미 익히 알려진 *Bacillus* 속에 속하는 것으로 분석되었으나, 현존하는 *Bacillus* 속과는 유전적인 차이를 지닌다.

### 내생포자의 발아

비활성 상태로 휴면 상태에 있던 내생포자는 생존에 적합한 환경에 노출되면 깨어난다. 이러한 휴면 상태의 깨짐을 발아(germination)라고 하며, 이것은 물이나 특정 발아제가 존재할 때 발생한다. 발아가 일단 개시되면 굉장히 빠르게 진행된다(1시간 30분 정도). 발아제는 세균마다 다를 수 있으나 보통 아미노산이나 무기염과 같은 작은 유기 분자들이 주된 발아제로 작용한다. 발아제는 포자의 막으로부터 가수분해효소가 형성되는 것을 자극하며, 이로써 포자의 피질이 분해되고 포자 내핵이 다시 물에 노출될 수 있게 된다(재수화). 재수화된 내핵은 영양소를 흡수할 수 있는 상태가 되며, 이로써 포자외막에서 성장해 영양 주기로 들어가 활성을 갖는 영양세포로 전환된다(과정그림 4.22).

대부분의 포자형성 세균은 비교적 무해한 편이지만 일부는 병원성을 가진다. 병원성의 포자형성 세균이 질병을 일으킬 수 있는 이유 중 하나는 포자의 저항성과 연관된다. 탄저균의 원인 세균인 *Bacillus anthracis*의 내생포자는 생물테러에 사용될 수 있는 세균으로 분류된다. *Clostridium* 속에는 파상풍을 유발하는 *C. tetani*와 가스괴저병을 유발하는 *C. perfringens*를 포함해 많은 병원성 세균이 있다. 이들의 포자는 죽은 조직을 포함한 동물의 상처 등에 침입해 발아 및 성장하면서 강력한 독소를 생성한다. 독소를 생성하는 또 다른 종으로 *C. botulinum*은 치명적인 독소를 생성하는 보툴리누스 중독의 원인 세균이다.

내생포자는 토양이나 먼지같이 주변 환경에 흔히 존재하기 때문에 청결한 환경(극단적으로는 무균의 환경)을 갖추어야 하는 곳에서 포자를 제어하는 것은 매우 중요하다. 이들은 끓는 물이나 비누, 살균제 등 일반

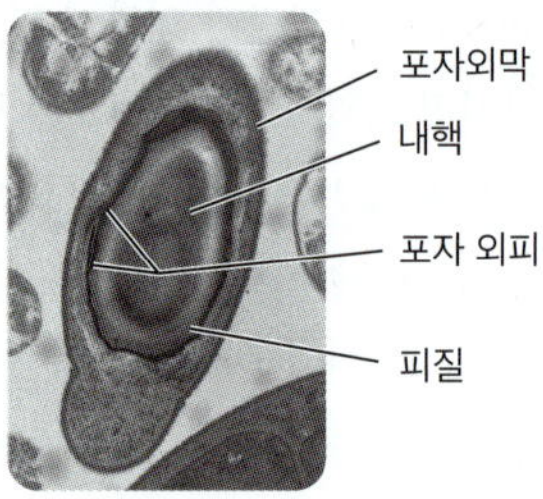


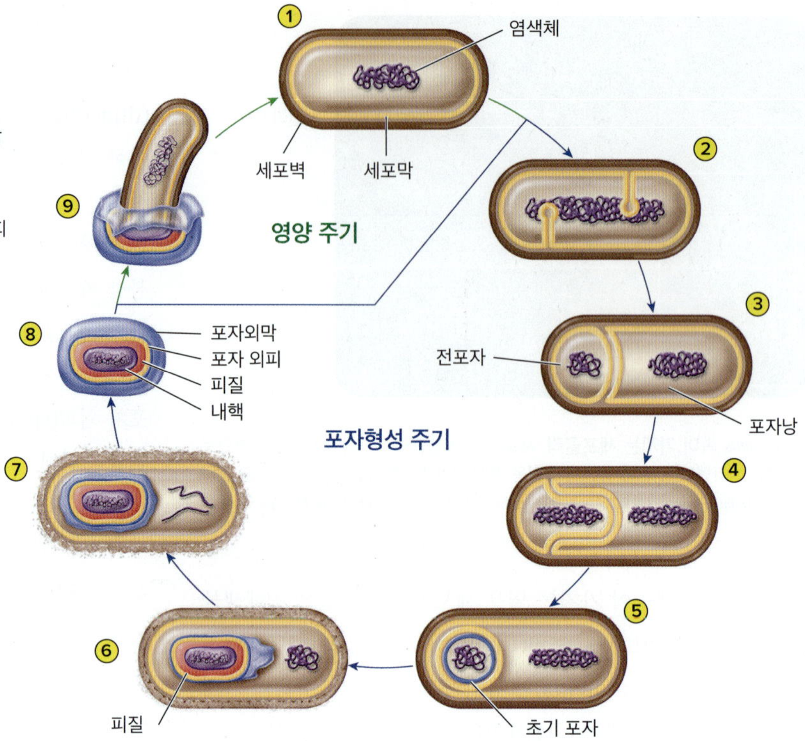


**과정그림 4.22 영양세포에서 내생포자가 생성되는 포자형성 과정과 내생포자의 발아과정.** 이 과정은 평균 10시간 정도 소요된다. 왼쪽 상단은 10,000배의 고배율로 나타낸 세균의 단면도다. 내생포자를 관찰해 보면 중심에 염색체가 있으며 이는 밀도 높은 보호층으로 둘러싸여 있다. (출처: Jones, S. J., Paredes, C. J., Tracy, B., Cheng, N., Sillers, R., Senger, R. S., & Papoutsakis, E. T. (2008). The transcriptional program underlying the physiology of clostridial sporulation. *Genome Biol.*, *9*, R114)

적으로 사용하는 세척·소독 방법에도 저항하며, 실험실에서는 배양물이나 미생물 배양 배지를 오염시키기도 한다. 환자들이 오가는 병원과 진료소는 특히 내생포자가 잠재적으로 유해한 영향을 미치지 않도록 특별히 주의를 기울여야 한다. 내생포자 파괴는 통조림 식품 산업에서 특히 관심을 가지는데, 여러 내생포자 형성 세균은 식품을 부패시키거나 식중독을 유발하기 때문이다. 일반적인 끓임 공정(100℃)으로는 포자를 파괴시킬 수 없기 때문에 통조림의 경우 20~30분 동안 120℃의 가압 증기에서 살균작업을 수행한다. 이 정도의 엄격한 살균과정을 거쳐야지만 식품에 존재하는 세균이 완전히 멸균될 수 있다.

**핵심 점검 4.4**

20. 세균의 염색체와 플라스미드의 기능에 대해 비교 설명하시오.
21. 세균이 가지는 리보솜의 일반적인 구조에 대해 설명하시오. 리보솜의 기능은 무엇이고 어디에 위치하는가?
22. 세포함유물과 과립의 구조와 기능에 대해 비교 설명하시오.
23. 이염성 과립은 무엇이며 이들은 어떤 성분을 가지고 있는가?
24. 내생포자의 형성과정과 구조를 설명하고, 생활사에서의 그 중요성을 설명하시오.
25. 내생포자가 생식세포가 아닌 이유를 설명하시오.
26. 포자가 파괴되기 어려운 이유는 무엇인가?

**임상 사례**

## 그냥 거절하세요

39세 남성이 어깨 위쪽과 가슴 부위에 심한 통증, 압통, 부기를 호소하며 응급실에 도착했다. 의사들은 감염으로 인한 봉소염(cellulitis)으로 진단하고 항생제를 처방했다. 그럼에도 환자의 증상은 점차 악화돼 가슴 대부분과 한쪽 팔에 심한 염증과 부종이 생겼고, 해당 부위를 만지면 스펀지처럼 느껴졌다. 피부 표피에는 물집이 생겼으며 조직의 괴사가 진행됐다. 병변에서 나온 액체에는 고름이 가득 차 있었고 악취가 났다. 환자의 괴사 조직과 액체를 채취해 그람 염색한 결과 다양한 세포 유형이 발견되었는데, 이는 혼합 감염을 의미한다. 환자를 심문한 결과, 환자는 최근에 헤로인과 코카인을 수돗물에 섞어 멸균되지 않은 주사기로 팔에 정맥주사한 것으로 밝혀졌다.

환자는 *Clostridium perfringens*로 인한 클로스트리디움 근괴사로 진단받았다(가스 괴저라고 하기도 함). *C. perfringens*는 토양이나 먼지, 심지어는 위장관의 점막에도 존재하는 혐기성의 그람 양성 간균이다. 세균의 영양세포는 일반적으로 비침습성이지만 이 세균이 생성하는 내생포자는 조직의 상처를 통해 조직에 침입할 수 있고(이 환자의 경우, 깨끗하지 않은 바늘로 멸균되지 않은 수돗물을 주사함), 무산소 조건에서 발아한다. 그람 염색 결과에 따르면 상처에서 여러 세균이 관찰되었는데, 산소를 소모하는 세균들에 의해 상처의 일부가 국소적으로 혐기적 환경이 될 수 있다. 이때 *Clostridium*이 성장할 수 있으며, 이로 인해 생성된 가스는 근육 섬유를 파괴시켜 감염 부위는 스펀지같이 폭신해진다. 이와 함께 나타나는 피부 표피의 물집이나 괴사, 악취는 *Clostridium* 감염 증상의 특징이다.

환자는 항생제 치료와 함께 괴사 조직을 외과적으로 제거하고, 고압산소실에서 여러 차례 치료를 받았다. 더불어 물리치료와 약물중독 치료도 받았다.

**이 임상 사례에서 외과적으로 괴사된 조직을 제거하는 것과 고압산소 요법이 갖는 의미는 무엇이라 생각하는가?**

## 4.5 세균의 형태, 배열, 크기

**학습목표**

21. 세균의 형태와 변형을 설명한다.
22. 세균이 가지는 여러 가지 배열 형태를 구분하고 그러한 배열을 갖는 이유를 안다.
23. 다른 생명체와 비교해 세균의 크기를 파악한다.

대부분의 세균은 단세포생물이다. 단세포생물이라 할지라도 많은 세균은 개별로 존재하기보다는 집락(colony) 또는 생물막 형태로 함께 살아간다. 이런 경우에 다세포생물이라고 할 수 있지 않을까 의구심이 들 수도 있지만, 사실 이들은 다세포생물과 달리 세포 하나하나가 생식과 대사, 영양물질 획득과 같은 생명 활동에 중요한 과정을 혼자서 수행할 수 있다.

세균은 형태와 배열, 크기가 매우 다양하다. 대부분 세균의 형태는 세포벽의 구성에 따라 결정되는데 일반적으로 세 가지 모양 중 하나로 설명한다(그림 4.23). 세포가 구형 또는 공모양이면 **구균**(coccus)* 이라고 한다. 구균은 완벽한 구형일 수도 있고, 타원형이나 콩 모양, 또는 일부 뾰족한 부위를 가지고 있는 변종 형태도 있다.

너비보다 길이가 긴 원통형의 세포는 막대균 또는 **간균**(bacillus)* 이라고 한다. 이러한 모양을 그대로 속명으로 사용하는 경우가 있는데 *Bacillus* 속이 바로 그러하다. 구균과 마찬가지로 간균 또한 모양이 매우 다양하다. 세균에 따라 뭉툭한 형태를 가진 것도 있고, 방추 모양, 긴 실 같은 모양(필라멘트 모양) 또는 곤봉 모양이나 북채와 같이 한쪽 끝이 부푼 모양일 수도 있다. 막대의 길이가 짧고 볼록한 것은 **구형간균**(coccobacillus)이라고 하며, 완만하게 휘어져 있으면 **비브리오**(vibrio)* 라고 한다.

* 구균 복수형은 cocci. 그리스어 kokkos[베리류(berry)]에서 유래.
* 간균 복수형은 bacilli. 라틴어 bacill(작은 지팡이 또는 막대기)에서 유래.
* 비브리오 라틴어 vibrare[흔드는 것(shake)]에서 유래.

곡선 모양이나 나선형 원통 모양을 가진 것은 **나선균**(spirillum)* 이라고 하는데, 이것은 축을 따라 두 번 이상 단단하게 꼬인 나선 모양을 말한다. 또 다른 형태로 주변세포질 편모를 가지고 있는 **스피로헤타**(spirochete)가 있는데, 이것은 스프링같이 조금 더 유연한 형태를 가진다. 나선균과 스피로헤타의 차이점은 표 4.2에 정리돼 있다. 전통적인 염색법으로 세균을 염색해 현미경으로 관찰하면 평면 형태로 관찰되는데, 주사전자현미경(scanning electron microscope, SEM)을 사용하면 입체적으로 관찰할 수 있어 형태를 자세히 볼 수 있다(그림 4.23).

같은 종이라 할지라도 다양한 형태의 세포가 존재할 수 있는데, 이를 **다형성**(pleomorphism)* 이라고 한다(그림 4.24). 다형성이 발생하는 이유는 영양성분이나 약간의 유전적 영향에 의해 세포벽 구조에 차이가 발생하기 때문으로 알려져 있다. 예를 들어, *Corynebacterium diphtheriae*는 일반적으로 막대 형태로 존재하나 종종 곤봉형, 부풀어 오른 형태, 휘어진 모양, 필라멘트형, 구균형 등 다양하게 변형된 형태를 보인다. 앞에서도 언급된 것처럼 mycoplasmas와 같이 세포벽이 없는 세균의 경우 다형성이 더 뚜렷이 관찰된다(그림 4.16 참조).

세균은 세포가 어떻게 **배열**(arrangement)되었느냐에 따라서도 구분할 수 있다. 세포의 배열에는 세포의 분열방식과 분열 후 몇 개의 세포가 어떤 방향으로 부착해 존재하는지가 주로 영향을 미친다. 가장 다양한 형태의 배열을 보여 주는 것은 구균이다(그림 4.25). 구균은 세포 단독으로 존재하거나(단구균), 2개의 세포가 쌍으로 존재할 수 있다[**쌍구균**(diplococci)*]. 또는 **사연구균**(tetrads)이나 불규칙한 배열[**포도상구균**(staphylococci)* 과 **micrococci**]과 더불어 수백 개의 세포가 사슬로 연결돼 존재하는 **연쇄상구균**(streptococci)의 형태로도 존재할 수 있다. 더 복잡한 배열 형태로는 8개, 16개 또는 그 이상의 세포가 육면체 구

* 나선균 복수형은 spirilla. 라틴어 spira(코일)에서 유래.
* 다형성 그리스어 pleon[더(more)]과 morph(형태 또는 모양)에서 유래.
* 쌍구균 그리스어 diplo(2개)에서 유래.
* 포도상구균 그리스어 staphyle(포도송이)에서 유래.

**표 4.2** 두 가지 형태의 나선형 세균의 비교

| 구분 | 전반적인 외형 | 운동방식 | 나선 개수 | 그람 염색 반응 | 중요한 세균 |
|---|---|---|---|---|---|
| 나선균 | 견고한 나선 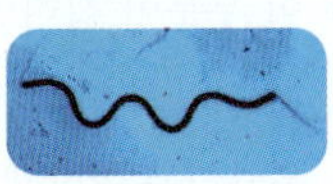 (Richard Gross/McGraw Hill) | 하나 또는 그 이상의 극성 편모를 가짐. 극성 편모가 회전운동을 하면서 세포가 이동하며, 세포의 형태가 구부러지거나 휘는 등 유연한 형태가 아님 | 1~20개로 다양함 | 그람 음성 | 대부분 비병원성이며 *Spirillum minor*가 가장 유명함[서교열(rat bite fever)의 원인 세균] |
| 스피로헤타 | 유연한 나선  (Stephen Durr) | 외막 안쪽에 2~100개의 주변세포질 편모를 가짐. 주변세포질 편모가 회전운동 또는 표면을 꿈틀거리듯 기어서 이동하며, 세포의 형태가 구부러지기도 함 | 3~70개로 다양함 | 그람 음성 | *Treponema pallidum*[매독(syphilis)의 원인 세균]과 주요 병원성 세균인 *Borrelia*와 *Leptospira* |

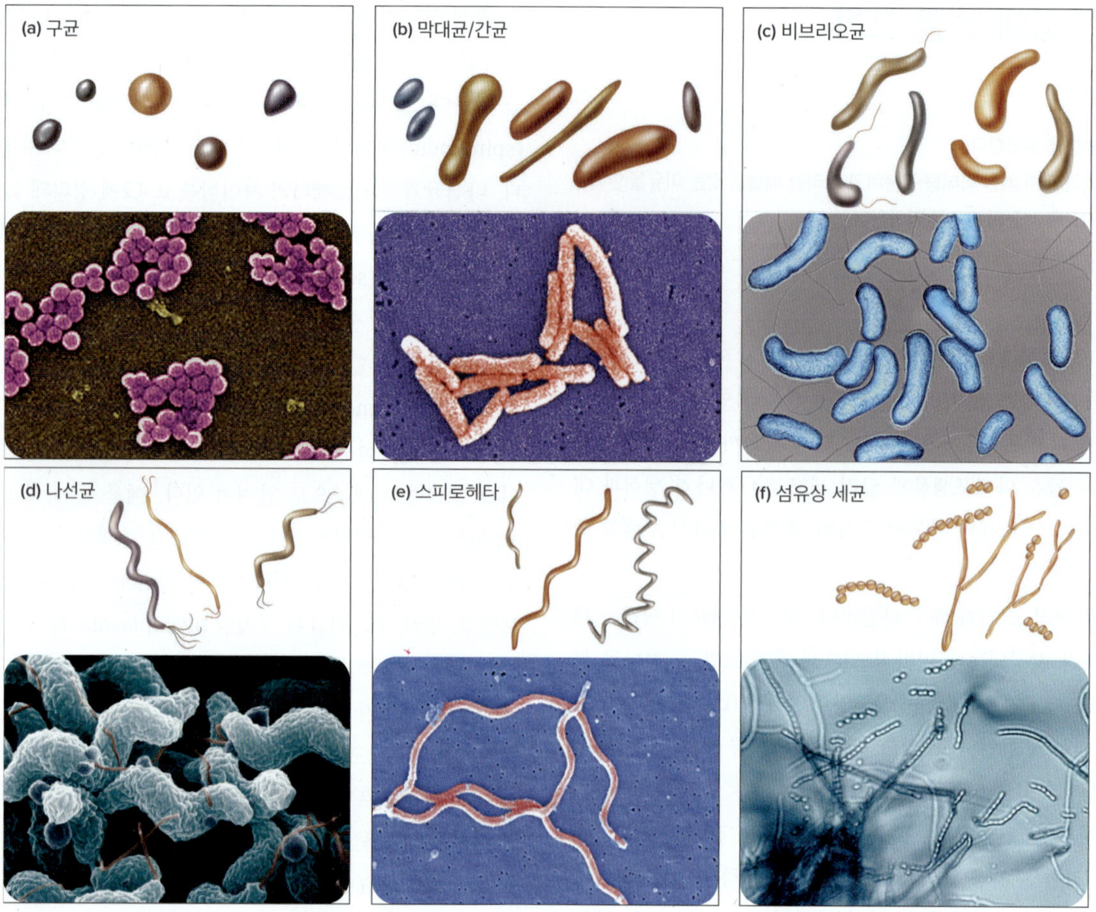


**그림 4.23 일반적인 세균 형태.** 구균, 간균, 비브리오균, 나선균, 스피로헤타, 섬유상 세균(brancing filaments)의 대표적인 형태를 보여 준다. (a) *Staphylococcus aureus*(10,000배). (b) *Legionella pneumophila*(6,500배). (c) *Vibrio cholerae*(13,000배). (d) *Aquaspirillum*(7,500배). (e) *Borrelia burgdorferi*(10,000배). (f) *Streptomyces* 속(1,000배). (출처: Jeff Hageman, M.H.S./Janice Carr/CDC; Janice Haney Carr/CDC; BSIP SA/Alamy Stock Photo; De Wood, Chris Pooley/USDA; Janice Haney Carr/CDC; Dr. David Berd/CDC)

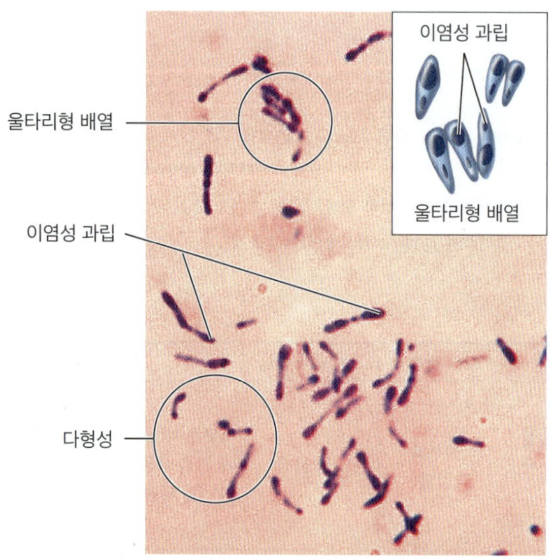


**그림 4.24** ***Corynebacterium*의 다형성과 기타 형태학적 특징.** 세포의 형태와 크기는 불규칙적이다(800배). *Corynebacterium* 속은 일반적으로 울타리형 배열(palisades arrangement)이며 (상단 부분 참조), 세포 내부에 보이는 짙은 입자는 이염성 과립이다. (출처: Dr. P.B. Smith/CDC)

조를 갖는 **팔연구균**(sarcina)* 도 있다. 배열이 다양하다는 것은 구균이 여러 방향으로 분열했음을 의미하며, 세부적으로 분열 후 생성된 새로운 딸세포의 부착 여부와 부착 형태에 따라 배열 형태가 달라진다.

간균은 축에서 수직인 한 면에서만 세포분열을 하기 때문에 구균만큼 배열 형태가 다양하지는 않다. 간균은 하나의 세포로 이루어진 단간균으로 존재하거나, 한쪽 끝이 서로 연결돼 존재하는 **쌍간균**(diplobacilli), 여러 개의 세포가 사슬처럼 연결돼 존재하는 **연쇄상간균**(streptobacilli)으로 존재한다. Corynebacteria는 전형적인 **울타리 형태**(palisades)* 를 갖기도 하는데, 이것은 세포분열이 끝난 후 세포 말단의 일부가 부착된 형태로 남아 있을 때 이 부분이 접히면서 만들어진다 (그림 4.24 참조). 이는 마치 탈선하여 접힌 기차의 화물칸들이 엉켜 있는 모습과 비슷하며, 결과적으로 불규칙한 울타리를 연상케 한다. 나선균은 종종 짧은 사슬로 관찰되나 스피로헤타의 경우 세포분열 후 대부분 독립

---

* 팔연구균 라틴어 sarcina(통, 갑, 꾸러미)에서 유래.
* 울타리 형태 라틴어 pale(말뚝)에서 유래. palisades는 말뚝을 일렬로 세워 만든 울타리를 의미.

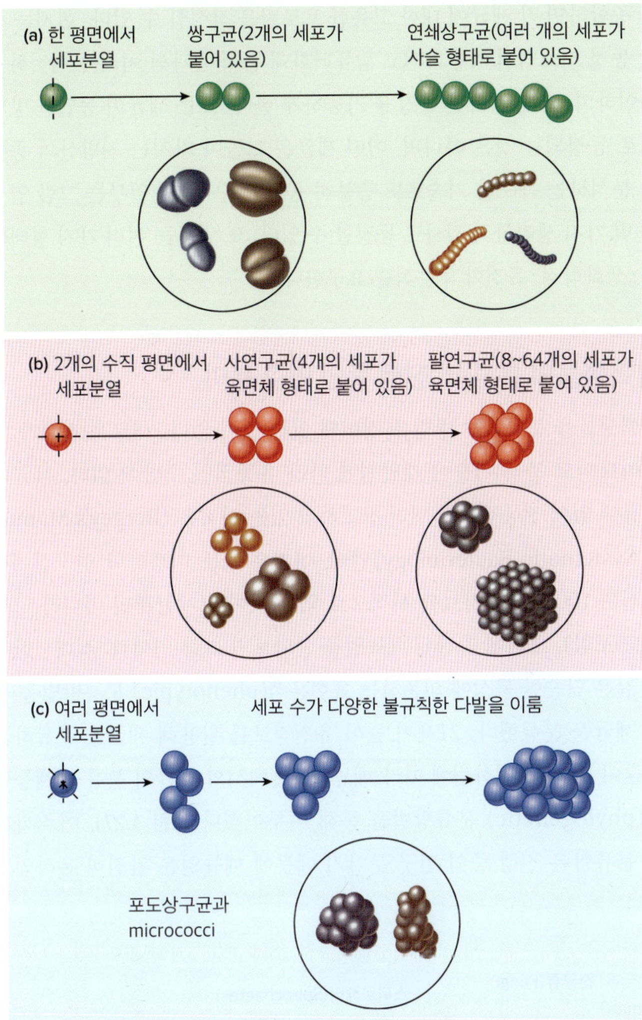


**그림 4.25 세포분열의 방향성에 따른 구균의 배열 형태.** (a) 한 평면에서의 세포분열을 통해 얻을 수 있는 쌍구균과 연쇄상구균. (b) 서로 수직인 두 평면에서의 세포분열을 통해 얻을 수 있는 사연구균과 팔연구균. (c) 여러 평면에서 불규칙적으로 세포분열을 함으로써 얻을 수 있는 포도상구균과 micrococci.

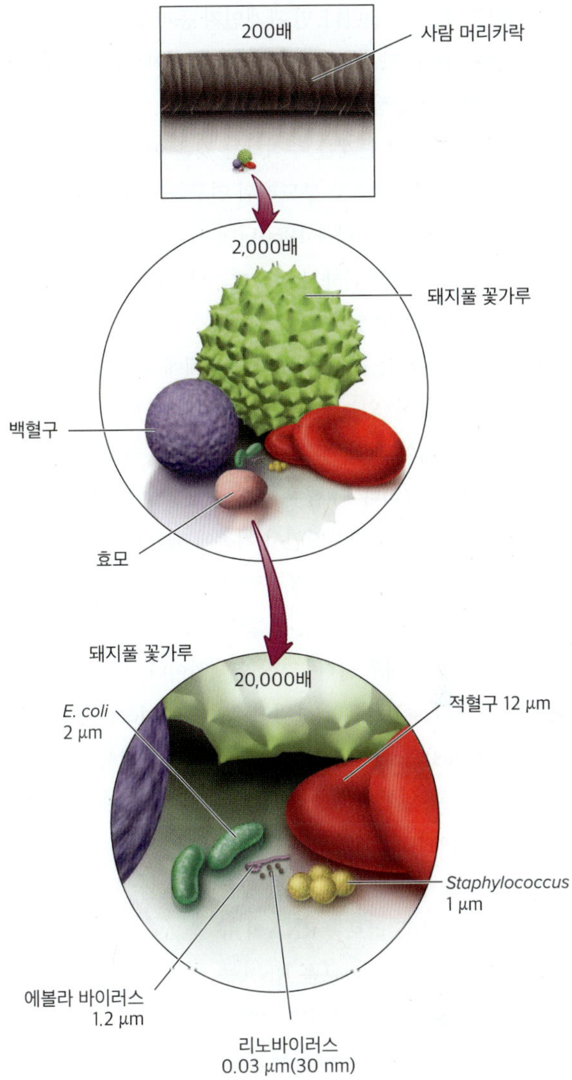


**그림 4.26 세균의 크기.** 세균의 크기는 광학현미경으로도 간신히 관찰할 수 있을 만큼 매우 작은 것(0.2 μm)부터 수천 배나 큰 것까지 매우 다양하다. 구균은 일반적으로 지름 0.5~3.0 μm, 간균은 지름 0.2~2.0 μm에 길이 0.5~20 μm이다. 세균의 크기와 진핵세포와 바이러스의 크기를 비교한 이 그림은 각각의 평균적인 크기를 바탕으로 그려졌다.

적으로 존재한다. 일반적인 세포 크기의 비교는 그림 4.26에서 확인할 수 있다.

**핵심 점검 4.5**

27. 기본 형태에 따라 세균을 분류하시오.
28. 나선균과 스피로헤타의 차이점은 무엇인가?
29. 비브리오와 구형간균은 무엇인가?
30. 다형성에 대해 설명하고, 다형성을 가지는 세균의 예를 드시오.
31. 세균의 형태를 설명하는 간균(bacillus)과 세균의 한 종류인 *Bacillus* 속은 어떠한 차이가 있는가? 마찬가지로, 포도상구균(staphylococcus)과 *Staphylococcus* 속은 어떻게 다른가?
32. 다양한 형태의 세균을 크기에 따라 나열하고, 바이러스, 진핵세포와 그 크기를 비교하시오.

## 4.6 원핵생물의 분류체계: 세균과 고세균

**학습목표**

24. 원핵생물 연구에서 분류와 분류학의 목적을 설명한다.
25. 세균을 분류하는 데 사용되는 특징을 설명한다.
26. 세균분류학의 기본적인 체계를 파악한다.
27. 세균에 있어 종(species)과 아종(subspecies)의 개념을 이해한다.

분류체계는 학문적인 의미도 갖고 있으나 실용적인 측면에서 의미하는 바가 매우 크다. 분류체계는 의학미생물학이나 응용미생물학에서 알려지지 않은 종을 식별하는 데 매우 중요하며, 세균의 진화적 기원(어떤 세균이 선행되었는지, 서로 얼마나 먼 관계인지 등과 같은 세균 간 관계)을 연구하는 수단이 된다. 약 200년 전 세균의 분류가 시작된 이래로 수천 종의 세균과 고세균이 동정, 명명, 분류됐다.

세균의 기원과 진화적 관계를 추적하는 것은 어려운 일이었다. 세균은 일반적으로 작고 상대적으로 부드러워 연구에 필요한 화석을 쉽게 발견할 수 없었기 때문이다. 그러나 1960년대 이후, 과학자들이 수십억 년 된 생물의 화석을 수차례 발견하기 시작했는데, 이것이 현존하는 세균과 매우 유사한 모양을 가지고 있음을 확인했다.

분류학자들을 괴롭히는 질문 중 하나는 관계에 있어 조상과의 유연관계를 나타내는 신뢰할 수 있는 특징은 무엇인가라는 것이다. 초기 세균학자들은 세균의 형태와 배열, 성장과 관련한 특성, 주된 서식지 등으로 세균을 분류해 왔다. 그러나 더 많은 종류의 세균이 발견되고 생화학적 분석이 가능한 연구기술이 개발되면서 기존에 세균을 분류해 왔던 방법이 세균 간 연관성을 나타내는 데 효과적이지 않다는 것이 밝혀졌다. 그람 음성의 간균은 외형은 유사하나, 생화학적 특징이나 유전적인 측면에서 차이를 가지는 종이 매우 많다. 그람 염색성이나 세균 형태만으로 세균을 분류하면 강(class)보다 더 하위체계인 목(order), 과(family), 속(genus), 종(species)으로는 세균을 분류할 수 없을 것이다. 결과적으로 현재는 현미경으로 확인할 수 있는 세균의 외형보다는 유전적 특징이나 분자생물학적 특성에 따라 세균을 분류하고 있다.

진화적 연관성을 설명할 때 가장 잘 활용되는 특성 중 하나는 16S 리보솜 RNA의 뉴클레오티드 서열이다. 16S 리보솜 RNA는 리보솜 중 작은 소단위체의 일부이며 서열의 변화가 매우 더디게 발생하기 때문에 활용하기 적합하다(진화생물학자는 서열의 변화가 더디다는 것을 서열이 잘 보존됐다고 설명한다). 두 미생물 간의 16S 리보솜 RNA 서열을 비교했을 때, 서열의 차이가 많을수록 두 미생물은 진화적으로 멀리 떨어져 있음을 의미한다. 반대로 서열의 차이가 적으면 두 미생물은 진화적으로 가깝다, 연관성이 깊다고 말할 수 있다. 이러한 방식으로 RNA 서열을 분석하면 그림 1.14와 4.27과 같은 계통수를 도출할 수 있다.

일반적으로 미생물학자가 세균을 종, 속의 수준까지 동정할 때는 형태적 특징(현미경 수준, 집락 형태 등)뿐만 아니라, 세균의 생리학적 또는 생화학적 특성, 혈청학적 분석 결과, 유전학 기술을 통한 결과를 활용한다(17장과 부록 표 C.1 참조). 이러한 분석을 종합하면 각 세균에 대한 고유한 프로필을 작성할 수 있다. 현재는 세균 동정 시스템이 자동화되고 컴퓨터화돼 분석 결과의 처리와 최적화가 용이하며, 이는 '정확한 동정'을 가능하게 한다. 모든 세균이 동일한 방법으로 동정되는 것은 아니며, 어떤 세균은 그들이 가지는 지방산의 종류를 분석하는 특수한 기술로도 충분히 동정할 수 있다. 일부는 그람 염색과 몇 가지 생리학적 검사로 동정할 수 있다. 또 일부는 여러 가지 형태학적·생화학적·유전학적 분석을 요구한다.

## 원핵생물의 분류학: 진행 중인 연구 분야

원핵생물을 분류하는 방법은 정립돼 있는 것이 없다. 새로운 정보가 업데이트되고 분석 기술이 개발됨에 따라 유동적일 수밖에 없다. 세균의 분류에 있어 전통적으로 널리 참고하고 있는 서적은 《Bergey's Manual of Systematic Bacteriology》인데, 이것은 모든 미생물학 연구실에서 수집된 100년간의 자료를 서적으로 엮은 것이다(세균뿐만 아니라 고세균도 포함). 초기에 출판된 매뉴얼을 살펴보면 그람 염색과 당 대사반응과 같은 단순한 특성에 의존하는 표현론적(phenotypic) 분류방법을 통해 세균을 분류했다. 21세기 들어 유전정보를 활용해 세균을 분류하는 기술이 발달·보편화됨에 따라 매뉴얼 2판에서의 세균의 분류는 **계통학적**(phylogenetic) 분류방법을 통해 이루어졌다(그림 4.27). 아직까지도 분류학은 진행 중인 연구 분야기 때문에 매뉴얼은 완전히 온라인으

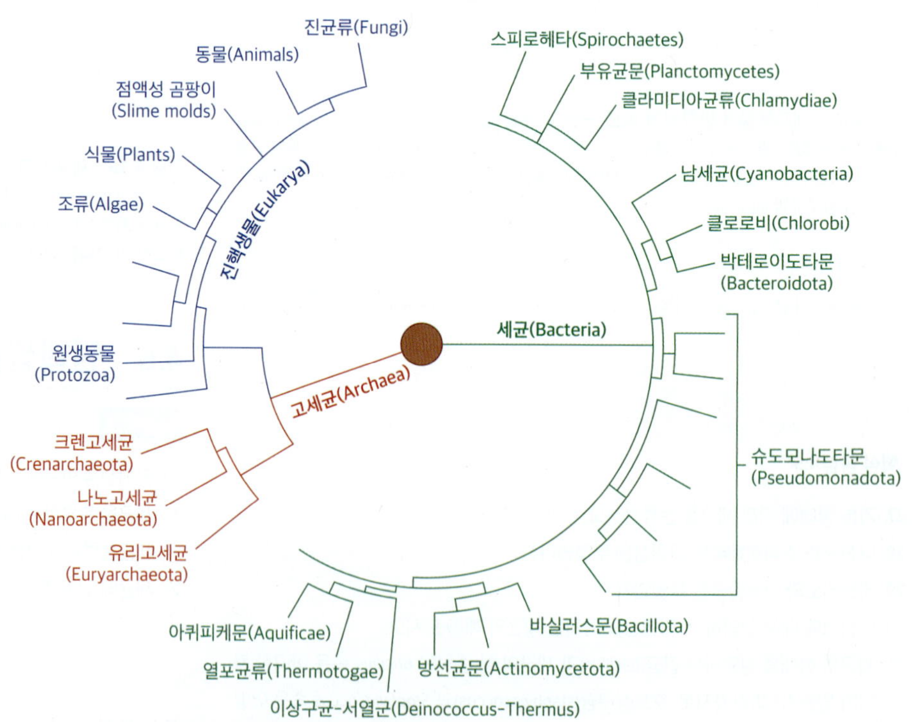


**그림 4.27** 리보솜 서열분석을 통해 작성된 생물 분류의 기본 체계. 이 그림은 세균 역(domain, 초록)과 고세균 역(빨강)에 있는 주요 문(phyla)을 표현한다. 가지(branch)는 각 분류군의 기원을 의미하는데, 가지의 위치는 각 문의 상대적인 진화적 거리를 의미한다. 비교를 위해 진핵생물 역(파랑)의 주요 분류군을 표시했다.

로 이전돼 관리되고 있으며, 현재는 《Bergey's Manual of Systematics of Archaea and Bacteria》로 명칭을 바꿔 새로운 기술을 적용해 새롭게 분류되는 종을 업데이트하고 있다. 매뉴얼 2판은 대부분의 연구실에서 여전히 필수적으로 활용하고 있으므로, 종종 예시로 사용될 예정이다. 이 매뉴얼은 원핵생물을 5개의 주요 하위 그룹과 25개의 다른 문(phylum)으로 분류하고 있으며, 인간에게 질병을 일으켜 의학적으로 중요하게 여겨지는 약 250종은 문 7~8개에서 발견된다.

표 4.3은 원핵생물의 주요 분류체계를 나타내는데, 여기에는 주요 분류군의 특성에 대한 개요와 대표종(A~O) 등이 제시돼 있다. 더 자세한 내용은 부록 표 C.2를 참고하자.

### 의학적 활용을 위한 세균 분류

많은 병원미생물학자는 의학적 활용(진단, 치료 등)을 위해 주요 계통과 속을 개략적으로 설명하는 비공식적인 분류방법을 선호한다(표 4.4). 이 방법은 주로 표현형적 특성에 의존하며, 질병의 원인이 되는 병원성 미생물에 국한돼 사용된다. 병원성 미생물을 그람 양성, 그람 음성, 세포벽이 없는 균으로 나누고 세포의 형태 및 배열과 산소요구도 같은 생리적 특성에 따라 하위 그룹으로 나눈다. 호기성 세균은 대사에 산소를 사용하는 세균이며 혐기성 세균은 반대다. 통성혐기성 세균은 산소를 사용하거나 사용하지 않는 세균이다. 근연종(closely related genera and species)을 구분하는 데 필요한 추가적인 검사는 표에 제시하지 않았으며, 이는 후속 장에 포함돼 있다.

### 세균의 종과 아종

대부분 생물의 **종**(species)은 뚜렷하고 쉽게 정의될 수 있다. 동물을 예로 든다면, 서로 교배해 자손을 번식할 수 있는 생물 유형을 같은 종으로 간주한다. 그러나 세균은 동물과 다르게 기본적으로 무성생식을 하기 때문에 이러한 정의가 보편적으로 적용될 수 없다. 세균은 같은 종이 아니더라도 DNA를 수용할 수 있으며, 다양한 기작을 통해 유전정보를 바꿀 수도 있다(유전자 재조합 등). 따라서 세균에서 '종'이라는 개념을 사용하기 위해서는 새로운 정의가 필요하다. 이론적으로 같은 종으로 묶이는 세균은 전반적으로 유사한 특성을 공유하며, 다른 종과는 그 특성이 확연하게 다르다. 하나의 속(genus)에서 2개의 유사한 종을 구분하는 경계는 다소 불분명하나, 이 정의는 여전히 세균을 연구하는 데 유효하게 사용됐다.

한 종에 속한 개체는 어떠한 이유에 의해 변이가 발생할 수 있는데, 미생물학자들은 이러한 종의 하위 그룹을 **아종**(subspecies), **균주**(strain), 또는 **형**(type)이라고 말한다. 개의 품종을 떠올려 보자. 푸들과 그레이트 데인은 모두 같은 종이지만 분명히 다르다. 세균에게도 동일하게 적용된다. *Serratia marcescens*는 적색 색소를 생성하는 세균으로 알려져 있지만 색소를 생성하지 않는 균주도 있다. *Pseudomonas fluorescens*는 편모가 있거나 없다. **혈청형**(serotype)은 같은 종에 속하지만 다른 균주들이 가지고 있지 않은 특별한 표면 분자를 가지고 있는 균주를 말하는데, 이 표면 분자 덕분에 항체를 사용해 혈청형을 동정할 수 있다.

**핵심 점검 4.6**

33. 세균 분류과정에 주로 활용되는 특성은 무엇인가?
34. 세균을 문(phylum) 수준으로 구분하기 위해 가장 중요시되는 특성은 무엇인가?
35. 세균의 종(species)을 정의하고, 종의 하위 분류군을 나타내는 명칭을 세 가지 이상 제시하시오.

## 4.7 특이한 특징을 가진 원핵생물

**학습목표**

28. 다양한 광합성 세균을 구분한다.
29. 절대 세포내 기생성 세균의 특성을 이해한다.
30. 고세균의 일반적인 특징을 설명한다.
31. 세균 역과 진핵생물 역, 고세균 역을 비교한다.
32. 극한의 환경에서 적응하고 서식하는 고세균의 생존 특성을 이해한다.

지금까지는 우리가 상상할 수 없을 정도의 다양한 종류의 세균이 여러 서식지에서 그들만의 생존 특성과 행동방식을 가지며 살아가고 있다는 것을 확인했다. 그러나 여전히 발견의 초기 단계다. 아직도 지구상에는 개척되지 않은 부분이 있으며 이것을 조사할수록 새로운 미생물이 등장하고, 이들의 적응력과 중요성이 밝혀져 놀라움을 준다. 이처럼 다양한 생물체에 대해 공정하게 다루려면 더 많은 지면이 필요하나, 여기서는 좀 더 두드러지고 특이한 일부만 선택해 다룰 예정이다. 의학적으로 중요하거나 생태학적으로 중요한 세균들 일부에 대해 설명하고자 한다. 여기에 언급된 많은 세균은 지금까지 언급된 세균의 전형적인 형태와는 현저히 다른 형태를 가질 수 있다(**4.1 연결고리 찾기** 참조).

### 독립생활을 하는 비병원성 세균

#### 광합성 세균

대부분의 세균은 필요한 영양물질을 다른 생물로부터 얻어 내는 종속영양생물이다. 이와 달리 광합성 세균은 독립영양생물로, 빛에너지를 흡수하는 특수한 색소체를 갖고 있어 빛에너지와 간단한 무기화합물로부터 필요한 영양물질을 합성할 수 있다. 광합성 세균은 일반적으로 두 가지 유형이 있으며, 하나는 광합성 과정에서 산소를 생산하는 것이고, 다른 하나는 산소 대신 황 과립이나 황산염 같은 물질을 생산하는 것이다.

**표 4.3** 《Bergey's Manual》 2판에 수록돼 있는 원핵생물의 주요 분류체계(부록 표 C.2 참조)

**1권 고세균 역(Domain Archaea)** 특이한 형태, 생태, 영양 요구도를 가진 원핵생물이 포함돼 있다. 이들 중 다수는 고온(hyperthermophiles), 고염(halophiles), 강산(acidophiles), 고압 또는 무산소(anaerobic) 환경 같은 극한의 환경에서 서식한다. 이러한 특성 덕분에 지구 환경의 물질(자원) 순환에서 중요한 역할을 담당하기도 한다(자세한 내용은 4.7절에서 설명).

**Crenarchaeota 문** 성장에 황(sulfur)이 필요하며, 이에 따라 주 서식처는 뜨거운 산성의 황 연못, 심해의 열수분출구 등이다. 추운 서식지에 적응한 종도 있다(우측의 그림 A와 그림 4.33 참조).

**Nanoarchaeota 문** 소금 광산과 동굴에서 새로 발견된 매우 작은 고세균이다(뒤의 **4.1 연결고리 찾기** 참조).

**Euryarchaeota 문** 고세균 중 가장 잘 알려진 분류군. 메탄을 생성하거나(메탄생성균), 고염분을 요구하는 종(halobacteria 또는 호염균), 고온에서 생존하는 종(thermophiles), 황화합물을 환원시키는 종 등이 포함된다. 대표적인 종으로 *Methanocaldococcus*(우측의 그림 B)가 있다.

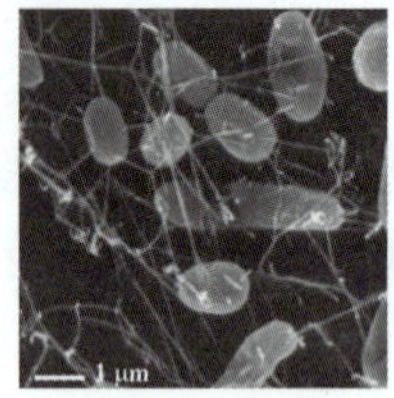


A. 아직 밝혀지지 않은 Crenarchaeotes 문에 속하는 고온성 미생물로, 71℃에 육박하는 심해 열수분출구 인근에서 서식한다. (출처: West Coast and Polar Regions Undersea Research Center, UAF/NOAA)

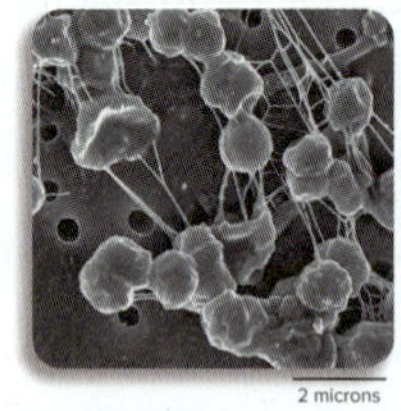


B. *Methanocaldococcus*—심해 열수분출구의 끓는점에 가까운 고온의 해수에 서식한다. (출처: Maryland Astrobiology Consortium, NASA and STScI)

**1권 세균 역(Domain Bacteria) I** 현존하는 가장 오래된 진화적 계통으로 간주되며, 광합성 세균과 기타 진화학상 초기에 출현해 지금까지 남아 있는 세균을 포함한다. 세부적으로는 광합성 세균(남세균), 고온성 세균(thermophiles), 방사선 내성균, 호염성 세균(halophiles), 황환원세균 등이 포함된다.

**Aquificae 문** 수중 화산에 서식하는 크기가 작은 고온성 간균이 포함된다.

**Thermotogae 문** Aquificae 문과 유사하다. 심해 분출구에 서식하는 고온성 호염 세균이 포함된다. 대표적으로 *Desulfurobacterium*(우측의 그림 C)이 있다.

**Chlorobi 문** 녹색의 황세균이라고도 알려져 있으며, 호수와 연못의 진흙 층에 서식하는 혐기성 세균으로, 광합성을 하고 황화물(sulfide)을 대사한다.

**Deinococcus-Thermus 문** 토양과 담수에서 주로 서식하는 세균으로, 방사선과 건조에 강한 구균부터 온천과 같은 온도가 높은 수생 서식지에서 사는 간균까지 다양한 구성원을 가진다. 그림 4.18에서 이 문의 한 종류인 *Deinococcus*를 볼 수 있다.

**Cyanobacteria 문** 수생 서식지, 토양에서 발견되는 매우 흔한 광합성 세균으로, 종종 식물, 균류 및 기타 유기체와 공생하기도 한다. 색상은 청록색, 녹색, 노란색, 빨간색, 주황색을 띠며, 우측의 그림 D는 이 문의 대표종인 *Gloeotrichia*이다(자세한 내용은 4.7절 참조).

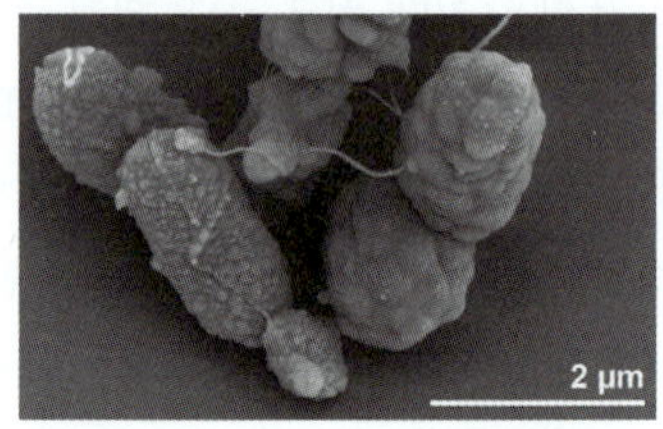


C. *Desulfurobacterium*—황화합물을 환원시키는 작은 혐기성의 호염성 간균. (출처: From Goker, M., et al. (2011). Complete genome sequence of the thermophilic sulfur-reducer Desulfurobacterium thermolithotrophum type strain (BSAT) from a deep-sea hydrothermal vent. *SIGS*, 5,3, Fig. 2)

D. *Gloeotrichia*—호수나 연못에서 부유생활을 하는 남세균의 일종으로 방사형 섬유상의 집락을 형성한다. (출처: Barry H. Rosen, PhD/USGS)

**2권 세균 역(Domain Bacteria) II** 3권, 4권, 5권에서 다루는 문(phylum)과 함께 의학적으로 영향력이 가장 큰 세균에 대해 다룬다.

**Pseudomonadota 문** 확인된 세균 종이 2,000개가 넘을 정도로 매우 다양한 종의 세균을 가지고 있으며, 5개의 강(class)으로 구성돼 있다. 모두 그람 음성 세균이라는 공통점이 있으나, 다양한 형태와 서식처, 생리적 특징을 가진다. 의학적으로 중요한 종에는 절대 기생체인 리케차와 *Neisseria*, 동물의 장내에 서식하는 여러 장내세균(*Escherichia coli*, *Salmonella* 등), *Vibrio* 속이 있다. 또한 다세포생물과 같이 세포가 서로 응집해 자라는 특이한 생활사를 가진 myxobacteria라는 세균도 있다(그림 4.30 참조. 예시는 아래의 그림 E, F, G 참조).

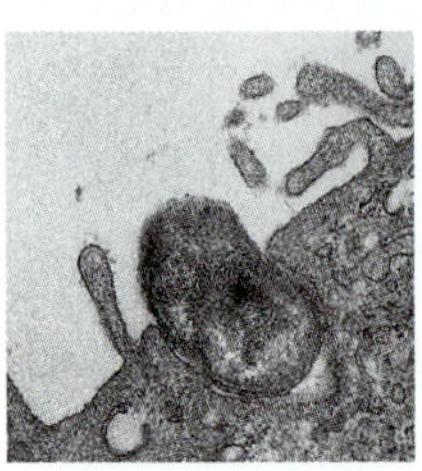

E. 로키산 홍반열을 유발하는 *Rickettsia rickettsii*가 숙주세포에 삼켜지고 있다. (출처: Dr. Edwin P. Ewing, Jr./CDC)

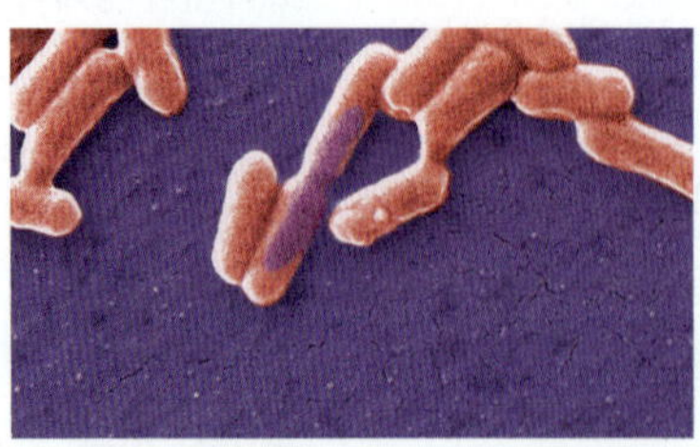

F. *Escherichia coli* O157:H7—주요 식중독 세균으로 알려져 있다. (출처: Janice Carr/CDC)

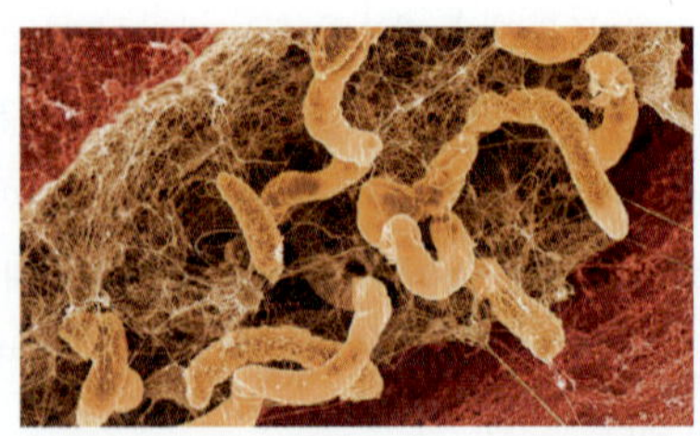

G. 비브리오 형태를 가진 호열성의 *Desulfovibrio*가 연못에서 생물막을 형성하며 살아가고 있는 모습. (출처: Pacific Northwest National Laboratory)

**표 4.3** (계속)

**3권 Bacillota 문** 대부분 그람 양성 세균으로 구성돼 있으며 낮은 G+C 함량*(50% 미만)을 가진다. 3개의 강(class)이 있고, 매우 다양한 특징을 보이며 일부는 병원성이 있다. 내생포자를 형성하는 *Bacillus* 속과 *Clostridium* 속도 이 문에 속하며, 중요한 병원성 세균으로 여겨지는 종들은 *Staphylococcus* 속과 *Streptococcus* 속에서 주로 발견된다. 세포벽을 갖고 있지는 않지만 mycoplasmas는 유전적 상관성이 Bacillota 문과 유사해 이 문에 속하게 됐다(우측의 그림 H와 I 참조).

H. *Bacillus anthracis*—적혈구(붉은색) 옆에 간균의 형태로 관찰된다. (출처: Arthur Friedlander)

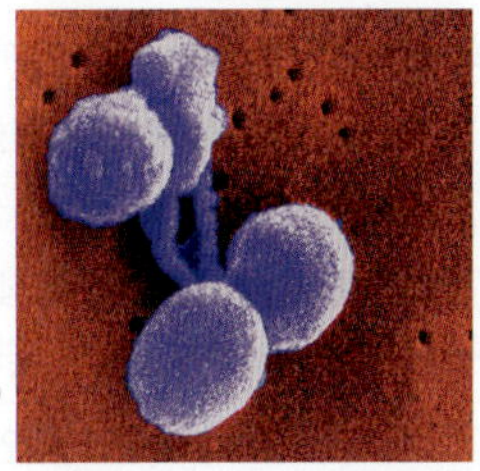

I. *Streptococcus pneumoniae*—이 종은 쌍구균의 형태로 배열돼 있다. (출처: Janice Carr/CDC)

**4권 Actinomycetota 문** 높은 G+C 함량(50% 이상)을 가진 그람 양성 세균이 포함되며, 이 문에 속하는 세균의 종류는 많지는 않지만 생활사와 형태가 매우 다양하다. 주목할 만한 세균으로는 가지형 균사를 형성하는 Actinomycetes와 포자를 형성하는 일부 Streptomycetes, *Corynebacterium* 속(그림 4.24 참조), *Mycobacterium* 속, *Micrococcus* 속이 있다(우측의 그림 J와 K 참조).

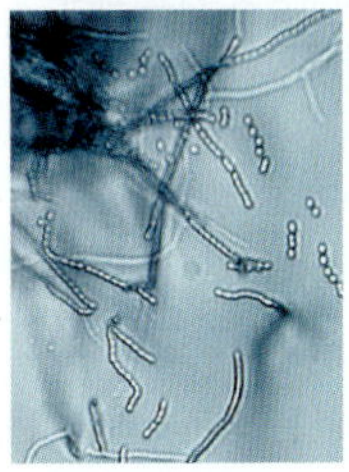

J. *Streptomyces* 속—주로 토양에 서식하며, 종종 항생제를 생산하기도 한다. (출처: Dr. David Berd/CDC)

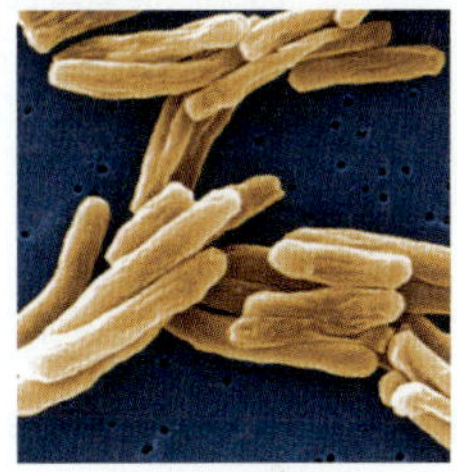

K. *Mycobacterium tuberculosis*—결핵을 유발하는 병원성 세균이다. (출처: Janice Carr/CDC)

**5권** 9개의 문을 포함하는 권으로, 모두 그람 음성의 특징을 가지고 있으나 이 외의 특성은 매우 다양하다. 아래에 대표적인 세균이 예시로 나와 있다.

**Chlamydiae 문** 숙주세포 내에서 증식하는 절대 세포내 기생체의 또 다른 무리로 크기가 매우 작고 고유한 증식방법을 가진다. 눈, 생식기관, 폐 등에서의 질병을 유발하며, 대표 속으로는 *Chlamydia* 속이 있다(우측 그림 L).

**Spirochetes 문** 형태와 이동방식에서 다른 세균과 매우 구별된다. 주변세포질 편모를 통해 세포가 뒤틀리듯 움직이며, 동물과 원생동물, 담수, 해수, 심지어 진흙탕 습지 등 다양한 서식지에 존재한다. 중요한 속으로는 *Treponema* 속(우측의 그림 M)과 *Borrelia* 속(그림 4.23e 참조)이 있다.

**Planctomycetes 문** 담수와 해수에서 발견되며, 출아법에 의해 번식한다. 이 문의 많은 종류가 기질에 부착하기 위해 줄기와 같은 독특한 돌출형 구조(stalk)를 가진다. 다른 원핵생물들과 달리 DNA 주위에 막이 있고 막으로 둘러싸인 특수한 세포내 구획을 가지고 있다. 이로 인해 진핵생물의 원시세포와 유사한 특성을 가지고 있을 것이라 추측된다. 그 예로 *Gemmata* 속(우측 그림 N)이 있다.

**Bacteroidota 문** 토양, 퇴적물, 물 등 다양한 서식지에 널리 분포하는 그람 음성의 혐기성 간균이며, 동물의 장내에서도 흔히 발견되는 상재균으로도 알려져 있다. 가까운 분류군으로 Fibrobacteres 문과 Chlorobi 문이 있다. 인간의 장 기능에 유익한 중요한 역할을 하기도 하고, 일부는 구강과 장에 감염을 유도해 질병을 일으키기도 한다. 주요 속은 *Bacteroides* 속(그림 O)이 있다.

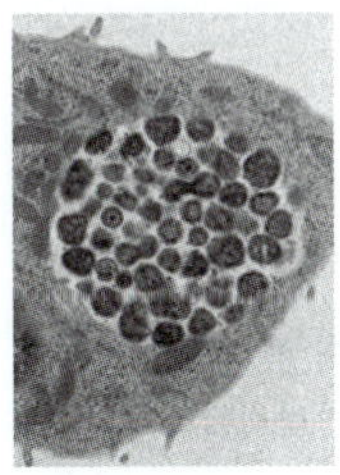

L. *Chlamydia*에 감염된 숙주세포를 관찰해 보면, 다양한 발생단계에 있는 *Chlamydia* 세포가 액포(vacuole)에 갇혀 있는 것을 볼 수 있다. (출처: Borel, N., et al. (2010). Mixed infections with Chlamydia and porcine epidemic diarrhea virus-A new in vitro model of chlamydial persistence. *BMC Microbiol.*, *10*,201, Fig. 3a)

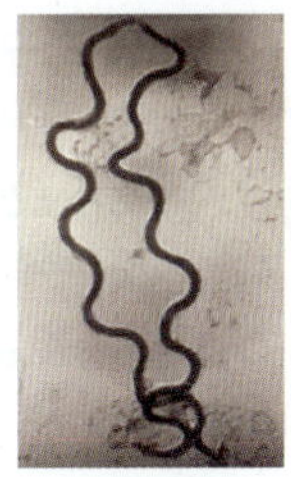

M. *Treponema pallidum*—매독을 유발하는 스피로헤타의 한 종류. (출처: Joyce Ayers/CDC)

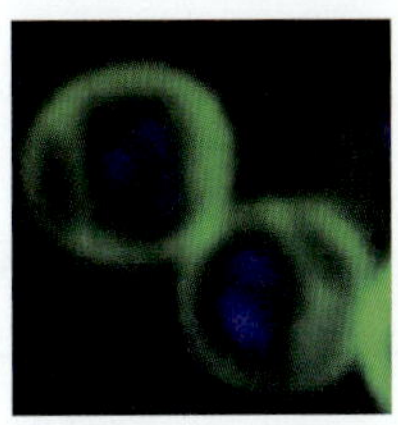

N. *Gemmata*—출아법을 통해 증식하는 세포를 형광현미경을 통해 관찰한 모습. 푸른색의 커다란 핵양체도 함께 볼 수 있다. (출처: Lee, K.-C., Webb, R., & Fuerst, J. A. (2009). The cell cycle of the planctomycete Gemmata obscuriglobus with respect to cell compartmentalization. *BMC Cell Biol.*, *10*,4, Fig. 3i; NCBI)

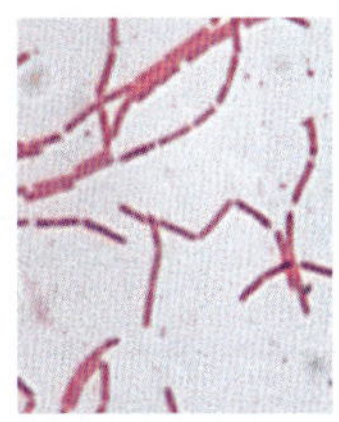

O. 장내 감염을 유발하는 *Bacteroides*의 일종. (출처: V.R. Dowell/CDC)

* G+C 함량: DNA가 가지는 염기 중 구아닌(guanine, G)과 시토신(cytosine, C)의 구성비율을 백분율로 나타낸 것. G+C 함량은 변화가 적어 미생물 간 상관성을 분석할 때 주로 사용되는 지표다. G+C 함량이 차이가 큰 세균은 유전적으로 연관되어 있을 가능성이 적다. G+C 함량은 세균의 분류에 부분적으로 사용된다.

**표 4.4** 의학적으로 중요한 과(Family)와 속(Genus)의 세균*

**I. 그람 양성 세균(Firmicutes 문과 Actinobacteria 문)**

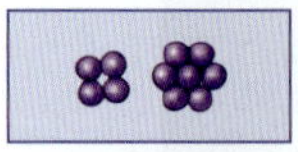

**호기성 또는 통성혐기성 구균**
Staphylococcaceae 과의 *Staphylococcus* 속(종기 및 피부 감염)

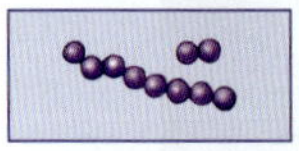

**쌍구균 또는 연쇄상구균**
Streptococcaceae 과의 *Streptococcus* 속(인후염 및 치아우식증)

**혐기성 쌍구균, 사연구균, 또는 불규칙한 배열을 갖는 구균**
Peptococcaceae 과의 *Peptococcus* 속과 *Peptostreptococcus* 속(상처 감염과 연관)

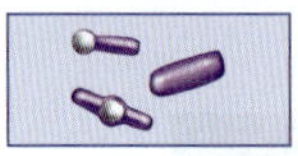

**내생포자 생성 간균**
Bacillaceae 과의 *Bacillus* 속(탄저병), *Clostridium* 속(파상풍, 가스 괴저, 보툴리누스증 등), *Clostroides* 속(클로스트리디움 디피실 감염증)

**내생포자 비생성 간균**

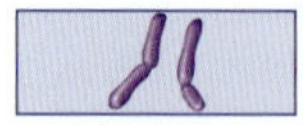

Lactobacillaceae 과의 *Lactobacillus* 속, *Listeria* 속(식중독 세균), *Erysipelothrix* 속[유사단독(erysipeloid)]

Propionibacteriaceae 과의 *Propionibacterium* 속(여드름과 연관)

Corynebacteriaceae 과의 *Corynebacterium* 속(디프테리아)

Mycobacteriaceae 과의 *Mycobacterium* 속(결핵, 한센병)

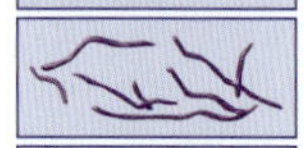

Nocardiaceae 과의 *Nocardia* 속(폐농양)

Actinomycetaceae 과의 *Actinomyces* 속(치주염)

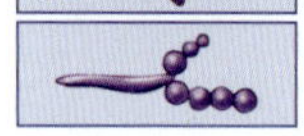

Streptomycetaceae 과의 *Streptomyces* 속(항생제 생산의 주요 세균)

**II. 그람 음성 세균(Proteobacteria 문, Bacteriodetes 문, Fusobacterium 문, Spirochaetes 문, Chlamydiae 문)**

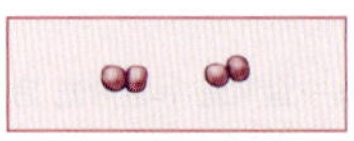

**호기성 구균**
Neisseraceae 과의 *Neisseria* 속(임질, 뇌막염 유발)

**호기성 구형간균**
Moraxellaceae 과의 *Moraxella* 속, *Acinetobacter* 속

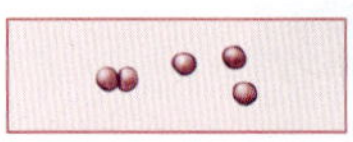

**혐기성 구균**
Veillonellaceae 과의 *Veillonella* 속(치주염)

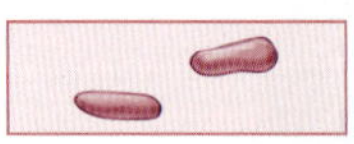

**호기성 간균**
Pseudomonadaceae 과의 *Pseudomonas* 속(폐렴, 화상 감염)

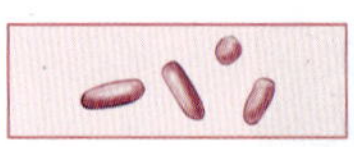

기타 *Brucella* 속(파상열), *Bordetella* 속(백일해), *Francisella* 속(야토병), *Coxiella* 속(큐열), *Legionella* 속(레지오넬라증)

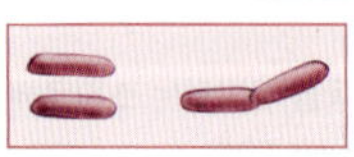

**통성혐기성 간균 및 비브리오균**
Enterobacteriaceae 과의 *Escherichia* 속, *Edwardsiella* 속, *Citrobacter* 속, *Salmonella* 속(장티푸스), *Shigella* 속(이질), *Klebsiella* 속, *Enterobacter* 속, *Serratia* 속, *Proteus* 속, *Yersinia* 속(한 종이 감염병을 일으킴)

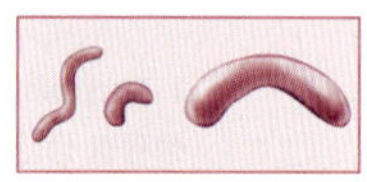

Vibronaceae 과의 *Vibrio* 속(콜레라, 식중독)
Campylobacteraceae 과의 *Campylobacter* 속(장염)
Helicobacteraceae 과의 *Helicobacter* 속(위궤양)

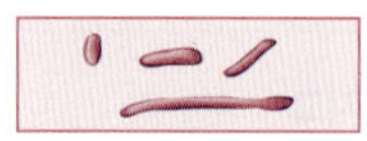

기타 *Flavobacterium* 속, *Haemophilus* 속(수막염), *Pasteurella* 속(파스튜렐라증), *Streptobacillus* 속

**혐기성 간균**
Bacteroidaceae 과의 *Bacteroides* 속, *Fusobacterium* 속(혐기성 상처와 치주염)

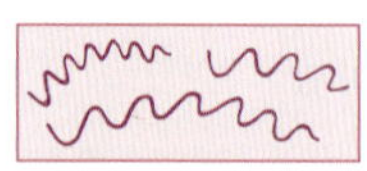

**나선균**
Spirochaetaceae 과의 *Treponema* 속(매독), *Borrelia* 속(라임병), *Leptospira* 속(신장 감염, 렙토스피라증)

**절대세포내 기생성 또는 기생성**
Rickettsiaceae 과의 *Rickettsia* 속(로키산 홍반열)
Anaplasmataceae 과의 *Ehrlichia* 속[인간 에를리히증(human ehrlichosis)]

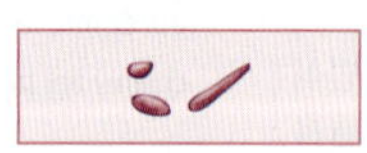

Chlamydiaceae 과의 *Chlamydia* 속(성병)
Bartonellaceae 과의 *Bartonella* 속(참호열, 고양이찰과상감염증)

**III. 세포벽이 없는 세균(Mollicutes 강)**
Mycoplasmataceae 과의 *Mycoplasma* 속(폐렴), *Ureaplasma* 속(요로 감염)

* 병원체 관련 질병은 다른 장에서 자세히 설명할 것이다.

## 남세균: 경이로운 미생물

**남세균**(cyanobacteria, 시아노박테리아)은 Cyanobacteria 문에 속하는 그람 음성의 **광영양**(phototrophic)* 세균으로, 지구상에서 우점하고 있으며, 지구 생태계에 많은 기여를 해 왔다. 아마도 약 30억 년 전부터 존재해 왔을 것으로 추정되는데, 초기 세포의 흔적을 스트로마톨라이트(stromatolites)라고 불리는 화석에서 찾을 수 있다(그림 4.28b1, b2). 진화 미생물학자들은 남세균이 지구상 최초의 광합성 생물체였고 이들

* 문자 그대로 '빛으로 영양활동을 한다'는 의미.

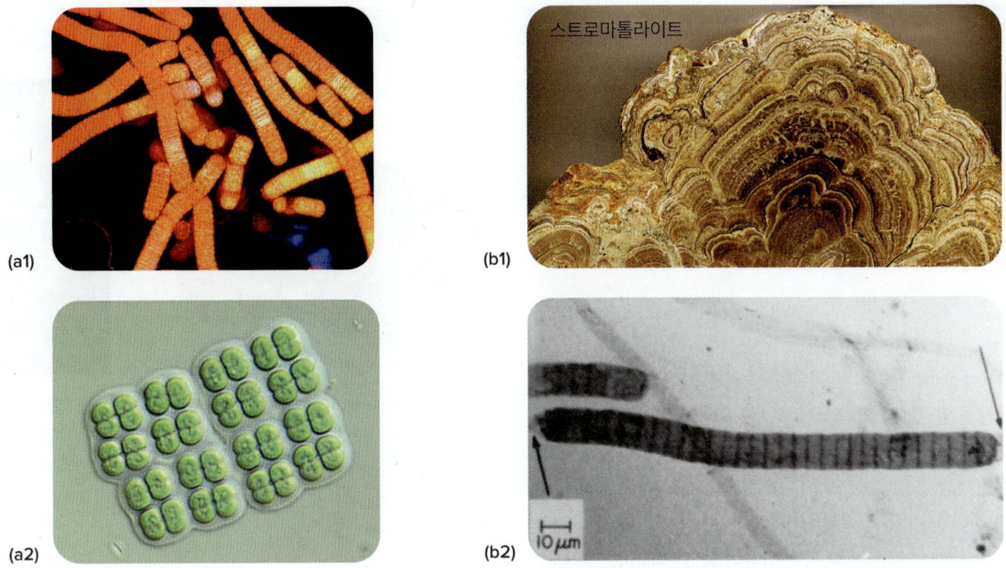


**그림 4.28** 남세균의 특징. (a) 남세균의 다양한 색상과 배열. (1) *Trichodesmium*은 지구상에서 유영하는 광합성 세균 중 우점종을 이루고 있다. (2) *Merismopedia*는 규칙적으로 배열된 세포 덩어리 주변에 끈적끈적한 외피를 갖고 있다. (b) 진화 초기에 나타난 남세균의 흔적. (1) 스트로마톨라이트의 단면은 10억 년 전에 켜켜이 쌓인 남세균의 생물막 층을 보여 준다. (2) 시베리아에서 발견된 10억 년 된 섬유상의 남세균 화석. (출처: Angelicque E. White; Jason Oyadomari; Richard Behl, California State University, Long Beach; J. William Schopf/UCLA)

이 광합성을 통해 무산소 상태였던 지구에 산소를 공급해 주었으며, 이로 인해 호기성 진핵생물의 진화가 가능해졌다고 얘기한다. 남세균으로 진핵생물의 진화를 설명하는 이유는 진핵생물의 종류인 조류(algae)와 식물이 갖고 있는 엽록체 때문이다. 이들의 엽록체를 유전적으로 분석해 보면, 현존하는 남세균 중 아주 오래된 남세균의 일부분과 매우 유사함을 확인할 수 있으며, 세포내 공생관계를 통해 남세균의 일부가 엽록체로 진화한 것으로 추측한다(5장 참조). 숲의 녹음, 옥수수 밭의 푸른빛은 수십억 년 전에 광합성을 하는 진핵생물의 일부가 된 이 작은 남세균으로부터 온 것이다. 만약 남세균이 없었다면 지구는 완전히 다른 행성이 되었을지도 모른다.

남세균은 분포와 형태가 매우 다양한데, 이들은 바다나 온천, 남극의 얼음 등 모든 수생 환경에서 생존할 수 있으며, 토양에서도 발견된다. 이처럼 서식지가 매우 광범위하기 때문에 전 세계적으로 1차 생산에 있어 매우 중요하다. 두 종류의 남세균(*Prochlorococcus* 속과 *Trichodesmium* 속)이 해양에서 1차 생산량의 30~40%를 차지하고, 산소 생산량의 50%를 담당한다. 이들은 질소 순환에도 중요한 역할을 하는데, 질소 기체($N_2$)를 식물이 사용할 수 있는 암모늄($NH_4^+$)으로 전환할 수 있는 미생물로서 매우 중요한 기능을 담당하고 있다.

남세균은 구균, 간균, 나선균 등의 다양한 형태로 존재하며, 섬유상이나 덩어리 형태, 병풍 형태 등 배열 또한 다양하다. 뿐만 아니라 젤라틴으로 이루어진 외피(sheath)를 갖고 있기도 하다(그림 4.28a1, a2). 주된 광합성 색소체는 녹색의 엽록소 *b*(chlorophyll *b*)와 청색의 피코시아닌(phycocyanin)이며, 황색, 주황색, 붉은색의 색소체를 가진 종류도 있다.

개별 세포 내에는 내막으로 이루어진 **틸라코이드**(thylakoids)라는 특수한 구역이 있는데, 이곳에 색소체가 있어서 광합성이 일어난다. 남세균은 세포가 수면 가까이 떠 있어 광합성이 촉진될 수 있도록 돕는 기체 소낭(gas vesicles)을 가지고 있다. 때때로 남세균은 수생 환경에서 과도하게 증식해 녹조 등을 유발하면서 어류와 같은 수생동물에게 해롭게 작용하기도 하며, 일부는 독소를 생성해 질병을 유발할 수 있으나 의학적으로 중요하게 여겨지지는 않는다.

## 녹색 및 자주색의 황세균

녹색 및 자주색 세균도 광합성을 할 수 있는 색소체를 갖고 있다. 이들은 남세균과 다른 색소체를 가지며, 세균엽록소(bacteriochlorophyll)라고 한다. 세균엽록소를 통한 광합성은 산소를 생성하지 않는다. 이 세균은 황을 함유하는 온천이나 담수호, 늪지 등의 무산소 환경이 조성될 만큼 깊으나 빛은 충분히 흡수할 수 있어 광합성이 가능한 부분에 서식한다(그림 4.29). 이 세균의 이름은 주로 가지고 있는 색소체로부터 유래되었으나, 갈색, 분홍색, 보라색, 청색, 주황색 등 다른 색을 나타내는 경우도 있다. 공통적으로 에너지 대사를 위해 황화합물($H_2S$, S)을 사용한다.

## 활주성, 자실체형 세균

활주성(gliding) 세균은 수생 및 토양 환경에서 사는 Proteobacteria 문에 속하는 그람 음성 세균 그룹이다. 활주 특성(습기 있는 표면을 따라 미끄러지는 경향) 때문에 붙은 이름이다. 활주 특성은 세포벽 외막 바로 아래에 있는 필라멘트나 섬유의 회전과 연관돼 있다. 편모가 없고, 가늘고 긴 간균, 구균, 섬유상 세균, 짧은 나무 모양의 자실체(fruiting

4.1 연결고리 찾기

## 다시 정의해 보는 세균의 크기

미생물학자들은 우리가 세균의 세계를 완전히 평가하는 데 얼마나 오랜 시간이 걸릴지 계속해서 상기시키고 있다. 왜냐하면 세상은 너무 크고 세균은 너무 작기 때문이다. 심해 화산이나 남극 얼음과 같은 극한의 환경에서 생존하는 새로운 세균의 발견은 이에 대한 예시다. 그리고 크기로서 가장 주목할 만한 것은 거대 세균과 초소형 세균이다.

**기록이 갱신되는 거대 세균**

1985년 생물학자들은 쥐돔(surgeonfish)이라는 어류의 장내에서 기네스북에 등재될 만큼 크기가 큰 새로운 세균을 발견했다. *Epulopiscium fishelsoni*(라틴어로 어류와 공생관계를 맺고 있다는 의미)라는 이름이 붙은 이 세균은 길이가 100 μm 정도 되며, 큰 것은 300 μm까지도 보고됐다. 그러나 이 기록은 곧 깨졌다. 1999년 독일의 미생물학자가 아프리카의 나미비아 근처 해양 퇴적물에서 훨씬 큰 세균을 발견한 것이다. 이 거대한 구균에게는 *Thiomargarita namibia*라는 이름이 붙었는데, 이는 '나미비아의 황으로 된 진주'라는 뜻을 가진다. 이 구균이 진주목걸이처럼 배열돼 있고 내부에는 수백 개의 황금색 황 과립을 가지고 있었기 때문에 이러한 이름이 붙었다(사진 참조). 이것은 작게는 100 μm에서 크게는 750 μm(0.75 mm)에 달해 육안으로도 관찰이 가능한 세균이다. 이 세균은 해양 퇴적물에 흔히 존재해 유해한 황화수소($H_2S$)나 다른 물질들을 독성이 적은 형태로 전환하는 데 관여해 생태적 순환에 필수적인 존재라고 할 수 있다.

**초소형 미생물—생물이라고 할 수 있을까**

크기가 어느 정도로 작은 미생물까지 생물이라고 인정할 수 있을까? 지금까지 지구상에서 가장 작은 세포는 크기가 0.2~0.3 μm 정도인 *Mycoplasma*이며, 이는 광학 현미경 해상력의 한계에 가깝다. 그러나 *Mycoplasma*보다 10배, 평균 세균 세포보다 100배 작은 초소형 세포가 발견되고 있다. 이 미세한 세포는 **나노세균**(nanobacteria) 또는 **나노브**(nanobes, 그리스어로 nanos는 $10^{-9}$을 뜻함)라는 이름이 붙었고, 지질학자와 미생물학자는 이것이 진정한 세포인지, 아니면 그저 더 큰 생물체의 일부일 뿐인지에 대해 계속 논쟁 중이다.

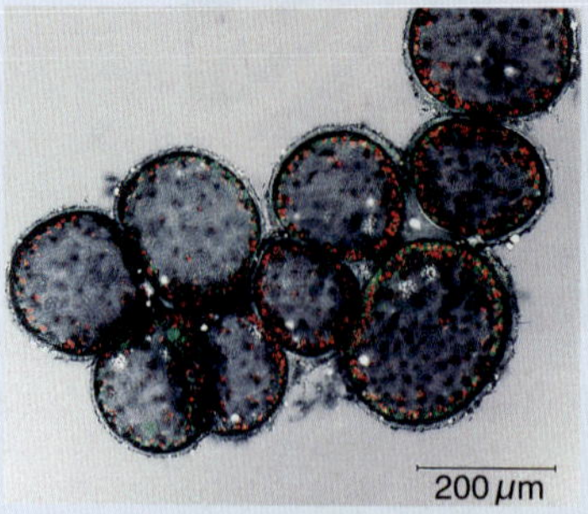


*Thiomargarita namibia*—거대 구균. 이것은 옆의 나노브보다 대략 몇 배나 커 보이는가? (출처: Heide N. Schulz/Max Planck Institue for Marine Microbiology)

길이 0.25 μm의 ARMAN의 3차원 구조. 이들은 작은 핵양체(노란 영역)와 적은 수의 리보솜(푸른 점)으로도 세포로서 정상적인 기능을 수행한다. (출처: Banfield & Comolli)

고세균의 존재는 원핵생물의 크기가 매우 작다는 것을 최종적으로 정의하는 것과 같다. 캘리포니아의 산성 광산을 탐사하는 미생물학자는 분홍색 생물막에서 서식하는 초소형 고세균을 발견했다. ARMAN(Archaeal Richmond Mine Acidophilic Nanoorganisms의 약자)이라고 불리는 이 극한 환경에서 살아가는 고세균은 크기가 100~400 nm 정도로 매우 작다. 이들은 작은 유전체와 소수의 리보솜을 갖춘 실제 세포이며, 아마도 최초의 나노세균일 것으로 추측한다. 이러한 나노세균의 특성을 더욱 세분화하고 지구상의 생명체의 기원에 대한 몇 가지 질문에 답하기 위해서는 앞으로 더 많은 연구가 필요할 것이다.

*Thiomargarita*의 생존에는 아마도 세포의 크기가 도움을 주었을 것이다. 그 원인을 추측해 보시오.

**그림 4.29 연못에서 증식한 보라색의 황세균.** 일반적으로 황화수소가 축적돼 있는 산소가 희박한 호수나 기타 수생 서식지에서 발견된다. (출처: Ole Schoener/Shutterstock)

bodies)를 형성하는 등 형태가 다양하다. 이 세균 그룹에서 가장 흥미롭고 예외적인 종류는 점액성 세균(slime bacteria 또는 myxobacteria)일 것이다. 점액성 세균은 다른 세균과 비교해 생활사가 매우 복잡하고 발전돼 있다. 이들은 영양분이 부족해지면 영양세포를 자실체라는 다세포 구조로 변형시켜 영양활동을 유지한다. 이 점이 다른 세균들과 차별화되며, 이는 다세포 형태를 생성할 수 있는 몇 안 되는 세균 중 하나다(그림 4.30). 이들이 형성한 자실체는 때로는 육안으로 관찰 가능할 만큼 커지며, 환경 조건이 개선될 때까지 생존할 수 있는 강력한 포자를 생성한다.

## 의학적으로 중요한 독특한 형태의 세균

대부분의 세균은 생존에 필요한 에너지를 생산하고 필요한 물질을 합성하며 독립적으로 생활할 수 있지만, 일부는 기생생활을 하기도 한다. 기생생활을 하는 세균으로 리케차와 클라미디아가 있는데, 이들은 숙주세포 내부에서 기생하며 생활하도록 적응했다. 이들은 생존에 필요한 요소들이 결핍돼 있어 숙주로부터 제공받지 않으면 생식할 수 없기 때문에 **절대 세포내 기생체**(obligate intracellular parasites)라고 한다.

그림 4.30 점액성 세균의 자실체. 자실체는 영양분이 부족한 환경에서 생존 가능하도록 포자를 만드는 다세포성 구조물이다. 자실체는 고립된 단일 세포가 아닌 한 무리의 세포로 세균이 성장을 재개할 수 있도록 함으로써 생존력을 높이는 것으로 생각된다. (출처: Simia Attentive/Shutterstock)

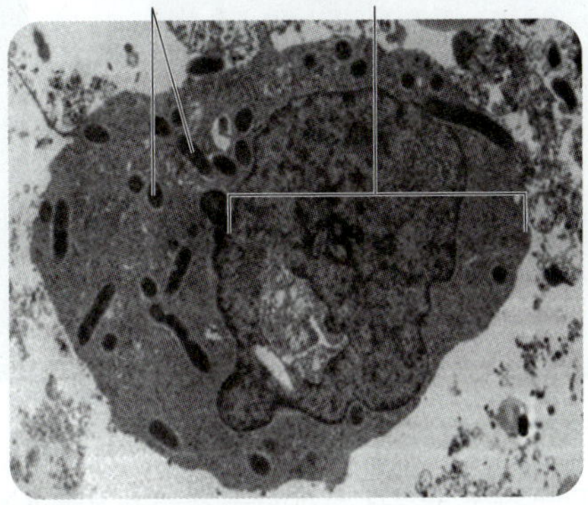


그림 4.31 숙주세포 내에 기생하고 있는 *Rickettsia conorii*의 투과전자현미경 사진(100,000배). 이 세균은 진드기를 매개로 해 지중해성 열(Mediterranean fever)을 유발하는 병원체다. (출처: Rovery, C., Brouqui, P., & Raoult, D. (September 2008). Questions on Mediterranean spotted fever a century after its discovery. *Emerg. Infect. Dis.*, *14*(9), Fig. 2; CDC)

## 리케차

**리케차**(rickettsia)[6]는 크기가 매우 작은 그람 음성 세균이다(그림 4.31). 형태 자체는 세균과 유사하나 생활사와 생존방식이 독특하다. 대부분의 리케차는 벼룩, 이, 진드기와 같은 흡혈 절지동물[7]을 매개로 해 포유류에 감염되는 병원체다. 숙주세포 밖에서는 생존하거나 증식할 수 없으며, 독립적으로 완전한 대사를 수행할 수 없다. 리케차가 유발하는 중요한 인간 감염병으로는 로키산 홍반열(Rocky Mountain spotted fever)이 있으며, *Rickettsia rickettsii*에 감염된 진드기를 매개로 한 감염병이다. *Rickettsia typhi*의 경우 이(lice)를 매개로 해 유행성 발진티푸스(endemic typhus)를 유발한다. 5장에서 다룰 내용 중 앞서 주목할 점은 진핵세포의 소기관인 미토콘드리아가 리케차와 유전적으로 매우 가깝다는 것인데, 이들이 아마도 진화학적으로 연관돼 있음을 시사한다.

## 클라미디아

*Chlamydia* 속과 *Chlamydophila* 속에 속하는 세균을 **클라미디아**(chlamydia)라고 하며, 성장과 대사에 숙주세포를 필요로 한다는 점에서 리케차와 유사하다. 그러나 리케차와 유전적으로 가까운 관계는 아니며, 리케차처럼 절지동물에 의해 전파·매개되지도 않는다. 클라미디아는 크기가 작고 기생생활을 해야 하기 때문에 바이러스의 일종으로 간주되기도 했다. 의학적으로 중요하게 여겨지는 종은 *Chlamydia trachomatis*로, 눈에 심각한 감염[트라코마(trachoma)]을 유발해 실명에 이를 수 있으며, 성병을 유발하기도 한다. *Chlamydophila pneumoniae*는 폐에 감염을 일으키는 병원체다.

6 리케차를 처음으로 연구하고 나중에 발진티푸스로 목숨을 잃은 의사인 하워드 리케츠(Howard Ricketts)의 이름을 따서 명명되었다.

7 절지동물은 곤충, 진드기, 거미처럼 관절이 있는 다리를 가진 무척추동물이다.

## 고세균: 또 다른 원핵생물

독특한 형태와 더불어 생리적·유전적 특성을 갖는 새로운 원핵생물인 **고세균**(archaea 또는 archaeons)의 발견은 미생물 분류에서 우리의 관점을 크게 변화시켰다(1장과 표 4.3 참조). 이것은 세균 역과 구분해 완전히 독립적인 고세균 역으로 존재한다. 일반적인 특징이 세균과 유사하고 원핵생물에 속하기 때문에 이 장에서 다루지만, 점점 더 많은 증거가 사실은 이들이 세균보다는 진핵생물과 더 가까운 관계에 있음을 보여 준다. 예를 들어, 고세균과 진핵생물은 여러 리보솜 RNA(rRNA) 서열을 공유하는데, 이는 세균에서는 발견되지 않는다. 또한 고세균과 진핵생물의 단백질 합성기구와 리보솜의 소단위체 구조도 유사하다. 표 4.5에서 3개의 역에 속하는 생명체(세균, 고세균, 진핵생물)의 간단한 특징을 비교·정리했다.

표 4.5 3개의 역에 속하는 생명체 비교

| 특징 | 세균 | 고세균 | 진핵생물 |
|---|---|---|---|
| 세포 형태 | 원핵세포 | 원핵세포 | 진핵세포 |
| 염색체 | 1개 또는 몇 개, 원형 | 1개, 원형 | 여러 개, 선형 |
| 리보솜 유형 | 70S | 70S이나 구조적으로 80S와 유사 | 80S |
| 고유의 rRNA 염기서열 | + | + | + |
| 진핵생물과 동일한 RNA 서열 수 | 1 | 3 | |
| 진핵생물과 유사한 단백질 합성기구 | − | + | |
| 세포벽의 펩티도글리칸 존재 | + | − | − |
| 세포막의 지질 성분 | 에스터 결합(Ester linkages)으로 이루어진 지방산 | 에테르 결합(Ether linkages)으로 이루어진 긴 사슬형 및 결가지가 있는 탄화수소 | 에스터 결합을 가진 지방산 |
| 막 내 스테롤의 존재 | − (일부 예외도 있음) | − | + |

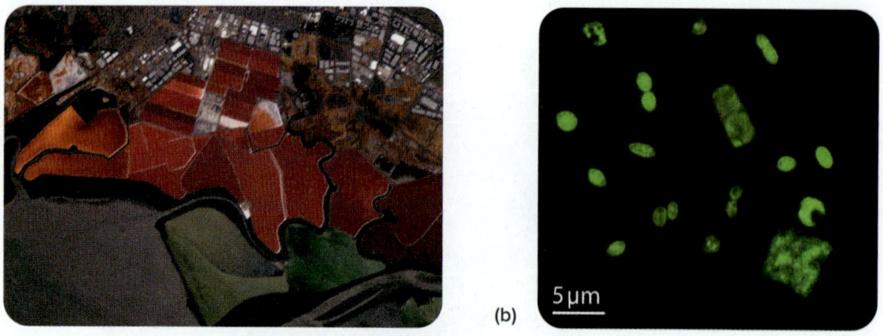


(a) (b)

그림 4.32 세계 여러 지역에 분포하는 호염성 미생물. (a) 캘리포니아주 샌프란시스코만 소금 연못의 위성사진. 따뜻하고 염분이 높은 서식지에서 증식하는 고세균은 밝은 빨강, 분홍, 주황색 색소를 생성한다. (b) 호주의 소금 지대에서 채취한 시료를 형광현미경(1,000배)으로 관찰한 모습. 이 군집에서 발견되는 다양한 세포 모양(구형, 막대형, 사각형)에 주목하자. (출처: NASA Johnson Space Center/ISS007E8738; Dr. Mike Dyall-Smith, University of Melbourne)

고세균이 다른 세포 유형과 크게 다른 점은 리보솜 RNA에 특정 유전자 서열을 가지고 있다는 점이다. 또한 세포벽은 다당류나 단백질로 구성돼 있고 펩티도글리칸이 없으며, 일부는 아예 세포벽이 없기도 하다(그림 4.33 참조). 고세균은 모든 생명체 중에서 가장 오래된 형태며 약 40억 년 전 지구상에 처음 등장한 세포의 특성을 유지하고 있는 것으로 추측된다. 원시의 지구는 매우 뜨거웠으며, 유황가스와 염이 풍부한 무산소 상태의 '수프(soup)'로 이루어져 있었던 것으로 추정되는데, 현존하는 많은 고세균은 여전히 이러한 극한의 조건에서 생존하고 있다. 이 때문에 고세균은 극한의 환경에서 서식하는 것을 '좋아하는' 생물, 즉 **호극한환경성생물**(extremophiles) 또는 **초호극한환경성생물**(hyperextremophiles)로 여겨진다. 한때 고세균은 극한 환경에만 서식하는 것으로 여겨졌지만, 이제는 고세균이 인체를 포함한 다양한 서식지에서 발견된다는 것이 알려졌다. 일반적으로 고세균은 현재 기술로는 배양하기 까다로워서 그들의 유전정보를 분석해 내는 것으로써 고세균의 존재를 인식할 수 있다.

그림 4.33 열을 좋아하는 생물들. 옐로스톤 국립공원의 온천은 물의 끓는점을 자주 넘어서며, 다채로운 색깔의 초고온성 고세균이 서식하는 곳이다. (출처: Steven P. Lynch)

고세균은 다른 생물체에게는 치명적으로 작용하는 환경 조건에 놀라운 적응력을 가진다. 예를 들어 강산성 및 고온, 고염 및 알칼리성, 저온 및 고압과 같은 조건의 극단적인 환경 속에서도 고세균은 생존할 수 있다. 이 그룹에는 메탄생성균, 초고온성 미생물, 극호염성 미생물, 황환원균(sulfur reducers)이 있다.

**메탄생성균**(methanogens)은 $CO_2$와 $H_2$를 메탄($CH_4$)으로 전환할 수 있다. 이들은 혐기성의 진흙과 호수 및 해양의 바닥 퇴적물에서 흔히 발견되며, 일부는 인간의 구강과 대장에서도 발견된다. 이들이 수생 환경에서 생산하는 메탄가스는 습지에 모여 연료로 사용되기도 하며, 지구 '온실 효과'에 기여해 환경적인 측면에서는 부정적인 이미지가 강하다.

**극호염성 미생물**(extreme halophiles)은 성장을 위해 높은 농도의 염을 필요로 하며, 대부분의 세포를 파괴시킬 수 있는 NaCl 용액(36%)에서도 증식할 수 있을 정도로 높은 내염성을 갖고 있다. 이들은 주로 지구상에서 가장 염도가 높은 곳인 육지 내 소금 호수나 염전 등에 존재하며, 이들의 생존에 필요한 충분한 염이 없는 일반적인 해양 환경에서는 흔치 않다. 대부분의 호염성 세균(halobacteria)은 빛을 통해 ATP를 합성하는 적색 색소를 갖고 있는데, 홍해나 소금 호수의 붉은색은 이 색소 때문에 만들어진다(그림 4.32).

매우 낮은 온도에서도 성장하는 고세균은 냉온을 좋아한다는 의미로 **호냉성(또는 저온성) 세균**(psychrophiles)이라 불리며, 매우 높은 온도에서 성장하는 고세균은 고온을 좋아한다는 의미로 **초고온성 세균**(hyperthermophiles)이라 불린다. 초고온성 세균은 80℃에서 121℃(끓는점보다 21℃ 높은 온도) 사이의 온도에서 증식 가능하며, 50℃에서는 자라지 못한다. 이들은 화산 용천수나 토양, 해저의 열수분출구에서 살며 종종 내염성 및 내산성도 갖고 있다(그림 4.33). 연구자들은 심해의 황 열수분출구를 분석하면서 최고 250℃(물이 끓는 온도보다 150℃ 높은 온도)에서도 증식하는 고세균을 발견했다. 이러한 고세균은 높은 온도에서 증식할 뿐만 아니라, 265기압의 고압에서도 살아간다(지구 표면의 압력은 약 1기압). 고세균의 이러한 독특한 적응력에 대해서는 7장에서 자세히 다룰 예정이다.

**핵심 점검 4.7**

36. 세균이 의학적 및 생태학적으로 중요한 여러 가지 이유를 설명하시오.
37. 절대 세포내 기생세균의 두 주요 그룹의 이름을 말하고, 왜 이 그룹이 독립적으로 살 수 없는지 설명하시오.
38. 고세균이 세균도 진핵생물도 아닌 독특한 생물 역을 담당한다는 것을 나타내는 특성을 설명하시오.
39. 호극한환경성생물(extremophile) 또는 초호극한환경성생물(hyperextremophile)이라는 용어는 무엇을 의미하는가?
40. 고세균의 주요 생활사 세 가지를 설명하고, 그들이 극한 서식지에 적응하는 방식에 대해 설명하시오.

## 사례 연구 Part 2

*Mycobacterium abscessus*는 물, 토양, 먼지에서 흔히 발견되는 미생물로, 이전에 침술과 성형외과 클리닉에서 감염 사례가 발생되기도 했다. 다른 비결핵성 마이코박테리움(nontuberculous mycobacterium, NTM)과 마찬가지로, *M. abscessus*는 일반적으로 사용되는 소독제에 내성이 있으며, 배관시스템과 수돗물에서 흔히 발견된다. 이 세균은 치과 장치에 물을 공급하는 치과 유닛의 워터라인 내에서 증식하고 생물막을 형성하는 것으로 알려져 있다. 미국치과협회와 이번 사례에서 사용된 치과 장비 제조업체는 매일 아침과 각 환자 치료 후 워터라인을 플러싱하고, 장비에 사용되는 물을 화학적으로 처리하며, 수질을 정기적으로 검사할 것을 권장하고 있었다. 그러나 조지아 치과 클리닉에서는 깨끗하게 처리되지 않은 수돗물을 사용했으며, 수질을 관리하기 위한 정기적인 검사를 실시하지 않았다.

해당 클리닉 내 7개의 치과 진료대에서 채취한 물 시료를 분석한 결과, 평균적으로 1 ml당 91,333 CFU가 검출되었으며, 이는 질병통제예방센터(CDC)에서 권장하는 최대 허용치인 500 CFU/ml를 훨씬 초과하는 수치였다. 치과 장비에서 분리된 *M. abscessus*의 DNA 염기서열을 분석한 결과, 환자의 검체로부터 분리된 세균과 일치하는 서열이 확인되었으며, 따라서 치과 장비가 실제로 감염의 원인이 되었음을 보여 주었다.

- **일부 치과 장치는 워터시스템에 쉽게 화학 소독제를 추가할 수 있도록 설계돼 있는데, 그럼에도 불구하고 이 사례와 같은 감염을 예방하기에 충분하지 않을 수 있다. 그 이유는 무엇인가?**
- **이 사례에서 권장된 조치 중 하나는 물이 고일 수 있는 워터라인 튜브의 고리를 제거하는 것이었다. 이러한 조치가 감염 위험을 낮출 수 있는 이유는 무엇인가?**

## 주요 용어로 보는 요약

### 4.1 세포와 생명의 기본 특성

A. 모든 생명체는 세포로 구성돼 있으며, 세포는 살아 있는 과정을 수행하는 복잡한 거대 분자들의 집합체다. 모든 세포는 최소한 **세포막**(cell membrane), **세포질**(cytoplasm), **염색체**(chromosome)와 **리보솜**(ribosomes)을 기본 구조로 갖추고 있어야 한다.

B. 세포는 기본적으로 두 가지 유형으로 나눌 수 있다: **원핵세포**(prokaryotes)와 **진핵세포**(eukaryotes).

1. 원핵세포는 세균과 고세균의 기본 단위이며, 핵이나 다양한 세포소기관이 없다. 이들은 매우 적응력이 뛰어난 단세포생물을 구성한다.
2. 진핵세포는 막으로 둘러싸인 핵과 분화된 기능을 담당하는 여러 세포소기관을 갖고 있다. 단세포의 원생동물부터 인간에 이르기까지 다양한 생명체가 진핵세포로 구성돼 있다.
3. 바이러스는 일반적으로 비세포성 미생물이라고 하여 세포 또는 생명체로 간주되지 않으며, 증식을 위해서는 숙주세포의 대사체계에 의존한다.

C. 세포는 기본적인 생명 특성을 나타낸다. 세포의 일부분과 거대 분자들만으로는 이러한 특성을 보일 수 없다.

1. 주요 생명 지표에는 유전(heredity), 생식(reproduction), 성장(growth), 대사(metabolism), 반응성(responsiveness), 수송(transport) 등이 있다.

### 4.2 원핵생물의 구조: 세균과 고세균

A. 원핵생물은 세균과 고세균이라는 두 가지 주요 그룹으로 구성돼 있다. 지구상의 생명체의 출현은 이들 없이는 불가능했을 것이다.

B. 원핵세포는 진핵세포와 같이 막으로 둘러싸인 세포소기관이나 핵을 갖고 있지 않지만, 구조와 기능 면에서는 생명체답게 복잡하다. 모든 원핵생물은 세포막, 세포질, 리보솜, 염색체를 가진다.

C. **세포부속기**(appendages): 일부 세균은 세포에서 돌출된 구조물을 가진다.

1. 스피로헤타에 있는 **편모**(flagella)와 내부 **축사**(axial fila-ments)는 운동성을 위해 사용된다.
2. **핌브리아**(fimbriae)는 세균이 환경에 부착할 때 사용되며, 선

모(pili)는 부착, 이동, 유전적 교환에 관여할 수 있다.

3. **S층**(S layer)은 일부 세균에 존재하는 단일층의 단백질이다.
4. **당질피질**(glycocalyx)은 점액층(slime layer) 또는 협막(capsule)을 말한다.
5. 원핵생물은 여러 세포가 세포 외 기질에 얽힌 채 협력해 작동하는 생물막(biofilms) 내에 존재할 수 있다.

### 4.3 세포외피: 세균과 환경의 경계

A. 대부분의 원핵생물은 세포벽과 세포막으로 구성된 외피로 둘러싸여 있다.

B. 세포벽의 주성분은 **펩티도글리칸**(peptidoglycan)이며 이로 인해 상대적으로 단단하다.

C. 세포벽의 구조적 차이로 인해 세포는 **그람 양성 세포**(gram-positive cells)와 **그람 음성 세포**(gram-negative cells)로 나뉘는데, 이는 **그람 염색**(Gram stain)에 의해 구별된다.

1. 그람 양성 세균은 펩티도글리칸과 테이코산으로 구성된 단일층의 두꺼운 세포벽을 가진다.
2. 그람 음성 세균은 얇은 펩티도글리칸 및 잘 발달된 **주변세포질 공간**(periplasmic space)을 가지며, 그 바깥에 별도로 **외막**(outer membrane)이 존재한다.
3. 세포벽의 구조는 염색 반응, 독성, 약물, 소독제 효과에 대한 차이를 유발한다.
4. **세포막**(cell membrane or cytoplasmic membrane)은 세포질을 둘러싼 유연한 막이다. 인지질 이중층과 함께 여러 단백질이 부착돼 있으며, 세균에서 세포막은 물질의 수송, 합성, 에너지 반응에 관여하는 다기능 구조다.

### 4.4 세균의 내부구조

세포질은 세균의 내부구조 일부 또는 전부를 포함하며, 여기에는 **핵양체**(nucleoid)가 응축된 **염색체**, 단백질의 합성 장소인 70S 크기의 **리보솜**(ribosomes), 추가적인 유전정보 형태인 **플라스미드**(plasmids), 저장물질의 일종인 **세포함유물**(inclusions), **과립**(granules), **미소구획**(microcompartments), 세균의 형태를 유지하는 **세포골격**(cytoskeleton)과 일부 세균이 생존을 위해 만들어 내는 환경 내성이 강한 **내생포자**(endospore)가 포함된다.

### 4.5 세균의 형태, 배열, 크기

A. 대부분의 세균은 단세포이며 다양한 형태, 배열과 크기로 발견된다. 일반적인 형태로는 **구균**(cocci), **간균**(bacilli), 나선형의 **나선균**(spirilla)과 **스피로헤타**(spirochetes)가 있다. 일부 세균의 경우 같은 종이라도 형태와 크기가 다양하며 **다형성**(pleomorphic)의 특징을 가진다. 그 외에도 **구형간균**(coccobacilli), **비브리오**(vibrios), 필라멘트형과 같은 다양한 형태 변이가 존재한다.

B. 원핵생물은 이분법으로 분열하며 체세포분열을 사용하지 않는다. 세포분열로 인해 다양한 **배열**(arrangements)이 발생하며, 구균의 경우 **쌍구균**(diplococci), **연쇄상구균**(streptococci), **포도상구균**(stpahylococci), **사연구균**(tetrads), **팔연구균**(sarcina)으로, 간균은 쌍, 사슬, **울타리**(palisades) 형태로 배열된다.

C. 동일한 종 내에서 변형된 구성원은 균주(strains)와 형(types)이라고 불린다.

### 4.6 원핵생물 분류체계: 세균과 고세균

A. 중요한 분류체계는 《Bergey's Manual of Systemic Bacteriology》에 의해 표준화되었으며, 이 매뉴얼은 원핵생물을 다섯 가지 주요 그룹으로 나누어 제시했다.

### 4.7 특이한 특징을 가진 원핵생물

A. 몇몇 세균은 특이한 적응력과 생활사를 가지고 있다.

1. 의학적으로 중요한 세균: **리케차**(Rickettsias)와 **클라미디아**(chlamydias)는 그람 음성 세균에 속하지만, 세포 내에서 복제하는 작은 **절대 세포내 기생세균**(obligate intracellular parasites)이다.
2. 비병원성 세균: 대부분의 세균은 질병과 관련이 없으며, 몇몇 특이한 세균의 종류로 광합성 세균인 **남세균**(cyanobacteria)과 녹색 및 자주색의 황세균이 있다.

B. **고세균**(archaea)은 세균과 많은 특성을 공유하지만, 세포벽 및 리보솜과 같은 특정 구조와 유전적 측면에서 차이를 보인다.

1. 고세균은 극한의 원시지구에 적응한 최초의 생명체와 유사한 **극한미생물**(extremophiles)이다.
2. 이들은 의학적으로 중요하지 않지만 생태학적으로 매우 중요하며 경제적 측면에서 잠재적인 중요성을 가진다.

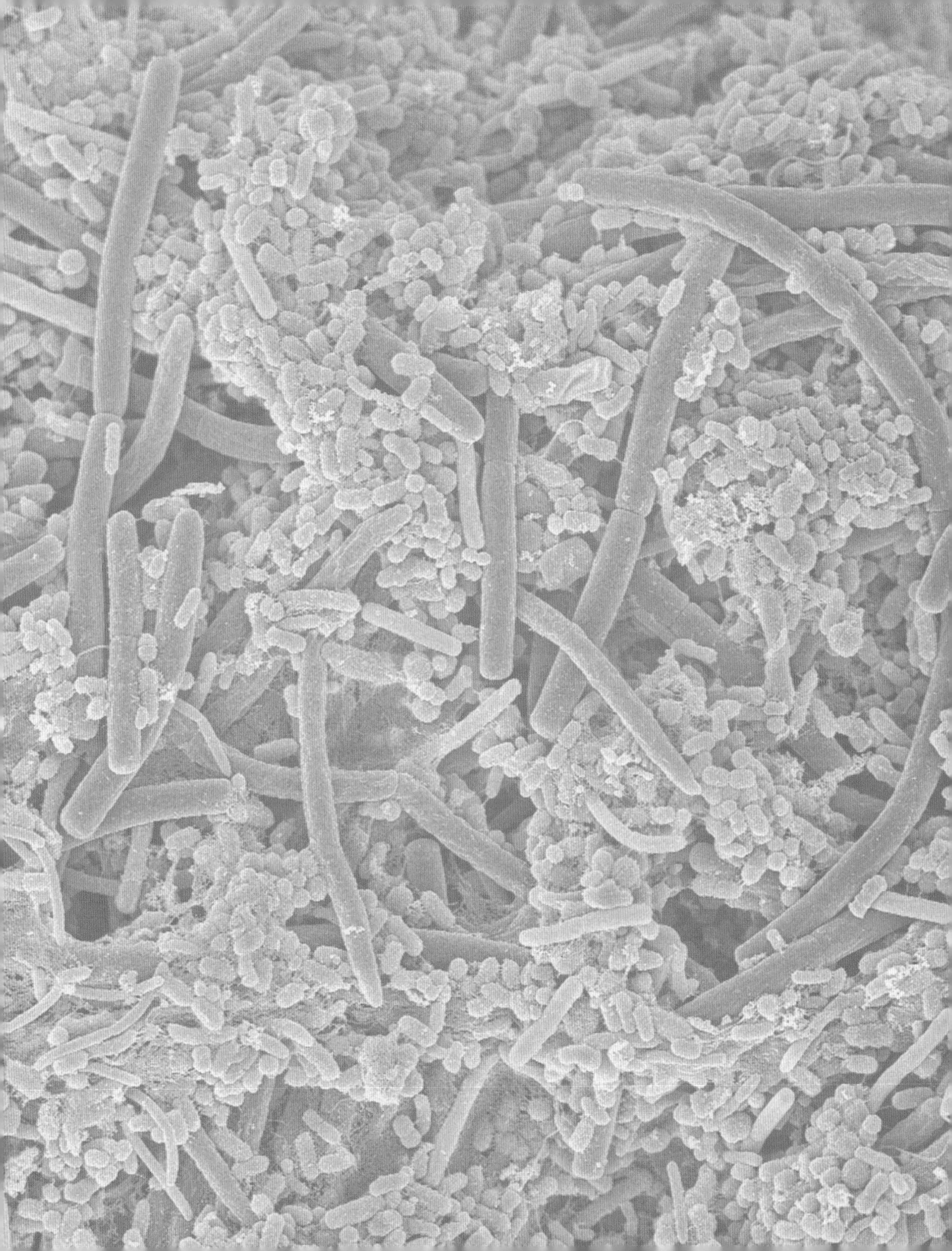

CHAPTER

# 5

# 진핵세포와 미생물 개관

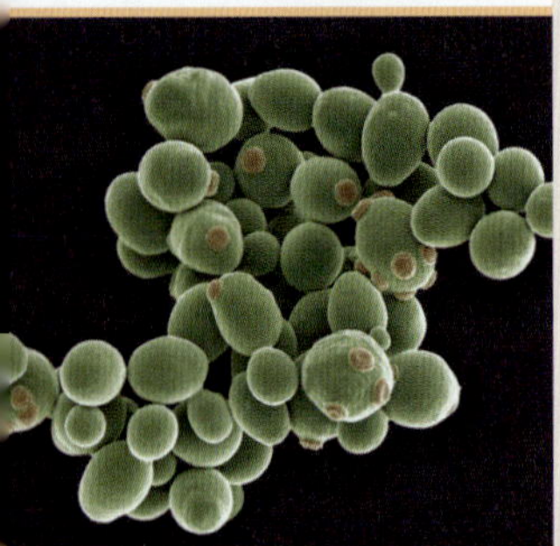

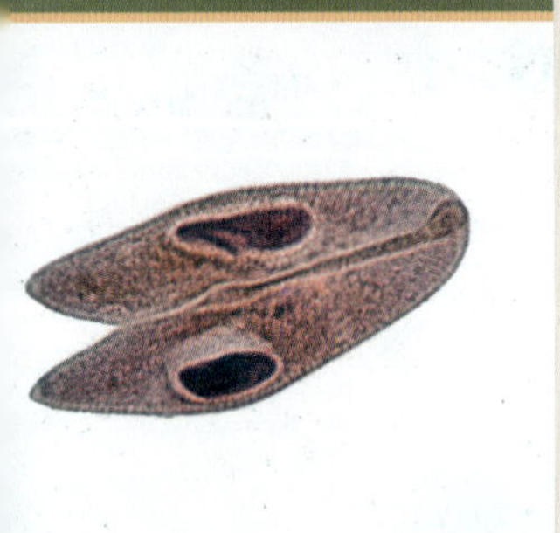

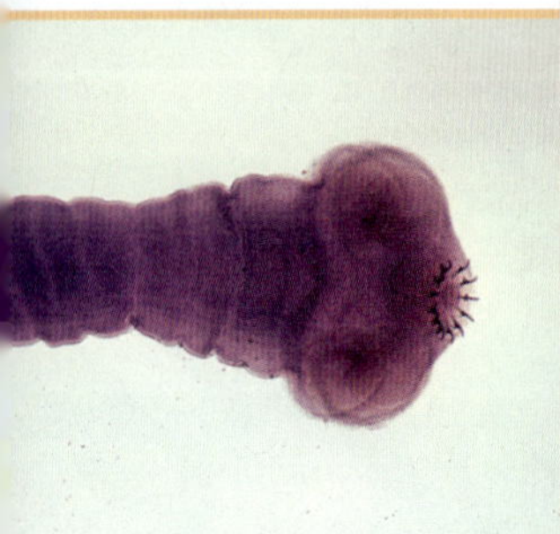

**이 장의 구성**





(이미지 출처: Tellmemore000/Getty Images; Steve Gschmeissner/Science Photo Library/Alamy Stock Photo; Science Photo Library/Alamy Stock Photo; Richard Gross/McGraw Hill; CDC)

사례 연구 Part 1

# 현지 음식

비건, 유기농, 지역에서 수확한 식자재. 샌프란시스코에 거주하는 26세 여성에게 신선하게 채취한 야생 버섯은 매우 매력적인 식자재였다. 최근 몇 주 동안 이 지역의 숲은 습하고 따뜻했으며, 야생 버섯이 풍부했다. 그녀는 버섯을 구워 남편과 18개월 된 딸, 그리고 언니와 친구에게 저녁으로 대접했다.

이후, 가장 처음으로 응급실을 찾은 사람은 그녀의 언니였다. 언니는 메스꺼움, 구토, 설사, 복통을 호소했다. 의사는 단순한 위장염으로 진단했고, 수액과 구토 완화제를 투여한 후 퇴원시켰다. 그러나 다음 날 언니는 증상이 악화돼 다시 응급실을 찾았다. 그리고 이 시기에 전날 저녁을 먹었던 모든 사람이 아프기 시작했다. 저녁 식사 후 약 9시간이 지나면서 메스꺼움, 설사, 구토가 시작됐다. 그녀와 남편, 딸아이 모두 20시간 만에 응급실 진료를 받았다. 5명의 환자 모두 크레아틴 키나아제와 간 효소 수치가 상승했는데, 이는 각각 탈수와 간부전을 나타내는 신호였다.

야생 버섯 섭취 후 발생한 간부전의 원인은 어렵지 않게 추정할 수 있었지만, 확실한 진단을 위해 지역 진균학자가 호출돼 익히지 않은 버섯을 조사했다. 그 결과, 이 버섯은 흔히 '죽음의 모자(death cap)'로 알려진 알광대버섯(*Amanita phalloides*)으로 확인됐다. 이 지역에서 최근 2주 동안 알광대버섯 중독 사례가 14건이나 발생했던 상황이라 의사들은 독성 버섯이 풍부하다는 사실을 이미 잘 알고 있었다.

*Amanita* 버섯에는 아마톡신(amatoxins)이라는 독소가 존재하며, 이는 버섯 중독으로 인한 사망의 90%를 차지한다. 이 독소는 열에 안정적이어서 요리해도 파괴되지 않는다. 섭취 후 간세포에 빠르게 흡수돼 RNA 중합효소에 결합함으로써 세포 내 단백질 합성을 멈추게 하고, 결국 간세포의 사멸을 초래한다. 아마니틴(amanitin)은 매우 독성이 강해 체중 1 kg당 0.1 mg만으로도 치사량에 이르며, 이는 체중 150파운드(약 68 kg)인 사람이 단 7 mg(버섯 반 개)만 먹어도 치명적일 수 있다. *Amanita* 버섯 중독의 치사율은 20%에 달한다.

- **버섯은 분류학적으로 어떤 계(kingdom)에 속하는가?**
- **유기체의 관점에서 버섯은 어떤 목적을 가질까?**

이 장 끝에서 사례 연구 Part 2로 이어짐.

(삽화 출처: Jorgen Bausager/Folio Images/Getty Images)

## 5.1 진핵생물의 역사

**학습목표**

1. 진핵세포의 진화과정을 설명한다.
2. 진핵세포의 기원과 다세포 생물의 출현과정을 고려하는 이론을 제공한다.
3. 진핵생물의 종류와 형태적 특성을 나열한다.

진핵세포와 원핵세포의 크기와 구조는 근본적으로 다르다. 원핵세포는 작고 비교적 단순한 구조를 가진 반면, 진핵세포는 일반적으로 수백 배 더 크고 복잡한 칸막이 모양의 구조를 형성한다. 따라서 진핵세포의 대사 작업은 **세포소기관**(organelle)이라 불리는 막으로 둘러싸인 구획 내에서 이루어지며, 이는 세포의 효율성을 크게 증가시킨다(그림 5.1). 진핵세포의 발달은 지구 생명체 역사에서 중요한 전환점이었다. 이러한 세포의 발달 덕분에 곰팡이, 식물, 동물 같은 고등 생명체의 진화가 가능했다.

미토콘드리아(mitochondrion) 분석은 진핵세포의 기원에 관한 연구에서 매우 중요하다. 미토콘드리아는 진핵세포 내에서 화학 에너지를 다른 형태로 변환하는 세포소기관이며, 여러 가지 측면에서 마치 세포 속의 또 다른 세포처럼 행동한다. 미토콘드리아는 독립적으로 분열할 수 있으며, 세균의 DNA 서열과 유사한 원형 염색체를 가지며, 원핵세포와 유사한 리보솜(ribosome)을 갖는다. 또한 미토콘드리아는 세균과 유사한 막 구조를 가지며, 세균에만 작용하는 약물에 의해 억제될 수 있다. 이러한 특징과 다양한 추가 증거들은 미토콘드리아가 한때 독립적으로 살아온 세포였음을 보여 준다. 이와 유사하게, 빛 에너지를 화학 에너지로 변환하는 세포소기관인 엽록체(chloroplast)도 독립적인 시아노박테리아(cyanobacteria)에서 유래했을 가능성이 있다. 이러한 연구 결과를 바탕으로 세균학자들은 미토콘드리아와 엽록체를 세균의 계통수 내에 표시하기도 한다.

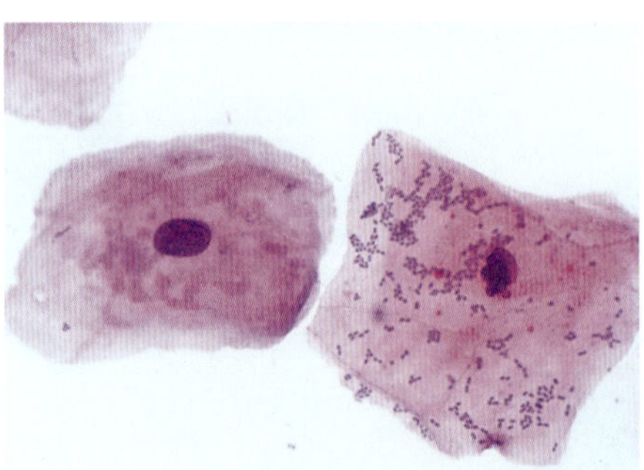

**그림 5.1 진핵세포는 원핵세포보다 더 크고 조직화돼 있다.** 오른쪽의 세포에서 수많은 작은 원핵세포(박테리아)가 진핵세포 위에 있는 모습을 볼 수 있다. 진핵세포는 고도로 조직화돼 있으며, 각 소기관 내에서 대사가 이루어진다. 반면, 원핵세포는 내부 조직이 훨씬 적고, 세포 내 효소, 기질, 기타 구성요소들이 서로 가까이 위치해 대사가 빠르게 진행될 수 있도록 작고 단순하게 이루어져 있다. 그림에서 원핵세포와 어두운색으로 염색된 진핵세포 핵의 크기를 비교해 보면 두 세포 간의 차이가 크다는 것을 알 수 있다. (출처: Jose Luis Calvo/Shutterstock)

과학자들은 다양한 사실에 근거해 **세포내 공생설**(endosymbiotic theory)을 주장했다. 이는 커다란 원핵세포가 훨씬 작은 원핵세포를 삼킬 때 진핵세포가 발생했다는 가설이다. 삼켜진 작은 세포는 영양물질로 분해되는 대신에 큰 세포 내부에서 생존해 증식하는 것으로 추측됐다. 이 과정을 **세포내 공생**(endosymbiosis)이라 한다. 작은 세포는 큰 세포 내부에 자리 잡은 후 영양분 소화나 산소 활용과 같은 특수한 기능을 수행했다. 이러한 기능은 큰 세포의 기능성과 생존능력을 향상하는 데 기여했다. 시간이 지남에 따라 작은 세포는 특별한 기능을 수행하는 구조로 진화했고, 그들 사이의 관계는 필수적이고 고착된 형태가 됐으며, 일부 작은 세포는 진핵세포의 특징적인 구조인 세포소기관이 됐다(과정그림 5.2).

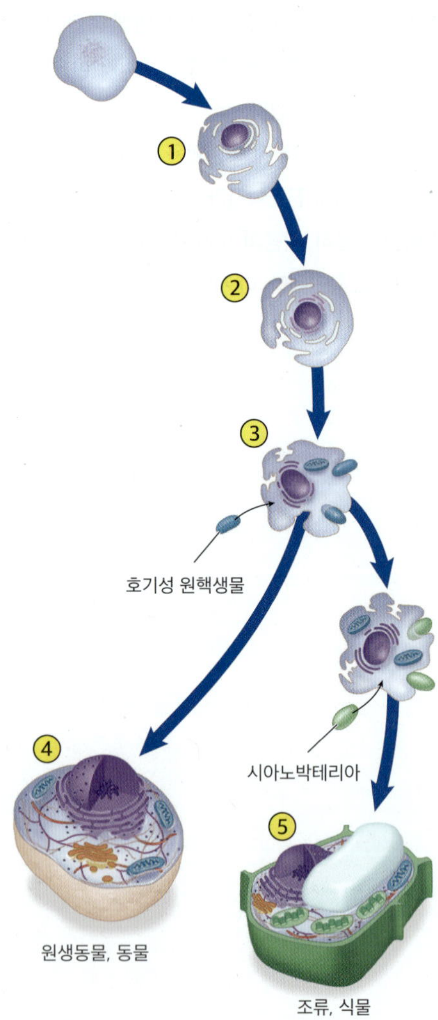


**과정그림 5.2 진핵세포의 진화과정.** (1) 고대 원핵세포의 세포막이 형성되고 함입돼 원시핵이 형성된다. (2) 막이 확장되면서 초기 소포체와 골지체의 흔적이 나타난다. (3) 더 큰 세포가 작은 호기성 원핵세포를 포식하며, 포식된 세포는 숙주 내에 영구적으로 거주하게 된다. 큰 세포는 새로 얻은 호기성 원핵세포의 호흡능력 덕분에 에너지 가용성이 증가한다. (4) 포식된 세포는 숙주에 의존하게 되며, 진화해 미토콘드리아가 된다. (5) 유사한 과정이 식물 세포와 조류에서 엽록체 발달로 이어진다. (출처: McGraw Hill)

**표 5.1** 미생물학에서 연구되는 진핵생물

| 단세포, 일부 군체 형성 | 단세포, 군체 또는 다세포 | 생식 단계를 제외하면 다세포 생물 |
|---|---|---|
| 원생동물 | 진균류, 조류 | 기생충(기생성 벌레), 절지동물(질병을 옮기는 동물 매개체) |

최초의 진핵세포는 독립적으로 생활하는 단세포 생물이었을 것이다. 그러나 시간이 지남에 따라 일부가 콜로니(colony)라 불리는 영구적인 세포 집단을 형성했으며, 이후 추가적인 진화를 거쳐 집단 내의 일부 세포는 운동, 먹이 획득, 생식과 같이 콜로니 전체에게 이득이 되는 특정 기능을 담당하도록 특화(specialized)됐을 것이다. 이렇게 특화된 개별 세포는 온전한 콜로니를 벗어나서 독립적으로 생존할 능력을 상실했으며, 이로써 복잡한 구조의 다세포 생물로의 진화가 이루어졌다. 다세포 생물은 더 이상 세포가 무질서하게 모여 있는 콜로니와 같은 집단이 아니며, 독립적으로 생존할 수 없는 개별 세포로 구성된다. 다세포 생물을 구성하는 세포 중에서 동일한 특정 기능을 갖는 세포 집단을 조직(tissue)이라고 하며, 이러한 조직이 모여 기관(organ)을 구성한다.

현대의 진핵생물은 매우 다양한 조직체계를 나타낸다(표 5.1). 많은 조류(algae), 진균류(fungi)를 비롯한 모든 원생동물(protozoa)은 단세포 생물이며, 식물, 동물, 그리고 일부 조류(버섯)와 진균류(해조류)는 다세포 생물이다. 미생물학에서 다루는 진핵생물은 원생동물, 조류, 진균류, 기생충이다.

## 5.2 진핵세포의 구조와 기능: 외부구조

**학습목표**

4. 진핵세포와 세포소기관의 기본적인 구조를 설명하고 모든 세포의 공통적인 구조와 일부 세포에서만 발견되는 구조를 설명한다.
5. 진핵세포가 가진 운동기관의 종류를 설명한다.
6. 편모와 섬모의 구조 및 기능, 편모와 섬모를 가지는 세포의 종류를 구별한다.
7. 진핵세포가 가지는 당질피질의 개념과 기능을 정의한다.
8. 진핵세포의 세포막과 세포벽의 특성을 파악한다.

진핵세포의 구조는 매우 다양하다. 따라서 어떤 하나의 세포를 전형적인 예로 제시할 수는 없다. 대신 그림 5.3에 진핵세포의 복합적인 구조를 묘사했다. 그림에 나타낸 모든 구조를 가지는 단일 세포는 실제로 존재하

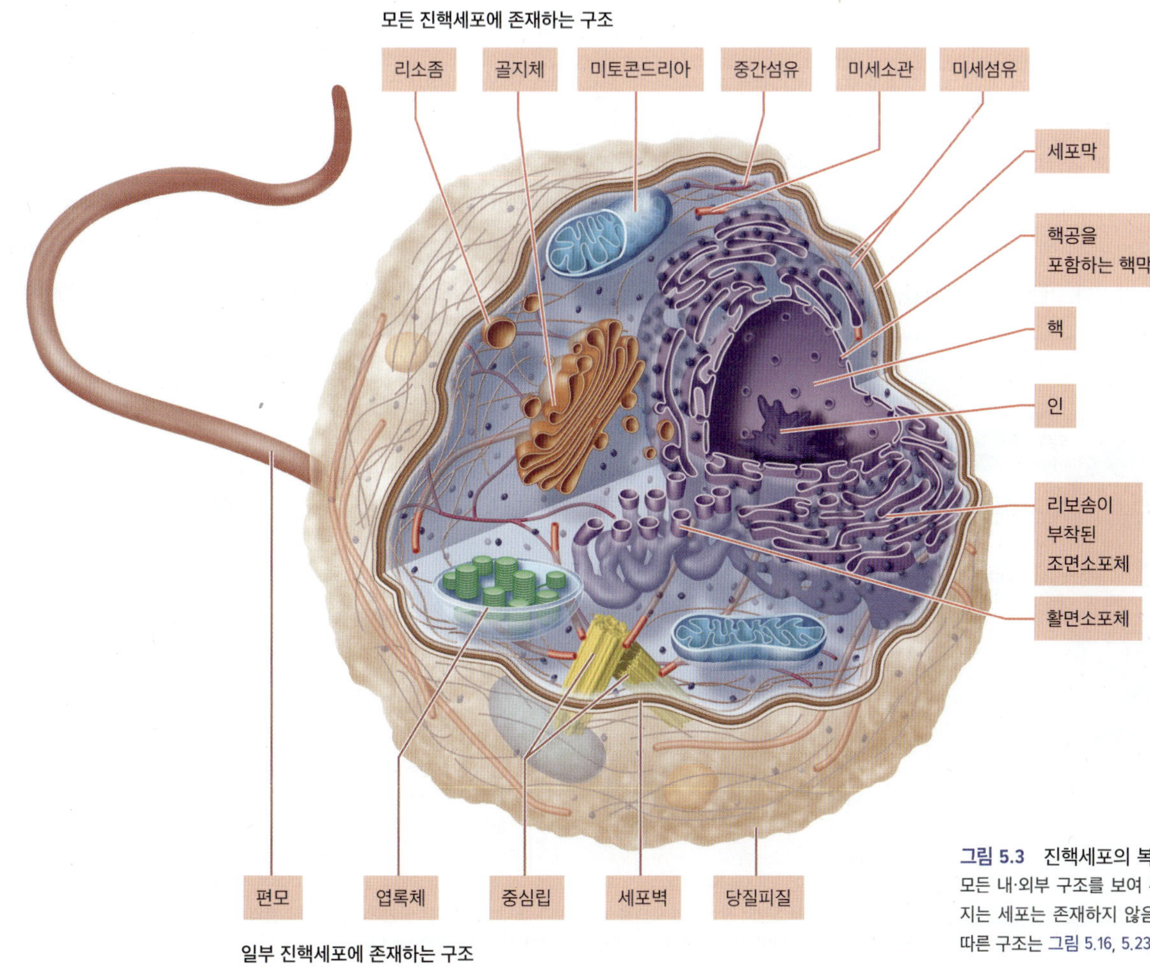


**그림 5.3** 진핵세포의 복합적인 구조. 그림은 진핵세포의 모든 내·외부 구조를 보여 주지만, 실제로 이 모든 구조를 가지는 세포는 존재하지 않음에 주의하라. 진핵세포의 종류에 따른 구조는 그림 5.16, 5.23, 5.25에서 볼 수 있다.

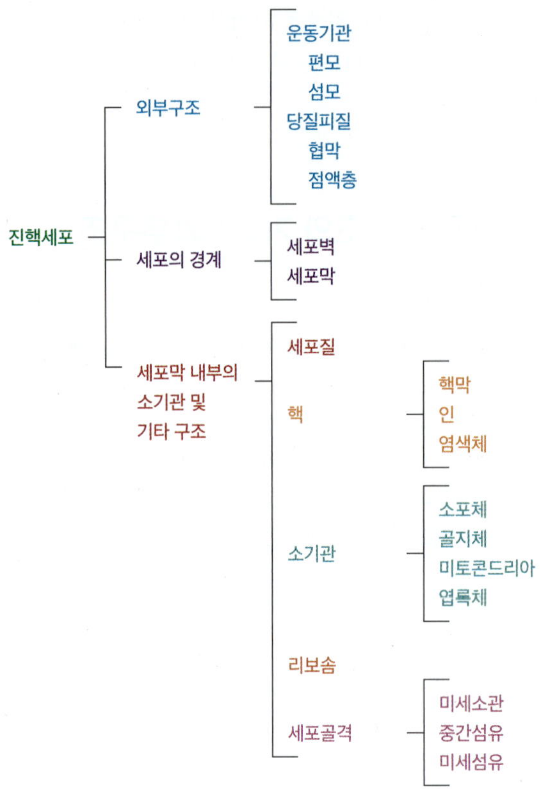


지 않는다. 다양한 세포소기관의 존재는 진핵세포가 원핵세포에 비해 더 크고 복잡한 칸막이 모양의 구조를 형성하게 했다. 원생동물, 조류, 진균류, 동물 세포의 차이는 다음에 자세히 설명할 것이다.

위 흐름도는 진핵세포 구조의 조직체계를 보여 준다. 이를 4장에서 다룬 원핵세포의 구조와 비교해 보자.

일반적으로 진핵세포는 세포막, 핵, 미토콘드리아, 소포체, 골지체, 액포, 세포골격, 당질피질을 가진다. 세포벽, 운동기관, 엽록체는 일부 진핵세포에서만 발견된다. 이제 진핵세포의 자세한 구조와 기능을 살펴볼 것이다. 4장에서 원핵생물을 다룬 것처럼 세포의 바깥에서부터(표 5.2) 안쪽 순으로 알아볼 것이다.

**표 5.2** 진핵세포의 외부 및 경계 구조의 기능

| | |
|---|---|
| 섬모와 편모 | 세포의 이동 |
| 당질피질 | 물체 표면에 부착, 생물막과 매트 형성, 세포 보호 |
| 세포벽 | 구조적 지지 및 세포 형태 유지 |
| 세포막 | 물질의 선택적 투과, 세포 간 상호작용, 물체 표면에 부착, 신호전달 |

## 운동기관: 섬모와 편모

운동성(motility)은 미생물이 생명 유지에 필요한 영양물질을 찾고자 이동할 때 필요하다. 또한 햇빛과 같은 이득이 되는 자극을 향해 이동하거나, 반대로 유해한 물질과 자극으로부터 회피하는 데 필요하다. 편모를 통한 운동은 원생동물, 조류, 일부 진균류, 동물 세포에서 찾아볼 수 있고, 섬모를 통한 운동은 원생동물과 동물 세포에서만 발견된다.

진핵세포의 **편모**(flagella)와 원핵세포의 편모를 비교하면 차이점이 존재한다. 상대적으로 진핵세포의 편모가 더 두껍고(약 10배), 구조적으로도 다르다. 또한 진핵세포의 편모는 늘어난 세포막으로 덮여 있다. 편모의 구조는 외피가 있는 긴 원통형이며, 내부는 규칙적인 간격으로 속이 빈 관[**미세소관**(microtubule)]이 존재한다(그림 5.4b). 편모의 단면을 관찰하면 한 쌍의 관을 중심으로 아홉 쌍의 관이 둘러싸고 있는 구조를 볼 수 있다. 이것을 9+2 구조라 하며, 편모와 섬모 모두에서 관찰되는 전형적인 패턴이다(그림 5.4a). 아홉 쌍의 관은 서로 연결돼 중심에 존재하는 한 쌍에 고정된다. 이 구조에서 미세소관은 서로 스치며 미끄러지듯 움직여 편모가 앞뒤로 채찍질하듯 움직일 수 있게 한다. 이는 에너

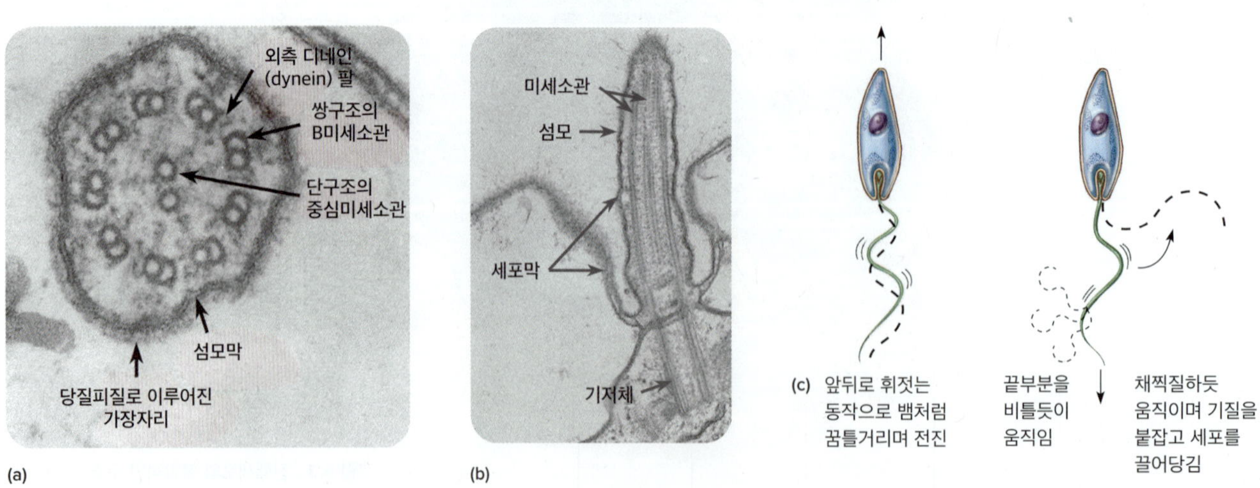


**그림 5.4** 섬모와 편모의 구조. (a) 원생동물 섬모의 단면을 보면 9+2로 배열된 미세소관의 전형적인 모습을 볼 수 있다. (b) 섬모의 세로 단면에서는 미세소관의 길이 방향과 기저체를 볼 수 있다. 섬모를 둘러싸고 있는 막은 세포막의 연장선으로, 섬모가 세포소기관임을 보여 준다. (c) 편모의 운동 패턴을 나타냈다. (출처: Courtesy of Richard Allen)

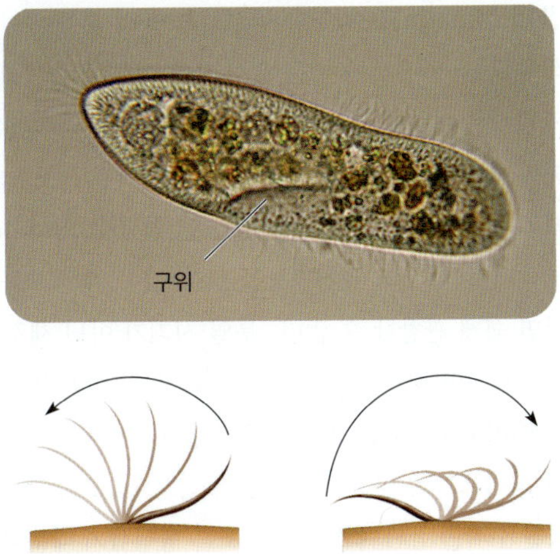


**그림 5.5 섬모충류의 운동.** (a) 일반적인 섬모충류인 짚신벌레(*Paramecium*)는 세포의 표면과 구위(oral groove) 및 식도에 규칙적인 섬모 줄이 있어 먹이를 포획하고 이동시킨다. (b) 섬모의 움직임은 세포를 앞뒤로 이동시킨다. 섬모의 운동 패턴은 수영선수의 팔 동작과 유사하며, 힘차게 앞으로 나아가는 동작과 원래 위치로 복귀하는 동작으로 이루어져 있다. (출처: Nancy Nehring/E+/Getty Images)

지를 소비하고 세포막 내의 조절 반응에 따라 일어나는 매우 복잡한 과정이다. 편모는 물고기가 꼬리지느러미를 움직여 앞으로 헤엄치듯 세포를 앞으로 밀어 움직일 수 있게 한다. 또한 채찍질하거나 회전하는 동작으로 세포를 끌어당겨 이동시킬 수 있다(그림 5.4c). 편모의 위치와 수는 편모를 가지는 원생동물과 일부 조류를 분류하는 데 유용하게 사용된다.

**섬모**(cilia)의 전반적인 구조는 편모와 매우 유사하지만, 길이가 더 짧고 하나의 세포가 가지는 개수가 많다는 차이가 있다(일부 세포는 수천 개의 섬모를 가짐). 섬모는 특정 원생동물과 동물 세포에서만 발견된다. 원생동물의 섬모는 세포 표면에 줄지어 존재하며, 노를 젓듯 앞뒤로 규칙적으로 움직여(그림 5.5) 세포를 이동시킨다. 일부 세포에서 섬모는 먹이를 먹거나 여과하는 기능도 담당한다.

## 당질피질

대부분의 진핵 미생물은 환경과 직접 접촉하는 세포의 가장 바깥쪽 경계에 **당질피질**(glycocalyx)을 가지고 있다. 일반적으로 당질피질은 다당류로 구성되며, 섬유상의 망상구조, 점액층 또는 협막 구조로 존재한다. 당질피질은 세포의 가장 바깥쪽에 위치해 다양한 기능을 수행한다. 대표적으로 물체 표면에 부착할 수 있게 하고 생물막(biofilm)을 형성하게 한다. 또한 당질피질은 중요한 수용체로 작용해 정보전달 기능을 제공하고, 주변 환경 변화에 대한 세포 보호 기능을 제공하기도 한다.

당질피질 바로 아래층은 진핵세포의 종류에 따라 다르다. 진균류와 대부분의 조류는 세포막을 둘러싸는 두껍고 단단한 세포벽을 가지고 있다. 반면, 원생동물, 일부 조류와 동물 세포는 세포벽 없이 세포막으로만 구성돼 있다.

# 진핵세포의 구조와 기능: 경계 구조

## 세포벽

진균류와 조류는 매우 단단한 세포벽을 가지며, 세포의 구조와 형태를 지지한다. 그러나 진핵세포의 세포벽은 원핵세포의 세포벽과 화학적 조성이 다르다. 진균류의 세포벽은 내부에 키틴(chitin) 또는 셀룰로스(cellulose)로 구성된 다당류 섬유(polysaccharide fiber) 층이 두껍게 존재하며, 외부에는 여러 종류의 다당류가 혼합된 얇은 층이 존재한다. 조류의 세포벽은 화학적 조성이 매우 다양하다. 조류의 세포벽을 구성하는 물질로는 셀룰로스, 펙틴(pectin)[1], 만난(mannan)[2] 같은 다양한 형태의 다당류뿐만 아니라 이산화규소, 탄산칼슘 같은 미네랄(mineral)도 존재한다.

## 세포막

진핵세포의 세포막은 인지질 이중층으로 이루어져 있으며, 그 안에 단백질 분자가 박혀 있다(그림 2.21과 4.17 참조). 세포막에는 인지질 이외에도 다양한 종류의 스테롤(sterol)이 존재한다. 스테롤은 상대적으로 견고하며, 세포막에 구조적 안정성을 부여한다. 이러한 기능은 세포벽이 없는 세포에서 매우 중요하다. 진핵세포와 원핵세포의 세포막은 기능적으로 유사하며, 물질 수송에서 특정 분자만 통과할 수 있게 하는 선택적 투과성 장벽 역할을 한다. 진핵세포의 세포막은 막 결합 단백질과 탄수화물이 풍부하며, 이들은 세포 간 상호작용, 물체 표면 부착, 세포 내에서 생성된 물질 분비, 세포와 주변 환경 간 소통(신호전달) 등을 담당한다.

**핵심 점검 5.1~5.2**

1. 진핵세포가 원핵세포에서 어떻게 진화했는지 간략히 설명하시오.
2. 생물 분류체계에서 어떤 계(kingdom)에 진핵미생물이 포함되는가?
3. 단세포 생물, 군집 생활 생물, 다세포 생물은 서로 어떻게 다른가? 각각의 예를 드시오.
4. 편모와 섬모의 공통점과 차이점은 무엇인가?
5. 세포벽을 가지는 진핵세포는 어떤 종류인가?
6. 당질피질, 세포벽, 세포막의 기능은 무엇인가?

1 갈락튜론산(galacturonic acid)이 주성분인 다당류.

2 만노스(mannose)가 주성분인 다당류.

## 5.3 진핵세포의 구조와 기능: 내부구조

**학습목표**

9. 핵의 구조와 주요 특징을 간략히 설명한다.
10. 세포분열과 체세포분열 과정을 서술한다.
11. 두 가지 유형의 소포체 각각의 구조와 기능을 설명한다.
12. 골지체의 구조와 기능을 확인한다.
13. 세포 내에서 일어나는 합성, 포장, 방출 과정에서 핵, 소포체, 골지체의 역할을 요약한다.
14. 미토콘드리아의 구조, 그 중요성과 기능을 설명한다.
15. 엽록체의 구조, 그 중요성과 기능을 설명한다.
16. 진핵세포가 가지는 리보솜의 특징에 대해 논의한다.
17. 세포골격의 기본 구조를 표현하고 주요 특징과 기능을 설명한다.

### 핵: 제어 센터

**핵**(nucleus)은 진핵세포에서 가장 특징적인 세포소기관이며, **핵막**(nuclear envelope)에 의해 세포질과 분리돼 있다. 핵막은 두 겹의 평행한 막으로 구성되며, 막 사이에는 좁은 공간이 존재한다. 또한 핵공(nuclear pore)이라 불리는 작은 구멍이 두 겹의 막이 합쳐지는 부위에 규칙적으로 존재한다(그림 5.6). 핵공은 특정 물질이 핵과 세포질 사이를 이동할 수 있게 하는 선택적 통로 역할을 한다. 핵은 핵질(nucleoplasm)과 **인**(nucleolus)으로 구성된다. 인은 리보솜 RNA(ribosomal RNA)가 합성되는 장소이며, 수많은 리보솜 소단위체(ribosomal subunit)가 모이는 장소다. 각각의 리보솜 소단위체는 핵공을 통해 세포질로 이동하고, 이후 세포질에서 완전한 리보솜으로 조립된다.

**염색질**(chromatin)은 핵질을 구성하는 물질 중 하나이며, 실제로 이들은 염색약에 잘 반응하기 때문에 이러한 이름이 붙여졌다. 염색질은 염색된 표본에서 어두운 섬유 모양으로 관찰된다. 염색질은 주로 DNA로 구성되며, **히스톤**(histone)이라는 작은 단백질도 포함돼 있다. 진핵세포의 핵 내에 존재하는 커다란 구조물인 **염색체**(chromosome)는 염색질로 구성되며, 세포의 유전정보를 담고 있다. 염색체는 세포분열 시기가 아니면 쉽게 관찰할 수 없다. 분열 시기가 아닌 세포에서 DNA는 매우 가늘어서 일반적인 현미경으로는 관찰되지 않기 때문이다. 반면, **체세포분열**(mitosis) 중인 세포에서 복제된 염색체가 딸세포로 분리될 때 응축된 염색체가 뚜렷하게 관찰된다(과정그림 5.7). 이는 DNA가 히스톤 단백질 주위를 감싸며 초나선 구조를 형성했기 때문이다.

핵은 세포의 유전 현상에서 중심적인 역할을 하지만, 혼자서 그 모든 기능을 담당하지는 않는다. 그것은 세포질에 존재하는 여러 가지 세포소기관과 밀접하게 연관돼 있다. 이제 세포소기관의 정교한 기능에 대해 알아보자.

### 소포체: 진핵세포의 내부 통로이자 생산 시스템

**소포체**(endoplasmic reticulum, ER)는 막으로 이루어진 세포소기관으로 세포 내에서 물질을 합성하고 수송하는 기능을 수행한다(그림 5.8a). 핵막의 바깥쪽에 연결돼 있는 소포체는 핵과 세포질 사이의 물질이동 통로 역할을 한다. 또한 소포체는 다양한 세포 활동이 효율적으로 이루어지도록 물리적인 구획을 제공한다. 소포체의 종류로는 **조면소포체**(rough endoplasmic reticulum, RER)와 **활면소포체**(smooth endoplasmic reticulum, SER)가 있다. 이 두 가지 종류의 소포체는 합성경로가 유사하고 직접 연결돼 있지만, 구조와 기능의 차이가 있다. 조

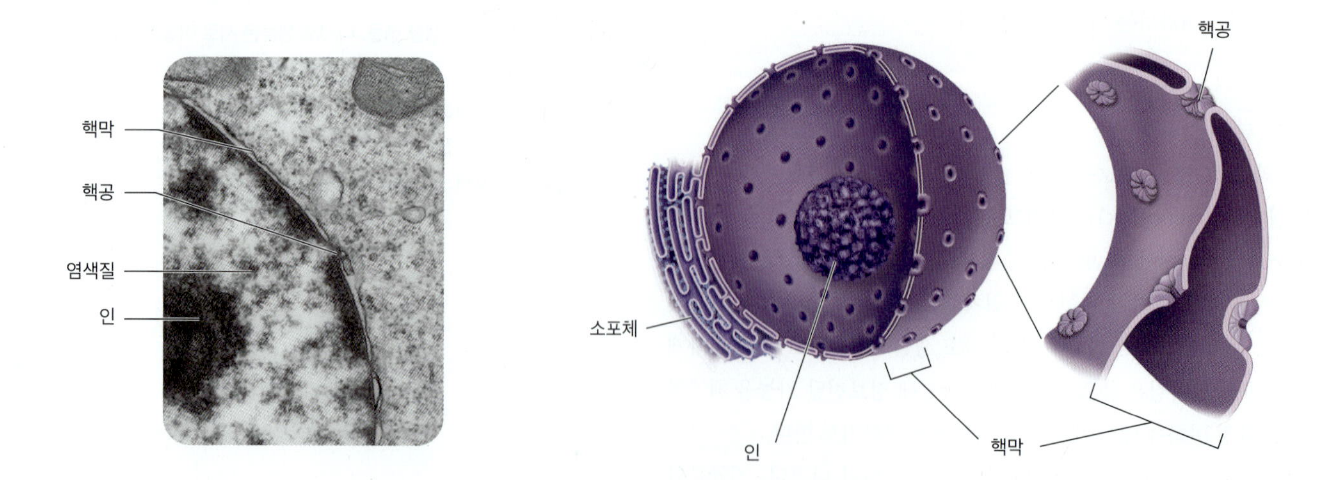


**그림 5.6** 핵. (a) 핵의 주요 특징이 보이는 간기(interphase) 핵의 전자현미경 사진(34,000배). (b) 핵막, 핵공, 소포체의 관련성을 보여 주는 3차원 단면도. (출처: EM Research Services, Newcastle University)

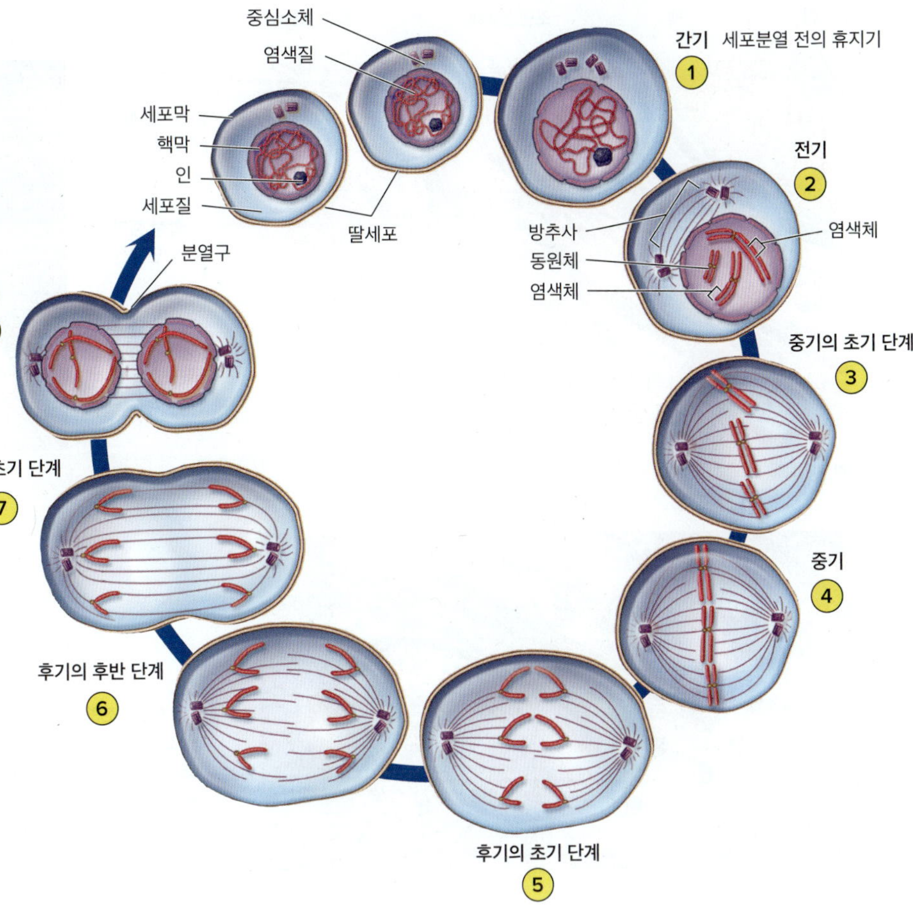


과정그림 5.7 **진핵세포의 체세포분열 중 세포와 핵의 변화.** (1) 체세포분열 전(간기)에는 염색체가 염색질 형태로 보인다. (2) 분열이 진행됨에 따라 전기에는 염색체가 응축되면서 가는 실 모양으로 나타나고, 핵막과 인이 일시적으로 사라진다. (3)~(4) 중기에는 염색체가 X자 형태로 완전히 보이는데, 이는 복제된 염색체가 중앙 지점인 동원체에 의해 붙어 있기 때문이다. (5)~(6) 방추사가 염색체에 부착되고, 후기에 개별 염색체가 분리된다. (7)~(8) 말기에는 염색체가 완전히 분리되며, 세포가 딸세포로 분열된다.

면소포체는 **시스터나**(cisternae)* 라는 납작한 주머니 모양으로 생긴 막으로 구성되며, 막 표면에 리보솜이 많이 붙어 있어 전자현미경 관찰 시 '거칠게(rough)' 보인다(그림 5.8b). 조면소포체 표면에 부착된 리보솜에서 합성된 단백질은 시스터나의 내부 공간에 모이고, 골지체로의 수송을 위해 처리된다(그림 5.8c). 활면소포체는 작은 관 모양이며, 리보솜이 없다(그림 5.3, 5.8a). 활면소포체는 조면소포체와 함께 세포 내 물질을 수송하기도 하지만, 또 다른 특수한 기능을 한다. 그중 가장 중요한 것은 지질과 같은 비단백질 분자의 합성 기능과 대사 노폐물 및 기타 독성물질의 해독 기능이다.

## 골지체: 포장 장치

**골지체**(Golgi apparatus)[3] 는 세포 내에서 단백질을 모아 최종 목적지로 운반할 수 있도록 포장하는 세포소기관이다. 골지체는 평평한 원반 모양의 주머니가 여러 겹 겹쳐 있는 모양이다. 소포체와 유사하게 외부 막과 빈 공간으로 구성된 주머니를 가지고 있지만, 주머니가 서로 연결돼 있지는 않다. 골지체는 세포 내 위치와 기능적 측면에서 소포체와 밀접하게 연관돼 있다. 소포체는 골지체와 맞닿는 부위에서 단백질을 둘러싸고 있는 작은 막인 **이동소낭**(transport vesicle)을 만들며, 이 소낭은 골지체와 융합한다. 융합된 단백질은 다당류와 지질이 첨가돼 운반을 위한 추가적인 변형 과정을 거친다. 마지막 과정은 **농축소낭**(condensing vesicle)이라 불리는 작은 막을 형성하는 것으로, 이렇게 만들어진 소낭은 리소좀과 같은 세포소기관으로 이동하거나 **분비소낭**(secretory vesicle)을 형성해 세포 밖으로 물질을 운반시킨다(그림 5.9).

## 핵, 소포체, 골지체: 자연의 조립 라인

진핵세포의 유전정보를 보관하는 핵은 궁극적으로 모든 세포 활동을 지배하고 조절한다. 그러나 핵은 세포의 특정 위치에 고정돼 존재하기 때문에 구조적 · 화학적 네트워크를 통해 이러한 활동을 지시해야 한다(그림 5.9). 이 네트워크에는 핵에서 유래된 리보솜, 핵막과 연결된 조면소포체 등이 포함된다.

먼저, 단백질 생산을 위한 DNA의 유전정보는 RNA로 전사되고, 전사된 RNA는 핵공을 통해 소포체에 존재하는 리보솜으로 이동한다. 이곳에서 RNA에 기반한 특정 단백질이 합성되며, 합성된 단백질은 소포체의 내부 공간으로 들어간다. 이 과정의 세부 내용은 9장에서 다룬다. 합성된 단백질은 골지체로 운반된 후 화학적으로 변형되며, 세포 내에서

---

* 시스터나 단수형은 cisterna. 라틴어 cisterna(저장소)에서 유래.

3 1898년 이탈리아 조직학자 카밀로 골지(C. Golgi)가 처음으로 발견한 데서 유래된 이름.

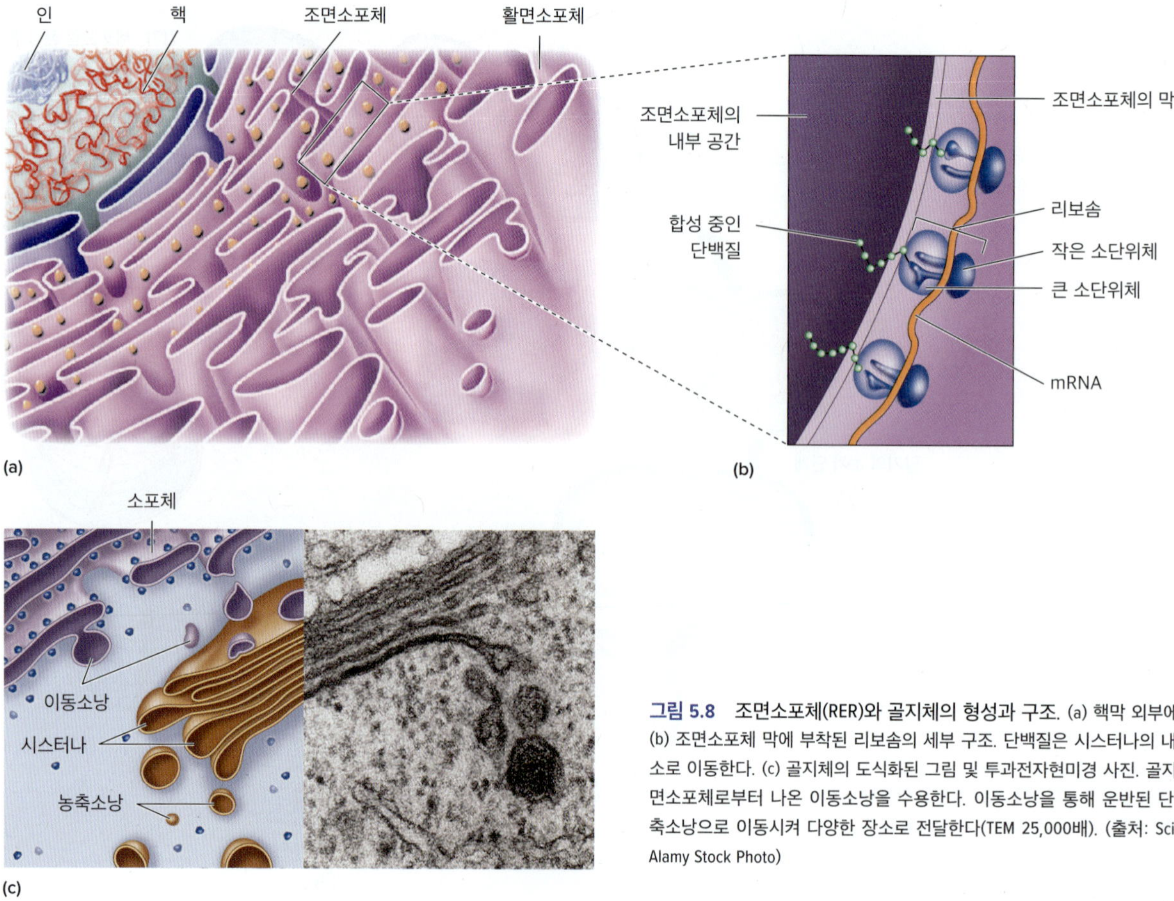


**그림 5.8 조면소포체(RER)와 골지체의 형성과 구조.** (a) 핵막 외부에 형성된 조면소포체. (b) 조면소포체 막에 부착된 리보솜의 세부 구조. 단백질은 시스터나의 내부에 모여 필요한 장소로 이동한다. (c) 골지체의 도식화된 그림 및 투과전자현미경 사진. 골지체의 납작한 층은 조면소포체로부터 나온 이동소낭을 수용한다. 이동소낭을 통해 운반된 단백질을 처리하고, 농축소낭으로 이동시켜 다양한 장소로 전달한다(TEM 25,000배). (출처: Science History Images/Alamy Stock Photo)

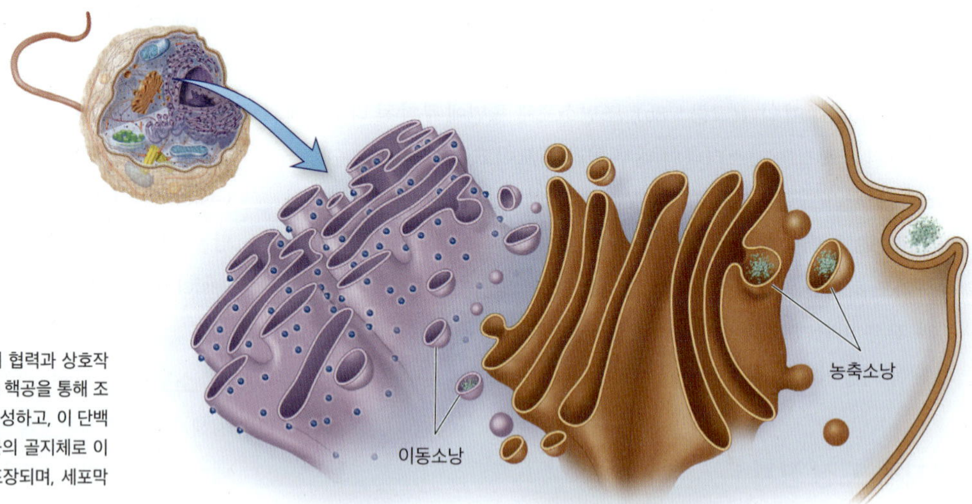


**그림 5.9 물질의 합성과 운반.** 이 기능은 세포소기관 간의 협력과 상호작용으로 작동한다. 인은 리보솜을 끊임없이 공급하며, 리보솜은 핵공을 통해 조면소포체로 이동한다. 제 위치에 도달한 리보솜은 단백질을 합성하고, 이 단백질은 조면소포체 내에서 수정된 후 이동소낭에 포장되어 인근의 골지체로 이동한다. 골지체에서 단백질은 추가로 수정되고 농축소낭에 포장되며, 세포막으로 이동해 분비되거나 세포 내에서 기능을 수행한다.

다양한 방법으로 사용될 수 있도록 **소낭**(vesicle)* 으로 포장된다. 이러한 소낭에는 세포 내부의 음식을 소화하는 효소, 세포 외부의 물질을 분해하기 위해 분비되는 단백질, 세포벽과 세포막을 확장하고 복구하는 데 중요한 역할을 하는 단백질 등이 있을 수 있다.

**리소좀**(lysosome)* 은 골지체에서 유래된 소낭의 한 유형으로 다양한 효소를 포함한다. 리소좀은 세포 내에서 영양물질을 소화하거나 외부에서 침입한 미생물로부터 세포를 보호하는 역할을 한다. 또한 손상된 조직의 세포 조각을 분해하고 제거하는 역할을 한다.

* 소낭 라틴어 vesios(방광)에서 유래. 액체를 담고 있는 작은 주머니 모양의 구조를 의미.
* 리소좀 그리스어 lysis(용해)와 soma(몸체)에서 유래.

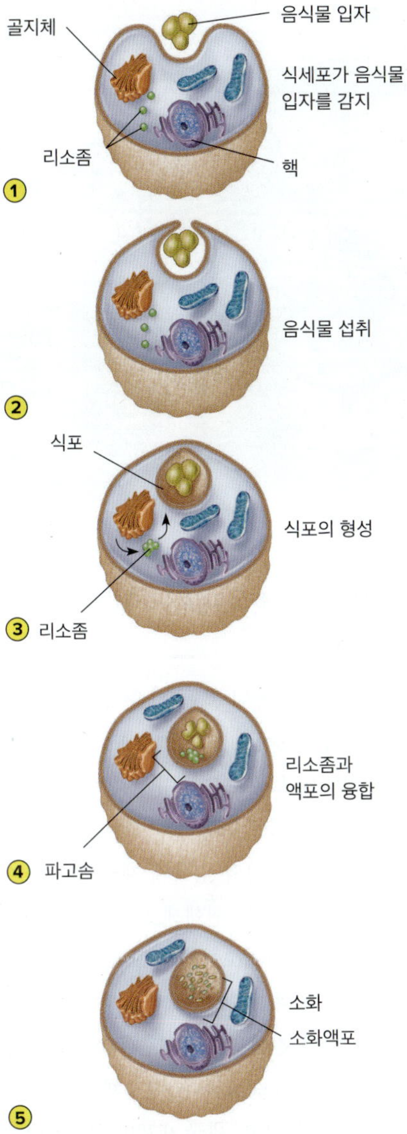


**그림 5.10** 식세포작용 중 리소좀의 기능.

다른 유형의 소낭으로 **액포**(vacuole)*가 있다. 액포는 막으로 둘러싸여 있으며, 내부에는 소화되거나, 분비되거나, 저장될 수 있는 액체나 고체 입자를 포함한다. 이들은 식세포작용을 통해 음식물이나 기타 물질을 섭취한 후 형성된다. 음식물을 섭취해 형성된 식포(food vacuole)는 리소좀과 융합해 분해된다. 이렇게 융합된 구조를 파고솜(phagosome)이라고 한다(그림 5.10). 또 다른 유형의 액포는 지방, 글리코겐과 같은 예비 식량을 저장하는 데 사용되기도 한다. 담수에서 서식하는 원생동물은 수축포(contractile vacuole)를 이용해 삼투압을 조절한다. 이 수축포는 세포 안으로 들어온 과잉의 물을 정기적으로 배출하는 기능을 수행한다.

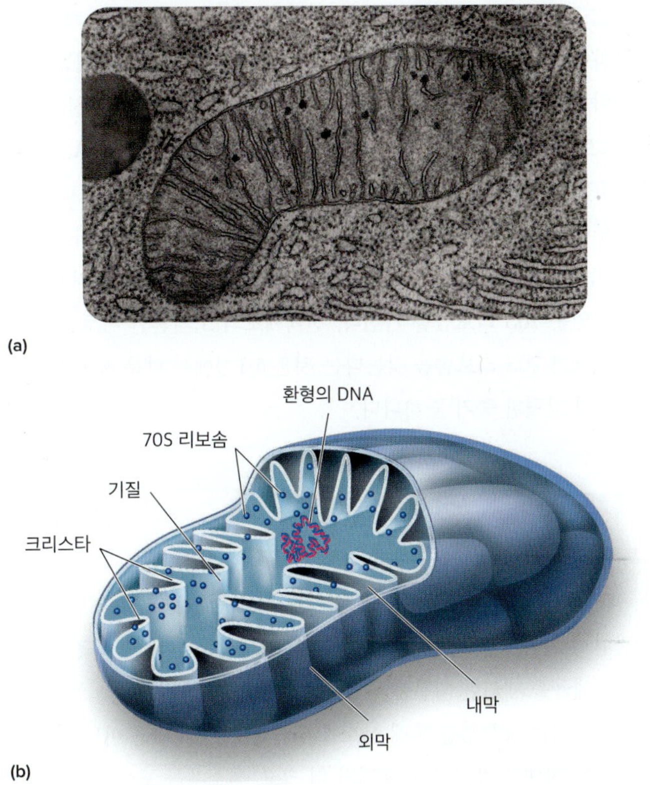


**그림 5.11** 미토콘드리아의 일반적인 구조. (a) 미토콘드리아 단면의 전자현미경 사진. 대부분 세포에서 미토콘드리아는 타원형 또는 구형이며, 일부 필라멘트 형태도 관찰된다. 현미경 사진에서 보이는 배경은 리보솜이 붙어 있는 조면소포체다. (b) 미토콘드리아의 3차원 그림으로 이중막 구조와 내부 막의 접힘 구조를 볼 수 있다. (출처: Photo Researchers/Science History Images/Alamy Stock Photo)

## 미토콘드리아: 세포의 에너지 발전소

진핵세포 내에서 일어나는 세포 활동은 지속적인 에너지 공급이 필요하며, 이 에너지는 주로 **미토콘드리아**(mitochondria)*에서 생성된다. 광학현미경으로 미토콘드리아를 관찰하면, 작고 둥글거나 길쭉한 입자 모양을 가지고 있음을 볼 수 있다. 이는 세포질 전체에 흩어져 존재한다. 미토콘드리아를 더 높은 배율에서 관찰하면 외부 윤곽을 형성하는 매끄럽고 연속적인 외막과 그 안쪽에 깔끔하게 접혀 있는 내막을 볼 수 있다(그림 5.11). **크리스타**(cristae)*라 불리는 내막의 주름은 진핵세포의 종류마다 구조가 다르다. 식물, 동물, 진균류의 미토콘드리아는 선반 모양의 층으로 접혀 있는 판상(lamellar) 크리스타를 가지며, 조류와 원생동물의 미토콘드리아는 손가락 모양의 관 형태 또는 납작한 원반 모양의 크리스타를 가진다.

크리스타 막은 산소호흡에 필요한 효소와 전자 운반체를 가지고 있으

* 액포 라틴어 vacuus(비어 있는)에서 유래. 세포질 내에 존재하는 막으로 둘러싸인 공간을 의미.

* 미토콘드리아 단수형은 mitochondrion. 그리스어 mitos(실)와 chondrion(입자)에서 유래.
* 크리스타 단수형은 crista. 라틴어 crista(닭 볏)에서 유래.

며, 산소를 사용해 영양소 분자에 포함된 화학 에너지를 추출해 고에너지 분자인 ATP 형태로 저장한다. 미토콘드리아의 더 자세한 기능은 8장에서 다룬다. 크리스타 주변의 공간은 **기질**(matrix)* 이라고 불리는 화학적으로 복잡한 액체로 채워져 있다. 기질에는 리보솜, DNA, 그리고 대사과정에 관여하는 다양한 효소와 화합물이 포함돼 있다. 미토콘드리아와 뒤에서 설명할 엽록체는 독특한 세포소기관으로 여겨진다. 그들은 세포와는 상관없이 독립적으로 분열하며, 원형의 DNA를 가지며, 원핵세포에 있는 70S 리보솜을 가진다. 진핵세포의 소기관인 미토콘드리아와 엽록체가 70S 리보솜을 갖는다는 것은 5.1절에서 다룬 세포 내 공생설의 가장 강력한 증거 중 하나다.

## 엽록체: 광합성 공장

**엽록체**(chloroplast)는 조류와 식물 세포에서 발견되는 세포소기관으로, 광합성을 통해 빛 에너지를 화학 에너지로 전환한다. 이러한 엽록체의 광합성 기능으로 식물은 유기물의 주요 생산자가 되며, 특정 박테리아와 고세균을 제외한 대부분의 다른 유기체는 이에 의존하며 살아간다. 또한 엽록체는 광합성을 통해 산소를 생산한다. 엽록체는 미토콘드리아와 비슷한 형태를 가지지만, 크기가 더 크고, 색소체를 포함하며, 모양이 다양하다. 엽록체는 세포 내에서 공생하던 시아노박테리아에서 유래한 것으로 여겨지며, 다양한 면에서 시아노박테리아와 유사하다.

조류의 엽록체는 종류에 따라 차이가 있지만, 대부분은 하나의 막이 다른 막을 둘러싸고 있는 구조다. 매끄러운 외막은 내부의 막을 완전히 덮고 있다. 내부 막은 **틸라코이드**(thylakoid)라고 불리는 작은 원반 모양의 주머니를 형성하며, 틸라코이드는 서로 겹쳐 **그라나**(grana)를 형성한다. 그라나는 녹색 색소체인 엽록소를 가지며, 가끔 추가적인 색소체를 포함하기도 한다. 틸라코이드 주변의 물질을 **스트로마**(stroma)* 라고 한다(그림 5.12). 광합성 색소체는 빛 에너지를 흡수하고 이를 화학 에너지로 변환하며, 변환된 화학 에너지는 스트로마에서 탄수화물을 합성하는 반응에 사용된다. 광합성의 자세한 내용은 7장과 8장에서 더 자세히 다룰 것이다.

## 리보솜: 단백질 합성 장소

진핵세포의 전자현미경 사진에서 리보솜은 세포질 내에 점처럼 보이는 작은 입자로 관찰된다. 세포 내에서 리보솜은 두 가지 방식으로 존재하는데, 일부는 세포질에 자유롭게 흩어져 있으며(세포골격에 의해 지지됨), 나머지는 앞서 설명한 대로 조면소포체의 표면에 부착돼 있다. 세포질에서는 여러 개의 리보솜이 짧은 사슬 형태로 배열된 폴리리보솜(polyribosome 또는 polysome)의 형태로도 관찰된다. 진핵세포 리보솜의 기본 구조는 원핵세포 리보솜과 유사하며, 둘 다 리보핵단백질로 이루어진 크고 작은 2개의 소단위체로 구성된다(그림 5.8). 그러나 진핵세포의 리보솜은(미토콘드리아와 엽록체 제외) 60S와 40S 소단위체로 이루어진 80S 리보솜이며, 이는 원핵세포의 리보솜보다 더 크다. 기능 면에서는 원핵세포와 마찬가지로 진핵세포의 리보솜도 단백질 합성이 이루어지는 장소로 사용된다.

세균의 리보솜(70S)과 진핵세포 리보솜(80S)의 차이는 항생제 처리에 의한 세균 감염 치료에서 중요하다. 항생제를 이용한 치료에서 숙주인 진핵세포는 손상시키지 않고, 세균 세포만 사멸해야 한다. 따라서 이 두 종류의 세포 간 차이를 이용한다. 테트라사이클린(tetracycline)과 에리트로마이신(erythromycin) 등의 항생제는 원핵세포의 리보솜 기능을 방해하지만, 진핵세포의 리보솜에는 영향을 미치지 않는다. 따라서 비교적 부작용이 적은 상태에서 세균 감염에 대한 치료가 가능하다.

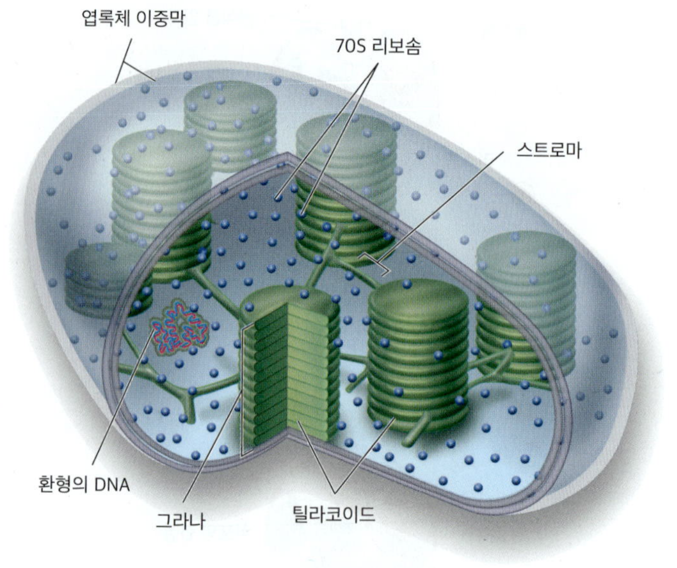


**그림 5.12** 조류 엽록체의 세부 구조. 엽록체와 주요 특징을 3차원으로 볼 수 있다.

## 세포골격: 세포 지지망

세포막으로 둘러싸인 세포질에는 세포소기관들이 자리 잡고 있으며, 이곳에서 생명 유지와 증식에 필요한 대사와 합성 활동이 이루어진다. **세포골격**(cytoskeleton)이라 불리는 유연한 분자 구조는 세포질 내를 횡단해 연결돼 있다(그림 5.13). 이러한 구조는 세포소기관을 고정하고, RNA와 소낭을 이동시키며, 일부 세포에서는 형태 변화와 움직임을 가능하게 하는 등의 기능에 관여한다. 세포골격을 구성하는 주요 물질로 미세섬유, 미세소관, 중간섬유가 있다. **미세섬유**(actin filament)는 지름이 약 8 nm인 얇고 긴 단백질 가닥이다. 이것은 세포 전체에 분포하지

* 기질 라틴어 mater(어머니 또는 근원)에서 유래.
* 스트로마 그리스어 stroma(깔개 또는 바탕)에서 유래.

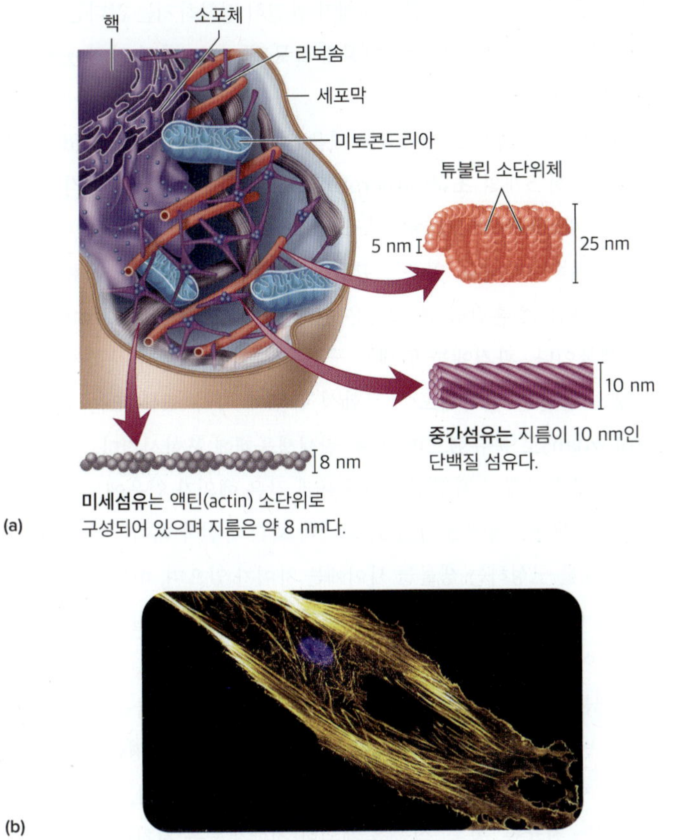


그림 5.13 세포골격. (a) 미세섬유, 미세소관, 중간섬유, 세포소기관 간의 관계를 나타낸 그림. (b) 진핵 근육 전구 세포의 세포골격을 형광 염료로 표지한 이미지. 미세섬유는 녹색으로, 핵은 파란색으로 염색돼 있다. (출처: Alex Ritter, Jennifer Lippincott Schwartz, Gillian Griffiths/National Institute of Health)

표 5.3 진핵세포 내부구조의 기능

| | |
|---|---|
| 핵 | 세포의 유전정보 중심지, DNA 저장소, RNA 합성 |
| 인 | rRNA의 합성, 리보솜 구성 |
| 소포체 | 물질의 수송, 지질 합성 |
| 골지체 | 분비될 단백질의 포장 및 변형 |
| 리소좀 | 세포 내 소화 작용 |
| 액포 | 물질의 임시 저장 및 수송, 소화(식포), 삼투압 조절(수포) |
| 미토콘드리아 | TCA 회로, 전자전달계, 산화적 인산화를 통한 에너지 생성 |
| 엽록체 | 광합성을 통해 빛 에너지를 화학 에너지로 전환 |
| 리보솜 | 단백질 합성 |
| 세포골격 | 미세섬유와 미세소관으로 구성됨, 세포 구조 유지와 운동성에 기여, 소기관 고정 기능 |

만, 특히 세포막 바로 안쪽에 많이 존재한다. 미세섬유는 세포의 수축, 이동 등에 관여한다. **미세소관**(microtubule)의 지름은 약 25 nm이며, 속이 비어 있는 긴 튜브 모양이다. 이는 튜불린(tubulin)이라는 단백질 소단위로 구성돼 있다. 미세소관은 세포벽이 없는 진핵세포에서 세포의 형태를 유지하는 역할을 하며, 세포 내부의 물질 이동에도 관여한다. 또한 체세포분열에서 염색체를 부착하고 분리하는 방추사(spindle fiber)는 미세소관의 일종이다. 미세소관은 앞서 설명한 섬모와 편모의 기능에도 중요한 역할을 한다(그림 5.4). **중간섬유**(intermediate filament)는 이름에서 알 수 있듯이 세포골격을 구성하는 다른 두 물질의 중간 크기인 지름 약 10 nm의 밧줄과 같은 구조다. 이것은 세포의 구조를 강화하고, 리보솜과 미토콘드리아 같은 세포소기관을 지지한다. 진핵세포의 내부 구조는 표 5.3에 요약돼 있다.

**핵심 점검 5.3**

7. 핵을 세포의 '뇌'라고 할 수 있는 이유는 어떠한 기능 때문인가?
8. 리보솜과 인이 어떻게 관련돼 있는지 설명하시오.
9. 핵과 세포질은 어떻게 정보를 주고받는가?
10. 조면소포체, 활면소포체, 골지체의 구조와 기능을 비교하시오.
11. 미토콘드리아와 엽록체의 구조와 기능을 비교하시오.
12. 세포소기관 중에서 미토콘드리아와 엽록체가 특별한 이유는 무엇인가?
13. 세포 내에서 리소좀의 기능은 무엇인가?
14. 세포에 '골격구조'가 필요한 이유는 무엇인가?

## 5.4 진핵세포와 원핵세포 비교 및 진핵생물 분류

**학습목표**

18. 원핵세포, 진핵세포, 바이러스를 비교 대조한다.
19. 진핵생물 분류의 기본 개념을 서술한다.
20. 원생생물의 개념과 예시를 설명한다.

지금까지 진핵세포의 주요 특징을 소개했다. 표 5.4는 앞서 설명한 진핵세포의 주요 특징을 원핵세포와 비교하기 위해 구조와 기능을 중심으로 정리한 것이다. 바이러스가 세포와 얼마나 다른지 보여 주기 위해 바이러스도 포함했다. 바이러스의 구체적인 내용은 6장에서 다룰 것이다.

### 분류체계의 개요

진핵세포의 기원을 분자생물학적 방법으로 탐구하는 과정에서 진핵생물역(Domain Eukarya)에 속하는 생물 간 관계에 대한 이해가 일부 명확해진 반면, 일부는 오히려 혼란스러워졌다. 전통적인 방법은 세포 유형, 편모의 유무, 영양 섭취 방식과 같은 쉽게 관찰할 수 있는 특성을 사용해 진핵세포를 분류했다. 그러나 최근 분자생물학적 방법을 사용해 진핵세포를 분류한 결과, 그동안 우리가 가지고 있던 진화 역사에 대한 가정 중 많은 부분이 틀렸다는 사실이 드러났다. 생물종 간의 관계에 대한 지식

**표 5.4 원핵세포, 진핵세포, 바이러스의 일반적인 비교**

| 기능 또는 구조 | 특성* | 원핵세포 | 진핵세포 | 바이러스** |
|---|---|---|---|---|
| 유전 | 핵산 | + | + | + |
| | 핵 | – | + | – |
| | 핵막 | – | + | – |
| | 핵양체 | + | – | – |
| 생식 | 체세포 분열 | – | + | – |
| | 생식세포의 생성 | +/– | + | – |
| | 이분법 | + | + | – |
| 생합성 | 독립적 | + | + | – |
| | 골지체 | – | + | – |
| | 소포체 | – | + | – |
| | 리보솜 | +*** | + | – |
| 호흡 | 효소 | + | + | – |
| | 미토콘드리아 | – | + | – |
| 광합성 | 색소 | +/– | +/– | – |
| | 엽록체 | – | +/– | – |
| 운동성과 운동기관 | 편모 | +/–*** | +/– | – |
| | 섬모 | – | +/– | – |
| 형태와 보호 기능 | 막 | + | + | – |
| | 세포벽 | +/–*** | +/– | –(대신 캡시드를 가짐) |
| | 협막 | +/– | +/– | – |
| 일반적인 크기 | | 0.5~3 μm**** | 2~100 μm | < 0.2 μm |

* 해당 집단의 구성원 대부분이 이 특성을 가지면 '+', 대부분이 그 특성을 갖지 않으면 '–', 일부는 가지고, 일부는 가지지 않으면 '+/–'.
** 바이러스는 숙주세포 밖에서 대사나 유전적 활동을 할 수 없다.
*** 리보솜은 원핵세포와 진핵세포에서 구조적으로 다르다.
**** 훨씬 작거나 큰 박테리아도 존재한다. 자세한 내용은 **4.1 연결고리 찾기** 참조.

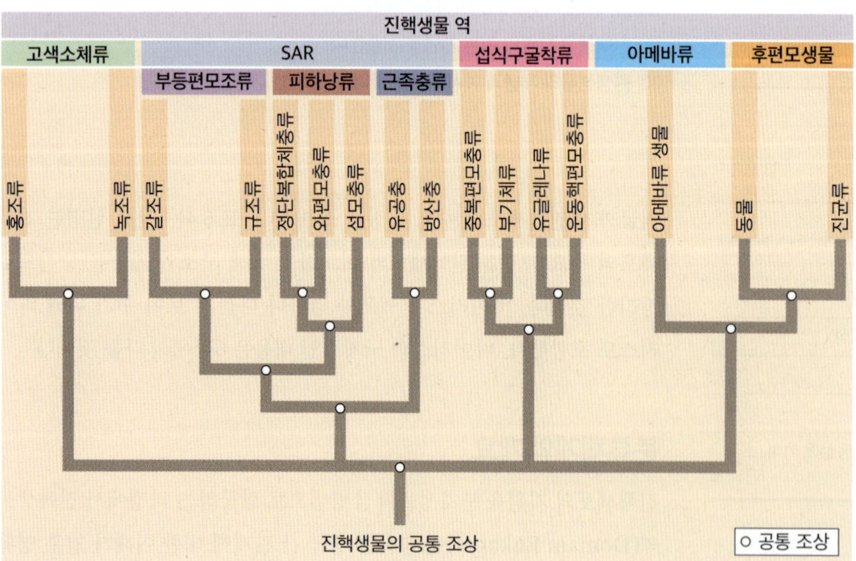


**그림 5.14** 진핵생물 역의 분류체계. 분자 데이터를 통해 진핵생물은 5개의 초군으로 구분된다. 이 단순화된 계통수는 각 초군의 모든 구성원을 포함하지는 않는다.

이 증가함에 따라 현재의 분류체계가 완전히 정확하지는 않다는 것을 알게 됐지만, 그 체계가 정확히 어떻게 잘못됐는지는 아직 알지 못하는 곤란한 상황에 처하게 됐다.

현재의 분류체계는 진핵생물 역을 역(domain)과 계(kingdom) 사이에 위치한 5개의 **초군**(supergroup)으로 나누고 있다. 각각의 초군은 다시 계로 나뉘며, 이 계층구조를 그림 5.14에 간단히 나타냈다. 이 체계에서 전통적인 계는 일부 포함됐으나, 일부는 해체됐다. 분류체계 확립에서 가장 큰 혼란을 준 그룹은 **원생생물계**(Kingdom Protista), 즉 원생생물이다. 과거에는 단세포 구조를 갖거나 세포의 분화가 뚜렷하지 않은 단순한 진핵세포를 광합성 유무에 따라 조류 또는 원생동물(protozoan)로 분류했으며, 모두 원생생물계에 포함시켰다. 이 분류체계는 다세포 조류와 광합성 원생동물과 같은 예외가 있음에도 불구하고 이들을 원생생물계에 포함했다. 그러나 최근 유전학 데이터에 따르면 원생생물계를 구성하는 생물들 사이에는 차이가 있으며, 이는 식물과 동물이 서로 다른 것만큼 큰 차이를 보였다. 따라서 원생생물계를 구성하는 생물은 여러 독립적인 조상에서 진화했을 가능성이 크다.

미생물학자들은 모든 과학적 데이터를 바탕으로 생물종 간의 진정한 관계를 반영하는 분류체계를 구축하고자 한다. 앞서 설명한 원생생물은 새로운 체계에서 별도의 분류군으로 존재하지는 않으나, 원생생물이라는 용어는 진균류, 동물, 식물을 제외한 진핵생물을 지칭하는 데 여전히 유용하다. 마지막으로 언급할 내용은 과거의 분류체계가 그러했듯 어떠한 분류체계도 완벽하거나 영구적이지 않다는 것이다. 현재 제시된 여러 분류체계 중 어느 것이 가장 적절한지는 담당 교수의 설명을 참고해 각자가 판단하는 것이 바람직하다.

진핵세포의 일반적인 구조를 설명했으니, 이제 진핵세포가 환경에 적응을 통해 얻은 다양한 적응 형태를 알아보고자 한다. 다음 절에서는 주요 진핵 미생물인 진균류, 원생생물, 기생충의 구조, 생활사, 분류, 식별, 중요성에 대해 알아볼 것이다.

## 5.5 진균계

**학습목표**

21. 진균계에 속하는 생물의 종류, 세포 형태, 구조, 영양요구도 등의 일반적인 특성을 설명한다.
22. 효모와 사상균을 비교하고 진균포자를 정의한다.
23. 진균포자를 종류별로 분류하고 그 기능을 설명한다.
24. 진균 분류의 주요 특징과 각 그룹의 대표적인 예시를 논의한다.
25. 진균류 동정 방법을 설명한다.
26. 생태학, 농업, 상업, 의학에서 진균의 중요성을 논의한다.

**진균류**(fungi)* 의 생물학적 위치에 대해서는 오랫동안 논란이 있었다. 처음에는 조류 및 박테리아와 함께 식물로 분류됐으며, 이후에 조류 및 원생동물과 같은 그룹으로 분류됐다. 그러나 미생물학자들은 진균류가 여러 독특한 특성을 가지고 있어 별도의 계로 분류할 필요가 있다고 생각했다. 그 후 유전자 분석이 수행됐고, 그 결과를 바탕으로 진균류는 독자적인 계인 진균계로 분리됐다.

**진균계**(Kingdom Fungi)는 매우 다양한 형태와 복잡한 구조를 가진 생물로 구성되며, 그들은 약 6억 5,000만 년 동안 지구상에 존재해 왔다. 현재 약 10만 종의 진균계에 속하는 생물이 알려져 있지만, 전문가들은 이보다 훨씬 더 많은 150만 종 정도가 지구상에 존재할 것으로 추정하고 있다. 진균류는 실용적인 목적에 따라 버섯과 같은 대형진균류(macroscopic fungi)와 사상균이나 효모와 같은 소형진균류(microscopic fungi)로 구분할 수 있다. 대부분의 진균류는 단세포이거나 군체(colony) 상태로 존재하지만, 버섯과 같이 복잡한 형태를 가지는 진균류는 다세포로 간주된다.

진균류 세포의 화학적 특성을 살펴보면, 세포벽에는 다당류인 **키틴**(chitin)이 존재하며, 세포막에는 에르고스테롤(ergosterol)을 포함한다. 소형진균류에는 균사와 효모라는 두 가지 형태가 존재한다. **균사**(hyphae)*는 사상균에서 관찰되는 가늘고 긴 실 모양의 세포다(그림 5.15). **효모**(yeast)는 둥글거나 타원형 모양의 세포이며, 표면에 싹(bud)이라는 작은 돌기를 형성하고 이것이 자라 개별 세포로 분리되는 무성생식을 한다(그림 5.16a). 일부 효모는 **위균사**(pseudohypha)*를 형성한다(그림 5.16c). 이는 싹이 일렬로 붙어 사슬 모양을 형성하는 것으로, 사상균의 균사와는 다르다. 대부분의 진균류는 효모 형태 또는 균사 형태로 존재하지만, 온도 변화와 같은 성장 조건에 따라 두 가지 형태를 모두

* 진균류 단수형은 fungus. 그리스어 fungos(버섯)에서 유래.

* 균사 복수형은 hyphae. 그리스어 hyphe(거미줄)에서 유래.

* 위균사 복수형은 pseudohyphae. 그리스어 pseudo(거짓된)와 hyphe(거미줄)에서 유래.

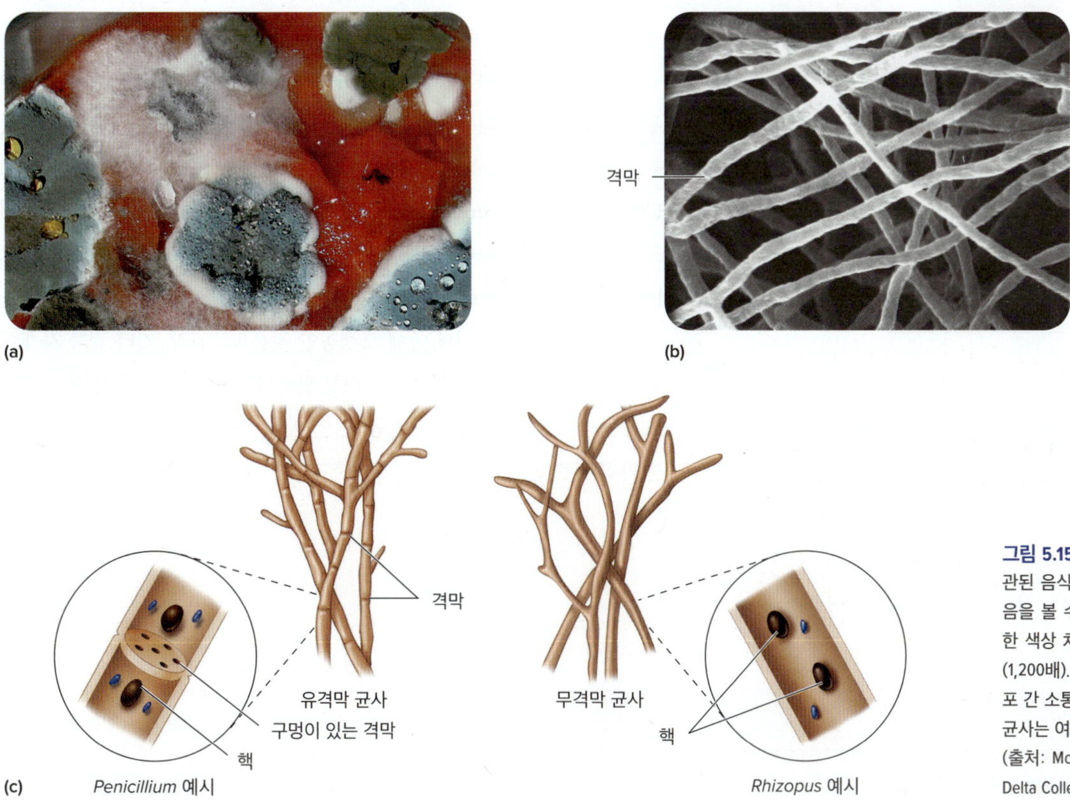


**그림 5.15** 곰팡이 관찰. (a) 냉장고에 너무 오래 보관된 음식 용기에 곰팡이 집락이 작은 숲처럼 자라났음을 볼 수 있다. 다양한 균사체의 질감과 포자에 의한 색상 차이가 관찰된다. (b) 균사 구조의 확대 사진(1,200배). (c) 균사의 기본 구조 유형. 격막 균사는 세포 간 소통을 위한 작은 구멍을 형성하며, 격막이 없는 균사는 여러 핵을 가진 긴 단일 세포로 이루어져 있다. (출처: McGraw Hill; Dr. Judy A. Murphy, San Joaquin Delta College, Department of Microscopy, Stocton, CA)

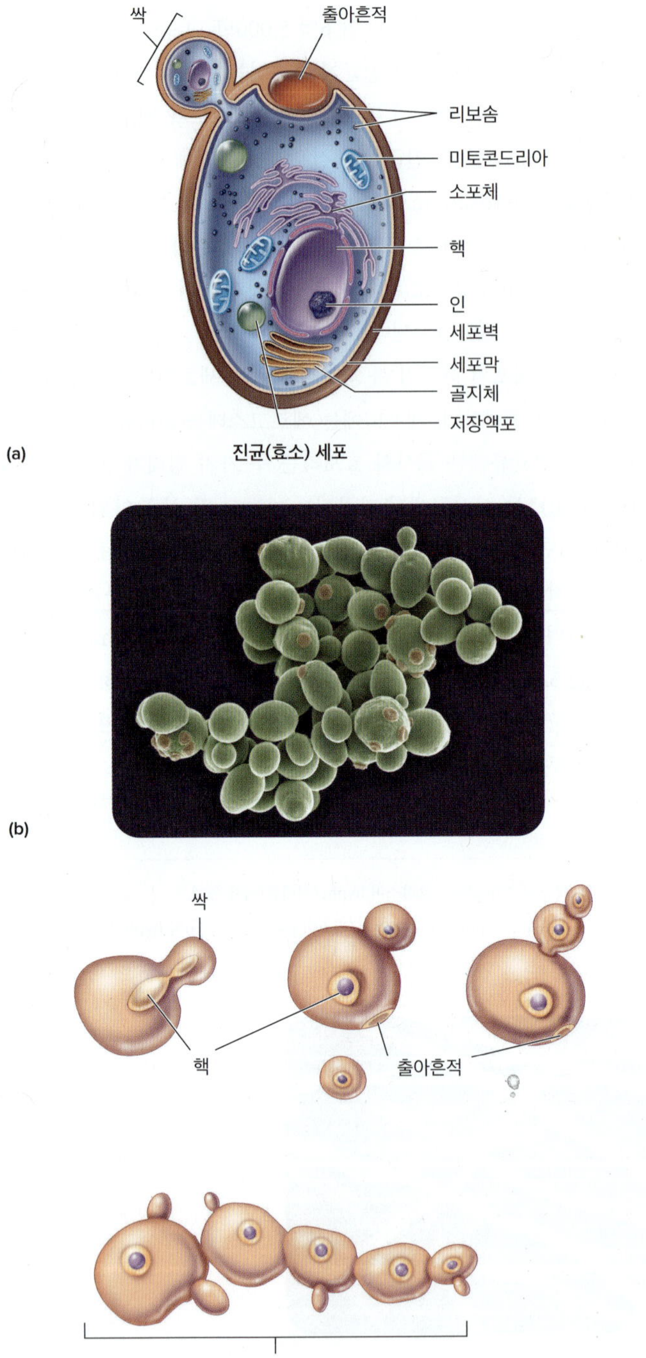


**그림 5.16** **효모 관찰.** (a) 주요 세포소기관을 포함하는 효모 세포의 일반적인 구조. 세포벽이 존재하며, 운동기관은 없다. (b) 일반적인 빵 효모인 *Saccharomyces cerevisiae*의 주사전자현미경 이미지(3,000배). (c) 효모의 싹과 위균사의 형성. (출처: Steve Gschmeissner/Science Photo Library/Alamy Stock Photo)

취할 수 있는 **이형성**(dimorphic)* 진균도 존재한다. 이러한 이형성은 일부 병원성 사상균에서 관찰된다.

* 이형성 그리스어 di(두 가지)와 morphe(형태)에서 유래.

## 진균의 영양

모든 진균류는 **종속영양생물**(heterotrophic)*이다. 그들은 다양한 유기물 공급원이나 **기질**(substrates)로부터 영양분을 획득한다(그림 5.17). 대부분의 진균류는 **부생생물**(saprobe)*이다. 즉, 이들은 토양이나 수생 서식지에서 죽은 식물과 동물의 잔해물로부터 기질을 얻는다. 진균류는 살아 있는 동물 또는 식물에 기생할 수도 있지만, 숙주에만 의지하며 기생생활만 하는 진균류는 거의 없다. 일반적으로 진균류는 기질에 침투해 효소를 분비하며, 이들은 기질을 흡수 가능한 작은 분자로 분해한다. 진균류가 가지는 효소는 깃털, 머리카락, 섬유소, 석유 제품, 나무, 심지어 고무까지도 분해할 수 있다. 자연적으로 생성된 지구상에 존재하는 거의 모든 유기물은 진균류에 의해 분해될 수 있을 것이다. 일부 진균류는 식물을 서식처 삼아 살아가며, 이들을 내생생물(endophyte)이라 부른다. 또한 조류나 시아노박테리아 등의 광합성미생물과 공생해 토양 형성에 중요한 역할을 하는 **지의류**(lichen)라는 독특한 혼합 생물을 형성하기도 한다.

진균류는 의학이나 농업에 매우 큰 영향을 미친다. 일부 진균류는 동물에게 감염해 **진균증**(mycosis)을 일으키며, 수천 종의 진균류는 식물의 주요 병원체로 작용하기도 한다. 새롭게 발견된 진균 병원체인 *Pseudogymnoascus destructans*는 지난 몇 년간 미국 33개 주에서 박쥐 개체군을 크게 감소시켰으며, 일부 지역에서는 최대 90%가 줄어들었다. 박쥐의 개체수 감소에 큰 관심을 가지지 않을 수 있지만, 곤충의 주요 포식자인 박쥐의 감소는 곤충 개체수 증가로 이어지며, 곤충의 증가는 농업생산량을 감소시켜 막대한 피해를 유발한다. 미국에서는 곤충 개체수 증가로 연간 최대 500억 달러의 농업 피해가 발생하는 것으로 추정된다.

진균류는 사람과 서식처를 공유하며, 특히 습기와 영양분이 풍부한 환경에서 자주 발견된다. 샤워실 등 습한 환경에 생기는 일반적인 진균류는 해가 없지만, 가끔은 의학적 문제를 일으킬 수 있다. *Aspergillus, Cladosporium, Stachybotrys*와 같은 진균류는 실내에서 공기 중에 포자와 독소를 방출할 수 있으며, 이것을 흡입하면 '새집증후군(sick building syndrome)'이라고 불리는 증상이 유발될 수 있다. 이러한 문제는 보통 수해를 입거나 물에 오랫동안 젖은 벽, 천장, 기타 건축 자재에 진균이 서식하면서 발생한다. 이러한 환경에 노출된 사람들이 겪는 증상으로는 피부 발진, 감기 유사 증상, 인후통, 두통, 피로, 설사, 알레르기, 면역력 저하 등 다양하다.

* 종속영양생물 그리스어 hetero(다른)와 troph(먹다)에서 유래. 유기물에 의존해 영양분을 얻는 생물.
* 부생생물(또는 부생영양생물) 그리스어 sapros(썩은)와 bios(살다)에서 유래.

(a)

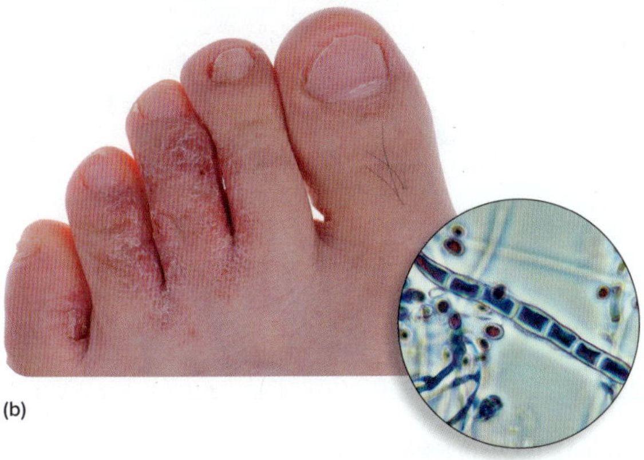

(b)

**그림 5.17 진균의 영양 공급원(기질).** (a) *Penicillium notatum* 곰팡이는 감귤류 과일의 흔한 분해자로, 벨벳 같은 질감과 특유의 청록색으로 유명하다. 삽입된 220배 확대 사진에는 *Penicillium*의 분생포자(phialospores) 배열이 보이며, 이는 무성생식 단계임을 알 수 있다. (b) *Trichophyton rubrum*에 감염된 운동선수의 발. 삽입된 1,000배 확대 사진에서 파란색 균사와 갈색 분생포자를 볼 수 있다. (출처: McGraw Hill; Dr. Lucille K. Georg/CDC; carroteater/Getty Images; Dr. Libero Ajello/CDC)

## 소형진균류의 구조

대부분의 소형진균류 세포는 느슨한 집합체나 군체로 자란다. 효모 군체는 부드럽고 균일한 질감과 외관을 가지고 있어 세균의 군체와 비슷하다. 사상균의 군체는 미세한 조직과 형태로 인해 솜털이나 털이 나 있는 것처럼 보이며, 벨벳 같은 질감이 특징이다. 균사가 얽혀 만들어진 덩어리를 **균사체**(mycelium)* 라고 한다.

균사는 일반적인 진핵세포 소기관을 포함하고 있지만, 독특한 조직적 특징도 가지고 있다. 대부분의 진균류에서 균사는 **격막**(septa)에 의해 구획으로 나뉘며, 이러한 균사를 유격막(septate) 균사라고 한다(그림 5.15c 참조). 격막의 형태는 세포 간의 소통이 전혀 없는 완전한 격막에서부터, 인접한 구획 사이의 세포소기관과 영양물질의 이동을 허용하는 작은 구멍이 있는 불완전한 격막까지 다양하다. 격막이 없는 무격막 균사는 가로막으로 나뉘지 않은 하나의 길고 연속적인 세포로 구성된다. 이러한 구조는 세포질과 세포소기관이 한 영역에서 다른 영역으로 자유롭게 이동할 수 있게 하며, 하나의 균사에 여러 개의 핵을 가질 수 있게 한다(그림 5.15c 참조).

* 균사체 복수형은 mycelia. 그리스어 mykes(진균)에서 유래.

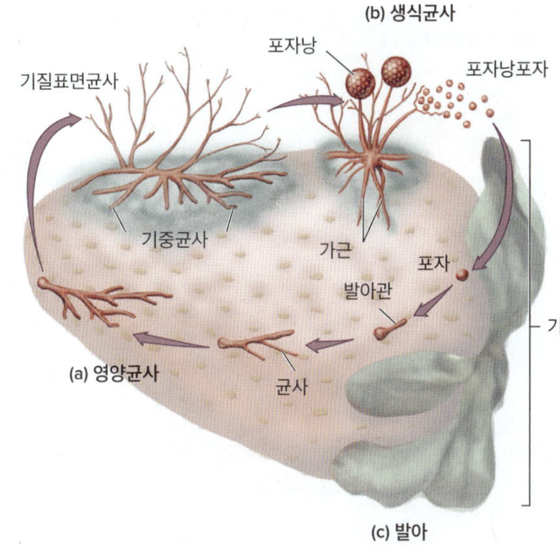


**그림 5.18** Rhizopus 곰팡이를 예로 든 균사의 기능적 유형. (a) 영양균사는 기질의 표면 및 내부에서 영양분을 소화, 흡수, 분배한다. 이 종은 가근(rhizoids)이라는 특수한 고정 구조도 가지고 있다. (b) 곰팡이가 성장하면 무성생식포자를 만드는 생식균사가 형성된다. (c) 무성생식 생활사 동안 자유 상태의 곰팡이 포자가 기질에 자리 잡고 발아관을 내어 길게 자라면서 광범위한 균사를 형성한다. 진균은 번식력이 매우 강해 단일 곰팡이 군락에서 5,000개 이상의 포자 생성 구조를 쉽게 포함할 수 있다. 이들 각각은 2,000개의 단일 포자를 방출한다고 가정하면, 모든 포자가 발아할 경우 균사 바다에 둘러싸이게 될 것이다. 대부분의 포자는 발아하지 않지만, 대부분의 서식지에서 곰팡이와 포자의 수를 매우 높게 유지할 만큼 충분하다.

균사는 특정 기능에 따라 분류할 수 있다. 기질 표면에서 관찰되며, 기질 표면에 퍼지거나 속으로 침투해 영양분을 섭취하는 균사를 영양균사(vegetative hyphae)라 한다. 진균류의 군체가 발달함에 따라 영양균사는 생식균사(reproductive hyphae)라는 구조를 형성하며, 이 구조는 영양균사체에서 갈라져 나온다. 이 생식균사는 진균류의 포자(spore)라는 번식체를 만드는 역할을 한다. 균사의 특징을 그림 5.18에 나타냈다.

## 생식 전략과 포자 형성

진균류는 복잡하고 효율적인 생식 전략을 가진다. 대부분은 기존 균사의 단순한 외부 생장을 하거나, 균사체 일부가 떨어져 나가서 새로운 군체를 형성하는 분절(fragmentation) 방식으로 번식한다. 하지만 진균류의 대표적인 생식 전략은 다양한 종류의 **포자**(spore)를 생성하는 것이다. 진균류의 포자는 생식 기능이 없는 세균의 내생포자와는 다르다. 진균류의 포자는 유전적 변이를 제공해 생존에 중요한 역할을 한다. 또한 포자는 확산의 기능도 가지는데, 이는 작고 비교적 가벼워서 공기, 물, 생물에 의해 환경 전체에 널리 퍼질 수 있기 때문이다. 포자는 생존에 적절한 상황에서 발아하고, 매우 짧은 시간 내에 새로운 군체를 형성한다(그림 5.18).

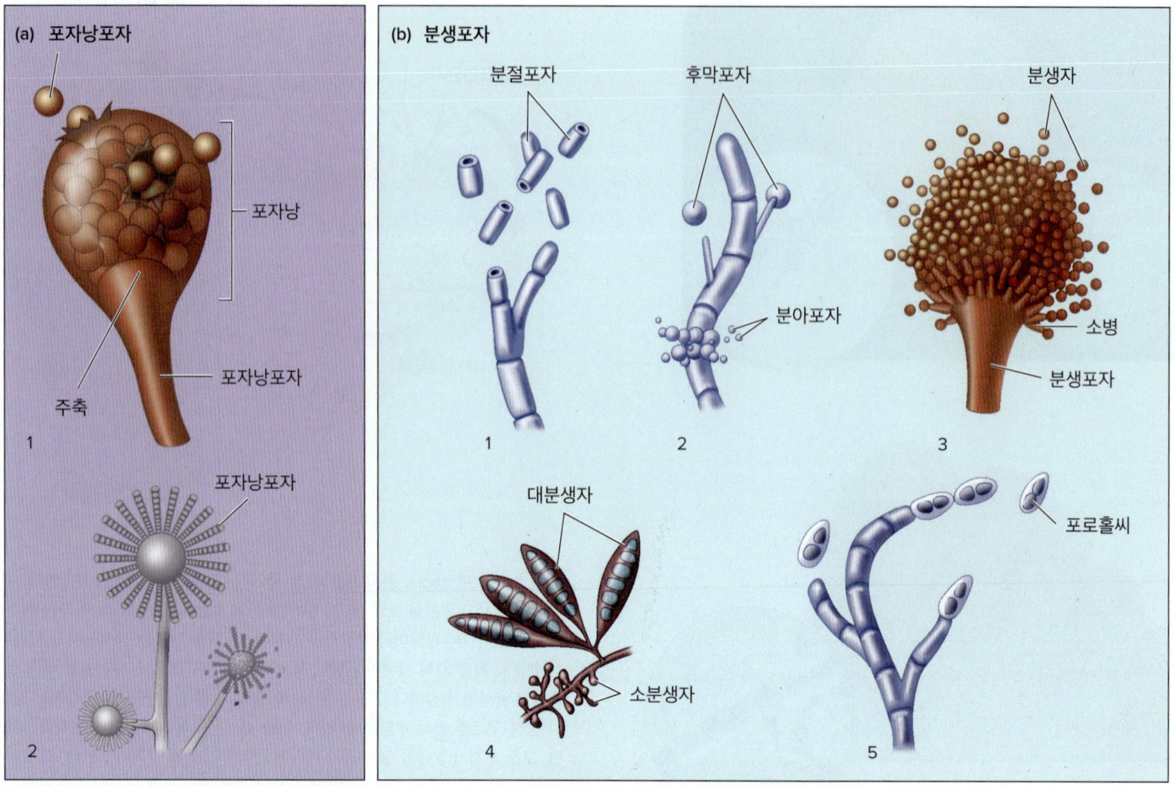


그림 5.19 무성생식을 하는 곰팡이 포자 유형. (a) 포자낭포자: (1) *Absidia*, (2) *Syncephalastrum*(표 5.5). (b) 분생포자: (1) 분절포자(예: *Coccidioides*), (2) 후막포자와 분아포자(예: *Candida albicans*), (3) 분생자(예: *Aspergillus*, 표 5.5), (4) 대분생자와 소분생자(예: *Microsporum*, 표 5.5), (5) 포로홀씨(예: *Alternaria*).

진균류는 종류에 따라 매우 다양한 종류의 포자를 생성하기 때문에, 주로 포자의 형태와 포자 형성 구조를 기준으로 분류된다. 포자를 명명하고 분류하는 매우 정교한 시스템이 존재하지만, 여기서는 주요 유형에 대한 기본적인 개요만 살펴볼 것이다. 가장 일반적인 분류는 포자가 생성되는 방식에 따라 이루어진다. 무성포자는 단일 모세포의 체세포분열의 산물이고, 유성포자는 2개의 모세포 핵이 융합한 후 감수분열을 거쳐 형성된다.

## 무성포자의 생성

무성포자는 포자가 생성되는 방식과 생식균사의 특성에 따라 두 가지 하위 유형으로 나눌 수 있다(그림 5.19).

1. **포자낭포자**(sporangiospore, 그림 5.19a)는 포자낭자루(sporangiophore)라는 줄기 구조에 붙어 있는 **포자낭**(sporangium)* 이라는 주머니 모양의 머리 내에서 연속적인 분열을 통해 형성된다. 처음에는 포자낭에 둘러싸여 갇혀 있다가 포자낭이 파괴되면 포자가 외부로 방출된다. 일부 포자낭포자는 그림 5.20과 같이 유성생식의 최종 결과로 형성되기도 한다.
2. **분생포자**(conidia*, conidiospore)는 포자를 담고 있는 주머니에 갇혀 있지 않은 자유로운 포자다(그림 5.19b). 분생포자는 특별한 생식균사의 끝에서 떼어져 나오거나, 기존의 영양균사가 분절되면서 형성된다. 분생포자는 가장 일반적인 무성포자며, 다음과 같은 형태로 발생한다.

분절포자(arthrospore). '관절'을 의미하는 그리스어 arthron에서 유래했다. 이는 격막이 있는 균사가 분절될 때 형성되는 사각형 모양의 포자다.

후막포자(chlamydospore). '외투'를 의미하는 그리스어 chlamys에서 유래했다. 이는 균사 세포가 두꺼워지면서 형성되는 구형의 분생포자다. 주변 균사가 부서지면 방출돼 생존 또는 휴면 세포의 역할을 한다.

분아포자(blastospore). 효모 또는 다른 분생포자에서 출아(budding) 과정을 통해 생성되는 포자이며, 싹(bud)이라고도 불린다.

분생자(phialospore). '그릇'을 의미하는 그리스어 phialos에서 유래했다. 경자(phialide) 또는 소병(sterigma)이라고 불리는 꽃병 모양의 포자 형성세포의 입구에서 싹이 터서 형성되는 분생포자를

* 포자낭 복수형은 sporangia. 그리스어 sporos(씨앗)와 angeion(그릇)에서 유래.

* 분생포자 단수형은 conidium. 그리스어 konidion(먼지 입자)에서 유래.

말한다.

소분생자(microconidium)와 대분생자(macroconidium). 동일한 진균류에서 형성되지만, 환경 조건의 변화에 따라 평소 크기보다 작거나 큰 분생포자를 말한다. 소분생자는 단세포로 이루어져 있고, 대분생자는 2개 이상의 세포로 구성된다.

포로홀씨(porospore). 포자 형성세포의 작은 구멍을 통해 생성되는 분생포자를 말한다. 일부 포로홀씨는 여러 개의 세포로 구성돼 있다.

### 유성포자의 생성

앞서 진균류는 수많은 무성포자를 생성해 성공적으로 번식할 수 있다는 것을 보았다. 그렇다면 이들이 유성포자를 생성하는 이유는 무엇일까? 그 답은 서로 다른 유전적 구성을 가진 진균류가 유전물질을 결합할 때 발생하는 다양성에 있다. 식물과 동물에서처럼, 부모로부터 각각 물려받은 유전자는 부모와는 다른 유전자 조합을 가진다. 이러한 결합에서 태어난 자손은 형태와 기능에서 약간의 변화를 가질 수 있으며, 이는 종의 적응과 진화에 유리할 수 있다.

대부분의 진균류는 일정 시점에 유성포자를 생성한다. 이 과정은 두 가지 다른 균주의 생식균사가 단순히 융합하는 것부터, 구별된 암수 구조의 복잡한 결합과 특별한 자실체(fruiting body)의 발달에 이르기까지 다양하나. 이 책에서는 가장 흔한 유성포자인 접합포자, 자낭포자, 담자포자에 대해 살펴본다. 이러한 포자 유형은 주요 진균류를 문(division) 체계로 분류하는 데 중요한 기준을 제공한다.

**접합포자**(zygospore)*는 각각 플러스 균주와 마이너스 균주라고 불리는 두 종의 대립 균주의 균사가 융합해 이배체 접합자가 형성될 때 만들어지는 이배체 포자다. 이 접합자는 부풀어 오르며, 튼튼하고 가시가 있는 벽으로 덮이게 된다(그림 5.20). 접합포자의 벽이 손상되고 수분과 영양 조건이 적절해지면 접합포자는 발아해 균사체를 형성하고, 이 균사체가 포자낭을 생성한다. 포자낭의 이배체 세포가 감수분열을 통해 반수체 핵을 형성하며, 이 핵은 포자낭포자로 발달한다. 이 과정에서 생성된 포자낭과 포자낭포자는 외형상으로는 무성생식의 결과와 같아 보이지만, 유성생식의 포자는 서로 다른 2개의 독립된 균주의 융합에서 유래했기 때문에 유전적으로는 서로 다르다.

일반적으로 **자낭포자**(ascospore)*라고 불리는 반수체 포자는 **자낭**(ascus)이라는 특별한 주머니 안에서 생성된다(그림 5.21). 진균류의 종류에 따라 세부사항은 다를 수 있지만, 자낭과 자낭포자는 서로 다른 균

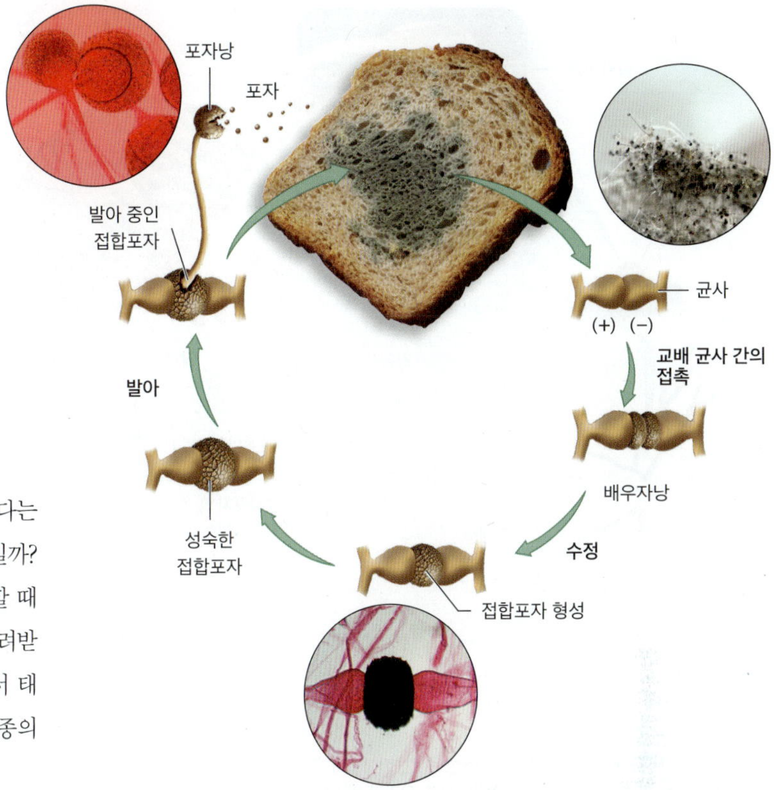


**그림 5.20** *Rhizopus stolonifer*에서 접합포자의 형성. 유성생식은 두 가지 교배형의 균사가 함께 자라 융합해 성숙한 이배체 접합포자를 형성할 때 발생한다. 접합포자가 발아하면 그림 5.19에서 본 무성 포자낭과 유사한 반수체 포자낭이 형성되지만, 개별 포자는 2개의 다른 부모로부터 유전자를 포함한다. 따라서 이 경우 포자낭포자는 유성 재조합의 결과다. (출처: Richard Hutchings/McGraw Hill, Mitrushkin/Getty Images; Richard Gross/McGraw Hill)

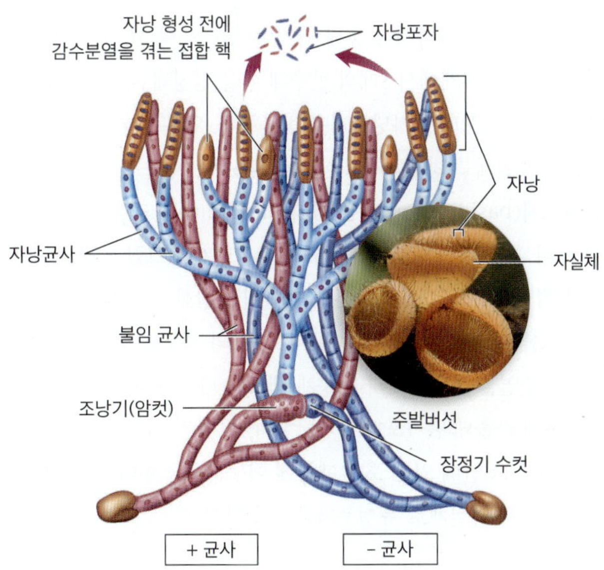


**그림 5.21** 주발버섯에서 자낭포자의 생산. *Cookeina tricholoma*의 컵 모양 자실체가 보이며, 이 안에 자낭이 들어 있다. 자실체에 떨어지는 빗방울은 포자를 분산시키는 데 도움이 된다. (출처: Worraket/Shutterstock)

---

* 접합포자 그리스어 zygon(결합하다)에서 유래.

* 자낭포자 그리스어 ascos(주머니)에서 유래.

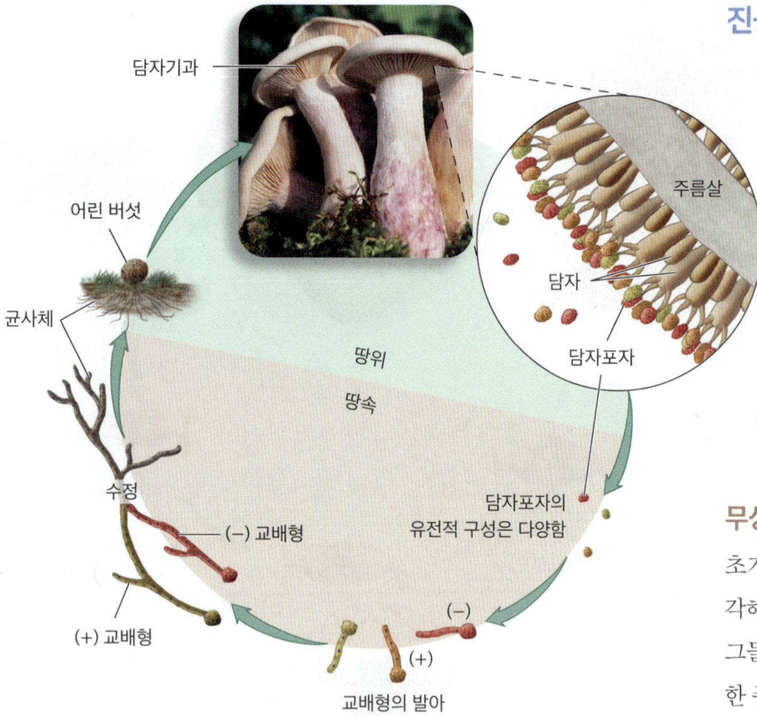


**그림 5.22 담자균류에서 유성포자 형성 주기.** 버섯에서 유성포자 형성을 관찰할 수 있다. 땅속에서 서로 다른 균사 간 교배가 이루어지면, 우리가 일반적으로 버섯이라고 인식하는 자실체가 형성된다. 버섯 모자 아래에는 막대 모양의 담자가 있는 주름이 있으며, 여기서 담자포자가 생성되어 방출된다. 이 담자포자는 유전적으로 다른 균사를 형성하며, 새로운 유전자형을 만들어 내는 생식과정을 만들어 나간다. (출처: IT Stock/age fotostock)

주가 그들의 생식기관을 융합해 자손을 만들 때 형성된다. 그 결과 이배체의 핵을 포함하는 여러 개의 말단 세포가 형성되며, 이를 이핵체라고 한다. 이 세포는 분화과정을 통해 커지며 자낭을 형성하고, 이배체 핵은 감수분열을 거쳐 4개에서 8개의 반수체 핵을 형성해 자낭포자로 성숙한다. 성숙한 자낭은 터져 자낭포자를 방출한다. 일부 종은 자낭을 담기 위해 복잡한 자실체를 형성하기도 한다(그림 5.21).

**담자포자**(basidiospore)*는 **담자**(basidium)라고 불리는 곤봉 모양의 세포 바깥쪽에서 형성되는 반수체 유성포자다(그림 5.22). 일반적으로 포자 형성은 2개의 서로 다른 교배형이 융합한 후, 이배체 핵을 가진 말단 세포를 형성하는 패턴을 따른다. 각각의 세포는 담자를 형성하고, 핵은 감수분열을 통해 4개의 반수체 핵으로 나뉜다. 이 핵은 담자의 윗부분을 통해 돌출돼 담자포자로 발달한다. 버섯은 주름살 부분에 담자가 있으며, 종종 그 안에 있는 포자 때문에 어두운색을 띤다. 버섯에서 삿갓 모양의 부분은 자실체로 유성포자를 보호하고 퍼뜨리기 위해 만들어진 구조다.

* 담자포자 그리스어 basidi(받침대)에서 유래.

## 진균류 분류

진균류의 진화적 관계를 바탕으로 합리적이고 유용한 분류체계를 설정하는 것은 쉬운 일이 아니다. 어떠한 분류체계를 설정하더라도 그 범주에 예외적인 진균이 존재할 수 있으며, 전문가들조차 분류체계에 대한 일치된 의견을 가지지 않기 때문이다. 지금까지 진균류 분류를 위한 다양한 분류체계가 제안됐다. 이 책에서는 의학적 관점에 중점을 둔 분류체계를 설명하고자 한다. 여기서 균계(Kingdom Fungi)는 유성생식 형태, 균사 구조, 유전학적 특성에 따라 몇 개의 문(phylum)으로 구분한다. 표 5.5는 진균계를 구성하는 주요 문과 그 특징을 간략하게 정리한다.

### 무성포자만 생성하는 진균류(불완전균류)

초기 진균류 분류에서 유성생식을 하지 않는 진균류를 '불완전하다'고 생각해 불완전균류(Fungi Imperfecti)라는 포괄적인 그룹에 포함시켰다. 그들은 유성생식 과정이 밝혀질 때까지 이 그룹에 배치됐다. 이후 다양한 종에서 유성포자가 발견됐고, 각각 해당되는 분류군으로 재배치됐다. 최근에는 유전학적 분석을 통한 분류가 이루어지고 있으며, 불완전균류 대부분은 자낭균류(Ascomycota)로 분류되고 있다.

## 진균류의 동정과 배양

특수한 배지에서 분리된 진균류는 동정을 위해 육안 및 현미경 관찰이 우선적으로 수행된다. 이들의 배양을 위해 사용되는 배지로는 옥수수가루(cornmeal), 혈액, 사부로 한천(Sabouraud agar) 배지 등이 있다. 사부로 한천 배지는 낮은 pH로 인해 세균 성장은 억제하지만, 대부분의 곰팡이는 억제되지 않기 때문에 세균과 혼합된 시료에서 곰팡이를 분리하는 데 매우 유용하다. 진균류는 유성포자의 존재와 유형에 따라 분류된다. 하지만 실험실 환경에서 유성포자를 관찰하기는 쉽지 않다. 따라서 포자를 생성하는 구조를 관찰해 진균류의 속(genus)과 종(species)을 동정한다. 그 외에도 균사 형태, 균체의 질감과 색, 생리적 특성, 유전적 구성 등이 진균류 동정에 사용된다.

## 의학, 산업에서의 진균류

대부분의 진균류는 독립생활을 하며, 그들의 생활사에서 숙주가 필수적이지는 않다. 병원성 진균류도 대부분은 토양, 물, 먼지와 같은 환경적 원인과 사람이 우연히 접촉해 감염이 발생한다. 일반적으로 사람은 진균류 감염에 대한 저항성을 가지고 있다. 그러나 여기에도 예외는 존재한다. 그것은 건강한 사람도 감염시킬 수 있는 1차 감염체(primary pathogen)와 면역기능이 약한 사람에게만 감염되는 기회감염체(opportunistic pathogen)가 포함된다.

**표 5.5 진균류의 분류, 특성 및 주요 종에 대한 개요**

**문 I – 접합균문(Zygomycota, 또는 Zygomycetes)**

- 유성포자: 접합포자
- 무성포자: 주로 포자낭포자, 일부는 분생포자
- 균사는 일반적으로 격막이 없으며, 격막이 있는 경우에는 완전한 격막을 가짐
- 대부분 자유생활하는 부생생물이며, 일부는 동물의 기생체
- 실험실에서 유해한 오염원이 될 수 있고, 식품 부패나 농작물 피해의 원인이 될 수 있음
- 대표적인 예: *Rhizopus*, *Mucor*, *Absidia*, *Circinella*(그림 A, *Rhizopus*와 그림 B, *Circinella*)

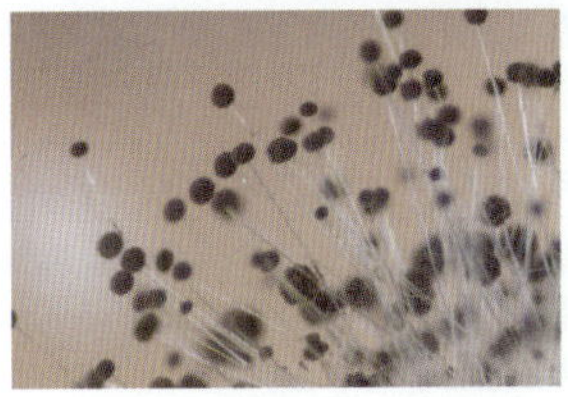

A. *Rhizopus*, 빵에서 흔히 발견되는 곰팡이 (출처: sinhyu/iStock/Getty images)

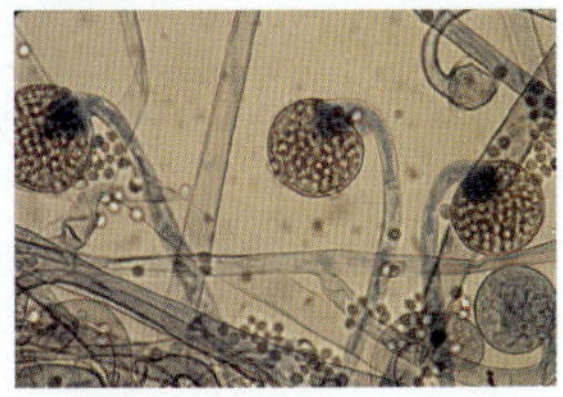

B. 아름다운 곰팡이인 *Circinella*는 구부러진 포자낭으로 잘 알려져 있다(500배). (출처: McGraw Hill)

**문 II – 자낭균문(Ascomycota, 또는 Ascomycetes)**

- 유성포자: 대부분 자낭 속에 자낭포자를 형성
- 무성포자: 다양한 형태의 분생포자를 분생포자자루(conidiophore) 끝에서 형성
- 균사는 구멍이 있는 격막을 가짐
- 대표적인 예: 자낭균문은 가장 큰 진균류 분류군으로, 육안으로 보이는 버섯부터 현미경으로만 보이는 곰팡이와 효모까지 매우 다양함
  - *Penicillium*: 항생제의 주요 원천 중 하나(그림 5.17 참고)
  - *Aspergillus*: 공기 중에 흔한 곰팡이로, 호흡기 감염 및 독성과 관련될 수 있음(그림 C)
  - *Saccharomyces*: 빵과 맥주 제조에 사용되는 효모(그림 D)
  - 3단계 HIV(AIDS) 환자의 병원체인 *Pneumocystis jiroveci* 등 많은 인간 및 식물 병원체가 포함됨
  - *Histoplasma*: 오하이오 계곡열이라는 열병의 원인균
  - *Trichophyton*: 백선증(ringworm)의 원인 중 하나로, 피부에 고리 모양으로 자라는 피부 진균 감염을 유발(그림 22.18 참고)
  - *Coccidioides immitis*: 계곡열(Valley fever)의 원인
  - *Candida albicans*: 다양한 효모 감염의 원인
  - *Stachybotrys*: 독성을 가진 곰팡이

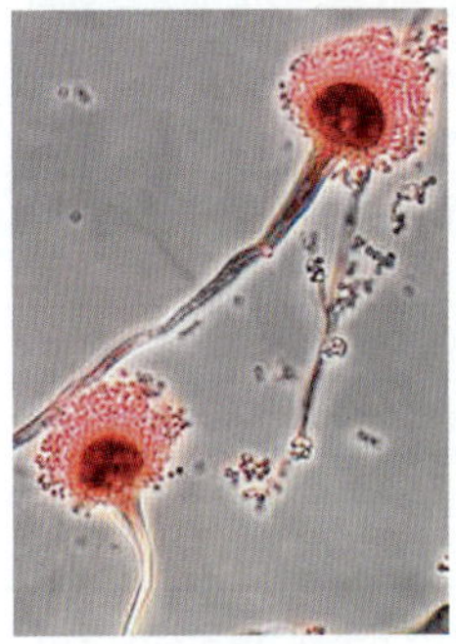

C. 꽃 모양의 분생포자 머리를 가진 *Aspergillus fumigatus*(600배) (출처: CDC)

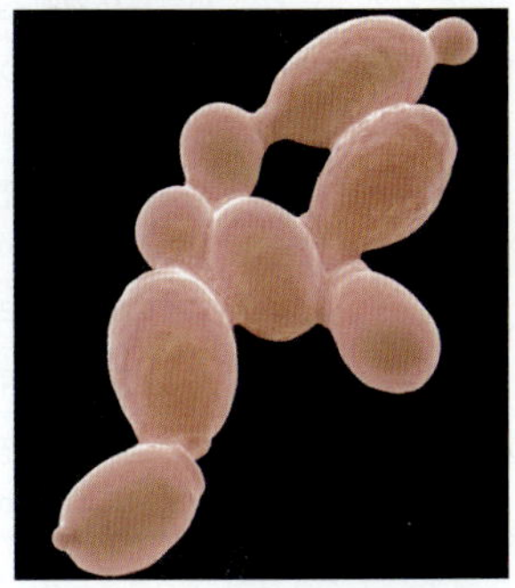

D. *Candida*의 위균사를 촬영한 주사전자현미경 사진(4,000배) (출처: Steve Gschmeissner/Science Photo Library/Getty Images)

**문 III – 담자균문(Basidiomycota, 또는 Basidiomycetes)**

많은 구성원이 버섯과 송이버섯 같은 익숙한 거시적 형태를 가지고 있지만, 이 문에는 주요 작물을 공격하고 파괴하는 녹병(rust)과 깜부기병(smut)을 일으키는 다수의 미세한 식물 병원균도 포함됨. 이는 농업과 세계 식량 생산에 광범위한 영향을 미침

- 유성생식: 담자와 담자포자에 의해 이루어짐
- 무성포자: 분생포자
- 균사는 불완전한 격막 구조를 형성
- 일부는 식물에 기생하며, 한 종은 사람에게 병을 일으킴
- 육질의 자실체(fleshy fruiting bodies)가 흔하게 관찰됨
- 대표적인 예: 버섯류(그림 E), 공 모양의 버섯(puffballs) 목질균(bracket fungi), 식물 병원균
- 인간의 유일한 병원균인 *Cryptococcus neoformans*는 피부, 뇌, 폐를 포함한 여러 기관에 침습적 전신 감염을 유발함(그림 F)

E. 숲 바닥에서 돋아나는 광대버섯(*Amanita muscaria*). 이 버섯은 독성이 있으며 환각 작용을 일으킴 (출처: Ingram Publishing/Getty Images)

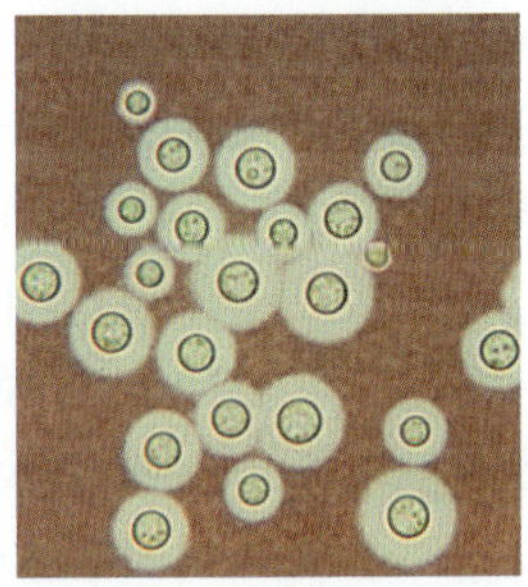

F. *Cryptococcus neoformans*. 크립토콕쿠스증(cryptococcosis)을 일으키는 효모균(400배). 각 세포를 둘러싼 협막 구조에 주목할 것 (출처: Dr. Leanor Haley/CDC)

**문 IV – 병꼴균문(Chytridimycota)**

이 문에 속하는 생물들은 흔하지 않고, 원시적인 곰팡이류로 일반적으로 **병꼴균**(chytrid)*이라 불림

세포 형태는 단세포에서 군집 또는 집락 형태까지 다양하며,

일반적으로 균사를 형성하지 않으며, 효모의 형태를 나타내지도 않음

이들을 가장 뚜렷하게 특징짓는 요소는 편모가 달린 특수한 포자, 즉 유주포자(zoospore)와 생식세포(gamete)의 존재임

대부분의 병꼴균은 부생성(saprobic)이며, 토양, 수중, 부패물 속에서 자유생활함

그러나 상당수는 식물, 동물, 그리고 기타 미생물의 기생 생물로도 알려져 있음(그림 G)

아직 사람에게 질병을 일으키는 경우는 보고된 바 없음

하지만 병꼴균은 개구리의 심각한 병원체로 잘 알려져 있으며, 일부 서식지에서는 개구리 개체군 전체를 붕괴시키는 주요 원인이 되기도 함

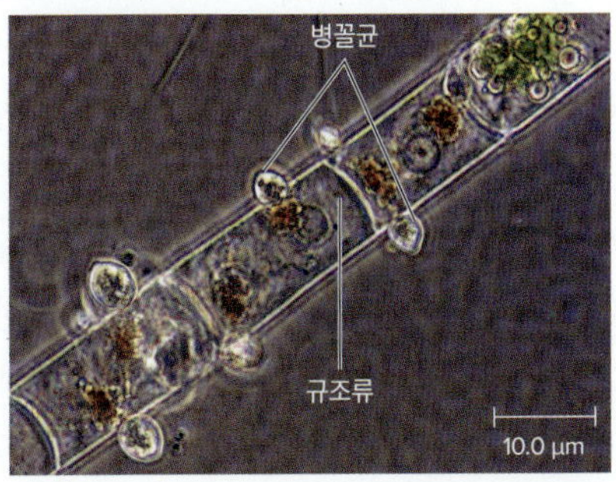


G. 기생성 병꼴균류. 섬유상 규조류인 센털돌말(*Chaetoceros*)은 편모가 달린 병꼴균의 공격을 받아 용해되고 파괴됨(400배) (출처: Joyce E. Longcore, University of Maine)

* 병꼴균 그리스어 chytridion(작은 항아리)에서 유래.

**표 5.6** 사람에게 발생하는 주요 진균성 질환

| 조직 침범 정도와 감염부위 | 감염 질환명 | 원인 진균명 |
|---|---|---|
| **표면성 감염(조직 깊숙이 침범하지 않음)** | | |
| 외부 표피 | 어루러기(Tinea versicolor) | *Malassezia furfur* |
| 표피, 모발, 진피 | 두피, 몸통, 발, 발톱 등에 생기는 백선 또는 버짐이라고 불리는 피부사상균증(Dermatophytosis) | *Microsporum, Trichophyton, and Epidermophyton* |
| 점막, 피부, 손발톱 | 칸디다증(Candidiasis) 또는 효모감염증 | *Candida albicans** |
| **전신성 감염(심부 감염, 병원체가 폐에 침입한 후 다른 장기로 퍼질 수 있음)** | | |
| 폐 | 콕시디오이데스진균증(Coccidioidomycosis) | *Coccidioides immitis* |
| | 북미분아진균증(North American blastomycosis) | *Blastomyces dermatitidis* |
| | 히스토플라스마(Histoplasmosis) | *Histoplasma capsulatum* |
| | 크립토콕쿠스증(Cryptococcosis) | *Cryptococcus neoforman* |
| 폐, 피부 | 남미분아진균증(South American blastomycosis) | *Paracoccidioides brasiliensis* |

* 암, 에이즈 또는 기타 심각한 질병을 앓고 있는 환자에게 심각하고 침습적인 전신 감염을 일으킬 수 있음.

**진균증**(mycoses)은 병원체가 감염되는 방식과 조직에 미치는 영향에 따라 다양하다(표 5.6). 의료기술의 발전은 더 많은 기회감염체 진균류를 확인할 수 있는 기회를 제공했다. 공기와 먼지에 존재하는 일부 진균류는 인체에 무해하다고 알려졌었으나, 실제로 에이즈, 암, 당뇨병 등을 앓고 있는 환자들에게는 기회성 감염을 일으킬 수 있음이 확인됐다.

진균류는 사람에게 감염되는 것 외에도 의학적으로 중요한 의미를 갖는다. 진균의 세포벽에서 나오는 화학물질은 사람에게 알레르기를 일으킬 수 있다. 독버섯에서 생성되는 독소는 사람의 신경계장애를 유발하거나 심지어 사망에 이를 수 있게 한다. 진균인 *Aspergillus flavus*는 아플라톡신(aflatoxin)[4] 이라는 치명적인 독성물질을 합성한다. 이것은 진균에 오염된 곡물을 섭취한 가축에게 질병을 유발하고, 인간에게는 간암의 원인이 되는 물질이기도 하다.

진균은 농업 산업에서 지속적인 경제적 피해를 초래한다. 옥수수와 곡물 같은 농작물에 병을 일으키며, 신선한 농산물을 운송 및 저장하는 과정에서도 부패를 일으킨다. 매년 생산되는 과일의 최대 40%가 사람이 아닌 진균류에 의해 소비되는 것으로 추정된다.

그러나 긍정적인 측면에서 진균류는 유기물을 분해하고 필수 무기물을 토양으로 되돌리는 중요한 역할을 한다. 또한 식물 뿌리와 안정적인 공생관계를 형성해 뿌리가 물과 영양분을 흡수하는 능력을 향상해 준다. 산업적으로는 진균류를 활용해 항생제, 알코올, 유기산, 비타민 등을 생산한다. 일부 진균류는 식용으로 사용되거나 음식에 풍미를 더하는 데 사용된다. 효모균인 *Saccharomyces*는 맥주와 와인에서 알코올을 생산하고, 빵을 만드는 과정에도 사용된다. 블루 치즈, 간장, 훈제 고기 등의 독특한 풍미는 진균류에 의해 생성된 것이다.

4 Aspergillus flavus로부터 유래된 독소.

**핵심 점검 5.4~5.5**

15. 원핵세포와 진핵세포의 유사점과 차이점을 설명하시오.
16. 효모와 균사의 형태를 비교하고, 효모와 곰팡이의 차이점을 설명하시오.
17. 진균이 영양분을 얻는 방법과 주로 서식할 것으로 예상되는 환경을 설명하시오.
18. 무성포자의 두 하위 유형을 설명하고, 대표적인 분생포자의 종류를 설명하시오.
19. 유성포자의 세 가지 유형을 설명하고, 각각의 형성과정을 설명하시오.
20. 진균류 분류의 일반적인 특징을 설명하고, 진균류를 구성하는 4개의 문(phylum)에 속하는 대표적인 예를 설명하시오.
21. 진균증(mycosis)의 정의와 진균 감염이 어떻게 발생하는지 설명하시오.

## 5.6 원생생물: 조류

**학습목표**

27. 조류의 기본적인 특성과 분류체계를 설명한다.
28. 조류의 중요성을 설명한다.

조류와 원생동물이라는 용어는 분류학적 이름은 아니다. 그러나 여전히 미생물학에서 유용한 용어로 활용되고 있다. 이 용어는 원생생물과 같이 특정 진핵생물을 간단하게 지칭하기 위해 사용된다. 즉 일반적인 특징을 공유하는 진핵생물을 언급할 때 조류, 원생동물 같은 용어가 사용된다. 조류는 보통 단세포 생물이지만 다세포 조류도 존재한다. 이들은 엽록소 *a*를 이용해 광합성을 하는 특징을 공유하며, 물질 수송을 위한 관다발 조직이 없으며, 단순한 생식 구조를 가진다. 원생동물은 조직 구조가 없으며, 세포 구조, 영양 방식, 생활사, 생화학적으로 유사한 특징을 공유한다. 이들은 대부분 운동성이 있는 단세포 진핵생물이다.

### 조류: 광합성을 하는 원생생물

**조류**(algae)는 광합성을 하는 생물군이며, 대표적으로 해조류가 여기에 속한다. 이들은 다양한 색과 모양을 가지며, 길이는 몇 μm에서 100 m에 이르기까지 다양하다. 조류는 단세포일 수 있으며, 군체를 형성하기도 하고, 필라멘트상의 실 모양으로 존재하기도 한다. 크기가 큰 조류는 조직과 간단한 기관을 가질 수도 있다. 그림 5.23과 표 5.7에서 대표적인 조류의 형태와 특성을 볼 수 있다. 조류의 세포는 대부분의 세포소기관을 가지고 있으며, 이 중 가장 눈에 띄는 것은 엽록체다(그림 5.23a). 엽록체는 녹색 색소인 엽록소 외에도 다양한 색소가 있어, 일부 조류는 황색, 적

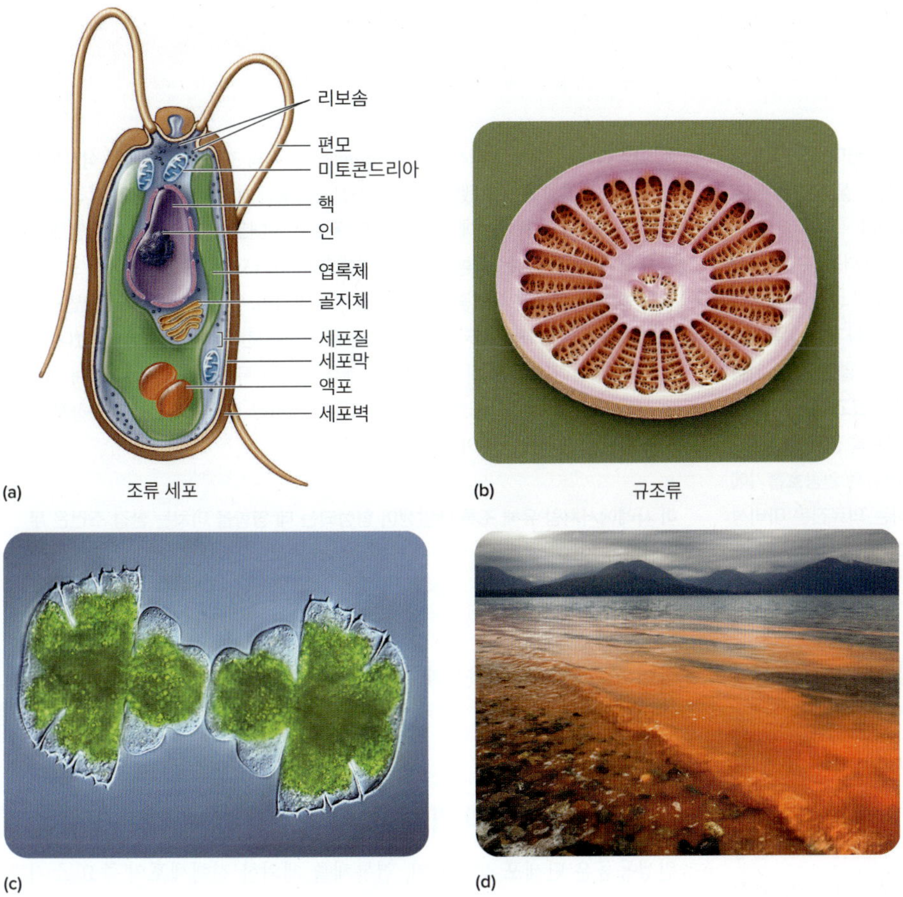


그림 5.23 대표적인 조류. (a) 운동성이 있는 녹조류인 *Chlamydomonas*의 구조. (b) 규조류인 *Arachnoidiscus* sp.(800배). 규조각 내부의 작은 구멍은 주변 환경과의 영양분, 노폐물, 가스 교환을 가능하게 한다. (c) 2개의 거울상 반세포가 좁은 연결부로 이어진 녹조류 *Micrasterias truncata*(750배). 각 반세포는 큰 엽록체 하나를 포함한다. (d) 퓨젯사운드에서 발생한 와편모조류의 대발생. (출처: Science Photo Library/Alamy Stock Photo; Lebendkulturen.de/Shutterstock; Don Paulson Photography/Purestock/Alamy Stock Photo)

색, 갈색으로 관찰된다.

조류는 담수와 해수에 널리 분포돼 있다. 이들은 **플랑크톤**(plankton)이라고 불리는 부유생물의 주요 구성요소다. 따라서 이들은 수중 생태계의 먹이사슬에서 중요한 역할을 한다. 또한 광합성을 통해 대기의 산소를 증가시킨다. 지구상에서 가장 대표적인 조류 중 하나는 단세포인 규조류(diatom)다(그림 5.23b). 이들은 규산염으로 이루어진 세포벽을 가지고 있으며, 엽록체에는 황색의 색소체가 존재한다.

조류가 동물에 감염을 일으키는 경우는 매우 드물다. 이는 동물 조직이 조류가 서식하기에는 적합하지 않기 때문이다. 그러나 예외적으로 광합성을 하지 않는 조류인 프로토테카(*Prototheca*)는 사람과 동물의 피부 및 피하에 감염돼 프로토테카증(protothecosis)을 유발하기도 한다.

조류가 의학적으로 위협을 주는 주요 원인은 식중독이다. 이것은 와편모조류(dinoflagellates)와 같은 해양 조류가 생성하는 독소에 의해 발생한다. 이러한 조류의 과도한 증식은 유해 조류 대발생(Harmful Algae Bloom, HAB)을 일으킨다(그림 5.23d). 과거에 이런 현상을 적조(red tide)라고 불렀으나, 관련된 조류에 따라 대발생의 결과가 항상 붉은 것은 아니기 때문에 현재는 유해 조류 대발생이라고 한다. 조간대(intertidal) 동물이 독소 생성 조류를 섭취하면 몸에 독소가 쌓이며, 이는 수개월 동안 유지되기도 한다. 이러한 독소를 포함하는 조개나 다른 무척추동물을 사람이 섭취할 경우 마비성 패류중독(paralytic shellfish poisoning)에 걸릴 수 있다. 이것은 심각한 신경장애를 유발하며 매우 치명적일 수 있다. 시구아테라(ciguatera)는 농어와 고등어 같은 물고기에 축적된 조류 독소로 인

표 5.7 조류의 주요 특성 정리

| 상위 분류군 | 문/일반 명칭 | 구성 형태 | 세포벽 | 색소 | 생태/중요성 | 대표종 |
|---|---|---|---|---|---|---|
| Excavata | 유글레나식물문(Euglenophyta) | 대부분 단세포, 편모로 운동 | 없음, 대신 외피(pellicle) 존재 | 클로로필, 카로티노이드, 잔토필 | 원생동물류 Mastigophora와 가까운 친척도 있음 | *Euglena* |
| SAR (Alveolate) | 와편모조류 | 단세포, 쌍편모 | 셀룰로오스 또는 비정형 세포벽 | 클로로필, 카로티노이드 | 적조(red tide)의 원인 | *Ceratium* |
| SAR (Stramenopile) | 규조류 | 단세포 | 이산화규소(Silicon dioxide) | 클로로필, 푸코잔틴 | 규조토 형성, 플랑크톤의 주요 구성원 | *Nitzchia* |
| SAR (Stramenopile) | 갈조류 | 다세포, 유관 조직과 부착기 보유 | 셀룰로오스 | 클로로필, 카로티노이드, 푸코잔틴 | 유화제 알긴산(alginate)의 원료 | *Macrocystis* |
| Archaeplastida | 홍조류 | 다세포 | 셀룰로오스 | 클로로필, 카로티노이드, 잔토필, 피코빌린 | 한천(agar), 카라기난(carrageenan) 등 식품 첨가물의 원료 | *Gelidium* |
| Archaeplastida | 녹조류 | 단세포, 군체형, 사상형, 다세포 등 다양 | 셀룰로오스 | 클로로필, 카로티노이드, 잔토필 | 고등 식물의 조상 | *Chlamydomonas* |

임상 사례

## 표지판을 읽으시오

태평양 북서부 지역으로 여행을 온 일행 중 7명은 호텔 근처 해변에서 간식으로 먹을 홍합을 채취했다. 이후, 껍질을 깐 홍합에 양념을 추가하고 삶아서 만든 홍합 수프가, 자정부터 새벽 2시 사이에 이들이 먹은 주요 메뉴였다.

홍합 수프를 먹은 지 한두 시간이 지났을 무렵, 그들에게 메스꺼움, 구토, 설사를 동반한 일반적인 식중독 증상이 나타나기 시작했다. 그러나 곧 증상이 특이하게 변했다. 그들은 입술과 혀에 따끔거림을 느끼기 시작했고, 말하거나 숨쉬기가 어려워지며, 부분 마비와 몸이 떠 있는 듯한 감각을 느끼게 됐다. 일행 중 한 여성이 바닥에 쓰러져 일어나지 못하자 그들은 즉시 구급대원을 불렀고, 구급대원은 그녀를 병원으로 이송하고 일행 전원에게 병원에서 진찰을 받도록 권유했다.

병원에 도착한 여성은 호흡근 마비로 인해 숨쉬기가 어려워져 인공호흡기에 의지해야 했으며, 중환자실로 옮겨졌다. 해안 지역에서 일하는 의료진은 마비성 패류중독의 징후와 증상을 쉽게 알아차렸고, 독소의 원인이 된 홍합 수프를 즉시 파악했다. 그들은 알렉산드리움(*Alexandrium*) 속의 조류에서 생성된 삭시톡신(saxitoxin)이 홍합에 농축됐으며, 이는 청산가리보다 1,000배나 독성이 강하고 끓여도 파괴되지 않기 때문에 요리 후에도 독소가 그대로 남아 있었다고 설명했다. 검사 후 일행 중 3명은 중환자실에 입원했으며, 나머지 3명은 응급실에서 모니터링을 받았다. 마비성 패류중독에는 해독제가 없으며, 인공호흡 등 지지 요법만이 가능하다. 다행히 7명 모두 증상이 가라앉은 후 24시간 내에 퇴원할 수 있었다.

이후, 일행이 홍합을 채취한 해변은 패류 내 삭시톡신 농도 증가로 인해 폐쇄된 상태였던 것으로 드러났다. 그러나 그들은 게시된 경고 표지판을 확인하지 못하고 홍합을 채취했던 것이다.

**이 사례에서처럼 유해 조류 대발생이 형성되는 데 영향을 미치는 환경 조건은 무엇인가?**

한 심각한 중독으로, 열을 가해도 독소가 파괴되지 않으며 아직 해독제도 발견되지 않았다.

지난 몇 년간 미국에서는 독소 생산 조류인 *Pfiesteria piscicida*에 의해 발생한 심각한 감염 사례가 여러 차례 보고됐다. 이 질병은 물고기에서 처음 발견됐고, 이후 사람에게도 전파됐다. 물고기와 사람 모두 신경 증상과 출혈성 피부 병변을 나타냈다. 이는 영양분이 풍부한 농업 배수가 *Pfiesteria*의 갑작스러운 '대발생'을 촉진해 발생한 것으로 추측된다. 이로 인해 수백만 마리의 물고기가 폐사했으며, 이후 물고기 또는 오염된 물에 노출된 사람들에게도 감염을 일으켰다.

## 5.7 원생생물: 원생동물

학습목표

29. 원생동물의 구조, 영양 방식, 운동의 주요 특징을 요약한다.
30. 원생동물의 일반적인 생활사와 생식 방법을 설명한다.
31. 원생동물의 분류 및 동정 방법을 설명한다.
32. 원생동물의 분류체계를 서술하고 각 그룹의 중요 구성원의 예시를 살펴본다.
33. 기생충의 생물학적 특성을 설명하고 일반적인 원생동물 병원체를 나열한다.

원생동물이라는 용어는 공식적인 분류학적 명칭이 아니다. 그러나 식물보다는 동물과 유사한 특징을 갖는 진핵생물을 비공식적으로 일컫는 용어로 사용되고 있다. 원생동물은 단일한 진화학적 과정을 갖는 종의 모임이 아닌, 계통학적으로 매우 다양한 생물이 포함된 다계통군(polyphyletic)이다. 이들은 진핵생물을 구성하는 다섯 종류의 초군 중에 세 그룹을 포함할 정도로 다양성이 크다. 대부분의 원생동물은 무해하며 물과 토양에 자유롭게 서식하지만, 일부 종은 사람에게 감염을 일으킨다.

### 원생동물의 형태와 기능

원생동물은 단세포 생물이며, 엽록체를 제외한 진핵세포의 주요 소기관을 모두 가지고 있다. 그들의 소기관은 섭식, 생식, 이동에 특화돼 있다. 세포질은 투명한 외부 층인 **외질**(ectoplasm)과 과립성 내부 영역인 **내질**(endoplasm)로 나뉜다. 외질은 이동, 섭식, 외부로부터의 보호에 관여하며, 내질에는 핵, 미토콘드리아, 식포, 수축포가 존재한다. 일부 섬모충류(ciliate)와 편모충류(flagellate)[5]는 움직임을 통제하기 위해 원시 신경계와 비슷하게 작동하는 세포소기관을 갖는다. 원생동물은 세포벽이 없어 어느 정도의 유연성을 지닌다. 외부 경계는 세포막으로 이루어져 있으며, 음식물, 노폐물, 분비물의 이동을 조절한다. 세포 형태는 대부분의 섬모충처럼 일정할 수도 있고, 아메바처럼 지속적으로 변할 수도 있다. 유공충(foraminifera) 같은 일부 아메바는 탄산칼슘으로 이루어진 딱딱한 외피를 만들기도 한다. 원생동물의 크기는 대부분이 3~300 μm 범위에 속하지만, 예외적으로 거대 아메바와 거대 섬모충은 3~4 mm의 크기를 가져 연못 속에서 유영하는 모습을 맨눈으로 관찰할 수 있다.

#### 영양 및 서식 범위

대부분의 원생동물은 종속영양생물로, 복잡한 유기물 형태의 먹이를 먹는다. 독립적으로 살아가는 종은 세균이나 조류를 먹고 살며, 죽은 식물이나 동물의 잔해를 먹기도 한다. 일부 종은 먹이 입자를 통로로 운반하

5 섬모충류와 편모충류라는 용어는 섬모와 편모를 이용해 움직이는 원생동물 그룹의 일반적인 이름이다.

는 구위(oral groove)라 불리는 구조를 가지며, 일부는 소화를 위해 포획된 먹이를 액포로 포장하는 구조(gullet)와 같은 특별한 먹이 구조를 가지고 있다. 일부 원생동물은 세포막을 통해 직접 먹이를 흡수하기도 한다. 기생생활을 하는 종은 주로 숙주의 혈장이나 소화액과 같은 체액에서 영양분을 섭취하며, 숙주의 조직을 먹기도 한다.

원생동물은 수분만 충분히 존재한다면 매우 다양한 서식지에 적응해 생존할 수 있다. 그들은 주로 담수와 해양, 토양, 식물, 동물에 서식하며, 극단적인 온도나 pH도 생존에 큰 장애가 되지 않는다. 일부 생존력이 강한 종은 온천, 얼음, pH가 낮거나 높은 환경에서도 발견된다.

## 운동 방식

포자충류(Apicomplexa)를 제외한 원생동물은 **위족**(pseudopod, '가짜 발'), **편모**(flagella), **섬모**(cilia) 등을 활용해 운동성을 가진다. 일부 종은 운동기관으로 위족과 편모를 모두 가지고 있다. 몇몇 독특한 원생동물은 위에서 언급한 운동기관 없이 미끄러지거나 비틀거리는 방식의 활주운동을 통해 이동한다. 위족은 뭉툭하면서 가지가 있거나 길면서 뾰족한 형태가 있으며, 종에 따라 다른 형태를 가진다. 위족을 이용한 흐르는 듯한 움직임을 아메바 운동(ameboid motion)이라 하며, 아메바에서 위족은 섭취 기관으로 사용되기도 한다.

편모와 섬모의 구조와 기능은 5.2절에서 다루었다. 편모의 수는 종에 따라 하나에서 여러 개까지 다양하며, 일부 종에서는 세포막의 연장 부분인 파동막(undulating membrane)에 의해 세포의 길이 방향으로 부착돼 있다. 대부분의 섬모충류에서 섬모는 세포 표면에 특정 패턴으로 분포한다. 이러한 섬모의 배열과 기능의 다양성은 섬모충류를 생물계에서 가장 다양한 세포군에 속하도록 만들었다. 일부 원생동물에서는 섬모가 구위를 따라 배열돼 섭식에 관여하며, 다른 일부에서는 섬모가 결합해 걸어 다니는 다리처럼 원시적인 지지대를 형성하기도 한다.

## 생활사와 생식

대부분의 원생동물은 **영양형**(trophozoite)* 이라고 불리는 운동성과 섭식능력을 갖춘 형태로 존재하며, 활동을 유지하기 위해서는 충분한 먹이와 수분이 필요하다. 또한 성장과 섭식에 불리한 환경 조건에서는 휴지기세포인 **포낭**(cyst)을 형성하기도 한다. 포낭화(encystment) 과정에서 영양형 세포는 구형으로 둥글게 뭉쳐지고, 외질로부터 단단하고 두꺼운 외피가 세포막 주위로 분비된다(그림 5.24). 포낭은 영양형 세포보다 열, 건조, 화학물질에 더 강한 저항성을 가지고 있어 불리한 환경도 견뎌 낼 수 있다. 포낭은 공기 흐름에 의해 퍼질 수 있으며, 아메바성 이질과 같은 질병의 확산에 중요한 요인이 되기도 한다. 적절한 수분과 영양물질이 제공되면, 포낭은 껍질을 벗고 활동적인 영양형 상태로 돌아간다.

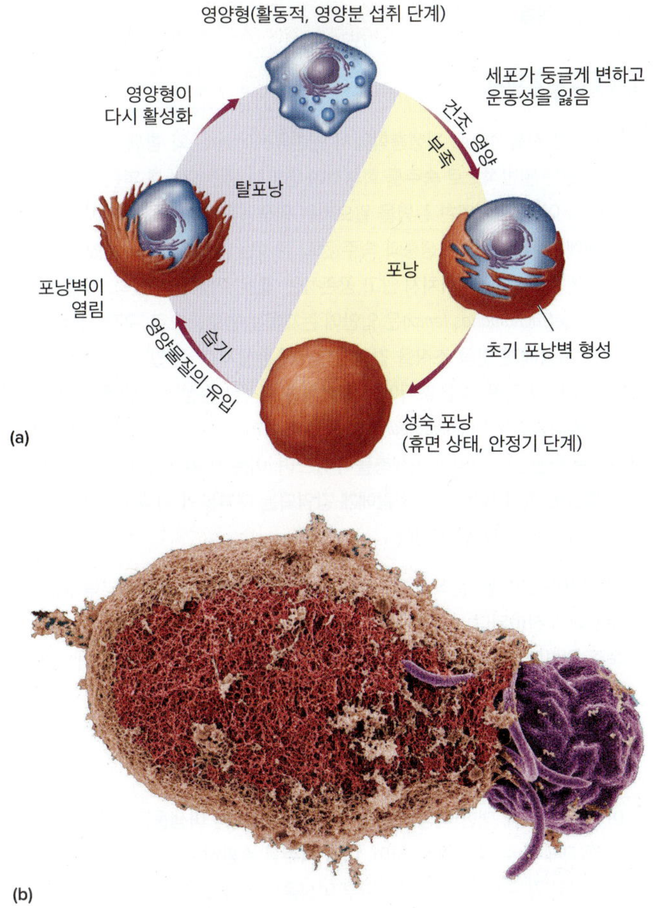


**그림 5.24** **원생동물의 포낭.** (a) 모든 원생동물은 활발한 영양형 형태로 존재하지만, 환경 조건이 나빠지면 보호성 포낭을 형성할 수 있다. 환경 조건이 개선되면 탈포낭(excystment) 과정을 통해 영양형으로 돌아간다. (b) *Giardia* sp.의 탈포낭 과정(보라색 편모를 가진 영양형이 포낭에서 벗어나는 모습). *Giardia*의 경우 포낭이 감염성 형태로, 염소 처리된 물과 위산을 견디며 장내에서 탈포낭 과정을 거친다. (출처: Dr. Stan Erlandsen/CDC)

원생동물의 생활사는 단순한 것부터 복잡한 것까지 매우 다양하다. 대부분의 원생동물은 환경 조건에 따라 영양형과 포낭 상태로 존재할 수 있지만, 일부 원생동물은 영양형 상태에서만 존재한다. 기생성 원생동물의 생활사는 다른 숙주로 전파되는 방식을 결정한다. 예를 들어, 사람에 감염해 성병을 일으키는 편모충인 *Trichomonas vaginalis*는 포낭을 형성하지 않기 때문에 직접적인 접촉을 통해서만 전파된다. 반면, 사람의 장내에 기생하는 *Entamoeba histolytica*나 *Giardia lamblia*와 같은 병원성 원생동물은 포낭을 형성해 오염된 물이나 음식을 통해 쉽게 전파될 수 있다.

모든 원생동물은 무성생식을 한다. 말라리아와 톡소플라스마증의 병원체를 포함한 기생 종은 숙주세포 내에서 다분열(multiple fission)을 통해 무성생식을 하기도 한다. 많은 원생동물은 유성생식도 할 수 있다. 예를 들어, 섬모충은 **접합**(conjugation)이라는 과정을 통해 유전물질을 교환한다. 이 과정에서 2개의 다른 교배형이 일시적으로 융합해 서로 핵

---

* **영양형** 그리스어 trophonikos(영양을 주는)와 zoon(동물)에서 유래.

🔗 임상 연결

## 기생충의 생활 방식

원생동물은 전통적으로 기생충학에서 연충류(helminths)와 함께 연구되어 왔다. 기생충은 일반적으로 숙주를 희생하여 영양과 생존 요소를 얻는 생물로 정의되지만, 이 용어는 또한 질병을 일으키는 원생동물과 기생충 병원체를 지칭하는 데에도 사용된다. 기생충과 숙주 간의 관계는 매우 다양할 수 있다. 일부는 숙주에게 거의 해를 끼치지 않고 공존하는 '좋은' 기생충이 있다. 예를 들어, 구강편모충(*Trichomonas tenax*)은 입안에 존재하는 편모충으로, 구강 위생이 좋지 않은 사람에게 잇몸 조직을 감염시키거나 손상시킬 수 있다. 다른 일부는 혈액이나 뇌와 같은 숙주 조직에서 증식하여 심각한 손상과 질병을 유발하는 기생충[말라리아원충(*Plasmodium*), 파동편모충(*Trypanosoma*)]들이 있다. 이들 사이에는 병원성이 다양한 기생충들이 있으며, 이는 각 기생충의 생존 전략 및 적응 특성에 따라 달라진다. 사람에게 감염되는 대부분의 기생충은 일반적으로 다음과 같은 3단계를 거친다.

- 미생물이 토양, 물, 음식, 사람 또는 동물과 같은 환경적 매개체로부터 인간 숙주에게 전파된다.
- 숙주 내부에서 침입 및 증식하며, 다른 숙주를 감염시킬 수 있는 기생체를 다량 생산한다.
- 미생물은 특정한 방식으로 숙주를 떠나 다량으로 외부로 방출되며, 생존을 위해 반드시 새로운 숙주에 침입해야 한다.

이 기본 주기에 대한 다양한 변형이 존재한다. 어떤 미생물은 두 종류 이상의 숙주(교대 숙주)를 필요로 하며, 이들 숙주를 순환하는 과정에서 유성생식 또는 포낭화 같은 변화를 겪는다. 일부 미생물은 질병을 운반하는 동물 **매개체**(vactor)*에 의해 사람 간에 전파된다. 또 다른 경우, 체액이나 분변을 통해 사람 간에 직접 전파되기도 한다.

기생충의 지리적 분포와 그 매개체 사이에는 어떤 상관관계가 있을까?

* 매개체 라틴어 vectur(운반자)에서 유래.

을 교환한다. 이러한 유성생식을 통한 유전자 재조합 과정은 진화에 유리할 수 있는 새롭고 다양한 유전적 조합을 만들어 낼 수 있다.

## 원생동물의 동정과 배양

대부분의 원생동물은 독특한 외형을 가지고 있어서 현미경을 통한 형태 관찰만으로도 속 또는 종 수준의 동정을 할 수 있다. 동정을 위해서는 세포의 모양과 크기, 운동기관의 형태와 분포, 특수 소기관이나 포낭의 존재, 핵의 수 등의 특성을 고려한다. 혈액, 침, 척수액, 배설물, 질 등에서 채취한 의학적 검체는 슬라이드에 도말해 직접 관찰할 수 있으며, 필요에 따라 염색을 할 수도 있다. 가끔 추가적인 동정이나 연구를 위해 인공 배지나 실험실 동물을 사용해 원생동물을 배양하기도 한다.

## 중요한 원생동물 병원체

원생동물에 의한 감염은 상당히 흔하며, 대부분은 SAR, Excavata, Amoebozoa라는 3개의 초군에 속한 몇몇 종에 의해 발생한다(표 5.8). 이들 중 의학적으로 중요한 원생동물을 초군에 따라 살펴보자.

### 초군 SAR

SAR의 하위 그룹인 피하낭류(alveolata)에는 **정단복합체충류**(apicomplexans)와 **섬모충류**(ciliates)라는 의학적으로 중요한 두 그룹이 있다. 모든 정단복합체충류는 숙주세포에 침투하는 데 사용되는 정단복합체(apical complex)라는 독특한 구조를 가진다. 이 그룹의 거의 모든 구성원은 기생충이며, 여러 숙주를 포함하는 복잡한 생활사를 가진다. 대표적인 예로는 *Plasmodium*이 있다. 이는 전 세계적으로 매년 40만 명의 사망자를 내는 말라리아를 일으키는 병원체다. *Plasmodium*에 속하는 다섯 가지 종이 인간에게 말라리아를 일으키며, 이들은 모두 감염된

**표 5.8** 주요 병원성 원생동물 감염 질환과 주요 감염원

| 상위 분류군 | 세부 분류 | 생물명 | 질환명 | 저장소/감염원 |
|---|---|---|---|---|
| SAR | 피하낭류 | *Balantidium coli* | 발란티디움증 | 인수공통감염(돼지) |
| | | *Plasmodium* spp. | 말라리아 | 사람/매개체(모기) |
| | | *Toxoplasma gondii* | 톡소플라즈마증 | 인수공통감염 |
| | | *Cryptosporidium* spp. | 크립토스포리디움증 | 자유생활성/물 및 음식 |
| | | *Cyclospora cayetanensis* | 원포자충증 | 물/신선 농산물 |
| Excavata | 중복편모충류 | *Giardia intestinalis* | 지아르디아증 | 인수공통감염/물 및 음식 |
| | 부기체류 | *Trichomonas vaginalis* | 트리코모나스증 | 사람 간 전파 |
| | 운동핵편모충류 | *Trypanosoma cruzi* | 샤가스병 | 인수공통감염/매개체(침노린재) |
| | | *Trypanosoma brucei* | 수면병 | 인수공통감염/매개체(체체파리) |
| | | *Leishmania* spp. | 리슈마니아증 | 인수공통감염/매개체(모래파리) |
| Amoebozoans | 아메바 | *Entamoeba histolytica* | 아메바증 | 사람/물 및 음식 |
| | | *Naegleria fowleri* | 원발성 아메바성 수막뇌염 | 따뜻한 물에서 자유생활 |

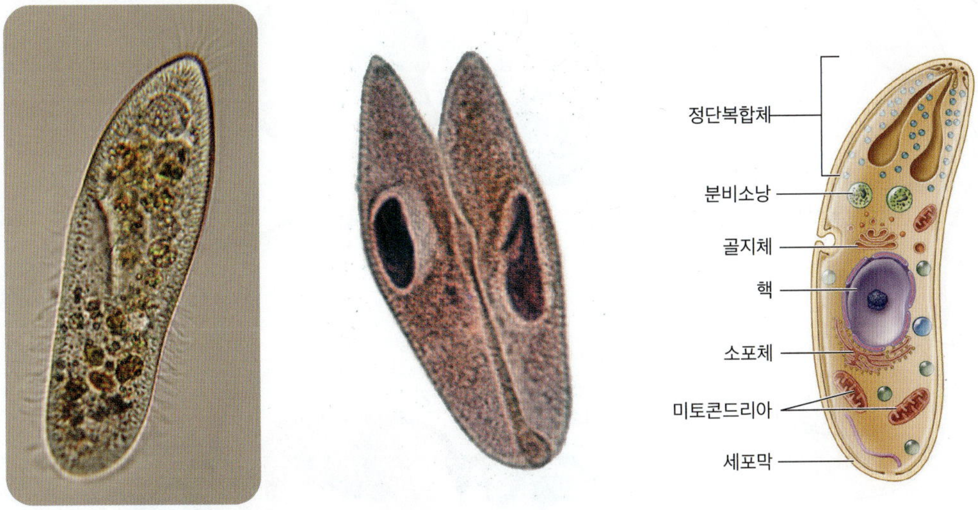


(a) (b) (c)

**그림 5.25** 섬모충류. (a) *Paramecium caudatum*은 한쪽 끝이 뾰족해 붙여진 이름으로, 세포 가장자리를 따라 섬모가 있다. 세포 중간의 함몰된 부분은 구위로, 섬모가 음식물을 식도로 이동시켜 섭취할 수 있도록 돕는다(500배). (b) 유전물질 교환이 일어나는 짚신벌레의 접합 과정. (c) 정단복합체충류의 구조. 정단복합체충류는 일반적인 원생동물 소기관 외에도 섭식에 관여하는 특수 구조인 정단복합체를 가지고 있으며, 다른 원생동물과 달리 특수한 운동 기관은 없다. (출처: Nancy Nehring/E+/Getty Images; Richard Gross/McGraw Hill)

*Anopheles* 모기에 의해 전염된다. 말라리아의 진단과 감염된 종의 식별은 적혈구 내에서 기생충의 존재 여부를 확인함으로써 가능하다.

섬모충류는 운동성에 사용되는 수많은 섬모에서 그 이름이 유래됐다(그림 5.25a). 섬모는 특화된 섭식구조로 음식을 이동시키기 위해 사용되기도 한다. 섬모충류는 **대핵**(macronuclei)과 **미소핵**(micronuclei)이라는 두 종류의 핵을 가진다는 점에서 독특하다. 대핵에 존재하는 유전자는 섭식과 노폐물 제거와 같은 생명 유지에 필수적인 기능을 담당하며, 미소핵에 존재하는 유전자는 접합 과정을 통해 섬모충끼리 교환되며, 이는 유전적 다양성을 만들어 낸다(그림 5.25b). 대부분의 섬모충류는 독립생활을 하며, 인간에게 무해하다. 또한 모든 원생생물 중에서 가장 복잡한 구조와 행동양상을 보인다. 인간에게 감염을 일으키는 유일한 섬모충류는 *Balantidium coli*로, 발란티디움증(balantidiasis)을 유발하는 병원체다. 이 질병은 대부분 무증상이지만, 가끔 피와 점액이 섞인 설사를 유발한다.

## 초군 Excavata

이 분류군에 속하는 대부분의 종은 비대칭적 구조며, 한쪽에 움푹 파인 듯한 섭식 홈(feeding groove)을 가진다. Excavata의 하위 그룹인 **중복편모충류**(diplomonad)와 **부기체류**(parabasalid)는 퇴화한(단순화되고 기능이 거의 없는) 미토콘드리아를 가지고 있으며, 에너지 대부분을 혐기성 대사를 통해 얻는다.

중복편모충류의 대표적인 예는 *Giardia intestinalis*(*G. lamblia* 또는 *G. duodenalis*로도 알려짐)며, 이들은 매년 미국에서 1만 5,000건 이상의 감염을 일으킨다. *Giardia* 포낭은 감염된 사람이나 동물의 배설물로 오염된 물을 통해, 혹은 취약한 위생 상태로 인해 섭취되며, 섭취된 포낭은 위를 거쳐 소장으로 이동한다. 소장에서 포낭탈출(excystation)이 일어나 포낭당 2개의 영양형이 생성된다(그림 5.26). 감염의 증상은 무증상일 수 있지만, 대부분은 최대 6주간 지속되는 심한 설사를 동반한다. 감염된 사람은 주기적으로 배설물을 통해 다량의 포낭을 외부로 방출한다. 감염은 배설물에서 포낭을 관찰하거나 민감한 혈청학적 검사로 진단할 수 있다.

부기체류도 퇴화한 미토콘드리아를 가지고 있다. 대표적인 예로는 *Trichomonas vaginalis*가 있다. 이는 비뇨생식기 염증을 특징으로 하는 질병인 트리코모나스증(trichomoniasis)을 일으키는 병원체다. *T. vaginalis*는 포낭을 형성하지 않으며, 영양형 상태로 감염이 일어난다. 영양형은 포낭보다 훨씬 민감하며 취약하기 때문에 직접적인 접촉으로 전파되며, 이로 인해 트리코모나스증은 성병으로 분류된다.

**유글레노조아류**(euglenozoan)는 excavata 내에서 세 번째로 중요한 그룹이다. 편모 내에 있는 독특한 결정 구조가 특징이며, **유글레나류**(euglenid)와 **운동핵편모충류**(kinetoplastid)로 세분화된다.

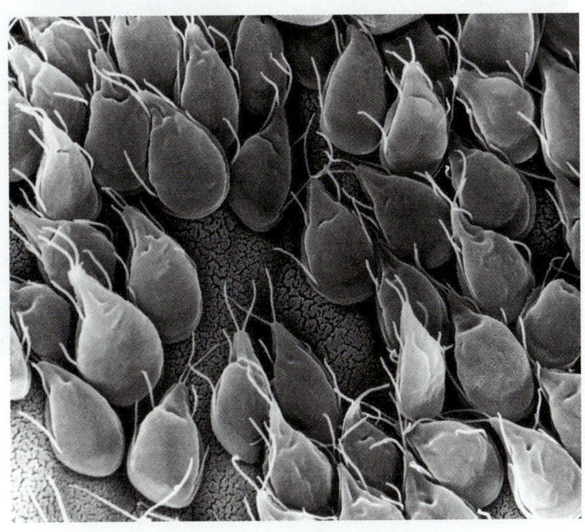

**그림 5.26** *Giardia sp.* 영양형이 쥐의 장 내벽을 덮고 있다. 섭취된 각 포낭은 2개의 영양형을 생성한다. (출처: Dr. Stan Erlandsen/CDC)

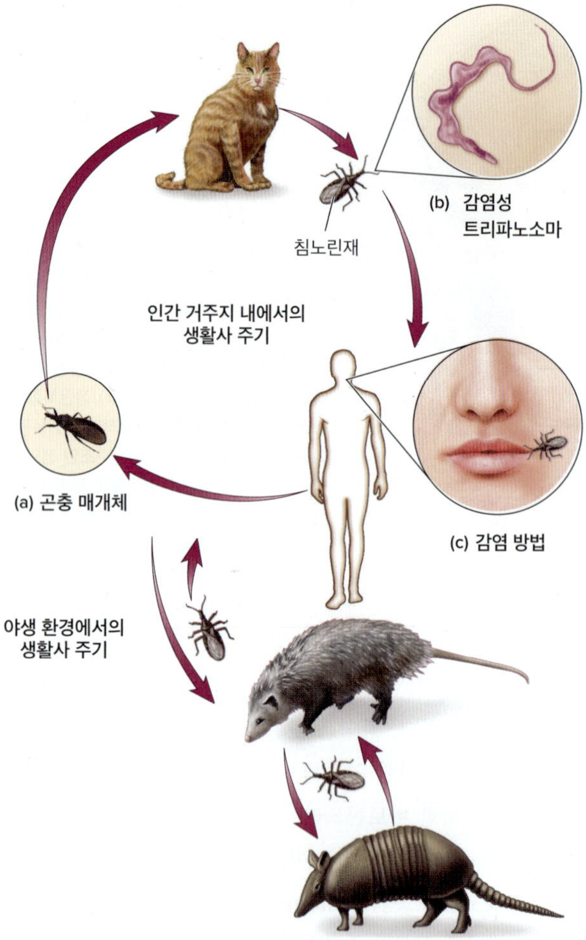


**그림 5.27** 샤가스병의 전파 주기. 침노린재(삽화 a)는 트리파노소마 기생충의 생물학적 매개체 역할을 하며(삽화 b), kissing bug(삽화 c)의 물림을 통해 가축 및 야생 포유동물 숙주 사이에서 전파된다. (출처: N. F. Photography/Shutterstock)

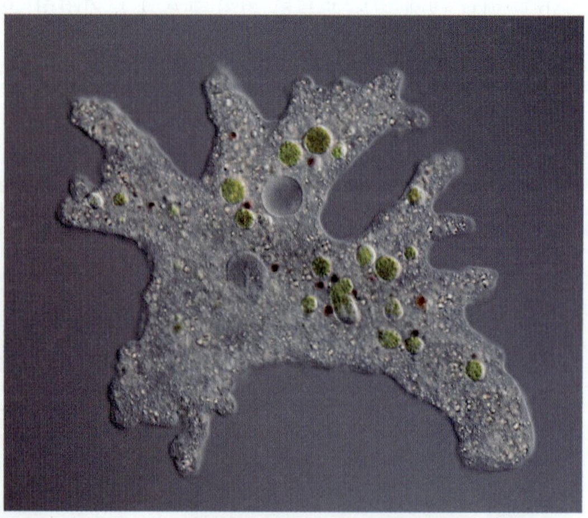

**그림 5.28** *Amoeba proteus.* 녹색 내용물은 아메바가 포식한 광합성 생물로, 곧 소화될 예정이다. (출처: Micro photo/iStock/Getty Images)

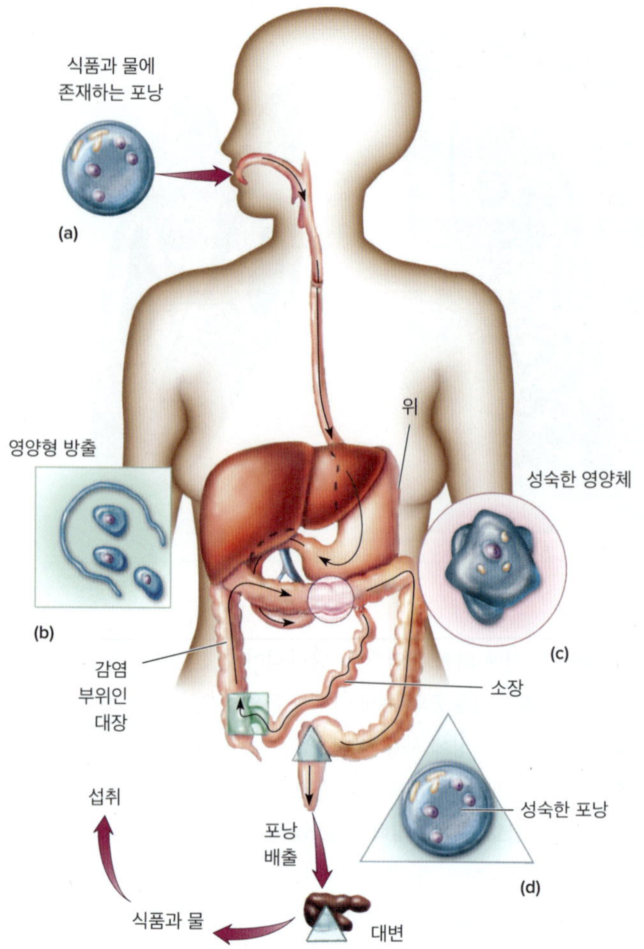


**그림 5.29** 아메바성 이질의 감염과 전파 단계. 화살표는 감염 경로를 나타낸다. (a) 오염된 음식이나 물을 통해 포낭이 섭취된다. (b) 포낭에서 영양형 아메바가 나온다. (c) 영양형이 대장벽을 침입한다. (d) 성숙한 포낭이 대변으로 배출되며 오염된 음식과 물을 통해 전파될 수 있다.

대부분의 유글레나류는 **혼합영양생물**(mixotroph)로, 광합성을 하거나 유기영양물질을 사용할 수 있다. 유글레나(*Euglena*)는 세포 한쪽 끝에 있는 붉은 안점(eyespot)을 통해 빛을 감지하며, 1개 또는 2개의 편모를 이용해 움직인다. 안점과 편모를 이용해 광합성을 위한 최적의 빛 강도가 있는 영역으로 이동한다. 빛이 없을 때는 종속영양생물처럼 행동해 환경에서 유기물을 흡수하거나 작은 생명체를 포식한다.

운동핵편모충류는 단일 미토콘드리아 내에 있는 DNA 덩어리인 운동핵(kinetoplast)에서 이름이 유래됐으며, 독립생활을 하는 종속영양생물뿐만 아니라 기생체도 포함된다. 의학적으로 가장 중요한 종은 파동편모충속(*Trypanosoma*)에 속하며, 이들은 흡혈 곤충의 물림을 통해 전파된다. *Trypanosoma brucei*는 치명적일 수 있는 신경계질환인 수면병을 일으키며, 체체파리의 물림으로 전파된다. 이 종류의 파리는 아프리카에만 서식하기 때문에 이 질병은 지리적으로 아프리카에 제한돼 있다.

*Trypanosoma cruzi*는 남아메리카와 중앙아메리카 지역의 풍토병인 샤가스병(Chagas disease)의 원인체다. 이는 포유류와 피를 빨아먹는 곤충 간 밀접한 관계에 의존하며, 포유류 숙주는 개, 고양이, 주머니쥐, 아르마딜로 등 매우 다양하다. 매개곤충은 침노린재(reduviid bug)

5.1 연결고리 찾기

## 당신 지폐에 있는 인물은 누구?

지갑을 확인해 보자. 1달러 지폐에는 조지 워싱턴이 있고, 10달러 지폐에는 알렉산더 해밀턴, 운이 좋게도 100달러 지폐가 있다면 벤저민 프랭클린이 있을 것이다. 이들은 각각 대통령, 정치가, 발명가이며, 모두 훌륭한 인물들이다. 하지만 미생물학을 공부하는 입장에서 "왜 미생물학자는 없을까?"라는 의문을 가질 수 있다. 그 답을 찾으려면 브라질의 10,000 Cruzado 지폐를 살펴봐야 한다. 이 지폐 앞면에는 다름 아닌 카를로스 샤가스(Carlos Chagas)의 초상이 그려져 있다.

샤가스는 1900년대 초 브라질에서 활동한 의사이자 미생물학자로, 인생의 대부분을 말라리아를 연구하는 데 전념했다. 강변 도시인 라산시(Lassance)에서 연구를 할 당시, 그는 대형 흡혈 곤충인 침노린재의 행동을 조사했다. 샤가스는 이 곤충이 장 속에 편모를 가진 원생동물을 가지고 있다는 것을 발견했다. 그는 이 원생동물의 이름을 *Trypanosoma cruzi*라고 명명했다. 이 이름은 그의 멘토인 오즈와우두 크루스(Oswaldo Cruz)를 기리기 위함이었다. 그는 이 기생생물이 벌레의 물림을 통해 전파될 수 있으며, 물린 사람에게는 심장이 붓는 등의 특정 증상이 나타남을 밝혀냈다. 그의 연구는 기생충학의 위대한 업적으로 인정받아 두 차례 노벨 생리의학상 후보에 오르기도 했다.

지폐 오른쪽에 있는 샤가스의 얼굴보다 더 흥미로운 것은 왼쪽에 인쇄된 *Trypanosoma cruzi*의 생활사다. 침노린재는 상처를 낸 곳에 배설물을 남기며, 이후 배설물에서 기생물이 혈류로 방출돼 심장근육에 포낭을 형성한다. 피부에 생긴 또 다른 상처를 통해 기생생물은 다시 침노린재에 감염돼 새로운 매개체로 전파되며 생활사를 완성한다. 지폐에는 우리가 생각하는 것보다 훨씬 많은 정보가 담겨 있다. 앞서 설명한 것이 다가 아니다. 미국 지폐 뒷면에는 백악관, 재무부, 국회의사당 같은 중요한 건물이 있다. 또한 10,000 Cruzado 뒷면에는 카를로스 샤가스의 연구실이 그려져 있다.

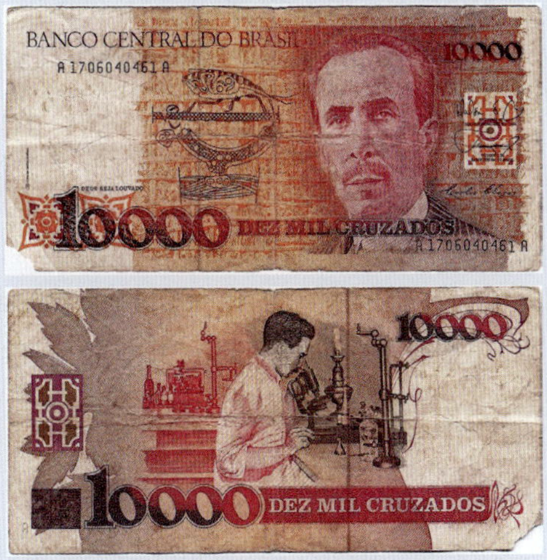


*Trypanosoma cruzi*가 발견된 지 100년이 지난 지금, 멕시코, 중앙아메리카, 남아메리카에 약 800만 명이 이 기생충에 감염되었고, 매년 1만 명이 이 질병으로 사망하고 있다. (출처: Barry Chess)

**샤가스병 확산을 막기 위해 사용할 수 있는 방법은 무엇인가?**

며, 숙주의 입가를 물어 피를 빠는 습성 때문에 종종 'kissing bug'라고도 불린다. 이것의 감염은 곤충에서 포유류로, 포유류에서 곤충으로 일어나지만, 임신 중 태반을 통과하는 경우를 제외하고는 포유류에서 포유류로는 전파되지 않는다. 이들의 생활사는 그림 5.27과 같다.

트리파노소마의 영양형은 침노린재의 장관에서 증식하며, 배설물을 통해 방출된다. 침노린재는 숙주의 눈, 코, 입술의 점막 등을 물고, 그 근처에 배설물로 트리파노소마를 방출한다. 숙주는 자신이 물린 자리를 긁으면서 침노린재의 배설물에 포함된 병원체 미생물이 몸 안으로 침입하는 것을 돕는다. 숙주의 몸 안으로 침입한 트리파노소마는 근육과 백혈구에서 증식한다. 주기적으로 감염된 세포가 파열되면서 다수의 새로운 영양형이 혈액으로 방출된다. 결국 트리파노소마는 림프 기관, 심장, 간, 뇌를 포함한 여러 기관으로 퍼질 수 있다. 질병의 증상은 발열, 염증과 같은 경미한 것부터 심장 및 뇌 손상 같은 매우 심각한 것까지 다양하다. 이 질병이 오랜 기간 지속되면 사망에 이를 수 있다.

### 초군 Amoebozoans

여러 종의 아메바(그림 5.28)가 인간에게 질병을 유발하지만, 가장 흔한 질병은 *Entamoeba histolytica*에 의해 유발되는 아메바증 또는 아메바성 **이질**(dysentery)* 이다. 아메바성 이질을 유발하는 원인체는 지구상에 널리 분포하며, 인간과 밀접하게 관련돼 있다. 이들의 생활사는 포낭과 영양형으로 이루어져 있으며, 포낭은 물과 토양에서 몇 주 동안 생존할 수 있으므로 전파에서 더 중요한 단계다. 가장 흔한 감염 경로는 사람의 배설물로 오염된 음식이나 물을 섭취하는 것이다.

그림 5.29는 포낭 섭취로 시작하는 아메바성 이질 주기의 주요 특징을 보여 준다. 두꺼운 벽을 가진 포낭은 위를 무사히 통과한다. 소장에 도착하면 포낭은 발아해 다핵성 아메바를 형성하고, 이후 작은 영양형의 아메바들로 분열한다. 이 영양형 아메바는 대장으로 이동해 성장하며 섭식을 시작한다. 이 단계에서 아메바는 대장의 내벽을 뚫고 간, 폐, 피부로 침입할 수 있다. 흔한 증상으로는 매스꺼움, 구토, 설사 등과 같은 위장장애가 있으며, 이는 체중 감소와 탈수로 이어질 수 있다. 이 원생동물의 생활사는 감염된 사람의 배설물에서 영양형 아메바가 포낭을 형성하기 시작하고, 이 포낭이 배설물과 함께 체외로 배출되는 과정을 포함한다. 아메바성 이질의 생활사와 포낭의 역할에 대한 이해는 질병을 통제하는 데 매우 중요하다. 이 질병에 대한 예방 조치로는 하수 처리, 인간 배설물을 비료로 사용하는 관행의 제한, 음식과 물의 적절한 위생 관리가 포함된다.

* 이질 아메바성 이질은 혈변을 동반하는 장의 염증을 의미하며, 미생물성 원인뿐 아니라 비미생물성 요인에 의해서도 발생한다.

## 5.8 기생충

학습목표

34. 기생충의 주요 그룹과 기본 형태 및 분류를 설명한다.
35. 기생충의 생활사와 번식의 주요소를 설명한다.
36. 기생충의 분포와 중요성을 논의한다.

조충(tapeworms), 흡충(flukes), 회충은 모두 기생충(helminths)이라 하며, 그리스어로 '벌레'를 의미하는 단어에서 유래했다. 성충은 대부분 육안으로 보일 만큼 크며, 길이는 약 25 m에 이르는 조충부터 1 mm도 안 되는 회충까지 다양하다. 전통적으로 이들은 미생물로 분류됐는데, 감염 능력과 더불어 알과 유충 단계가 매우 작아 식별을 위해 현미경이 필요했기 때문이다.

기생충은 형태학적 특성에 따라 두 가지 주요 그룹으로 나뉜다. 편형동물문(Phylum Platyhelminthes)에 속하는 **편충**(flatworms)은 매우 얇고 종종 분절된 몸체 구조를 가지며(그림 5.30), 선형동물문[Phylum Aschelminthes, 또는 **선충류**(nematodes)*]에 속하는 **회충**(roundworms)은 길고 원통형이며 분절이 없는 몸체 구조를 가진다(그림 5.31). 편충은 다시 **조충**(cestodes)*과 **흡충**(trematodes)*으로 나뉘는데, 조충은 길고 리본 모양의 형태이며, 흡충은 납작하고 타원형 몸체가 특징이다. 모든 편충과 선충이 기생충인 것은 아니며, 많은 종이 토양과 물에서 자유롭게 생활한다.

### 기생충의 일반 형태

모든 기생충은 어느 정도의 기관과 기관계를 갖춘 다세포 동물이다. 기생충에서 가장 발달한 기관은 생식기관이며, 소화, 배설, 신경 및 근육계는 어느 정도 축소돼 있다. 특히 조충류와 같은 그룹에서는 생식기능이 매우 우세해, 생식기능과 관련된 기관으로 가득 찬 납작한 주머니 형태로 존재한다(그림 5.30a). 모든 기생충이 조충류처럼 극단적으로 적응한 것은 아니지만, 대부분은 매우 발달한 생식능력, 보호를 위한 두꺼운 외피, 숙주의 조직을 분해하는 입샘(mouth gland)을 가지고 있다.

### 기생충의 생활사와 번식

기생충의 생활사는 수정란(배아), 유충, 성충 단계로 구분된다. 대부분의 성체는 숙주의 몸에서 영양분을 얻고, 숙주 몸 안에서 유성생식을 한다. 선충류는 암수 구별이 뚜렷하며 일반적으로 외관도 다르다. 흡충류는 암수가 구별될 수도 있고, 한 개체에 암수 생식기가 함께 있는 **자웅동체**(hermaphroditic)일 수도 있다. 조충류는 일반적으로 자웅동체이다. 기생충은 종의 번식을 위해서 감염성 형태인 알이나 유충을 새로운 숙주에 전파해 생활사를 완성해야 한다. 일반적으로 유충 발달이 이루어지는 숙주는 **중간(2차) 숙주**(intermediate secondary host)며, 성충이 돼 교미가 이루어지는 숙주는 **최종 숙주**(definitive final host)라 한다. 운반 숙주는 기생충 발달이 일어나지는 않지만, 생활사를 완성하는 데 필수적인 연결고리 역할을 하는 중간 숙주다.

일반적으로 인간 감염의 원천은 오염된 음식, 토양, 물 또는 감염된 동물이며, 감염경로는 경구 섭취나 피부 침투를 통해 이루어진다. 인간은

---

* 선충류 그리스어 nemato(실)와 eidos(형태)에서 유래.
* 조충 라틴어 cestus(허리띠)와 -ode(유사한)에서 유래.
* 흡충 그리스어 trema(구멍)에서 유래. 작은 구멍이 있는 듯한 모습에서 이름 붙여짐.

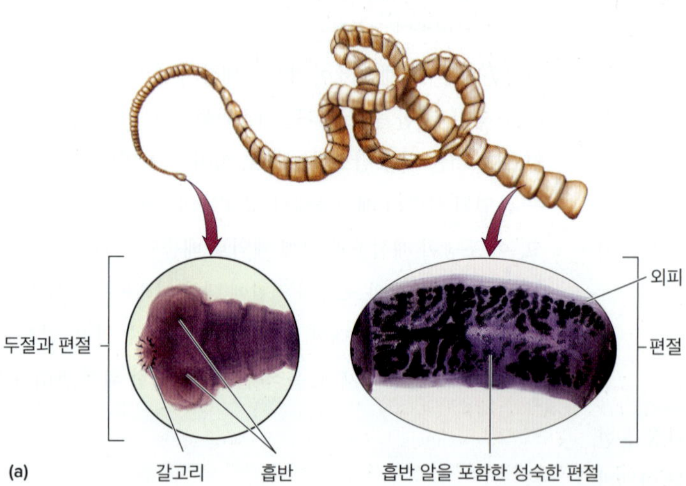


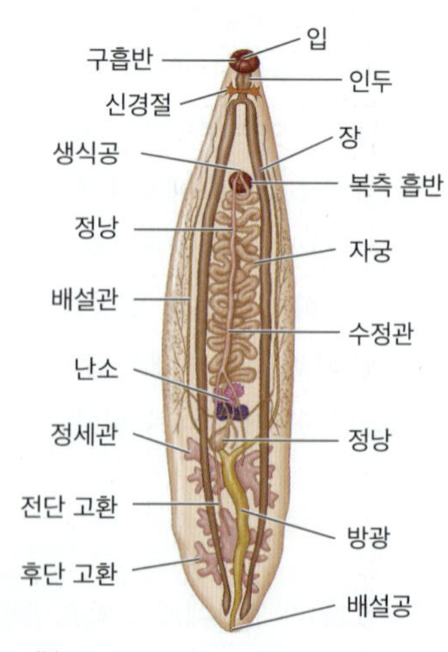


그림 5.30 편충. (a) 조충(돼지조충). 숙주 조직에 부착하기 위한 갈고리와 흡반이 있다. 어두운 부분은 성숙한 알로 가득 찬 자궁의 가지다. (b) 흡충(간흡충)의 구조. 숙주 조직에 부착하는 흡반과 번식 및 소화 기관이 우세하게 발달했다. (출처: CDC; Centers for Disease Control)

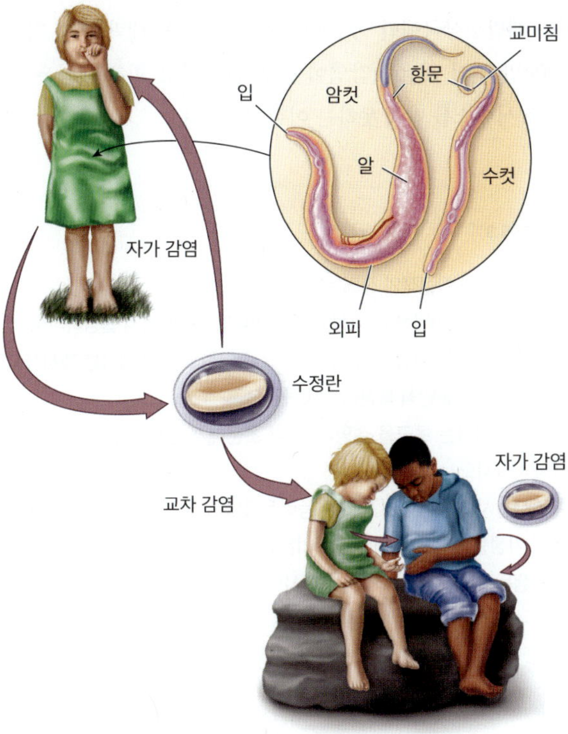


**그림 5.31** 요충의 생활사. 알은 감염 단계이며, 깨끗하지 않은 손을 통해 전파된다. 어린이들은 종종 스스로 재감염되고, 다른 사람에게도 기생충을 전파한다.

많은 기생충의 최종 숙주며, 일부 동물이나 곤충 매개체는 기생충 저장소 역할을 하거나 기생충 발달을 완료하는 데 필요할 수 있다. 대부분의 기생충 감염에서 기생충은 전체 생활사를 완료하기 위해 숙주를 떠나야 한다.

기생충 수정란은 환경으로 방출된다. 이때 수정란은 보호 껍질과 추가 영양분을 포함하며, 이는 유충으로 발달하는 데 도움을 준다. 그럼에도 불구하고 대부분의 알과 유충은 열, 추위, 건조한 환경, 포식자에 취약해 파괴되거나 새로운 숙주에 도달하지 못한다. 이에 대응해 특정 기생충은 엄청난 번식능력을 갖추도록 적응했다. 예를 들어, 한 마리의 암컷 회충(*Ascaris*)[6]은 하루에 최대 20만 개의 알을 낳을 수 있으며, 큰 암컷은 다양한 발달 단계의 알을 2,500만 개 이상 지니고 있을 수 있다. 이 중 극소수의 알만이라도 새로운 숙주에 도달하면, 그 기생충은 생활사를 성공적으로 완성한 것이다.

## 기생충 생활사: 요충

기생충 생활사의 예로 인간에게 감염되는 회충 중 하나인 요충(*Enterobius vermicularis*)을 살펴보자. 요충은 대장에서 매우 흔한 감염을 일으킨다(그림 5.31). 일반적으로 길이는 2~12 mm이고, 원통형의 곡선 모양이다. 이들이 일으키는 질병인 요충증(enterobiasis)은 일반적으로 장에서만 발병하고, 합병증을 수반하지 않는다.

생활사는 감염된 사람과의 직접 접촉 또는 오염된 표면을 만져서 얻은 미세한 알을 삼키는 것으로 시작된다. 알은 장에서 부화하며, 부화한 유충은 약 한 달 이내에 성충으로 성장한다. 성충 수컷과 암컷이 교미한 후 암컷은 항문으로 이동해 알을 낳는데, 이 과정에서 강한 가려움증을 유발해 긁게 만든다. 이때 손가락이 오염되고, 이는 침구류 및 다른 물건으로 알이 옮겨져 감염을 확산시킨다. 감염자는 숙주이자 알의 전파원이 돼 다른 사람에게 감염을 일으킬 수 있으며, 자신의 몸에 재감염되기도 한다. 이러한 전파 방식을 대변-구강 경로(fecal-oral route)라 한다. 요충증은 가족이나 공동생활 환경에서 주로 발생하며, 전 세계적으로 모든 사회경제적 계층에서 나타나지만, 위생에 대한 주의가 덜한 어린이들 사이에서 더 자주 발생한다.

**임상 사례**

### 그것이 어디서 나온 건지 모르니 입에 넣지 마십시오

의료 제공자에게 짜증을 내는 19개월 된 아기는 거대한 수수께끼와 같았다. 이가 나서 그런 걸까? 가스 문제일까? 아니면 알레르기일까?

의사들은 증상 목록을 바탕으로 진단을 시작했다. 부모에 따르면 아이는 약 일주일 전까지는 건강했으나, 이후 짜증을 내고 팔과 다리에 떨림이 시작됐으며, 다른 사람과의 교류에 관심을 잃었다고 했다. 진료 당시 아이는 도움 없이는 앉거나 설 수 없었다. MRI 검사 결과 뇌 곳곳에서 병변이 발견됐고, 혈액 검사와 척수액 검사에서는 호산구(기생충 감염 시 증가하는 백혈구의 일종) 수치가 높게 나타났다.

의사들이 어린이의 기생충 감염 경로를 잘 알고 있기에 부모에게 추가 질문을 하자, 아이가 야외에서 모래놀이를 자주 하며, 소량의 흙이나 심지어 동물의 배설물을 먹었을 가능성이 있다고 했다. 환자의 대변에서 기생충 알이나 성충이 있는지 확인하는 O&P 검사 결과, 아이는 너구리 회충(*Baylisascaris procyonis*)에 감염된 것으로 나타났다. 인간 감염 사례는 드물지만, 그중 절반 이상이 2세 미만 어린이에게 발생하며, 이들은 너구리 배설물이나 배설물에 오염된 흙을 섭취해 감염된다.

아이는 구충제인 알벤다졸(albendazole)로 1개월간 치료를 받았고, 그동안 떨림 증상이 감소하고 정신 상태도 크게 개선됐다.

아이가 놀던 뒷마당을 조사한 결과, 나무 밑에서 너구리 배설물이 발견됐다. 아이의 대변에서도 *B. procyonis* 알이 확인됐다. 반려견의 대변도 조사했으나, *B. procyonis* 알이나 성충은 발견되지 않았다. 부모는 이 지역을 적절히 소독할 때까지 나무 주변에 울타리를 설치하고, 반려견에 대해 정기적인 구충을 시행할 수 있도록 수의사와 상담하라는 권고를 받았다. 개는 *B. procyonis*의 최종 숙주가 될 수 있으며, 대변을 통해 알을 배출할 가능성이 있기 때문이다.

**반려견의 건강 외에, 이번 사례에서 기생충의 퇴치가 특별히 중요한 이유는 무엇인가?**

6 기생성 장내 회충의 일종이다.

## 기생충의 분류와 동정

기생충은 형태, 크기, 여러 기관의 발달 정도, 갈고리나 흡반 같은 특수 구조물의 존재, 번식 방식, 숙주의 종류, 알과 유충의 형태를 기준으로 분류된다. 실험실에서는 성충, 유충, 알을 현미경으로 관찰해 식별하는데, 이들은 종종 독특한 외부 및 내부 구조를 가진다. 경우에 따라 모든 생활사를 확인하기 위해 배양되기도 한다.

## 기생충의 분포와 중요성

약 50종의 기생충이 인간에게 기생하며, 인간이 거주하는 전 세계 모든 지역에 분포하고 있다. 일부 기생충은 특정 지역에 제한적으로 분포하며, 열대 지역에서 발병률이 높은 경우가 많다. 그러나 자유로운 여행과 인류의 이동으로 인해 감염 분포 양상은 점차 변하고 있다. 특히 발달을 위해 대체 숙주나 특별한 기후 조건이 필요하지 않은 기생충의 경우 더욱 그러하다. 전 세계적으로 매년 발생하는 감염 건수는 수십억 건에 이르며, 이는 개발도상국에만 국한되는 것은 아니다. 대략 북미 지역에서만 약 5,000만 건의 기생충 감염이 발생하며, 주요 피해 대상은 적절한 영양과 의료 서비스를 받지 못하는 어린이들이다.

**핵심 점검 5.6~5.8**

22. 원생생물(protist)의 실질적인 정의는 무엇인가?
23. 조류의 주요 특징을 설명하고, 원생동물과 어떻게 구분되는지 설명하시오.
24. 조류가 중요한 이유를 설명하고, 의학적으로 중요한 조류의 예시를 제시하시오.
25. 원생동물 생활사의 일반적 특징을 설명하시오.
26. 원생동물을 포함하는 초군을 설명하고, 각 초군에서 중요한 병원체는 어떤 것이 있는지 제시하시오.
27. 기생충은 생활사와 번식에서 어떠한 능력을 갖추도록 적응했는지 설명하고, 이러한 적응이 기생충의 생존에 어떻게 유리한지 설명하시오.
28. 병원성 원생동물과 기생충의 감염 생활사의 기본 단계를 간략하게 설명하시오.

### 사례 연구 Part 2

*Amanita* 버섯 중독 치료는 신장 손상을 줄이기 위해 주로 수액 및 전해질 보충 등의 지지 요법(supportive care)에 중점을 둔다. 환자들은 의학적으로 검증되지는 않았으나 효과가 있다고 알려진 두 가지 치료제를 정맥으로 투여받는다. 첫 번째는 옥트레오타이드(octreotide)로, 쓸개가 비는 것을 막아 담즙 내 아마톡신이 다시 간으로 재순환되는 것을 줄이는 것이 목표다. 두 번째는 실리비닌(silibinin)이다. 이것은 밀크시슬(milk thistle)에서 추출한 물질로, 아마톡신이 간에 흡수되는 것을 억제한다.

부모는 치료의 효과로 일주일도 채 지나지 않아 병원에서 퇴원했다. 아이는 영구적인 간 손상이 발생해 버섯 섭취 6일 후 간 이식을 받아야 했다. 그러나 수술 후 합병증으로 인해 뇌부종과 영구적인 신경장애가 발생하고 말았다.

*Amanita* 중독은 처음에 위장염과 탈수 증상이 나타난 후 섭취 24~36시간 후 증상이 일시적으로 가라앉아 초기 진단이 잘못될 수 있다. 그러나 이후 갑작스럽게 간부전과 다발성 장기 부전으로 증상이 재발하게 된다. 가족과 함께 버섯을 먹었던 언니에게도 같은 일이 일어났으며, 성인 중에서도 상태가 더 나빴다. 그녀는 병원에 입원한 지 4일 만에 간 이식을 받았다.

버섯을 소량만 먹었던 친구는 상태가 가장 양호했다. 그녀는 정맥 수액, 옥트레오타이드, 실리비닌 투여의 효과로 간 기능이 개선됐고, 6일 후 퇴원했다.

■ **독소 생성이 버섯에게 어떠한 이점을 제공할까?**

**주요 용어로 보는 요약**

**5.1 진핵생물의 역사**

**5.2 진핵세포의 구조와 기능: 외부구조**

A. 진핵세포의 외부구조는 복잡하며, 원핵세포에는 없는 다양한 구조를 가지고 있다. 생물학자들은 진핵세포가 초기 원핵세포 간의 **세포내 공생**(endosymbiosis)을 통해 진화했다는 많은 증거를 축적해 왔다.

B. 주요 외부구조적 특징으로는 운동기관[**섬모**(cilia), **편모**(flagella)], **당질피질**(glycocalyx), 세포벽, 세포막이 있다.

**5.3 진핵세포의 구조와 기능: 내부구조**

A. 진핵세포의 내부구조는 개별 세포소기관으로 구획화돼 있다.

B. 주요 **세포소기관**(organelle)과 내부구조적 요소로는 **핵**(nucleus), **인**(nucleolus), **소포체**(endoplasmic reticulum), **골지체**(Golgi apparatus), **미토콘드리아**(mitochondria), **엽록체**(chloroplast), **리보솜**(Ribosome), **세포골격**(chloroplast), **미세소관**(microtubule), 중간섬유, 미세섬유 등이 있다.

**5.4 진핵세포와 원핵세포의 비교 및 진핵생물 분류**

A. 진핵세포와 원핵세포를 비교하면 구조, 크기, 대사, 운동성, 형태

면에서 큰 차이를 보인다.

B. 진핵생물 역에 속하는 분류군은 유전적·분자적 특성뿐만 아니라 형태, 세포 구조, 영양 섭취 방식, 대사작용을 기준으로 나뉜다.

### 5.5 진균계

대형진균류의 일반적인 이름에는 버섯, 댕구알버섯, 주름버섯 등이 있으며, 소형진균류는 **효모**(yeast)와 **사상균**(mold)이 있다.

A. 전반적인 형태: 세포 수준에서 진균은 두꺼운 세포벽을 가진 전형적인 진핵세포다. 효모는 단세포로 싹과 **위균사**(pseudohypha)를 형성한다. **균사**(hyphae)는 길고 관 모양의 필라멘트로 종에 따라 내부에 격막이 있을 수 있다. 균사는 자라서 **균사체**(mycelium)를 형성한다.

B. 영양 방식/분포: 모두 **종속영양생물**(heterotrophic)이며, 대부분은 죽은 동식물 조직과 같은 유기물질에서 생활하는 무해한 **부생생물**(saprobes)이다. 일부는 다른 생물의 조직에서 기생하는 **기생생물**(parasite)이며, 분포는 다양한 서식지에 걸쳐 매우 널리 퍼져 있다.

C. 생식: 특별한 생식 균사에 형성된 **포자**(spore)를 이용한다. 무성생식에서 싹, 균사 분할 또는 특수한 포자 형성 구조를 통해 포자가 형성된다. 예로는 **분생포자**(conidia)와 **포자낭포자**(sporangiospore)가 있다. 유성생식에서는 암수 균주가 융합해 포자를 생성하며, 유성포자는 분류의 기준이 된다.

D. 주요 그룹: 지상에 존재하는 진균의 주요한 문(phylum)으로는 **접합균문**(Zygomycota), **자낭균문**(Ascomycota), **담자균문**(Basidiomycota), **호상균문**(Chytridiomycota)이 있으며, 각각의 유성포자 유형은 **접합포자**(zygospores), **자낭포자**(ascospores), **담자포자**(basidiospores), 운동성의 유주포자(motile zoospores)가 있다.

E. 중요성: 진균은 환경에서 동식물 잔해의 필수 분해자다. 항생제의 원천이자 식품 제조와 유전 연구에 사용돼 경제적 이점이 있다. 반면, 부정적인 영향으로는 과일과 채소의 부패를 일으키고, **진균증**(mycoses) 같은 인간 감염을 유발하며, 일부는 섭취하거나 흡입 시 독성을 가진 물질을 생성하기도 한다.

### 5.6 원생생물: 조류

조직으로 구성되지 않은 단세포 및 군집성 진핵 미생물을 포함하는 그룹이다.

A. 전반적인 형태: 단세포, 군체형, 필라멘트형 또는 해조류와 같은 더 큰 형태가 있다.

B. 영양 방식/분포: 광합성을 하며, 담수 및 해양 서식지에서 발견된다. 부유생물인 **플랑크톤**(plankton)의 주요 구성요소다.

C. 중요성: 대부분의 수생 서식지에서 먹이망의 기초를 제공하는 1차 생산자다. 일부 조류는 인간과 동물에게 유해한 신경독소를 생성한다.

### 5.7 원생생물: 원생동물

대형 단세포 생물을 포함하며, 일부는 병원체다.

A. 전반적인 형태: 대부분 단세포이며 세포벽이 없다. 세포질은 외질(ectoplasm)과 내질(endoplasm)로 나뉜다. 운동성과 섭식능력을 갖춘 형태를 **영양형**(trophozoite)이라 하며, 불리한 환경 조건에서는 **포낭**(cyst)이라는 저항성이 강한 휴면 상태로 전환한다. 포자충류를 제외한 모든 그룹이 **운동성**(motility)을 위한 세포소기관을 가진다.

B. 영양 방식/분포: 모두 종속영양생물이다. 대부분은 습한 환경(물, 토양)에서 독립적인 생활을 하며, 다른 미생물이나 유기물을 섭취해 영양분을 얻는다.

C. 생식: **체세포분열**(mitosis), 출아법 등의 무성생식을 한다. 유성생식은 접합이라는 과정을 통해 이루어진다.

D. 주요 그룹: 원생동물은 DNA 서열의 유사성을 기준으로 SAR, Excavates, Amoebozoans의 세 가지 초군으로 분류된다. 원생동물은 고유한 형태적 특징을 통해 현미경으로 쉽게 식별될 수 있다.

E. 중요성: 먹이사슬에서 중요한 역할을 하며, 유기물 분해에 기여한다. 수억 명의 사람들이 말라리아, 수면병, 아메바증과 같은 원생동물 감염에 시달리고 있어 의학적으로도 매우 중요하다. 이러한 원생동물 감염은 곤충을 **매개**(vector)로 전파될 수 있다.

### 5.8 기생충

조충, 흡충, 회충의 세 가지 그룹이 존재한다.

A. 전반적인 형태: 동물 세포, 다세포다. 생식, 소화, 운동, 보호를 위해 특화된 기관이 있다. 일부 기능은 축소돼 있다.

B. 생식: 배아, 유충, 성충 단계로 구분된다. 대부분 유성생식을 하며, **자웅동체**(hermaphroditic)도 존재한다.

C. 역학: 열대 지역의 개발도상국이 기생충 감염의 가장 큰 피해를 받고 있다. 감염된 사람과 직접 접촉하거나 오염된 환경에서 기생충 알을 섭취해 전파된다. 전 세계적으로 수십억 명이 감염에 시달리고 있다.

CHAPTER

# 6 바이러스, 바이로이드, 프리온 소개

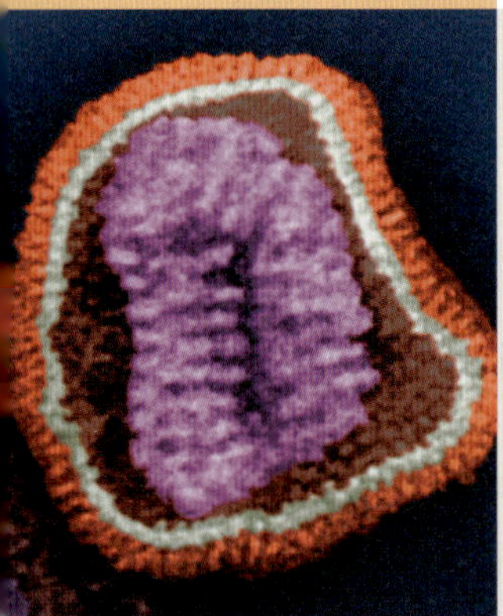

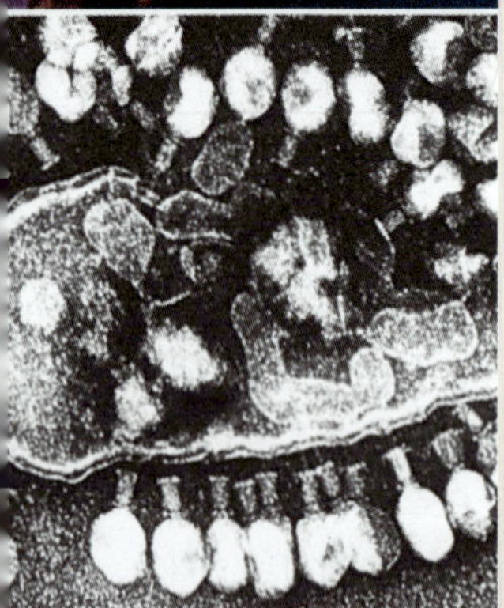

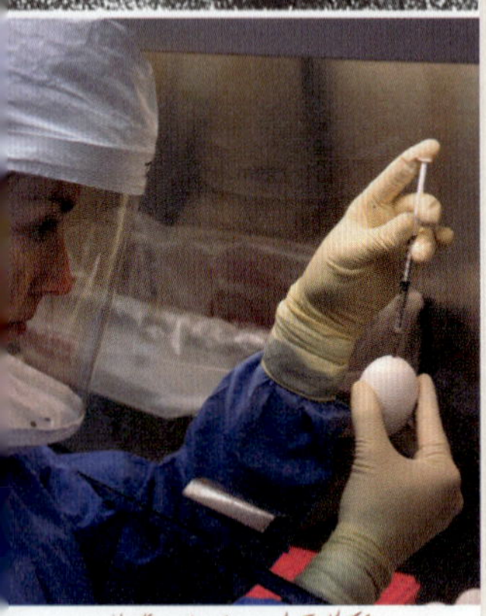

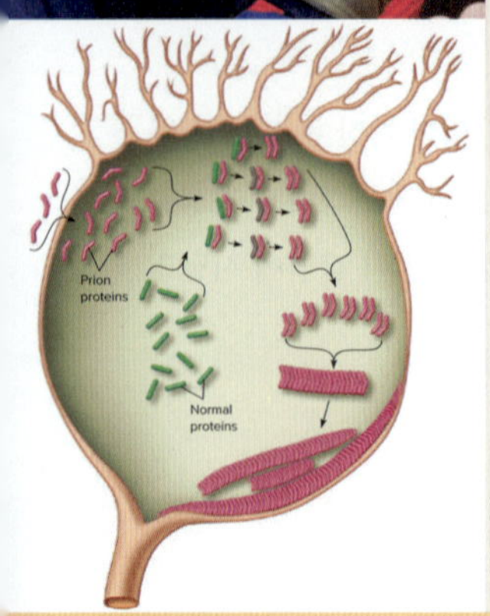


**이 장의 구성**



(이미지 출처: Flickr/Getty Images; Cynthia Goldsmith/CDC; Lee D. Simon/Science Source; Greg Knobloch/CDC)

사례 연구 Part 1

# 남편의 죽음에 준비돼 있지 않아요

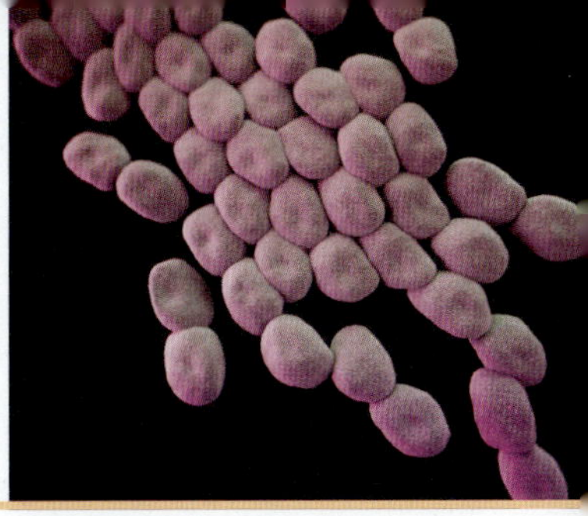

당신의 아내가 세계 공중보건국장이라면, 휴가를 특이한 곳에서 보내는 경우가 자주 있을 것이다. 톰 패터슨(Tom Patterson)이 이집트에서 추수감사절을 보내는 상황이 그러했다. UC 샌디에이고(UCSD) 의과대학 교수인 패터슨과 그의 아내 스테파니 스트라스디(Stephanie Strathdee) 박사는 추수감사절을 즐기던 중 패터슨이 복통, **발열**(fever), 메스꺼움, 구토, 빠른 심장 박동 등의 증세를 보였다. 이집트에서 **췌장염**(pancreatitis) 치료를 했으나 효과가 없었고 그의 상태는 점점 더 악화됐다. 그는 항공 구급차를 타고 독일 프랑크푸르트로 이송됐으며, 그곳에서 의사들은 패터슨이 *Acinetobacter baumannii*에 **감염**(infected)됐다는 사실을 발견했는데, 이 세균은 이라크와 아프가니스탄에서 돌아오는 부상당한 참전용사들에게 많은 감염을 일으키는 기회 감염 **세균**(bacterium)으로 알려져 있다. *A. baumannii* 감염의 가장 충격적인 사실 중 하나는 **항생제 내성**(antibiotic resistance)을 나타내는 빈도가 높다는 것이다.

처음에는 매우 강력한 **항생제**(antibiotics) 조합인 메로페넴(meropenem), 티게사이클린(tigecycline), 콜리스틴(colistin)으로 감염을 통제했다. 그의 상태는 호전돼 UCSD 산하 병원인 제이콥스 메디컬 센터(Jacobs Medical Center) 중환자실로 옮겨졌다. 그가 도착한 직후, 의사들은 그의 감염이 모든 항생제에 **내성**(resistant)이 생겼다는 사실을 알고 고민했다. 감염으로 인해 복부가 부어오르고, 간염 지표인 **백혈구 수치**(white blood cell count)도 급증했다. 그의 상태는 빠르게 악화됐고, 그는 거의 2개월간 **혼수상태**(coma)에 빠졌다. 스트라스디 박사는 남편의 죽음에 그녀가 대비를 하고 있는지 동료들이 궁금해했었다고 회상했으나, 그 당시 그녀는 준비돼 있지 않았다.

대부분의 미생물학자와 마찬가지로 스트라스디도 **바이러스**(박테리오파지 또는 간단히 파지)를 체내에 주입해 세균 세포를 직접 공격하는 **파지 치료법**(phage therapy)에 대해 들어 본 적이 있었다. 일반적으로 사혈 및 동종요법 치료와 동일한 범주에 속하는 역사적 일화로만 생각되던 파지 치료법은, **이론적으로는**(theoretically) 가능해 보였지만 실제로는 거의 성공하지 못하고 있었다. 그러나 스트라스디 박사는 만성질환에 대한 파지 치료를 받기 위해 조지아주 트블리시(미국 내에서 의학적 치료에 대한 규제가 훨씬 적은 곳)로 여행을 다녀온 친구의 친구가 완치된 것으로 보인다는 소식을 들었다. 절망 속에 있던 그녀는 UCSD의 동료인 칩 스쿨리(Chip Schooley) 박사에게 남편을 위한 파지 치료법을 설계해 달라고 도움을 요청했다.

모든 바이러스는 **숙주 범위**(host range)를 가진다. 숙주 범위는 매우 좁고 특이적이며, 특정 바이러스가 감염할 수 있는 특정 세포군을 말한다. 그래서 첫 번째 과제는 패터슨 감염의 핵심인 *A. baumannii* 세균에 대해 효과적인 파지를 찾는 것이었다. 3개 연구팀은 *A. baumannii*에 대해 활성을 갖는 파지 균주를 보유하고 있었고, 인근 샌디에이고 주립대학교 연구팀은 임상용으로 샘플을 정제했다. 이례적인 치료를 진행하려면 미국 식품의약국(FDA)의 긴급 승인도 받아야 했다.

패터슨은 카테터를 통해 **복강**(abdominal cavity)으로 파지 치료를 받았고, **정맥 주사**(intravenously)를 통해 혈류에 있는 세균을 공격했다. 파지 치료는 급진적이고 시도되지 않은 치료였기 때문에 의사들은 가장 효과적으로 진행하는 방법조차 거의 몰랐다. "치료를 하는 의사로서 그것은 도전이었습니다."라고 말하며 스쿨리 박사는 덧붙였다. "보통은 **복용량**(dosage)이 얼마인지, 얼마나 자주 처방을 해야 하는지 등을 알고 있습니다. 하지만 처음 시도할 경우에는 비교할 것이 없어서 매우 어렵습니다."

■ **이와 같은 경우에 파지 치료의 일부로 사용되는 바이러스로 인해 환자가 병에 걸릴 것이라고 아무도 걱정하지 않는 이유는 무엇인가?**

이 장 끝에서 사례 연구 Part 2로 이어짐.

(삽화 출처: Melissa Brower/CDC)

# 6.1 바이러스 개요

학습목표

1. 바이러스는 어떻게 발견돼 특성화됐는지 보여 준다.
2. 바이러스의 특이한 특징을 설명한다.
3. 바이러스의 유래와 중요성에 대해 논한다.

## 가장 작은 미생물에 대한 초기 연구들

1800년대 후반까지 광학현미경의 발명은 수많은 질병과 많은 미생물이 연관돼 있음을 알게 해 주었다. 예를 들면, 결핵(tuberculosis), 콜레라(cholera), 탄저병(anthrax)은 세균에 의해 발병된다는 사실이 한 명의 미생물학자 로버트 코흐(Robert Koch)에 의해 확인됐다. 다른 질병의 경우에는 그 전파경로가 불분명했다. 천연두(smallpox)나 소아마비(polio) 같은 경우는 사람에서 사람으로 전파되는 것은 알려져 있었지만, 어떠한 세균도 발견되지 않았다. 코흐의 제자였던 프리드리히 뢰플러(Friedrich Loeffler)와 폴 프로쉬(Paul Frosch)는 소의 질병 중 하나인 구제역(foot and mouth disease)에 대해 연구하고 있었다. 1898년 그들은, 세균은 통과하지 못하게 설계된 도자기 필터에 숙주생물로부터 채취한 감염성 액체를 여과시키자 그 여과물이 감염성을 여전히 가지고 있음을 발견했다. 그러나 당시의 현미경으로는 그 감염성 물질을 관찰할 수 없었다. 그들은 초미세입자, 즉 **여과 가능한 물질**(filterable agent)이 질병을 일으킨다고 결론지었고, 이는 바이러스학(virology) 초기에 하나의 이정표가 됐다. 이후 40년이 지나 전자현미경이 발명된 후에야 인류는 이 입자들을 볼 수 있게 됐다.

## 생물학적 스펙트럼에서 바이러스의 위치

바이러스는 생물학적으로 독특한 그룹으로, 모든 형태의 세포를 감염시킬 수 있는 것으로 알려져 있다. 이 장에서는 동물 바이러스를 좀 더 강조하겠지만, 인류는 세균 바이러스와 식물 바이러스에서의 경험으로부터 먼저 바이러스에 대한 지식을 얻었다. 바이러스가 언제 어떻게 시작됐는가 하는 질문에 대한 보편적인 합의는 없지만, 바이러스는 분명히 수십억 년 동안 존재해 왔다. 지구상의 모든 세포를 합친 숫자보다 바이러스는 훨씬 더 많으며, 인체 바이러스의 총합인 **바이롬**(virome)의 수는 인간 세포보다 적어도 10배 이상 많다. 바이러스는 숙주세포의 유전물질과 상호작용하는 경향이 있고, 하나의 숙주세포에서 또 다른 숙주세포로 유전자를 전달할 수 있기 때문에, 바이러스는 세균과 고세균, 그리고 진핵생물의 진화에 중요한 역할을 해 왔다.

바이러스는 크기, 구조, 습성 및 생리학적 측면에서 그들의 숙주세포와 다르다. 특정 숙주세포에 침입해 숙주세포의 유전자와 대사체계를 조정해 새로운 바이러스를 만들고 방출하지 않으면 바이러스는 증식할 수 없다. 따라서 바이러스를 가장 잘 나타내는 표현은, **절대 세포내 기생체**(obligate intracellular parasites)다. 바이러스의 특이한 구조와 행동 양상 때문에 바이러스가 살아 있는 것인지에 대한 논쟁이 벌어지기도 했다. 논쟁에서 가장 주목해야 하는 관점은, 바이러스는 숙주세포로부터 독립적으로 존재할 수 없으므로 생명체가 아니라 커다란 감염성 분자에 더 가깝다는 점이다. 바이러스가 생명체든 아니든, 중요한 것은 많은 바이러스는 질병의 매개체라는 것이다. 따라서 통제, 치료 및 예방을 통해 다루어야 한다. 바이러스의 생물학적 스펙트럼에서의 위치는 유지해야 하지만, 바이러스는 생명체가 아닌 감염성 입자(infectious particles)로 기술하고, 활성(active) 또는 비활성(inactive, 살아 있거나 죽은 것이 아닌)으로 기술하는 것이 가장 정확하다. 바이러스의 몇 가지 고유한 특성은 표 6.1에 요약했다.

**표 6.1 바이러스의 특성**

- 세균, 원생생물, 곰팡이, 식물, 동물을 숙주로 하는 절대 세포내 기생체
- 20~750 nm(직경)의 초현미경적인 크기
- 본질적으로 세포가 아님. 구조가 너무 간단하고 실속적임
- 생명으로서의 특성을 독자적으로 갖추고 있지 않음
- 숙주세포 외부에서는 비활성 거대 분자이고, 숙주세포 내부에서만 활성을 가짐
- 기본 구조는 핵산 코어를 둘러싸고 있는 단백질 껍질(캡시드)로 구성됨
- 바이러스 게놈의 핵산은 DNA 또는 RNA 중 하나이고, 둘 다 동시에 가지고 있지는 않음
- 바이러스의 종류에 따라 핵산은 이중가닥 DNA, 단일가닥 DNA, 단일가닥 RNA, 이중가닥 RNA 중 하나임
- 바이러스 표면의 분자는 숙주세포에 부착하는 데 높은 특이성을 부여함
- 숙주세포의 유전물질을 통제하고 새로운 바이러스의 합성과 조립을 조절해 증식함
- 대부분의 대사과정에 효소가 부족함
- 단백질 합성 기구가 부족함

핵심 점검 6.1

1. 바이러스의 열 가지 고유한 특성을 구조, 습성, 증식을 포함해 설명하시오.
2. 표 6.1을 참조하여, 바이러스에 대해 어떤 추가적인 사실을, 특히 세포와 비교해 제시할 수 있는가?
3. 절대 세포내 기생체가 된다는 것이 의미하는 것을 설명하시오.
4. 바이러스가 나타내는 기생(parasitism)의 종류를 설명하는 다른 방법에는 어떤 것이 있는가?

# 6.2 바이러스의 일반적인 구조

학습목표

4. 바이러스의 일반적인 구조와 크기의 범위를 설명한다.
5. 캡시드와 뉴클레오캡시드 형태를 구분한다.
6. 외피와 스파이크를 설명하고, 이들의 기원을 논한다.
7. 캡시드, 뉴클레오캡시드, 외피, 스파이크의 기능을 설명한다.
8. 바이러스의 기본적인 구조를 바탕으로 서로 다른 바이러스 그룹을 요약한다.

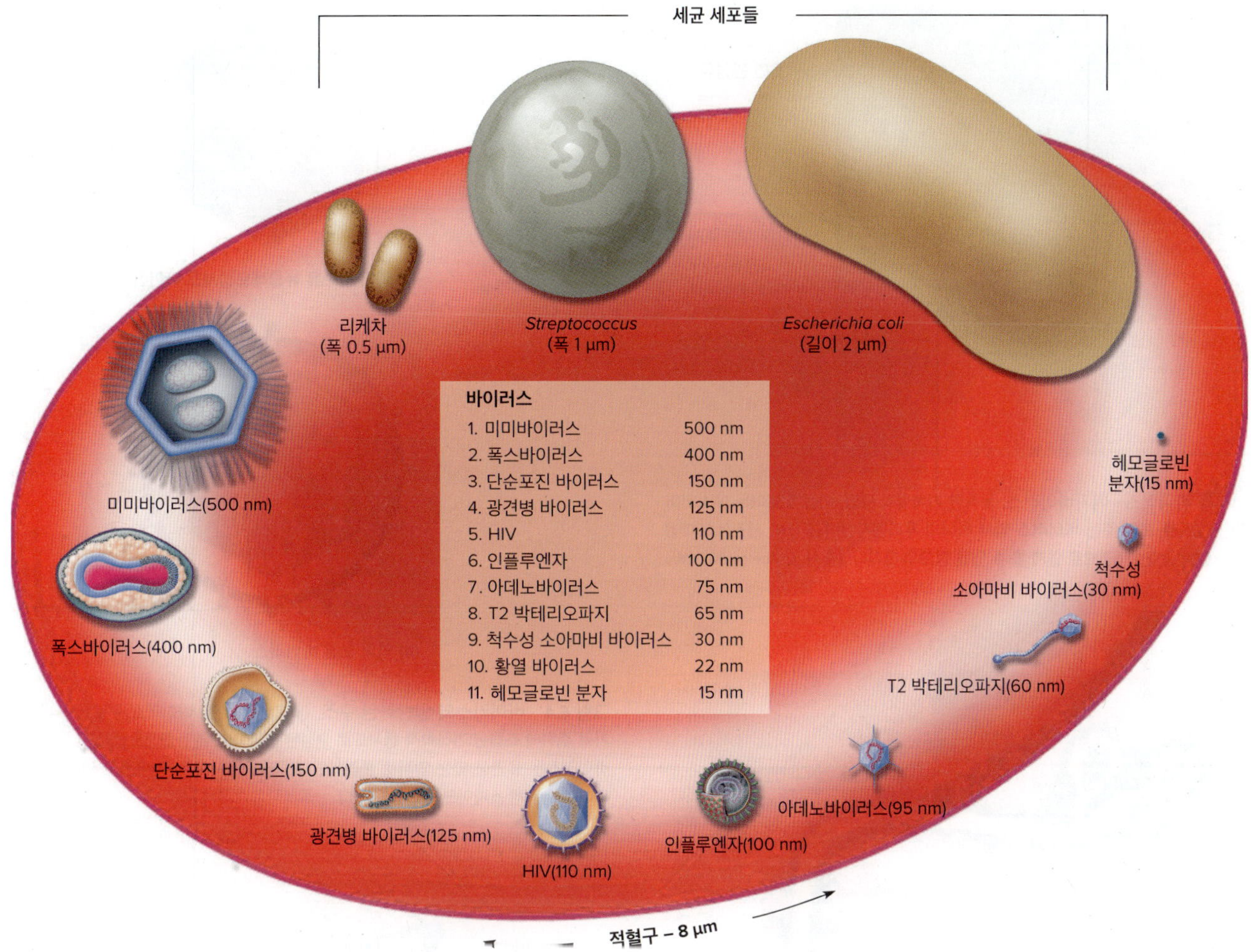


**그림 6.1** 적혈구(진핵세포) 및 다양한 세균(원핵세포)과 바이러스의 크기 비교. 1~10번까지는 바이러스를 가장 큰 것부터 가장 작은 것 순으로 나열했다. 거대 분자의 상대적 크기를 나타내기 위해 큰 단백질 분자(11번)를 포함시켰다.

## 크기 범위

바이러스는 가장 작은 감염원 그룹이다(6.8절에 소개되는 몇몇 특이적인 예외가 있지만). 바이러스의 크기는 초현미경적(ultramicroscopic) 영역에 속한다. 이 용어는 바이러스 대부분이 매우 작아서(<0.2 μm), 바이러스의 검출이나 미세 구조를 조사하기 위해서는 전자현미경이 필요하다는 것을 의미한다. 바이러스는 숙주세포와 비교해 매우 작다. 2,000 입자 이상의 세균 바이러스가 하나의 일반적인 세균 세포 하나에 들어가 있을 수 있고, 5,000만 입자 이상의 소아마비 바이러스(poliovirus)가 일반적인 인간 세포 하나에 감염돼 있을 수 있다. 동물 바이러스의 크기는 작은 파보바이러스(parvovirus, 지름이 약 20 nm)[1]부터 작은 세균만큼 큰 메가(mega)바이러스 및 피토(pitho)바이러스(폭이 최대 750 nm)까지 다양하다(그림 6.1). 일부 원통형 바이러스는 상대적으로 길지만(길이 800 nm) 직경이 너무 작아서(15 nm) 높은 배율과 해상도의 전자현미경으로만 관찰할 수 있다. 그림 6.1에는 여러 바이러스의 크기를 원핵세포와 진핵세포, 그리고 분자의 크기와 비교했다.

최근 과학자들에게 주목받고 있는 초대형 바이러스는 직경이 400 μm에서 1,500 μm에 이르는데, 너무 커서 작은 세균으로 잘못 인식돼 새로운 바이러스를 찾는 과학자들에 의해 한때 무시되기도 했다. 미미(mimi)바이러스, 판도르(pandor)바이러스, 메가바이러스(그림 6.2), 피토바이러스는 평균적인 바이러스보다 20~50배 더 크며 리케차와 같은 작은 세균보다 훨씬 더 크다. 세 가지 바이러스는 처음에는 모두 물속에 사는 아메바 세포 내부의 기생충으로 발견됐다. 이들은 숙주의 세포질에서 증식하는 전형적인 바이러스 주기를 가지고 있으며, 부족한 세포 구조와 리보솜, 대사 효소, 분열식 분할 등의 특징을 보였다. 또한 다른 바이러스 그룹과 연관성을 찾을 수 없는 많은 단백질을 가지고 있었다. 따라서 이러한 특이한 바이러스가 '생명수(tree of life)'의 어느 곳에 위치하는지에 대해 의문이 제기된다.

1 인간에게 호흡기 감염을 일으키는 DNA 바이러스.

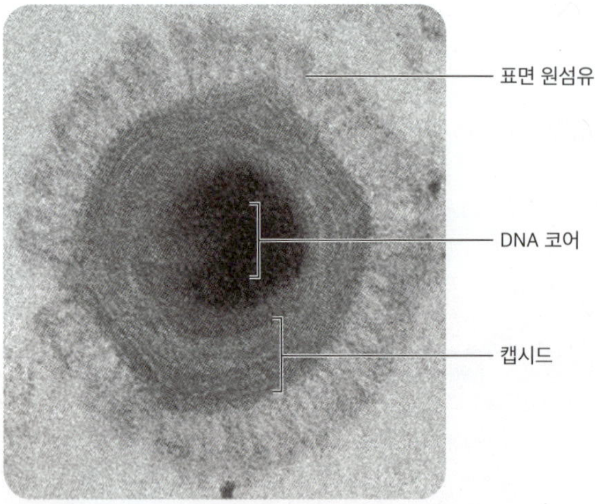


**그림 6.2** 괴물 바이러스—메가바이러스. 독특한 기하학적 모양, 어둡게 보이는 DNA 코어, 미세한 표면 원섬유를 보여 주는 바이러스 입자 하나의 투과전자현미경(TEM) 사진(4,500배). 이 바이러스는 일반 광학현미경으로 쉽게 볼 수 있을 정도의 크기다. (출처: C. Abergel/IGS-IMM, CNRS-AMU)

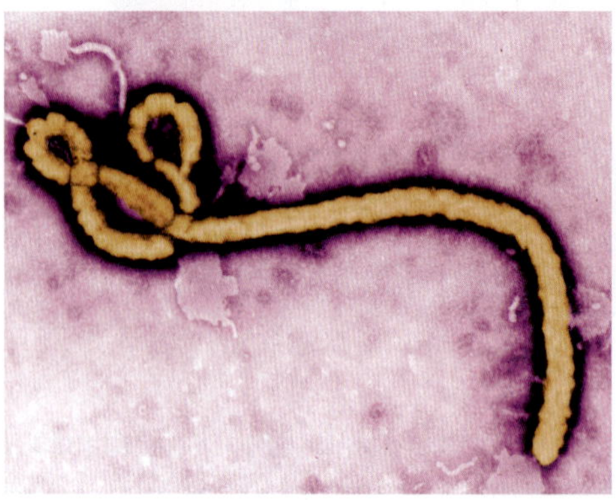

**그림 6.3** 바이러스는 진핵세포와 유사점이 거의 없다. 에볼라 바이러스 입자의 투과전자현미경(TEM) 사진은 구조에서 숙주인 진핵세포와 공통점이 거의 없다는 사실을 보여 준다(100,000배). (출처: Callista Images/Image Source)

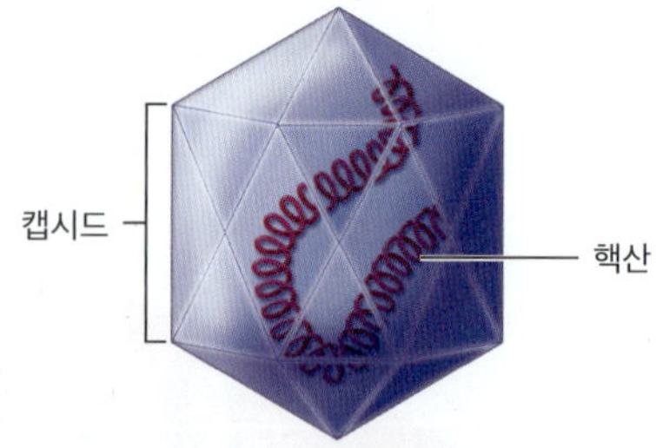


**(a) 외피 비보유 뉴클레오캡시드 바이러스**

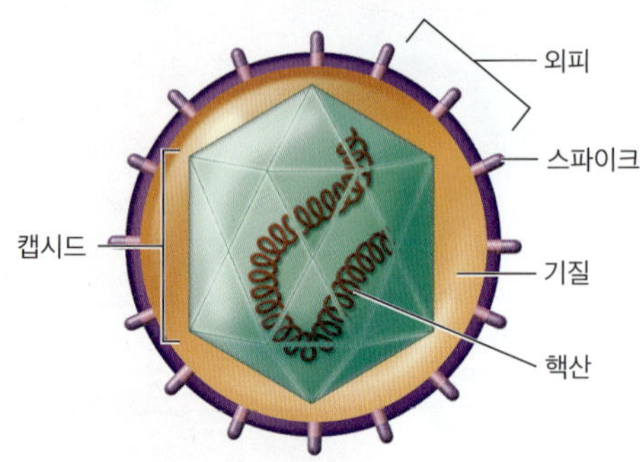


**(b) 외피 보유 바이러스**

**그림 6.4** 바이러스의 일반화된 구조. (a) 가장 단순한 바이러스 구조는 하나 이상의 핵산 가닥 주위에 조립된 기하학적 캡시드로 구성된 외피 비보유 뉴클레오캡시드다. (b) 외피가 있는 바이러스는 유연성 있는 외피로 둘러싸인 뉴클레오캡시드로 구성된다. 외피에는 일반적으로 특이한 수용체 스파이크가 삽입돼 있다.

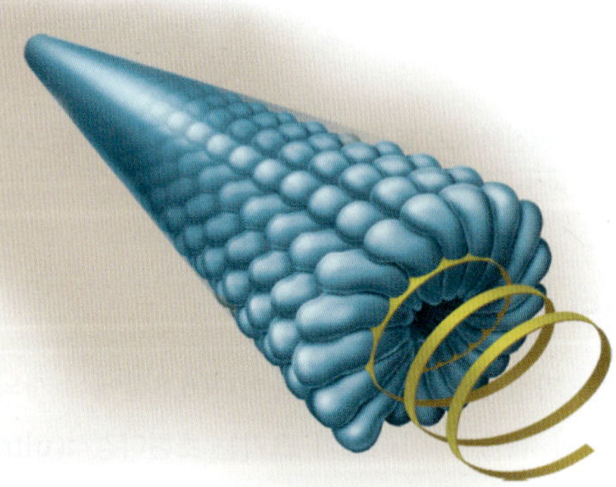

**그림 6.5** 나선형 뉴클레오캡시드의 조립. 캡소머(청록색)는 속이 빈 튜브 형태로 조립되고, 핵산(노란색)은 긴 캡시드 속에 감긴 형태를 하고 있다.

## 바이러스 성분: 캡시드, 핵산, 외피

- 바이러스 입자
  - 외부 커버
    - 캡시드
    - 외피(모든 바이러스에서 발견되지는 않음)
  - 세포 내부
    - 핵산 분자(DNA 또는 RNA)
    - 기질 단백질
    - 효소(모든 바이러스에서 발견되지는 않음)

바이러스는 실제로 세포와 유사하지 않으며, 가장 단순한 세포에서도 발견되는 합성 기구가 전혀 없다는 점을 중요하게 인식해야 한다(그림 6.3). 바이러스 조직의 일반적인 계획은 매우 간단하고 간결하다. 바이러스는 숙주세포에 침투해 제어하는 데만 필요한 성분을 가지고 있다. 그 성분은 외부 껍질과 코어(core)이며, 코어는 DNA 또는 RNA로 구성된 하나 이상의 핵산 가닥을 포함한다. 이 패턴은 다음 순서로 표현될 수 있다.

모든 바이러스는 단백질 **캡시드**(capsid)* 또는 껍질(shell)을 가진다. 이들은 중심 코어의 핵산을 감싸고 있다. 캡시드와 핵산을 아울러 **뉴클레오캡시드**(nucleocapsid)라고 한다. 뉴클레오캡시드로만 구성된 바이러스는 **외피 비보유 바이러스**(naked viruses)라고 한다(그림 6.4a). 숙주세포막으로부터 유래된 추가적인 껍질, 즉 **외피**(envelope)

* 캡시드 라틴어 capsa(상자)에서 유래.

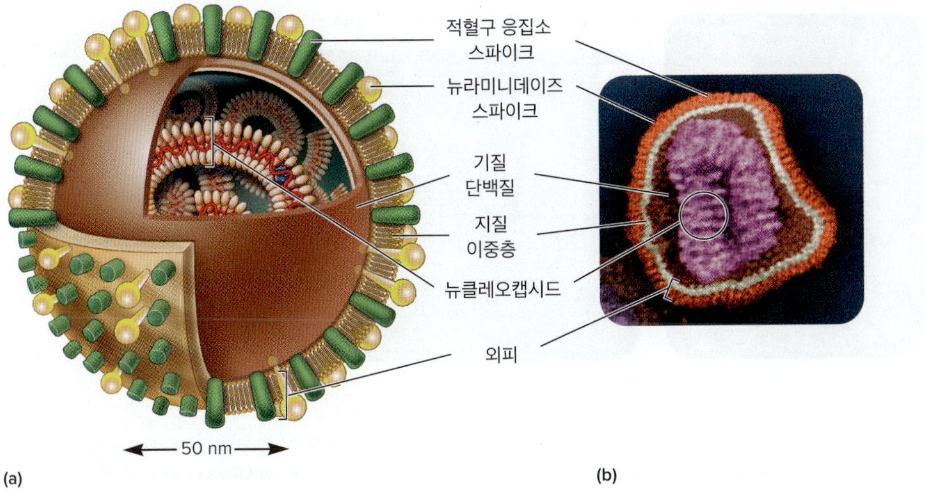


**그림 6.6** 나선형 뉴클레오캡시드. (a) 바이러스의 도식화. (b) 외피 보유 나선형 바이러스인 인플루엔자 바이러스의 특징을 나타내는 색을 입힌 현미경 사진(양성 염색, 300,000배). 이 바이러스는 눈에 띄는 스파이크가 있는 잘 발달된 외피를 가진다. (출처: Cynthia Goldsmith/CDC)

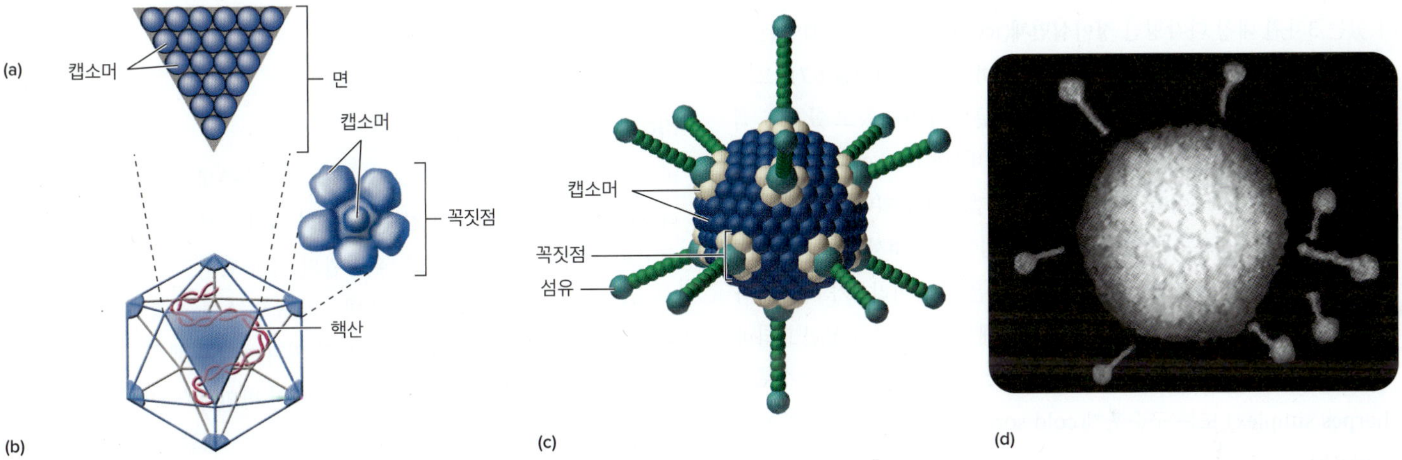


**그림 6.7** 정이십면체 바이러스의 구조와 형성(아데노바이러스가 모델임). (a) 캡시드의 면(facet) 또는 '얼굴(face)'은 삼각형 모양으로 배열된 21개의 동일한 캡소머로 구성된다. 꼭짓점(vertex) 또는 '점(point)'은 중앙에 단일 펜톤(penton)으로 배열된 5개의 캡소머로 구성된다. 바이러스에 따라 캡소머의 수, 형태, 배열이 다를 수 있다. (b) 조립된 바이러스는 면과 꼭짓점이 함께 모여 어떻게 핵산 주위에 껍질을 형성하는지 보여 준다. (c) 바이러스의 3차원 모델(640,000배)은 펜톤에 부착된 섬유를 보여 준다. (d) 바이러스의 음성 염색 사진에서 바이러스의 질감과 떨어진 섬유를 관찰할 수 있다. (출처: Dr. Linda Stannard, UCT/Science Source)

를 캡시드 외부에 가지고 있는 다른 바이러스는 **외피 보유 바이러스**(enveloped viruses)라고 한다(그림 6.4b). 나중에 살펴보겠지만, 외피 보유 바이러스와 외피 비보유 바이러스는 숙주세포에 들어가고 나가는 방식이 다르다.

## 바이러스 캡시드: 보호를 담당하는 바깥 껍질

바이러스 입자를 수십만 배 확대하면 기하학적 특징을 가진 캡시드가 가장 먼저 눈에 띈다(그림 6.4). 일반적으로 모든 바이러스의 캡시드는 많은 **캡소머**(capsomers)* 로 구성되며, 캡소머는 캡시드를 이루는 동일한 하위 단위의 단백질을 말한다. 캡소머는 완성된 캡시드에 자발적으로 자가 조립될 수 있다. 캡소머의 모양과 배열에 따라 두 가지 유형, 즉 나선형 또는 정이십면체 캡시드 중 하나가 생성된다.

상대적으로 단순한 **나선형 캡시드**(helical capsids)는 서로 결합해 팔찌를 닮은 일련의 속이 빈 원반을 형성하는 막대 모양의 캡소머를 가진다. 뉴클레오캡시드가 형성되는 동안 이 원반은 서로 연결돼 핵산 가닥이 감겨지는 연속 나선을 형성한다. 전자현미경 사진에서 나선형 캡시드의 모양은 바이러스 유형에 따라 다르다. 외피가 없는 나선형 바이러스의 뉴클레오캡시드는 매우 단단하고 원통형 패키지에 단단히 감겨 있다(그림 6.5). 외피가 있는 나선형 뉴클레오캡시드는 더 유연하고 외피 내에서 느슨한 나선으로 배열되는 경향이 있다(그림 6.6). 이러한 유형의 캡시드는 인플루엔자(influenza), 홍역(measles), 광견병(rabies) 바이러스를 포함해 여러 외피 보유 인간 바이러스에서 발견된다.

몇몇 주요 바이러스군은 20개의 변과 12개의 동일한 간격의 모서리

* 캡소머 라틴어 capsa(상자)와 mer(부분)에서 유래.

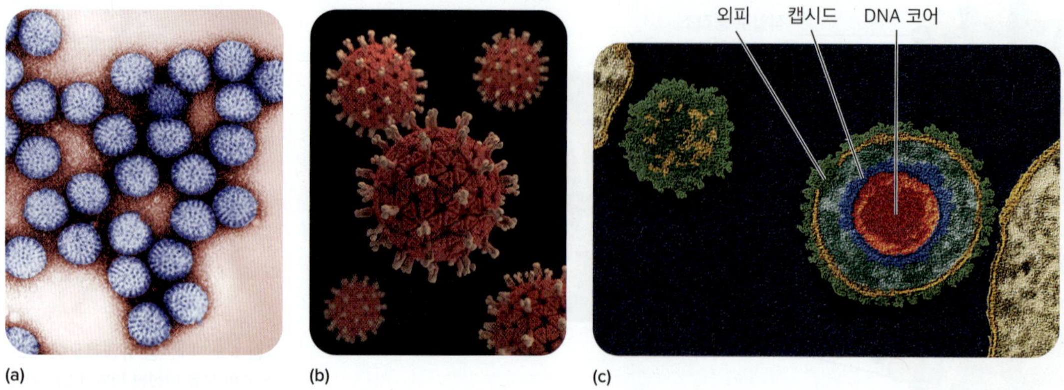


**그림 6.8** 두 가지 유형의 정이십면체 바이러스(매우 확대돼 있음). (a) 바큇살처럼 보이는 캡소머가 관찰되는 로타바이러스의 투과전자현미경 사진. (b) 캡소머의 3차원 특성을 나타내는 컴퓨터로 생성된 로타바이러스 그림. (c) 외피 보유 정이십면체 바이러스의 일종인 단순포진 바이러스(300,000배). (출처: Dr. Erskine Palmer & Byron Skinner/CDC; CDC/Alissa Eckert, MS; Eye of Science/Science Source)

가 있는 3차원 대칭 다각형인 **정이십면체**(icosahedron)*로 배열된 캡시드를 가진다. 캡소머의 배열은 바이러스마다 다르다(그림 6.7). 모든 정이십면체 바이러스의 캡시드는 이러한 종류의 대칭을 갖고 있지만, 캡소머의 수는 다를 수 있다. 예를 들어, 소아마비 바이러스에는 32개의 캡소머가 있고 아데노바이러스에는 242개의 캡소머가 있다. 바이러스가 조립되는 동안 핵산은 이 정이십면체의 중심에 채워져서 뉴클레오캡시드를 형성한다. 정이십면체 바이러스의 모양은 이 바이러스가 외피를 가지는지에 따라 달라진다. 외피가 없는 뉴클레오캡시드로 구성된 로타바이러스(rotavirus)와 외피가 있는 뉴클레오캡시드로 구성된 단순포진(herpes simplex) 또는 구순포진(cold sores) 바이러스를 비교해 보자(그림 6.8).

## 바이러스 외피

외피를 가지는 바이러스(주로 동물 바이러스)가 숙주세포에서 방출될 때, 숙주세포막 시스템의 일부를 활용해 외피 형성에 포함시킨다. 일부 바이러스는 세포막에서 튀어나오듯이 방출되지만, 또 다른 바이러스는 핵막이나 소포체를 통해 방출된다. 외피가 숙주에서 유래하지만, 바이러스 조립과정에서 일반적인 막단백질의 일부 또는 전부가 특수 바이러스 단백질로 대체되기 때문에 바이러스 외피는 숙주의 세포막과는 다르다(과정그림 6.11 참조). 바이러스의 단백질 중 일부는 바이러스의 외피와 캡시드 사이에 결합층을 형성한다. 또한 탄수화물에 결합된 단백질 형태의 당단백질은 외피 외부에 노출된 상태로 유지된다. **스파이크**(spikes) 또는 페플로머(peplomers)라고 불리는 이러한 돌출 분자는 바이러스가 방출된 다음에 또 다른 숙주세포에 부착되기 위해 필수적이다. 외피는 캡시드보다 더 유연하기 때문에 외피 바이러스는 다형성이며 그 모양은 구형에서 사상형까지 다양하다.

## 바이러스 캡시드/외피의 기능

바이러스의 가장 바깥쪽 덮개는 바이러스가 숙주세포의 외부에 있을 때 다양한 효소와 화학물질의 영향으로부터 핵산을 보호해 주기 때문에 바이러스의 기능에 필수적이다. 위장관의 산과 단백질 소화효소에 내성이 있는 장관 바이러스(소아마비 바이러스 및 A형 간염 바이러스와 같은)의 캡시드가 그 예다. 또한 캡시드와 외피는 먼저 세포 표면에 결합한 다음 바이러스 핵산의 침투를 보조함으로써 바이러스 DNA 또는 RNA를 적합한 숙주세포에 도입하는 데 도움을 주는 역할을 한다(이후 절에서 논의). 또한 바이러스 캡시드와 외피의 일부는 면역체계를 자극해 항체를 생산하게 하는데, 이 항체는 숙주세포가 바이러스를 중화하고 향후 감염으로부터 보호할 수 있게 한다(15장 참조).

## 복합 바이러스 외피: 비전형적 바이러스

**복합**(complex) 바이러스라고 불리는 두 가지 특별한 바이러스 그룹(그림 6.9)은 앞에서 설명한 나선형, 정이십면체, 외피 비보유 또는 외피 보유 바이러스보다 구조가 더 복잡하다. 천연두(smallpox) 병원체를 포함한 **폭스바이러스**(poxviruses)는 매우 큰 DNA 바이러스이며, 전형적인 캡시드가 없고 외부 표면은 지질 단백질의 밀집된 층과 조잡한 원섬유로 덮여 있다. 또 다른 복합 바이러스 그룹의 **박테리오파지**(bacteriophages)*의 일부 구성원은 더 복잡하다. 다면체 캡시드 머리뿐만 아니라 나선형 꼬리와 숙주세포에 부착하기 위한 섬유를 갖고 있다. 이들의 증식 방식은 6.5절에서 다룬다.

* 정이십면체 그리스어 eikosi(이십)와 hedra(면)에서 유래. 다면체의 일종.

* 박테리오파지 bacteria(세균)와 그리스어 phagein(먹는다)에서 유래. 이 바이러스들은 세균에 기생한다.

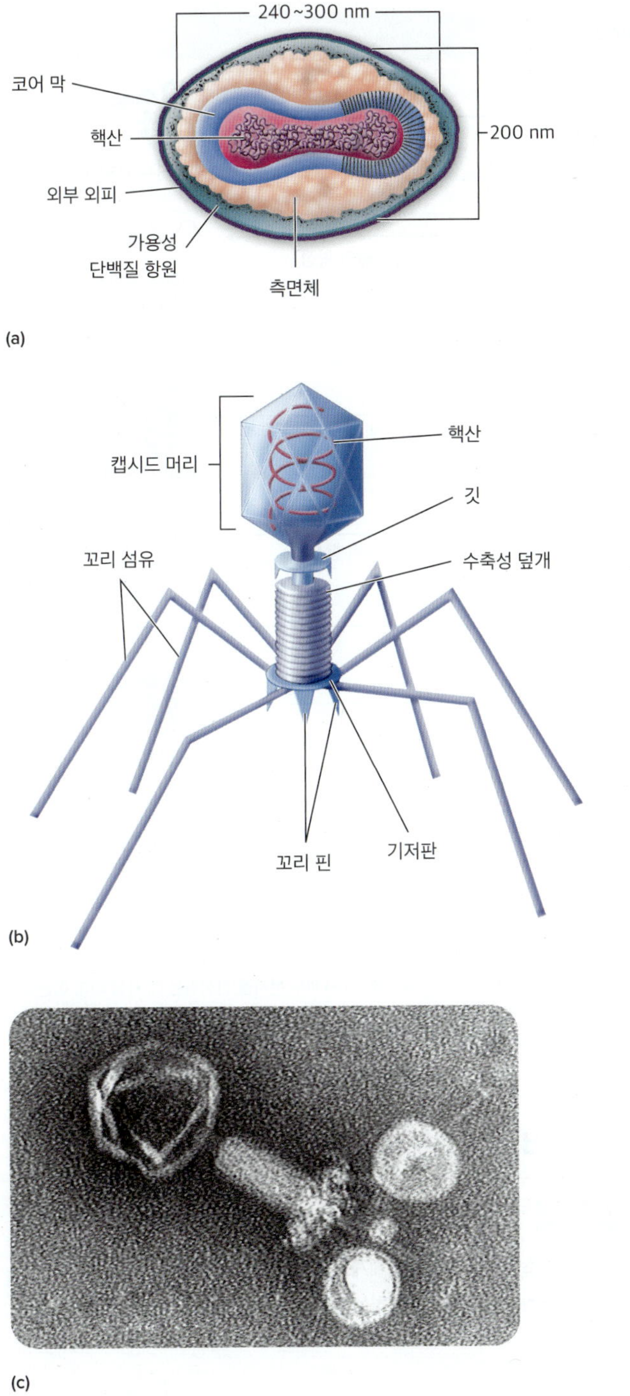


**그림 6.9 복잡한 바이러스의 상세 구조.** (a) 폭스바이러스과에 속하는 천연두 바이러스의 단면. 내부 구성요소를 보여 준다. (b) *E. coli*의 T4 박테리오파지의 모식도(280,000배). (c) 시아노박테리아를 감염시키는 박테리오파지의 투과전자현미경 사진(90,000배). (출처: Bin Ni, Chisholm Lab, MIT)

## 핵산: 바이러스의 핵심

생명체가 가지고 있는 유전정보의 총합을 **게놈**(genome)이라고 한다. 모든 생명체의 게놈이 핵산(DNA, RNA)에 의해 전달되고 발현된다는 것은 생물학적으로 지금까지 변하지 않는 사실 중 하나다. 바이러스도 이 규칙에서 예외는 아니지만, 중요한 차이가 있다. 세포는 DNA와 RNA를 모두 포함하지만, **바이러스는 기본 유전물질로 DNA나 RNA 중 하나만 포함한다.** 바이러스는 숙주세포에 새로운 바이러스를 만들도록 지시하는 데 필요한 모든 유전자를 작은 공간에 담아야 하기 때문에, 바이러스의 유전자 수는 세포의 유전자 수에 비해 일반적으로 매우 적다. 이는 인간면역결핍바이러스(HIV)의 유전자 9개부터 판도라바이러스의 유전자 2,500개까지 다양하다. 이에 비해 대장균(*Escherichia coli*)에는 약 4,000개의 유전자가 있고, 인간 세포에는 약 2만 개의 유전자가 있다. 더 큰 게놈을 가짐으로써 세포는 독립적인 생활에 필요한 복잡한 대사활동을 수행할 수 있다. 바이러스는 일반적으로 숙주세포에 침입하고 숙주세포의 합성 기구를 조절해 새로운 바이러스를 만들기 위해 반드시 꼭 필요한 유전자만을 보유한다.

2장에서 DNA는 대개 이중가닥 분자로 존재하고, RNA는 단일가닥 분자로 존재한다는 것을 배웠다. 대부분의 바이러스는 이와 동일한 패턴을 따르지만, 바이러스의 RNA 또는 DNA 구성 방식은 다양하다. DNA 바이러스는 단일가닥(single-stranded, ss) 또는 이중가닥(double-stranded, ds)일 수 있다. RNA 바이러스는 이중가닥일 수도 있지만 단일가닥인 경우가 더 많다. 주목할 만한 예로는 단일가닥 DNA를 포함하는 파보바이러스와 이중가닥 RNA를 포함하는 레오바이러스(reoviruses, 호흡기 및 장관 감염의 원인)가 있다. 9장에서는 모든 단백질이 RNA의 단일가닥에 있는 핵산 코드를 아미노산 서열로 '번역'해 만들어진다는 사실을 배운다. 즉시 단백질로 번역될 준비가 돼 있는 단일가닥 RNA 게놈을 양성 가닥(positive-strand) RNA라고 한다. 번역을 위해 적절한 형태로 변환돼야 하는 RNA 게놈을 음성 가닥(negative-strand) RNA라고 한다(그림 6.10).

RNA 게놈은 분할(segmented)될 수도 있다. 즉, 개별 유전자가 별도의 RNA 분자에 존재한다는 것을 의미한다. 이는 인간 게놈(DNA)이 23개의 개별 염색체에 퍼져 있는 방식과 유사하다. 인플루엔자 바이러스[오르토믹소바이러스(orthomyxovirus)]가 이러한 형태의 예다. 특이한 특징을 가진 또 다른 RNA 바이러스 그룹인 레트로바이러스(retroviruses, HIV가 대표적인 예)는 숙주세포 내부에서 그들의 RNA를 DNA로 전환한다.

바이러스 유형이 무엇이든, 이 작은 유전물질 가닥은 바이러스 구조와 기능에 대한 설계도를 담고 있다. 바이러스의 핵산이 숙주세포 내부의 안식처에 도달할 때까지 바이러스는 증식할 수 없기 때문에 매우 실제적인 의미에서 바이러스는 유전적 기생충이다. 바이러스는 최소한 캡시드의 합성, 숙주의 활성 조절, 완성된 바이러스 포장을 위한 유전자를 가지고 있어야 한다.

## 바이러스 입자의 기타 성분

캡시드 단백질, 외피의 단백질과 지질, 코어의 핵산 외에도 바이러스에는 숙주세포 내에서 특정 작업을 수행하는 효소가 있을 수 있다. 바이러

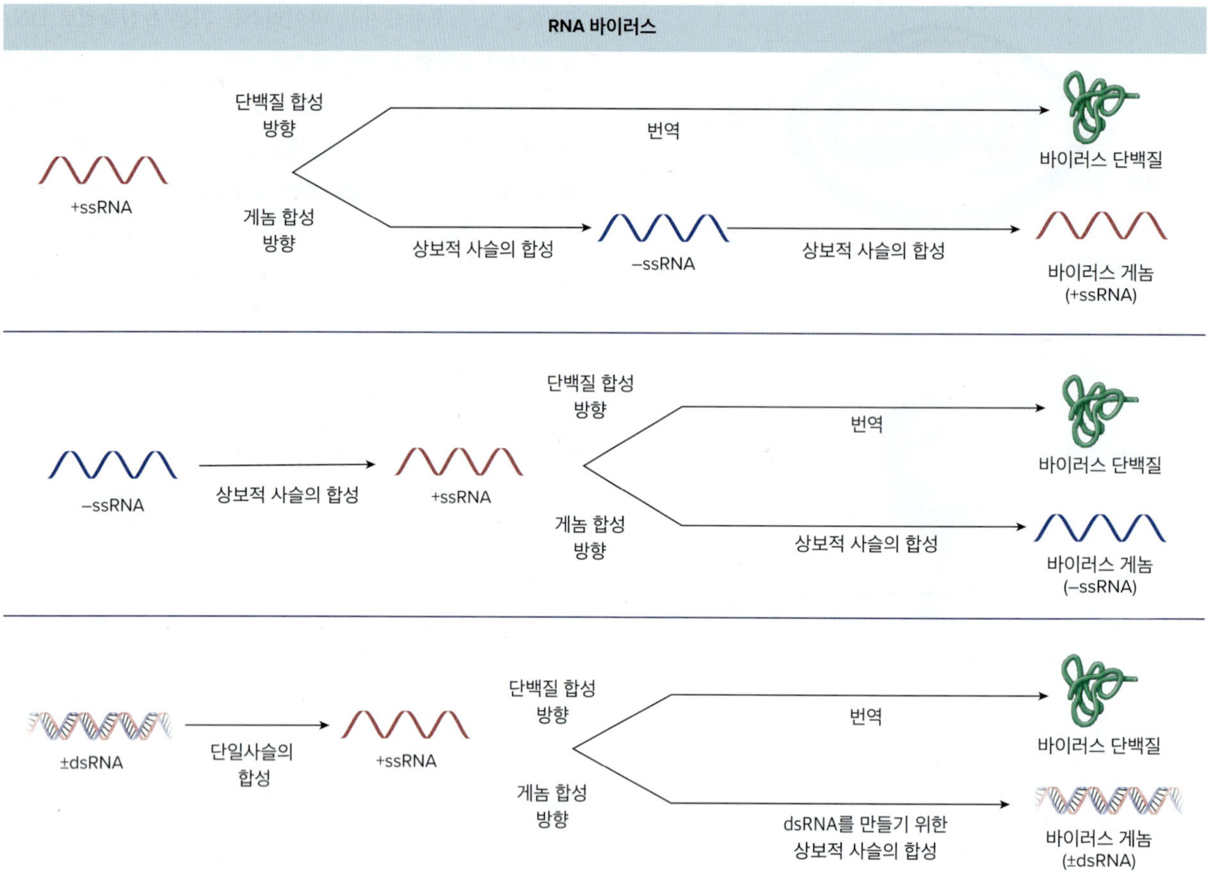


**그림 6.10** RNA 바이러스 게놈의 복제. 바이러스가 성공적으로 복제하기 위해서는 바이러스 게놈(RNA 분자)과 바이러스 단백질의 복사본을 많이 만들어야 한다. 바이러스의 RNA 구조에 따라 수행하는 방식이 달라진다. (위) + 단일가닥 RNA 바이러스[(+) RNA]는 즉시 번역돼 바이러스 단백질을 만들 수 있다. 추가적인 (+) RNA 분자를 생성하기 위해 바이러스는 먼저 (−) RNA의 상보적 가닥을 합성한 다음 이를 주형으로 사용해 (+) RNA 바이러스 게놈의 복사본을 많이 만든다. (중간) -ssRNA[(−) RNA] 바이러스의 게놈은 처음에는 (+) RNA 분자를 합성하는 데 사용되며, 이는 차례로 바이러스 단백질과 추가적인 (−) RNA 바이러스 게놈을 만드는 데 사용된다. (아래) 이중가닥 (+/−) RNA 바이러스는 먼저 바이러스 단백질을 만드는 데 사용되는 (+) RNA 분자를 만든다. 그런 다음 상보적인 (−) RNA가 합성돼 새로 만든 바이러스의 게놈으로 사용하기 위한 (+/−) RNA 분자를 다시 만든다. (출처: McGraw Hill)

스 **복제**(replication)*를 위해 미리 만들어진 효소를 가질 수 있다. 그 예로는 DNA와 RNA를 합성하는 **중합효소**(polymerases)*와 RNA를 복사하는 복제효소(replicase)가 있다. 인간면역결핍바이러스(HIV)는 RNA로부터 DNA를 합성하는 역전사효소(reverse transcriptase)를 가지고 있다. 그러나 바이러스에는 대사 효소 합성을 위한 유전자는 전혀 없다. 이러한 유전자가 없다는 사실이 바이러스에게는 거의 영향을 미치지 않는다. 왜냐하면 바이러스는 숙주세포의 대사 자원을 완전히 통제할 수 있도록 적응했기 때문이다. 이에 대한 것은 다음에 살펴본다. 일부 바이러스는 실제로 숙주세포로부터 성분을 빼앗을 수도 있다. 예를 들어, 아레나바이러스(arenaviruses)는 숙주 리보솜을 따라 뭉쳐 있고, 레트로바이러스는 숙주의 tRNA 분자를 '빌려' 사용한다.

* 복제 라틴어 replicare(반복하다, 복제하다)에서 유래. 아주 똑같은 복제품을 만든다는 뜻.
* 중합효소 작은 하위 단위 분자들을 큰 분자로 합성하는 효소.

## 6.3 바이러스 분류와 명명

**학습목표**

9. 바이러스에 사용되는 분류체계를 설명한다.
10. 바이러스를 동정하고 명명하는 데 사용되는 특성을 보여 준다.

바이러스는 1장에서 논의된 영역의 구성원으로 분류되지는 않지만, 매우 다양해서 연구 및 동정을 위해서는 자체 분류체계가 필요하다. 비공식적이고 일반적인 방식으로 우리는 이미 바이러스를 분류하기 시작했다. 동물, 식물 또는 세균 바이러스; 외피 보유 또는 외피 비보유 바이러스; DNA 또는 RNA 바이러스; 나선형 또는 정이십면체 바이러스. 이러한 일반적인 분류방법은 구성과 설명에는 확실히 유용하지만, 특정 바이러스에 대한 연구에는 보다 표준화된 명명법이 필요하다. 오랜 기간 동물 바이러스는 주로 숙주와 바이러스가 일으키는 질병의 종류를 기준으로 분류됐다. 바이러스 명명을 위한 최신 시스템은 숙주와 질병에는 부

**표 6.2** 주요 사람 바이러스의 과, 속, 일반명 및 관련 질병

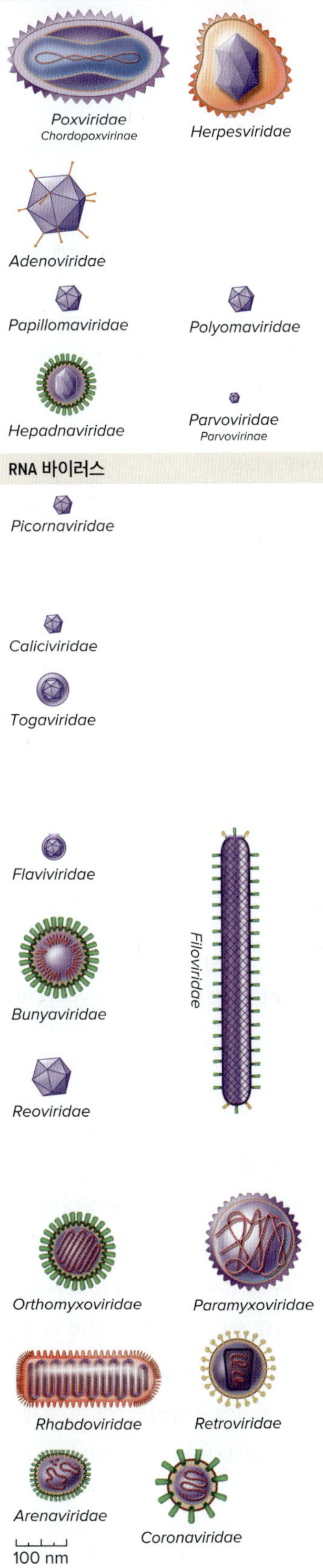


| 핵산 형태 | 과(family) | 바이러스 속(genus) | 일반명 | 관련 질병 |
|---|---|---|---|---|
| **DNA 바이러스** | | | | |
| | *Poxviridae* | *Orthopoxvirus* | 천연두, 우두 | 천연두, 우두 |
| | *Herpesviridae* | *Simplexvirus* | 1형 단순포진 바이러스(HSV-1) | 발열, 물집, 입술 포진 |
| | | | 2형 단순포진 바이러스(HSV-2) | 생식기 포진 |
| | | *Varicellovirus* | 수두 대상포진 바이러스(VZV) | 수두, 대상포진 |
| | | *Cytomegalovirus* | 인간 거대세포 바이러스(CMV) | CMV 감염증 |
| | *Adenoviridae* | *Mastadenovirus* | 인간 아데노바이러스 | 아데노바이러스 감염증 |
| | *Papillomaviridae* | *Papillomavirus* | 인간 파필로마바이러스(HPV) | 여러 종류의 사마귀 |
| | *Polyomaviridae* | *Polyomavirus* | JC 바이러스(JCV) | 진행성 다초점 백질뇌병증 |
| | *Hepadnaviridae* | *Hepadnavirus* | B형 간염 바이러스(HBV 또는 데인 입자) | 혈청 간염 |
| | *Parvoviridae* | *Erythrovirus* | 파보바이러스 B19 | 전염성 홍반 |
| **RNA 바이러스** | | | | |
| | *Picornaviridae* | *Enterovirus* | 소아마비 바이러스 | 소아마비 |
| | | | 콕사키바이러스 | 수족구병 |
| | | *Hepatovirus* | A형 간염 바이러스(HAV) | 단기 간염 |
| | | *Rhinovirus* | 인간 리노바이러스 | 일반 감기, 기관지염 |
| | *Caliciviridae* | *Calicivirus* | 노워크바이러스 | 바이러스성 설사, 노워크바이러스증후군 |
| | *Togaviridae* | *Alphavirus* | 동부 말 뇌염 바이러스 | 동부 말 뇌염(EEE) |
| | | | 서부 말 뇌염 바이러스 | 서부 말 뇌염(WEE) |
| | | | 황열 바이러스 | 황열병 |
| | | | 세인트루이스 뇌염 바이러스 | 세인트루이스 뇌염 |
| | | *Rubivirus* | 풍진 바이러스 | 풍진(독일홍역) |
| | *Flaviviridae* | *Flavivirus* | 뎅기열 바이러스 | 뎅기열 |
| | | | 웨스트 나일 열 바이러스 | 웨스트 나일 열 |
| | | | 지카 바이러스 | 지카 열 |
| | *Bunyaviridae* | *Bunyavirus* | 부니암웨라 바이러스 | 캘리포니아 뇌염 |
| | | *Hantavirus* | 신놈브레 바이러스 | 호흡기 증후군 |
| | | *Phlebovirus* | 계곡열 바이러스 | 계곡열 |
| | | *Nairovirus* | 크림-콩고 출혈열(CCHF) 바이러스 | 크림-콩고 출혈열(CCHF) |
| | *Filoviridae* | *Filovirus* | 에볼라, 마르부르크 바이러스 | 에볼라 열 |
| | *Reoviridae* | *Coltivirus* | 콜로라도 진드기 열 바이러스 | 콜로라도 진드기 열 |
| | | *Rotavirus* | 인간 로타바이러스 | 로타바이러스 위장염 |
| | *Orthomyxoviridae* | *Influenzavirus* | 인플루엔자 바이러스 A형(아시아, 홍콩, 돼지 인플루엔자 바이러스) | 인플루엔자 또는 '독감(flu)' |
| | *Paramyxoviridae* | *Paramyxovirus* | 파라인플루엔자 바이러스 | 파라인플루엔자 |
| | | | 볼거리 바이러스 | 유행성 이하선염 |
| | | *Morbillivirus* | 홍역 바이러스 | 홍역 |
| | | *Pneumovirus* | 호흡기 세포융합 바이러스(RSV) | 감기 증후군 |
| | *Rhabdoviridae* | *Lyssavirus* | 광견병 바이러스 | 광견병(공수병) |
| | *Retroviridae* | *Oncornavirus* | 인간 T세포 백혈병 바이러스(HTLV) | T세포 백혈병 |
| | | *Lentivirus* | HIV(인간면역결핍 바이러스 1형 및 2형) | 후천성 면역결핍증(AIDS) |
| | *Arenaviridae* | *Arenavirus* | 라사 바이러스 | 라사 열 |
| | *Coronaviridae* | *Coronavirus* | 감염성 기관지염 바이러스(IBV) | 기관지염 |
| | | | 장 코로나 바이러스 | 코로나 바이러스 장염 |
| | | | SARS 바이러스 | 중증 급성 호흡기 증후군 |
| | | | MERS 바이러스 | 중동 호흡기 증후군 |
| | | | SARS-CoV-2 | 코로나 바이러스 질병 2019(COVID-19) |

분적으로 중점을 두고, 바이러스 입자 자체의 실제 특성을 고려한다. 현재 바이러스를 분류하는 데 사용되는 주요 기준은 구조, 화학적 조성, 진화적 관련성을 나타내는 유전적 구성의 유사성이다.

국제바이러스분류위원회는 59개 목(order), 189개 과(family), 2,224개 속(genus)의 바이러스로 분류한다. 바이러스 명명법은 다음 규칙을 따른다. 바이러스 과의 이름은 이탤릭체로 표시하고 접미사 -viridae를 붙이며, 바이러스 속 역시 이탤릭체로 표시하고 -virus를 붙인다.

역사적으로 일부 바이러스학자들은 속명과 종 별칭을 사용해 고등 유기체의 종명을 반영하는 비공식적인 종(species) 명명 시스템을 만들었다. 홍역 모빌리바이러스(*Measles morbillivirus*)가 그 예다. 종 카테고리는 바이러스학계 내에서 많은 논란을 불러일으켰다. 많은 과학자들은 바이러스와 같은 비생물체는 변하기 너무 쉬워서 종 분류를 결정하는 데 사용되는 정교한 구별방법은 곧 없어질 것이라고 주장한다. 그럼에도 불구하고 바이러스학자들은 바이러스 종의 개념을 대체로 받아들여서 이를 숙주 범위, 병원성, 유전적 구성과 같은 특성을 공유하는 바이러스 유형으로 구분해 정의했다. 인플루엔자 바이러스는 기본적으로 다른 특성에서는 동일한 바이러스임에도 불구하고 수용체의 변화가 어떻게 다른 계통이나 하위 유형을 발생시킬 수 있는지 보여 주는 예다.

표준화된 종 이름은 널리 사용되지 않기 때문에 이 책에서는 특정 바이러스를 논할 때 속(genus)이나 일반적인 이름을 주로 사용한다. 즉 소아마비 바이러스 및 광견병 바이러스와 같은 것을 말한다. 표 6.2는 중요한 바이러스와 이들이 유발하는 질병에 대한 분류체계다. 각 바이러스 계열의 규모에 맞는 예시가 포함돼 있다.

특정 계열로 분류하는 데 사용되는 특성에는 캡시드 유형, 핵산 가닥 수, 외피의 존재 및 유형, 바이러스 크기 및 바이러스가 증식하는 숙주세포 영역이 포함된다. 일부 바이러스군은 모양이나 크기와 같은 현미경적 외형에 따라 명명되기도 한다. 그 예로는 총알 모양의 외피를 가진 **랍도바이러스**(rhabdoviruses)*와 망토 같은 외피를 가진 **토가바이러스**(togaviruses)*가 있다. 해부학적 또는 지리적 영역도 명명에 사용됐다. 예를 들어, **아데노바이러스**(adenoviruses)*는 아데노이드(편도선의 한 유형)에서 처음 발견됐으며, **한타바이러스**(hantaviruses)는 원래 한국의 한탄강 유역의 들쥐에서 분리됐다. 바이러스는 숙주에 미치는 영향에 따라 이름이 지정될 수도 있다. **렌티바이러스**(lentiviruses)*는 느리고 만성적인 감염을 일으키는 경향이 있다. 여러 특성을 혼합해 만든 약어로는 작은 RNA 바이러스인 **피코르나바이러스**(picornaviruses)*와 간염을 일으키는 DNA 바이러스인 **헤파드나바이러스**(hepadnaviruses)가 있다.

* 랍도바이러스 그리스어 rhabdo(작은 막대기)에서 유래.
* 토가바이러스 라틴어 toga(고대 로마 전통 의상)에서 유래. 덮개 또는 가운을 의미.
* 아데노바이러스 그리스어 aden(샘, 선)에서 유래.
* 렌티바이러스 그리스어 lente(천천히)에서 유래. HIV가 이 그룹에 속한다.

**핵심 점검 6.2~6.3**

5. 크기 범위에 따라 바이러스의 특성을 파악하시오. 초현미경적(ultramicroscopic)이라는 것은 무엇을 의미하는가?
6. 바이러스의 일반적인 구조를 설명하시오.
7. 캡시드는 무엇이며, 그 기능은 무엇인가? 두 가지 유형의 캡시드는 어떻게 구성되는가?
8. 뉴클레오캡시드란 무엇인가? 두 가지 캡시드 유형을 가진 바이러스의 예를 드시오.
9. 외피 보유 바이러스란 무엇이며, 외피는 어떻게 만들어지는가? 스파이크란 무엇이고, 어떻게 형성되며, 그 기능은 무엇인지 설명하시오.
10. 박테리오파지란 무엇이며, 구조상 독특한 점에는 어떤 것이 있는가?
11. 폭스바이러스는 다른 동물 바이러스와 어떻게 다른가?
12. 바이러스 분류에 사용되는 특성과 바이러스 계열의 특성을 설명하시오.
13. 속명과 일반명은 어떻게 사용되는가?

## 6.4 바이러스 증식 양상

**학습목표**

11. 바이러스와 숙주의 관계에 대해 설명한다.
12. 동물 바이러스의 증식 주기 단계를 연관시키고, 각 단계에서 일어나는 일을 요약한다.
13. 동물 바이러스가 숙주세포에 들어가는 세 가지 방법을 설명한다.
14. 바이러스와 관련된 복제를 정의한다.
15. 동물 바이러스가 숙주세포에 의해 방출되는 두 가지 방식을 설명한다.
16. 바이러스의 세포 병변 효과와 지속적인 바이러스 감염 및 바이러스 삽입으로 일어날 수 있는 결과를 설명한다.

바이러스는 숙주와 밀접하게 연관돼 있다. 숙주세포는 바이러스의 서식지를 제공하는 것 외에도 감염과 동의어인 바이러스 증식에 절대적으로 필요하다. 바이러스가 숙주세포에 침입하는 방식은 특이한 생물학적 현상이다. 바이러스는 숙주세포의 합성 기구와 유전적 기구의 통제권을 장악하는 미세한 기생충으로 적절하게 묘사돼 왔다. 이러한 주기적 특성은 병원성, 전염, 면역 방어 반응 및 바이러스 감염을 통제하기 위한 인간의 조치 등에 심각한 영향을 끼친다. 이러한 관점에서 바이러스와 숙주세포 사이의 관계에 대한 실질적인 지식은 매우 중요하다고 할 수 있다.

* 피코르나바이러스 스페인어 pico(작은 조각)에서 유래. 작은 양성 가닥 RNA를 가짐.

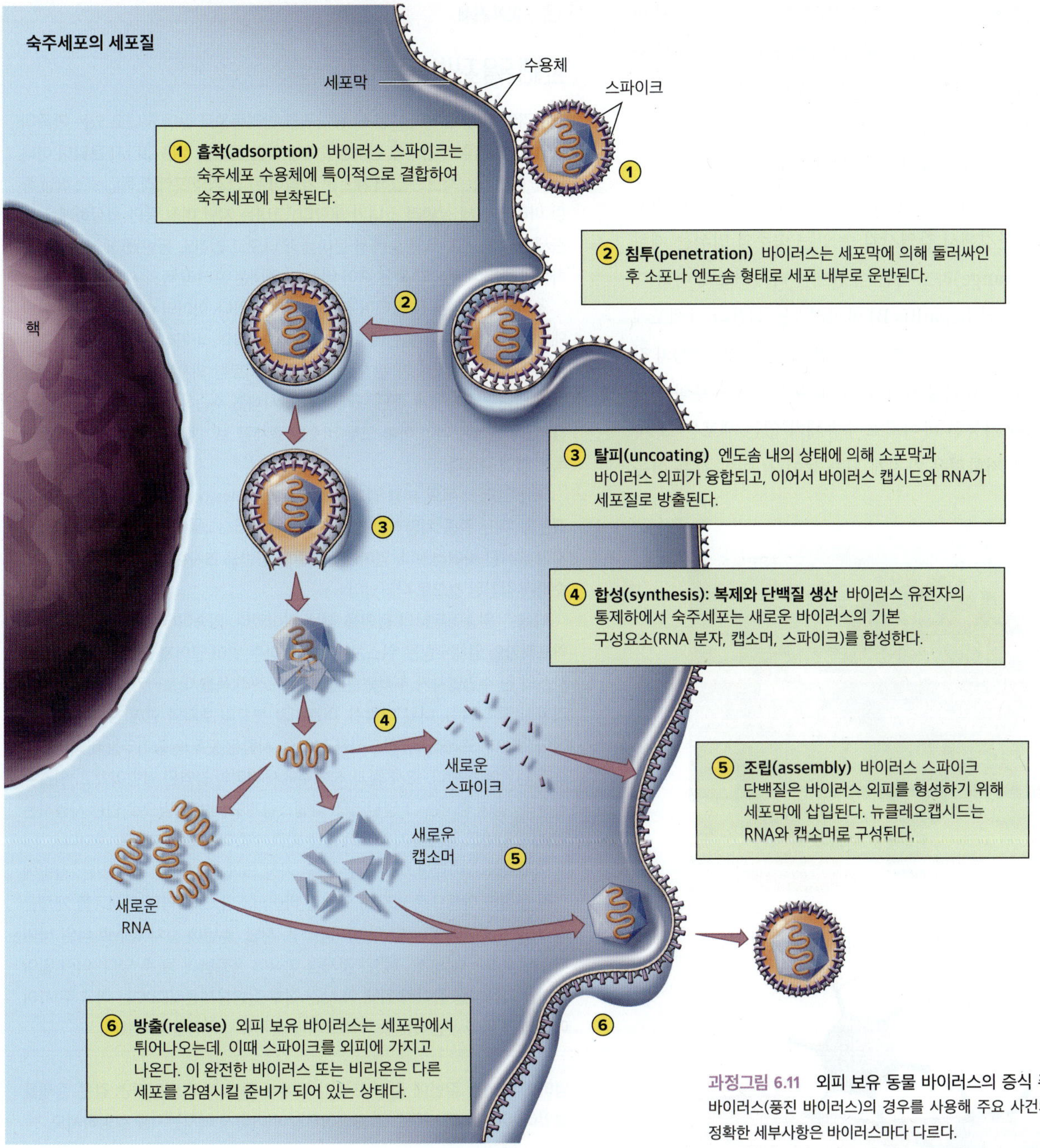


과정그림 6.11 외피 보유 동물 바이러스의 증식 주기의 일반적인 특징. RNA 바이러스(풍진 바이러스)의 경우를 사용해 주요 사건의 개요를 설명했다. 그러나 정확한 세부사항은 바이러스마다 다르다.

## 동물 바이러스의 증식 주기

동물 바이러스 생활사의 일반적인 단계는 **흡착**(adsorption)*, **침투**(penetration), **합성**(synthesis), **조립**(assembly) 및 숙주세포로부터의 **방출**(release)이다. 이러한 과정의 정확한 메커니즘은 바이러스에 따라 다양하지만, 주요 단계에서 일어나는 사건을 설명하기 위해 간단한 동물 바이러스를 사용해 설명한다(과정그림 6.11). 다른 예시는 9장에서 다룬다.

### 흡착과 숙주 범위

침입(invasion)은 바이러스가 감수성 숙주세포를 만나 세포막의 수용체 부위에 특이적으로 흡착될 때 시작된다. 바이러스가 부착하는 막 수용체는 일반적으로 세포가 정상적인 기능을 수행하는 데 필요한 당단백질(glycoproteins)이다. 예를 들어, 광견병 바이러스는 포유동물 신경 세포에서 발견되는 수용체에 부착되고, 인간면역결핍바이러스(HIV)는 특

* 흡착 라틴어 부사 to(~에게)와 sorbere(흡수하다, 빨아들이다)에서 유래. 한 가지 사물이 다른 것의 표면에 붙는 것을 의미.

정 백혈구의 CD4 단백질에 부착된다. 부착 방식은 일반적인 두 가지 바이러스 유형에 따라 다르다. 인플루엔자 바이러스와 HIV 같은 외피 보유 형태에서는 당단백질 스파이크가 세포막 수용체에 결합한다. 아데노바이러스와 같은 노출된 뉴클레오캡시드가 있는 바이러스는 세포막 수용체에 부착되는 캡시드의 표면 수용체를 사용한다(그림 6.12).

바이러스는 특정 숙주 분자와 정확히 일치해야만 숙주세포에 침입할 수 있기 때문에 자연 환경에서 감염시킬 수 있는 숙주의 범위는 제한돼 있다. **숙주 범위**(host range)라고 하는 이 한계는 바이러스에 따라 다양하다. 예를 들어, B형 간염(hepatitis B) 바이러스는 인간의 간세포에만 감염된다. 폴리오바이러스는 주로 영장류(인간, 유인원, 원숭이)의 장과 신경 세포를 감염시킨다. 광견병 바이러스는 대부분의 포유류의 신경세포를 감염시킨다. 호환 가능한 바이러스 수용체가 없는 세포는 그 바이러스의 흡착 및 침입에 저항력을 가지게 되는 셈이다. 이와 같은 이유에 따라 인간의 간세포는 개 간염 바이러스에 감염되지 않으며, 개 간세포는 인간 A형 간염 바이러스를 수용할 수 없다. 바이러스가 일반적으로 신체의 특정 세포에 대한 **친화성** 또는 **쏠림성**(tropisms)*이라고 할 수 있는 조직 특이성을 갖는 것 또한 같은 이유에서다. B형 간염 바이러스는 간을 표적으로 하고, 볼거리(mumps) 바이러스는 타액선(침샘)을 표적으로 한다. 많은 종류의 바이러스를 실험실에서 조작해 자연적으로는

(a)

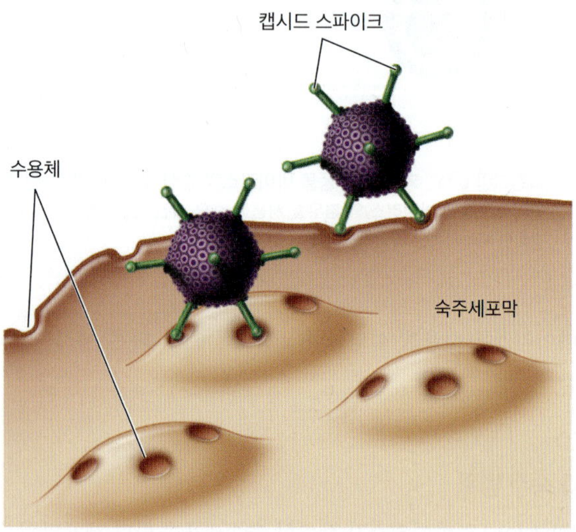


(b)

**그림 6.12** 동물 바이러스가 숙주세포막에 흡착하는 방식. (a) 눈에 띄는 스파이크가 있는 외피 보유 코로나바이러스. 스파이크의 형태는 인간 세포의 ACE-2 수용체에 상호보완적으로 딱 들어맞는다. 바이러스가 세포에 안착해 수용체에 연결되는 과정을 도킹(docking)이라고 한다. (b) 노출된 캡시드로 구성된 아데노바이러스는 캡시드의 표면 분자를 둥지처럼 생긴 숙주세포막의 수용체에 부착한다. (출처: Kateryna Kon/Shutterstock)

임상 사례

## 프레리 독을 조심하시오

39마리의 고양이, 개, 말, 염소, 당나귀를 반려동물로 같이 지내고 있는 가족이 있었다. 이 가족의 경우에 반려동물에게 약간 물리는 것은 그다지 큰일이 아니었다. 이번에는 최근 구입해 새로운 가족이 된 한 쌍의 프레리 독(prairie dog) 중 한 마리에게 세 살짜리 소녀가 물렸다. 그녀는 지난 며칠 동안 확실하게 질병 증세가 나타났고, 코와 눈에서 분비물이 나오고 발진도 동반됐다. 불행하게도 하루이틀 뒤에 프레리 독은 죽어 버렸고, 엄마는 프레리 독의 시체를 버렸다.

소녀는 고열과 땀을 흘리며 손에 병변이 생겼다. 아이의 상태는 빠르게 악화돼 병원에 입원했다. 병변에 대한 생체 검사 결과, 바이러스 감염을 나타내는 수많은 세포질 봉입체가 관찰됐다. 아이를 치료한 의사는 질병의 연결고리를 찾기 위해 기술자에게 죽은 프레리 독의 시체를 수습하고 부검할 것을 지시했다. 집에 돌아온 엄마 아빠 모두 비슷한 증세를 보이기 시작했고, 남은 프레리 독도 병에 걸렸다.

죽은 프레리 독의 부검 결과 원숭이두창(monkeypox)에 감염된 것으로 밝혀졌는데, 이는 종종 치명적인 천연두 바이러스(smallpox virus)에 비해 덜 위험하지만 유사한 바이러스다. 엄마, 아빠, 딸의 병변을 조사한 결과 세 사람 모두 비슷하게 감염된 것으로 나타났다.

다음은 원숭이두창의 원인을 찾는 것이었다. 원숭이두창이 풍토병인 중앙아프리카의 열대우림은 위스콘신주에서 아주 멀리 떨어져 있다. 조사 결과 텍사스의 한 수입업자가 추적됐는데, 그는 프레리 독을 아프리카 도깨비쥐, 아프리카 밧줄 다람쥐, 나무 다람쥐, 아프리카 붓꼬리 호저와 함께 창고에 보관한 적이 있었다. 프레리 독, 아프리카 설치류, 사람은 모두 원숭이두창 바이러스의 숙주 범위에 속했다. 조사 결과, 5개 주에서 71명이 감염된 발병이었고, 위스콘신주의 3명의 환자는 그 일부였다. 다행스럽게도 이번 발병으로 인한 사망자는 없었다. 아마도 감염된 사람들이 받는 의료 수준이 높았기 때문일 것이다.

역학자들에 따르면 이와 같은 경우 가장 크게 염려해야 하는 것은, 질병에 걸린 동물이 야생으로 방출돼 외래종 바이러스가 그 지역의 야생동물 개체군에 퍼지는 것이다. 그러면 이 바이러스는 지난 몇 년에 걸쳐 웨스트 나일 바이러스(West Nile virus)가 그랬던 것처럼 미국에 풍토병이 될 수 있다. 이런 일이 일어날 가능성을 줄이기 위해 이 사건 직후 질병통제센터(CDC)는 미국 주 사이에 프레리 독을 운송하는 것과 아프리카 설치류의 수입을 금지했다.

**엄마와 아빠는 질병에 걸린 프레리 독에게 물린 적이 없었지만 같은 증세를 겪었다. 이 사실을 바탕으로 원숭이두창이 어떻게 퍼지는지를 설명하시오.**

---

* **친화성 또는 쏠림성** 그리스어 trope(방향 전환)에서 유래. 어떤 사물이나 물질에 대한 특별한 애착을 갖는 것을 의미.

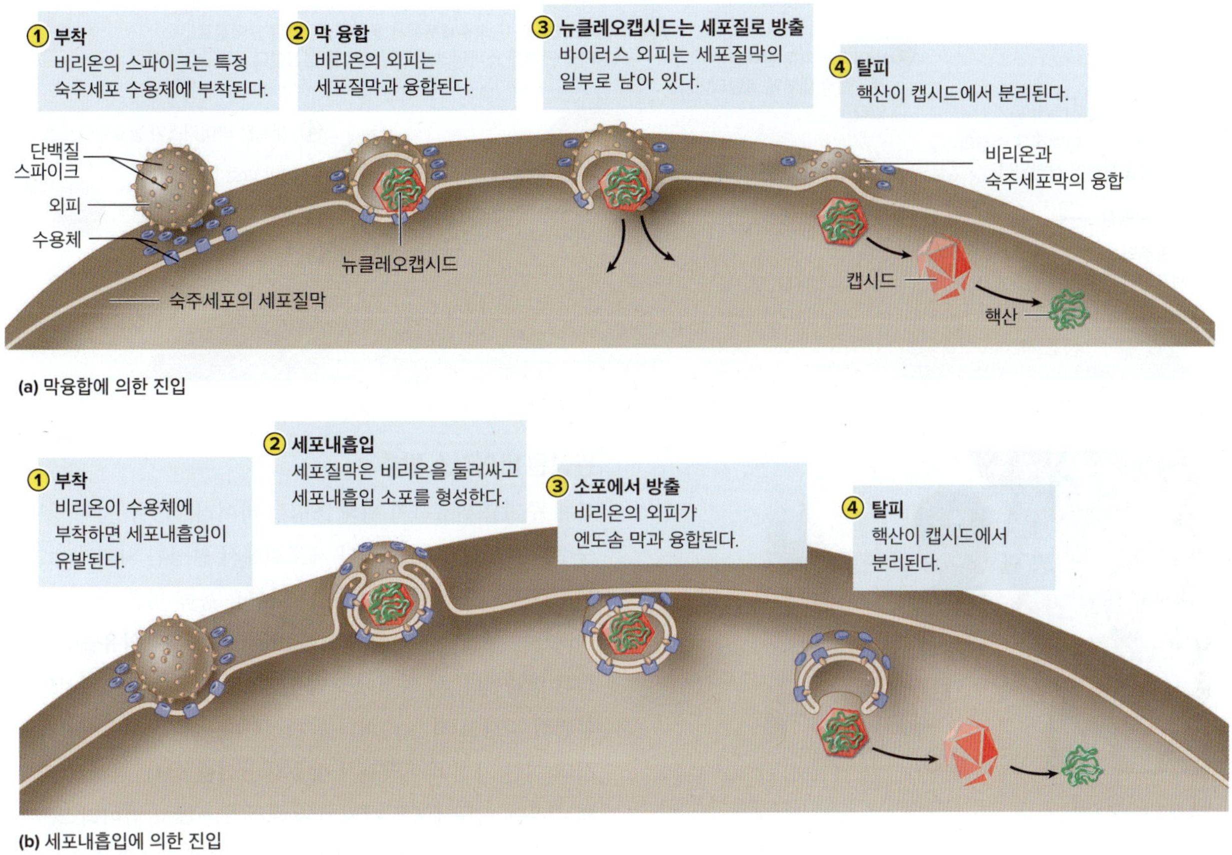


과정그림 6.13 **바이러스의 침투 방식: 융합 대 세포내흡입.** 외피 보유 바이러스는 두 가지 방법 중 하나로 세포에 들어갈 수 있다. (a) 바이러스 외피와 숙주세포막의 융합으로 뉴클레오캡시드가 세포질 속으로 방출될 수 있다. (b) 바이러스 스파이크가 숙주세포의 수용체에 결합하면 세포내흡입이 유발된다. 뉴클레오캡시드는 소포로 둘러싸여 숙주세포로 들어간 후에 방출된다. 외피 비보유 바이러스는 지질막이 없어 세포막과 융합할 수 없기 때문에 언제나 세포내흡입을 통해 세포 안으로 들어간다. (출처: McGraw Hill)

감염되지 않는 세포를 감염시켜 배양할 수 있다.

## 침투/동물 바이러스의 탈피

동물 바이러스가 숙주세포를 성공적으로 감염시키려면 숙주세포의 세포막을 뚫고 바이러스 핵산을 숙주세포 내부로 전달해야 한다. 동물 바이러스가 이를 수행하는 방법은 바이러스 유형과 숙주세포 유형에 따라 다르지만, 대부분 융합 또는 세포내흡입이라는 두 가지 수단 중 하나를 통해 들어간다. **융합**(fusion)의 경우, 바이러스 외피가 숙주세포막과 직접 융합하므로 외피를 가진 바이러스에서만 일어난다(과정그림 6.13). 바이러스가 숙주세포 수용체에 부착되면 세포막의 지질과 바이러스 외피의 지질이 재배열돼 뉴클레오캡시드가 세포의 세포질로 이동할 수 있게 된다. 볼거리 바이러스와 HIV는 모두 이런 방식으로 세포에 들어간다.

**세포내흡입**(endocytosis)을 통한 침투의 경우, 초기 부착 후에 바이러스는 엔도솜(endosome)이라는 소포에 완전히 감싸진다. 이 과정은 바이러스의 외피 유무와는 상관없이 진행된다(과정그림 6.13b). 세포 내부로 들어가게 되면 바이러스는 **탈피**(uncoated)하게 된다. 이는 소포의 막이 변형돼 바이러스의 뉴클레오캡시드나 핵산이 세포질로 방출될 수 있음을 의미한다. 일부 바이러스에서는 소포막이 바이러스와 융합되고, 다른 경우에는 소포막에 바이러스가 나갈 수 있는 구멍이 생긴다. 세포내흡입은 외피 보유 단순포진 바이러스와 외피 비보유 소아마비 바이러스의 침투에서 관찰된다.

## 합성: 복제와 단백질 생산

동물 바이러스의 합성 및 복제 단계는 분자 수준에서 고도로 조절되며 매우 복잡하다. 세포질로 떨어져 나온 바이러스 핵산은 숙주의 대사와 합성 기구를 제어한다. 이 제어가 진행되는 과정은 DNA 바이러스인지 RNA 바이러스인지에 따라 달라진다. 일반적으로 DNA 바이러스(폭스 바이러스는 제외)는 숙주세포의 핵에 들어가 복제되고 조립된다. RNA 바이러스는 일부 예외를 제외하고 세포질에서 복제되고 조립된다.

동물 바이러스 복제에 대한 자세한 내용은 9장에서 다룬다. 여기에서는 RNA 바이러스를 모델로 사용해 복제 과정에 대한 간략한 개요만 제시한다. 침입 즉시 바이러스 핵산은 숙주의 유전적 발현을 변경하고 새로운 바이러스의 구성요소를 합성하도록 지시한다. 첫째, 바이러스의 RNA는 바이러스 단백질의 합성(번역)을 지시한다. 양성 가닥 RNA 분

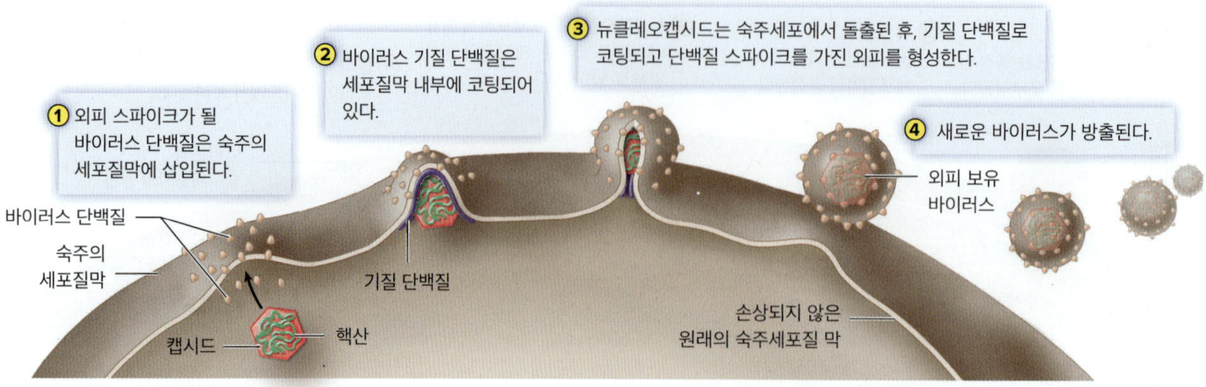


(a)

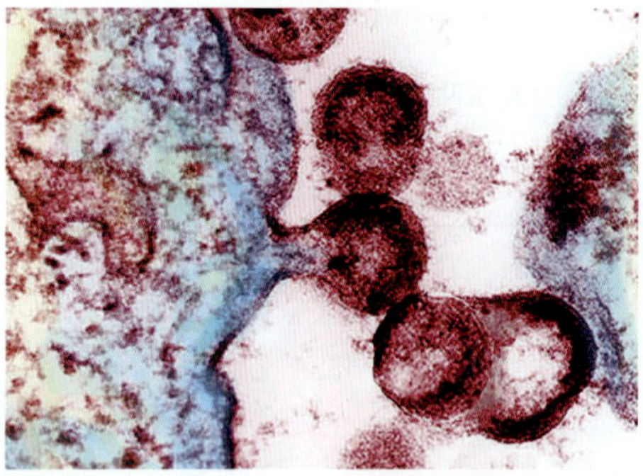

(b)

**그림 6.14** **외피 바이러스의 성숙 및 방출.** (a) 외피 보유 바이러스는 막에서 튀어나오면서 동시에 외피와 스파이크로 감싸진다. (b) 인간면역결핍바이러스(빨간색)는 감염된 세포(파란색)의 표면에서 싹이 나는 것처럼 튀어나온다. (출처: McGraw Hill; National Institute of Allergy and Infectious Diseases, NIH)

자를 가진 대부분의 바이러스에는 이미 단백질로 번역되기 위한 완성된 메시지가 포함돼 있다. 음성 가닥 RNA 분자를 가진 바이러스는 먼저 음성 가닥 RNA를 주형으로 사용해 양성 가닥 RNA를 합성해야 한다. 일부 바이러스는 바이러스 성분 합성에 필요한 효소를 가지고 있고, 그렇지 않은 경우에는 숙주세포의 효소를 사용한다. 마지막 단계에서 숙주의 복제 및 합성 기구는 새로운 RNA, 캡시드용 단백질, 스파이크 및 바이러스 효소를 생성한다.

## 동물 바이러스의 조립: 공장으로 사용되는 숙주세포

주기의 후반기인 조립 과정이 되면, 여러 가지 바이러스 성분이 계속해서 생성되는 동시에 완성된 바이러스 입자가 구성된다. 대부분의 경우 핵산 가닥의 저장소 역할을 하는 빈 껍질인 캡시드가 가장 먼저 자리 잡는다. 이 시기에 촬영한 전자현미경 사진을 보면, 숙주세포에 바이러스 덩어리가 관찰되며, 종종 다발처럼 둘러싸여 있다(그림 6.15a). 바이러스의 스파이크가 숙주세포막에 삽입된 후 바이러스의 외피에 포함돼 숙주로부터 방출된다는 것은 중요한 사건 중 하나다.

## 완성된 바이러스 방출

복제 주기를 완료하기 위해 조립된 바이러스는 두 가지 방법 중 하나로 숙주를 떠난다. 세포핵이나 세포질에서 완성된 외피가 없고 복잡한 바이러스는 세포 용해(lysis) 또는 파열을 통해 방출된다. 외피가 있는 바이러스는 세포막에서 **출아**(budding) 또는 **세포외유출**(exocytosis)[2] 에 의해 방출된다. 이 과정에서 막에 결합하는 뉴클레오캡시드를 세포막이 완전히 감싸고 작은 주머니를 형성한다. 이 작은 주머니가 튀어나오면서 외피를 가진 바이러스가 방출된다(그림 6.14). 완성된 외피 바이러스의 경우는 숙주세포를 갑자기 용해하지는 않고 바이러스는 점차적으로 세포 밖으로 배출된다. 일부 바이러스의 경우 세포 밖으로 배출되는 것보다는 소포체 또는 골지체 등의 세포내 소기관에 들어가면서 외피를 얻는다. 이러한 방식으로 외피를 얻는 SARS-CoV-2 바이러스는 세포 밖으로 나가기 위해 포장되기 전에 리소좀(lysosome)으로부터 튀어나오면서 외피를 갖게 된다. 바이러스가 어떻게 방출되는지에 관계없이 활동적인 바이러스에 의한 대부분의 감염은 세포에 축적된 손상을 남기게 되고, 궁극적으로 세포에 치명적이다. 치명적인 손상에는 숙주세포의 대사와 유전적 발현의 영구적인 중단, 세포막과 세포소기관의 파괴, 바이러스 성분의 독성, 리소좀의 방출 등이 있다.

흡착에서 용해까지의 증식 주기의 시간은 어느 정도 다양하지만, 일반적으로는 몇 시간 단위로 측정된다. 소아마비 바이러스와 같은 단순한 바이러스는 약 8시간 걸린다. 파보바이러스는 16~18시간이 소요된다. 단순포진 바이러스와 같은 더 복잡한 바이러스는 72시간 넘게 필요하다.

독성이 있고 숙주에 감염을 일으킬 수 있는 완전히 형성된 세포 밖에 존재하는 바이러스 입자를 **비리온**(virion)* 이라고 한다. 감염된 세포에서 방출되는 비리온의 수는 바이러스의 크기와 숙주세포의 상태와 같은 요인에 의해 제어되며 가변적이다. 폭스바이러스에 감염된 단일 세포에서는 약 3,000~4,000개의 비리온이 방출되는 반면, 폴리오바이러스에

2 외피 보유 바이러스의 경우 이 용어는 서로 바꿔 사용할 수 있다. 이는 동물 세포에서 유래된 막의 일부에 바이러스를 넣어서 동물 세포에서 바이러스를 방출하는 것을 의미한다.

* 비리온 그리스어 iso(독, 독약)에서 유래.

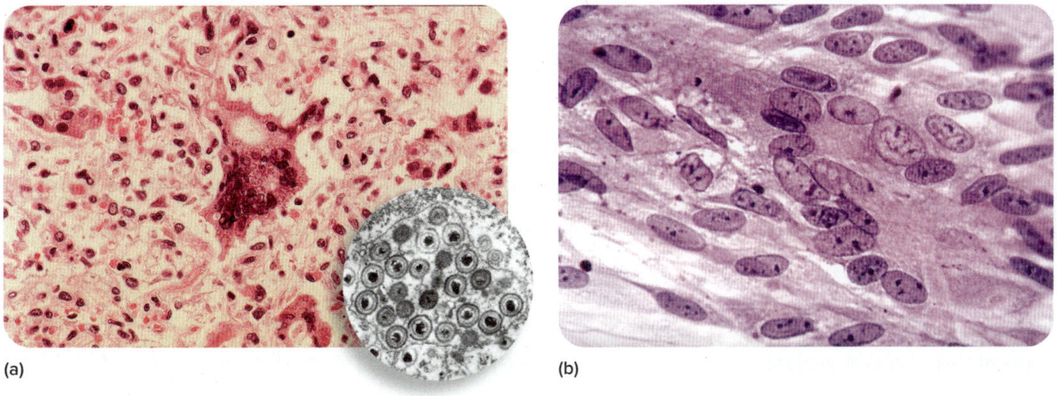

그림 6.15 바이러스에 감염된 세포 및 세포 배양의 세포 병변에 의한 변화. (a) 홍역 바이러스(동그라미 안)에 감염된 다핵 거대세포(중앙). (b) 수두-대상포진 바이러스에 감염된 배양 세포의 핵 내에서 여러 개의 작고 어두운 내포물이 명확하게 보인다(500배). (출처: CDC)

감염된 세포는 10만 개 이상의 비리온을 방출할 수 있다. 이러한 비리온 중 적은 수라도 우연히 다른 감수성 세포와 만나 감염된다면 바이러스는 엄청나게 증식할 가능성이 있다.

## 눈에 보이는 숙주세포의 손상

바이러스 감염에 의해 동물 세포에 일어나는 단기 및 장기적인 영향은 잘 정리돼 있다. **세포 병변 효과**(cytopathic* effects, CPE)는 바이러스로 인해 세포의 현미경적 외형이 변하는 손상으로 정의된다. 감염된 세포는 성장 방향을 잃거나 모양이나 크기가 크게 변하거나 세포 내 변화가 발생할 수 있다(그림 6.15a). 이러한 세포의 핵과 세포질에서는 일반적으로 **봉입체**(inclusion bodies), 바이러스 또는 손상된 세포소기관의 압축된 덩어리가 관찰된다(그림 6.15b). 세포 및 조직에 대한 세포 병변 효과 검사는 바이러스 감염 진단을 위한 전통적인 도구로 사용돼 왔으며, 일반적으로 보다 구체적인 혈청학적 및 분자적 방법으로 보완해 진단한다(17장 참조). 표 6.3에는 특정 바이러스와 관련된 몇 가지 대표적인 세포 병변 효과가 요약돼 있다. 매우 일반적인 CPE 중 하나는 여러 숙주세포가 합쳐져서 여러 핵을 포함하는 단일 대형 세포의 형태인 **융합체**(syncytium)로 융합하는 것이다. 이러한 융합체는 여러 숙주세포의 막을 함께 융합하는 일부 바이러스의 활성이 만들어 낸 결과다. 어떤 바이러스는 이 효과 때문에 이름이 결정되기도 했는데, 호흡기 세포융합 바이러스(respiratory syncytial virus, RSV)가 그렇다.

## 지속적인 바이러스 감염 및 바이러스 삽입

일반적으로 바이러스 감염은 숙주세포를 죽이지만, 일부 세포는 어떤 형태로든 바이러스를 숨김으로써 세포가 파괴되는 것을 피하기도 한다. 이러한 경우를 **지속적인 감염**(persistent infections)이라고 하며, 숙주가 생존하는 동안에도 몇 주에서 몇 년 동안 지속될 수 있다. 예를 들어, B형 간염 바이러스는 간경화와 간암을 유발할 수 있는 만성 진행성 간의 감염을 일으킨다. 많은 바이러스가 **잠복 상태**(latent state)로 남아 있다. 즉 오랜 기간 비활성 상태이거나 비생산적인 상태로 남아 있다. 이에 대한 예로는 단순포진 바이러스(입술 포진 및 생식기 포진)와 대상포진 바이러스(수두 및 대상포진)가 있다. 두 바이러스 모두 신경 세포에서 잠복기에 들어갔다가 이후 다양한 자극의 영향을 받아 재발해 감염 증상을 유발한다. 일부 동물 바이러스는 그들의 DNA를 숙주세포의 DNA에 통합해 때로는 암을 유발한다. 이러한 바이러스를 **발암성**(oncogenic)이라고 하며, 세포에 미치는 영향을 **형질전환**(transformation)이라고 한다. 형질전환된 세포는 일반적으로 성장 속도가 증가하고, 염색체 변화, 세포 표면 분자 변화, 무한 분열할 수 있는 능력을 가진다. 이에 대한 예로는 자궁경부암과 관련된 유두종바이러스(papillomavirus) 같은 DNA 바이러스, 백혈구의 한 유형에 영향을 미치는 암인 버킷림프종의 보조인자인 엡스타인-바 바이러스(Epstein-Barr virus) 같은 단순포진 바이러스가 있다.

바이러스의 DNA 통합이 암을 일으키는 것만은 아니다. 수백만 년 동안 인간 또는 인류의 조상은 바이러스 감염을 견뎌 왔으며, 우리의 DNA에는 고대 바이러스 감염의 증거가 숨겨져 있다. 인간의 모든 DNA의 총합인 인간 게놈에 있는 DNA 중 8%가 자연적으로 바이러스에서 온 것이다. 인간 DNA 중 단백질을 암호화하는 DNA가 2% 미만이라는 점을 고

**표 6.3** 일부 바이러스에 감염된 동물 세포의 세포 병변 변화

| 바이러스 | 동물 세포의 반응 |
|---|---|
| 천연두 바이러스 | 세포가 동그랗게 됨. 세포질에 봉입체가 관찰됨 |
| 단순포진 바이러스 | 세포는 융합돼 다핵 융합체를 형성함. 핵 봉입체가 관찰됨(그림 6.15 참조) |
| 아데노바이러스 | 세포 응집. 핵 봉입체가 관찰됨 |
| 소아마비 바이러스 | 세포 용해. 봉입체 없음 |
| 레오 바이러스 | 세포가 커짐. 세포질 내에 액포와 봉입체가 관찰됨 |
| 인플루엔자 바이러스 | 세포가 동그랗게 됨. 봉입체 없음 |
| 광견병 바이러스 | 세포 모양에 변화 없음. 세포질에 봉입체(네그리 소체)가 관찰됨 |
| 홍역 바이러스 | 융합체 형성(다핵 거대세포, 그림 6.15 참조) |

* 세포 병변 그리스어 cyto(세포)와 pathos(고통, 질병)에서 유래.

려하면 8%는 놀라운 양이다. 이 DNA의 대부분은 RNA를 DNA로 전환하고 DNA를 우리의 46개 염색체 중 하나에 삽입한 다음 휴면 상태가 되는 내인성 레트로바이러스의 형태로 존재한다. 만약 이것이 난자나 정자 세포를 생성하는 세포에서 발생한다면, 바이러스는 수백 세대 동안 사실상 변화 없이 전염될 수 있는 셈이다.

고대 바이러스가 현재 인류와 상호작용하는 정도에 대해서는 바이러스학자들의 의견이 일치하지 않는다. 그러나 인간의 생물학적 특정 부분이 고대 바이러스 감염에 영향을 받았다는 증거는 설득력이 있다. 내인성 레트로바이러스의 한 유형은 인간 태반 형성에 밀접하게 관여하는 것으로 나타났으며, 이로 인해 미생물학자들은 일부 바이러스가 진화와 발달에 필수요소라는 결론을 내리게 됐다. 다른 레트로바이러스는 전립샘암이나 만성피로 증후군과 같은 질병과 관련될 수 있으며, 특정 바이러스는 인간의 비만과 관련이 있다는 강력한 증거도 있다. 동물을 대상으로 한 여러 연구에 따르면 Ad-36이라는 인간 아데노바이러스에 감염된 닭과 생쥐는 감염되지 않은 동물보다 지방 축적량이 더 많고 체중이 더 나간다는 사실이 밝혀졌다.

**핵심 점검 6.4**

14. 외피가 있는 동물 바이러스의 증식 단계를 설명하시오.
15. 동물 바이러스가 숙주세포에 침투하는 몇 가지 방법을 설명하시오. 탈피(uncoating)란 어떤 것을 의미하는가?
16. 동물 바이러스가 숙주세포를 떠나는 두 가지 주요 방법을 요약하시오.
17. 비리온(virion)이라는 용어는 어떤 의미인가?
18. 바이러스의 여러 가지 세포 병변 효과를 설명하시오. 이렇게 숙주세포의 모습이 변하는 원인은 무엇인가? 그리고 이것은 바이러스 감염을 진단하는 데 어떻게 사용될 수 있는가?
19. 바이러스가 지속되거나 잠복해 있다는 것이 무엇을 의미하는지, 그리고 얼마나 중요한지 설명하시오.
20. 발암성 바이러스의 영향을 간략하게 설명하시오.

## 6.5 박테리오파지의 증식 주기

**학습목표**

17. 박테리오파지의 증식 주기의 각 단계를 설명한다.
18. 용원성, 프로파지, 용원성 유도, 용원성 전환의 의미를 설명한다.
19. 동물 바이러스와 박테리오파지의 주요 증식 단계를 비교한다.

이제 세균, 즉 박테리아의 바이러스, 박테리오파지의 증식을 살펴보면서 비교해 보자. 프레더릭 퉈트(Frederick Twort)와 펠릭스 데렐(Felix d'Herelle)이 1915년에 이 바이러스를 발견했을 때, 처음에는 보이지 않는 기생충이 세균 숙주세포를 먹고 있다고 생각했다. 그래서 박테리오파지라고 불렀다.

지금까지 알려진 바에 따르면, 모든 세균은 다양한 특정 바이러스에 의해 기생된다. **파지**(phage)로도 불리는 대부분의 박테리오파지는 이중가닥 DNA를 가지지만, 단일가닥 DNA 및 RNA 유형도 존재한다. 박테리오파지가 세균을 감염시켜 인간에게 더욱 독성이 강하게 만들 수도 있기 때문에 의학 미생물학자들은 파지에 큰 관심을 가지고 있다.

아마도 가장 널리 연구된 박테리오파지는 장내 세균인 대장균(*Escherichia coli*)의 박테리오파지, 특히 T-짝수 파지와 람다 파지일 것이다. 이들은 DNA를 포함하는 정이십면체 캡시드 머리, 껍질로 둘러싸인 중앙 튜브, 깃, 기저판, 꼬리 핀과 섬유로 구성된 복잡한 구조를 가진다(그림 6.9b 참조).

박테리오파지는 앞에서 설명한 동물 바이러스와 유사한 단계를 거친다(과정그림 6.16). 첫째, 세균 표면의 특정 수용체를 사용해 숙주 세균에 흡착한다. 파지 전체가 숙주세포 안으로 들어갈 수는 없지만, 파지는 세균의 세포막과 세포벽을 관통해 단단한 관을 삽입하고 이 관을 통해 자신의 핵산을 주입시킨다(그림 6.17). 빈 캡시드는 세포 표면에 부착된 채로 남아 있게 된다. 핵산이 유입되면 숙주세포의 DNA 복제와 단백질 합성이 중단되고, 이어서 바이러스 복제와 바이러스 단백질 합성을 위한 세포 기구가 준비된다. 숙주세포가 새로운 파지 성분을 생산함에 따라 그 성분들은 자연스럽게 박테리오파지로 조립된다.

평균 크기의 대장균 세포 하나는 이 복제 기간이 끝날 때쯤 최대 200개의 새로운 파지 단위를 가지고 있을 수 있다. 결국 숙주세포는 바이러스로 가득 차서 **용균**(lysis)되고 갈라져 완성된 비리온을 방출한다(그림 6.18). 이 과정은 감염 주기 후반에 생성돼 세포 외피를 약화시키는 바이러스 효소에 의해 가속화된다. 방출된 독성 파지는 또 다른 감수성 세균 세포로 퍼져서 새로운 감염 주기를 시작할 수 있다.

### 용원성: 조용한 바이러스 감염

독성 파지의 숙주세포에 대한 이러한 치명적인 효과는 바이러스-숙주의 상호작용이 극단적임을 보여 준다. 그러나 모든 박테리오파지가 즉시 용균 회로로 들어가는 것은 아니다. **온건성*** **파지**(temperate phages)라고 불리는 일부 특이한 DNA 바이러스는 세균 숙주에 흡착 및 침투되지만, 세균 숙주의 조건에 따라 복제되거나 즉시 방출되지 않는 경우가 있다. 그 대신 일반적으로 바이러스 DNA는 비활성 **프로파지**(prophage)* 상태로 들어가서 세균 염색체에 삽입된다. 이 바이러스 DNA는 세균 세포에 의해 유지되며 정상적인 세포분열 중에 복사되므

* 온건성 강도의 감소.
* 프로파지 라틴어 pro(~전에, ~앞에)와 phage의 합성어.

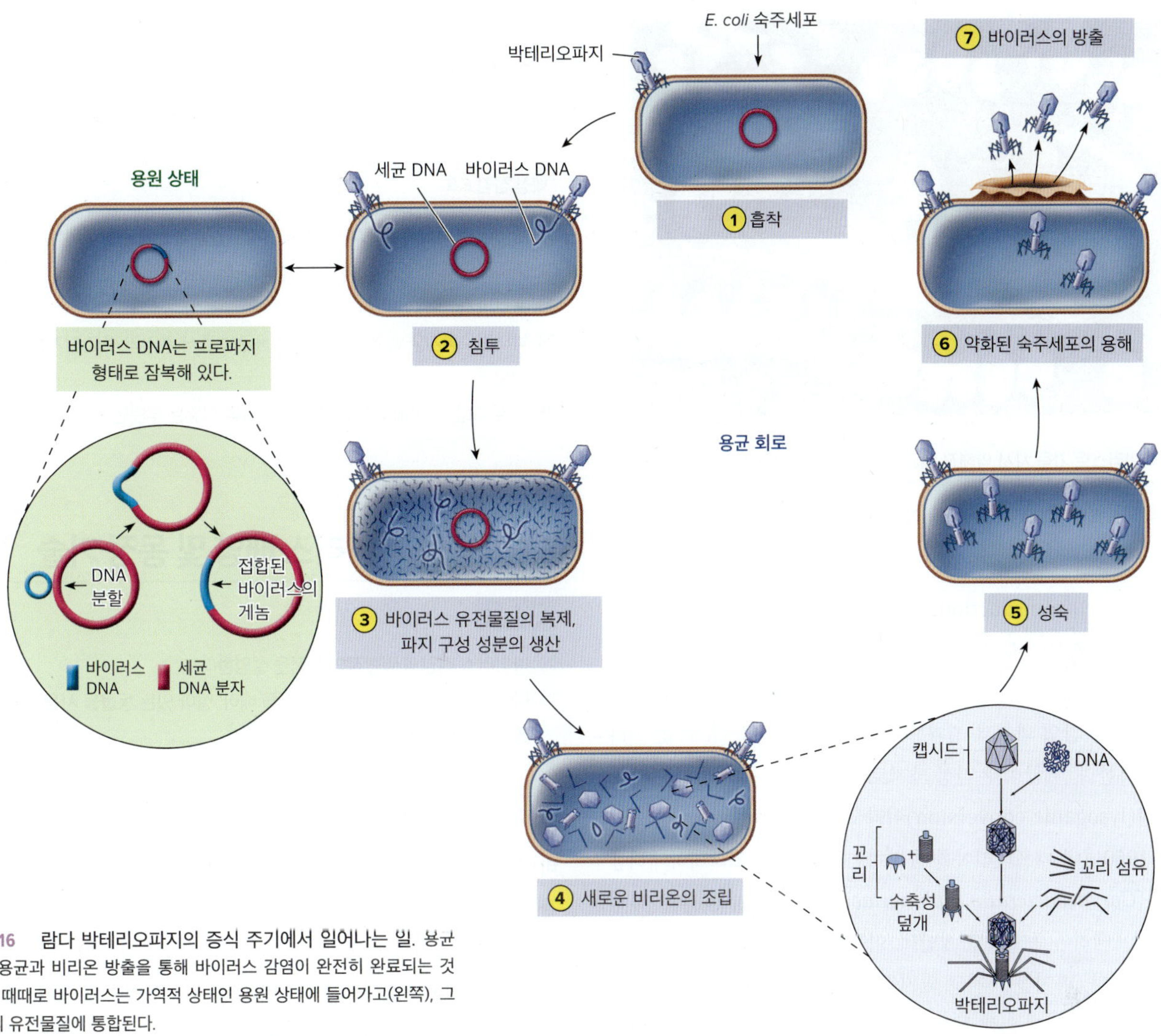


**과정그림 6.16 람다 박테리오파지의 증식 주기에서 일어나는 일.** 용균 회로(1~7)는 용균과 비리온 방출을 통해 바이러스 감염이 완전히 완료되는 것을 포함한다. 때때로 바이러스는 가역적 상태인 용원 상태에 들어가고(왼쪽), 그 DNA는 숙주의 유전물질에 통합된다.

로 세균 세포의 자손도 파지 DNA를 갖게 된다. 숙주 염색체가 박테리오파지 DNA를 가지고 있는 이러한 상태를 **용원성**(lysogeny)* 이라고 한다. 바이러스 입자가 생성되지 않기 때문에 온건성 파지를 운반하는 세균 세포는 용균되지 않으며 완전히 정상 세포로 보인다. 이후에 **유도**(induction)라는 과정이 시작되면, 용원성 세포에 있던 프로파지가 활성화되고, 바이러스 복제 및 용균 회로로 진행된다. 용원성 단계는 과정그림 6.16의 연두색 부분에 묘사돼 있다. 용원성은 용균 회로보다는 덜 치명적인 감염 형태이며, 숙주를 죽이지 않고 확산될 수 있으므로 바이러스의 입장에서는 하나의 진보된 방법으로 생각된다.

바이러스와 숙주의 유전물질의 밀접한 연관성으로 인해 파지는 때때로 하나의 세균에서 다른 세균으로 세균의 유전자를 전달하는 역할을 한다. 결과적으로 그들은 세균 유전학에서 중요한 역할을 할 수 있다. 이러

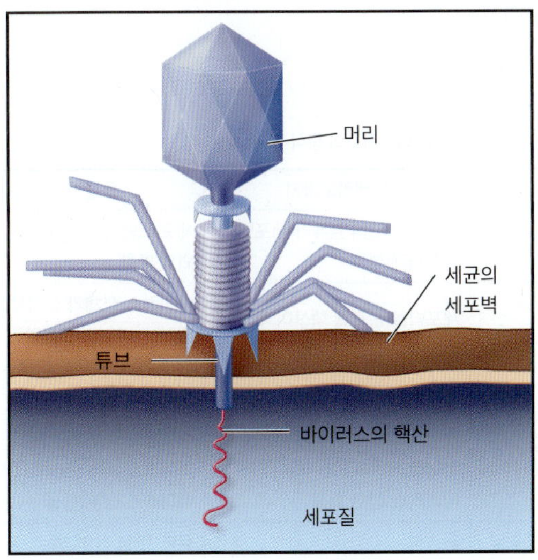


**그림 6.17 세균 세포로 침투하는 박테리오파지.** 흡착 후 파지 플레이트는 세포벽에 박혀 있고, 외피는 수축해 튜브를 세포벽과 막을 통과하도록 밀어 주고, 핵산을 세포 내부로 방출한다.

* **용원성** 파지를 생산할 수 있는 잠재적 능력.

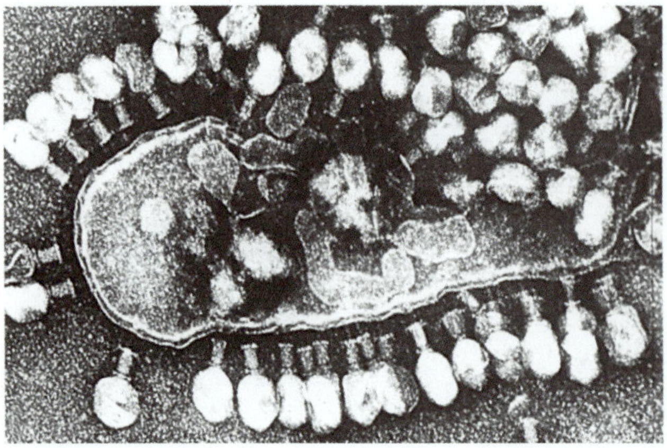

그림 6.18 **바이러스로 가득 차서 약해진 세균 세포.** 세포는 파열돼 수많은 비리온을 방출했고, 주변에 있는 새로운 숙주세포를 공격할 수 있다. 파열된 세포벽 주변에 늘어서 있는 이미 '사용된' 파지의 머리 속이 비어 있다. (출처: Lee D. Simon/Science Source)

한 현상을 형질도입(transduction)이라고 하는데, 독소 생성 및 약물 저항성 유전자가 세균 사이에 전달되는 방법 중 하나다(9장과 12장 참조).

파지는 병원성 세균의 감염성과 독성에 상당한 영향을 미친다. 바이러스 게놈은 종종 감염 과정과 결과를 바꿀 수 있는 독소, 효소 및 기타 요인을 암호화한다. 세균이 온건성 파지로부터 유전자를 획득하는 것을 **용원성 전환**(lysogenic conversion)이라고 한다(과정그림 6.16 참조). 이 현상은 1950년대 디프테리아를 유발하는 병원체인 코리네박테리움 디프테리아(*Corynebacterium diphtheriae*)에서 처음 발견됐다. 이 질병은 독한 디프테리아 독소가 문제인데, 이는 박테리오파지가 독소 생산에 관여한 것이다. 파지를 가지고 있지 않은 *C. diphtheriae* 세포는 병원성이 적다. 프로파지에 의해 독성이 높아지는 다른 세균으로는 콜레라의 원인인 *Vibrio cholerae*와 보툴리누스 중독의 원인인 *Clostridium botulinum*이 있다.

**표 6.4** 박테리오파지와 동물 바이러스의 증식 비교

| 구분 | 박테리오파지 | 동물 바이러스 |
|---|---|---|
| 흡착 | 특이적인 꼬리 섬유가 세포벽에 정확하게 부착 | 세포 표면 수용체에 캡시드 또는 외피 부착 |
| 침투 | 세포벽을 통과해 핵산이 주입<br>핵산 탈피 과정은 없음 | 바이러스 전체가 삼켜지고 탈피되거나, 바이러스 표면이 세포막과 융합된 후 핵산 방출 |
| 합성과 조립 | 세포질에서 일어남(핵 없음)<br>숙주세포 합성 중단<br>바이러스 DNA 또는 RNA 복제<br>바이러스 성분 합성 | 세포질과 핵에서 일어남<br>숙주세포의 합성 중단<br>바이러스 DNA 또는 RNA 복제<br>바이러스 성분 합성 |
| 바이러스 지속성 | 용원성 | 잠복, 만성 감염, 암 |
| 숙주세포에서 방출 | 바이러스 효소에 의해 약해진 후 세포 용균 | 일부 세포는 용해. 외피 보유 바이러스는 숙주세포막에서 발아 형식으로 튀어나옴 |
| 세포 파괴 | 갑자기 용균 | 갑자기 용해되거나 느리게 발아 |

박테리오파지와 동물 바이러스의 주기는 바이러스 증식의 다양한 패턴을 보여 주며, 이는 표 6.4에 요약돼 있다.

**핵심 점검 6.5**

21. 바이러스 핵산이 세포에 들어가면 어떤 일을 하는지 간단하게 설명하시오.
22. 박테리오파지 조립에는 어떤 과정이 포함되는가?
23. 프로파지, 온건성 파지, 용원성이란 무엇인가?
24. 박테리오파지와 동물 바이러스의 용균성 증식 주기의 주요 단계를 비교 및 대조하시오.
25. 이 두 그룹 사이에 침투율이 상당히 다른 이유는 무엇인가?

## 6.6 동물 바이러스 배양 및 동정 기술

**학습목표**

20. 바이러스 배양의 일반적인 목적을 설명한다.
21. 바이러스 배양에서 세포 배양, 조류 배아, 살아 있는 동물을 사용하는 방법과 용도를 비교한다.

바이러스를 배양하려면 살아 있는 숙주가 필요하기 때문에 초기 연구자들은 연구 대상인 바이러스를 필요한 양만큼 준비하는 데 어려움을 겪었다. 사실상 초기의 모든 배양 시도는 바이러스의 일반적인 숙주인 생명체에서 수행돼야 했다. 하지만 이 방법에는 한계가 있었다. 바이러스 배양 방법이 원래의 숙주만 이용해야 한다면 연구자들이 바이러스 증식 단계를 추적하기는 매우 어렵다. 인간 바이러스의 경우는 더욱 그렇다. 다행스럽게도 더 광범위하게 적용할 수 있는 배양 시스템이 개발됐다. 이는 **시험관 내**(in vitro)* 세포(또는 조직) 배양 방법과 실험실에서 사육된 동물 및 조류 배아 조직의 **생체 내**(in vivo)* 접종 방법을 포함한다. 이러한 대체 숙주 시스템을 사용하면 바이러스를 더 잘 통제하고, 균일하게 배양하며, 대량으로 확보할 수 있다.

바이러스 배양의 주요 목적은 (1) 임상 검체로부터 바이러스 분리 및 동정, (2) 백신 생산을 위한 바이러스 준비, (3) 바이러스 구조, 증식 주기, 유전학, 숙주세포에 미치는 영향에 대한 면밀한 연구를 수행하기 위함이다.

* 시험관 내 라틴어 vitros(유리)에서 유래. 시험관이나 기타 인위적인 환경에서 수행되는 실험을 의미.

* 생체 내 라틴어 vivos(살아 있는, 생명체)에서 유래. 생체 내에서 수행되는 실험을 의미.

## 세포(조직) 배양 기술 사용법

분리된 동물 세포를 배양해 증식시키는 간단하고 효과적인 방법이 개발됨에 따라 실험실에서 바이러스를 더 쉽게 배양할 수 있게 됐다. 이는 바이러스 배양에 중요한 발견이었다. 이러한 유형의 시험관(in vitro) 배양 시스템을 **세포 배양**(cell culture) 또는 조직 배양이라고 한다. 이 방법을 사용하면 대부분의 바이러스를 증식시킬 수 있다. 바이러스학자의 업무 중 대부분은 이러한 세포 배양체를 개발하고 유지시키는 것이다. 동물 세포 배양은 동물 세포가 생존하는 데 반드시 필요한 영양분을 함유한 특수 배지를 이용해 멸균된 공간에서 배양된다. 배양된 세포는 단일 세포 시트인 단층(monolayer) 형태로 성장하는데, 이는 바이러스의 증식을 지지해 줄 뿐만 아니라, 감염 징후가 있는지 배양된 세포를 자세히 관찰할 수 있게 하는 형태다(그림 6.19).

동물 세포 배양은 일반적으로 1차 또는 연속 형태로 존재한다. 1차 세포 배양(primary cell cultures)은 새로 분리된 동물 조직을 성장 배지에 넣어 준비된다. 배아, 태아, 성인, 심지어 암 조직도 1차 배양의 원천이 됐다. 1차 배양은 그것이 유래된 원래 조직의 여러 특성을 여전히 가지고 있지만, 이 원계통의 세포는 일반적으로 오래가지 못하는 제한점이 있다. 이 원계통의 세포는 결국 죽거나 아니면 새로운 영양 배지에서 지속적인 계대 배양을 통해 자랄 수 있는 세포주로 돌연변이를 일으키게 된다. 세포 배양의 매우 분명한 한 가지 장점은 특정 세포주는 매우 좁은 숙주 범위의 바이러스 배양에 사용할 수 있다는 것이다. 엄밀히 말하면 인간 바이러스는 배아 신장 세포, 섬유아세포, 골수 또는 심장 세포와 같은 몇몇 1차 또는 연속적인 인간 세포주 중 하나에서 증식될 수 있다.

배양체에 바이러스가 성장했는지를 검출하는 한 가지 방법은 세포 배양체의 단층에 감염된 세포의 변성과 용해를 관찰하는 것이다(그림 6.19a). 바이러스에 감염돼 세포가 파괴된 부위는 세포 시트에 투명하고 뚜렷한 반점 형태로 나타나는데, 이를 **플라크**(plaques)* 라고 한다(그림 6.19c). 플라크는 본질적으로 6.4절에서 논의된 세포 병변 효과(CPEs)의 거시적 표현이다. 박테리오파지는 숙주세포를 한천 배지에서 배양할 때 플라크를 생성하기 때문에 플라크 관찰법은 박테리오파지를 검출하고 계산할 때 이용된다. 감염된 숙주세포에서 방출된 바이러스가 인접한 숙주세포로 퍼져 나갈 때 플라크가 발생한다. 새로운 세포가 감염되면 세포는 죽으면서 더 많은 바이러스를 방출한다. 이러한 순환이 계속된다. 이 과정이 계속되면 원래의 감염 지점에서 점진적이고 대칭적으로 감염이 확산된다. 이에 따라 용해된 세포 영역은 육안으로도 보이는 둥글고 투명한 공간을 만든다.

## 조류 배아 사용법

배아(embryo)는 동물의 초기 발달 단계로 급격한 세포 분화가 이루어지는 것으로 특징지어진다. 조류는 닫혀 있는 보호 케이스라고 할 수 있는 알(egg) 내에서 배아 기간을 거치는데, 배양 중인 조류 알은 바이러스 증식을 위한 거의 완벽한 시스템이다. 이는 자체 무균 환경과 영양분을 갖춘 온전하고도 스스로 자라날 수 있는 하나의 단위다. 또한 바이러스 증식을 쉽게 지원하는 여러 배아 조직을 제공한다. 매년 수억 개의 닭 배아가 독감 백신을 생산하기 위해 접종된다.

* 플라크 프랑스어 placke(조각 또는 반점)에서 유래.

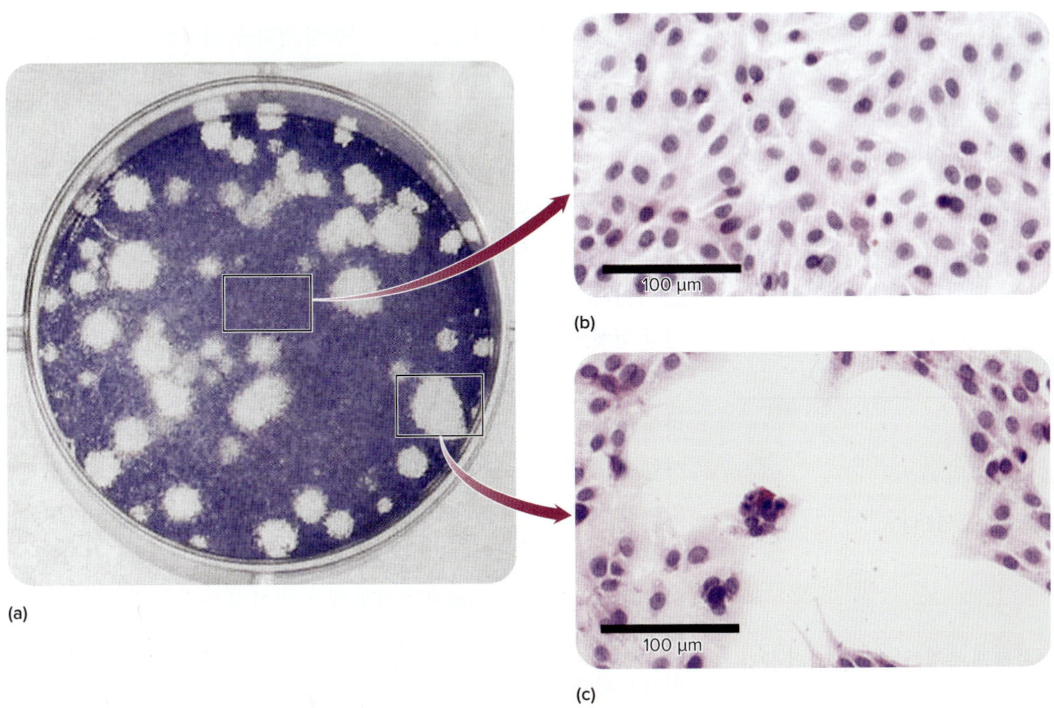


**그림 6.19 현미경으로 관찰한 정상 세포 배양과 감염된 세포 배양.** (a) 단순포진 바이러스에 감염된 세포 배양 평판. 깨끗하고 둥근 공간은 숙주세포가 바이러스에 의해 파괴된 감염 영역(플라크)이다. (b) 감염되지 않고 정상적으로 배양된 세포의 확대 이미지. (c) 바이러스 감염으로 인해 세포가 파괴돼 열린 공간으로 이루어진 플라크의 확대 이미지. (출처: Marylou Gibson, PhD, VIRAPUR; CDC)

닭, 오리, 칠면조 알은 바이러스 접종을 위해 가장 일반적으로 선택된다. 바이러스는 알 껍질을 통해 주입되기 때문에 세균과 곰팡이에 의한 오염이 공기와 껍질의 외부 표면으로부터 일어나지 않도록 엄격한 멸균 기술이 요구된다. 배양되는 바이러스 유형과 실험 목표에 따라 접종되는 조직이 결정된다(그림 6.20).

배아에서 증식하는 바이러스는 육안으로 볼 수도 못 볼 수도 있다. 바이러스 성장의 징후로는 배아 사망, 배아 발달 결함, 세포막의 국부적인 손상 부위 등이 있으며, 이로 인해 pocks(pox의 변형)라고 불리는 불투명한 반점이 분리돼 관찰된다. 배아의 체액과 조직에 배양되고 있는 바이러스는 전자현미경으로 직접 검사할 수도 있다. 적혈구를 응집시키는 능력이 있는 특정 바이러스는 응집된 큰 덩어리를 관찰함으로써 검출할 수 있고, 바이러스와 부착되는 특이성이 알려진 항체와의 반응을 통해 검출할 수도 있다.

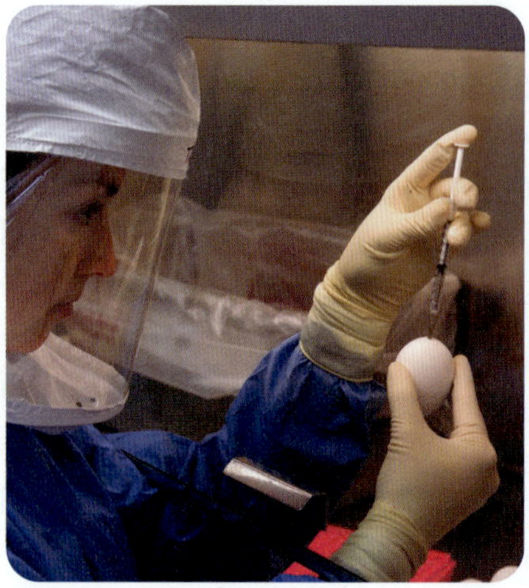
(a)

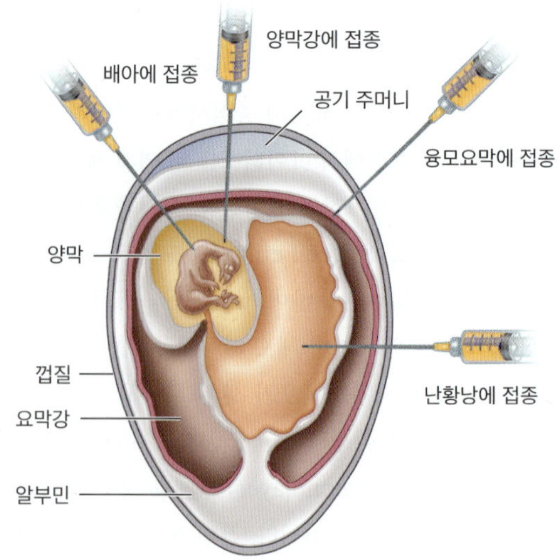

(b)

**그림 6.20** 발달 중인 조류 배아에서 동물 바이러스 배양. (a) 기술자가 수정된 달걀에 인플루엔자 바이러스를 접종한다. (b) 멸균 기술을 사용해 껍질에 구멍을 뚫고, 바이러스가 자라도록 선택한 부위에 준비한 바이러스를 주입한다. 선택한 부위는 다음과 같다. 배아 폐기물 제거를 위한 주머니인 요막강, 배아를 완충해 보호하는 양막강, 배아의 가스 교환을 위한 융모요막, 배아의 영양을 위한 난황낭, 배아 그 자체. (출처: Greg Knobloch/CDC)

### 살아 있는 동물 접종 사용법

바이러스를 동물에서 배양하기 위해서는 흰 생쥐, 쥐, 햄스터, 기니피그, 토끼를 특별하게 사육해 계통화한 실험동물이 일반적으로 사용된다. 경우에 따라서는 무척추동물이나 인간이 아닌 영장류가 사용되기도 한다. 바이러스는 숙주 특이성을 나타낼 수 있기 때문에 특정 동물은 다른 동물보다 특정 바이러스를 더 쉽게 증식시킬 수 있다. 특정 실험에 따라 성체, 성장기 동물 또는 신생아 동물을 대상으로 실험을 수행할 수 있다. 실험에서 바이러스를 동물에 감염시키는 통로는 바이러스 준비물 또는 시료를 동물의 뇌, 혈액, 근육, 체강, 피부 또는 발바닥에 주사하는 방법이 주로 사용된다.

## 6.7 바이러스 감염, 검출 및 치료

**학습목표**

22. 바이러스의 의학적 영향과 중요성에 대해 논의한다.
23. 동물 바이러스 감염이 어떻게 치료되고 검출되는지 설명한다.

전 세계적으로 바이러스 감염 건수를 정확하게 측정하는 것은 거의 불가능하다. 확실히 바이러스는 입원을 할 정도는 아니지만 급성 감염을 일으키는 가장 흔한 병원체다. 그 예로는 감기(colds), 홍역(measles), 수두(chickenpox), 인플루엔자(influenza), 헤르페스(herpes), 사마귀(warts) 같은 광범위한 질병이 있다. 세계의 특정 지역에서만 발견되는 두드러진 바이러스 감염인 뎅기열(dengue fever), 계곡열(Rift Valley fever), 황열병(yellow fever)까지 고려한다면, 총 감염 건수는 매년 수십억 건을 쉽게 넘을 수 있다. 대부분의 바이러스 감염은 사망을 초래하지 않지만 광견병, HIV, 에볼라(Ebola)와 같은 일부 감염은 사망률이 매우 높으며 다른 바이러스 감염(소아마비, 간염)은 장기적인 신체의 쇠약을 초래할 수 있다. 제1형 당뇨병, 다발성 경화증, 다양한 암 등 원인을 알 수 없는 만성질환과 바이러스의 연관성에 초점을 맞추어 지속적인 연구가 진행 중이다.

일부 바이러스성 질병은 생명을 위협할 수 있으므로 가능한 한 빨리 정확한 진단을 받는 것이 중요하다. 질병의 완전한 임상 증상(특정 징후)을 얻는 것이 종종 진단의 첫 번째 단계다. 그다음에는 세포나 조직에 있는 바이러스나 세포 병변 변화의 징후를 탐지하는 신속한 테스트를 통해 임상 검체에서 바이러스를 식별해야 한다(그림 6.15 참조). 이를 위해 면역형광 기술이나 전자현미경을 이용한 직접 검사가 종종 사용된다. 또한 바이러스 자체에 지표 분자(항원)가 존재하는지를 임상시료에 대해 검사할 수도 있다. 시료에서 미량의 바이러스 핵산을 검출하고 증폭할 수 있는 방법인 중합효소연쇄반응(polymerase chain reaction, PCR)이 다양한 바이러스를 검출하기 위한 표준화된 절차로 사용된다. 특정 감염의 경우 최종 진단을 위해서는 세포 배양, 배아 또는 동물을 사용해 바이러스를 배양해야 하지만, 이 방법은 결과를 얻는 데까지 시간이 많이 걸리고 느리다는 단점이 있다. 선별검사를 통해 환자의 혈액에서 바이러스

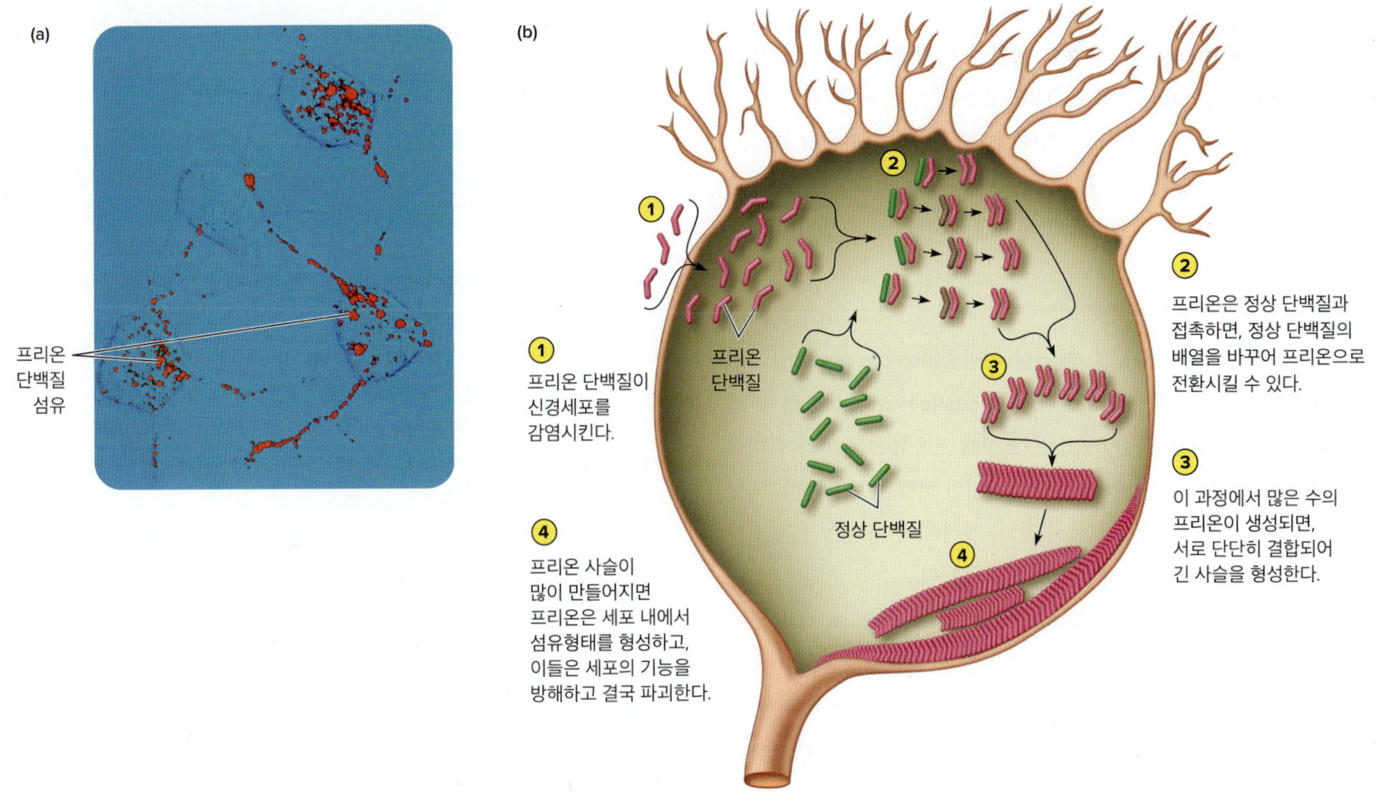


**과정그림 6.21 프리온이 원인이 되는 질병의 출현 및 메커니즘.** (a) 프리온 단백질에 감염된 신경세포를 확대한 모습. 빨간색 부분은 세포질 내에 침착된 프리온 섬유를 나타낸다. (b) 정상 프리온($PrP^{C}$)이 질병 프리온($PrP^{Sc}$)으로 전환되고 프리온 섬유가 형성되는 단계를 개략적으로 설명하는 신경세포 그림. (출처: National Institute of Allergy and Infectious Diseases)

감염 징후를 나타내는 특성 항체를 검출할 수 있다. 이는 HIV 검출을 위한 1차 테스트다(그림 17.15 참조). 바이러스 진단에 대한 자세한 내용은 17장에 나와 있다.

효과적인 치료에 있어 바이러스의 특성은 때때로 주요 장애물이 돼왔다. 세균 감염 치료에 효과가 있는 물질인 항생제는 효과가 없다. 이는 바이러스는 세균이 아니기 때문이다. 더 많은 항바이러스제가 개발되고 있지만 대부분은 숙주세포의 기능을 표적으로 삼아 바이러스 복제를 차단한다. 이는 심각한 부작용을 일으킬 수 있다. 항바이러스 약물은 이 장 앞부분에 기술돼 있는 바이러스 복제 주기의 단계 중 하나를 표적으로 삼도록 설계됐다. 예를 들어, HIV를 치료하는 데 사용되는 약물에는 HIV와 숙주세포의 융합을 차단하는 엔푸비르티드(enfuvirtide), 바이러스 DNA 합성을 차단하는 에피비르(epivir), 바이러스의 최종 조립 및 방출을 방해하는 단백질 분해효소 억제제 같은 것이 있다. 바이러스 감염을 치료하고 예방할 수 있는 잠재력을 보여 주는 또 다른 화합물은 인터페론(interferon)인데, 이는 인간 세포에서 자연적으로 만들어지는 물질이다(12장과 14장 참조). 면역력을 자극하는 백신은 매우 귀중한 도구지만 몇몇 제한된 바이러스성 질병에만 사용할 수 있다(15장 참조).

**핵심 점검 6.6~6.7**

26. 바이러스를 배양하는 세 가지 주요 기술을 설명하시오.
27. 세포 배양을 이용하는 경우의 장점과 단점은 무엇인가?
28. 세포주(cell lines)와 단층(monolayers)은 무엇이며 플라크는 어떻게 형성되는가?
29. 약물로 바이러스 감염을 치료할 때 가장 큰 문제점은 무엇인가?

## 6.8 프리온 및 기타 비바이러스 감염성 입자

**학습목표**

24. 비바이러스 감염성 입자의 특성을 설명한다.
25. 프리온과 바이로이드의 중요성과 이들이 유발하는 질병에 대해 논의한다.

**프리온**(prions)은 바이러스로 분류할 수 없고 실제로 그 자체로 하나의 범주에 속하는 비세포 감염성 병원체 그룹이다. 프리온이라는 용어는 단백질성 감염성 입자(**pro**teinaceous **in**fectious particle)라는 단어에서 파생됐는데, 이름 그대로 기본 구조는 껍질이 없는 단백질 분자로 돼 있다. 프리온은 어떤 종류의 핵산(DNA 또는 RNA)도 가지고 있지 않지만 병원성을 보이는 유일한 생물학적 활성물질이며, 1980년대 초에 처음으로 알려졌다.

프리온과 관련된 질병은 **전염성 해면상 뇌병증**(transmissible spongiform encephalopathies, TSE)으로 알려져 있다. 이 질병은 직접적인 접촉, 오염된 음식 또는 기타 수단을 통해 숙주에서 숙주로 전파된다는 것을 인지해야 한다. 또한 프리온은 신경 및 신경교 세포를 손실시켜 스펀지와 같은 형상을 발생하게 하는 등 신경 조직에 영향을 나타낸다. 이 질병에서 관찰되는 또 다른 병리학적 효과는 뇌 조직에 미세한 단백질 원섬유가 축적되는 것이다(과정그림 6.21a와 6.21b). 양의 스크래피(scrapie: 양), 소 해면상 뇌병증[bovine spongiform encephalopathy, 광우병(mad cow disease): 소], 소모성 질병(wasting disease: 엘크, 사슴, 밍크)을 포함해 포유류에는 여러 형태의 프리온 질병이 알려져 있다. 이러한 질병은 뇌의 퇴행을 보이는 첫 증상이 나타날 때까지는 긴 잠복기(보통 수년)를 가진다. 발병된 동물은 조정력을 잃고 움직이기 어려워지며 결국 쓰러져 죽는다.

인간은 크로이츠펠트-야콥병(Creutzfeldt-Jakob disease, CJD), 쿠루(kuru), 치명적인 가족성 불면증을 포함한 유사한 만성질환의 숙주다. 이러한 모든 질환에서 뇌는 점차적으로 악화되고 환자는 감각 및 인지 능력과 함께 조정력을 잃는다. 치료법은 없으며 지금까지 대부분의 경우 치명적이었다. 1990년대에는 변종 CJD 또는 **vCJD**로 알려진 다른 형태의 CJD가 발견됐다. 두 가지 형태의 질병 간 주요 차이점 중 하나는 CJD 환자의 평균 사망 연령이 68세인 반면, vCJD 환자의 경우 28세라는 것이다. 이 질병은 소 해면상 뇌병증에 감염된 소의 고기를 먹은 사람에서 발견됐다. 소는 감염된 양의 신경 조직을 먹음으로써 감염된 것으로 분석됐다. 내장이라고 알려진 양 조직을 갈아서 단백질 공급원으로 소 사료에 첨가했던 것이 원인이었다. 수백 명의 사람들이 이 질병에 걸렸으며(거의 모두 서유럽과 사우디아라비아) 그들 중 대부분이 사망했다. 이는 동물의 프리온이 인간에게 감염을 일으킬 수 있다는 최초의 지표였다. 이는 쇠고기 산업에 위기를 촉발했고, 수입 쇠고기는 엄격한 통제를 받기 시작했다. 미국에서도 프리온에 감염된 소에 대한 보고는 있었으나, 인간에 대한 감염은 3건에 그쳤다.

연구자들은 정상적인 프리온 단백질(약칭 $PrP^{C}$)이 세포막에서 흔히 발견된다는 사실을 알게 됐다. 감염성 형태의 프리온(약칭 $PrP^{Sc}$, Sc는 스크래피를 나타냄)은 정상적인 $PrP^{C}$ 단백질을 만나면 정상 단백질에 비정상적인 접힘을 자발적으로 유도해 $PrP^{Sc}$로 전환시킬 수 있다. 궁극적으로 이러한 변환된 단백질의 축적은 세포를 손상시키고 죽게 만든다(과정그림 6.21b). 프리온의 또 다른 심각한 문제는 강한 내성이다. 소독제, 방사선 또는 일반적인 살균 기술로는 파괴되지 않는다. 극도로 높은 온도와 농축된 화학물질을 사용해 처리해도 프리온을 완벽하게 제거하지는 못한다.

인간에게 질병을 일으키는 또 다른 흥미로운 바이러스 유사물질은 위성 바이러스로, 복제를 위해 다른 바이러스에 의존하는 결함이 있는 형태를 띤다. 주목할 만한 두 가지 예는, 아데노바이러스에 감염된 세포에서만 복제할 수 있는 아데노 관련 바이러스(AAV)와 B형 간염 바이러스가 있는 경우에만 발현되며 간 손상 증세를 악화시킬 수 있는 RNA 가닥인 델타 물질이다.

**바이로이드**(viroids)라는 바이러스 유사물질은 식물에 기생할 수 있다. 바이로이드는 매우 작고(평균 바이러스 크기의 약 1/10) 캡시드나 다른 유형의 보호체가 없는 노출된 RNA 가닥으로만 구성돼 있다는 점에서 일반적인 바이러스와 다르다. 이러한 특이한 물질이 존재한다는 것은, 바이러스가 핵산의 순수한 조각에서 진화했을 수 있다는 것을 뒷받침하는 증거 중 하나다. 토마토, 감자, 오이, 감귤나무, 국화 등 경제적으로 중요한 여러 식물에 대해 병원성을 가진다는 의미에서 바이로이드는 중요한 병원체다.

임상 사례

## 단순한 우울증 그 이상

40대 남성 환자는 우울증과 불안 증상을 보이기 시작한 지 몇 달이 지난 후에야 가족의 권유로 텍사스의 한 병원에 내원했다. 처음에는 경미했지만, 그의 증상은 곧 망상, 환각, 고립, 비밀스러움, 공격성, 판단력 저하 등으로 진행됐다. 내원한 지 5개월 후, 그는 왼쪽 팔과 얼굴에 간헐적인 무감각과 마비를 경험하기 시작했다. MRI(자기공명영상 촬영) 검사 결과 뇌 조직의 변화가 나타났지만 그의 질병은 미스터리로 남아 있다.

뚜렷한 진단을 할 수 없는 상태였으므로, 의사들은 전염성 뇌염과 자가면역 뇌염(뇌와 척수 주변 조직의 부기), 암, 중금속 중독, 비타민 결핍, 류머티즘 및 내분비 장애를 동시에 조사하는 다각적인 접근방식을 취했다. 나타나는 증상을 치료했음에도 불구하고 환자 상태는 계속 악화됐다. 투병한 약 13~14개월 중 2개월 동안 병원에 5번이나 입원했다.

뇌척수액(CSF)에서 바이러스와 세균의 존재 여부를 검사하고, 검체를 국립프리온질병병리감시센터로 보내서 추가 검사를 실시했다. MRI 결과와 악화된 신체 및 행동 증상, 그리고 뇌척수액의 단백질 수준 등을 기준으로 환자는 vCJD(변형 크로이츠펠트-야콥병) 가능성이 있다는 진단을 받았다. 그 후 환자의 치료는 고통을 줄여 주는 것밖에 없었으며, 첫 진단을 받은 지 18개월 만에 사망했다. 뇌를 부검한 결과, 환자의 뇌 전반에 걸쳐 vCJD와 일치하는 큰 해면상(spongiform) 변화가 있었고, 면역염색 검사 결과는 조직 내에 프리온이 있음을 나타냈다.

**환자 병력 중에서 어떤 정보가 이 사례를 진단하는 데 도움이 되겠는가?**

**핵심 점검 6.8**

30. 크로이츠펠트-야콥병의 매개병 프리온의 주요 영향은 어떤 것이 있는가?
31. 프리온과 바이로이드가 바이러스와 어떻게 다른지 설명하시오.

## 사례 연구 Part 2

파지 치료를 받은 지 3일 만에 패터슨 교수는 혼수상태에서 깨어났다. 그 후 얼마 지나지 않아 그는 인공호흡기와 혈액 순환을 위해 투약되고 있던 혈압 유지 약물을 끊었다.

다음 몇 달은 쉽지 않았고 패터슨의 상태는 여전히 위태로웠다. 그는 엄청난 감염으로 인해 생명을 위협하는 상태인 패혈증을 여러 번 겪었고 100파운드(45 kg) 이상 체중이 줄었다. 예상치 못한 것은 아니지만 그럼에도 불구하고 놀랍게도 세균은 결국 파지에 대한 저항성을 갖게 됐다. 스쿨리 박사는 이를 진화의 "반복되는 다윈의 춤"이라고 표현했다. 의사들은 하수에서 분리한 일부 파지 균주를 포함해 새로운 파지 균주에 대한 실험과 항생제를 지속적으로 사용하는 식으로 대응했다. 5월 초, 패터슨의 항생제 치료가 중단됐고, 2016년 8월 12일 퇴원했다.

대규모의 세균 감염, 혼수상태, 9개월간의 입원, 강도 높은 신체 재활 등의 시련에도 불구하고, 패터슨은 그 경험을 기적이라고 묘사했다. "파지 치료는 저에게 정말 기적이었어요. 이건 수백만 명의 사람들이 미래에 다제내성 감염에서 치료될 수 있다는 가능성을 의미합니다. 나는 그 특혜를 먼저 받은 거예요."

스쿨리 박사는 패터슨 교수가 운이 좋았다고 말했다. 그의 아내부터 동료, 심지어 직장 환경에까지 그의 주변에는 엄청나게 아픈 사람을 구할 수 있다는 희망을 가지고 특이한 치료법을 기꺼이 시도하려는 해당 분야의 전문가와 연구자들이 있었다.

이 첫 번째 실험 이후 UC 샌디에이고는 파지 치료법을 사용해 환자 4명을 더 치료했다(다섯 번째 환자는 파지 치료법이 시작되기 전에 세균 감염이 너무 많이 진행돼 사망했다). 이 학교는 또한 세균 감염 치료에 파지 사용을 연구하는 최초의 조직인 혁신적인 파지응용 및 치료센터(Innovative Phage Applications and Therapeutics, IPATH)를 만들었다. 스트라스디 박사와 스쿨리 박사는 UCSD의 세 번째 교수와 함께 연구소의 공동 책임자를 맡고 있다. 초기 연구는 낭포성 섬유증, 장기 이식, 심박 조율기나 관절 치환 같은 이식 가능한 인공장기와 관련된 다제내성 만성 감염 환자에 초점을 둘 것이다.

이제 직장으로 돌아온 패터슨 교수는 파지 치료가 그에게 준 두 번째 기회에 대해 감사하고 있다. "저는 여전히 예전보다 약하지만 완전히 새로운 삶을 살게 된 것 같아요. 그런 선물을 받게 돼 정말 기뻐요."

- **사람을 대상으로 한 파지 치료법의 사례는 거의 없지만, 도살된 고기와 신선 야채의 세균을 제어하기 위해 파지를 사용하는 여러 제품이 승인됐다. 이러한 제품이 어떻게 작동하는지 추측해 보시오. 또한 다른 세균 제어 방법과 비교해 어떤 장점이 있는지 설명하시오.**

## 주요 용어로 보는 요약

### 6.1 바이러스 개요

A. 바이러스는 박테리아, 진균류, 원생동물보다 훨씬 작아서 20세기에 이르러 전자현미경으로 관찰할 수 있게 되기 전까지는 간접적으로 연구될 수밖에 없었다.

B. 대부분의 과학자들은 바이러스가 생명체가 아니라고 생각한다. 바이러스가 생명체의 모든 요건을 충족하지 못하는 것이 분명하기 때문이다. 바이러스는 세포 내 및 유전적으로 절대적 기생체다.

### 6.2 바이러스의 일반적인 구조

A. 바이러스는 세포가 아니라 감염성 입자이며, 세포소기관이 없고 어떠한 운동 기구도 가지고 있지 않다. 바이러스는 크고 복잡한 분자이며, 결정 형태로 될 수 있다. 바이러스 입자는 **핵산**(nucleic acid) 코어(DNA 또는 RNA, 둘 중 하나만)와 이를 둘러싼 기하학적 단백질 껍질, 즉 **캡시드**(capsid)로 구성된다. 이 조합을 **뉴클레오캡시드**(nucleocapsid)라고 한다. 캡시드는 **나선형**(helical) 또는 **정이십면체형**(icosahedral)으로 구성되어 있으며, 많은 캡시드는 바이러스성 단백질인 **스파이크**(spikes)가 포함된 세포막성 **외피**(envelope)로 덮여 있다. 복합 바이러스는 추가적인 외부 구조와 내부 구조를 가진다.

B. 모양/크기: 정이십면체형, 나선형, 구형, 원통형. 거의 대부분의 바이러스는 세포에 비해 매우 작다(20~450 nm). 하지만 예외적으로 작은 박테리아 세포 크기와 비슷한 일부 바이러스도 있다.

C. 영양분과 기타 필요사항: 영양분을 처리하거나 에너지를 생성하는 효소가 없다. 모든 필요한 사항은 숙주세포에 전적으로 의존한다(절대 세포내 기생체).

D. 바이러스는 박테리아, 원생생물, 진균, 동물, 식물 등 모든 유형의 세포에 기생할 수 있는 것으로 알려져 있다. 각 바이러스 유형은 숙주 범위(host range)가 단일 종이나 그룹으로 제한되는데, 이는 대개 바이러스가 특정 숙주 수용체에 흡착되는 특이성(specificity) 때문이다.

### 6.3 바이러스의 분류와 명명

A. 바이러스의 두 가지 주요 유형은 **DNA 바이러스**(DNA viruses)와 **RNA 바이러스**(RNA viruses)다. 이들은 캡시드의 모양과 크기, 외피의 유무, 핵산의 이중가닥 또는 단일가닥 여부, 항원 유사성, 그리고 숙주세포에 따라 과(family)로 더 분류된다.

B. 바이러스는 목, 과, 속으로 분류된다. 이러한 분류는 바이러스의 구조, 화학적 조성, 그리고 유전적 구성을 기반으로 한다.

### 6.4 바이러스 증식 양상

A. 증식 주기: 동물 세포

B. 동물 바이러스의 생활사 단계는 **흡착**(adsorption), **침투**(penetration), **합성**(synthesis) 및 **조립**(assembly), 숙주세포로부터의 **방출**(release)이다. 완전히 감염성이 있는 바이러스 입자를 **비리온**(virion)이라고 한다.

C. 일부 동물 바이러스는 만성적이고 **지속적인 감염**(persistent infections)을 유발한다.

D. 숙주의 유전물질을 변형시키는 바이러스는 종양 형성 효과를 유발할 수 있다.

### 6.5 박테리오파지 증식 주기

A. **박테리오파지**(bacteriophages)는 세균을 공격하는 바이러스다. 핵산을 주입하여 침투한 후, 세포를 **용해**(lysis)시키면서 독성 파지가 되어 방출된다.

B. 일부 바이러스는 **잠복기**(latent) 또는 **용원성**(lysogenic) 단계로 들어가 숙주세포의 DNA에 통합되었다가 나중에 활성화되어 용균성 감염을 일으킬 수 있다.

### 6.6 동물 바이러스 배양 및 동정 기술

A. 세포 내 서식지가 절대적인 바이러스를 배양하기 위해서는, 살아 있는 세포에서 바이러스를 배양한다. 숙주세포에서 분리한 살아 있는 배양 세포, 조류 배아 또는 손상되지 않은 숙주 동물에서 바이러스를 배양해야 한다.

B. 동정: 바이러스는 숙주세포에서의 **세포 병변 효과**(cytopathic effects, CPE), 시료에서 바이러스나 그 구성요소를 직접 검사하는 방법, 바이러스 핵산을 검출하기 위한 유전자 분석, 배양된 바이러스를 배양하는 방법을 통해 동정된다.

### 6.7 바이러스 감염, 검출 및 치료

A. 의학: 바이러스는 특정 표적 숙주나 세포에 부착한다. 바이러스는 가벼운 호흡기 질환(일반 감기)부터 파괴적이고 잠재적으로 치명적인 질환(광견병, 에이즈)까지 다양한 감염성 질환을 유발한다.

B. 연구: 바이러스는 기본적인 유전 원리를 연구하는 데 매우 귀중한 도구가 되어 왔다. 현재 연구는 제1형 당뇨병이나 다발성 경화증과 같은 원인 미상의 질병과 바이러스의 연관성에 집중되어 있다.

C. 바이러스 감염은 검체 직접 검사, 유전자 검사, 환자 혈액 검사, 그리고 특징적인 증상을 통해 진단한다. 일부 바이러스 감염은 바이러스 복제를 차단하는 약물로 치료할 수 있다.

### 6.8 프리온 및 기타 비바이러스 감염성 입자

A. 해면상 뇌병증은 **프리온**(prions)에 의해 발생하는 만성적이고 지속적인 신경 질환이다.

B. 프리온은 신경세포의 구조를 바꿀 수 있는 단백질로 구성된 감염원이다.

C. 신경계 질환의 예로는 '광우병'과 크로이츠펠트-야콥병이 있다.

D. 다른 비세포 감염원에는 위성 바이러스와 **바이로이드**(viroids)가 있다.

CHAPTER

# 7 미생물 영양, 생태, 그리고 성장

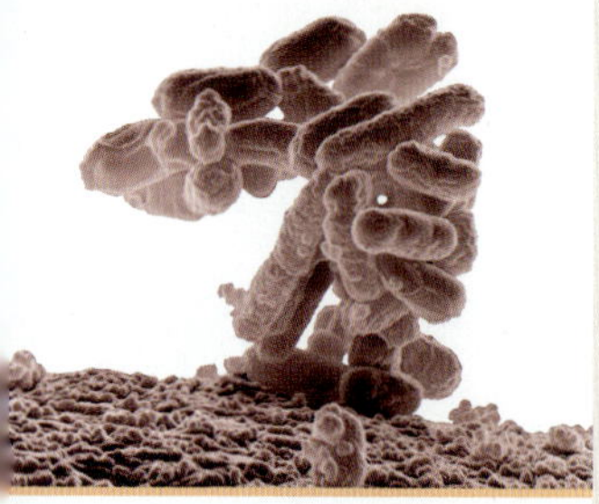

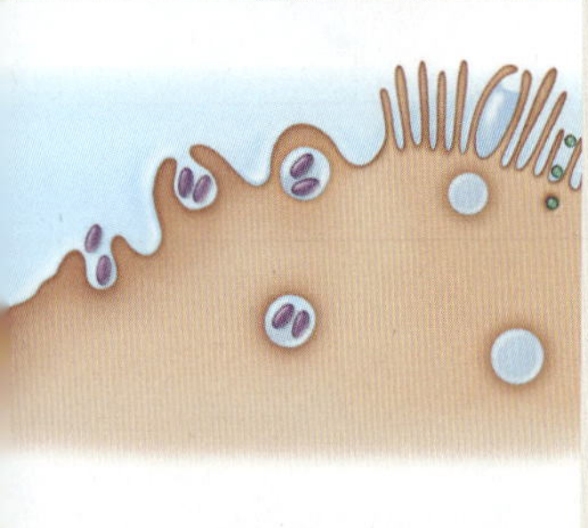

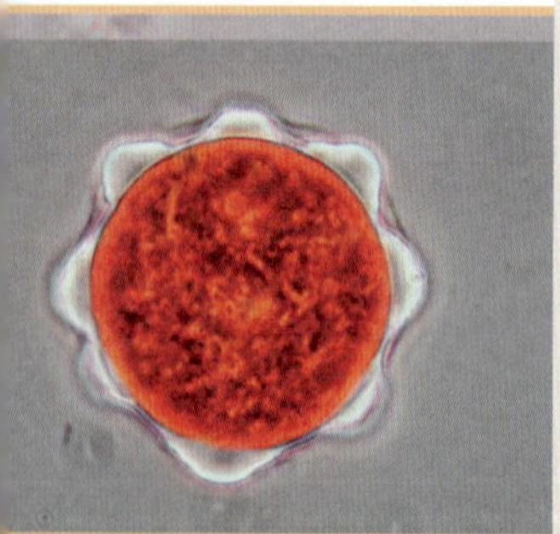

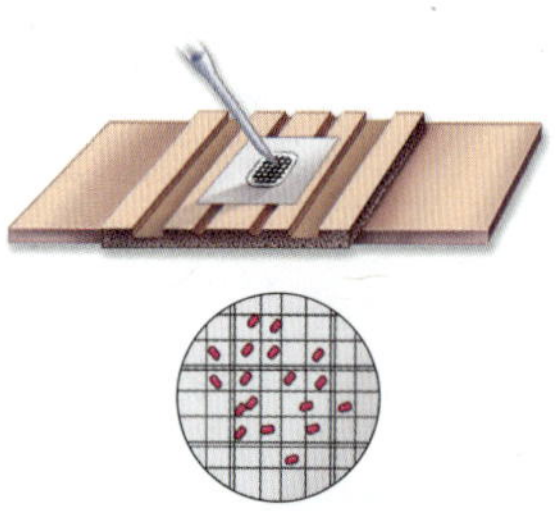

**이 장의 구성**

## 7.1 미생물 영양

- 세포 내용물의 화학적 분석
- 필수영양소의 형태, 공급원 및 기능

## 7.2 영양소 유형의 분류

- 독립영양생물과 그 에너지원
- 종속영양생물과 그 에너지원

## 7.3 수송: 세포막을 통한 물질의 이동

- 확산과 분자 운동
- 물의 확산: 삼투
- 환경의 삼투 변화에 대한 적응
- 막을 가로지르는 용질의 이동
- 능동 수송: 구배에 따른 분자의 이동
- 세포 내포작용: 세포 내 먹고 마시기

## 7.4 미생물에 영향을 미치는 환경적 요인

- 온도에 대한 적응
- 가스 요구량
- pH의 영향
- 삼투압
- 기타 환경적 요인

## 7.5 미생물 간 생태학적 연관성

## 7.6 미생물 성장 연구

- 세균 개체수 증가의 기초: 이분법적 분열과 세균 세포 주기
- 개체수 증가율
- 개체수 증가의 결정 요인
- 개체수 증가를 분석하는 다른 방법



(이미지 출처: Janice Carr/CDC; Eric Erbe, Chris Pooley/ARS/USDA; Nozomu Takeuchi; Scott Bauer/USDA)

사례 연구 **Part 1**

# 그 물에 들어가지 마세요

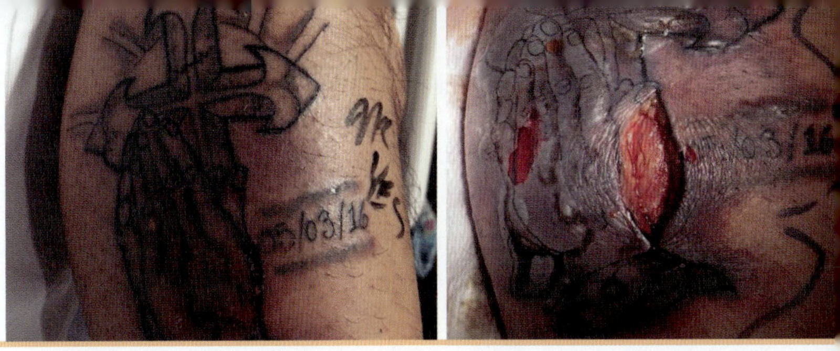

31세의 텍사스 남성은 최근 왼쪽 종아리에 새긴 문신 주변의 **열**(fever), 오한, **발적**(redness)과 함께 양쪽 다리와 발에 심한 통증을 호소하며 댈러스의 파크랜드 메모리얼 병원에서 진찰을 받았다. 증상의 심각성으로 인해 그는 병원에 입원했고, 이후 몇 시간 동안 문신 주변 부위가 점점 **부어오르고**(swollen) **변색**(discolored)됐다. 환자의 호흡은 곧 **빠르고 얕아졌으며**(rapid and shallow), 비효율적인 호흡을 보완하기 위해 심박수가 증가했다. 혈압은 급격히 떨어졌고 정맥 수액 투여에도 불구하고 낮은 수치를 유지했다. 그의 **신장**(kidney)이 망가지기 시작했다. 환자의 징후와 증상은 세균 감염의 치명적인 합병증인 **패혈성 쇼크**(septic shock)를 나타냈다. 그는 인공호흡기를 달고 감염과 싸우기 위해 항생제를 투여받았다.

병원에 입원했을 때 환자는 일주일 전에 문신을 했고, 5일 후 문신이 아물고 있을 때 바다에 수영하러 갔으며 다음 날 아침부터 몸이 아프기 시작했다고 말했다. 그는 이전에 과도한 음주로 **만성 간 질환**(chronic liver disease)을 진단받은 적이 있었다.

최근 문신, 바다 방문, 환자의 간 질환으로 작은 그람 음성균인 *Vibrio vulnificus*에 감염된 것으로 추정된다. *Vibrio vulnificus*는 곡선 형태를 띠기 때문에 간혹 “콤마형 세균(comma bacterium)”이라고도 불린다. 사람들은 흔히 설사를 일으키는 *Vibrio cholerae*에 더 익숙하지만, 미국에서는 *Vibrio vulnificus*가 훨씬 더 널리 퍼져 있으며, 덜 익힌 조개류를 섭취하거나 열린 상처와의 바닷물 접촉을 통해 감염이 발생한다. 대부분의 **비브리오 감염**(Vibriosis)은 경증이며 복부 경련, 메스꺼움, 구토, 발열, 오한과 함께 수양성 설사를 동반한다. **면역이 억제**(immunosuppressed)되어 있거나 암, 당뇨병, HIV, 간 질환 등의 기저 질환이 있는 사람은 더 심각한 감염 위험에 노출될 수 있다.

환자는 처음에 호전을 보였고 18일 만에 인공호흡기를 제거했다. 그러나 환자는 곧 상태가 악화되었고, 의사들의 최선의 노력에도 불구하고 병원에 입원한 지 몇 달 후 사망했다. 이 사례에서 환자의 최근 문신은 박테리아의 거의 완벽한 **침투 통로**(portal of entry) 역할을 했다. 문신 후 관리 지침에는 문신이 완전히 아물 때까지 목욕이나 수영을 하지 말라는 경고가 일상적으로 포함돼 있다. 게다가 이 환자는 만성 간 질환을 앓고 있어 심각한 감염 위험에 처해 있었고, 불행히도 여러 가지 사건이 겹쳤다.

- **이 사례의 사실을 고려할 때 비브리오균이 적절히 증식하기 위해 필요한 환경적 요인은 무엇인가?**
- **수백만 명의 사람들이 상처가 있는 상태에서 바다에서 수영을 하지만, 심각한 감염에 걸리는 사람은 상대적으로 적다. 그 이유는 무엇이라고 생각하는가?**

이 장 끝에서 사례 연구 Part 2로 이어짐.

(삽화 출처: Dr. Nicholas Hendren)

## 7.1 미생물 영양

**학습목표**

1. 미생물이 생존을 위해 적응해야 하는 주요 환경 요인을 설명한다.
2. 영양과 영양소, 그리고 필요와 양에 기반한 그 하위 범주를 정의한다.
3. 유기 영양소와 무기 영양소 간 차이를 안다.
4. 생체원소와 영양소의 기원, 유형 및 기능을 논의한다.

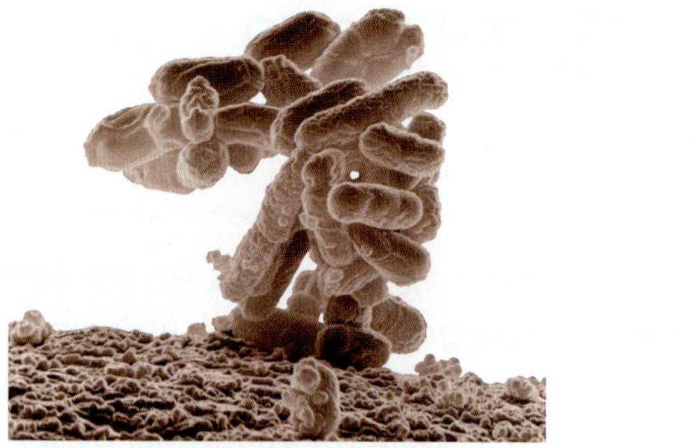

**그림 7.1** 미생물 영양. *Escherichia coli* 세포와 같은 세포의 영양 요구사항을 이해하는 가장 좋은 방법은 해당 세포 배양의 내용물을 분석하는 것이다(SEM 7,000배). (출처: Eric Erbe, Chris Pooley/ARS/USDA)

지구상에는 자연적 기원과 인간적 기원을 포함해 수백만 개의 서식지가 있다. 이러한 환경에서 미생물은 생존에 영향을 미치는 엄청나게 다양한 조건에 노출된다. 미생물에 가장 큰 영향을 미치는 환경 요인은 영양소 및 에너지원, 온도, 가스 함량, 물, 염분, pH, 방사선 및 다른 유기체다. 미생물은 해부학 및 생리학의 점진적인 조정을 통해 서식지에서 생존하며, 이러한 과정을 **적응**(adaptation)* 이라고 한다. 생물권의 모든 부분에 미생물이 서식할 수 있게 하는 것은 바로 이 적응력이다. 또한 이 과정은 종의 진화 뒤에 숨겨진 주요 동력이며, 적응력이 더 큰 종이 생존해 자손에게 유리한 특징을 물려준다.

미생물의 **영양**(nutrition)은 미생물이 생명 유지를 위해 환경에서 화학물질을 획득하는 복잡한 활동이다. **영양소**(nutrients)라고 불리는 이러한 화합물은 흡수, 동화 및 이후 세포 대사, 성장, 에너지 및 다른 여러 기능에 사용된다. 영양 측면에서 미생물은 인간 및 다른 거대 유기체와 크게 다르지 않다. 무기 황을 먹고 사는 늪 깊은 곳의 박테리아나 흰개미 내장에서 나무를 소화하는 원생동물은 근본적인 적응처럼 보일 수 있지만, 이러한 유기체조차 서식지에서 특정 물질이 지속적으로 유입돼야 한다.

일반적으로 모든 생명체는 전통적으로 탄소, 수소, 산소, 인, 칼륨, 질소, 황, 칼슘, 철, 나트륨, 염소, 마그네슘 및 몇 가지 다른 원소로 나열된, **생체원소**(bioelements)가 절대적으로 필요하다. 이러한 기본 요구사항 외에도 미생물은 사용하는 원소의 원천, 화학적 형태 및 양에서 상당한 차이를 보인다. 세포 외부의 원천에서 얻어야 하는 원소 또는 화합물은 **필수영양소**(essential nutrient)라고 한다. 이러한 영양소는 흡수되면 세포의 화학물질로 처리되고 변형된다.

필수영양소는 **다량 영양소**(macronutrients)와 **미량 영양소**(micronutrients)의 두 가지 범주로 나뉜다. 다량 영양소는 상대적으로 많은 양이 필요하며 세포 구조 및 대사의 주요 역할을 한다. 다량 영양소의 예로는 탄소, 수소 및 산소를 포함하는 화합물인 당과 아미노산이 있다. 망간, 아연, 니켈과 같은 미량 영양소 또는 **미량 원소**(trace elements)는 훨씬 더 적은 양으로 존재하며 효소 기능 및 단백질 구조 유지에 관여한다. 미량 영양소를 구성하는 것은 미생물마다 다를 수 있으며 보통 실험실에서 결정해야 한다. 이 결정은 미생물이 미량 영양소의 부재 시 성장할 수 있는지 확인하기 위해 성장 배지에서 해당 물질을 의도적으로 생략해 이루어진다.

영양소를 분류하는 또 다른 방법은 탄소 함량에 따른 것이다. 대부분의 **유기**(organic) 영양소는 탄소와 수소의 기본 골격을 포함하는 분자다. 천연 유기 분자는 거의 항상 생물의 산물이다. 가장 단순한 유기 분자인 메탄($CH_4$)에서 거대 중합체(탄수화물, 지질, 단백질 및 핵산)에 이르기까지 다양하다.

대조적으로 **무기**(inorganic) 영양소는 탄소와 수소의 조합이 부족한 원소 또는 원소의 조합으로 구성된다. 많은 무기 화합물의 천연 저장소는 토양의 광상(鑛床), 수역(水域)과 대기다. 예로는 금속과 금속염(황산마그네슘, 질산 제2철, 인산나트륨), 가스(산소, 이산화탄소)와 물이 있다.

### 세포 내용물의 화학적 분석

세포의 영양 구성에 대한 통찰력을 얻기 위해 화학적 조성을 분석하는 것이 유용할 수 있다. 다음은 대략적으로 지구상의 모든 세포를 대표하는 *Escherichia coli* 세포에서 찾을 수 있는 것에 대한 간략한 요약이다(그림 7.1).

- 물은 세포의 70%를 차지하는 가장 큰 구성요소다.
- 단백질은 약 15%를 차지한다.
- 핵산은 7%(DNA 1%, RNA 6%)를 구성한다.
- 탄수화물은 대략 3%다.
- 지질은 2%를 차지한다.

수치를 계산해 보면 합계가 97%라는 것을 알 수 있다. 나머지 3%는 칼슘에서 아연에 이르기까지 무수한 미량 영양소와 미네랄로 구성된다. 또한 위에 나열된 모든 분자는 종종 SPONCH라는 약어로 기억되는 여섯 가지 원소(황, 인, 산소, 질소, 탄소, 수소)로만 구성된다는 점에 유의

* **적응** 라틴어 adaptare(~에 맞추다)에서 유래. 주어진 환경에서 유기체의 생존을 향상하는 구조와 기능의 변화.

**표 7.1** 필수 원소 및 영양소의 공급원과 생물학적 기능

| 원소/영양소 | 자연에서 발견되는 형태 | 화합물의 공급원/저장소 | 세포에 대한 중요성 |
|---|---|---|---|
| 탄소 | $CO_2$(이산화탄소) 가스<br>$CO_3^{2-}$(탄산염)<br>유기 화합물 | 공기(0.036%*)<br>퇴적물/토양<br>생물 | $CO_2$는 호흡에 의해 생성되고 광합성에 사용한다. $CO_3^{2-}$는 세포벽과 골격에서 발견된다. 유기 화합물은 모든 유기체와 바이러스의 구조와 기능에 필수적이다. |
| 질소 | $N_2$ 가스<br>$NO_3^-$(질산염)<br>$NO_2^-$(아질산염)<br>$NH_4^+$(암모늄)<br>유기 질소(단백질, 핵산) | 공기(79%*)<br>토양 및 물<br>토양 및 물<br>토양 및 물<br>유기체 | 질소 가스는 질소를 다른 무기 질소 화합물(질산염, 아질산염 및 암모늄)로 고정하는 특정 미생물만 사용할 수 있다. 조류, 식물 및 대부분의 박테리아의 주요 질소원이다. 동물과 원생동물은 유기 질소가 필요하다. 모든 유기체는 $NH_3$를 사용해 아미노산과 핵산을 합성한다. |
| 산소 | $O_2$ 가스<br>산화물<br>$H_2O$ | 공기(20%), 광합성의 주요 산물<br>토양 | 산소 가스는 호기성 박테리아에 의한 영양소 대사에 필요하다. 산소는 유기 및 무기 화합물의 중요한 원소다(이 표의 물, 황산염, 인산염, 질산염, 이산화탄소 참조). |
| 수소 | $H_2$ 가스<br>$H_2O$<br>$H_2S$(황화수소)<br>$CH_4$(메탄)<br>유기 화합물 | 물, 늪, 진흙<br>화산, 열수공<br>늪<br>유기체 | 물은 세포에서 가장 풍부한 화합물이며 대사반응의 용매다. $H_2$, $H_2S$ 및 $CH_4$ 가스는 박테리아와 고세균에 의해 생성 및 사용된다. $H^+$ 이온은 세포 에너지 전달의 기초이며 세포의 pH를 유지하는 데 도움이 된다. |
| 인 | $PO_4^{3-}$(인산염) | 암석, 광물 퇴적물<br>토양 | 인산염은 DNA와 RNA의 핵심 구성요소이며, 세포와 바이러스의 유전적 구성에 매우 중요하다. ATP와 NAD에서도 발견되며, 수많은 대사반응에 관여한다. 인지질에 존재해 세포막에 안정성을 제공한다. |
| 황 | S<br>$SO_4^{2-}$(황산염)<br>SH(술프히드릴) | 광물 퇴적물, 화산 퇴적물<br>토양 | 원소 황(S)은 일부 박테리아에 의해 에너지원으로 산화된다. 황은 비타민 $B_1$에서 발견된다. 술프히드릴기는 특정 아미노산의 일부이며, 단백질을 형성하고 안정화하는 이황화 결합을 형성한다. |
| 칼륨 | $K^+$ | 광물 퇴적물, 바닷물, 토양 | 단백질 합성 및 막 수송에 역할을 한다. |
| 나트륨 | $Na^+$ | 칼륨과 동일 | 막 작용의 주요 참여자. 세포의 삼투압을 유지한다. |
| 칼슘 | $Ca^{2+}$ | 해양 퇴적물, 암석, 토양 | 원생동물 껍질의 구성요소($CaCO_3$). 세포벽 안정화. 박테리아 내생포자에 저항성을 더한다. |
| 마그네슘 | $Mg^{2+}$ | 지질 퇴적물, 암석, 토양 | 엽록소 분자의 중심 원자. 막, 리보솜 및 일부 효소의 기능에 필요하다. |
| 염화물 | $Cl^-$ | 바닷물, 염호 | 막 수송 기능을 할 수 있다. 절대 호염성 박테리아가 삼투압 조절에 필요하다. |
| 아연 | $Zn^{2+}$ | 암석, 토양 | 효소 보조인자. 진핵생물의 유전학을 조절한다. |
| 철 | $Fe^{2+}$ | 암석, 토양 | 호흡 단백질(시토크롬)의 구조에 필수적인 원소다. |
| 미량 영양소: 구리, 코발트, 니켈, 몰리브덴, 망간, 요오드 | | 지질 퇴적물, 토양 | 일부 미생물의 특수 효소 시스템에서 보조 인자로 작용하며 미량으로 필요하지만 모든 미생물에서 필요한 것은 아니다. |

* 지구 대기의 일부

해야 한다. *E. coli*와 같은 일반적인 세포에는 약 5,000개의 서로 다른 화합물이 포함돼 있지만 SPONCH 없이는 아무 일도 일어나지 않는다.

## 필수영양소의 형태, 공급원 및 기능

영양소를 구성하는 원소는 대기 중 이산화탄소의 탄소와 같이 결국 환경의 무기 저장소에 존재한다. 이러한 저장소는 원소의 원천일 뿐만 아니라 유기체의 활동에 의해 보충될 수도 있다. 따라서 원소는 환경 저장소의 무기 형태에서 유기체의 유기 형태로의 패턴으로 순환한다. 유기체는 차례로 다른 유기체에 대한 해당 원소의 지속적인 원천 역할을 할 수 있다. 원소는 일반적으로 미생물의 작용에 의해 무기 형태로 재활용된다. 대체로 엄청나게 다양한 미생물이 원소 처리 과정에 관여한다. 더 넓은 관점에서 볼 때 지구 생명체의 전체 순환은 각각 필요한 단계를 수행하는 여러 상호작용하는 영양 체계의 결합된 작용에 달려 있다. 실제로 뒷장에서 보겠지만 미생물 영양의 틀은 지구상의 모든 생명체의 영양 순환의 기초가 된다.

영양소의 원천은 매우 다양하다. 광합성 박테리아와 같은 미생물은 환경에서 무기 형태로만 영양분을 얻는다. 다른 미생물은 유기 및 무기 영양소의 조합이 필요하다. 예를 들어 인체에 침입해 서식하는 기생충은 숙주 조직, 조직액, 분비물 및 노폐물에서 모든 필수영양소를 얻는다.

주요 생체 원소, 화합물, 공급원 및 미생물에 대한 중요성에 대한 개요는 표 7.1을 참조하자.

### 탄소 기반 영양 유형

탄소 원소는 모든 생명체의 구조와 대사에 매우 중요하므로 탄소의 원천은 두 가지 기본 영양 그룹을 정의한다.

**표 7.2** 에너지 및 탄소원에 따른 미생물의 영양 범주

| 범주 | 광독립영양생물 | 화학독립영양생물 | 화학종속영양생물(부생균) | 화학종속영양생물(공생 미생물) | 광종속영양생물 |
|---|---|---|---|---|---|
| 예시 사진 |  *Cladophora*(녹조류) (Buccaneer/123RF) |  온천에서 자라는 호열성 박테리아 (NPS photo by Canter) |  *Auricularia auriculajudae*, 썩어 가는 나무에서 자라는 식용 진균 (Mark Dierker/Bear Dancer Studios) | 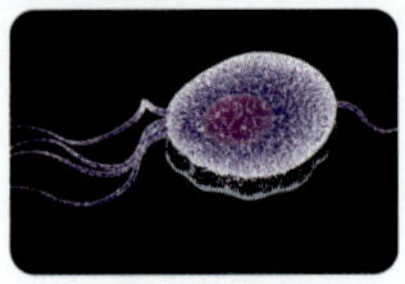 *Trichomnas vaginalis* (Kateryna Kon/Shutterstock) |  자주색 유황균 (Johnny Madsen/Alamy Stock Photo) |
| 예시 | 광합성 유기체: 조류, 식물, 시아노박테리아 | 일부 박테리아 및 고세균: 메탄 생성균 및 심해 열수공 박테리아 | 곰팡이, 박테리아, 일부 원생생물 | 기생충, 공생 미생물, 상리공생 미생물 | 자주색 및 녹색 광합성 박테리아 |
| 탄소원 | $CO_2$ | $CO_2$ | 유기 탄소 | 유기 탄소 | 유기 탄소 |
| 에너지원 | 햇빛 | 단순 무기 화학물질 | 죽은 유기체의 유기 물질 대사 | 살아 있는 유기체로부터 유기 물질 획득 | 햇빛 또는 유기 물질 |

- **종속영양생물**(heterotroph)* 은 유기 형태의 탄소를 얻어야 하는 유기체다. 대부분의 유기 탄소는 유기체에서 유래하므로 종속영양생물은 영양적으로 다른 생명체에 의존한다. 이러한 요구사항을 충족하는 일반적인 유기 분자에는 단백질, 탄수화물, 지질 및 핵산이 있다. 대부분의 경우 이러한 영양소는 다른 여러 원소도 제공한다. **단당류**(monosaccharides) 및 아미노산 같은 일부 유기 영양소는 이미 흡수될 수 있을 만큼 충분히 단순한 형태로 존재하지만, 많은 큰 분자는 흡수되기 전에 세포에 의해 소화돼야 한다. 모든 종속영양생물이 동일한 유기 탄소원을 사용할 수 있는 것은 아니다. 일부는 소수의 기질로 제한되는 반면 다른 일부(예: 특정 *Pseudomonas* 박테리아)는 수백 가지 서로 다른 기질을 대사할 수 있을 정도로 다재다능하다.
- **독립영양생물**(autotroph)* 은 무기 $CO_2$를 탄소원으로 사용하는 유기체다. 독립영양생물은 $CO_2$를 유기 화합물로 전환하는 특별한 능력을 가지고 있기 때문에 영양적으로 다른 생명체에 의존하지 않는다. 나중에 탄소 및 에너지원을 기반으로 하는 영양 유형에 대한 주제로 확대할 것이다.

### 성장 인자: 필수 유기 영양소

많은 **까다로운**(fastidious) 박테리아는 *E. coli*만큼 다재다능하지 않으며 생존에 필요한 모든 유기 화합물을 합성하는 유전적 및 대사 메커니즘이 부족하다. 유기체가 합성할 수 없고 영양소로 제공돼야 하는 아미노산, 질소 염기 또는 비타민과 같은 필수영양소를 **성장 인자**(growth factor)라고 한다. 예를 들어 모든 세포는 단백질의 적절한 조립을 위해 20가지 서로 다른 아미노산이 필요하지만, 많은 세포는 이 모든 것을 합성할 수 없다. 음식에서 얻어야 하는 것을 필수 아미노산이라고 한다. 성장 인자의 필요성에 대한 주목할 만한 예는 인간에게 뇌수막염과 호흡기 감염을 일으키는 박테리아인 *Haemophilus influenzae*에서 발생한다. 헤민(인자 X), $NAD^+$(인자 V), 티아민 및 판토텐산(비타민), 유라실 및 시스테인이 다른 유기체 또는 성장 배지에 의해 제공되는 경우에만 성장할 수 있다.

* 종속영양생물 그리스어 hetero(다른)와 troph(먹이를 먹다)에서 유래.
* 독립영양생물 그리스어 auto(스스로)와 troph(먹이를 먹다)에서 유래.

**핵심 점검 7.1**

1. 미생물이 접하는 주요 환경 요인과 기본 특성을 요약하시오.
2. 미량 영양소, 다량 영양소 및 필수영양소를 구별하시오.
3. 세포에서 필수 생체 원소의 일반적인 기능을 나열하시오.
4. 성장 인자와 금속 이온을 예시와 함께 정의하고 세포에서 기능을 설명하시오.

## 7.2 영양소 유형의 분류

**학습목표**

5. 유기체 간 영양 유형의 주요 범주를 설명한다.
6. 다양한 유형의 독립영양생물과 그 에너지원을 구별한다.
7. 다양한 유형의 종속영양생물과 그 에너지원을 구별한다.

지구의 무한한 서식지와 미생물 적응은 미생물 영양 체계의 정교한 메뉴와 일치한다. 다행히도 대부분의 유기체는 일관된 경향을 보이며 몇 가지 일반적인 범주(표 7.2)와 몇 가지 용어(**7.1 연결고리 찾기**)로 설명할 수 있다.

미생물 영양 유형의 주요 결정 요인은 탄소와 에너지다. 앞서 미생물은 탄소원에 따라 독립영양생물 또는 종속영양생물로 정의될

7.1 연결고리 찾기

## 용어 안내

미생물 적응을 설명하는 어휘 대부분은 몇 가지 일반적인 어근을 기반으로 한다. 아래 목록에 표시된 것처럼, 이러한 어근은 영양적 또는 생태적 적응 유형을 논의하는 데 도움이 되는 다양한 방식으로 결합된다.

수식어는 유기체의 적응 특성을 지정하는 데 사용된다. **절대**(obligate) 또는 **엄격**(strict)은 성장을 위해 높은 온도가 필요한 절대 호열균과 같이 좁은 범위 또는 서식지에 국한됨을 의미한다. 대조적으로 **통성**(facultative)*은 더 넓은 범위의 환경 조건에 적응하는 데 제한적이지 않음을 의미한다. 통성 호염균은 높은 염 농도 여부에 관계없이 성장할 수 있다. **내성**(tolerance)은 다양한 조건 범위를 견디는 능력을 설명하는 데 사용할 수 있는 또 다른 용어다.

**이 가이드를 사용해, 절대 호염균, 통성 저온균 및 산소 내성 혐기성균을 정의하시오.**

* 통성 그리스어 facult(능력 또는 기량)와 tatos(대부분의)에서 유래.

| 어근 | 의미 | 사용 예시 |
|---|---|---|
| troph- | 음식, 영양 | Trophozoite(영양체) – 원생동물의 먹이 단계 |
| -phile | 좋아하다 | Extremophile(극한환경미생물) – 극한 환경에 적응한('좋아하는') 유기체 |
| -obe | 살다 | Microbe(미생물) – '작은 생물체' |
| hetero- | 다른 | Heterotroph(종속영양생물) – 다른 유기체의 영양소가 필요한 유기체 |
| auto- | 스스로 | Autotroph(독립영양생물) – '스스로 섭이하는' 유기체 |
| photo- | 빛 | Phototroph(광영양생물) – 빛을 에너지원으로 사용하는 유기체 |
| chemo- | 화학적 | Chemotroph(화학영양생물) – 에너지로 빛 대신 화학물질을 사용하는 유기체 |
| sapro- | 부패한 | Saprobe(부생균) – 죽은 유기 물질로 사는 유기체 |
| halo- | 소금 | Halophile(호염균) – 고염에서 자랄 수 있는 유기체 |
| thermo- | 열 | Thermophile(호열균) – 고온에서 자라는 유기체 |
| psychro- | 추위 | Psychrophile(저온균) – 저온에서 자라는 유기체 |
| aero- | 산소($O_2$) | Aerobe(호기성균) – 대사에 산소를 사용하는 유기체 |

수 있음을 확인했다. 또 다른 시스템은 에너지원에 따라 **광영양생물**(phototrophs) 또는 **화학영양생물**(chemotrophs)로 분류한다. 광합성(빛에서 에너지를 얻음)을 하는 미생물은 광영양생물이고 화학 화합물에서 에너지를 얻는 미생물은 화학영양생물이다. 탄소 및 에너지원에 대한 용어는 편의상 단일 단어로 병합되는 경우가 많다(표 7.2 참조). 여기에 설명된 범주는 주요 영양 그룹만을 다루기 위한 것이며 특이한 예외는 포함되지 않는다.

## 독립영양생물과 그 에너지원

독립영양생물은 햇빛과 단순 화학물질과 관련된 화학반응이라는 두 가지 가능한 무생물적 원천 중 하나에서 에너지를 얻는다.

### 광독립영양생물과 광합성

**광독립영양생물**(photoautotrophs)은 광합성을 한다. 즉, 광선의 에너지를 포착해 세포 대사에 사용될 수 있는 화학 에너지로 변환한다. 일반적으로 광합성은 특수 색소를 사용해 빛을 수집하고 에너지를 사용해 $CO_2$를 단순 유기 화합물로 변환한다. 광합성 메커니즘에는 두 가지 주요 변형이 있다. **산소성**(oxygenic, 산소 생성) 광합성은 다음 식으로 요약할 수 있다.

$$CO_2 + H_2O \xrightarrow[\text{엽록소를 통한 빛 흡수}]{} (CH_2O)_n + O_2$$

여기서 $(CH_2O)_n$은 탄수화물의 약칭이다. 이러한 유형의 광합성은 식물, 조류 및 시아노박테리아에서 발생하며 엽록소를 주요 색소로 사용한다. 세포에 의해 형성된 탄수화물은 다른 세포 구성요소를 합성하는 데 사용될 수 있는 반응이다. 이 주제는 8장에서 더 자세히 다룬다. 이러한 유기체는 대부분의 생태계에서 주요 생산자기 때문에 종속영양생물에 영양을 공급해 먹이 사슬의 기초를 구성한다. 이러한 유형의 광합성은 또한 많은 유기체에 매우 중요한 대기 중 산소 가스 수준을 유지하는 역할을 한다.

다른 형태의 광합성은 **무산소성**(anoxygenic, 산소 생성 없음)이라고 하며 다음 식으로 요약할 수 있다.

$$CO_2 + H_2S \xrightarrow[\text{세균 엽록소를 통한 빛 흡수}]{} (CH_2O)_n + S^0 + H_2O$$

이러한 유형의 광합성은 여러 면에서 다르다는 점에 유의해야 한다. (1) 독특한 색소인 세균 엽록소를 사용한다. (2) 수소 공급원은 황화수소 가스다. (3) 원소 황을 하나의 생성물로 방출한다. (4) 반응은 모두 산소가 없는 상태에서 발생한다. 일반적인 광합성 박테리아 그룹은 다양한 수생 서식지, 종종 다른 광합성 미생물과 혼합돼 사는 자주색 및 녹색 유황균이다(그림 4.29 참조).

### 화학독립영양생물: 급진적인 존재

일반적으로 친숙한 유기체에 비해 **화학독립영양생물**(chemoautotrophs)은 지구상에서 가장 엄격한 영양 전략에 적응했다. 모든 화학독립영양생물은 광물 및 가스와 같은 무기 물질에서만 생존하는 박테리아 또는 고세균이다. 어떤 형태의 빛이나 유기 영양소도 필요하지 않으며, 다양하고 때로는 놀라운 방식으로 에너지를 얻는다. 매우 간단하게 말하면, 그들은 수소 가스, 황화수소 또는 철과 같은 무기 기질에서 전자를 제거하고 이산화탄소, 산소, 수소와 같은 다른 무기 물질과 결합한다. 이러한 반응은 세포의 합성과정을 추진하기 위해 단순 유기 분자와 적당한 양의 에너지를 방출한다. 그림 7.2a는 뉴질랜드의 온천에 서식하는 특이한 박테리아의 예를 보여 준다. 화학독립영양생물은 무기 영양소와 원소를 재활용하는 데 중요한 역할을 한다. 심해 군집에 대한 화학독립영양생물과 그 중요성에 대한 예시는 **7.1 연결고리 찾기**를 참조하자.

### 메탄생성균의 세계

**메탄생성균**(methanogen)* 은 지구 서식지에 널리 분포하는 독특한 유형의 화학독립영양생물이다. 알려진 모든 메탄생성균은 고세균이며, 그 중 많은 수가 온천과 열수공에서 가장 깊고 추운 해양 부분에 이르기까지 극한 서식지에서 발견된다(그림 7.2b). 다른 메탄생성균은 토양, 늪 및 인간 및 다른 동물의 장에서 흔히 발견된다.

메탄생성균의 대사는 혐기성 조건에서 이산화탄소를 환원하고 수소 가스를 사용해 메탄 가스($CH_4$ 또는 '늪 가스')를 생성하는 데 적합하며 다음과 같이 요약된다.

$$4H_2 + CO_2 \longrightarrow CH_4 + 2H_2O$$

연구원들은 해저 깊은 곳을 샘플링해 엄청난 양의 메탄생성균 퇴적층을 발견했다. 이 군집의 광대함으로 인해 한 그룹의 과학자들은 지구상 모든 생명의 거의 1/3을 차지한다고 추정했다! 증거는 군집이 극도로 오래됐음을 나타낸다. 이들은 수십억 년 동안 지구 지각에 묻혀 있었으며, 엄청난 압력을 받으면 방출하는 메탄은 결정으로 얼어붙는다. 일부는 다른 극한 고세균의 영양 공급원으로 사용되고 일부는 바다로 빠져나간다. 이 위치에서 지구 기후 및 대기 발달에 중요한 요인이 될 수 있다. 일부 미생물 생태학자들은 해수 온도가 상승하면 이러한 메탄 매장지의 용융이 증가할 수 있다고 제안한다. 메탄은 중요한 '온실가스'기 때문에 이 과정은 현재 진행 중인 지구 기후 변화에 상당한 영향을 미칠 수 있다.

### 종속영양생물과 그 에너지원

대부분의 종속영양 미생물은 유기 화합물에서 탄소와 에너지를 모두 얻는 **화학유기영양생물**(chemoorganotrophs)이다. 호흡 또는 발효를 통해 이러한 유기 분자를 처리하면 ATP 형태의 에너지가 방출된다. 8장에서 이 주제를 더 자세히 살펴볼 것이다. 화학종속영양의 예시는 동물, 대부분의 원생동물과 곰팡이, 호기성 박테리아에서 주요 에너지 생성경로인 호기성 호흡이며 다음과 같은 간단한 식으로 나타낼 수 있다.

$$\text{포도당}[C_6H_{12}O_6] + 6O_2 \longrightarrow 6CO_2 + 6H_2O + \text{에너지(ATP)}$$

이 반응은 광합성을 보완한다는 점에 유의하자. 여기에서 포도당과 산소는 반응물이고 이산화탄소가 방출된다. 실제로 에너지와 대사 가스의 지구 균형은 이러한 관계에 크게 좌우된다. 화학종속영양 미생물은 모두 유기 탄소원을 필요로 한다는 점에서 유사하지만 얻는 방법은 다르다. 이 범주에는 다른 유기체를 먹고 사는 동물, 원생동물, 곰팡이 및 많은 유형의 박테리아와 같이 다양한 유기체가 포함된다. 다양한 영양 패턴의 예시는 초식 동물, 죽은 동물을 먹는 동물 및 포식 동물을 포함하지만 주요 화학종속영양 미생물은 부생균 또는 공생생물의 설명에 적합하

* 메탄생성균 methane(무색, 무취 가스)과 gennan(생성)에서 유래.

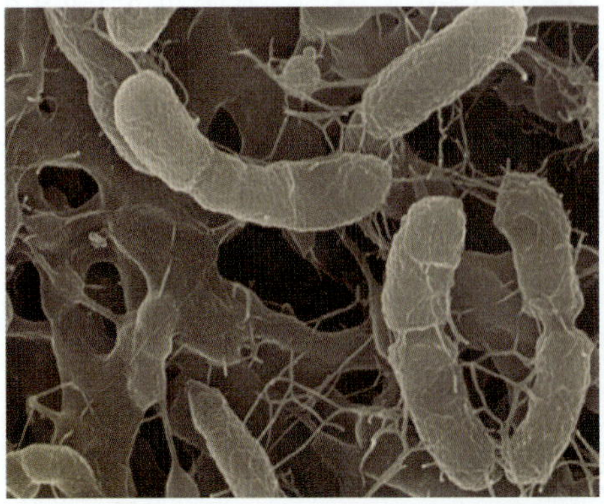

(a)

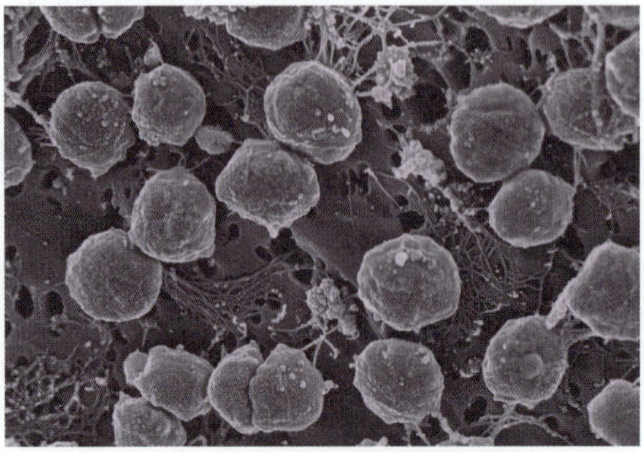

(b)

**그림 7.2** 화학영양의 예시. (a) 산성 온천에 서식하며 수소 가스와 산소를 결합해 물과 과산화수소를 생성해 에너지를 얻는 극한성 박테리아인 *Venenivibrio*. (b) 해저 열수공에 서식하는 고세균이자 메탄생성균인 *Methanocaldococcus jannaschii*. 또한 수소 가스를 대사하지만 생성물은 메탄 가스다(180,000배). (출처: Dr. Adrian Hetzer; Electron Microscope Lab, UC Berkeley)

다. **부생균**(saprobes)[1]은 죽은 유기체에서 방출된 유기 파편을 주로 먹고 사는 자유생활 미생물이며 **공생생물**(symbionts)*은 살아 있는 유기체의 몸에서 유기 영양분을 얻는다. 일부 부생균은 살아 있는 유기체에 적응할 수 있고 일부 공생생물은 비생물적 원천에서 영양분을 얻을 수 있다는 점에서 이러한 범주는 절대적이지 않다. 이러한 영양 패턴의 대부분은 본질적으로 생태학적이므로 7.5절에서 더 자세히 다룰 것이다. 이 절에서는 영양과 관련해 부생균과 기생충을 소개한다.

## 부생 미생물

부생균의 주요 생물학적 지위는 식물 쓰레기, 동물 물질, 죽은 미생물의 분해자다. 분해자의 작업이 없다면 지구는 점차 유기 물질로 채워지고 그 안에 포함된 영양소는 재활용되지 않을 것이다. 대부분의 부생균, 특히 박테리아와 곰팡이는 단단한 세포벽을 가지고 있어 큰 음식 입자를 삼킬 수 없다. 이를 보완하기 위해 세포 외 환경으로 효소를 방출하고 음식 입자를 세포로 운반될 수 있는 더 작은 분자로 소화한다(그림 7.3).

많은 부생균은 토양 및 물과 같은 환경 저장소의 죽은 유기 물질에만 엄격하게 존재하며 살아 있는 숙주의 몸에 적응할 수 없다. 이 그룹에는 자유생활 원생동물, 대부분의 곰팡이 및 다양한 박테리아가 포함된다. 분명히 한때 생각했던 것보다 이러한 미생물의 수가 더 적으며 추정되는 비병원성 부생균은 감염성 숙주에 적응하고 침입할 수 있다. 부생균이 숙주를 감염시키면 **통성 기생충**(facultative parasite)으로 간주된다. 이러한 감염은 일반적으로 숙주가 손상됐을 때 발생하기 때문에 미생물을 기회 감염성 병원균(opportunistic pathogen)이라고 한다. 주목할 만한 예시는 *Pseudomonas aeruginosa*로 자연 서식지는 토양과 물이지만 특히 화상 환자와 낭포성 섬유증을 앓고 있는 환자와 같이 병원 환자와 손상된 사람들에게 빈번히 감염을 일으킨다.

## 기생 미생물

대부분의 인간 감염은 종속영양 미생물에 의해 발생하지만 인간 건강에 가장 큰 악영향을 미치는 것은 **기생충**(parasites, 기생 미생물)이다. 정의에 따르면 기생충은 숙주의 몸에 침입해 서식지와 영양 공급원으로 사용하고, 그 과정에서 어느 정도 숙주에게 해를 끼치는 미생물이다. 무균의 조직 내부에서 성장해 손상과 사망까지 일으키는 이러한 기생 미생물을 **병원균**(pathogens)이라고도 한다. 기생충은 바이러스에서 장내 기생충에 이르기까지 다양하며 몸(체외 기생충), 기관 또는 조직(내부 기생충), 심지어 세포 내(세포내 기생충, 가장 극단적인 유형)에 있을 수도

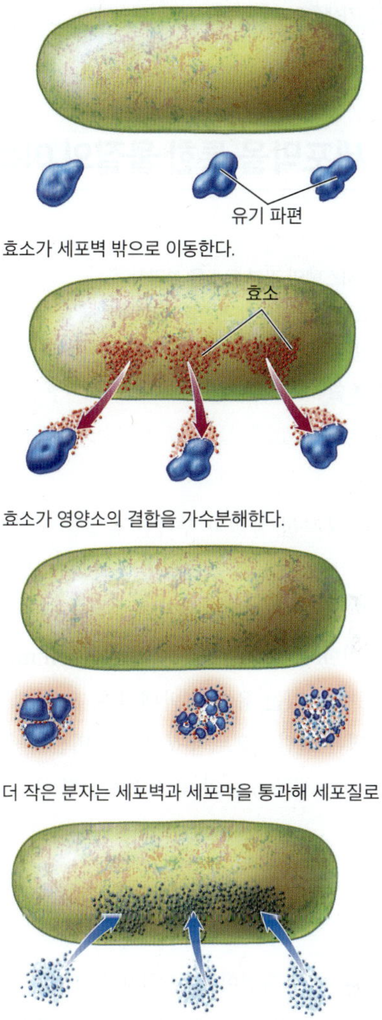


그림 7.3 세포벽(박테리아 또는 곰팡이)이 있는 부생균의 세포외 소화. (a) 벽이 있는 세포는 유연성이 없으며 큰 유기 파편 조각을 삼킬 수 없다. (b) 사용 가능한 양분의 기질에 반응해 세포는 세포벽을 가로질러 세포외 환경으로 수송되는 효소를 합성한다. (c) 효소는 파편 분자의 결합을 가수분해한다. (d) 소화는 세포질로 수송될 수 있을 만큼 작은 분자를 생성한다.

있다. 더 성공적인 기생충은 일반적으로 치명적인 영향을 미치지 않으며 결국 숙주와 덜 해로운 관계로 진화할 수 있다(7.5절 참조).

**절대 기생충**(obligate parasites, 예: 나병 간균 및 매독 스피로헤타)은 숙주에 너무 의존적이어서 숙주 외부에서는 자랄 수 없다. 임균 및 폐렴구균과 같이 덜 엄격한 기생충은 실험실에서 올바른 영양소와 환경 조건이 제공되면 인공적으로 배양할 수 있다.

**핵심 점검 7.2**

5. 필요한 탄소 기반 영양소의 형태와 관련해 독립영양생물과 종속영양생물을 비교하시오.
6. 이 절에서 설명한 두 가지 유형의 화학독립영양생물의 영양 전략을 설명하시오.
7. 탄소 및 에너지원과 기타 고유한 전략 측면에서 화학독립영양생물과 화학종속영

1 동의어는 saprotroph 및 saprophyte이다. 우리는 다른 용어와 더 일관성이 있기 때문에 saprobe 및 saprotroph 용어를 사용하는 것을 선호한다.

* 공생생물 함께 삶을 의미하는 symbiosis는 그리스어 syn(함께)과 bios(살아 있는 것)에서 유래. 다른 유기체와 관련해 사는 유기체. 문자 그대로 함께 살아가는 것을 의미.

양생물을 대조하시오.

8. 부생균, 공생생물, 기생충의 주요 차이점은 무엇인가?

## 7.3 수송: 세포막을 통한 물질의 이동

학습목표

8. 확산 및 수동 수송 시스템의 기본 요소를 설명한다.
9. 삼투압을 정의하고 다양한 삼투압 조건을 설명한다.
10. 삼투압에 대한 미생물의 적응을 분석한다.
11. 능동 수송의 특징을 설명하고 그 메커니즘을 구별한다.

미생물의 서식지는 풍부한 물질과 부족한 물질을 포함해 영양을 위해 세포로 들어가야 하는 필수 물질을 제공한다. 그 반대도 마찬가지다. 세포는 폐기물을 세포 밖으로(그리고 환경으로) 수송해야 한다. 방향에 관계없이 수송은 이 역할에 특화된 구조인 **세포막**(cell membrane)을 통해 발생한다. 세포벽이 있는 유기체(박테리아, 조류 및 곰팡이)에서도 마찬가지다. 세포벽은 일반적으로 부분적이고 비선택적 장벽일 뿐이기 때문이다. 이 절에서는 세포 수송의 몇 가지 중요한 물리적 힘에 대해 논의한다.

### 확산과 분자 운동

고체, 액체 또는 기체에 관계없이 모든 원자와 분자는 지속적으로 움직인다. 온도가 증가함에 따라 운동 에너지가 증가해 분자 운동이 더 빨라진다. 세포질을 포함한 모든 용액에서 이러한 움직이는 분자는 다른 분자와 충돌하지 않고는 멀리 이동할 수 없다. 그리고 매초 수백만 개의 충돌하는 당구공처럼 서로 튕겨 나온다(그림 7.4). 각 충돌의 결과로 충돌하는 분자의 방향이 변경되며, 하나의 분자의 방향은 예측할 수 없고 무작위로 간주된다. 한 영역에서 다른 영역보다 물질 분자가 더 농축된 상황을 예로 들 수 있다. 무작위 열 운동만으로 분자는 고농도에서 저농도 영역으로 분산된다. 시간이 지남에 따라 용액의 분자는 고르게 분포된다. 무작위 열 운동에 의한 농도 구배를 따라 분자의 이러한 순 이동을 **확산**(diffusion)이라고 한다. 여러 간단한 관찰을 통해 확인할 수 있다. 방의 한쪽에서 뿌려진 향수 한 방울이 곧 다른 쪽에서 느껴지고, 염료는 휘젓지 않아도 비커의 물에서 퍼진다(그림 7.4).

확산은 세포 활동의 추진력이지만 그 효과는 막에 의해 크게 조절된다. 두 가지 특별한 경우는 삼투압과 촉진 확산이다. 두 과정 모두 **수동 수송**(passive transport) 유형으로 간주되며, 이는 세포가 기능을 위해 추가 에너지를 소비하지 않음을 의미한다. 구배를 따라 이동하는 분자의 고유 에너지가 수송 작업을 수행한다.

### 물의 확산: 삼투

선택적으로 투과 가능한 막을 통한 물의 확산은 **삼투**(osmosis)* 라고 불리는 물리적 현상이며 무생물적 물질로 실험실에서 쉽게 시연할 수 있다. 간단한 실험은 세포가 수용액에서 다양한 용질 농도를 처리하는 방법을 보여 주는 모델을 제공한다(그림 7.5). 삼투 시스템에서 막은 선택적 또는 차등적 투과성을 가지며, 물의 자유 확산을 허용하지만 특정 용해된 분자를 차단할 수 있는 통로가 있다. 이러한 유형의 막이 용질(예: 단백질)이 통과할 수 없는 서로 다른 농도의 용액 사이에 놓이면, 확산 법칙에 따라 물은 물이 더 많은 쪽에서 더 적은 쪽으로 더 빠른 속도로 확산된다. 용액의 농도가 다른 한쪽은 물의 절대 손실을 경험하고, 다른 쪽은 평형에 도달하고 확산 속도가 같아질 때까지 절대 이득을 경험한다.

생체 시스템의 삼투는 그림 7.5에 표시된 모델과 유사하다. 살아 있는 막은 일반적으로 큰 분자의 출입을 차단하고 물의 자유 확산을 허용한다. 대부분의 세포는 일종의 수용액을 포함하고 둘러싸여 있기 때문에 삼투는 세포 활동과 생존에 광범위한 영향을 미칠 수 있다. 환경과 비교해, 세포의 수분 함량에 따라 세포는 물을 얻거나 잃거나, 영향을 받지 않을 수 있다. 이러한 조건을 설명하는 데 사용되는 용어는 등장성, 저장성, 고장성[2] 이다(그림 7.6).

* 삼투 그리스어 osmos(침투)와 osis(과정)에서 유래.

2 접두사 hypo-, iso-와 hyper-가 세포 외부 환경을 나타낸다는 것을 기억하면 이러한 삼투 조건을 기억하는 데 도움이 될 것이다.

그림 7.4 수용액에서의 분자 확산. 갈색 염료 결정(brown dye crystal)이 농도 구배를 따라 높은 농도(결정 근처)에서 낮은 농도(멀리 떨어진 곳)로 확산된다. 확산이 계속 진행되면서(왼쪽에서 오른쪽으로) 염료는 결국 수용액 전체에 고르게 퍼지게 되며, 농도 구배가 더 이상 존재하지 않게 된다. 이 시스템은 이제 평형 상태에 도달했다고 할 수 있다. (출처: McGraw Hill; Holly Curry/McGraw Hill)

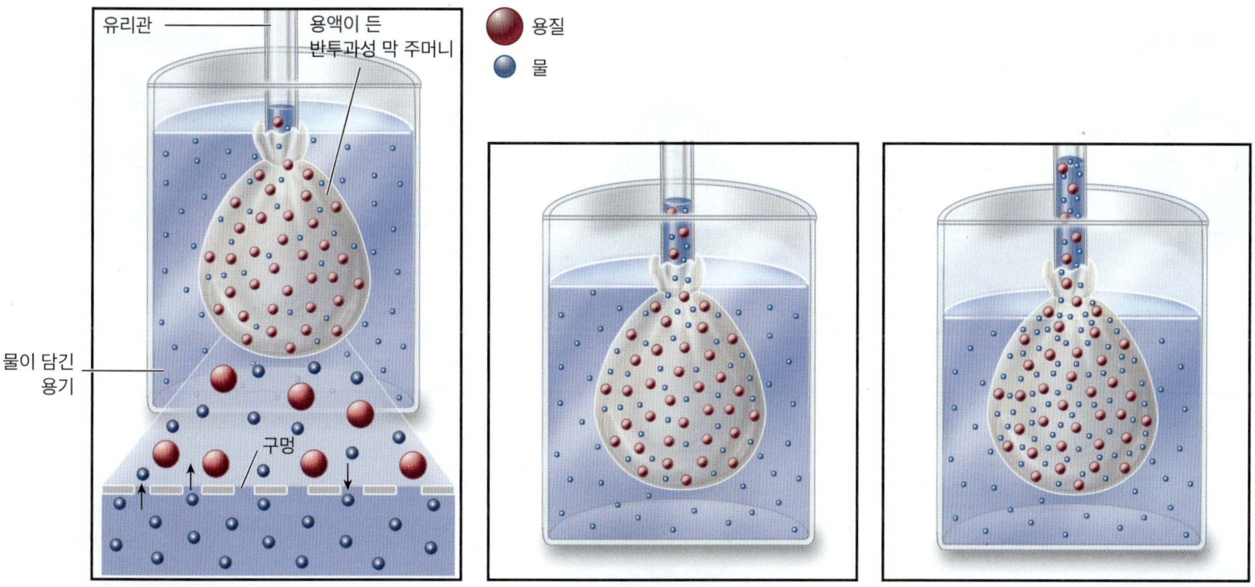


(a) 삽입 그림은 삼투 과정을 확대해서 보여 준다. 기울기는 바깥쪽 용기($H_2O$ 농도가 더 높음)에서 주머니($H_2O$ 농도가 더 낮음)로 이동한다. 일부 물은 반대 방향으로 확산되지만 순 기울기는 주머니로의 삼투를 선호한다.

(b) $H_2O$가 주머니로 확산되면서 부피가 증가하고 과도한 용액이 튜브로 강제로 밀려 들어가며 튜브는 지속적으로 상승한다.

(c) 용액이 희석되더라도 주머니로의 삼투는 여전히 발생한다. 용액이 결코 같아질 수 없기 때문에 평형은 발생하지 않는다. (왜?)

**그림 7.5 삼투를 보여 주는 모델 시스템.** 막 주머니에 싸여 있고 속이 빈 튜브에 부착된 용액이 있다. 막은 물(용매)에는 투과성이 있지만 용질에는 투과성이 없다. 주머니는 순수한 물이 담긴 용기에 담가서 시간이 지남에 따라 관찰한다.

**등장성**(isotonic)* 조건에서 환경은 세포의 내부 환경과 용질 농도가 동일하다. 물의 확산은 양방향으로 동일한 속도로 진행되므로 세포 부피에 순 변화가 없다. 등장성 용액은 일반적으로 세포에 가장 안정적인 환경이다. 이미 세포와 삼투 평형 상태에 있기 때문이다. 숙주 조직에 사는 기생충은 등장성 서식지에 살 가능성이 가장 높다.

**저장성**(hypotonic)* 조건에서 외부 환경의 용질 농도는 세포 내부 환경의 용질 농도보다 낮다. 순수한 물은 용질이 없기 때문에 세포에 가장 저장성 환경을 제공한다. 삼투의 순 방향은 저장성 용액에서 세포 내부로 향하기 때문에 벽이 없는 세포는 이러한 조건에 노출되면 팽창하고 파열될 수 있다.

대부분의 박테리아는 단단한 세포벽 때문에 약간의 저장성을 매우 잘 견딘다. 세포 내부로의 약간의 물 흐름은 세포막을 완전히 확장하고 세포질을 채운다. 이것은 막 내부와 막에서 발생하는 많은 과정에 최적의 조건이다.

**고장성**(hypertonic)* 환경의 세포는 세포질보다 용질 농도가 더 높은 용액에 노출된다. 고장성은 물이 세포 밖으로 확산되도록 강제하기 때문에 높은 삼투압 또는 전위를 생성한다고 한다. 벽이 있는 세포에서 물 손실은 **원형질 분리**(plasmolysis)*라고 하는 조건을 일으키며, 이로 인해 벽에서 원형질이 수축된다. 전체 세포가 붕괴되지는 않지만 이 사건은 여전히 많은 종류의 세포를 손상시키고 심지어 죽일 수 있다. 벽이 없는 세포에 대한 영향은 수축하고 일반적으로 붕괴하는 것이다(그림 7.6). 미생물에 대한 고장성 용액의 성장을 제한하는 효과는 소금에 절인 햄 및 생선과 같은 식품에 대한 방부제로 농축된 소금 및 설탕 용액을 사용하는 원리다. 이러한 용액은 미생물 오염물질의 성장을 억제하는 식품에서 수분을 효과적으로 제거한다.

## 환경의 삼투 변화에 대한 적응

이제 특정 미생물이 삼투적으로 환경에 적응하는 방식을 살펴보자. 일반적으로 등장성 조건은 세포에 거의 스트레스를 주지 않으므로 생존은 고장성 및 저장성 환경의 부작용에 대응하는 데 달려 있다.

담수에 사는 조류와 아메바는 지속적으로 저장성 조건에서 사는 세포의 예다. 세포막을 가로질러 세포질로 확산되는 물의 속도는 빠르고 일정하며, 세포는 적응할 방법이 없다면 죽을 것이다. 박테리아와 마찬가지로 대부분의 조류는 세포질 막이 압력으로 인해 **팽윤되어도**(turgid)*

* 등장성 그리스어 iso(동일)와 tonos(장력)에서 유래.
* 저장성 그리스어 hypo(아래)와 tonos(장력)에서 유래.
* 고장성 그리스어 hyper(위)와 tonos(장력)에서 유래.
* 원형질 분리 라틴어 plasma(형태)와 그리스어 lusis(풀림)에서 유래.
* 팽윤 부풀어 오르거나 팽창된 상태.

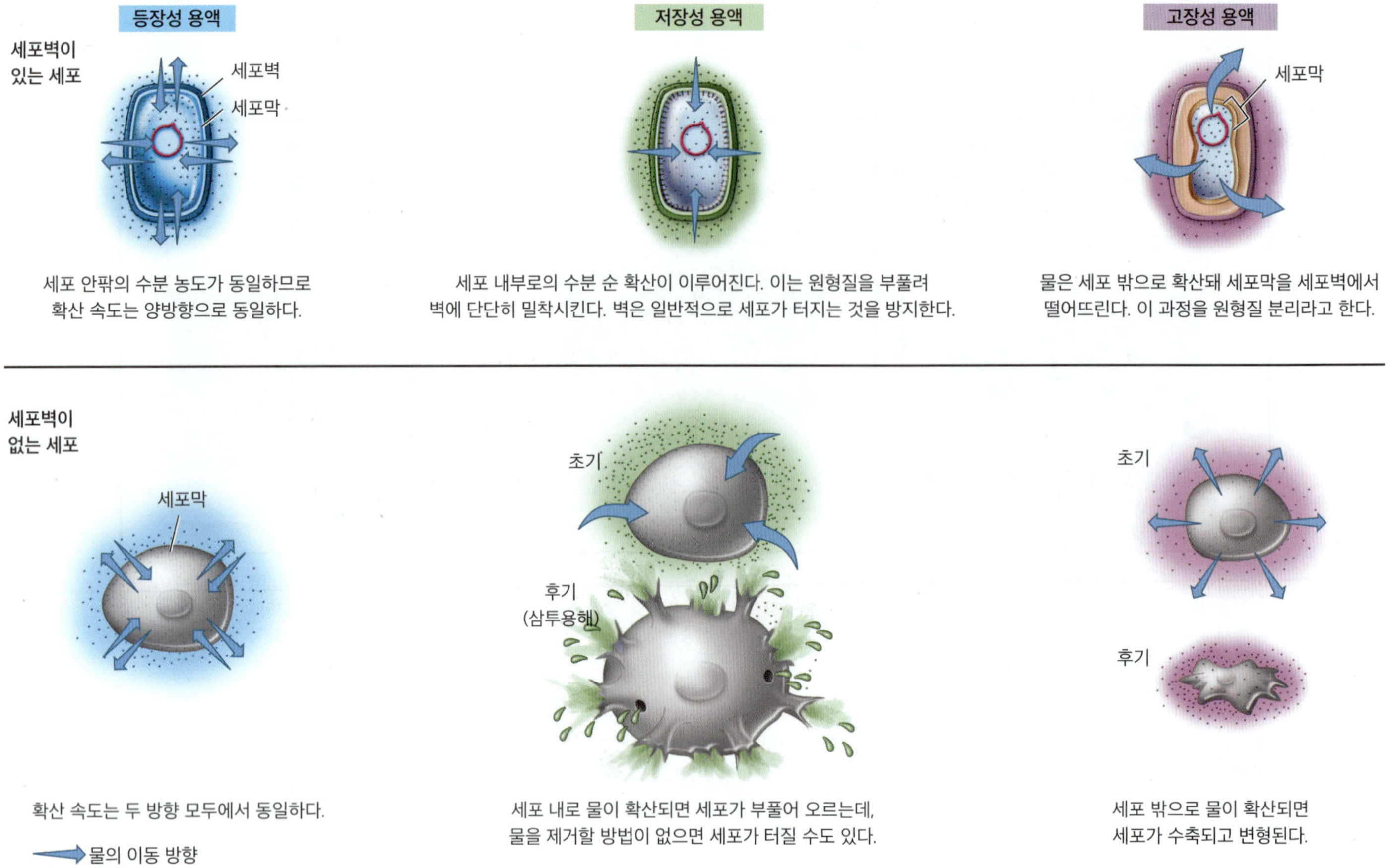


**그림 7.6** 다양한 삼투 함량의 용액에 대한 세포의 반응.

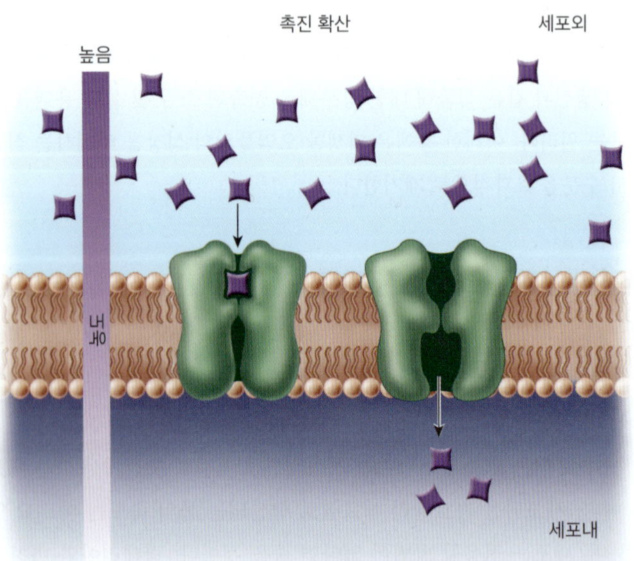


**그림 7.7** **촉진 확산.** 촉진 확산은 특정 단백질 운반체에 분자가 결합하는 과정을 포함한다. 분자가 단백질에 결합하면 단백질의 구조적 변형이 일어나며, 이를 통해 분자가 막을 통과할 수 있도록 돕는다. 막 단백질은 이후 세포 내부로 분자를 방출한다. 이 과정에서 세포는 운반을 위해 에너지를 소모할 필요가 없다.

터지지 않도록 보호하는 세포벽을 가진다. 아메바는 자신을 보호할 세포벽이 없으므로 물의 유입을 처리하기 위해 에너지를 소모해야 한다. 이것은 작은 펌프처럼 세포에서 과도한 물을 빨아내는 물 또는 수축성 공포(vacuole)로 달성된다.

고염도 환경(고장성)에서 사는 미생물은 반대의 문제가 있으며 환경으로의 물 손실을 제한하거나 내부 환경의 염도를 높여야 한다. 그레이트솔트레이크와 사해에 사는 할로박테리아는 세포를 환경과 등장성으로 만들기 위해 소금을 흡수해야 한다. 따라서 서식지에서 고염도 농도에 대한 생리적 요구가 있다(7.4절의 호염균 참조).

## 막을 가로지르는 용질의 이동

단순 확산은 산소나 지용성 분자와 같이 막을 쉽게 통과하는 작은 비극성 분자의 이동에 효과적이다. 그러나 세포에 필요한 많은 물질은 투과성이 크게 감소한 극성 및 이온성 화학물질이다. 단순 확산만으로는 이러한 물질을 운반할 수 없다. 세포가 이러한 제한에 적응한 한 가지 방법은 **촉진 확산**(facilitated diffusion, 그림 7.7)이라고 하는 과정을 포함한다. 이 수동적 운반 메커니즘은 특정 물질을 결합하는 막의 운반체 단백질을 활용한다. 이 결합은 막을 가로질러 물질의 이동을 용이하게 하

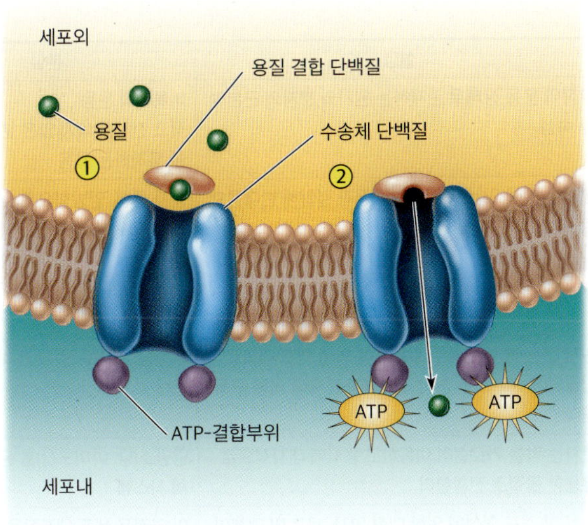


(a) **운반체 매개 능동 수송.** (1) 막 결합 수송체 단백질(투과효소)은 필수 용질(나트륨, 철, 당)을 운반하는 근처의 용질 결합 단백질과 상호작용한다. (2) 결합 단백질이 특정 부위에 부착되면 ATP가 활성화되고 에너지를 생성해 투과효소의 특수 채널을 통해 용질을 세포 내부로 펌핑한다.

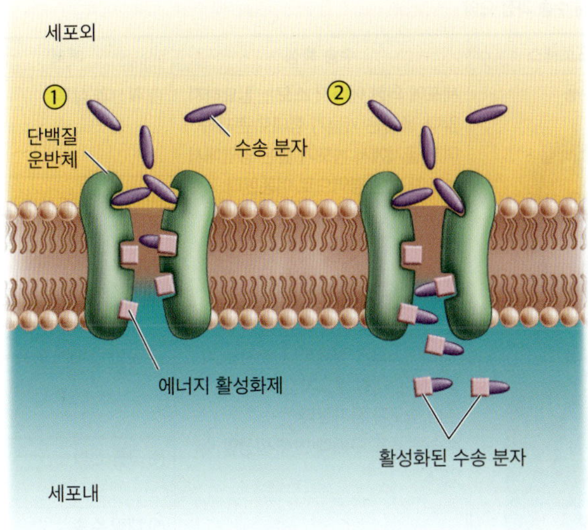


(b) **그룹 내 전좌.** (1) 특정 분자가 적극적으로 포획되지만 막 단백질 운반체를 통과할 때 (2) 화학적으로 변형되거나 활성화돼 세포에서 사용된다. 수송을 합성과 결합함으로써 세포는 에너지를 보존한다.

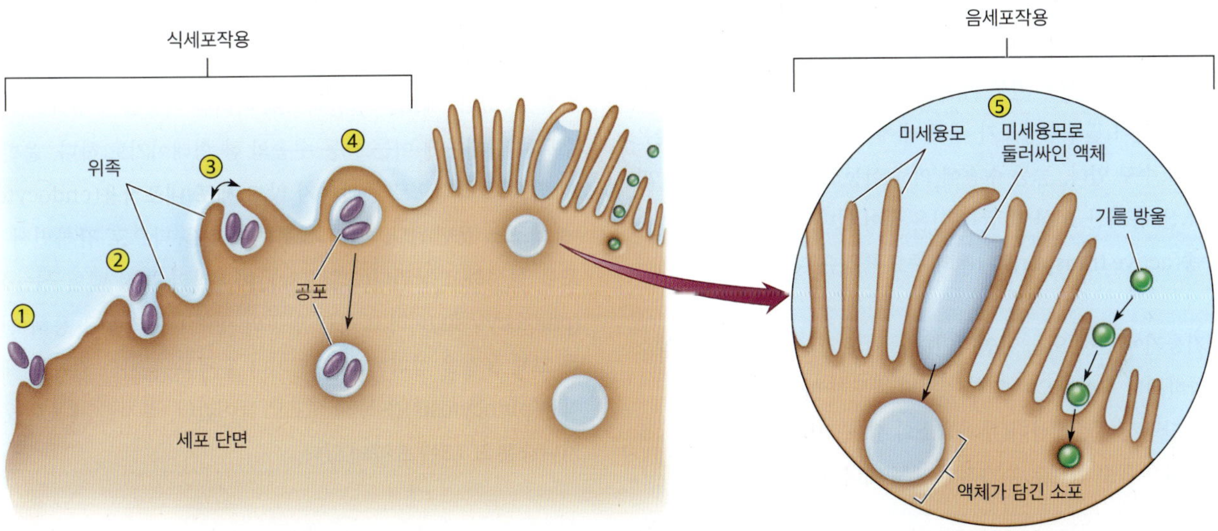


(c) **세포 내포작용.** 식세포작용으로 고체 입자는 유연한 세포 확장 또는 위족(1~4)에 의해 삼켜진다(1,000배). (5) 음세포작용으로 체액 및/또는 용해된 물질은 미세융모라고 하는 매우 미세한 돌출부에 의해 소포에 싸인다(3,000배). 기름 방울은 세포막과 융합해 세포로 직접 방출된다.

**그림 7.8** 능동 수송. 능동 수송 메커니즘에서 에너지는 ATP를 소모해 분자를 세포막을 가로질러 수송한다.

는 방식으로 운반체 단백질의 형태를 변경한다. 물질이 운반되면 운반체 단백질은 원래 모양으로 돌아가 다시 운반할 준비가 된다. 이러한 운반체 단백질은 **특이성**(specificity)을 나타내므로 단일 유형의 분자만 결합하고 운반한다. 예를 들어, 나트륨을 운반하는 운반체 단백질은 포도당을 결합하지 않는다. 촉진 확산에서 나타나는 두 번째 특성은 **포화**(saturation)다. 물질의 운반 속도는 운반 단백질의 결합 부위 수에 의해 제한된다. 물질의 농도가 증가함에 따라 운반 속도도 증가해 운반되는 물질의 농도가 운반체의 모든 결합부위를 차지하게 된다. 그런 다음 운반 속도는 안정 상태에 도달해 물질의 농도가 더 증가하더라도 더 빨리 움직일 수 없다.

다양한 세포에서 발견되는 수동 단백질 운반체의 다른 예로는 물 통로라고도 하는 아쿠아포린이 있다. 막의 이러한 개구부는 기존 삼투 기울기에 따라 물 분자의 수동 수송을 용이하게 한다. 이들은 부피와 삼투압을 조절하는 데 관여하는 것으로 보인다.

## 능동 수송: 구배에 따른 분자의 이동

자유생활을 하는 미생물은 상대적으로 영양이 부족한 환경에서 존재하며, 느리고 비효율적인 수동 수송 기작에 완전히 의존할 수 없다. 따라서

표 7.3 세포 내 수송 과정 요약

| 일반 프로세스 | 수송 특성 | 예시 | 설명 | 본질 |
|---|---|---|---|---|
| 수동 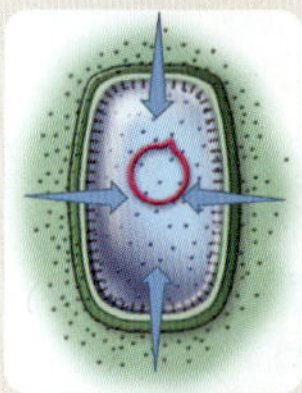 | 세포에 의한 에너지 소모는 필요하지 않다. 물질은 기울기 형태로 존재하며 기울기에서 농도가 높은 영역에서 농도가 낮은 영역으로 이동한다. | (1) 확산과 삼투 | 무작위 운동 상태로 존재하는 원자와 분자의 근본적인 속성 | 비특이적 운동<br>작고 전하를 띠지 않은 분자들이 막을 통과하는 운동 |
| | | (2) 촉진 확산 | 분자는 막에 있는 운반체 단백질과 결합해 반대쪽으로 운반된다. | 분자 특성. 양방향으로 수송<br>당, 아미노산, 물 수송 |
| 능동 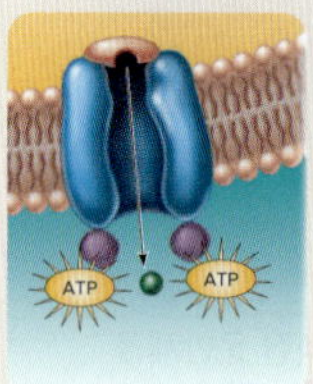 | 에너지 소모가 필요하다. 분자는 기울기에 존재할 필요가 없다.<br>수송 속도가 증가한다.<br>수송은 농도 구배에 반해 발생할 수 있다. | (3) 운반체 매개 능동 수송 | 원자 또는 분자는 특수 수용체에 의해 세포 내외로 펌핑되며, ATP 또는 기타 고에너지 분자에 의해 구동된다. | 단순당, 아미노산, 무기 이온($Na^+$, $K^+$) 운반 |
| | | (4) 그룹 전좌 | 분자는 막을 가로질러 이동하고 동시에 대사적으로 유용한 물질로 전환한다. | 영양소(당, 아미노산)를 운반하는 대체 시스템 |
| | | (5) 대량 수송 | 포식 및 소포 형성에 의한 대형 입자, 세포 및 액체의 대량 수송 | 이 과정은 세포 내포작용이다. 예로서 식세포작용과 음세포작용이 있다. |

미생물은 낮은 농도로 존재하는 영양소와 기타 필수 물질을 포착해 적극적으로 세포 내로 운반해야 한다. 또한 세포는 반대 방향으로 물질을 외부 환경으로 운반해야 한다. 일부 미생물은 매우 효율적인 능동 수송 시스템을 가지고 있어 필수영양소가 세포 내에서 외부보다 수백 배 높은 농도로 존재할 수도 있다. 능동 수송에 의해 이동하는 물질의 예로는 단당류, 아미노산, 유기산, 인산염, 금속 이온 등이 있다.

**능동 수송**(active transport) 체계의 주요 특징은 다음과 같다.

1. 확산 기울기에 반해 또는 자연적인 기울기와 같은 방향으로 영양소가 이동하지만 확산만으로 인한 것보다 속도가 빠르다.
2. 특정 막 단백질이 존재한다(투과효소와 펌프, 그림 7.8a).
3. ATP에 의한 흡수 형태로 추가적인 세포 에너지가 소모된다.

**운반체 매개 능동 수송**(carrier-mediated active transport)에는 ATP와 운반될 분자를 모두 결합하는 특정 막 단백질이 포함된다. ATP에서 에너지를 방출해 단백질 운반체를 통한 분자의 이동을 촉진한다. 이는 어느 방향으로든 발생할 수 있다. 일부 박테리아는 이 메커니즘을 통해 특정 당, 아미노산, 비타민 및 인산염을 세포로 운반한다. 다른 박테리아는 약물을 세포 밖으로 적극적으로 펌핑해 약물에 대한 저항성을 제공할 수 있다. 또 다른 유형의 능동 수송 펌프는 $K^+$, $Na^+$, $H^+$ 같은 이온을 막을 통해 빠르게 운반할 수 있다. 이 유형의 수송 단백질은 낭포성 섬유증 환자에게 결함이 있어 질병의 병리를 담당한다.

또 다른 유형의 능동 수송인 **그룹 전좌**(group translocation)는 영양소의 수송과 세포 내부에서 즉시 유용한 물질로의 변환을 결합한다(그림 7.8b). 이 방법은 특정 박테리아가 포도당, 과당 같은 당을 수송하는 데 사용되며 동시에 해당 세포 내의 대사경로를 활성화하는 인산(phosphate)을 더해 주는 역할을 한다.

## 세포 내포작용: 세포 내 먹고 마시기

일부 세포는 세포막을 통해 큰 분자, 입자, 액체 또는 다른 세포까지 운반할 수 있다. 세포는 일반적으로 이러한 이동을 수행하는 데 에너지를 소모하기 때문에 이는 능동 수송의 한 형태이기도 하다. 운반되는 물질은 막을 물리적으로 통과하지 않고 **세포 내포작용**(endocytosis)을 통해 세포로 운반된다. 먼저 세포는 물질을 막으로 감싸면서 동시에 공포를 형성하고 삼킨다(그림 7.8c). 아메바와 특정 백혈구는 **식세포작용**(phagocytosis)이라고 하는 일종의 세포 내포작용을 통해 전체 세포나 큰 고체 물질을 섭취한다. 오일이나 용액 속 분자와 같은 액체는 **음세포작용**(pinocytosis)을 통해 세포로 들어간다. 분자를 세포로 운반하는 메커니즘은 표 7.3에 요약돼 있다.

**핵심 점검 7.3**

9. 수송되는 대상과 각 요구사항의 예를 사용해 수동 및 능동 수송 형태를 비교하시오.
10. 식세포작용과 음세포작용의 공통점과 차이점을 설명하시오.
11. 촉진 확산과 그룹 전좌의 차이점을 설명하시오.
12. 등장성, 저장성, 고장성 용액이 아메바와 박테리아 세포에 미치는 영향을 비교하시오. 또한 저장성 환경에서 생존하는 세포가 고장성 환경으로 이동했을 때 어떤 변화가 발생하는지 설명하고, 반대의 경우도 설명하시오.

## 7.4 미생물에 영향을 미치는 환경적 요인

**학습목표**

12. 서식지와 생태적 지위를 구분하시오.
13. 미생물이 기능할 수 있는 온도 범위를 설명하시오.
14. 적응 온도 그룹을 설명하고, 거기에 존재하는 미생물의 예를 들어 설명하시오.
15. 주요 기체를 나열하고, 이러한 기체에 대한 미생물의 요구사항을 설명하시오.
16. pH 변화에 대한 미생물의 적응을 설명하시오.
17. 삼투압에 대한 미생물의 적응을 설명하시오.

미생물은 성장과 생존에 영향을 미치는 다양한 환경 요인에 노출된다. 미생물 생태학은 미생물이 열, 추위, 가스, 산, 방사선, 삼투압 및 정수압, 심지어 다른 미생물과 같은 요인을 처리하거나 적응하는 방식에 초점을 맞춘다. 적응에는 장기적인 생존과 성장을 가능하게 하는 생화학 또는 유전학의 복잡한 조정이 포함된다. 생물학자들이 유기체가 서식지에 하는 모든 적응을 설명하는 데 사용하는 용어는 **생태적 지위**(niche)*이다. 대부분의 미생물의 경우 환경 요인은 대사 효소의 기능에 근본적으로 영향을 미친다. 따라서 생존은 주로 미생물의 효소 시스템이 변화하는 환경에서도 계속 기능할 수 있는지 여부의 문제다. **7.2 연결고리 찾기**를 보면 미생물 생명을 지원하는 광범위한 조건이 소개된다.

### 온도에 대한 적응

미생물 세포는 온도를 조절할 수 없으므로 자연 서식지의 주변 온도를 가정한다. 따라서 생존하려면 서식지에서 발생하는 모든 온도 변화에 적응해야 한다. 미생물 성장을 위한 온도 범위는 세 가지 **주요 온도**(cardinal temperatures)로 표현할 수 있다. **최소 온도**(minimum temperature)는 미생물의 지속적인 성장과 신진대사를 허용하는 가장 낮은 온도다. 이 온도 아래에서는 활동이 억제된다. **최대 온도**(maximum temperature)는 성장과 신진대사가 진행될 수 있는 가장 높은 온도다. 온도가 최대 온도보다 약간 높아지면 성장이 멈춘다. 그 지점을 넘어 계속 상승하면 효소와 핵산이 결국 영구적으로 불활성화돼 **변성**(denaturation)이라고 알려진 상태가 되고 세포가 죽는다. 이것이 열이 미생물 성장의 매개체로 잘 작용하는 이유다. **최적 온도**(optimum temperature)는 최소와 최대 사이의 작은 범위를 포괄해 가장 빠른 속도와 신진대사를 촉진한다. 최적 온도가 단일 지점인 경우는 드물다.

자연 서식지에 따라 일부 미생물은 좁은 주요 범위를 가지고 다른 미생물은 넓은 범위를 가진다. 일부 엄격한 기생충은 온도가 숙주의 체온보다 몇 도 이상 낮거나 높으면 자라지 않는다. 예를 들어, 라이노바이러스(감기의 원인 중 하나)는 정상 체온(33~35℃ 또는 91~95℉)보다 약간 낮은 조직에서만 성공적으로 증식한다. 다른 미생물은 그렇게 제한되지 않는다. *Staphylococcus aureus*는 6~46℃ 또는 43~114℉ 범위에서 자라고, 장내 박테리아인 *Enterococcus faecalis*는 0~44℃ 또는 32~112℉ 범위에서 자란다.

온도 적응을 표현하는 또 다른 방법은 유기체가 추운, 온건한 또는 더운 온도 범위에서 최적으로 성장하는지 여부를 설명하는 것이다. 이러한 생태적 그룹에 사용되는 용어는 저온성, 중온성 및 고온성이다(그림 7.9).

**저온균**(psychrophile)*은 최적 온도가 15℃(59℉) 미만인 미생물(박테리아, 고균, 균류 또는 조류)로, 일반적으로 0℃(32℉)에서 자랄 수 있다. 추위에 대해 절대적이며 일반적으로 20℃(68℉) 이상에서 자랄 수 없다. 진정한 저온성 미생물을 사용한 실험실 작업은 실제로 어려울 수 있다. 일반적인 실내 온도가 이러한 유기체에 치명적일 수 있으므로 접종은 차가운 방에서 수행해야 한다. 대부분의 실험실 배양과 달리 냉장고에 보관하면 억제하기보다는 배양된다. 예상할 수 있듯이 진정한 저온성 미생물은 인체에서 생존할 수 없으며 감염을 일으키지 않는다. 대신, 그들은 눈밭(그림 7.10), 극지방의 얼음, 영구 동토층, 심해를 포함한

* 생태적 지위 프랑스어 nichier(둥지를 틀다)에서 유래.

* 저온균 그리스어 psychros(차가운)와 philos(좋아함)에서 유래.

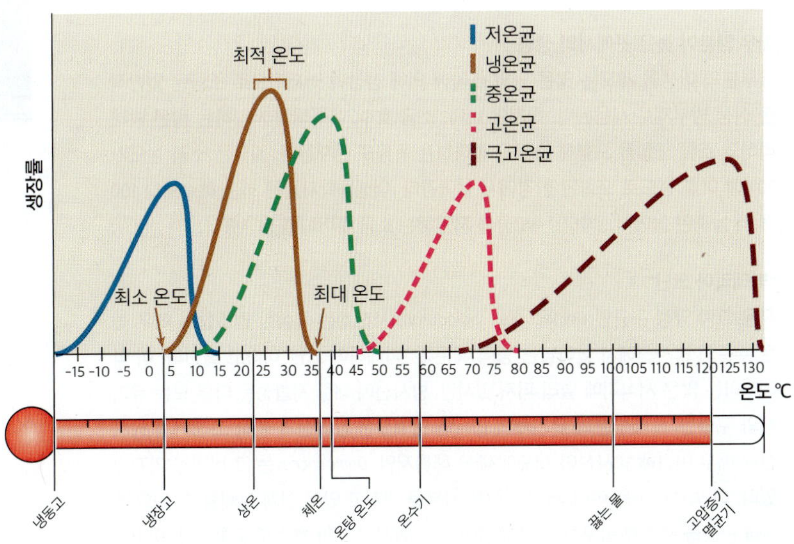


**그림 7.9** 적응 온도에 따른 생태적 그룹. 저온균은 0℃ 또는 그 근처에서 자랄 수 있으며 최적 온도는 15℃ 미만이다. 중온균은 그룹으로서 10~50℃ 사이에서 자랄 수 있지만 최적 온도는 일반적으로 20~40℃ 사이다. 저온균이라고 하는 중온균의 한 유형은 20℃ 미만의 온도에서 자랄 수 있다. 일반적으로 고온균은 45℃ 이상의 온도가 필요하며 이 온도와 80℃ 사이에서 최적 온도로 자란다. 극한 고온균(초고온균)은 최적 온도가 80℃ 이상인 박테리아와 고균이다. 범위의 극단이 어느 정도 겹칠 수 있다.

7.2 연결고리 찾기

# 극한으로 가기

덥고, 춥고, 짜고, 산성, 알칼리성, 고압, 건조, 무산소 또는 독성이 강한 모든 극한 서식지는 이러한 조건에 특별히 적응한 미생물을 품고 있을 가능성이 높다. 이러한 환경에서 서식하는 미생물 대부분은 고균과 박테리아지만, 특정 균류, 원생동물, 조류, 심지어 바이러스도 극한 서식지에서 살아갈 수 있다. 미생물학자들은 이러한 놀라운 유기체를 **극한환경미생물**(extremophiles)이라고 부른다. 혹독한 환경에서 번성하는 새로운 유형의 극한환경미생물에 대한 발견은 꽤 자주 보고되며, 이는 미생물학자들에게 놀라운 일이지만 전혀 예상치 못한 것은 아니다. 지구는 수십억 년 동안 미생물을 '배양'해 왔으며, 여전히 발견되지 않은 숨겨진 생명체가 많다는 사실을 확인해 주기 때문이다.

### 극한 기온

가장 극한적인 서식지 중 일부는 온천, 간헐천, 화산, 해구로, 모두 번성하는 미생물 집단을 지원한다. 이 지역의 온도는 50℃(122℉)에서 물의 비등점을 훨씬 초과하는 온도까지 다양하며, 일부 해구에서는 350℃(662℉)에 이르기도 한다. 많은 열 적응 미생물은 유전학과 대사가 이러한 극한 환경에 맞게 극도로 변형된 고대 고균이다. 황화수소 산화 박테리아를 기반으로 하는 독특한 생태계는 깊은 해양 산맥을 따라 형성된 열수 분출구에서 발견된다. 뜨거운 화산수에서 서식하는 또 다른 생명체로는 폼페이 벌레와 같은 특이한 무척추동물이 있으며, 이들은 80℃(176℉)에 이르는 해구 주변의 바위 은신처를 자주 찾는다(사진 a). 이들의 생존은 벌레 표면에 단열 코팅을 형성하는 공생 박테리아에 크게 의존한다.

한편, 지구의 대부분은 추운 환경에 속하며, 미생물은 북극과 남극 전역뿐만 아니라 바다의 가장 깊은 곳에서도 거의 영하의 기온에서 정착하고 성장할 수 있다. 여러 종류의 조류와 균류는 눈과 빙하 얼음 표면에서 번성하며(그림 7.10 참조), 더욱 놀라운 것은 일부 박테리아와 조류가 남극의 해빙에서도 생존한다는 점이다. 얼음은 겉보기에 완전히 단단해 보이지만, 다양한 크기의 기공과 터널이 벌집처럼 형성돼 있으며, −20℃(−4℉)의 용액으로 채워져 있다. 이 차가운 미세 서식지에는 플랑크톤 박테리아, 조류, 그리고 이를 먹이로 하는 포식자가 서식하는 소우주가 존재한다.

### 매우 염분이 높은 곳에서의 생명

대부분의 미생물 세포는 많은 양의 소금에 의해 성장이 억제되므로 소금은 일반적인 식품 방부제로 사용된다. 하지만 바다, 소금 호수, 내륙해에 서식하는 많은 박테리아와 조류 군집을 포함해 소금을 좋아하는 동물도 존재한다. 일부는 소금 농도가 30%에 이를 정도로 포화된 환경에서 살아간다. 미생물학자들은 최근 해수보다 100배 더 농축된 물에서 살아가는 고균을 지원하는 소금 주머니를 발견했다.

### "박테리아 코난"

작은 그람 양성 구균인 *Deinococcus radiodurans*(사진 b)는 극심한 건조함과 매우 높은 수준의 방사선에서 살아남는 능력 때문에 "박테리아 코난"이라고 불린다. 이 박테리아는 많은 서식지에 널리 퍼져 있지만, 방사선에 대한 저항성은 다른 모든 유기체와 구별된다. 대부분의 유기체의 DNA와 단백질은 감마선과 기타 고에너지 방사선에 매우 민감해 방사선이 세포에 매우 해롭지만, *Deinococcus*는 그 비밀을 가지고 있다. 이 박테리아는 여러 개의 유전체 사본을 가지고 있어 쉽게 교체할 수 있으며, DNA 손상을 빠르게 복구하는 데 도움이 되는 방사선 저항 효소를 포함한다. 이러한 특성 덕분에 이 미생물은 방사성 폐기물의 생물학적 정화 및 화성 연구의 모델 생물체로서의 잠재력에 대해 연구되고 있다.

### 용감한 '고대' 세계

남극의 고대 얼음 샘플(수백만 년 전)을 실험실로 가져왔을 때 살아 있는 박테리아가 발견됐다. 가장 오래된 분리주 중 일부는 특이하고 매우 느리게 성장하는 형태였지만, 다른 것들은 현대 박테리아와 유사했다.

또 다른 기이한 고대의 초극한환경미생물이 아프리카 금광에서 3 km 깊이에서 발견됐다. 박테리아인 *Desulforudis*는 이 완전히 어둡고, 혐기성이며, 뜨겁고, 알칼리성인 서식지의 유일한 거주자이며, 우라늄의 방사성 붕괴에서 에너지를 얻는다. 이것은 다른 유기체의 기여 없이 자체 생태계를 확립하고 스스로를 유지하는 것으로 알려진 지구상의 최초의 유기체다.

수많은 종이 산소 가스와 햇빛이 침투할 수 없는 진흙, 늪, 바다의 가장 깊은 층에서 자신만의 자리를 개척했다. 바다의 가장 깊은 곳(10,000 m 이하)에 사는 우세한 생물은 압력과 추위를 좋아하는 미생물이다. 모래언덕과 사막의 건조한 지역에도 강인한 종류의 미생물이 서식하며, 번성하는 박테리아 개체군은 구리, 아연, 금, 우라늄이 포함된 석유, 석탄, 광물 매장지에서 발견될 수 있다. 이처럼 치명적인 환경에서 적응하고 생존할 수 있는 미생물을 호독소균이라고 한다.

일반적으로 극한의 서식지에 적응한 미생물은 적당한 환경에서는 생존할 수 없다. 그리고 드문 경우를 제외하면 이러한 극한 환경에서 사는 유기체는 병원체가 아니다. 인체는 극한환경미생물에게 적대적인 서식지가 될 것이기 때문이다.

극한환경미생물이 어떻게 이처럼 심각하고 불리한 환경에서 생존할 수 있는지 설명하시오.

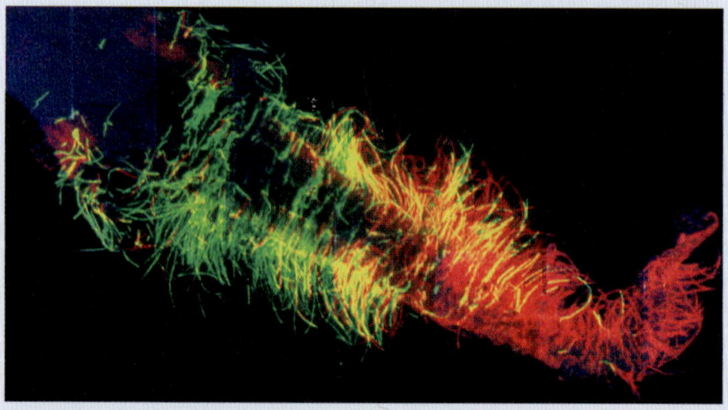

(a) 지구상에서 가장 더운 동물은 이 폼페이 벌레로, 열로부터 보호하기 위해 공생 박테리아(미세한 필라멘트)로 된 외투를 입고 있다. (출처: M. Cottrell and C. Cary, College of Marine Studies, University of Delaware)

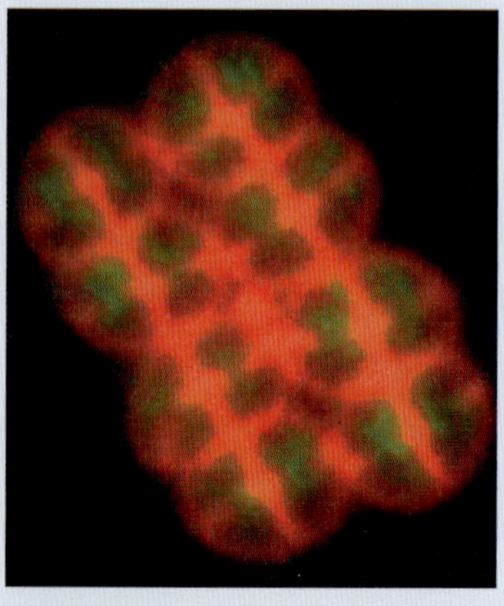

(b) 패킷 배열, 세포벽(빨간색), 염색체(녹색)를 보여 주는 *Deinococcus radiodurans*의 형광현미경 사진. (출처: Dea Slade)

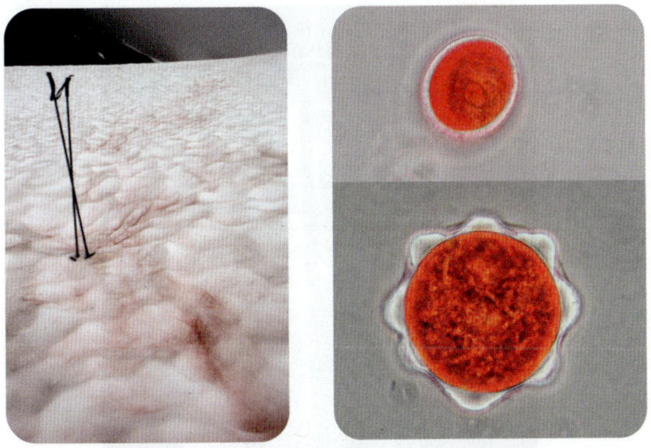


그림 7.10 붉은 눈. (a) 알래스카 빙하의 표면은 클라미도모나스 니발리스와 같은 저온성 광합성 유기체에게 완벽한 서식지를 제공한다. (b) 이 눈 조류의 미세한 모습. 이 눈 조류는 '녹색' 조류로 분류되지만 수명 주기의 이 단계에서는 붉은 색소가 지배적이다(600배). (출처: Nozomu Takeuchi)

지구상에서 가장 추운 곳에 서식한다. 최근 남극 대륙의 해저 호수에서 −15℃(5℉)에서 사는 박테리아가 분리됐다. 진정한 저온성 박테리아는 추위 속에서 느리게 자라지만 최적 온도가 20℃(68℉) 이상인 저온성 박테리아 또는 통성 저온성 박테리아와 구별돼야 한다. *Staphylococcus aureus*와 *Listeria monocytogenes* 같은 저온성 박테리아는 냉장식품에서 자라고 식품 매개 질병을 일으킬 수 있기 때문에 우려된다.

의학적으로 중요한 미생물의 대부분은 **중온균**(mesophile)* 으로, 중간 온도에서 자라는 생물이다. 개별 종은 10~50℃(50~122℉)의 극한에서 자랄 수 있지만, 대부분 중온성 미생물의 최적 성장 온도(optima)는 20~40℃(68~104℉) 범위에 속한다. 이 그룹의 생물은 온대, 아열대, 열대 지역의 동물과 식물, 토양과 물에 서식한다. 대부분의 인간 병원균은 30~40℃(인간의 체온은 37℃ 또는 98℉) 사이 어딘가 최적 온도를 갖는다. 고온에 잠깐 노출돼도 살아남을 수 있지만 일반적으로 중온성인 내열성 미생물은 가열되거나 저온 살균된 식품의 일반적인 오염물질이다(11장 참조). 예를 들어 *Giardia*와 같은 내열성 낭포나 *Bacillus* 및 *Clostridium*과 같은 내생포자 형성균이 있다.

**호열성균**(thermophile)*은 45℃(113℉) 이상의 온도에서 최적으로 자라는 미생물이다. 이러한 호열성 미생물은 화산 활동과 관련된 토양과 물, 퇴비 더미, 그리고 태양에 직접 노출된 서식지에서 산다. 호열성균은 일반적으로 성장 온도가 45~80℃(113~176℉)다. 대부분의 진핵 형태는 60℃(140℉) 이상에서 생존할 수 없지만, **초고온성균**(hyperthermophiles)이라고 하는 몇몇 박테리아와 고균은 극한의 온도에서 사는 데 적응한다. 이들은 80~121℃(250℉) 사이에서 자랄 수 있으며, 현재 효소와 세포 구조가 견뎌 낼 수 있는 가장 높은 온도 한계로 여겨진다. 엄격한 호열성균은 열에 매우 강해 연구자들은 열 살균 장치를 사용해 배양된 비호열성균에서 분리할 수 있다.

* 중온균 그리스어 mesos(중간)에서 유래.
* 호열성균 그리스어 therme(열)에서 유래.

### 임상 사례

## 하지만 항상 안전했다

한 환자가 네바다에 있는 지역 병원 응급실에서 치료를 받았다. 그는 지난 48시간 동안 설사, 복통, 메스꺼움, 구토, 발열, 오한을 겪었다고 말했다. 지난 며칠 동안의 식사에 대해 물었을 때 그는 프린스 윌리엄 사운드(알래스카 연안)에서 크루즈를 타고 방금 돌아왔고 많은 크루즈 승객들처럼 하루 24시간 내내 눈에 보이는 모든 것을 먹었다고 말했다.

환자의 대변을 검사한 결과 위장염을 일으키는 것으로 알려진 병원성 박테리아인 *Vibrio parahaemolyticus*가 존재하는 것으로 밝혀졌다. 알래스카주 보건당국이 추가 조사를 한 결과 총 54명이 최근 알래스카 해역에서 채취한 날굴을 섭취한 지 2일 이내에 *V. parahaemolyticus* 양성 반응을 보인 것으로 밝혀졌다.

*V. parahaemolyticus*는 최소 16.5℃의 온도가 필요하기 때문에 중온성균으로 간주되며, 역사적으로 알래스카 해역은 이 박테리아가 번성하기에 너무 춥다. 이 때문에 사람들은 안전을 걱정하지 않고 그 지역의 날굴을 일상적으로 먹었다. 하지만 기후 변화로 프린스 윌리엄 사운드의 바닷물이 따뜻해지면서 *V. parahaemolyticus*가 평소 서식지에서 북쪽으로 900 km(600마일) 이상 떨어진 지역으로 퍼져 굴을 오염시키고 질병을 일으켰다. 이 사건으로 알래스카의 여러 굴 양식장이 문을 닫았고, *V. parahaemolyticus*에 대한 검사가 이제 주 전역에서 일상적으로 이루어지고 있다. 많은 굴 양식업자는 또한 새로운 관행을 개발했다. 바닷물 온도가 15℃에 가까워지면 굴 바구니를 표면 아래 100피트 더 차가운 바닷물로 내려 박테리아를 제거하는 것이다.

음식을 차갑게 보관하면 저온성 박테리아의 성장이 촉진되는 것으로 보인다. 왜 중온성 박테리아보다 이 박테리아에 대해 일반적으로 덜 우려하는 걸까?

현재 생명공학 회사들은 열 미생물에 큰 관심을 가지고 있다. 지금까지 가장 수익성 있는 발견 중 하나는 엄격한 호열성균인 *Thermus aquaticus*로, 고온에서도 DNA 사본을 만들 수 있는 효소를 생성한다. 이 효소인 Taq 중합효소는 현재 의학, 법의학, 생명공학의 여러 분야에서 사용되는 과정인 중합효소연쇄반응(PCR)의 필수 구성요소다(10장 참조).

## 가스 요구량

미생물 성장에 가장 큰 영향을 미치는 대기 가스는 산소($O_2$)와 이산화탄소($CO_2$)다. 산소는 대기의 약 20%를 차지하고 $CO_2$는 약 0.04%를 차지한다. 산소 가스는 미생물 적응에 큰 영향을 미친다. 중요한 호흡 가스이며, 많은 독성 형태로 존재하는 강력한 산화제이기도 하다. 일반적으로 미생물은 세 가지 범주 중 하나에 속한다. 산소를 사용하고 해독할 수 있는 미생물, 산소를 사용하거나 해독할 수 없는 미생물, 산소를 사용하지 않지만 해독할 수 있는 미생물이다.

## 미생물이 산소를 처리하는 방법

산소 가스가 세포 반응에 들어가면 여러 가지 독성 제품으로 변환될 수 있다. 싱글렛 산소($^1O_2$)는 생물과 무생물 프로세스 모두에서 생성되는 매우 반응성이 강한 분자다. 특히 침입하는 박테리아를 죽이기 위해 식세포가 생성하는 물질 중 하나다(14장 참조). 싱글렛 산소의 축적과 막지질 및 기타 분자의 산화는 세포를 손상시키고 파괴할 수 있다. 반응성이 매우 높은 슈퍼옥사이드 이온($O_2^-$), 과산화물($H_2O_2$), 하이드록실 라디칼(OH)은 산소의 다른 파괴적인 대사 부산물이다. 이러한 독성 산소 생성물에서 살아남기 위해 많은 미생물은 이러한 화학물질을 청소하고 중화할 수 있는 효소를 개발했다. 슈퍼옥사이드 이온을 덜 해로운 산소 가스로 완전히 전환하려면 2단계 프로세스와 최소한 두 가지 효소가 필요하다.

1단계. $2O_2^- + 2H^+ \xrightarrow{\text{슈퍼옥사이드 디스뮤타아제}} H_2O_2(\text{과산화수소}) + O_2$

2단계. $2H_2O_2 \xrightarrow{\text{카탈라아제}} 2H_2O + O_2$

호기성 생물에 필수적인 이 일련의 반응에서 슈퍼옥사이드 이온은 먼저 슈퍼옥사이드 디스뮤타아제라는 효소의 작용에 의해 과산화수소와 정상 산소로 전환된다. 과산화수소는 세포에도 독성이 있기 때문에 (소독제와 살균제로 사용) 카탈라아제나 퍼옥시다아제라는 효소에 의해 물과 산소로 분해돼야 한다. 미생물이 이러한 메커니즘이나 유사한 메커니즘으로 독성 산소를 처리할 수 없다면 산소가 없는 서식지로 제한될 것이다.

산소 요구사항과 관련해 몇 가지 일반적인 범주가 인식된다. **호기성균**(aerobe, 호기성 유기체)* 은 신진대사에서 기체 산소를 사용할 수 있으며 독성 산소 산물을 처리하는 데 필요한 효소를 가지고 있다. 산소 없이 자랄 수 없는 유기체는 **절대 호기성 생물**(obligate aerobe)이다. 대부분의 균류와 원생동물, 그리고 많은 박테리아(*Micrococcus*와 *Bacillus* 속)는 신진대사에서 엄격한 산소 요구량을 가진다.

**통성 혐기성균**(facultative anaerobe)은 대사에 산소가 필요하지 않고 산소가 없어도 성장할 수 있는 호기성균이다. 이 유형의 유기체는 산소가 있을 때 호기성 호흡으로 대사하지만 산소가 없을 때는 발효와 같은 혐기성 대사 방식을 취한다. 통성 혐기성균은 일반적으로 카탈라아제와 슈퍼옥사이드 디스뮤타아제를 가지고 있다. 여러 세균 병원균이 이 그룹에 속한다. 여기에는 그람 음성 장내 박테리아와 포도상구균이 포함된다. **미호기성균**(microaerophile)은 정상적인 대기 중 산소 농도에서 성장하지 않지만 대사에 소량(1~15%) 필요하다. 이 범주에 속하는 대부분의 유기체는 토양, 물 또는 인체와 같이 소량의 산소를 제공하지만 대기에 직접 노출되지 않는 서식지에 산다.

그림 7.11 티오글리콜레이트 용액을 사용해 산소 요구량을 보여 준다. 티오글리콜레이트는 산소 함량의 그러데이션을 설정할 수 있는 환원 매개체다. 산소 농도는 튜브의 상부에서 가장 높고, 더 깊은 영역에서는 존재하지 않는다. 일련의 튜브에 산소 요구량이 다른 세균을 접종하면, 성장의 상대적 위치는 산소 사용에 대한 적응 정도를 나타낸다. 튜브 1(맨 왼쪽)은 호기성(*Pseudomonas aeruginosa*), 튜브 2는 통성(*Staphylococcus aureus*), 튜브 3은 통성(*Escherichia coli*), 튜브 4는 혐기성(*Clostridium butyricum*). (출처: Terese M. Barta, PhD)

진정한 **혐기성균**(anaerobe, 혐기성 미생물)은 호흡에 산소 가스를 사용하기 위한 대사 효소 시스템이 없다. **엄격 혐기성**(strict anaerobes) 또는 **절대 혐기성**(obligate anaerobes) 미생물은 독성 산소를 처리하는 효소도 없기 때문에 즉각적인 환경에서 자유 산소를 견딜 수 없으며 노출되면 죽는다. 엄격 혐기성 미생물은 깊은 진흙, 호수, 바다 및 토양과 같은 매우 제한된 서식지에서 산다.

생화학적 관점에서 미생물의 산소 요구량을 결정하는 것은 매우 시간이 많이 걸리는 과정일 수 있다. 초기 설명은 티오글리콜레이트와 같은 산소 제거 화학물질을 함유한 환원 배지로 만든 배양에서 나온다. 유동 티오글리콜레이트 배지 튜브에서 성장 위치는 유기체의 산소 사용 적응을 나타내는 공정한 지표다(그림 7.11). 엄격히 혐기성 박테리아를 성장시키려면 일반적으로 특수 배지, 배양 방법 및 산소를 차단하는 취급 챔버가 필요하다. 그림 7.12는 혐기성 세균을 취급하고 성장시키기 위한 특수 시스템을 보여 준다.

인간 세포는 산소를 사용하고 산소는 혈액과 조직에서 발견되지만, 일부 신체 부위에는 식민지화 또는 감염이 발생할 수 있는 혐기성 주머니 또는 미세 서식지가 있다. 치아 우식증은 부분적으로 플라크에서 호기성 및 혐기성 박테리아의 복잡한 작용 때문이다. 대부분의 잇몸 감염은 손상된 잇몸 조직을 침범한 유사한 구강 박테리아 혼합물로 구성된다. 혐기성 감염의 또 다른 일반적인 부위는 대장이다. 대장은 비교적 산소가 없는 서식지로, 엄밀히 혐기성 박테리아가 풍부하게 서식한다. 혐기성 감염은 복부 수술 및 외상성 부상(가스 괴저 및 파상풍) 후에 발생

* 호기성균 접두사가 '공기'를 의미하나 실제로는 '산소'의 의미로 사용된다.

(a)

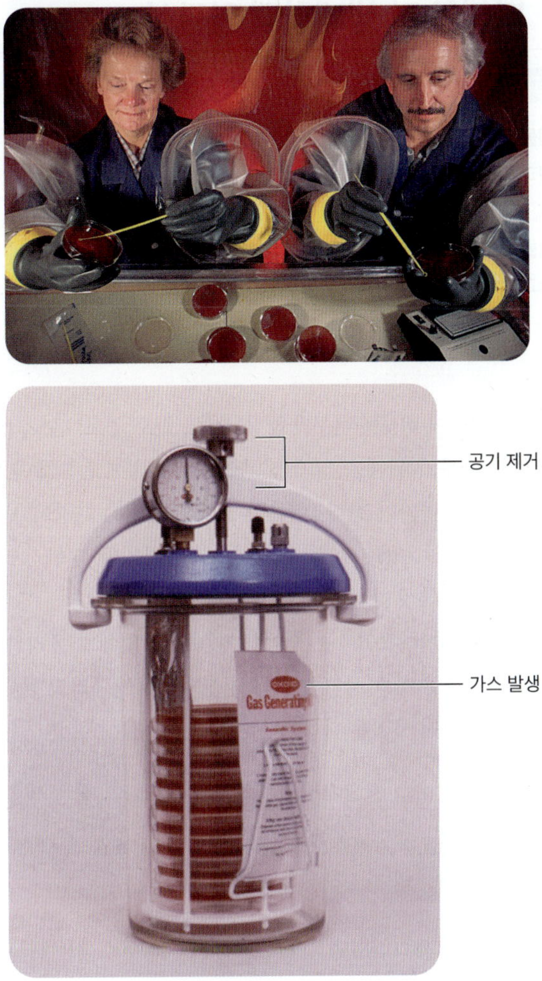


(b)

그림 7.12 혐기성 미생물을 배양하는 기술. (a) 혐기성 환경 챔버에는 엄격한 혐기성 미생물을 공기에 노출시키지 않고 처리하기 위한 포트가 장착돼 있다. 또한 완전한 무산소($O_2$ 없음) 상태에서 배양 및 관찰이 가능하도록 설계돼 있다. (b) 혐기 배양 챔버는 내부 공기를 제거하고 질소나 이산화탄소 같은 산소 없는 기체로 다시 채워 혐기 환경을 조성하는 장치다. (출처: Keith Weller, USDA/ARS; Dr. Gilda Jones/CDC)

할 수 있다.

**산소내성 혐기성균**(aerotolerant anaerobes)은 산소 가스를 사용하지 않지만 산소가 있는 곳에서 생존하고 자랄 수 있다. 이러한 혐기성균은 산소에 의해 해를 입지 않으며, 일부는 과산화물과 초산화물을 분해하는 대체 메커니즘을 가지고 있다. 예를 들어, 장에 흔히 서식하는 유산균은 망간 이온으로 이러한 화합물을 불활성화한다.

미생물은 대사과정에서 이산화탄소를 필요로 하지만, **$CO_2$ 기호성균**(capnophiles)은 대기 중의 일반적인 이산화탄소 농도(0.033%)보다 높은 농도(3~10%)에서 가장 잘 자란다. 이것은 임상 표본에서 일부 병원균을 처음 분리할 때 중요하다. 특히 *Neisseria*, *Brucella*, *Streptococcus pneumoniae* 등이 중요하다. 배양은 정확한 $CO_2$ 범위를 제공하는 $CO_2$ 배양기에서 이루어진다. $CO_2$는 유기 화합물을 합성하는 데 사용하는 독립영양생물에 필수적인 영양소라는 점을 명심해야 한다.

## pH의 영향

미생물의 성장과 생존은 서식지의 pH에 영향을 받는다. pH는 2장에서 용액의 산성 또는 알칼리성의 정도로 정의됐다. pH는 0에서 14까지의 숫자로 표시되는 pH 척도로 표현되며, pH 7은 산성도 알칼리성도 아니다. pH 값이 0으로 감소하면 산성도가 증가하고, pH가 14로 증가하면 알칼리도가 증가한다. 대부분의 유기체는 pH 6에서 pH 8 사이의 서식지에서 살거나 성장한다. 왜냐하면 더 강한 산과 염기는 효소와 다른 세포 물질에 큰 피해를 줄 수 있기 때문이다.

토양, 담수 또는 식물과 동물의 몸에 사는 대부분의 미생물은 pH 5.5~8 사이의 범위에서 사는 **호중성균**(neutrophiles)이지만, 일부는 극단적인 pH에 노출될 수 있다. 산성 습지, 산성 하천, 알칼리성 토양, 알칼리성 연못과 같은 산성 또는 알칼리성 서식지는 특수한 미생물 공동체를 위한 수많은 서식지를 제공할 수 있다. 절대 **호산성균**(acidophiles)에는 pH 0~1.0 사이의 산성 웅덩이에서 자라는 조류인 *Euglena mutabilis*와 pH 1~2의 뜨거운 석탄 더미에 서식하며 pH 7에 노출되면 용해되는 고세균인 *Thermoplasma*가 포함된다. 조류, 고세균, 박테리아의 몇몇 종은 pH 0에 가까운 농축 염산의 pH 근처에서 생존할 수 있다. 이들은 성장을 위해 이렇게 낮은 pH를 필요로 할 뿐 아니라, 몇몇 박테리아 종은 실제로 강한 산을 방출해 낮은 pH를 유지하는 데 도움을 준다. 많은 곰팡이와 효모가 적당한 산도를 견디기 때문에 산으로 절인 식품의 가장 일반적인 부패 원인이다.

**염기성균**(alkalinophiles)은 높은 수준의 염기성 미네랄을 함유한 뜨거운 물과 토양에 서식한다. 아마도 캘리포니아의 모노 호수에 서식하는 최고 12의 pH에 적응한 프로테오박테리아가 알칼리성 미생물의 상한선을 보여 줄 것이다. 소변을 분해하는 박테리아는 알칼리성 조건을 만드는데, 왜냐하면 요소(소변의 구성요소)가 소화될 때 암모늄($NH_4^+$)이 생성될 수 있기 때문이다. 요산의 대사는 프로테우스 종이 소변의 산도를 중성화해 요로에 정착하고 감염시키는 방법 중 하나다.

## 삼투압

대부분의 미생물은 저장성 또는 등장성 조건에서 존재하지만, **호삼투성 미생물**(osmophiles)이라고 불리는 일부 미생물은 용질 농도가 높은 서식지에서 산다. 높은 농도의 소금에서 생존하고 성장하는 일반적인 유형의 삼투성 미생물은 **호염균**(halophiles)이라고 한다.

*Halobacterium*과 *Halococcus*와 같은 **절대 호염균**(obligate halophiles)은 소금 호수, 연못, 기타 고염도 서식지에 서식한다. 이들은 25%의 염화나트륨 용액에서 최적으로 성장하지만, 성장을 위해서는 최소 9%의 염화나트륨(다른 염과 함께)이 필요하다. 이 고세균은 세포벽과 세포막에 상당한 변형이 있으며, 저장성 서식지에서 용해된다. 아마도 가장 극단적인 염분 서식지는 혹한의 남극 대륙에 있는 얕은 연못에 존재할 것이다. 돈 후안(Don Juan) 연못의 염분 농도는 33%의 $CaCl_2$

로 측정된다. 한동안 연구자들은 이 장소에서 시아노박테리아와 규조류의 활발한 생물막 공동체를 발견하기 전까지, 화성의 생명이 없는 환경을 복제하는 좋은 모델이 될 것이라고 생각했다

일부 미생물은 용질 농도에 적응한다. 이들은 **내삼투성 미생물**(osmotolerant)로 간주되며, 때로는 **통성 호염균**(facultative halophiles)이라고도 불린다. 이러한 유기체는 일반적으로 염분이 높은 환경에 서식하지 않음에도 불구하고 염분에 대한 저항성이 매우 뛰어나다. 예를 들어, *Staphylococcus aureus*는 0.1%에서 20%에 이르는 농도의 염화나트륨 배지에서 자랄 수 있다. 식품(젤리, 시럽, 소금물)을 보존하기 위해 고농도의 소금과 설탕을 사용하는 것이 일반적이지만, 이러한 조건에서 많은 박테리아와 곰팡이가 번식해 일반적인 부패의 원인이 된다. 특히 설탕을 좋아하는 내성이 강한 효모는 꿀과 사탕의 높은 설탕 농도를 견뎌 낸다.

## 기타 환경적 요인

심해로 내려가면 유기체는 점점 더 높은 수압에 노출된다. **내고압성 미생물**(barophiles)이라고 불리는 심해 미생물은 대기압보다 몇 배나 높은 압력 아래에서 존재한다. 해양 생물학자들이 수면 7마일 아래 심해 해구에서 수면보다 1,100배 더 큰 압력에 노출된 포자충(foraminifera)이라는 특이한 진핵생물을 채취한다. 이 미생물은 고압에 매우 엄격하게 적응돼 있어 해수면 정상 대기압에 노출되면 파열된다.

세포질의 수분 함량이 높기 때문에 모든 세포는 성장과 신진대사를 유지하기 위해 환경의 물을 필요로 한다. 물은 세포 화학물질의 용매이며, 효소 기능과 거대 분자의 소화에 필요하다. 영양소와 노폐물의 확산에는 세포의 외부 표면에 일정량의 물이 필요하다. 모래나 마른 흙과 같이 겉으로 보기에는 건조한 환경에서도, 입자들은 미생물이 사용할 수 있는 얇은 물 층을 유지한다. 휴면 상태의 탈수된 세포 단계(예: 포자 및 낭종)만이 효소의 비활성으로 인해 극심한 건조 상태를 견뎌 낸다.

**핵심 점검 7.4**

13. 병원균의 대부분이 중온균인 이유는 무엇인가?
14. 저온균과 고온균의 생태학적 역할은 무엇인가?
15. 세포내 기생충이라는 것이 무엇을 의미하는지 설명하시오. 세포내 기생충의 세 가지 그룹을 말하시오.
16. 혐기성 서식지는 신체 어디에서 발견될 수 있는가?
17. 과산화수소 이온과 과산화수소는 어디에서 생성되는가? 그것의 독성 영향은 무엇인가?

## 7.5 미생물 간 생태학적 연관성

**학습목표**

18. 미생물 간의 연관성 유형을 개괄하고, 그 기본적인 차이점을 설명한다.
19. 공생과 공진화에서 일어나는 일을 설명한다.
20. 상호, 공생, 기생적 연관성을 구분하고, 예를 들어 설명한다.
21. 예시를 들어 공생영양과 편해공생을 설명한다.
22. 인간과 미생물 군집 간 상호작용을 설명한다.

지금까지 미생물이 비생물적(무생물적) 환경, 산소 농도, 온도, pH 등과 같은 요소를 다루기 위해 어떻게 진화했는지에 대해 논의했다. 그러나 미생물은 서로를 돌봐야 한다. 이른바 생물적(biotic) 환경이다. 미세한 유기체와 그렇지 않은 유기체의 수는 엄청나게 많지만, 일반적으로 존재하는 관계 유형은 다섯 가지뿐이다.

**공생관계**(symbioses)[3] *는 적어도 한쪽 구성원에게 유리한 유기체 간의 밀접한 연관 관계로 정의된다(각 구성원은 공생체라고 한다). 공생관계에 대한 몇 가지 사실은 다음과 같다.

- 절대적일 수도 있고 절대적이지 않을 수도 있다.
- 동물, 식물, 기타 미생물을 포함할 수 있다.
- 복잡한 다중 파트너 상호작용을 포함할 수 있다.

내생공생체는 파트너의 내부에서 살지만, 외생공생체는 파트너의 외부 표면과 관련이 있다. 그림 7.13은 공생의 주요 범주와 그 예에 대한 개요를 제공한다. 공생관계는 관계에서 누가 혜택을 받느냐에 따라 다르다.

**상리공생**(mutualism)은 모든 구성원이 파트너십을 통해 창출된 이익을 공유하는 관계다. 수억 년, 심지어 수십억 년에 걸친 공동 진화, 즉 **공진화**(coevolution)라는 과정을 통해 많은 상리공생 연합이 발전해 왔다. 공생하는 공생체는 매우 밀접한 접촉을 유지하며, 스스로를 유지하기 위해 함께 진화해야 한다. 한 파트너의 변화는 다른 파트너가 이러한 변화에 적응하도록 선택적 압력을 가하며, 그 반대의 경우도 마찬가지다. 상리공생의 전형적인 예는 흰개미와 원생동물 내공생체인 *Trichonympha* 사이에서 발생한다. 흰개미가 나무를 먹는 동안 나무 섬유에 있는 셀룰로오스를 소화하는 것은 흰개미의 내장에 사는 *Trichonympha*다(그림 7.13b). 두 유기체 모두 이 관계로부터 혜택을 받는다(사실 이 관계는 훨씬 더 복잡하다. 많은 종류의 원생동물이 흰개미의 내장에 살면서 셀룰로오스를 소화하는 데 도움을 주기 때문이다. 그

3 비록 symbiosis(공생)라는 용어가 때때로 mutualism(상리공생)의 동의어로 잘못 사용되기도 하지만, symbiosis는 상호 이익이 되는 관계에만 국한되지 않는다는 점을 유의해야 한다. 기생(parasitism)도 공생의 한 형태기 때문이다.

* 공생관계 그리스어 sym(함께)과 bios(살다)에서 유래.

**상리공생**: 생물들은 서로 밀접하게 연관돼 있어서 서로가 없으면 생존할 수 없다. 뿌리혹(a1)에는 식물에 쓸 수 있는 질소를 공급하고 박테리아의 서식지를 제공하는 질소 고정 내생 공생 박테리아가 있다(a2 삽입). 흰개미(b1)는 생존을 위해 내생 공생 *Trichonympha*(b2)에 의존한다.

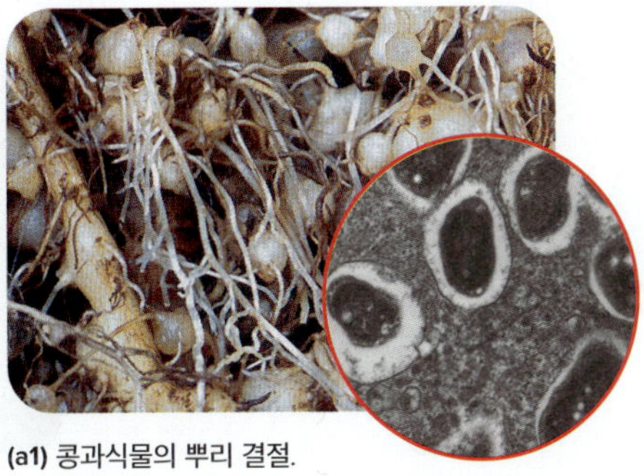

**(a1)** 콩과식물의 뿌리 결절.
**(a2)** 결절 내부의 *Bradyhizoblum* 박테리아(3,000배)

**(b1)** 흰개미는 Trichonympha와 같은 다양한 내생 공생 원생생물**(b2)**이 없었다면 나무를 소화할 수 없었을 것이다(6,500배).

**비상리공생**: 생물들은 세포 수준에서 상호 이익을 위해 상호작용하지만, 분리돼 따로 살 수도 있다. (c)의 원생동물은 조류를 삼키지만, 조류가 방출하는 영양분을 흡수하고 그들을 보호한다. (d) 식물은 곰팡이에 영양분을 공급하고, 곰팡이는 식물의 건조함과 곤충으로부터 보호한다.

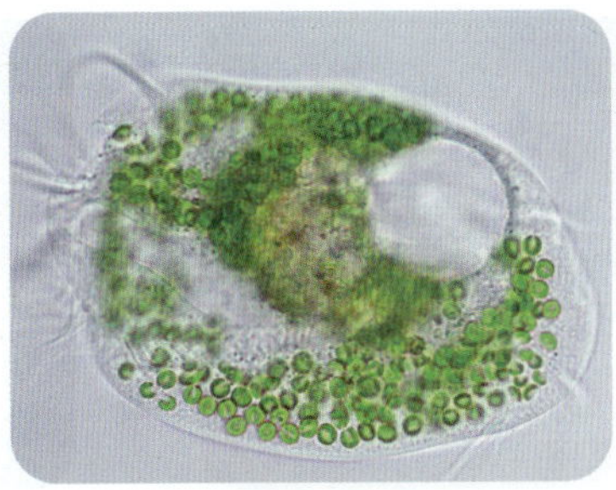

**(c)** 단세포 녹조류인 *Euplotes*(800배)

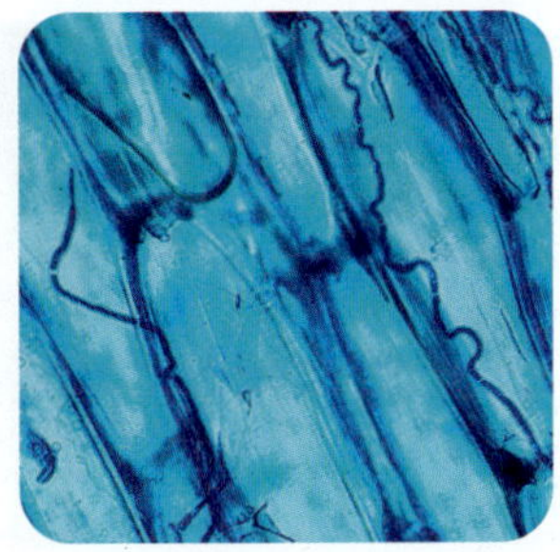

**(d)** 풀잎의 세포와 밀접하게 접촉해 성장하는 곰팡이 균사체(파란색 필라멘트, 500배)

**편리공생**: 두 구성원 간의 관계는 불평등하다. 한 파트너는 협력에 의해 선호되고 다른 파트너는 해를 입거나 도움을 받지 못한다. (e) 작은 *Haemophilus* 군집은 *Staphylococcus*가 방출하는 필수 성장 인자를 흡수한다. (f1 및 f2) 표피와 공생하는 인간 공생체는 일반적으로 중립적인 영향을 미치면서 각질과 분비물로부터 생존한다.

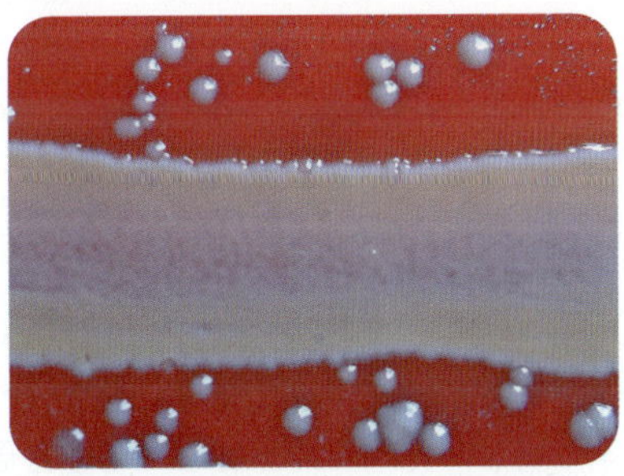

**(e)** 위성현상(satellite): *Staphylococcus*가 *Haemophilus* 성장을 도와줌(백색 선 안에서 자람)

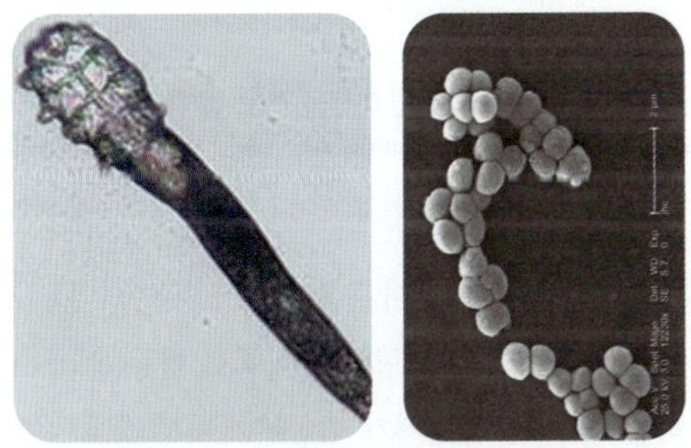

**(f1)** *Demodex* 진드기는 인간의 머리 모낭 안이나 근처에 서식한다(100배). **(f2)** *Micrococcus luteus* 세균은 인간의 피부 표면에 서식한다(2,000배).

**기생**: 미생물은 숙주의 무균 영역에 침입해 조직과 세포를 차지해 일부 손상을 일으킨다. (g) 모든 바이러스는 세포에 침입해 그 기능을 대신하는 기생충이다. (h) 말라리아는 다단계 기생현상을 보여 준다. 모기(h1)는 인간에게 기생하는 기생충(h2)을 가지고 다니는 인간의 피를 빨아먹는 외부 기생충이다.

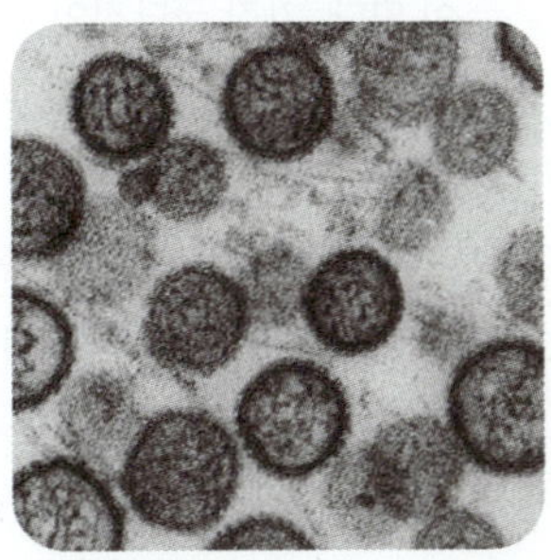

**(g)** 쥐의 배설물에서 발견되는 인간 병원체 Sin Nombre 한타바이러스(5,000배)

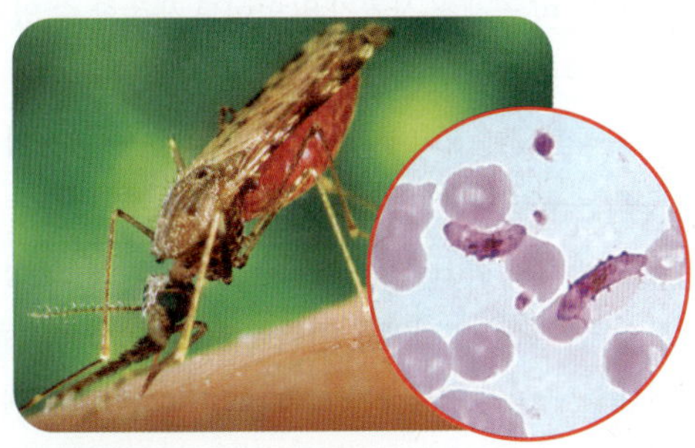

**(h1)** 말라리아 매개체인 암컷 아노펠레스 모기.
**(h2)** 혈액에서 발견되는 말라리아 기생충(*Plasmodium*, 1,000배)

**그림 7.13 제1부 – 공생: 공유된 존재.** 이러한 관계는 상호작용 정도와 그 결과에 따라 달라진다. (출처: Scott Bauer/USDA; Louisa Howard, Dartmouth Electron Microscope Facility; jeridu/Getty Images; Alamy Stock Photo; Dr. Ralf Wagner; Nick Hill/USDA; McGraw Hill; Dr. CSBR Prasad, Vindhya Clinic and Diagnostic Lab, India/CDC-DPDx; Janice Carr/CDC; Cynthia Goldsmith/CDC; CDC/James Gathany; Blaine A. Mathison/CDC-DPDX)

**공생영양**: 한 서식지를 공유하는 미생물은 다른 유기체에서 방출되는 물질로부터 영양분을 얻는다. (i) *Azotobacter*는 *Cellulomonas*에 영양분을 공급하는 $NH_4$를 방출하고, *Cellulomonas*는 *Azotobacter*에 영양분을 공급하는 셀룰로오스를 분해한다. (j) 먼지 진드기는 사람의 환경에 서식하며 죽은 피부 각질에서 영양분을 얻는다.

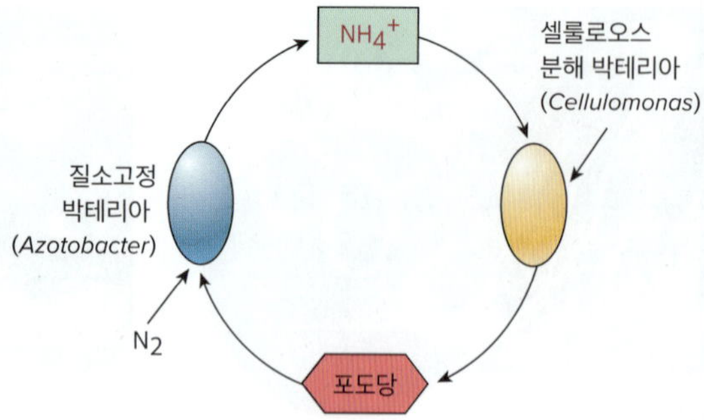


**(i)** 두 가지 토양 박테리아의 교차 영양 주기

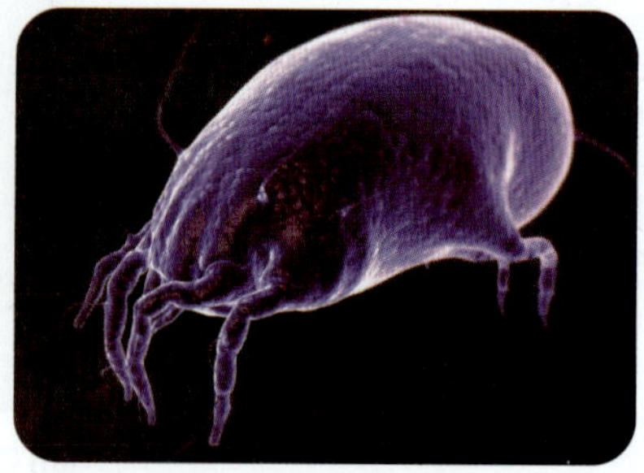

**(j)** 피부 진드기(100배)

**편해공생**: 한 집단의 구성원이 다른 구성원을 해치거나 죽이는 물질을 생산한다. (k) 개미는 곰팡이 및 박테리아와 상리공생 및 편해공생을 포함하는 복잡한 공생관계를 맺고 있다. (l1, l2) 생태계의 공생 단계에서 개미는 미생물 해충으로부터 서식지를 보호하기 위해 방선균을 배양한다.

**(k)** 잎을 깎아 버섯을 재배하는 개미가 먹이를 모으고 있다.

**(l1)** 병원성 진균에 대한 방선균의 항생 작용

**(l2)** 방선균 현미경 사진 (800배)

**그림 7.13** 제2부 – 추가적인 미생물 적응. (출처: MedicalRF.com; Paul Bertner/Flickr/Getty Images; Jorg Barke, Ryan F Seipke, Sabine Grüschow, Darren Heavens, Nizar Drou, Mervyn J Bibb, Rebecca JM Goss, Douglas W Yu, and Matthew I Hutchings; Microfield Scientific Ltd/Science Source)

러나 그것은 이 논의에서 중요한 요소가 아니다).

비종속적 상리공생 형태는 때때로 **협동**(cooperation)이라고 불리기도 하는데, 이는 유기체가 협동관계에서 상호 이익을 얻지만, 파트너십 외부에서 독립적으로 생존할 수 있다는 사실을 강조하기 위해서다. 이러한 협동관계의 대부분은 더 큰 의존성으로 발전하고 있다. 그 예로, 세포 내에 공생 조류를 품고 있는 원생동물 *Euplotes*가 있다(그림 7.13c). 두 구성원 모두 이 공생적 상호작용 없이도 생존할 수 있지만, 함께 있을 때 상당한 생존 이점을 얻는 것으로 보인다. 다른 예로는 식물 조직 내에서 자라며 가뭄과 곤충으로부터 식물을 보호하는 동시에 그 안에 들어가서 먹이를 먹는 곰팡이가 있다(그림 7.13d).

공생관계의 한 구성원만 이익을 얻고 다른 구성원은 이익도 없고 손해도 없는 경우, 그 관계를 **편리공생**(commensalism)*이라고 한다. 공생관계의 구성원을 **공생자**(commensals)라고 한다. 배양된 미생물에서 관찰되는 편리공생의 한 형태는 위성현상이라고 불리는 것으로, 한 종이 성장하는 데 필요한 다양한 성장 인자를 주변의 다른 종에게 방출하는 현상이다. 공급자 미생물은 파트너 주변에 작은 군집으로 자라나는 반면, 수동적 파트너는 해를 입거나 도움을 받지 않는다(그림 7.13e). 인체에서 서식하는 많은 미생물은 공생자로 간주된다. 이들은 죽은 피부와 분비물을 먹고 살아가지만, 보통 해를 끼치지 않는다(그림 7.13f1, 2).

마지막 유형의 공생적 상호관계는 **기생**(parasitism)이다. 이 경우 한 구성원이 다른 구성원의 희생으로 이익을 얻는다. 기생에는 다양한 유형이 있다. 가장 극단적인 형태는 **절대 세포내 기생**(obligate intracellular parasitism)으로, 미생물이 숙주세포 내부에서 모든 또는 대부분의 수명주기를 보내며, 이로부터 필수영양소와 다른 유형의 지원을 얻는다. 대표적인 예로는 숙주 없이는 생존할 수 없는 바이러스(그림 7.13g)가 있다. 그 밖의 예로는 숙주(박테리아)로부터 에너지를 빼앗아 먹는 *Rickettsia*와 *Chlamydia* 같은 세포 내 박테리아와 적혈구를 기생시키는 원생동물(*Plasmodium*, 말라리아의 원인)이 있다(그림 7.13h1, 2). 기생충이 숙주에 끼치는 피해의 종류는 표면적인 손상(곰팡이 감염으로 인한 피부 백선)부터 심각한 손상(소화성 궤양)과 급사(광견병 바이러스)에 이르기까지 다양하다. 또한 가장 성공적인 기생충은 숙주에 최소한의 피해를 입히도록 진화한 기생충이며, 때로는 공생 또는 공영의 존재로 진화하기도 한다는 점도 흥미롭다. 결국 죽은 숙주는 숙주라고 할 수 없다.

* 편리공생 라틴어 com(같이)과 mensa(식탁)에서 유래.

마지막 두 가지 유형의 관계는 미생물 간의 특별한 밀접한 연관성을 필요로 하지 않는다. 그중 하나인 **공생**(syntrophy)* 또는 **교차 영양**(cross-feeding)은 서식지를 공유하는 유기체 간의 공동 영양이다. 본질적으로, 한 유기체가 방출하는 산물은 다른 유기체가 사용할 수 있다(그림 7.13i, j). 관련된 유기체들은 생존을 위해 이 관계가 필요하지 않지만, 일반적으로 이 관계로부터 혜택을 받는다. 많은 공생관계가 수중 서식지와 생물막 내의 토양에서 발생하며, 영양분과 생체원소의 재활용과 관련이 있다. 간단한 예로, 한 쌍의 자유롭게 생활하는 토양 박테리아가 주기적으로 대사산물을 공유하는 경우를 들 수 있다(그림 7.13i). *Cellulomonas*는 효소를 사용해 식물 셀룰로오스를 포도당으로 분해하지만, 질소를 고정할 수는 없다. *Azotobacter*는 공기 중의 질소 가스를 고정하고 암모늄을 방출하지만, 셀룰로오스를 분해하지는 않는다. 포도당은 *Azotobacter*의 탄소 공급원이고, 암모늄은 *Cellulomonas*에 유용한 질소를 공급한다. 황, 인, 질소와 같은 원소의 순환 과정에서 훨씬 더 복잡한 상호작용이 발생한다.

마지막으로, **편해공생**(amensalism)*은 한 미생물이 다른 미생물에 해를 끼치는 행동을 말한다. 일반적으로 길항 작용이나 경쟁을 수반하며, 미생물이 공간과 영양분을 공유하는 공동체에서 발생한다. 어떤 미생물은 더 빨리 성장하고 서식지를 지배하기 위해 필수영양소를 소모함으로써 효과적으로 경쟁한다. 다른 미생물은 주변 환경에 특정 억제 화학물질[**항생제**(antibiotics)]을 방출해 미생물을 억제하거나 죽일 수 있다. 많은 곰팡이와 박테리아가 이러한 생존 전략에 적응하고 있다. 흥미로운 예는 특정 개미가 음식의 원천으로 특수한 곰팡이 정원을 적극적으로 가꾸는 복잡한 공생에서 찾을 수 있다. 다른 미생물로부터 곰팡이를 보호하기 위해 개미는 항생제를 생산하는 방선균이라고 불리는 실 모양의 박테리아를 배양하기도 한다. 개미는 기생충의 침입으로부터 곰팡이를 보호하기 위해 정원을 통해 방선균을 퍼뜨린다. 그림 7.13k와 l은 이 관계의 일부 측면을 보여 준다.

## 생물막: 미생물 간의 대화

가장 흔하고 다작인 미생물 협력 중에는 4장에서 처음 설명된 **생물막**(biofilms)이 있다. 생물막은 유기체가 복잡하게 조직된 층으로 서로 결합하는 일종의 세포외 기질에 부착할 때 발생한다. 생물막은 매우 널리 퍼져 있어 지구상의 대부분의 자연 환경의 구조를 지배하고 있으며, 생물막 내의 미생물은 매우 밀접한 연관성을 가지면서 하나의 '초유기체'처럼 행동하기 시작해 특정 서식지에 대한 적응, 토양과 물의 함량, 영양소 순환, 심지어 감염 과정에 영향을 미친다.

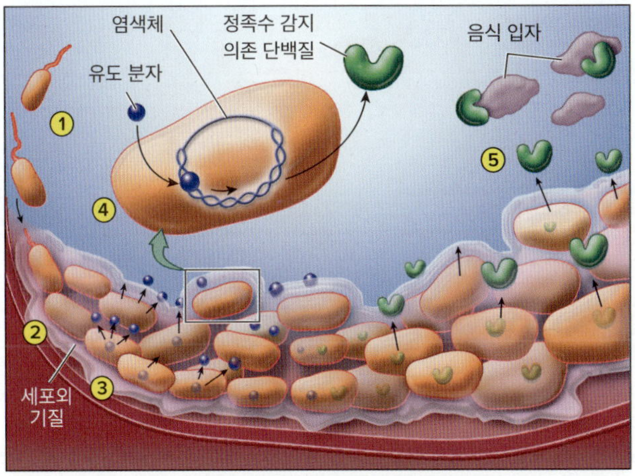


① 자유 유영 세포는 운동성을 잃고 표면이나 기질에 정착한다.

② 세포는 기질에 단단히 붙어 있는 접착성 매트릭스를 합성한다.

③ 충분한 수의 세포가 생성돼 정족수를 형성하면, 세포는 반응을 조정할 수 있는 유도 분자를 방출한다.

④ 유전적 유도를 나타내기 위해 하나의 세포가 확대됨. 유도 분자는 특정 유전자의 발현과 효소와 같은 단백질 생성물의 합성을 자극한다.

⑤ 세포는 효소를 분비해 음식물 찌꺼기를 소화한다.

과정그림 7.14 생물막 형성, 정족수 감지, 유도 및 발현의 단계.

동물과 식물 같은 다세포 생물의 몸체 내 개별 세포는 다른 세포가 생성하는 호르몬 같은 화학 신호에 반응하고, 생성하고, 수용하는 능력이 있는 것으로 알려져 있다. 미생물은 생물막의 형성 및 기능에 있어 소통하고 협력하는 능력이 잘 발달돼 있다. 특히 곰팡이와 다른 미생물도 이러한 활동에 참여할 수 있지만, 박테리아의 경우에 특히 그렇다.

생물막의 발달과 행동을 설명하는 한 가지 아이디어는 **정족수 감지**(quorum sensing)라고 불리는 것이다. 이 과정은 세포 밀도의 자체 모니터링, 화학 신호 분비, 유전자 활성화 등 여러 단계로 진행된다(과정그림 7.14). 생물막이 형성되는 초기 단계에서 **플랑크톤**(planktonic)으로 묘사되는 자유 부유 또는 유영 미생물은 표면에 끌려가서 정지하거나 정착한다. 정착은 세포가 점액질 또는 접착성 매트릭스를 분비하도록 자극하는데, 이 매트릭스는 보통 다당류로 만들어져 기질에 세포를 결합시킨다. 일단 부착되면, 세포는 세포 집단이 성장함에 따라 축적되는 **유도 분자**(inducer* molecules)를 방출하기 시작한다. 이런 방식으로, 그들은 자신의 집단의 크기를 모니터링할 수 있다. 시간이 지나면, **쿼럼**(quorum)*이라고 불리는 임계 수의 세포가 축적되고, 이로 인해 충분한 양의 유도체 분자가 확보된다. 이 유도체 분자는 생물막 세포에 들어가서 염색체상의 특정 유전자를 자극해 발현을 시작한다.

* 공생 그리스어 sym(같이)과 troph(먹이다)에서 유래.
* 편해공생 그리스어 a(~이 아닌)와 라틴어 mensa(식탁)에서 유래.
* 유도 라틴어 inducre(이끌다, 인도하다)에서 유래. 어떤 결과를 가져오거나 일으키는 것.
* 쿼럼 라틴어 qui(누구)에서 유래. 업무를 수행하는 데 필요한 최소 인원수를 나타낸다.

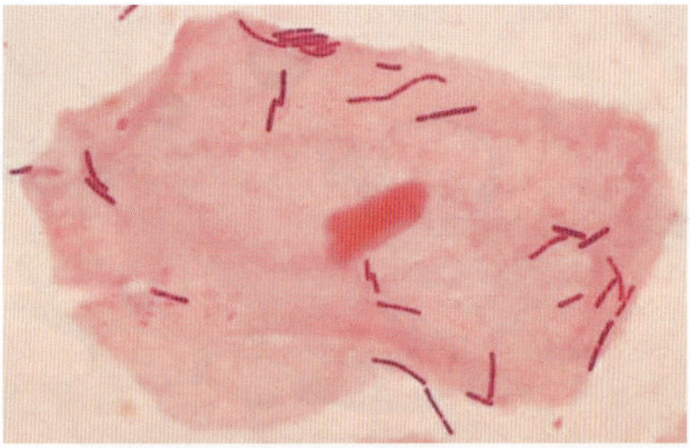

그림 7.15 질 도말 검사에서 분홍색의 큰 상피세포 발견. 이 세포는 감염을 예방하는 데 중요한 역할을 하는 정상적인 미생물 군집의 일원인 그람 양성균인 *Lactobacillus*의 막대모양을 하고 있다. (출처: Dr. Mike Miller/CDC)

이 발현의 특성은 다양하지만, 일반적으로 생물막이 하나의 단위로 반응할 수 있도록 한다. 예를 들어, 특정 단백질을 암호화하는 유전자의 발현을 조정함으로써 생물막은 소화효소 또는 독소를 대량으로 동시에 생산할 수 있다. 이러한 발현의 조절은 미생물 활동에 대한 여러 가지 관찰 결과를 설명한다. 예를 들어, 토양과 물에 있는 부생 미생물이 복잡한 기질을 빠르게 분해하는 방법과 일부 병원체가 조직에 독소를 동시에 방출하는 방법을 설명한다.

정족수 감지 효과는 병원균이 숙주를 침입해 숙주의 방어력을 손상시키는 물질을 대량으로 생성하는 방법에 대한 통찰력을 제공했다. 여러 병원성 박테리아에 대해 잘 연구됐다. *Pseudomonas aeruginosa*에 의한 감염은 낭포성 섬유증 환자 및 일부 유형의 폐렴에서 끈질긴 폐 생물막을 생성한다. *Staphylococcus aureus*은 일반적으로 무생물 의료 기기 및 상처에 생물막을 형성한다. *Streptococcus*는 치아 표면에 치석을 생성하는 초기 콜로니 개체다.

가장 잘 연구된 생물막은 단 하나의 미생물 유형을 포함하지만, 자연에서 관찰되는 대부분의 생물막은 다미생물이다. 사실 공존하는 유기체들 간의 복잡한 의사소통 패턴에 기반한 많은 공생과 협력관계가 있다. 생물막의 각 유기체가 특정한 생물학적 지위를 차지하고 있기 때문에 구성원들 간 신호 전달이 전반적인 파트너십을 유지한다. 생물막은 인접한 세포들 간 유전자 전달을 위한 풍부한 토양으로 알려져 있다. 생물막 패턴에 대한 지식이 늘어남에 따라 감염에 미치는 영향과 소독제 및 약물 내성에 대한 기여도에 대한 이해가 더 깊어질 것이다.

### 미생물군: 인간 생태학

미생물 간 상호 관계는 여러 가지 방식으로 인간에게 영향을 미치지만, 가장 큰 영향을 미치는 것은 신체에 자연적으로 존재하는 미생물과 신체를 공격하는 기생충이다. 대부분의 사람들에게 **미생물군**(microbiota)이라고 불리는 정상적인 거주자는 너무 많아서 각 인간 세포에는 미생물 대응 물질이 있다. 분명히 이렇게 거대한 미생물 공동체는 우리의 생리, 면역, 유전학에 막대한 영향을 미칠 수밖에 없다.

거주 미생물은 거의 모든 그룹에서 왔으며, 우리 몸 전체의 특수한 틈새에 적응한 바이러스, 고세균, 박테리아, 곰팡이, 원생동물을 포함한다. 일부는 해를 끼치거나 유익하지 않으면서도 몸에서 생계를 유지하는 공생체이지만, 더 많은 수는 어떤 형태의 영양이나 보호를 제공하는 공생적이다. 예를 들어, 질에서 자라는 유산균은 산성 pH를 유지해 여성 생식 기관을 감염으로부터 보호할 수 있다(그림 7.15). 다른 종은 소화 과정과 장 기능에 관여한다. 공생균인 *Bacteroides thetaiotaomicron*은 장내 다른 유기체에 영양분을 공급하는 복잡한 식품 분자를 처리해 안정적인 위장 미생물 군집을 촉진한다. 장내 환경에 대한 박테리아의 안정화 효과는 프로바이오틱 보충제와 식품의 기초가 된다. 수백 건의 새로운 연구 결과가 미생물 군집과 인간 사이의 복잡한 상호 관계에 대한 정보를 빠르게 축적하고 있다.

대부분의 경우, 40조 개의 미생물은 해를 끼치기보다는 유익한 역할을 하지만, 특정 유형이 그들의 생물학적 지위에서 밀려나거나 무균 조직에 침투할 수 있게 되면 기회주의적 병원균이 돼 감염을 일으킬 수 있다. 생물막에 사는 미생물은 혼합 감염을 일으킬 수 있는데, 이는 여러 미생물이 함께 작용해 조직을 침범하고 손상을 일으킨다는 의미다. 이것은 충치, 치주 질환, 가스 괴저의 패턴이다.

**핵심 점검 7.5**

18. 공진화 과정과 그것이 미생물의 발달에 어떤 영향을 미치는지 설명하시오.
19. 공생(symbiosis)을 정의하고, 상리공생, 편리공생, 공생(syntrophy), 기생, 편해공생을 예시를 통해 구분하시오.
20. 개념도를 사용해 단계를 정리하고 정족수 감지를 개략적으로 설명하시오.
21. 생물막 내의 의사소통과 관련된 몇 가지 장점을 제시하시오.
22. 인간과 미생물 군집 사이의 공생관계를 설명하고, 미생물 군집의 구성원이 어떻게 신체 내에서 공생적 역할에서 병원성 역할로 전환할 수 있는지 설명하시오.

## 7.6 미생물 성장 연구

**학습목표**

23. 성장을 정의하고 이분법적 분열 과정을 설명한다.
24. 개체수 증가 과정을 설명하고, 그 측정 방법을 설명한다.
25. 개체수 증가 곡선의 단계와 그 실제적인 중요성을 설명한다.
26. 배양된 세포를 감지하고 계산하는 데 사용되는 기술과 도구를 설명한다.

미생물이 영양분과 필요한 환경적 요인을 제공받으면, 대사적으로 활성화돼 성장한다. 성장에는 두 가지 수준이 있다. 한 수준에서 세포는 새로

① **세포 주기의 시작 단계에 있는 부모 세포**
눈에 보이지 않는 것은 세포분열을 위한 합성과 활동이다.

② **염색체 복제와 세포 확대**
부모 세포는 염색체를 복제하고, 딸 세포를 준비하기 위해 세포를 확대하는 새로운 구조를 합성한다.

③ **염색체 분열과 격벽 형성**
염색체는 세포 골격에 부착돼 형성되는 세포로 분리된다. 세포는 새로운 세포를 둘러싸기 시작하는 격벽을 형성한다. 다른 구성요소(리보솜)는 발달하는 세포에 균등하게 분배된다.

④ **세포 구획의 완성**
중간막은 중앙을 통해 완전히 합성되고, 세포막은 스스로 패치돼 2개의 분리된 세포실이 만들어진다.

⑤ **세포분열 주기 종료**
딸 세포는 이제 독립적인 단위가 된다. 어떤 종은 여기에서 볼 수 있는 것처럼 완전히 분리되는 반면, 다른 종은 예를 들어 사슬이나 쌍을 형성하면서 붙어 있는 상태로 남아 있다.

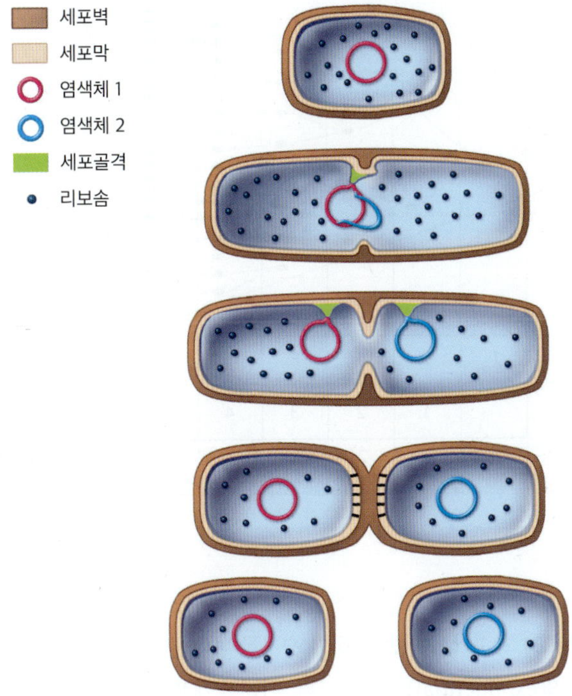


과정그림 7.16 막대 형태의 세균에서 일어나는 세포 주기 단계와 이분법적 분열 과정.

운 세포 구성요소를 합성하고 크기를 증가시킨다. 다른 수준에서 집단 내의 세포 수가 증가한다. 이러한 증식 능력, 즉 세포분열에 의해 집단의 크기를 증가시키는 능력은 미생물 통제, 전염병, 생명공학 분야에서 매우 중요하다. 다음 절에서는 일반적으로 단세포 미생물을 대표하는 세균 성장의 특성에 중점을 둔다.

## 세균 개체수 증가의 기초: 이분법적 분열과 세균 세포 주기

세균 세포의 분열은 주로 **이분열**(binary fission), 즉 **횡분열**(transverse fission)을 통해 일어난다.[4] 이분법적이라는 용어는 하나의 세포가 2개로 나뉘는 것을 의미하고, 횡단적이라는 용어는 세포의 폭을 가로질러 형성되는 분열 평면을 의미한다. 박테리아의 세포분열 주기 동안 모세포는 커지고, 염색체를 복제하며, 세포를 2개의 딸세포로 나누는 중앙 횡격막을 형성한다. 이 과정은 차례로 각각의 새로운 딸세포에 의해 간격을 두고 반복되며, 분열의 연속적인 각 주기마다 개체수가 증가한다. 이 연속적인 과정의 단계는 과정그림 7.16과 그림 7.17에 더 자세히 나와 있다.

## 개체수 증가율

부모 세포에서 2개의 새로운 딸 세포로 분열하는 데 걸리는 시간을 **세대**(generation) 또는 **배가 시간**(doubling time)이라고 한다. 세대라는 용어는 인간에게도 비슷한 의미를 지닌다. 그것은 한 개인이 태어나서 자손을 낳을 때까지의 기간을 의미한다. 박테리아의 경우 새로운 분열 주기 또는 세대가 증가할 때마다 개체수가 두 배로 증가한다. 따라서 초기 부모 단계는 1개의 셀로 구성되고, 1세대는 2개의 셀로 구성되고, 2세대는 4개의 셀로 구성되고, 3세대는 8개의 셀로 구성되고, 그다음에는 16, 32, 64, 그리고 계속해서 구성된다. 환경이 계속해서 유리한 상태에 머무르는 한 이 두 배의 효과는 일정한 속도로 계속될 수 있다. 각 세대가 지나갈 때마다 개체수는 계속해서 두 배가 될 것이다.

세대 시간은 유기체의 성장 속도를 측정하는 척도다. 대부분의 다른 생명체의 성장 속도와 비교했을 때 박테리아는 매우 빠른 것으로 알려져 있다. 최적의 조건에서 평균 세대 시간은 30~60분이다. 가장 짧은 세균 증식 시간은 평균 5~10분이고, 가장 긴 세균 증식 시간은 며칠이 걸린다. 예를 들어, 한센병의 원인균인 *Mycobacterium leprae*의 증식 시간은 일부 동물에서처럼 10~30일이다. 대부분의 병원균은 증식 시간이 비교적 짧다. 식중독을 일으키는 *Salmonella enteritidis*와 *Staphylococcus aureus*의 배양은 20~30분 안에 두 배로 증가한다. 따라서 음식을 실온에 잠시 두는 것만으로도 많은 사람이 식중독에 걸리게 되는 것이다. 몇 시간 안에 이 박테리아의 개체수가 적은 수의 세포에서 수백만 개로 쉽게 증가할 수 있다.

그림 7.17은 성장을 보여 준다. (1) 세포 집단의 크기는 지수($2^1$, $2^2$, $2^3$, $2^4$)가 있는 숫자 2로 나타낼 수 있다. (2) 지수는 각 세대에서 하나씩 증

---

4 배양할 수 없는 박테리아를 대상으로 한 연구에 따르면 모든 세포가 이런 방식으로 분열하는 것은 아니라고 한다. 어떤 세포는 분열을 통해 새 세포를 만들고, 어떤 세포는 여러 번의 분열을 통해 나뉜다.

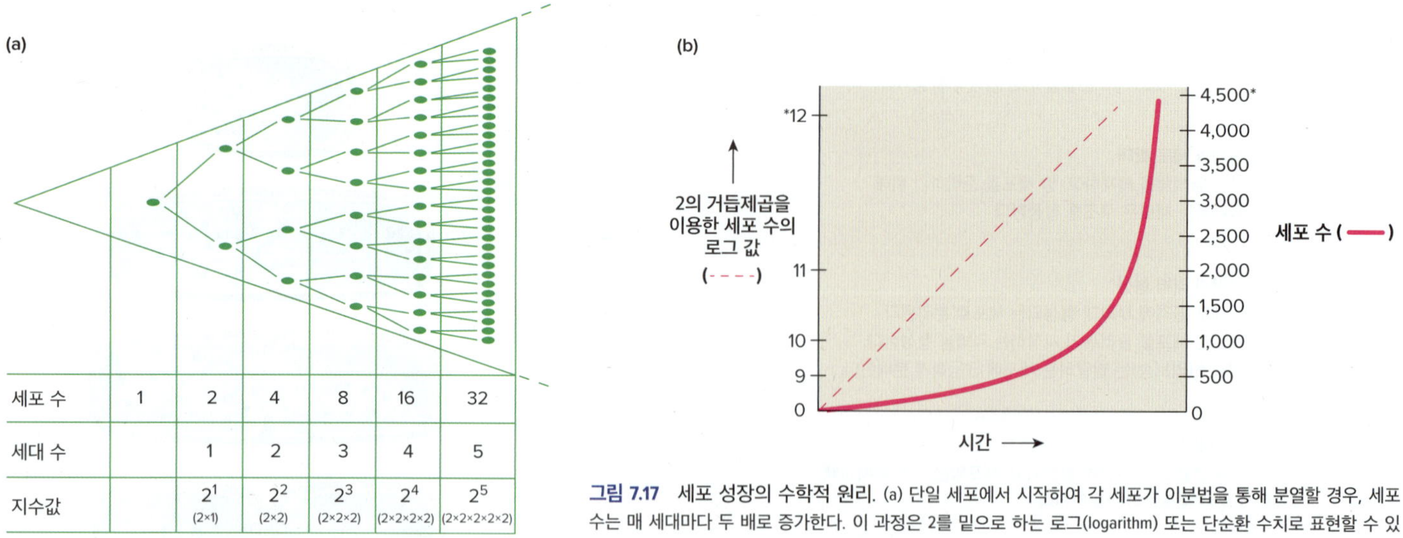


**그림 7.17** **세포 성장의 수학적 원리.** (a) 단일 세포에서 시작하여 각 세포가 이분법을 통해 분열할 경우, 세포 수는 매 세대마다 두 배로 증가한다. 이 과정은 2를 밑으로 하는 로그(logarithm) 또는 단순환 수치로 표현할 수 있다. (b) 세포 수의 로그(log) 값을 그래프로 그리면 직선이 나타나며 이는 지수 성장(exponential growth)을 의미한다. 반면, 세포 수 자체를 일반 상숫값으로 나타내면 곡선 형태의 그래프가 나타난다.
*주: 왼쪽 축은 로그 척도이고, 오른쪽 축은 산술 척도임에 유의하자.

가한다. (3) 지수의 숫자는 세대의 숫자를 나타낸다. 이 성장 패턴을 **지수함수적**(exponential)이라고 한다. 이러한 개체군에는 종종 매우 많은 수의 세포가 포함돼 있기 때문에 지수나 로그를 사용해 표현하는 것이 유용하다. 성장하는 박테리아 개체군의 데이터는 세포 수를 시간의 함수로서 그래프로 표시한다. 세포 수는 로그 또는 산술로 나타낼 수 있다. 시간에 따른 로그 수를 그래프로 표시하면 지수 성장을 나타내는 직선이 나타난다. 데이터를 산술적 그래프로 그리면 일정한 곡선이 그려진다. 일반적으로 로그 그래프가 선호되는데, 특히 초기 성장 단계에서 정확한 세포 수를 읽기가 더 쉽기 때문이다.

긴 성장 기간(수백만 개의 세포가 생성됨)에 발생할 세포 수를 예측하는 것은 비교적 간단한 개념을 기반으로 한다. 2+2=4를 더하는 방법을 사용할 수 있다. 4+4=8, 8+8=16, 16+16=32, 그리고 계속되는

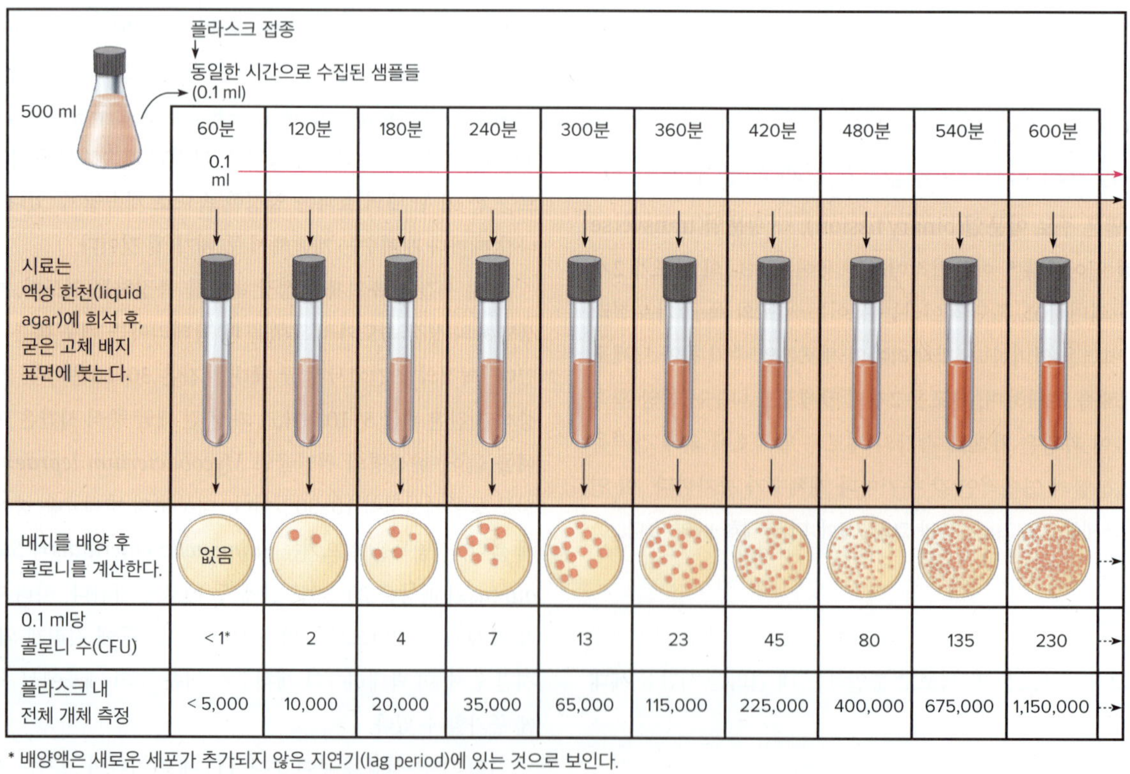


**그림 7.18** **생균 수 측정을 위한 일반적인 절차.** 1. 소량의 세포를 멸균된 액체 배지에 접종한다. 2. 배양액을 수시간 동안 배양한다. 3. 배양하는 동안 일정한 시간 간격으로 시료를 채취한다. 4. 각 시료를 고체 배지에 도말한다. 5. 배양 후 형성된 콜로니 수를 센다.

식으로, 또는 곱셈 방법(예를 들어, 2 = 2×2×2×2×2)을 사용하면 되지만, 20세대 또는 30세대에 걸쳐서 이 계산이 매우 지루해질 수 있다는 것을 쉽게 알 수 있다. 시간 경과에 따른 개체수 규모를 계산하는 더 쉬운 방법은 다음과 같은 방정식을 사용하는 것이다.

$$N_f = (N_i)2^n$$

이 방정식에서 $N_f$은 성장 단계의 어느 시점에 있는 인구의 총 세포 수, $N_i$은 시작 수, 지수 $n$은 세대 수를 나타내고, $2^n$은 해당 세대의 세포 수를 나타낸다. 두 값 중 하나를 알고 있다면 다른 값을 계산할 수 있다. *Staphylococcus aureus*의 예를 들어 보자. 달걀 샐러드 샌드위치가 따뜻한 차 안에 4시간 동안 놓여 있다가 꺼내면 그 안에 몇 개의 세포($N_f$)가 존재하게 될까? $N_i$은 샌드위치를 준비하는 동안 샌드위치에 담겨 있는 빵의 개수인 10이라고 가정하겠다. $n$을 구하려면 4시간(240분)을 생성 시간(20분)으로 나누어야 한다. 이 계산은 12가 나오므로, $2^n$는 $2^{12}$와 같다. 계산기를 사용하면 $2^{12}$는 4,096이라는 것을 알 수 있다.

최종 숫자($N_f$) = 10 × 4,096 = 샌드위치 속 세균 세포 40,960개

이 같은 방정식을 약간 수정해 세균 증식 기간을 계산할 수 있다. 이 계산은 성장 기간이 시작될 때와 끝날 때의 세균 세포 수를 알아야 하기 때문에 좀 더 복잡한 계산이다. 이러한 데이터는 다음 절에서 설명하는 방법에 의한 실제 테스트를 통해 얻을 수 있다.

## 개체수 증가의 결정 요인

실제로는 박테리아 개체수가 무한정 두 배로 증가하지 않는다. 대부분의 시스템에서 수많은 요인이 세포가 최대 속도로 계속 분열하는 것을 방해하기 때문이다. 정량적 실험 연구에 따르면 개체군은 일반적으로 시간이 지남에 따라 예측 가능한 패턴 또는 **성장 곡선**(growth curve)을 나타낸다. 개체군 성장 패턴을 관찰하는 데 전통적으로 사용되는 방법은 다음 절에서 설명하는 바와 같이 배양된 살아 있는 세포를 샘플링하고, 성장 기간 동안 배양하고, 계산하는 생존 세포 수 측정법이다.

## 생존 가능 균수 측정: 배치 배양법

자라는 개체군은 소량의 순수 배양 세포를 포함하는 무균 액체 배지를 플라스크에 접종해 형성된다. 이 플라스크는 해당 박테리아의 최적 온도에서 배양되며, 일정한 시간 간격으로 측정이 이루어진다. 성장 주기의 특정 시점에서 배양액에서 작은 샘플을 채취한 후, 이를 고체 배지에 도말해 개별 집락을 형성하도록 한다. 이 과정은 균일한 간격(예: 24시간 동안 매시간)으로 반복된다(그림 7.18).

샘플을 평가할 때 미생물학에서 중요한 원칙 중 하나가 적용된다. 즉, 1개의 집락은 원래 샘플에서 유래한 하나의 세포 또는 집락 형성 단위(colony-forming unit, CFU)를 의미한다. 그러나 일부 박테리아(예: 포도상구균처럼 군집 형태를 이루는 미생물)의 경우, 하나의 CFU가 실제로 여러 개의 세포로 구성될 수 있어 개체군 크기가 다소 과소 평가될 가능성이 있다. 하지만 CFU는 해당 박테리아에서 최소한의 집락 형성 및 확산 단위이기 때문에 이는 큰 문제가 되지 않는다. 또한 단일 샘플 내 집락 수를 배양액의 총부피와 곱하면 특정 시점에서의 총 개체군 크기(세포 수)를 합리적으로 추정할 수 있다. 이후 배양 기간 동안 각 샘플에서 측정된 세포 수를 순차적으로 그래프화해 성장 곡선을 작성한다(그림 7.19).

배양 초기 단계에서는 세포 수가 매우 적기 때문에 일부 샘플에서는

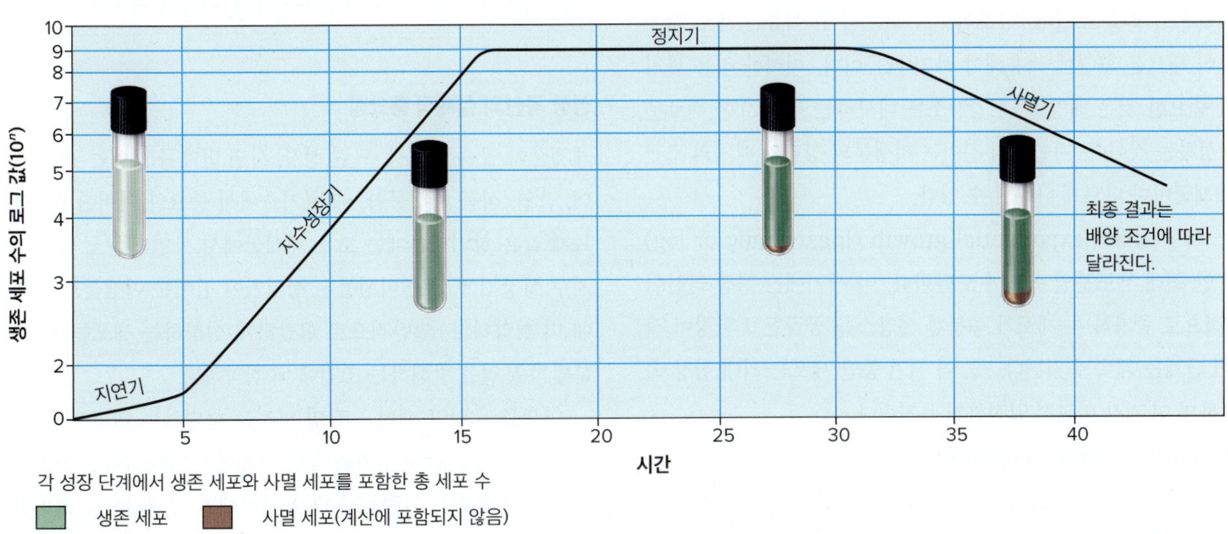


**그림 7.19** 박테리아 배양의 성장 곡선. 그래프에서 생존 가능한 세포의 수는 시간에 대해 로그로 표현된다. 다양한 단계에 대한 설명은 본문을 참조하라. 생성 시간이 30분인 경우, 단 16시간 만에 10($10^1$) 세포에서 1,000,000,000($10^9$) 세포로 개체수가 증가했음을 알 수 있다. 사멸 세포는 계산되지 않지만, 세포의 죽음이 곡선 모양에 영향을 미치는 주기의 단계를 보여 주기 위해 표시돼 있다.

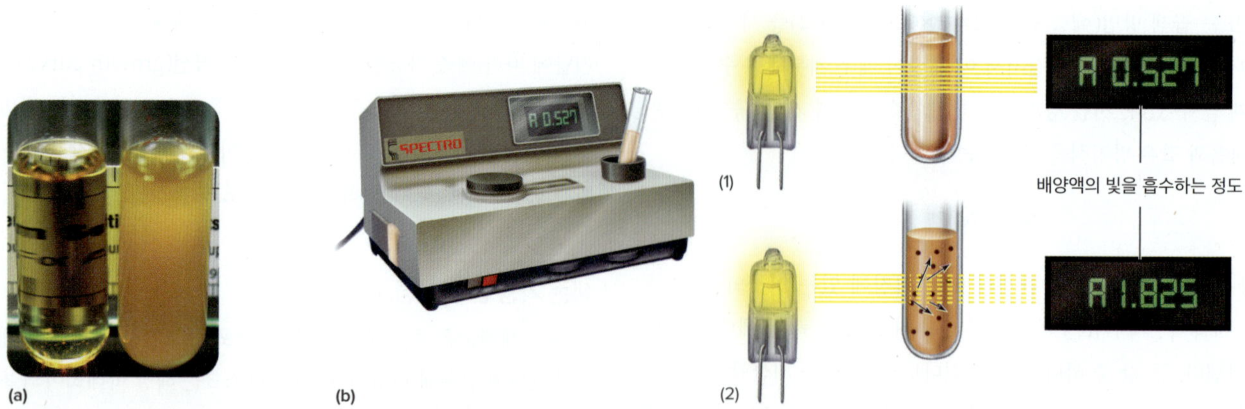


**그림 7.20 미생물 성장 및 성장량 지표로서의 탁도 측정.** (a) 배지를 빛에 비추는 것은 탁도의 총체적인 차이를 확인하는 실용적인 방법이다. 왼쪽 배지는 투명해 성장이 거의 또는 전혀 없음을 나타내며, 오른쪽 배지는 흐리고 불투명해 성장이 왕성함을 나타낸다. (b) 눈은 탁도의 미세한 정도를 포착할 만큼 민감하지 않으므로 분광광도계로 더 민감하게 측정할 수 있다. 기계에 넣은 배양액을 광선에 노출시킨다. 검출기는 튜브를 통해 투과되는 빛의 양을 포착해 이를 화면에 흡광도로 나타낸다. (b1)에서는 빛이 거의 산란되지 않고 흡광도가 낮게 측정돼 세포가 거의 존재하지 않음을 나타낸다. (b2)에서는 더 많은 빛이 산란되고 흡광도가 높게 표시돼 세포의 수가 많고 성장하고 있음을 나타낸다. (출처: McGraw Hill)

0(zero) 값이 나올 수도 있다. 하지만 실제로는 살아 있는 세포가 존재할 가능성이 있다. 또한 샘플을 채취하는 과정에서 일부 생존 가능한 세포가 제거될 수 있어 계수 값이 달라질 수 있다. 하지만 이 연구의 목적은 성장의 상대적인 경향을 비교하는 것이므로, 이러한 요인은 전체적인 패턴에 큰 영향을 미치지 않는다.

## 일반적인 성장 곡선의 단계

방금 설명한 배치 배양 시스템은 닫힌계로 영양분과 공간이 제한적이며 노폐물을 제거하는 메커니즘이 존재하지 않는 시스템이다. 일반적으로 3~4일의 배양 기간 동안 수집된 데이터를 분석하면 지연기, 지수 성장기, 정지기, 사멸기라고 하는 일련의 단계를 나타내는 성장 곡선을 생성한다(그림 7.19).

**지연기**(lag phase)는 그래프에서 세포분열 속도가 지수함수적 증가 속도보다 낮은 수준을 보인다. 성장이 지연되는 주된 이유는 새로 접종된 세포들이 새로운 환경에 적응해야 하기 때문이다. 이러한 적응 과정에서 가장 중요한 것은 배양액 내 영양소를 대사하는 데 필요한 새로운 효소를 합성하는 것이다. 지연기의 길이는 미생물의 상태와 배지의 조건에 따라 개체군마다 다르게 나타날 수 있다.

세포는 **지수 성장기**[exponential growth (logarithmic or log) phase] 동안 최대 세포분열 속도에 도달한다. 이 시기에는 성장 곡선이 기하급수적으로 증가하며, 세포가 충분한 영양소를 공급받고 환경이 적절한 한 이 단계는 계속 유지된다. 즉, 이 시기 동안 세포는 최대 성장 속도에 도달하며 이 기간 비교적 일정하게 유지된다.

**정지기**(stationary growth phase)는 세포 집단이 일정한 크기에 도달하여 일부 세포는 분열 속도가 느려지거나 아예 분열을 멈추고, 일부는 사멸하기도 한다. 성장곡선이 평탄해지는 이유는 새로 생성되는 세포 수가 사멸되는 세포 수와 같아지기 때문이다. 생존 가능한 세포의 수는 최대치에 도달한 후, 이 기간 동안 상대적으로 일정하게 유지된다. 그러나 성장 속도가 감소하는 원인은 여러 가지가 있다. 가장 일반적인 이유는 영양소와 산소의 고갈이며, 또 다른 요인은 세포 밀도가 증가함에 따라 유기산 및 기타 독성 생화학물질이 축적되는 것이다.

제한 요인이 점점 심화되면서 개체군은 감소하기 시작하며, 이는 성장 곡선에서 아래쪽으로 기울어지는 경향으로 나타난다. 이 단계는 **사멸기**(death phase)라고 불리지만, 실제로 일어나는 과정은 더 복잡하다. 일부 세포는 휴면 상태(dormancy)에 들어가며, 생존 가능하지만 성장하지 않는 상태가 된다. 또 다른 일부 세포들은 기아 상태(starvation mode)로 전환돼 영양 결핍과 기타 환경적 요인에 대한 저항력을 갖추게 된다. 특정 미생물은 이러한 상태에서 오랜 기간 생존할 수 있다. 또한 많은 세포가 프로그래밍된 세포 사멸을 경험하며 용해(lysis)되는데, 이로 인해 개체군 크기가 감소한다. 이러한 환경에서도 일부 살아남은 미생물들은 사멸한 세포에서 방출된 영양소를 이용해 생존할 수 있다.

### 성장 곡선의 실제적 중요성

개체군이 급속한 성장, 느린 성장, 사멸 단계를 보이는 경향은 미생물 제어, 감염, 식품 미생물학, 배양 기술에서 중요한 의미를 갖는다. 열과 소독제 같은 항미생물제는 모든 개체군에서 사멸기를 급격히 촉진하지만, 지수 성장기에 있는 미생물은 정지기에 접어든 미생물보다 이러한 약제에 더 취약하다. 일반적으로 활발하게 성장하는 세포는 세포 대사와 이분법적 분열을 방해하는 조건에 더 취약하다.

미생물의 성장 패턴은 감염 과정을 설명하는 데도 중요한 역할을 한다(13장 참조). 감염 초기와 중간 단계에서 박테리아를 배출하는 사람은 말기 단계에 있는 사람보다 다른 사람에게 박테리아를 전파할 가능성이 더 높다. 또한 미생물이 숙주의 면역 반응보다 더 빠르게 증식할 경우 감염이 더욱 심각해질 수 있다.

세포 성장 단계를 이해하는 것은 배양 실험을 수행하는 데 필수적이다. 간혹 정지기에 도달한 배양액이 여전히 증식할 것이라고 잘못 판단해 추가 배양을 진행하는 경우가 있을 수 있다. 대부분의 경우 활성 세포 수가 줄어들고 배양이 완전히 사멸할 수 있으므로 정지기를 넘어 배양 조직을 배양하는 것은 바람직하지 않다. 또한 특정 실험에서는 지수 성장기의 배양액을 사용하는 것이 적합하다. 그 이유는 세포가 본래의 크기와 형태를 유지하며, 정확한 반응을 보이기 때문이다. 또한 운동성을 관찰할 때는 편모가 제대로 기능하는 세포가 필요하다. 단, 포자 염색은 예외다.

일부 연구 또는 산업 분야의 경우, 닫힌 배양(closed-batch culturing)은 비효율적이다. 이 경우는 자동 성장 챔버 또는 연속 배양 시스템인 **케모스타트**(chemostat)를 이용할 수 있다. 이 장치는 새로운 영양분을 꾸준히 공급하고 사용한 배지와 오래된 박테리아 세포를 빨아들여 성장 속도와 세포 수를 안정화할 수 있다. 케모스타트는 비타민과 항생제를 생산하는 데 사용되는 산업용 발효기와 매우 유사하다. 배양을 생화학적으로 활성 상태로 유지하고 사멸 단계에 들어가는 것을 방지하는 장점이 있다.

## 개체수 증가를 분석하는 다른 방법

미생물학자들은 박테리아의 성장을 정성, 정량적으로 분석하는 몇 가지 대체 방법을 개발했다. 개체군의 크기를 추정하는 가장 간단한 방법 중 하나는 탁도 측정법이다. 이 기술은 투명한 영양 용액이 담긴 튜브가 미생물이 자라면서 탁해지거나 **혼탁해지는**(turbid) 간단한 관찰법이다. 일반적으로 탁도가 높을수록 미생물 수가 많다는 것을 나타낸다. 탁도의 차이는 분광광도계와 같은 기기를 사용해 액체 배양액에 빛이 통과할 때 내부의 박테리아가 빛을 산란시키는 능력을 측정한다. 흡광도 측정값이 높을수록 배양액에 균 성장 또는 균 질량이 많다는 것을 의미하며, 그 반대도 마찬가지다(그림 7.20b).

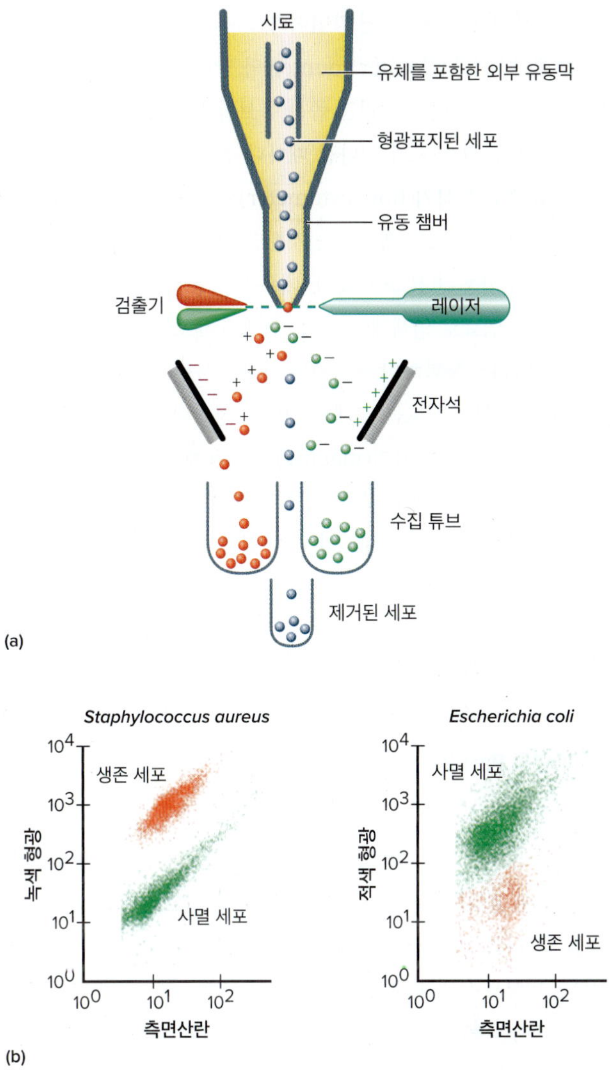


**그림 7.22** 유세포 분석기의 구성과 기능. (a) 기기의 본체는 유체와 세포를 담는 외피와 유동 챔버로 구성돼 있다. 형광이 부착된 세포가 이곳을 통과하면 레이저를 쏘아 세포가 방출하는 색으로 감지된다. 그런 다음 세포는 수집 챔버로 옮겨진다. (b) 그래픽 결과를 통해 감지된 세포의 패턴을 분석한다. 결과는 빨간색과 녹색 형광색으로 염색된 살아 있는 박테리아 세포와 죽은 박테리아 세포를 보여 준다. 그래프의 각 점은 하나의 박테리아 세포를 나타낸다.

### 배양 정량화 및 분석

탁도 측정(turbidity reading)은 상대적인 성장량을 평가하는 데 유용하지만, 보다 정확한 정량 평가가 필요할 경우 생존 가능한 집락 수 측정 또는 다른 세포 계수 방법이 필요하다. **직접 세포 계수**(direct cell count) 또는 **총 세포 계수**(total cell count)는 현미경을 이용해 샘플 내 세포 수를 직접 세는 방식이다(그림 7.21). 이 방법은 혈액 세포 수 측정 방식과 매우 유사하며, 특수한 현미경 슬라이드[세포 계수기(cytometer)]를 사용해 미리 측정된 격자(grid) 위에 소량의 샘플을 도포한 후 세포를 계수하는 방식이다. 세포 계수기에서 얻은 결과는 더 큰 샘플(예: 우유나 물)의 총 세포 수를 추정하는 데 사용될 수 있다. 이 방법과 분광광도법(spectrophotometry)의 근본적인 한계는, 살아 있는 세포와 죽은 세포를 구별하지 못하고 모두 포함해 계수한다는 점이다. 이 책 후반부에서 설명할 최확수법(most probable number, MPN)과 막 여과법(membrane filtration technique)은 물을 포함한 다양한 샘플에서 미

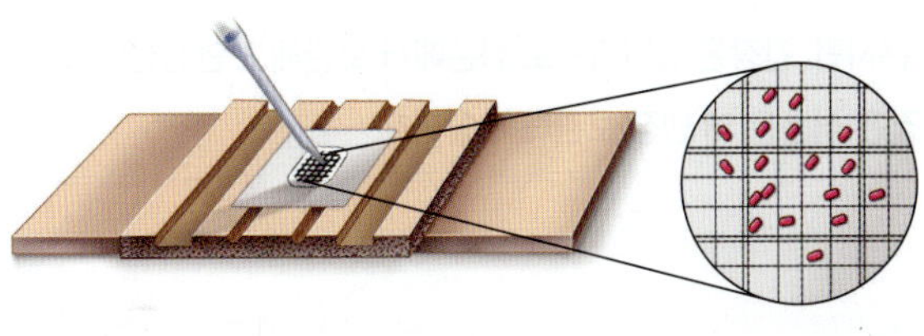

**그림 7.21** 박테리아의 직접 현미경 계수. 샘플을 슬라이드 글라스 아래의 격자에 넣는다. 이때 현미경상으로 살아 있는 세포와 죽은 세포 모두 개별로 세포를 카운트할 수 있다. 카운트된 값은 샘플의 총 세포 수를 계산하는 데 사용할 수 있다.

생물 함량을 분석하는 추가적인 방법이다.

계수는 쿨터 계수기(Coulter counter)와 같은 민감한 장치를 이용해 자동화할 수 있다. 쿨터 계수기는 좁은 튜브를 통과하는 배양액을 전자적으로 스캔하며, 각 세포가 지나갈 때마다 전자 센서가 이를 감지하고 기록한다. **유세포 분석기**(flow cytometer)도 비슷한 원리로 작동하는 장치다. 이 장치는 세포를 계수하는 것뿐만 아니라 분류, 크기 분석, 식별하는 데 널리 사용된다(그림 7.22). 대부분의 응용에서 분석할 세포는 서로 다른 형광 염료로 염색해야 한다. 염색된 세포는 하나씩 유동 챔버(flow chamber)를 통과하며 레이저에 의해 조사될 때 특정 색으로 형광을 방출한다. 이 형광 신호는 그래프 형태로 정리되며, 최종적으로 세포는 전하(charge)에 따라 자기(magnet)를 이용해 분리된다. 주로 유세포 분석기는 혈액 세포 계수 및 분리, 식별, 암세포 분석, 그람 음성균과 그람 양성균 구별, 살아 있는 세포와 죽어 있는 세포를 구별하는 데 사용된다.

유세포 분석법은 배양 과정 없이도 샘플에서 박테리아를 계수할 수 있다는 장점이 있지만, 형광 염색을 해야 하는 한계가 있다. 모든 세포가 형광 염색이 가능한 것은 아니다. 이 경우 분리, 배양 또는 동정되지 않은 미생물을 검출하고 구별할 수 있는 DNA 기반 기술(예: 실시간 PCR)이 있다.

**핵심 점검 7.6**

23. 미생물 성장이란 무엇인가? 박테리아 세포 주기의 단계와 이분법적 분열에 대해 설명하시오.
24. 성장을 기하급수적이라고 부르는 이유는 무엇인가? 성장 곡선의 양상의 원인은 무엇인가?
25. 미생물 개체군을 감지, 계수하는 두 가지 다른 방법을 대조하고 각각의 장단점에 대해 설명하시오.
26. 집락 수와 집락 형성 단위(CFU) 간 관계를 설명하시오. 집락 수를 개체군 크기의 지표로 사용할 수 있는 이유는 무엇인가?

## 사례 연구 Part 2

박테리아는 다른 유기체와 마찬가지로 주변 환경의 염분 농도에 매우 민감하다. 염분이 높은 환경에서는 박테리아 세포에서 주변으로 물이 이동해 세포가 수분을 잃게 된다. 박테리아 내부의 사용할 수 있는 물이 적어지면 세포는 대사적으로 비활성 상태가 돼 보통 죽게 된다. 박테리아는 일반적으로 해양 또는 담수에서 생존하기 어렵지만 *V. vulnificus*는 강이 바다로 흘러들어 해안선 근처의 바닷물을 희석시키는 곳에서도 생존할 수 있도록 진화했다. 특히 봄과 여름철에 낮은 염분과 따뜻한 기온의 조합으로 인해 미국 남부에서는 매년 8만 건의 질병과 100명의 사망자가 발생하는 *V. vulnificus* 감염이 흔하게 발생하고 있다.

삼투압을 활용한 박테리아 성장을 막는 방법은 우리의 삶에도 많이 적용된다. 소금이나 설탕은 일반적으로 콘비프(소고기를 삭히는 데 사용되는 큰 소금 덩어리를 콘이라고 함)와 베이컨, 소금에 절인 돼지고기, 설탕에 절인 햄, 과일 보존 식품, 잼, 젤리와 같은 식품에서 미생물의 성장을 늦추기 위해 사용된다.

소금과 설탕은 삼투압을 이용한 미생물 성장을 억제 방법의 가장 대표적인 예다. 미생물 내에서 물이 빠져나가면 생존과 성장에 필요한 결합되지 않은 자유 물 분자의 척도인 식품의 수분 활성도($a_w$)가 감소한다. 수분 활성도가 0.91이면 대부분의 박테리아 성장을 막을 수 있을 정도로 낮지만(대부분의 신선 식품의 수분 활성도는 0.99), 마시멜로, 꿀, 분유에서 볼 수 있는 수치인 0.60 이상으로 높아지면 효모와 곰팡이가 번식할 수 있다.

다른 경우에는 설탕이 항균 활성을 가진 화합물로 전환돼 간접적인 형태의 보존 효과를 제공한다. 효모가 포도주에서 당분을 에탄올로 전환하거나 유산균이 당분을 유기산으로 발효시켜 사우어크라우트를 만들 때 볼 수 있다. 마지막으로 염분과 당분은 DNA의 분자 구조를 약화시키고 효소의 활동을 방해할 수 있다.

자연은 산소가 없는 상태를 싫어하기 때문에 극도로 짜거나 당분이 많은 환경에서만 자라는 미생물도 존재한다. 박테리아 속인 *Holococcus* 또는 *Halobacterium*은 성장에 최소 13%의 소금이 필요하며 가장 짠 음식의 부패를 유발할 수 있으며, *Zygosoc charomyces*는 설탕을 좋아하는 효모로 농축 과일 주스에서도 잘 자란다.

- **대부분의 박테리아 세포는 물이 세포 안으로 이동하는 경향이 있는 저산소 환경에서 서식한다. 이러한 환경에서 세포를 보호하는 세포 구조는 무엇인가?**
- **꿀, 콘시럽, 간장은 일반적으로 실온에서 보관해도 안전한데 오렌지 주스와 같은 식품은 왜 냉장 보관해야 할까?**

## 주요 용어로 보는 요약

### 7.1 미생물 영양

미생물에 가장 큰 영향을 미치는 환경적 요인은 영양소, 온도, pH, 가용 수분의 양, 대기 가스, 빛, 압력 및 기타 유기체다. **영양**(nutrition)은 화학물질(영양소)을 섭취하고 그로부터 에너지를 흡수 및 추출하는 것으로 구성된다.

A. 생존에 필요한 물질은 **필수영양소**(essential nutrients)이며, 일반적으로 원소(S, P, O, N, C, H, Na, Cl, K, Ca, Fe, Mg)를 포함한다. 필수영양소는 다량으로 필요한 **다량 영양소**(macronutrients) 또는 소량으로 필요한 **미량 영양소**(micronutrients, Zn, Mn, Cu)로 구분된다. 영양소는 **무기**(inor-ganic) 또는 **유기**(organic) 영양소로 분류된다.

B. **성장 인자**(growth factor)는 합성이 불가능해 반드시 공급해야 하는 유기 영양소(아미노산 및 비타민)다.

### 7.2 영양소 유형의 분류

A. **독립영양생물**(autotroph)은 탄소 필요량을 이산화탄소에 의존한다. 빛으로부터 에너지를 얻는 자가영양체는 **광독립영양생물**(photoautotrph), 무기 물질로부터 에너지를 추출하는 자가영양체는 **화학독립영양생물**(chemoautotroph)이다. **메탄생성균**(metanogens)은 메탄을 생성하는 화학독립영양생물이다.

B. **종속영양생물**(heteroph) 또는 **화학유기영양생물**(chemoor-ganotroph)은 죽은 유기체 또는 살아 있는 유기체의 몸에서 유래한 유기 분자로부터 탄소를 얻는다. **부생균**(saprobe)은 주로 죽은 유기물을 먹이로 하는 분해자이며 **기생충**(parasite)은 살아 있는 숙주로부터 먹이를 얻어 일반적으로 해를 끼친다. 손상이나 사망을 유발하는 기생충을 **병원체**(pathogen)라고 한다.

### 7.3 수송: 세포막을 통한 물질의 이동

A. 미생물 세포는 세포막을 통해 영양분을 운반해 주변 환경으로부터 영양분을 섭취해야 한다.

B. 수동 수송은 농도 구배를 따라 물질이 자연스럽게 이동하는 것으로, 추가적인 에너지[**확산**(diffusion)]가 필요하지 않다. 특정 물질을 이동할 수 있는 수동 수송의 한 형태가 **촉진 확산**(facilitated diffusion)이다.

C. **삼투**(osmosis)는 선택적으로 투과성이 있는 막을 통해 물이 확산되는 것이다.

D. 세포에 영향을 미치는 삼투압 변화는 세포보다 용질이 적은 **저장성**(hypotonic) 용액과 세포보다 용질이 많은 **고장성**(hypertonic) 용액이다. **등장성**(isotonic) 용액은 세포 내부와 용질 농도가 동일하다. **호염균**(halophile)은 고장성 환경에서 번성하며, **절대 호염균**(obligate halophile)은 최소 15%의 소금 농도가 필요하지만 25%에서 최적으로 성장한다.

E. **능동 수송**(active transport)에서는 에너지를 소비하는 과정을 통해 물질이 세포로 흡수된다. **그룹 전좌**(group translocation)에서는 운송 중에 분자가 변경된다.

F. **식세포작용**(phagocytosis)과 **음세포작용**(pinocytosis)은 대량의 고체 및 액체 물질이 세포로 유입되는 능동 수송의 한 형태다.

### 7.4 미생물에 영향을 미치는 환경적 요인

모든 생물은 특정한 서식지와 생태적 지위에 적응하며 살아간다.

A. 온도: 유기체는 **최적**(optimum), **최소**(minimum), **최대 온도**(maximum temperatures)를 나타낸다. 20℃ 이상에서는 자라지 못하지만 15℃ 이하에서는 번성하고 0℃에서도 계속 성장하는 유기체를 **저온균**(psychrophiles)이라고 한다. **중온균**(mesophiles)은 10℃에서 50℃까지 성장하며 최적 온도는 20~40℃이다. **고온균**(thermophiles)의 성장 범위는 45~80℃이다. 극고온균은 250℃의 온도에서도 성장할 수 있다.

B. 산소 요구량: 유리 산소($O_2$)의 생태학적 필요량은 세포가 슈퍼옥사이드 및 과산화물 같은 독성 부산물을 처리할 수 있는지 여부에 따라 결정된다.

1. **호기성균**(aerobes)은 정상적인 대기 중 산소 속에서 자라며 독성 산소 부산물을 처리하는 효소를 가지고 있다. 필요한 경우 산소 없이도 살아갈 수 있는 호기성균은 **통성 혐기성균**(facultative anaerobe)이다. 소량의 산소가 필요하지만 혐기성 조건에서는 자라지 않는 혐기성균은 **미호기성균**(microaerohile)이다.
2. **엄격 (절대) 혐기성균**[strict (obligate) anaerobes]은 활성 산소를 사용하지 않으며 반응성 산화물을 분해하는 효소를 생성할 수 없다. 이들은 실제로 산소에 의해 손상되거나 죽는다. 내성 혐기성균은 호흡에 산소를 사용할 수 없지만 산소에 의해 손상되지는 않는다.

C. pH의 영향: 산성도와 염기성도는 효소의 활성과 무결성 및 세포의 구조적 구성요소에 영향을 미친다. 대부분의 미생물에 대한 최적의 pH 범위는 6~8이다. **호산성균**(acidophiles)은 7 미만, **염기성균**(alkalinophiles)은 7 이상을 선호하며 **호중성균**(neutrophiles)은 pH 7 주변에서 가장 잘 자란다.

D. 기타 환경 요인: 방사선과 기압은 미생물 성장에 영향을 미친다. **내고압성 미생물**(barophile)은 높은 기압(예: 바다 밑바닥에 사는 생물)에 적응한다.

### 7.5 미생물 간 생태학적 연관성

A. 미생물 상호작용: 미생물은 자연에서 다양한 관계로 공존한다.

1. **공생**(symbiosis)의 유형에는 두 유기체 간의 상호적이고 절대적이며 유익한 관계인 **상리공생**(mutualism)과 그 관계에서 다른 유기체를 해치지 않고 다른 유기체로부터 혜택을 받는 유기

체인 **편리공생**(commensalism)이 있다. **기생**(parasitism)은 숙주와 감염원 사이에서 발생하며, 숙주는 상호작용에서 해를 입는다.

2. **공급공생**(syntrophism)은 유기체가 서로 먹이를 주고받는 유익하지만 절대적인 공존은 아니다. **편해공생**(amensalism)은 상대 유기체에 대한 경쟁, 억제 및 상해를 수반한다. 일반적인 예로 항생제 생산을 들 수 있다.
3. **정족수 감지**(quorum sensing)는 **유도 분자**(inducer molecules)와 효소의 분비 같은 조정된 반응을 초래하는 생물막 구성원 간 상호작용이다. 하나의 단위로 행동함으로써 생물막은 안정적이고 조직적인 상태를 유지한다. 다양한 서식지를 점유하고 이용할 수 있다.
4. **미생물군**(microbiota)은 몸 전체의 특정 부위에 적응한 바이러스, 고세균, 박테리아, 곰팡이 및 원생동물을 말한다. 일반적으로 신체와 공생 또는 공생관계를 나타내지만 무균 상태인 부위에 유입되면 병원성이 될 수 있다.

**7.6 미생물 성장 연구**

A. 박테리아 세포 주기 동안 모세포는 **이분열**(binary fission) 또는 **횡분열**(transverse fission)을 통해 한 쌍의 딸세포를 형성한다.
B. 염색체의 복제와 세포 성분 요소의 동등한 분열을 포함한다.
C. 각 분열의 기간을 **세대**(generation) 또는 **배가 시간**(doubling time)이라고 한다. 이론적으로 개체군은 각 세대마다 두 배가 되므로 성장 속도는 **지수함수적**(exponential)으로 증가하며 각 주기는 기하급수적 증가 형태를 나타낸다.
D. **성장 곡선**(growth curve)은 닫힌계에서 시간에 따른 개체군 변화를 그래프로 나타낸 것이다. 곡선의 초기 평탄한 기간을 **지연기**(lag phase)라고 하며, 다음에는 생존 세포가 대수적으로 증가하는 **지수 성장기**(exponential growth phase)가 이어진다. 어려운 환경 조건에서는 **정지기**(stationary growth phase)를 만든다. **사멸기**(death phase)에서는 영양소 고갈과 노폐물 축적으로 인해 세포 사멸이 증가한다.
E. 세포 수 측정은 생존 가능 균수 측정, 현미경 계수기, 쿨터 계수기 또는 **유세포 분석기**(flow cytometer)로 할 수 있다. 세포 성장은 탁도계와 총 세포 수로 확인할 수도 있다.

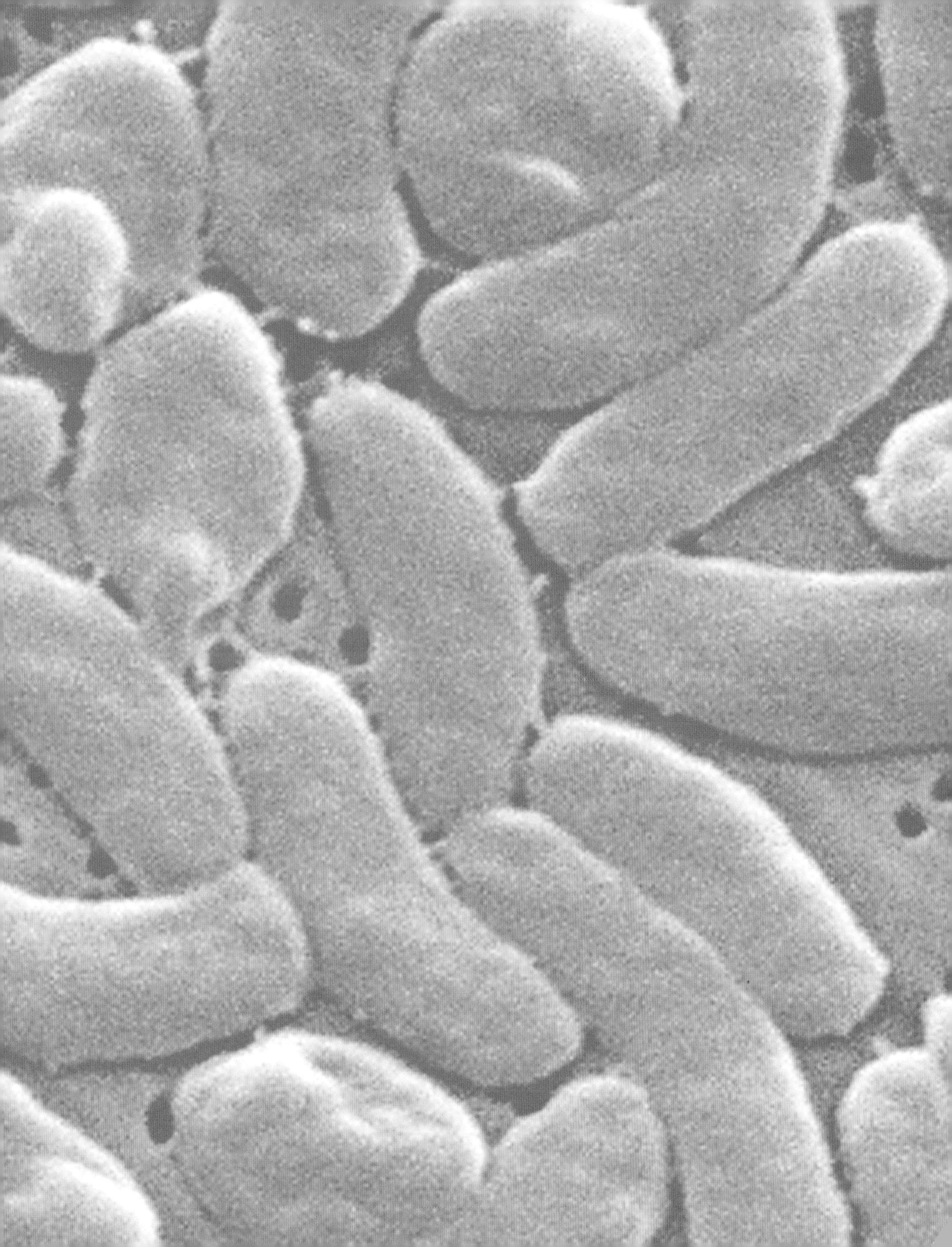

CHAPTER

# 8

# 미생물 대사 소개: 생명의 화학적 교차로

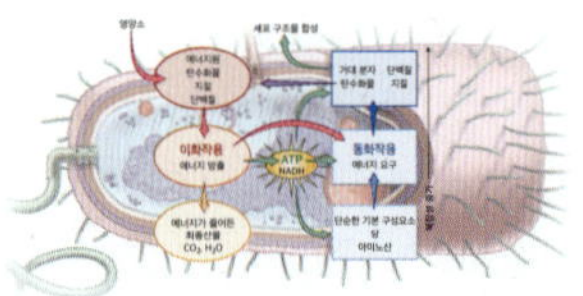

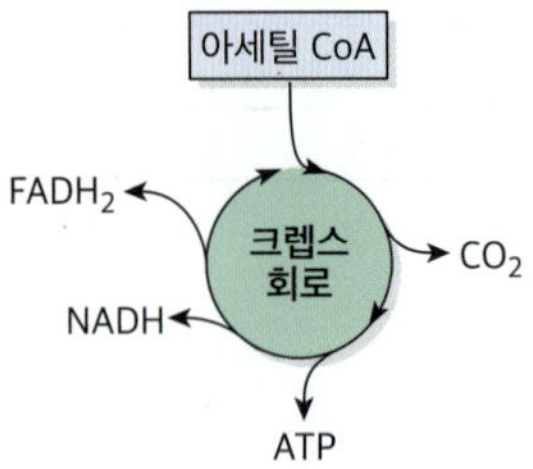

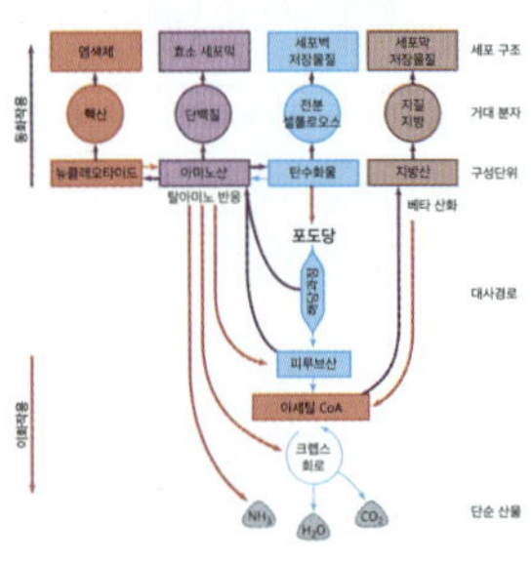

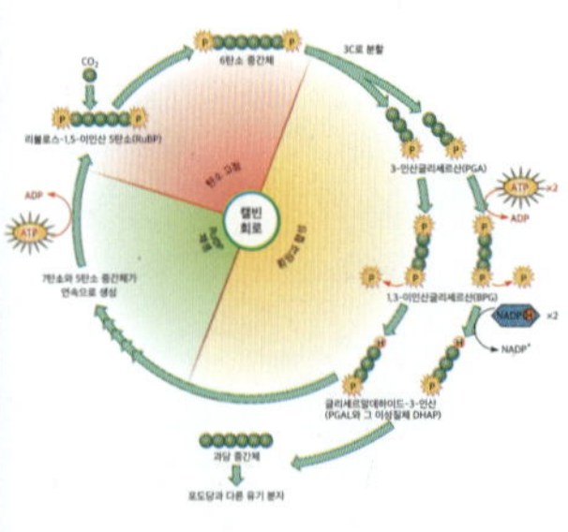

### 이 장의 구성





(이미지 출처: adwo123/123RF; Ingram Publishing/Alamy Stock Photos)

사례 연구 **Part 1**

# 효모에 취해 운전하다

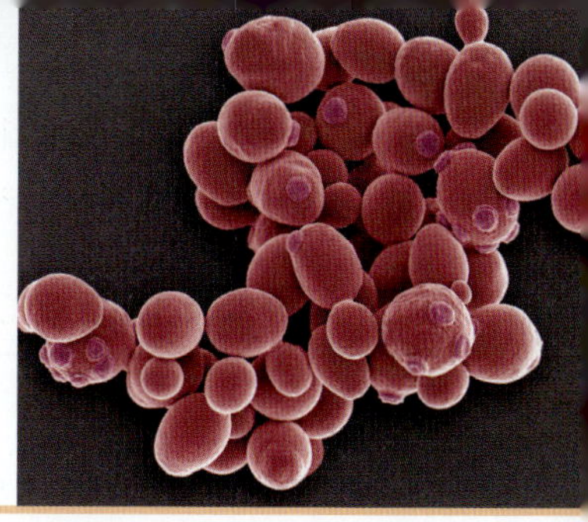

2014년 말, 미국 뉴욕주 햄버그(Hamburg)라는 작은 도시에서 차선을 위험하게 넘나드는 차량에 대한 911 신고가 경찰에 접수됐다. 현장에 출동한 경찰은 도로 위를 비틀거리며 주행 중이던 차량을 정지시켰다. 앞 조수석 타이어에서는 고무 타는 냄새와 함께 연기가 심하게 피어오르고 있었지만, 운전자는 이를 전혀 인지하지 못하는 듯한 모습을 보였다. 경찰 보고서에 따르면, 운전자는 35세 여성 교사로, 입에서는 **술**(alcohol) 냄새가 났고 말투는 어눌했으며, 눈은 충혈되고 초점이 흐릿한 상태였다. **현장 음주 검사**(field sobriety test)에서 이 여성은 알파벳 암송에는 성공했지만, 한 발로 서기나 일직선 걷기 같은 기본 균형 감각 테스트는 통과하지 못했다. 운전자는 버팔로(Buffalo)에 있는 부모님 집에서 술을 3잔 마셨다고 진술했다. 운전 도중 타이어가 터진 사실은 알고 있었지만, 집이 가까워 큰 문제 없이 귀가할 수 있을 것이라 판단해 수리를 미뤘다고 설명했다. 또한 지금은 약간 어지럽지만 운전은 충분히 가능한 상태라고 주장했다. 이 여성의 **혈중알코올농도**(blood alcohol content, BAC)는 0.33%로 측정됐는데, 이는 법적 기준인 0.08%를 훌쩍 뛰어넘는 수치였다. 일반적으로 BAC가 이 수준에 이르면 중증 만취 상태로 분류되며, 심할 경우 **혼수상태**(coma)나 **호흡부전에 의한 사망**(death via respiratory failure) 위험이 매우 높아진다. 여성은 현장에서 **음주**(intoxicated) 운전 혐의로 체포됐으며, 혈중알코올농도가 위험 수준이었기 때문에 인근 병원으로 이송됐다. 그날 저녁, 이리(Erie) 카운티 의료센터에서 실시한 혈액검사에서도 BAC는 0.30%로 측정돼 현장 결과와 거의 일치했다.

해당 사건은 단순한 음주운전 사건으로 보였지만, 법정에서 피고인의 변호사가 예상치 못한 주장을 펼치면서 상황이 급변했다. 변호사는 피고인의 혈중 알코올이 외부에서 섭취된 것이 아니라, 체내에서 스스로 생성된 것이라고 주장했다. 그 근거로 피고인이 자가양조증후군(auto-brewery syndrome), 즉 **장내 발효 증후군**(gut fermentation syndrome)을 앓고 있다고 밝혔다. 이 증후군은 전 세계적으로 약 100건 정도만 보고된 매우 드문 사례로, 소장 안에 존재하는 **효모**(yeast)가 섭취한 탄수화물을 **발효**(fermentation)시켜 알코올을 생성함으로써 발생한다. 이렇게 생성된 알코올이 혈류로 흡수되면 실제로 술을 마신 적이 없음에도 불구하고 **만취**(intoxication)상태와 같은 증상이 나타난다.

2014년 12월 9일, 햄버그 지방법원 판사는 피고인에게 제기된 혐의를 기각했다.

- **장내 발효 증후군은 동화작용과 이화작용 중 어떤 것에 포함되는가?**
- **탄수화물이 발효될 때 알코올이 만들어지는 경로 외에 또 어떤 발효 경로가 있는가?**

이 장 끝에서 사례 연구 Part 2로 이어짐.

(삽화 출처: Brand X/Getty Images)

## 8.1 대사와 효소

**학습목표**

1. 대사란 무엇인지 설명하고 두 가지 대사 유형을 구분한다.
2. 세포 내에서 효소가 수행하는 기본 기능을 설명한다.
3. 효소가 가진 주요 특성을 간략하게 정리한다.
4. 효소가 반응에 필요한 에너지를 어떻게 낮추는지 설명한다.
5. 효소 구조와 효소-기질 상호작용에 대해 논의한다.
6. 효소 작용 방식과 명명법을 설명한다.
7. 효소 조절에 대한 주요 특징을 요약한다.

'대사'라는 단어는 '변화하다'를 뜻하는 그리스어 meta-ballein에서 유래했으며, 세포 안에서 일어나는 모든 화학적 반응을 의미한다. 대사는 생명체가 살아가기 위해 수행하는 모든 활동, 예를 들어 성장, 물질 합성, 수송, 소화, 에너지 생성과 사용, 운동을 포괄하는 개념이다. 대사에는 수천 가지 반응이 포함되지만, 크게 두 가지 유형으로 나눌 수 있다. 첫째, **이화작용**(catabolism)은 큰 분자를 분해해 더 작은 분자로 전환하는 과정이며, 이 과정에서 에너지가 방출된다. 둘째, **동화작용**(anabolism)은 생합성(biosynthesis)이라고도 하며, 작은 분자들이 결합해 더 크고 복잡한 분자를 만드는 과정이다. 세포 구조 성분은 동화작용을 통해 만들어지며, 이 과정은 주로 이화작용에서 방출된 에너지를 활용해 진행된다. 이 두 과정은 겉보기에는 분리된 것처럼 보이지만, 서로 밀접하게 연결돼 있으며 보완하는 관계다. 결국 세포는 이 두 과정이 조화를 이룰 때 생명 유지에 필요한 기능을 안정적으로 수행할 수 있다(그림 8.1). 이 장에서는 세포 내 주요 대사활동을 다음과 같은 흐름으로 다룬다.

1. 효소는 이화작용과 동화작용을 촉진하는 필수적인 생체 촉매다. 효소는 미생물학에서 매우 중요한 개념이므로, 8.1절에서 자세히 설명한다.
2. 세포는 외부에서 에너지를 얻는다. 영양소나 태양광 같은 외부 에너지원을 활용하는 과정은 7장에서 소개됐으며, 8.2절과 8.6절에서 더 구체적으로 다룬다.
3. 세포는 얻은 에너지를 추출해 ATP(adenosine triphosphate)로 전환한다. ATP는 에너지를 저장하고 전달하는 기본 화합물이다. 이런 과정은 여러 이화경로(catabolic pathway)를 통해 일어나며, 8.3절과 8.4절에서 설명한다.
4. 세포는 ATP에 저장된 에너지를 사용해 동화작용을 수행한다. 이를 통해 작은 분자가 결합돼 복잡한 분자나 세포 구조가 형성된다. 이 내용은 8.5절에서 다룬다.

유기 분자와 생화학에 대한 기본 개념을 복습하려면 2장을 참고하자.

### 효소: 생명체 화학반응을 위한 촉매

미생물 세포는 기본 구성 성분, 에너지원, 그리고 복잡하게 얽힌 대사반응 연결망을 작동시키기 위한 유전적 '설계도'를 갖춘 미세한 공장으로 볼 수 있다. 하지만 생명체 내에서 일어나는 화학반응은 **효소**(enzyme)라고 불리는 특별한 단백질이 없이는 절대로 일어날 수 없다. 효소는 **촉매**(catalyst)에 대한 대표적 예다. 촉매란 화학반응 속도를 증가시키지

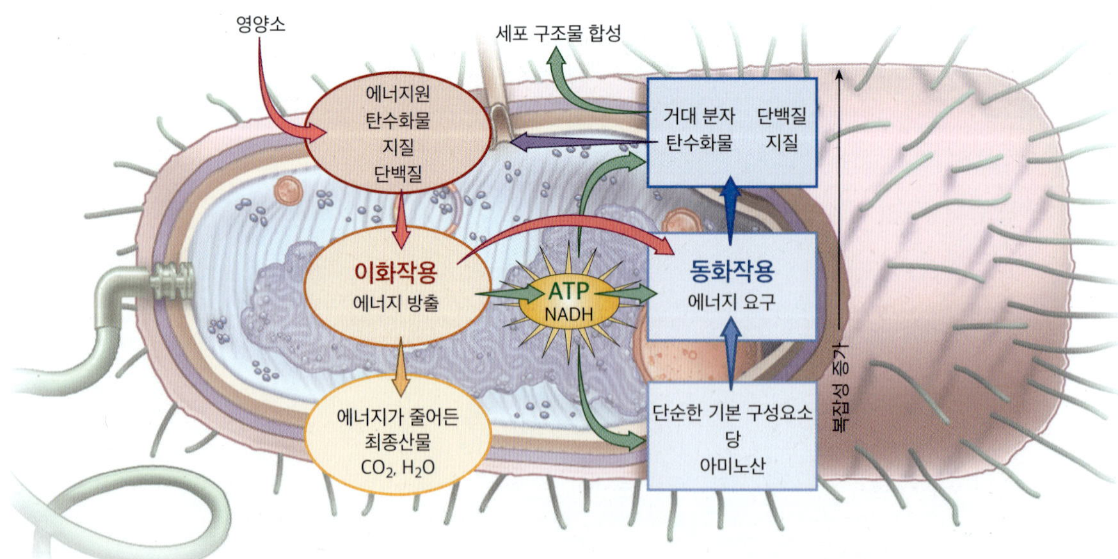


**그림 8.1** 단순화된 대사 모델. 세포에서 일어나는 화학반응은 크게 두 가지로 나눌 수 있다. 이화작용은 복잡한 유기 분자를 분해해 에너지를 방출하고 더 단순한 생성물을 만드는 과정이다. 동화작용은 이화작용에서 얻은 에너지를 이용해 세포에 필요한 거대 분자와 구조물을 합성하는 과정이며 이 과정에서 화학적 복잡성이 증가한다. 이 두 과정은 끊임없이 상호작용하며 세포 내 대사 균형을 유지하는 순환 체계를 이룬다.

### 8.1 연결고리 찾기

## 효소 – 생화학적 지렛대

효소와 활성화 에너지 사이 관계를 이해하기 위해 비유를 들어 보자. 절벽 가장자리에 위태롭게 놓인 큰 바위는 상당한 위치에너지(potential energy)를 가지고 있지만, 외부에서 무언가 작용하지 않는 한 그 자리에 머물며 에너지를 방출하지 않는다. 바위 아래 절벽이 점점 침식되면 바위는 언젠가 떨어질 수 있겠지만, 그 과정에는 매우 오랜 시간이 걸릴 것이다. 그런데 이 바위에 지렛대를 이용해 힘을 가하면, 바위는 자신의 무게와 위치에너지에 의해 쉽게 굴러떨어지게 된다. 이 비유를 화학반응에 적용하면, 반응물은 절벽 위에 있는 바위, 활성화 에너지는 바위를 움직이는 데 필요한 힘, 효소는 지렛대, 생성물은 절벽 아래 바닥에 도달한 바위로 볼 수 있다. 즉, 지렛대가 바위를 더 쉽게 움직이게 해 주는 것처럼, 효소는 활성화 에너지라는 '장벽'을 낮춰 반응이 빠르게 진행되도록 돕는 역할을 한다. 다만 이 비유에는 실제와 다른 점이 하나 있다. 사람이 지렛대를 이용해 바위를 움직일 때는 에너지를 직접 제공하는 것이지만, 효소는 반응 과정에 에너지를 추가로 제공하지 않는다. 효소는 단지 활성화 에너지양을 줄여 주는 역할만 수행한다.

이 과정은 반응물 에너지가 시간에 따라 어떻게 변하는지를 나타낸 그래프로 설명할 수 있다. 반응물이 반응을 시작하려면 활성화 에너지($E_{act}$)라는 일정 수준 에너지를 넘어야 한다. 촉매인 효소가 존재할 경우, 이 $E_{act}$는 감소하게 되며, 이는 보다 적은 에너지로 최종 생성물에 도달할 수 있는 새로운 반응 경로를 제공한다는 뜻이다. 그러나 효소가 있든 없든 간에 최종 생성물이 가지는 에너지 자체는 변하지 않는다는 점을 꼭 이해해야 한다.

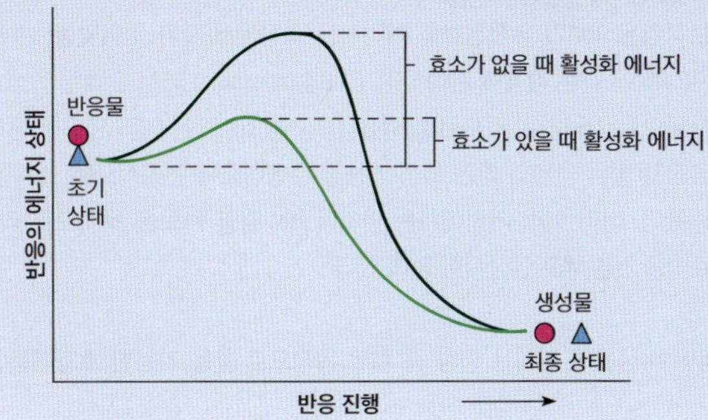


**효소가 화학반응을 빠르게 진행시키는 물리적 원리는 무엇인가?**

**표 8.1** 효소의 주요 특성 요약

- 대부분 단백질로 이루어져 있으며, 경우에 따라 비단백질성 보조인자가 필요하다.
- 세포 내에서 반응 속도를 높이는 유기 촉매로 작용한다.
- 화학반응이 진행되는 데 필요한 활성화 에너지를 낮춘다(**8.1 연결고리 찾기** 참조).
- 생명 유지에 적절한 속도로 대사반응이 원활히 진행되도록 돕는다.
- 모양, 특이성, 기능 등 고유한 생화학적 특성을 가진다.
- 기질이라 불리는 특정 분자와 결합하는 활성부위를 갖고 있다.
- 일반적으로 기질보다 크기가 훨씬 크다.
- 기질에 결합해 반응을 촉진하지만, 반응 최종 생성물에는 포함되지 않는다.
- 반응 과정에서 소모되거나 영구적으로 변화하지 않는다.
- 재사용이 가능하며, 매우 낮은 농도에서도 효과적으로 작용할 수 있다.
- 온도와 pH 변화에 민감하다.
- 되먹임이나 유전적 원리를 통해 그 활성이 조절될 수 있다.

만, 반응이 끝난 뒤 생성물에 포함되지 않으며 소모되지도 않는 물질을 말한다. 다만 효소가 반응을 진행시킨다고 오해해서는 안 된다. 어떤 반응은 분자 자체가 가진 자유 에너지 때문에 효소 없이도 결국 자발적으로 일어날 수 있다. 하지만 그런 반응의 속도는 너무 느려서 세포 활동에 활용될 수 없다. 예를 들어, 요소분해효소(urease)는 이 효소가 없을 때보다 요소 분해 속도를 100조 배나 빠르게 만든다. 효소가 없는 비촉매 반응은 세포가 필요로 하는 반응 속도를 제공하지 못하기 때문에, 효소는 생명 유지에 절대적으로 필요한 존재다. 효소에 대한 기타 주요 특성은 표 8.1에 요약돼 있다.

### 효소의 작용 원리

효소는 대사반응 속도를 높인다고 했지만, 구체적으로 어떤 원리로 작용할까? 화학반응에서는 반응물(reactant)이 서로 결합하거나 분해되면서 생성물(product)로 전환된다. 그러나 반응이 시작되기 위해서는 에너지가 일정량 필요하며, 이 에너지가 반응 속도를 억제하는 주요 원인이다. 이처럼 반응이 시작되기 전에 극복해야 하는 에너지 장벽을 **활성화 에너지**(activation energy)라고 한다. 각 반응마다 이 활성화 에너지는 계산 가능하며, 반응 속도에 직접적인 영향을 준다(**8.1 연결고리 찾기**). 실험실에서는 이 활성화 에너지를 극복하기 위해 보통 다음과 같은 방법을 사용한다.

- 가열: 온도를 높여 반응물 운동 속도를 증가시킴
- 반응물 농도 증가: 반응물 충돌 빈도를 높여 반응 가능성을 높임
- 효소 사용: 촉매작용을 통해 활성화 에너지를 감소시킴

하지만 생명체 내 환경에서는 온도를 무작정 높일 수 없고, 반응물 농도를 과도하게 늘리는 것도 비효율적이며 위험할 수 있다. 따라서 생명체는 효율적이고 특이적인 생체 촉매인 효소에 의존한다.

효소는 반응물인 **기질**(substrate)이 반응할 수 있도록 물리적으로 고정하는 부위를 가지고 있어 반응이 더 쉽게 일어나도록 돕는다. 효소는 보통 기질보다 훨씬 크며, 자신이 인식하는 특정 기질에만 결합할 수 있는 독특한 주머니 모양 활성부위를 가진다. 효소는 기질과 결합해 화학

8.2 연결고리 찾기

## 새로운 촉매

세포 내에서 일어나는 분자 수준 반응에 대한 연구가 꾸준히 진행되면서 새로운 발견들이 기존 생화학적 통념을 깨고 우리 이해를 넓혀 가고 있다. 처음에는 단백질만이 생체 촉매 역할을 할 수 있는 유일한 분자로 여겨졌으나, 과학자들은 이후 **리보자임**(ribozyme)이라는 독특한 RNA 분자를 새롭게 발견했다. 지금까지 리보자임은 모든 세포와 일부 바이러스에서 약 500종 이상 확인될 만큼 예상보다 훨씬 널리 존재하는 분자이며, 특정한 활성부위를 가지고 기질과 상호작용하는 등 그 특징은 단백질 효소와 유사하다. 리보자임이 특별한 이유는, 단백질이 아닌 RNA임에도 촉매 역할을 수행할 뿐 아니라 자신과 같은 RNA를 기질로 삼는다는 점이다. 이러한 특성 때문에 리보자임은 지구 초기에 존재했을 것으로 여겨지는 '촉매이자 유전물질' 역할을 동시에 수행한 분자일 가능성을 보여 주는 중요한 단서로 간주된다. 실제 자연계에서 리보자임은 RNA가 유전정보를 처리하는 과정에서 자가 이어맞춤(self-splicing)이나 절단(cutting) 같은 작용에 관여하며, 리보솜(ribosome) 역시 단백질 합성 과정에서 리보자임으로 기능하는 것으로 밝혀졌다(9장 참조). 또한 여러 연구를 통해 리보자임은 유전자 발현 억제와 같은 특정 기능을 수행하도록 인공적으로 설계할 수 있음이 입증됐다. 이미 여러 기업에서는 암이나 HIV 감염 치료를 목적으로 리보자임 기반 치료법을 개발하고 임상시험 중에 있다.

**리보자임이 미생물에 미치는 영향 중 치료 목적으로 활용 가능한 효과에는 무엇이 있는가?**

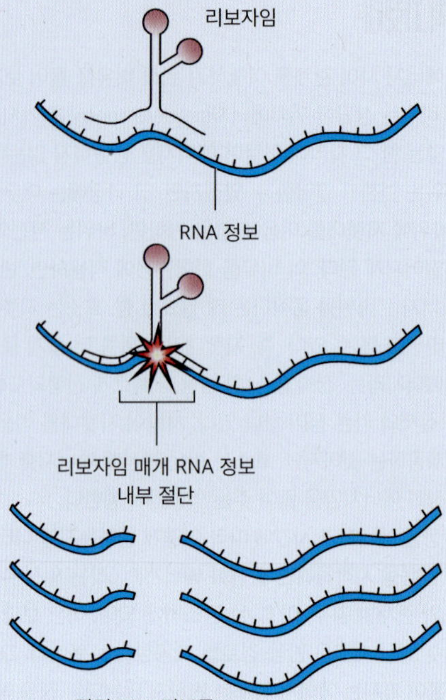


리보자임('머리핀 고리' 형태)은 RNA 일부 구간을 절단해 제거할 수 있다.

반응을 직접 유도하지만, 자신은 생성물에 포함되지 않으며, 반응 도중에도 소모되지 않는다. 따라서 효소는 동일한 반응을 반복적으로 수행할 수 있다. 효소 작용 속도는 효소 하나가 1초 동안 처리할 수 있는 기질 분자 수로 나타낸다. 카탈레이스(catalase)는 초당 수백만 개, 젖산탈수소효소(lactate dehydrogenase)는 초당 수천 개 기질을 처리할 수 있다. 이처럼 속도는 효소 종류에 따라 아주 다양하다. 효소가 대사 과정에서 어떤 역할을 하는지 이해하기 위해서는 효소 구조를 아는 것이 매우 중요하다.

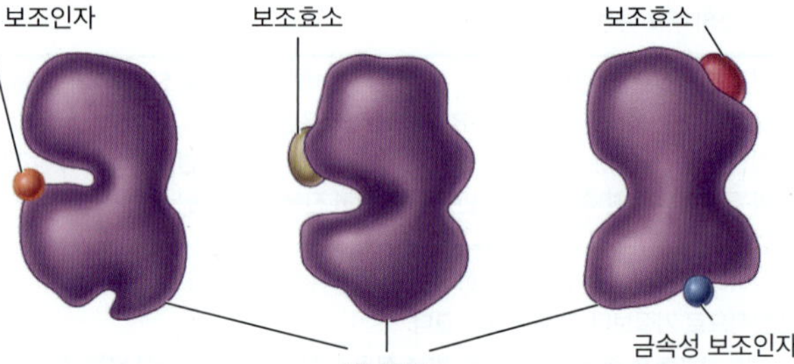


**그림 8.2** 복합효소 구조. 모든 예시는 아포효소(폴리펩타이드 또는 단백질 부분)에 보조인자가 하나 이상 결합된 구조를 보여 준다.

**표 8.2** 대표적인 효소와 그 촉매작용 그리고 보조인자들*

| 효소 | 작용 | 필요한 보조인자 |
|---|---|---|
| 카탈레이스(Catalase) | 과산화수소($H_2O_2$) 분해 | 철(Fe) |
| 산화효소(Oxidase) | 산소에 전자 추가 | 철, 구리(Cu) |
| 헥소카이네이스(Hexokinase) | 포도당에 인산염 전달 | 마그네슘(Mg) |
| 아르지네이스(Arginase) | 아미노산 중 하나인 아르지닌(arginine)에 작용 | 망간(Mn) |
| 질산환원효소(Nitrate reductase) | 질산염을 아질산염으로 환원 | 몰리브덴(Mo) |
| DNA 중합효소(DNA polymerase) | DNA 합성 | 아연(Zn), 마그네슘 |
| 보툴리눔 독소(Botulinum toxin) | 소포 수송(vesicle transport)에 필요한 단백질을 가수분해 | 아연 |
| 피루브산염 탈수소효소(Pyruvate dehydrogenase) | 피루브산을 아세틸 CoA와 이산화탄소($CO_2$)로 전환 | 티아민(thiamine)과 마그네슘 |
| 숙신산 탈수소효소(Succinate dehydrogenase) | 크렙스 회로에서 숙신산염을 푸마르산염으로 산화 | FAD(리보플라빈 포함) |

* 처음 일곱 가지 보조인자는 금속이고, 나머지 두 가지는 비타민을 포함하는 보조효소다.

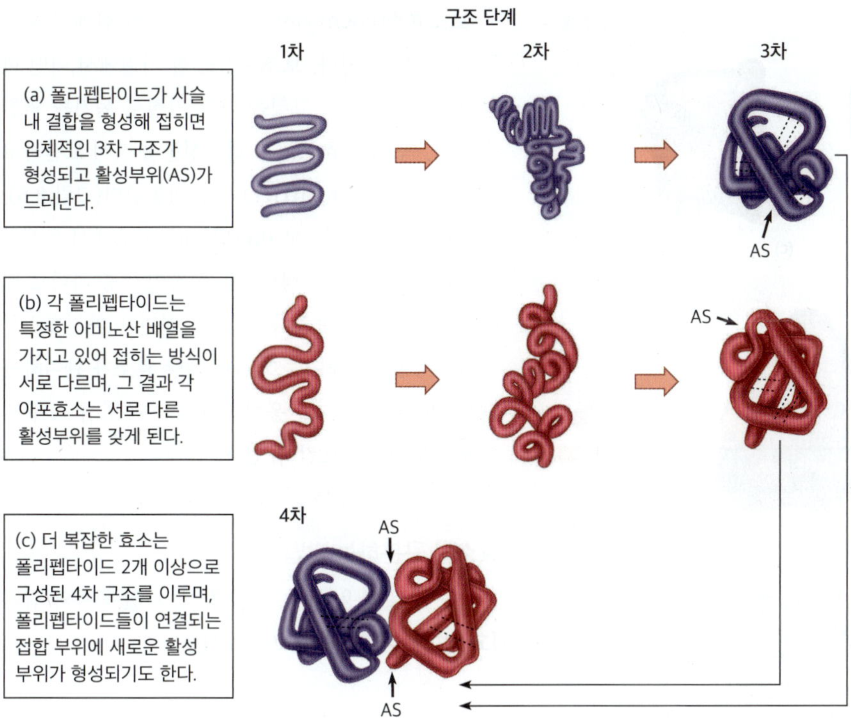


**그림 8.3** 아포효소의 활성부위와 특이성이 형성되는 과정. 이 과정에 대한 자세한 내용은 그림 2.24를 참고하라.

## 효소 구조

효소는 대부분 단백질로 구성돼 있지만, 일부 RNA 분자는 예외적으로 비효소적 촉매(nonenzyme catalysts)로 작용할 수 있다(**8.2 연결고리 찾기**). 효소는 구조에 따라 크게 단순효소(simple enzyme)와 복합효소(conjugated enzyme)로 나눌 수 있다. 단순효소는 단백질로만 이루어져 있지만, 복합효소(그림 8.2)는 단백질과 비단백질 성분을 모두 포함하는 효소다. 복합효소는 **완전효소**(holoenzyme)라고도 하며, 이것은 단백질 부분인 **아포효소**(apoenzyme)와 하나 이상 **보조인자**(cofactor)로 구성돼 있다(표 8.2). 보조인자에는 유기 분자인 **보조효소**(coenzyme)나 무기 원소(금속 이온)가 있는데, 효소 작용에는 대부분 보조인자가 필요하다. 일부 효소에서는 보조인자가 아포효소에 비공유 결합(non-covalent bonds)으로 느슨하게 결합돼 있고, 어떤 효소에서는 공유 결합(covalent bonds)을 통해 더 강하게 결합돼 있다.

## 아포효소: 특이성과 활성부위

아포효소 크기는 아미노산 약 100개로 이루어진 작은 폴리펩타이드(분자량 약 12,000)에서부터 아미노산 수천 개로 구성된 대형 폴리펩타이드 복합체(분자량 100만 이상)까지 다양하다. 아포효소는 다른 단백질들과 마찬가지로 단순한 1차 구조를 기반으로 2차 구조를 거쳐, 최종적으로 입체적인 3차 구조 또는 더 복잡한 4차 구조를 형성해야만 기능을 수행할 수 있다(그림 8.3). 2장에서 살펴본 것처럼, 이런 구조 변화는 폴리펩타이드 사슬이 스스로 접히는 과정을 통해 이루어지며, 이 과정에서 이황화 결합(disulfide bond)을 비롯한 다양한 화학 결합이 형성돼 안정적인 입체 구조가 완성된다. 이 접힘 과정을 통해 아포효소 표면에는 입체적이고 독특한 형태가 형성되며, 이 구조는 효소가 특정 기질에만 반응하게 만드는 특이성(specificity)을 지니게 한다. 기질이 실제로 결합하는 부위를 **활성부위**(active site), 또는 **촉매부위**(catalytic site)라고 하며, 효소에 따라 하나 또는 여러 개가 존재할 수 있다(그림 8.3). 각 효소는 서로 다른 1차 구조(아미노산 종류와 배열)를 가지므로 접히는 방식에도 차이가 생기며, 이에 따라 각 효소는 고유한 활성부위를 가지게 된다.

## 효소-기질 상호작용

효소가 반응을 일으키려면 반드시 효소 활성부위에서 기질과 일시적으로 결합해 **효소-기질**(enzyme-substrate) 복합체를 형성해야 한다. 이러한 상호작용이 일어나는 원리를 설명하는 방식은 여러 가지가 있다(그림 8.4). 가장 널리 알려진 비유는, 효소 특이성을 '열쇠와 자물쇠(lock-and-key)' 관계에 빗대 설명하는 것이다. 이 비유는 효소 특이성을 이해하는 데 도움이 되지만, 실제 효소는 딱딱하고 고정된 자물쇠처럼 정적인 구조가 아니다. 실제로는, 기질이 활성부위에 접근하면 효소가 구조를 미세하게 변화시켜 기질과 더 잘 결합할 수 있도록 도와주는 방식이 더 정확하며, 이런 과정을 '유도 적합(induced fit)'이라고 한다(그림 8.4d). 이 과정에서 효소와 기질 사이 결합은 약하며 쉽게 분리될 수 있다. 효소-기질 복합체가 형성되면, 보조인자는 효소가 기질과 더욱 효과적으로 반응할 수 있도록 도와줘 생성물이 빠르게 만들어지도록 촉진한다. 생성물이 효소에서 떨어져 나가면, 효소는 원래 상태로 되돌아가 또 다른 기질과 결합해 동일한 반응을 반복적으로 수행할 수 있다.

## 보조인자: 효소 작용을 돕는 물질

7장에서 배웠듯이, 미생물이 성장하려면 미량원소(trace element)라 불리는 특정 금속 이온과 특정 유기 성장인자(organic growth factor)가 꼭 필요하다. 이런 물질들이 필요한 이유는, 주로 효소 작용을 돕는 보조인자로 기능하기 때문이다(표 8.2). 특히 **금속성 보조인자**(metallic cofactor)는 철, 구리 등과 같은 미량 금속 이온으로서, 효소 활성을 촉진하거나 유지하는 데 중요하다. 이들은 주로 효소 활성부위를 안정화하거나 기질이 결합할 수 있도록 돕는다. 이를 통해 효소 반응이 원활하게 진행되도록 지원한다.

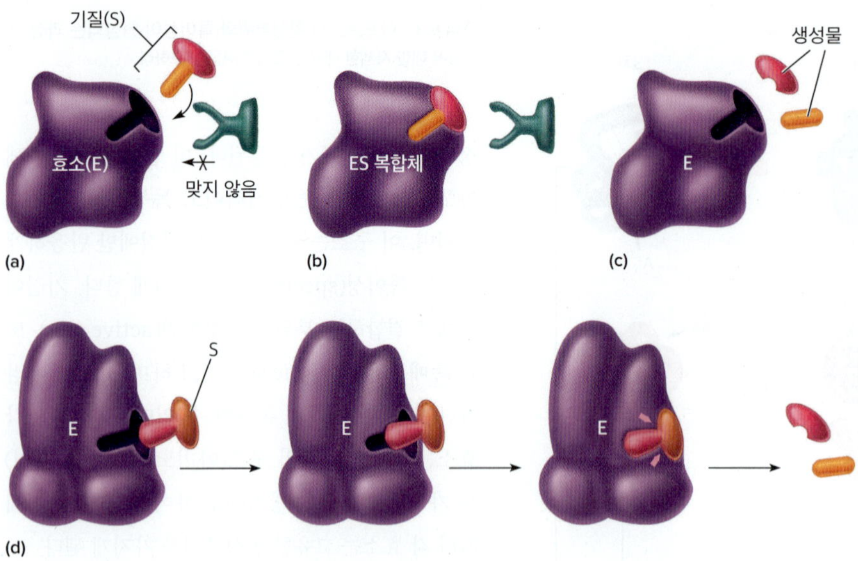


**그림 8.4** 효소-기질 반응. (a) 효소(E)와 기질(S)이 만나면 기질은 효소 활성부위에 정확히 들어맞는 방식으로 위치하게 된다. (b) 효소-기질 복합체(ES complex)가 형성되면 반응이 일어날 준비가 된 전이상태(transition state)에 도달한다. 이때 효소는 기질과 일시적으로 강하게 결합하며, 기질 내부 화학 결합을 끊거나 새로 형성하는 과정에 직접 참여한다. (c) 반응이 완료되면 생성물이 효소로부터 방출된다. (d) 유도 적합 모델에서는 효소가 기질을 인식한 후 보다 정밀하게 결합하기 위해 자신의 활성부위 구조를 약간 변화시킨다고 설명한다.

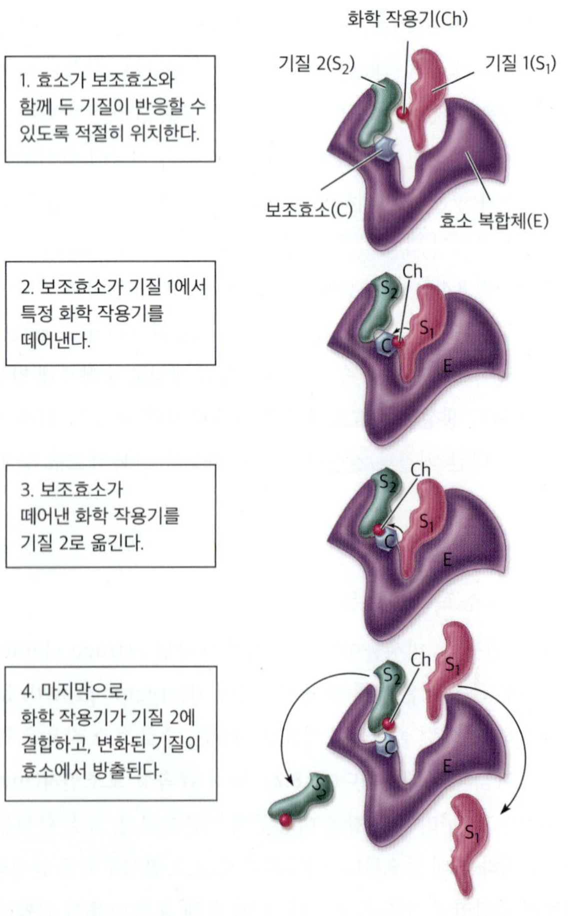


**그림 8.5** 보조효소의 운반 기능. 많은 효소는 한 기질에서 다른 기질로 화학적 작용기를 옮길 때 조효소를 사용한다.

**보조효소**(coenzyme)는 아포효소와 함께 작용하는 유기 보조인자다. 보조효소는 한 기질에서 어떤 화학성분을 떼어내어 그것을 다른 기질로 옮기는 역할을 한다. 즉, 보조효소는 그 화학성분을 잠시 보관하고 옮겨 주는 '운반자(carrier)'처럼 작동한다(그림 8.5). 보조효소는 일반적으로 **비타민**(vitamin)에서 유래하며, 이런 이유로 많은 생명체는 성장인자 중 하나로 비타민이 반드시 필요하다. 비타민 결핍은 완전효소를 형성하지 못하게 하고, 그 결과 해당 효소가 관여하는 반응뿐만 아니라 그 반응에 의존하는 세포 구조와 기능에도 문제를 일으킬 수 있다.

## 효소를 구분하는 방법

효소는 주로 작용 위치, 작용 방식, 기질 종류와 같은 특성에 따라 분류되고 명명된다(**8.3 연결고리 찾기**).

### 효소 작용 위치와 생성 조절

효소는 자신이 만들어진 세포 내부 또는 외부에서 작용한다. 세포에서 합성된 후 **세포외효소**(exoenzyme)는 세포 밖으로 분비돼, 세포 외부에서 크기가 큰 영양소나 해로운 화학물질을 분해한다(이런 가수분해반응에 대해서는 다음 절에서 자세히 설명한다). 세포외효소에 대한 대표적 예로는 셀룰레이스(cellulase), 아밀레이스, 페니실리네이스(penicillinase)가 있다. 반면, **세포내효소**(endoenzyme)는 밖으로 분비되지 않고, 세포 안에서 작용한다(그림 8.6). 대사경로에 관여하는 효소 대부분이 여기에 속한다.

세포 내에서 모든 효소가 같은 양이나 속도로 생성되는 것은 아니다. 일부는 **구성효소**(constitutive enzyme)라 불리며(그림 8.7a), 기질 양과 관계없이 항상 일정한 수준으로 존재한다. 예를 들어, 포도당 대사에 관여하는 효소는 세포 기능에 필수적이므로 구성효소에 속한다. 반면, 다른 효소들은 **조절효소**(regulated enzyme)라고 부르며(그림 8.7b), 기질이나 생성물 농도 변화에 따라 효소 생산이 켜지거나(유도) 꺼지는(억제) 방식으로 조절된다. 이런 효소 유도와 억제는 9장에서 설명하듯, 그 효소와 관련된 유전자 발현 변화를 통해 이루어진다.

#### 합성과 가수분해 반응

성장하는 세포는 끊임없이 물질을 합성한다. 이처럼 작은 분자들이 서로 결합해 큰 분자를 만드는 모든 동화작용(합성 과정)에는 합성효소(synthase)라는 효소가 필요하다. **축합반응**(condensation reaction) 또는 탈수반응(dehydration reaction)이라고도 불리는 합성 과정에서는 결합이 형성될 때마다 물 분자가 하나 빠져나간다(그림 8.8a). 성장하

8.3 연결고리 찾기

## 효소 명명 규칙

대사반응 대부분은 각 반응에 특이적인 효소가 필요하다. 현재까지 연구자들이 발견해 이름을 붙인 효소는 이미 5,000가지가 넘는다. 세포 내 화학반응이 매우 복잡하고 생명체가 다양하기 때문에 앞으로 발견될 효소 숫자는 훨씬 더 많을 것으로 예상된다. 이런 효소들 사이 혼란과 이름 불일치를 방지하기 위해 표준화된 효소 명명과 분류체계가 만들어졌다.

일반적으로 효소 이름은 두 부분으로 구성된다. 첫 부분은 특정 기질 이름이나 촉매하는 반응 종류와 같은 효소 특징에서 유래한 단어이며, 두 번째 부분은 -ase라는 어미를 붙인다.

효소는 주로 다음 여섯 가지 생화학적 작용에 따라 분류된다.

1. **산화환원효소**(oxidoreductase): 한 기질에서 다른 기질로 전자를 전달하는 반응을 촉매하며, 탈수소효소는 수소를 옮긴다.
2. **전이효소**(transferase): 한 기질에서 다른 기질로 화학 작용기를 옮기는 효소다.
3. **가수분해효소**(hydrolase): 물을 첨가해 기질 화학 결합을 끊는 효소다.
4. **분해효소**(lyase): 이중 결합을 가진 기질에 화학 작용기를 더하거나 거기에서 떼어내는 효소다.
5. **이성화효소**(isomerase): 기질을 이성질체 형태로 전환시키는 효소다. 이성질체란 분자식은 같지만 원자 배열 차이로 구조가 다른 화합물이다.
6. **합성효소**(synthase): 지방산 합성효소가 트리글리세라이드 성분을 합성하는 것처럼, 작은 분자를 결합해 큰 분자를 만드는 반응을 촉매하는 효소다.

각 효소는 자신이 촉매하는 특정 화학반응을 나타내는 전문적인 이름을 갖기도 한다. 이런 이름은 생화학 연구자에게는 유용하지만, 일반적으로 사용하기에는 너무 길고 복잡하다. 따라서 실제로는 효소의 기질이나 작용 방식 등에서 유래한 간단한 이름이 더 자주 사용된다. 예를 들어, '과산화수소 산화환원효소(hydrogen peroxide oxidoreductase)'는 일반적으로 '카탈레이스(catalase)'라고 불린다. 이와 비슷하게, 탄수화물을 분해하는 효소는 탄수화물분해효소(carbohydrase)라고 부르며, 이 중 녹말(녹말의 주 구성요소는 amylose)을 분해하는 효소는 아밀레이스(amylase)다. 단백질 펩타이드 결합을 가수분해하는 효소는 일반적으로 단백질분해효소(proteinase, protease, peptidase)라고 하며, 정확한 명칭은 단백질 기질 크기에 따라 다르다. 지방을 분해하는 효소는 리페이스(lipase)고, DNA를 가수분해하는 효소는 디옥시리보뉴클레이스(deoxyribonuclease)이며, 일반적으로는 DNase라고 줄여 부른다. DNA나 RNA 합성을 촉매하는 효소는 중합효소(polymerase)다. 추가적인 효소 예시는 표 8.A를 참조하라(표 8.2도 함께 참고).

콜라겐을 분해하는 효소, ATP를 합성하는 효소, 혈액을 응고시키는 효소의 일반명을 쓰시오.

표 8.A 대표적인 효소와 그 기질 및 작용

| 일반명 | 계통명 | 분류 | 기질 | 작용 |
|---|---|---|---|---|
| Lactase | β,D galactosidase | 가수분해효소 | 젖당(lactose) | 젖당을 포도당과 갈락토스로 분해 |
| Penicillinase | Beta-lactamase | 가수분해효소 | 페니실린(penicillin) | 베타락탐 고리(β-lactam ring)를 가수분해 |
| DNA polymerase | DNA nucleotidyl-transferase | 합성효소 | DNA 뉴클레오사이드(DNA nucleosides) | 상보적인 DNA 가닥을 주형으로, 새로운 DNA 가닥 합성 |
| Lactate dehydrogenase | 일반명과 같음 | 산화환원효소 | 피루브산(pyruvic acid) | 피루브산을 젖산으로 전환하는 반응에서 촉매 |
| Oxidase | Cytochrome oxidase | 산화환원효소 | $O_2$ | $O_2$에 전자와 $H^+$을 첨가하는 환원반응에서 촉매 |

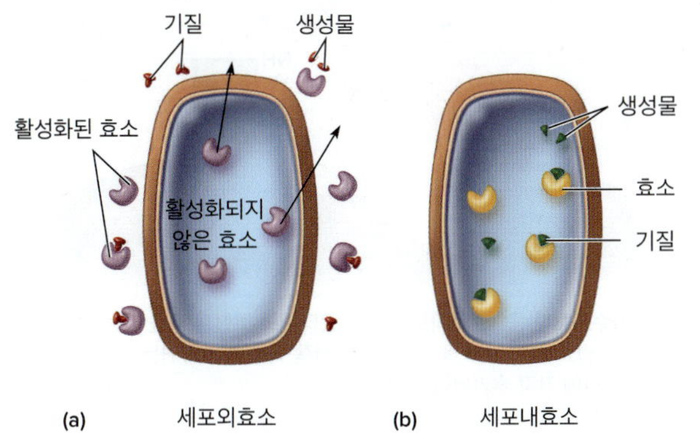


그림 8.6 작용 위치에 따른 효소 종류. (a) 세포외효소는 세포 밖으로 분비(화살표)돼 세포 외부에서 작용한다. (b) 세포내효소는 세포 안에서 작용한다.

는 세포 내에서는 이화작용(분해 과정)도 활발히 일어나며, 이 과정에서도 별도로 효소가 필요하다. 예를 들어, 큰 기질 분자가 세포에서 사용되기 위해서는 효소에 의해 더 작은 분자로 분해되거나 소화돼야 한다. 이때 분자 결합을 끊기 위해 일반적으로 물 분자가 투입되므로, 이런 분해 과정은 **가수분해 반응**(hydrolysis* reaction)이라고 한다(그림 8.8b).

### 효소 활성과 환경 조건

효소 활성은 세포가 처한 환경 조건에 크게 영향을 받는다. 일반적으로 효소는 해당 생물이 원래 서식하는 환경 온도, pH, 삼투압 범위 내에서만 정상적으로 작용할 수 있다. 만약 효소가 이런 정상 조건에서 벗어난 환경에 놓이면 화학적으로 **불안정**(unstable or labile)해진다. 특히 낮은 온도에서는 촉매작용이 억제되고, 높은 온도에서는 아포효소가 변성될 수 있다. **변성**(denaturation)이란 단백질 구조를 유지하는 여러 결합이 파괴돼 입체 구조가 크게 변형되는 과정을 의미한다. 이로 인해 기질

* 가수분해 그리스어 hydro(물)와 lysis(분해 또는 풀다)에서 유래.

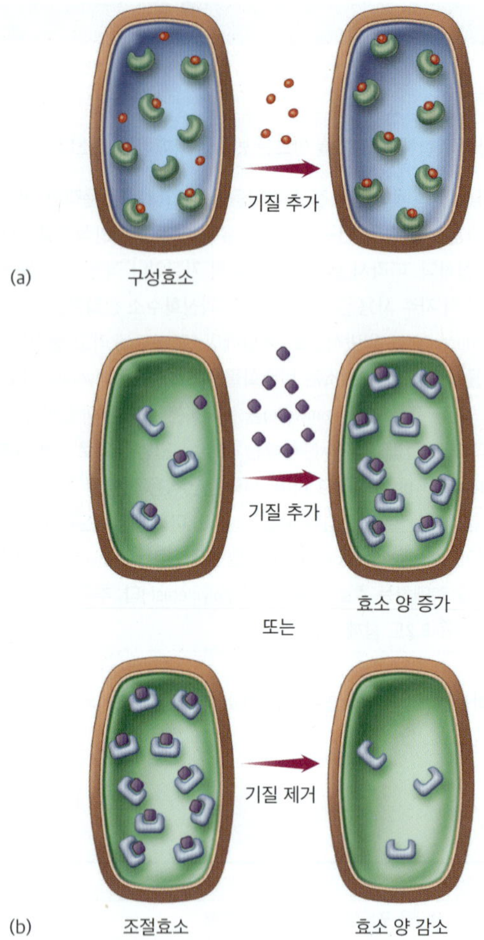


그림 8.7 **구성효소와 조절효소.** (a) 구성효소 양은 세포 내에서 일정하게 유지된다. 따라서 기질이 증가하더라도 구성효소 양은 증가하지 않는다. (b) 조절효소 양은 세포 내 기질 농도 변화에 따라 증가하거나 감소한다.

이 효소 활성부위에 결합하지 못하게 되며, 결국 효소 기능이 상실된다. 기능이 상실된 효소는 대사반응을 차단해 세포가 죽음에 이를 수 있다. 지나치게 낮거나 높은 pH, 중금속이나 알코올 같은 특정 화학물질 역시 효소를 변성시키는 요인이다.

## 효소 활성과 대사경로 조절

대사경로는 여러 단계에서 매우 정교하게 조절되며, 이를 통해 세포는 영양소와 에너지를 최대한 효율적으로 사용한다. 세포는 환경 조건에 맞추어 가장 유리한 대사반응을 선택해 성장과 생존을 유지한다. 효소는 이러한 대사반응에 필수적이므로, 대사의 조절은 곧 효소 활성을 세밀하게 조절하는 것과 같다. 다음에서는 대사경로의 일반적인 특징을 살펴본다.

### 대사경로 양상

대사반응은 대부분 단일 단계로 이루어지지 않는다. 일반적으로 여러 단계가 연속적으로 일어나는 경로(pathway)를 따라 진행되며, 각 단계마다 특정 효소가 촉매 역할을 한다. 각 반응에 대한 표현 방식은 대사경로 형태에 따라 다양하다(그림 8.9). 한 반응에서 생성된 생성물은 다음 반응에서 기질로 사용되며, 이런 방식으로 연속적인 반응이 일어나 직선형(linear) 대사경로를 형성하기도 한다. 많은 대사경로는 중간 단계에

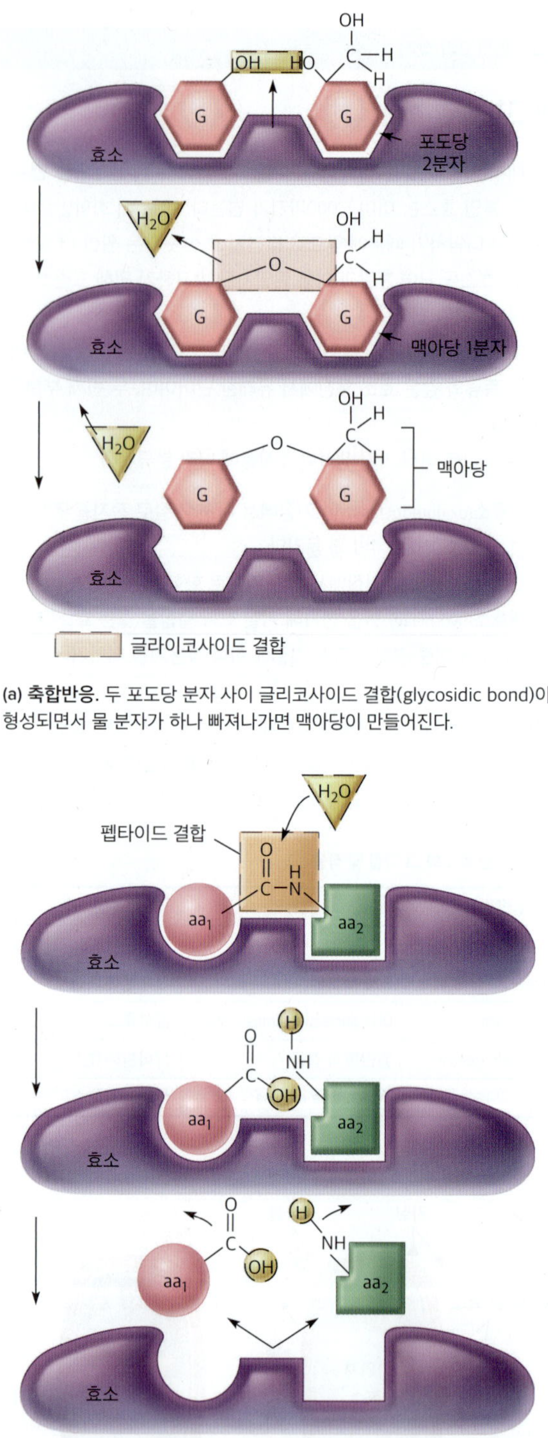


**(a) 축합반응.** 두 포도당 분자 사이 글리코사이드 결합(glycosidic bond)이 형성되면서 물 분자가 하나 빠져나가면 맥아당이 만들어진다.

**(b) 가수분해 반응.** 두 아미노산 사이 펩타이드 결합을 끊을 때는 물 분자 하나가 필요하다. 이때 물 분자 OH는 한쪽 아미노산에, H는 다른 쪽 아미노산에 각각 추가된다.

그림 8.8 **효소 촉매 합성반응과 가수분해 반응 예시.**

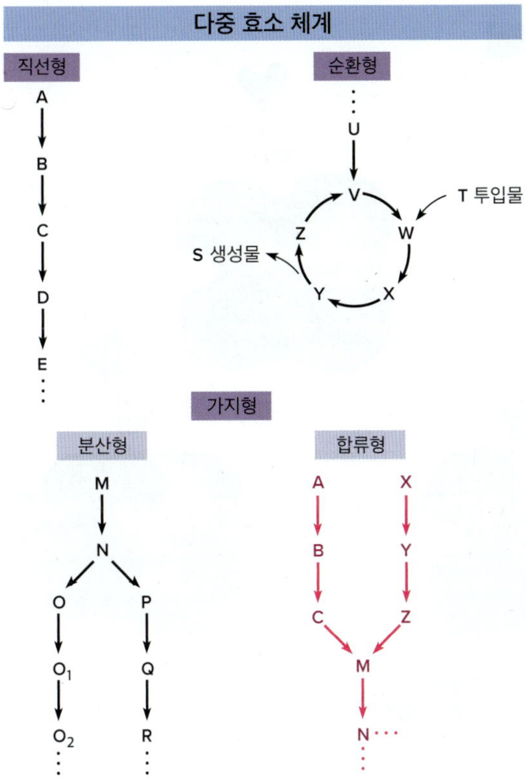


**그림 8.9** **대사경로.** 일반적으로 대사경로는 여러 개의 개별적인 화학반응이 서로 연결돼 중간 대사산물을 거쳐 최종 산물을 생성하는 방식으로 진행된다. 이런 대사경로는 그 구조에 따라 직선형, 순환형, 가지형 등 여러 형태로 나타난다. 동화 경로는 생합성에 관여하며, 각 단계에서 특정 화학 작용기를 하나씩 덧붙여 더 복잡한 분자를 만들어 낸다. 반면, 이화경로는 큰 분자를 점차 작은 분자로 분해하면서 에너지를 생성한다. 거의 모든 반응 단계에는 그 반응을 촉매하는 특정 효소가 관여한다.

**8.4 연결고리 찾기**

## 미생물 효소와 질병 발생

많은 병원성 미생물은 숙주 방어 기전을 피하거나 숙주 조직에서 증식을 촉진하는 특수한 세포외효소를 분비한다. 이런 효소는 병원성을 증가시키기 때문에 독성 인자(virulence factor), 때로는 독소(toxin)로 분류되기도 한다(자세한 내용은 13장 참조). 예를 들어, 인두염과 피부 감염을 일으키는 화농성 사슬구균(*Streptococcus pyogenes*)은 혈전을 분해하는 효소인 스트렙토카이네이스(streptokinase)를 생성하며, 이 효소는 상처 부위로 쉽게 침투할 수 있게 돕는다. 이 세균이 생성하는 또 다른 세포외효소로 스트렙토라이신(streptolysin)[1] 이 있다. 스트렙토라이신은 포유동물 숙주의 혈구와 조직을 파괴하며, 실험실에서는 혈액 배지(blood agar)에서 적혈구를 용해하는 특성을 이용해 특정 세균 배양과 동정에 활용하기도 한다(그림 3.17 참조).

호흡기와 피부 감염을 일으키는 녹농균(*Pseudomonas aeruginosa*)은 엘라스틴(elastin)과 콜라겐(collagen)을 분해하는 엘라스테이스(elastase)와 콜라게네이스(collagenase)를 생성한다. 엘라스틴과 콜라겐은 결합조직(connective tissue)을 구성하는 주요 단백질이므로, 이 효소들은 폐 감염이나 화상 부위 감염 증상을 악화시킨다. 클로스트리디움(*Clostridium*) 속(genus) 세균은 인체에 심각한 병리 증상을 일으키는 독소를 분비한다. 예를 들어, 보툴리눔(botulinum) 독소와 파상풍(tetanus) 독소는 모두 효소 활성을 가지며, 이런 효소 활성 때문에 질병 증상이 나타난다. 두 독소는 모두 신경전달물질이 담긴 세포 소포(vesicle) 분비를 방해해 신경 신호가 근육으로 제대로 전달되지 않게 한다. 보툴리눔 독소는 근육 긴장력을 떨어뜨려 이완 마비(flaccid paralysis)를 유발하며, 파상풍 독소는 근육이 계속 수축하게 하는 경직 마비(rigid paralysis)를 유발한다. 가스괴저(gas gangrene)를 일으키는 클로스트리디움 퍼프린젠스(*Clostridium perfringens*)는 지질을 분해하는 효소 중 하나인 레시티네이스 C(lecithinase C)를 생성해 세포막을 심각하게 손상시키고, 조직 괴사를 유도한다. 이 밖에도 의학적으로 중요한 미생물 효소 중에는 숙주 조직이 아닌 다른 물질을 목표로 하는 효소도 있다. 예를 들어, 베타-락타메이스(beta-lactamase)는 페니실린(penicillin)과 세팔로스포린(cephalosporin) 계열 항생제의 특정 구조를 분해해 항생제 효과를 무력화한다. 따라서 이 효소를 가진 세균은 항생제에 저항성을 갖게 돼 항생제 공격을 피할 수 있다.

**바이러스는 대부분 독립적인 물질대사에 필요한 효소 구조를 거의 가지지 않지만, 일부 바이러스는 효소 유전자를 발현해 특정 효소를 만든다. 바이러스 효소인 뉴라미니데이스(neuraminidase), 역전사효소(reverse transcriptase), 인테그레이스(integrase)의 기능은 각각 무엇인가?**

서 가지(branch)를 내 다양한 영양소 처리 방식을 가능하게 하며, 어떤 경로는 순환적(cyclic) 형태를 취해 최초 출발 물질이 다시 생성돼 경로가 반복되기도 한다. 대사경로는 일반적으로 독립적으로 존재하지 않으며, 여러 지점에서 서로 연결되거나 합쳐지면서 복잡한 대사 연결망을 이룬다.

모든 대사경로에는 반응 속도를 결정하는 속도 조절(pacemaker) 효소가 하나 이상 존재한다. 이 효소의 조절 방식은 기본적으로 두 가지다. 첫 번째는, 특정 효소 자체를 직접 억제하거나 활성화하는 방식으로, 이 경우 대사반응을 즉각적이고 정밀하게 조절할 수 있다. 두 번째는, 해당 대사 체계에 관여하는 효소 양을 증가시키거나 감소시키는 방식으로, 이는 주로 유전자 발현 조절을 통해 효소 합성 수준을 변화시키는 원리다. 이런 조절은 속도가 느리고 효율도 낮지만, 장기적인 대사 조절에 관여한다.

### 효소 작용에 대한 직접 조절

세균세포는 효소 활성을 직접 조절할 수 있는 다양한 방식을 가지고 있다. 예를 들어, 세포는 효소에 대한 정상 기질과 유사한 분자를 제공함으로써 효소 활성을 억제할 수 있다. 이러한 유사 분자는 '모방 분자(mimic molecule)'라고 하며, 효소 활성부위에 먼저 결합해 정상 기질이 접근하지 못하도록 막는다. 그러나 이 모방 분자는 정상 기질처럼 반응하지 않기 때문에 생성물이 만들어지지 않으며, 결국 효소 기능이 정지된다. 이 조절 방식을 **경쟁적 억제**(competitive inhibition)라고 하며, 이는 모방 분자와 정상 기질이 활성부위를 놓고 경쟁하기 때문에 붙여진 이름이

1 효소 이름은 대부분 '-ase'로 끝나지만(**8.3 연결고리 찾기** 참조), 예외도 있다.

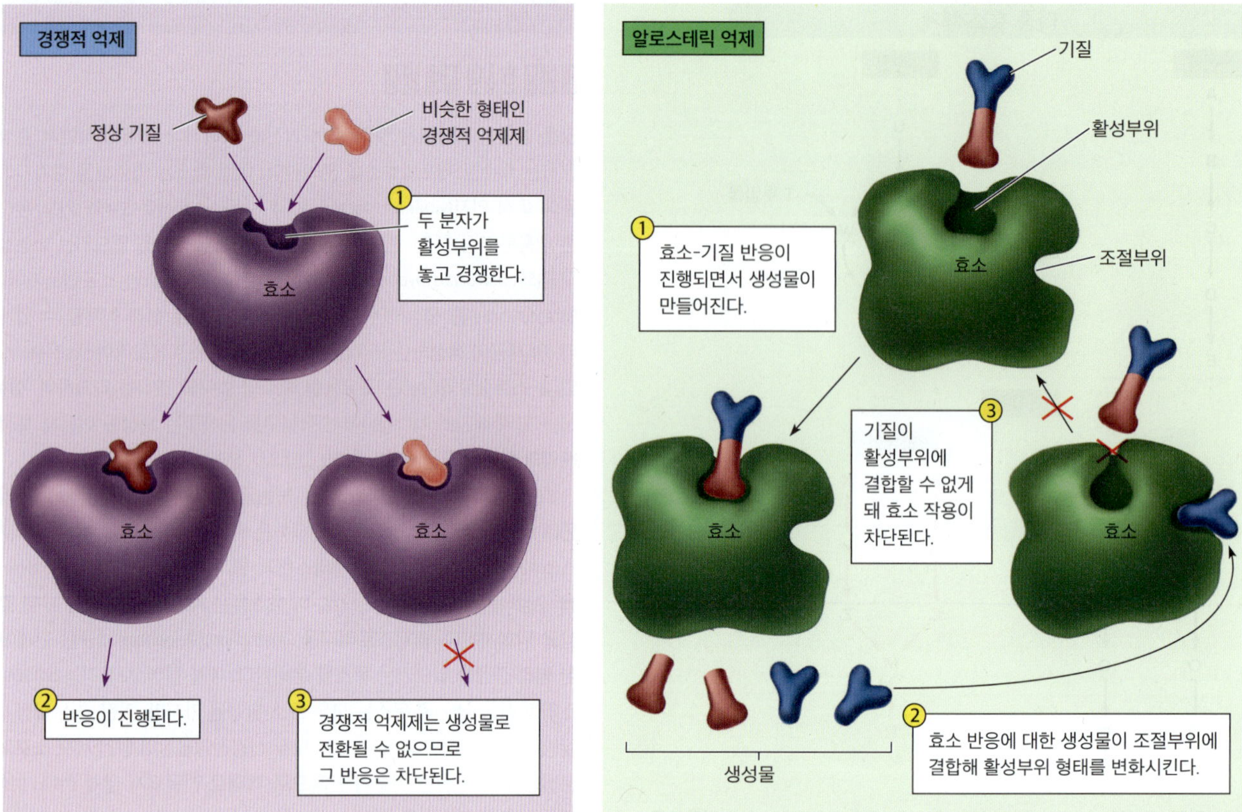


그림 8.10 효소 작용을 조절하는 두 가지 기본 억제 방법에 대한 원리.

다(그림 8.10). 12장에서 다룰 일부 항생제도 이와 유사한 전략을 사용해 효소의 활성부위를 차지함으로써 미생물 대사반응을 저해한다.

경쟁적 억제에 대한 또 다른 유형은 특정 효소에서 나타난다. 이 효소들은 활성부위 외에도 **조절부위**(regulatory site), 또는 **알로스테릭**(다른 자리성) **부위**(allosteric* site)라 부르는 추가 결합부위를 가지고 있다(그림 8.10). 이 효소 활성은 기질이 아니라 특정 조절 분자가 조절부위에 결합하느냐에 따라 통제된다. 일반적으로 조절 분자는 그 효소 반응의 최종 생성물이며, 이것은 생성물이 일정 농도에 도달하면 효소 반응을 느려지게 하는 **음성 피드백**(negative feedback) 원리로 작용한다.

한편, **비경쟁적 억제**(noncompetitive inhibition)는 저해제가 활성부위를 직접 방해하지 않으면서도 효소 활성을 억제하는 방식이다. 이 경우 비경쟁적 저해제는

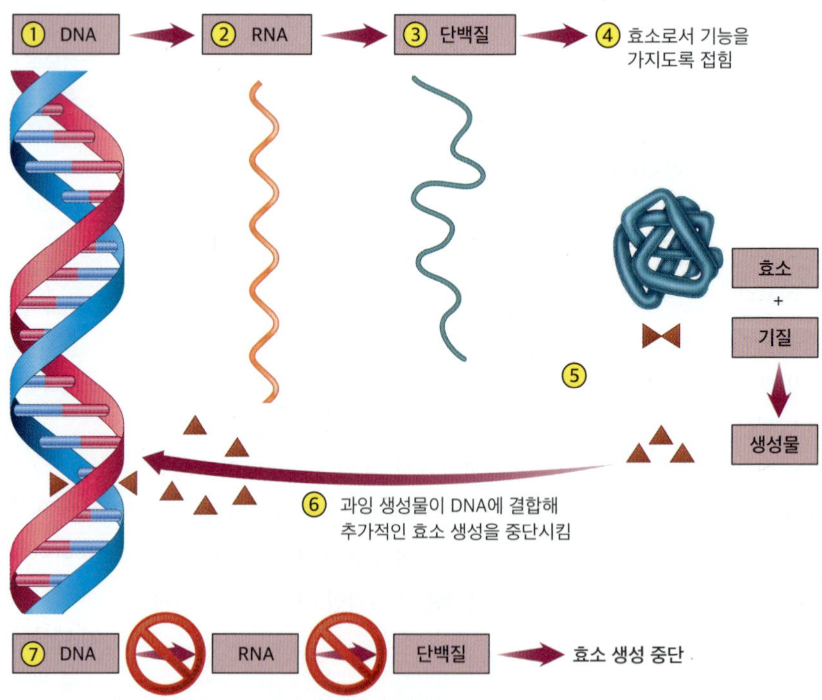


과정그림 8.11 유전적 효소 합성 조절 방식 중 하나인 효소 억제. (1~5단계) 유전자 조절 기구가 활성화되면 필요한 효소가 지속적으로 합성되며, 생성물 양이 충분해질 때까지 이 과정은 계속된다. (6~7단계) 과도하게 축적된 생성물이 효소 합성을 조절하는 DNA 부위에 결합해 추가적인 효소 생성을 억제한다. 즉, 생성물 농도가 일정 수준을 넘어서면 그 효소는 더 이상 생산되지 않는다.

* 알로스테릭 그리스어 allos(다른), steros(단단한)에서 유래. 단어 자체로는 '다른 자리'를 의미.

임상 사례

### 메탄올 중독에는 음주가 치료제!

만성 알코올 중독을 앓고 있는 35세 남성 환자가 방글라데시 수도 다카에 있는 병원을 찾아와 구토, 복통, 호흡곤란, 시야 흐림을 호소했다. 호흡은 깊고 느린 상태였는데, 이는 혈액 산성화, 즉 대사성 산증(metabolic acidosis)에서 흔히 나타나는 증상이다. 안과 검사에서는 시신경이 심각하게 손상된 것으로 확인됐다. 그 남자는 최근 며칠간 현지에서 자가 양조한 술을 계속 마셨다고 했으며, 이는 미국에서 흔히 '문샤인(moonshine)'이라 불리는 비공식적 자가제조 주류와 유사한 형태였다. 의료진은 메탄올 중독(methanol poisoning)으로 진단했는데, 이 중독은 적절히 치료하지 않으면 실명 또는 사망에 이를 수 있는 매우 치명적인 상태다.

알코올 발효 과정에서 미생물은 설탕을 에탄올로 전환하면서 소량의 메탄올도 부산물로 생성한다. 하지만 발효 과정이 부적절하게 이루어지면 메탄올 농도가 비정상적으로 높아질 수 있다. 메탄올 자체는 독성이 약하지만, 체내로 들어오면 알코올 탈수소효소(alcohol dehydrogenase)에 의해 포름알데하이드(formaldehyde)로 빠르게 전환되며, 이는 다시 독성이 강한 포름산(formic acid)으로 분해돼 체내에 심각한 손상을 유발한다.

메탄올 중독 치료에서 핵심은 메탄올이 분해되지 않도록 막는 것이다. 의사들은 메탄올 분해를 막기 위해 정맥주사(IV)를 통해 환자에게 순수한 에탄올을 주입해 왔다. 에탄올이 메탄올보다 알코올 탈수소효소 활성부위에 더 잘 결합하기 때문에 에탄올이 그 효소 활성부위를 먼저 차지하게 되면 메탄올은 포름알데하이드로 바뀌지 못하고, 그대로 유지되다가 며칠에 걸쳐 투석(dialysis)을 통해 체외로 제거될 수 있다.

안타깝게도 환자를 진료한 의사들은 정맥주사용 에탄올을 구할 수 없었기에, 대신 지역 상점에서 위스키를 구매해 환자에게 2일 동안 매시간 위스키 10 ml씩을 먹이고, 그 후 추가로 3일 동안 2시간마다 10 ml씩 계속 복용하게 했다. 치료가 이루어지는 동안 환자의 혈중알코올농도(BAC)는 0.1% 이상을 유지했는데, 이 농도는 미국 전역에서 음주운전 기준이 되는 0.08%보다 높은 수치다. 환자는 결국 생존했지만, 안타깝게도 시력은 회복하지 못했다.

**만약 환자가 처음 증상이 나타났을 때 몸이 나아지기를 기대하며 술 마시는 것을 멈췄다면 어떤 결과가 일어났을까?**

효소-기질 복합체에 결합해 기질이 반응을 완료하고 생성물이 만들어지는 것을 막는다.

### 효소 합성 조절

효소 합성을 조절해 효소 활성을 제어하는 것은 또 다른 효과적인 방법이다. 효소는 무한정 유지되지 않으며, 일정 시간이 지나면 분해돼 결국 새로 합성돼야 한다. 이러한 재합성 과정은 세포 내 요구에 따라 매우 정교하게 조절될 수 있다. 이와 같은 효소 합성 조절은 본질적으로 유전적 조절(genetic regulation)이며, DNA 전사와 단백질 합성 조절이 포함된다. 이에 대한 자세한 내용은 9장에서 다룬다.

**효소 억제**(enzyme repression)는 대사경로 특정 지점에서 효소 합성을 중단하는 조절 방식이다. 특정 효소 반응의 최종 생성물이 과도하게 축적되면 해당 효소를 생성하는 데 필요한 유전자 발현이 억제된다(과정그림 8.11). 이 방식은 음성 피드백에 비해 반응 속도는 느리지만 효과는 더 오래 지속된다.

**효소 유도**(enzyme induction)는 효소 억제와 반대되는 조절 방식이다. 이 조절 방식에서는 특정 기질이 존재할 때만 그 효소가 새롭게 합성된다. 즉, 기질이 효소 합성을 유도하는 신호로 작용하는 것이다. 이 조절 원리는 미생물이 다양한 영양 환경에 적응할 수 있도록 돕고, 불필요한 효소를 합성해 에너지를 낭비하지 않도록 막는다.

**핵심 점검 8.1**

1. 이화작용과 동화작용을 구별하고, 각각에 대한 예를 드시오.
2. 효소가 가지는 주요 생화학적 특성 열 가지를 쓰시오.
3. 효소의 화학적 특성을 설명하고, 아포효소가 형성되는 과정을 설명하시오.
4. 완전효소와 기질 사이 작용을 설명하고, 이 반응을 통해 형성될 수 있는 일반적인 생성물을 그림으로 나타내시오.
5. 다양한 보조인자의 화학적 조성과 기능을 구별하고, 각 유형에 대한 예를 제시하시오.
6. 효소를 조절하는 직접적 억제와 간접적 억제를 요약하시오.

## 8.2 에너지 획득과 이용

**학습목표**

8. 다양한 에너지원과 세포의 에너지 관리 방식을 연관 지어 설명한다.
9. 생물학적 산화-환원 반응과 에너지 전달 과정을 서술한다.
10. ATP 구조, 기본적인 생성 과정, 세포 내 역할을 논의한다.

에너지는 일을 수행하거나 변화를 일으킬 수 있는 능력으로 정의된다. 세포는 다양한 대사 과정을 수행하기 위해 사용 가능 형태로 에너지를 끊임없이 공급받고 소비해야 한다. 에너지는 일반적으로 다음과 같은 형태로 존재한다.

- **열 에너지**(thermal or heat energy): 분자 운동에 의해 발생하는 열
- **복사 에너지**(radiant or wave energy): 가시광선이나 그 외 광선에서 방출되는 에너지
- **전기 에너지**(electrical energy): 전자 흐름에서 발생하는 에너지
- **역학적 에너지**(mechanical energy): 물리적 위치 변화에서 발생하는 에너지
- **원자 에너지**(atomic energy): 원자핵 반응을 통해 방출되는 에너지
- **화학 에너지**(chemical energy): 분자 결합 내에 저장된 에너지

세포는 손상되기 쉬운 구조를 갖고 있기 때문에 열 에너지나 원자 에너지를 지속적으로 사용할 수 없다. 특정 화학독립영양세균(chemoautotrophic bacteria)을 제외하면 모든 생명체에서 궁극적인 에너지원은 태양이다. 그러나 태양 에너지를 직접 사용할 수 있는 생물은 광영양생물(phototrophs)뿐이다. 광합성은 태양 에너지를 화학 에너지로 전환할 수 있으며, 이 과정은 모든 종속영양생물(heterotrophic organisms)에 대한 영양 공급과 에너지 생산을 위한 기반이 된다. 이 필수적인 대사 과정은 8.6절에서 다룬다. 대부분 생물은 광합성을 하지 않기 때문에 그런 생물에서 세포 에너지는 화학 에너지와 화학반응을 통해 공급된다.

이번 절에서는 에너지가 영양소 이용, 산화-환원 반응, ATP 생성과 어떻게 연관돼 있는지를 깊이 있게 살펴볼 것이다.

## 세포에너지학

세포는 화학반응을 통해 분자를 변화시켜 에너지를 관리한다. 이 과정에는 결합을 형성하거나 끊는 것, 그리고 전자 이동과 같은 활동이 포함되는 경우가 많다. 모든 세포 반응이 에너지와 동일한 방식으로 작용하는 것은 아니다. 어떤 반응은 에너지를 방출하는 반면, 다른 반응은 진행을 위해 에너지가 필요하다. 예를 들어, 다음과 같은 화학반응은 진행 동안 에너지를 방출한다.

$$X + Y \xrightarrow{\text{효소}} Z + \text{에너지}$$

이러한 반응을 **에너지방출반응**(exergonic* reaction)이라고 한다. 이렇게 방출된 에너지는 자유 에너지(free energy)로 간주되며, 세포가 일을 수행하는 데 사용될 수 있다. 반면, 아래와 같은 에너지 변환 과정은 외부 에너지를 투입해야 진행될 수 있으므로 **에너지흡수반응**(흡열반응, endergonic* reaction)이라고 한다.

$$\text{에너지} + A + B \xrightarrow{\text{효소}} C$$

전반적으로 세포 대사를 보면, 세포가 영양소에서 직접 에너지를 '창조'하는 것처럼 보일 수 있다. 하지만 사실 세포는 영양소에 이미 존재하는 화학 에너지를 추출해 이를 세포 내에서 유용한 일에 사용하는 것뿐이다. 이것은 자동차 엔진이 연료를 태워 에너지를 방출하는 과정과 유사하다. 즉, 엔진은 에너지를 직접 생성하는 것이 아니라 연료에 저장된 위치 에너지를 변환해 기계를 움직이는 자유 에너지로 만드는 것이다.

* 에너지방출 그리스어 exo(밖)와 ergon(일)에서 유래. 일반적으로 이화작용은 에너지를 방출하는 반응임.

* 에너지흡수 그리스어 endo(안)와 ergon(일)에서 유래. 동화작용은 에너지를 흡수하는 경향이 있음.

기본적인 세포 에너지 대사는 화학 결합, 전자 이동, 그리고 특정 효소가 작용하는 특수한 대사경로에 의해 이루어진다. 에너지방출반응이 일어날 때 원자로부터 전자가 빠져나오면서 그 안에 저장된 에너지가 방출된다. 이 전자들은 특수한 전자 운반체에 의해 받아들여지고, 여러 반응을 거쳐 **최종 전자수용체**(final electron acceptor)로 전달된다. ATP 생산 과정은 이 과정과 밀접하게 연결돼 있으며(8.3절 참고), 생성된 ATP는 합성과 같은 에너지흡수반응을 지원하는 데 사용된다. 이러한 반응은 균형을 이루며 순환적으로 작용하므로 ATP는 끊임없이 생성, 사용, 재생성되는 과정이 반복된다. 전자 이동 과정은 산화-환원 반응 중 하나이며, 이는 2장에서 처음 설명됐다. 이제 이 개념을 다시 살펴보고, 대사 과정에서 어떻게 활용되는지 알아보자.

### 생물학적 산화와 환원: 전자와 에너지 전달

많은 화학물질은 쉽게 전자를 주거나 받으며, 산화(전자 손실) 또는 환원(전자 획득)에 참여한다. 전자를 잃은 화합물은 **산화**(oxidation)됐다고 하며, 전자를 받은 화합물은 **환원**(reduction)됐다고 한다. 이러한 **산화-환원 반응**(redox reaction)은 세포에서 흔히 일어나며, 에너지 변환에 필수적이다(그림 2.9 참고). 산화-환원 반응은 항상 쌍으로 발생하며, 전자공여체와 전자수용체로 구성된 짝(redox pair)을 이룬다. 이 반응은 다음과 같이 나타낼 수 있다.

$$\underset{(\text{환원됨})}{\underset{\bullet e^-}{\text{전자공여체}}} + \underset{(\text{산화됨})}{\text{전자수용체}} \longrightarrow \underset{(\text{산화됨})}{\text{전자공여체}} + \underset{(\text{환원됨})}{\underset{\bullet e^-}{\text{전자수용체}}}$$

세포 내 산화-환원 반응은 전자뿐만 아니라 이를 제공하는 수소 원자도 포함한다. 수소 원자는 양성자 하나와 전자 하나로 이루어져 있다는 것을 기억하자. 수소 원자가 자기 전자를 양전하를 띤 분자에 넘겨주면 결과적으로 수소 이온(proton)이 남게 된다. 설명을 단순화하기 위해 여기서는 전자 이동 과정을 중심으로 논의하겠지만, 산화-환원 반응에서 생성된 수소 이온이 대사경로에서 필수적인 기능을 수행하는 데 필요하다는 점을 알아 두어야 한다.

산화-환원 반응에 대한 대표적인 예로, 호기성 호흡과 관련된 다음 반응식을 들 수 있다.

$$\underset{\text{포도당}}{C_6H_{12}O_6} + 6O_2 \longrightarrow 6CO_2 + 6H_2O + \text{에너지}$$

(산화: $C_6H_{12}O_6$ → $6CO_2$; 환원: $6O_2$ → $6H_2O$)

전자공여체는 수소이며, 전자수용체는 산소임을 유의하라. 전자는 단계적인 반응 과정을 거쳐 이동하며, 이 과정에서 에너지가 방출된다(8.3절).

생물학적으로 에너지가 유용한 형태로 되려면 궁극적으로 **인산화**(phosphorylation) 과정을 통해 포획돼야 한다. 즉, 무기 인산($P_i$)이 아데노신 이인산(**a**denosine **d**iphosphate, ADP)에 추가되면서 이를 ATP로 변환하는 과정이다.

$$\text{ADP} + \text{P}_i + \text{에너지} \rightleftharpoons \text{ATP}$$

전자공여체에서 전자수용체로 전자와 양성자가 이동하고 운반되는 과정은 전자 운반체라 불리는 분자에 의해 수행된다. 이들 운반체는 한 기질에서 전자를 받아 다른 기질로 전달할 수 있는 능력을 가진다. NADH에 있는 전자 운반체 중 가장 일반적인 분자는 보조효소인 **$NAD^+$**(nicotinamide adenine dinucleotide)이다(그림 8.12). 이와 관련된 다른 운반체로는 FAD(flavin adenine dinucleotide), 보조효소 A, 그리고 호흡 사슬(respiratory chain)의 여러 화합물이 있으며, 이들은 8.3절에서 다룬다. $NAD^+$는 수소 원자 2개를 환원해 받아들이고, 이 과정에서 전자 2개를 운반하면서 NADH로 변환된다. 이 전자들은 니코틴아마이드 고리(nicotinamide ring) 내에 저장되며, 이후 전자전달 과정에서 활용될 수 있다. 궁극적으로, NADH에 있는 전자는 최종 전자수용체로 전달되며, 호기성 대사에서 최종 전자수용체는 산소 분자다. 이 전자 운반 시스템의 중요한 역할 중 하나는, NADH가 다른 전자 운반체로 전자를 전달할 때마다 $NAD^+$로 돌아가 세포 내에서 발생하는 수많은 산화-환원 반응에 지속적으로 활용될 수 있도록 하는 것이다.

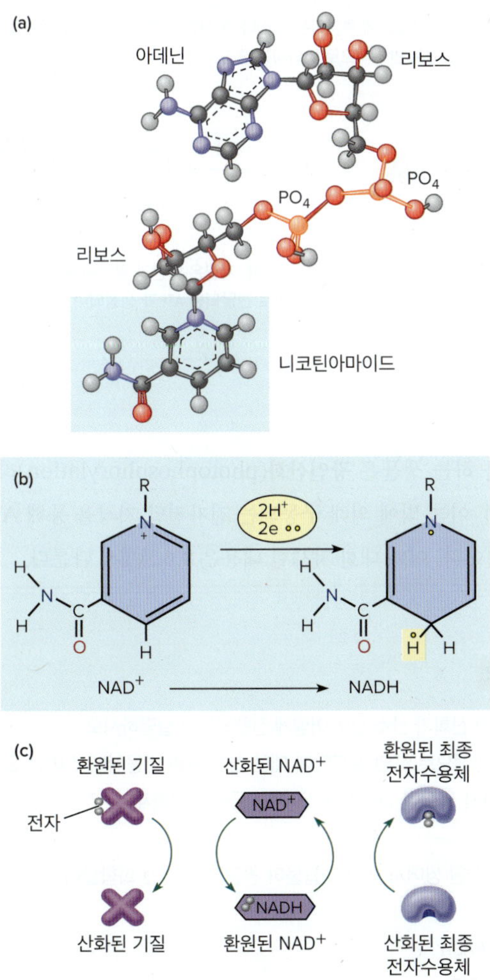


**그림 8.12** **$NAD^+$ 구조와 전자 운반 기능.** (a) 보조효소 $NAD^+$는 비타민 니코틴아마이드(니아신)가 리보스 인산 2개와 아데닌에 결합한 구조다. (b) 환원 반응이 일어나는 부분은 니코틴아마이드 고리이며(박스 부분), 이 고리는 전자 2개를 운반한다. 그중 하나는 고리 내 질소에, 다른 하나는 고리에 결합한 수소에 저장된다. (c) 이 전자 운반 시스템에서 중요한 기능은, NADH에서 다른 전자 운반체로 전자가 전달될 때마다 $NAD^+$가 자동으로 재생돼 다음 산화-환원 반응에서 다시 사용될 수 있다는 점이다.

## ATP: 대사에 사용되는 화폐

ATP는 대사에서 쓰이는 '화폐'라 볼 수 있다. 이것은 ATP가 획득, 소비, 그리고 교환될 수 있기 때문이다. ATP가 얼마나 중요한지 이해하려면, 미생물인 대장균(*Escherichia coli*) 세포 하나만 해도 합성 과정에서만 ATP 분자를 초당 약 250만 개 소비한다는 사실을 떠올려 보자! ATP는 일시적인 에너지 저장소로 작용하며, 에너지를 방출하는 이화작용과 에너지를 필요로 하는 모든 세포 활동을 연결하는 역할을 한다. ATP가 에너지를 저장하는 능력을 가지는 이유는 그 독특한 분자 구조에 있다.

### ATP 분자 구조

ATP는 질소 염기인 아데닌(adenine)이 오탄당인 리보스(ribose)에 연결되고, 이 리보스에 인산기 3개가 사슬형으로 결합해 있다(그림 8.13). ATP는 특정한 원자들이 모여 독특한 배열을 이루고 있으며, 특히 원자들이 가까이 위치해 있어 높은 에너지를 갖지만 불안정한 분자다. ATP

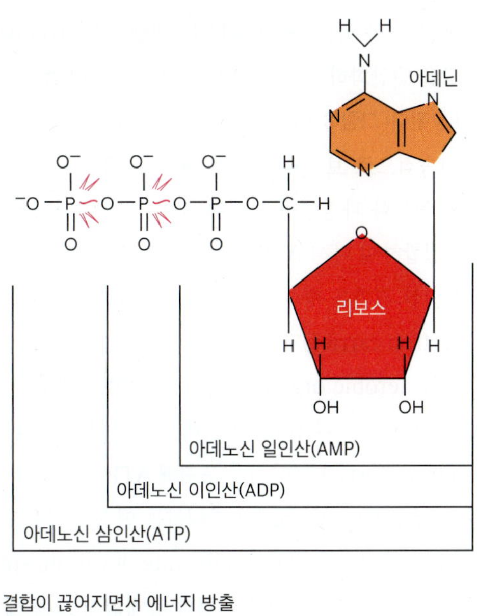


**그림 8.13** **ATP 분자 구조도.** ATP와 그 관련 화합물인 ADP와 AMP 구조. 끝쪽 인산 2개 사이 결합이 끊어질 때 에너지가 방출된다는 점에 주목하라.

의 높은 에너지는 인산 그룹 배열에서 비롯되는데, 인산 그룹은 상대적으로 부피가 크고 음전하를 띤다. 이러한 음전하를 띤 인산 그룹이 가까이 위치하면서 서로 밀어내는 전기적 반발력이 작용하게 되며, 특히 끝 쪽 인산 2개 그룹 사이 결합에 가장 큰 반발력이 가해진다. 이러한 인산 결합 반발력으로 제일 끝 인산이 제거되면서 자유 에너지가 방출된다.

ATP에서 두 번째와 세 번째 인산 사이 결합이 끊어지면 ADP가 생성되며, ADP는 다시 AMP(adenosine monophosphate)로 전환될 수 있다(그림 8.13). 세포가 아데노신 뉴클레오타이드 저장량을 매우 효율적으로 관리한다는 점은 주목할 만하다. 또한 AMP 유도체는 RNA 골격을 형성하는 데 중요한 역할을 하며, 특정 조효소($NAD^+$, FAD, 조효소 A)를 이루는 주요 구성요소이기도 하다.

### ATP가 대사에서 하는 역할

ATP는 세포 에너지 순환에서 중심에 있으며, 이는 호흡을 이용하는 화학종속영양생물(chemoheterotroph), 광합성을 하는 생물, 화학독립영양생물(chemoautotroph) 모두에 해당된다. ATP 소비는 세포에서 이루어지는 거의 모든 활동을 수행하는 데 필요한 에너지를 공급한다. 이 에너지 순환 과정은 다음과 같이 설명할 수 있다.

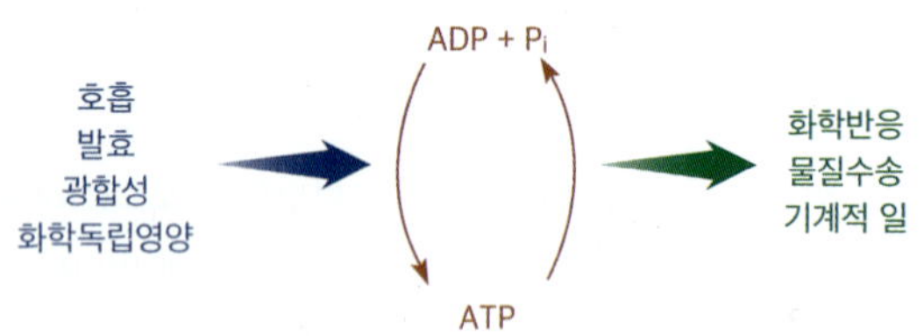


많은 경우, ATP가 가진 고에너지 결합이 분해될 때 방출되는 에너지는 개별적인 단위를 활성화해 이후 효소에 의해 결합되는 합성 과정이 원활히 이루어지도록 한다. 또한 ATP는 해당과정(glycolysis) 초기 단계에서 6탄당을 인산화하는 것과 같이 분해(catabolism)를 준비하는 과정에서도 사용된다(그림 8.14).

ATP는 지속적으로 보충돼야 하기 때문에 ATP 합성 반응은 끊임없이 반복된다. 인산화 과정에서 생성된 ADP는 고에너지 공급원을 통해 무기 인산과 결합하여 다시 ATP로 전환되고, 이 과정은 반복된다. 이러한 고에너지 인산 결합을 형성하는 에너지는 이화경로에서 기질이나 전자전달자(electron carrier)가 에너지를 획득하는 과정에서 나온다.

호기성 생물(aerobic organisms)에서 ATP는 대부분 **산화적 인산화**(oxidative phosphorylation) 과정에서 생성된다. 이 과정은 전자전달(electron transport)과 에너지를 포획해 ATP에 저장할 수 있는 효소[ATP 합성효소(ATP synthase)]가 관여하는 연속된 반응으로 이루어진다. 일부 ATP는 **기질수준 인산화**(substrate-level phosphorylation)를 통해 생성되며, 이는 세포 대사 유형과 관계없이 모든 세포가 수행하는 과정이다. 이 방식에서는 고에너지 화합물(기질)로부터 ADP로 직접 인산기를 전달해 ATP가 형성된다(그림 8.15, 또는 과정그림 8.17의 6 단계 참조).

광합성을 하는 생물은 **광인산화**(photophosphorylation)라는 시스템을 가지며, 이는 빛에 의해 구동되는 전자전달 기작을 통해 ATP를 생성하는 과정이다. 이에 대한 자세한 내용은 8.6절에서 다룬다.

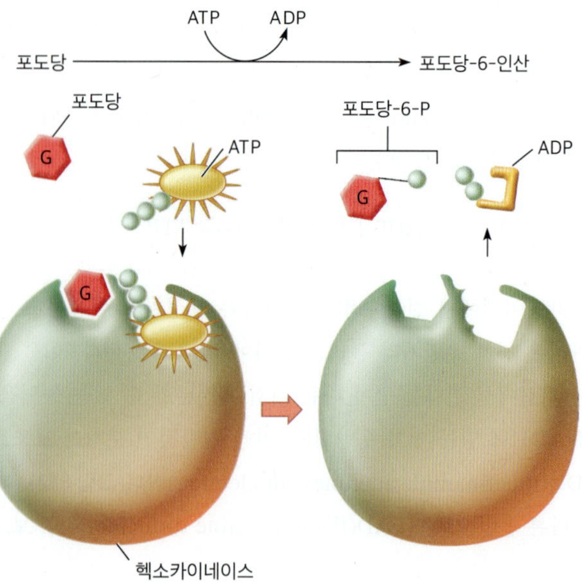


**그림 8.14** ATP를 통한 포도당 인산화. 포도당을 분해하는 첫 번째 단계는 효소인 헥소카이네이스가 ATP의 인산을 포도당에 추가하는 것이다. 이처럼 고에너지 인산을 촉진제로 사용하는 과정은 많은 대사경로에서 반복적으로 나타나는 특징이다.

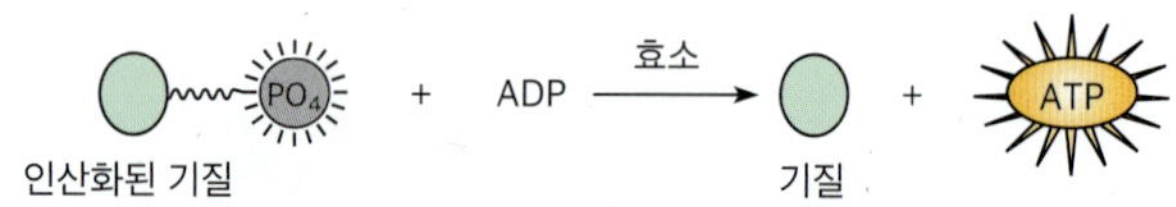


**그림 8.15** 기질수준 인산화에 의한 ATP 생성. 기질은 인산과 결합해 높은 잠재적 에너지를 갖는다. 이 고에너지 인산이 효소를 통해 ADP로 전달되면 ATP가 생성되며, 기질은 원래 형태로 돌아간다.

**핵심 점검 8.2**

7. 기질에 대한 산화가 산소 없이 어떻게 진행되는지 설명하시오.
8. 본문에 파란색으로 쓰인 포도당에 대한 산화-환원 반응식에서 어떤 물질이 환원되는가? 어떤 물질이 산화되는가? 어떤 물질이 산화제인가? 어떤 물질이 환원제인가?
9. 다음 산화-환원 쌍에서 어떤 화합물이 환원되고, 어떤 화합물이 산화되는지 구별하시오.
   a. $NAD^+$와 NADH
   b. $FADH_2$와 FAD
   c. $NO_3^-$와 $NO_2^-$
10. a. 대사 과정에서 ATP와 $NAD^+$가 수행하는 역할을 설명하시오.
    b. 위 두 물질에서 그 역할을 수행할 수 있게 하는 구조적 특징은 무엇인가?
11. 기질수준 인산화와 산화적 인산화 사이 주요 차이점을 설명하시오.
12. 최종 전자수용체의 정확한 의미는 무엇인가?

## 8.3 생물에너지학 경로

학습목표

11. 미생물이 에너지를 활용하는 방식과 주요 전략을 설명한다.
12. 호기성 호흡에서 주요 이화작용 경로와 이 경로가 진행되는 장소를 설명한다.
13. 해당과정이란 무엇이고, 입력물과 출력물, 기본 과정, 그리고 크렙스 회로와 산화적 인산화가 어떻게 연결되는지 설명한다.
14. 크렙스 회로의 기본 단계, 입력물과 출력물, 그리고 이 회로와 산화적 인산화가 어떻게 연결되는지 설명한다.
15. 호흡 사슬을 구성하는 요소와 각 기능을 설명한다.
16. ATP가 형성되는 화학삼투 원리와 이 과정과 전자전달 사이 관계, 그리고 전자전달 마지막 단계를 설명한다.
17. 호기성 호흡 결과를 요약한다.
18. 혐기성 호흡을 정의하고 주요 반응을 설명한다.

과학계가 이룬 가장 위대한 성과 중 하나는 세포에서 일어나는 생화학적 경로를 밝힌 것이다. 초기에는 세균과 효모를 대상으로 연구가 이뤄졌고, 이후 동물 세포와 식물 세포를 대상으로 한 연구가 이어지면서 대사 과정에 대한 유사성이 분명히 드러났고, 생물 전반에 걸쳐 보편적인 대사경로가 존재한다는 것이 알려졌다. **생물에너지학**(bioenergetics)은 세포 내 에너지가 방출되는 과정을 다루는 학문으로, 이화작용과 동화작용 경로를 포함한다. 이러한 경로는 서로 연결돼 있으며 상호 의존적이지만, 동화작용 경로는 단순히 이화작용 경로를 거꾸로 뒤돌린 것이 아니다. 처음 보면 같은 경로를 사용하는 것이 더 효율적으로 보일 수 있으나, 서로 다른 효소와 분리된 경로를 사용하는 방식은 이화작용과 동화작용이 방해받지 않고 동시에 진행될 수 있게 해 준다.

다음 절에서는 대표적인 이화작용 경로를 중심으로 설명하며, 이러한 경로를 통해 다른 대사경로에도 적용되는 일반적인 원리를 이해해 본다.

### 이화작용: 영양소 분해와 에너지 방출

대부분의 화학종속영양생물에게 있어 에너지를 방출하는 연료(예: 포도당)에 대한 주요 이화작용은 서로 연결된 세 가지 경로를 통해 진행된다.

1. **해당과정**(glycolysis)* 또는 EMP(Embden-Meyerhof-Parnas) 경로
2. **크렙스 회로**(Krebs cycle) 또는 구연산 회로 혹은 TCA[2] 회로
3. **호흡 사슬**(respiratory chain, 전자전달과 산화적 인산화)

각 경로에 있는 단계는 포도당에서 유래한 다양한 대사산물에 대해 특정 역할을 수행한다. 호기성 호흡에서 이 경로들이 어떻게 연결돼 있는지는 그림 8.16에 나타나 있으며, 각 경로에서 일어나는 반응은 표 8.3에 요약돼 있다. 다음 절에서는 이 경로들을 하나씩 자세히 살펴본다.

### 미생물이 에너지를 얻는 방법

7장에서는 미생물에서 다양한 대사 유형에 대해 살펴봤다. 미생물은 에너지를 얻고 세포 구성 성분을 합성하기 위해 매우 다양한 전략을 사용한다. 미생물 대사는 매우 다양하기 때문에 여기에서는 가장 일반적으로 나타나는 대사 유형을 세 가지 기본적인 이화작용 경로를 중심으로 다룬다. 앞서 논의한 바와 같이 미생물은 산소 요구도에 따라 분류할 수 있으며, 이 산소 요구도는 에너지를 방출하는 방식과 직접적으로 관련돼 있다. 우리가 살펴보게 될 **호기성 호흡**(aerobic respiration)은 해당과정, 크렙스 회로, 호흡 사슬로 이루어진 연속된 반응으로, 포도당을 $CO_2$로 전환하고 물을 생성하며, 에너지를 생산한다(그림 8.16a). 이 과정은 분자 상태 산소($O_2$)를 전자와 수소에 대한 최종 수용체로 사용하며, 비교적 많은 ATP를 생성한다. 호기성 호흡은 곰팡이, 원생생물, 동물, 식물, 그리고 많은 세균에서 나타나는 특징이며, 여기서는 이 경로를 중점적으로 다룰 것이다.

일부 조건부 혐기성 생물이나 산소 내성 혐기성 생물은 해당과정이나 이와 유사한 경로만을 이용해 포도당을 발효시키기도 한다. 이 경우에는 산소가 필요하지 않으며, 유기 화합물이 최종 전자수용체로 사용되고, 생성되는 ATP 양은 상대적으로 적다(그림 8.16c와 8.4절).

일부 혐기성 미생물은 **혐기성 호흡**(anaerobic respiration)을 통해 대사를 수행한다. 이 경로는 호기성 호흡과 동일한 세 가지 경로를 포함할 수 있지만, 전자에 대한 최종 수용체로 분자 상태 산소를 사용하지 않는다(그림 8.16b). 대신, 질산염($NO_3^-$), 황산염($SO_4^{2-}$), 또는 탄산염($CO_3^{2-}$) 같은 산화된 이온이 최종 전자수용체로 사용된다. 혐기성 호흡과 발효에 대한 세부사항은 이 절과 다음 절에서 다룬다.

### 호기성 호흡

호기성 호흡은 효소가 촉매하는 연속된 반응으로, 연료 분자(예: 포도당)에서 나온 전자가 최종 전자수용체인 산소로 전달되는 과정이다. 이 경로는 호기성 종속영양생물이 에너지를 얻는 주요 방식이며, ATP를 공급할 뿐만 아니라 단백질, 지질, 탄수화물 합성을 포함한 세포 내 다양한 경로에서 필요한 대사 중간산물도 제공한다(그림 8.25 참조).

미생물 호기성 호흡은 다음과 같은 반응식으로 요약할 수 있다.

$$\text{포도당}(C_6H_{12}O_6) + 6O_2 + 38ADP + 38P_i \rightarrow 6CO_2 + 6H_2O + 38ATP$$

---

* 해당과정 그리스어 glykys(달콤한)와 lysis(분해)에서 유래.

2 EMP 경로는 이 과정을 처음으로 정리한 생화학자들의 이름에서 따온 것이다. 크렙스 경로는 한스 크렙스 경(Sir Hans Krebs)을 기리는 명칭이며, 립만(F. A. Lipmann)과 함께 이 경로를 밝혀내어 1953년 노벨 생리의학상을 받았다. TCA는 3개의 카복실기(–COOH)를 가진 여러 유기산이 관여하는 경로라는 뜻이며, 처음 생성되는 트라이카복실산은 시트르산이다.

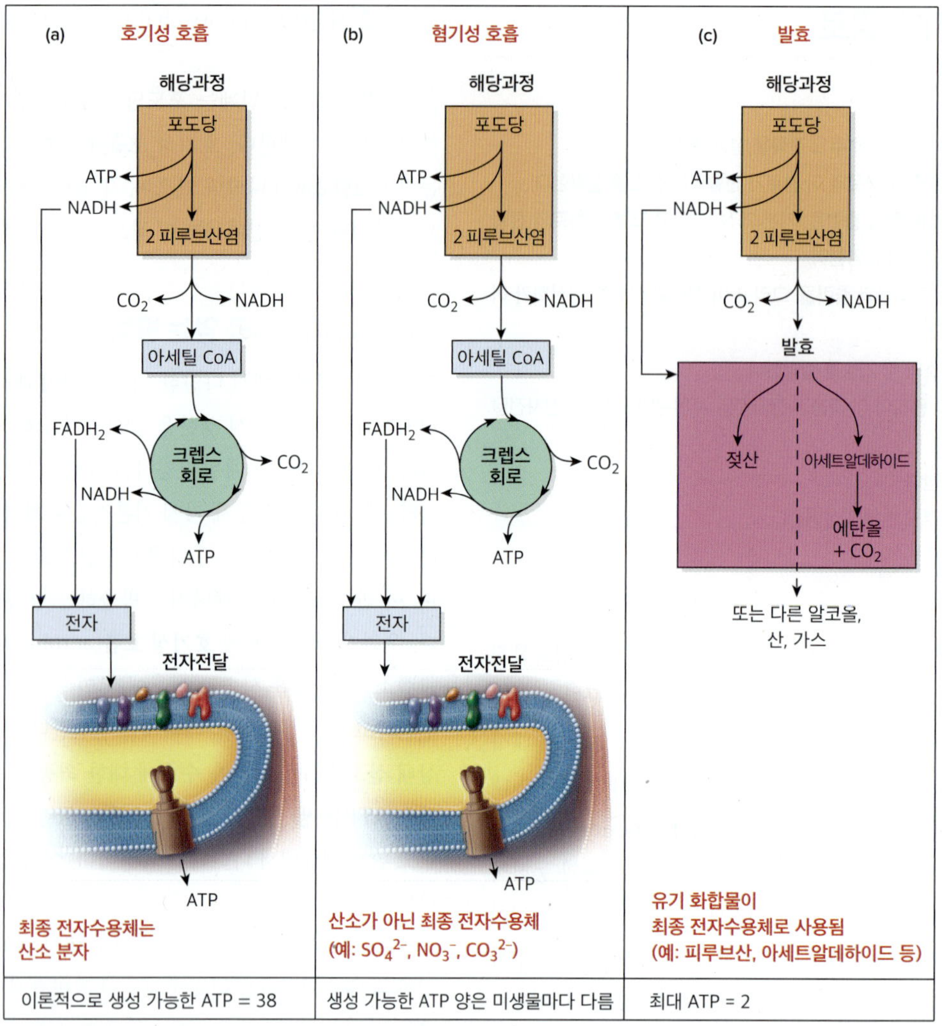


**그림 8.16** 호기성 호흡, 혐기성 호흡, 발효에서 나타나는 각 경로의 단계, 반응, 주요 생성물을 나란히 비교한 도표. 모든 경로가 해당과정으로 시작하지만, 이후에 사용되는 경로, 전자수용체, 생성되는 ATP 양에서는 차이를 보인다는 점에 주목하라.

**표 8.3** 포도당을 이용하는 종속영양 미생물의 대사 전략

| 구분 | 관련 경로 | 최종 전자수용체 | 생성물 | 주로 사용하는 미생물 |
|---|---|---|---|---|
| 호기성 호흡 | 해당과정, 크렙스 회로, 전자전달 | $O_2$ | ATP, $CO_2$, $H_2O$ | 호기성 미생물. 조건부 혐기성 미생물 |
| 혐기성 호흡 | | | | |
| 발효 | 해당과정 | 유기 화합물 | ATP, $CO_2$, 에탄올, 젖산* | 조건부 혐기성 미생물, 내기성(산소 내성) 미생물, 절대 혐기성 미생물 |
| 호흡 | 해당과정, 크렙스 회로, 전자전달 | 다양한 무기 이온($NO_3^-$, $SO_4^{2-}$, $CO_3^{3-}$) | 매우 다양함. $CO_2$, ATP, 유기산, $H_2S$, $CH_4$, $N_2$ 등이 포함될 수 있음 | 혐기성 생물. 일부 조건부 혐기성 미생물과 내기성 미생물 |

* 미생물 발효에 의한 생성물은 매우 다양하며, 유기산, 알코올, 가스 등이 포함될 수 있음.

호기성 호흡 반응식은 단순해 보이지만 실제 과정은 매우 복잡하다. 다행히도, 주요 반응물 및 생성물과 관련된 핵심 개념을 이해하기 위해 모든 세부사항을 다룰 필요는 없다. 다음은 호기성 호흡에서 중요한 개념이다.

1. 포도당이 산화되는 과정
2. 보조효소 운반체와 최종 전자수용체의 역할
3. ATP가 어디서 어떻게 생성되는지
4. $CO_2$가 어디서 생성되는지
5. 산소가 필요한 단계가 어딘지

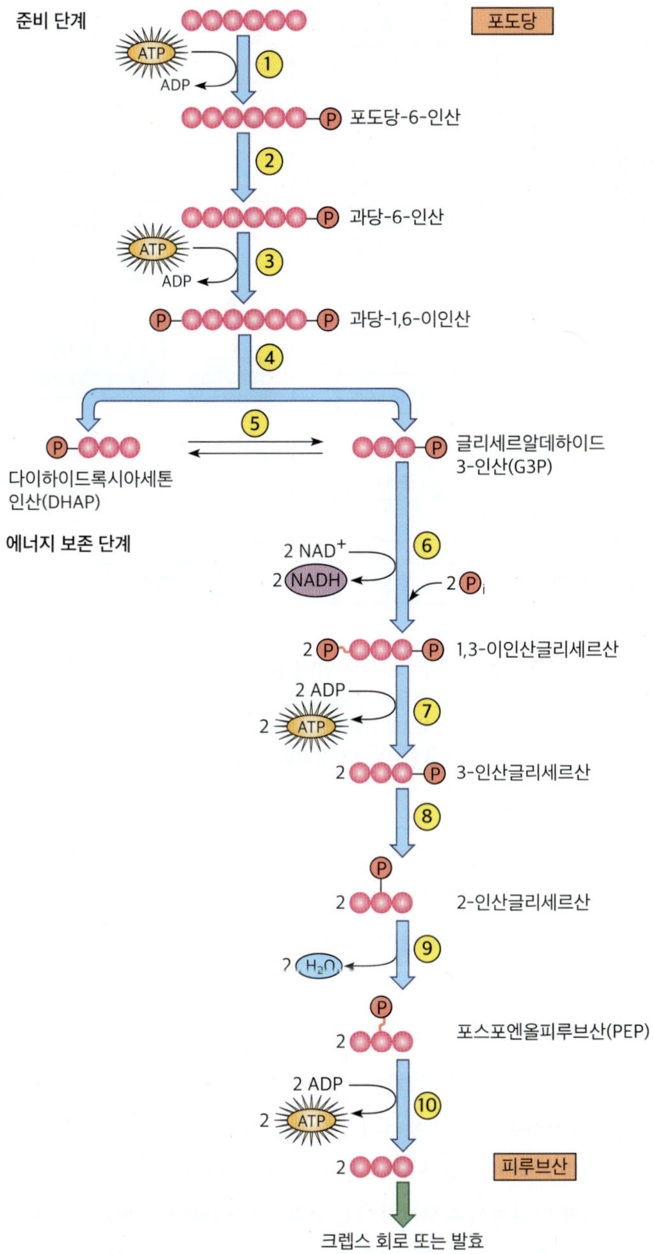


**과정그림 8.17 해당과정 단계 요약.** (1) 포도당이 인산화돼 포도당-6-인산이 생성된다. (2) 포도당-6-인산은 과당-6-인산으로 전환된다. (3) 과당-6-인산이 인산화돼 과당-1,6-이인산이 생성된다. (4) 과당-1,6-이인산은 3탄소 분자인 글리세르알데하이드-3-인산(G3P)과 다이하이드록시아세톤 인산(DHAP)으로 분해된다. (5) DHAP는 G3P로 전환되며, 결국 포도당 한 분자로부터 G3P 두 분자가 생성된다. 따라서 이 시점부터 반응이 두 번 반복된다. (6) G3P는 산화돼 1,3-이인산글리세르산으로 전환되며, 이 과정에서 NADH 한 분자가 생성된다(포도당 한 분자당 총 두 분자 생성). (7) 1,3-이인산글리세르산은 3-인산글리세르산으로 전환되며, 이 과정에서 ATP 한 분자가 생성된다(포도당 한 분자당 총 두 분자 생성). (8) 3-인산글리세르산은 2-인산글리세르산으로 전환된다. (9) 2-인산글리세르산은 포스포엔올피루브산(PEP)으로 전환되며, 이 과정에서 고에너지 인산 결합이 형성되고 물 한 분자가 방출된다(포도당 한 분자당 두 분자 생성). (10) PEP의 고에너지 인산이 ADP에 전달돼 ATP가 생성되며(포도당 한 분자당 두 분자), 동시에 피루브산이 생성된다. 해당과정에 대한 더 자세한 설명은 부록 A를 참고하라.

## 포도당: 시작 화합물

**포도당**(glucose)과 같은 탄수화물은 쉽게 산화되기 때문에 좋은 연료가 된다. 즉, 이들은 우수한 전자공여체 역할을 한다. 포도당이 제공하는 전자는 에너지 전달 과정에서 활용될 수 있다. 이러한 유기 화합물이 산화되면 에너지가 풍부한 ATP와 에너지가 부족한 $CO_2$와 물($H_2O$)이 최종 생성물로 남는다. 다당류(전분, 글리코겐)와 이당류(맥아당, 설탕)는 호흡 경로에서 활용할 수 있는 포도당을 저장하기 위한 형태다. 비록 포도당이 주요 시작 물질로 사용되지만, 다른 육탄당(과당, 갈락토오스)과 지방산 단위도 호기성 호흡 경로로 들어갈 수 있다. 이에 대한 자세한 내용은 8.5절에서 다룬다.

## 해당과정: 출발점

**해당과정**(glycolysis, EMP)은 여러 단계를 거쳐 포도당을 **피루브산**(pyruvic acid)으로 전환하는 경로다. 생물 종류와 환경 조건에 따라 해당과정은 호흡에서 첫 번째 단계일 수도 있고, 발효 미생물에게는 주요 대사경로가 될 수도 있다. 해당과정은 ATP를 소량 합성하는 경로며, 또 다른 에너지원인 NADH를 방출하고, 중요한 중간 대사산물인 피루브산을 생성한다. 이 과정에 산소는 필요 없다.

### 해당과정 단계

해당과정은 총 10단계가 순서대로 이어진 경로다. 처음에는 포도당이 활성화되며, 이후 포도당 분해 산물에 대한 산화 반응, ATP 합성, 피루브산 형성이 이어진다. 해당과정 각 단계에는 특정 효소가 촉매로 작용하지만, 여기에서는 주요 효소만 언급할 것이다. 다음은 해당과정 핵심 단계를 정리한 것이다. 해당과정 전체 흐름을 보려면 과정그림 8.17을 참고하라. 자세한 설명은 부록 A에 수록돼 있다.

1. 먼저, **ATP**가 사용되면서 포도당 6번 탄소가 인산화돼 포도당-6-인산(glucose 6-phosphate)이 생성된다(그림 8.14 참조). 포도당이 인산화돼 해당과정이 '활성화'되면, 그 포도당은 더 이상 세포 밖으로 빠져나갈 수 없게 된다.
2. 포도당-6-인산은 이성질체인 과당-6-인산(fructose 6-phosphate)으로 전환된다.
3. **ATP**가 하나 더 사용돼 과당-6-인산의 1번 탄소가 인산화되면, 인산을 2개 가진 과당-1,6-이인산(fructose-1,6-diphosphate)이 생성된다.

여기까지는 에너지가 방출되지 않았고, 산화-환원 반응도 일어나지 않았다. 오히려 ATP 두 분자가 사용됐으며, 생성된 분자들은 여전히 6탄소 상태다.

4. 과당-1,6-이인산은 3탄소 분자인 글리세르알데하이드-3-인산(glyceraldehyde-3-phosphate, G3P)과 다이하이드록시아세톤

인산(dihydroxyacetone phosphate, DHAP)으로 분해된다.

5. G3P와 DHAP는 서로 이성질체며, DHAP는 이후 반응에 더 적합한 형태인 G3P로 전환된다.

4번 단계에서 과당 이인산이 분리되면서 이후 모든 반응이 두 번 진행된다. 생성된 두 분자는 해당과정 나머지 단계와 다른 대사경로에 모두 투입된다.

6. 각 G3P 분자는 해당과정에서 일어나는 유일한 산화-환원 반응에 관여하게 된다. 이 반응은 ATP 합성을 위한 준비 단계다. 보조효소인 **NAD⁺**가 G3P로부터 수소를 받아들이면서 **NADH**가 형성된다. 이 과정과 동시에 무기 인산($PO_4^{3-}$)이 G3P의 3번 탄소에 결합해 불안정한 고에너지 상태인 1,3-이인산글리세르산(1,3-biphosphoglyceric acid, DPGA)이 생성된다.
7. DPGA의 고에너지 인산 중 하나가 **기질수준 인산화**를 통해 ADP에 전달돼 **ATP** 한 분자가 생성된다. 이 반응을 통해 3-인산글리세르산(3-phosphoglyceric acid, 3-PGA)도 생성된다.
8. 이 단계에서는 3-PGA의 인산기가 3번 탄소에서 2번 탄소로 이동하면서 2-인산글리세르산(2-phosphoglyceric acid, 2-PGA)으로 전환된다.
9. 2-PGA에서 물 한 분자가 제거되면 포스포엔올피루브산(phosphoenolpyruvic acid, PEP)으로 전환된다. 이 반응을 통해 고에너지 인산 결합이 생성된다.
10. 해당과정 마지막 반응에서는 PEP가 고에너지 인산기를 내놓으면서 두 번째 ATP가 생성된다. 이 반응도 **기질수준 인산화**를 통해 일어난다. 이 반응을 통해 대사에서 다양한 역할을 하는 **피루브산**[피루브산염(pyruvate)]도 함께 생성된다.

해당과정을 통해 포도당 한 분자로부터 피루브산 두 분자가 생성된다. 또한 이 과정에서 기질수준 인산화가 두 번 일어나 총 4 ATP가 생성되지만, 초기 단계(1단계와 3단계)에서 2 ATP가 사용됐기 때문에 실제 순 생성량은 2 ATP다.

호기성 생물인 경우, 6단계에서 생성된 NADH 두 분자는 전자전달계로 이동해 최종 전자수용체인 산소에 전자가 전달되고, 이 과정에서 ATP가 더 생성된다. 반면, 포도당을 발효시키는 생물에서는 생성된 NADH가 산화돼 NAD⁺로 재생되며, 이때 전자는 유기 화합물에 전달된다(그림 8.23 참조).

## 피루브산: 중심 대사산물

피루브산은 여러 대사경로에서 중요한 위치를 차지하며, 생물종에 따라 서로 다른 방식으로 처리된다(그림 8.18). 절대호기성 생명체와 일부 혐기성 생명체에서는 피루브산이 크렙스 회로로 유입돼 처리되면서 에너지를 방출한다. 조건부혐기성 생물은 발효 대사를 선택할 수 있으며, 이 경우 피루브산은 더 환원돼 산이나 기타 생성물로 전환된다.

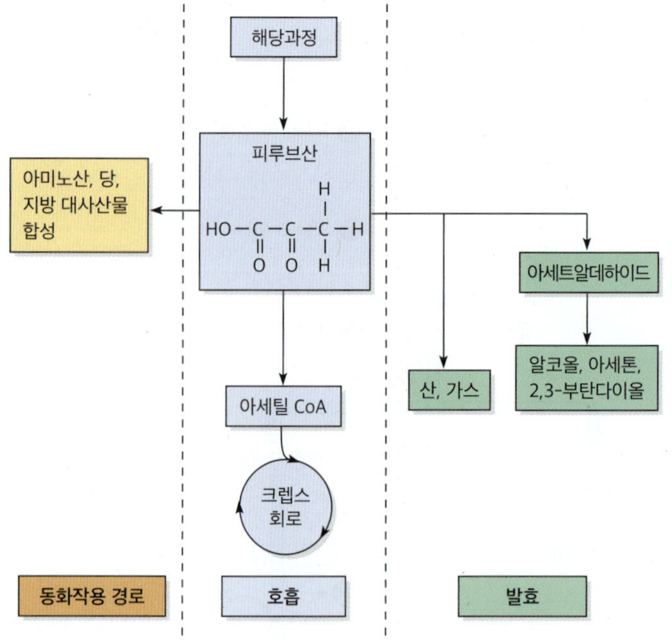


**그림 8.18** 다양한 피루브산(또는 피루브산염) 활용 경로. 이 대사산물은 미생물 영양소 처리 과정에서 중요한 중심 역할을 한다. 피루브산은 혐기적 조건에서 발효를 통해 다양한 최종 생성물로 바뀔 수 있으며, 크렙스 회로와 전자전달계를 통해 완전히 산화돼 $CO_2$와 $H_2O$로 전환될 수 있다. 또 아미노산과 탄수화물 합성을 위한 원료로도 사용될 수 있다.

### 크렙스 회로를 위한 피루브산 변환

해당과정을 통한 포도당 산화는 비교적 적은 양의 에너지만 생성한다. 하지만 피루브산은 여전히 에너지가 풍부한 상태로, ATP 합성을 가능하게 하는 추출 가능한 전자를 다수 가지고 있다. 이 에너지는 호흡의 두 번째와 세 번째 단계에서 피루브산이 $CO_2$와 물로 전환되는 과정을 통해 회수된다. 다음 절에서는 그 두 번째 단계인 크렙스 회로를 살펴본다. 이 회로는 진핵생물일 경우 미토콘드리아 기질에서, 세균일 경우 세포질에서 일어난다.

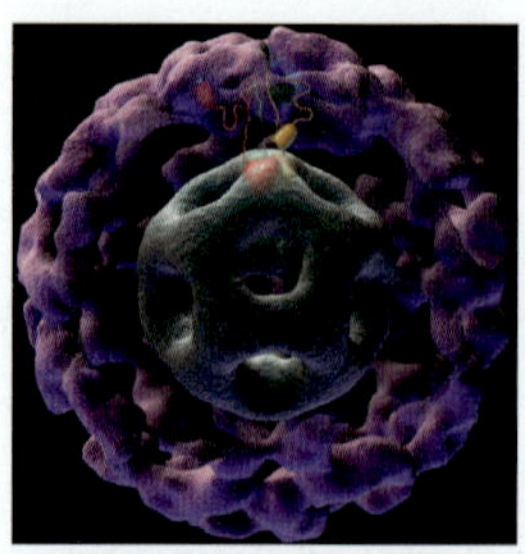

피루브산 탈수소효소에 대한 개념도 (Sriram Subramaniam/National Cancer Institute(NCI))

해당과정과 크렙스 회로를 연결하기 위해 피루브산은 먼저 크렙스 회로 시작 물질로 전환된다(과정그림 8.19, 위쪽 노란색 타원). 이 단계에서는 효소 복합체 하나와 조효소 A(coenzyme A)가 관여해 다음 과정을 수행한다: 피루브산 산화, NAD⁺ 환원(NADH 생성), 피루브산 탈탄산 반응을 통한 2탄소짜리 아세틸기 생성 및 $CO_2$ 방출. 생성된 아세틸기는 조효소 A에 결합해 **아세틸 조효소** A(acetyl coenzyme

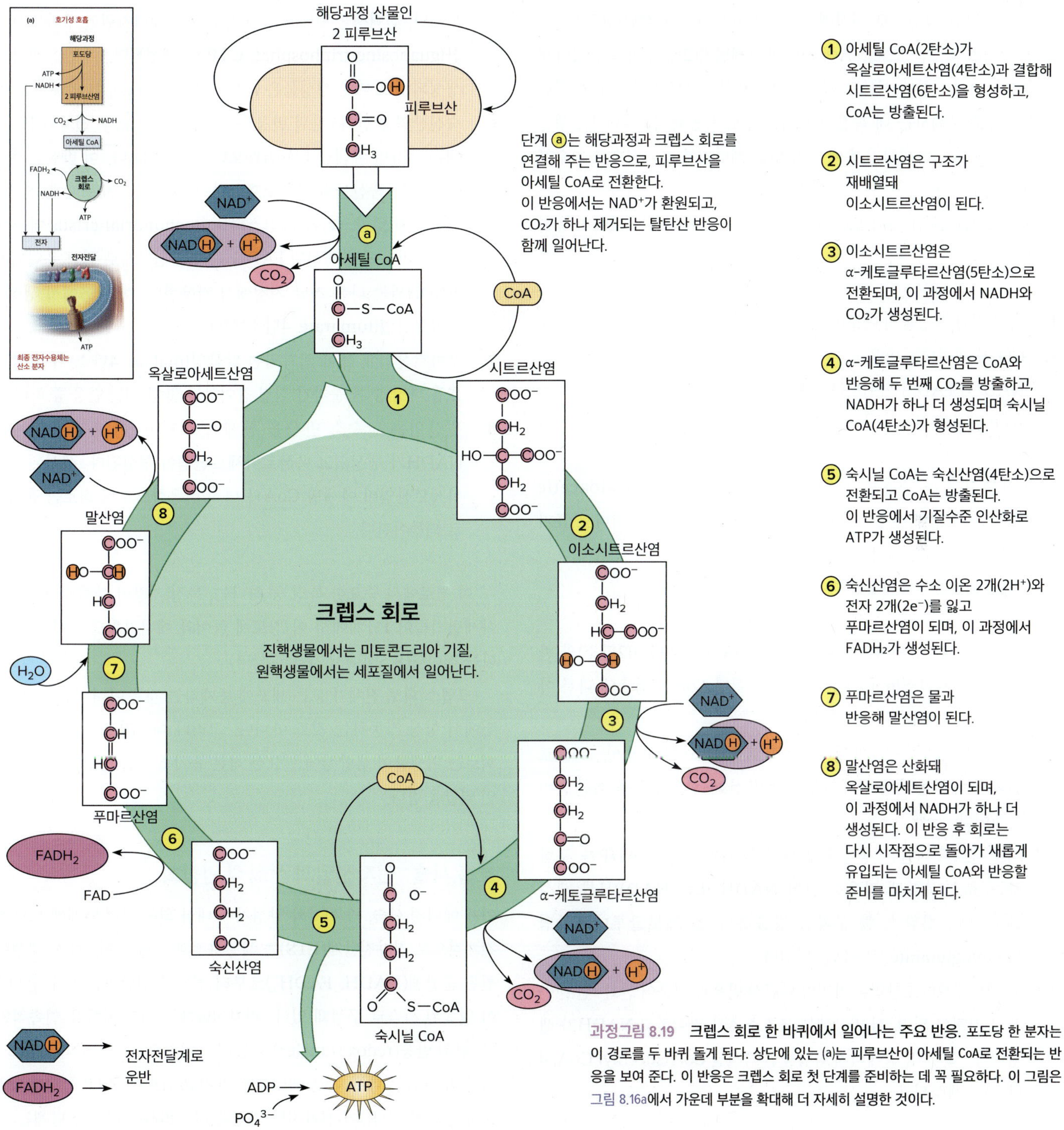


**과정그림 8.19** 크렙스 회로 한 바퀴에서 일어나는 주요 반응. 포도당 한 분자는 이 경로를 두 바퀴 돌게 된다. 상단에 있는 (a)는 피루브산이 아세틸 CoA로 전환되는 반응을 보여 준다. 이 반응은 크렙스 회로 첫 단계를 준비하는 데 꼭 필요하다. 이 그림은 그림 8.16a에서 가운데 부분을 확대해 더 자세히 설명한 것이다.

A, acetyl CoA)를 형성하며, 이 물질이 크렙스 회로로 유입된다. 이 반응을 가능하게 하는 효소 복합체는 피루브산 탈수소효소(pyruvate dehydrogenase)이며, 매우 거대한 구조를 가진다. 예를 들어, 대장균(*E. coli*)에서 이 효소는 비타민 네 종류를 포함하며 분자량이 600만에 달해 리보솜보다도 크다.

아세틸 CoA가 형성되는 과정에서 생성된 NADH는 전자전달계로 전달돼 호기성 호흡 세 번째 단계인 산화적 인산화를 통해 ATP 생성에 사용된다.

**또한 해당과정에서 피루브산이 두 분자 생성되므로 이후 단계에서 모든 반응은 포도당 한 분자당 두 번 반복된다는 점을 기억해야 한다.**

## 크렙스 회로: 탄소 흐름과 에너지 순환

앞에서 배운 것처럼, 순환 경로란 시작 물질이 회로 마지막에서 다시 생성돼 다음 회전을 준비하는 방식이다. 크렙스 회로는 총 8단계로 구성되며, 시트르산 형성으로 시작해 옥살로아세트산으로 끝난다(과정그림 8.19). 크렙스 회로는 조효소 A에 결합된 아세틸기(2탄소)와 옥살로아세트산(4탄소)이 결합해 시트르산(6탄소)이 생성되면서 시작된다. 이처럼 작은 분자를 분해하는 데 복잡해 보이는 경로가 동원되는 이유는, 생물학적 시스템에서 아세틸기 속에 남아 있는 에너지를 효과적으로 회수할 수 있기 때문이다.

크렙스 회로를 한 바퀴 도는 동안 다음 사항을 확인하는 것이 도움이 된다.

1. 각 기질과 생성물의 탄소(C) 수
2. $CO_2$가 생성되는 반응
3. $NAD^+$와 FAD가 환원되는 반응
4. ATP 합성 부위

유기산 명칭과 구조는 산 형태[예: 옥살로아세트산(oxaloacetic acid)]나 염 형태[예: 옥살로아세트산염(oxaloacetate)] 중 하나로 표기될 수 있으며, 이 교재에서는 주로 염 형태로 표기한다.

크렙스 회로 8단계 반응은 다음과 같다.

1. 옥살로아세트산염(4탄소)이 아세틸 CoA의 아세틸기(2탄소)와 반응해 시트르산염(6탄소)을 형성하고, 이때 CoA는 방출돼 다른 아세틸기와 결합할 준비를 마친다.
2. 시트르산염은 이성질체인 이소시트르산염(isocitrate, 6탄소)으로 전환되며, 이는 다음 단계의 탈탄산 및 산화-환원 반응을 위한 준비 과정이다.
3. 이소시트르산염은 생물종에 따라 $NAD^+$ 또는 NADP를 포함하는 효소 복합체 작용을 받아 NADH 또는 NADPH를 생성하고, 이산화탄소 한 분자를 방출하며, α-케토글루타르산염(α-ketoglutarate, 5탄소)을 남긴다.
4. α-케토글루타르산염은 마지막 탈탄산 반응과 더불어 산화-환원 반응의 기질이 되며, 이 반응에는 조효소 A가 관여하고 NADH가 생성된다. 그 결과, 고에너지 화합물인 숙시닐 CoA(succinyl CoA, 4탄소)가 생성된다.

이 지점에서 회로는 해당과정을 통해 생성된 원래의 3탄소 피루브산 한 분자에 대응하는 $CO_2$ 3개를 모두 생성함으로써 균형을 이룬다. 이후 단계는 단순히 회로 출발 물질인 옥살로아세트산을 재생성하는 데 그치지 않고, 옥살로아세트산염으로 이어지는 중간 대사산물로부터 더 많은 에너지를 추출하는 역할도 수행한다.

5. 숙시닐 CoA는 크렙스 회로에서 일어나는 유일한 기질수준 인산화의 출발 물질이다. 세균에서는 대부분 이 반응을 통해 ATP가 생성되지만, 진핵생물에서는 그에 상응하는 에너지원인 구아노신 삼인산(guanosine triphosphat, GTP)이 생성된다. 이 반응에서 함께 생성되는 또 다른 생성물은 숙신산염(succinate, 4탄소)이다.
6. 숙신산염은 산화-환원 반응을 거치는데, 이 경우 전자와 $H^+$ 수용체는 플라빈 아데닌 디뉴클레오타이드(FAD)다. 이 반응을 촉매하는 효소는 숙신산염 탈수소효소며, 세균에서는 세포막에, 진핵생물에서는 미토콘드리아 크리스타(mitochondrial crista)에 존재한다. 이 반응에서 생성된 $FADH_2$는 전자전달계로 직접 유입되지만, NADH와는 다른 전달 지점에서 작용한다. 이 반응에서 생성물은 푸마르산염(fumarate, 4탄소)이다.
7. 푸마르산염에 물이 첨가되면 말산염(malate, 4탄소)이 생성된다. 호흡 과정 중 물 분자가 직접 참여하는 몇 안 되는 반응 중 하나다.
8. 말산염은 탈수소 반응을 통해 산화되며, 이 과정에서 마지막 NADH가 생성되고 옥살로아세트산염이 형성된다. 생성된 옥살로아세트산염이 아세틸 CoA와 다시 반응함으로써 회로는 출발점으로 되돌아간다.

이 경로에서 중요한 특징 중 하나는, 특정 지방이 분해되면서 생성된 아세틸기들이 1단계에서 이 경로에 들어와 에너지원으로 사용될 수 있다는 점이다(8.5절에서 자세히 설명).

크렙스 회로 전체가 모든 세포에 존재하는 것은 아니며, 모든 대사 조건에서 항상 작동하는 것도 아니다. 그러나 대사경로가 다르더라도 이 회로는 미생물이 생합성에 필요한 작은 유기 분자를 생성하는 데 필수적인 역할을 한다.

## 호흡 사슬: 전자전달과 산화적 인산화

이제 에너지 사슬, 즉 전자와 양성자에 대한 최종 처리 단계에 도달했다. 전체적으로 전자전달계(ETS)는 해당과정과 크렙스 회로에서 생성된 환원된 운반체(NADH, $FADH_2$)로부터 전자를 전달받는 특수 운반체들이 연속된 사슬로 구성돼 있다. 전자전달계는 이 전자들을 연속적인 산화-환원 반응(redox transfer)을 통해 순차적으로 전달한다(그림 8.20). 이 전자 흐름은 매우 높은 에너지를 가지고 있으며, ATP 합성을 구동하는 원동력이 된다. 이 전자전달 과정을 마무리하는 마지막 단계는, 산소가 전자와 수소 이온을 받아들이면서 물을 생성하는 반응이다.

생물종에 따라 약간 차이는 있으나, 이러한 복잡한 반응을 수행하는 주요 운반체는 NADH 탈수소효소(NADH dehydrogenase), 철-황 단백질 복합체(FeS), 보조효소 Q[**유비퀴논**(ubiquinone)*], 그리고 여러

* 유비퀴논 라틴어 ubique(어디에나)에서 유래. 비타민 K와 비슷하며 세포 안에 흔하게 존재하는 화학물질 중 하나.

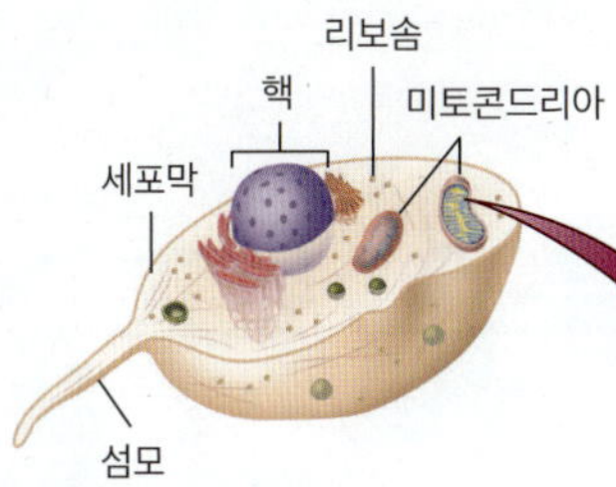


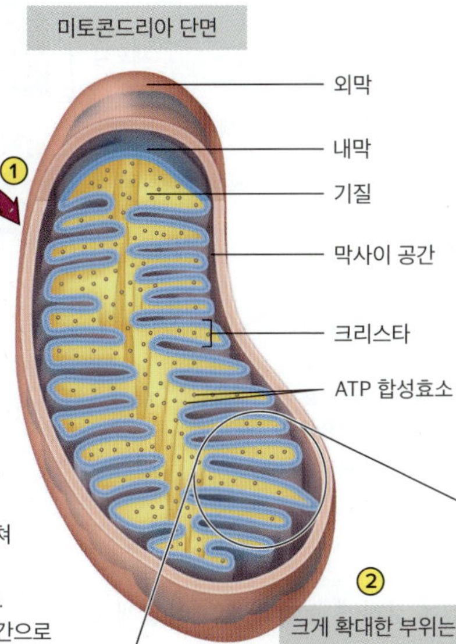


① **미토콘드리아는 진핵세포에서 전자전달과 산화적 인산화가 일어나는 장소다.** 이중막 구조로 인해 독립된 두 구획이 형성된다. 하나는 외막과 내막 사이에 있는 막사이 공간(갈색)이고, 다른 하나는 크리스타(파란색)라고 불리는 접힌 내막에 완전히 둘러싸인 기질(노란색)이다. 전자전달 단백질과 ATP 합성효소는 크리스타 전반에 자리 잡고 있다. 이 위치를 통해 각 경로는 기질과 막사이 공간 모두에 접근할 수 있다.

② **전자전달계(ETS) 확대도.** NAD 탈수소효소는 NADH로부터 전자를 받아 CoQ(유비퀴논)로 전달한다. 또한 $FADH_2$에서 FeS 단백질 복합체에 의해 제거된 전자도 CoQ로 전달된다. 이 전자들은 이후의 운반체—사이토크롬 $b/c_1$ 복합체, 사이토크롬 $c$, 사이토크롬 $a/a_3$—를 거쳐 이동한다. 사이토크롬 $a/a_3$에서 전자 2개가 $H^+$ 2개와 산소 원자 1개와 결합해 $H_2O$를 생성한다. 전자전달은 크리스타 막을 가로질러 막사이 공간으로 양성자($H^+$)를 내보내는 반응과 연결돼 있으며, 이 기능은 전자 운반체 복합체 중 세 곳에서 수행된다. 이 과정은 화학삼투를 일으키는 원동력이 된다.

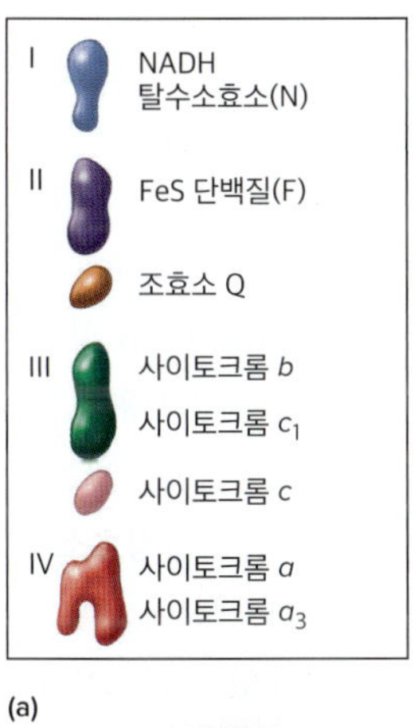


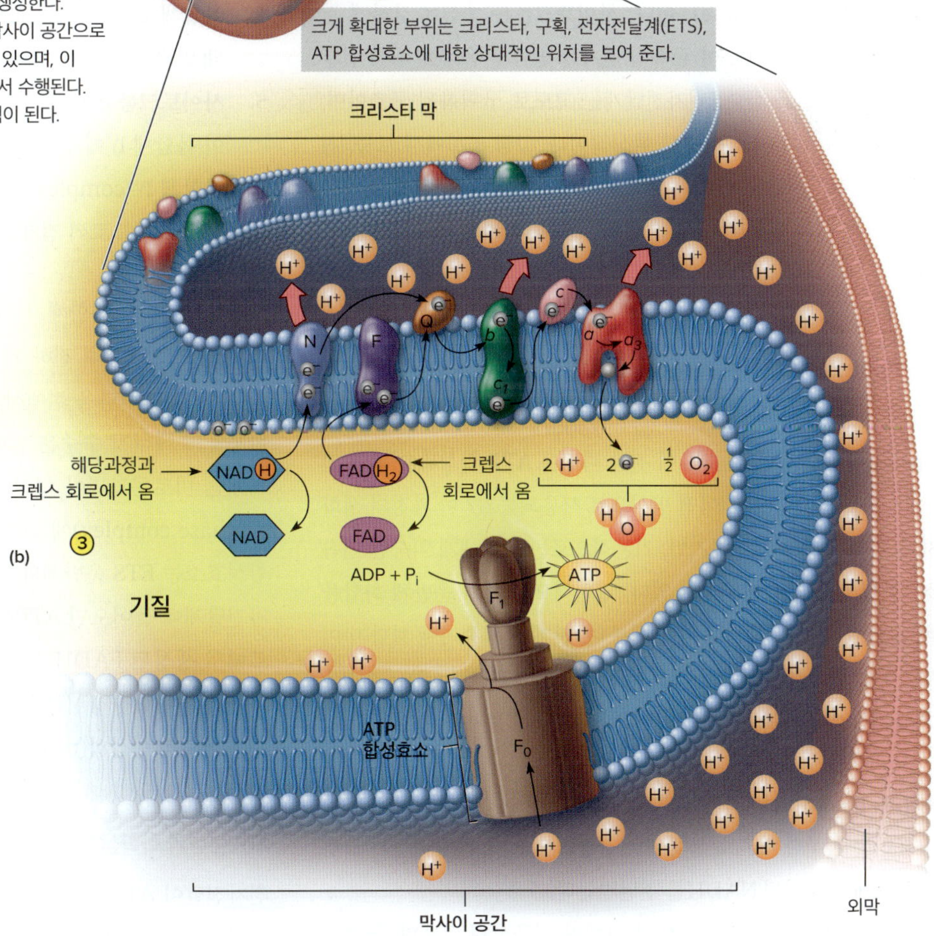


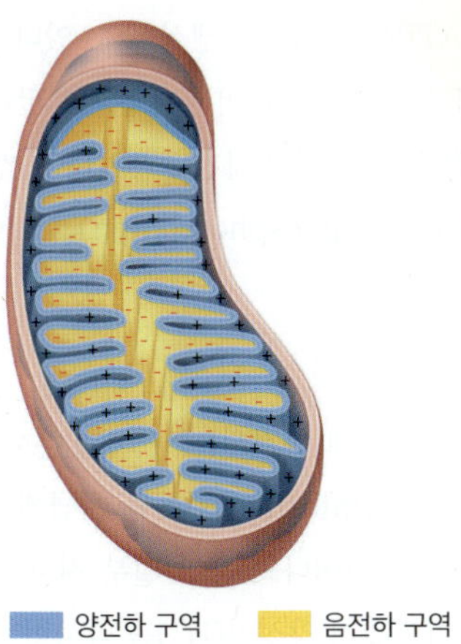


③ (a) 전자전달계에 의해 $H^+$가 막사이 공간으로 이동하면 막사이 공간과 미토콘드리아 기질 사이에 화학적 및 전하 기울기가 형성되는데, 이를 양성자 구동력이라 한다. (b) ATP 합성효소. 이 기울기는 전자 흐름에서 발생하는 자유 에너지를 포획해 ATP 합성 반응을 구동할 수 있는 전기적 위치에너지를 생성한다. $H^+$가 막사이 공간에서 ATP 합성효소의 $F_0$ 부분을 통해 기질로 확산되면, $F_1$ 부분이 회전하면서 ADP와 무기 인산($P_i$)을 끌어들여 ATP를 생성하고 방출한다. 이 과정은 발열반응(exergonic reaction)이며, ATP 1분자당 양성자 3개가 필요하다.

**그림 8.20** 미토콘드리아 내 전자전달, 산화적 인산화, 양성자 구동력, 화학삼투, ATP 합성.

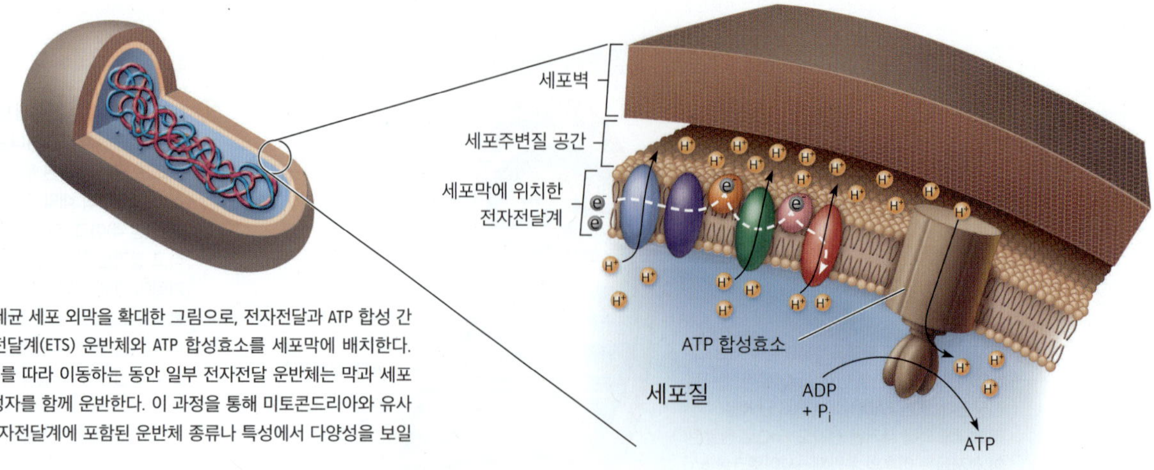


**그림 8.21 세균에서 화학삼투.** 세균 세포 외막을 확대한 그림으로, 전자전달과 ATP 합성 간의 관계를 보여 준다. 세균은 전자전달계(ETS) 운반체와 ATP 합성효소를 세포막에 배치한다. NADH와 $FADH_2$가 전달한 전자가 ETS를 따라 이동하는 동안 일부 전자전달 운반체는 막과 세포벽 사이인 세포주변질 공간으로 양성자를 함께 운반한다. 이 과정을 통해 미토콘드리아와 유사한 농도 구배가 형성된다. 세균은 전자전달계에 포함된 운반체 종류나 특성에서 다양성을 보일 수 있다.

가지 **사이토크롬**(cytochrome)* 이다. 사이토크롬은 중심에 강하게 결합된 금속 원자를 포함하며, 이 금속이 전자를 받아 다음 전달체에 전달하는 데 중요한 역할을 한다. 전자전달계는 고도로 구획화된 구조이며, 이러한 구조적 특성이 기능 수행에 핵심적이다. 그림 8.20에서 보듯, 진핵생물에서는 전자전달 운반체와 효소가 미토콘드리아 내막에 위치한다. 세균에서는 이와 동등한 구조로 세포막에서 이 기능을 수행한다(그림 8.21).

### 전자전달 운반체: 미토콘드리아 내 에너지 흐름

전자전달계에 대한 핵심 질문은 다음과 같다. 전자는 이 연속된 운반체들 사이에서 어떻게 전달되는가? 이 전달 과정은 ATP 합성과 어떻게 연결되는가? 산소는 어디에서, 어떤 방식으로 사용되는가? 이 과정의 생화학적 세부 과정은 다소 복잡하지만, 기본적으로는 우리에게 익숙한 연속된 산화-환원 반응으로 이루어져 있다. 일반적으로 전자 운반체 화합물과 그에 결합된 효소는 직선 배열을 이루며, 전자를 최종 수용체까지 이동시키는 동안 환원과 산화를 반복하게 된다(그림 8.20, part 2).

호기성 생물에 존재하는 전자 운반 복합체와 관련 분자는 다음과 같다.

1. **복합체 Ⅰ**(complex Ⅰ)은 NADH 탈수소효소(또는 NADH 환원효소)라 불리는 거대한 다효소 복합체로 구성돼 있으며, 해당과정과 크렙스 회로에서 생성된 NADH를 전달받는다.
2. **복합체 Ⅱ**(complex Ⅱ)는 철-황 단백질로 구성돼 있으며, 크렙스 회로 6단계에서 생성된 $FADH_2$로부터 전자를 전달받는다.
3. **조효소 Q**(coenzyme Q) 또는 **유비퀴논**은 막에 고정돼 있지 않은 이동성 운반체로, 복합체 Ⅰ과 Ⅱ 양쪽에서 전자를 받아 복합체 Ⅲ로 전달한다.
4. **복합체 Ⅲ**(complex Ⅲ)는 사이토크롬 *b*와 사이토크롬 $c_1$으로 구성돼 있으며, 전자를 사이토크롬 *c*로 전달한다.
5. **사이토크롬 *c***는 또 다른 이동성 운반체로, 복합체 Ⅲ에서 전자를 받아 복합체 Ⅳ에 전달한다.
6. **복합체 Ⅳ**(complex Ⅳ)는 전자, $H^+$, 산소 사이 반응을 촉매해 $H_2O$를 생성함으로써 전자전달 과정을 마무리한다.

여기에 더해, 복합체 Ⅰ, Ⅲ, Ⅳ는 $H^+$을 미토콘드리아 기질에서 막사이 공간으로 내보내 전하 기울기(charge gradient)를 형성하는 역할도 한다(이 내용은 다음 절에서 설명). 각 산화-환원 반응이 일어날 때마다 반응물의 에너지 수준은 점점 낮아진다. 이 과정에서 방출되는 자유 에너지는 미토콘드리아 크리스타에 위치한 **ATP 합성효소 복합체**(ATP synthase complex)에 의해 포획되고, ATP 생산에 사용된다. 이 ATP 합성효소는 ETS 운반체와 밀접하게 연결돼 있다. NADH 한 분자가 전자전달계에 들어오면 ATP를 최대 3개 생성할 수 있다. 반면 크렙스 회로에서 생성된 $FADH_2$는 복합체 Ⅰ 이후에 전자전달계에 진입하므로 ATP를 최대 2개 생성한다. 이처럼 전자전달과 ATP 합성이 연결되는 과정을 **산화적 인산화**(oxidative phosphorylation)라고 한다.

### ATP 생성과 화학삼투

전자전달이 ATP 생성과 어떻게 연결되는가? 이 질문에 대해 널리 받아들여진 설명은 **화학삼투**(chemiosmosis)라는 개념에 기반을 둔다. 이 이론에 따르면, 전자전달이 일어나는 동안 일부 전자 운반체는 미토콘드리아 크리스타 막을 가로질러 양성자($H^+$)를 막사이 공간으로 능동적으로 운반한다. 이 과정을 통해 수소 이온 농도 구배, 즉 **양성자 구동력**(proton motive force, PMF)이 형성된다. PMF는 막사이 공간(+전하)과 기질(−전하) 사이 전하 차이로 구성된다(그림 8.20, part 3).

이러한 전하 분리는 마치 전지를 충전한 것처럼 작용하며, 잠재적인 에너지를 일시적으로 저장할 수 있게 한다. 크리스타 막이 양성자에 대

---

* 사이토크롬 그리스어 cyto(세포)와 kroma(색)에서 유래. 색깔을 띠며 철을 포함하고 있는 분자로, 헤모글로빈과 비슷한 성질을 가짐.

해 투과성이 없기 때문에 이 전하 차이는 유지된다. 양성자가 기질 구획으로 확산될 수 있는 유일한 경로는 ATP 합성효소 복합체를 통과하는 것이다. 이로 인해 ATP 합성이 일어날 조건이 갖춰진다.

ATP 합성효소는 분자생물학 세계에서 가장 놀라운 효소 중 하나다. 이 효소는 회전 모터 2개, 이온 펌프, 그리고 에너지를 포획해 ATP로 저장하는 효소 기능을 모두 갖춘 복합체다. ATP 합성효소는 크리스타 막 전체에 걸쳐 고밀도로 존재하며, 미토콘드리아 하나당 약 1만 개가 존재하는 것으로 추정된다. 각 ATP 합성효소 복합체는 $F_0$와 $F_1$이라는 큰 단위체 2개로 구성돼 있다(그림 8.20, part 3). $F_0$ 부분은 막에 박혀 있으며, 회전하는 모터처럼 작동해 양성자를 끌어들인다. 양성자가 $F_0$를 통해 확산되면 $F_1$ 단위체가 ADP와 무기 인산($P_i$)을 끌어들이고, 이 회전은 ATP 합성효소의 입체 구조를 변화시켜 ADP와 $P_i$ 사이에 고에너지 결합을 형성하게 한다. 이렇게 생성된 ATP는 기질 안으로 방출돼 세포 내 다양한 대사반응에서 계속 사용된다(그림 8.20, part 3). 이후 ATP 합성효소는 다시 시작 위치로 돌아가 다음 합성 주기를 준비한다.

중요한 점은, 이렇게 생성된 ATP가 미토콘드리아에서 세포질로 빠져나가 합성 반응 등 다양한 세포 활동에 사용돼야 한다는 것이다. 이를 위해 미토콘드리아 막에는 ATP-ADP 수송체(ATP-ADP translocase)라는 특수한 능동수송 단백질이 존재하며, 이 수송체는 ATP를 끊임없이 세포질로 내보내고, ADP를 미토콘드리아 안으로 들여보낸다.

세균에서도 ATP 합성은 기본적으로 동일한 원리에 따라 이루어진다. 다만, 세균은 전자전달계가 세포막에 위치하고, 양성자는 세포질에서 세포벽과 세포막 사이 공간인 세포주변실 공간(periplasmic space)으로 이동한다. 또한 세균은 전자 운반체 수와 종류에서도 차이가 있어 생성되는 ATP 양에 영향을 미친다(그림 8.21). 진핵세포와 세균 모두에서 실험을 통해 미토콘드리아나 세균에서 세포막이 파괴되면 산화적 인산화가 차단된다는 사실이 밝혀졌으며, 이것은 화학삼투 이론에 대한 강력한 증거다.

### 전자전달에서 마지막 단계

산소가 전자를 받아들이는 반응은 전자전달에서 최종 단계며, 이 과정은 사이토크롬 $a/a_3$, 즉 사이토크롬 산화효소(cytochrome oxidase)에 의해 촉매된다. 이 거대한 효소 복합체는 사이토크롬 *c*로부터 전자를 받아들이고, 용액에서 $H^+$을 끌어온 다음, 산소와 반응시켜 물 분자를 생성하는 일을 담당한다(그림 8.20, part 3). 이 반응은 실제로는 더 복잡하지만, 다음과 같이 요약할 수 있다.

$$2H^+ + 2e^- + \frac{1}{2}O_2 \longrightarrow H_2O$$

호기성 진핵생물 대부분은 정상적으로 작동하는 사이토크롬계(cytochrome system)를 갖고 있지만, 세균은 이 부분에서 매우 다양한 변형을 보인다. 일부 세균 종은 산화환원 단계가 한두 개 결여돼 있거나,

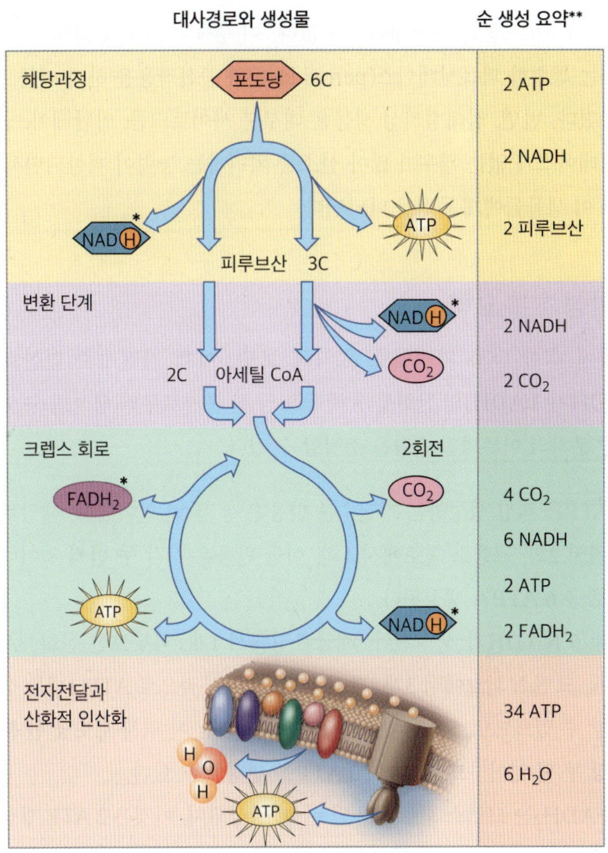


* 이 화합물은 전자전달계에서 처리된다.

** 이 순 생성량은 해당과정에서 사용된 ATP 2분자를 제외한 총 ATP 양과, 해당과정에서 탄소 3개짜리 화합물로 나뉜 후 생성물이 두 배가 되는 것을 반영한 수치다.

**그림 8.22** 호기성 대사산물과 ATP 생성량 요약. 이 그림을 다음 기본 반응식과 비교하자.
포도당($C_6H_{12}O_6$) + $6O_2$ + 38 ADP + 38 $P_i$ → $6CO_2$ + $6H_2O$ + 38 ATP

여러 가지 대체 전자전달 경로를 갖고 있다. 많은 세균이 사이토크롬 산화효소가 없기 때문에, 이러한 특성은 특정 세균 속(genus)을 구별하는 데 활용될 수 있다. 예를 들어, 산화효소 검사(oxidase test)는 *Neisseria* 속, *Pseudomonas* 속, 그리고 일부 *Bacillus* 속의 종을 식별하는 데 유용하다. 또 다른 사이토크롬계 변형 사례는 *Klebsiella* 속과 *Enterobacter* 속 중 일부 세균에서 확인된다. 이들은 시안화물(cyanide)이 존재하는 환경에서도 성장할 수 있는데, 이는 이들이 사이토크롬 산화효소를 갖고 있지 않기 때문이다. 시안화물은 사이토크롬 산화효소를 차단함으로써 호기성 호흡을 완전히 정지시키기 때문에 사람을 포함한 진핵생물 대부분에서 치명적 독성을 유발하지만, 이러한 세균에게는 무해하다.

호기성 생물 호흡 사슬에서 발생할 수 있는 부수적 반응 중 하나는, 산소가 불완전하게 환원되면서 초과산화 이온($O_2^-$)이나 과산화수소($H_2O_2$)가 형성되는 것이다. 7장에서 언급했듯이, 이 유해한 산소 유도체는 세포에 매우 심각한 손상을 줄 수 있다. 호기성 생물은 이런 독성물질에 대응하기 위해 **초과산화물 디스뮤테이스**(superoxide dismutase)와 **카탈레이스**(catalase) 같은 중화 효소를 갖는다. 예외적인 경우로는 *Streptococcus* 속이 있다. 이 속 세균은 산소가 있는 환경에서도 잘 자라

지만, 사이토크롬과 카탈레이스가 없다. 이 생물이 산소에 견딜 수 있는 이유는 특수한 퍼옥시데이스(peroxidase)가 중화작용을 하기 때문으로 알려졌다. 반면, 절대혐기성 생물은 대부분 사이토크롬, 카탈레이스, 퍼옥시데이스가 없는 경우가 많아 산소를 처리하는 능력이 제한되면서 산소가 이 생물들에게 독성을 나타낸다.

## 호기성 호흡 요약

호흡에 대한 반응 과정들을 요약해 보면, 이제 기질수준 인산화와 NADH 및 $FADH_2$의 산화를 통해 포도당 한 분자로부터 생성될 수 있는 ATP 분자의 이론적인 총량을 추정할 수 있다.

- ATP를 직접 생성하는 기질수준 반응은 총 세 번 일어난다. 해당과정에서 2회, 크렙스 회로에서 1회. 이들 반응은 각각 **두 번씩** 일어나므로 총 **6 ATP**가 생성된다.
- 총 **5 NADH**가 생성된다. 해당과정에서 1개, 피루브산 산화에서 1개, 크렙스 회로에서 3개. 각 NADH는 이론적으로 ATP 3개를 생성할 수 있으므로, 5×3=15 ATP가 가능하다. 이 역시 **포도당 한 분자당 두 번** 일어나므로 최대 **30 ATP**를 생성할 수 있다.
- $FADH_2$는 크렙스 회로에서 단 한 번 생성되며, 이것은 2 ATP 생성을 유도할 수 있다. 이 반응이 두 번 일어나므로 총 **4 ATP**가 생성된다.
- 이론적으로 ATP 총합은 **6+30+4=40**이다. 그러나 해당과정 초기 두 단계에서 ATP 2개가 소모되므로 **최종 순 생산량은 38 ATP**가 된다.

이 숫자는 이론적인 수치임을 알아야 한다. 실제 세포 내 조건을 고려하면 NADH와 $FADH_2$에 의한 ATP 생성 수는 더 낮다. 실제로 NADH 1개당 약 ATP 2.5개, $FADH_2$ 1개당 약 ATP 1.75개가 생성되는 것으로 보인다. 이런 값을 적용하면 실제 생성되는 ATP 총합은 약 **32개**로 감소한다. 또한 진핵세포인 경우, 해당과정에서 생성된 NADH는 ATP를 소모하는 능동수송을 통해 미토콘드리아 크리스타로 운반되므로 최종 ATP 총합은 약 **30개**로 줄어든다. 많은 원핵세포는 전자전달계에 운반체가 하나 이상 없거나, NADH를 충분히 생성하지 못하기 때문에 실제 ATP 생산량이 이보다 더 낮을 가능성이 크다. 그림 8.22는 호기성 호흡의 세 단계 동안 이 계산이 어떻게 전개되는지를 도식화한다.

이 요약에서 반드시 고려해야 할 다른 세 가지 주요 요소가 있다.

- 이산화탄소 6분자($6CO_2$)는 크렙스 회로 전과 회로 진행 중에 생성되며, 이것은 포도당 분자($C_6H_{12}O_6$)에 있던 모든 탄소 원자가 방출된 결과다. 그리고 이산화탄소 속 산소는 포도당과 외부에서 들어온 산소 분자에서 각각 공급된다.
- 산소 분자 6개는 전자전달계 마지막 단계에서 사이토크롬 $a_3$를 통해 전달된 전자와 $H^+$을 받아들여 물을 생성하는 데 소비된다.
- 물 분자는 전자전달계에서 6개, 해당과정에서 2개 생성되며, 크렙스 회로 과정에서 2개가 소비되므로, 순 생산량은 6개가 된다.

## 혐기성 호흡

일부 세균은 호기성 사이토크롬계와 유사한 방식으로 작동하지만, 최종 전자수용체로 자유상태 산소 대신 산소를 포함한 이온을 사용하는 혐기성 호흡계를 진화시켰다. 이 중에서 질산염($NO_3^-$) 및 아질산염($NO_2^-$)계가 가장 잘 알려져 있다. 예를 들어 *E. coli*와 같은 세균에서 반응은 다음과 같이 나타낼 수 있다.

$$NO_3^- + NADH + H^+ \xrightarrow{\text{질산염 환원효소}} NO_2^- + H_2O + NAD^+$$

이 반응에서 질산염 환원효소는 질산염에서 산소를 제거해 아질산염과 물을 생성한다. 이 반응은 특정 세균을 구별하는 생리학적 검사에 사용되는 기초가 된다.

*Pseudomonas*나 *Bacillus* 일부 종은 아질산염을 일산화질소(NO), 아산화질소($N_2O$), 심지어 질소 기체($N_2$)로까지 추가로 환원할 수 있는 효소를 가진다. 이 과정은 **탈질소작용**(denitrification)이라 하며, 생물권에서 질소 순환에 매우 중요한 단계다. 또한 일부 황산염 세균은 황산염($SO_4^{2-}$)을 환원시키며, 산소를 포함하는 다른 영양소인 탄산염($CO_3^{2-}$)과 황산염도 다양한 세균에 의해 혐기적으로 환원된다.

절대 혐기성균 대부분은 해당과정과 크렙스 회로에서 생성된 NADH를 사용해 $O_2$가 아닌 다른 화합물을 환원시키며, 여전히 산화적 인산화 경로를 따른다. 예를 들어 메탄 생성균(methanogen)은 $CO_2$나 탄산염을 환원해 메테인($CH_4$)을 생성한다. 또 어떤 세균은 황산염을 황화물($S^{2-}$)이나 황화수소($H_2S$)로 환원한다. 일부 세균은 금속이나 유기 화합물을 최종 전자수용체로 사용하기도 한다. 이런 미생물은 산소가 존재하지 않는 지하 환경, 예를 들면 늪지대나 심해 열수구 등에 서식한다.

**핵심 점검 8.3**

13. 미생물의 기본적인 에너지 획득 전략과 그들이 사용하는 이화경로를 설명하시오.
14. 원핵세포와 진핵세포에서 해당과정, 크렙스 회로, 전자 전달이 일어나는 장소를 각각 비교하시오.
15. 해당과정 기본 단계를 간략히 서술하고, ATP가 사용되는 지점과 생성되는 지점을 표시하시오.
16. NADH는 어디에서 생성되며, 호기성 생물에서 어떻게 처리되는가?
17. 발효를 수행하는 생물에서 NADH는 어떻게 처리되는가?
18. ATP가 생성되는 화학삼투 이론을 요약하시오.
19. 포도당 한 분자가 호기적 호흡을 통해 이화되면 이론적으로 생성될 수 있는 ATP 수와 실제로 생성되는 ATP 수는 각각 얼마인가?
20. 세균과 많은 진핵세포 사이에 ATP 총생성량이 차이 나는 이유는 무엇인가?
21. 혐기성 호흡을 하는 세균에서 산소 공급원은 무엇인가?

22. 호기성, 혐기성, 발효 대사에서 각각 최종 전자수용체는 무엇인가?
23. 전자전달계 마지막 단계에서 전자, $H^+$, 산소가 어떤 반응을 일으키는지 설명하시오.

## 8.4 발효의 생물학적 중요성

**학습목표**

19. 발효의 의미를 설명하고, 자연생물학적 시스템과 생명공학에서 발효가 어떻게 활용되는지 서술하시오.
20. 다양한 발효 과정과 그로부터 생성되는 산물을 설명하시오.

피루브산 대사의 여러 결과 중에서 가장 다양한 양상을 보이는 것은 아마도 발효일 것이다. 이론적으로 **발효**(fermentation)*는 다음과 같은 과정을 포함한다. (1) 산소 없이 포도당이나 기타 탄수화물을 불완전하게 산화시키는 과정, (2) 해당 경로가 지속되는 데 필수적인 $NAD^+$를 재생하기 위한 NADH 산화, (3) 최종 전자수용체로 유기 화합물을 사용하는 반응, (4) 충분하지 않은 ATP 방출이다.

발효라는 단어는 시간이 지나면서 다양한 의미로 사용해 왔다. 원래 파스퇴르는 포도주를 만들 때 포도당에 대한 효모 반응을 '발효'라고 불렀으며, 오늘날에도 생화학자들은 효모가 포도당이나 기타 탄수화물에 작용해 에탄올을 생성하는 과정을 발효라고 부른다. 세균학자들은 다양한 세균이 피루브산에 작용해 산, 가스, 기타 대사산물을 만드는 반응을 발효라고 정의했다. 또한 산업적으로 미생물 작용을 통해 화학물질을 대량으로 생산하는 과정도 발효라고 부른다. 이처럼 '발효'라는 단어는 상황에 따라 여러 방식으로 사용될 수 있다.

발효에서 포도당 한 분자당 ATP를 최대 2개만 생성하는 것은 에너지 측면에서 볼 때 비효율적으로 보일 수 있다. 그러나 발효는 많은 세균이 흔히 사용하는 대사 전략이며, 실제로 많은 세균은 호기성 조건 못지않게 빠르게 성장할 수 있다. 이런 빠른 생장은 해당과정 속도를 증가시킴으로써 가능해진다. 다른 관점에서 보면, 발효는 산소 분자가 없는 조건에서도 생존과 성장을 가능하게 하며, 혐기 환경에서도 정착과 번식을 허용한다. 또한 대사 유연성이 있는 미생물에게는 산소가 부족하거나 일반적인 전자수용체가 없는 상황에서도 생리활동을 유지할 수 있는 대체 경로를 제공한다. 더불어, 발효 과정에서는 **동화작용**(anabolic)에 활용될 수 있는 여러 중간 대사산물이 생성되며, 이들은 미생물 집단 내에서 공유될 수 있다.

소 반추위에 서식하며 셀룰로오스를 분해하는 세균 대부분은 발효를

* 발효 라틴어 fervere(끓다) 또는 fermentatum(발효시키다 또는 효모)에서 유래.

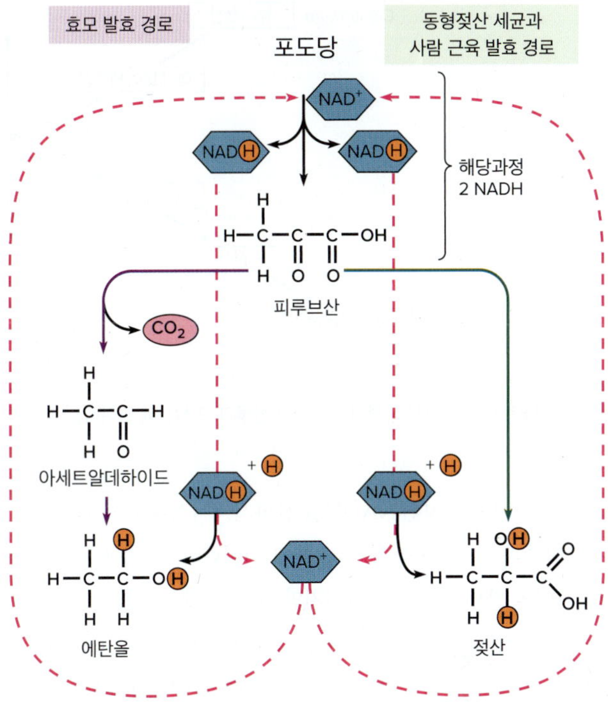


**그림 8.23** 산과 알코올 생성 발효 경로. 두 경우 모두 최종 전자수용체는 유기 화합물이다. 효모에서는 피루브산이 탈탄산화돼 아세트알데하이드와 $CO_2$를 생성하며, 해당과정에서 생성된 NADH가 아세트알데하이드를 환원시켜 에탄올을 만든다. 동형젖산 발효 세균에서는 NADH가 피루브산을 젖산으로 환원시킨다. 두 경로 모두 $NAD^+$를 재생해 해당과정 또는 다른 대사경로로 다시 순환되도록 한다(분홍색 점선 경로 참조).

기반으로 살아간다. 이들은 먼저 셀룰로오스를 포도당으로 가수분해하고, 이후 포도당을 유기산으로 발효시킨다. 이 유기산은 소가 에너지원으로 흡수한다. 심지어 인간 근육 세포도 산소가 고갈된 후 짧은 시간 동안 활동을 지속할 수 있도록 발효를 수행할 수 있다. 근육 세포는 피루브산을 젖산으로 전환해 혐기성 조건에서도 ATP 생산이 일정 시간 지속되게 한다. 그러나 이 상태는 오래 유지될 수 없으며, 수 분 내로 젖산이 축적된다. 과거에는 젖산이 근육 피로에 대한 원인으로 여겨졌지만, 최근에는 여러 대사 변화가 더 주요한 원인으로 밝혀지고 있다.

### 미생물의 발효 산물

와인, 맥주, 위스키와 같은 알코올 음료는 발효 산물 가운데 아마도 가장 잘 알려진 예일 것이다. 이 외에도 아세톤, 부탄올 같은 용매, 젖산, 아세트산 같은 유기산, 유제품, 다양한 식품이 발효를 통해 생산된다. 또한 단백질, 핵산, 기타 유기 화합물 유도체는 발효 과정을 통해 비타민, 항생제, 심지어 하이드로코르티손과 같은 호르몬으로도 만들어질 수 있다.

발효 산물은 일반적으로 두 가지 알코올 발효 산물과 산성 발효 산물로 나눌 수 있다(그림 8.23). **알코올 발효**(alcoholic fermentation)는 효모나 특정 세균에서 일어나며, 이들은 피루브산을 에탄올로 전환하는 대사경로를 가진다. 이 과정은 피루브산이 아세트알데하이드로 탈탄산화된 후, 아세트알데하이드가 환원돼 에탄올이 되는 반응으로 이루어진다.

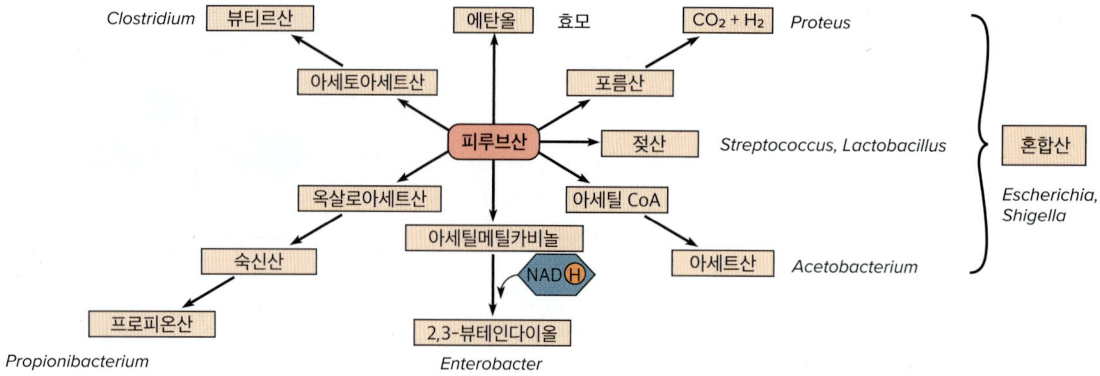


그림 8.24 피루브산 발효에서 생성되는 다양한 산물과 그 생산에 관여하는 몇몇 세균.

이때 해당과정에서 생성된 NADH를 산화시키며 $NAD^+$가 재생되고, 이는 다시 해당과정이 지속되도록 순환에 기여한다. 이러한 발효 과정은 맥주나 와인을 만드는 데 핵심적이지만, 최종 에탄올 농도를 조절하거나 원치 않는 부반응을 방지하는 것은 양조자의 기술에 달려 있다(**8.5 연결고리 찾기**). 알코올 발효 산물에는 에탄올 외에도 $CO_2$가 포함되며, 이 가스는 샴페인과 맥주 거품, 그리고 빵 반죽이 부푸는 현상의 원인이다.

에탄올 외에도 다양한 알코올이 세균 발효 경로를 통해 생산될 수 있다. 예를 들어, *Clostridium* 속 일부는 복잡한 반응 경로를 통해 부탄올(butanol)과 아이소프로판올(isopropanol)을 생성한다. 이 과정은 한때 산업용 알코올에 대한 주요 공급원이었으나 현재는 대부분 석유 기반 화학 공정으로 대체됐다.

**산성 발효**(acidic fermentation) 경로는 종류가 매우 다양하다. 젖산균(lactic acid bacteria)은 인간과 마찬가지로 피루브산을 젖산으로 환원시키는 경로를 따른다. *Streptococcus*나 *Lactobacillus* 일부 종처럼 발효 결과가 대부분 젖산일 경우 이를 동형젖산 발효(homolactic fermentation)라고 한다. 우유가 시어지는 현상은 대부분 이들 세균이 생성한 젖산 때문이다. 한편, 포도당이 젖산, 아세트산, 이산화탄소 등 혼합 산물로 전환되는 경우(예: *Leuconostoc*와 일부 *Lactobacillus* 종)에서는 이를 이형젖산 발효(heterolactic fermentation)라고 한다.

장내세균과(Enterobacteriaceae)에 속하는 *Escherichia*, *Shigella*, *Salmonella* 같은 많은 세균은 피루브산을 다양한 산으로 동시에 전환하는 효소 체계를 가지고 있다(그림 8.24). **혼합산 발효**(mixed acid fermentation)에서는 아세트산, 젖산, 숙신산, 포름산이 함께 생성되며, 배지 pH를 약 4.0까지 낮춘다. *Propionibacterium*은 주로 프로피온산(propionic acid)을 생성하며, 이것은 스위스 치즈가 가지는 독특한 맛을 만들어 낸다. 같은 반응에서 발생하는 $CO_2$는 치즈에 구멍을 만든다. 또한 이들 중 일부는 포름산을 완전히 분해해 $CO_2$와 $H_2$로 전환하기도 한다. 장내에 흔히 서식하는 이런 세균의 발효 활동은 $CO_2$와 $H_2$ 같은 가스가 장내에 축적되는 현상을 설명해 준다. 일부 세균은 생성된 유기산을 다시 환원해 중성 산물인 2,3-뷰테인다이올(2,3-butanediol)을 만들어 낸다. 이러한 다양한 최종 산물은 17장에서 다루는 생화학적 검사의 기초가 된다.

여기에서는 발효 산물에 대해 간략하게 다루었지만, 미생물은 공급되는 기질을 바꿔 주면 매우 다양한 화합물을 합성할 수 있다는 점은 흥미롭다. 사실 오늘날 '발효'라는 용어는 매우 넓은 의미로 사용되며, 실제로는 전통적 발효가 아닌 다른 원리에 의해 생산되는 경우도 많다. 특히 항생제, 호르몬, 비타민, 아미노산 등에 대한 대량생산은 산소가 존재하는 상태에서도 일어나며, 생물학적으로는 발효가 아니지만 상업적으로는 여전히 '발효'라는 이름으로 불린다.

**핵심 점검 8.4**

24. 발효 대사를 통해 미생물이 얻는 생존 이점은 무엇인가?
25. 미생물에서 흔히 볼 수 있는 발효 유형 세 가지를 설명하시오.

## 8.5 대사 전환 경로

**학습목표**

21. 세포가 동화작용을 어떻게 수행하는지, 그리고 양면대사에는 무엇이 관여하는지 설명한다.
22. 세포가 유용한 물질을 만들기 위해 분자를 변환하거나 다른 경로로 돌리는 주요 대사경로를 알아본다.
23. 세포가 거대 분자를 만들어 내는 여러 생합성 과정을 간단히 설명한다.

이제부터는 이화작용과 에너지 추출 과정에서 벗어나 동화작용과 생합성 기능으로 주제를 전환해 보자. 이 절에서는 중간대사(intermediary metabolism)라고도 불리는 영역을 살펴볼 것이다. 여기에는 양면대사 경로, 단순 분자 합성, 거대 분자 합성이 있다.

8.5 연결고리 찾기

## 파스퇴르: 와인이 식초로 변하는 신비를 풀다

알코올 발효에 관한 미생물학적 이해는 루이 파스퇴르(Louis Pasteur)에 의해 크게 진전됐다. 프랑스 와인 생산자들은 주기적으로 발생하는 와인 변질에 대한 원인을 밝혀 달라고 파스퇴르에게 의뢰했다. 가장 골칫거리였던 것은 와인이 식초로 변하면서 생기는 시큼한 맛이었다. 그 당시까지 와인 생성은 순전히 화학반응에 의한 것으로 여겨졌으며, 미생물 작용은 고려되지 않았다. 그러나 파스퇴르는 맥주 제조와 포도 품종을 광범위하게 연구한 끝에, 고급 와인이든 아니든 와인은 포도즙에 작용하는 미생물에 의한 대사 결과라고 확신했다. 그리고 와인에 생기는 '병' 또는 변질 현상은 산 등 바람직하지 않은 산물을 만드는 오염 미생물에 의해 발생한다고 추측했다. 그 당시에는 정확히 알지 못했지만, 와인을 시게 만드는 산성 원인균은 대개 *Acetobacter*나 *Gluconobacter*였던 것으로 추정된다. 이들 세균은 포도 자체, 공기, 또는 와인 제조 기구를 통해 유입됐을 가능성이 있다. 이들은 흔한 그람 음성 세균속으로, 에탄올을 아세트산으로 산화시키는 능력이 있으며, 현재는 일부 식초 제조 과정에 실제로 사용되고 있다. 아래는 이 과정을 보여 주는 반응식이다.

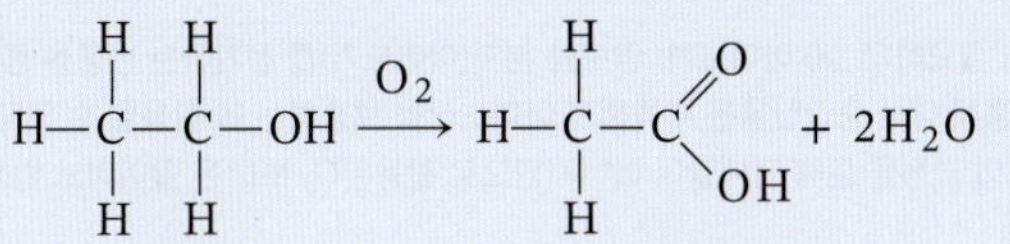

에탄올 아세트산

Ingram Publishing/Alamy Stock Photo

파스퇴르가 제안한 근본적인 해결책은 오늘날에도 여전히 사용되고 있으며 그 방법은 다음과 같다. 포도즙을 낮은 온도로 가열해 오염균을 제거한 뒤, 순수한 효모 배양주를 접종하는 것이다. 이러한 처리법은 오늘날 저온살균(pasteurization)으로 알려져 있으며, 이에 대한 자세한 내용은 11장에서 다룬다.

와인 성분을 분석해 보면, 물과 에탄올 외에도 수천 가지 화학물질이 포함돼 있다는 사실을 알 수 있다. 이처럼 다양한 물질이 들어 있다는 것은 알코올 발효 중 효모 대사활동 수준이 어떻다는 것을 의미하는가?

### 세포의 자원 최적화 전략

이제 우리는 세포가 탄소 화합물을 얼마나 철저하게 관리하는지를 분명히 알 수 있다. 이화작용 경로는 대부분 단순히 최종 산물로 끝나는 것이 아니라 동화작용으로 전환될 수 있는 전략적인 대사 중간산물(intermediates)을 포함한다. 이런 방식으로 대사 중간산물은 여러 용도로 활용될 수 있으며, 세포가 보유한 모든 영양분과 대사산물로부터 이익을 최대한 끌어낼 수 있다. 이처럼 이화작용과 동화작용이 통합돼 세포 효율을 높이는 성질을 **양면대사**(amphibolism)*라고 한다.

이 시점에서 우리는 대사 과정을 보다 복합적이고 통합적인 관점으로 바라볼 수 있게 됐다. 그림 8.1에서 제시했던 단순한 대사 개념에 비해 그림 8.25는 중간대사에 대한 양면대사적 특성을 잘 보여 준다. 특히 포도당 이화작용 경로는 다양한 대사작용이 일어나는 '대사 시장'과도 같은 중심 경로로 작용한다. 양면대사의 주요 접점은 해당과정 글리세르알데하이드-3-인산과 피루브산, 그리고 크렙스 회로 아세틸 CoA와 여러 유기산 단계에서 나타난다.

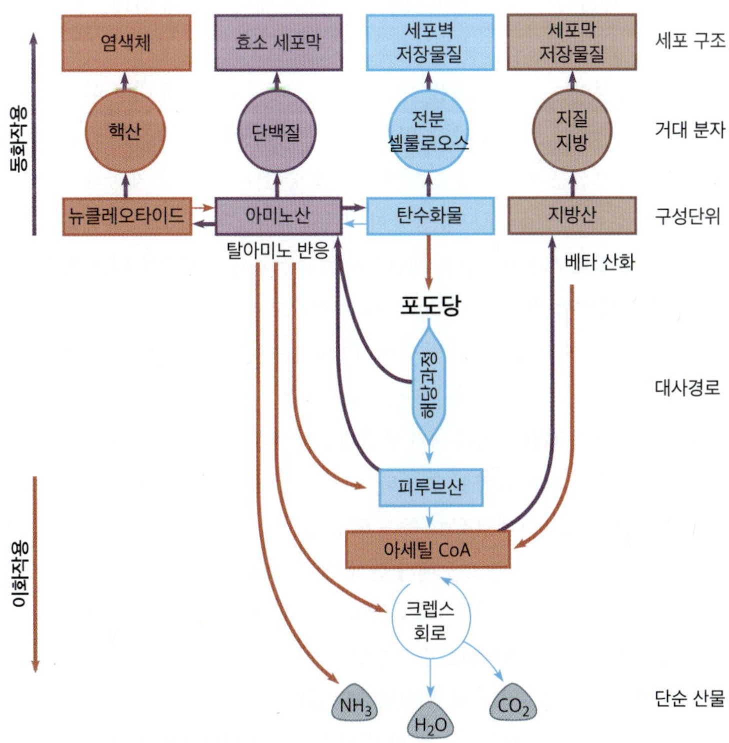


그림 8.25 대사에 대한 양면성 경로. 피루브산과 아세틸 CoA 같은 중간대사산물은 여러 기능을 수행한다. 조금만 변형시켜도 이 물질들은 다른 화합물로 전환돼 다른 경로로 진입할 수 있다. 그림 가운데에 위치한 포도당 분해 과정은 아미노산, 지방, 핵산, 탄수화물 합성에 쓰이는 다양한 합성 대사경로를 위한 중간산물을 제공한다는 점에 주목하라. 이런 구성단위는 더 큰 분자 합성에 사용돼 다양한 세포 구성 성분을 만드는 데 기여한다.

* 양면대사 그리스어 amphi(양쪽의)와 bole(던지다)에서 유래.

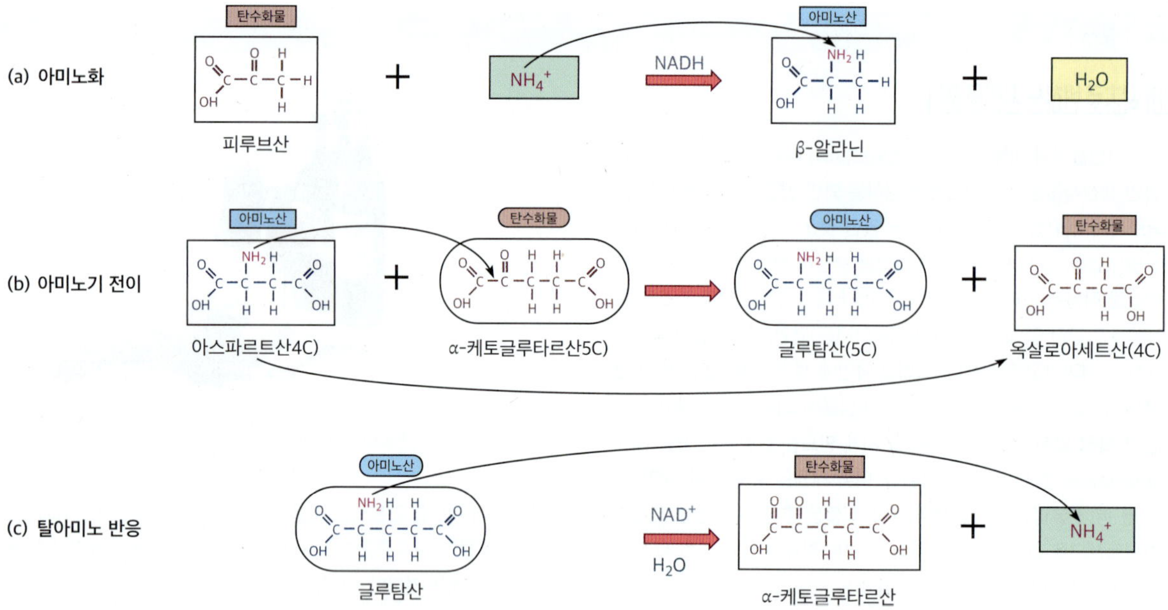


**그림 8.26** 아미노산 생성 또는 전환 반응. 이러한 반응 모두 ATP나 NADH로 제공되는 에너지와 특수한 효소가 필요하다. (a) 아미노화: 암모늄 분자(아미노기)를 첨가하는 반응을 통해 탄수화물이 아미노산으로 전환될 수 있다. (b) 아미노기 전이: 아미노산에서 탄수화물로 아미노기를 전달하는 전이 반응을 통해 대사 중간산물은 부족해진 아미노산을 보충하는 데 활용될 수 있다. (c) 탈아미노 반응: 아미노기를 제거하는 반응을 통해 아미노산은 탄수화물 이화작용에 활용되는 중간대사산물로 전환된다. 이 과정을 통해 단백질이 에너지원으로 활용된다. $NH_4^+$은 탈아미노 반응 노폐물 중 하나다. 탄수화물 구조는 갈색, 아미노산 구조는 파란색으로 표시돼 있다.

## 세포 구성 성분에 필요한 양면대사산물

글리세르알데하이드-3-인산(G3P)은 해당과정에서 분기돼 아미노산, 탄수화물, 중성지방(지방)의 전구체로 전환될 수 있다. (전구체란 다른 화합물을 생성하는 시작 물질을 의미한다.) 앞서 피루브산에 대한 이화작용이 여러 방향으로 진행될 수 있음을 살펴본 바 있다. 동화작용 관점에서도 피루브산은 아미노산 합성에 필요한 중간대사물질을 제공하는 핵심 역할을 한다. 또한 포도당 공급이 부족할 경우, 피루브산은 다양한 대사 중간물질로부터 포도당을 재합성하는 과정에서 출발점이 되는데, 이것을 **포도당신합성**(gluconeogenesis)* 이라고 한다.

크렙스 회로 시작점인 아세틸기 역시 매우 유연한 대사 중간체로, 다양한 생합성 경로로 유입될 수 있다. 이 2탄소 물질은 하나가 몇 가지 아미노산으로 전환되거나, 여러 개가 연결돼 지방산과 지질 합성의 출발점이 되는 탄화수소 사슬로 바뀔 수 있다. 이와는 반대로, 지방은 분해돼 아세틸기로 전환되고, 아세틸 CoA를 통해 크렙스 회로에 진입할 수도 있다. 이러한 호기성 분해 경로를 **베타 산화**(beta oxidation)라고 하며, 상당히 많은 에너지를 방출한다. 예를 들어, 6탄소 지방산 한 분자와 글리세롤이 산화되면 최대 50 ATP가 생성될 수 있는데, 이는 같은 크기인 6탄당 한 분자에서 생성되는 38 ATP보다 더 많다.

크렙스 회로에서 생성되는 두 가지 탄수화물성 대사산물인 옥살로아세트산과 α-케토글루타르산은 특정 아미노산을 합성하는 데 중요한 중간체다. 이 과정은 탄소 골격에 아미노기를 첨가하는 **아미노화**(amination)를 통해 일어난다(그림 8.26a). 이렇게 만들어진 핵심 아미노산 몇 가지는 다른 아미노산 합성에도 활용될 수 있다. 또한 아미노산과 탄수화물은 **아미노기 전이**(transamination)를 통해 서로 전환될 수 있다(그림 8.26b).

DNA와 RNA를 구성하는 염기인 퓨린(purine)과 피리미딘(pyrimidine) 합성 경로는 아미노산에서 출발하며, 따라서 크렙스 회로에서 유래된 중간산물이 필요하다. 또한 $NAD^+$, NADP, FAD 등 여러 보조효소는 핵산과 유사한 퓨린/피리미딘을 포함하므로, 이들 합성 역시 아미노산에 의존한다. 탄수화물이 부족할 때 생물체는 아미노산에서 아미노기($NH_2$)를 제거하는 **탈아미노 반응**(deamination)을 통해 아미노산을 크렙스 회로에서 중간체로 전환하고, 이로부터 단백질을 에너지원으로 활용할 수 있다. 이 과정에서 암모늄 이온($NH_4^+$)이나 요소(urea) 같은 질소성 노폐물이 생성된다(그림 8.26c).

## 거대 분자 형성

단당류, 아미노산, 지방산, 질소 염기, 비타민 같은 물질은 세포에서 다양한 거대 분자와 세포소기관을 구성하는 기본 성분이며, 이런 분자는 두 가지 경로 중 하나를 통해 공급된다. 즉, 외부로부터 영양분 형태로 세포 안으로 유입되거나, 또는 세포 내 다양한 대사경로를 통해 합성될 수 있다. 한 생물체가 이런 기본 구성 성분을 스스로 얼마나 합성할 수 있는지는 그 생물체의 유전적 구성에 따라 결정되며, 이는 생물 분류군마다 매

* 포도당신합성 글자 그대로 '새로운 포도당을 만드는 과정'이라는 뜻.

우 다양하다. 7장에서 배운 것처럼, 독립영양생물(autotroph)은 $CO_2$만을 탄소원으로 사용하고, 몇 가지 무기물만으로 모든 세포 구성물질을 합성할 수 있으며, 유기 영양분이 전혀 필요하지 않다. 일부 종속영양생물(예: 대장균, 효모)도 대사 능력이 매우 완전해 유기 탄소원(예: 포도당) 하나와 무기염류만으로 세포에 필요한 모든 물질을 자체적으로 합성할 수 있다. 이와 대조적으로, 기생 생활에 특화된 생물은 합성 능력이 거의 없거나 관련 유전자가 상실됐기 때문에 필수영양소 대부분을 숙주로부터 얻어야만 한다.

이런 구성 성분이 어떤 경로를 통해 유입됐든 일단 세포 내 대사 공급원에 포함되면, 세포는 이것을 이용해 거대 분자를 합성할 수 있다. 합성 세부 과정은 거대 분자 종류에 따라 다르지만, 모든 경우에 특수한 효소 작용과 ATP 소비를 통해 화학 결합이 형성된다.

### 탄수화물 생합성

생물에너지학에서 포도당 역할은 매우 중요하기 때문에 그 생합성은 여러 가지 대체 경로를 통해 보장되고 있다. 또한 세포 내 특정 구조물은 포도당 공급량이 충분해야 한다. 포도당은 일부 진핵생물에서 셀룰로오스 세포벽, 그리고 일부 저장 과립(예: 전분, 글리코겐)를 이루는 주요 성분이다. 해당과정 중간산물 중 하나인 포도당-6-인산은 글리코겐 합성에 사용된다. 포도당 외 다른 단당류도 세균 세포벽 합성에서 중요하다. 예를 들어, 펩티도글리칸(peptidoglycan)은 뮤라민산(muramic acid)과 글루코사민(glucosamine)이 결합된 중합체를 포함하며, 이 두 당류는 해당과정에서 유래된 과당-6-인산으로부터 생성된다. 핵산 구성에 필수적인 탄수화물, 즉 디옥시리보스(deoxyribose)와 리보스 역시 중요한 구성단위다. 또한 다당류(polysaccharide)는 세포 표면 구조(예: 협막, 글리코칼릭스)를 이루는 주 구성 성분이며, 세균 점액층(slime layer)에서도 흔히 발견된다. 특정 세균에서는 덱스트란(dextran)이 점액층을 구성하고 있다. 중합 반응은 대부분 물 분자가 하나 제거(탈수 반응)되거나 에너지 투입을 통해 이루어진다는 점을 기억하자(그림 2.17 참조).

### 세포 구성 성분 합성

영양소가 충분하고 휴면 상태가 아닌 이상 세균 세포 구성 성분은 꾸준히 합성되며 동시에 이화작용도 진행된다. 동화작용이 거대 분자를 충분히 생성하고, DNA 복제를 통해 유전물질이 정확히 복사되면 이분법(binary fission)을 통해 세포분열이 일어난다. 분열 후 새로 생성된 두 세포가 가지는 리보솜과 효소 등 모든 구성 성분은 이분법 전에 두 배씩 만들어져 분배된 것이다. 즉 세포는 분열하기 전에 동화작용을 통해 DNA를 포함한 모든 구성 성분을 미리 만들어 둔다. 분열 전 세포막과 세포벽은 세포 구성 성분이 두 배로 늘어나면서 점점 커지고, 분열 직전 크기는 분열이 막 끝난 '새로 생긴' 세포의 약 두 배다. 인지질 이중층으로 이루어진 세포막 성분은 일단 합성되면 자발적으로 조립되지만, 막에 위치해야 할 단백질이나 기타 구성 성분은 삽입되는 과정이 필요하다. 세포벽 성장은 추가된 당과 펩타이드가 연결되는 과정이고, 여기에는 에너지가 필요하다. 이렇게 복잡한 세포 구성 과정을 위해 필요한 에너지는 이화작용을 통해 꾸준히 공급된다.

**핵심 점검 8.5**

26. 양면대사란 무엇이며, 이 대사에서 가장 중요한 기능은 무엇인가?
27. 아미노산이 처리되는 주요 경로에는 어떤 것이 있는가?
28. 특수한 동화경로에 의해 합성되는 거대 분자는 무엇인가?

## 8.6 광합성: 지구 생명 순환의 출발점

**학습목표**

24. 일반적인 광합성 과정을 소개하고, 생명체 에너지 대사에서 가지는 중요성을 설명한다.
25. 광합성 색소계 구성과 작용 방식을 설명한다.
26. 명반응 주요 과정과 여기에서 생성되는 산물을 설명한다.
27. 암반응 주요 과정과 여기에서 생성되는 산물을 설명한다.

앞서 언급했듯이, 세포 내 화학 에너지에 대한 궁극적 근원은 태양이다. 그러나 이 에너지원은 광합성을 수행하는 세포만 직접 이용할 수 있으므로, 지구상 대부분 생물은 몇몇 화학독립영양생물을 제외하면 직접적 또는 간접적으로 광합성에 의존한다. 광합성에서 또 다른 주요 산물은 유기 탄소 화합물인데, 이는 $CO_2$로부터 생성되며, 이 과정을 **탄소 고정**(carbon fixation)이라 한다. 땅에서는 녹색식물이 주된 광합성 수행자며, 지구 전체 광합성 중 약 80~90%가 이루어지는 수생 생태계에서는 조류(algae), 남세균(cyanobacteria), 녹색 황세균, 자색 황세균, 자색 비황세균이 담당한다.

호기성 생물 광합성에서 나타나는 반응물과 생성물을 요약한 반응식은 다음과 같다.

$$6CO_2 + 6H_2O \xrightarrow{\text{빛과 색소}} \underset{\text{포도당}}{C_6H_{12}O_6} + 6O_2\uparrow$$

광합성 세포는 해부학적으로 햇빛을 효과적으로 흡수할 수 있도록 적응돼 있으며, 생리적 특성상 이렇게 얻은 태양 에너지를 저에너지 물질인 $CO_2$와 물로부터 고에너지 물질인 포도당으로 전환하는 데 효과적으로 활용한다. 광합성 생물은 빛, 색소, $CO_2$, 그리고 전자 공급원으로 쓰이는

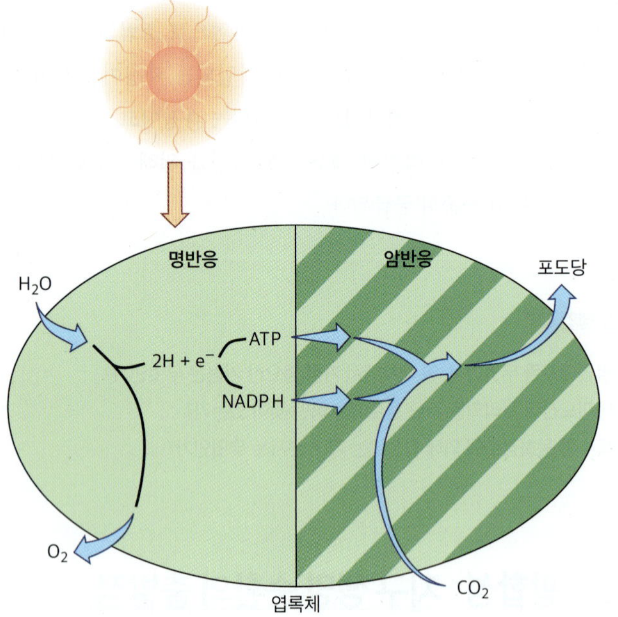


그림 8.27 광합성 개요. 일반적인 광합성 반응은 두 단계로 나뉜다. 하나는 명반응이며, 다른 하나는 암반응이다. 명반응에서는 두 가지 주요 과정이 일어난다. 엽록소와 같은 광감응성 색소가 빛을 포획하고, 그 빛 에너지를 ATP와 NADPH 같은 화학 에너지로 전환한다. 여기서 물 분자가 분해돼 산소 기체가 방출된다. 암반응에서는 명반응 중 생성된 ATP와 NADPH를 이용해 $CO_2$를 포도당과 같은 유기 화합물로 고정한다.

물이 포함된 순차적 반응을 통해 이런 놀라운 과정을 수행한다.

광합성은 두 단계로 진행된다. 첫 번째는 빛이 존재할 때만 진행되는 **명반응**(light-dependent reaction)이며, 두 번째는 빛이 직접적으로 존재하지 않아도 일어날 수 있는 **암반응**(light-independent reaction)이다. 암반응은 직접적인 빛이 없어도 명반응에서 생성된 에너지 분자에 의존해 진행된다(그림 8.27).

태양 에너지는 **광자**(photon)라는 아주 작은 에너지 알갱이로 나뉘어 있으며, 이들은 양자(quanta)라고도 불린다. 광자는 파동처럼 움직이면서 에너지를 전달한다. 광합성에 관여하는 빛 파장은 가시광선 범위에 속하며, 보라색 400 nm에서부터 적색 700 nm 이상까지 분포한다. 이 빛이 광합성 색소에 닿으면 특정 파장은 흡수되고, 어떤 파장은 투과되며, 일부는 반사된다. 광합성에서 가장 중요한 역할을 하는 활동은 바로 광합성 색소에 의한 빛 흡수다. 이러한 색소에는 녹색을 띠는 **엽록소**(chlorophyll), 노란색, 주황색 또는 적색을 띠는 **카로티노이드**(carotenoid), 그리고 적색 또는 청록색을 띠는 **피코빌린**(phycobilin)이 있다.[3] 이 중에서 가장 중요한 색소는 단연 엽록소로, 포르피린이라고 하는 복잡한 고리 구조의 중심에 마그네슘 원자를 지닌 광중심을 가지고 있다(과정그림 8.28, part 3). 엽록소 분자는 광자 에너지를 수확해 이를 전자를 통한 화학적 에너지로 전환한다. 카로틴과 같은 보조 광합성 색소는 빛 에너지를 포착해 엽록소로 전달하는데, 이는 마치 안테나와 같은 역할을 한다. 이러한 명반응 과정에서 빛 에너지로부터 얻은 에너지를 이용해 ATP라는 고에너지 결합을 가진 분자를 생성하는데, 이를 **광인산화**(photophosphorylation)라고 한다. 이것이 다음 단계인 암반응을 위한 조건을 마련한다. 암반응에서는 명반응에서 만들어진 ATP와 NADPH를 사용해 $CO_2$에서 유래된 탄소 원자를 유기 분자 탄소 골격으로 고정한다.

광합성에서 상세한 생화학적 과정은 여기서 다 다룰 수 없지만, 녹색 식물, 조류, 남세균에서 일어나는 전반적인 과정은 다룰 것이다. 광합성에서 일어나는 여러 기본적인 반응은 생화학적으로 호기성 대사경로 일부와 유사하다.

## 명반응

광합성 색소를 가진 계는 명반응이 일어나는 장소이기도 하다. 이 반응은 엽록체속 **그라나**[grana, 단수형은 그라눔(granum)]의 **틸라코이드**(thylakoid) 막과 남세균 세포막 틸라코이드 층에서 일어난다(과정그림 8.28, part 1). 이러한 계는 **광계 I**(photosystem I, PS700)과 **광계 II**(photosystem II, PS680)[4]라고 불리는 복합체가 각각 존재한다(과정그림 8.28, part 4).

두 광계는 모두 엽록소를 가지고 있지만, 각 광계 엽록소는 서로 다른 파장에 반응한다. 광계 I은 680 nm보다 긴 파장을 흡수하고, 광계 II는 680 nm 이하 짧은 파장을 흡수함으로써 광합성 생물이 노출되는 빛 범위를 효과적으로 모두 활용할 수 있다. 이 두 광계는 틸라코이드 막 속에 위치한 엽록소 분자 약 300개가 모인 **안테나**(antennae)라고 하는 복합체에 자리 잡고 있다. 안테나는 빛을 흡수해 명반응이 일어나는 **반응 중심**(reaction center)으로 전달한다(과정그림 8.28, part 4).

엽록체는 미토콘드리아와 유사한 독립된 구역으로 구성돼 있다. 한 구역은 그라나와 틸라코이드를 둘러싸는 영역인 **스트로마**(stroma)이며, 또 다른 구획은 틸라코이드 내부 공간으로 **내강**(lumen)이라 한다(과정그림 8.28, part 4).

### 명반응과 광인산화 알아보기

틸라코이드는 명반응에서 모든 요소가 모일 수 있도록 특별히 배치돼 있다. 이 요소들은 대부분 틸라코이드 막에 끼워져 있어 내강과 스트로마 양쪽에서 접근이 가능하다. 여기에는 엽록소와 그들이 속한 광계(광계 II 및 광계 I)[5], 산소 발생 복합체, 전자전달계[이동성 전자 운반체인 플라스토퀴논(PQ), 사이토크롬 $b_f$ 복합체, 또 다른 이동성 전자 운반체인 플

3 우리가 눈으로 보는 색은 그 색소가 반사하는 빛의 파장에 해당한다.

4 이 숫자들은 각 광계가 가장 민감하게 반응하는 빛의 파장을 나타낸다.

5 이 숫자들은 반응 순서가 아니라 발견된 순서를 나타낸다.

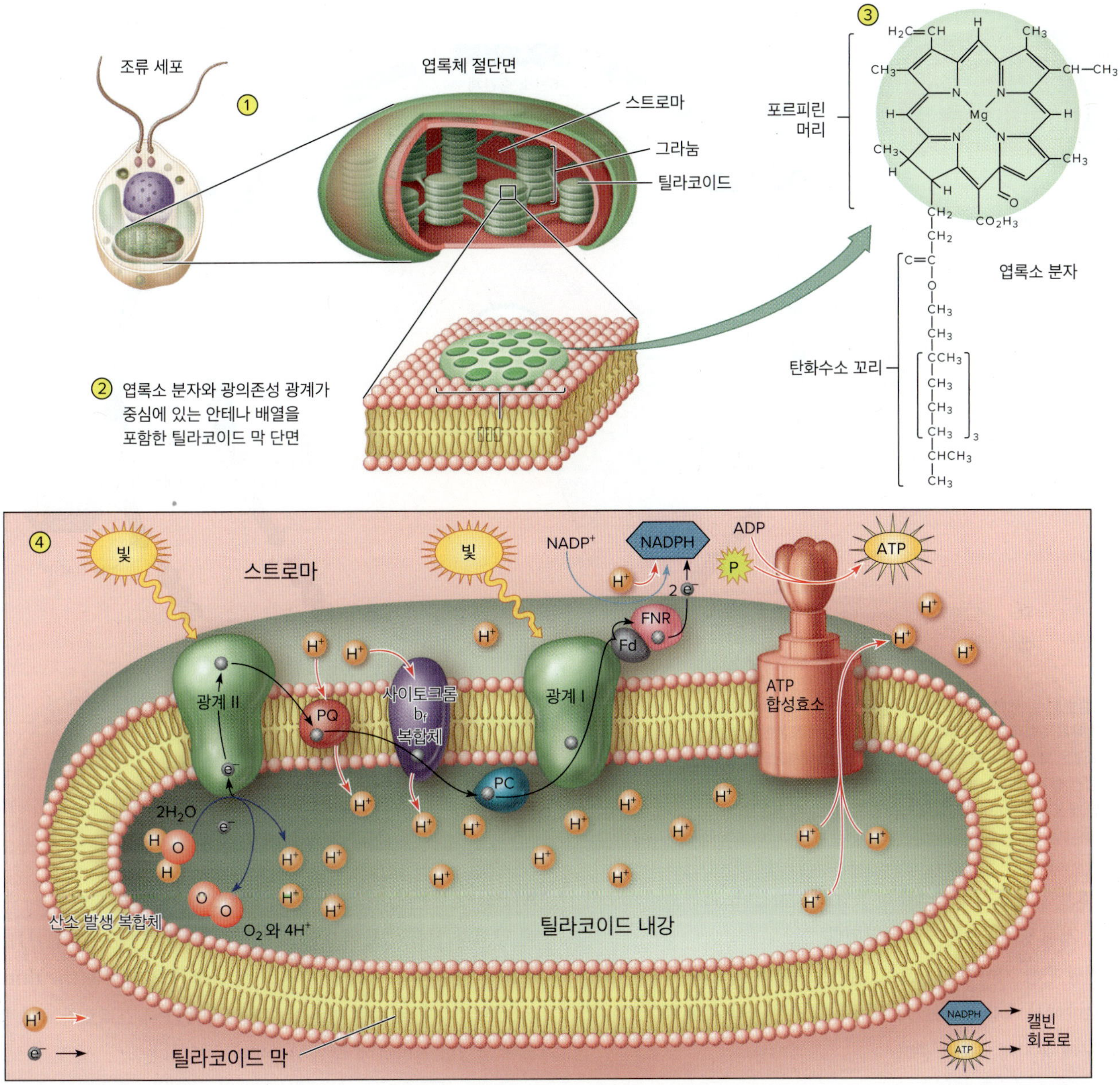


과정그림 8.28 엽록체에서 일어나는 명반응 위치와 참여 요소. (1) 클라미도모나스 조류 세포 내부의 단일 엽록체를 절단한 모습으로 스트로마와 그라나 내부 구조를 확인할 수 있다. (2) 그라눔은 틸라코이드라고 불리는 속이 빈 막으로 둘러싸인 원반이 쌓여 있는 구조로, 이곳에는 (3) 빛을 포집하기 위해 배열된 엽록소 분자(안테나)가 존재한다. (4) 엽록소는 틸라코이드 막에 존재하는 광계 II와 광계 I이라는 별도의 계에 존재한다. 이 과정에 참여하는 다른 요소로는 전자전달계, 산소 발생 복합체, NADP+, ATP 합성효소가 있다. 본문에서는 이 과정에 대한 주요 원리를 다룬다.

라스토시아닌(PC), 페레독신(Fd)과 NADP+ 환원효소(FNR)], ATP 합성효소가 포함된다. 이 계들과 반응 중 일부는 이전에 미토콘드리아에서 살펴본 것과 매우 비슷하다.

명반응 경로는 다음과 같은 순서로 진행된다.

### 광계 II 반응

1. 빛이 광계 II의 마그네슘 원자에 닿으면 전자는 들뜬 상태(고에너지 상태)로 돼 첫 번째 전자전달계로 방출된다.
2. 광계 II와 연결된 산소 발생 복합체는 물 두 분자를 분해해 전자 4개, 양성자($H^+$) 4개, $O_2$를 생성한다. 이 과정은 빛 존재하에서 이루어지므로 **광분해**(photolysis)라고 하며, 모든 호기성 생물(대부분의 광합성 생물 포함)에 필수적인 산소 기체($O_2$ gas)가 생성된다. $O_2$는 **첫 번째 주요 생성물**(the first major product)이다. 또한 광분해로 방출된 전자는 광계 II 복합체를 바닥 상태로 돌려 다시 빛에 반응할 수 있게 한다. 광분해에서 또 다른 중요한 효과는 내강으로 양성자를 방출해 ATP 합성에 필수적인 화학삼투적 양성자 농도 구배 형성에 기여한다는 점이다.

### 전자전달

1. 광계 II에서 방출된 전자는 전자전달계 첫 번째 운반체인 플라스토

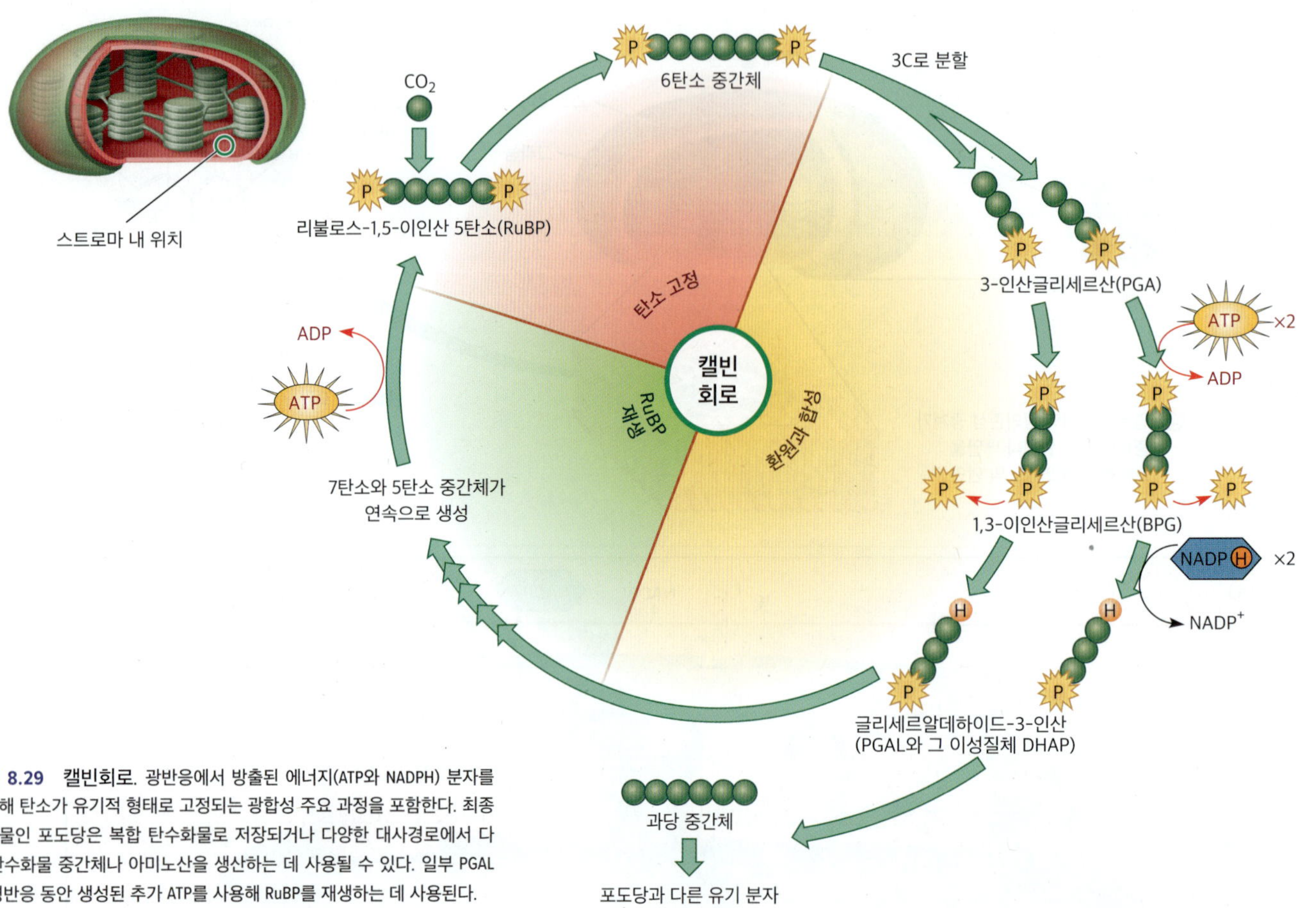


**그림 8.29** **캘빈회로.** 광반응에서 방출된 에너지(ATP와 NADPH) 분자를 이용해 탄소가 유기적 형태로 고정되는 광합성 주요 과정을 포함한다. 최종 생성물인 포도당은 복합 탄수화물로 저장되거나 다양한 대사경로에서 다른 탄수화물 중간체나 아미노산을 생산하는 데 사용될 수 있다. 일부 PGAL은 명반응 동안 생성된 추가 ATP를 사용해 RuBP를 재생하는 데 사용된다.

퀴논(PQ)이 받아 사이토크롬 $b_f$ 복합체로 옮긴다. 이후 플라스토시아닌을 거쳐 광계 I 복합체로 전달된다.

2. 전자전달과 짝 지어진 과정으로, 사이토크롬 $b_f$ 복합체 작용에 의해 스트로마에서 내강으로 $H^+$가 이동하면서 두 공간 사이 전기화학적 농도 구배 유지에 도움을 준다.

### 광계 I 반응

1. 광계 I도 빛에 의해 들뜨면 전자를 방출하는데, 이 전자는 별도 운반체 경로를 따라 전달된다. 광계 I은 또한 플라스토시아닌이 전달한 광계 II의 전자를 받는다.
2. 이렇게 전달된 전자는 최종 전자수용체인 페레독신과 FNR 복합체로 이동한다. FNR 기능은 전자(및 2개의 양성자) 2개를 $NADP^+$에 전달해 **NADPH**를 만드는 것이다. 이것이 명반응 **두 번째 주요 생성물**(the second major product)이며, 암반응을 위한 환원력을 제공한다.

### ATP 합성효소와 광인산화

ATP 합성효소는 틸라코이드 막 전체에 분포해 있다. 구조는 미토콘드리아와 같으며, 양성자 구동력(농도 구배로부터 얻는 에너지)을 이용해 ATP를 생성한다. 루멘에서 스트로마로 ATP 합성효소의 $F_0$ 부분을 통해 양성자가 흘러 들어가면 $F_1$ 부분은 ADP와 $P_i$(무기 인산)를 결합해 ATP를 방출한다. ATP는 명반응 **세 번째 주요 생성물**(the third major product)이다. 주목할 점은 NADPH와 ATP가 스트로마에서 방출돼 다음에 설명할 암반응에 즉시 사용된다는 것이다.

## 암반응

광합성에서 동화작용인 암반응은 엽록체 스트로마나 남세균 세포질에서 진행된다. 이 반응은 명반응에서 얻어진 에너지를 이용해 캘빈회로를 거쳐 포도당을 합성한다(그림 8.29).

이 회로는 이산화탄소($CO_2$)가 리불로스-1,5-이인산(ribulose-1,5-bisphosphate, **RuBP**)이라는 5탄소 수용체 분자와 결합하며 시작된다. 이 **탄소 고정** 단계에서 6탄소 중간체가 형성되고, 이것은 바로 3탄소 화합물인 3-인산글리세르산(PGA) 2분자로 분해된다. 이후 명반응에서 생산된 ATP와 NADPH가 사용돼 고에너지 중간체를 만든다. 우선 ATP 2개가 소모돼 PGA에 인산기를 추가해 1,3-이인산글리세르산(1,3-bisphosphoglyceric acid, BPG) 두 분자를 생성한다. 이어 NADPH가 BPG에 전자를 전달해 인산기를 하나 제거하고 글리세르알데히드-3-인산(G3P)을 생성한다. 이 분자와 이성질체인 다이하이드록시아세톤 인산(DHAP)은 포도당과 과당과 같은 육탄당 합성에서 핵심 물질이다. G3P 일부는 RuBP 재생에 관여하기 위해 회로로 재투입된다. 이 과정은 그림 8.29에 생략된 많은 단계로 구성된다. 이 경로는 해당작용과 매우 유사하지만, 방향은 역방향이다(과정그림 8.17 참조).

## 다양한 광합성 방식

앞서 설명한 **산소 발생**(oxygenic 또는 oxygen-releasing) 광합성은 식물, 조류와 남세균에서 나타나며 지구상에서 가장 흔하다. 이와 다른 광합성 생물인 녹색과 자색 황세균(green and purple sulfur bacteria)은 더 다양한 파장대 빛을 포착할 수 있는 세균엽록소를 가지고 있다. 이들은 순환적 광계 I만 가지고 있으며, 전자를 광 중심에서 방출해 다시 원래 광계로 돌려보낸다. 이 경로에서 ATP는 소량만 생성되며 NADPH는 거의 만들어지지 않는다. 이 세균들은 $H_2$, $H_2S$ 또는 황 원소를 전자 공급원으로 사용하며 **산소 비발생**(anoxygenic 또는 non-oxygen-producing) 혐기성 세균이다.

**핵심 점검 8.6**

29. 다음 물질이 광합성 명반응과 암반응 중 어느 과정에서 생성되는지 구분하시오: $O_2$, ATP, NADPH, 포도당.
30. 물과 이산화탄소는 광합성 반응 중 어떤 단계에서 소비되며, 결과적으로 어떤 물질이 생성되는지 설명하시오.
31. 엽록소와 광계 역할은 무엇인지 설명하시오.
32. 캘빈회로에서 ATP와 NADH는 어떻게 사용되는지 설명하시오.
33. 산소 발생 광합성과 산소 비발생 광합성을 비교하시오.

### 사례 연구 **Part 2**

처음에는 음주운전 혐의를 피하려는 절박한 시도로 보였지만, 사실 연구 결과로 뒷받침된 사례였다. 그 여성 운전자의 변호사는 법적 혈중알코올농도(BAC) 기준보다 네 배 이상 높은데도 가벼운 취기만 나타난 것에 대해 의학적 이유를 조사하다가 잘 알려지지 않은 증후군에 관한 연구를 발견했다. 이 연구는 텍사스 간호사 바버라 코델(Barbara Cordell) 박사와 오하이오 의사 애넙 카노디아(Anup Kanodia) 박사가 수행한 것이었다. 피고인은 검사를 받기 위해 오하이오로 갔고, 다른 검사들은 버팔로에서 진행됐다.

18번에 걸쳐 받은 음주측정기 검사에서 그녀의 BAC는 꾸준히 법적 기준인 0.08%를 넘었으며, 0.20%를 넘은 경우도 많았다. 그러나 변호사는 여기서 멈추지 않았다. 변호사는 "의료 보조원 2명과 음주측정기 훈련을 받은 사람을 고용해 12시간 동안 BAC를 측정하고 검찰이 사용한 같은 실험실에서 분석을 진행했다."고 말했다. "술을 전혀 마시지 않은 상태에서도 그 여성의 BAC는 오전 9시 15분에 법적 기준치에서 두 배, 오후 6시에는 세 배, 오후 8시 30분에는 네 배를 넘었다. 이는 경찰이 그 여성 차를 정지시킨 시점과 정확히 일치했다."

장내 발효 증후군은 주로 효모 같은 미생물이 피루브산을 아세트알데히드로 탈탄산시킨 뒤, 아세트알데히드를 에탄올로 환원시키는 능력이 원인이다. 이 과정은 맥주 제조 공정과 같다. 증거 대부분은 개별 사례에 근거하고 있지만, 이 증후군은 보통 소장에서 효모 수가 정상보다 많을 때 나타나며, 과도한 탄수화물 섭취가 상태를 악화시킨다. 해당작용은 탄수화물을 피루브산으로 대사하며, 이것은 알코올 발효에서 출발점이다. 이 증후군이 흥미로운 점은 환자들이 체내 높은 알코올 농도에 적응해 신체기능을 유지하는 데 익숙해진다는 것이며, 이것이 이 사례에서 피고인이 상대적으로 가벼운 증상을 보인 이유를 설명한다.

혐의가 기각됐음에도 불구하고, 햄버그 경찰서장 그레고리 위켓(Gregory Wickett)은 경찰관들을 옹호하며 이렇게 말했다. "음주측정기가 보여 준 것처럼 그녀는 심하게 취한 상태였다. 경찰관들이 그녀를 도로에서 내리게 한 것은 올바른 조치였다. 그 상태가 의료적 문제 때문인지는 내가 결정할 사항이 아니다." 법원 관계자들은 검찰 측이 항소해 혐의를 다시 적용하기를 원한다고 밝혔지만, 아직 그런 조치는 이뤄지지 않았다. 현재 이 여성은 항진균제 치료를 받고 있으며, 효모를 제거한 식단, 알코올 금지, 탄수화물 섭취 제한과 같은 식단 관리를 받고 있다.

- **이 사례에서 운전자 혈중알코올농도는 하루 동안 계속 증가했다. 효모 대사활동이 하루 내내 일정하다고 가정할 때 왜 이러한 현상이 나타나는지 생각해 보시오.**
- **당뇨병을 방치한 환자 소변 시료를 상온에서 수 시간 방치하면 알코올 양성반응이 나타났다는 개별 사례들이 있다. 이런 현상이 어떻게 가능한지 설명하시오.**

주요 용어로 보는 요약

### 8.1 대사와 효소

A. 대사

1. **대사**(metabolism)는 세포에서 일어나는 모든 생화학적 반응의 총합이다. 이는 잘 확립된 경로를 통해 반응물을 화학적으로 변화시키고 생성물을 방출하는 과정이다.
2. 물질대사는 서로 보완적인 두 가지 과정으로 이루어진다. 작은 분자를 결합해 큰 분자를 합성하는 **동화작용**(anabolism)과 큰 분자를 분해하는 **이화작용**(catabolism)이다. 이 둘은 함께 작용해 대사산물이라 부르는 수천 가지 중간 분자 상태를 생성하며, 여러 단계에서 조절된다.

B. 효소: 생명체 대사를 위한 촉매

1. 대사는 유기 **촉매**(catalyst)인 **효소**(enzyme) 덕분에 가능하다. 효소는 **활성화 에너지**(energy of activation)를 낮추어 반응 속도를 증가시킨다. 효소는 반응 과정에서 소모되지 않고 반복해서 사용 가능하고, 각 효소는 특정 **기질**(substrate)에만 특이적으로 작용한다.
2. 효소 구조: 복합효소는 단백질 부분인 **아포효소**(apoenzyme)와 하나 이상의 **보조인자**(cofactor)로 구성된다.
3. 효소의 기질 특이성: 기질은 효소 표면에 있는 특별한 주머니 형태인 **활성부위**(active or catalytic site)에 결합한다. 기질은 활성부위에 꼭 들어맞아야 하며, 이러한 3차원 구조는 주 효소 형태에 따라 결정된다. 따라서 효소는 **특정 기질**(substrate-specific)에만 반응한다.
4. 보조인자: 금속 보조인자는 효소-기질 복합체 반응성을 증가시킨다. $NAD^+$와 같은 **조효소**(coenzyme)는 한 기질에서 다른 기질로 작용기를 전달하는 역할을 한다. 조효소는 일반적으로 **비타민**(vitamin)을 포함하고 있다.
5. 효소 분류: 효소명은 보통 촉매하는 반응 형태나 기질명을 어근으로 하며 -ase로 끝난다.
6. 미생물 효소와 질병: 많은 병원체는 숙주 방어 기작을 회피하는 데 도움을 주는 효소나 독소를 분비하며, 이를 독성 인자라고 부른다.
7. 효소 기능의 유형: 새로운 공유결합이 생성될 때 물 분자가 방출되는 반응을 **축합**(condensation) 반응이라고 한다. **가수분해**(hydrolysis) 반응은 결합을 끊기 위해 물이 첨가되는 반응이다. 작용기는 다양한 반응에서 추가, 제거 또는 교환될 수 있다. 전자와 양성자($H^+$)가 한 기질에서 다른 기질로 이동하는 반응을 **산화환원반응**(redox reaction)이라 부른다.
8. 효소의 민감성: 효소는 **불안정**(labile)해 특정 온도, 삼투압, pH 범위 내에서만 활성화된다. 극단적인 환경 조건은 효소 **변성**(denaturation)을 유발할 수 있다. 따라서 효소는 미생물 통제를 위한 물리적·화학적 작용제의 중요한 표적이 된다.

C. 효소 활성과 대사경로 조절

조절 기작은 효소에 직접 작용하거나 효소 합성 과정에 작용할 수 있다.

1. 정상 기질과 유사해 활성부위를 차지할 수 있는 물질이 **경쟁적 저해**(competitive inhibition)를 일으킨다.
2. **알로스테릭 저해**(allosteric inhibition)는 조절부위에 저해 물질이 결합해 활성부위에 대한 기질 결합을 방해하는 경우를 뜻한다.
3. **비경쟁적 저해**(noncompetitive inhibition)는 조절 분자가 효소-기질 복합체에 결합해 최종 생성물이 만들어지지 못하도록 방해하는 경우를 말한다.
4. **효소 억제**(enzyme repression)와 **효소 유도**(enzyme induction) 기작은 주요 효소 합성을 유전자 수준에서 조절한다.

### 8.2 에너지 획득과 이용

A. 세포에너지학

에너지는 일을 수행할 수 있는 능력을 의미하며, **흡열반응**(endergonic reaction)에서는 소비되고 **발열반응**(exergonic reaction)에서는 방출된다.

B. 생물학적 산화환원

1. 에너지 획득은 전자공여체와 전자수용체 사이에서 전자를 전달하는 산화환원 사슬을 통해 이루어진다.
2. $NAD^+$는 한 경로에서 다른 경로로 전자를 전달하는 주요 운반체다.
3. **기질수준 인산화**(substrate-level phosphorylation)와 **산화적 인산화**(oxidative phosphorylation)에서는 ATP 같은 고에너지 화합물로 에너지가 전달된다.

### 8.3 생물에너지학 경로

A. 호기성 호흡 경로

호기성 호흡은 산소를 최종 전자수용체로, 포도당을 전자 및 에너지원으로 이용한다. 여기에 관여하는 세 가지 경로는 해당과정, 크렙스 회로, 전자전달계다.

1. **해당과정**(glycolysis)은 산소 없이 포도당을 **피루브산**(pyruvic acid)으로 분해하는 경로다.
2. 피루브산은 다양한 이화 및 동화 경로에서 핵심 물질이다.

B. 크렙스 회로와 전자전달계에서 피루브산 활용 경로

1. 피루브산은 **크렙스 회로**(Krebs cycle)와 연결된 전자전달계를 통해 완전히 분해된다.
2. 피루브산 처리 과정에서 최초 생성물인 **아세틸 CoA**(acetyl coenzyme A)는 크렙스 회로에서 추가 산화와 탈탄산을 거쳐

ATP, $CO_2$, $H_2O$를 생성한다.

3. 호흡 연쇄는 최종 에너지 추출을 위한 전자를 운반한다.
4. **화학삼투**(chemiosmotic) 이론과 **양성자 구동력**(proton motive force) 개념은 막을 가로지르는 전위차가 **ATP 합성효소**(ATP synthase)에 의한 ATP 합성으로 이어지는 원리를 설명한다.
5. 호기성 호흡에서 최종 전자수용체는 산소다. **혐기성 호흡**(anaerobic respiration)에서는 황산염, 질산염, 아질산염이 최종 전자수용체 역할을 한다. 세균은 질소 순환[**탈질화**(denitrification)] 과정에서 중요한 역할을 한다.

### 8.4 발효의 생물학적 중요성

A. **발효**(fermentation)는 전자공여체와 전자수용체가 모두 유기 화합물인 해당과정을 기반으로 한다. 전자전달을 위한 필수 $NAD^+$를 제공한다.

B. 발효는 혐기성 미생물이나 조건 혐기성 미생물이 산소가 부족한 환경에서 살아남도록 돕는다. 알코올, 식초, 특정 산업용 용매 생산은 발효에 의존한다.

### 8.5 대사 전환 경로

A. 양면대사

세포가 이화작용과 동화작용 경로를 통합해 효율성을 높이는 능력을 **양면대사**(amphibolism)라고 한다.

B. 동화작용: 거대 분자 형성

단백질, 탄수화물, 핵산 같은 거대 분자는 세포 외부에서 얻거나 동화작용을 통해 스스로 합성한 구성단위로 만들어진다.

C. 해당과정과 크렙스 회로의 다양한 기능

이 두 경로는 이화작용과 동화작용을 연결하며 세포에 필수적인 분자를 공급한다. 이 경로를 통한 대사산물은 구성 물질과 에너지원으로 이용된다.

1. 피루브산 같은 중간산물은 **아미노화**(amination)를 통해 아미노산으로 변환되기도 하고, 아미노산은 **탈아미노화**(deamination)를 통해 포도당 같은 탄수화물을 만드는 데 쓰인다[**포도당신합성**(gluconeogenesis)].
2. 피루브산염 **탈탄산화**(decarboxylation)로부터 생성된 2탄소 아세틸 분자는 지방산 합성에 사용될 수 있다.

### 8.6 광합성: 지구 생명 순환의 출발점

광합성은 **명반응**(light-dependent reaction)과 **암반응**(light-independent reaction) 두 단계로 진행된다.

A. 명반응 동안 **광자**(photon)는 진핵생물에서 **엽록체 그라나**(chloroplast grana) **틸라코이드**(thylakoid) 막이나 남세균의 세포막에 있는 **엽록소**(chlorophyll)와 다른 색소에 흡수된다. 빛 에너지는 두 광계(**광계 II**와 **광계 I**)에 포착되고, 물은 **광분해**(photolysis)에 분해된다. 이 과정에서 산소 기체가 방출된다. 광계에 수확된 빛 에너지는 전자를 통한 화학 에너지가 되고, 전자전달 에너지는 NADPH와 ATP에 저장된다. ATP는 **광인산화작용**(photophosphorylation)과 화학삼투를 통해 형성된다. 빛 에너지는 ATP와 NADPH를 합성하는 데 사용된다.

B. 엽록체 **스트로마**(stroma)에서 **캘빈회로**(calvin cycle, 암반응)는 ATP를 이용해 $CO_2$를 리불로스-1,5-이인산에 **고정**(fix)해 포도당으로 전환한다.

C. 식물, 조류, 남세균 광합성은 산소를 배출해 **산소 발생**(oxygenic) 광합성이라 부르고, 일부 광무기영양 세균은 산소를 생성하지 않는 **산소 비발생**(anoxygenic) 광합성을 한다.

CHAPTER
# 9 미생물 유전학 소개

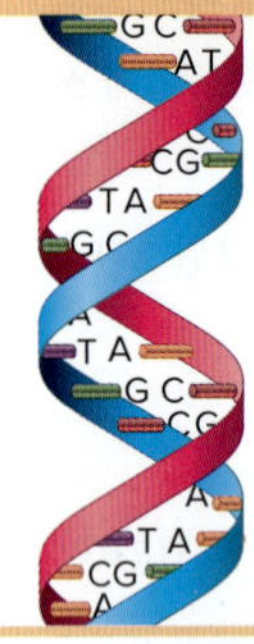

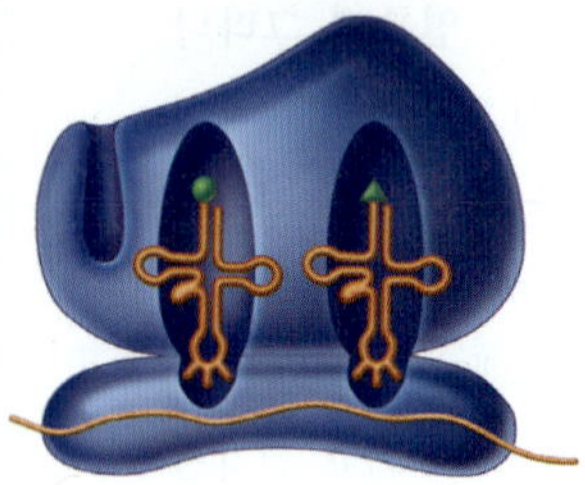

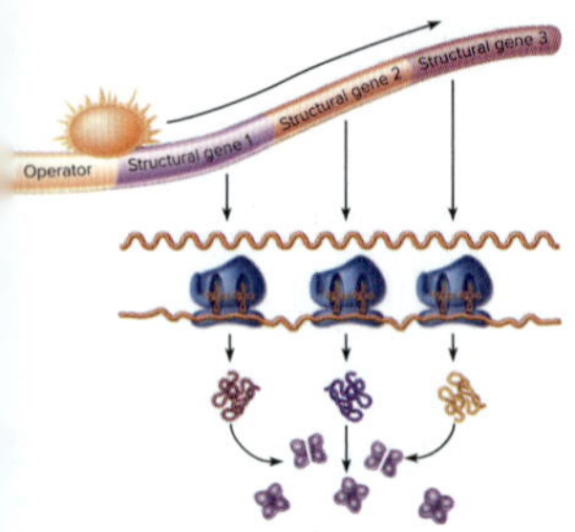


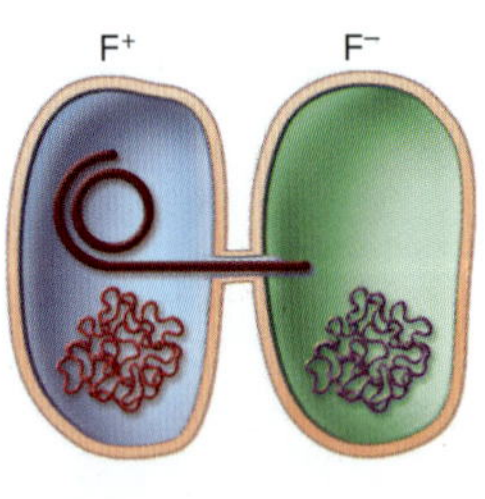


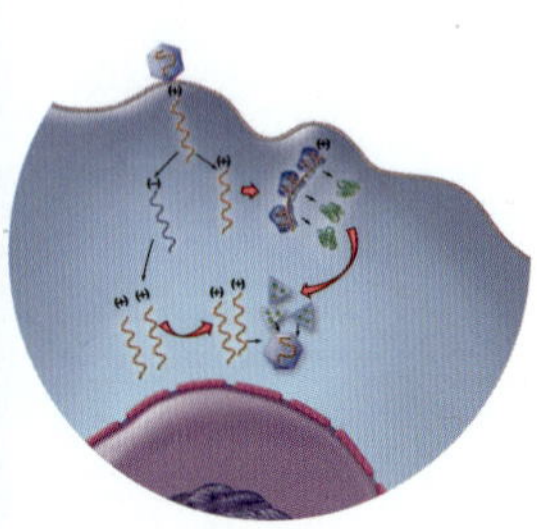

**이 장의 구성**





(이미지 출처: Picsfive/Shutterstock)

사례 연구 **Part 1**

# 반코마이신 내성 황색포도상구균 – 2015년 델라웨어

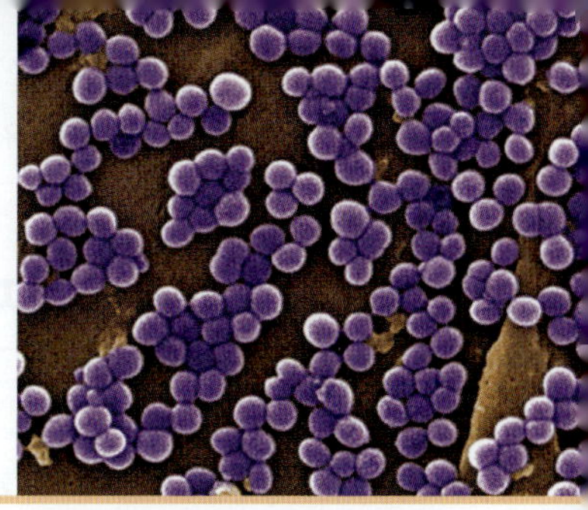

2014년 4월, 67세 여성의 발가락 검사 도중 **만성 감염**(chronic infection)이 발견됐다. 여성은 당뇨병과 함께 **혈액투석**(hemodialysis)이 필요한 말기 신장질환으로 델라웨어 병원에서 치료를 받고 있었다. 8월에 상처를 검사했고, 10월에 일반적으로 포도상구균 감염 치료에 사용되는 모든 약물에 내성을 가진 세균 균주인 **메티실린 내성 포도상구균**(methicillin-resistant *Staphylococcus aureus*, MRSA)의 존재를 알았다. 이 박테리아 종은 1940년대 **페니실린**(penicillin)이 도입된 이래로 성공적으로 치료됐다. 이후 30년 동안 약물에 대한 내성이 발달해 널리 퍼졌으며, 우선 1950년대에 페니실린에, 이후 1970년대에 반합성 페니실린 유도체[옥사실린(oxacillin), 메티실린(methicillin), 나프실린(nafcillin), 디클록사실린(dicloxacillin)]에 내성이 생겼다. 1990년대에는 MRSA 균주가 흔해졌으며, 이 감염은 종종 MRSA 감염에 대한 마지막 치료 수단으로 불리는 **반코마이신**(vancomycin)으로만 성공적으로 치료할 수 있었다. 2002년, 반코마이신에 내성이 있는 황색포도상구균(VRSA) 균주에 의한 첫 감염 사례가 보고됐으며, 이후 10년 동안 12건의 추가 사례가 확인됐다.

2015년 1월, **반코마이신 저항성 장구균**(vancomycin-resistant enterococci, VRE)과 함께 MRSA가 여성의 상처에서 분리됐다. VRE는 반코마이신에 내성을 가지고 있었는데 이는 **vanA** 오페론(operon)이라는 **전위인자**(transposon) 내 11 kb 길이의 DNA 조각에 의해 발생됐다. 알려진 모든 VRSA 사례는 MRSA 균주가 유전자 전이(genetic transfer)를 통해 vanA 오페론을 획득했을 때 발생했기 때문에 같은 환자에게 두 가지 박테리아가 모두 존재한다는 것은 불길한 신호였다. 2015년 2월, VRSA가 발가락 상처에서 분리돼 추가 분석을 위해 **질병통제예방센터**(CDC)로 보내졌으며, vanA 오페론을 획득한 것을 확인했다. 질병통제센터는 이 균주를 14번째 문서화된 감염 사례로 지정하고 VRSA 14로 명명했다. 2010년 이후에 발생한 모든 VRSA 감염 사례는 델라웨어에서 발생했으며, 그 이전 10건 중 8건은 미시건에서 발생했다. 이는 MRSA의 높은 유병률로 인해 전구생명체로 작용했기 때문일 가능성이 높다.

- **박테리아 염색체 외에 원핵세포에서 DNA가 발견될 수 있는 곳은 어디일까?**
- **유전물질은 어떤 방식으로 한 박테리아 세포에서 다른 박테리아 세포로 전달될까?**

이 장 끝에서 사례 연구 Part 2로 이어짐.

(삽화 출처: Janice Carr/CDC)

## 9.1 유전학과 유전자 소개: 유전의 비밀 풀기

**학습목표**

1. 유전, 유전학, 게놈, 유전자, 표현형, 유전자형을 정의한다.
2. 진핵생물, 원핵생물, 바이러스 유전물질의 기본 성질을 비교한다.
3. DNA가 어떻게 조직되고 포장되는지 설명한다.
4. DNA의 화학적 구조와 그 의미를 설명한다.
5. 질소 염기를 나열하고 결합 패턴을 나열한다.
6. 원핵세포에서 일어나는 DNA 복제 과정을 묘사한다.

**유전학**(genetics)은 생명체에 의한 생물학적 특성의 유전을 연구하는 학문이다. 유전(heredity)이라고도 하며, 다음과 같은 사항을 조사하는 광범위한 과학이다.

- 부모로부터 자손으로의 생물학적 특성 전달
- 해당 특성의 표현과 변형
- 유전물질의 구조와 기능
- 유전물질의 변화와 진화

유전학 연구는 여러 수준에서 이루어진다(그림 9.1). 유체(organismal) 유전학은 생물체나 세포에서 유전 인자의 전달과 표현을 살펴보며, 염색체(chromosomal) 유전학은 염색체의 특성과 작용을 살피고, 분자(molecular) 유전학은 유전자 기능의 생화학적 측면을 다룬다. 이 모든 수준의 연구는 미생물의 구조, 생리학, 진화 및 병원성에 대한 통찰력을 제공한다.

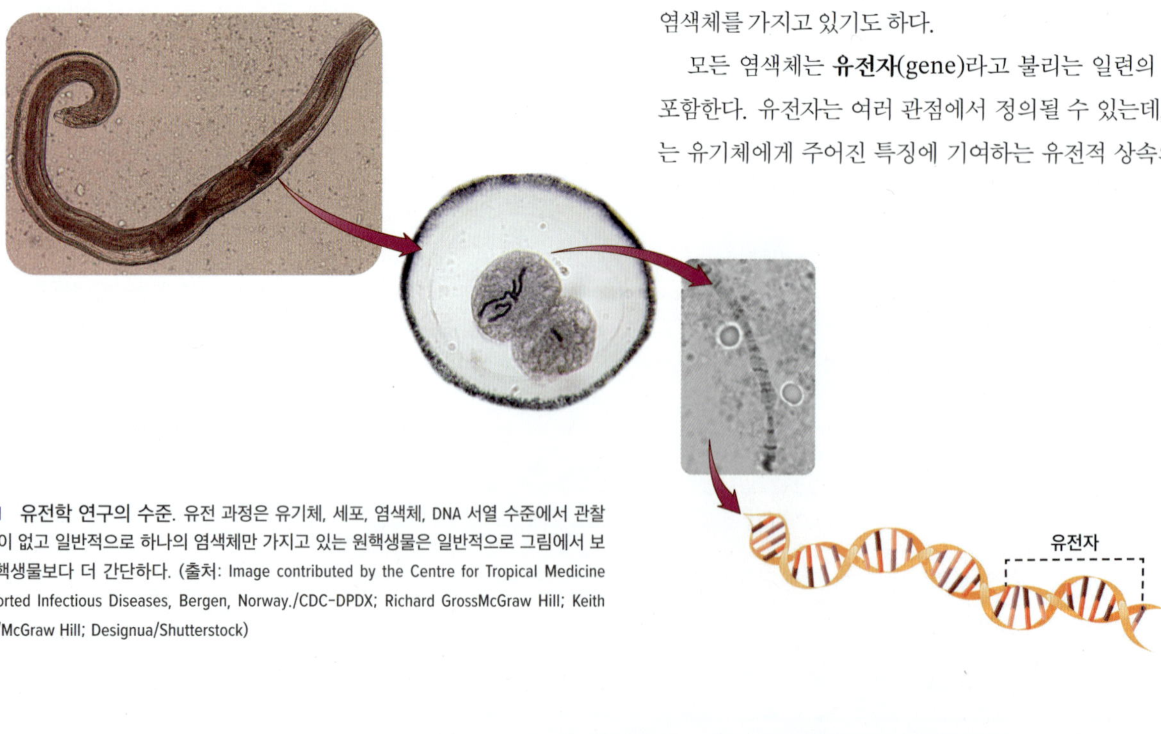


**그림 9.1** 유전학 연구의 수준. 유전 과정은 유기체, 세포, 염색체, DNA 서열 수준에서 관찰된다. 핵이 없고 일반적으로 하나의 염색체만 가지고 있는 원핵생물은 일반적으로 그림에서 보이는 진핵생물보다 더 간단하다. (출처: Image contributed by the Centre for Tropical Medicine and Imported Infectious Diseases, Bergen, Norway./CDC-DPDX; Richard GrossMcGraw Hill; Keith Maggert/McGraw Hill; Designua/Shutterstock)

### 유전물질의 성질

**디옥시리보핵산**(deoxyribonucleic acid) 또는 **DNA**는 대부분의 유전 연구의 기초로 작용한다. 다양한 유전의 원리를 이해하기 위해서는 DNA의 특성에 대한 사전지식을 갖추는 게 중요하다. 따라서 이 장 첫 부분에서는 DNA의 구조, 조직, 복제에 대한 기본을 다룰 것이며, 그 뒤 나머지 5개 절에서 리보핵산(ribonucleic acid, RNA)과 단백질 합성, 유전 제어(genetic control), 돌연변이(mutation), 유전자 재조합(genetic recombination) 같은 개념을 다룰 것이다.

### 유전체의 구조 수준과 기능

**유전체**(genome)는 세포 내에 존재하는 유전물질의 총량을 의미한다. 대부분의 유전체는 염색체 형태로 존재하지만, 유전물질은 크로모좀 형태가 아닌 부위에서도 나타날 수 있다(그림 9.2). 예를 들어, 일부 세균과 곰팡이에는 작은 DNA 조각[**플라스미드**(plasmid)]이 포함돼 있으며, 진핵생물의 미토콘드리아와 엽록체에는 자체적인 기능적 염색체가 있다. 세포의 유전체는 오로지 DNA로 구성돼 있지만, 바이러스는 주된 유전 소재로 DNA 또는 RNA를 가지고 있다.

일반적으로, **염색체**(chromosome)는 깔끔하게 포장된 DNA 분자로 이루어진 별도의 세포 구조다. 진핵세포와 박테리아 세포의 염색체는 여러 면에서 차이가 있다. 진핵세포의 염색체는 DNA 분자가 히스톤(histone) 단백질 주위에 감겨 있는 구조지만, 박테리아는 다른 종류의 단백질을 이용해 유전물질을 응축하고 보호하는 염색체를 가진다. 진핵세포의 염색체는 핵 내에 위치하고, 그 수는 한두 개에서 수백 개까지 다양하며, 쌍(diploid)으로 존재하거나 단일(haploid)로 나타날 수 있으며, 형태는 선형이다. 그에 반해 대부분의 박테리아는 하나의 원형 염색체를 갖고 있다. 하지만 일부는 여러 개의 염색체를 가지고 있고, 또 선형 염색체를 가지고 있기도 하다.

모든 염색체는 **유전자**(gene)라고 불리는 일련의 기본 정보 단위를 포함한다. 유전자는 여러 관점에서 정의될 수 있는데, 고전 유전학에서는 유기체에게 주어진 특징에 기여하는 유전적 상속의 기본 단위를 유

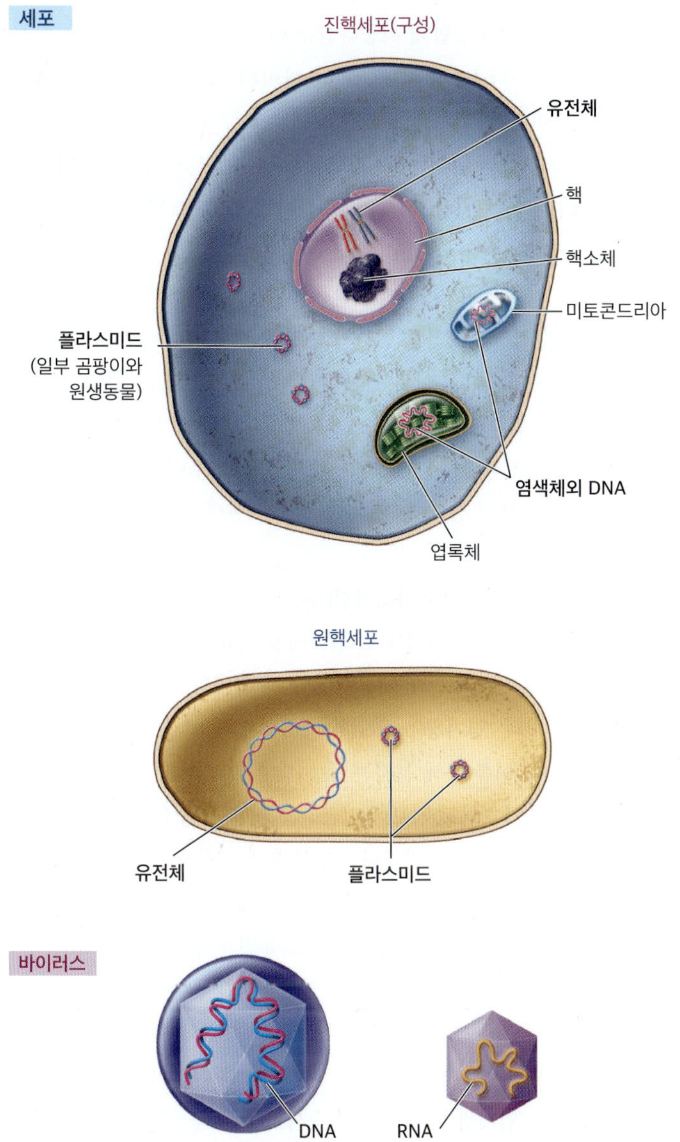


**그림 9.2** 두 세포 유형 및 바이러스에서 볼 수 있는 일반적인 유전체의 위치와 형태.

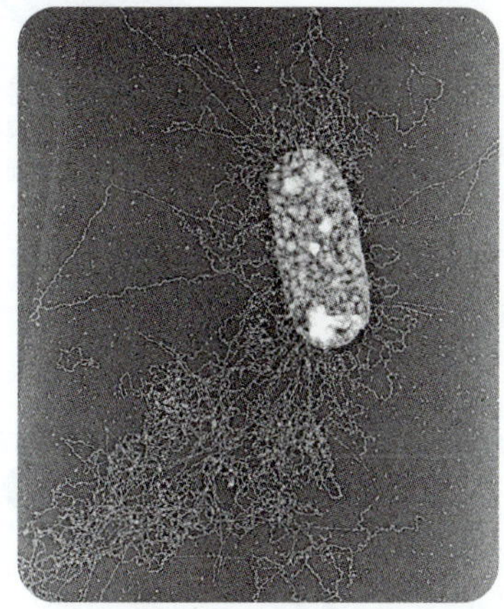

**그림 9.3** 세포의 이형이 무너진 대장균. 세포가 풀어진 염색체를 방출한 것으로, 외피 주변에 방사돼 얇은 줄처럼 보인다(10,000배). 이러한 줄은 풀어진 DNA 가닥으로, 전형적인 박테리아 세포에 비해 약 1,000배 더 길다. 인간의 46개 염색체의 DNA를 연달아 늘어놓으면 길이가 6피트에 달한다. (출처: Dr. Jack Griffith)

전자라고 한다. 분자적 및 생화학적 관점에서는, 유전자는 세포의 기능을 위한 정보를 제공하는 염색체의 부분이다. 더 구체적으로는, **단백질**(protein) 또는 **RNA** 분자를 만드는 데 필요한 정보를 가지는 특정 DNA 단편이다. 이 장에선 유전자의 마지막 정의를 강조한다.

한 유기체의 모든 유전자는 그 특이한 유전적 조직, 즉 **유전자형**(genotype)*을 형성한다. 유전자형의 발현은 특성(특정 구조나 기능)을 만들어 내며, 이를 **표현형**(phenotype)*이라고 한다. 예를 들어, 사람은 특정 눈 색깔이나 키(표현형)를 제공하는 유전자(유전자형) 조합을 물려받는다. 박테리아는 편모를 형성하거나 특정 기질을 대사하는 능력을 지시하는 유전자를 상속받으며, 바이러스는 캡시드 구조를 규정하는 유전자를 가지고 있다. 모든 유기체는 특정 시점에서 표현형으로 보이는 것보다 더 많은 유전자를 유전자형에 포함하고 있다. 다시 말해, 표현형은 '켜져' 있거나 발현된 유전자에 따라 변할 수 있다.

## 유전체의 크기와 포장

유전체의 크기는 매우 다양하다. 바이러스에는 수십 개에서 수천 개 이상의 유전자가 있다. 대장균은 4,288개의 유전자를 포함하는 단일 염색체를 가지고 있으며, 인간 세포는 46개의 염색체에 그에 약 다섯 배에 해당하는 유전자를 가지고 있다. 모든 유전체는 세포나 핵 내에 있을 수 있도록 원래 크기의 약 1/1,000로 축소시키는 정교한 포장 수단을 공통으로 가진다(그림 9.3).

## DNA 포장

DNA 덩이를 세포 내에 포장할 때, 초나선(supercoils) 또는 고차나선(superhelices)을 통해 DNA 분자를 촘촘하게 압축한다. 더 간단한 원핵생물 시스템에서는 원형의 염색체에 특수한 효소인 **국소이성질화효소**(topoisomerase), 더 구체적으로는 DNA **자이레이스**(gyrase)의 작용으로 포장된다. 이 효소는 DNA 분자를 역으로 꼬아서 염색체를 더 단단히 묶는다.

진핵세포의 시스템은 위 방법보다 세 가지 이상 단계의 복잡한 구조를 가진다. 먼저, 선형인 염색체의 DNA 분자가 히스톤 단백질 주위에 두 번 감기며, **뉴클레오좀**(nucleosomes) 체인을 생성한다. 뉴클레오좀은 나선형으로 겹쳐 접힌다. 이 나선형 배열이 더 꼬이고 더 큰 나선형을 만들면 더 큰 초나선이 발생한다. 이 극도의 밀집도로 인해 진핵세포 염색체는 유사분열 중에 보이게 된다(그림 9.4, 그림 5.7).

* **유전자형** 그리스어 gennan(생성하다)와 typos(유형)에서 유래.
* **표현형** 그리스어 phainein(보여주다)에서 유래. 유전자 발현의 신체적 표현.

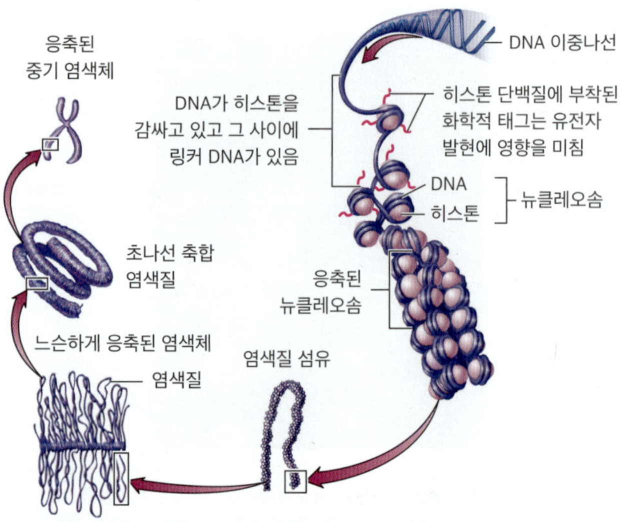


**그림 9.4 진핵세포의 DNA는 다양한 단백질 및 작은 분자들과 상호작용한다.** 이러한 관계는 여러 유전자의 발현을 조절하면서 동시에 DNA를 순서대로 응축시켜 작은 초분자로 만들 수 있게 한다.

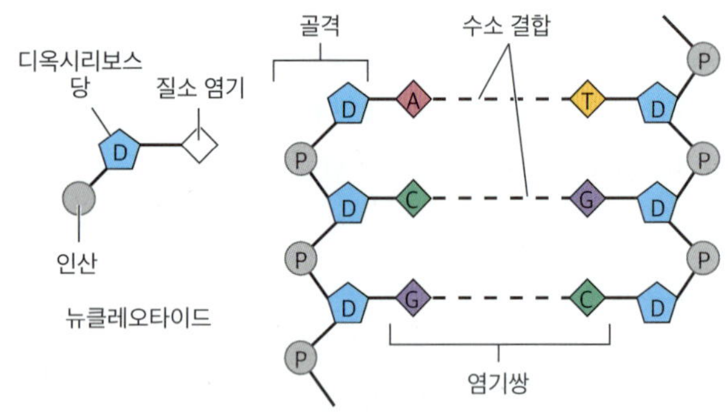


**그림 9.5 DNA 구조를 단순화한 그림.** 뉴클레오타이드는 염기쌍 사이에 수소 결합을 형성해 반대 가닥과 붙는다.

DNA와 단백질을 염색질(chromatin)로 응축시키는 것의 주된 목적은 이러한 매우 긴 분자를 세포에 맞추어 넣기 위한 것으로 간주돼 왔다. 하지만 현재는 DNA가 꼬이는 현상이 유전자의 특정 분절을 더 또는 덜 이용하게 조절하는 역할도 한다는 증거가 밝혀졌다. 이 작용은 특히 진핵세포의 발현 조절에 중요하다. 이러한 조절 기능을 갖는 것은 언제, 어떻게 유전자에 접근하는지 안내하는 대체 메커니즘을 만들어 낸다. 세포의 표현형이 단지 DNA 뉴클레오타이드의 순서(유전자형)만으로 결정되지 않는다는 인식은 유전학의 몇 가지 가장 기본적인 개념을 재고하게 만들었다.

## DNA 구조: 고유한 언어를 지닌 이중나선

DNA의 구조를 분자 수준에서 분석하기 위해 유전자의 작은 조각을 약 500만 배 확대할 수 있다고 상상해 보면 생명의 위대한 경이로움 중 하나를 볼 수 있다. 이 분자 퍼즐의 조각은 1953년 제임스 왓슨(James Watson)과 프란시스 크릭(Francis Crick)에 의해 최종 완성됐다. 그들은 DNA가 두 가닥이 결합돼 이중나선을 이루는 거대한 분자임을 밝혀냈다. 일부 단일가닥 DNA를 포함하는 바이러스를 제외하고, DNA의 구조는 보편적이다.

DNA 구조의 기본 단위는 그림 9.5에서 볼 수 있듯, **뉴클레오타이드**(nucleotide)로, 이는 **인산**(phosphate), **디옥시리보스 당**(deoxyribose sugar), **질소성 염기**(nitrogenous base)로 구성돼 있다.

그림 9.6은 DNA 구조를 일반적인 것(a, b, c)에서 구체적인 것(d)까지 설명한다. 수직적 당-인산 골격의 분자를 형성하기 위해, 각각의 디옥시리보스 당은 2개의 인산과 반복적인 패턴으로 공유 결합을 형성한다. 인산 하나의 결합은 디옥시리보스의 5′("파이브 프라임 말단"이라고 읽음) 탄소에, 다른 하나는 3′(스리 프라임 말단) 탄소에 결합한다. 이 패턴은 가닥의 방향을 결정하며, 두 가닥은 서로 반대 방향으로 나란히 있다(그림 9.6d 참조).

염기—**퓨린**(purines)과 **피리미딘**(pyrimidines)—는 당의 1′ 탄소 위치에서 공유 결합으로 연결돼 있다(그림 9.6c, d). 이러한 염기들이 분자의 중심을 가로지르며 반대 가닥의 상보적 염기와 결합할 때, 이중가닥 나선을 형성한다. **염기쌍**(paired bases)은 쉽게 깨질 수 있는 수소 결합으로 유지되며, 이를 통해 분자는 두 가닥으로 '풀어질' 수 있다. 이 기능은 염기서열에 암호화된 정보에 접근하는 데 매우 중요하다. 염기쌍은 무작위로 결합하지 않으며, 염기의 구조와 수소 결합을 형성하는 방식에 따라 짝이 있다. 따라서 DNA에서 퓨린계 **아데닌**(adenine, A)은 피리미딘계 **티민**(thymine, T)과 쌍을 이루고, 퓨린계 **구아닌**(guanine, G)은 피리미딘계 **시토신**(cytosine, C)과 쌍을 이룬다. 아데닌은 티민과 2개의 수소 결합을 형성하고, 시토신은 구아닌과 3개의 수소 결합을 형성하는데, 이 차이는 여러 DNA 기능에 영향을 미친다. 마치 책의 글자처럼, DNA 분자의 염기쌍 배열은 어떤 순서도 가질 수 있으며, 이는 가능한 뉴클레오타이드 서열을 무한으로 만들어 낸다.

앞서 언급했듯이, 나선의 한쪽은 다른 쪽과 반대 방향으로 진행하며 이를 역평행 배열(antiparallel arrangement)이라고 한다. 디옥시리보스의 탄소와 인산 사이의 결합 순서로, 한 나선이 5′에서 3′ 방향으로 진행되고 다른 나선은 3′에서 5′ 방향으로 진행되는 것을 볼 수 있다(그림 9.6d). 이 특징은 DNA의 합성, 전사, 번역에서 중요한 요소다.

**표 9.1 DNA 복제 관련 효소와 그 기능**

| 효소 | 기능 |
|---|---|
| 헬리케이즈 | DNA 나선을 2개의 가닥으로 분리 |
| 프라이메이즈 | RNA 프라이머 합성 |
| DNA 중합효소 III | 새로운 DNA 사슬에 염기를 추가하고 사슬의 잘못된 서열 교정 |
| DNA 중합효소 I | RNA 프라이머 제거, 오카자키 조각들 간 갭을 알맞은 뉴클레오타이드로 채우고 서로 맞지 않는 염기 보수 |
| 라이게이즈 | DNA 합성 및 보수 중 생긴 DNA의 닉(nick) 최종 연결 |
| 자이레이스 | 초나선 형성 |

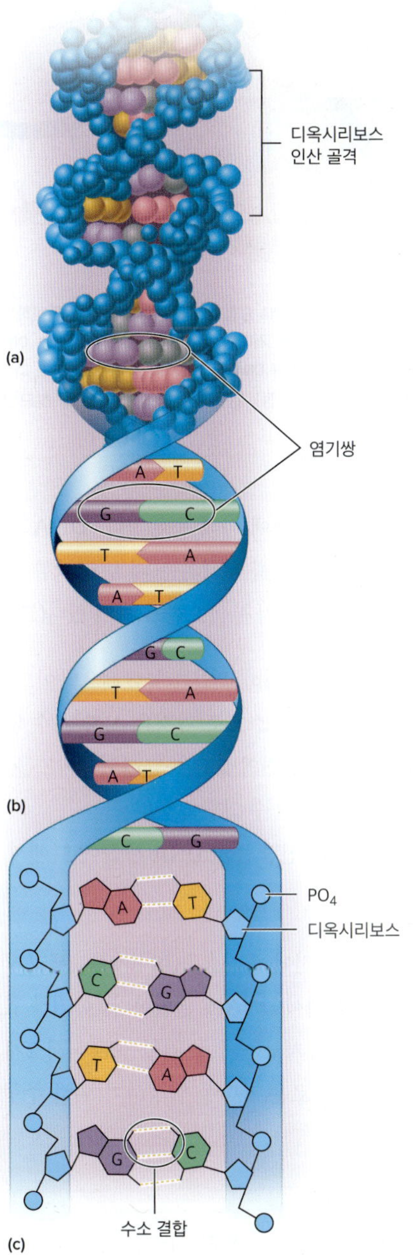


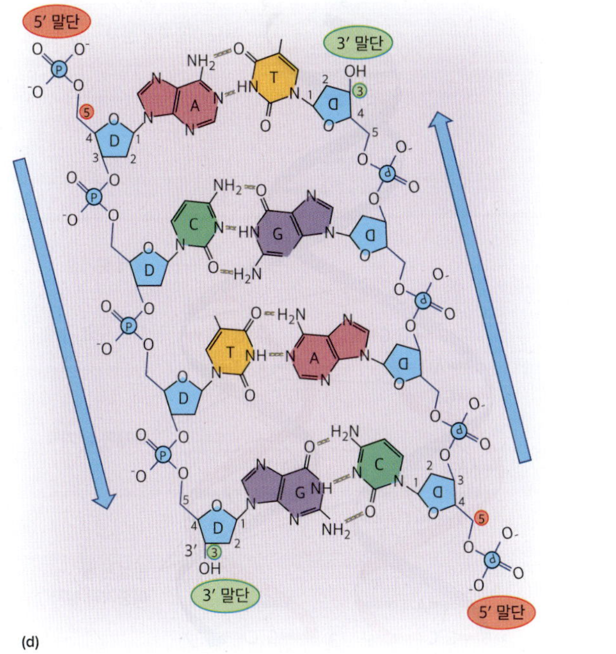


**그림 9.6** DNA 구조 레벨. (a) 공간충전모델은 DNA의 두 가닥으로 구성된 이중나선 형태로, 당-인산 골격이 있고 그 사이에 질소 염기를 포함하는 구성을 보여 준다. (b) 비틀린 사다리 모델은 질소 염기(막대기 모양)가 분자 중심을 가로질러 상보적으로 결합하는 방식을 묘사한다. (c) 이 도식은 DNA 분자의 기본 화학적 구성과 결합 패턴을 설명한다. (d) 염기쌍, 수소 결합, 두 가닥의 역평행 배열에 대한 더 자세한 모습. 한 가닥에서는 디옥시리보스-인산 골격이 5′에서 3′ 방향으로, 다른 가닥은 3′에서 5′ 방향으로 배열된다.

## DNA 복제: 정보 보존과 전달

세포가 분열할 때마다 새로운 딸세포는 세포의 유전물질 사본을 제공받아야 한다. 즉 세포의 유전체는 정확하게 복사돼야 하며 이 과정을 **복제**(replication)라고 한다. 여기서 주로 원핵세포의 복제를 다루지만, 일반적으로 이 과정은 진핵생물에서도 유사하며, 다소 적게 존재하지만 바이러스에서도 적용된다.

### 복제의 전 과정

DNA 분자가 정확하게 복제되고 온전함을 유지하는 특징은 무엇일까? DNA 복제에는 30가지 다른 효소들의 세심한 조율이 필요하다(표 9.1 참조), 이 효소들은 DNA 분자의 가닥을 분리하고, 각 가닥을 복사해 2개의 완전한 딸 분자를 생성한다.

그림 9.7은 다음과 같은 복제 과정을 간단하게 보여 준다.

1. 정해진 시작 지점에서 DNA 분자를 푼다.
2. 두 가닥을 분리하고, 각 가닥의 뉴클레오타이드 서열(보통은 나선의 중심에 숨겨져 있는)을 노출시켜 주형으로 사용한다.
3. 각 단일가닥을 새로운 상보적 가닥 합성의 주형으로 사용해 2개의 새로운 가닥을 합성한다.

DNA 복제의 중요한 필수사항은 완성된 각각의 딸 분자가 구성 면에서 부모 DNA와 동일해야 하며 만들어진 딸 분자가 완전히 새로운 것이 아니어야 한다는 점이다. 주형 역할을 하는 가닥은 부모 DNA 가닥이며, 그 정보는 딸 분자에 남는다. 이렇게 부모 분자가 유지되는 과정을 **반보존적 복제**(semiconservative replication)라고 하며, 이는 복제의 신뢰성과 정확성을 나타낸다(그림 9.8 참조).

### 복제에서 일어나는 일

모든 염색체는 복제가 시작되는 **복제 원점**(origin of replication)을 가지고 있다. 이 복제 원점은 2개의 수소 결합을 가지는 아데닌과 티민이

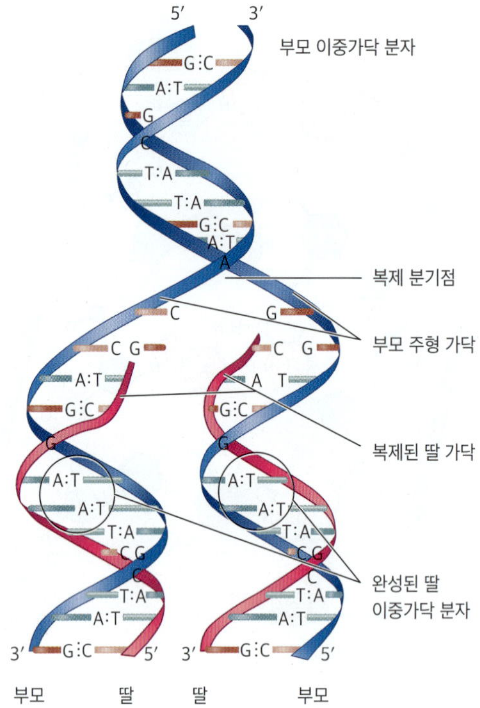


**그림 9.7 DNA의 복제는 분자의 각 가닥이 새로운 가닥의 합성을 위한 주형으로 작용하는 것을 기반으로 한다.** 각 단일가닥은 복제 분기점에서 시작해 뉴클레오타이드를 합성하기 위한 주형(파랑)으로 작용한다. 합성이 진행됨에 따라 알맞은 뉴클레오타이드가 주형 패턴에 따라 추가된다. 주형의 A는 새로운 분자의 T와 쌍을 이루며, C는 G와 쌍을 이룬다. 이 과정은 그림 9.10에서 더 자세히 다룬다.

풍부한 짧은 서열을 포함한다. 복제 원점에 AT가 풍부하기 때문에 구아닌과 아데닌이 풍부한 경우보다 두 가닥을 분리하는 데 필요한 에너지가 적다.

부모 가닥을 주형으로 사용해 새로운 딸 가닥의 DNA를 합성하는 과정은 주요 복제효소인 DNA 중합효소 III와 여러 부가 효소들이 추가된 거대한 효소 복합체에 의해 수행된다. **DNA 중합효소 III**(DNA polymerase III)는 DNA를 복제하는 데 주요 역할을 맡고 있지만, 전체 과정에 영향을 미치는 몇 가지 중요한 조건이 있다(그림 9.9).

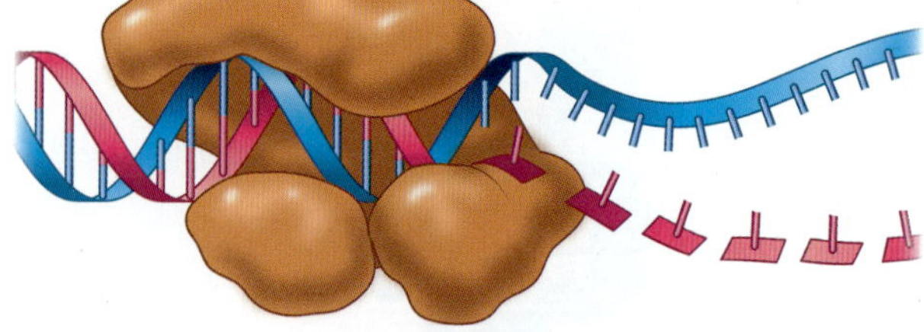

**그림 9.9** DNA 중합효소 III. DNA 중합효소 III는 DNA 분자를 복제하기 위해 함께 작용하는 12개 이상의 개별 단백질로 구성된 거대한 복합체다. 효소의 일부는 DNA 죔쇠(clamp)로 작용해 복제가 진행됨에 따라 중합효소를 DNA에 부착시키는 역할을 한다. 다른 부분은 새롭게 만들어진 DNA에서 오류를 확인하고(교정), 잘못된 뉴클레오타이드를 찾으면 이를 대체한다. (출처: McGraw-Hill Education)

- DNA 중합효소는 존재하고 있는 뉴클레오타이드에만 뉴클레오타이드를 첨가할 수 있다. 스스로 과정을 시작할 수 없다. 프라이메이즈(primase) 효소는 일련의 짧은 뉴클레오타이드를 합성해 DNA 중합효소가 작업을 시작할 수 있도록 한다.
- 뉴클레오타이드는 신장 중인 DNA 사슬에 5′에서 3′ 방향으로만 첨가될 수 있다.

복제가 시작되기 전에 풀기효소(helicase, 헬리케이즈)라고 불리는 효소들이 복제 원점에서 DNA에 결합한다. 이러한 효소는 나선을 풀어내고 2개의 가닥을 유지하는 수소 결합을 끊어서 2개의 가닥을 분리한다. 각각의 가닥은 새로운 가닥을 합성하기 위한 주형으로 사용된다(과정그림 9.10의 1단계).

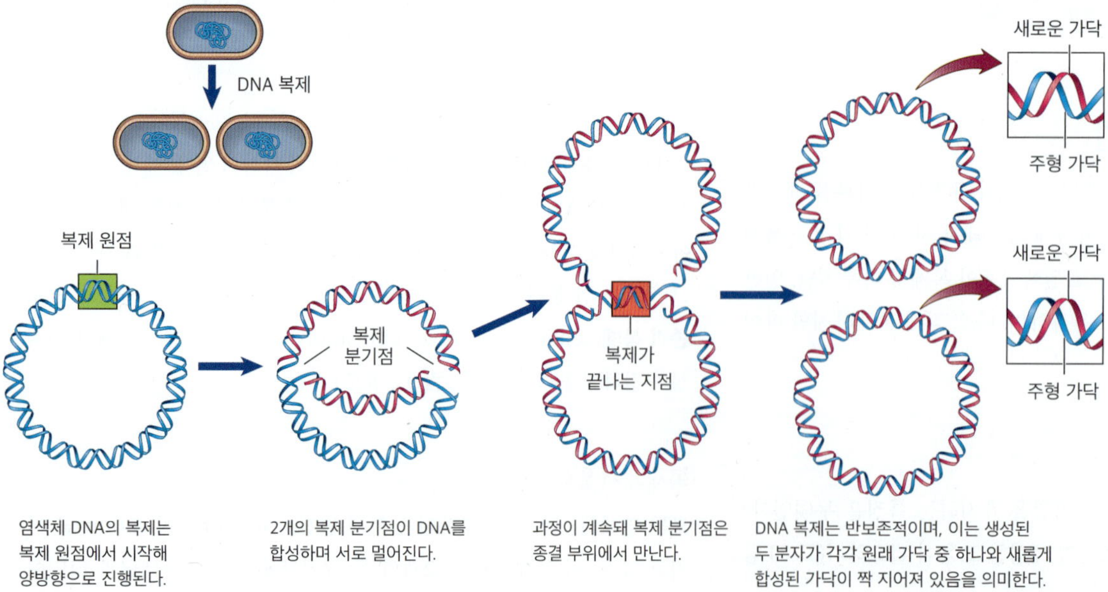


**그림 9.8 박테리아 염색체의 복제.** (출처: Barry Chess/McGraw Hill)

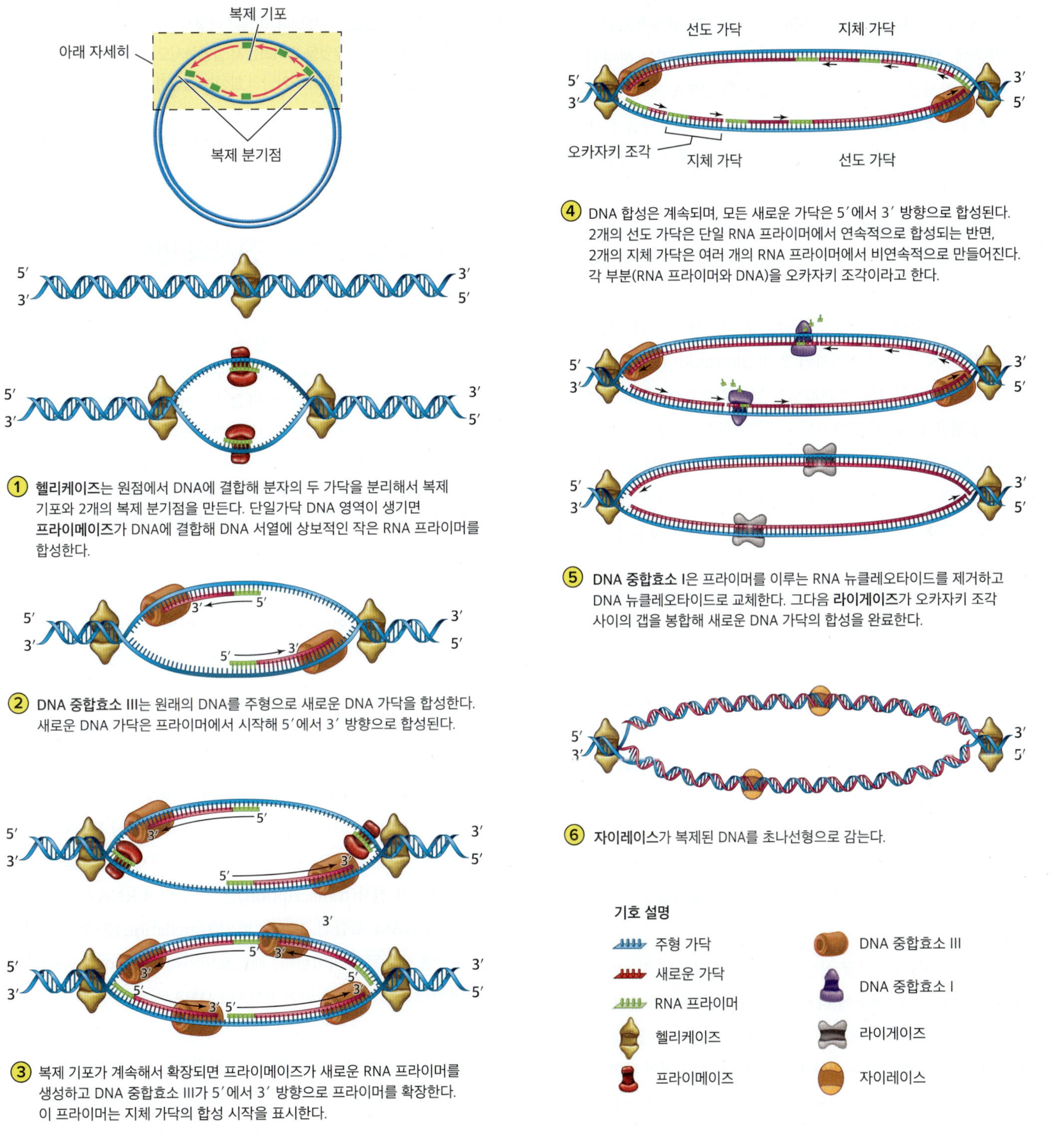


**과정그림 9.10** **박테리아 원형 염색체의 복제.** 전체적인 염색체의 모습과 복제 기포의 세부적인 사항이 나와 있다. (출처: Barry Chess/McGraw Hill)

프라이메이즈가 복제 원점에서 RNA **프라이머**(primer)를 합성하면 복제가 시작된다(과정그림 9.10). DNA 중합효소 III는 이 짧은 RNA 가닥을 추가하는 데를 시작점으로 뉴클레오타이드를 추가해 나간다. 박테리아의 원형 DNA 분자에는 2개의 **복제 분기점**(replication forks)이 있으며, 각각의 분기점에 자체 복제효소 세트가 있다. 각 분기점은 핵산 가수분해효소(nuclease)를 안정화하고 뉴클레오타이드를 제거하며 교체하는 여러 가지 단백질과 효소가 필요하다. 효소 복합체는 복제 분기점 근처의 DNA를 둘러싸 부모 가닥의 서열에 따라 새로운 DNA를 합성한다. 합성이 진행됨에 따라 분기점은 지속적으로 열려 복제를 위한 주형을 노출시킨다.

DNA 중합효소 III는 새로운 DNA를 5′에서 3′ 방향으로만 합성할 수 있기 때문에, **선도 가닥**(leading strand)이라고 불리는 하나의 가닥만 연속적으로 합성한다(과정그림 9.10의 2단계). RNA 프라이머가 추가된 후, DNA 중합효소 복합체가 들어와 새로운 DNA 가닥을 5′에서 3′ 방향으로 합성하기 시작한다(이는 주형 DNA를 3′에서 5′ 방향으로 읽는다는 것을 의미).

다른 새로운 가닥인 **지체 가닥**(lagging strand)은 일련의 짧은 조각들을 나중에 연결해 연속된 가닥으로 합성된다(과정그림 9.10의 3, 4단계). 이 또한 프라이머가 필요하며, 각각의 새로운 조각은 자체적인 프라이머가 필요하다. DNA 중합효소는 새로운 가닥에 뉴클레오타이드를 5′에서 3′ 방향으로 첨가해 **오카자키 조각**(Okazaki fragments)이라고 불리는 짧은 DNA 조각(100~1,000개의 염기로 이루어진)을 생성한다. 이후 **DNA 중합효소 I**은 프라이머를 이루는 RNA 뉴클레오타이드를 제거하고 상보적인 DNA 뉴클레오타이드로 교체한다. 그다음, **연결효소**(ligase)가 작용해 각 오카자키 조각 사이에 당-인산 결합을 촉매해 서로를 화학적으로 결합시키고 완전한 복제된 DNA 분자를 생성한다(과정그림 9.10의 5단계).

뉴클레오타이드는 매우 빠른 속도로 추가되며, 어떤 박테리아는 각 복제 분기점에서 초당 750개의 염기를 추가하는 것으로 추정된다! 복제가 계속되면 새로 합성된 하나의 가닥이 아래로 고리를 만든다(그림 9.8). 분기점이 한 바퀴 돌면 종결 부위가 복제를 중지한다. 2개의 원형 딸 분자는 잠깐 연결 상태로 유지되다가 세포 내 효소에 의해 분리된다.

DNA의 이중가닥 구조와 염기가 짝을 짓는 규칙(아데닌과 티민, 구아닌과 시토신)은 세포 분할 중에도 DNA 염기의 올바른 순서가 유지되도록 한다. 2개의 가닥이 분리되면 각각 새로운 분자의 복제(정확한 복사)를 위한 주형(패턴 또는 모델)을 제공한다(그림 9.7). 한 가닥의 서열이 상보적인 가닥에 대한 올바른 패턴을 제공하기 때문에 암호가 적절하게 복제될 수 있다.

마치 언어처럼 DNA도 가끔 신장 중인 사슬에 잘못된 염기가 추가돼 '오타'가 발생할 수 있다. 연구에 따르면, 이러한 실수는 대략 $10^8$~$10^9$개의 염기 중 한 번 발생하고, 대부분 교정된다. 교정되지 않을 경우, 주요 세포 기능의 장애로 이어질 수 있는 변이가 된다. 지속적인 세포 기능은 정확한 복제에 의존하기 때문에 세포는 자체의 교정 능력을 진화시켜 왔다. DNA 중합효소 III와 DNA 중합효소 I은 모두 새로 합성된 DNA에서 잘못된 뉴클레오타이드를 인식하고 교체할 수 있는 능력을 갖고 있다.

**핵심 점검 9.1**

1. 진핵생물, 박테리아, 바이러스의 유전물질을 일반적인 구조, 크기 및 복제 방식 측면에서 비교하시오.
2. 유전체에서 유전자로 내려갈 때 유전물질의 구성을 특징지으시오.
3. 세포 내에 들어맞게 DNA를 포장하는 방법에 대해 간략히 설명하시오.
4. DNA의 기본 구성요소는 무엇이며, 이들은 어떻게 결합되는가?
5. DNA의 역평행 배열이 무엇을 의미하는지 설명하시오.
6. DNA 복제 중 선도 가닥과 지체 가닥의 합성을 설명하고, 복제 과정에 필요한 효소를 설명하시오.
7. 세대를 거듭해도 정확하게 복제할 수 있도록 하는 DNA 구조의 특징을 설명하시오.

## 9.2 DNA 암호 적용: 전사와 번역

**학습목표**

7. 세포 내 유전정보의 주요 흐름에 대한 개요를 제시한다.
8. DNA 구조와 단백질 구조 사이의 관계를 설명한다.
9. 유전자 발현에서 다양한 유형의 RNA와 그 기본 기능을 설명한다.
10. 전사 과정에서 일어나는 주요한 사건을 관련 짓는다.
11. 유전 암호, 코돈, 대응 코돈에 대해 묘사하고 이들 간의 관계를 설명한다.
12. 번역(단백질 합성) 과정과 이에 참여하는 요소에 대해 설명한다.
13. 원핵생물과 진핵생물의 전사 및 번역 간 주요 차이점을 구별한다.

DNA 분자의 유전적 언어가 복제를 통해 어떻게 보존되는지를 살펴보았다. 이제 이 언어가 실제로 어떻게 표현되는지 알아보자. DNA 염기서열이 유전 암호라면, 이 암호의 본질은 무엇이며 어떻게 활용되는 것일까? 비록 유전체가 중요한 정보를 가득 담고 있지만, DNA 분자 자체로는 직접 세포가 성장하고 분열하기 위해 일어나는 과정을 수행할 수 없다. 대신 그 정보는 RNA 분자에 전달되며, 이 RNA 분자들이 전달된 정보에 포함된 지침을 실행한다. 유전정보가 DNA에서 RNA로, 그리고 단백질로 흐른다는 개념은 분자생물학의 핵심 주제였다(그림 9.11). 이는 DNA의 암호가 **전사**(transcription)를 통해 먼저 RNA를 합성하는 데 사용되고, RNA에 포함된 정보가 **번역**(translation)을 통해 단백질을 생산하는 데 사용됨을 의미한다. 레트로바이러스(retroviruses)와 같은 RNA 바이러스는 RNA를 다른 RNA나 DNA로 전환할 수 있기 때문에 예외다.

생물학에서 성립된 많은 개념과 마찬가지로, 분자유전학의 과학은 중요한 발견을 계속해 나아가고 있다. 단백질을 생산하는 데 사용되는 RNA 외에도, 다양한 특수화된 RNA들이 유전자 기능을 조절하는 역할을 한다(그림 9.11).

### 유전자-단백질 연결

#### 트리플렛 코드와 단백질의 관계

유전자와 세포 기능 사이의 관계에 대한 몇 가지 질문이 항상 제기된다. 예를 들어, 유전자 구조가 어떻게 개체의 형질 발현으로 이어지는가, 그리고 유전자 발현의 어떤 특징이 한 유기체를 다른 유기체와 그렇게 다

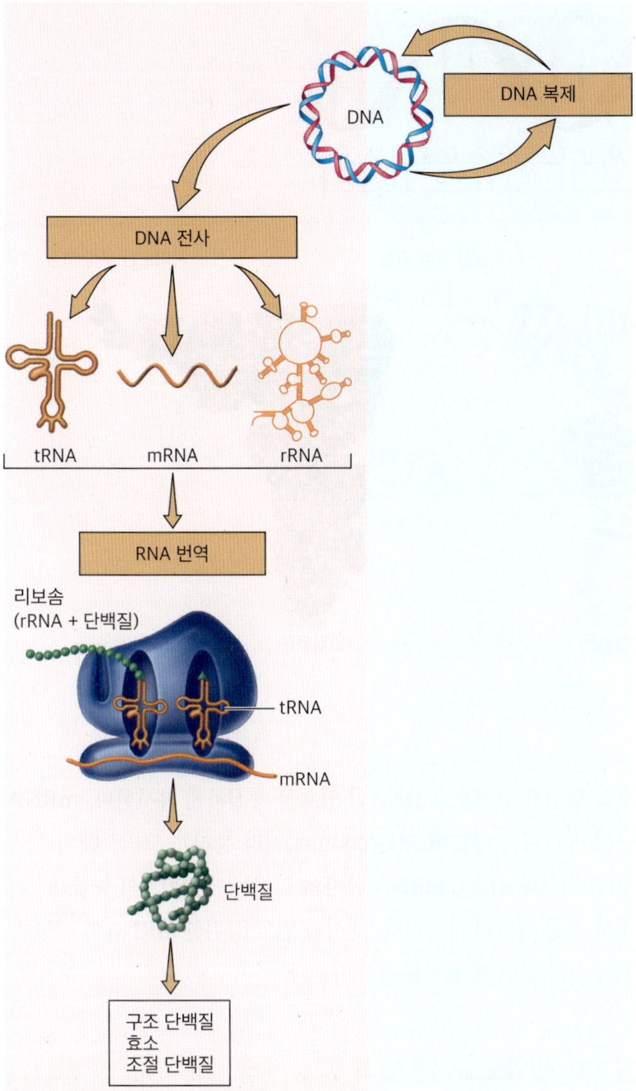


**그림 9.11** 세포 내 유전정보 흐름의 요약. DNA는 유전정보의 안정적이고 영구적인 저장소다. 복제는 DNA를 복사해 딸세포에 분배한다. DNA 전사는 DNA의 일부분에 있는 정보를 사용해 RNA 분자를 합성하는데, 세포 내에는 여러 종류의 RNA가 존재한다. 번역은 리보솜이 RNA에 있는 정보를 사용해 단백질을 합성하는 과정에서 발생하며, 이 단백질은 세포 내 기능을 수행하는 데 사용된다.

르게 만드는가? 이에 대한 답을 찾으려면 유전자와 단백질 구조 사이의 상관관계를 살펴봐야 한다. 우리는 각 유전자가 단백질을 암호화하는 뉴클레오타이드 서열로 돼 있다는 것을 알고 있다. 각 단백질이 다른 만큼 각 유전자도 그 구성에서 다를 수밖에 없다. DNA 언어는 하나의 DNA 가닥에 연속적으로 나타나는 3개의 염기 그룹인 **트리플렛**(triplets) 또는 **코돈**(codons)의 순서로 나타난다(그림 9.12). 요약하면, 각 유전자는 그 트리플렛의 순서와 숫자에서 다른 유전자들과 차별화된다. 이 개념에서는 각 트리플렛이 특정 아미노산을 암호화한다는 점이 중요하다. 트리플렛으로 이루어진 암호가 전사되고 번역될 때 폴리펩타이드(단백질) 사슬의 아미노산 종류와 그 순서가 결정된다.

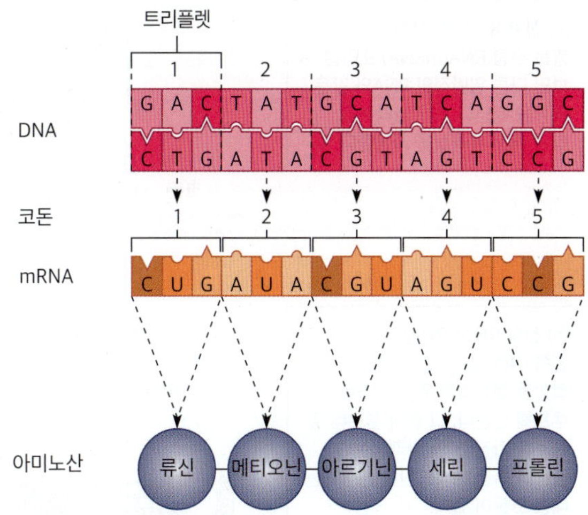


**그림 9.12** DNA와 단백질 관계 간단히 보기. DNA 분자는 염기쌍의 연속적인 사슬이다. 이 서열은 3개의 염기쌍(트리플렛 또는 코돈)을 그룹 지어 해석된다. 전사와 번역에 대한 정확한 규칙은 이 절 뒷부분에서 논의된다.

DNA와 단백질 기능을 연결하는 주요 요점은 다음과 같다.

1. DNA는 어떤 단백질을 만들지와 그것을 어떻게 만들지를 지시하는 청사진이다. 이 청사진은 DNA 가닥을 따라 존재하는 트리플렛의 순서로써 작성돼 있다.
2. 트리플렛의 순서는 단백질의 1차 구조, 단백질 사슬 내의 아미노산 순서와 유형을 지시해 단백질 특유의 형태와 기능을 결정한다.
3. 단백질은 효소 및 구조적 분자로서의 기능을 하며 표현형에 크게 기여한다.

## 전사 및 번역의 주요 참여 요소

전사와 번역은 매우 복잡한 과정으로, 전사는 DNA를 주형으로 RNA를 합성하는 과정이고, 번역은 RNA를 주형으로 단백질을 합성하는 과정이다. 이 과정에 여러 구성요소가 포함된다. 가장 대표적으로, 전령 RNA, 운반 RNA, 리보솜, 다양한 효소, 원료 저장고가 있다. 각 구성요소를 먼저 살펴본 후, 이들이 세포 조립 라인에서 어떻게 작동하는지 알아보자.

### RNA: 세포 조립 라인의 도구

**리보핵산**(ribonucleic acid, RNA)은 DNA와 마찬가지로 암호화된 분자지만, 일반적인 구조에서 몇 가지 차이점이 있다.

1. **단일가닥 분자**(single-stranded molecule): RNA는 분자 내 결합으로 인해 2차 및 3차 구조를 가질 수 있는 단일가닥 분자다. 이는 특수한 형태의 RNA(mRNA, tRNA, rRNA)로 나타난다(그림 9.13).
2. **유라실**(uracil): RNA는 티민 대신 유라실을 아데닌과 상보적으로 짝을 이루는 염기로 가진다. 유라실이 여전히 짝을 이루는 규칙을

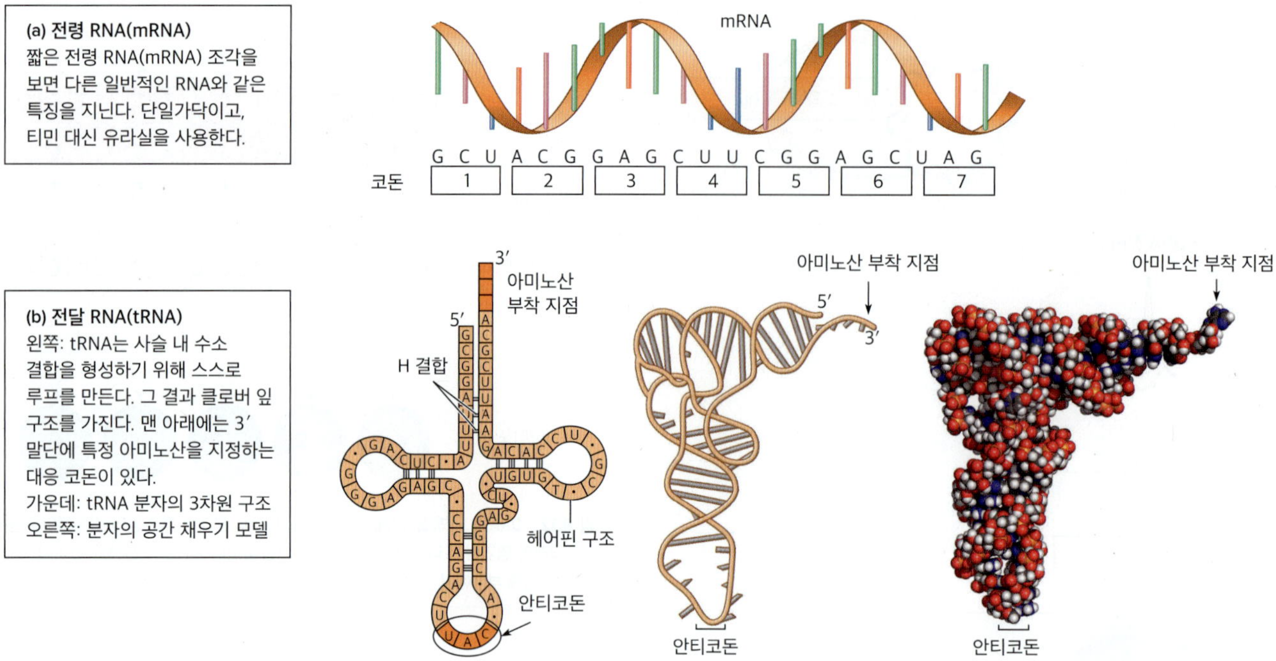


그림 9.13 전령 RNA와 전달 RNA의 특징. (출처: Petarg/123RF)

따르기 때문에 DNA 암호가 변경되지 않는다.

3. **리보스**(ribose): RNA도 DNA처럼 당과 인산 분자가 교대로 이어진 골격을 가지고 있지만, 당의 종류가 디옥시리보스가 아닌 리보스다(그림 2.25 참조).

RNA는 조절부터 구조적 역할까지 다양한 기능이 있으며 기능에 따라 크기가 다양하다. 모든 유형의 RNA는 DNA의 전사를 통해 형성되지만, 단백질로 번역되는 것은 mRNA뿐이다. RNA의 유형과 그 기능을 비교한 내용은 표 9.2를 참조하라. 추가적인 RNA 형태는 9.3절에서 소개된다.

## 전령 RNA: DNA 메시지 전달

**전령 RNA**(messenger RNA, mRNA)는 구조유전자나 DNA 유전자의 전사체다. 이는 DNA의 선도 가닥 복제와 유사한 과정으로 합성되며, 상보적 염기쌍 규칙으로 DNA의 암호를 충실하게 복사한다. mRNA에 전사된 메시지는 나중에 **코돈**(codons)이라 불리는 트리플렛의 연속으로 읽힌다(그림 9.13a). mRNA 분자의 길이는 약 100개의 뉴클레오타이드에서 수천 개까지 다양하다. 전사와 번역을 위한 mRNA의 기능에 대한 세부사항은 이 절 뒷부분에서 다룬다.

## 전달 RNA: 번역으로 가는 열쇠

**전달 RNA**(transfer RNA, tRNA)는 mRNA와 다르지만 이 또한 특정 DNA 영역의 상보적 복사본이다. 전달 RNA는 보통 75~95개의 뉴클레오타이드 길이이며, 같은 tRNA 가닥 내에서 서로 상보적인 염기서열을 가지며 수소 결합을 형성하는 구간을 가진다. 따라서 이 분자는 자신을 구부려 헤어핀 고리(hairpin loops)를 가지며 2차 구조인 클로버잎(cloverleaf) 구조를 형성한다. 이는 더 접혀 들어가 복잡한 3차 구조 헬릭스를 만든다(그림 9.13b). 이렇게 다져진 분자가 RNA 언어를 단백질

표 9.2 유형별 리보핵산

| RNA 유형 | 포함된 암호의 목적 | 세포에서의 기능 | 번역 여부 |
|---|---|---|---|
| 전령 RNA(mRNA) | 단백질 아미노산 서열 지정 | DNA 암호를 리보솜까지 운반 | 그렇다 |
| 전달 RNA(tRNA) | 주어진 아미노산 특정 | 번역과정에서 아미노산을 리보솜까지 운반 | 아니다 |
| 리보솜 RNA(rRNA) | 몇 가지 큰 구조 rRNA 분자 | 리보솜의 주요 부분을 형성하고 단백질 합성에 참여 | 아니다 |
| 프라이머 | DNA 복제를 시작하는 RNA | DNA 복제 시작점 | 아니다 |
| 마이크로 RNA(miRNA), 안티센스(antisense), 리보스위치(riboswitch), 작은 간섭 RNA(siRNA) | 조절 RNA | 유전자 발현 조절 | 아니다 |
| 스플리코솜(snRNA), 리보자임 | 촉매 RNA | 진핵 RNA에서 인트론 제거, 반응 촉매 | 아니다 |

① 각 유전자는 특정 프로모터 영역과 전사의 시작을 안내하는 선도 서열을 가진다. 그다음은 폴리펩타이드를 암호화하는 유전자 영역이며, 번역을 멈추게 하는 종결 서열로 끝난다.

② **개시.** 시그마 인자에 의해 RNA 중합효소가 프로모터 영역에서 DNA에 결합한다. RNA 중합효소에 의해 프로모터 DNA가 풀린다. DNA의 주형 가닥만이 RNA 중합효소에 의해 전사되며 이 가닥은 3′에서 5′ 방향으로 진행된다.

③ **신장.** RNA 중합효소는 DNA 가닥을 따라 움직이며, 주형 DNA에 따라 상보적인 뉴클레오타이드를 추가한다. mRNA는 5′에서 3′ 방향으로 합성된다.

④ **종결.** 중합효소는 전사를 계속하다가 종결 지점에서 mRNA 전사본이 떨어져 나가 번역에 들어간다.

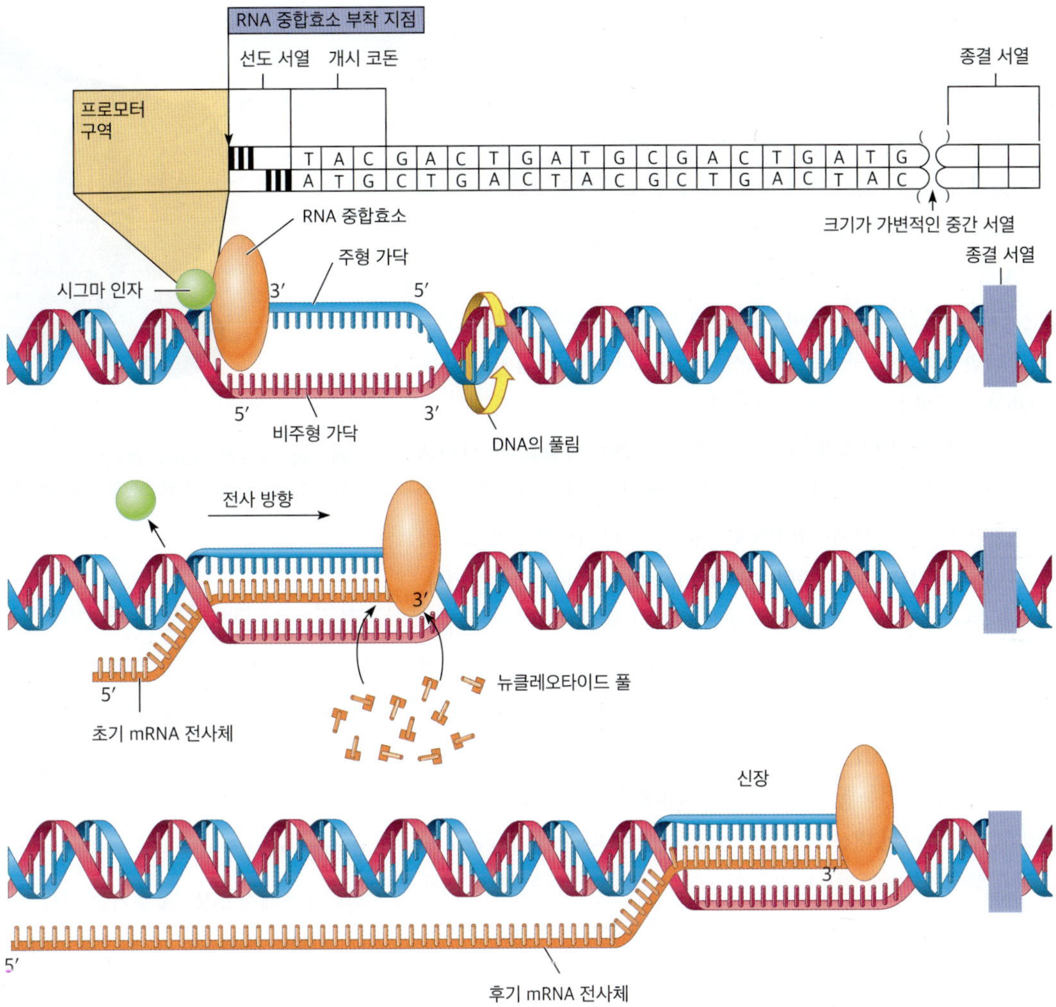


과정그림 9.14 전사에서 일어나는 주요 사건.

언어로 변환하는 번역기로서 작동한다. 클로버잎 구조의 아래쪽 루프에는 **안티코돈**(anticodon)이라고 불리는 3개의 뉴클레오타이드가 있다. 이 안티코돈은 tRNA의 특이성을 나타내며 mRNA의 코돈과 상보적이다. 분자의 반대쪽 끝에는 해당 tRNA의 안티코돈에 맞는 특정한 아미노산이 결합하는 곳이 있다. 각 20개의 아미노산마다 이를 운반하기 위한 하나 이상의 특정 tRNA가 있다. 특정 tRNA마다 알맞은 아미노산을 결합하기 위해서는 이를 매치시키는 특정 효소가 필요하다.

### 리보솜: 번역을 위한 움직이는 분자 공장

원핵생물(70S) 리보솜은 **리보솜 RNA**(ribosomal RNA, rRNA)와 단백질로 단단히 묶인 입자다. 리보솜의 rRNA는 리보솜의 구조와 기능에 기여하는 복잡한 3차원 도형을 형성한다. 단백질과 rRNA의 상호작용으로 리보솜은 2개의 소단위로 이루어지고 유전 암호의 최종 번역에 참여한다(그림 9.15 참조). 대사가 활발한 박테리아 세포는 2만 개의 리보솜을 포함하며, 이 모든 리보솜은 유전 프로그램을 읽고 원료를 받아들여 빠르게 단백질을 생산하는 데 기여한다.

### 전사: 유전자 발현의 첫 번째 단계

유전 과정에서 일어나는 다른 많은 일들이 그렇듯이, 전사는 놀라운 효율성을 가진다. 이는 고도로 조직화돼 있으며 DNA 자체의 특수한 암호에 따라 일어난다. 여기에서는 박테리아에서의 mRNA 합성을 모델로 이용해 전사에 대해 자세히 설명하겠다. 모든 유형의 RNA가 유사한 과정에 의해 합성된다는 점을 염두에 두자.

전사 과정 동안 RNA 분자는 DNA의 암호를 가이드 또는 주형으로 사용해 합성된다. 큰 효소 복합체인 **RNA 중합효소**(RNA polymerase)가 이 과정을 담당한다. 이 효소는 DNA 중합효소보다 다목적으로, 헬리케이스가 필요 없이 자체적으로 작동한다. DNA에 결합해 DNA를 풀면서 RNA를 합성할 수 있다(과정그림 9.14).

전사는 **개시**(initiation), **신장**(elongation), **종결**(termination) 세 단계로 진행된다. 개시는 RNA 중합효소가 유전자의 **프로모터 구역**

(promoter region)을 인식하는 과정이 필요하다(과정그림 9.14의 1단계). 이 구역은 **개시 지점**(initiation site) 바로 앞에 위치한 두 세트의 DNA 서열로 구성돼 있다. 첫 번째 서열은 개시 지점에서 약 35개의 뉴클레오타이드 떨어져 있으며, 두 번째 서열은 약 10개의 뉴클레오타이드만큼 떨어져 있다. 프로모터는 RNA 중합효소가 최초로 결합하는 위치를 제공한다. **시그마 인자**(sigma factor)라 불리는 특별한 단백질 분자가 RNA 중합효소를 프로모터의 올바른 위치로 안내한다. 프로모터의 서열은 크게 다양하지는 않으며, 아데닌과 티민이 풍부한 경향이 있다. 아데닌-티민 염기쌍은 구아닌-시토신 염기쌍보다 수소 결합이 적기 때문에 DNA 가닥의 분리를 용이하게 한다.

전사에서 첫 합성 단계가 시작되기 이전에 RNA 중합효소는 DNA 이중나선의 두 가닥을 분리하고 전사를 위한 '버블'을 형성한다(과정그림 9.14의 2, 3단계). 이 버블에서 mRNA의 뉴클레오타이드가 실제로 조립된다. 단 하나의 DNA 가닥[**주형 가닥**(template strand)]만 전사된다. 이 가닥은 복제와 유사하게 RNA 중합효소에 의해 인식되는 방향이 3′에서 5′로 배열돼 있다. 주형 가닥의 전사를 통해 만들어진 mRNA는 번역(단백질 합성) 과정에서 연결되는 아미노산 서열에 대한 정확한 정보를 전달한다. 다른 가닥[**비주형 가닥**(nontemplate strand)]은 때때로 암호 가닥이라고 불리는데, 이는 그 서열이 mRNA와 동일한 순서이기 때문이다(다만 유라실 대신 티민을 가진다). 경우에 따라 이 가닥은 유전적 기능을 할 수 있지만, 전사되지는 않는다. 어느 가닥이 주형으로 작용하느냐는 유전자마다 다르다. DNA 주형의 앞부분에 나타나는 중요한 트리플렛 중 하나는 **TAC**로 mRNA에 **AUG**로 전사된다. 이는 시작 코돈으로 번역이 시작되는 위치다. 주의할 점은 프로모터는 mRNA로 전사되지 않는다는 것이다.

신장 과정이 진행됨에 따라 중합효소는 전사 버블을 앞으로 이동시키며 다음 DNA를 노출시킨다. 동시에 DNA 주형에 상보적인 뉴클레오타이드를 도입해 mRNA 가닥을 계속 조립한다. 복제와 마찬가지로, mRNA 가닥의 신장은 5′에서 3′ 방향으로 진행된다. 이미 전사된 DNA는 다시 이중나선 구조로 감긴다(그림 9.18의 4단계). 조립된 mRNA 가닥의 일부는 효소 복합체에 계속 부착돼 있다. 하지만 신장 과정을 방해하지 않도록 바깥을 향해 유지돼 있다.

종결 시 중합효소가 유전자 끝부분의 특정 DNA를 인식하고, 전사된 mRNA가 분리돼 방출된다. 이 mRNA는 번역을 위해 리보솜으로 들어간다. 9.3절에서 보겠지만, 이 mRNA는 단백질 합성을 위한 주 암호인 코돈 형태로 메시지를 전달한다. 최종 mRNA 분자의 길이는 그것이 암호화하는 폴리펩타이드 또는 단백질에 의해 결정된다. 박테리아에서 가장 짧은 유전자는 단 21개의 뉴클레오타이드로만 구성돼 있으며, 가장 긴 유전자는 11만 개 이상의 뉴클레오타이드를 가지고 있다. 물론 이는 극단적인 예시며, 대부분의 유전자는 몇천 개의 뉴클레오타이드로 구성돼 있다. *

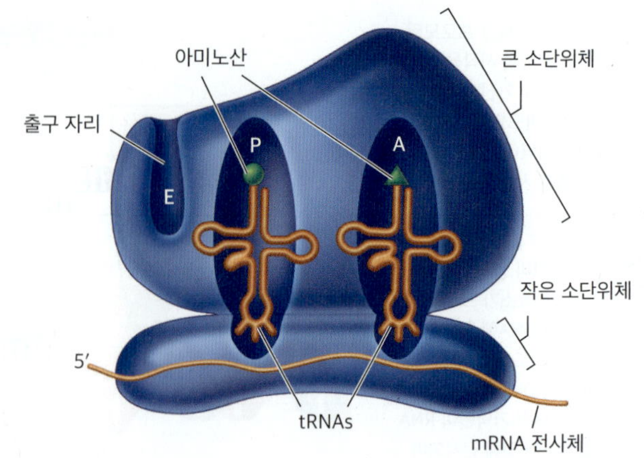


**그림 9.15** 번역의 '참여자'. 리보솜은 단백질의 합성이 일어나는 곳이다. 작은 그리고 큰 소단위체의 조립은 mRNA(작은 소단위체)와 tRNA(큰 소단위체)가 올 수 있는 특정한 자리를 만든다(P, A 자리).

## 번역: 유전자 발현의 두 번째 단계

번역 과정에서 단백질 합성에 필요한 모든 요소, 즉 mRNA부터 아미노산을 가진 tRNA까지 리보솜에 모인다(그림 9.15). 이 과정은 개시, 신장, 종결, 단백질 접힘 그리고 가공까지 다섯 단계로 진행된다.

### 번역의 개시

원핵세포에서 mRNA 분자는 전사 부위를 떠나 리보솜으로 직접 이동한다. 리보솜은 특수하게 조립돼 mRNA와 tRNA를 고정시킬 수 있는 자리를 형성한다. mRNA, tRNA를 인식하고 이 분자들 간의 반응을 안정화한다. 리보솜의 작은 소단위체는 mRNA의 5′ 말단에 결합해 번역을 개시하는 데 필요한 분자를 제공한다. mRNA상의 특정 부위에 결합해 시작 코돈(AUG)을 P 자리에 정확하게 정렬한다. 큰 소단위체는 tRNA를 고정시키며, RNA 기반 촉매인 리보자임을 통해 펩타이드 결합을 형성한다(**8.2 연결고리 찾기** 참조).

조립된 리보솜상에 mRNA가 위치한 상태에서 번역의 다음 단계는 알맞은 아미노산을 지닌 tRNA가 입장하는 것이다. 번역이 일어나는 리보솜 주변 세포질에는 이미 적절한 아미노산이 충전된 다양한 tRNA가 존재한다. 상보적인 tRNA가 mRNA와 만나는 단계는 리보솜의 큰 소단위체의 P 자리(왼쪽)와 A 자리(오른쪽)에 의해 이루어진다.[1] 이러한 자리는 리보솜의 두 소단위체 사이의 움푹 들어간 공간이고, 각 자리는 하나의 tRNA를 수용할 수 있다. 리보솜에는 또한 사용된 tRNA가 방출되는 출구인 E 자리가 있다.

* 이 mRNA에 의해 생기는 최종 단백질의 아미노산 개수는 몇 개인가?

1 P는 펩티딜(peptidyl) 자리를, A는 아미노실(aminocyl) 자리를, E는 출구(exit) 자리를 나타낸다.

| 첫 번째 염기 자리 | 두 번째 염기 자리: U | C | A | G | 세 번째 염기 자리 |
|---|---|---|---|---|---|
| U | UUU, UUC 페닐알라닌 | UCU, UCC 세린 | UAU, UAC 티로신 | UGU, UGC 시스테인 | U, C |
| U | UUA, UUG 류신 | UCA, UCG | UAA, UAG 종결 코돈** | UGA 종결 코돈**, UGG 트립토판 | A, G |
| C | CUU, CUC 류신 | CCU, CCC 프롤린 | CAU, CAC 히스티딘 | CGU, CGC 아르기닌 | U, C |
| C | CUA, CUG | CCA, CCG | CAA, CAG 글루타민 | CGA, CGG | A, G |
| A | AUU, AUC 아이소류신 | ACU, ACC 트레오닌 | AAU, AAC 아스파라긴 | AGU, AGC 세린 | U, C |
| A | AUA, AUG* 시작 코돈* 포르밀 메티오닌 | ACA, ACG | AAA, AAG 리신 | AGA, AGG 아르기닌 | A, G |
| G | GUU, GUC 발린 | GCU, GCC 알라닌 | GAU, GAC 아스파틱산 | GGU, GGC 글라이신 | U, C |
| G | GUA, GUG | GCA, GCG | GAA, GAG 글루타믹산 | GGA, GGG | A, G |

* 이 코돈은 단백질 합성의 시작을 유도한다.
** 종결 코돈은 단백질 합성을 끝내라는 신호만 줄 뿐 아미노산을 코딩하지 않으며 대응하는 tRNA도 없다.

**그림 9.16** 유전 암호: 특정 아미노산을 지정하는 mRNA의 코돈. 번역을 위한 주요 암호는 mRNA 코돈에 의해 제공된다.

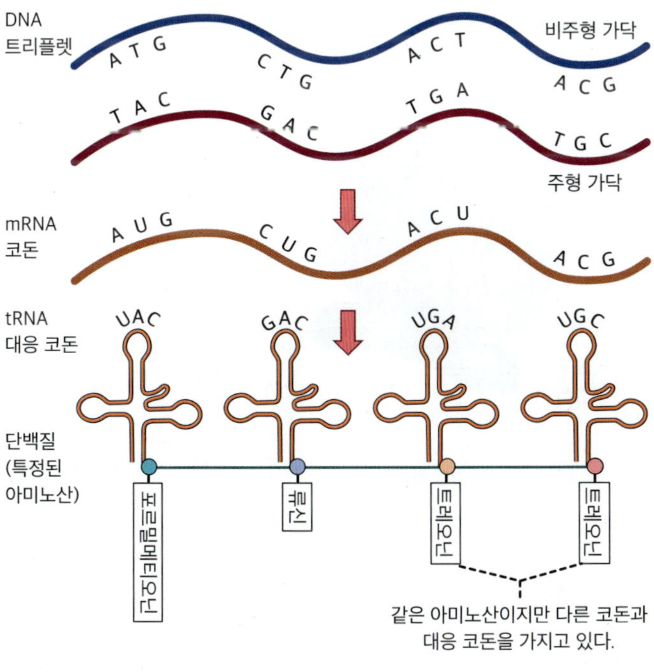


**그림 9.17** DNA 암호의 해석. DNA 서열이 알려져 있으면 mRNA 코돈을 추정할 수 있다. 코돈이 알려져 있다면 대응 코돈과 최종적으로 아미노산 서열을 결정할 수 있다. 그러나 역으로 아미노산 서열로부터 정확한 코돈이나 대응 코돈을 결정하는 것은 암호의 중복성 때문에 불가능하다.

## 통합유전암호: 전령 RNA의 메시지

일반적으로 통합유전암호는 mRNA 코돈과 이에 따라 지정되는 아미노산으로 나타난다(그림 9.16). 이 암호는 극히 드문 경우(예: 미토콘드리아와 엽록체의 유전자)를 제외하고는 원핵생물, 진핵생물 또는 바이러스에 대해 보편적으로 적용된다. mRNA 코돈을 알면 원본 DNA 서열, 상보적인 tRNA 암호, 단백질 내에 있는 아미노산의 종류를 자동으로 알게 된다(그림 9.17). 하지만 특정 아미노산이 여러 개의 코돈에 의해 암호화되는 **중복성**(redundancy 혹은 degeneracy)이라는 요인 때문에 단백질 구조로부터 정확한 mRNA 코돈을 예측(역행)할 수는 없다.

그림 9.16은 mRNA 코돈과 그에 대응하는 아미노산의 특징을 보여 준다. 서로 다른 염기 트리플렛은 64가지가 있고[2] 아미노산은 단 20개만 있기 때문에 일부 아미노산은 여러 코돈에 의해 표시된다. 예를 들어, 류신과 세린은 각각 6개의 서로 다른 코돈으로 표시될 수 있지만, 트립토판과 메티오닌은 단 하나의 코돈으로만 표시된다. 류신의 경우 코돈의 첫 2개의 뉴클레오타이드에 의해 류신이 지정되며, 세 번째 뉴클레오타이드는 그 의미를 변경하지 않는다. 이 특성을 흔들림(wobble)이라고 하며, 메시지를 변경하지 않고도 일정 수준의 변화나 돌연변이를 허용한다.

## 단백질 합성의 시작

올바른 tRNA가 P 자리에 들어오면 코돈(mRNA)과 안티코돈(tRNA) 사이에 수소 결합이 형성된다. 이를 통해 tRNA가 안정화돼 그 자리

2 64라는 숫자는 $4^3$에서 왔다(4개의 다른 뉴클레오타이드가 3개의 자리에 올 수 있는 조합의 모든 가능성).

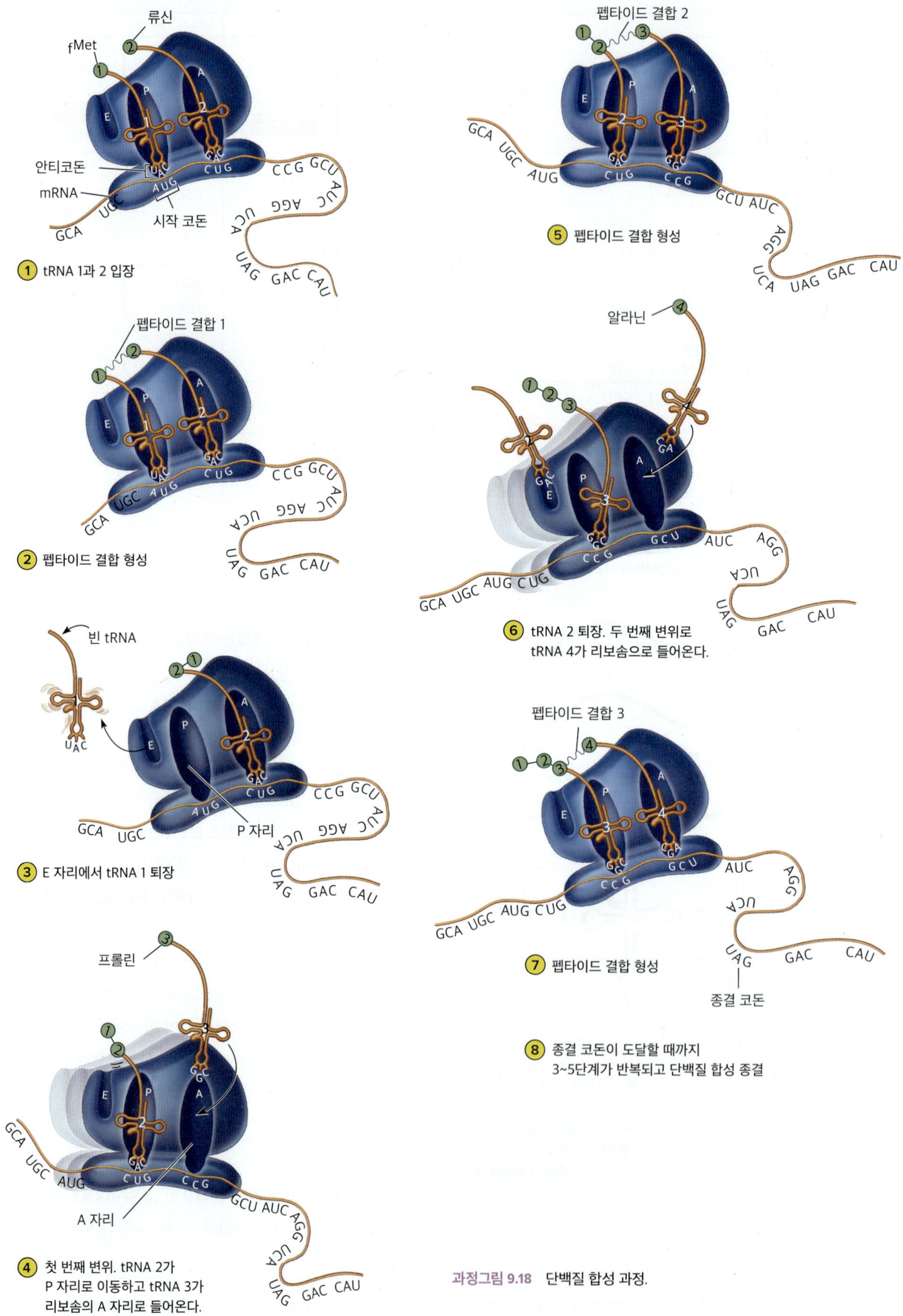


과정그림 9.18 단백질 합성 과정.

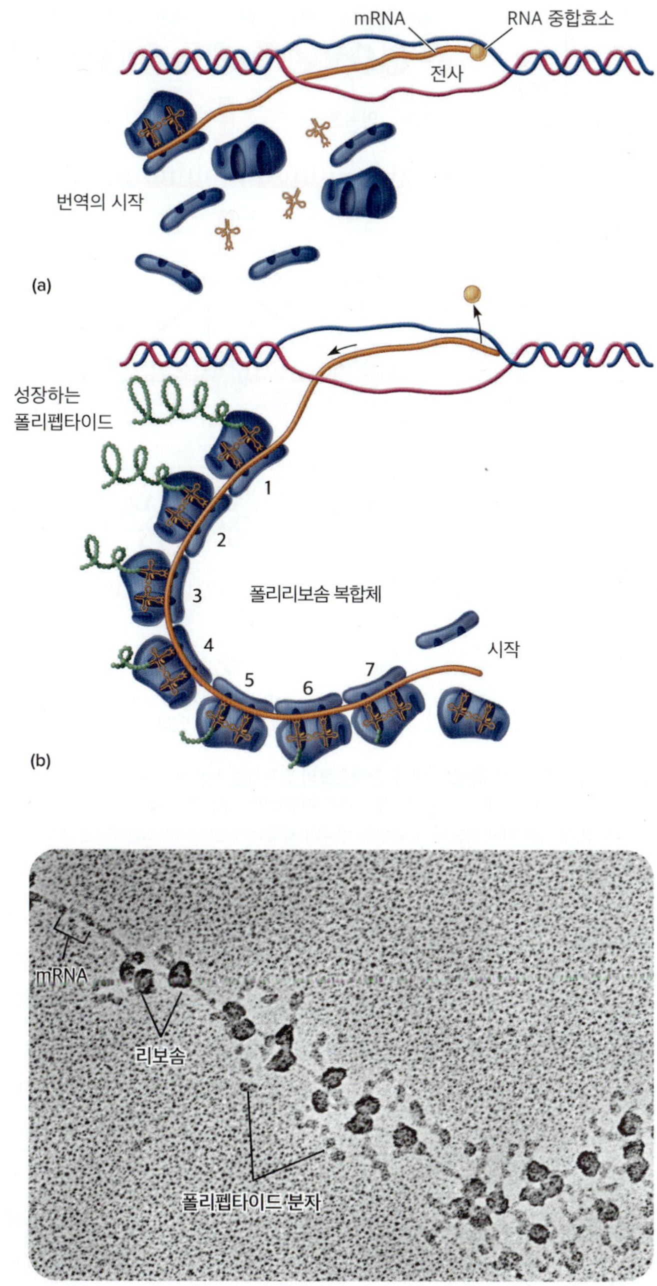


**그림 9.19** **박테리아에서 단백질 조립 라인 가속화.** (a) mRNA 전사체는 DNA를 떠나자마자 리보솜을 만난다. (b) 리보솜 공장들은 mRNA를 따라 사슬처럼 배열돼 각 리보솜이 메시지를 읽고 그것을 단백질로 번역한다. 이로 인해 많은 산물이 전사가 끝나기 전에 합성경로를 따라가게 된다. (c) 작동 중인 폴리리보솜 복합체의 광미세 사진. 단백질 '꼬리'는 번역 단계에 따라 길이가 다르다(30,000배). (출처: Steven McKnight and Oscar L Miller, Department of Biology, University of Virginia)

에 머물게 된다. 만약 잘못된 tRNA가 들어오면, 코돈과 안티코돈 사이에 결합이 발생하지 않아 tRNA는 리보솜에서 떠난다. **시작 코돈**(start codon, AUG)에 해당하는 아미노산은 **포르밀메티오닌**(formyl methionine, $_{f}$Met, 변형된 아미노산)으로, 대부분 완성된 단백질에 남지 않는다.

### 단백질 합성의 진행과 완성: 신장과 종결

mRNA는 리보솜에 의해 시작 코돈부터 한 번에 하나의 코돈(3개의 뉴클레오타이드)씩 읽힌다. 리보솜은 이동성이 있어 mRNA를 따라 움직인다. 각 tRNA가 하나의 아미노산을 가져와 리보솜에 존재할 때(하나는 A 자리에서, 다른 하나는 P 자리에서), 인접한 tRNA의 아미노산 사이에 펩타이드 결합을 형성하는 작업은 리보솜의 큰 소단위체의 일부인 리보자임(촉매 RNA 분자)에 의해 수행된다. 이 결합은 인접한 tRNA에 있는 아미노산들 사이에 펩타이드 결합을 형성해 폴리펩타이드가 길어진다. 이 과정의 여러 단계는 다음과 같이 요약된다.

- 개시는 시작 코돈(AUG)을 만나면 시작된다.
- 신장은 A 자리가 두 번째 tRNA에 의해 채워지면서 시작된다(과정그림 9.18의 1단계). 이 tRNA와 그 아미노산은 두 번째 mRNA 코돈에 의해 결정된다.
- 리보솜 내 인접한 두 tRNA에 부착된 아미노산 사이에 펩타이드 결합이 형성된다. $_{f}$Met는 첫 번째 tRNA에서 두 번째 아미노산으로 이동해 2개의 연결된 아미노산이 형성되며 이것을 다이펩타이드(dipeptide)라고 한다(과정그림 9.18의 2단계).
- 다음 단계가 진행되기 위해 다음 순서의 코돈이 놓일 공간이 마련돼야 한다. 리보솜을 mRNA 가닥의 다음 위치로 이동시키는 변위(translocation)가 특정 효소에 의해 수행된다. 이로 인해 빈 tRNA(tRNA 1)가 E 자리로 가 리보솜에서 방출된다(과정그림 9.18의 3단계).
- 동시에 다이펩타이드를 보유한 tRNA가 P 자리로 이동한다. A 자리는 일시적으로 비어 있다. 방출된 tRNA는 이제 자유롭게 떠다니면서 다시 아미노산을 충전해 나중에 이 단백질 또는 다른 단백질에 추가될 준비를 한다.
- 이제 tRNA 3이 들어온다(과정그림 9.18의 4단계). 또 다른 펩타이드 결합이 형성돼(트리펩타이드 생성), 빈 tRNA가 방출되며 리보솜이 다음 코돈으로 변위된다(과정그림 9.18의 5단계).
- 이 작업은 tRNA 2를 방출하고, mRNA를 다음 위치로 이동시키며, tRNA 3을 P 위치로 이동시키고, A 자리를 tRNA 4를 위해 연다(6단계). 이 시점부터 펩타이드 신장은 mRNA의 끝까지 이 동일한 일련의 동작에 의해 반복적으로 진행된다(7, 8단계).

단백질 합성의 종결은 단순히 mRNA상의 마지막 코돈에 도달하는 것이 다가 아니다. 세 가지 코돈 UAA, UAG, UGA 중 하나가 있으면 종결되며, 이 코돈들은 대응하는 tRNA가 없다. 이를 **종결 코돈**(stop codon)이라고 부르며, 번역을 멈추라는 메시지를 전달한다. 이 코돈에 도달하면 특수한 효소가 마지막 tRNA와 완성된 폴리펩타이드 사슬 사이의 결합을 끊어 리보솜에서 방출시킨다.

새로 만들어진 단백질이 구조적 또는 효소적 역할을 수행할 수 있기 전에 종종 마지막 손질이 필요하다. 폴리펩타이드 사슬이 리보솜에서 방출되기 이전에도 생물학적으로 활성화된 형태를 달성하기 위해 스스로 접히기 시작한다. 그리고 번역 후 변형(posttranslational modification)이라고 불리는 과정이 필요할 수 있다. 일부 단백질은 첫 아미노산(포르밀 메티오닌)을 제거해야 한다. 복합 효소가 될 예정인 단백질은 **보조 인자**(cofactor)가 추가되며, 일부는 다른 완성된 단백질과 결합해 **4차 구조**(quaternary)를 형성한다.

전사와 번역의 작동은 정밀함에서 기계적이다. 박테리아에서 단백질 합성은 효율적이고 빠르다. 37℃에서 합성되는 펩타이드 사슬에 초당 12~17개의 아미노산이 추가된다. 평균적으로 약 400개의 아미노산으로 구성된 단백질이 합성되는 시간은 30초가 채 되지 않는다. 전사가 진행되는 동안 mRNA의 번역이 시작되면 더 효율적이다(그림 9.19). 단일 mRNA는 동시에 여러 리보솜을 통과할 만큼 충분히 길다. 따라서 mRNA 전사체 사슬을 따라 배열된 리보솜들이 수백 개의 단백질 분자를 합성할 수 있다. 이 **폴리리보솜 복합체**(polyribosomal complex)는 실제로 단백질 대량생산을 위한 조립 라인이다. 단백질 합성은 엄청난 양의 에너지를 소모하며, 평균 크기의 단백질 합성에는 약 1,200개의 ATP 또는 ATP 등가물이 소모된다.

## 진핵생물의 전사와 번역: 비슷하면서도 다르다

진핵생물은 단백질 합성의 많은 측면에서 원핵생물과 공통점을 갖는다. 이들은 리보솜의 작동, 시작 및 종결 코돈의 기능, 폴리리보솜을 통한 단백질 대량생산에서 유사성이 있다. 그러나 몇 가지 중요한 차이점도 있다. 진핵생물의 시작 코돈도 AUG이지만, 이는 대체 형태의 메티오닌을 암호화한다. 또 다른 차이점은 진핵생물의 mRNA는 단 하나의 단백질만 암호화하는 반면, 박테리아 mRNA는 종종 여러 유전자의 정보를 연속적으로 포함하고 있다는 점이다.

원핵생물과 진핵생물은 유전자의 위치와 구조에서도 차이가 있다. 진핵세포는 핵에 DNA가 있기 때문에 원핵세포처럼 전사와 번역이 동시에 일어날 수 없다. mRNA 전사체는 핵막의 구멍을 통과해 핵에서 나와 번역을 위해 세포질에 있는 리보솜이나 소포체에 도달해야 한다.

지금까지는 주로 원핵생물에 잘 맞게 단순화된 유전자의 정의를 배웠다. 이들의 유전자 패턴은 직렬적(colinear)으로, 이는 추가적인 처리 없이 메시지가 단백질로 직접 번역될 수 있음을 의미한다.[3] 진핵생물의 유전자는 매우 다른 특성을 가진다. 이들은 직렬적이지 않기 때문이다. 진핵생물의 유전자 내에는 단백질을 암호화하지 않는 하나 또는 여러 개의 유전자 내 영역이 존재하는데, 이를 **인트론**(intron, 개입 영역)이라 부른다.[4] 이 인트론은 단백질로 번역될 **엑손**(exon, 표현 영역) 사이에 끼어 있다(그림 9.20). 단어를 예로 들어 설명하자면, 원핵생물의 직렬적인 유전자는 "SAM SAW HIS NEW CAR GET HIT"와 같이 있다. 같은 단어를 암호화하는 진핵생물의 유전자는 "SAM SAW SVXF FPL HIS NEW CAR QZWVP GET HIT"와 같이 있다. 인식 가능한 단어들은 엑손을 나타내며, 다른 글자들은 인트론을 나타낸다.

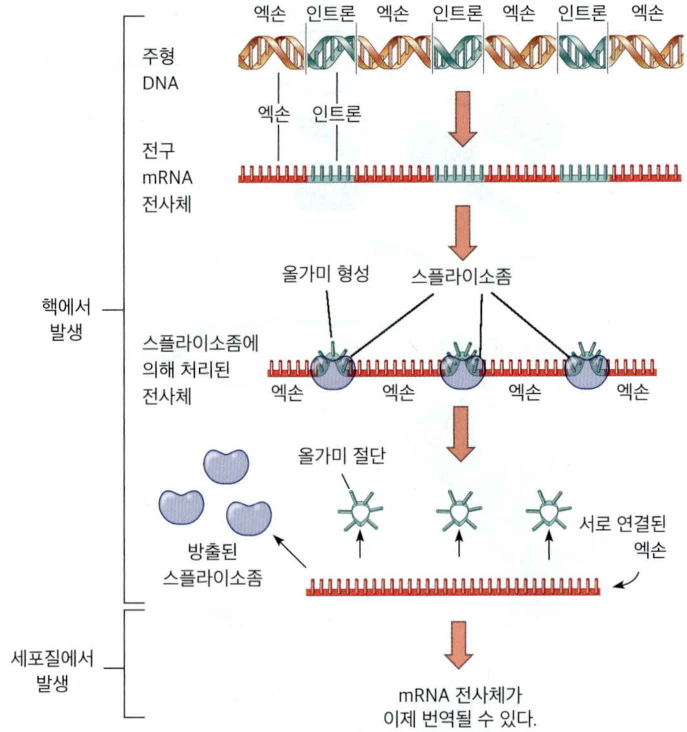


그림 9.20 **진핵생물의 분할 유전자.** 진핵생물의 유전자는 전사/번역 과정이 더 복잡하다. 이들의 엑손(E)은 단백질을 암호화하지 않는 인트론(I)이라는 구간에 의해 중단된다. 인트론은 전사는 되지만 번역은 되지 않는다. 인트론은 번역이 시작되기 전에 RNA 스플라이싱 효소에 의해 제거된다.

분할 유전자라고도 불리는 이러한 불연속적인 유전 구조는 번역 전에 추가적인 처리가 필요하다. 엑손과 인트론을 포함한 전체 유전자의 전사가 먼저 이루어져 전구 mRNA(pre-mRNA)가 생성된다. 다음으로, 스플라이소좀(spliceosome)이라는 RNA-단백질 복합체가 엑손-인트론 접합부를 인식하고 RNA 스플라이싱이라는 과정을 통해 이를 절개한다. 스플라이서(splicer) 효소의 작용으로 인트론이 올가미 모양으로 말려져 제거되고, 엑손들이 서로 연결된다. 이를 통해 인트론이 없는 mRNA 가닥이 생성된다. 완성된 이 mRNA 가닥은 이후 번역을 위해 세포질로 이동한다.

여러 가지 유형의 인트론이 발견됐으며, 어떤 인트론은 시퀀스 내에 완전한 유전자를 포함한다. 예를 들어, 특정 인트론은 RNA를 DNA로

3 유전자 직렬성(colinearity)이 있으면 mRNA 전사는 올바른 아미노산 서열로 직접 번역될 수 있다.

4 인트론은 일부 원핵생물(청색세균), 고세균, 심지어 바이러스에서도 발견됐다.

변환할 수 있는 효소인 역전사효소를 암호화하는 것으로 밝혀졌다. 또 다른 인트론은 DNA를 절단해서 이를 DNA 시퀀스에 삽입 및 삭제 가능한 엔도뉴클리에이스(endonuclease)라는 효소로 번역된다. 일부 인트론은 고유의 촉매 기능을 가지고 있어 RNA 전사체에서 스스로 제거될 수 있다. 많은 비단백질 암호 DNA가 세포 기능에 필수적임이 입증되고 있다. 인간 DNA는 유전자당 평균 8개의 인트론을 포함하며, 이는 염색체에서 발견되는 DNA의 상당한 비율을 차지한다. 최종 mRNA에 포함될 엑손의 일부만 선택하는 대체 스플라이싱(alternative splicing) 과정을 통해 유전자의 다양한 형태가 생성된다. 향후 연구는 유전자 발현을 조절하는 데 인트론의 추가적인 역할을 발견할 수 있을 것이다.

**핵심 점검 9.2**

8. 유전자의 언어는 어떻게 표현되는가?
9. 만약 박테리아 단백질이 300개의 아미노산으로 구성돼 있다면, 그것을 암호하는 유전자 서열은 몇 개의 뉴클레오타이드 쌍으로 구성돼 있는가?
10. DNA와 RNA의 구조와 기능을 비교하는 표를 작성하시오.
11. 전사는 어디에서 시작하는가?
12. DNA의 주형 가닥과 비주형 가닥은 무엇인가?
13. 왜 단 하나의 가닥만이 전사되고, 항상 동일한 가닥만이 전사되는가?
14. 코돈과 대응 코돈을 구별하시오.
15. 번역 과정에서 일어나는 사건들을 간략히 설명하시오.
16. 시작 코돈과 종결 코돈의 기능은 무엇인가? 예를 들어 설명하시오.
17. 박테리아 세포와 진핵세포가 유전자 구조, 전사 및 번역에서 어떻게 다른지 요약하시오.
18. 엑손과 인트론의 역할에 대해 논의하시오.

## 9.3 단백질 합성과 대사의 유전적 조절

**학습목표**

14. 박테리아 유전자 조절에서 오페론의 기능을 설명한다.
15. 젖당 오페론과 유도성 오페론의 주요 특징을 묘사한다.
16. 억제성 오페론의 주요 특징을 묘사한다.
17. RNA에 의한 유전자 조절을 요약한다.

8장에서는 세포 내의 대사 반응과 해당 반응에 관여하는 효소에 대해 알아봤다. 어떤 효소는 조절되고, 그 조절의 한 형태가 유전 수준에서 일어난다. 이 조절 메커니즘은 유전자가 해당 산물이 필요한 경우에만 활성화되도록 보장한다. 이러한 방식으로, 효소는 필요할 때만 생산되며 비효율적인 에너지와 물질의 낭비를 방지할 수 있다. 원핵생물에서 주요 유전자 조절 형태 중 하나는 **오페론**(operons)이라는 시스템을 통해 이루어진다. 오페론은 여러 구조유전자를 가지는 DNA 구간으로, 해당 유전자의 전사를 제어하는 조절 영역을 함께 포함한다. 이는 특정 대사경로의 모든 유전자를 동일한 조절 요소로 자극하거나 동시에 억제한다. 마치 1개의 스위치가 한 방의 많은 조명을 제어하는 것과 같다.

오페론은 유도성 또는 억제성으로 설명된다. 오페론의 범주는 세포 내 환경에 의해 어떻게 영향을 받는지에 따라 결정된다. 많은 이화(catabolic) 오페론은 **유도성**(inducible)인데, 이는 구조유전자가 암호화하는 효소의 기질에 의해 오페론이 켜지는 것(유도)을 의미한다. 이렇게 함으로써 영양소(예: 젖당)를 대사하는 데 필요한 효소는 해당 영양소가 존재할 때만 생성된다. **억제성 오페론**(repressible operons)은 동화(anabolic) 효소(예: 아미노산 합성에 사용되는 효소) 유전자를 조절하는 경우가 많다. 이 오페론의 경우, 효소가 합성한 생성물에 의해 여러 유전자가 연이어 꺼진다(억제).

### 젖당 오페론: 박테리아의 유도성 유전자 조절 모델

유전적 유도를 통한 조절을 설명하는 데 가장 잘 알려진 세포 시스템은 **젖당 오페론**(lactose operon)이다. 이 시스템은 대장균(*Escherichia coli*)에서 젖당 대사를 조절한다는 것이 1961년 프랑수아 자코브(Francois Jacob)와 자크 모노(Jacques Monod)에 의해 처음으로 밝혀졌다. 이후 유사한 작용 방식을 가진 많은 다른 오페론들이 발견돼 왔으며, 이들은 세포의 대사활동이 유전자 발현에 큰 영향을 미칠 수 있다는 설득력 있는 증거를 제공한다.

젖당 오페론은 세 가지 중요한 특징이 있다(과정그림 9.21 참조).

1. 오페론을 억제할 수 있는 단백질[**억제단백질**(repressor)]을 암호화하는 유전자로 **조절유전자**(regulator)가 있다.
2. 조절자리(control locus)는 RNA 중합효소에 의해 인식되는 프로모터와 전사의 스위치로 작용하는 **오퍼레이터**(operator), 두 영역으로 구성된다.
3. 구조유전자자리(structural locus)는 젖당을 분해하기 위해 필요한 서로 다른 세 가지 효소를 코딩하는 3개의 유전자로 구성된다. 이 중 하나인 β-갈락토시데이즈(β-galactosidase, LacZ)는 젖당을 단당류로 가수분해한다. 다른 하나는 투과효소(permease, LacY)로 젖당을 세포막을 가로질러 가져온다.

프로모터, 오퍼레이터 및 구조적 구성요소는 서로 인접해 있지만 조절유전자는 떨어진 위치에 있을 수 있다.

젖당 오페론과 같은 유도성 시스템에서 오페론은 일반적으로 꺼져 있는 상태며, 기질이 없을 때는 효소가 생산되지 않는다(과정그림 9.21의 1단계). 이 상태를 유지하는 방법은 무엇일까? 이것은 조절유전자에 의해 만들어지는 억제단백질에 있다. 상대적으로 큰 이 효소는 **알로스테릭**

**① 오페론 꺼짐: 젖당이 없을 때**

젖당이 없을 때 억제단백질(박테리아 염색체상에서 다른 위치에 있는 조절유전자의 산물)이 오페론의 오퍼레이터에 부착된다. 이로써 구조유전자들의 전사(오른쪽 방향으로)가 차단된다. 이에 따라 전사(및 번역)의 억제는 젖당을 처리하는 효소의 불필요한 합성을 방지한다.

**② 오페론 켜짐: 젖당이 있을 때**

세포로 들어온 젖당은 유도인자로 작용한다. 멀리 떨어져 있는 억제단백질에 붙어 비활성 상태로 만들어 떨어져 나가게 한다. 오퍼레이터가 열리고 RNA 중합효소의 접근을 허용해 구조유전자가 전사된다. 전사된 mRNA는 젖당을 소화하는 효소로 번역된다.

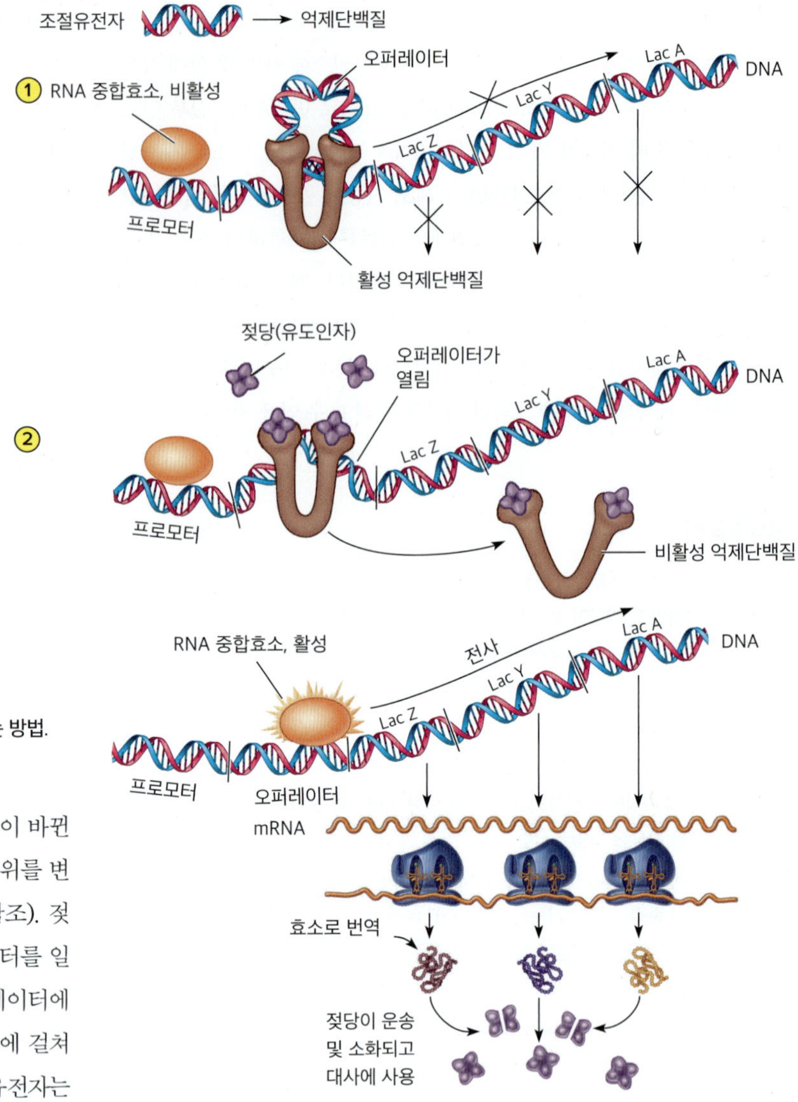


과정그림 9.21 박테리아의 젖당 오페론: 유도 유전자가 기질에 의해 조절되는 방법.

(allosteric)이며, 활성부위와 기질이 작용하는 환경에 따라 활성이 바뀐다는 것을 의미한다. 단백질의 한 부위에 기질이 붙으면 다른 부위를 변형시켜 기질을 받아들이는 것을 막을 수 있다(그림 8.10 오른쪽 참조). 젖당이 없을 때, 억제단백질은 오퍼레이터와 상호작용해 오퍼레이터를 일시적인 루프 구성으로 비튼다. 이 루프는 RNA 중합효소가 오퍼레이터에 접근하는 것을 차단해 전사를 막는다. 억제단백질을 오퍼레이터에 걸쳐진 자물쇠로 생각해 보자. 만약 오퍼레이터가 잠겨 있다면 구조유전자는 전사될 수 없다. 중요한 점은 조절유전자가 오퍼레이터 영역과 떨어진 곳에 위치하며 억제단백질에 의한 차단에 영향을 받지 않는다는 점이다.

젖당이 세포 환경에 추가되면, 오페론을 켜기 위한 여러 가지 일이 일어난다. 먼저, 젖당이 억제단백질에 붙으면 단백질의 모양이 변해 오퍼레이터에서 떨어진다(과정그림 9.21의 2단계). 이 과정으로 오퍼레이터가 열려 RNA 중합효소가 와서 전사를 시작할 수 있다. 구조유전자들은 3개의 효소를 암호화하는 하나의 연속된 전사체로 전사된다. 그러나 번역 과정에서는 각 단백질이 별도로 합성된다. 젖당이 이러한 단백질의 합성을 궁극적으로 자극하기 때문에 이를 **유도인자**(inducer)이라고 한다.

젖당이 소진되면 더 이상 효소를 합성할 필요가 없기 때문에 이 순서가 반전된다. 이 시점에서 더 이상 억제단백질을 저해할 만큼 충분한 젖당이 없기 때문에 억제단백질은 오퍼레이터에 결합하는 활성 모습으로 돌아온다. 오퍼레이터는 잠기며, 젖당과 관련된 구조유전자의 전사와 효소의 합성이 중단된다.

중요한 점은 젖당 오페론이 포도당이 부족하거나, 세포에 필요한 에너지가 현재 있는 포도당으로 충족되지 않을 때만 작동한다는 것이다. 포도당은 세포가 선호하는 탄소원으로, 성장에 즉시 사용할 수 있고 오페론의 유도 없이 사용할 수 있기 때문이다. 포도당 공급이 있는 경우, 두 번째 조절 시스템이 환경에 젖당이 얼마나 있든지 젖당 오페론이 비활성화되도록 한다.

## 억제성 오페론

아미노산, 뉴클레오타이드 등의 합성을 담당하는 박테리아 시스템은 젖당 오페론과는 정반대의 원리인 억제(repression)의 원리를 따른다. 억제성 오페론에는 억제단백질, 오퍼레이터, 일련의 구조유전자와 같은 유사한 요소를 갖지만 중요한 차이점이 있다. 젖당 오페론과는 달리, 이 오페론은 일반적으로 켜져 있으며, 해당 경로의 생성물이 더 이상 필요하지 않을 때에만 꺼진다. 과잉 생성물은 오페론의 전사를 늦추는 **보조억제인자**(corepressor) 역할을 한다.

억제성 오페론을 설명하는 예시로 대사적으로 활성화돼 아미노산 아

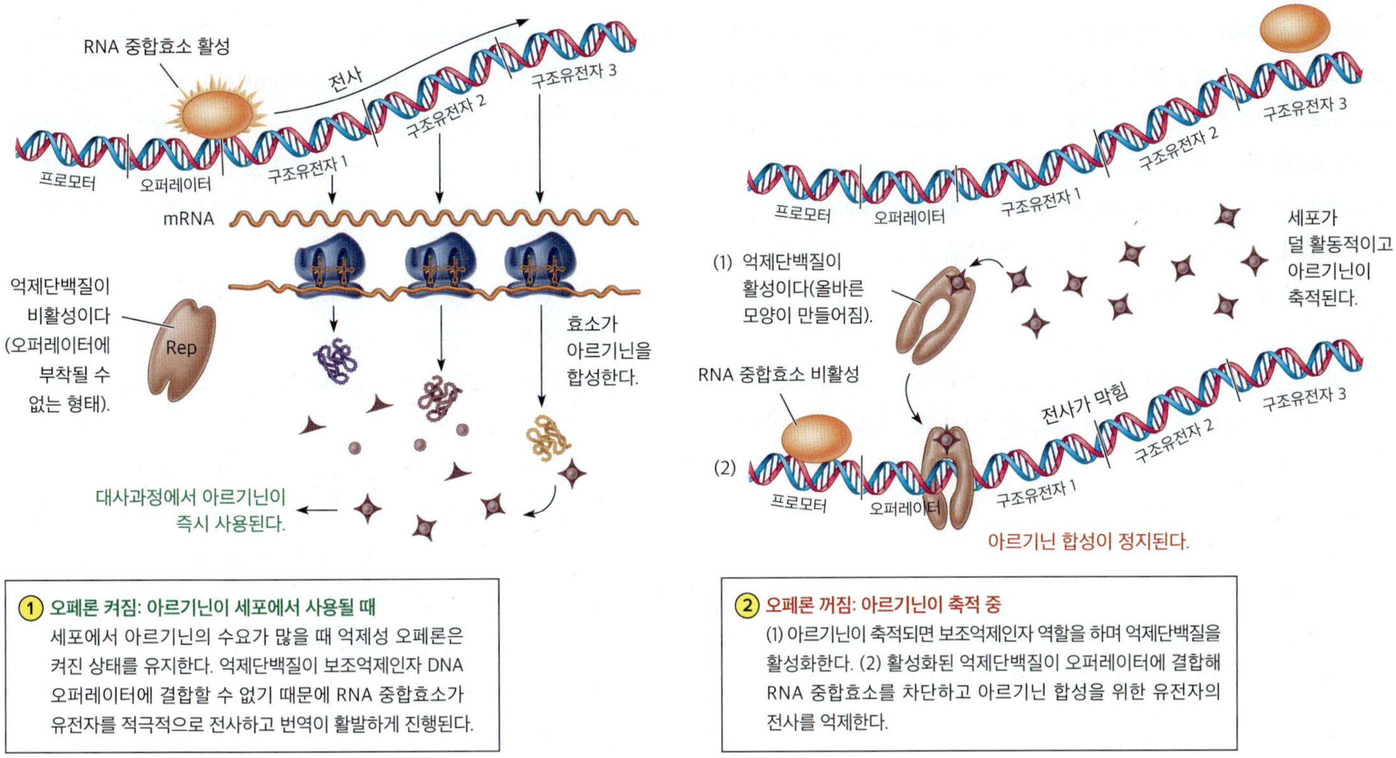


과정그림 9.22 억제성 오페론초과 생성물을 통한 유전적 조절.

르기닌(arg)을 대량으로 소비하는 세포를 들 수 있다. 이러한 조건에서 아르기닌 오페론은 켜져 있으며, 오페론의 효소 생성물의 작용을 통해 아르기닌이 활발히 합성된다(과정그림 9.22의 1단계). 대사가 활발한 세포에서 아르기닌이 즉시 사용되면 억제단백질을 활성화할 아르기닌의 양이 충분하지 않아 억제단백질은 비활성(오퍼레이터에 결합하지 못하는) 상태를 유지한다. 그러나 대사가 멈추면 합성된 아르기닌은 소비되지 않고 축적된다. 그러면 아르기닌은 억제단백질에 결합하는 보조억제인자로 작용한다. 이 반응은 억제단백질의 모양을 변경시켜 오퍼레이터에 결합할 수 있는 상태로 만들며, 이는 전사를 멈추게 한다. 아르기닌은 세포가 다시 대사에 사용할 때까지 합성되지 않는다(과정그림 9.22의 2단계).

## RNA와 유전자 발현

수십 년 동안 RNA는 단백질로 가는 수단 정도로 여겨졌지만, 최근 RNA의 동적 성질, 특히 다른 유전자의 발현을 조절하는 능력에 대해 더 많은 것을 알게 되면서 이견이 크게 변경됐다. 일부 mRNA 분자는 **리보스위치**(riboswitch)라 불리는, 해당 mRNA의 번역을 규제하는 작은 뉴클레오타이드 분절을 가진다. 예를 들어, 라이신 리보스위치는 아미노산 라이신의 생성을 조절하는 데 도움을 준다. 세포 내에서 라이신이 풍부하게 존재하면 리보스위치가 해당 아미노산에 결합해 mRNA의 모양을 변경시키고 번역을 막아 라이신의 생성을 줄인다(그림 9.23).

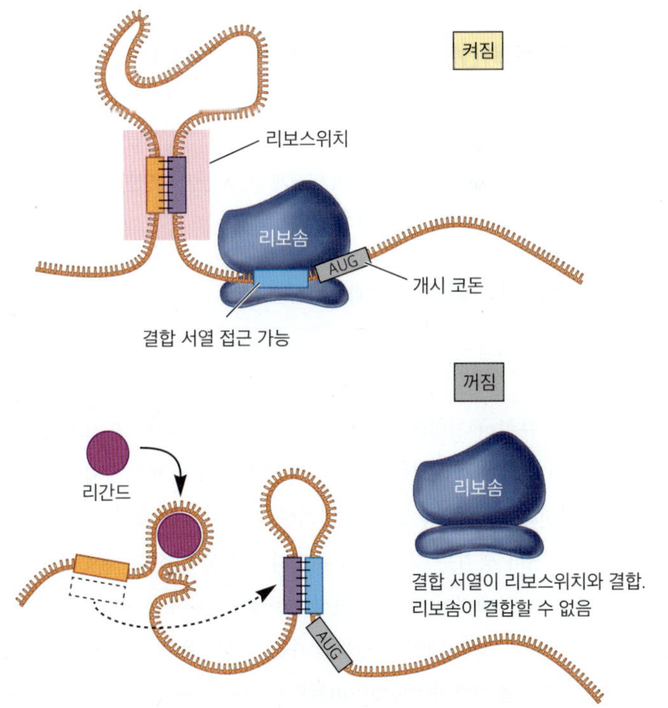


그림 9.23 리보스위치는 리보솜에 의한 번역을 조절한다. 리보스위치가 켜져 있을 때 mRNA의 선도 서열은 자신의 일부분과 루프를 형성해 리보솜 결합 서열을 노출시킨다. 이는 리보솜이 mRNA에 결합해 단백질 합성을 시작할 수 있게 한다. 리보스위치는 리간드가 mRNA에 결합해 mRNA의 모양을 바꾸고 리보솜 결합 서열의 위치를 재조정하면 꺼진다. 이렇게 되면 mRNA의 서열이 접근할 수 없게 돼 번역이 차단된다. (출처: Barry Chess/McGraw Hill)

다른 조절 RNA는 라이신과 같은 대사 산물에 부착하는 대신 mRNA 자체적으로 결합해 작동한다. RNA 간섭(RNA interference)으로 묘사되는 이러한 비암호화 RNA 분자들—마이크로 RNA(miRNA), 안티센스 RNA(asRNA), 작은 간섭 RNA(siRNA)—은 모두 유사한 방식으로 작동한다. 조절해야 하는 유전자에 상보적인 비암호화 RNA가 전사돼 그에 상보적인 mRNA에 결합해 이중가닥 RNA 분자를 생성하고, 이는 신속하게 분해된다. RNA 간섭은 주로 진핵생물에서 일어난다. 진핵생물에서의 유전자 조절은 환경 자극(예: 영양분, 독소 수준, 또는 온도)에 대한 반응뿐 아니라 성장과 발달 등을 포함해 더 복잡하다. 다세포 생물에서 수백 가지 다른 조직은 수천 개의 유전자를 조절하는 것을 통해서만 생성할 수 있다.

**핵심 점검 9.3**

19. 오페론이란 무엇인가? 조절유전자, 프로모터, 오퍼레이터의 기능을 설명하시오.
20. 젖당 오페론과 억제성 오페론 시스템을 비교하고 대조하시오.
21. 과정그림 9.21과 9.22의 과정에 대해 단계별로 간단하게 그리고, 오페론의 활동을 역전시킬 수 있는 사건을 나타내시오.
22. 리보스위치와 RNA 간섭이 DNA 조절의 어떤 수준에서 기능하는지 설명하시오.

## 9.4 돌연변이: 유전자 암호의 변화

**학습목표**

18. 돌연변이를 정의하고 돌연변이 형태가 어떻게 구분되는지 설명한다.
19. 돌연변이의 원인과 유형, 그 효과를 요약한다.
20. 몇 가지 돌연변이 복원 메커니즘을 설명한다.
21. 돌연변이의 유익하거나 해로운 효과를 비교한다.

유전 발현의 규칙이 정밀하고 예측 가능하다고 하더라도 유전 암호에서는 영구적인 변화가 일어난다. 실제로 유전적 변화가 생물개체에 변화를 주는 것은 진화의 주요 동력이다. 이러한 변화는 부적이거나 생리적 특성이 사라지거나 생기는 것과 같이 유전자 발현을 바꾼다. 예를 들어, 색소를 형성하는 박테리아가 색소 형성 능력을 잃을 수도 있고, 말라리아 기생충이 약물에 대한 내성을 획득할 수도 있다. 유전자형의 변화로 인한 형질 변화를 **돌연변이**(mutation)라고 한다. 분자 수준에서 돌연변이란 DNA 염기서열의 변경을 의미한다. 이는 염기쌍 손실, 염기쌍 추가, 또는 염기쌍 순서의 재배열을 말한다. 이를 유전자 재조합과 혼동하지 않도록 주의하자. 유전자 재조합은 미생물이 서로 유전정보가 담긴 분절 전체를 전송하는 것을 말한다.

자연적이고 돌연변이가 없는 특성을 보이는 미생물은 **야생형**(wild type) 또는 야생균주(wild strain)라고 한다. 만일 미생물에 돌연변이가 생긴다면 해당 미생물은 **돌연변이체**(mutant)라고 한다. 돌연변이체는 형태, 영양 특성, 유전 메커니즘, 화학물질에 대한 저항성, 온도 선호도 및 거의 모든 종류의 효소 기능에서 변형을 보일 수 있다. 돌연변이체는 유전적 사건 추적, 유전적 구성 해석, 유전적 표식을 정확히 찾아내는 데 유용하다.

돌연변이 박테리아를 감지하는 가장 간단한 방법은 대사 기질이나 항생제와 같은 차별적 또는 선택적 요소를 함유하는 고체 배지에 접종하는 것이다. 배지 판 위에 순수 균주를 배양하고 콜로니의 모습을 관찰함으로써 유전적 변이를 표현하는 종을 확인할 수 있다. 예를 들어, 야생형 대장균을 분별성(differential) 맥콘키 한천에 키우는 배양에서 대부분의 개별 콜로니는 젖당 발효에 양성 결과를 나타낸다. 하지만 여지없이 소수의 음성의 젖당을 사용할 수 있는 유전자를 잃은 콜로니가 있다. 이 콜로니는 추가 연구를 위해 쉽게 분리할 수 있다. 약물 내성 균주를 분리하기 위한 선택적 물질로 항생제가 배지에 자주 첨가된다.

### 돌연변이 원인

돌연변이는 발생 원인에 따라 자발적 또는 유도성으로 나뉜다. **자발적 돌연변이**(spontaneous mutation)는 복제 중의 오류로 인한 DNA의 변화로 알려진 원인이 없이 발생한다. 자발적 돌연변이의 빈도는 일반적으로 1만 개의 염기 중 1회부터 10억 개 중 1회까지 다양할 수 있으며, 종종 해당 지점의 DNA의 복잡성과 관련이 있다. 반복적이거나 루프나 헤어핀(그림 9.24)과 같은 많은 2차 구조를 가지는 DNA 영역은 일반적으로 돌연변이 발생률이 높다.

**유도성 돌연변이**(induced mutation)는 알려져 있는 **돌연변이원**(mutagens), 즉 DNA를 손상시키고 그 기능을 방해하는 물리적 또는 화학적 물질에 노출됨으로써 발생한다(표 9.3). 돌연변이 유발 물질을 신중히 조절해 돌연변이 미생물 균주를 유도하는 유용한 방법이 연구에서 사용된다.

화학적 돌연변이원은 다양한 방식으로 DNA를 변화시킨다. 예를 들어 아크리딘 염료(acridine dyes)와 같은 물질은 인접한 염기 사이에 DNA 나선 전체를 삽입한다. 이로 인해 나선이 왜곡돼 프레임시프트(frameshift) 돌연변이를 유발할 수 있다. 염기 유사체[5] (예: 5-bromodeoxyuridine, 2-aminopurine)는 DNA 복제 중에 염기 대신 사용돼 비정상적으로 추가될 수 있으며 이는 염기쌍 형성에 오류를 일으킨다. 많은 화학적 돌연변이원들은 암을 유발하는 물질이다(이 절 후반의 에임스 검사에 대한 논의 참조).

DNA를 변형시키는 물리적 요인은 주로 방사선이다. 고에너지 감마

5 유사체는 화학적으로 매우 유사한 구조를 가지지만 작용기에서 약간의 차이가 있는 화학물질을 의미한다.

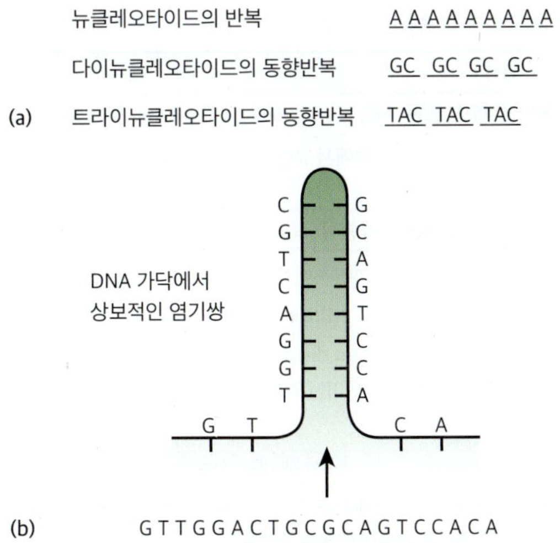


**그림 9.24 DNA의 2차 구조는 돌연변이 발생률을 높일 수 있다.** (a) 반복적인 DNA 구간은 DNA 중합효소가 뉴클레오타이드를 건너뛰거나 동일한 뉴클레오타이드를 두 번 읽게 해 돌연변이를 발생시킬 수 있다. (b) DNA 가닥 내에서 상보적 염기쌍 형성을 허용하는 서열은 DNA에 2차 구조(루프, 굴곡 또는 헤어핀)를 형성하게 해 돌연변이 발생률을 증가시킬 수 있다.

선과 X선은 DNA에 주요한 물리적 변형을 일으키며, 이는 복구가 불가능한 파손을 축적할 수 있다. 자외선(UV) 방사선은 인접한 피리미딘들 사이에 비정상적인 결합을 유도해 해당 영역의 정상적인 복제를 할 수 없게 한다. 많은 양의 방사선에 노출되면 치명적일 수 있으며, 이는 방사선이 미생물 제어에 효과적인 이유이기도 하다. 방사선은 동물에게 발암물질로 작용할 수도 있다. 미생물 제어를 위한 방사선 사용에 대한 내용은 11장에서 더 자세히 다룬다.

## 돌연변이 종류

돌연변이는 긴 유전 서열이 획득되거나 손실되는 큰 돌연변이부터 유전자에서 몇 개의 염기만 영향을 받는 작은 돌연변이에 이르기까지 다양하다. 후자의 경우 몇 개의 염기를 추가, 삭제 또는 치환하는 돌연변이를 말하며, 이를 **점돌연변이**(point mutation)라고 한다.

DNA 변이가 세포에 미치는 영향을 이해하려면, DNA 암호가 특정

**표 9.3** 일부 돌연변이원과 그 영향

| 작용원 | 영향 |
|---|---|
| **화학물질** | |
| 질산, 중아황산염 | 염기에서 아미노기 제거 |
| 브로민화 에티움 | 염기쌍 사이에 삽입 |
| 아크리딘 염료 | 염기쌍 사이에 삽입돼 프레임시프트 유발 |
| 염기 유사체 | DNA 구성에서 정상염기와 경쟁 |
| **방사선** | |
| 이온화(감마선, X선) | DNA상에 단일 혹은 이중 절단을 일으키는 자유라디칼 형성 |
| 자외선 | 인접 피리미딘 사이에 상호연결 유발 |

순서의 트리플렛(3개의 염기)이 mRNA 코돈으로 전사되는 방식을 기억해야 한다. 각 코돈은 하나의 아미노산을 지정한다. 영구적으로 변형이 생긴 DNA가 그대로 mRNA로 복사되고 번역되면 단백질의 구조가 변할 수 있다. 단백질의 변화는 세포의 형태와 생리학적 특성을 변화시킬 수 있다. 대부분의 돌연변이는 세포에 해로운 영향을 미쳐 세포 기능의 이상이나 사망을 초래한다. 중립 돌연변이(neutral mutation)는 해롭지도 유익하지도 않은 변화를 일으키고, 작은 확률로 돌연변이가 세포에 구조적 또는 생리학적으로 유익한 변화를 제공해 이로운 경우도 있다.

단백질에 다른 아미노산이 들어가게 되는 돌연변이를 **미스센스 돌연변이**(missense mutation)라고 한다. 미스센스 돌연변이는 다음 중 하나를 초래할 수 있다.

- 결함이 있거나 비기능(또는 기능이 저하된) 단백질을 생성한다.
- 다른 방식으로 기능하는 단백질을 생성한다.
- 단백질 기능에 큰 변화를 일으키지 않는 경우도 있다.

반면에 **난센스 돌연변이**(nonsense mutation)는 정상적인 코돈을 정지 코돈으로 바꾸어 단백질의 생성을 중지시켜 거의 항상 비기능 단백질을 초래한다. **침묵 돌연변이**(silent mutation)는 염기를 변화시키지만 아미노산을 변경하지 않아 영향을 미치지 않는다. 예를 들어, 암호의 중복성 때문에 ACU, ACC, ACG, ACA는 모두 트레오닌을 지정하기 때문에 마지막 염기가 바뀌어도 메시지의 의미를 변형하지 않는다. **역돌연변이**(back-mutation)는 돌연변이가 생긴 유전자가 다시 원래의 염기 조성으로 되돌아가는 것을 의미한다.

돌연변이는 새로 합성된 DNA 가닥에 하나 이상의 염기가 삽입되거나 삭제될 때도 발생한다(표 9.4, II.B 참조). 이러한 유형의 돌연변이를 **프레임시프트 돌연변이**(frameshift mutation)라고 하는데, 유형에 따라 mRNA를 읽는 틀이 왼쪽이나 오른쪽으로 이동한다. 프레임시프트 돌연변이는 거의 항상 기능이 없는 단백질을 초래하는데, 이는 코돈 구조가 그 지점부터 초기화돼 원래 DNA와 다른 아미노산 서열을 암호화하게 되고, 정지 코돈을 도입할 가능성이 높기 때문이다. 또한 3의 배수(3, 6, 9 등)로 염기가 삽입되거나 삭제될 경우 돌연변이 자리에서 다운스트림의 틀이 바뀌지 않는다는 점도 주목할 만하다. 그러나 이러한 경우에도 바뀌는 아미노산 서열에 따라 여전히 단백질 구조를 망칠 수 있다. 이러한 유형의 돌연변이의 효과는 표 9.4에서 보여 준다.

## 돌연변이 복구

앞서 DNA 복제 오류를 수정하는 교정 메커니즘이 있다고 언급했다. 돌연변이는 잠재적으로 생명을 위협할 수 있기 때문에 세포는 다양한 돌연변이 유발 물질과 돌연변이 과정에 의해 손상된 DNA를 찾고 복구하기 위한 추가적인 시스템을 가지고 있다. 대부분의 일반적인 DNA 손상은 이러한 결합을 찾아 수정하는 데 특화된 효소 시스템에 의해 해결된다.

**임상 사례**

## 만약 돌연변이를 줄 수 있다면

티모시 레이 브라운(Timothy Ray Brown)은 극심한 피로를 호소하며 베를린의 의사들을 찾았다. 매일 자전거로 왕복 20마일을 이동하던 그는 갑자기 사무실 근처 식당까지 1마일을 타는 것조차 힘들어졌다. 브라운은 10년 전 인간면역결핍바이러스(HIV) 진단을 받았고, AZT와 프로테이스 억제제의 조합으로 바이러스를 억제하고 있었다. 그는 건강한 상태였고 HIV에 감염되지 않은 사람과 거의 동일한 기대 수명을 가지고 있었다. 베를린의 의사들은 브라운을 빈혈(HIV 감염과는 무관)로 진단했고, 순환하는 적혈구 수를 늘리기 위해 수혈을 실시했다. 종양 전문의는 골수 생검을 수행했고, 초기 증상이 나타난 지 일주일도 채 되지 않아 브라운은 급성 골수성 백혈병(AML)을 진단받았다. 이는 골수암의 일종이다.

화학 요법이 여러 차례 실패한 후, 의사들은 골수 이식의 가능성을 제시했다. 이는 백혈병 치료를 위해 암세포와 건강한 세포를 모두 파괴하고 건강한 골수를 새로이 체내에 이식하는 방법이다. 그러나 브라운의 의사는 한 걸음 더 나아가 브라운의 HIV까지 동시에 치료할 수 있을지도 모르는 치료법을 제안했다.

인간면역결핍바이러스(HIV)가 면역체계 세포에 들어가기 위해서는 먼저 CCR-5라는 세포 표면 수용체 단백질에 결합해야 한다. 대략 1%의 인구가 CCR-5 유전자 양쪽에 돌연변이(CCR-5 델타 32 또는 CCR-5 Δ32)를 가지고 있으며, 이 돌연변이는 정지 코돈을 생성한다. HIV는 세포에 침투할 때 이러한 돌연변이 단백질을 사용할 수 없기 때문에 바이러스를 복제할 수 없다. 만약 CCR-5 Δ32 돌연변이를 가진 골수 기증자를 찾을 수 있다면, 브라운의 급성 골수성 백혈병(AML)과 HIV를 동시에 치료할 가능성이 있다.

운 좋게도 브라운은 북유럽 계통 출신으로, CCR-5 Δ32 돌연변이가 가장 흔히 발견되는 그룹이다. 브라운에게 적합한 돌연변이를 가진 기증자를 찾았으며, 그는 2007년 2월 6일에 골수 이식을 받았고, 같은 날 그의 항HIV 약물 복용을 중단했다. 2019년에 브라운의 백혈병이 재발했는데, 이는 흔한 일이며, 그는 2020년 말에 사망했다. 그러나 이식과 사망 사이에 그의 HIV는 재발하지 않았으며, 이로써 그는 HIV 감염이 치료된 첫 번째 사람이었다.

**Δ32는 CCR-5 유전자에서 32개의 염기쌍이 삭제됐음을 나타낸다. 삭제 돌연변이와 정지 돌연변이 외에도 해당 유전자에 어떤 유형의 돌연변이가 생성됐을까?**

자외선에 의해 손상된 DNA는 광활성화(photoactivation) 또는 광수선(light repair)을 통해 복구될 수 있다. 이 복구 메커니즘에는 가시광선과 빛에 민감한 효소인 DNA 광분해효소(DNA pholyase)가 필요하며, 비정상적인 피리미딘 결합부위에 부착해 원래의 DNA 구조를 복원할 수 있다. 자외선 복구 메커니즘은 오직 자외선에 의해 적은 수의 돌연변이에 대해 성공적이다. 돌연변이는 잘못된 염기를 제거하고 올바른 염기를 추가하는 일련의 효소에 의해 제거될 수 있다. 이 과정을 절제복구(excision repair)라고 한다. 먼저, 효소는 오류가 발생한 부위의 염기와 당-인산 가닥 사이의 결합을 끊는다. 그다음 다른 효소가 결합이 있는 염기를 한 번에 하나씩 제거하며, 그 공백을 DNA 중합효소 I와 연결효소가 채운다. 복구 시스템은 또한 교정 중에 잘못된 염기쌍을 만들 수

**표 9.4** 주요 돌연변이 유형 분류

| 분류 | 예시 |
|---|---|
| I. 정상형(돌연변이되지 않은) 서열 | THE BIG BAD CAT ATE THE FAT RED BUG |
| 정상형 유전자 서열은 대부분의 생물에서 발견되는 DNA 서열이며, 일반적으로 '정상' 서열로 간주됨 | |
| II. DNA 변화 유형에 따른 돌연변이 분류 | |
| A. 치환 돌연변이(Substitution mutations) | |
| 1. 미스센스(Missense) | THE BIG MAD CAT ATE THE FAT RED BUG |
| 미스센스 돌연변이는 서로 다른 아미노산이 단백질에 삽입되도록 하며, 그 영향은 새 아미노산이 단백질 기능에 어떤 영향을 미치는지에 따라 미미하거나 심각할 수 있음 | |
| 2. 난센스(Nonsense) | THE BIG BAD XXX (stop) |
| 난센스 돌연변이는 코돈을 정지(종결) 코돈으로 바꾸어 단백질 합성을 조기 종료시킴. 이 유형은 대부분 심각한 영향을 초래함 | |
| B. 프레임시프트 돌연변이(Frameshift mutations) | |
| 1. 삽입(Insertion) | THE BIG BAB DCA TAT ETH EFA TRE DBU G |
| 2. 결실(Deletion) | THE BIG *ADC ATA TET HEF ATR EDB UG |
| 삽입(염기 추가) 및 결실(염기 제거) 돌연변이는 mRNA의 읽는 틀(reading frame)을 변경하여 돌연변이 이후에 생성되는 아미노산 서열이 전혀 달라지게 만듦. 이로 인해 생성된 단백질은 대부분 비기능성이 됨 | |

있다. 예를 들어 C를 A와, 또는 G를 T와 짝 지을 수 있다. 이러한 미스매치가 일어난 이후 곧바로 염기가 대체되지 않으면 복구 효소가 인식하지 못할 수 있다.

## 에임스 검사

새로운 농업, 산업 및 의약 화학물질들이 환경에 광범위하게 노출되고 있다. 심각하게도 이러한 화합물 중 많은 수가 돌연변이원이며, 거의 모든 돌연변이원이 암과 연관돼 있음이 발견됐다. 발암 가능성이 있는 물질을 감지하기 위해 동물 실험이 표준 방법으로 사용되지만, **에임스 검사**(Ames test)[6]는 더 빠른 선별 시스템으로서 흔히 사용된다. 이 방법에서 유전자 발현과 돌연변이율을 쉽게 관찰하고 모니터링할 수 있는 박테리아를 사용한다. 전제는 세균 DNA의 돌연변이를 유발할 수 있는 화학물질은 포유류(그리고 인간)의 DNA도 유사하게 돌연변이를 유발할 가능성이 있으며, 따라서 잠재적으로 위험하다는 것이다. 발암 가능성이 있는 많은 물질(예벤잔트라센 및 아플라톡신)이 포유류의 간 효소에 의해 작용한 후에만 돌연변이를 유발한다. 따라서 이러한 효소의 추출물을 검사 배지에 더한다.

에임스 검사에서 사용되는 지표생물 중 하나는 돌연변이 살모넬라 엔테리카(*Salmonella enterica*)[7] 균주로 아미노산 히스티딘을 합성하는

6 창시자인 브루스 에임스(Bruce Ames)의 이름을 따서 명명됨.

7 *S. enterica*는 가금류의 장에 서식하며 사람에게 식중독을 일으킨다. 이 균은 박테리아의 유전학 연구에 널리 사용된다.

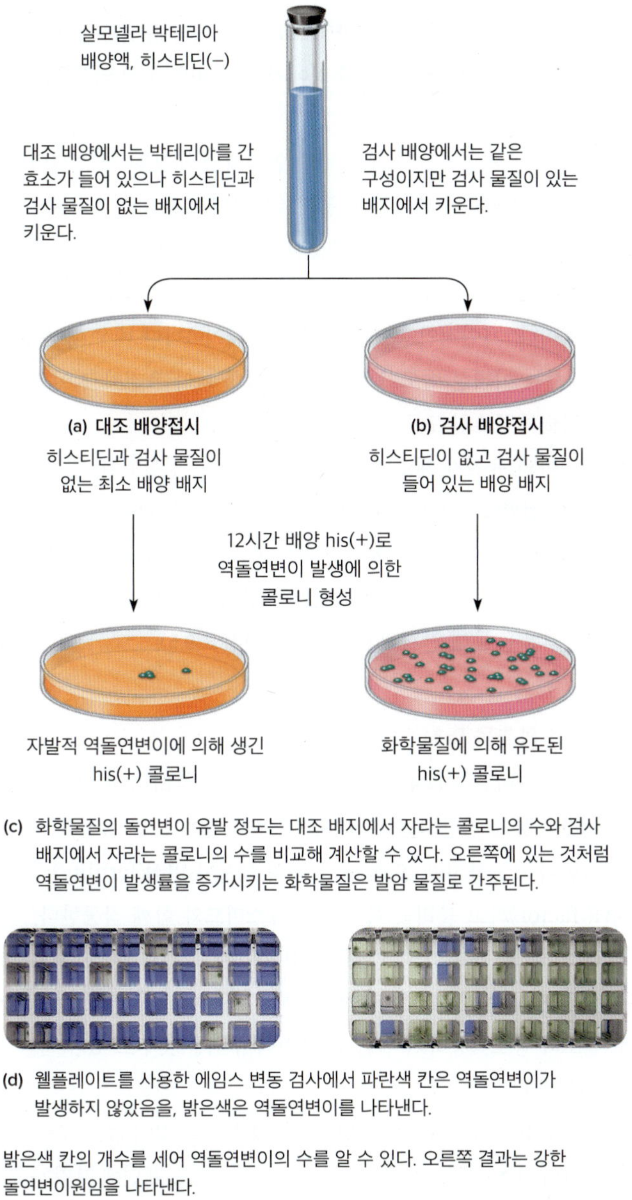


**그림 9.25** 에임스 검사. (a, b, c) 전통적인 평판 배양 방법에서는 히스티딘을 합성하지 못하는 *Salmonella enterica* 균주[his(−)]를 실험 균주로 사용한다. 만약 어떤 화학물질이 대조군에 비해 히스티딘을 생성하는 세포의 돌연변이율을 증가시킨다면 그 화학물질은 돌연변이 유발물질로 간주된다. (d) 최근에 개발된 웰 변동 검사(well fluctuation test)는 동일한 기본 원리에 기반을 두고 있지만 민감도가 더 높고 평가가 용이하다. (출처: Xenometrix AG)

능력을 없앴다. 이 균주는 DNA 복구 메커니즘도 결여돼 있어 역돌연변이에 매우 취약하다. 히스티딘을 합성할 수 있는 야생형 균주로 복귀하는 역돌연변이가 낮은 빈도로 자발적으로 발생한다. 검사 물질이 자발적으로 발생하는 수준을 넘는 역돌연변이 비율을 증가시키면 돌연변이 유발 물질로 간주된다. 그림 9.25에서 표준적인 검사법과 결과 처리를 간소화하는 자동화된 방법이 비교된다. 에임스 검사는 동물 실험에 의지하지 않고도 환경, 음식물에서 나오는 화학물질의 돌연변이 유발성과 발암성을 선별하는 데 매우 유용한 도구로 입증됐다.

## 돌연변이의 긍정적 및 부정적 효과

많은 돌연변이가 복구되지 않는다. 세포가 이러한 돌연변이에 대처하는 방법은 돌연변이의 종류와 해당 생물체가 사용할 수 있는 전략에 따라 다르다. 돌연변이는 생식을 통해 자손에게 전달되고, 바이러스의 경우 복제 중에 새로운 바이러스에 전달된다. 이로 인해 돌연변이는 장기적으로 유전자 풀에 남게 된다. 대부분의 돌연변이는 생물체에 해롭지만, 일부는 이점을 제공한다.

만약에 기능이 없는 단백질을 유발하는 돌연변이가 반수체와 같이 하나밖에 없는 유전자에 일어나면 아마 그 세포는 죽을 것이다. 이러한 일은 특정 돌연변이 대장균 균주가 자외선에 의한 손상을 복구하는 데 필요한 유전자에 돌연변이를 얻을 때 발생한다. 인간 유전체에서 단일 단백질(대부분 효소)의 작용에 영향을 미치는 돌연변이는 3,500가지 이상 질병의 원인이 된다.

비록 대부분의 자발적 돌연변이가 유익하지 않지만, 소수의 돌연변이가 형질 발현의 대체적인 방법을 가지는 변종 균주를 만들어 개별과 집단의 성공에 기여한다. 미생물은 이러한 이점을 '인식'하지 않으며, 이러한 변화를 지시하지도 않는다. 그들은 단지 맞닥뜨리는 환경에 반응할 뿐이다. 장기적인 관점에서 볼 때, 돌연변이와 이들이 생성하는 변이는 집단의 변화를 위한 원료이며, 궁극적으로 진화의 원재료가 된다.

어떤 집단이든 다양한 특성을 가지는 변종을 가지도록 돌연변이가 자주 발생하지만, 환경이 안정적인 동안에는 이러한 돌연변이가 아주 적게 나타난다. 하지만 환경이 변화하면 특정 개체의 생존에 불리한 환경이 될 수 있으며, 보호적인 돌연변이를 지닌 미생물만이 새로운 환경에서 생존할 수 있다.

이러한 관찰은 자연 선택과 적자 생존이라는 중요한 생물학적 원칙으로 설명할 수 있다. 이 이론은 환경적 압력이 유익한 돌연변이로 인해 더 큰 적응력을 가진 생물을 선택한다고 말한다. 이들은 생존하고, 번식하고, 변화한 유전자를 다음 세대에 전달할 가능성이 높다. 시간이 지나면서 이렇게 생존한 개체의 돌연변이가 계속해서 그들의 생존에 유리하다면 이는 한 집단의 지배적인 구성원이 된다. 자연 선택의 가장 명확한 모델 중 하나는 박테리아의 약물 내성 획득이다(12장에서 논의).

9.5절에서 볼 수 있듯, 박테리아는 재조합을 통해 다른 박테리아와 유전자를 공유함으로써 유전자 구성을 변경하는 추가적인 메커니즘을 가진다.

**핵심 점검 9.4**

23. 돌연변이(mutation)와 돌연변이체(mutant)의 의미를 설명하시오
24. 돌연변이의 주요 원인과 유형, 결과에 대해 설명하시오. 유익한 돌연변이와 치명적인 돌연변이의 예를 드시오.
25. 에임스 검사에서 2개의 배양을 하는 이유를 설명하시오.

## 9.5 DNA 재조합 현상

**학습목표**

22. 박테리아의 재조합과 그에 수반되는 것을 설명한다.
23. 접합의 주요 특징과 그 결과를 설명한다.
24. 박테리아의 형질전환에 요구되는 것과 그 결과에 대해 논한다.
25. 형질도입에 수반되는 과정과 마지막 결과를 확인한다.
26. 전위인자와 미생물에서 그 중요성에 대해 논한다.

유성생식을 통한 유전자 재조합은 진핵생물에서 유전적 변이를 일으키는 중요한 수단이다. 비록 박테리아에는 유성생식에 정확히 대응하는 방식은 없지만, 그들의 유전체 일부를 공유하거나 재조합하는 원시적인 방법이 있다. 박테리아가 다른 박테리아에게 DNA를 제공하는 것을 유전자 전이의 한 유형인 **재조합**(recombination)이라고 하며, 그 결과는 원래의 기증 균주 및 수령 균주 둘 다와 다른 새로운 균주다. 일반적으로, 다른 개체에서 유래한 유전자를 획득한 개체를 **재조합체**(recombinant)라고 한다.

박테리아에서 재조합은 주로 다른 박테리아, 심지어 다른 생물의 유전물질을 획득하고 발현하는 데 있어 융통성이 있다. 이러한 유전자 공유 능력은 박테리아의 다양성과 진화에 엄청난 영향을 미친다. 자발적 돌연변이와는 달리 재조합은 일반적으로 유익한 경우가 많다. 재조합을 통해 약물과 대사 독소에 대한 저항성을 제공하는 유전자를 얻을 수 있으며, 새로운 영양과 대사 경로, 향상된 병원성, 변화하는 환경 조건에 대한 적응력을 가질 수 있다.

### 박테리아 유전물질의 전이

박테리아 세포 간의 DNA 전이는 일반적으로 플라스미드 또는 염색체 조각 형태의 작은 DNA 조각을 통해 이루어진다. **플라스미드**(plasmid)는 자체의 복제 원점을 가지고 있어 박테리아의 염색체와 독립적으로 복제될 수 있는 작은 원형의 DNA 조각이다. 플라스미드는 박테리아(그리고 일부 진균)에서 발견되며 일반적으로 몇십 개의 유전자를 포함한다. 플라스미드는 세균의 생존에 필수적이지는 않지만, 종종 약물 저항성과 같은 적응 유전자를 갖는다.

박테리아 세포가 터졌을 때 탈출한 염색체 조각 또한 세포 사이의 유전자 정보 전이에 흔히 관여한다. 플라스미드와의 중요한 차이점은 플라스미드가 안정적으로 복제되고 상속될 수 있는 반면, 염색체 조각은 복제되고 최종적으로 후대 세포에 전달되기 위해서는 염색체에 통합돼야 한다는 점이다. 자연적인 재조합 속도는 박테리아마다 매우 다양하지만 실험실에서는 이러한 속도가 향상되며, 개체 간의 유전자 전이 능력이 연구와 기술의 중요한 도구가 된다.

박테리아의 유전자 재조합 방식에 따라 접합, 형질전환, 형질도입으로 불린다. **접합**(conjugation)은 두 세포가 연결돼 DNA를 전송할 수 있는 다리를 형성해야 한다. **형질전환**(transformation)은 유리 DNA의 전달로, 특별한 수송체가 필요하지 않다. **형질도입**(transduction)은 바이러스의 작용을 통해 연계된 DNA 전송이다(표 9.5).

### 접합: 직접 접촉을 통한 유전물질 전송

접합은 플라스미드나 DNA 조각이 공여 세포로부터 수용 세포로 직접적인 연결을 통해 전달되는 유전 재조합 방식이다. 그람 음성 및 양성균 모두 접합이 가능하지만, 오직 그람 음성 세포만 **번식**(fertility) 혹은 **F 인자**(F factor)라고 불리는 특수한 플라스미드와 함께 작동한다. 이러한 플라스미드는 대부분의 접합을 통한 전이에서 기능하는 **선모**(pilus) 혹은 성 선모(sex pilus)[8]를 합성하도록 지시한다. 수용 세포는 일반적으로 선모와 상호작용하기 위한 표면 인식 부위를 갖추고 있다(과정그림 9.26의 1단계).

접합에서 F 플라스미드를 가진 세포를 $F^+$로, 그것이 없는 세포는 $F^-$로 표기한다. $F^+$ 세포에서 선모가 자라나 $F^-$ 세포 표면에 부착하고 두 세포를 끌어당겨 접촉이 이루어진다(과정그림 9.26의 1단계). 선모가 두

8 이 용어는 박테리아의 교배를 나타내지만 박테리아에 없는 유성생식과는 관련이 없다.

**표 9.5 박테리아의 유전자 재조합 유형**

| 방식 | 관련 인자 | 직접 혹은 간접* | 전달되는 유전자의 예 |
|---|---|---|---|
| 접합 | 선모가 있는 공여 세포<br>번식 플라스미드<br>공여자와 수용자 둘 다 살아 있어야 함<br>두 세포 간에 DNA 전달을 위한 다리 형성 | 직접 | 약물 저항성, 물질 저항성, 독소 생성, 효소, 부착 물질, 독성 기질 분해, 철분 수용 |
| 형질전환 | 유리 공여 DNA(조각 또는 플라스미드)<br>살아 있는 수용 세포, 공여자는 주로 죽어 있음 | 간접 | 다당 협막, 대사 효소, 약물 저항성, 무제한적인 클로닝 기술 |
| 형질도입 | 공여자는 용해된 박테리아 세포임. 불완전한 박테리오 파지가 공여 DNA의 운반체임. 공여자와 같은 종인 살아 있는 수용 세포 | 간접 | 세포외독소, 당 발효를 위한 효소, 약물 저항성 |

* 직접이란 의미는 공여자와 수용자가 재조합 과정 동안 접촉해 있음을 의미. 간접적인 것은 그렇지 않다.

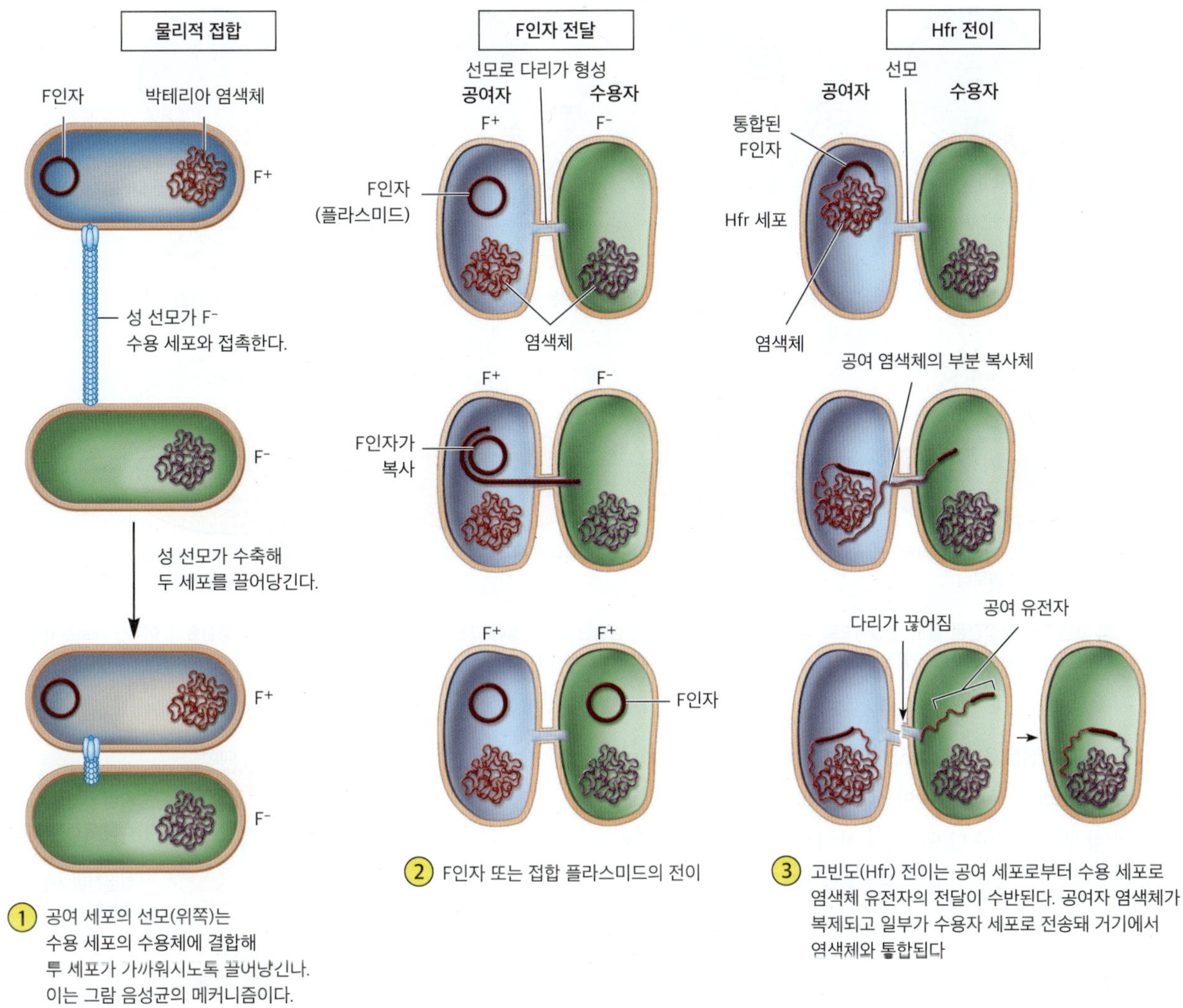


**과정그림 9.26** 접합: 두 세포 사이에 직접적인 접촉을 통해 이루어지는 유전물질 전달.

세포에 부착돼 있는 부위에서 교배 혹은 접합 다리가 형성돼 플라스미드의 전송 시스템으로 작용한다. 최신의 신뢰할 만한 정보에 따르면, 선모는 세포벽과 막 사이의 대문을 열어 복잡한 분비 시스템의 일부가 돼 플라스미드가 지나다니는 통로로 작용한다.

특성에 일부 변이를 가지는 수백 가지의 접합 플라스미드가 있다. 가장 잘 알려진 플라스미드 중 하나는 전이의 다음과 같은 패턴을 보이는 대장균의 F인자다.

1. 플라스미드를 보존하려는 경향 때문에 공여 세포는 먼저 F인자의 복사본을 만들고 동시에 그것을 다리를 통해 전송한다(과정그림 9.26의 2단계). 이렇게 함으로써 공여 세포는 원본 플라스미드를 보존하고, 여전히 $F^+$ 상태를 유지하며 다른 박테리아와 계속해 접합할 수 있다. $F^-$ 세포는 $F^+$세포로 전환돼 섬모를 생성하고 다른 세포들과 접합할 수 있다. 과정에서 추가적인 유전자들은 전송되지 않는다.
2. 고빈도 재조합(Hfr) 공여자에서 번식 인자는 $F^+$ 공여자 염색체에 통합돼 있다.

고빈도 재조합이라는 용어는 통합된 F인자가 있는 세포가 다른 세포들보다 더 높은 빈도로 염색체 유전자를 전송하는 것을 가리킨다. 이는 F인자가 공여자 염색체의 일부를 수용자 세포로 더 체계적으로 전송할 수 있기 때문이다. 이 전송은 F인자와 함께 공여자 염색체의 복제를 통해 이루어진다. DNA의 한 가닥은 공여자에 보존되고, 다른 가닥은 수용자 세포로 운반된다(과정그림 9.26의 3단계). 이 과정에서 F인자는 전달되지 않을 수 있다. 전체 염색체의 전송은 약 100분 정도 소요되지만, 세포 간의 섬모 다리는 보통 이전에 끊어지며, 공여 세포의 전체 유전체가 전달되는 경우는 드물다.

접합은 생의학적으로 큰 중요성을 갖는다. 항생제 및 기타 약물에 대한 저항성 유전자를 운반하는 특수한 **저항성 플라스미드**(resistance (R) plasmid) **또는 인자**(factors)가 접합을 통해 박테리아 사이에서 흔

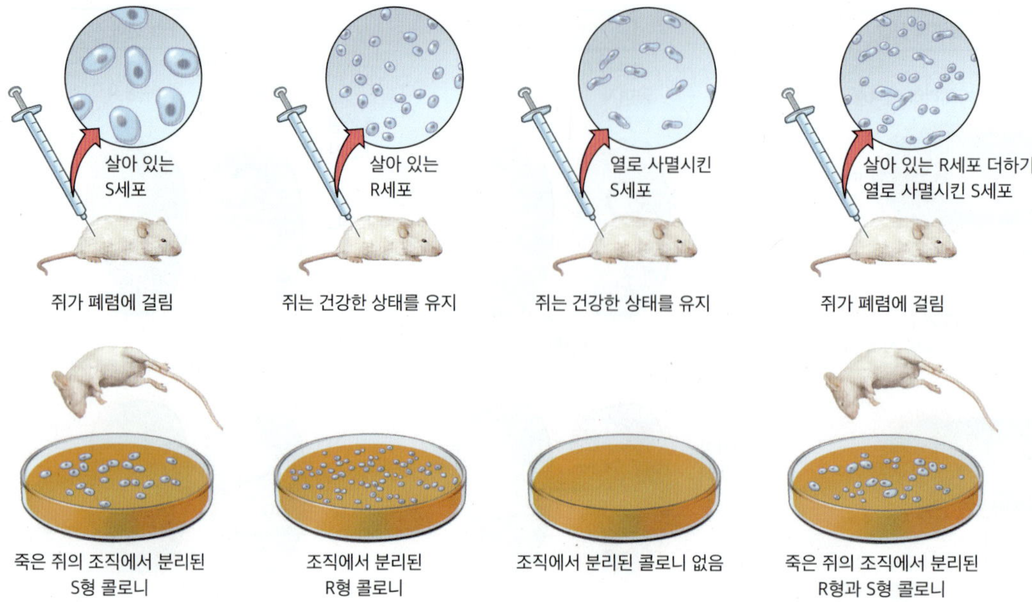


**그림 9.27 그리피스의 고전적인 형질전환 실험.** 본질적으로 이 실험은 죽은 세포로부터 방출된 DNA가 살아 있는 세포에 의해 흡수될 수 있음을 증명했다. 이러한 새로운 DNA를 받아들인 세포는 유전적으로 변화되며 이 경우 비병원성 균주에서 병원성 균주로 전환되었다. (출처: Barry Chess/McGraw Hill)

하게 공유된다. R인자의 전달은 테트라사이클린(tetracycline), 클로람페니콜(chloramphenicol), 설폰아마이드(sulfonamides), 페니실린(penicillin) 등의 항생제에 대한 다제내성을 부여한다. 이 현상은 12장에서 더 자세히 다룬다. 다른 종류의 R인자는 중금속(니켈 및 수은)에 대한 저항성 유전자나 병원체 균주의 병원성을 증가시키는 독소, 효소, 부착 분자를 합성하는 유전자를 운반한다. 접합 연구는 또한 박테리아 염색체 지도를 그리는 수단을 제공했다.

몇몇 그람 양성균(예: *Bacillus*, *Streptococcus*)은 접합을 통해 재조합한다고 알려져 있다. 이들은 섬모가 없기 때문에 세포 부착 시 활성화되는 특수 단백질을 통해 플라스미드를 운반해야 한다. 관련 메커니즘은 아직 완전히 밝혀지지 않았다.

## 형질전환: 수용액 속 유리 DNA 포획

미생물 유전학의 중요한 발견 중 하나는 1920년대 후반 영국의 의사이자 세균학자인 프레더릭 그리피스(Frederick Griffith)가 폐렴균(*Streptococcus pneumoniae*)과 실험용 쥐를 사용해 이룬 것이었다(그림 9.27). 폐렴구균은 협막의 존재 여부, 콜로니 형태, 병원성에 따라 두 가지 주요 균주로 나뉜다. 협막이 있는 균주는 매끄러운(S) 콜로니 외형을 가지고 있으며, 병원성이 있다. 반면, 협막이 없는 균주는 거친(R) 외형을 가지고 있으며, 비병원성이다. (4장에서 협막이 박테리아를 포식자 방어로부터 보호한다는 것을 배웠다.) 그리피스는 처음에 살아 있는 병원성(S) 균주를 쥐에게 주사했을 때 쥐가 곧 죽는다는 것을 보여 주었다. 반면, 살아 있는 비병원성(R) 균주를 주사한 쥐는 건강하게 살아남았다. 그리피스는 이번에는 변형된 실험을 시도했다. 그는 S 균주를 가열 살균

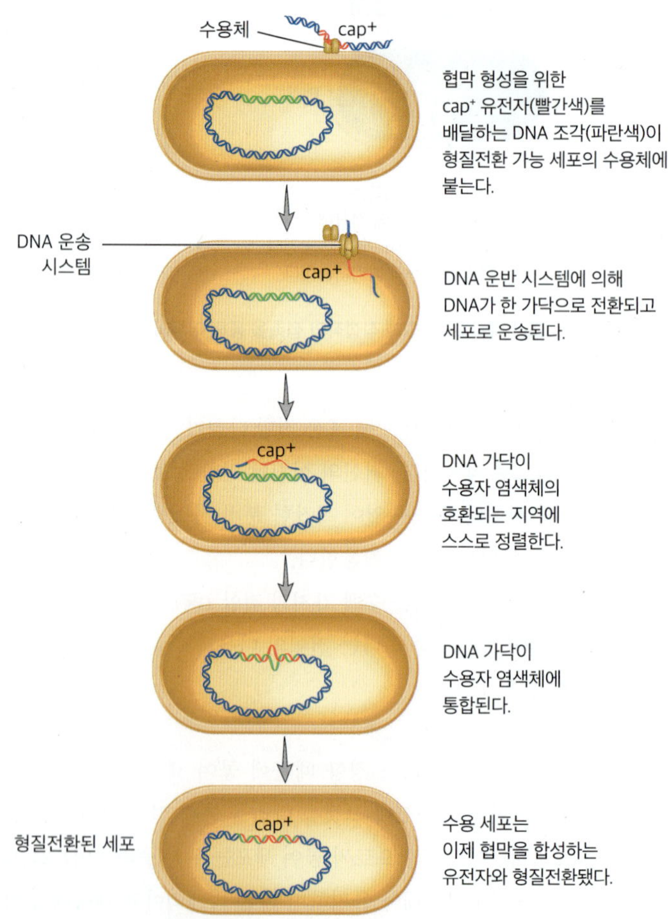


**그림 9.28 *S. pneumoniae*에서 볼 수 있는 박테리아 형질전환 단계.** 협막 형성을 암호화하는 유전자가 어떻게 세포로 들어가 염색체에 삽입되는지 보여 준다. $Cap^+$는 협막 형성을 위한 유전자를 나타낸다.

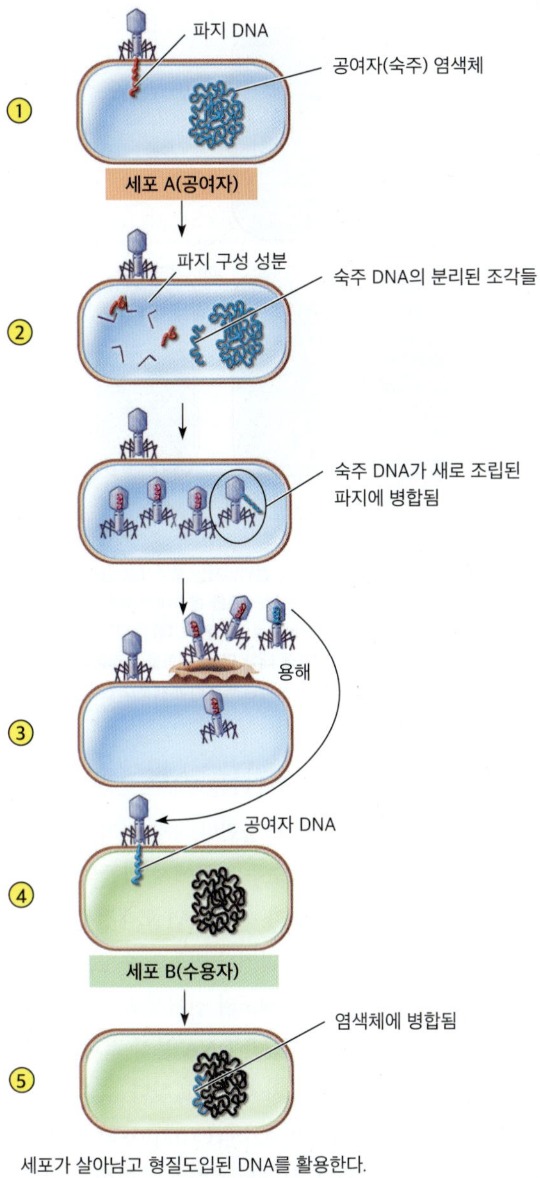


**과정그림 9.29 일반형질도입: 바이러스 운반체에 의한 유전자 전이.** (1) 파지가 정상적인 방법으로 세포 A(공여 세포)를 감염시킨다. (2) 복제 및 조립 과정에서 파지 입자가 실수로 박테리아 DNA의 일부를 포함한다. (3) 그 후 세포 A는 용해돼 성숙한 파지, 특히 유전적으로 변형된 파지를 방출한다. (4) 변형된 파지는 다른 숙주세포(세포 B)에 흡착해 침투하고, 바이러스 핵산 대신 세포 A의 DNA를 주입한다. (5) 세포 B는 이 DNA를 받아들여 자신의 DNA와 재조합한다. 바이러스가 결함이 있어(바이러스로서 생물학적으로 비활성 상태), 용균 주기를 완료할 수 없다. 형질도입된 세포는 생존하며 이 새로운 유전물질을 사용할 수 있다.

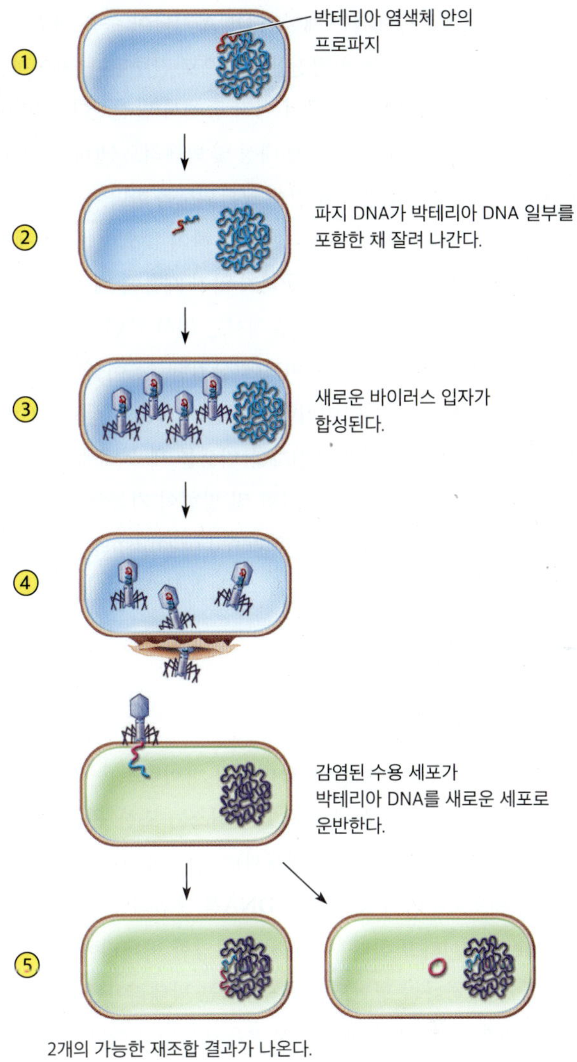


**과정그림 9.30 특수형질도입: 바이러스 운반체에 의한 특정 유전물질의 전이.** (1) 특수형질도입은 프로파지(빨간색)를 포함하는 세포에서 시작된다. (2) 바이러스가 용균 주기로 들어가면, 숙주세포의 일부 DNA를 함께 가지고 탈출한다. (3) 복제 및 조립 과정에서 바이러스와 박테리아 DNA가 혼합된 키메라 바이러스가 생성된다. (4) 재조합 바이러스가 방출되고 새로운 숙주를 감염시켜 세포 간에 박테리아 DNA가 전이된다. (5) 새로운 숙주 염색체와 바이러스 DNA 간에 재조합이 일어나 박테리아-박테리아 DNA 또는 바이러스-박테리아 DNA 조합이 박테리아 염색체에 통합될 수 있다.

한 후 쥐에게 주사했고 쥐들은 건강하게 살아남았다. 이어서 궁극적인 시험으로, 죽은 S 세포와 살아 있는 R 세포를 함께 쥐에게 주사했다. 그 결과 쥐들은 폐렴구균 혈액 감염으로 인해 죽게 됐다. 죽은 박테리아 세포는 살아날 수 없고, 비병원성 살아 있는 균주는 무해한데 왜 쥐들이 죽게 됐을까? 그리피스는 그 당시에 알지 못했지만, 그는 죽은 S 세포가 쥐의 몸을 지나면서 일부 DNA(우연히 협막을 만드는 유전자를 포함한 조각)를 방출했다는 것을 입증한 것이었다. 그 후, 소수의 살아 있는 R 세포가 이 유리 DNA를 받아들이고 병원성 협막 형성 균주로 전환된 것이다.

이후의 연구들은 용해된 세포로부터 방출된 염색체가 수용 세포가 받아들일 수 있을 만큼 작은 DNA 조각들로 분해되며, 설령 죽은 세포로부터 유래했더라도 DNA는 여전히 그 유전정보를 보존하고 있다는 개념을 뒷받침하였다. 이러한 주변 환경으로부터 용해성 DNA의 작은 조각들을 세균 세포가 비특이적으로 흡수하는 과정을 **형질전환**(transformation)이라 한다(그림 9.28). 형질전환은 세포벽에 존재하는 특수한 DNA 결합 단백질에 의해 매개되며, 이 단백질은 주변 환경으로부터 DNA를 포획한다. 이와 같은 방식으로 유전물질을 수용할 수 있는 세포를 **형질전환 가능 세포**(competent cell)라고 한다. 새로운 DNA는 세포벽과 세포막에 존재하는 DNA 흡수 시스템(DNA uptake system)을 통해 세포 내로 유입되며, 세포질 내에서는 제공된 DNA 가닥이 수용 세포의 염색체 내에 삽입되어 해당 세포는 형질전환된 것으로 간주된다. 자연적 형질전환은 그람 양성균과 그람 음성균의 여러 종에서 발견된다. 이러한 방식은 협막 생성 유전자는 물론 항생제 내성 및 박테리오신(bacteriocin) 합성과 관련된 유전자들 또한 세균 간에 교환되도록 한다.

형질전환은 특수한 부속기관을 필요로 하지 않으며, 공여 세포와 수용 세포 간의 직접적인 접촉도 요구되지 않기 때문에 재조합 DNA 기술에 매우 유용하게 활용된다. 이 기술에서는 전혀 관련 없는 생물체로부터 유래한 외래 유전자를 플라스미드에 삽입한 후, 이를 형질전환이 가능한 세균 세포에 도입한다. 이러한 재조합 과정은 시험관 내(in vitro)에서 수행될 수 있으며, 인간 유전자를 미생물 세포 내에 삽입함으로써 인체 외부에서도 이들 유전자의 실험 및 발현이 가능하다. 형질전환은 유전자 조작 생물(genetically engineered organisms, GEOs)의 생산에도 널리 이용되며, 그 대상은 효모, 식물, 동물 등 다양한 생물종을 포함한다.

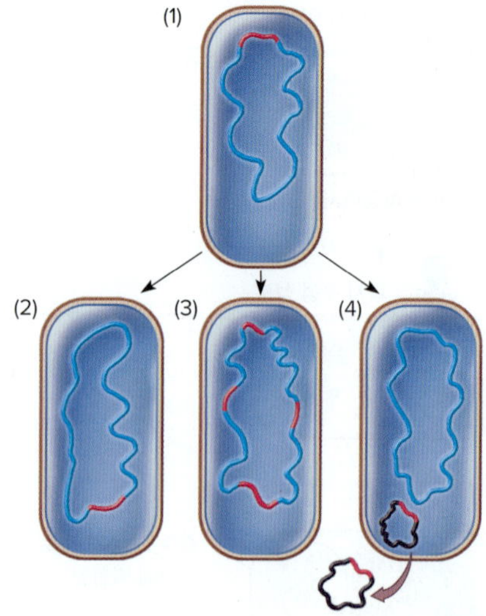


**그림 9.31 전위인자: 유전체의 이동 분절.** (1) 전위인자는 숙주세포 염색체(빨간색)에 통합된 작은 DNA 조각으로 존재한다. (2) 전위인자는 스스로를 잘라내어 유전체 내의 한 위치에서 다른 위치로 이동할 수 있으며, 세포당 단일 사본으로 유지된다. (3) 또한 이동하기 전에 복제될 수 있으며, 이는 사본 수의 증가와 숙주 유전체에 대한 더 큰 영향을 초래한다. (4) 마지막으로, 전위인자는 플라스미드로 도약할 수 있으며, 이는 다른 박테리아 세포로 전달될 수 있다.

## 형질도입: 벡터로서의 바이러스

박테리오파지(bacteriophages, 박테리아 바이러스)는 앞에서 박테리아의 파괴적 기생충으로 설명됐다. 바이러스는 또한 유전자 벡터(외부 DNA를 세포로 가져올 수 있는 매개체)로 작용할 수 있다. 박테리오파지가 공여 세포로부터 수용 세포로 DNA를 운반하는 과정을 **형질도입**(transduction)이라고 한다. 이 과정은 다양한 박테리아에서 자연적으로 발생하지만, 하나의 형질도입에 참여하는 박테리아는 바이러스의 숙주세포에 대한 특이성 때문에 반드시 같은 종이어야 한다.

형질도입에는 두 가지 버전이 있다. **일반형질도입**(generalized transduction, 과정그림 9.29)에서는 분해된 숙주 DNA의 조각이 무작위로 파지의 조립 중에 흡수된다. 박테리아의 거의 모든 유전자가 이 수단으로 전파될 수 있다. **특수형질도입**(specialized transduction, 과정그림 9.30)에서는 숙주 유전체의 매우 특정한 부분이 바이러스에 규칙적으로 통합된다. 이 특정성은 박테리아 염색체의 고정된 위치에 삽입된 온건한 프로파지(prophage)의 존재에 의해 설명된다. 활성화되면, 프로파지 DNA가 숙주 염색체에서 분리돼 작은 숙주 유전자 조각을 함께 가져간다. 용균회로(lytic cycle) 동안 이러한 특정한 바이러스-숙주 유전자 결합이 바이러스 입자에 통합돼 다른 세포로 운반된다. 형질도입의 사례로는 *Staphylococcus* 종에서 관찰되는 약물 내성의 전이와 *Escherichia* 및 *Salmonella* 같은 그람 음성 막대균에서 조절유전자의 전파가 있다.

### 전위인자: '도약 유전자 사례'

유전체의 한 부분에서 다른 부분으로 옮겨 가는 전이성 요소 또는 **전위인자**(transposons)와 관련된 유전적 전이의 한 유형이 큰 관심을 끌고 있다. 전위인자는 유전체의 한 부분에서 다른 부분으로 이동하는 독특한 특징을 가지고 있어 "도약 유전자"라고 불린다. 유전학자 바버라 매클린톡(Barbra McClintock)이 처음 옥수수 식물에서 이들의 존재를 가정했을 때 이는 회의적으로 받아들여졌다. 왜냐하면 오래전부터 특정 유전자의 위치는 고정돼 있으며 이동하지 않거나 이동할 수 없다고 여겨졌기 때문이다. 지금은 도약 유전자가 원핵세포와 진핵세포, 그리고 바이러스에 널리 퍼져 있는 것이 분명해졌다. 인간 DNA 분석 결과에 따르면, 전위인자는 인간 유전체의 거의 45%를 차지한다고 한다.

전위인자는 두 가지 효소[전이효소(transposase), 해결효소(resolvase)]를 암호화하는 DNA 서열을 포함하고 있어서 전위인자가 유전체의 한 영역에서 스스로를 잘라내어 다른 곳에 통합될 수 있게 한다. 이는 마치 워드 프로세싱 도구에서 문장을 복사하고 붙여넣는 것과 유사하다. 전위인자는 한 염색체 위치에서 다른 위치로, 염색체에서 플라스미드로, 또는 플라스미드에서 염색체로 이동할 수 있다(그림 9.31). 전위인자는 플라스미드 내에서도 발생할 수 있기 때문에 박테리아와 일부 진핵생물에서 한 세포에서 다른 세포로 전달될 수 있다. 일부 전위인자는 다음 위치로 이동하기 전에 스스로를 복제하며, 또 어떤 전위인자는 복제 없이 단순히 이동한다.

전위인자 DNA 영역을 둘러싸고 있는 부분에는 역반복 서열이 있다. 이 서열은 전위인자가 유전체에서 제거되거나 다시 삽입되는 지점을 표시한다. 가장 작은 전위인자는 단지 이 2개의 유전적 서열로 구성되며, 종종 삽입요소(insertion element)라고 불린다. 역전위인자(retrotransposon)라는 전위인자의 한 유형은 DNA를 RNA로 전사하고 다시 DNA로 전환해 새로운 위치에 삽입할 수 있다. 또 다른 예로는 인테그론(integron)이 있으며, 이는 큰 유전물질을 운반할 수 있으며 특히 약물 내성을 전달하는 데 두드러진다.

전위인자의 전반적인 효과—유전적 언어를 섞는 것—는 전위 위치, 재배치된 유전자의 종류, 관련된 세포 유형 등의 변수에 따라 유익하거나 해로울 수 있다. 박테리아에서 전위인자는 다음과 같은 과정에 관여하는 것으로 알려져 있다.

- 콜로니 형태, 색, 항원성 같은 특성의 변화
- 손상된 DNA의 대체
- 박테리아의 약물 저항성 전이

**핵심 점검 9.5**

26. 일반적인 방법, 공여자 및 수용자에 따라 접합, 형질전환, 형질도입을 비교하시오.
27. 그림을 사용해 일반형질도입과 특수형질도입의 차이점을 설명하시오.
28. 흐름도를 통해 전위인자가 가능한 도약을 설명하고, 바이러스가 이 과정에 어떻게 관여하는지도 설명하시오.

## 9.6 동물 바이러스 유전학

**학습목표**

27. 바이러스 유전학의 주요소를 설명한다.
28. 예시를 사용해 DNA 바이러스와 RNA 바이러스의 유전적 측면을 비교한다.

바이러스는 본질적으로 보호막에 둘러싸인 하나 이상의 DNA 또는 RNA 조각으로 구성된다. 이들은 유전적 기생체로서 복제, 전사 및 번역을 위해 숙주세포의 유전 및 대사 기구에 접근해야 하며, 숙주세포를 유전적으로 변화시킬 가능성도 가지고 있다. 바이러스는 주로 새로운 바이러스를 생산하는 데 필요한 유전자만 포함하고 있기 때문에 유전체가 매우 작다.

바이러스는 유전적 패턴에서 광범위한 다양성을 보인다. 많은 바이러스가 선형 또는 원형의 핵산을 가진다. 대부분 바이러스의 유전체는 단일 분자로 존재하지만, 일부는 여러 작은 분자로 분절돼 있다. 대부분의 바이러스는 정상적인 이중가닥(ds) DNA 또는 단일가닥(ss) RNA를 포함하지만, 다른 패턴도 존재한다. 예를 들어 ssDNA 바이러스, dsRNA 바이러스, ssRNA에서 dsDNA를 만드는 레트로바이러스가 있다. 어떤 경우에는 바이러스 유전자가 서로 겹치고, 일부 DNA 바이러스에서는 양쪽 가닥 모두 번역 가능한 메시지를 포함한다.

몇몇 예외를 제외하고, DNA 동물 바이러스의 DNA 분자 복제는 세포의 DNA 복제 기구가 위치한 핵에서 일어난다. 대부분의 RNA 바이러스의 유전체는 세포질에서 복제된다. 모든 바이러스에서 바이러스 mRNA는 숙주세포의 리보솜에서 숙주 tRNA를 사용해 바이러스 단백질로 번역된다.

### 동물 바이러스 복제 전략

#### dsDNA 바이러스의 복제, 전사, 그리고 번역

dsDNA 바이러스의 복제는 여러 단계로 구성된다(과정그림 9.32). 초기 단계에서는 바이러스 DNA가 핵으로 들어간 후 여러 유전자가 전사돼 메신저 RNA(mRNA)로 변환된다. 그다음으로, mRNA 전사체가 세포질로 이동해 바이러스 DNA 복제에 필요한 바이러스 단백질(효소)을 생성한다. 이 복제는 보통 숙주세포의 자체 DNA 중합효소를 사용해 핵에서 일어나지만, 일부 바이러스(예: 헤르페스)는 자체 DNA 중합효소를 가지고 있다. 후기 단계에서는 다른 바이러스 유전자가 전사 및 번역돼 캡시드 및 기타 구조를 형성하는 데 필요한 단백질로 변환된다. 새로운 바이러스 유전체와 캡시드가 조립되며, 성숙한 바이러스는 출아(budding) 또는 세포 해체(disintegration)를 통해 방출된다.

이중가닥 DNA 바이러스는 숙주세포의 DNA와 직접적으로 상호작용할 수 있다. 일부 바이러스에서는 바이러스 DNA가 숙주 유전체의 특정 위치에 삽입돼 숙주의 유전체에 통합된다. 바이러스 DNA가 숙주세포에 지속적으로 존재하면 이는 세포를 암세포로 변형시키기도 한다. B형 간염 바이러스(HBV), 헤르페스바이러스, 파필로마바이러스(사마귀) 등 여러 DNA 바이러스는 암을 유발하는 원인으로 알려져 있으며, 이러한 바이러스는 **발암성**(oncogenic)이라고 불린다.

#### RNA 바이러스 복제, 전사, 그리고 번역

RNA 바이러스는 DNA 바이러스와 몇 가지 차이점을 보인다. 이들의 유전체는 더 작으며, 숙주세포에 이미 RNA 형태로 진입해 대부분 바이러스 주기가 세포질에서 진행된다. RNA 바이러스는 다음과 같은 유전적 메시지를 가질 수 있다.

1. 단백질로 번역될 준비가 된 양성(+) 가닥 유전체
2. 번역 전에 양성 가닥으로 변환돼야 하는 음성(−) 가닥 유전체
3. DNA로 변환되거나 이중가닥 RNA(dsRNA) 유전체로 전환될 수 있는 양성(+) 가닥 유전체

#### 양성 단일가닥 RNA 바이러스

소아마비(polio) 바이러스와 같은 양성 바이러스의 ssRNA는 번역될 준비가 돼 있어 즉시 번역돼 큰 단백질이 되고, 개별 기능 단위로 분리된다. 이 중 하나는 바이러스 가닥의 복제를 시작하는 RNA 중합효소다. 양성 메시지 가닥의 복제는 두 단계로 진행된다(과정그림 9.33). 우선, 양성 가닥을 템플릿으로 사용해 음성 가닥이 일반적인 염기쌍 메커니즘을 통해

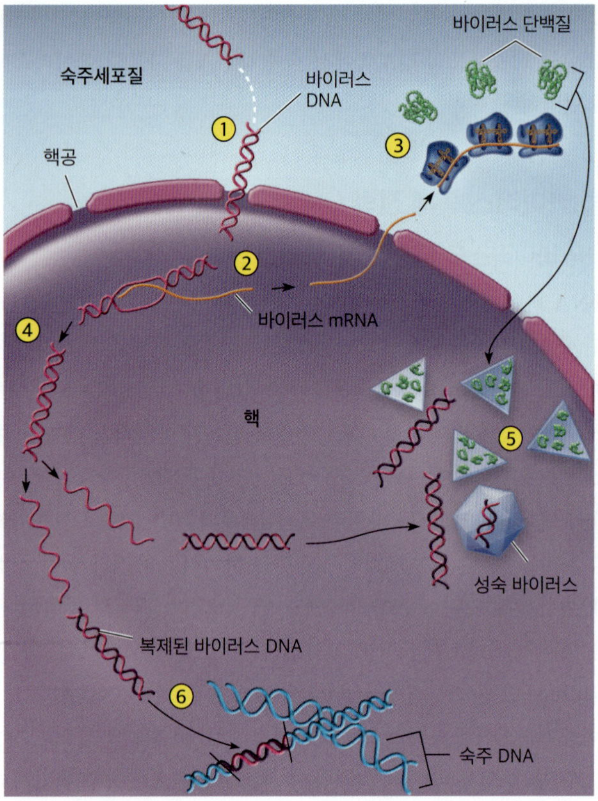


과정그림 9.32 이중가닥 DNA 바이러스 증식의 일반 과정. 바이러스가 숙주세포에 침투하고 DNA를 방출한다. (1) 바이러스 DNA가 핵으로 들어간다. (2) 숙주세포 효소에 의해 바이러스 DNA가 전사돼 mRNA로 변환된다. (3) 바이러스 mRNA는 핵을 떠나 구조 단백질로 번역된다. 이 단백질은 핵으로 이동한다. (4) 바이러스 DNA는 핵에서 반복적으로 복제된다. (5) 바이러스 DNA와 단백질은 핵에서 성숙한 바이러스로 조립된다. (6) 이중가닥이기 때문에 일부 바이러스 DNA는 숙주 DNA에 삽입될 수 있다(잠복). 이 패턴에 대한 몇 가지 예외가 폭스바이러스(poxviruses)에서 발생한다.

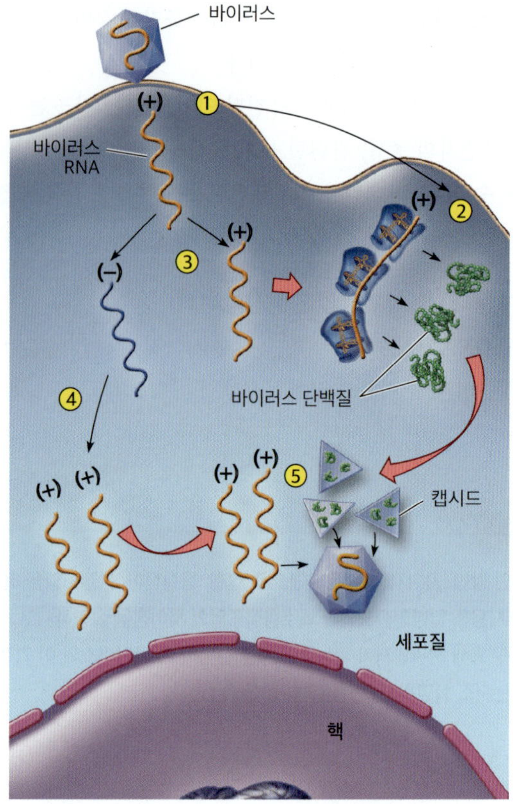


과정그림 9.33 양성 단일가닥 RNA 바이러스의 복제 과정. 일반적으로 이러한 바이러스는 핵으로 들어가지 않는다. (1) 바이러스 RNA의 침투. (2) 양성이고 단일가닥이기 때문에 RNA가 즉시 숙주세포 리보솜에서 필요한 다양한 바이러스 단백질로 번역될 수 있다. (3) 음성 유전체가 양성 주형을 기반으로 합성돼 최종 조립을 위해 다수의 양성 유전체를 생산한다. (4) 음성 주형을 사용해 일련의 양성 복제본을 합성한다. (5) RNA 가닥과 단백질이 성숙 바이러스로 조립되고, 세포가 용해될 때 방출된다.

합성된다. 생성된 음성 가닥은 새로운 양성 딸 가닥을 형성하기 위한 기본 주형이 된다. 바이러스 유전체의 추가 번역은 바이러스의 최종 조립 및 성숙을 위한 구조 단백질을 대량으로 생성한다.

## 역전사효소를 가진 RNA 바이러스: 레트로바이러스

매우 특이한 종류의 바이러스는 유전정보의 흐름을 되돌릴 수 있다. 지금까지의 논의에서는 모든 유전적 단위가 DNA → DNA, DNA → RNA, 또는 RNA → RNA의 패턴을 보여 왔다. 하지만 HIV(에이즈의 원인)와 HTLV I(일종의 인간 백혈병의 원인) 같은 레트로바이러스는 RNA 유전체를 주형으로 사용해 DNA를 합성한다. 이들은 각각의 바이러스 입자에 포함된 **역전사효소**(reverse transcriptase)를 통해 이를 수행한다. 이 효소는 바이러스 RNA 주형을 기반으로 단일가닥 DNA를 합성한 후, 이 단일가닥 DNA의 상보 가닥을 형성해 이중가닥 바이러스 DNA를 생성한다. 이 이중가닥 DNA는 핵으로 들어가 새로운 바이러스 단일가닥 RNA로 전사될 수 있으며, 새로운 바이러스 입자를 조립하는 데 사용된다. 일부 레트로바이러스의 DNA가 프로바이러스(provirus)로서 숙주의 DNA에 삽입되면 세포는 변형돼 종양을 일으킬 수도 있다. 이러한 삽입을 통해 HIV가 감염된 세포 내에서 몇 년 동안 잠복 상태로 남아 있을 수 있다.

**핵심 점검 9.6**

29. 왜 어떤 바이러스는 복제를 위해 핵으로 들어가야 하는 반면, 다른 바이러스는 그렇지 않은가?
30. 양성(+) 가닥 바이러스 유전체와 음성(−) 가닥 바이러스 유전체의 차이를 설명하시오.
31. dsDNA와 RNA 바이러스의 복제 주기 기본 단계를 간략히 서술하시오.

## 사례 연구 Part 2

항생제를 신중하게 사용하는 것 외에 간헐적으로 선택되는 반코마이신 내성 유기체를 방지할 수 있는 방법은 거의 없다. 따라서 이러한 유기체가 다른 사람들에게 감염되고 빠르게 퍼지는 것을 막는 데 중점을 둔다. VRSA 환자들이 투석 치료를 받을 때 함께 있는 의료 제공자들의 경우 VRSA 획득 위험이 증가될 것으로 간주됐다. 조사자들이 6명 중 3명의 상처 클리닉 의료 종사자, 13명의 모든 투석 클리닉 종사자, 외부에서 환자들의 상처를 검사하는 3명의 의료 종사자들의 사타구니와 비강을 면봉 채취했다. 그리고 VRSA 환자와 투석 시간을 공유한 13명의 환자 중 12명의 비강을 채취했다. 의료 종사자나 투석 환자 모두에서 MRSA(메티실린 내성 황색포도상구균), VRSA 또는 VRE(반코마이신 내성 장구균)는 배양되지 않았으며, 이는 가까운 접촉자들이 환자와 전구 유기체 또는 VRSA를 공유하지 않았음을 나타낸다. VRSA의 잠재적 확산을 방지하기 위해 델라웨어 공중 보건 당국은 환자가 정기적으로 의료 서비스를 받는 모든 시설에 이를 통보해 이러한 시설의 의료 종사자들이 환자가 의료 서비스를 받은 경우 즉시 접촉 예방 조치를 취할 수 있게 했다. 이러한 예방 조치는 환자를 격리하고, 장갑과 가운 같은 개인 보호 장비를 사용하며, 의료 시설 내에서 환자의 이동을 제한하고, 가능한 경우 일회용 장비를 사용하며, 감염된 환자의 방을 더 자주 청소하는 것이다.

약물 내성 유전자를 가지고 있는 박테리아는 다른 세포보다 우위에 있는 것으로 생각될 수 있지만, 이는 완전한 사실은 아니다. 이러한 이점, 즉 특정 항생제에 견딜 수 있는 능력은 항생제가 환경에 존재할 때만 해당한다. 항생제가 없으면 이점이 없고, 과도한 DNA를 보유하고 유전자를 전사하고 번역하는 데 생물학적 비용이 발생한다(이는 비 예보가 없을 때 우산을 가지고 다니지 않는 이유와 같다). vanA 오페론의 유전자 발현은 박테리아의 성장을 최대 38%까지 저해할 수 있어 상당한 생물학적 부담을 나타내지만, 오페론은 이 비용을 회피하는 교묘한 방법을 발전시켰다. vanA는 유도성(이 장에서 논의된 젖당 오페론처럼)이기 때문에 반코마이신이 없는 상황에서는 유전자를 전사하거나 번역하지 않아 유전자 보유로 인한 비용을 절약한다. 반코마이신이 환경에 갑자기 나타나면 내성 메커니즘이 활성화돼 즉각적인 이점을 제공한다. 반코마이신이 없는 상태에서 vanA 오페론이 황색포도상구균(*Staphylococcus aureus*)에 부과하는 최소한의 생물학적 부담은 이 사례에서 본 것 같은 임상 고립의 확산을 촉진하며, 이는 VRSA가 상당 기간 우리 곁에 있을 가능성이 높음을 의미한다.

- **의료종사자가 VRSA에 감염됐을 때 VRSA의 확산을 방지하기 위해 채택될 수 있는 전략은 무엇인가?**
- **당뇨, 신부전증, 암과 같이 만성 질병 환자가 VRSA처럼 약물에 내성이 있는 균에 감염될 확률이 높아지는 이유는 무엇인가?**

### 주요 용어로 보는 요약

#### 9.1 유전학과 유전자 소개: 유전의 비밀 풀기

A. 유전학은 유전 연구를 의미하며, 이는 생물체, 유전체, 염색체, 유전자 및 DNA 수준에서 연구될 수 있다. 유전자는 세포 내에서 구조적 또는 촉매적 기능을 수행하는 단백질을 구성하는 데 필요한 정보를 제공한다.

B. DNA는 이중나선 형태의 긴 분자다. 긴 나선 가닥은 뉴클레오타이드의 배열로 이루어져 있다.

1. **뉴클레오타이드**(nucleotide)는 인산, **디옥시리보스 당**(deoxyribose sugar), **질소 염기**(nitrogen base)로 구성된다. 염기는 다른 가닥의 상보적 염기와 **수소 결합**(hydrogen bonds)을 형성한다.
2. **아데닌**(adenine)은 **티민**(thymine)과 염기쌍을 형성하고, **구아닌**(guanine)은 **시토신**(cytosine)과 염기쌍을 형성한다.
3. 뉴클레오타이드의 순서는 번역 과정에서 단백질을 구성하는 데 사용할 아미노산을 지정한다.

C. DNA **복제**(replication)—복사본을 만들기 위한 유전적 프로그램

1. 이중나선을 풀고 뉴클레오타이드를 노출시켜 주형으로 사용되는 **DNA 중합효소**(DNA polymerase)가 2개의 동일한 분자를 합성한다.
2. **반보존적**(semiconservative) 방식이며, 새로 합성되는 DNA의 5′에서 3′ 방향으로 진행된다.

#### 9.2 DNA 암호 적용: 전사와 번역

A. DNA는 RNA를 생산하는 데 사용되고[**전사**(transcription)], RNA는 단백질을 생산하는 데 사용된다[**번역**(translation)].

B. RNA: DNA와 달리 RNA는 단일가닥이며, 티민 대신 **유라실**(uracil)을 포함하고 디옥시리보스 대신 **리보스**(ribose)를 포함한다.

1. 세포에서 발견되는 주요 RNA 형태로는 **mRNA**, **tRNA**, **rRNA**가 있다.
2. DNA에 포함된 유전정보는 복사돼 RNA 분자를 생성한다. mRNA의 **코돈**(codons)은 tRNA의 **안티코돈**(anticodons)과 결합해 번역과정에서 **리보솜**(ribosome)에서 어떤 아미노산을 조립할지를 지정한다.

C. 전사와 번역

1. 전사는 **RNA 중합효소**(RNA polymerase)가 DNA의 주형 가닥을 복사할 때 발생한다. RNA는 항상 5′에서 3′ 방향으로 합성된다.

2. 번역은 mRNA가 리보솜에서 단백질 합성을 지시할 때 발생한다.
3. mRNA의 코돈은 tRNA의 안티코돈과 결합해 아미노산 사슬을 조립한다. 이 과정은 정지 코돈에 도달할 때까지 계속된다.

D. 진핵생물의 유전자 발현: 진핵생물의 유전자는 **엑손**(exon, 발현 영역)과 **인트론**(intron, 개재 영역)으로 구성된다. 인트론은 제거되고 엑손이 연결돼 최종 mRNA를 생성한다.

### 9.3 단백질 합성과 대사의 유전적 조절

단백질 합성은 **오페론**(opreon)에 의해 유전자의 유도나 억제를 통해 조절된다. 오페론은 공통의 조절 요소에 의해 제어되는 여러 구조의 유전자로 구성된다.

A. **유도성 오페론**(inducible operons)인 젖당 오페론(lactose operon)은 일반적으로 꺼져 있다가, 젖당 유도인자에 의해 켜질 수 있다.

B. **억제성 오페론**(repressible operons)은 보통 켜져 있지만 그 최종 산물이 더 이상 필요하지 않을 때 꺼질 수 있다.

C. 최근 발견된 유형의 RNA는 유전자 조절에 사용될 수 있다.
1. 마이크로 RNA(microRNA)와 작은 간섭 RNA(small interfering RNA, siRNA)는 다른 RNA의 작용을 차단하고 진핵생물에서 유전자 발현을 중단시킬 수 있다.
2. **리보스위치**(riboswitches)는 박테리아에서 전사와 번역과 관련된 RNA 기능을 조절할 수 있다.

### 9.4 돌연변이: 유전자 암호의 변화

A. 유전자 암호의 변화는 주로 **돌연변이**(mutation)와 재조합을 통해 발생한다.

B. 미생물의 유전체에서 상속 가능한 변화는 돌연변이로 알려져 있다. 돌연변이는 일반적으로 유전물질의 뉴클레오타이드 구성의 변화를 수반한다. 돌연변이는 **자발적**(spontaneous)으로 발생할 수도 있고 **유도될**(induced) 수도 있다.

C. 돌연변이는 선택적 및 차별적 배지에서 박테리아의 성장을 관찰함으로써 감지할 수 있다.

D. **점 돌연변이**(point mutations)는 하나 또는 몇 개의 염기에서 변화를 수반하며, 뉴클레오타이드의 변화의 영향에 따라 **미스센스**(missense), **난센스**(nonsense), **침묵**(silent) 돌연변이와 **역돌연변이**(back mutations)로 분류된다.

E. **프레임시프트 돌연변이**(frame-shift mutations)는 리보솜이 프레임을 읽는 것을 방해하며, 이는 뉴클레오타이드의 **삭제**(deletion)와 **삽입**(insertion)에 의해 발생한다.

F. **에임스 검사**(Ames test)는 화학물질의 변이 유발성을 측정하기 위해 박테리아에서 돌연변이를 유도하는 능력을 평가한다.

### 9.5 DNA 재조합 현상

A. **재조합**(recombination)은 외부로부터 새로운 유전물질을 획득하는 과정을 포함한다.

B. 미생물 간의 전이와 유전자 재조합은 박테리아 간의 유전자 공유를 허용한다. 주요 재조합 유형에는 **접합**(conjugation), **형질전환**(transformation), **형질도입**(transduction)이 있다.

C. **전위인자**(transposons)는 세포의 유전체 내에서 정기적으로 다른 위치로 이동하는 DNA 서열로, 돌연변이 및 염색체 구조의 변화를 생성한다.

### 9.6 동물 바이러스 유전학

A. 바이러스는 숙주세포의 소기관에 의해 전사되고 번역된다. 기능하는 바이러스 입자를 형성하는 다양한 형태의 DNA와 RNA를 가진다.
1. 바이러스의 유전체는 이중가닥(ds) DNA 및 단일가닥(ss) RNA 형태로 존재한다. 일부는 세포에서 발견되지 않는 비정상적인 단일가닥 ssDNA와 이중가닥 dsRNA를 포함한다.
2. DNA 바이러스는 핵에서 복제되는 경향이 있는 반면, RNA 바이러스는 세포질에서 복제된다. **레트로바이러스**(retrovirus)는 단일가닥 RNA를 주형으로 해 이중가닥 DNA를 합성한다.

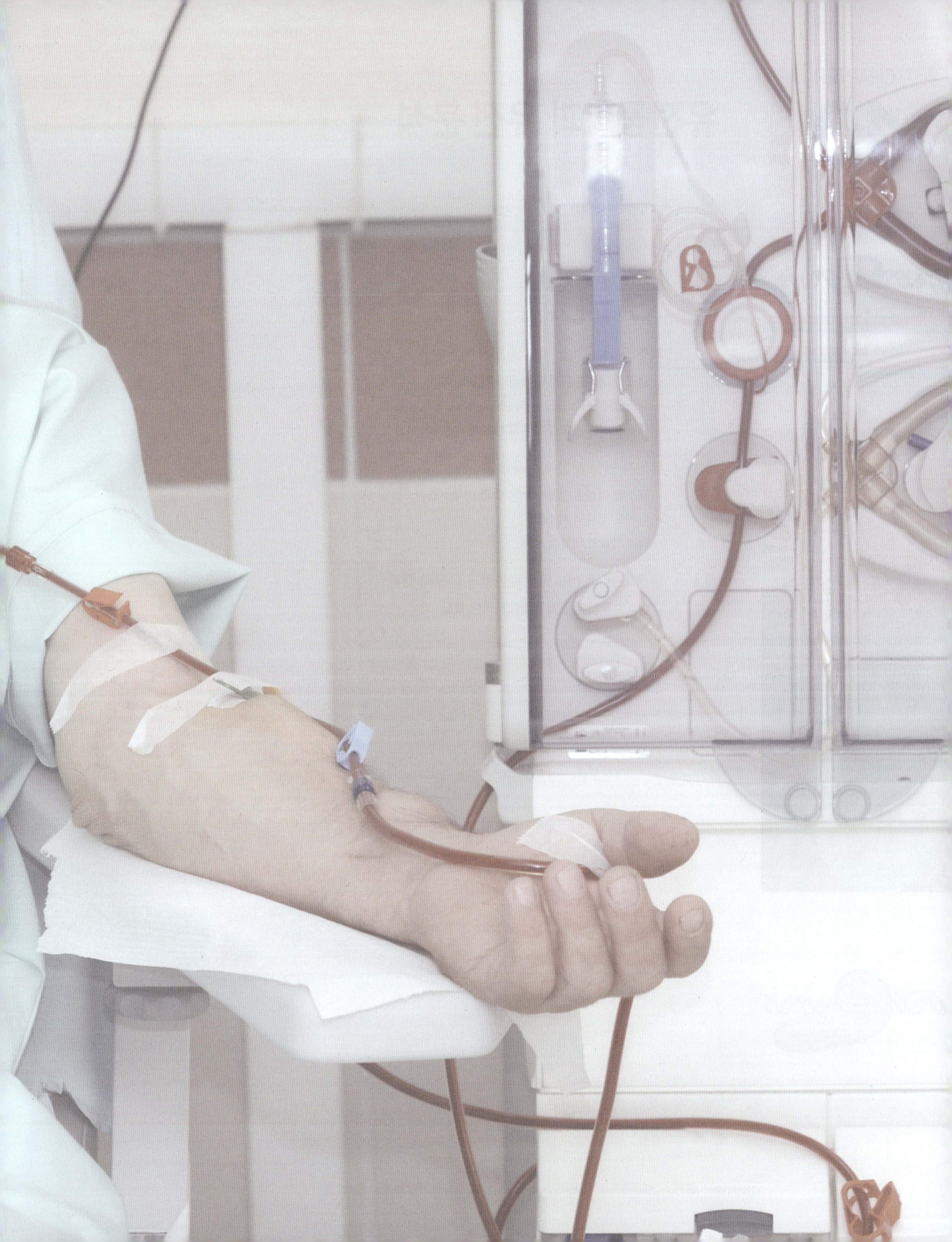

CHAPTER

# 10 유전공학과 유전 분석

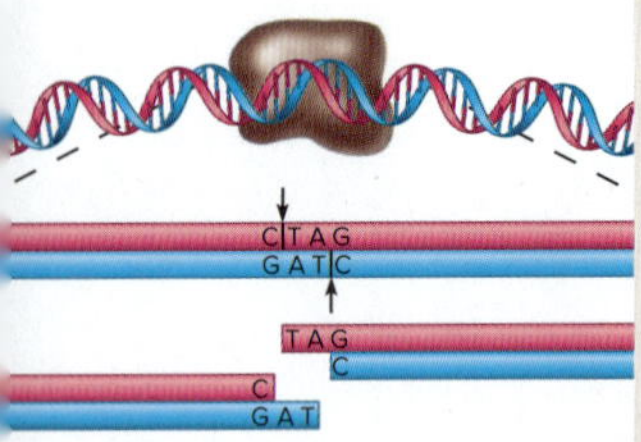


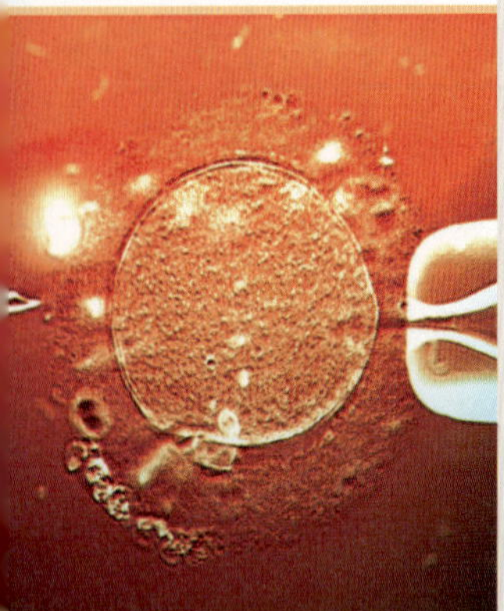

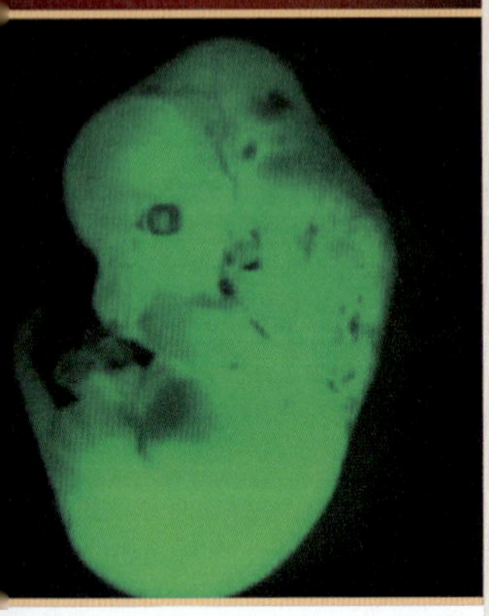

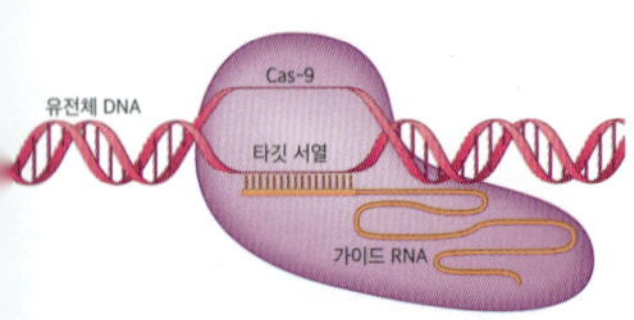


**이 장의 구성**





(이미지 출처: AuntSpray/Shutterstock; Zephyr/Science Source; National Institute of Mental Health)

사례 연구 **Part 1**

# 모기가 모기가 아니라 농약일 때

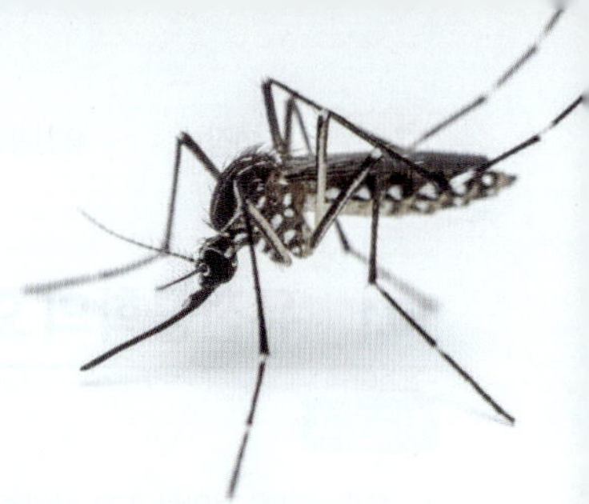

출생 후 1분이 지나면 신생아의 건강 상태는 **APGAR** 점수를 사용해 요약된다. APGAR 점수는 아기의 외모(**A**ppearance), 맥박(**P**ulse rate), 찡그림(**G**rimace: 불쾌한 자극에 대한 반응), 활동(**A**ctivity), 호흡(**R**espiration)을 측정하는 도구다. 그러나 마이라 리오스(Maria Rios)에게 가장 중요한 숫자는 딸 아리아나(Aryanna)의 머리 크기였다.

워싱턴주 올림피아의 프로비던스 세인트 피터 병원에서 아리아나를 출산한 20세 어머니 마리아는 며칠 전 의사로부터 **지카 바이러스**(Zika virus)에 감염됐다는 소식을 들었다. 아리아나는 지카 바이러스 감염과 관련된 선천적 결함인 **소두증**(microcephaly)을 가지고 태어났으며, 혈액검사 결과 아리아나도 바이러스에 감염된 것으로 확인됐다. 추가 검진에서 아기의 뇌에 **석회화**(calcium deposit)가 존재하며 망막 중심에 흉터가 있는 것이 밝혀졌는데, 이 역시 병의 추가 증상이었다. 대부분의 지카 바이러스 감염자는 증상이 거의 없지만, 임신 중에 감염된 여성은 심각한 신경학적 선천적 결함을 가진 아이를 출산할 수 있다.

지카 바이러스는 감염된 **이집트숲모기**(*Aedes aegypti* mosquito)를 통해 전파된다. 마리아는 지난 여름 멕시코 콜리마에 있는 부모님과 함께 지내는 동안 감염된 것으로 보인다. 지난 몇 년간 50만 건 이상의 감염 사례와 신생아에서 **신경학적 증상**(neurological symptoms)이 확인된 3,720건 등 지카 바이러스의 폭발적 증가로 지카 바이러스와 이를 운반하는 모기가 전 세계적인 보건 비상 사태로 부각됐다. 브라질 사람들은 지카 외에도 **댕기열**(dengue fever)과 **치쿤구니야**(chikungunya disease)의 대규모 유행을 일으킨 지카 모기인 이집트숲모기에 익숙하다. 이들은 한 세기 넘게 이러한 질병을 퍼뜨려 왔다.

**DDT**(dichlorodiphenyltrichloroethane)와 같은 살충제가 인간과 환경에 심각한 위험을 제기한다는 것을 직접 경험한 브라질 정부는 모기를 **근절하기**(eradicate) 위해 이를 대체하는 방법을 모색했다. 그 결과, 질병을 퍼뜨리는 모기를 제거하는 가장 좋은 방법은 엄청난 수의 살인 모기를 방출하는 것이라는 결론에 이르렀다.

브라질의 도시 피라시시바(Piraciciba)는 살인 모기를 공급하기 위해 옥시텍(Oxitec)이라는 생명공학 기업에 의뢰했다. 이 도시 외곽의 약 1시간 거리의 한 공장에서 **한정 유전자**(limiting gene)를 운반하도록 변형된 모기가 번식됐다. 수백만 마리의 수컷 성인 모기들이 풀려났을 때, 이들은 암컷인 야생 모기들과 교배해 한정 유전자를 전달했다. 그 후, 곧 그 후손들이 죽었고, 결과적으로 해당 지역의 야생 모기가 82% 감소했다.

- 유전적으로 변형된 개체는 무엇인가?
- 옥시텍 모기의 기능은 다른 유전적으로 변형된 동물들과 어떻게 다른가?

이 장 끝에서 사례 연구 Part 2로 이어짐.

(삽화 출처: Akil Rolle-Rowan/Shutterstock)

## 10.1 유전공학의 요소와 응용

**학습목표**

1. 유전공학을 정의하고 그 하위주제와 목적을 묘사한다.
2. 실험실에서 조작할 수 있는 DNA의 속성을 설명한다.
3. DNA 분석의 주요 방법과 그 결과를 요약한다.
4. 식별, 합성, 서열 분석, DNA 증폭의 배경 기술을 설명한다.

원자의 구조와 기능에 대한 이해가 노트북, 휴대전화, 인스타그램의 발명으로 이어졌듯이, DNA 작동 방식에 대한 이해는 DNA 지문 채취가 흔해지고, 동물에서 인간 단백질을 생성하며, 유전물질로부터 신속하게 백신을 생산하고, 유전 질병을 치료할 수 있는 시대를 열었다.

이 과학의 주요 목표는 DNA를 분리하고, 식별하며, 조작하는 것이다. 이 작업의 상당 부분은 **유전공학**(genetic engineering, 때때로 생명공학이라고도 함)의 범주에 해당한다. 유전공학은 유기체의 유전체를 직접적이고 의도적으로 수정하는 것이다. 유전공학 자체는 **합성생물학**(synthetic biology)과 **생명공학**(biotechnology)이라는 더 큰 과학의 일부로, 그 주요 목표는 새로운 형태의 분자, 세포, 기관, 심지어 유기체를 합성할 수 있는 생물학적 시스템을 설계하는 것이다.

유전공학과 그 생명공학적 응용에 대한 주제는 거의 매일 새로운 발견이나 제품이 공개될 정도로 빠르게 성장하고 있다. 이 주제를 다소 관리 가능한 범위로 유지하기 위해 다음과 같이 주제를 구성한다.

- 유전공학 도구와 기술
- 재조합 DNA 기술의 사용과 제품
- 유전자 변형 생물
- 유전 치료
- 유전체 분석

### DNA 기술의 도구와 기법

9장에서는 미생물이 유전체를 복제하고, 변화시키고, 표현하는 방법을 살펴봤다. 우리가 언급했던 DNA의 고유 특성은 그 DNA가 박테리아 내에 있든 시험관에 있든 바뀌지 않는다. 예를 들어, 풀기효소는 박테리아 세포 내부나 외부에서 이중나선의 두 가닥을 쉽게 풀 수 있다. 그러나 실험실에서는 DNA 화학에 대한 지식을 활용해 풀기효소가 필요 없게 할 수 있다. DNA를 거의 끓는 온도인 90~95℃로 가열하면 두 가닥이 분리된다. 뉴클레오타이드가 노출되면 DNA를 쉽게 식별하거나 복제 또는 전사할 수 있다. 열에 의해 변성된 DNA를 천천히 냉각시키면 상보적인 뉴클레오타이드들이 수소 결합해 가닥이 다시 결합하고 익숙한 이중가닥 형태를 회복한다(그림 10.1). 이 과정은 이 절에서 나중에 설명될 중합효소 연쇄반응 및 핵산 탐침의 필수 특징이다.

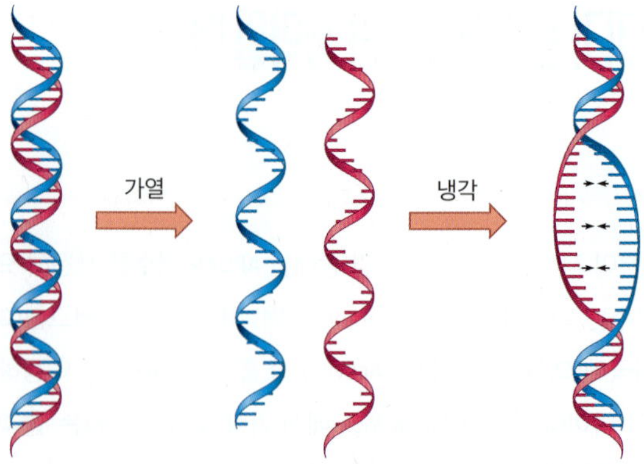


**DNA 가열 및 냉각.** DNA는 열에 반응해 변성되며, 수소 결합을 잃고 두 가닥으로 분리된다. 냉각되면 상보적인 뉴클레오타이드들이 다시 서로 결합한다.

**그림 10.1 DNA 이중나선의 변성.** DNA가 거의 끓는 온도까지 가열되면 상보적인 염기를 연결하는 수소 결합이 끊어지며 두 DNA 가닥이 분리된다. 이와 유사하게, 단일가닥으로 풀린 DNA가 냉각되면 상보적인 염기들이 다시 결합한다. 이 특성은 중합효소 연쇄반응에서 작은 DNA 프라이머의 결합을 가능하게 하며, 다양한 혼성화 과정에서 사용되는 표지된 DNA 탐침의 결합에도 사용된다.

### 핵산 자르기, 이어 붙이기, 그리고 역전사 효소

DNA를 **제한효소**(restriction endonucleases or restriction enzyme)를 사용해 선택된 위치에서 종방향으로 잘라 낼 수 있다. 제한효소는 박테리아 세포의 자연산물이다. 이러한 효소는 외부 DNA를 인식하고 DNA 두 가닥의 인접한 뉴클레오타이드 사이의 인산다이에스터 결합을

**표 10.1 제한효소**

| 제한효소 | 분리된 종 | 인식 서열 | 형성되는 말단 유형 |
|---|---|---|---|
| EcoRI | *Escherichia coli* | G⁝AATTC<br>CTTAA⁝G | 점착성 |
| HindIII | *Haemophilus influenzae* | A⁝AGCTT<br>TTCGA⁝A | 점착성 |
| PvuII | *Proteus vulgaris* | CAG⁝CTG<br>GTC⁝GAC | 둔단 |
| BglII | *Bacillus globigii* | A⁝GATCT<br>TCTAG⁝A | 점착성 |

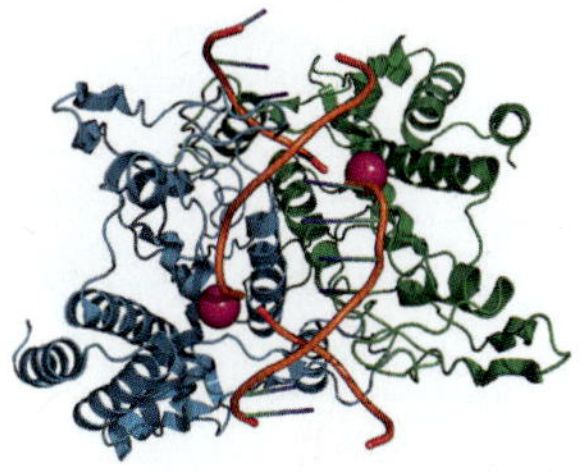

DNA(오렌지 가닥)를 자르는 제한효소의 3D 뷰. (Konrad F-Koehher, Ph.D)

끊어 DNA 가닥을 절단한다. 박테리아 세포에서는 박테리오파지의 호환되지 않는 DNA를 이 효소들이 막는다. 실험실에서는 이러한 효소를 사용해 DNA의 특정 위치를 잘라 낸다.

현재까지 약 3,000개의 제한효소가 박테리아에서 발견됐다. 각 제한효소는 자신만의 **인식부위**(recognition site or sequence)라고 불리는 4~10개 염기쌍의 서열을 가지며, 효소가 그 서열을 만날 때마다 DNA 이중가닥을 자른다. 흥미롭게도, 인식부위는 대개 **회문**(palindromic)[1] 서열인데, 이는 한 가닥의 염기서열(5′에서 3′ 방향)이 상보적 가닥의 염기서열(역시 5′에서 3′ 방향)과 동일하다는 것을 의미한다.

제한효소의 이름은 박테리아 속의 첫 글자와 종의 첫 두 글자를 조합해 만든다. 효소 이름 내의 로마 숫자는 특정 절단 메커니즘을 설명하는 데 사용되지만, 이는 크게 중요하지 않다. 모든 제한효소는 네 가지 유형 중 하나며, 따라서 I~IV로 명명된다. 예를 들어, EcoRI는 *Escherichia coli*의 R 균주에서 발견된 제한효소이며, HindIII는 *Haemophilus influenzae* Type d에서 발견된 제한효소다.

제한효소는 실험실에서 DNA를 더 작은 조각으로 자르거나 재조합 DNA 기술(10.2절에서 설명)에 사용하는 동안 DNA를 제거하거나 삽입하기 위해 사용된다. 보통 이 효소들은 '점착성 말단(sticky ends)'이라고 불리는 짧은 단일가닥 꼬리를 남기는 엇갈린 대칭으로 DNA를 절단한다(표 10.1). 이러한 점착성 꼬리는 다른 DNA 절편 또는 플라스미드에서 상보적 꼬리와 염기쌍을 이룰 수 있다. 이는 특정 부위에 유전자를 삽입할 수 있게 한다(그림 10.2). PvuII와 같은 제한효소는 DNA를 직선으로 절단해 점착성 말단을 형성하지 않고 둔단 말단(blunt ends)을 만든다.

제한효소에 의해 생성된 DNA 절편은 **제한절편**(restriction fragments)이라고 한다. DNA 서열은 같은 종의 구성원 간에도 다르기 때문에, 특정 제한효소에 대한 절단 패턴의 차이가 생기며 이는 제한절편 길이의 다형성(restriction fragment length polymorphism, RFLPs)을 가져온다. RFLPs는 동일한 제한효소를 사용해 다른 두 생물의 DNA 절단 패턴을 직접 비교할 수 있게 하며, 이는 서로 다른 유기체의 유전자를 결합할 때 준비하는 한 과정이다(과정그림 10.11 참조).

또 다른 효소인 **연결효소**(ligase)는 제한효소에 의해 절단된 인산-당 결합을 다시 결합시켜 점착성 말단을 봉합하는 데 필요하다. 연결효소의 주요 응용분야는 플라스미드와 염색체에 유전자를 최종적으로 결합시키

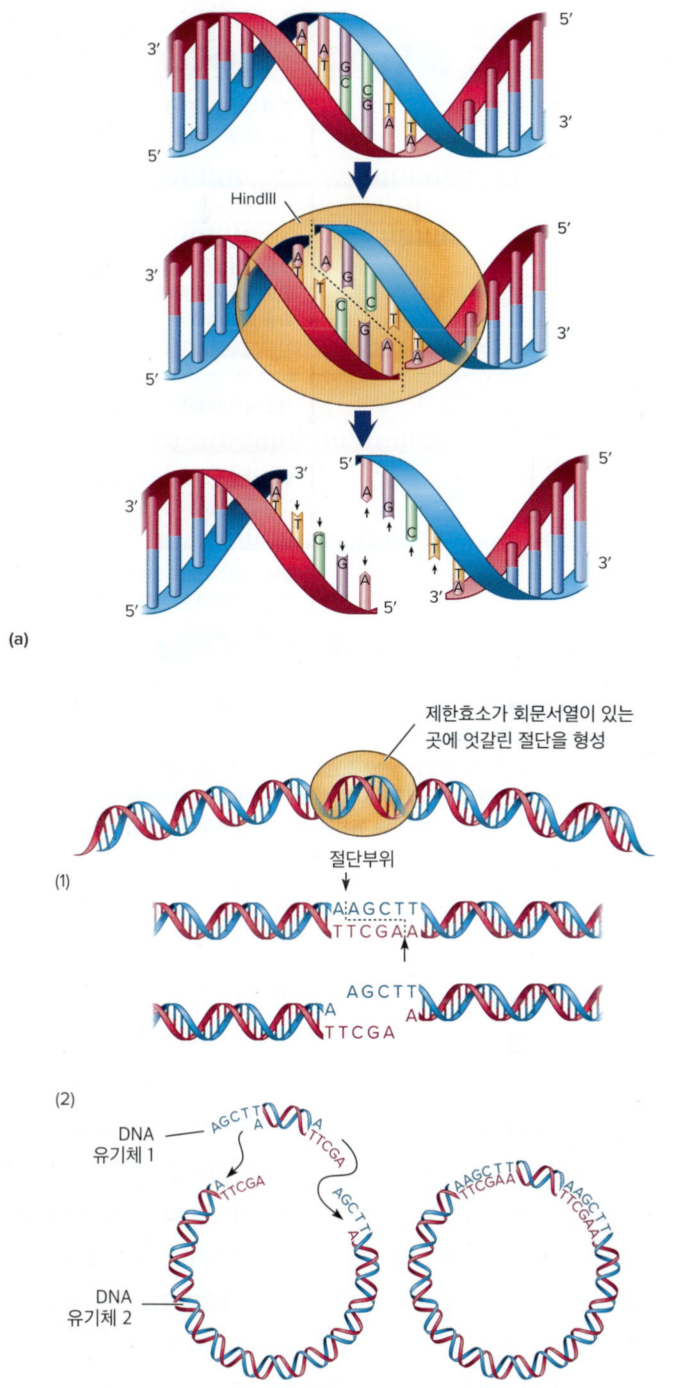


**제한효소의 작용.** (1) 제한효소는 특정 회문서열 부위를 인식해 그 부분의 DNA를 절단한다. 보통 '점착성 말단'이라고 불리는 엇갈린 대칭의 꼬리를 형성하며, 이 꼬리는 다른 상보적인 꼬리를 받아들여 유전자 접합을 할 수 있다. AclI에 의해 이 회문서열이 절단된다. (2) 점착성 말단은 동일한 제한효소로 잘라서 다른 생물의 DNA와 결합하는 데 사용될 수 있으며, 이로 인해 두 절편 모두 상보적인 두 말단을 갖게 된다.

**그림 10.2** 제한효소에 의해 잘리는 패턴의 예시와 유전자 스플라이싱에서의 활용. (a) 제한효소 HindIII는 5′ AAGCTT 3′라는 인식 서열을 만날 때마다 DNA 두 가닥을 잘라 낸다. 대부분의 제한효소는 점착성 말단이라고 불리는 2개의 돌출된 DNA 가닥을 생성한다. 몇몇 효소는 DNA를 직선으로 절단해 둔단 말단을 생성한다. (b) 점착성 말단은 동일한 제한효소로 절단해 서로 다른 생물의 DNA를 결합하는 데 사용할 수 있으며, 이는 두 절편 모두에 상보적인 점착성 말단을 제공한다. (출처: Barry Chess/McGraw Hill)

1 이 용어는 'Radar', "Madam, I'm Adam", "A man, a plan, a canal, Panama"와 같이 앞뒤를 거꾸로 읽어도 동일한 글자를 가진 단어나 문구에서 유래했다.

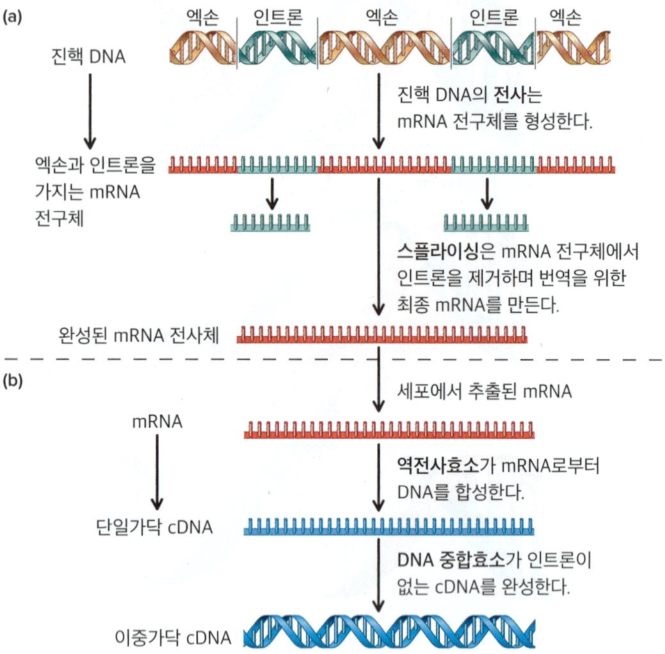


**그림 10.3** **진핵 mRNA로부터 cDNA 합성.** 클로닝 호스트로 사용되는 박테리아는 진핵 유전자를 처리할 수 없다. 따라서 박테리아에서 전사 및 번역될 수 있는 유전자를 제공하는 추가 과정이 필요하다. (a) 먼저, 인트론이 없는 mRNA를 원천 진핵세포에서 분리한다. (b) 이 가닥을 시험관 내에서 역전사효소를 통해 단일가닥 DNA로 변환하고, 이어서 중합효소를 사용해 이중가닥 DNA로 변환한다. (c) 이렇게 생성된 DNA 복사본(cDNA)은 박테리아에 의해 전사 및 번역될 수 있다.

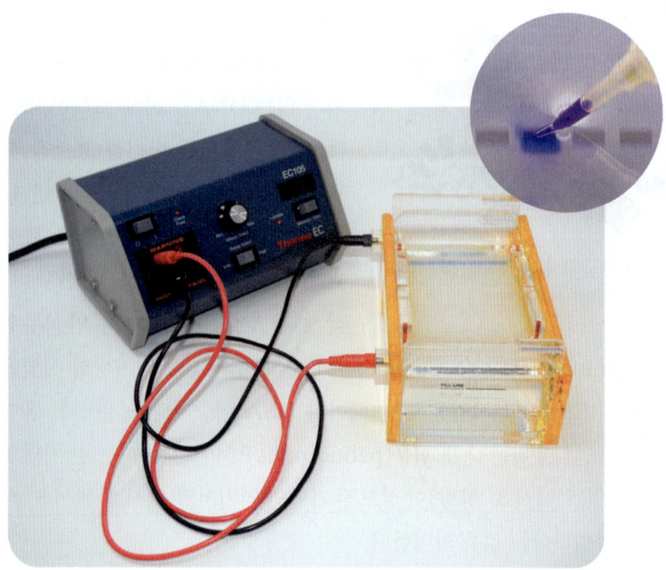

**그림 10.4** **전기영동 장비.** 전기영동은 전류를 사용해 서로 다른 크기의 DNA 분자를 분리한다. 시료는 완충 용액에 잠긴 한천 젤의 작은 구획에 로딩된다. 젤에는 크기별로 분자가 통과할 수 있는 작은 구멍이 있다. 음전하를 띠는 DNA는 젤의 양극으로 끌리며, 더 작은 절편이 더 빠르게 이동한다. 그 결과, 더 큰 DNA 절편은 음극(검은 전선) 근처에 남아 있고, 더 작은 절편은 양극(빨간 전선) 근처에 나타난다. (삽화) DNA는 가시성을 높이기 위해 염료와 함께 젤의 단일 구획에 로딩된다. (출처: Barry Chess; red_moon_rise/Getty Images)

는 것이다.

**역전사효소**(reverse transcriptase)는 HIV와 기타 레트로바이러스의 복제에서 중요한 역할을 하는 것으로 잘 알려져 있다. 이 효소는 RNA를 DNA로 변환하는 데 유용하게 쓰인다. RNA로부터 생성된 DNA를 **상보적 DNA**(complementary DNA, cDNA)라고 한다. 이 기술은 처리된 mRNA 전사체로부터 진핵 유전자를 합성하는 귀중한 수단이다(그림 10.3). 유전공학에서 자주 사용되는 박테리아는 아직 처리되지 않은 mRNA의 인트론을 잘라 내는 세포 기구가 부족하다. 따라서 합성된 cDNA 유전자는 이미 인트론이 제거돼 있으며, 엑손만으로 구성돼 있어 박테리아에 의해 쉽게 전사 및 번역될 수 있다는 장점이 있다. 역전사효소는 또한 코로나바이러스와 같은 RNA 바이러스의 유전물질을 DNA로 변환해 식별하거나 추가 연구를 수행하는 데도 사용된다.

## DNA 분석

**전기영동**(electrophoresis)을 통해 읽을 수 있는 DNA 절편 패턴을 생성할 수 있다(그림 10.4). 이 기술에서는 시료를 한천 젤이나 이와 유사한 부드러운 매체에 형성된 구획에 놓고 전류에 노출시킨다. DNA 분자는 인산 그룹에 의해 음전하를 띠므로 DNA는 젤에서 양극을 향해 이동한다. 이동속도는 주로 절편의 크기에 따라 결정된다. 더 큰 절편은 양극으로 천천히 끌려가 시작점 근처에 머물며, 작은 절편은 더 빠르게 이동해 시작점에서 더 멀리 위치한다. 그런 다음 젤을 염색해 DNA 밴드의 위치를 나타낼 수 있다(그림 10.5). 전기영동 패턴은 매우 특징적이어서 서던 블롯이나 DNA 프로필의 절편 식별 및 시료 간 유전적 유사성 비교 등에 매우 유용하다.

## 핵산 혼성화와 탐침

2개의 다른 핵산 가닥이 상보적인 부위에서 결합해 **혼성화**(hybridize)할 수 있다. 다양한 모든 조합이 가능하며, 단일가닥 DNA는 다른 단일가닥 DNA 또는 RNA와 결합할 수 있고, RNA는 다른 RNA와 혼성화될 수 있다. 이런 지식을 바탕으로 6~25개의 뉴클레오타이드로 구성된 짧은 단일가닥인 올리고뉴클레오타이드(oligonucleotides)가 개발돼 **유전자 탐침**(gene probes)으로 사용되고 있다. 이러한 탐침은 알려진 서열의 DNA 또는 RNA 절편으로 구성돼 있으며, 검사 시료에 상보적인 서열이 존재하는 경우 해당 서열과 염기쌍을 이룰 수 있다. 혼성화 탐침은 특정 뉴클레오타이드 서열을 미지의 시료에서 검출할 수 있기 때문에 실용적인 가치를 가진다. 혼성화 영역을 시각화하기 위해 탐침은 형광염료와 같은 보고(reporter) 분자를 갖고 있으며, 이는 자외선으로 시각화할 수 있다(그림 10.6 참조). 또한 방사성 표지를 사용해 사진 필름을 시험 반응에 접촉시켜 확인할 수 있다.

미지 시료의 RNA 또는 DNA 서열의 존재를 알고 싶을 때, 탐침을 DNA 또는 RNA 시료와 혼성화해 확인한다. **서던 블롯**(Southern

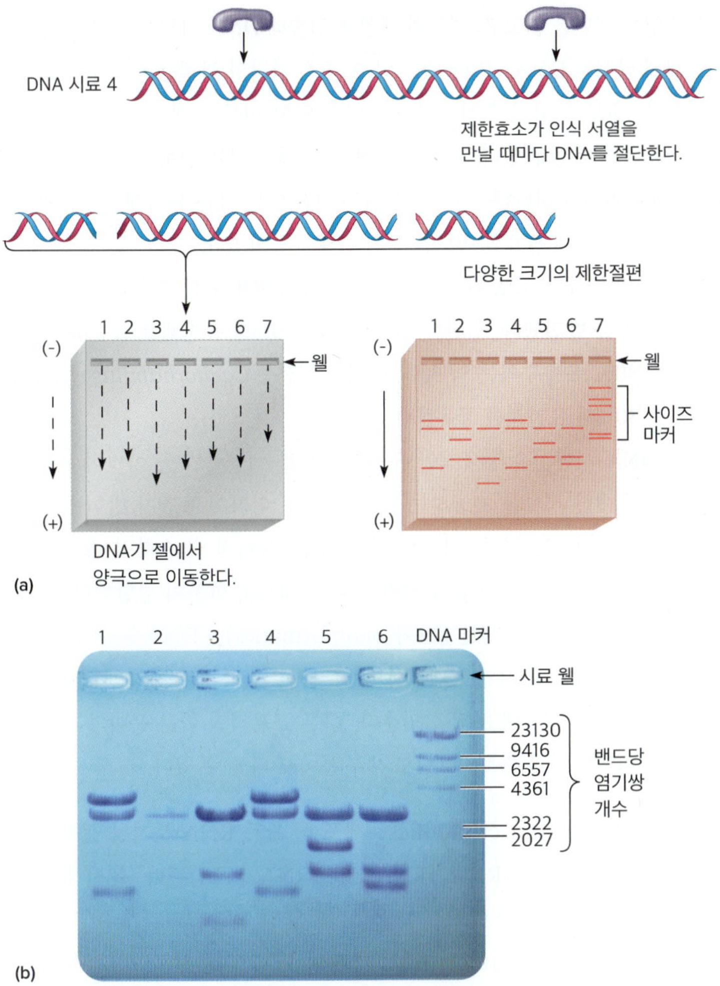


**그림 10.5** 전기영동을 이용한 DNA 제한절편 분리. (a) 제한효소를 사용해 DNA 시료를 절단한다(시료 4 사용). 제한효소 인식부위를 만날 때마다 DNA를 절단한다. 이 경우 DNA는 두 번 절단돼 3개의 절편이 생성된다. 그런 다음 DNA 절편은 젤의 한쪽 끝에 있는 웰에 로딩되며, 전기영동이 진행된다. 작은 DNA 절편은 젤을 더 빨리 통과해 양극에 더 가깝게 위치한다. (b) 염색된 젤은 DNA 절편의 위치를 나타낸다. 각 절편(밴드)의 크기는 마커(7번 레인)라고 불리는 이미 알려진 크기의 DNA 절편 세트와 이동거리를 비교해 결정할 수 있으며, 이는 염기쌍 수로 측정된다. 다른 DNA 서열은 서로 다른 세트의 DNA 절편을 생성한다. 1번과 4번 레인은 절편 패턴이 비슷하므로 같은 개인으로부터 유래했을 가능성이 높다. (출처: Barry Chess)

blot)[2] 이라는 방법에서는 먼저 DNA 절편을 전기영동으로 분리하고 변성시켜 특수 필터로 옮긴다. 그런 다음 DNA 탐침을 시료와 반응시키면 이 탐침이 상보적인 절편과 결합해 혼성체를 형성한다. 이 과정은 하나 또는 그 이상의 밴드로 나타난다. 이 방법은 특정 유전자 서열을 찾는 데 매우 민감하고 정확한 방법이다. 10.4절에서 논의하는 마이크로어레이(microarray)라는 또 다른 혼성화 방법을 통해 서던 블롯을 통해 얻을 수 있는 것보다 자세한 정보를 얻을 수 있다.

서던 블롯과 유사한 다른 혼성화 기술은 특정 생물에만 존재하는 특정 뉴클레오타이드 서열을 식별하는 데 유용하게 사용된다. 시판되는 진단키트로 *E. coli, Salmonella, Campylobacter, Shigella, Clostridium difficile*, 로타바이러스, 아데노바이러스 같은 장내 병원균을 식별할 수 있다. 다른 박테리아 탐침으로, *Mycobacterium, Neisseria, Staphylococcus, Mycoplasma, Bordetella, Chlamydia* 등에 대해 존재하며, 단순 포진 바이러스(herpes simplex)와 대상포진, 파필로마바이러스(papilloma), A 및 B형 간염 바이러스(hepatitis A and B), HIV 바이러스 식별을 위한 탐침도 있다. 또 인간의 유전성 질병 및 암을 진단하는 DNA 탐침도 개발됐다.

형광성 제자리 혼성화(fluorescent in situ hybridization, FISH)라는 방법은 탐침을 온전한 세포에 적용한다. 이는 DNA를 체외로 추출하지 않고 세포 내에 그대로 두고 제자리(in situ)에 탐침을 적용한다. 그런 다음 현미경으로 관찰해 탐침과 혼성화된 유전적 마커 서열을 확인한다. FISH는 염색체에서 유전자의 위치를 확인하는 매우 효과적인 방법이다(그림 10.6). 제자리 기술은 미지의 박테리아를 배양하지 않고도 자연 서식지에서 식별하는 데 사용할 수 있으며, 세포와 조직 내 RNA를 감지하는 데도 사용할 수 있다.

2 개발자 에드윈 멀러 경 서던(E. M. Southern)의 이름을 따서 명명됐다. '노던 블롯(Northern blot)'도 유사한 방법이지만 RNA를 분석하는 데 사용되며, '웨스턴 블롯(Western blot)'은 단백질을 검출하는 데 사용된다. 과학자들이 코미디언이 아닌 과학자가 된 데는 이유가 있다.

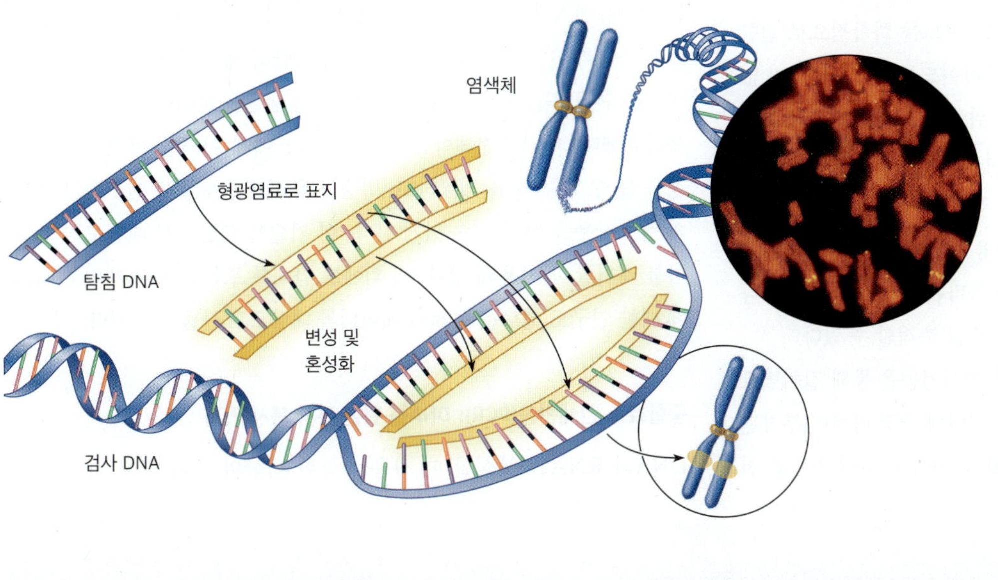


**그림 10.6** 형광 제자리 혼성화(FISH) 기술. 형광 표지된 탐침을 사용해 온전한 세포의 염색체와 반응시키는 현미경 기술이다. 탐침이 검사 세포 또는 염색체와 혼합돼 일치하는 DNA 서열과 혼성화되면, 특정 위치와 유형의 유전자가 형광을 통해 나타난다. 이를 검사하기 위해 자외선현미경으로 관찰한다. 삽입 그림은 파필로마바이러스의 DNA가 염색체에 통합돼 있는 모습이다(노란 점들). [출처: Tammur, J., Sibul, H., Ustav, E., Ustav, M., & Metspalu. A. (2002). A bovine papillomavirus-1 based vector restores the function of the low-density lipoprotein receptor In the receptor-deficient CHO-ldlA7 cell line. *BMC Mol Biol.*, 3:5.]

## DNA의 크기 및 서열 분석과 합성

핵산의 상대적인 크기는 보통 염기쌍(bp)이나 뉴클레오타이드의 수로 표시한다. 예를 들어, 제한효소가 인식하는 회문서열은 보통 4~10 bp이다. *E. coli*의 평균 유전자는 약 1,300 bp 또는 1.3 킬로베이스(kb)다. *E. coli*의 전체 유전체는 약 4,600,000 bp, 4,600 kb, 또는 4.6 메가베이스(mb)다. 인간 미토콘드리아의 DNA는 16 kb를 포함하며, 감염성 단핵구증의 원인인 엡스타인-바(Epstein-Barr) 바이러스는 172 kb를 가진다. 인간은 46개의 염색체에 배열된 약 64억 염기쌍(bbp)을 가지고 있다.

### DNA 시퀀싱: 정확한 유전암호 알아내기

유기체의 유전자와 유전체 내의 염기쌍 순서와 유형을 해독하는 것은 가장 강력한 유전정보 중 하나다. 이 과정을 **DNA 시퀀싱**(DNA sequencing)이라고 하며, 유전체, cDNA, 염색체, 플라스미드, 미토콘드리아 DNA를 포함한 모든 유형의 DNA에 적용할 수 있다. 많은 시퀀싱 기법은 상보적인 DNA 가닥의 합성과 분석을 사용하는 프레더릭 생어(Frederick Sanger)의 아이디어에 기반을 두고 있다(그림 10.7). 지금은 주로 자동화된 기술을 사용하지만, 이 과정의 기본 원리를 이해하기 위해 생어 시퀀싱(Sanger sequencing) 유형을 모델로 설명한다.

대부분 시퀀싱되는 DNA는 매우 길기 때문에 이를 더 관리하기 쉽게 짧은 절편으로 자른다. 테스트 가닥은 보통 수백 개의 뉴클레오타이드 길이로, 단일가닥을 노출시키기 위해 변성돼 상보적인 가닥을 합성하기 위한 템플릿으로 사용된다. 시퀀싱 절차에서 세포 내에서 일반적인 DNA 합성에 사용되는 것과 동일한 효소와 물질을 포함한다. DNA 프라이머가 주형에 결합한 후, DNA 중합효소가 주형가닥을 가이드로 사용해 상보적인 뉴클레오타이드를 추가한다.

시퀀싱에 필요한 요소는 DNA 분자, DNA 중합효소 III, 짧은 DNA 프라이머(9장에서 배운 대로 DNA 중합효소 III는 DNA 합성을 시작하기 전에 프라이머가 필요하다) 외에도, 정상적인 뉴클레오타이드(A, T, C, G)와 소량의 디디옥시뉴클레오타이드(ddNT)가 있다. ddNT는 두 가지 특별한 특징을 가진다. (1) 4개의 서로 다른 형광으로 표지돼 서로 구분 가능하다, (2) DNA 신장에서 뉴클레오타이드를 화학적으로 결합시키는 데 필수적인 오탄당 3′ 탄소에 결합된 하이드록실기($OH^-$)가 없다. 어느 위치에서든 ddNT가 추가되면 해당 위치에서 신장이 종료된다. DNA 합성이 진행되는 동안 대부분은 정상적으로 연장되지만, ddNT가 포함된 일부 절편은 그 지점에서 종료된다. 과정 말기에는 서열의 모든 가능한 위치에 ddNT가 포함된다. 따라서 반응 튜브에는 첫 번째 뉴클레오타이드에서 마지막 뉴클레오타이드까지의 올바른 서열을 반영하는 다양한 길이의 가닥이 형성되며, 각 가닥은 색상으로 추적할 수 있다.

시퀀싱 과정에서 생성된 반응물은 미세관 전기영동을 통해 길이별로 분리된다. 이는 절편을 크기순으로 배열해 종결점에 형광 라벨이 부착된 뉴클레오타이드만 읽을 수 있게 한다(그림 10.7). 자동 시퀀싱 기계로 전기영동 패턴을 읽고 각 밴드의 색상을 검출해 DNA 서열을 기록한다. 이렇게 합성된 DNA 서열을 분석하고, 주형 가닥의 서열을 쉽게 유추할 수 있다. 대부분 시퀀싱 기계에는 서열을 읽고 이를 그래픽으로 표시하는 컴퓨터가 내장돼 있다. 이 시퀀싱 방법은 매우 정확하며, 실수 확률은 약 1,000 염기당 하나다. 이러한 방법은 인간 또는 다른 유기체의 유전체를 시퀀싱하는 데 필요한 속도를 얻기 위해 자동화됐다.

이 연구에서 서로 관계가 적은 생물의 유전체가 상당히 유사할 수 있다는 점을 발견했다. 인간은 침팬지와 약 99%의 유전체를 공유하며, 쥐와는 80%, 옥수수와는 약 50%, 심지어는 선충 *Caenorhabditis elegans*와도 30%의 유전체를 공유한다.

DNA 시퀀싱은 궁극적인 유전자 지도를 제공하지만, 이것이 유전자 기능에 대한 정보를 제공하는 것은 아니다. 따라서 유전자 발현에 대한 추가 정보가 필요하다. 이러한 데이터는 생물학적 및 수학적 내용을 모두 포함하기 때문에 이를 관리하기 위한 새로운 학문이 발달했다. **유전체학**(genomics)과 **생물정보학**(bioinformatics)은 DNA를 분석, 비교, 분류하고, 단백질 서열을 결정하며, 궁극적으로 특정 유전자와 단백질의 기능을 이해하는 데 초점을 맞춘다. 다른 포괄적인 학문 분야와 마찬가지로, 유전체학과 생물정보학도 세부 분야로 나눌 수 있다.

- **전사체학**(Transcriptomics): 세포 내 모든 RNA 분자를 분석하는 학문. mRNA, tRNA, rRNA, 조절 RNA가 포함된다. 유전자의 활동과 번역에 의한 단백질 산물 사이의 중간 연결 고리다.
- **단백질체학**(Proteomics): 개체의 단백질 구성[단백질체(proteome)] 및 단백질에 의해 매개되는 기능을 연구하는 학문.
- **메타유전체학**(Metagenomics): 단일 종의 개별적 유전체가 아닌 특정 생태적 자리의 모든 유전체를 연구하는 학문.
- **대사체학**(Metabolomics): 특정 시점에서 세포 내 존재하는 모든 화학물질을 연구하는 학문. 세포의 생리적 상태와 대사의 최종 산물에 대한 스냅숏을 제공한다.

이러한 세부 분야 중에서 가장 급속하게 성장하고 있는 분야 중 하나는 메타유전체학이다. 이 분야는 다양한 서식지에 사는 생물체의 범위를 조사하는 데 중점을 둔다. 과거에는 수백만의 생물이 공존하는 복잡한 군집을 연구하는 것이 어려웠고, 대부분의 생물을 분리해 배양하는 것이 불가능했다. 메타유전체학은 미생물학자들에게 이러한 서식지의 다양성을 볼 수 있는 창을 제공하고, 미생물 유전체를 추출해 연구하고 이들의 상호작용을 이해할 수 있게 한다. 이 기술은 해양에서 대규모의 유전자를 채취할 때 사용돼 왔다. 이 외에도 인체를 포함한 수십 개의 서식지에 대한 연구도 새로운 유전적 데이터를 대량으로 산출하고 있다.

### 중합효소 연쇄반응(PCR): DNA를 위한 분자 복사 기계

DNA와 RNA를 분석할 때 사용 가능한 핵산의 양이 적어 기술에 제

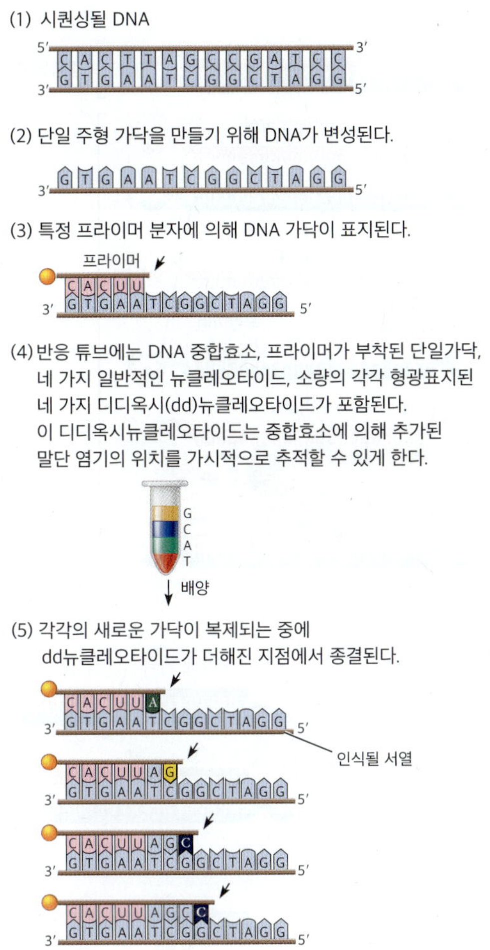


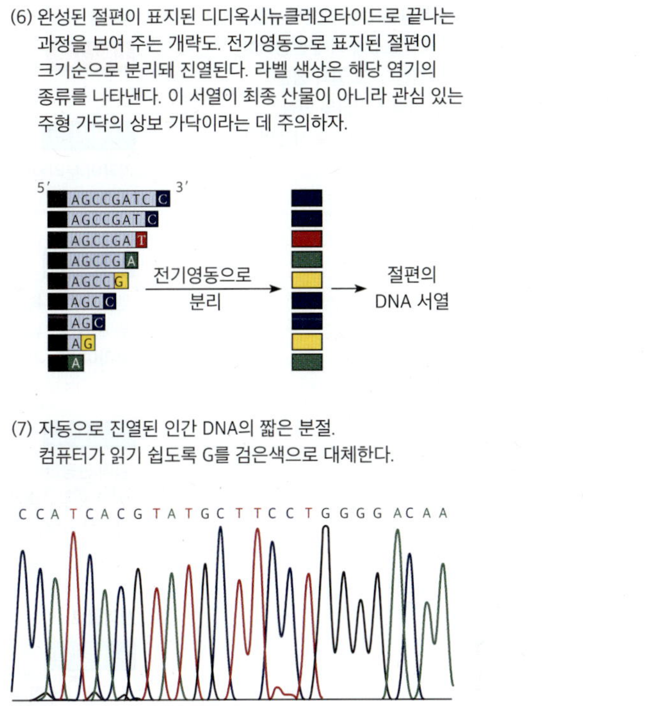


**그림 10.7** 기본적인 DNA 시퀀싱 기술. (1~7) 생어 방법(Sanger method)을 사용한 9-염기 가닥의 시퀀싱. 6단계에서 서열을 아래에서 위로 읽어야 하며, 실제 뉴클레오타이드 순서를 얻으려면 이를 상보 서열로 변환해야 한다. 상보 서열로 변환하면 진짜 뉴클레오타이드 순서는 TCGGCTAGG가 된다.

한을 받는다. 이 문제는 주로 **중합효소 연쇄반응**(polymerase chain reaction, PCR)이라 불리는 단순하고 다재다능한 DNA 증폭 방법의 발명으로 해결됐다. 이 기술은 배양을 하거나 복잡한 정제기술을 수행할 필요 없이 시료 내의 DNA 양을 빠르게 증폭시킨다. PCR은 매우 민감해 단일 세포에서 암을 감지하거나 단일 유전자 사본에서 감염을 진단할 수 있다. 이 기술은 바늘 '더미' 속에서 단일 DNA '바늘'을 뽑아내어 그 DNA의 무한 복사본을 만드는 것과 비교할 수 있다. PCR을 통해 DNA를 몇 시간 내에 몇 개의 복사본에서 수십억 개의 복사본을 복제할 수 있다. 몇 개의 염기쌍으로 구성된 DNA 절편부터 수백만 개의 염기쌍을 포함하는 유전체까지 증폭할 수 있다.

PCR의 개념을 이해하기 위해 자연적으로 세포 내에서 일어나는 DNA 합성을 설명하는 그림 9.10을 되짚어 보는 것이 도움이 될 것이다. PCR 방법은 기본적으로 동일한 사건을 반복하는데, 이중가닥을 열고 노출된 가닥을 주형으로 삼아 프라이머를 첨가해 DNA 중합효소의 작용을 수반한다.

반응을 시작하려면 몇 가지 특수한 재료가 필요하다(과정그림 10.8). **프라이머**(primers)는 알려진 15~30 베이스의 시퀀스를 갖는 합성 올리고뉴클레오타이드(짧은 DNA 가닥)로서, DNA 증폭이 시작될 곳을 나타내는 지표 역할을 한다. 이들은 일반적으로 세포에서 제공되는 RNA 프라이머를 대체한다. 목적과 복제되는 DNA에 대해 알려진 것에 따라 프라이머가 서열에 맞게 임의로 부착되거나 알려진 유전체에 대해 매우 특이적으로 제작될 수 있다. 분리된 DNA 가닥을 유지하기 위해 PCR은 비교적 높은 온도에서 이루어져야 한다. 따라서 열에 강한 박테리아로부터 분리된 열저항성 DNA 중합효소가 필수적이다. 이러한 독특한 효소의 예로는 *Thermus aquaticus*로부터 얻은 Taq 중합효소와 *Thermococcus litoralis*로부터 얻은 Vent 중합효소가 있다. 이런 호열성 생물로부터 분리된 효소는 PCR 과정의 고온에서도 활성이 유지된다. 또 다른 PCR 구성요소로는 온도 변화를 자동으로 반복하는 유전자 증폭기(thermo cycler)다.

PCR은 기본적으로 변성, 프라이밍, 신장의 세 가지 과정을 반복한다.

1. **변성**(denaturation): 첫 번째 단계는 증폭하고자 하는 DNA를 94℃로 가열해 2개의 가닥으로 분리하는 것이다. 각 가닥은 주형 DNA 또는 앰플리콘(amplicon)이 된다.
2. **프라이밍**(priming): 반응이 50~65℃ 사이로 냉각될 때(프라이머의 서열과 길이에 따라 다름), 올리고뉴클레오타이드 프라이머가 앰플

(a) 사이클 1에서 증폭될 DNA는 고온에서도 기능할 수 있는 중합효소에 의해 변성되고, 프라이밍되며 복제된다. 그 결과 생긴 2개의 가닥은 두 번째 사이클의 변성, 프라이밍, 합성을 위한 주형으로 사용된다.

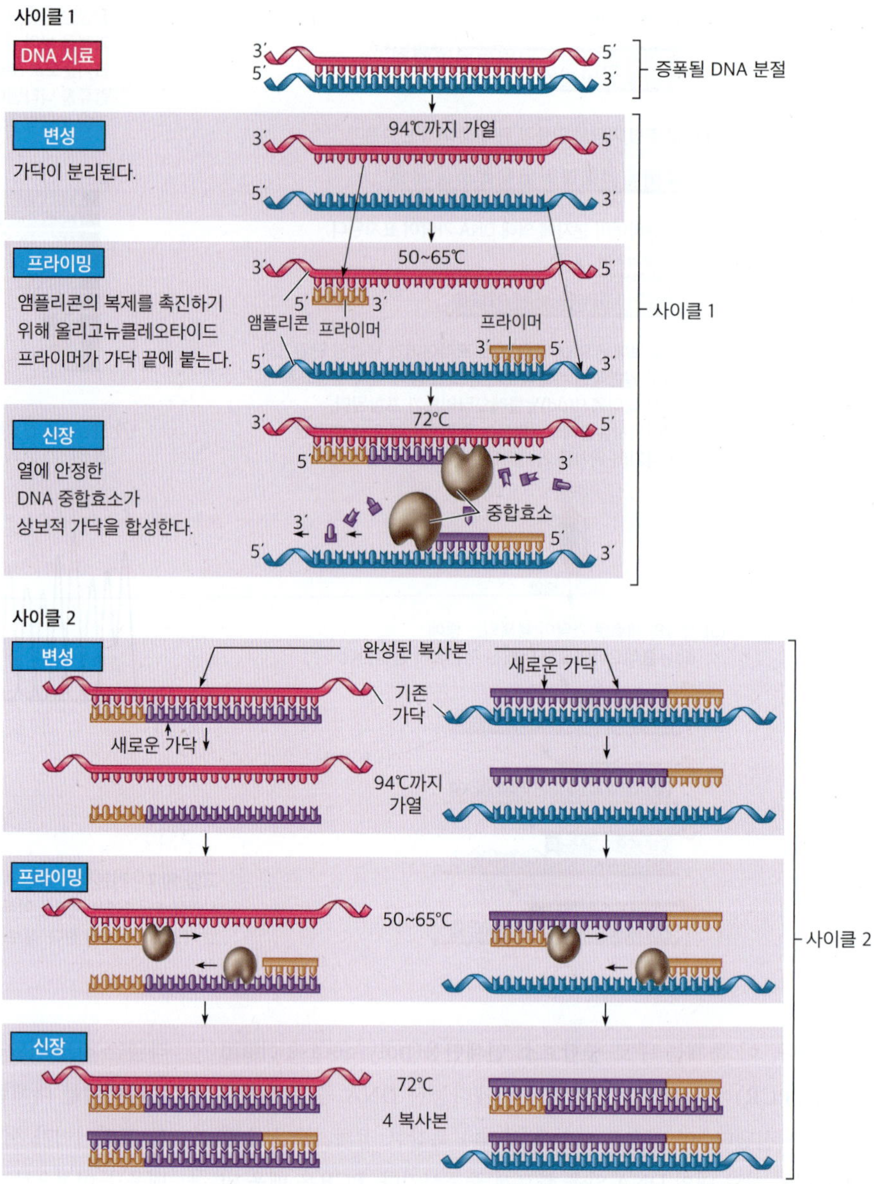


(b) 6회의 사이클 후에 64개의 증폭된 DNA 복사본을 볼 수 있다. 이 과정을 20~40 사이클까지 계속하면 수백만 개의 동일한 DNA 분자를 생성할 수 있다.

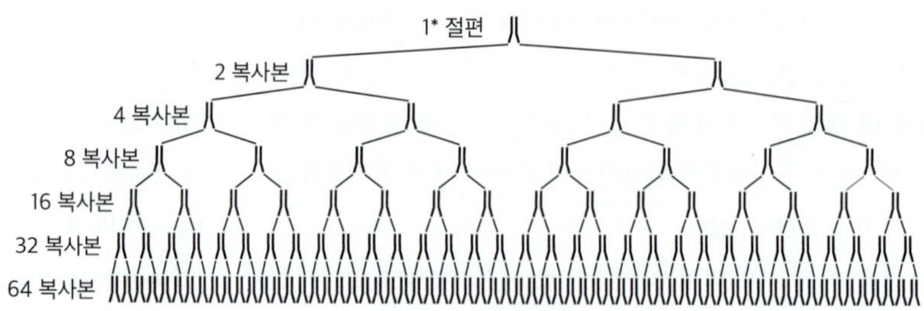


**과정그림 10.8** **중합효소 연쇄반응의 도표.** (a) 2 사이클 이상의 세부 과정. (b) 두 번째 사이클 이후 지속할 경우 수율.

리콘의 특정 부위에 염기쌍을 이룬다.

3. **신장**(extension): 72℃에서 진행되며, DNA 중합효소가 활성화돼 풀 안의 뉴클레오타이드를 이용해 DNA를 합성한다. 두 가닥 위의 프라이머부터 시작되며, 중합효소는 DNA 이중가닥 합성을 위한 주형 역할을 하는 가닥을 따라 이동한다.

이러한 단계의 주기적 반복을 통해 DNA가 증폭된다. 첫 번째 주기에서 형성된 DNA가 변성되면 두 번째 주기에서 프라이밍되고 확장되는 앰플리콘이 된다. 각 후속 주기는 새로운 DNA를 앰플리콘으로 변환하고 복사본 수를 두 배로 늘린다. 백만 개의 분자를 생산하는 데 필요한 사이클 수는 20이지만, 일반적으로 30~40 사이클로 수행된다. 이 기술의 중요한 장점 중 하나는 자동화에 대한 자연스러운 적응성이다. 유전자 증폭기는 2~3시간 안에 거의 100개의 샘플에 대해 20회의 사이클을 수행할 수 있다.

PCR로 증폭된 DNA는 이전에 논의한 기술을 사용해 분석할 수 있다. PCR은 초기에 역전사효소를 사용해 RNA 샘플을 DNA로 변환한 다음 이 cDNA를 표준 방법 PCR로 증폭시킴으로써 RNA를 분석할 수 있게 적용할 수 있다. 이는 rRNA와 mRNA가 서열 분석을 위해 준비되는 방법이며, RNA 바이러스가 시퀀싱되고 식별되는 도구다. PCR 기술은 분자생물학, 의학, 생물공학에서 주목받았다. 이는 유전자 지도 제작, 유전적 결함과 암 진단, 법의학, 분류학, 진화 연구 등에 중요한 역할을 한다.

이러한 장점에도 불구하고 PCR 기술은 몇 가지 문제가 있다. 하나는 주위 환경으로부터 원치 않는 DNA가 도입되고 증폭되는 것이다. 예를 들어, 증폭하고자 하는 시료 DNA가 아닌 PCR을 수행하는 기술자의 피부 세포에서 비롯된 DNA가 포함될 수 있다. 이러한 오염은 DNA 분석을 위해 전용 장비와 방을 사용하고, 철저한 청결 상태를 유지함으로써 최소화할 수 있다. 또한 표적 유전자에 특이적인 프라이머를 사용하고, 증폭되기 전에 시료를 오염된 DNA를 분해할 수 있는 효소로 처리함으로써 오염 문제를 줄일 수 있다.

**핵심 점검 10.1**

1. 유전공학과 생명공학을 정의하고 이 분야의 중요한 목적을 요약하시오. 9장에서 본 유전체, 염색체, 유전자, DNA, RNA라는 용어의 사용을 검토하시오.
2. DNA의 변성과 복구에 수반되는 과정을 묘사하고 이러한 절차의 유용성을 설명하시오.
3. 제한효소를 정의하고 그 역할을 설명하시오.
4. 회문을 정의하고 세 가지 회문서열의 예시를 드시오.
5. 전기영동의 원리와 DNA의 크기를 분석하는 일반적인 방법을 설명하시오.
6. mRNA 전사체에서 DNA를 만드는 법을 설명하시오. 완성된 분자의 이름과 이를 어떻게 사용할 수 있는지 예를 드시오.
7. DNA 시퀀싱 단계를 요약하고 이 과정의 적용을 묘사하시오.
8. PCR 기술의 단계를 요약하고 온도 변화의 효과를 설명하시오.
9. Taq 중합효소와 프라이머의 역할을 설명하시오.

## 10.2 재조합 DNA 기술: 자연을 모방하는 방법

**학습목표**

5. 재조합 DNA 기술에 수반되는 것을 설명한다.
6. 클로닝에서 일어나는 일을 예시를 사용해 묘사한다.
7. 재조합 DNA의 단백질 산물을 나열하고 그 적용을 논의한다.

**재조합 DNA 기술**(recombinant DNA technology)의 주요 목적은 한 유기체에서 유전물질을 의도적으로 제거하고 이를 다른 유기체의 유전물질과 결합하는 것이다. 이 기술의 기원은 1970년으로 거슬러 올라가며, 이때 미생물학자들은 플라스미드, 전위인자, 프로바이러스와 같은 추가 DNA 조각으로 박테리아가 자연스럽게 수행하는 영리한 트릭을 복제하기 시작했다. 박테리아가 외래 DNA를 쉽게 수용하고 복제하며 발현할 수 있다는 사실의 발견은 박테리아를 다른 유기체의 유전자를 분리해 연구할 수 있는 강력한 도구로 만들었다. 이러한 응용은 곧 생명공학자들에 의해 실현됐다. 박테리아는 기존 산업의 방법으로 합성하기 어려운 호르몬, 효소, 백신과 같은 물질의 대량생산을 위해 유전적으로 가공될 수 있다.

그림 10.9는 재조합 DNA 절차의 개요다. 이 기술의 중요한 목표 중 하나는 유전적 **클론**(clones)을 형성하는 것이다. 이러한 클로닝(cloning)은 동물, 식물 또는 미생물(유전자 제공자)로부터 선택된 유전자를 제거하고 이를 다른 숙주 유기체에서 증식하는 과정을 포함한다. 클로닝을 위해서는 원하는 제공자의 유전자를 먼저 선택하고, 제한효소로 절단해 분리해야 한다. 그 후 유전자를 보통 플라스미드나 바이러스 같은 **벡터**(vector)에 삽입한다. 이 벡터는 DNA를 **클로닝 숙주**(cloning host)에 삽입한다. 클로닝 숙주는 보통 유전자를 복제하고 이를 단백질 산물로 전사하고 번역할 수 있는 박테리아 또는 효모다. 다음으로 유전자 분리, 벡터 및 클로닝 숙주의 요소를 검토하고, 이들이 완전한 재조합 DNA 절차에서 어떻게 참여하는지를 밝힌다.

### 재조합 DNA와 유전자 복제의 기술적 측면

목표 유전자 클로닝의 첫 번째 난관은 염색체에서 유전자의 정확한 위치를 찾고 이를 분리하는 것이다. 초기 분리된 유전자 중 일부는 극히 작고 관리하기 쉬운 유전체를 가진 바이러스에서 나왔으며, 이후에는 박테리아와 효모에서 유전자를 분리했다. 인간 게놈 프로젝트(Human Genome Project)의 가장 큰 이점 중 하나는 인간 유전체에서 각 유전자의 정확한 서열과 위치를 알게 된 것으로, 초기 분리를 크게 단순화했다는 점이다. 첫 단계를 넘어 분리된 유전자를 얻기 위한 일반적인 전략은 다음과 같다.

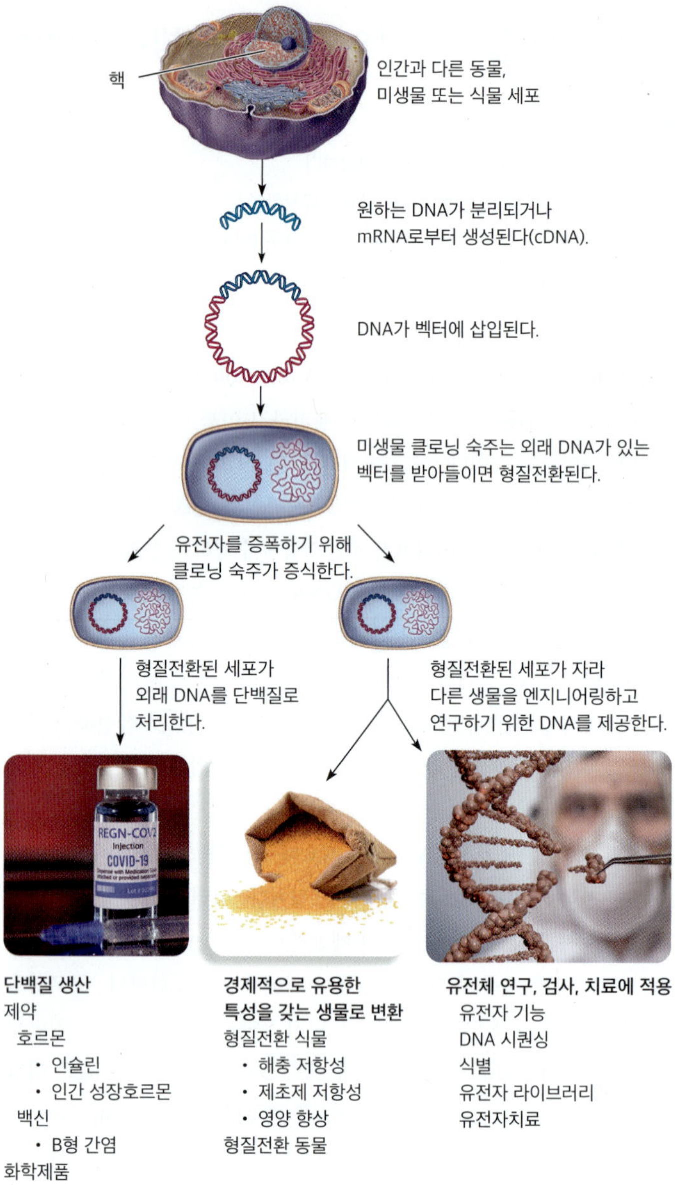


**그림 10.9 유전공학의 방법과 응용.** 실질적인 응용 사례로는 의약품 개발, 유전자 변형 생물체 및 식별 기술 등이 있다. 재조합 DNA에 사용되는 이러한 단계의 세부사항은 과정그림 10.11에서 확인할 수 있다. (출처: Lachina Publishing Services/McGraw Hill; Bernard Chantal/Shutterstock; JIANG HONGYAN/Shutterstock; vchal/Shutterstock)

1. mRNA 전사체에서 cDNA의 합성
2. PCR을 이용한 큰 DNA 분절에서부터 유전자 분리
3. 화학적 수단을 이용한 유전자 합성. 뉴클레오타이드를 조합해 DNA 가닥을 합성하는 실험장비가 존재하며, 심지어는 자연에 없는 서열까지 합성 가능

유전자 분리 및 클로닝의 초기 단계에는 많은 노동력이 들지만, 한번 분리된 유전자는 미생물 순수 배양과 마찬가지로 클로닝 숙주와 벡터에서 유지될 수 있다는 점에서 매우 유리한 결과를 낳는다. 특정 종의 모든 유전자를 나타내는 DNA 조각을 포함하는 유전체 라이브러리가 수천 개의 생물과 바이러스에 대해 생성됐다.

## 클로닝 벡터의 특징

좋은 재조합 벡터는 두 가지 필수적인 특성을 가져야 한다. 공여 DNA 조각을 충분히 운반할 수 있어야 하며, 클로닝 숙주에 의해 쉽게 수용될 수 있어야 한다. 플라스미드는 크기가 작고 잘 특성화돼 있으며 조작이 쉬워 우수한 벡터로 사용된다. 또한 형질전환을 통해 적절한 숙주세포에 쉽게 전달될 수 있다. 박테리오파지는 형질도입을 통해 자연적으로 DNA를 박테리아 숙주에 주입할 수 있는 능력이 있어 역시 훌륭한 벡터다.

오늘날 수천 가지 독특한 클로닝 벡터가 상업적으로 이용된다. 각각의 벡터는 특정 프로젝트에서 이상적인 특성을 가지고 있지만, 모든 벡터는 세 가지 중요한 속성을 지닌다(그림 10.10).

1. 벡터 내에 복제 원점(ORI)이 있다. 이를 통해 클로닝 숙주의 DNA 중합효소가 벡터를 복제할 수 있다.
2. 벡터는 원하는 크기의 DNA를 수용할 수 있다. 초기 플라스미드는 최대 10 kb의 DNA 삽입만 수용할 수 있었으며, 이는 상당한 인트론을 가진 대부분의 진핵생물 유전자에는 너무 작다. 코스미드(cosmid)는 45 kb를 수용할 수 있으며, 복잡한 박테리아 인공 염색체(bacterial artificial chromosomes, BACs)와 효모 인공 염색체(yeast artificial chromosomes, YACs)는 각각 최대 300 kb와 1,000 kb를 수용할 수 있다.
3. 벡터는 일반적으로 클로닝 숙주에 항생제 내성을 부여하는 유전자를 포함한다. 이를 통해 세포를 약제가 포함된 배지에 접종하면 해당 벡터를 가지는 세포만 선택적으로 성장하게 된다.

## 클로닝 숙주의 특징

좋은 클로닝 숙주는 몇 가지 주요 특성을 갖는다(표 10.2). 전통적인 클로닝 숙주이자 기본적인 실험에서 여전히 사용되는 숙주는 대장균(*Escherichia coli*)이다. 이 박테리아는 최초의 재조합 숙주였기 때문에 이를 사용하는 프로토콜이 잘 확립돼 있고, 비교적 쉽고 신뢰할 수 있다. 이를 위해 수백 개의 특수 클로닝 벡터가 개발됐다. 그러나 이 종의 주요 단점은 원핵생물이라는 것이다. 원핵생물 클로닝 숙주에서는 진핵생물의 소포체와 골지체에서 자연적으로 발생하는 mRNA의 스플라이싱과 단백질 수정이 불가능하다. 일부 산업 공정과 연구에서 대안은 진핵생물의 유전자와 산물을 처리하고 수정할 수 있는 효모 *Saccharomyces cerevisiae*를 사용하는 것이다.

특정 기술에서는 클로닝 숙주로 배양된 동물 세포, 심지어는 살아 있는 동물과 식물이 사용된다. 여러 재조합 단백질이 변형된 박테리아 숙주에 의해 생산되지만, 약물치료에 사용되는 많은 효소, 호르몬, 항체는 현재 포유류 세포를 클로닝 및 발현 숙주로 사용해 제조된다. 이러한 대

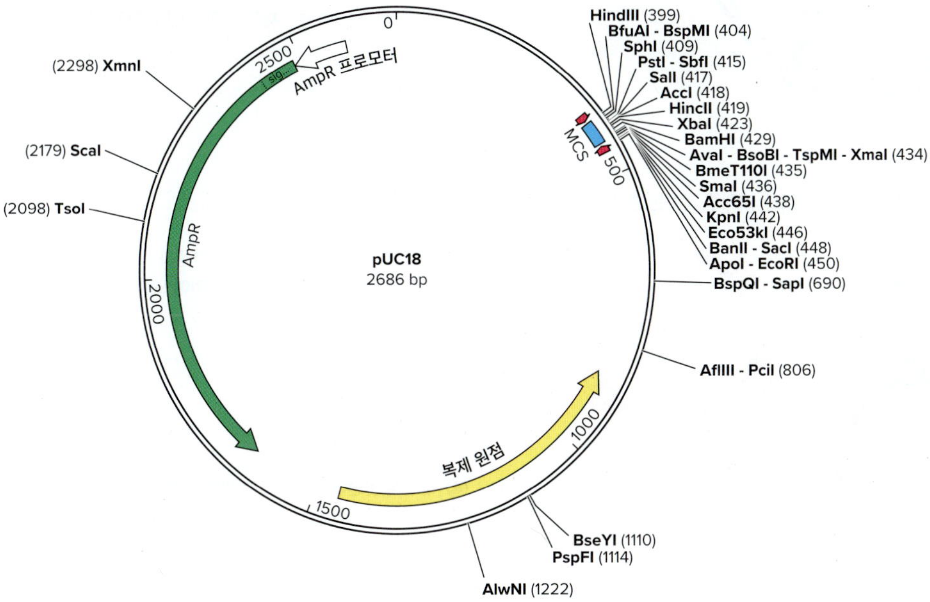


**그림 10.10** pUC18 플라스미드의 일부를 표시한 지도. 각 염기쌍은 플라스미드의 맨 위에서 시작해 반시계 방향으로 번호가 매겨져 있다. 다양한 제한효소에 의해 절단되는 위치가 표시돼 있다. 다중 클로닝 부위(MCS)는 외부 DNA 조각을 쉽게 삽입할 수 있도록 설계된 부위다. 다른 중요한 구성요소로는 암피실린 내성 유전자(AmpR)와 복제 원점(ori)이 있다. 오늘날 사용되는 많은 플라스미드가 pUC18에서 파생됐다. (출처: Barry Chess/McGraw Hill)

**표 10.2 미생물 클로닝 숙주가 갖춰야 할 특징**

- 높은 회전율, 빠른 성장속도
- 일반적인 배양방법으로 대량으로 자랄 수 있다.
- 비병원성
- 유전체가 잘 알려져 있다.
- 플라스미드 또는 박테리오파지 벡터를 받아들일 수 있다.
- 여러 세대 동안 외래 유전자를 유지할 수 있다.
- 외래 유전자를 발현해 높은 수율로 단백질을 분비할 수 있다.

안법의 주요 장점 중 하나는 세포 배양을 통해 단백질을 변형해(예: 탄수화물 추가) 생물학적으로 더 활성이 있게 만들 수 있다는 점이다. 일부 생식호르몬이나 인간 성장호르몬 및 인터페론이 이러한 세포 배양의 산물이다. 이 절에서는 재조합 과정이 박테리아와 효모에서 수행되는 방법에 대해 다룰 것이다.

## 재조합체 구축, 클로닝 숙주로의 삽입, 유전자 발현

이 절은 단백질을 생산하는 데 필요한 재조합 DNA 기술의 주요 절차를 설명한다. 예를 들어 재조합 에리스로포이에틴(erythropoietin, EPO)이라는 약물을 사용하지만, 이것이 생산되는 절차는 어떤 단백질이든 본질적으로 동일한 절차를 거친다. 에리스로포이에틴은 골수가 적혈구를 생성하도록 자극하며, 정상적으로는 신장에서 생산된다. 신장질환이 있는 사람들은 EPO 생산이 낮아져 빈혈로 이어질 수 있다. 재조합 EPO를 주사하면 체내 순환하는 적혈구의 수가 증가한다. 사람 세포에서 분리된 EPO 유전자는 약 500 bp로, 165개의 아미노산으로 구성된 단백질을 코딩한다. 이 유전자는 인트론이 가공된 mRNA 전사체에서 처음 분리 및 확인됐다.

유전자 클로닝의 첫 번째 단계는 유전자를 플라스미드에 삽입할 수 있도록 준비하는 것이다(과정그림 10.11). 이 단계에서 같은 제한효소로 유전자와 플라스미드를 절단해 벡터와 삽입 DNA 양쪽에 상보적인 점착성 말단을 생성한다. 유전자와 플라스미드가 함께 놓일 때, 노출된 말단끼리 염기쌍을 이루고 연결효소가 최종적으로 공유결합을 형성한다. 결과물로 나타난 유전자와 플라스미드의 조합을 **재조합체**(recombinant)라고 한다.

이후 재조합체는 형질전환을 통해 클로닝 숙주에 도입된다. 숙주는 추가적인 플라스미드가 없어 복잡한 유전자 발현이 없는 특수 실험실 균주인 대장균(*E. coli*)이다. 재조합 플라스미드는 일부의 클로닝 숙주세포에만 들어가기 때문에 재조합 클론을 찾아내야 한다. 배양액은 암피실린이나 테트라사이클린 같은 항생제가 포함된 배지에 도말되고, 항생제에 대한 내성을 지닌 플라스미드를 가진 클론만 생존해 콜로니를 형성할 수 있다. 이러한 재조합 콜로니는 배지에서 선택돼 배양된다. 유전자가 성공적으로 클로닝되면 이 단계는 반복할 필요가 없으며, 재조합 균주를 배양에서 무기한으로 유지할 수 있다.

많은 단백질, 특히 에리스로포이에틴 같은 단백질은 진핵세포 내에서만 일어나는 번역 후 수정이 필요하다(예: 골지체에서의 단백질 수정). 이러한 경우, 분리된 유전자는 두 번째 벡터로 옮겨져서 보통 포유류 세포와 같은 진핵 클로닝 숙주를 형질전환하는 데 사용될 수 있다. 클로닝 숙주가 원핵생물이든 진핵생물이든 최종 단계는 동일하다. 유전자는 숙주에 의해 전사되고 번역되며, 단백질은 배양 배지로 분비돼 회수되고 정제된다. 이 절차는 시험관 크기에서부터 수천 갤런의 제품을 제조할 수 있는 거대한 산업용 탱크에 이르기까지 다양한 규모에서 진행된다(그림 10.12). 여기에서 제시한 기본 과정을 이용해 호르몬, 효소, 백신, 농업 제품 등 다양한 단백질 제품을 대량생산할 수 있다(표 10.3 참조).

## 재조합 DNA 기술의 단백질 생성물

재조합 DNA 기술은 제약회사들이 다른 방법으로는 조달하기 어려운 약물을 제조하는 데 사용된다. 당뇨병과 왜소증 같은 질병은 필수 호르몬의 결핍으로 인해 발생하며, 부족한 호르몬을 보충해 치료할 수 있다.

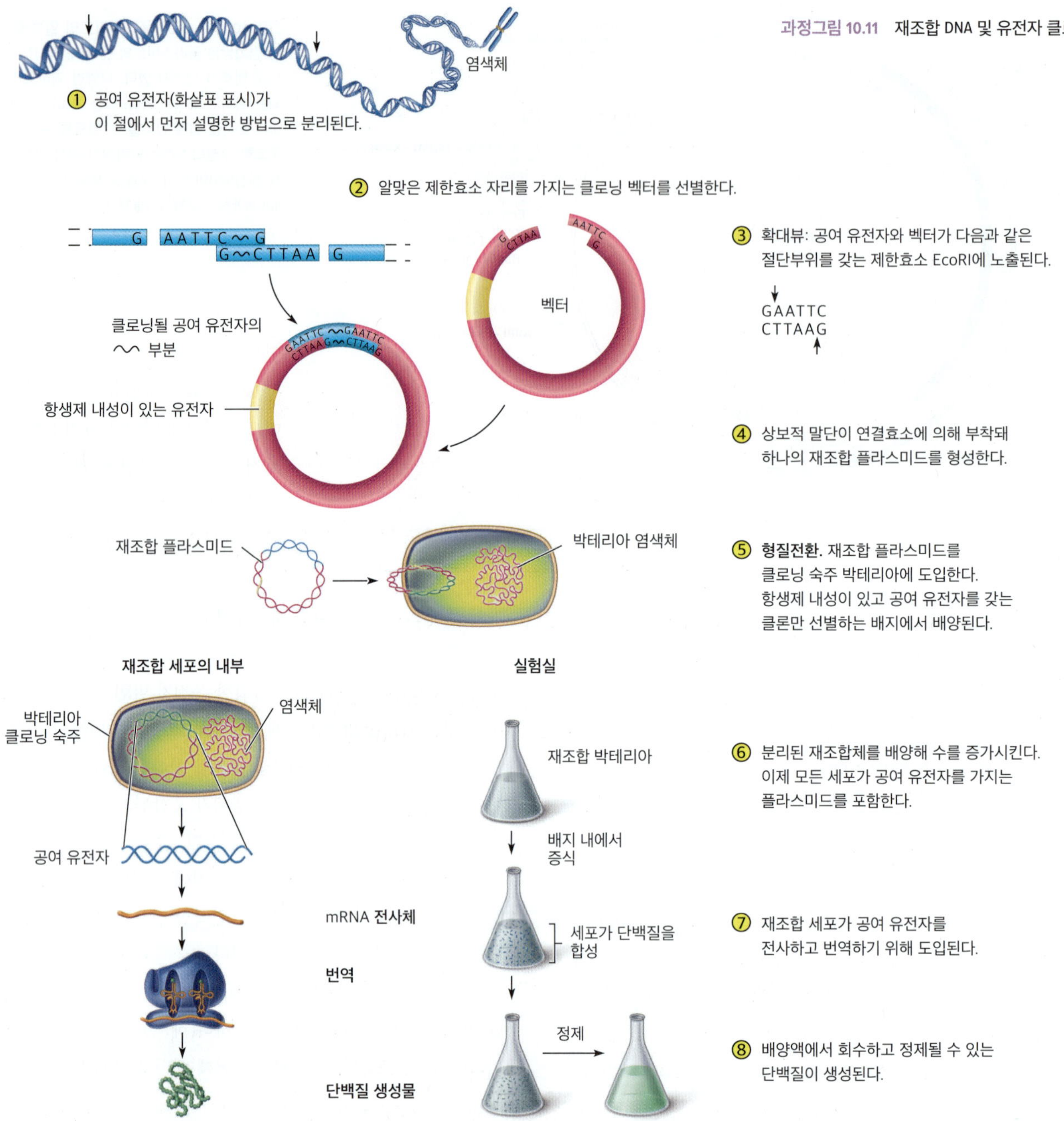


**과정그림 10.11** 재조합 DNA 및 유전자 클로닝 개요.

동물 유래 인슐린은 한때 당뇨병 치료의 유일한 형태였지만, 이러한 동물 제품은 민감한 사람들에게 알레르기 반응을 일으킬 수 있다. 반면에, 뇌하수체 왜소증은 동물 성장호르몬으로 치료할 수 없으므로 처음에는 사체의 뇌하수체에서 유일하게 인간 성장호르몬(human growth hormone, HGH)을 얻어 사용했다. 한때는 수천 명의 어린이를 치료할 만큼 HGH가 충분히 공급되지 않았다.

**그림 10.12** 재조합 단백질 생산. 재조합 분자가 생성돼 숙주세포에 삽입되면 숙주는 대량으로 배양될 수 있으며, 관심 있는 단백질을 대량생산할 수 있다. 이 생물반응기에는 제약 제품 생산에 사용되는 재조합 박테리아가 담겨 있다. 각 탱크는 3층 높이로, 수천 리터의 배양액이 들어 있다. (출처: Maximilian/Prisma by Dukas Presseagentur GmbH/Alamy Stock Photo)

**표 10.3 재조합 DNA 기술로 만들어진 상품의 예**

| | |
|---|---|
| 면역 치료 | 인터페론(Interferons) – 몇 가지 유형의 암, 다발성 경화증, 간염과 성기 사마귀 같은 바이러스 감염을 치료하는 데 사용되는 펩타이드<br>인터루킨(Interleukins) – 백혈구의 면역기능을 조절하는 특정 유형의 사이토카인. 암 치료에 사용<br>대식세포 집락 자극 인자(Macrophage-colony-stimulating factor) – 골수 이식 후 골수 활동을 자극하는 데 사용<br>종양 괴사 인자(Tumor necrosis factor, TNF) – 암 치료에 사용<br>과립구 집락 자극 인자(Granulocyte-colony-stimulating factor, Neupogen) – 낮은 호중구 수치로 고통받는 암 환자 치료를 위해 개발 |
| 호르몬 | 인슐린(Insulin) – 일부 유형의 당뇨병 치료에 사용되는 작은 단백질<br>에리스로포이에틴(Erythropoietin, EPO) – 골수를 자극해 일부 유형의 빈혈을 치료하는 데 사용되는 펩타이드<br>조직 플라스미노겐 활성인자(Tissue plasminogen activator, tPA) – 잠재적으로 위험한 혈전 용해 가능<br>헤모글로빈 A(Hemoglobin A) – 실제 혈액 대신 수혈에 사용되는 인공 혈액 형태<br>응고인자 VIII(Factor VIII) – A형 혈우병 환자에게 필요한 대체 혈액 응고인자<br>인간 성장호르몬(Human growth hormone, HGH) – 왜소증이 있는 어린이의 성장을 자극하며, 소모성 증후군을 예방 |
| 효소 | rH DNase(Pulmozyme) – 낭포성 섬유증 환자의 두꺼운 폐 분비물을 분해할 수 있는 치료제<br>안티트립신(Antitrypsin) – 폐기종 환자에게 유익한 대체 요법<br>PEG-SOD – 중증 외상 후 뇌조직 손상을 최소화하는 형태의 초산화물 불균등화효소(superoxide dismutase)<br>리페이스(Lipases) – 세탁 세제에 첨가 |
| 백신 | SARS-CoV-2, 말라리아, A형 및 B형 간염, *Haemophilus influenzae*, 수막염, 인플루엔자, 로타바이러스, 인간 유두종바이러스(HPV) 백신<br>재조합 표면 항원을 기반으로 한 실험성 HIV 백신 |
| 기타 | 소 성장호르몬 또는 소마토트로핀(Bovine growth hormone or bovine somatotropin, BST) – 우유 생산 증가를 위해 소에게 투여<br>아포지단백(Apolipoprotein) – 동맥의 지방 침전물 생성을 억제, 뇌졸중과 심장마비 예방에 사용<br>거미줄(Spider silk) – 낙하산과 방탄조끼에 사용되는 가볍고 튼튼한 섬유 |

자연적인 인간 유래 제품을 사용하는 또 다른 심각한 문제는 감염 가능성이다. 예를 들어, 6장에서 설명한 크로이츠펠트-야콥병(Creutzfeldt-Jakob disease)의 원인인 프리온과 같은 감염인자가 이러한 방식으로 전염될 수 있다. 마찬가지로 혈액이 제대로 응고되기 위해 필요한 단백질인 응고인자 VIII이 A형 혈우병 환자에게 결핍돼 있다. 1980년대 초반, 혈장 유래 응고인자 VIII을 받은 환자들 중 상당수가 기증된 혈장을 통해 HIV 바이러스에 노출돼 HIV에 감염되었다.

재조합 기술은 인간 유전자로부터 유래한 호르몬과 효소를 대규모로 제조할 수 있게 함으로써 이러한 질병을 해결할 수 있는 대안을 제시했다. 재조합 인간 인슐린은 당뇨병 환자를 위한 첫 번째 rDNA 호르몬으로서 시장에 출시됐으며, 그 뒤를 이어 왜소증과 터너 증후군 어린이를 위한 재조합 HGH가 나왔다. HGH는 또한 AIDS와 암 환자에게 발생하는 소모성 증후군(wasting syndrome)을 예방하는 데도 사용된다. 이러한 응용을 통해 재조합 DNA 기술은 보다 안전한 제품을 대량으로 제조하고 제공할 수 있게 했다. 재조합 DNA를 통해 생산된 기타 단백질 기반 호르몬, 효소, 백신은 표 10.3에 요약돼 있다.

단백질이 전통적으로 유전공학의 최종 산물이긴 하지만 핵산 자체도 여러 가지 응용분야를 가지고 있다. SARS-CoV-2 감염을 예방하기 위해 사용되는 모더나와 화이자 백신은 둘 다 엔지니어링된 mRNA 기반이며, 현재는 이와 유사한 mRNA 백신을 다른 질병을 대상으로 개발 중이다. 유전자치료에 사용되는 재조합 RNA와 DNA 분자의 추가적인 예는 10.3절에서 논의한다.

**핵심 점검 10.2**

10. 플라스미드와 박테리오파지를 좋은 클로닝 벡터로 만드는 특징은 무엇인가?
11. 벡터의 유형을 대고 그들이 기능하게 하는 유전자 유형을 나열하시오.
12. 재조합 DNA 기술의 기본 원리를 설명하시오.
13. 박테리아와 효모가 좋은 클로닝 숙주가 될 수 있는 특징을 요약하시오.
14. 유전지 클로닝 단계의 개요를 서술하고, 이 유전자가 사용되는 방법을 서술하시오.
15. 재조합 플라스미드를 받아들인 박테리아인지 아닌지를 구분하는 방법은 무엇인가?
16. 재조합 DNA 기술의 결과로 나온 몇 가지 상품의 특성을 설명하시오.

## 10.3 유전자 변형 생물체와 응용

**학습목표**

8. 형질변환 또는 유전자 변형 생물체라는 용어를 정의한다.
9. 유전자 변형 박테리아와 바이러스의 사용을 설명한다.
10. 유전적으로 변형된 식물과 동물에 대해 논의하고 그것이 수행되는 과정을 응용의 예를 가지고 설명한다.
11. DNA 기술이 유전병 치료에 어떻게 사용되는지 설명한다.

외래 유전자를 도입해 생성된 재조합 생물은 **유전자 변형 생물체**(genetically modified organisms, GMO) 또는 **형질변환 생물체**(transgenic organism)라고 한다. 미생물, 식물, 동물을 포함한 다양한 생물에 외래 유전자가 삽입됐지만, 이러한 생물체를 만드는 데 사용된 기술은 박테리아 시스템에서 수행된 초기 연구에서 발전됐다.

**10.1 연결고리 찾기**

## 생각의 순간

"우리가 수백만 에이커의 땅에 이러한 식물을 재배할 때 먹이를 찾는 새와 곤충, 미생물 그리고 다른 동물들은 어떤 변화를 겪게 될까? 이러한 식물이 플라스틱부터 백신, 각종 약물에 들어가는 물질을 생산하며 동물들이 이를 먹고 소화한다면 어떤 일이 벌어질까?"

경제동향연구재단의 제레미 리프킨(Jeremy Rifkin)

"유전자 변형 식품에 라벨을 붙인다면 거기에 해골을 표시하라는 것과 다르지 않다."

몬샌토(Monsanto)사의 노먼 브라식(Norman Brasick)

합성생물학의 많은 측면이 논란을 불러오고 감정적으로 다가옴에도 불구하고, 이 기술은 계속해서 발전하고 있다. 미국에서 재배되는 상위 세 가지 작물 중 거의 90%가 유전자 변형 생물체(GMO)라는 것을 그림에서 확인할 수 있다. 이러한 식물 대부분은 자체적으로 살충제를 생성하거나 제초제에 저항성이 있도록 변형됐으며 오늘날 우리가 이러한 GMO를 먹거나 착용할 가능성은 매우 높다. 동물에 관해서는 목록이 짧은 편인데, 인간의 섭취를 위해 승인받은 GMO는 두 가지뿐이다. 하나는 아쿠어드밴티지 연어(AquAdvantage salmon)로 다른 물고기의 유전자로 개량된 양식 연어다. 다른 하나는 간염이 있는 사람이 소비할 수 있는 고기를 생산하는 갈세이프(GalSafe) 돼지다. 이 돼지는 또한 인간 장기 이식을 위한 공급원이 될 수도 있다. 2022년 1월, 유전자가 개량된 돼지로부터 심장을 이식받은 57세 남성이 있었으며 그 결과 수술 전 상태가 심각했음에도 불구하고 수술 후 2개월 이상 생존했다.

**미국에서 유전적으로 개량된 작물**

옥수수 89% 면 91% 대두콩 94%

(사진 출처: ANEK SANGKAMANEE/Shutterstock; Dinodia Photos/age fotostock/Alamy Stock Photo; Mark Dierker/McGraw Hill)

GMO의 보편적 수용을 방해하는 것은, GMO 음식이 안전하지 않다는 증거도 없지만 안전하다는 것을 증명하는 것도 어렵다는 점이다. 이로 인해 유전자 변형 생물체에 대한 확인되지 않은 편견을 가진 사람들이 "미래가 어떻게 될지 모른다…", "결국…이 될 수도 있고." 또는 아마도 최악의 경우로 "결코 알 수 없다…"와 같은 발언을 할 수 있다는 것이다. UCLA의 식물분자생물학자인 로버트 골드버그(Robert Goldberg)는 "지구상 모든 종류의 유기체를 대상으로 하는 수억 개의 유전자 실험이 진행돼 왔고, 사람들이 문제없이 수십억 끼니를 먹어 왔음에도 불구하고 이러한 두려움은 여전히 존재한다."고 말했다.

GMO가 주는 혜택은 쉽게 확인할 수 있다. 서부 옥수수 뿌리벌레(west corn rootworm)에 대한 저항성을 부여하기 위해 개량된 옥수수는 비개량 품종보다 높은 수확량을 보이며, 더 적은 곰팡이 독소를 가진다. 한편, 수년 전 비타민 A를 공급하기 위해 개량된 황금쌀은 매년 수백만 건의 안질병을 예방한다. 현재 과학자들은 블루베리의 항산화성이 풍부한 색소를 가진 토마토를 개발하고 있으며, 토마토를 싫어하는 사람들을 위해 토마토 기반 항산화제인 루테인을 함유한 파인애플도 개발 중에 있다. 이러한 예시는 GMO의 혜택이 농부가 아니라 소비자를 향해 집중되고 있어 특히 중요하다. 소비자들은 이제 유전자 변형 생물체로부터 이점을 보기 시작하고 있다.

윤리적 선택은 지적 인식의 관점에서만 적절히 이루어질 수 있다. 광고, 여론조사, 포커스 그룹 시대에 있어 윤리 기술에 관심 있는 사람들은 우리가 새로운 힘의 사용과 한계에 대해 대중을 신중하게 교육하는 것이 아닌 과장된 주장이나 무서운 시나리오를 공표해 지지를 얻는 것이 가장 효과적임을 알고 있다. 계몽주의는 종종 이러한 광고의 희생자가 되며, 우리는 학생으로서, 유권자로서, 그리고 생명공학 제품의 잠재적 소비자로서 이 진실이 공포의 시나리오와 환상적 유토피아 사이 어딘가에 있다는 것을 깨달아야 한다.

이 장에서 계속 강조해 온 주제는 생명공학, 유전자 변형 생물체, 유전자치료는 그동안 지향해 온 목표를 달성하는 것의 새로운 방법일 뿐이라는 것이다. 이는 물론 매우 절제된 표현이다. 과거 사회는 오늘날 우리가 할 수 있는 일을 한 번도 하지 않았다. 우리는 결국 개인으로서나 사회로서 어디에 경계를 그어야 할지 결정해야 할 때가 올 것이다. 답은 각 개인마다 경험과 철학에 따라 다를 것이지만, 확실한 것은 획기적인 혜택과 가능한 위험에 대한 사실적인 지식을 가지고 찾아야 한다는 점이다. 우리는 심각한 시대를 살고 있는데, 이러한 선택은 심각한 사고를 필요로 한다.

**GMO 옥수수나 생선을 먹고 생길 수 있는 부작용을 생각할 수 있는가? 어쨌든 GMO가 아닌 음식도 다량의 외래 DNA를 섭취하는 것이다.**

## 재조합 미생물: 변형 박테리아와 바이러스

최초의 재조합 DNA를 실용적으로 응용한 것은 유전자 변형된 녹농균(*Pseudomonas syringae*) 균주의 생성이었다. 야생의 녹농균은 보통 식물 표면에서 습기로 얼음이나 서리의 형성을 촉진하는 얼음 형성 유전자를 가진다. 재조합 플라스미드를 사용해 서리 유전자를 유전적으로 변형한 결과, 얼음 결정 형성을 방지하는 새로운 균주가 만들어졌다. 이 균주를 이용해 프로스트반(Frostban)이라는 제품이 개발됐지만, 환경 방출에 대한 논란 때문에 시장에 출시되지는 않았다. 또 다른 시도로 형광 녹농균(*Pseudomonas fluorescens*)이 개발됐다. 살충 유전자(Bt toxin)를 암호화하는 박테리아(*Bacillus thuringiensis*)의 유전자를 재조합했다. 이러한 재조합 박테리아를 식물 뿌리에 뿌려 해충을 파괴하는 데 이용할 수 있다. 재조합 미생물의 모든 방출은 미국 환경보호국(EPA)의 승인을 받아야 하며, 엄격하게 모니터링된다.

주로 감기를 일으키는 것으로 알려져 있는 아데노바이러스를 암 세포를 공격하고 파괴하도록 생명공학적으로 개조했다. 이 항암 아데노바이러스는 암 특이적 단백질을 생성하는 세포에만 영향을 미치도록 변형됐다. 단순히 바이러스가 암세포를 감염시키고 복제함으로써 세포를 용해해 파괴한다. 이 절차는 아직 인간에게 적용하도록 승인되지는 않았지만, 이러한 바이러스 벡터의 참신한 사용은 유전자 조작 바이러스의 잠재력을 보여 준다. 이 기술은 현재 유전자를 동물과 인간에게 전달하기 위한 바이러스 설계에 사용된다(그림 10.16 참조).

2010년, 크레이그 벤터(Craig Venter)의 연구팀이 완전히 새로 합성된 인공 유전체를 마이코플라스마 제니탈리움(*Mycoplasma genitalium*)에 삽입해 새로운 박테리아를 창출했다. 새로운 종인 마이코플라스마 라보라토리움(*Mycoplasma laboratorium*)은 110만 개의 염기쌍을 갖는 382개의 유전자를 가지며 이는 모든 박테리아 중 가장 작은 기능성 유전체다. 현재까지 이 실험의 규모는 단일세포에 그친다. 그러나 이 실험은 큰 의미를 가진다. 유전공학과 합성생물학이 성장함에 따라 생물의 유전자를 변형하는 데 수반되는 **생명윤리**(bioethic)[3] 의 심층적인 조사가 이루어지고 있다(**10.1 연결고리 찾기**).

## 다세포 생물의 재조합

유전자 변형, 유전자 조작, 그리고 형질변환 생물체라는 용어는 그 유전체가 의도적으로 변형된 모든 생물체에 적용되지만, 이는 전통적인 번식 방법을 통하지 않고 획득된 유전자를 포함한 식물과 동물을 지칭하는 경우가 자주 있다. 이 장에서 다룬 기본 기술은 과학자들에게 특정 형질을 발현하는 생물을 맞춤제작할 수 있는 제한된 능력을 부여해 진화속도를 어느 정도 가속화했다고 할 수 있다. 그러나 유전자의 보편적인 특성 덕분에 과학자들은 한 걸음 더 나아가 한 종 이상의 유전자를 결합해 기존에는 존재하지 않았을 식물이나 동물을 만들 수 있다. 유전자 변형 생물체의 예로는 영양분이 향상된 식물, 우유에서 혈전 용해 단백질을 배출하는 동물, 면역반응에 중요한 효소를 생산할 수 있게 된 인간 등이 있다.

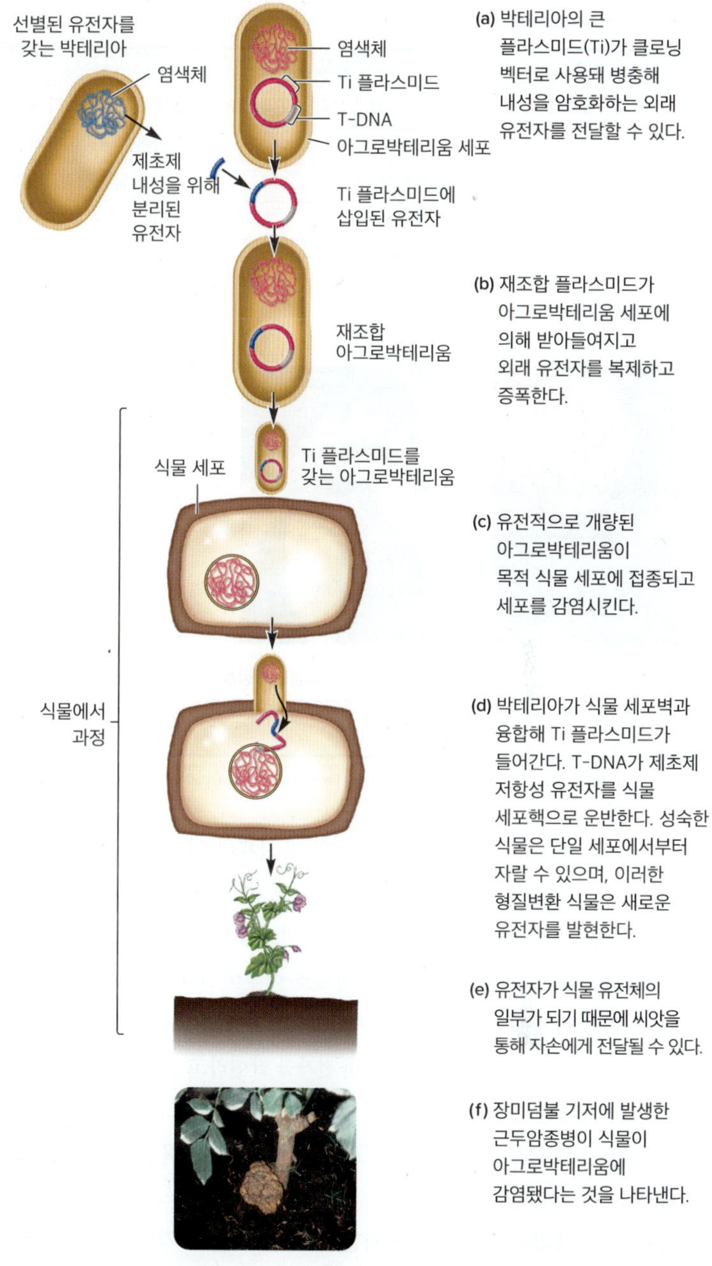


**그림 10.13 식물의 생명공학.** (a) 대부분의 기술은 자연적으로 종양을 유발하는 박테리아인 근두암종병 박테리아를 사용한다. (b~e) 제초제 저항성을 가진 식물을 만들기 위해 유전자를 삽입하는 과정을 보여 준다. (f) 장미덤불 기저부에 발생한 근두암종병. (출처: Nigel Cattlin/Alamy Stock Photo)

## 형질변환 식물

식물에 새로운 형질을 발현시키기 위해 공학적으로 조작하는 것은 종종 근두암종병(*Agrobacterium tumefaciens*)이라는 식물 병원체를 중심으로 이루어진다. 이 박테리아는 소량의 DNA를 식물 세포로 전달한다. 이 박테리아는 토양에서 서식하며 손상된 조직을 통해 식물에 침투한다. 손상된 조직 안에서 박테리아는 식물 세포에 부착돼 **Ti**(tumor inducing)라는 큰 플라스미드를 도입한다. 이 플라스미드는 감염된 식물 세포의 유전체에 삽입돼 이를 변형시킨다(그림 10.13). 시간이 지나면 이는 줄기의 비분화 조직 덩어리인 크라운갤병(crown gall disease)이라는 종양을 형성하게 된다.

이 변형을 유도하는 주요인은 Ti 플라스미드 내의 T-DNA다. 이 유전자는 식물 세포의 염색체에 통합돼 박테리아에 영양분을 공급하고 식물 성장을 촉진하는 호르몬의 합성을 지시한다. 종양 내부의 박테리아가 죽은 후에도 플라스미드 유전자는 세포핵에 남아 있으며, 종양은 계속해서 성장한다.

3 생물학적 문제를 인간의 행동과 도덕적 판단에 연결짓는 분야.

**표 10.4 유전자 변형 식물의 예**

| 식물 | 특질 | 결과 |
|---|---|---|
| 체리 토마토 | 안토시아닌과 항산화 성분이 풍부 | 토마토가 금어초의 색소 유전자와 개량돼 보라색 색소인 안토시아닌을 다섯 배 생성하고 영양성분이 매우 증가(그림 a) |
| 밀 | 귀마름병 저항성 | 귀마름병 곰팡이의 세포벽을 파괴하는 유전자를 삽입해 식물이 감염되는 것을 방어(그림 b) |
| 밀 | 영양분 향상 | 아연과 철분 함량을 높이는 유전자로 개량 |
| 황금쌀 | 영양분 향상 | 비타민 A의 전구체인 베타카로틴 형성 유전자를 삽입. 개발도상국에서 비타민 A의 결핍으로 일어나는 안질병을 예방 |
| 대두콩, 옥수수, 면 | 제초제 내성 | 화학적 제초제를 버틸 수 있도록 개량 |
| 땅콩 | 곤충 저항성 | 식물을 먹는 곤충을 죽이기 위해 Bt라고 불리는 살충제 유전자가 추가(그림 c) |
| 자두 | 바이러스 저항성 | 자두 폭스바이러스 저항성 유전자를 삽입해 식물 감염을 예방 |

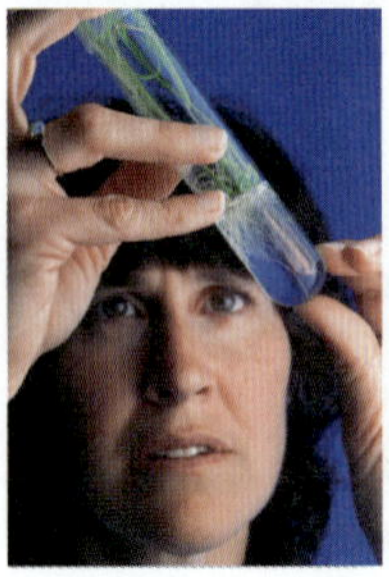

a. 이 보라색 토마토는 건강에 이점이 있는 색소 함량이 높다.

b. 연구자가 곰팡이 감염 저항성을 검사하기 위해 유전적으로 개량된 밀을 들고 있다.

c. 유전자 변형으로 자체 살충제를 생산하도록 만든 땅콩 식물(왼쪽)은 유충에 의해 손상되지 않은 반면, 변형되지 않은 식물(오른쪽)은 유충에 의해 손상된 모습

(이미지 출처: Andrew Davis and Sue Bunnewell/John Innes Centre; Jack Dykinga, USDA/ARS; Herb Pilcher, USDA/ARS)

이 플라스미드는 외부 유전자를 식물 유전체에 삽입하는 효과적인 벡터다. 이 절차는 Ti 플라스미드를 제거하고, 제초제 저항성과 같은 특별히 선택된 유전자를 삽입한 후, 플라스미드를 다시 아그로박테리움(*Agrobacterium*)으로 되돌리는 과정으로 이루어진다. 재조합 박테리아가 식물을 감염시키면 자동으로 플라스미드와 외부 유전자가 식물 세포로 전달된다. 변형된 세포는 공여 유전자를 발현하고 그것을 자손에게 전달하는 성숙한 식물로 성장할 수 있다. Ti 플라스미드를 이용한 유전자 삽입은 주로 감자, 토마토, 면화, 포도 같은 중요한 식물을 공학적으로 개량하는 데 사용된다.

아그로박테리움을 이용해 변형할 수 없는 식물의 경우, 유전자 총(gene gun)을 사용해 씨앗 배아에 유전자를 이식한다. 유전자 총은 작은 금속 탄환을 식물 배아에 쏘아 유전자를 전달할 수 있는 작은 총과 같은 장치다.

1,200개 이상의 유전자 변형 식물이 야외 시험을 위해 승인됐지만, 현재 이용 가능한 식물은 사과, 감자, 비타민 A의 전구체 발현 유전자를 가진 쌀을 포함해 11종에 불과하다. 그러나 식물에 주로 유전적으로 포함된 형질은 곤충 저항성과 제초제 내성이다. 이 두 가지 형질을 가진 식물에 대한 주요 우려는 인근 야생식물과의 유전자 재조합 가능성으로 인해 제초제와 질병에 저항하는 '슈퍼 잡초'의 출현 가능성이다. 이것은 이미 캐나다 일부 지역에서 발생했으며, 카놀라 식물의 유전자가 야생 겨자에 전달됐다. 이는 자연환경의 생태계를 변화시킬 수 있기 때문에 미국 농무부는 모든 형질변환 식물의 방출에 대한 규제를 강화하고 있다. 식물 유전자 공학 사례는 표 10.4를 참조하자.

## 형질변환 동물: 배아세포 재조합

쥐, 돼지, 양, 소, 물고기, 가금류와 같은 동물은 유전공학을 적용할 주요 후보다. 현재 수천 종의 동물 계통이 농업, 산업 및 유전질환 연구의 목적으로 존재한다.

동물에 유전자를 삽입하는 가장 효과적인 방법은 바이러스를 사용해 수정란이나 초기 배아에 유전자를 전이시키는 것이다[생식계열 공학(germ-line engineering)]. 외래 유전자는 고전압을 사용하거나 주사를 통해 수정란에 전달될 수 있다(그림 10.14). 성공률이 높을 필요는 없다. 일단 형질변환 동물이 만들어지면 그 유전자를 자손에게 전달하기 때문이다.

유전공학자의 실험실에는 형질변환된 형태의 쥐가 많다. 한 실험에서, 수정된 쥐 배아에 녹색 형광 단백질을 생성하는 해파리의 유전자가 주입됐다. 이 쥐들의 세포는 자외선에서 형광을 발한다. 이 기술은 쥐의 발달 단계 연구에 중요한 역할을 했다. 이 전략은 인간의 유전병을 연구하기 위한 동물 모델을 설계하는 데 사용됐으며, 이러한 자연 시스템을 사용해 새로운 유전자치료법을 인간에게 적용하기 전에 테스

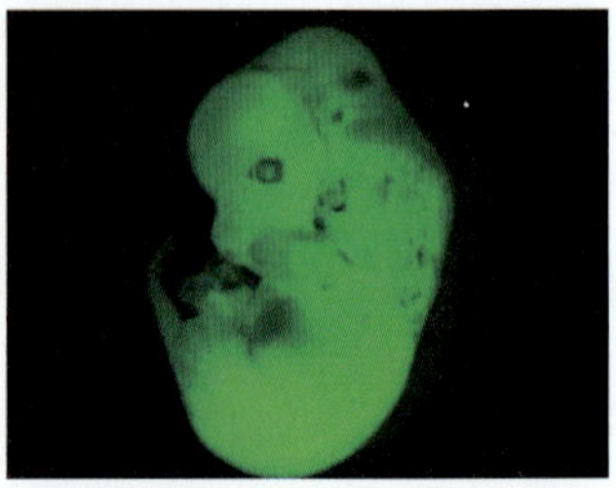

녹색 형광 단백질을 발하고 있는 쥐 배아.
(National Institute of Mental Health)

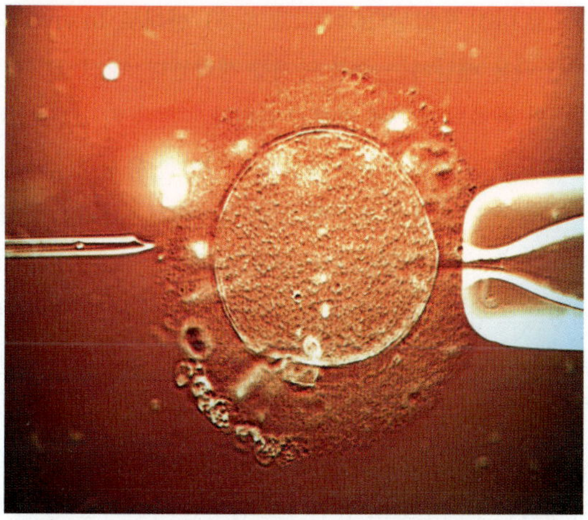

그림 10.14 수정란에 DNA의 미세주입. 여성에서 난자가 제거된 후, 피펫으로 고정된 상태에 작은 주삿바늘을 사용해 형질변환 유전자를 주입한다. 유전자 주입된 배아 여러 개가 암컷 쥐의 자궁관에 배치된다. 출생 후 각 새끼 쥐의 꼬리를 조금 잘라 내어 관심 있는 유전자가 존재하는지 확인한다. (출처: Zephyr/Science Source)

트할 수 있다. 양이나 염소와 같은 동물도 단백질을 생산하고 이를 우유나 정액을 통해 배출할 수 있는 '공장'으로서 공학적으로 변형될 수 있으며, 의학적으로 유용한 단백질을 생산할 때 이를 종종 '파밍(pharming)'이라고 한다.

형질변환 동물의 장점 중 하나는 진핵생물 유전자를 자동으로 전사하고 번역하고 단백질의 번역 후 수정(post-translational modification)을 정확하게 수행할 수 있다는 점이다. 단백질 생성이 동물의 우유나 정액에서 이루어지도록 하면 회수와 정제가 훨씬 단순해진다. 예를 들어, 양에서 생산되는 알파-1 항트립신(AAT)은 유전성 폐기종을 치료하는 데 사용된다. 한 마리의 동물이 우유 1리터당 35그램의 AAT를 생산할 수 있다. 수백 마리의 양만으로도 매년 이 질병을 앓는 2만 명의 환자의 필요를 쉽게 충족할 수 있다. 돌리 양은 이 단백질을 생산하기 때문에 처음으로 복제된 동물이다. 형질변환 동물의 다른 예와 응용 사례는 표 10.5를 참조하자.

새로운 기술 중 하나인 **CRISPR**(Clustered Regularly Interspaced Short Palindromic Repeats)는 DNA를 조작하는 데 매우 유용한 방법이다. CRISPR와 관련 단백질인 CAS-9(CRISPR-associated protein 9)은 박테리아 세포에서 발견됐으며, 이들은 협력적으로 세포의 유전체에서 바이러스 DNA를 제거한다.

CRISPR DNA와 인접한 바이러스 DNA가 전사돼 CRISPR RNA를 생성한다. CRISPR RNA와 바이러스 DNA 간 상보적인 혼성화로 인해 Cas-9 효소를 위한 '가이드'가 만들어진다. Cas-9 효소는 제한효소로, 가이드를 통해 DNA를 찾아 절단한다. 이는 자연적으로는 유전체에서 바이러스 DNA가 통합되는 곳이다. CRISPR/Cas-9 시스템은 원핵생물의 면역 시스템처럼 작동해 박테리아 세포가 염색체에 통합된 바이러스 DNA를 제거할 수 있게 한다. 면역 시스템처럼 CRISPR RNA가 세포에 남아 있어 나중에 동일한 바이러스에 공격당할 시 대응하는 일종의 기억장치가 생성된다.

CRISPR/Cas-9이 가장 유용하게 사용되는 곳은 실험실일 것이다. 특정 뉴클레오타이드 서열을 합성해 유전체의 어떤 위치에든 혼성화할 수 있는 가이드 RNA를 만들 수 있다(그림 10.15). 이를 통해 이전에는 불가능했던 특이성을 가지고 CRISPR/Cas-9을 DNA를 편집하는 데 사용할 수 있다. CRISPR/Cas-9은 이미 유전자가 없는 유기체의 작동법

표 10.5 형질전환 동물의 응용 일부

| 동물/생산품 | 응용 |
|---|---|
| **의약품 생산** | |
| 돼지/인자 VIII, IX | 인간 혈액 응고 장애 치료 |
| 양/알파 안티트립신 | 폐기종 방지를 위한 단백질 대체 |
| 소/락토페린 | 항암을 위해 T세포 생성 자극 |
| 소/인간 알부민 | 수술 중 혈액량 유지에 사용 |
| 염소/조직 플라스미노겐 활성인자 | 혈전을 용해하고 심장 손상을 줄임 |
| 염소/안티트롬빈 | Atryn은 혈전을 방지하기 위해 생성된 유전자 변형 동물 의약품 중 최초로 FDA 승인을 받음 |
| **연구/산업/환경** | **응용** |
| 학질모기 말라리아 저항성 | 모기가 말라리아원충의 감염에 저항성을 갖도록 배아에 새로운 유전자를 삽입. 변형 모기는 더 이상 기생충을 운반하거나 퍼트리지 않음 |
| 염소/실크섬유 | 암컷 동물이 젖에 실크 단백질을 분비. 실크는 강하고 가벼운 물질을 구성하는 데 사용 |
| 돼지/돼지고기 | 엔비로피그는 변에 있는 과도한 인산을 처리할 수 있는 효소를 침 안에 가지며 이는 오염을 줄임 |
| 쥐, 고양이, 돼지, 원숭이/실험동물, 열대어 | 해파리의 녹색 형광 단백질을 갖도록 개량해 UV에 의해 녹색 빛을 발함. 배아 발달이나 특정 질병의 척도를 추적하는 데 이용 |
| 고양이와 개/저자극성 | 동물의 타액과 피지선의 알레르기원 제거 |
| 연어/양식어 | 대서양 연어가 다른 종의 연어에 있는 성장호르몬 유전자를 갖도록 개량해 성장속도 개선 |
| 소/인간의 모유 | 인간의 모유와 같은 구성 성분을 갖는 우유 생성 |

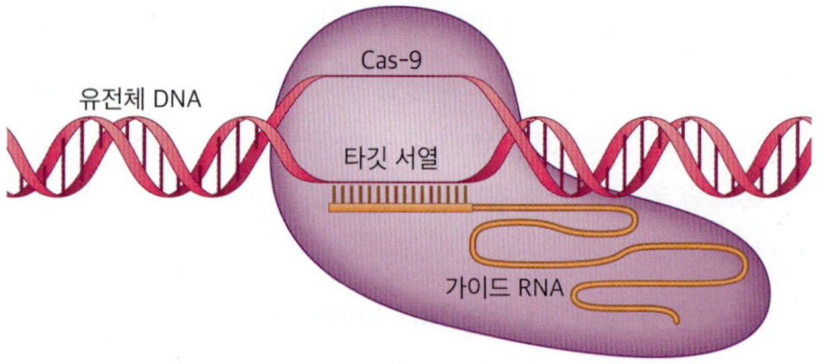


그림 10.15 CRISPR/Cas-9. 특정 DNA 서열과 상보적으로 결합하도록 설계된 CRISPR 가이드 RNA를 합성함으로써 Cas-9 뉴클레이스(보라색)는 유전체의 원하는 위치를 절단할 수 있다. 이후 절단된 부위에 새로운 DNA 서열을 삽입할 수 있다.

을 관찰하기 위해 '녹아웃(knockout)' 계통을 생성하는 데 사용돼 왔다. 잠재적인 활용 예로 모기에 불임 유전자를 도입해 말라리아와 지카바이러스 같은 질병의 확산을 제한할 수 있다(이 장의 사례 연구 참조). 미래에는 과학자들이 CRISPR/Cas-9을 사용해 인간 장기를 이식하기 위해 돼지를 유전적으로 조작하거나 HIV 감염을 예방하기 위해 백혈구에 CCR-5 변이를 삽입할 수 있을 것으로 기대된다(9장 임상 사례 참조).

## DNA 기술의 의학적 응용

형질변환 동물 관련 연구는 유전자를 조작해 인간의 질병을 치료하는 의료를 발전시킨다. 약물을 투여하는 대신 유전자를 조작하는 방법이 사용된다. 가장 유망한 응용분야는 비정상적인 유전자를 정상 유전자와 교체하는 것을 목표하는 유전자치료와 비정상 유전자의 DNA 발현을 관리하는 조절 RNA다.

### 유전자치료

수십 년간 연구에서 특정 질병은 표현형이 결핍되거나 작동하지 않는 단백질로 인해 발생한다는 사실을 알게 됐다. 이러한 질병은 종종 '기능 상실' 질병으로 언급되며, 대표적인 예로는 낭포성 섬유증, 혈우병, 겸상적혈구빈혈, 일부 형태의 왜소증, 근이영양증이 있다. 이러한 질병 중 일부는 적절한 단백질을 투여함으로써 치료할 수 있다. 예를 들어, 뇌하수체 왜소증 치료를 위해 재조합 성장호르몬을 사용할 수 있다. 하지만 대부분의 경우 대체하는 단백질 공급이 잘되지 않고 있다. 약 30년 전, 의료 유전학자들이 **유전자치료**(gene therapy)의 수단으로 정상적으로 기능하는 유전자를 질병에 걸린 환자의 세포에 삽입해 기능을 복원하고자 했다.

유전자치료의 목표는 유전적 결함을 수정해 생리적 기능 장애를 영구적으로 치료하는 것이다. 유전자치료는 두 가지 전략으로 이루어진다. Ex vivo 치료에서는 정상 유전자가 아데노바이러스나 레트로바이러스 같은 벡터에 복제돼 변형된 박테리아가 환자의 세포로 교정 유전자를 전달하도록 만들어진다. 환자로부터 제거된 조직이 이 유전자 변형 바이러스와 배양돼 정상 유전자로 변형된다. 이후 변형된 세포는 수혈을 통해 환자의 몸으로 다시 주입된다(과정그림 10.16). 반대로, in vivo 유형의 치료는 환자 조직을 배양하는 중간 단계를 생략한다. 대신, DNA 또는 바이러스 벡터가 환자의 조직에 직접 주입된다.

유전질환을 가진 지원자들을 대상으로 다양한 유형의 유전자치료 임상시험이 수행됐다. 미국을 포함한 여러 국가에서 2,000건 이상의 시험이 진행 중이거나 이미 시행됐다. 대부분의 시험은 암, 단일 유전자 결함, 감염을 대상으로 한다. 이러한 치료의 가장 극적인 예는 1990년에 실시된 첫 번째 유전자치료 시험에서 볼 수 있다. 이 경우, 아데노신 탈아민효소(ADA) 결핍으로 고통받는 두 명의 소녀가 치료를 받았다. ADA 결핍은 결핍된 효소로 인해 발생하는 치명적인 면역질환이다. 이 소녀들은 건강한 아데노신 탈아민효소 유전자로 변형된 자신의 조혈 줄기세포를 주입받았다.

대부분의 의료 실험과 마찬가지로 초기 유전자치료의 일부는 어려움을 겪었다. 바이러스 벡터 사용과 관련해 심각한 문제가 있었다. 바이러스 벡터가 '무해'할 것이라고 예상됐지만, 재조합된 생쥐 레트로바이러스를 주입받은 다섯 명의 어린이가 염색체의 암 유발 부위에 벡터 DNA가 통합되면서 백혈병에 걸리게 됐다. 이 사건 이후 연구자들은 이러한 일이 발생할 가능성을 줄이는 변형 아데노연관 바이러스 벡터를 개발하기 위해 노력했다.

지난 몇 년 동안 의료 유전학자들은 X-1-linked SCID(심각한 복합 결핍 질환)라는 파괴적인 유전질환을 가진 20명의 어린이를 치료하는 데 큰 성공을 거두었다고 보고했다. 이 어린이들은 태어날 때부터 제대로 기능하는 면역체계를 갖추지 못했으며, 연구자들은 더 안전한 재조합 바이러스를 사용해 이들의 줄기세포에 기능하는 유전자의 사본을 삽입함으로써 면역체계를 복원했다. 최근 몇 년 동안 유전자치료에서 두

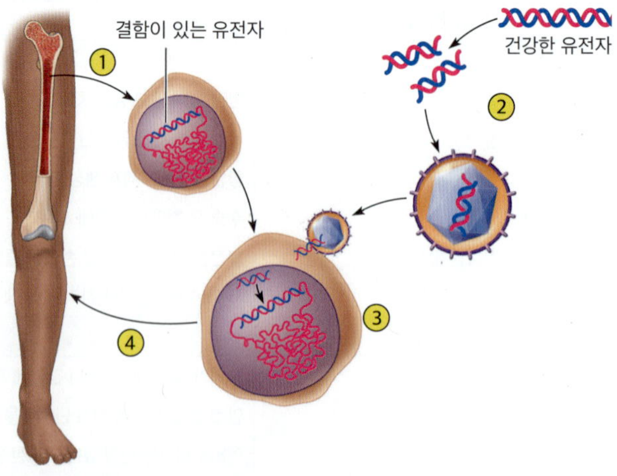


과정그림 10.16 Ex vivo **유전자치료**. (1) 유전적 결함이 있는 환자의 골수에서 줄기세포를 제거한다. (2) 건강한 개인에서 정상 유전자를 분리하고 이를 클로닝해 바이러스 벡터에 삽입한다. (3) 실험실에서 바이러스를 사용해 환자의 세포를 감염시킨다. 이 바이러스 벡터는 환자의 유전체에 건강한 유전자를 삽입한다. (4) 변형된 세포를 환자에게 주입하면 이 세포들이 골수로 이동한다. 변형된 세포는 골수에서 계속 분열하며 수정된 유전자로부터 단백질을 생산한다.

임상 사례

## 단백질을 섭취해야만 하기 때문에

이 환자는 2024년에 태어났다. 태어난 지 이틀이 지난 아기의 발뒤꿈치에서 몇 방울의 혈액을 채취해 다양한 유전적 이상을 검사했다. 이러한 유형의 신생아 선별 검사는 미국의 모든 주에서 시행돼 낭포성 섬유증과 겸상적혈구병을 포함한 여러 가지 질환을 검사한다. 검사 결과, 아기는 페닐케톤뇨증(phenylketonuria)이라는 대사이상 질환을 앓고 있었다. 이 질환은 아미노산인 페닐알라닌이 제대로 대사되지 않는 경우로, 치료를 받지 않으면 축적된 페닐알라닌이 심각한 신경학적 질환을 유발할 수 있다. 질환 관리를 위해 환자는 페닐알라닌 섭취량을 줄이는 엄격한 저단백 식단을 준수해야 한다. 그러나 이는 지키기 어려울 수 있으며, 단백질 섭취의 제한은 신체의 성장을 방해한다.

2018년, 연구자들은 대장균을 개량해 페닐알라닌을 박테리아 내로 받아들이고 이를 히푸르산(hippuric acid)으로 대사하는 데 필요한 2개의 유전자를 포함하도록 만들었다. 히푸르산은 소변을 통해 무해하게 배출된다. 이 박테리아는 경구로 섭취되며 대장 내에서 번식해 페닐알라닌을 대사하는 튼튼한 박테리아 집단을 제공한다. 박테리아가 장내에 존재하고 제대로 작동하는지 확인하는 것은 간단하다. 집에서 소변의 히푸르산 농도를 측정하는 것이다.

2022년까지 유전자 공학으로 변형된 박테리아는 임상시험에 들어갔으며, 아직 대중에게 공개되지 않았지만 매년 16,500명의 환자들에게 이 유전자 변형 프로바이오틱은 아마도 생명의 은인일 것이다. 한 기사의 제목을 빌리자면, "유전자 변형 박테리아로 페닐케톤뇨증 치료가 이제는 가능(Phe-sible)해졌다."

**페닐케톤뇨증 검사는 태어난 직후 신생아가 몇 차례의 식이를 진행한 후 하루에서 이틀 사이에 진행된다. 그 이유를 생각해 보시오.**

가지 중요한 진전이 이루어졌다. 2018년에 FDA가 레버 선천성 암막증이라는 실명을 치료하기 위한 유전자치료제 럭스터나(Luxturna)를 승인했다. 이 치료는 유전적으로 조작된 바이러스를 사용해 의사가 바이러스를 안구에 직접 주입한 후 건강한 유전자(RPE65)를 망막에 전달한다. 이 유전자의 단백질 생성물은 망막 세포에 영양을 공급하는 효소다. 임상시험에 참가한 많은 어린이들이 즉각적이고 극적인 시력 개선을 보고했다. 2019년에는 척수 근육 위축(SMA), 즉 유아 사망의 주요 원인 중 하나인 쇠약한 신경근 장애를 치료하기 위한 졸겐스마(Zolgensma)가 승인됐다. 이 질환은 SMN1 유전자 결핍으로 발생하며, 치료는 아데노바이러스 캡시드를 사용해 기능적인 SMN1 유전자를 뉴런의 핵에 전달한다. 졸겐스마는 단회용 투여 비용이 212만 5,000달러로, 지구에서 가장 비싼 약물이라는 오명을 가지고 있다.

### 조절 RNAs를 이용한 치료

수만 가지의 유전질환이 설명돼 왔다. 대부분은 기능이 없거나 결핍된 유전물질로 인해 발생하지만, 일부는 비정상적이거나 변이된 유전자의 발현으로 인한 결과다. 이러한 상태를 '기능 획득' 질환이라고 하며, 여러 종류의 암, 일부 알츠하이머병, 헌팅턴병, 취약X증후군이 해당한다. 신체의 모든 세포가 이러한 결함이 있지만 활성화된 유전자를 보유하고 있기 때문에 단순히 이 유전자를 교체하는 것은 현재로서는 선택사항이 아니다.

이러한 유형의 질환에 대해 유전자 발현을 조절하기 위해 박테리아와 진핵생물체에서 사용하는 자연적인 전략을 참고할 수 있다(9장). 이러한 생물체는 작은 간섭 RNA(small interfering RNAs)와 마이크로RNA(microRNAs) 같은 조절 RNA(regulatory RNA) 또는 RNAi를 유전자 발현을 침묵시키는 데 사용한다. 이러한 지식은 mRNA 처리나 단백질 합성을 방해하는 유전자 기반 약물 개발을 촉진했다. 가장 유망한 치료법 중 하나는 소형 RNA로 RNA 바이러스의 유전체를 타기팅하는 것이다. 이러한 방법은 HIV와 호흡기세포융합바이러스를 분해하는 데 사용됐다. 또한 이 RNA들을 황반변성 치료와 암 유전자 침묵화 치료에 사용하도록 검사했다.

2018년 말, FDA는 치명적인 유전질환인 유전성 트랜스티레틴매개 아밀로이드증(hereditary transthyretin-mediated amyloidosis)을 치료하는 최초의 RNAi 치료제인 온파트로(Onpattro)를 승인했다. 간섭 RNA를 신체의 적절한 조직으로 전달하는 데 사용되는 지질 나노입자 개발에 많은 연구가 집중됐다. 이 노력은 2년 만에 비슷한 나노입자가 mRNA 기반 SARS-CoV-2 백신을 전달하는 데 사용된 후 매우 귀중한 것으로 판명됐다. RNAi는 특정 DNA 서열을 타기팅할 수 있기 때문에 부작용이 드물다. 가장 큰 어려움은 RNAi 약물을 목표하는 깊은 조직까지 어떻게 전달할 것인가와 환자들이 이러한 약물을 평생 복용해야 한다는 것이다. 온파트로의 연간 치료 비용은 45만 달러다.

**핵심 점검 10.3**

17. 의료 또는 산업에서 유전자 변형 박테리아와 바이러스의 사용을 몇 가지 설명하시오.
18. 유전적으로 식물을 변형하는 기술을 설명하시오.
19. 동물을 유전적으로 변형할 때 성공적인 결과를 내기 위해 배아 단계에서 진행하는 이유를 설명하시오.
20. 개량된 식물에서 나온 땅콩이나 유전자 변형 돼지에서 나온 고기를 먹을 때 연관될 수 있는 윤리적 또는 생물학적 문제에 대해 설명하시오.
21. 다양한 인간 생성물을 만들기 위해 유전자 변형 동물을 사용할 때 윤리적·생물학적 고려사항은 무엇인가?
22. 유전병을 치료하기 위해 사용하는 유전자치료 및 유전자 편집 기술의 개요를 설명하시오.

## 10.4 유전체 분석: DNA 프로파일링과 유전자 검사

학습목표

12. 유전체를 식별할 때 DNA를 사용하는 개념에 대해 논한다.
13. DNA 분석에 사용하는 두 가지 방법을 묘사하고, 이것의 적용 가능성과 어떻게 정밀하게 작동하는지 논한다.
14. DNA 프로파일링과 마이크로어레이 분석의 응용법에 대해 설명한다.

한 유전학자의 농담이 있다 "고양이를 어떻게 묘사할 수 있을까요? 정답은 ACATACATACAT…입니다." 이는 점점 더 현실이 되고 있다. 앞서 언급했듯이, DNA 기술이 오랜 기간 가지고 있던 목표를 새로운 방법으로 이룰 수 있게 했다. 인간, 박테리아, 바이러스의 표현형이 특정 DNA 서열의 결과임을 기억함으로써, DNA를 아는 것이 다른 생물과 사람을 구별하는 데 있어 표현형을 관찰하는 것보다 효과적임을 알 수 있었다. 또한 DNA는 더 이상 존재하지 않는 유기체나 개인의 표현형을 '볼' 때 사용될 수 있다. 예를 들어, 범죄 현장에 남겨진 머리카락에서 추출한 DNA로 범죄자를 식별할 수 있다. 마지막으로, 특정 DNA 서열을 소유하고 있다는 것은 유전적 질환의 위험을 나타낼 수 있다. 특정하고 고유한 DNA 영역 또는 마커의 탐지로 한 개인이 암이나 알츠하이머에 대한 위험이 증가했음을 증상이 나타나기 훨씬 전에 알 수 있다. 증상이 나타나기 전에 질병을 탐지하는 능력은 암과 같은 질환에 특히 중요하다. 조기 치료가 생과 사를 가르는 차이를 만들 수 있기 때문이다. 이러한 예를 염두에 두고, 새로운 DNA 기술이 현재, 과거, 미래에 대한 비범한 통찰력을 제공하는 몇 가지 방법을 살펴보자.

### DNA 프로파일링: 유전체의 독특한 특징

모든 DNA는 뉴클레오타이드 구조를 기반으로 하지만, 이러한 뉴클레오타이드의 조합은 각 생물체마다 고유하다. 이러한 유전적 변이, 즉 다형성(polymorphism)은 가까운 친척 간에도 어느 정도 차이를 보일 수 있으며, 일란성 쌍둥이를 제외하고는 모든 개체가 이러한 변이를 갖고 있다. DNA 기술의 주요 목표 중 하나는 이러한 독특한 특성을 발견하고, 그 차이를 강조하며, 비교와 식별을 위한 패턴을 제시하는 것이다. DNA 지문분석 혹은 타이핑으로도 알려져 있는 **DNA 프로파일링**(DNA profiling)은 1980년대 중반 영국의 유전학자 알렉스 제프리스(Alex Jeffreys)에 의해 **법의학적**(forensic)* 기술로서 개발됐다. 초기 분석 방법에서는 특정 인식부위에 위치한 DNA를 절단하기 위해 제한효소를 사용하고, 앞서 언급된 RFLPs라고 불리는 유전적 다형성을 표적으로 삼았다. 이 과정에서 생성된 결과는 여러 샘플을 서로 비교할 수 있도록 일련의 밴드 또는 '바코드' 형태로 나타났다. 유전체 내에는 RFLP보다 더욱 특수하고 광범위하게 개인을 식별하는 데 활용될 수 있는 다양한 유형의 DNA 변이가 존재한다는 것이 밝혀졌다.

이 장에서 논의된 여러 방법론은 DNA 프로파일을 생성하는 데 필수적이다. 여기에는 특정 유전자의 복제본을 증가시키기 위한 PCR 증폭, DNA 조각을 분리하기 위한 전기영동, 특정 뉴클레오타이드 서열과 연결하는 혼성화 탐침 또는 프라이머가 포함된다. 기본 개념은 특정 위치 또는 **유전자좌**(locus)*에서의 유전적 변이를 비교해 하나의 분리된 DNA 조각을 다른 것과 구별하는 것이다. DNA 프로파일링은 전체 유전체 서열 분석과는 다르며, 대신 몇몇 선택된 유전자좌에 집중해 특정 다형성 패턴의 '스냅숏'을 생성한다. 유전체 전반에 걸쳐 수많은 차이가 존재하며, 이러한 다형성의 많은 부분은 단백질을 암호화하지 않는 DNA 영역에 위치해 있으며, 유해한 변이보다는 정상적인 변이로 간주된다. 현재 이용 가능한 가장 신뢰할 수 있는 DNA 프로파일링 방법은 다음과 같다. (1) **단편 일렬반복**(short tandem repeats, STRs)은 핵 DNA의 비교적 짧은 조각으로, 아래에 상세히 설명돼 있다. (2) **mtDNA** 또는 미토타이핑(mitotyping)은 미토콘드리아에서 발견된 DNA를 식별하는 방법이다. (3) **단일염기다형성**(single nucleotide polymorphisms, SNPs)은 단일 뉴클레오타이드의 변이를 찾아내는 방법이다.

#### STR 프로파일링

법의학적 식별법에서 가장 일상적으로 사용되는 방법은 단편일렬반복(short tandem repeats, STRs)에 기반하고 있다. STRs는 2~8개의 뉴클레오타이드로 구성된 짧은 사슬로, 이러한 반복적인 서열이 연속적으로 여러 번 반복된다. 하나의 서열 내에서 뉴클레오타이드의 수와 그것이 반복되는 횟수는 유전체 전반에 걸쳐 다르다. 예를 들어, 4개의 염기(GATA)가 다섯 번 반복되는 서열은 다음과 같이 표시된다.

AGCT|*GATA*|*GATA*|*GATA*|*GATA*|*GATA*|GGCC

여러 연구에서 이러한 반복서열 수천 개를 식별했으며, 이는 프로파일 생성을 위한 기반 데이터를 제공한다. 거의 모든 반복서열이 유전체의 비암호화 영역에서 발생하지만, 유전자와 동일한 방식으로, 즉 부모 각각으로부터 하나씩 물려받은 대립유전자 쌍으로 유전된다. 특정 대립유전자의 유전자형은 동일할 수도 있고, 안구 색이나 혈액형처럼 다를 수도 있다. STR 분석의 핵심은 검출된 뉴클레오타이드 패턴과 반복 횟

* **법의학적** 과학을 법에 적용하는 것으로 특히 범죄 수사와 관련된 분야를 의미.

* **유전자좌** 특정 유전자 혹은 뉴클레오타이드 서열이 위치한 DNA 분자의 특정 부위.

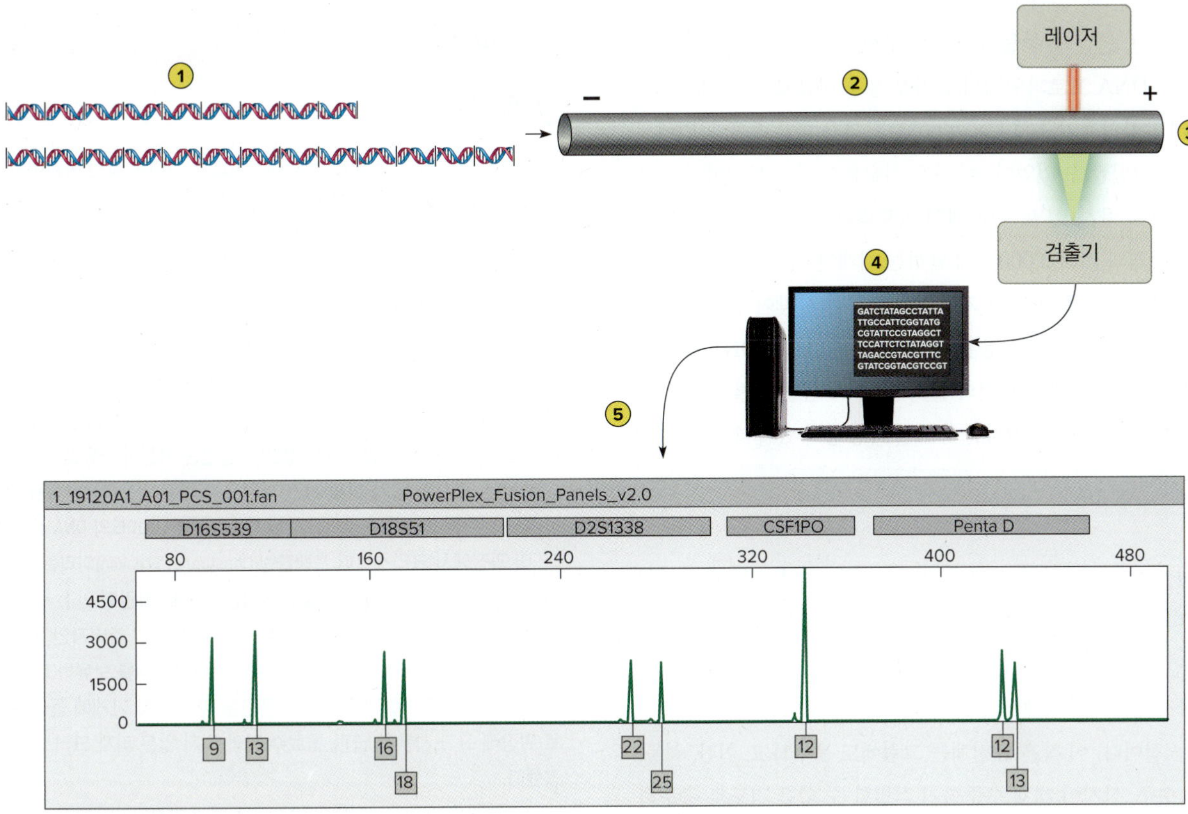


**과정그림 10.17 모세관 전기영동법을 사용한 단편일렬반복 서열 검출.** (1) DNA는 조직에서 추출돼 PCR을 통해 증폭되고, 형광 분자로 표지된다(여기서 한 대립유전자는 9개의 반복서열을, 다른 대립유전자는 13개의 반복서열을 가진다). (2) 증폭된 DNA는 전기영동 모세관에 추가된다. DNA는 모세관의 음극에서 양극으로 이동하며, 작은 조각의 DNA가 큰 조각보다 빠르게 이동한다. (3) 레이저가 DNA 분자를 자극해 이를 형광화하고, 이를 검출할 수 있게 한다. (4) 크기와 형광 정보는 컴퓨터로 전달돼 전기영동도로 생성된다. (5) 단일 피크는 개인이 해당 STR에 대해 동형접합임을 의미하며, 서로 다른 크기의 두 피크는 개인이 이형접합임을 의미한다. 여기서 검사된 사람은 CSF1PO STR에 대해 동형접합(12번 반복서열을 가진 단일 피크에 주목)이며, 다른 4개의 STR에 대해서는 이형접합(예: D16S539 STR의 대립유전자는 각각 9와 13번의 반복서열을 가짐)이다. 전기영동도 상단의 숫자(80, 160, 240…)는 염기쌍 단위의 DNA 크기를 나타낸다. (출처: Barry Chess/McGraw Hill)

수다. 이러한 형태의 DNA 프로파일링은 컴퓨터 기반 특수 기계에 의해 수행되고 분석된다(그림 10.17).

샘플로부터 분리된 DNA는 몇 가지 알려진 STR-특이 프라이머를 사용해 PCR로 증폭될 준비를 한다. 이 프라이머는 알려진 DNA 서열에 상보적일 뿐만 아니라 나중에 검출하기 위해 형광염료를 가지고 있다. 이러한 서열이 증폭된 후, 전기영동을 통해 형광 패턴을 감지하는 레이저로 스캔한다. 이로 인해 특정 STR 대립유전자가 검출된다. 결과물인 전기영동도(electropherogram)는 샘플의 STR과 일치하는 여러 색상의 피크(peak)로 표시된다(그림 10.17). 이 패턴은 추가적인 분석을 통해 잠재적인 일치 여부와 이 패턴을 가지는 사람이 샘플 제공자 이외의 다른 사람일 확률이 계산된다. 데이터베이스는 실제 인구의 STR 조합 빈도를 참조해 비교의 정확성을 높인다.

이 분석법이 어떻게 적용되는지 보면, 범죄 현장에서 발견된 혈액 샘플이 한 용의자로부터 나온 것으로 생각되고, STR 마커(대립유전자) A, B, C, D에 대해 양성 반응을 보였다고 가정하자. 만약 마커 A가 80명 중 1명에게서, 마커 B가 60명 중 1명에게서, 마커 C가 45명 중 1명에게서, 마커 D가 70명 중 1명에게서 나타난다면, 한 사람이 이 네 가지 마커를 모두 가질 확률은 $(1/80 \times 1/60 \times 1/45 \times 1/70)$, 즉 $1/15,120,000$이 된다. 만약 용의자의 마커가 범죄 현장 혈액 샘플의 마커와 일치한다면, 이는 용의자가 범죄에 연루됐음을 강력히 시사한다. 특히 용의자가 범죄 현장 근처에서 목격되는 등 전통적 증거에 의해 뒷받침될 경우 더욱 그렇다. 더 많은 STR 유전자좌를 추가하면 이 확률을 수십억 또는 수조분의 1의 확률까지 높일 수 있어 일치성을 부인할 수 없는 수준까지 확고히 할 수 있다.

DNA 프로파일링은 수천 명의 피고를 유죄로 판결하거나 무죄를 입증하는 데 널리 사용되고 있다. 실제 지문 외에도 범죄자들은 범죄 현장에 머리카락, 피부, 정액, 혈액, 타액과 같은 다른 증거를 남기는 경우가 많다. 사실 이 기술은 매우 신뢰할 수 있어 샘플이 있는 많은 오래된 사건들이 재조사되어 해결되고 있다. 이를 지원하기 위해 FBI는 국가 데이터베이스인 **종합 DNA 지수 시스템**(Combined DNA Index System, CODIS)을 설립했다. CODIS 기술은 20개의 공통 STR을 분석한다. 이로 인해 법 집행 기관과 법의학 부서에서 비교할 수 있는 일관된 자료를 제공한다. 현재 법률에 따르면, 주마다 차이가 있지만 특정 범죄자들의 CODIS 프로파일은 이 시스템에 입력돼 알려진 범죄자들을 추적하는 데 사용된다.

DNA 프로파일링의 가장 빈번한 사용처는 법의학, 실종자 식별, 유전병 탐지, 친자 확인, 인간 및 동물의 가계도 분석, 생물의 계통 추적, 미생물 확인 등이다. DNA 프로파일링의 놀라운 응용 사례로, 법의학자들은 테러리스트 테드 카찬스키(Ted Kaczynski)를 그가 핥은 우표 뒷면에서 회수한 DNA로 식별할 수 있었다. 이 같은 기술은 또한 콜롬비아 우주왕복선의 우주비행사 유해 식별, 허리케인 카트리나의 일부 희생자 식별, 세계무역센터 공격의 거의 2,000명에 달하는 개개인 식별에 효과적이었다. 심지어 2011년 파키스탄의 한 거점에서 사망한 사람이 실제로 오사마 빈 라덴인지 확인하는 데도 사용됐다. 이와 같은 미확인 DNA의 식별은 항상 용의자나 그와 가까운 친척의 알려진 DNA 샘플을 필요로 한다. 이 샘플들이 일부 STR 대립유전자를 공유할 가능성이 있기 때문이다.

## 미토타이핑

진핵생물만이 미토콘드리아를 가지며, 각 미토콘드리아는 자체 염색체를 가지고 있다는 사실을 기억하자. 미토콘드리아 DNA(mtDNA)는 약 16,500개의 염기쌍으로 구성돼 37개의 유전자를 암호화한다. mtDNA의 한 가지 장점은 진화과정에서 상당히 보존돼 있어 오랜 기간 크게 변하지 않는다는 점이다. 이 작은 유전체는 그럼에도 불구하고, 인간, 식물, 동물 등을 종 수준, 심지어 개체 수준까지 식별할 수 있을 정도로 충분히 다양한 고유 변이를 가진다. mtDNA의 또 다른 장점은 염색체 DNA보다 쉽게 분해되지 않으며 수천 년의 가혹한 조건에서도 온전하게 남아 있다는 것이다. 또한 mtDNA는 난자를 수정할 때 정자가 미토콘드리아를 제공하지 않기 때문에 오직 어머니의 생식세포에서만 유전된다. 따라서 같은 어머니로부터 태어난 자녀들은 동일한 mtDNA 프로파일을 가지게 된다. mtDNA는 1919년 암살돼 집단 무덤에 묻힌 러시아 마지막 황제의 가족, 로마노프 가문을 식별하는 데 핵심적인 역할을 했다. 또한 족보를 추적하고, 모계 혈통을 확인하며, 모성 확인 사례를 명확히 하는 도구로도 활용되고 있다.

화석화됐거나 고대의 DNA조차 부분적으로는 온전하게 남아 있을 수 있기 때문에 고대 DNA가 비교 및 진화 목적을 위해 연구되고 있다. 인류학자들은 뼛조각에서 발견된 미토콘드리아 DNA를 분석해 고대 인류의 이동 경로를 추적했다. 진화생물학자들은 네안데르탈인의 mtDNA를 복원해 이 고대 영장류가 현대 인류와는 별개의 진화 경로를 따른다는 것을 보여 주었다. 개의 기원을 연구하는 생물학자들 또한 늑대가 현대 개의 조상종임을 증명할 수 있었다.

현재 여러 대형 데이터은행들이 수천 종의 식물, 동물 및 균류의 미토콘드리아 DNA의 마커에 대한 유전체 프로파일을 수집하고 있다. 이들 중 Genbank와 Barcodes of Life는 생물다양성(지구상의 생명체의 다양한 종류)을 추적하고 연구나 상업적 운영에 필요한 정보를 제공하기 위해 이러한 사이트를 운영하고 있다. 이를 통해 통상적인 방법으로 식별할 수 없는 어류, 무척추동물, 식물 및 기타 생물의 표본을 식별하는 데 도움을 준다.

**임상 사례**

### 그는 아니지만 비슷해

이 환자의 이름은 로라 무어(Laura Moore)였다. 그녀는 낯선 사람이지만 친절하다고 생각한 이에게 차를 얻어 탄 후 공격을 받고 여섯 차례나 총에 맞았지만 가까스로 목숨을 건졌다. 범죄를 수사하는 경찰은 그녀가 '그림 슬리퍼'라는 이름의 연쇄살인범의 희생자라고 확신했다. 이 범인은 1980년대 중반 로스앤젤레스에서 젊은 여성 여럿을 살해한 용의자다.

총기 증거와 여러 범죄 현장에서 채취한 DNA 분석은 경찰에게 한 명의 범인을 추적하고 있다는 믿음을 주었으나, 용의자를 밝히는 데는 실패했다. 범죄 현장에서 채취한 DNA 프로파일은 FBI의 종합 DNA 지수 시스템(CODIS)과 비교됐지만 일치하는 결과는 발견되지 않았다. 범인은 여전히 자유를 누리고 있었다.

2010년, 수사가 장기 미제 사건 파일로 이관된 가운데 수사관들은 범죄 현장에서 채취한 DNA와는 일치하지 않지만 유사한 CODIS의 DNA 샘플을 조사했다. 이 과정에서 크리스토퍼 프랭클린(Christopher Franklin)이라는 한 사람이 범죄 현장의 DNA와 여러 유사점을 공유하는 것으로 확인됐으나, 사건 당시 그는 범죄를 저지를 나이가 아니었다. 경찰은 그 이후 그의 아버지인 론니 프랭클린 주니어(Lonnie Franklin, Jr.)를 주목했지만, 비교할 DNA를 보유하고 있지 않았다. 한 경찰관이 비밀스럽게 론니 프랭클린을 따라 피자 가게에 들어가 종업원으로 위장해 그가 사용한 냅킨, 음료수 잔과 먹지 않은 피자 크러스트 조각을 수집했다.

프랭클린의 DNA 프로파일은 범죄 현장에서 발견된 DNA와 일치했으며, 2016년 프랭클린은 총 10건의 살인죄로 유죄 판결을 받았다.

냅킨, 잔, 피자 크러스트 조각에서 매우 적은 DNA가 나왔지만 이는 작동했다. 이런 DNA 시료의 크기를 키우기 위해 무엇을 할 수 있었을까?

### 기타 DNA 분석법

단일 염기 다형성(SNP)은 가장 구체적인 다형성으로, 개인의 32억 염기쌍 중 약 천만 번 발생할 만큼 변이가 가장 크다. SNP는 염색체의 무작위적인 위치에서 염기 단위 차이로 나타나며, 이는 유전자 및 비암호화 DNA에서 모두 발견된다. SNP는 질병 진단, 집단 유전학, 개인 맞춤형 의학, 생의학 연구에서 매우 유용한 도구로 활용된다. Ancestry.com과 23&Me는 샘플을 제출하면 약 70만 개의 SNP를 분석한다. 점점 더 많은 감염병 실험실에서 박테리아를 식별하기 위해 SNP에 기반한 DNA 검사를 채택하고 있다. 또한 임질구균, 클라미디아, 매독균, 메티실린 내성 황색포도상구균, 결핵균과 여러 바이러스를 식별하기 위한 방법으로서 여러 형태의 DNA 프로파일링이 빠르게 자리 잡고 있다. 이는 질병 발생에 관련된 미생물 간의 유전적 유사성을 판단하는 데도 필수적인 도구로 기능한다.

## 마이크로어레이를 통한 유전자 활성 측정

DNA 프로파일이나 유전체의 염기서열을 보유하는 것은 실제로 필요한 것의 절반에 불과하다. 아주 몇 가지 예외를 제외하고, 다세포 생물 안의

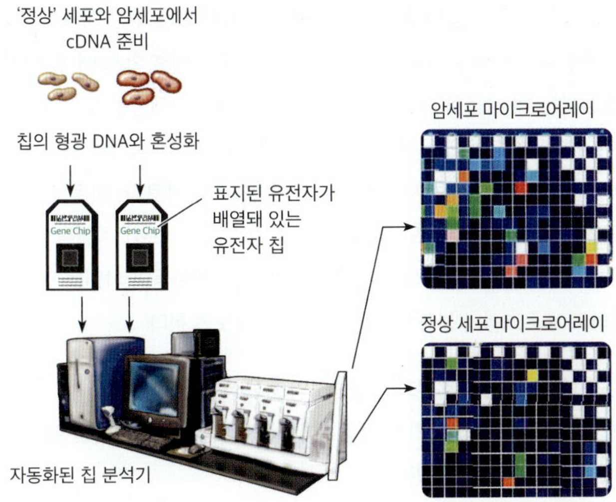


**그림 10.18 마이크로어레이를 이용한 유전자 발현 분석.** 마이크로어레이는 한 세포에서 동시에 발현되고 있는 많은 수의 유전자를 표시한다. 소형 슬라이드 또는 칩에는 형광으로 표지된 유전자들이 코팅돼 있으며, 이를 미지의 cDNA와 접촉시킨다. 레이저가 결합된 cDNA를 자극하면 검출기가 형광을 발산하는 지점을 기록한다. 각 지점의 색상은 마이크로어레이에 있는 DNA가 정상 세포, 암세포, 두 세포 모두, 또는 둘 다 존재하지 않는지를 나타낸다. (출처: Darryl Leja, NHGRI)

모든 세포는 동일한 DNA를 포함하므로 그 DNA의 염기서열을 아는 것은 확실히 도움이 되지만, 동일한 생물체의 두 세포 또는 조직을 비교하는 데는 큰 의미가 없다. 유전자는 내부의 필요와 외부 자극에 반응해 발현되며, 세포의 DNA는 일정하게 유지되지만, 특정 시점의 mRNA(따라서 단백질)는 현재 세포에서 발현되고 있는 유전자의 프로파일을 제공한다. 간 세포를 신장 세포와 구분하거나 건강한 세포를 병든 세포와 구분하는 진정한 요소는 유전자 발현 방식이다.

생물학과 전자공학의 두 가지 발전 덕분에 생물학자들은 DNA 마이크로어레이 분석(DNA microarray analysis)이라는 기술을 사용해 특정 세포 내의 유전자 발현을 관찰할 수 있게 됐다. 이 기술이 등장하기 전까지는 동시에 발현을 추적할 수 있는 유전자 수가 많아야 몇 개에 불과했다. 일반적인 세포 내에서 유전자 간의 복잡한 상호관계를 고려할 때, 두세 개의 유전자를 추적하는 것은 실질적인 의미가 거의 없었다. 마이크로어레이는 한 번의 효율적인 실험으로 수천 개의 유전자 발현을 동시에 추적할 수 있다. 마이크로어레이는 수만 개의 서로 다른 알려진 유전자로부터 결합된 염기서열을 포함하는 '칩'(유리, 실리콘 또는 나일론으로 제작됨)으로 구성돼 있다. 특정 시점에 세포에서 활성화된 모든 mRNA 분자를 나타내며 형광으로 표지된 cDNA 용액이 칩에 적용된다. 표지된 cDNA는 칩에 결합된 상보적인 DNA와 혼성화될 수 있다. 결합한 cDNA는 레이저로 cDNA의 형광 태그를 자극해 검출기에 감지된다. 컴퓨터는 이러한 데이터를 다양한 조건의 세포에 존재하는 mRNA를 강조해 해석할 수 있도록 프로그래밍돼 있다. 정상 세포와 암 세포를 비교한 결과의 예가 그림 10.18에 나와 있다.

마이크로어레이는 특정 유전자 발현 패턴을 탐색하는 매우 민감한 진단검사를 가능하게 한다. 예를 들어, 환자의 암을 여러 아형 중 하나로 식별할 수 있다면(예를 들어 단순히 유방암이라고만 할 수 있는 것이 아니라), 가장 효과적인 것으로 보이는 항암제를 선택할 수 있다. 다시 말해, 유전 기술이 의료 진단에 크게 기여할 수 있는지 볼 수 있다.

**핵심 점검 10.4**

23. DNA 프로파일이 무엇이고 STRs과 다른 다형성 절편이 DNA를 식별하는 데 어떻게 사용되는지 설명하시오.
24. 어떻게 DNA 프로파일링이 의료, 법, 군사, 생물학 및 역사 연구 분야에서 일상적으로 사용되는지 간단히 논하시오.
25. mtDNA의 유래와 그 중요성을 설명하시오.
26. DNA 프로파일과 마이크로어레이의 차이점을 설명하시오.

## 사례 연구 Part 2

각 수컷 모기에게 부여된 제한 유전자는 tTAV(테트라사이클린 억제형 전이활성화 변종)로 알려진 단백질을 암호화한다. tTAV 단백질은 세포 내 전사 기계와 결합해 RNA 중합효소의 결합 및 안정화에 책임이 있는 단백질과 DNA 서열에 작용하고, 성숙에 필요한 유전자의 전사를 막는다. 이러한 유전자가 발현되지 않으면 모기는 발달하지 못하고 바이러스를 전파하기 전에 죽게 된다. 이 전략을 더욱 강력하게 만드는 것은 tTAV가 자신의 생산을 증가시킨다는 점이다. 양성 피드백 루프(positive feedback loop)라는 메커니즘을 통해 tTAV 단백질은 제한 유전자의 조절 영역에 결합해 유전자의 전사를 증가시키고, 더 많은 tTAV 단백질이 생성되도록 한다. 이 루프의 결과 모기가 생존할수록 제한 단백질을 더 많이 생성하게 돼 결국 자신이 사망하게 된다. tTAV 단백질은 비독성이며 유전적으로 변형된 생물을 섭취하는 동물에게 해를 끼치지 않는다.

모기가 자신의 생명을 해치는 유전자를 지니고 있도록 설계됐다면 이들이 어떻게 처음에 사육될 수 있었는가 하는 의문이 들 수 있다. 그 답은 tTAV 유전자에서 t가 테트라사이클린 억제형(tetracycline repressible)을 의미한다는 점이다. 항생제인 테트라사이클린이 tTAV 단백질에 결합해 이를 비활성화시키며, tTAV 유전자의 전사를 방지하고 양성 피드백 루프를 차단해 모기가 생존할 수 있도록 한다. 이로써 테트라사이클린이 환경에서 제거될 때까지 모기는 살아남을 수 있는 것이다.

박테리아 콜로니가 수백만 개의 세포로 구성돼 있는 것처럼, 생산시설의 모기는 모두 한 개체에서 유래한 자손들이다. 미세주입(microinjection)이라는 기술을 사용해 단일의 이집트 숲모기 알에 제한 유전자가 주입됐고, 이 유전자는 모기의 유전체에 영구적으로 통합된다. 이 유전자를 지닌 모기는 여러 차례 교미해 번식용으로 사용할 수 있는 수천 마리의 자손을 생성했다. 이들은 유전자 변형 곤충을 먹이기 위해 사용되는 축축한 어분 냄새가 나는 생산 시설 내의 케이지에 보관된다. 각 케이지에는 12,000마리의 암컷과 4,000마리의 수컷이 포함돼 있으며, 거의 300만 개의 알을 산출하고, 이 알들은 동시에 부화하도록 유도된다. 8일 후, 암컷이 수컷보다 훨씬 크다는 사실을 이용해 성별이 분리되며, 대부분의 암컷은 죽임을 당한다(번식 목적으로 소수의 암컷은 유지된다). 오직 수컷만이 방출되며, 이들은 물지 않기 때문에 바이러스를 전파할 수 없다.

모기 집단의 크기는 연구되고 있는 지역에 퍼져 있는 수천 개의 트랩에서 잡힌 곤충들을 세어 결정된다. 포획된 모기의 수는 이후 환경 내 총 모기 수를 추정하는 데 사용된다. 포획된 모기가 방출된 자가제한형 모기의 자손인지, 아니면 생식력이 있는 야생 모기인지 판단하기 위해 옥시텍 모기는 형광 단백질을 생성하는 두 번째 유전자를 운반하도록 설계됐다. 이로 인해 포획된 모기가 유전자 조작된 모기인지 야생형 모기인지 빠르게 식별할 수 있다. 변동하는 모기 집단을 추적할 수 있는 능력은 과학자들이 자원을 정확하게 목표하고 프로그램의 성공 여부를 평가할 수 있도록 한다.

- **모기의 알을 동시에 부화시키는 것의 중요성은 무엇인가?**
- **만약 유전자 변형 모기가 형광 단백질을 생성하지 않는다면 이 모기를 추적할 다른 방법이 있는가?**

## 주요 용어로 보는 요약

### 10.1 유전공학의 요소와 응용

**유전공학**(genetic engineering)은 유기체의 유전체를 조작하는 것을 의미하며, 종종 단백질을 산업적으로 생산하는 데 생화학과 대사경로를 활용하는 생명공학과 함께 사용된다.

A. DNA의 실제적 특성
1. **제한효소**(restriction endonuclease)는 특정 인식부위에서 DNA를 절단하는 데 사용되며, 이로 인해 실험실에서 더 쉽게 관리할 수 있는 작은 DNA 조각이 생성된다.
2. **연결효소**(ligase)는 DNA 분자를 공유 결합해 연결하는 데 사용되고, **역전사효소**(reverse transcriptase)는 특정 mRNA의 DNA 사본을 얻는 데 사용된다.
3. 올리고뉴클레오타이드는 특정 DNA 서열을 위한 탐침으로 사용되거나 DNA 중합효소의 프라이머로 사용되는 짧은 DNA 조각이다.

B. 핵산 혼성화와 탐침
1. DNA 이중가닥은 가열에 의해 분리(변성)될 수 있다. 이 단일가닥 핵산은 상보적인 서열에 결합하거나 **혼성화**(hybridization)되기 때문에 **탐침**(probes)으로 사용될 수 있다.
   a. 서던 블롯은 유기체에서 분리된 DNA를 탐침을 이용해 특정 DNA 서열을 식별하는 방법이다.
   b. **FISH**(형광 제자리 혼성화)는 세포 내의 온전한 DNA를 혼성화하고 식별하는 방법이다.

C. DNA의 크기 측정, 합성 및 염기서열 분석에 사용되는 방법
1. 프레더릭 생거에 의해 처음 개발된 **DNA 시퀀싱**(DNA sequencing)은 DNA의 정확한 서열을 결정할 수 있는 방법이다.
   a. 전체 유전체 염기서열 지도는 유기체의 전체 유전체를 구성하는 모든 뉴클레오타이드의 정확한 순서를 제공한다. 이는 유전자의 기능에 대한 상세한 정보를 제공할 수 있으며, 유전질환 식별에 유용할 수 있다. 염기서열 분석은 미생물을 식별하기 위한 일반적인 선택 방법이기도 하다.
2. **중합효소 연쇄반응**(polymerase chain reaction, PCR)은 특정 DNA의 한 조각을 단 몇 시간 만에 수백만 배 증폭하는 데 사용되는 기술이다.

### 10.2 재조합 DNA 기술: 자연을 모방하는 방법

A. 재조합 DNA의 기술적 측면
1. **재조합 DNA**(recombinant DNA)의 목표는 한 유기체의 DNA를 다른 유기체로 전이하는 것이다. 일반적으로 DNA를 **벡터**(vector, 주로 플라스미드나 바이러스)에 삽입하고, 재조합 벡터를 **클로닝 숙주**(cloning host, 주로 박테리아나 효모)로 옮겨 발현시키는 과정이 포함된다.
   a. 클로닝 벡터의 예로는 플라스미드, 박테리오파지, 코스미드, 그리고 더 큰 박테리아와 효모 인공 염색체인 BACs(박테리아 인공 염색체)와 YACs(효모 인공 염색체)가 있다.
   b. 클로닝 숙주는 빠르게 성장하고 비병원성이며 유전적으로 잘 알려져 있는 유기체다. 대장균과 효모가 그 예다.
2. **재조합 생물체**(recombinant organism)는 공여 DNA와 플라스미드 DNA를 제한효소로 절단한 후, 이들을 연결효소로 결합해 생성된다. 이후 벡터는 형질전환 과정을 통해 클로닝 숙주에 삽입되며, 벡터를 포함한 세포는 항생제 내성을 통해 선별되고 배양된다.
3. 적절한 재조합 세포가 확인되면 이는 산업 규모로 성장하게 된다. 클로닝 숙주는 내부에 포함된 유전자를 발현하며, 그 결과 생성된 단백질은 세포에서 배출돼 배양액에서 회수되고 정제될 수 있다.

B. 재조합 DNA 기술의 단백질 생성물
1. 많은 경우, 재조합 DNA 기술의 최종 생성물은 단백질이다.
2. 당뇨병, 왜소증, 혈액 응고 장애와 같은 질환은 재조합 DNA 기술로 생산된 재조합 인슐린, 인간 성장인자 및 응고인자를 이용해 치료할 수 있다.

**10.3 유전자 변형 생물체와 응용**

A. **형질변환**(transgenics), **유전자 변형 생물체**(genetically modified organisms, GMOs)는 다른 생물에 삽입된 유전자를 발현하도록 조작된 미생물, 식물, 동물을 말한다.
1. 형질전환 박테리아는 다양한 약물, 백신 및 기타 유용한 물질을 생산한다.
2. 변형 바이러스는 유전적 벡터 및 백신으로 기능한다.
3. 식물은 공여 유전자를 세포 내로 쉽게 운반하는 아그로박테리움에 **형질이입**(transfected)된다.
4. 동물은 선별된 유전자를 배아에 삽입함으로써 유전적으로 조작된다.
5. CRISPR/Cas-9 시스템은 박테리아 세포의 염색체 DNA에 통합된 바이러스 DNA를 절단하는 역할을 한다. 이 시스템은 실험실에서 DNA를 편집하는 데 일반적으로 사용되며, 연구자들이 유전자를 쉽게 제거하거나 교체할 수 있도록 한다.

B. DNA 기술의 의료적 적용
1. **유전자치료**(gene therapy)는 결함 있는 유전자를 교체하거나 그 발현을 증가 또는 감소시키는 다양한 기술을 말한다. 세포가 신체 내에서 변화하면 이 치료는 in vivo라고 하며, 신체에서 채취한 세포에서 변화가 이루어지면 ex vivo라고 한다.
2. 변형된 유전자를 침묵시키기 위해 간섭 RNA를 사용한 유전자 치료가 최근 승인됐다.

**10.4 유전체 분석: DNA 프로파일링과 유전자 검사**

A. **DNA 프로파일링**(DNA profiling)
1. 유기체의 DNA 염기서열은 유일하므로, 특정 유전적 마커 또는 각 개인에 고유한 DNA 염기서열 조합을 식별해 분석할 수 있다. 이러한 마커는 개체 내에서 다양하게 나타나기 때문에 **다형성**(polymorphisms, '많은 형태')이라고 불린다.
2. 일반적인 다형성으로는 **짧은 반복서열**(short tandem repeats, STRs)과 특정 염색체의 주어진 위치에서 **단일 염기 변이**(single nucleotide polymorphisms, SNPs)가 있다. STRs는 동일한 염기서열의 반복이며, SNPs는 특정 위치에서 단일 염기의 변형이다.
3. 이러한 마커를 타깃으로 하는 기술이 법의학 식별, 질병 진단, 인류학 연구, 미생물 식별 등에 활용되고 있다.
4. **미토콘드리아 DNA**(mitochondrial DNA, mtDNA) 또한 특정 진핵생물 종에 고유한 염기서열을 가지고 있다. 이는 가족 역사와 고대 기원을 추적하는 데 유용하며, 동물, 식물, 균류의 종을 식별하는 데 사용된다.

B. 마이크로어레이 분석은 건강과 질병, 성장과 분화 같은 다양한 조건에서 세포 내에서 어떤 유전자가 활발히 전사되고 있는지를 결정하는 방법이다.

CHAPTER
# 11

# 미생물 제어를 위한 물리적 및 화학적 작용제

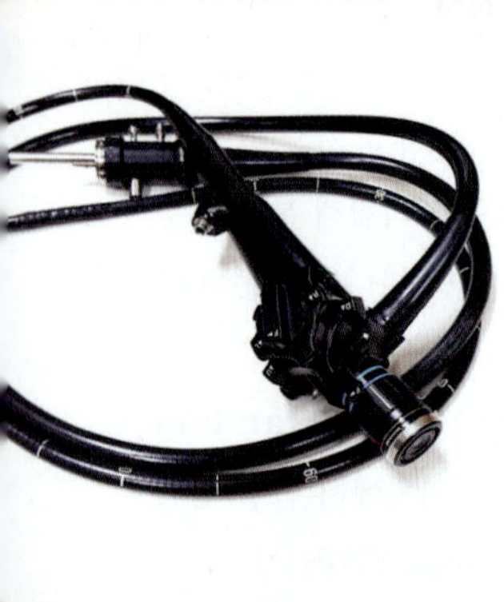

## 이 장의 구성

### 11.1 미생물 제어

- 미생물 제어에 대한 일반적인 고려사항
- 미생물 형태의 상대적 저항성
- 미생물 제어의 용어와 방법
- 미생물 사멸
- 항미생물제의 작용 원리: 작용 방식

### 11.2 물리적 제어방법: 열

- 미생물 활성에 대한 온도의 영향
- 저온과 건조의 영향

### 11.3 물리적 제어방법: 방사선과 여과

- 미생물 제어방법으로서의 방사선
- 전리 방사선과 비전리 방사선의 작용 방식
- 전리 방사선: 감마선과 X선
- 비전리 방사선: 자외선
- 여과: 물리적 제거 과정

### 11.4 미생물 제어에 사용되는 화학물질

- 살균 화학물질 선택
- 화학물질의 살균 활성에 영향을 미치는 요인
- 화학물질 범위



(이미지 출처: Melissa Brower/CDC; Tadaki crew/Shutterstock; Ganay Mutlu/Getty Images; U.S. Food and Drug Administration; Paul Pierlott, USDA-ERRC/VGT)

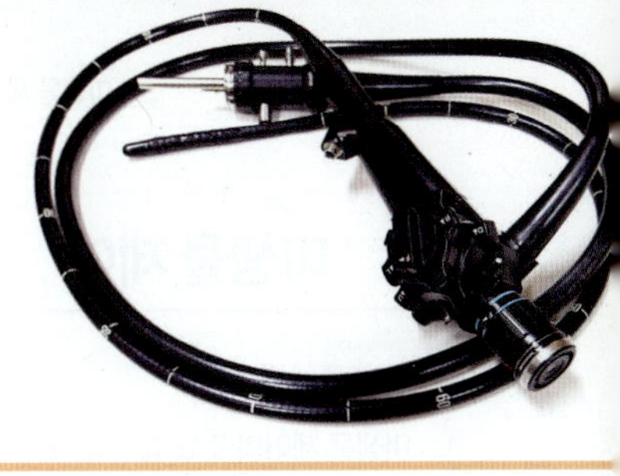

# 나는 명확하게 설명하지도 못하는 이유 때문에 죽고 싶지는 않아

에런 영(Aaron Young)은 겨우 서 있을 수 있는 상태였다. 샤워 후에 옷을 입을 수 없을 만큼의 심한 고통은 18세 소년을 더욱더 힘들게 만들었다. 그의 어머니는 119에 도움을 요청했고, 에런은 UCLA 메디컬센터의 소아집중치료실에 입원한 후, **염증성 췌장**(inflamed pancreas) 진단을 받았다. 진단 후의 단계는 길고 유연한 **십이지장경**(duodenoscope, 또는 내시경)을 입, 식도, 위 및 소장의 첫 번째 부분을 통해 투입해 **담도**(biliary duct)에 작은 스텐트를 삽입하는 것이었다. 내시경 역행 담췌관 조영술(endoscopic retrograde cholangiopancreatography, ERCP)이라는 이 시술은 수술 합병증 없이 췌장에 접근할 수 있는 방법으로, 미국에서 매년 거의 7만 회가 시행된다.

며칠 후, 일반적이라면 퇴원 준비를 해야 했지만 에런은 **40°C의 열**과 싸우느라 의사의 권유에 따라 냉각 담요 아래서 몸을 떨고 있었다. 그는 항생제에 높은 수준으로 **내성**(resistance)을 가지는 장내 세균 그룹인 **카바페넴 내성 장내세균**(carbapenem-resistant Enterobacteriacea, CRE)에 의해 심각한 감염이 발생한 것으로 나타났다. 이러한 감염은 **인공호흡기**(ventilators), **카테터**(catheters) 또는 **내시경**(endoscopes) 같은 장치에 의존해 치료를 받고 있는 **중환자**(compromised patients)에서 거의 대부분 발생한다. 공격적인 치료를 하더라도 CRE에 감염된 환자의 최대 50%가 사망한다. 에런 영은 운이 좋은 사람 중 한 명으로 1월 6일 퇴원했다. 병원에 입원한 지 83일 만이었다.

생명을 위협하는 새로운 감염이 발생하면 재커리 루빈(Zachary Rubin) 박사는 집중적으로 관심을 가진다. 그는 UCLA 메디컬센터의 **임상역학**(clinical epidemiology) 및 감염예방 담당 의료 책임자다. 그는 내시경이 **병원성 세균**(pathogenic bacteria)을 전파하는 결정적인 매개체라는 것을 빠르게 알아차렸다. 개당 가격이 4만 달러인 십이지장경은 조명, 카메라, 공기 노즐과 물 노즐, 카테터 또는 유도선을 부착할 수 있는 이동식 제어 장치(엘리베이터라고 부름)가 포함된 복잡한 도구다. 앞 환자에게 사용한 후 다음 환자에게 사용하기 위한 내시경 세척[**재처리**(reprocessing)라고도 함]은 특정 프로토콜에 따라 수행되는데, 생물학적 잔류물을 제거하기 위해 스크럽 브러시, 세제, **소독제**(disinfectants)와 멸균수를 사용한다. 직원들이 내시경을 닦고 관 내부를 씻어 낸 후 강력한 소독제를 사용해 세척기에 넣어 처리하는 세척실에 루빈 박사가 방문했다. 그의 방문은 환자 사이에 사용되는 내시경의 재처리 과정에 문제가 없는지를 확인하기 위해서였다.

그다음 그는 UCLA의 이전 기록들을 검색했고, CRE 감염 진단을 받은 34명의 환자 중 절반은 입원 기간 감염됐다는 사실을 발견했다. 그는 환자들 사이의 공통점을 찾아봤다. 같은 층에 입원했나? 그 사람들도 같은 절차를 밟았나? 동일한 의료 서비스 제공자가 이들을 돌봤나? UCLA의 의사 팀은 검색 범위를 확대해 2011년 이후 UCLA에서 진료한 모든 CRE 환자를 포함해 환자 기록을 면밀하게 조사했다.

1월 25일 에런 영은 두 번째 ERCP 시술을 위해 UCLA로 돌아왔는데 이번에는 스텐트를 제거했다. 시술 직후 그의 감염은 다시 발생했고 그의 생존은 의심스러워졌다.

- **내시경을 감염원으로 의심하는 이유는 무엇인가?**
- **멸균, 소독, 방부법의 차이점은 무엇인가?**

이 장 끝에서 사례 연구 Part 2로 이어짐.

(삽화 출처: Tadaki crew/Shutterstock)

## 11.1 미생물 제어

**학습목표**

1. 미생물 제어의 주요 범위와 그 목적을 요약한다.
2. 서로 다른 감염원 그룹의 상대적 저항성을 평가한다.
3. 미생물 제어의 주요 용어를 정의하고 각각에 대한 예시를 제시한다.
4. 미생물 사멸의 매개변수를 특성화하고 사멸률에 영향을 미치는 여러 요인을 설명한다.
5. 항미생물 약제의 효과에 영향을 미치는 요인을 요약한다.
6. 항미생물 억제제의 표적을 확인하고, 이들 약제가 어떤 효과를 갖는지 설명한다.

안전하게 마실 수 있는 수돗물, 상하지 않은 음식, '세균' 박멸을 위한 제품으로 가득 찬 선반, 감염을 치료하는 약물이 일상생활의 주변에 있는 것을 우리는 당연하게 생각한다. 잠재적으로 유해한 미생물이 일상에 노출되는 정도를 제어하고자 하는 것은 우리 삶에 있어서 엄청난 관심사다. 이는 '세균과 질병의 연관성'에 대해 알게 되기 전부터 관심사였다.

중세 시대의 전염병 대유행 기간에 당시 사람들은 연기가 질병을 퇴치할 것이라는 믿음으로, 시체를 한꺼번에 묻고, 전염병 피해자의 옷을 태우고, 환자의 집에 향기 나는 나무에 불을 붙이는 것이 일반적이었다는 사실을 역사가들은 발견했다. 어떤 식으로든 전염병으로부터 보호하기 위해 생존자들은 특이한 옷을 입고 몸에는 약초, 강한 향료와 식초를 발랐다. 이러한 시도는 어리석고 구식으로 여겨질 수 있지만, 몇 가지 이점은 있었던 것으로 보인다. 나무를 태우면 소독제 역할을 할 수 있는 포름알데히드가 방출되고, 허브, 향료, 식초에는 약하지만 항균물질이 포함돼 있다. 이러한 초기 방법은 다소 조잡하지만 오늘날에도 여전히 사용되는 미생물 제어방법의 기초를 마련한 것이라 할 수 있다(그림 11.1).

### 미생물 제어에 대한 일반적인 고려사항

오염물질을 파괴하거나 제거한다는 점을 고려하면, 미생물 제어방법은 오염 제거(decontamination) 과정의 범위에 포함시킬 수 있다. 미생물학에서 오염물질이란 주어진 장소와 시간에 바람직하지 않거나 원치 않는 미생물이다. 대부분의 오염 제거 방법은 열이나 방사선 같은 물리적 방법이나 소독제, 방부제 같은 화학적 약제를 사용한다. 물리적 및 화학적 약제와 같은 구분 방법은 편리하지만, 어떤 경우에는 범위가 겹치기도 한다. 예를 들어, 방사선은 유해한 화학물질을 발생시킬 수 있고, 화학물질은 열을 발생시키기도 한다. 흐름도(그림 11.2)는 미생물 제어의 주요한 적용점과 목표를 요약해 준다.

### 미생물 형태의 상대적 저항성

미생물을 제어하는 과정은 외부 환경과 인체에 흔히 존재해 감염이나 부패를 일으킬 수 있는 미생물을 대상으로 한다. 이 제어 대상 집단은 단순하거나 균일한 경우는 거의 없으며, 종종 미생물 제어에 대한 저항성이 극도로 상이한 미생물들의 혼합물이 포함된다. 물리적·화학적 제어방법에 대한 저항성과 관련해 미생물은 통상 세 그룹으로 나눌 수 있다(그림 11.3).

- **최대 저항** 프리온(prions, 단백질성 감염성 입자), 주로 바실러스(*Bacillus*)와 클로스트리디움(*Clostridium*) 속 세균의 내생포자(endospores)
- **중간 정도 저항** 원생동물 낭종, 일부 곰팡이의 성 포자(접합포자), 일부 바이러스. 일반적으로 외피 없는 바이러스는 외피 있는 바이러스보다 저항력이 더 높다. 내생포자를 가지고 있지는 않지만, 미생물 제어 약제에 대해 저항성이 증가한 영양세포(vegetative cells)

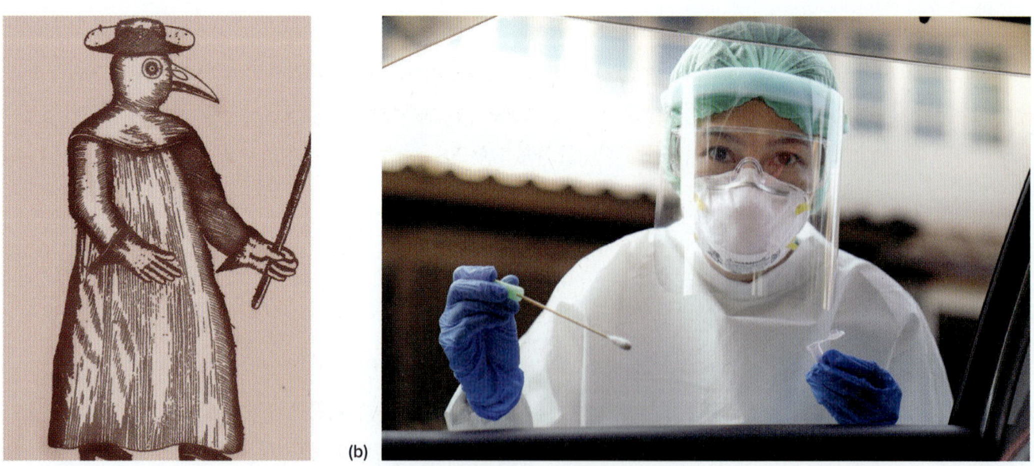

(a) (b)

그림 11.1 개인 보호 장비(personal protective equipment, PPE). (a) 전염병 피해자에게 노출되는 것을 피하기 위해 1700년대 의사들이 사용했던 보호복의 그림. 후드의 부리 모양 부분에는 악취를 방지하고 '나쁜 공기'를 흡입하는 것을 방지하기 위해 휘발성 향수가 포함돼 있었다. (b) COVID-19 팬데믹 기간에 사용된 PPE는 기능 면에서 볼 때 놀라울 정도로 유사하다. (출처: Universal History Archive/UIG/Getty Images; Pordee_Aomboon/Shutterstock)

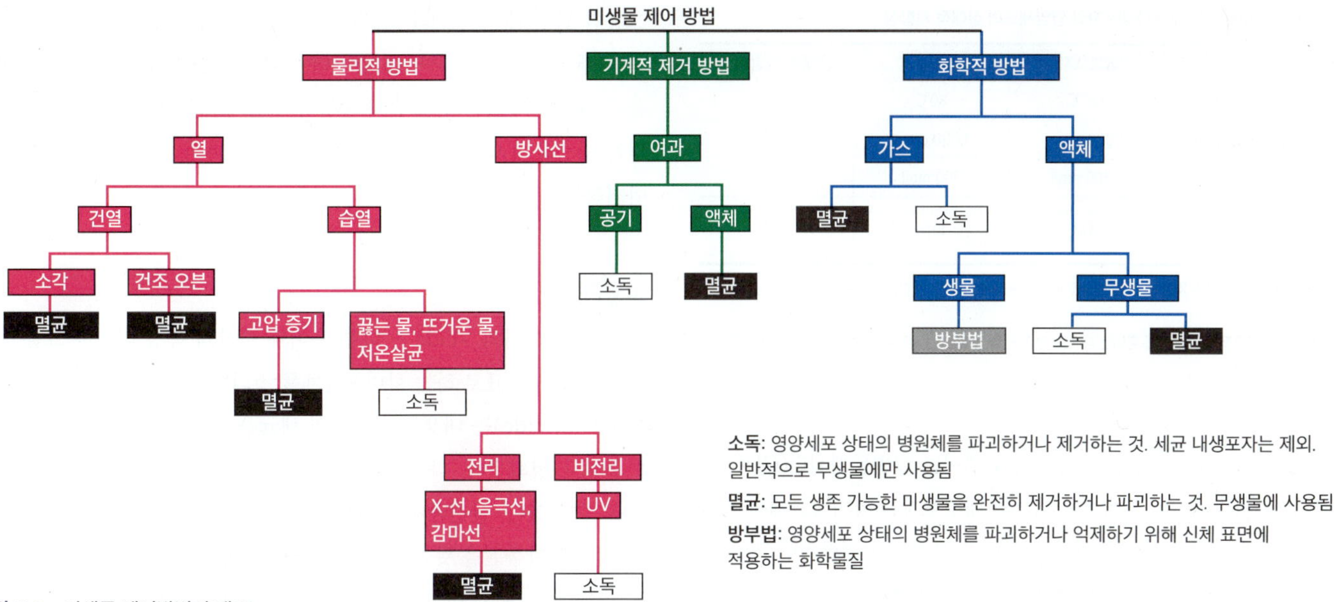


그림 11.2 미생물 제어방법의 개요.

를 가지는 여러 그룹의 세균이 있다. 여기에는 세포벽이 두껍고 왁스 같은 층을 갖고 있어 많은 소독제의 유입을 막을 수 있는 마이코박테리움(*Mycobacterium*)이 포함된다. 슈도모나스(*Pseudomonas*), 아시네토박터(*Acinetobacter*)와 기타 그람 음성 병원체의 세포벽에는 일부 화학물질의 침투를 방지하는 외막이 있다. 포도상구균(*Staphylococcus*) 종은 두껍고 보호력이 뛰어난 펩티도글리칸 세포벽으로 인해 모든 세균 중에서 내열성과 내화학성이 가장 뛰어나다.

- **최소 저항** 영양세포 상태의 대부분의 세균, 진균 포자(접합포자 제외) 및 균사, 외피 바이러스, 효모, 원생동물 영양체

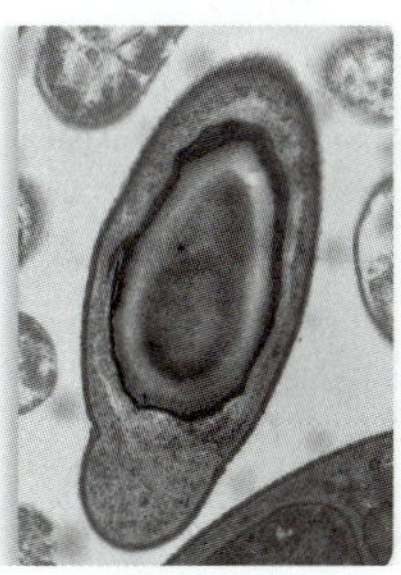

*Bacillus* sp.의 내생포자
[Jones, S. J., Paredes, C. J., Tracy, B., Cheng, N., Sillers, R., Senger, R. S., & Papoutsakis, E. T. (2008). The transcriptional program underlying the physiology of clostridial sporulation. *Genome Biol.*, 9:R114]

다양한 미생물 그룹을 사멸시키기 위해 요구되는 사항에 대한 실제적인 비교 수치를 표 11.1에 나타냈다. 세균의 내생포자는 전통적으로 가장 저항력이 강한 미생물로 간주돼 왔으며 영양세포를 파괴하는 것에 비해 18배나 더 어렵다. 내생포자는 미생물 제어에 대한 저항성이 매우 높고 널리 분포돼 있기 때문에, 내생포자를 파괴하는 수준을 **멸균**(sterilization)의 기준으로 설정한다. 내생포자를 죽일 수 있는 모든 과정이라면 저항력이 더 작은 다른 형태의 미생물은 모두 제거할 수 있다. 소독, 방부법 등의 다른 제어방법은 주로 내생포자보다 저항성이 작은 미생물을 대상으로 한다.

프리온은 오염 제거와 관련해 새로운 문제를 제시한다. 이 장에서는 모든 생존 가능한 미생물이 없는 상태를 멸균 상태(sterile)로 정의한다.

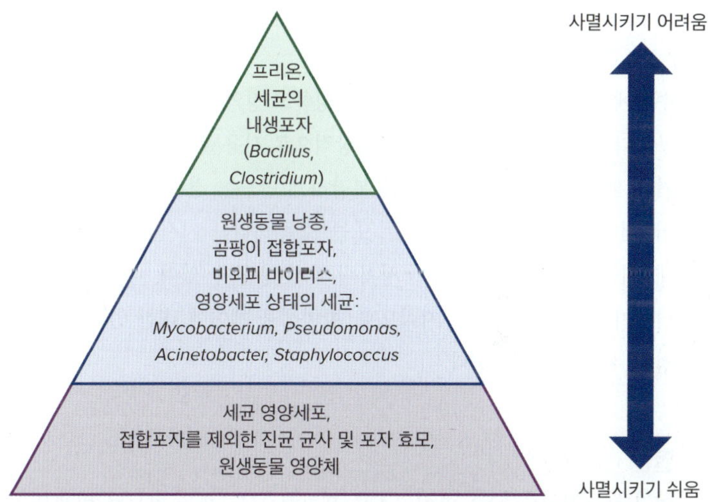


그림 11.3 항미생물 제어에 대한 저항성. 피라미드 최하층에 해당하는 대부분의 미생물은 오염 제거 기술에 대한 저항력이 거의 없다. 피라미드 중간층의 훨씬 작은 그룹은 오염 제거에 대한 저항성이 증가한 것으로 나타났다. 가정용 및 병원용 소독제의 효과는 일반적으로 이 중간층 병원체를 대상으로 테스트한다. 피라미드 최상층에는 가장 큰 저항성을 보이는 미생물이 해당되며, 대사적으로 비활성 상태인 내생포자와 함께 프리온(단백질성 감염성 입자)을 포함한다. (출처: Barry Chess/McGraw Hill)

그러나 프리온은 미생물이나 생명체가 아니며 여기에 설명된 대부분의 제어 과정은 프리온을 파괴하는 데 충분하지 않다. 프리온 단백질은 열, 화학물질, 방사선에 대한 저항력이 매우 강하다. 이 특이한 물질로 오염된 도구나 물체는 매우 높은 온도에서 소각하거나 여러 화학물질을 혼합해 오염을 제거해야 한다. 가장 효과적인 것으로 입증된 물질은 수산화나트륨(sodium hydroxide)과 차아염소산염(hypochlorite, 표백제) 용액인데, 이 물질은 상당 기간 처리를 하면, 이후에도 감염되지 않는 상태를 유지해 준다. 조직, 체액 또는 기구에 프리온이 있는 것으로 의심되는

**표 11.1 제어인자에 대한 세균 내생포자와 영양세포의 상대적 저항성**

| 제어방법 | 내생포자* | 영양세포* | 상대적 저항성** |
|---|---|---|---|
| 습열 | 120℃ | 80℃ | 1.5배 |
| 방사선(X선) 조사량 | 4,000 grays | 1,000 grays | 4배 |
| 멸균 가스(산화에틸렌) | 1,200 mg/l | 700 mg/l | 1.7배 |
| 살포자성 용액 (2% 글루타르알데히드) | 3시간 | 10분 | 18배 |

* 값은 각 그룹에서 저항성이 가장 높은 병원체를 파괴하는 데 요구되는 방법(농도, 노출 시간, 강도)을 기초로 한다.

** 이 숫자는 내생포자와 영양세포를 죽이는 데 필요한 조건을 비교한 것이며 각 그룹에서 저항성이 가장 높은 병원체의 평균이다.

경우, 효과적인 멸균 조건을 보장받기 위해서는 질병통제센터(CDC)와 협의할 필요가 있다. 이 장에서는 세균의 내생포자를 항미생물제의 표적이 되는 가장 저항력이 강한 미생물 형태로 설정하고 일반적인 멸균 절차를 설명할 것이다. 세균의 내생포자나 기타 미생물이 환경에 널리 퍼져 있는 반면에 프리온은 그렇지 않기 때문이다.

## 미생물 제어의 용어와 방법

수년에 걸쳐 미생물의 제어방법을 설명하고 정의하는 용어가 점점 더 많아졌다. 이러한 용어 중 일부는 일상적으로 사용됐는데, 때때로 모호하거나 부정확하게 사용돼 문제를 복잡하게 만드는 경우도 있다. 예를 들어, 때때로 환자의 피부를 '멸균' 또는 '소독'하라는 지시를 받을 수 있는데, 이는 두 용어의 기술적인 정의에 맞지 않을 수 있다. 다음 설명으로 넘어가기 전에 기초적인 지식으로, 항미생물 제어에 대한 일련의 개념, 정의, 사용법을 제시한다.

### 멸균

**멸균**(sterilization)은 바이러스를 포함한 모든 생존 가능한 미생물을 파괴하거나 제거하는 과정이다. 이 과정을 거친 모든 물질은 **멸균됐다**(sterile)고 정의한다. 이 용어는 멸균 효과가 입증된 방법에 대해서만 가장 엄격한 의미로 사용해야 한다. 어떤 개체를 멸균했을 때, 약간 멸균됐다거나 거의 멸균됐다고 표현할 수는 없다. 멸균됐다 아니면 멸균되지 않았다고 해야 한다. 멸균 방법은 일반적으로 무생물에 적용된다. 왜냐하면 생체 내의 조직을 멸균하려면 매우 위험할 정도로 가혹한 처리가 필요하기 때문이다. 13장에서 살펴보겠지만 신체의 많은 부분(예를 들어 뇌와 대부분의 내장 기관)에는 원래 미생물이 존재하지 않는다.

수술 기구, 주사기, 일부 상업적으로 포장된 식품 등 수많은 멸균 제품은 인간의 행복에 필수적이다. 대부분의 멸균은 열과 같은 물리적인 수단을 사용해 수행되지만, 멸균제(sterilants)라고 하는 일부 화학물질은 포자(spores)를 파괴하는 능력 때문에 멸균제로 분류될 수 있다.

때로는 멸균이 실행 가능하지도 않고 필요하지도 않고, 특정 미생물 그룹만 관심 대상이 된다. 일부 항미생물제는 감수성이 있는 영양 상태의 미생물은 제거하지만, 내성이 더 강한 내생포자와 포낭 단계의 미생물은 파괴하지 않는다. 인간과 동물 전염병의 대부분은 포자를 형성하지 않는 미생물에 의해 발생하기 때문에 포자의 파괴가 항상 필수적인 것은 아니라는 점을 명심하자.

### 살균제

'죽인다'는 의미의 '-cide'는 다른 용어와 결합돼 특정 미생물 그룹을 파괴하는 것을 목표로 하는 항미생물제를 정의할 수 있다. 예를 들어, **살균제**(bactericide)는 내생포자 단계의 세균을 제외한 세균을 파괴하는 화학물질로 정의된다. 다른 미생물 그룹에는 효과적일 수도 있고 그렇지 않을 수도 있다. **살진균제**(fungicide)는 곰팡이 포자, 균사, 효모를 죽일 수 있는 화학물질을 뜻한다. **바이러스 박멸제**(virucide)는 특히 살아 있는 조직에서 바이러스를 비활성화하는 것으로 알려진 모든 화학물질을 의미한다. **살포자제**(sporicide)는 세균의 내생포자를 파괴할 수 있어 멸균제 역할도 한다.

### 미생물 생장억제 상태를 일으키는 약제

stasis와 static이라는 단어는 가만히 그대로 멈춰 있는 것, 정지를 의미한다. 증식은 일시적으로 정지됐지만 완전히 죽지는 않은 미생물의 상태인 **정미생물**(microbistasis)과 같은 상황을 나타내기 위해 다양한 접두사와 함께 사용할 수 있다. 미생물을 죽이거나 영구적으로 비활성화하는 것이 미생물 제어의 일반적인 목표지만, 미생물 생장 억제도 의미 있는 응용이 가능하다. **정균제**(bacteriostatic agents)는 조직이나 여러 환경의 물체에서의 세균 성장을 방지하고, 정진균(fungistatic) 화학물질은 곰팡이의 성장을 억제한다. 많은 살균 화합물이 인간 세포에 매우 독성이 있기 때문에 신체 내 미생물을 제어하는 데 사용되는 물질(방부제와 약물)은 미생물 생장 억제, 즉 정미생물 효과를 갖는 경우가 많다.

### 살균제, 소독, 방부법

**살균제**(germicide)* 라고도 불리는 살미생물(microbicide) 약제는 병원성 미생물을 죽이는 모든 화학물질이다. 살균제는 살아 있지 않은 무생물의 물질이나 살아 있는 조직에 사용할 수 있지만 일반적으로 내성이 있는 미생물 세포를 죽일 수는 없다. '세균'을 죽이는 모든 물리적 또는 화학적 작용제는 살균 특성을 갖고 있다고 한다.

* 살균제 라틴어 germen(세균)과 caedere(죽이다)에서 유래. germ은 병원성 미생물을 일컫는 일반 용어다.

**표 11.2** 미생물 제어 용어

| 용어 | 정의 | 예시 |
|---|---|---|
| 오염 제거(Decontamination) | 오염된 미생물의 파괴, 제거 또는 감소 방법 | 무균법, 소독, 위생처리, 제균, 멸균 |
| 부패(Sepsis) | 생체 조직 내 미생물의 성장 현상 | 감염된 상처의 존재, 혈액 감염 |
| 무균법(Asepsis) | 무균인 생체 조직에 미생물 유입을 막는 기술 | 수술 전 요오드로 피부 세척, 멸균 바늘 사용 |
| 방부제(Antiseptic) | 영양세포 상태의 병원체 파괴 또는 억제를 위해 신체 표면에 적용하는 화학물질 | 요오드포어, 항균비누, 클로르헥시딘 |
| 소독(Disinfection) | 무생물에 적용하는 영양세포 상태의 병원체 사멸 방법 | 표백제 5%, 끓는 물 |
| 위생처리(Sanitization) | 무생물 표면에 있는 미생물과 그 잔해물을 제거하는 클렌징 기술 | 설거지, 옷 세탁 |
| 제균(Degermation) | 생체 조직에 있는 미생물과 그 잔해물을 제거하는 클렌징 기술 | 수술용 손 세정제, 알코올 물티슈 |
| 멸균(Sterilization) | 모든 생존 가능한 미생물의 제거 또는 파괴 | 고압멸균, 전리 방사선 |

관련 용어 **소독**(disinfection)*은 병원균의 영양세포를 파괴하기 위해 물리적 공정이나 화학적 제제[**소독제**(disinfectant)]를 사용하는 것을 의미하지만, 세균의 내생포자는 파괴하지 못한다. 소독제는 효과를 나타내는 데 필요한 농도에서는 살아 있는 조직에 독성을 나타낼 수 있기 때문에, 중요한 점은 일반적으로 무생물에만 사용된다는 점에 유의해야 한다는 것이다. 또한 미생물이 생성한 유해한 물질인 독소를 어떤 물질에서 제거하기 위해 소독 공정이 사용될 수도 있다. 희석된 표백제 용액을 진찰대에 바르는 것, 식수에 UV 방사선을 쬐는 것, 우유를 열로 저온살균하는 것 등이 모두 소독의 예다.

현대 용어로 **부패**(sepsis)는 혈액과 기타 생체 조직에서 미생물이 증식하는 현상으로 정의된다. **무균법**(asepsis)*이라는 용어는 감염성 병원체가 무균 조직으로 유입되는 것을 차단해 감염을 예방하는 모든 행위를 의미한다. **무균 기술**(aseptic techniques)은 의료 분야에서 일반적으로 사용되며, 모든 미생물을 제거하는 멸균법에서부터 **방부법**(antisepsis)*에 이르기까지 다양하다. 방부법의 경우, **방부제**(antiseptics)라는 화학 약품을 노출된 신체 표면(피부 및 점막), 상처 및 수술 절개 부위에 직접 적용해 병원균의 영양세포를 파괴하거나 억제한다. 방부법의 예로는 요오드 화합물을 사용해 수술 절개 전 피부 준비, 과산화수소로 상처 닦기, 살균 비누로 손 씻기 등이 있다.

### 미생물 수를 줄이는 방법

의료 응용분야에서는 메스, 클램프, 치과용 도구 등과 같은 수술용 기구와 관련해 특히 멸균성을 요구하는 경우가 많지만, 이러한 높은 수준의 미생물 제어가 다른 상황에서는 종종 부적절하고 바람직하지 않을 수도 있다. 많은 경우에 미생물 집단의 크기나 미생물로 인한 위험성(microbial load)을 줄이는 데 초점을 맞추는 것이 더 중요하다. **위생처리**(sanitization)*는 미생물의 잔해, 흙, 미생물 자체 및 독소를 제거해 감염 및 부패 가능성을 줄이는 모든 세척 기술을 의미한다. 비누와 세제는 가장 일반적으로 사용되는 위생처리제다. 실용적인 관점에서 볼 때 위생처리는 멸균보다 이점을 가질 수 있다. 예를 들어, 레스토랑에서는 다른 사람에게 제공됐던 오래된 음식이 묻어 있지만 멸균된 포크와 가장자리에 립스틱이 묻어 있지만 멸균된 유리잔을 제공받을 수도 있다. 일반적으로 위생처리가 멸균보다 비용이 훨씬 저렴하다는 점을 고려할 때 위생처리 효과는 분명한 장점이 있다.

살아 있는 조직의 경우에 기계적 수단을 통해 미생물 위험성을 감소시키는 것을 **제균**(degermation)이라고 한다. 이 과정은 일반적으로 피부를 문지르거나 화학물질에 담그는 방법을 사용하는데, 때로는 두 방법 모두 사용하기도 한다. 피부를 코팅하고 있기도 하지만 미생물의 서식지가 되기도 하는 피부의 오일을 유화함으로써 피부의 미생물은 기계적인 방법 또는 간접적으로도 제거된다. 제균 절차의 예로는 수술용 손 세정, 알코올 물티슈 사용, 살균 비누와 물로 상처 세척 등이 있다. 표 11.2에는 미생물 제어와 관련된 몇 가지 중요한 용어가 요약돼 있다.

### 미생물 사멸

동물과 같이 복잡한 유기체에서 생명의 징후는 명증하게 알 수 있으며, 신경 기능, 호흡 또는 심장 박동의 상실이 있을 때 사망이라고 분명하게 알 수 있다. 대조적으로, 단지 하나 또는 몇 개의 세포로 구성된 현미경적 유기체의 죽음은 감지하기 어렵다. 왜냐하면 그러한 유기체는 종종 처음부터 뚜렷한 생명 징후를 나타내지 않기 때문이다. 방사선 및 화학물질 같은 치명적인 물질이 미생물 세포의 외관을 언제나 뚜렷하게 변경하지는 않는다. 또한 운동성 미생물이 운동성을 상실했다 하더라도 사멸했다는 증거로 사용될 수 없다. 이러한 상황으로 인해 다음과 같은 질문에 대해 특별한 조건을 결정해야 할 필요성이 생겼다. 미생물의 사멸은 어떻

* 소독 라틴어 dis(떨어져, 분리)와 inficere(부패하다)에서 유래.
* 무균법 그리스어 a(부정, 아니다)와 sepsis(부패)에서 유래.
* 방부법 anti(~에 반대하여)에서 유래.
* 위생처리 라틴어 sanitas(건강, 온전함)에서 유래.

게 정의되는가? 항미생물제는 어떻게 미생물을 죽이는가? 그 효과는 왜 다양하게 나타나는가?

화학적 또는 물리적 작용제의 파괴 효과는 세포 및 분자 수준에서 발생한다. 세포가 강한 열이나 독성 화학물질에 노출되면 다양한 세포 구조가 파괴되고 세포 전체가 돌이킬 수 없는 손상을 입을 수 있다. 이러한 손상을 감지하는 현재까지의 가장 실용적인 방법은 미생물 세포가 적절한 환경에 노출됐을 때 여전히 증식할 수 있는지 확인하는 것이다. 미생물이 이상적인 환경에서도 더 이상 증식할 수 없을 정도로 대사 또는 구조적 손상을 입은 경우, 그 미생물은 죽은 것으로 간주된다. 대부분의 경우, 미생물의 사멸은 **최적의 성장 조건에서도 증식 능력의 영구적인 손실**로 정의된다.

## 사멸률에 영향을 미치는 요인

미생물의 사멸을 정의하는 능력은 이론적으로나 실제적으로 엄청나게 중요하다. 이를 통해 의학 및 산업계에서는 미생물을 파괴하는 데 필요한 조건을 테스트하고, 항미생물제가 세포를 죽이는 방식을 정확히 찾아내고, 해당 분야에서 멸균 및 소독에 대한 표준방법을 확립할 수 있다. 물리적·화학적 작용제를 평가하기 위해 수백 가지 테스트 절차가 개발됐다. 그중 몇 가지 예는 부록 B에서 확인할 수 있다.

특정 살균제에 대한 감수성에서 배양액의 세포는 뚜렷한 변화를 보여준다. 많은 세포가 모여 있는 상태인 배양액 내 미생물의 전체적인 사멸은 즉각적으로 일어나는 것은 아니고, 살균제의 특정 역치(시간과 농도의 조합)가 충족될 때 시작된다. 노출 시간이 증가함에 따라 사멸은 지수적으로 계속된다. 많은 살균제가 세포의 대사과정을 표적으로 하기 때문에 대사가 덜 활성화된(늙고 휴면상태에 있는) 세포보다 활성 세포(더 젊고 빠르게 분열하는)가 더 빨리 죽는 경향이 있다. 결국에는 어떤 세포도 생존할 가능성이 거의 없는 상태에 도달하게 된다. 이 상태는 멸균과 동일하다.

약제의 효과는 시간 외에도 여러 요인에 의해 결정된다. 항미생물제의 작용에 영향을 미치는 추가적인 요인은 다음과 같다.

1. **미생물의 수**. 오염물질의 양이 많을수록 파괴하는 데 더 많은 시간이 필요하다.
2. **미생물 집단 구성원 특성**. 대부분의 실제적인 소독과 멸균이 필요한 상황에서 대상 미생물 집단은 단일 미생물 종이 아니라 세균, 곰팡이, 포자, 바이러스의 혼합물이며, 이들은 광범위한 미생물 저항성을 나타낸다.
3. **환경의 온도와 pH**
4. **약물의 농도(투여량, 강도)**. 예를 들어, UV 방사선은 260 nm에서 가장 효과적이며, 대부분의 소독제는 고농도일수록 활성이 높아진다.
5. **약물의 작용 방법**. 미생물을 죽이거나 억제하는 방법의 차이
6. **용매, 저해 유기물, 억제제의 존재**. 타액, 혈액, 대변에 있는 미생물에 소독제를 작용시킬 때는 이들 물질에 의해 약물의 작용뿐만 아니라 열의 작용도 저해될 수 있다.

## 항미생물제 선택에 대한 몇 가지 실제적인 고려사항

멸균, 소독 및 기타 형태의 오염 제거가 필요한 물질과 물체는 놀라울 정도로 다양하다. 유리와 고무로 만들어진 내구성 있는 물체부터 뼈와 같은 인간 조직 및 혈장과 같은 매우 민감한 액체까지 다양하다. 때로는 기구가 들어 있는 방 전체나 우주선과 위성 같은 대형 장비 전체를 멸균해야 할 수도 있다. 국제 협약에 따라 외계 물체에 착륙하는 모든 우주선은 미생물 위험성을 크게 줄여야 한다. 이 정책은 환경을 변화시키거나 NASA에서 수행하는 실험을 방해할 수 있는 지구 미생물의 유입에 의한 잠재적 위험성을 방지하기 위함이다. 우주 탐사선의 일부는 열과 방사선, 특정 화학물질(과산화물)로 멸균된 후, 작업자에 의한 오염을 방지하기 위해 극도의 예방 조치를 실시한 매우 통제된 무균실(clean room)에서 유지 관리된다(그림 11.4).

감염 예방을 항상 고려해야 하는 상황은 의료 환경에만 수백 가지가 있다. 질병통제센터(CDC)는 멸균 및 소독 절차에 권장 지침을 제공한다.

절차를 선택할 때 가장 먼저 떠오르는 질문이 있다. 어떻게 하면 대상 물체나 재료에 잠재적인 병원균이 없도록 만들 것인가 하는 것이다. 예를 들어, 재사용이 허가된 치과 기구가 타액, 혈액, 또는 기타 체액이나 조직으로 심하게 오염된 상황을 생각해 보자. 이것은 모두 잠재적인 감염원이므로 다음 환자에 사용하기 전에 내생포자를 죽이는 방법의 수준으로 멸균해야 하며 이는 매우 중요하다.

다음 관심사는 최선의 멸균 방법을 선택하는 것이다. 치과 기구는 대부분 금속으로 만들어지기 때문에 일부 형태의 방사선 및 화학적 처리도 효과가 있을 수 있지만, 열을 이용해 멸균할 수 있다. 병원에서는

**그림 11.4** 메릴랜드주 그린벨트에 있는 NASA의 고다드 우주 비행 센터의 클린룸. 기술자들이 제임스 웹 우주 망원경의 거울을 검사하고 있다. 망원경은 2021년 12월 25일에 발사됐다. (출처: Desiree Stover/NASA)

일반적으로 가장 간단하고 빠르며 비용이 적게 드는 증기멸균(steam sterilization) 방법을 선택한다. 이는 비가열 기술을 사용해 소독해야 하는 내시경과 같은 다른 유형의 섬세한 도구에는 사용할 수 없다(이 장의 사례 연구 참조).

반면, 플라스틱 주사기, 카테터 등 병원과 진료소에서 사용되는 특정 일회용 의료용품은 생산 공장에서 이미 멸균 및 포장된 상태로 제공된다. 일반적으로 열에 민감한 플라스틱으로 만들어지기 때문에 방사선이나 화학물질의 침투 방식을 통해 멸균 작업이 수행된다. 이러한 품목은 재사용할 수 없지만, 질병 전파를 방지하기 위해 폐기하기 전에 오염을 제거해야 한다. 이러한 의료 폐기물 처리는 다양한 정부기관의 규제를 받는다.

## 항미생물제의 작용 원리: 작용 방식

미생물 세포에 대한 항미생물제의 저해작용은 **작용 방식**[mode of action, 또는 메커니즘(mechanism)]으로 알려져 있다. 항미생물제는 하나 이상의 세포 표적에 영향을 미치며 세포가 더 이상 생존할 수 없을 때까지 점진적으로 손상을 입힌다. 각각의 항미생물제는 다양한 세포 표적을 가지고 있다. 표적화에서 선택성이 가장 낮은 항미생물제(열처리와 방사선)는 가장 광범위한 미생물에 대해 효과적인 경향이 있다. 약물처럼 선택성이 있는 항미생물제는 단일 세포 구성요소만 표적으로 삼는 경향이 있으며 훨씬 제한된 미생물 그룹에만 영향을 미친다.

물리적 및 화학적 작용제의 세포 표적은 네 가지 일반적인 범주로 분류되는데, (1) 세포벽, (2) 세포막, (3) 단백질 및 핵산 합성, (4) 단백질 구조와 기능이다.

### 세포벽에 대한 작용제의 영향

세균과 곰팡이 세포의 구조는 세포벽에 의해 완전하게 유지된다. 여러 유형의 화학물질은 세포벽 합성을 방해하거나 세포벽 또는 세포벽의 표면을 분해해 세포벽을 손상시킨다. 세포벽이 정상적으로 기능하지 않는 세포는 약해지고 매우 쉽게 용해된다. 이러한 작용 방식의 예로는 세균의 세포벽 합성을 방해하는 일부 항균제(페니실린)가 있다(12장에서 설명). 세제와 알코올도 세포벽을 파괴할 수 있는데, 특히 그람 음성균을 잘 파괴한다.

### 항미생물제가 세포막에 영향을 미치는 방법

모든 미생물은 지질과 단백질로 구성된 세포막을 가지고 있으며, 심지어 일부 바이러스도 막성 외피를 가지고 있다. 이전 장에서 배웠듯이 세포막에는 양방향 수송 시스템이 위치하고 있다. 세포막이 파괴되면 세포는 선택적 투과성(selective permeability)을 잃고 중요한 분자의 손실을 방지할 수 없으며 유해한 화학물질의 유입도 차단할 수 없다. 이러한 기능 상실은 일반적으로 세포 사멸로 이어진다. **계면활성제**(surfactants)* 라고 불리는 화학물질은 세포막의 표면장력을 낮추기 때문에 살미생물제로 작용한다. 계면활성제는 세제와 같이 친수성 및 소수성 영역을 갖는 극성 분자로서, 지질층에 물리적으로 결합해 막 내부의 소수성 영역에 침투할 수 있다. 실제로 이 과정은 단단했던 경계면을 '열어' 세포막에 유출 지점이 남고, 유해한 화학물질이 세포 안으로 스며들고, 중요한 이온을 빠져나오게 한다(그림 11.5). 알코올은 막 지질을 용해하고 세포에서 막을 벗겨 냄으로써 유사한 효과를 나타낸다.

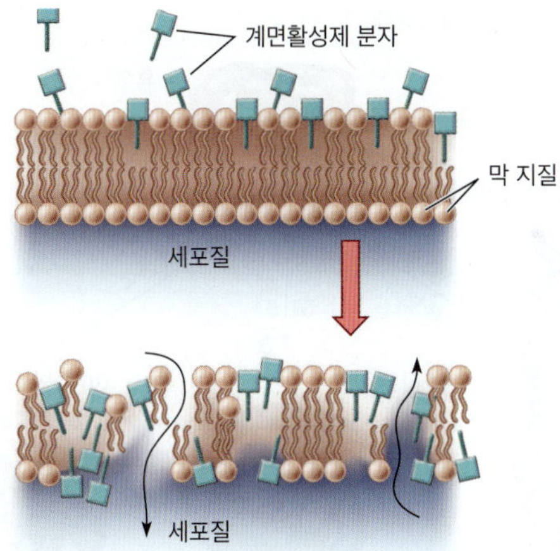


그림 11.5 세포막에 대한 계면활성제의 작용 방식. 계면활성제는 지질 이중층에 삽입돼 지질 이중층을 파괴하고 비정상적인 통로를 만들어 투과성을 변경시켜 세포 안팎으로 물질의 유출을 일으킨다.

### 단백질과 핵산 합성에 영향을 미치는 물질

세포 내에서 단백질은 효소와 구조 분자로 기능하며, 지속적이고 체계적인 단백질이 공급돼야 미생물이 살아갈 수 있다. 9장에서 보았듯이 단백질은 번역과정에서 리보솜에서 합성되며, 이 과정을 차단하는 화학물질은 미생물의 기능과 생존에 영향을 미칠 수 있다. 예를 들어, 특정 약물은 세균의 리보솜에 결합하는 방식으로 펩타이드 결합 형성을 멈추게 한다. 이러한 화학물질이 존재해 단백질 합성이 저해되면 성장과 대사가 저해되고, 결국 증식이 억제된다. 감염을 치료하는 데 사용되는 많은 약물이 미생물의 단백질 합성을 차단하는 화학물질이지만, 인간 세포에 부정적인 영향을 주지는 않는다. 이 주제는 12장에서 더 자세히 논의된다.

핵산 또한 미생물이 지속적으로 살아가기 위해 필수적인 물질이다. DNA는 성장하는 세포에서는 정기적으로 복제되고 전사돼야 하며, 이러한 과정을 방해하거나 유전자 코드를 변경하는 모든 물질은 잠재적으로 항미생물제다. DNA에 비가역적으로 결합해 전사와 번역을 모두 방

* 계면활성제 표면에 작용하는 화학물질(surface-acting agent)에서 유래.

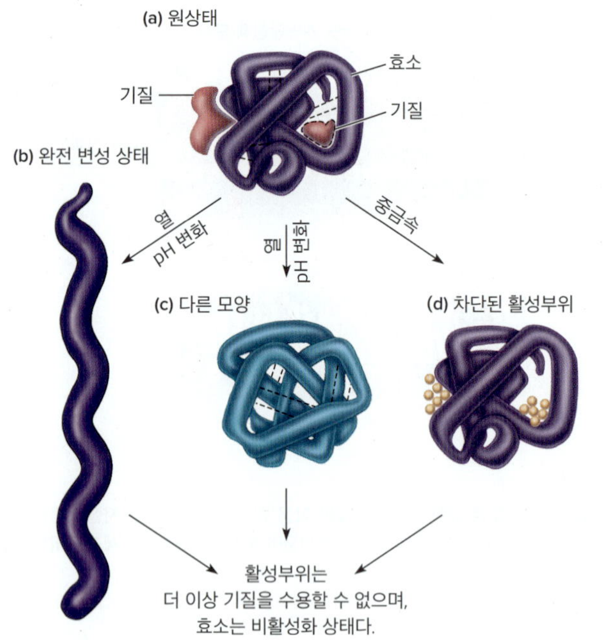


**그림 11.6 단백질 기능에 영향을 미치는 작용 방식.** (a) 원래의 (기능적) 상태는 기질에 맞는 활성부위를 생성하는 결합에 의해 유지된다. 일부 약제는 2차 및 3차 결합의 전체 또는 일부를 끊어 단백질을 변성시킨다. 그 결과는 (b) 완전한 단백질 풀림 또는 (c) 무작위적인 결합과 부정확한 단백질 접힘이다. (d) 일부 약제는 활성부위의 작용기와 반응해 결합을 방해한다.

해하는 물질이 있고, 돌연변이를 유발하는 물질도 있다. 감마선, 자외선, X-방사선은 돌연변이를 일으켜 DNA를 영구적으로 비활성화한다. 포름알데히드와 산화에틸렌 같은 화학물질도 DNA와 RNA 기능을 방해한다.

### 단백질 기능을 변화시키는 물질

미생물 세포는 원상태(native state)라고 하는 정상적인 3차원 배치가 유지되는 경우에만 제대로 기능하는 많은 양의 단백질을 가지고 있다. 일부 약물의 항미생물 특성은 단백질의 구조를 파괴하거나 변성시키는 능력에서 발생한다. 일반적으로 **변성**(denaturation)은 단백질의 2차 및 3차 구조를 유지시키는 결합이 깨질 때 발생한다. 이러한 결합이 끊어지면 단백질 구조가 펼쳐지거나 무작위적 또는 불규칙한 고리와 코일 구조로 바뀌게 된다(그림 11.6). 단백질을 변성시키는 한 가지 방법은 습열에 의한 응고다(요리할 때 달걀 흰자가 비가역적으로 응고되는 것과 같은 이치). 강한 유기용매(알코올, 산)와 같은 화학물질도 단백질을 응고시킨다. 금속 이온 같은 몇몇 항미생물제는 단백질의 활성부위에 부착돼 단백질이 정확한 기질과 상호작용하는 것을 방지한다. 정상적인 단백질 기능이 손실되면 이어서 신진대사가 중단된다. 정확한 메커니즘을 고려하지 않더라도 이는 모든 유형의 미생물에 광범위하게 적용된다.

**핵심 점검 11.1**

1. 미생물 제어의 목적을 설명하고 물리적·기계적·화학적 방법을 구별하시오.
2. 멸균, 소독, 위생처리를 비교하시오. 부패(sepsis), 무균법(asepsis), 방부법(antisepsis)의 개념과 그 관계를 설명하시오.
3. 다양한 미생물을 비교하고 제어 약제에 대한 저항성의 변화를 평가하시오.
4. 미생물의 유형과 수가 제어 약제의 효과에 영향을 미칠 수 있는 이유를 설명하시오.
5. 미생물 사멸은 어떻게 정의되는가?
6. 항미생물 약제에 노출됐을 때 미생물 집단이 즉시 사멸하지 않는 이유를 설명하시오.
7. 미생물에 대한 살균 효과와 정균 효과를 구별하고, 그 차이점을 이해하는 것이 중요한 이유를 설명하시오.
8. 항미생물 약제의 네 가지 작용 방식을 설명하고, 작용 원리의 예를 드시오.

## 11.2 물리적 제어방법: 열

**학습목표**

7. 미생물 제어에 사용되는 주요 유형의 물리적 작용제를 나열한다.
8. 온도가 미생물에 미치는 기본적인 영향을 설명한다.
9. 습열과 건열을 정의하고, 그 작용 방식과 상대적 효과를 설명한다.
10. 가열사멸 온도(TDP)와 가열사멸 시간(TDT)을 구별하고, 그 용례를 제시한다.
11. 멸균 및 소독에 사용되는 여러 가지 습열 방법과 주요 용도를 설명한다.
12. 건열을 사용하는 몇 가지 방법과 주요 용도를 설명한다.
13. 저온과 건조가 미생물 제어에 어떻게 사용되는지 설명한다.

미생물은 지구상의 매우 다양한 서식지에 적응해 왔다. 일부 서식지는 가혹한 조건의 온도, 습도, 압력과 빛을 가지고 있다. 그러한 극한의 물리적 조건을 아무렇지 않게 견디는 미생물이라면 우리가 일반적으로 시도하는 제어방법은 거의 효과가 없을 것이다. 다행히도 우리는 인간이 살고 있는 환경과 동일한 환경에서 번성하는 미생물을 제어하는 데 가장 관심이 많다. 이들 미생물의 대다수는 서식환경을 급격히 변화시키면 쉽게 제어할 수 있다. 미생물 제어의 물리적 방법 중 가장 두드러지는 것은 열이다. 그다음으로 널리 사용되는 제어방법으로는 방사선과 여과법이 있다. 다음 절에서는 이러한 방법과 기타 방법을 검토하고 의학, 산업 및 가정에서의 실제 적용에 대해 탐구한다.

### 미생물 활성에 대한 온도의 영향

적응 온도를 갑자기 벗어난 환경은 미생물에 해로운 영향을 미칠 가능성이 높다. 최대 성장 온도를 초과하는 온도는 살미생물성(microbicidal)인 반면, 최소 성장 온도보다 낮은 온도는 정미생물성(microbistatic)을 나타낸다고 알려져 있다. 이는 본질적으로 대부분의 미생물에 대해 최저 온도 이하의 온도에 의한 피해는 되돌릴 수 있는 것이라는 것을 의미한다. 반면, 최고 온도 이상의 온도에 의한 피해는 되돌릴 수 없으며, 이로

표 11.3 습열과 건열 방법으로 멸균을 완성하는 데 필요한 시간과 온도 비교

| 구분 | 온도(℃) | 멸균 시간(분) |
|---|---|---|
| 습열 | 121 | 15 |
| | 125 | 10 |
| | 134 | 3 |
| 건열 | 121 | 600 |
| | 140 | 180 |
| | 160 | 120 |
| | 170 | 60 |

인해 대부분의 미생물은 파괴된다는 것을 의미한다.

미생물 제어에 사용되는 열의 두 가지 물리적 상태는 습열과 건열이다. **습열**(moist heat)은 뜨거운 물, 끓는 물, 증기(기화된 물) 형태로 사용된다. 실제로 습열 온도는 일반적으로 60~135℃다. 앞으로 살펴보겠지만, 증기 온도는 밀폐된 용기 안의 압력을 조절함으로써 설정할 수 있다. **건열**(dry heat)이라고 하면, 화염이나 전기 가열 코일에 의해 가열된 수분함량이 낮은 공기를 의미한다. 실제로 건열의 온도 범위는 160℃에서 수천 ℃까지다.

### 열의 작용 방식과 상대적 효과

습열과 건열은 작용 방식과 효율성이 다르다. 건열에 비해 습열은 더 낮은 온도와 더 짧은 노출 시간으로도 동일한 효과를 얻을 수 있다(표 11.3). 세포 구조의 많은 부분이 습열에 의해 손상되지만, 가장 큰 살균 효과는 단백질의 응고 및 변성으로, 이는 세포 대사를 신속하고 영구적으로 중단시킨다.

적당한 온도의 건열은 세포를 탈수시켜 대사반응에 필요한 수분을 제거하고 단백질 구조를 변형시킨다. 그러나 수분 부족은 실제로 일부 단백질 형태의 안정성을 증가시키기도 하므로, 미생물 제어방법으로 건열을 사용할 때는 보다 높은 온도를 사용해야 한다. 매우 높은 온도에서 건열은 세포를 산화시켜 재로 만든다. 이 방법은 실험실에서 백금이를 멸균할 때나, 산업계에서 의료 폐기물을 소각할 때 사용된다.

### 포자와 영양세포의 내열성과 열에 의한 사멸

세균의 내생포자는 가장 큰 저항성을 나타내며, 영양세포 상태의 세균과 곰팡이는 습열과 건열에 대한 저항성이 가장 낮다. 저항성은 매우 다양하지만, 일반적으로 포자를 파괴하려면 끓는점 이상의 온도가 필요하다. 다음 표는 포자 생성균을 죽이는 데 필요한 시간과 온도를 습열과 건열을 비교해 제시한다.

| 습열 | 온도/시간 | 건열 | 온도/시간 |
|---|---|---|---|
| *Bacillus subtilis* | 121℃/1분 | *Bacillus subtilis* | 121℃/120분 |
| *B. stearothermophilis* | 121℃/12분 | *B. stearothermophilis* | 140℃/5분 |
| *Clostridium botulinum* | 120℃/10분 | *Clostridium botulinum* | 120℃/120분 |
| *C. tetani* | 105℃/10분 | *C. tetani* | 100℃/60분 |

내열성이 가장 높은 포자 생성균을 확실하게 죽이려면 일반적으로 121℃에서 20분간 습열이 필요하다.

영양세포도 열에 대한 민감도가 다양하지만 포자와 같은 정도는 아니다. 세균 중 습열에 의한 사멸 조건은 50℃에서 3분(임균, *Neisseria gonorrhoeae*)부터 60℃에서 60분(황색포도상구균, *Staphylococcus aureus*)까지 정도의 범위다. 포자 생성균의 영양세포는 비포자 생성균의 영양세포만큼 열에 대한 감수성이 있고, 병원성균은 비병원성균에 비해 열에 대한 감수성이 유사하다는 점은 주목할 만하다. 곰팡이, 원생동물 등 다른 미생물은 열에 대한 민감도가 다소 비슷하다. 놀랍게도 바이러스는 열에 저항성이 있으며, 내성 범위는 55℃에서 2~5분(아데노바이러스)에서 60℃에서 600분(A형 간염 바이러스) 정도다. 실용적인 관점에서 볼 때, 모든 비내열성 형태의 세균, 효모, 곰팡이, 원생동물 및 바이러스는 80℃에서 20분간 열을 가하면 파괴할 수 있다.

### 열처리에 대한 실질적인 고려사항: 가열사멸의 측정

충분한 멸균 효과를 위해서는 온도와 노출 시간을 모두 고려해야 한다. 일반적으로 온도가 높을수록 노출 시간을 짧게 해도 되고, 온도가 낮을수록 노출 시간을 길게 해야 한다. 가열 온도와 시간의 조합은 특정 온도에서 모든 대상 미생물을 죽이는 데 필요한 최단 시간으로 정의되는 **가열사멸 시간**(thermal death time, TDT)을 구성하는 요소다. TDT는 열처리가 필요한 다양한 물질에서 일반 미생물 또는 중요한 오염물질인 미생물 종에 대해 실험적으로 결정된 수치다. 열에 대한 미생물의 민감성을 비교하는 또 다른 방법은 **가열사멸 온도**(thermal death point, TDP)로, 10분 안에 시료에 있는 모든 미생물을 죽이는 데 필요한 최저 온도로 정의된다.

부패하기 쉬운 많은 제품은 습열로 처리된다. 이러한 제품 중 일부는 실온에서 몇 달 또는 몇 년 동안 보관할 수 있다. 열처리 방법을 선택할 때는 처리 후에 더 이상 부패나 질병 요인이 제품에서 없어야 한다. 동시에 제품의 품질과 처리 속도 및 비용도 고려해야 한다. 예를 들어, 상업적인 녹색콩 통조림을 제조할 때 통조림 공장의 가장 큰 관심사 중 하나는 보툴리누스 세균의 성장을 방지하는 것이다. 클로스트리듐 보툴리눔(*Clostridium botulinum*)의 포자를 처리하기 위해 사용 가능한 여러 가지 TDT(즉, 시간과 온도의 조합) 중에서 통조림 공장은 모든 포자를 죽이되 콩이 으깨지지 않는 방법을 선택해야 한다. 이렇게 수많은 조건을 검토한 결과에 따라 통조림 열처리 방법에 대한 최적의 TDT를 도출한다. 상업용 통조림 공장에서는 녹색콩과 같은 저산성 식품을 121℃에서 30분간 가열해 멸균처리 식품을 생산한다. 통조림 공장에서 이렇게 엄격하게 통제한 결과, 상업용 통조림 식품에서 보툴리누스 중독이 발생하는 경우는 거의 없다.

## 습열 제어의 일반적인 방법

미생물 제어를 위해 습열을 사용하는 네 가지 방법은 (1) 가압 증기, (2) 비가압 증기, (3) 끓는 물, (4) 저온살균이다.

### 가압 증기를 이용한 멸균

해수면을 기준으로, 정상 대기압은 평방 인치(inch)당 15파운드(psi), 즉 1기압이다. 이 압력에서 물은 100℃에서 끓고(액체에서 기체로 변화) 생성된 증기는 100℃ 이상으로 올라가지 않는다. 이는 가열하는 방법과는 무관하다. 그러나 물의 끓는점은 모든 표적 미생물을 확실하게 죽일 만큼 뜨겁지는 않다. 증기의 온도를 높이는 유일한 방법은 증기를 높은 압력에 노출시키는 것이다. 더 높은 압력에서는 물의 끓는 온도와 증기의 온도가 모두 상승한다. 예를 들어, 정상보다 5 psi 높은 20 psi 압력에서 증기 온도는 109℃가 된다. 압력이 정상보다 10 psi 정도 높아지면 끓는 물의 증기 온도는 115℃로 올라가고, 정상보다 15 psi 더 높아져서 총 2기압이 되면 증기 온도는 121℃가 된다. 미생물을 죽이는 것은 압력 자체가 아니며, 상승된 압력에 의해 상승된 온도다.

이러한 압력-온도 조합에 의한 미생물의 열처리를 위해서는 순수한 증기를 1기압 이상의 압력에 노출시킬 수 있는 특수한 장치가 필수다. 건강 산업 등 상업적 산업에서 이러한 목적으로 **고압고온멸균기**(autoclave)를 사용하며, 압력솥과 비슷한 특징을 갖는다. 다양한 형태의 고압고온멸균기가 있지만, 근본적으로는 유사하다. 한쪽 끝에 밀폐식 문이 있는 폐쇄형 금속 챔버와 멸균 대상 물체를 두는 선반이 있다(그림 11.7). 밸브, 압력 게이지, 온도 게이지, 압력을 조절 및 측정하고 챔버로 증기를 유도하는 덕트가 구조적 네트워크로 구성돼 있다. 챔버에 있는 물체에 증기가 응축된 후 점차 온도가 상승하면 멸균이 이루어진다.

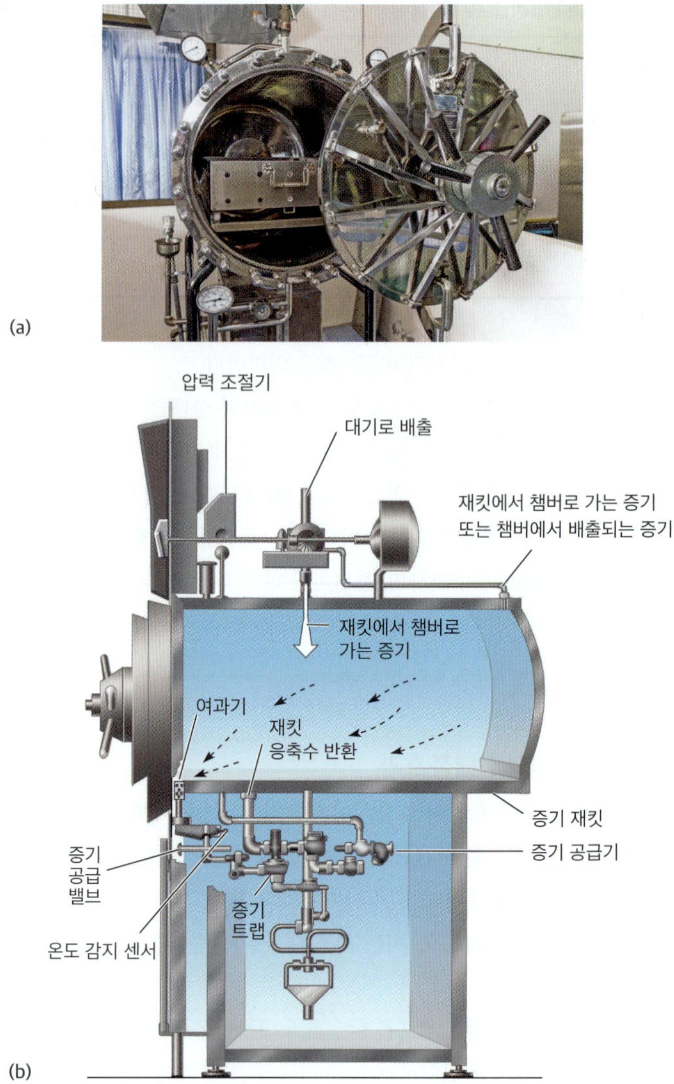


**그림 11.7 가압 증기를 이용한 멸균.** (a) 수술 기구 멸균을 위해 사용되는 작은 병원용 고압고온멸균기. (b) 고압고온멸균기 구성요소와 고압고온멸균기 내에서 증기의 흐름을 보여 주는 단면도. (출처: pittawut/Shutterstock)

---

**임상 사례**

### 멸균 과정에서 압력의 영향

삼키기 어려움, 시야 흐림, 눈꺼풀 처짐, 호흡 곤란 등 보툴리누스 중독의 여러 징후와 증상으로 힘들어하던 한 부부가 인디애나주의 지역 병원 응급실에 내원했다. 4일 전, 질병통제센터(CDC)는 텍사스로부터 2명의 형제가 유사한 진단을 받았다는 보고를 받은 바 있었다.

보툴리누스 중독은 호흡에 필요한 근육을 마비시키고 천천히 질식시켜 사람을 죽일 수 있는, 치명적인 식중독의 한 종류다. 4명의 환자 모두 호흡을 돕기 위해 기계적인 인공호흡 조치가 필요했다. 보툴리누스 중독은 보툴리누스 독소(*Clostridium botulinum* 세포가 생산하는 단백질의 일종)가 함유된 식품을 섭취할 때 발생한다. 통조림 제조 과정이 비위생적으로 진행될 경우에 이 세균의 내생포자가 생존하고 증식한 후 독소를 생성할 수 있게 되고, 이런 과정과 식품 매개 보툴리누스 중독은 밀접하게 관련된다. 1920년대부터 상업용 통조림 식품은 레토르트에서 제조됐다. 레토르트는 고압 증기를 사용해 *C. botulinum* 내생포자를 죽일 수 있는 고압고온멸균기나 압력솥과 유사한 장비다. 레토르트의 발명 덕분에 오늘날에는 상업용 통조림 식품에서 보툴리누스 중독이 발생하는 경우는 거의 찾아볼 수 없다. 보툴리누스 중독은 여전히 가정에서 통조림을 만들 경우에는 이따금 문제가 되기도 한다.

인디애나와 텍사스의 환자의 집에서 모두 핫도그 칠리소스 캔이 발견됐고, 생산 코드를 분석한 결과 5시간 간격으로 동일한 레토르트 시설에서 처리됐다는 것을 알게 됐다. 통조림 생산시설 장비를 테스트한 결과, 100개의 레토르트 중 2개의 온도나 압력이 내생포자를 파괴할 만큼 높지 않다는 문제를 발견했다. 이러한 레토르트에서 조리된 다른 제품에서도 보툴리누스 독소가 발견됐고, 칠리소스 제품은 물론 개 사료 제품까지 3,900만 개의 통조림 제품에 대한 리콜이 시작됐다.

텍사스에 사는 두 아이의 어머니를 포함해 총 8명이 이번 발병으로 영향을 받았다. 다행히 모두 살아남았다.

레토르트 내부의 온도와 압력은 서로 어떤 관계가 있는가?

### 비가압 증기

농사를 위해 필요한 씨앗과 같이 고압멸균기의 높은 온도로 인해 파괴될 수 있는 품목은 **간헐적 멸균**(intermittent sterilization, tyndallization)[1] 방법을 사용할 수 있다. 이 기술에는 재료를 담는 챔버와 끓는 물을 담기 위한 저장고가 필요하다. 챔버 안의 품목은 자유롭게 흐르는 증기에 30~60분 동안 노출된다. 이 온도는 포자를 확실하게 죽이기에 충분하지 않으므로 1회의 노출로는 불충분하다. 살아남은 포자가 저항력이 덜한 영양세포로 발아할 것이라는 가정하에, 품목을 적절한 온도에서 23~24시간 동안 배양한 다음 다시 증기 처리를 실시한다. 이것을 3일 연속 반복한다. 온도가 100℃를 넘지 않기 때문에 어떤 저항성이 강한 포자의 경우 3일 동안 처리해도 발아하지 않는다면 생존할 수 있다.

### 끓는 물: 소독

진료소와 가정에 있는 물품의 오염은 끓는 물을 담은 통이나 챔버에서 신속하게 제거할 수 있다. 간단한 방법이다. 100℃에서 1회 처리로 모든 저항성 세포가 죽지는 않기 때문에, 이 방법은 소독용으로 의미가 있으며, 멸균용은 아니다. 재료를 끓는 물에 30분 동안 담그면 결핵균과 포도상구균 같은 저항성이 있는 세균을 포함해 대부분의 비포자성 병원체가 죽는다. 아마도 이 방법의 가장 큰 단점은 물품을 물에서 꺼낼 때 쉽게 다시 오염될 수 있다는 것이다.

### 저온살균: 음료의 소독

우유, 과일주스, 맥주, 와인 등 신선한 음료는 수집 및 가공 과정에서 쉽게 오염된다. 미생물은 이러한 식품을 상하게 하거나 질병을 일으킬 가능성이 있기 때문에 미생물에 의한 위험성을 줄이고 병원균을 파괴하기 위해 자주 열처리가 사용된다. **저온살균**(pasteurization)은 감염 및 부패의 잠재적인 원인을 죽이는 동시에 액체의 맛과 식품 가치를 유지하기 위해 상품화될 액체에 열을 가하는 기술이다.

널리 사용되는 저온살균 기술은 **급속 방법**(flash method)으로, 액체를 71.6℃의 열교환기에 15초 동안 노출시킨다. 이 방법은 맛과 영양분 함량을 눈에 띄게 변화시키지 않으며 *Coxiella*와 *Mycobacterium* 같은 특정 저항성 병원균에 대해 효과적이다. 이 처리법은 대부분의 바이러스를 비활성화하고 영양세포 단계의 세균과 곰팡이를 97~99% 파괴하지만, 내생포자나 **내열성**(thermoduric) 미생물(주로 비병원성 유산균, 구균 및 효모)은 죽이지 못한다. 급속 저온살균 우유는 멸균 상태가 아니다. 실제로 이 우유에는 밀리리터당 2만 개 이상의 미생물이 포함될 수 있으며, 이는 개봉하지 않은 상자 속의 우유가 결국에는 상하게 되는 이유다. 현재 많은 상업적인 낙농장에서는 저장 수명이 몇 개월로 늘어난 멸균 우유(sterile milk)를 생산하고 있다. 이 초저온살균 우유는 초고온(UHT, 134℃)에서 2~5초 동안 처리된다.

저온살균의 중요한 목표 중 하나는 감염된 젖소나 우유 취급자로부터 우유 유래 질병(milk-borne diseases)이 전파되는 것을 막는 것이다. 저온살균의 주요 대상은 포자를 형성하지 않는 병원균이다. 즉, 살모넬라 종(*Salmonella*, 식품 감염의 일반적인 원인), 캄필로박터 제주니(*Campylobacter jejuni*, 급성 장염), 리스테리아 모노사이토게네스(*Listeria monocytogenes*, 리스테리아증), 브루셀라 종(*Brucella*, 파상열), 콕시엘라 부르네티(*Coxiella burnetii*, Q열), 마이코박테리움 보비스(*Mycobacterium bovis*), 결핵균(*M. tuberculosis*)과 여러 장내 바이러스다.

### 건열: 가열된 공기 및 소각

습열만큼 용도가 다양하거나 널리 사용되지는 않지만, 건열은 몇 가지 중요한 멸균 용도가 있다. 건열에 사용되는 온도와 시간은 방법에 따라 다양하지만 일반적으로 습열보다 더 높다. 화염이나 전기 가열 코일에서의 **소각**(incineration)은 아마도 모든 열처리 중에서 가장 가혹할 것이다. 분젠 버너의 화염은 가장 뜨거운 지점에서 1,870℃에 도달하며, 용광로/소각로는 800~6,500℃의 온도에서 작동한다. 이렇게 강렬한 열에 직접 노출되면 미생물과 기타 물질은 태워져서 재와 가스로 변한다.

분젠 버너를 사용해 접종 루프(백금이) 및 바늘에서 미생물을 소각하는 것은 미생물학 실험실에서 매우 일반적으로 이루어지는 일이다. 이 방법은 빠르고 효과적이지만 금속이나 내열유리 소재에만 사용될 수 있다. 탁상형 적외선 소각로(표 11.4 참조)는 더 안전하고 미생물이 튀는 것을 방지할 수 있으며, 분젠 버너를 대신해 사용되기도 한다.

열풍 오븐(hot-air oven)은 건열 멸균의 또 다른 방법이다. 소위 건조 오븐(dry oven)에는 일반적으로 전기(때때로 가스) 코일이 있어서 밀폐된 구획 내에 열을 방출한다. 가열되고 순환된 공기로부터 오븐 속에 놓아둔 멸균 대상 물체에 열이 전달된다. 오븐 유형과 오염 제거 대상 물질에 따라 다양하지만, 1회 완료하는 데 150~180℃에서 12분에서 4시간이 걸린다.

표 11.4는 미생물 제어를 위한 열처리 방법을 요약 정리한 것이다.

## 저온과 건조의 영향

저온처리의 주요 장점은 가공 및 보관 과정에서 식품이나 기타 부패하기 쉬운 물질에 있는 미생물과 미생물 배양액의 성장을 늦출 수 있다는 것이다. 저온처리는 대부분의 미생물의 활동을 단지 지연시킬 뿐이라는 점이 강조돼야 한다. 일부 민감한 미생물은 차가운 온도의 영향으로 사멸하는 것이 사실이지만, 대부분의 미생물은 점진적인 냉각, 장기 냉장 또는 급속 냉동에 의해 부정적인 영향을 받지 않는다. 실제로 영하 70℃에

---

1 균에 대한 초기 실험에 이 멸균 방법을 사용한 영국의 물리학자 존 틴달(John Tyndall)의 이름을 따서 명명되었다.

**표 11.4 멸균과 소독을 위해 열을 사용하는 응용 분야**

| 열의 형태 | 장비 온도/시간 | 의료 및 상업적 사용과 제한 |
| --- | --- | --- |
| 습열: 증기, 끓는 물 또는 뜨거운 물 사용. 작용기전은 단백질 응고 | | |
| 가압 증기 | 고압고온멸균기, 압력솥. 121℃, 15 psi 압력, 10~40분, 시료의 크기나 부피에 따라 조건을 달리함. 내생포자 사멸 | 유리, 천, 고무, 금속 등의 내열성 재료와 배지, 일부 플라스틱, 통조림 식품, 향신료 등의 멸균. 배양액의 오염 제거. 방습성 오일 또는 분말의 멸균에는 부적합 |
| 비가압 증기 | Arnold의 멸균기—3일 동안 100℃에서 30분간 처리. 내생포자 발아를 위해 각 처리과정 사이에 배양과정 포함 | 고압고온멸균이 불가능한 일부 배지와 식품의 멸균에 제한된 용도로 사용. 일부 의료용품의 소독용으로는 사용 가능하나 멸균은 불가능 |
| 저온살균 | 저온살균기(pasteurizer). 71.6℃에서 15초간 급속 처리 방식으로 작동. 초고온(UHT)은 134℃에서 몇 초간 처리 | 우유 및 유제품 소독으로 우유 유래 병원균 파괴. UHT 살균으로 유통기한 연장. 과일주스, 맥주, 와인의 오염물질 파괴 및 제품 보존성을 위해 사용 |
| 끓는 물 | 100℃로 가열된 수조나 팬의 끓는 물. 영양세포 상태의 병원균 사멸을 위해 대상 물건을 끓는 물에 30분간 방치 | 식기, 의류, 병실용품, 유아용품, 침구류, 비상 식수 등 내열성 가정용품의 소독 및 위생처리에 사용. 재오염 문제는 상존 |
| 건열: 건조된 열기, 화염 또는 열 코일 사용. 건조 또는 연소작용에 의함 | | |
| 건조 오븐 | 150~180℃로 2~4시간 가열되는 전기 또는 가스 챔버 | 유리 제품, 금속, 분말, 오일같이 고온 및 탈수에 견딜 수 있는 재료. 액체, 고무, 플라스틱에는 부적합. 긴 시간 소요 |
| 소각 | 최대 1,800℃의 분젠 버너 화염. 800℃의 소형 적외선 소각로 | 용광로, 최대 6,500℃의 소각로. 접종기구 팁 멸균용. 고온에 견디는 금속에 제한. 실험실 폐기물 영구 폐기용. 부피가 큰 패키지와 쓰레기를 소각해 재로 만들어 부피 감소. 영구 폐기 전용 |

농장에서 송아지 우유의 살균에 사용하는 **소형 급속 저온살균기**.

(rh2010/123RF)

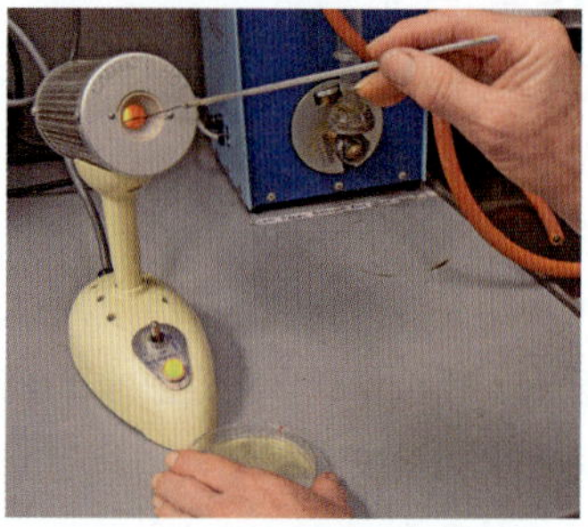

**건열 소각**. 소각하는 동안 미생물 시료가 튀는 것을 막는 차폐장치가 있는 적외선 소각로.

(McGraw Hill)

서 영하 135℃ 범위의 동결 온도는 세균, 바이러스 및 곰팡이의 배양물을 장기간 보존할 수 있는 환경이 되기도 한다. 7장에서 언급했지만, 일부 내냉성균(psychrotrophs)은 물이 어는 온도에서도 매우 천천히 자랄 수 있으며 지속적으로 독성물질을 분비할 수 있다. 황색포도상구균(*Staphylococcus aureus*), 클로스트리디움(*Clostridium*, 포자 형성균), 리스테리아, 그리고 여러 종류의 효모, 곰팡이, 바이러스 등의 병원성 미생물이 냉장고에서도 몇 달 동안 생존할 수 있는 병원성 미생물의 예다. 살모넬라 식품 감염 발생의 원인을 추적하면 아이스크림과 계란 같은 냉장 식품이 원인으로 밝혀지는 사실에서 볼 때, 낮은 온도가 병원균을 확실하게 죽일 수 없다는 것을 알 수 있다.

일반적으로 실내 공기에 직접적으로 노출된 대부분의 영양세포는 점차적으로 탈수되거나 **건조**(desiccated)* 된다. 폐렴연쇄상구균(*Streptococcus pneumoniae*), 매독의 스피로헤타, 임균(*Neisseria gonorrhoeae*) 같은 민감한 병원균은 공기 건조로 인해 몇 시간 후에 죽을 수 있지만, 다른 많은 병원균은 죽지 않고 일부는 보존되기도 한다. 건조된 분비물에 들어 있는 포도상구균(staphylococci)과 연쇄구균(streptococci), 가래에 둘러싸인 결핵균은 오랫동안 공기와 먼지 속에서 살아남을 수 있다. 많은 바이러스(특히 외피가 없는)와 곰팡이 포자 또한 건조상태에서도 오랜 기간 견딜 수 있다. *Bacillus*와 *Clostridium*의 내생포자는 극도로 건조한 환경에서 수백만 년 동안 생존할 수 있다. 건조는 미생물이 성장하는 데 필요한 수분의 양을 크게 줄이기 때문에 식품을 보존하는 중요한 방법이 될 수 있다.

동결과 건조를 결합한 **동결건조**(lyophilization)*가 미생물과 기타 세포를 생존 가능한 상태로 수년 동안 보존하는 일반적인 방법이라는 점은 흥미롭다. 순수 배양체는 순간적으로 냉동되고 진공에 노출시켜 수분을 빠르게 제거한다. 이 방법은 세포를 손상시킬 수 있는 얼음 결정의 형성을 방지한다. 이 과정에서 모든 세포가 살아남는 것은 아니지만, 향후에 해당 세균의 배양액을 다시 만들 수 있을 만큼은 충분히 생존한다.

일반적으로 냉각, 냉동 및 건조는 소독 또는 멸균 방법으로 해석돼서는 안 된다. 왜냐하면 이러한 방법의 항균 효과는 불규칙하고 불확실하며, 그 영향을 받는 병원균이 사멸됐는지 확신할 수 없기 때문이다.

* 건조 일반적 환경의 온도에서 건조하는 것을 의미.

* 동결건조 그리스어 lyein(풀다, 용해시키다, 녹다)과 philein(사랑하다, 좋아하다)에서 유래.

**핵심 점검 11.2**

9. 최소 성장 온도보다 낮고 최대 성장 온도보다 높은 온도에 놓인 미생물에게는 어떤 일이 일어나는가?
10. 습열과 건열이 포자와 영양세포에 미치는 특성, 작용 방식, 효과를 요약하시오.
11. TDT와 TDP의 개념을 예시를 사용해 설명하시오.
12. 영양세포와 내생포자의 최소 TDT는 얼마인가?
13. 증기의 온도를 100℃ 이상으로 올리려면 어떻게 해야 하는가? 이 기술을 기반으로 한 도구는 무엇이며, 그 도구는 어떻게 사용되는가?
14. 저온살균의 주요 목적은 무엇이며, 초저온살균(ultrapasteurization)이란 무엇인가?
15. 저온살균의 미생물 표적에는 어떤 것이 있는가?
16. 건조와 저온이 신뢰할 수 있는 살균 방법이 아닌 이유를 설명하고, 그럼에도 불구하고 미생물 제어에 여전히 효과적인 이유를 설명하시오.

## 11.3 물리적 제어방법: 방사선과 여과

**학습목표**

14. 방사선을 정의하고 미생물 제어방법으로서 방사선 조사의 사용을 평가한다.
15. 작용 방식에 따라 전리 방사선과 비전리 방사선을 구별한다.
16. 멸균 및 소독에서 전리 방사선과 비전리 방사선의 주요 용도를 요약한다.
17. 여과에 의한 멸균의 개념을 응용 사례를 포함해 설명한다.

### 미생물 제어방법으로서의 방사선

항미생물 방법으로 사용할 수 있는 또 다른 에너지 형태로 방사선이 있다. **방사선**(radiation)은 원자 활동에서 방출돼 물질이나 공간을 관통해 빠른 속도로 분산되는 에너지로 정의된다. 이는 전자기 스펙트럼으로 알려진 파장의 범위에 따라 여러 가지 특징을 가진다(그림 11.8). 방사선은 다양한 에너지 상태로 존재하지만, 미생물 제어에 적합한 유형인 감마선 방사선, X선 방사선, 자외선 방사선에 대해서만 설명한다.

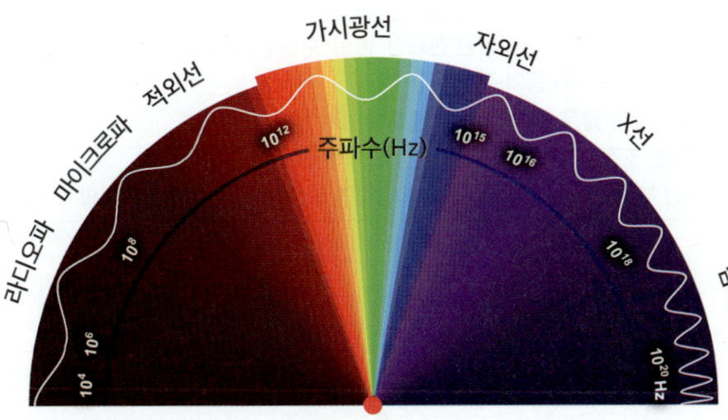


그림 11.8 전자기 스펙트럼. 파동은 가장 긴 라디오파부터 가장 짧은 감마선까지 다양하다. 파동의 주파수(헤르츠, Hz 단위로 측정)는 1초에 발생하는 파동 주기의 수를 말한다. 전리 방사선(X선과 감마선), 자외선, 적외선만이 미생물 제어에 적용된다. (출처: Fouad A. Saad/Shutterstock)

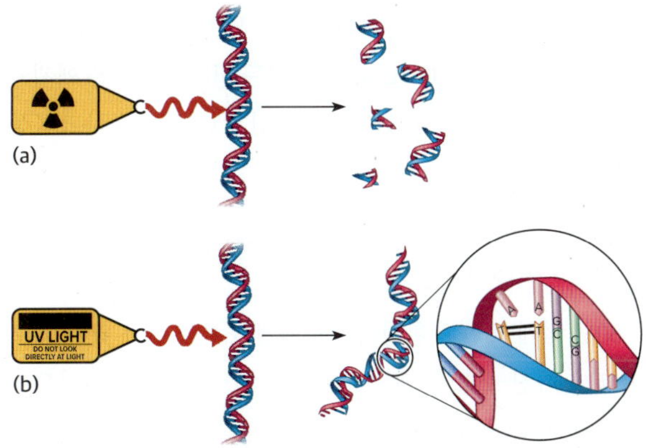


그림 11.9 세포에 대한 방사선 조사의 영향. (a) 전리 방사선은 세포를 관통해 세포질 전체의 분자로부터 전자를 제거하고 DNA를 산산조각 낸다. DNA 복제 능력이 없어지면 부패나 질병을 일으키는 유기 생명체가 성장할 수 없다. (b) 비전리 방사선은 세포에 들어가 분자와 충돌해 자극한다. 주로 DNA에 영향을 미치는데, 인접한 티민 염기 사이에 비정상적인 결합을 만들어 결과적으로 티민 이량체(thymine dimers)를 생성한다. 이러한 비정상적인 염기는 DNA 나선을 왜곡하고 복제 및 전사를 방해해 표적 세포의 성장을 방해한다. 전리 방사선은 고체 장벽을 관통할 수 있는 반면, 비전리 방사선은 물체의 표면에만 작용한다는 것은 이 두 과정의 또 다른 차이점이다. (출처: Barry Chess/McGraw Hill)

### 전리 방사선과 비전리 방사선의 작용 방식

미생물에 대한 방사선의 실제 물리적 영향은 **방사선 조사**(irradiation) 또는 방사선 충격의 과정을 세포 수준에서 시각화함으로써 이해할 수 있다(그림 11.9). 세포가 특정 파동이나 입자의 충격을 받으면 세포의 분자는 사용 가능한 에너지의 일부를 흡수해 다음 두 가지 결과 중 하나를 초래한다. (1) 방사선이 원자에서 궤도 전자를 방출하면 이온이 형성된다. 이러한 유형의 방사선을 **전리 방사선**(ionizing radiation)이라고 한다. 전리 방사선에 가장 민감한 표적 중 하나는 DNA로, 방사선 조사에 의해 광범위한 규모로 돌연변이가 일어날 수 있다. 이차적으로 세포 소기관에 화학적 변화가 일어나고 독성물질이 생성되는 치명적인 영향이 발생한다. 감마선, X선, 고속 전자 모두 이온화 효과를 나타낸다. (2) **비전리 방사선**(nonionizing radiation)은 원자를 더 높은 에너지 상태로 올려 여기시키지만 이온화하지는 않는다. 이러한 원자 여기(atomic excitation)는 DNA와 같은 분자에서 비정상적인 결합을 형성해 돌연변이의 원인이 되게 한다. UV가 대표적인 예다(그림 11.11 참조).

### 전리 방사선: 감마선과 X선

지난 몇 년 동안 전리 방사선은 사용하기에 안전하고 경제적이었으며 그 응용분야도 확대돼 왔다. 열이나 화학물질에 약한 물질을 멸균하는 데 매우 효과적인 대체 방법이다. 열을 가하지 않고 멸균하기 때문에 방사선 조사는 일종의 **저온멸균**(cold sterilization)이다. 전리선을 방출하는 장치에는 방사성 코발트를 함유한 감마선 장치와 의료 진단에 사용되는 것과 유사한 X선 장치가 있다. 살균 대상 물체를 이 기계에 고정시키고 신중하게 선택된 선량으로 짧은 시간 조사한다. 방사선량은 그레이

(grays, Gy)로 표시된다. 응용분야에 따라 노출 범위는 5~50 킬로그레이(kGy, 1 kilogray = 1,000 grays)다. 모든 전리 방사선은 액체와 대부분의 고체 물질을 관통할 수 있지만 감마선은 더 잘 관통하고 X선은 덜 관통한다.

## 미생물 제어방법으로서의 방사선 조사

식품은 50년 넘게 제한된 환경에서 방사선 조사를 받아 왔다. 밀가루부터 돼지고기, 다진 소고기, 과일과 채소에 이르기까지 방사선은 세균성 병원체, 곤충, 벌레를 죽이고 심지어 감자의 싹을 억제하는 데도 사용된다. 반면에 방사선이 식품에 관련되자마자 소비자들은 전리 방사선으로 인해 식품의 영양가가 떨어지거나 맛이 없어지거나 심지어 안전하지 않을 수 있다고 걱정했다. 이에 따라 방사선 조사 식품은 광범위하게 연구됐고, 이러한 우려사항은 모두 바로잡아졌다. 그림 11.10은 과일에 방사선을 조사하면 부패를 크게 줄이고 유통기한을 연장할 수 있는 이유를 보여 준다.

방사선 조사는 식품의 티아민(비타민 $B_1$) 양을 약간 감소시킬 수 있지만 무시할 수 있을 만큼 매우 적은 양이다. 방사선 조사 과정에서는 수명이 짧은 자유 라디칼 산화제가 생성되지만 이들은 거의 즉시 사라진다(이와 동일한 유형의 중간체 화학물질이 요리 과정에서도 생성된다). 특정 음식은 방사선 조사가 잘되지 않아 이러한 유형의 처리에 적합하지 않다. 그 예로서, 달걀 흰자는 우윳빛으로 변하고 알팔파 씨앗은 제대로 발아하지 못하게 된다. 중요한 것은 방사선 조사 과정 때문에 식품이 방사성 물질로 변하지는 않는다는 점이다. 또한 동물과 인간 모두를 대상으로 한 많은 연구 결과, 방사선 조사된 식품을 먹어도 부작용이 없다는 결론을 내렸다는 것이다. 실제로 NASA는 우주비행사를 위해 방사선 조사한 고기를 신뢰성을 가지고 사용한다.

방사선 처리를 한 산딸기, 5일 후

방사선 처리를 하지 않은 산딸기, 5일 후

**그림 11.10 전리 방사선을 이용한 멸균.** 전리 방사선의 투과력을 활용해 많은 식품을 효과적으로 멸균할 수 있다. 신선식품에 부착된 'radura' 로고(방사선 처리를 의미. 왼쪽에 있는 포장의 녹색 이미지 참조)는 해당 식품이 방사선 조사를 처리했음을 의미하며, 방사선 처리된 모든 식품에 표시해야 한다. (출처: U.S. Food and Drug Administration; McGraw Hill)

방사선 조사 식품의 잠재적 이점 중 하나는 감염 통제와 관련이 있다. 미국 내 육류 및 가금류의 50%에 방사선을 조사하면 매년 감염 사례가 90만 건 감소하고, 입원 건수가 8,500건 감소하며, 사망 건수는 350건 감소할 것으로 추산된다. 방사선은 현재 미국에서 쇠고기와 닭고기에서 대장균과 살모넬라 같은 세균성 병원체를 감소시키고, 돼지고기에서 선모충(*Trichinella* worms)을 감소시키며, 과일과 야채에서 병원균과 해충

**표 11.5 멸균과 소독을 위해 방사선을 사용하는 응용분야**

| 방사선 형태 | 장비/작용 방식 | 의료 및 상업적 사용과 제한 |
|---|---|---|
| 전리 방사선 | | |
| 살포자성과 침투성 (Sporicidal andpenetrating) | 코발트 방사선은 감마선 방출, 다른 것들은 X선, 음극선 방출. 방사선은 DNA를 조각 내고 염기를 이온화하여 결과적으로 돌연변이 유발성을 높임 | 가열멸균이 불가능한 의료용품, 기구 등을 포장된 상태로 저온멸균<br>과일, 상추, 시금치, 곡물, 향신료, 육류, 포장식품 등 식품 멸균<br>약물과 백신 멸균<br>빠른 멸균과 침투성으로 감염과 부패 방지 |
| 비전리 자외선 방사선 | | |
| 살포자성과 비침투성 (Sporicidal andnonpenetrating) | 파장 240~280 nm의 UV선 발생을 위해 설정된 살균램프 또는 발생기. UV선은 인접한 티민과 시토신 사이에 비정상적인 결합을 생성하고 DNA에 결실 돌연변이(deletion mutations)를 생성 | 주로 공기, 일부 액체와 몇몇 고체의 소독. 병원 진료실, 병실, 수술실의 공기 중 병원균 감소<br>상업적으로는 클린룸, 식품가공구역 등의 공기 살균<br>물, 우유, 약품, 백신 등 액체는 얇은 층 형태로 UV에 노출시켜 살균<br>실내 공간의 표면, 음식물, 조직 이식재, 약물, 기구 등 고체 물질 표면 살균<br>고체를 통과하는 침투성 부족으로 응용분야 제한, 직접적인 노출은 눈과 피부에 위험할 수 있음 |

감마선을 방출하는 코발트 60 기계로 팔레트에 놓인 사과에 방사선을 조사한다.

(Pacific Northwest National Laboratory)

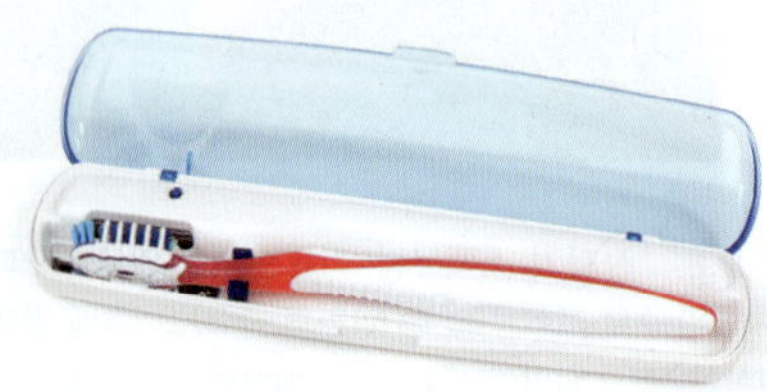

자외선을 발생시켜 칫솔을 소독하는 휴대용 칫솔통.

(DonNichols/Getty Images)

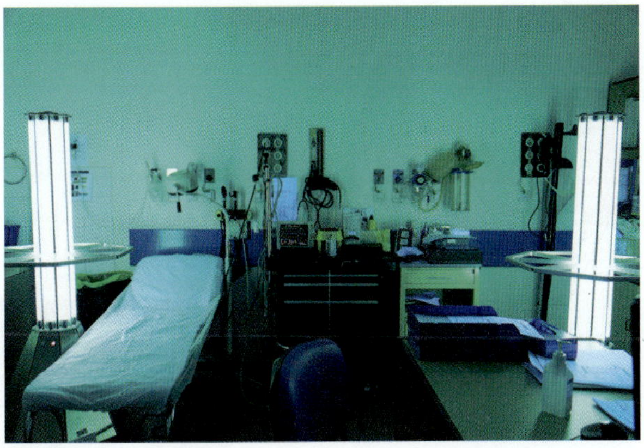

그림 11.11 비전리 방사선. 휴대용 자외선 장치는 병실, 기차 차량과 비행기 내부를 소독하는 데 사용할 수 있다. 자체 추진 장치가 있는 것은 창고나 쇼핑몰 같은 더 넓은 공간을 소독하는 데 사용할 수 있다. 자외선은 고체 장벽을 투과할 수 없기 때문에 소독 과정 중간에 서랍과 캐비닛을 열어 자외선이 내부 표면에 도달할 수 있도록 해 준다. (출처: Jbruiz/Shutterstock)

그림 11.12 물 소독을 위한 자외선(UV) 처리 시스템. 물은 UV 램프(녹색 빛을 냄) 랙을 지나 수처리 공장의 통로를 통해 전달된다. 이 시스템은 하루에 수백만 갤런의 처리 능력을 갖고 있어 염소 소독 방식의 대안으로 사용될 수 있다. 싱크대 아래에 위치하는 가정용 수처리 시스템에도 사용할 수 있다. (출처: Dmitry Rogachev/Shutterstock)

을 감소시키기 위해 승인됐다. 병원균과 식품 부패의 원인 미생물이 동시에 죽기 때문에 유통기한이 길어진다는 것은 방사선 조사의 또 다른 이점이다. 어떤 경우에도 방사선 조사 방법을 사용했다는 명확한 표시 없이는 방사선 조사 식품을 소비자에게 판매할 수 없다(그림 11.10).

의료용품 멸균에는 전리 방사선의 이용이 일반화됐다. 약물, 백신, 의료기구(특히 플라스틱 기구) 및 기타 섬세한 물질을 손상시키지 않고 방사선 조사를 할 수 있다. 주요 장점은 속도, 높은 침투력(겉포장 및 내부 포장지를 통해 멸균 가능), 열이 없다는 점이다. 식품공장에서 방사선 노출로 인한 잠재적인 위험이 있고, 일부 재료에는 손상 가능성이 있다는 것은 주요 단점이다. 전리 방사선의 적용에 대한 요약은 표 11.5에 나와 있다.

## 비전리 방사선: 자외선

**자외선 방사선**(ultraviolet(UV) radiation)의 파장 범위는 대략 100~400 nm다. 치명적인 파장은 240~280 nm이며, 260 nm에서 최고치에 이른다. 일상생활에서는 살균램프의 자외선을 자주 접할 수 있으며, 이 램프는 254 nm의 방사선을 생성한다. 전리 방사선보다는 에너지 상태가 낮기 때문에, UV 방사선은 전리 방사선만큼 투과력이 강하지는 않다. UV 방사선은 공기는 쉽게 통과하고, 액체는 약간만 통과하고, 고체는 통과하기가 어렵기 때문에, 완전한 효과를 얻기 위해서는 소독할 물체를 UV에 직접 노출시켜야 한다.

UV 방사선이 세포를 통과할 때 처음에는 DNA에 흡수된다. 피리미딘 염기(티민과 시토신)에 특정 분자 손상이 발생해 **피리미딘 이합체**(pyrimidine dimers)라고 하는 비정상적인 결합을 형성한다. 이러한 결합은 같은 DNA 가닥의 인접한 염기 사이에서 발생한다. 그 결과 정상적인 DNA 복제와 전사가 방해되고, 성장은 억제되고 세포는 죽는다. DNA를 직접 변형하는 것 외에도 UV 방사선은 자유 라디칼(free radicals)이라는 독성 광화학물질을 생성해 세포를 파괴한다. 자유 라디칼은 반응성이 높은 분자로서, DNA, RNA, 단백질에 결합해 세포의 필수적인 대사과정을 방해한다. 자외선은 곰팡이 세포와 포자, 세균의 영양세포, 원생동물과 바이러스를 파괴하는 강력한 도구다. 세균의 포자는 영양세포보다 방사선에 약 10배 더 내성을 보이지만, 노출 시간을 늘리면 파괴할 수 있다.

자외선 조사는 일반적으로 멸균보다 소독에 더 중점을 둔다. 살균램프는 공기 중 미생물 농도를 최대 99%까지 줄일 수 있다. 자외선을 이용한 공기 살균은 최근 훨씬 더 널리 사용되고 있다. COVID-19 팬데믹으로 인해 자외선 시스템은 이제 병원균의 공기 중 확산을 줄이기 위해 에어컨과 환기 장비에 일반적으로 내장된다. 고강도의 휴대용 UV 램프의 다양한 형태가 병원, 스포츠 경기장, 지하철 차량과 쇼핑몰에 도입됐다(그림 11.11). 병실과 같은 좁은 공간의 경우 몇 분 동안 UV 조명을 켜 둔다. 인체에 대한 안전상의 이유로 UV 조명이 켜져 있는 동안은 아무도 방에 머무르면 안 된다. 몇 분 후 UV 등이 꺼지면 직원이 방에 들어와 매트리스와 호출 버튼을 뒤집고, 서랍과 캐비닛은 열어 둔다. 그런 다음 방에 2차로 UV 조명 처리를 실시한다. 쇼핑몰과 스포츠 경기장 같은 넓은 공간의 경우에는 사람들이 집으로 돌아간 후에 자체 추진식 UV 로봇이 몇 시간 동안 건물을 돌아다니며 미생물을 죽일 수 있는 자외선으로 모든 표면을 씻듯이 훑고 다닌다.

자외선 조사로 액체를 살균할 경우에는 액체를 얇게 펴서 필름 형태로 흐르게 만들어 UV 램프에 직접 노출시킬 수 있는 특수 장비가 필요하다. 이 방법은 열 처리의 대안으로 사용되는데, 물(그림 11.12)과 다른 액체(우유와 과일주스)를 살균 처리하는 데 사용할 수 있다. 벽이나 바닥 같은 단단하고 구멍이 별로 없는 물질의 표면과 육류, 견과류, 이식용 생체 조직, 약물은 UV를 이용해 성공적으로 소독할 수 있다. 여러 유형의

임상 사례

## 얕은 물도 위험할 수 있다

설사, 복부 경련, 구토와 통증을 동시에 호소하는 수십 명의 환자가 발생하면 일반적으로는 식중독을 그 원인으로 생각하게 되지만, 뉴욕 온타리오 카운티의 의사들은 음식 섭취에 의한 가능성을 신속하게 배제했다. 그들은 소아과 환자들이 모두 뉴욕주 북부에 있는 세네카 호수 공원에 있는 체험형 분수 공원에서 시간을 보냈다는 사실을 발견했다. O와 P[알(ova)과 기생충(parasite)] 검사를 통해 어린이들은 원생동물인 크립토스포리디움(*Cryptosporidium*)에 오염된 물을 섭취해 크립토스포리디움증(cryptosporidiosis)을 앓고 있는 것으로 나타났다. 그 후 몇 주 동안 700명이 넘는 사람들이 비슷한 증상으로 고통받았다.

분수 공원은 수백 개의 개별 워터 제트, 분수구와 호스를 갖춘 11,000평방피트 규모의 데크였다. 물은 공중에 뿌려진 후 놀이 공간 아래에 있는 저장 탱크로 흘러 들어가 다시 워터 제트를 통해 뿌려졌다. 수영장과 달리 익사 위험이 없었기 때문에 이 분수 공원은 어린아이들도 놀 수 있었고 인기가 좋았다. 그러나 밤에 동물들의 접근을 막을 수 있도록 놀이 공간이 설계돼 있지 않았고, 종종 세균이나 원생동물 등 병원균이 포함돼 있는 동물의 대변이 분수대의 저장 탱크로 쉽게 흘러 들어갈 수 있었다. 탱크의 물을 조사한 결과, 염소 소독에 저항성이 있고 수영장 필터를 통과할 수 있을 만큼 작은 크립토스포리디움이 존재하는 것으로 나타났다. 자외선이 여과 시스템에 도입될 때까지 분수 공원은 폐쇄됐다. 크립토스포리디움은 염소에 대한 저항성이 있지만 자외선(UV)에 취약하다. 분수 공원은 이듬해에 다시 문을 열었고, 크립토스포리디움증의 추가 사례는 발견되지 않았다.

**실제로 염소는 고농도에서 크립토스포리디움을 사멸시킨다. 왜 그 분수 공원의 운영자는 물 속의 염소 농도를 높이는 간단한 조치를 하지 않았을까?**

소형 UV 소독기기가 개인용품으로 판매된다.

UV의 주요 단점 중 하나는 유리, 금속, 천, 플라스틱, 종이와 같은 고체 물질을 투과하는 능력이 약하다는 것이다. 햇볕에 의한 화상, 망막 손상, 암, 피부 주름 등 인체 조직에 과도하게 노출될 때 손상을 일으킬 수 있는 것은 UV의 또 다른 단점이다. 이러한 해로운 결과는 사람이 UV 광선에 직접 노출될 때만 발생하며, 발생 가능성을 줄이기 위해 차단벽을 둘 필요가 있다. 표 11.5는 UV의 활용을 요약한 것이다.

## 여과: 물리적 제거 과정

공기와 액체 시료에서 미생물을 제거하는 효과적인 방법으로 여과(filtration) 방법이 있다. 실제로 유체가 통과할 만큼 충분히 크지만 미생물이 통과하기에는 너무 작은 구멍이 있는 필터를 통해 유체는 여과된다(그림 11.13a).

요즈음 사용하는 대부분의 미생물 필터는 셀룰로오스 아세테이트, 폴리카보네이트 및 다양한 플라스틱 재료(테플론, 나일론)로 구성된 얇은 막이다. 이 막의 구멍 크기(pore size)를 정밀하게 제어하고 표준화할 수 있다. 숯, 규조토 또는 초벌구이 도자기와 같은 일반 물질도 일부 용도로

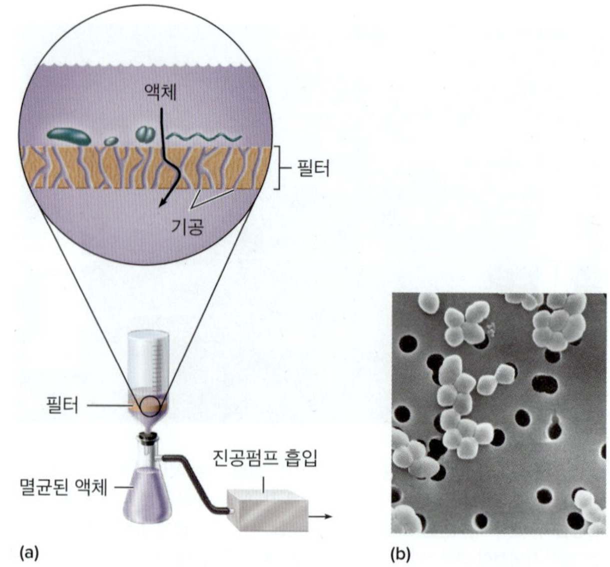


그림 11.13 막 여과 방법. (a) 흡입 방식을 통해 액체를 여과하기 위한 진공 조립체. 그림은 필터의 단면을 보여 준다. 필터에는 미생물 세포가 들어가기에는 너무 작지만 액체가 통과하기에는 충분히 큰 작은 통로(기공)가 있다. (b) 막 필터 표면에 포획된 장구균(*Enterococcus*)의 주사전자현미경 사진(10,400배). 평균적인 세포의 직경은 약 0.5~1 μm이고, 평균 기공 직경은 약 0.3 μm다. (출처: Janice Haney Carr/CDC)

는 사용된다. 현미경으로 보면 대부분의 필터는 매우 정확하고 균일한 구멍으로 천공돼 있다(그림 11.13b). 구멍 직경은 거친 것(8 μm)에서 초미세(0.02 μm)까지 다양해서 필터로 거를 최소 입자 크기를 선택할 수 있다. 구멍 직경이 훨씬 더 작은 필터는 바이러스를 제거해 진정한 멸균을 가능하게 하며, 일부는 심지어 큰 단백질도 제거할 수 있다. 멸균 필터를 통해 멸균된 여과액은 일반적으로 미리 멸균시켜 준비해 둔 용기에 담는다. 이러한 필터는 수질 분석에서 미생물과 액체를 분리하고, 필터에 걸린 세균 수를 계수하는 데도 사용된다.

### 여과멸균의 응용

여과법을 통한 멸균은 혈청이나 기타 혈액 제품, 백신, 약물, IV 수액, 효소 및 배지를 포함해 열에 약한 액체 시료를 준비하는 데 사용된다. 여과법은 우유와 맥주의 맛을 바꾸지 않고 멸균하기 위해 가열법의 대체 방법으로 사용되고 있다. 여과법은 물 정화의 중요한 단계이기도 하다. 그 사용은 신체에 심각한 반응을 일으킬 수 있는 미립자 불순물(결정, 섬유)을 필터링하는 데까지 확장된다. 그러나 질병을 일으킬 수 있는 수용성 분자(독소)는 제거하지 못한다는 단점이 있다.

여과는 감염과 부패의 흔한 원인이 되는 공기 중의 오염물질을 제거하는 매우 효과적인 수단이다. 고효율 미립자 공기(high-efficiency particulate air, HEPA) 필터는 병실과 멸균실에 멸균 공기의 흐름을 만들기 위해 널리 사용된다.

**핵심 점검 11.3**

17. 방사선(radiation)과 조사(irradiation)를 정의하시오.
18. 전리 방사선과 자외선 방사선의 작용 방식을 구분하시오.
19. 미생물 제어방법으로서 전리 방사선의 장점과 단점은 무엇인가?
20. 전리 방사선과 자외선 방사선의 몇몇 응용 사례를 설명하시오.
21. 미생물 제어방법으로 여과법의 장점과 단점은 무엇인가?

## 11.4 미생물 제어에 사용되는 화학물질

**학습목표**

18. 미생물의 화학적 제어를 설명하는 데 사용되는 용어를 정의한다.
19. 항미생물 화학물질의 바람직한 특징과 그 효과에 영향을 미치는 요인을 설명한다.
20. 할로겐의 종류, 작용 방식, 임상적 및 상업적 응용분야를 설명한다.
21. 페놀 화합물과 알코올의 특성을 식별하고, 어떻게 작용하는지 설명하고, 각각의 주요 용도를 평가한다.
22. 산화제와 알데히드의 특성을 설명하고 주요 응용분야를 요약한다.
23. 멸균가스와 에어로졸을 구별하고, 각각 어떻게 사용되는지 설명한다.
24. 세제, 비누, 중금속이 미생물 제어를 목적으로 임상, 상업, 가정에서 각각 어떻게 활용될 수 있는지 설명한다.

미생물의 화학적 제어는 의사들이 표백분과 요오드 용액을 사용해 상처를 처리하고 수술 전에 손을 씻곤 했었던 1800년대 초반에 아마도 진지하게 과학의 한 분야로 등장했을 것이다. 현재 약 1만여 종의 다양한 항미생물 화학제가 제조되고 있으며, 그중 1,000여 종이 의료 및 가정 환경에서 일상적으로 사용되고 있다. 감염과 부패를 방지해야 할 필요성은 순수하게 존재한다. 그러나 '세균 사멸', '소독', '방부', '세척 및 위생처리', '탈취', '플라크 퇴치', '공기 정화'를 위해 사용할 수 있는 제품이 다양하다는 것은 환경에서 미생물을 없애는 것에 대해 이따금씩 과도한 집착을 나타내는 것으로 보인다.

항미생물 화학물질은 액체, 기체 또는 고체 상태로 존재한다. 이들은 **소독제**(disinfectants), **방부제**(antiseptics), **멸균제**(sterilants, 멸균하는 화학물질), 제균제 또는 보존제(물질의 품질 저하를 억제하는 화학물질)로 사용된다. 대부분의 경우 고체 또는 기체 항미생물 화학물질은 물, 알코올 또는 두 가지 혼합물에 용해돼 액체 용액으로 만들어진다. 용매로 순수한 물을 사용하는 용액은 **수용액**(aqueous)이라고 하며, 순수한 알코올 또는 물-알코올 혼합물을 용매로 하는 용액은 **팅크제**(tinctures)라고 한다.

### 살균 화학물질 선택

항미생물 화학 작용제의 선택과 적절한 사용은 의학과 치과 분야에서 지속적으로 관심을 받아 왔다. 화학적으로 오염을 제거하는 실제 임상 사례는 매우 다양하지만, 살균제로서의 몇 가지 바람직한 특성이 다음과 같이 확인됐다.

- 저농도에서도 빠르게 작용

**표 11.6** 건강 관리에 사용되는 화학물질의 특성

| 화학물질 | 표적 미생물 | 살미생물 활성 수준 | 인체 독성 | 주의사항 |
|---|---|---|---|---|
| 염소 | 살포자성(느림) | 중간 | 가스 형태는 인체 독성이 매우 높음. 용액은 피부 자극 | 유기물에 의해 비활성화. 햇빛에 불안정 |
| 요오드 | 살포자성(느림) | 중간 | 생체 조직에 자극. 섭취 시 독성 | 요오드포어*는 더 순화시킨 형태 |
| 페놀계 | 일부 세균, 바이러스, 곰팡이 | 낮음~중간 | 피부에 흡수 가능. CNS 손상 유발 가능 | 낮은 용해도. 높은 가격 |
| 클로르헥시딘* | 대부분의 세균, 일부 바이러스, 곰팡이 | 낮음~중간 | 낮은 독성 | 빠른 작용(속효성). 온화함. 잔존효과 있음 |
| 알코올 | 대부분의 세균, 바이러스, 곰팡이 | 중간 | 섭취 시 독성. 가벼운 자극. 피부 건조 | 가연성. 빠른 작용(속효성) |
| 안정화된 과산화수소* | 살포자성 | 높음(멸균제) | 눈에 독성. 섭취 시 독성 | 향상된 안정성. 유기물에서도 잘 작용 |
| 4차 암모늄 화합물 | 일부 세균, 바이러스, 곰팡이 사멸 | 낮음~중간 | 점막 자극. 복용 시 유독 | 약한 용액은 미생물 성장에 도움. 쉽게 비활성화 |
| 비누 | 매우 민감한 특정 미생물 종에만 작용 | 매우 낮음 | 무독성. 인체 독성 거의 없음 | 흙, 기름, 잔해 등의 제거 |
| 수은 물질 | 약한 정균작용 | 낮음 | 섭취, 흡입, 흡수 시 높은 독성 | 쉽게 비활성화 |
| 질산은 | 살균성 | 낮음 | 독성 있고 자극적 | 피부 변색 |
| 글루타르알데히드* | 살포자성 | 높음(멸균제) | 피부 자극 가능. 흡수 시 독성 | 유기물에 의해 비활성화되지 않음. 불안정 |
| 오르토-프탈데히드* | 살포자성, 시간이 걸림 | 중간~높음 | 독성이 적고, 냄새가 없음 | 글루타르알데히드보다 낮은 독성. 매우 안정적. 피부 얼룩 생성 가능 |
| 산화에틸렌 가스* | 살포자성 | 높음(멸균제) | 눈과 폐에 매우 위험. 발암성 | 순수한 상태에서는 폭발성 있음. 좋은 침투성. 멸균 대상 재료에 공기 공급 필요 |
| 염료 | 약한 살균 및 살진균 | 낮음 | 낮은 독성 | 대상 재료와 피부에 얼룩 생성 가능 |

* 넓은 스펙트럼, 낮은 독성, 빠른 작용, 침투성, 잔류 효과, 안정성, 유기물질에서의 효능, 용해도 등 많은 특성을 가지고 있는 이러한 화학물질은 이상적인 항미생물 약제에 가까워지고 있다.

- 물 또는 알코올에 용해되며, 장기적으로 안정됨
- 광범위하게 살균 작용을 하지만, 인간과 동물 조직에는 독성이 없음
- 축적되거나 지속적인 작용을 유지하기 위해 무생물 표면에 침투 가능
- 저항성이 있어 유기물에 의해 비활성화되지 않음
- 부식성이나 오염성이 없음
- 위생처리 및 탈취 특성이 있음
- 합리적인 가격이며 구하기 쉬움

아직까지 이러한 요구사항을 모두 완벽하게 충족할 수 있는 화학물질은 없지만, 클로르헥시딘과 과산화수소는 이러한 이상적인 조건에 가장 가깝다. 이를 고려하면 구강 세정제나 공기 소독제 같은 특정 상업용 제품이 표방하는 다소 과장된 주장에 대해서는 의문이 생긴다.

의료 및 치과 환경에서 살균제는 미생물을 파괴하는 효과로 평가된다. 화학물질을 통한 오염 제거 과정은 높음, 중간, 낮음의 세 가지 수준으로 나눈다(표 11.6).

- 적절하게 사용할 때 내생포자도 죽일 수 있는 살균제는 높은 수준으로 사용할 때는 **멸균제**의 역할을 한다. 카테터, 내시경, 임플란트 등의 의료기기는 열처리 멸균이 불가능하고 의료 시술 중 신체 조직에 유입되는 특징이 있어 더 높은 수준의 항미생물 조절이 필요하다.
- 중간 수준 살균제는 곰팡이 포자(세균 포자는 제외), 결핵균과 같은 저항성 병원체와 바이러스를 죽일 수 있다. 점막과 밀접하게 접촉하지만 비침습적인 품목(호흡기, 온도계)을 소독하는 데 사용된다.
- 낮은 수준의 소독에서는 세균과 곰팡이의 영양세포와 일부 바이러스만 제거된다. 피부 표면에는 닿지만 점막에는 닿지 않는 전극, 스트랩, 고정 장치 등의 물질을 세척하는 데 사용된다.

## 화학물질의 살균 활성에 영향을 미치는 요인

11.1절에 소개된 미생물 제어에 대한 여러 개념은 살균제 및 기타 화학 작용제에 적용된다. 이러한 물질 중 다수는 이전에 소개한 바 있는 동일한 세포 구조와 기능, 즉 세포벽과 세포막, 단백질, 핵산을 표적으로 삼는다. 화학 작용제의 효과는 (1) 미생물의 수와 종류, (2) 처리되는 물질의 종류, (3) 필요한 노출 시간, (4) 약제의 강도와 작용 방식 등 여러 요인에 따라 달라진다. 여기서는 화학 작용제에 있어 매우 중요한 (3)과 (4) 두 가지에 중점을 두어 설명한다.

### 노출 시간

대부분의 화학물질이 침투해 미생물에 작용하기까지는 적절한 접촉 시간이 필요하다. 처리대상이 되는 재료의 구성 성분들은 필요한 노출 시간에 큰 영향을 미칠 수 있다. 흙이 들어갈 수 있을 만한 구멍이나 공간이 있는 물체와 비교해 매끄럽고 단단한 물체는 더 빨리 소독된다. 처리 대상 물체에 혈청, 혈액, 타액, 고름, 배설물, 소변과 같은 일반적인 생물학적 물질이 오염돼 있다면, 이는 효과적인 소독에 추가적인 장애물이 된다. 이런 유기물질이 많으면 화학물질의 침투를 방해할 수 있으며, 어떤 경우에는 화학물질과 결합해 활성을 감소시킬 수 있다. 살균제 또는 멸균제의 항미생물 효과를 최대로 나타내려면 의료기구와 기타 재사용 가능한 재료에서 유기물질을 적절하게 세척하고 작업을 수행해야 한다.

### 화학물질 농도

화학물질의 강도나 농도는 관례와 제조 방법에 따라 다양한 방식으로 표현된다. 많은 화학물질 함량은 여러 가지 방식으로 표현될 수 있다. 희석의 경우, 소량의 액체 화학물질(용질)을 더 많은 양의 용매에 희석해 특정 비율로 만든다. 예를 들어, 라이솔(Lysol)과 같은 일반적인 실험실 소독제는 통상적으로 1:64로 희석된다. 즉, 부피로 물(용매) 63에 화학물질(용질)을 1의 비율로 첨가한 것이다. 염소와 같이 매우 희석된 농도에서도 효과적인 용액은 백만분율(parts per million, ppm)로 표시된다. 백분율(percentage) 용액에서는 용질을 중량 또는 부피 기준으로 용매에 추가해 용액으로 만들 때 특정 백분율로 맞춘다. 예를 들어 알코올은 50~95% 범위의 비율로 사용된다. 일반적으로 희석률이 낮거나 백분율이 높은 용액은 활성 화학물질을 더 많이 함유하고 있으며, 더 농축된 상태라고 할 수 있다. 고농도일수록 살균 효과가 더 강한 경향이 있지만 많은 비용과 잠재적인 독성을 우려해 효과가 있는 최소 강도로 사용해야 한다.

살균제의 효과를 테스트하는 표준 절차가 부록 B에 요약돼 있다.

## 화학물질 범위

몇몇 일반 화학물질 그룹은 의약 및 상업 분야에서 항미생물 용도로 널리 사용된다(표 11.6). 주요 물질은 할로겐, 페놀 화합물, 알코올, 산화제, 알데히드, 가스, 세제, 중금속이다. 이 그룹은 각 물질의 특이적인 형태와 작용 방식의 관점을 중심으로 다음 절에서 기술한다. 적용 및 전달 방법은 표에 설명돼 있다.

### 할로겐 항미생물 화학물질

**할로겐**(halogens)* 은 불소, 브롬, 염소, 요오드를 포함하며 화학적 특성이 유사한 비금속 원소 그룹이다. 이 물질은 이온(할로겐화물) 또는 비이온 상태로 존재할 수 있는데, 대부분의 할로겐은 할로겐화물 상태(염화물, 요오드화물 등)가 아닌 주로 비이온 상태에서 항미생물 효과를 발휘한다. 불소와 브롬은 취급하기 어렵고 위험하며 효과적이지 않기 때문에, 염소와 요오드가 살균을 위해 일상적으로 사용된다. 이들은 정균적

* 할로겐 그리스어 halo(소금)와 gennan(만들다)에서 유래.

그림 11.14 물의 염소화. 가스 염소살균기는 도시 상수도에 염소를 첨가한다. 강이나 저수지에서 물을 끌어온 직후 처리시설 내에서 세균과 조류의 성장을 줄이기 위해 염소를 첨가한다. 물이 소비자에게 보내지기 전에 염소가 다시 첨가되고, 사용한 물은 폐수 처리 과정에서 다시 몇 차례 더 첨가된다. (출처: Stuart Abraham/Alamy Stock Photo)

이고 살균적일 뿐만 아니라 장시간 사용할 경우 포자를 파괴할 수 있으므로, 소독제와 방부제의 구성요소로서 매우 효과적이다. 이러한 이유로 할로겐은 현재 시판되고 있는 모든 항미생물 화학물질의 거의 1/3에 사용되는 활성 성분이다.

### 염소와 그 화합물

염소(chlorine)는 200년이 넘게 소독과 방부법에 사용돼 왔다(그림 11.14). 미생물 제어에 사용되는 주요 형태는 액체 및 기체 염소($Cl_2$), 차아염소산염(hypochlorites, $O^-Cl$), 클로라민(chloramines, $NH_2Cl$)이다. 용액에서 이러한 화합물은 물과 결합해 차아염소산(HClO)을 방출한다.

$$Cl_2 + H_2O \rightarrow HClO + HCl\ (\text{염산})$$
$$Ca(OCl)_2 + 2H_2O \rightarrow Ca(OH)_2 + 2HClO$$

차아염소산은 아미노산 시스테인의 설프히드릴(S—H) 그룹을 산화시키고 수많은 효소의 이황화 결합(S—S)을 파괴한다. 그 결과, 효소는 영구적으로 변성되고 대사반응은 중단된다. 또한 DNA, RNA, 지방산의 구조를 손상시킨다. 거의 모든 미생물은 대개 30분 내에 사멸하지만, 내생포자는 몇 시간이 걸릴 수도 있다. 빛, 알칼리성 pH와 많은 유기물에 노출되면 염소 화합물은 효과가 떨어지고 상대적으로 불안정해질 수 있다.

### 요오드와 그 화합물

자극성 있는 청흑색 원소인 요오드(iodine, $I_2$)는 물에 용해되면 갈색 용액을 만든다. 미생물의 세포 내로 빠르게 침투해 단백질의 이황화 결합을 방해해 다양한 대사 기능을 방해한다. 이 작용 방식은 염소의 방식과 유사하지만, 요오드는 유기물에 의한 불활성화에 덜 민감하다. 노출 시간과 농도를 적절히 조절해 요오드를 사용하면 모든 종류의 미생물을 죽일 수 있다.

할로겐의 주요 용도와 형태에 대한 정보는 표 11.7에 기술했다.

### 페놀과 그 유도체

페놀(phenol)은 오염 제거 분야에 과학적으로 사용된 좋은 사례다. 콜타르(coal tar) 파생물이며 매우 유독한 이 물질은 1867년 조지프 리스터(Joseph Lister)에 의해 수술용 살균제로 채택됐고, 이후 다양한 소독제의 주요 성분이 됐다. 페놀 계수(phenol coefficient)는 페놀을 기준으로 다른 소독제와 비교해 얼마나 효과적인지를 상대 비교하기 위해 개발된 수치다. 페놀은 세포벽과 세포막을 파괴하고 단백질을 변성시키며 대부분의 세균에 효과를 나타냈다. 그러나 이 화학물질의 독성 효과는 인간에게도 동일하게 적용됐다. 페놀은 피부를 태우고 폐, 간, 신장 및 중추신경계를 손상시켰으며, 발암성이 매우 높았다. 이후 순수한 페놀은 독성이 적은 제품으로 만들기 위해 비누나 세제와 결합된 변형된 페놀이 있는 페놀 유도체로 대체됐지만, 이 역시 더 안전하고 효과적인 대안 물질이 생산되면서 결국 단계적으로 폐지됐다. 페놀과 그 유도체는 여전히 일부 실험실과 산업 용도로 사용되지만, 일상적인 소독제로는 사용하지 않게 됐다.

### 클로르헥시딘

히비클렌스(Hibiclens)와 히비탄(Hibitane)과 같은 클로르헥시딘(chlorhexidine) 화합물은 염소와 2개의 페놀 고리를 포함하는 유기성 염기 복합물이다. 그 작용 방식은 표면장력을 낮추고 단백질의 변성을 유발하며, 결과적으로 세포막의 작용을 표적으로 한다. 중간에서 높은 농도로 사용했을 때 그람 양성균과 그람 음성균 모두에 대해 살균 효과가 있지만 포자에 대해서는 활성이 없다. 바이러스와 곰팡이에 미치는 영향은 사례마다 다양하다. 순하고 인체 독성이 낮고 작용이 빠르며, 심부 조직에는 전혀 흡수되지 않는다는 점에서 다른 많은 방부제에 비해 뚜렷한 장점이 있다. *Staphylococcus* MRSA와 *Acinetobacter*에 의한 발병을 통제하기 위해 병원에서 선택한 방부성 세척제다.

페놀성 화합물과 클로르헥시딘의 용도는 표 11.8에 나와 있다.

### 항미생물 약제로서의 알코올

알코올(alcohol)은 하나 이상의 —OH 작용기를 갖는 무색의 탄화수소다. 사용 가능한 여러 알코올 중에 에틸(ethyl)과 이소프로필(isopropyl)만이 미생물 제어에 적합하다. 메틸 알코올은 살균성이 없으며, 더 복잡한 알코올은 독성이 강하고, 물에 잘 녹지 않아 일상적으로 사용할 수 없다. 수용액 형태로 알코올 단독으로 사용되거나 팅크용 용매(예를 들면 요오드와 함께)로 사용된다.

알코올의 작용 방식은 농도에 따라 약간씩 달라진다. 50% 이상의 알코올은 막 지질을 용해시키고 세포 표면장력을 방해하며 세포막의 안정

**표 11.7 할로겐 화합물의 응용**

| 구분 | 주요 응용 사례 | 적용 방법/유의사항 |
|---|---|---|
| **염소 형태** | | |
| 염소가스($Cl_2$) | 식수, 하수, 폐수의 대규모 소독 | 염소 0.6~1.0 ppm의 농도로 물을 염소화하면 대부분의 영양세포 상태의 병원균은 파괴됨* |
| 차아염소산염(HClO) 표백제 | 식품 장비, 수영장, 스파, 식수 및 신선 식품의 위생처리 및 소독에 광범위하게 사용. 상처의 방부, 의료 및 가정에서의 일상적인 소독, 탈취, 얼룩 제거에 사용 | 일반적인 가정용 표백제는 5% 차아염소산나트륨 용액임. 1:10~1:1,000으로 희석 시 매우 효과적인 살균제로 사용 가능 |
| 클로라민(디클로라민, 할라존) | 상수원 공급을 위한 위생처리에서 순수 염소를 대체. 위생처리제 및 소독제로서 상처와 피부 표면 치료에 사용 | 상수원의 표준적인 가스 염소화는 현재 안전하지 않은 수준의 트리할로메탄(trihalomethanes)을 생성하는 것으로 판단되어 일부 수자원 지역에서는 상수원에 클로라민 처리가 요구됨 |
| **요오드 형태** | | |
| 요오드포어 | 피부와 점막에 적용하는 가장 흔한 요오드 형태. 수술 및 주사를 위한 방부 처리. 수술용 손 세정제. 장비와 표면 소독. 화상 처리. 신생아의 안구 감염을 예방하는 대체 방법으로 사용 가능 | 요오드와 중성 단백질 중합체의 복합 형태. 천천히 방출해 생체 조직에 대한 독성이나 자극을 줄이며, 얼룩이 덜 발생함. 2~10%의 유효성 요오드를 함유한 포비돈 요오드(povidone-iodine, PVI, Betadine)가 가장 일반적임 |
| 요오드 원소: 수용액 또는 팅크 | 수술 전 국소 방부제로 사용. 때로 화상을 입거나 상처 난 피부에 사용. 플라스틱 기구나 온도계의 중간 수준 소독에 사용. 오염된 물 소독을 위해 정제 형태로 제공 | 물이나 알코올 팅크에 녹인 1~3%의 약한 용액.<br>5~10%의 수용액 또는 팅크는 독성과 얼룩을 만드는 경향이 있어 사용이 다소 제한적임 |

메론 표면에 있는 살모넬라균을 죽이기 위해 염소 처리된 물로 소독한다.

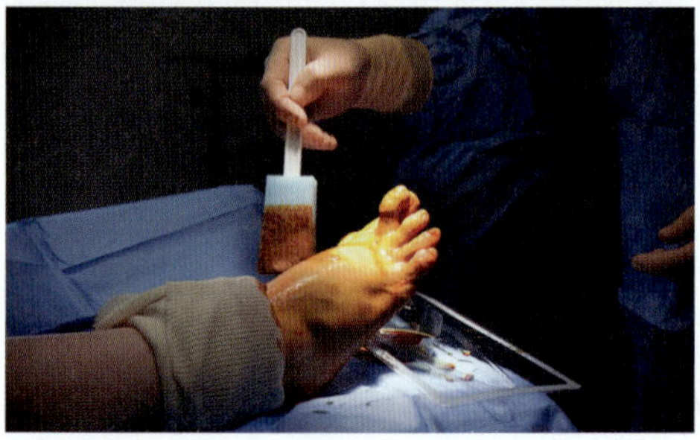

수술 전 환자는 포비돈 요오드 용액 처리를 한다.

*편모충(*Giardia*) 및 크립토스포리디움(*Cryptosporidium*) 같은 일부 낭종 형성 원생동물은 이 수준의 염소화에서 살아남을 수 있다. (이미지 출처: Paul Pierlott, USDA-ERRC/VGT; BSIP/Universal Images Group/Getty Images)

성을 손상시킨다. 알코올은 원형질에 침투해 단백질을 응고시키고 변성시키지만, 50~95%의 알코올-물 용액에서만 일어나는 현상이다. 항미생물 화학물질은 농도가 높을수록 활성이 더 크다는 일반적인 규칙에서 알코올은 예외다. 단백질이 응고되려면 물이 필요하기 때문에 알코올은 농도 100%(물 함량 0%)에서보다 농도 70%(즉, 물 함량 30%)에서 더 큰 살균 활성을 나타낸다. 무수알코올(100%)은 세포막을 용해시키고 세포 성장을 억제하지만, 일반적으로 단백질 응고제로서 역할을 하지는 않는다.

알코올은 중간 또는 낮은 수준의 살균 작용에는 유용하지만, 실온에서 세균의 포자를 파괴하지는 못한다. 그러나 알코올은 결핵균과 곰팡이 포자를 포함한 저항성 미생물의 영양세포 형태는 노출 시간을 적절하게 하면 파괴할 수 있다. 알코올은 바이러스 외피에 대한 계면활성제 효과를 가지며, 이에 따라 외피가 없는 바이러스보다 외피가 있는 바이러스를 더 쉽게 비활성화하는 경향이 있다.

## 과산화수소와 관련 살균제

과산화수소(hydrogen peroxide, $H_2O_2$)는 무색의 부식성 액체로, 빛, 금속 또는 카탈레이스가 있는 경우 물과 산소 가스로 분해된다. 초기 제품은 불안정하고 유기물에 의해 억제됐지만, 이제는 $H_2O_2$의 합성을 매우 안정적으로 할 수 있는 제조 방법이 개발됐고, 희석된 용액도 몇 년 동안 활성을 유지하면서 보관할 수 있게 됐다.

과산화수소의 살균 효과는 산소의 직간접적인 작용으로 발생한다. 산소는 과산화물 라디칼(7장 참조)처럼 세포 독성과 반응성이 강한 수산기 자유 라디칼(—OH)을 형성한다. 대부분의 미생물 세포는 카탈레이스를 생성해 대사과정에서 생성된 과산화수소를 비활성화할 수 있지만, 이 카탈레이스는 소독 및 방부 처리 중에 이러한 세포에 침투하는 많은 양의 과산화수소를 모두 중화할 수는 없다. 과산화수소는 세균, 바이러스, 곰팡이에 대한 사멸 효과가 있으며, 고농도로 사용될 경우에는 포자를 사멸시킬 수 있다. 열 없이도 소형 의료 기구를 신속하게 멸균할 필요성이 생겼고, 이에 따라 과산화물과 과아세트산(peracetic acid)의 조합을 순환시키는 챔버가 개발됐다. 기화된 형태의 과산화수소는 넓은 공간과 이 공간에 있는 물체의 오염을 제거하는 데 사용되는 환경 멸균제로 효과적이다(그림 11.4 참조).

여러 세대에 걸쳐 과산화수소는 필수적이고 상용되는 의약품이었지만 최근 그 사용법에 대한 지침이 변경됐다. 베이거나 긁힌 피부의 초기

**표 11.8** 페놀과 클로르헥시딘의 응용

| 구분 | 주요 응용 사례 | 적용 방법/유의사항 |
|---|---|---|
| **페놀 형태** | | |
| 크레올린(Creolin) | 일반적인 가정용 버전의 페놀. 낮거나 중간 수준의 소독으로 방이나 바닥, 동물병원 소독에 사용 | 비누와 결합된 1~3% 에멀션. 방부제로 사용하기에는 독성이 너무 높을 수 있음. 생체막을 통해 혈액으로 흡수되는 경향이 있음 |
| 비스페놀(Bisphenols) | 상업, 임상, 가정에서 널리 사용 | 오르토페닐페놀(orthophenyl phenol)은 살진균제의 주요 성분임. 동일한 페놀계 물질은 병원과 실험실에서 사용되는 일부 소독제에서도 발견됨 |
| 헥사클로로펜 (Hexachlorophene) | 이전에는 병원 및 가정용 클렌징 비누(pHisoHex)의 첨가제로 광범위하게 사용. 피부 감염 발생의 억제 목적으로 사용 가능 | 헥사클로로펜이 피부를 통해 흡수돼 신경손상의 원인이 된다는 사실이 밝혀지며 처방전 없이는 구할 수 없음 |
| **클로르헥시딘 형태** | | |
| 클로르헥시딘 (히비클렌스, 히비탄) | 알코올 또는 물에 녹인 용액은 손을 닦거나, 수술 절개 및 주사를 위한 피부 부위를 준비하거나, 환자를 청결하게 하는 데 일반적으로 사용<br>용액은 산모와 신생아의 청결제, 상처 제균제, 점막 세척제, 안과용 용액의 보존제로 사용 | 염소와 2개의 페놀 고리를 갖는 복합 염기 형태. 세포막과 단백질 구조를 표적으로 하는 작용 방식. 중간에서 높은 농도에서는 그람 양성균과 그람 음성균을 모두 파괴하지만 포자는 파괴하지 않음. 진균과 바이러스에 대한 살균 효과. 페놀계보다 순하고 인체 독성이 적으며 피부에 흡수되지 않음 |

치료에는 여전히 권장되지만, 장기간 처리가 필요한 상처 부위(예를 들어, 욕창 및 당뇨병성 궤양 같은)에는 현재 사용이 권장되지 않는다. 화학물질의 독성 효과는 병원체에만 국한되지 않는다. 숙주 조직도 손상되며, 이러한 만성 상처를 과산화수소를 사용해 정기적으로 세척하면 실제로 상처 치유가 저해된다. 알코올과 과산화물 사용에 대한 추가 정보는 표 11.9에 기술했다.

## 알데히드 멸균제와 소독제

말단 탄소에 $-CHO$ 작용기(강한 환원기)를 갖고 있는 유기물질을 알데히드(aldehydes)라고 한다. 미생물 제어에 가장 흔하게 사용되는 두 가지 알데히드는 글루타르알데히드(glutaraldehyde)와 오르토-프탈데히드(ortho-phthaldehyde, OPA)다.

글루타르알데히드는 온화한 냄새가 나는 노란색 액체다. 이 분자에 있는 2개의 알데히드 그룹은 중합체 형성을 잘한다. 세포 표면에 있는 단백질 분자를 가교시키는 것과 관련이 있는 작용 메커니즘을 가진다. 아미노산의 수소 원자 자리에 글루타르알데히드 분자 자체로 대체되면서 중합체를 형성하는데, 이 과정에서 아미노산은 알킬화된다고 표현한다. 이는 세포 내의 효소 및 기타 단백질의 활동을 비가역적으로 방해한다. 글루타르알데히드는 신속하고 광범위한 스펙트럼을 가지며, 공식적으로 멸균제와 높은 수준의 소독제로 분류된다. 재사용이 가능한 정밀한 의료 기구와 치과 기구를 멸균하는 데 사용할 수 있는 몇 안 되는 화학물질 중 하나다. 3시간 안에 포자를 사멸시킬 수 있고, 몇 분 안에 곰팡이와 영양세포 상태의 세균(심지어 *Mycobacterium*과 *Pseudomonas*까지)을 사멸시킨다. 저항력이 가장 강한 형태를 포함하는 바이러스도 상대적으로 짧은 시간에 비활성화된다. 케미클레이브(chemiclave, 고압고온 멸균기와 비슷함)라고 하는 특수 장치는 용액을 기화시켜 특정 압력하에서 열 없이 섬세한 기구를 멸균하는 데 사용된다. 글루타르알데히드는 유기물이 있는 경우에도 효능을 유지하고, 부식성이 없으며, 플라스틱을 손상시키지 않고, 포름알데히드보다 독성이나 자극성이 적다. 주요 단점은 pH와 온도가 증가하면 다소 불안정하다는 것이다.

또 다른 알데히드인 오르토-프탈데히드는 EPA에 의해 높은 수준의 소독제로 승인됐다. OPA는 냄새가 거의 없는 연한 파란색 액체다. 글루타르알데히드와 유사한 작용 메커니즘을 가지며 안정적이고 자극이 없으며 대부분의 경우 글루타르알데히드보다 훨씬 빠르게 작용한다. *Mycobacterium*, *Pseudomonas* 등의 영양세균, 곰팡이, 바이러스에 효과적이다. 가장 큰 단점은 포자를 확실하게 파괴할 수 없다는 것과 인간 피부의 단백질을 포함해 단백질을 염색하는 경향이 있다는 것이다.

포름알데히드(formaldehyde)는 물에 쉽게 용해돼 **포르말린**(formalin)이라는 수용액을 형성하는 날카롭고 자극적인 가스다. 순수 포르

**그림 11.15** 포름알데히드의 용도. 포름알데히드는 매우 강한 독성이 있으므로 살아 있는 조직에 실용적으로는 사용할 수 없다. 그러나 생물학적 표본을 연구 목적으로 보존하는 데는 일반적으로 사용된다. (출처: Jennifer Santolla/Alamy Stock Photo)

**표 11.9 알코올과 과산화물(및 기타 산화제)의 응용**

| 구분 | 주요 응용 사례 | 적용 방법/유의사항 |
|---|---|---|
| **알코올* 형태** | | |
| 에틸알코올(에탄올, 곡물 알코올) | 피부 제균제 및 방부제. 피부의 기름, 흙, 그리고 더 깊은 피부층에 숨어 있는 일부 미생물을 제거하는 계면활성제로 작용. 때로 전극과 안면 마스크 소독에 사용 | 70~95%의 용액은 살균 효과가 있고 저렴하며 무자극임. 증발 속도에 의해 사용이 제한. 먼저 살균 대상 물품을 깨끗하게 세척한 다음 알코올에 15~20분 동안 담갔을 때 효과가 확실함 |
| 이소프로필알코올(소독용 알코올) | 일부 물체나 표면 소독에 사용. 피부 세척에는 사용이 제한 | 에탄올보다 미생물 사멸 활성이 뛰어나고 가격도 저렴하지만 독성이 있다는 단점이 있음. 증기 흡입 시 신경계에 해를 끼칠 수 있음 |
| **산화제 형태** | | |
| 과산화수소($H_2O_2$) | 피부 및 상처 세척, 구강 세척제 등 방부제로 다양하게 사용. 소프트 콘택트 렌즈, 수술용 임플란트, 플라스틱, 침구류, 실내 인테리어용 소독제로 사용 | 가장 일반적인 형태인 3% 과산화수소는 방출되는 산소의 치사 효과 때문에 혐기성 세균에 의한 감염을 치료하는 데 유용. 장기간 사용 시 만성 염증 치료를 방해할 수 있음 |
| 멸균 $H_2O_2$ | 기화된 $H_2O_2$는 멸균제. 산업용 부품이나 의료용품, 격리공간, 클린룸, 우주선 용품의 멸균에 사용되는 과산화수소 플라즈마 멸균기 | 과산화수소(35%)는 섬세한 의료 기구에 침투해 저항력이 가장 강한 미생물을 죽임. 작은 부품을 부식시키지는 않음. 증기는 살포자성 약제임 |
| 과아세트산 | 객실, 우주왕복선의 멸균에 사용. 의료기기용 화학적 멸균제 | 산화제로서 과산화수소와 유사한 작용 |
| 오존($O_3$) | 공기, 물, 산업용 에어컨, 냉각탑 등의 소독에 사용되는 가스 | 기체 형태로는 취급 시 어려움이 있음 |

손 씻기가 불가능하거나 현실적으로 어려울 때 항균 젤은 손을 위생처리하는 거의 보편화된 수단이다.

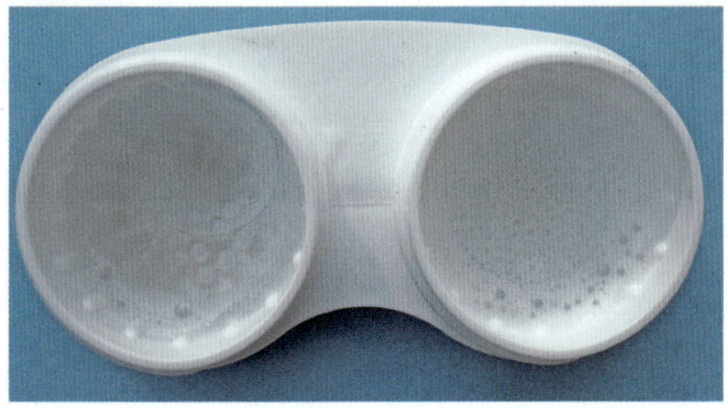

과산화물이 주요 성분인 세척제를 이용한 콘택트 렌즈의 소독. 산소 가스의 방출로 기포가 생성됐다.

*병원의 표준 예방 조치와 손 제균제로 사용되는 알코올 젤에 두 가지 형태의 알코올이 모두 들어 있다. (이미지 출처: Southworks/Shutterstock; McGraw Hill)

말린은 물에 용해된 포름알데히드 가스의 37% 용액이다. 이 화학물질은 핵산과 아미노산의 작용기에 부착돼 살균작용을 한다. 포르말린은 중간 또는 높은 수준의 소독제지만 심한 독성(발암물질로 분류됨)과 피부 및 점막에 대한 자극성 때문에 임상적으로 그 유용성이 크게 제한되고 있다(그림 11.15).

## 기체 멸균제와 소독제

무생물의 살균 처리에서 열 또는 액체 화학물질에 대한 대안으로 화학증기, 가스, 에어로졸 등이 다양하게 사용된다. 현재 가장 광범위하게 적용되는 증기와 에어로졸은 산화에틸렌, 산화프로필렌, 이산화염소다.

서로 유사한 **산화에틸렌**(ethylene oxide, ETO)과 산화프로필렌(propylene oxide, PO)은 실온 조건에서 무색의 기체다. ETO의 구조는 다음과 같다.

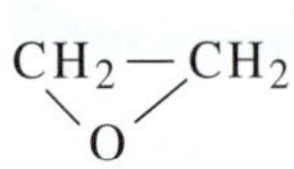

ETO는 공기 중에서 폭발성이 있다. 이산화탄소나 플루오르화탄소를 고비율로 결합시키면 이 폭발성은 제거될 수 있다. 알데히드와 마찬가지로 ETO도 매우 강력한 알킬화제이며 DNA 및 단백질의 작용기와 격렬하게 반응한다. 이러한 반응을 통해 DNA 복제와 효소 작용을 모두 차단한다. 산화에틸렌은 포자를 멸균할 수 있기 때문에 통상적으로 화학적 멸균에 허용되는 극소수의 가스 약제 중 하나다. 따라서 엄격한 절차에 따라 사용하도록 하고 있다. 가스 멸균에 필요한 챔버와 가스 포트, 그리고 온도, 압력, 습도의 제어장치가 장착된 특수 설계된 ETO 멸균기를 사용한다(그림 11.16). 산화에틸렌은 침투성이 좋지만 상대적으로 느리게 작용해 90분에서 3시간이 소요된다. 일부 물질은 ETO 가스를 흡수하므로, 멸균 후에 몇 시간 동안 멸균된 공기로 치환시켜 잔류 가스를 되도록 많이 제거해야 한다. 이 같은 효율성에도 불구하고 ETO에는 결정적인 단점이 있다. 폭발성이 있어 취급에 위험성이 있으며, 직접 접촉할 경우 폐, 눈, 점막을 손상시킬 수 있고, 공식적으로 발암물질(carcinogen)로 지정돼 있다. 이와 같은 특성을 모두 반영해 ETO와 산화프로필렌은 일부 식품 및 플라스틱 품목의 소독 및 멸균제로 주로 사용된다.

이산화염소(chlorine dioxide)는 멸균에 사용되는 또 다른 가스 약제다. 염소(chloride)라는 이름에도 불구하고 이산화염소는 이 장 앞부

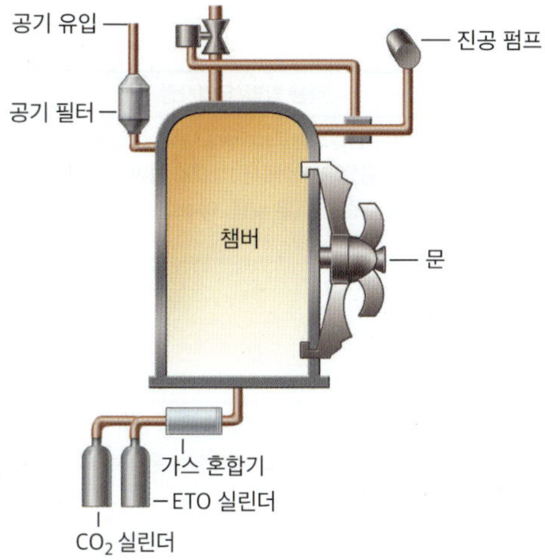


**그림 11.16 산화에틸렌 멸균기를 이용한 멸균.** 이 기계에는 산화에틸렌(ETO)과 이산화탄소가 들어 있는 가스통, 멸균 대상 물체를 올려 두는 챔버, 가스를 배출하고 공기를 유입하는 구조적 장치가 장착돼 있다.

분에서 논의한 염소 화합물과는 작용 방식이 완전히 다르다. 강력한 알킬화제로서 단백질을 파괴하고 영양세균, 곰팡이, 바이러스, 내생포자에 효과적이다. 이산화염소는 주로 식수, 폐수, 식품 가공 장비, 의료 폐기물 처리에 사용돼 왔지만, 방이나 건물 등 넓은 공간 또는 공간에 있는 물체의 오염 제거 등에 다양하게 사용된다.

**베타프로피오락톤**(betapropiolactone, BPL)은 응용분야에서 ETO와 다소 유사한 물질이다. 방 전체와 기구를 소독하고, 뼈와 동맥 이식 기구를 멸균하고, 백신의 바이러스를 비활성화하기 위해 에어로졸이나 액체로 사용 가능하며, 빠른 살균 효과를 보인다.

알데히드 및 멸균 가스의 응용을 표 11.10에 요약했다.

### 표면 작용이 있는 화학물질: 세제와 비누

세제(detergents)는 계면활성제 역할을 하는 극성 분자다. 대부분의 음이온성 세제는 제한된 살미생물 활성을 가진다. 대부분의 비누가 여기에 포함된다. 양전하를 띠는 양이온성 세제, 특히 **4차 암모늄 화합물**(quaternary ammonium compounds, quats)은 훨씬 더 효과적이다. 양이온성 세제의 활성은 4개의 유기 라디칼(4차라는 용어의 유래)이 중앙의 양전하를 띤 질소 원자에 부착되면서 발생한다. 이들 라디칼 중 적어도 하나는 민감한 미생물의 세포막을 파괴하는 긴 사슬 탄화수소 계면활성제 역할을 한다(표 11.11 참조). 양이온성 세제와 몇 분간 접촉한 세포는 세포막이 터져서 사멸한다.

세제의 효과는 조건에 따라 다양하다. 충분히 높은 농도로 사용할 경우, 4차 암모늄 화합물은 일부 그람 양성균, 바이러스, 곰팡이 및 조류에 효과적이다. 낮은 농도에서는 세균에 대해 정균 효과만 보인다. 어떤 농도에서도 결핵균, 간염 바이러스, 슈도모나스 및 포자에 대해 효과가 없다는 것은 4차 암모늄 화합물의 단점이다. 더욱이 유기물이 있는 경우에

**표 11.10** 알데히드와 멸균 가스제의 응용

| 구분 | 주요 응용 사례 | 적용 방법/유의사항 |
|---|---|---|
| **알데히드 형태** | | |
| 글루타르알데히드 | 일반적으로 열에 의해 손상되는 물질에 대한 멸균제. 호흡기 치료 장비, 지혈기, 광섬유 내시경, 신장 투석 장비 및 치과 기구의 멸균제. 백신 방부를 위한 대체제. 가금류 사체용 위생처리제 | 2%로 희석한 용액은 비교적 순하지만 2~4시간 동안 담가 두어야 함. 일반적인 시판 제품으로는 Cidex, Sporocidin 등이 있음. B형 간염 및 기타 혈액 매개 바이러스를 비활성화하기 위한 기구 멸균을 위해서는 사전 세척 후 고압증기 멸균함 |
| 오르토-프탈데히드(OPA) | 글루타르알데히드와 용도 및 효과가 유사한 고급 소독제 | 작용이 빠르고 글루타르알데히드보다 안정적이지만, 살포자성 효과는 적음 |
| **가스 형태** | | |
| 산화에틸렌(ETO) | 병원 및 산업 분야의 열에 민감한 플라스틱 및 섬세한 기구(사전 포장된 의료용품 및 일회용 페트리 접시와 같은)를 위한 공식적인 멸균제. 식품, 향신료, 말린 과일 및 약품 소독에 광범위하게 사용 | 일산화탄소(carboxide)와 빙산화물(cryoxide)은 상용 제품. 가스는 폭발성이 있어 안정제와 함께 사용 필요. ETO는 사람에게 상당히 독성이 있음. 느리게 침투하므로 특수한 챔버 내부에서 1~3시간 노출 필요 |
| 산화프로필렌 | 견과류, 분말, 전분, 향신료와 같은 식품의 멸균 | 물리적 성질과 작용 방식은 ETO와 비슷하지만 비교적 무해한 물질로 분해돼 더 안전함 |
| 이산화염소 | 공기 및 표면 멸균제. 물, 식품 가공 장비, 의료 폐기물 처리용. 방 전체와 우주탐사선의 오염 제거 | ETO와 유사하나 챔버가 필요하지 않아 넓은 공간이나 물체에 효과적임 |

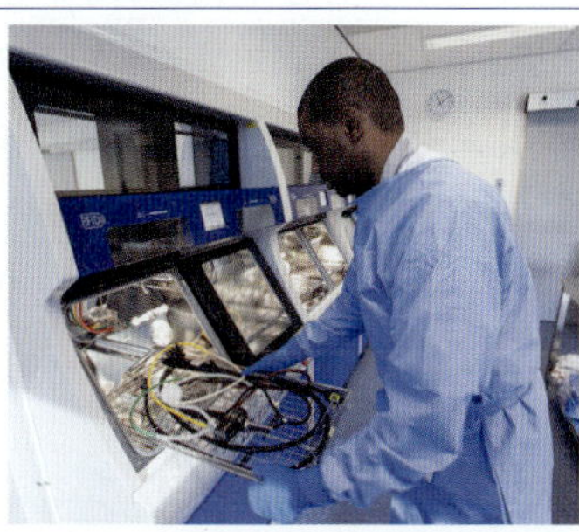

기술자는 열처리 멸균을 하기 전에 글루타르알데히드로 수술 기구를 처리한다. (Arno Massee/Science Source)

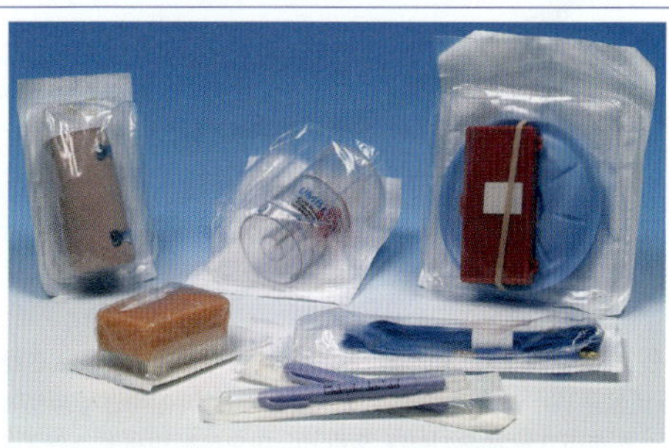

포장된 의료용품이 산화에틸렌 멸균기로 멸균돼 있다. (Printpack, Inc.)

**표 11.11 세제 및 비누의 응용**

| 세제 또는 비누 형태 | 주요 응용 사례 | 적용 방법/유의사항 |
|---|---|---|
| 4차 암모늄 화합물(Quats) 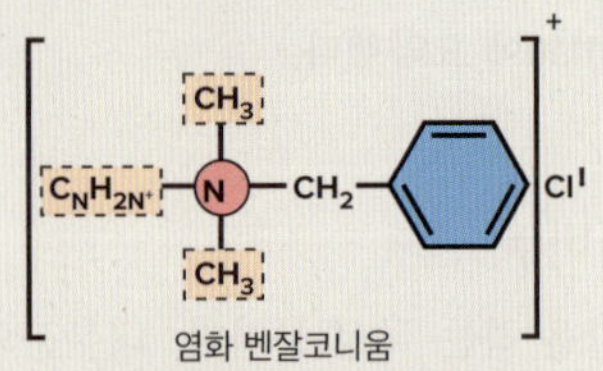 염화 벤잘코니움 | 바닥, 장비 표면, 화장실 소독 및 위생처리를 위해 세척제와 혼합. 식당 기구, 식품 가공 장비, 의류의 위생처리용. 안과용 용액 및 화장품에 흔히 사용되는 보존제 | 이름에서 알 수 있듯, 염화 벤잘코늄(Zephiran), Lysol 스프레이의 활성 성분, 염화 세틸피리디늄(Ceepryn)이 포함됨. 1:100에서 1:1,000 범위로 희석해서 사용하며, 의료기구 소독용으로는 소독 수준이 너무 낮음. Quats는 많은 가정용 소독제 스프레이의 활성 성분임 |
| 비누  | 산업 및 가정에서 사용되는 세척제 및 위생처리제. 가열멸균용 기구의 준비. 환자의 피부 세균 제거, 의료진과 치과 직원의 일상적인 손 씻기, 수술 및 수술 전 손 닦기<br>비누를 사용한 올바른 손 씻기는 건강 관리 및 개인 위생을 위한 가장 중요한 관리 방법 중 하나다. (OJO Images/SuperStock) | 지방산의 알칼리성 염. 탁월한 거품 발생 및 습윤 특성을 지닌 약한 살균제. 다량의 표면 흙, 윤활유, 기타 잔해물 제거 가능. 항미생물 화학물질을 첨가해 더욱 강력한 소독력을 지닌 살균 비누 제작 가능 |

는 활성이 크게 감소하고, 이 경우에 알칼리성 조건에서만 효과를 나타낸다. 이러한 제한성 때문에 4차 암모늄 화합물은 임상 환경에서 낮은 수준에서 중간 수준 등급의 소독제로 사용된다.

비누(soaps)는 기름의 지방산과 나트륨염 또는 칼륨염을 결합해 만든 알칼리성 화합물이다. 일반적으로 비누만으로는 살균 효과가 약해서 임질, 수막염, 매독같이 저항력이 매우 적은 세균에만 살균력을 나타낸다. 흔한 병원 내 감염원인 슈도모나스(*Pseudomonas*)는 비누에 대한 저항력이 너무 강해 일부 좋은 비누 접시에서도 대량 생장한다. 비누는 주로 산업, 가정, 의료 환경에서 세정제와 위생처리제로 사용된다. 클로르헥시딘이나 요오드포어 같은 살균제를 비누와 결합하면 매우 활성이 높은 방부제, 제균제, 소독제가 만들어진다. 살균 비누로 15초 동안 손을

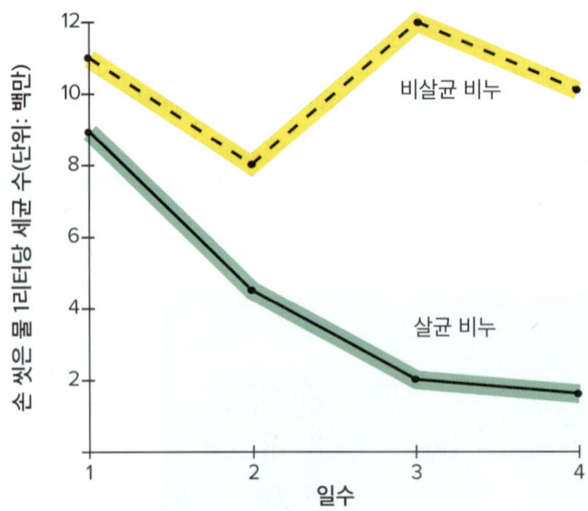


**그림 11.17** 손을 문질러 씻었을 때의 일부 효과를 보여 주는 그래프. 며칠 동안 손을 문질러 씻었을 때 살균 비누와 비살균 비누의 효과 비교. 살균 비누는 시간이 지나면서 피부에 지속적인 영향을 미쳐 미생물 수를 줄이고 낮게 유지한다. 일반 비누만으로는 미생물 수의 지속적인 감소를 일으키지 않는 것은 물론, 경우에 따라 심지어 증가하기도 한다. 이 효과는 아마도 일반적인 상주 미생물이 더 높은 수준으로 피부층과 함께 드러나기 때문일 것이다.

잘 닦으면 먼지, 기름, 표면 오염물질과 피부 표면에 있는 일부 미생물을 제거할 수 있지만, 피부 깊숙이 자리 잡은 미생물은 제거할 수 없다(**임상 연결 "멸균 피부에 대한 탐구"**와 그림 11.17 참조)

세제와 비누의 주요 용도에 대한 내용은 표 11.11에 정리했다.

## 중금속 화합물

다양한 형태의 금속 원소인 수은, 은, 금, 구리, 비소, 아연이 수 세기에 걸쳐 미생물 제어에 사용돼 왔다. 이들은 상대적으로 높은 원자량 때문에 종종 중금속(heavy metals)이라고 불린다. 그러나 이들 중 수은과 은을 함유한 약제만이 여전히 살균제로서 의미가 있다. 일부 금속(아연, 철)은 효소의 보조인자로 소량 필요하지만, 고분자량 금속(수은, 은, 금)은 극소량(백만분율, ppm)만으로도 매우 높은 독성을 가진다. 극히 적은 양으로도 항미생물 효과를 갖는 이러한 특성을 **미량역학적 작용**(oligodynamic* action)이라고 한다(그림 11.18). 중금속 살균제는 무기 또는 유기 금속염을 함유하고 있으며 수용액, 팅크, 연고 또는 비누 형태로 제공된다.

수은, 은, 그리고 대부분의 기타 금속은 작용기에 결합해 단백질을 비활성화하고, 이에 따라 신진대사를 빠르게 정지시킴으로써 살균 효과를 발휘한다(그림 11.6c 참조). 이러한 작용 방식은 영양세포 단계의 세균, 곰팡이의 세포 및 포자, 조류, 원생동물과 바이러스를 포함한 다양한 유형의 미생물을 파괴할 수 있다. 다만, 내생포자는 파괴하지 못한다. 금속은 의료 용품 및 병원시설 자체에 첨가되는 등 새로운 용도로 사용된다. 은은 생물막 형성과 감염을 방지하기 위해 카테터, 정맥주사 호스, 보철물

* 미량역학적 그리스어 oligos(적은, 미량의)와 dynamis(gla, 능력)에서 유래.

🔗 임상 연결

### 멸균 피부에 대한 탐구

현재는 멸균장갑이 의료 시술에 일상적으로 사용되지만, 약 140년 전에는 맨손으로 수술을 했었다. 그러나 그 당시에도 의료인들은 수술 중 감염의 위험성을 이해하고 있었고 외과의사와 보조원의 손을 '멸균'하려고 시도했었다. 강한 화학적 살균제와 강력한 손세척을 포함하는 몇 가지 엄격한(아마도 매우 고통스러웠을 것이다) 기술이 실행됐다. 다음은 몇 가지 사례다.

샤츠(Schatz)의 방법에서는 먼저 손과 팔뚝을 액체 비누로 3~5분간 세게 문질러 씻은 다음, 43.3℃ 온도의 과망간산염 포화 용액에 피부가 깊은 적갈색으로 변할 때까지 담가 두었다. 다음으로 피부가 탈색될 때까지 팔다리를 포화 옥살산에 담갔다. 이것으로도 충분하지 않아 그다음으로 손과 팔을 멸균 석회수로 헹구고 따뜻한 이염화수은으로 1분간 세척했다.

파크(Park)의 방식은 더 고문에 가까웠다. 먼저 옥수수 가루와 녹색 비누를 혼합한 용액으로 손과 팔의 표면을 완전히 문질러 먼지와 표면 피부를 제거했다. 다음으로, 물과 겨자 가루를 섞은 페이스트를 따끔거리기 시작할 때까지 피부에 발랐다. 이 약을 멸균된 물로 헹구고 손과 팔을 뜨거운 이염화수은에 몇 분간 담그고 그 용액을 피부에 문질렀다.

미생물을 제거하기 위해 한때 진지하게 제안됐던 또 다른 방법은 뜨거운 공기 상자에 손을 노출시켜 피부 땀샘에서 '세균 땀을 흘리는' 것이었다. 파스퇴르 자신도 무균상태를 유지하기 위해 손을 빠르게 불태우는 것을 옹호했었다.

표피와 피부샘에 자리 잡은 미생물은 가장 강한 방법으로도 완전히 박멸할 수 없으며, 피부를 심각하게 손상시키지 않고는 피부를 멸균할 수 없다. 이와 같은 기본적인 사실을 알게 되면서 피부 멸균의 오랜 꿈은 사그라들었다. 이러한 사실은 의료진과 환자 모두에게 해당되는 것이기 때문에 침습적 의료 시술 중에 감염원이 유입될 수 있는 가능성은 항상 존재한다. 수술하는 손에 고무장갑으로 멸균 장벽을 세울 수 있게 됐던 1890년에야 비로소 보다 안전한 수술을 할 수 있게 됐다. 물론 이것이 피부 세척과 소독 절차를 포기하거나 경시한다는 의미는 아니다. 즉, 우리가 만지는 모든 것으로부터 지속적으로 접촉되는 표면 오염물질이 가장 위험한 감염 원인이며, 이를 제거하려면 소독 비누로 피부를 철저히 문지르고 세척해야 한다.

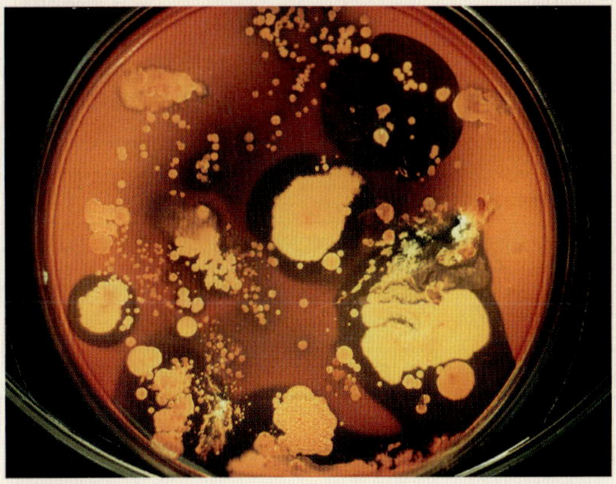

한 교실의 30명의 학생에게 혈액 한천 접시를 만지게 한 후, 미생물 콜로니가 다량 생성됐다. 그 결과 세균과 곰팡이가 혼합돼 있었고, 용혈성으로 투명대를 생성한 몇몇은 병원균의 가능성이 있다. (McGraw Hill)

**피부를 멸균하거나 멸균하려는 시도와 관련된 더 심각한 문제는 무엇인가?**

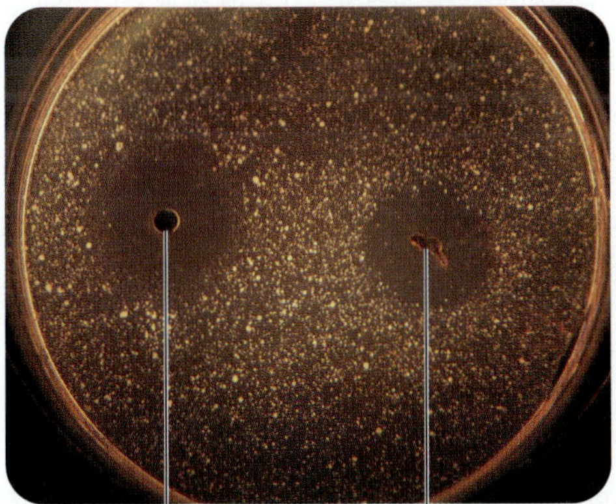


**그림 11.18 중금속의 미량역학적 작용의 입증.** 타액을 접종한 평판 배지에는 작은 중금속 조각이 가볍게 눌러져 있다. 배양 중에 양쪽 조각 주위로 생성된 투명대(clear zones)는 타액 속 미생물의 성장이 억제됐음을 나타낸다. 은니 충전재에 사용되는 아말감(amalgam) 주변이 약간 더 넓게 나타난 것은 아마도 은과 수은의 결합 효과가 반영된 것 같다. (출처: McGraw Hill)

에 첨가된다. 연구에 따르면 화장실 부착물, 문, 문고리의 금속 부분에 첨가될 때 구리는 크롬이나 알루미늄보다 더 우수한 미생물 파괴력을 가지고 있는 것으로 나타났다. 이는 *Clostridioides difficile*의 영양세포, 인플루엔자 바이러스, 그람 음성 기회감염균은 물론 가장 문제가 되는 약물 내성 병원체인 MRSA를 파괴한다.

지난 몇 년 동안 많은 의류 품목, 특히 양말이나 속옷 등을 제조할 때 구리나 은이 종종 포함됐다. 이 금속들의 항미생물 특성이 세균 성장을 늦추어 체취를 줄일 수 있다고 강하게 광고해 왔다. 그러나 과학적으로는 약간 다르게 설명된다. 구리와 은에는 확실히 항미생물 특성이 있지만 의류에 포함된 대부분의 금속은 세탁을 열 번만 해도 모두 손실된다. 또한 일부 연구에 따르면 폐수 내 중금속 농도가 증가하면 중금속에 저항성이 향상된 세균이 자연선택된다는 사실이 밝혀졌으며, 이는 더욱 심각한 문제다.

중금속의 주요 단점은 다음과 같다. (1) 금속(특히 수은)은 소량이라도 섭취, 흡입 또는 피부를 통해 흡수되는 경우 인체에 심각한 독성이 있으며 이는 미생물 세포에 독성이 있는 것과 동일한 이유다. (2) 일반적으로 알레르기 반응을 유발한다. (3) 다량의 생물의 체액과 생물 폐기물에 의해 중금속의 효과가 중화될 수 있다. (4) 미생물은 금속에 대한 내성을 키울 수 있다.

표 11.12에 중금속 화합물의 응용에 대해 정리했다.

## 항미생물 약제로 사용되는 염료

여러 가지 염료(dyes)는 세균 염색과 선택 배지 및 분별 배지의 지시약으

**표 11.12 중금속의 응용**

| 금속 형태 | 주요 응용 사례 | 적용 방법/유의사항 |
|---|---|---|
| 유기 수은(Organic Mercury) | 티메로살(Merthiolate)과 니트로메르솔(Metaphen)은 약한 방부제이자 감염 예방제. 화장품 및 안과 용액의 보존제로 사용 가능 | 팅크(0.001~0.2%)는 상당히 효과적이지만 독성이 있고 치유 지연 가능성 때문에 손상된 피부에는 부적합함. 머큐로크롬은 현재 가장 효과가 낮은 방부제 중 하나로 간주됨 |
| 은 설파다이아진 연고(Silver Sulfadiazine Ointment) | 의료용 드레싱 용액에 첨가해 2도, 3도 화상 환자의 감염을 효과적으로 예방 | 은염과 설파제를 함유한 노란색 연고 |
| 질산 은(Silver Nitrate, $AgNO_3$) | 주로 구강 궤양에 사용되지만, 치아 뿌리에 대한 국소 살균제로도 사용 | 1~2% 용액이 방부제로 사용돼 왔지만 피부와 다른 조직을 변색시킴 |
| 금속성 은(Metallic Silver) | 병원에서 요로 감염을 예방하기 위해 카테터에 첨가됨. 변기 시트, 청진기, 심지어 집의 벽과 바닥 같은 품목에서 미생물 생존을 제어하기 위해 페인트, 플라스틱, 강철에 첨가 | |
| 콜로이드 은(Colloidal Silver) | 입, 코, 눈, 질을 위한 순한 살균 연고 또는 린스 | |

**표 11.13 다양한 상업용 항미생물 제품의 활성 성분**

| 제품 | 특정 화학물질 | 항미생물 범주 |
|---|---|---|
| Lysol 및 Clorox 살균 물티슈 | 디메틸 벤질 암모늄 클로라이드(dimethyl benzyl ammonium chloride) | 세제(quat) |
| Tilex 및 Lysol 흰곰팡이 제거제 | 차아염소산 나트륨(sodium hypochlorites) | 할로겐 |
| Dial 항균 손 비누 | 벤잘코늄 클로라이드(benzalkonium chloride) | 세제(quat) |
| Lysol 소독 스프레이 | 알킬 디메틸 벤질 암모늄/에탄올(alkyl dimethyl benzyl ammonium/ethanol) | 세제(quat)/알코올 |
| ReNu 콘택트 렌즈 용액 | 폴리아미노프로필 비구아나이드(polyaminopropyl biguanide) | 클로르헥시딘 |
| Wet Ones 항균 물티슈 | 벤젠토늄 클로라이드(benzethonium chloride) | 세제(quat) |
| Scope 구강 청결제 | 에탄올(ethanol) | 알코올 |
| Purell 일회용 손 소독제 | 에탄올 | 알코올 |
| Pine-Sol | 송유와 계면활성제(pine oil and surfactant) | 알데히드, 알코올 |
| Allergan 점안액 | 아염소산 나트륨(sodium chlorite) | 할로겐 |

로 중요하게 사용된다. 또한 화학요법에 사용되는 특정 약물의 주요 공급원이기도 하다. 이들의 항미생물 효과는 핵산에 삽입돼 돌연변이를 일으키는 방식으로 나타나는 것으로 보이며, 세포벽 합성을 방해할 수 있다는 과학적 근거도 있다. 크리스탈 바이올렛 및 말라카이트 그린과 같은 아닐린(aniline) 염료는 그람 양성균과 일부 곰팡이에 매우 높은 활성을 보이기 때문에 백선과 같은 피부 감염 치료 용액과 연고에 첨가된다. 노란색 아크리딘(acridine) 염료인 아크리플라빈과 프로플라빈은 의료 및 수의과 진료소에서 방부 및 상처 치료에 때때로 사용된다. 대부분의 경우 염료는 얼룩이 생기고 활성 스펙트럼이 좁기 때문에 응용에 한계가 있다.

## 산과 알칼리

pH가 매우 낮거나 높은 조건은 미생물 세포를 파괴하거나 억제할 수 있지만, 부식성이 높은 위험한 특성으로 인해 사용에 제한이 있다. 알칼리성 용액은 단백질을 비활성화하기 때문에 청소 및 일부 유형의 소독에 좋다. 수산화암모늄은 세제와 세척제의 주요 성분이며, 강력한 수산화나트륨 용액은 프리온을 확실하게 파괴하는 몇 안 되는 물질 중 하나다. 유기산은 포자 발아와 세균 및 곰팡이 성장을 방지하고 일반적으로 먹어도 안전한 물질로 간주되기 때문에 식품 보존에 널리 사용된다. 식초 형태의 아세트산은 절임식품에 사용돼 세균 성장을 억제한다. 프로피온산은 일반적으로 곰팡이 발생을 지연시키기 위해 빵과 케이크에 첨가된다. 젖산은 혐기성 세균(특히 클로스트리디움)의 성장을 방지하기 위해 사우어크라우트(sauerkraut, 소금에 절인 양배추)와 올리브에 첨가된다. 벤조산과 소르빈산은 음료, 시럽, 마가린에 첨가돼 효모를 억제한다.

일반 가정용품에서 발견되는 일부 항미생물 화학물질은 표 11.13에 나타냈다.

**핵심 점검 11.4**

22. 높은 수준의 소독이 필요한 상황과 중간 또는 낮은 수준의 소독이 적절한 상황에 대해 설명하시오.
23. 팅크와 수용액의 차이점은 무엇인가?
24. 멸균제(sterilant)를 정의하고 주요 살포자 화학제의 이름을 말하시오.
25. 염소 화합물의 주요 형태와 용도를 요약하시오.
26. 유리 요오드 용액에 비해 요오도포어의 우수한 특성은 무엇인가?
27. 알코올과 페놀의 작용 방식은 무엇인가?
28. 과산화수소 용액이 혐기성 미생물에 대해 왜 그렇게 효과적인가?
29. 중금속 화학약품, 글루타르알데히드, 멸균 가스의 용도와 단점을 설명하시오.
30. 화학물질에 미량역학적 작용이 있다는 것은 무엇을 의미하며, 어떤 화합물이 이러한 효과를 가지는가?

## 사례 연구 Part 2

에런 영이 ERCP 시술을 받고 있던 1월 27일, DNA 분석 결과 UCLA의 CRE 감염 환자 중 다수가 동일한 균주의 세균에 의해 발생했다는 사실이 밝혀졌으며, 이는 병원 내에서 전파됐음을 나타낸다. 루빈 박사는 의료 기록을 다시 살펴봤다. 그는 전염병 담당 동료 중 한 명에게 그 세균의 발병 균주에 감염된 환자들에게만 초점을 맞춰 이용 가능한 정보를 다시 한번 검토해 달라고 요청했다. 그리고 패턴이 나타나기 시작했다.

에런 영이 병원에 입원하기 2주도 더 전에, 간 이식을 대비한 치료를 받고 있던 한 여성이 47번 내시경을 사용해 ERCP 시술을 받았었다. 17일 후에 동일한 내시경이 에런에게 사용됐었다. 많은 경우에 CRE 감염은 47번 내시경으로 추적될 수 있었으며, 두 번째 내시경인 26번은 대부분의 다른 환자들과 연결돼 있었다. 그 내시경은 7개월밖에 사용되지 않은 것이었고, 제조업체의 권장 방법에 따라 세척됐었다. 8명의 환자가 감염된 것으로 최종 확인됐고, 이 중 3명이 사망했다.

그해 2월, 미국 식품의약국(FDA)은 미국의 모든 병원에 안전 경고를 발령해 내시경을 재처리할 때 각별한 주의를 기울이도록 했다. 내시경의 엘리베이터에는 세균이 서식할 수 있는 여러 곳의 구석과 틈새가 있는 것으로 생각됐기 때문이었다. 3월, 미국에서 사용되고 있는 십이지장경의 85%를 생산하는 올림푸스(Olympus)사는 새로운 세척 지침을 제공하고 새로운 청소용 브러시를 권장했는데, 이는 2년도 더 전에 유럽의 병원들에 경고했던 내용이었다. UCLA와 올림푸스사는 모두 에런 영과 그의 부모를 포함한 수많은 환자나 그 가족으로부터 고소당했다.

4월 3일, 병원에서 67일간 더 입원 치료를 받은 후 에런 영은 다시 퇴원했지만 계속해서 감염에 시달렸다.

- **환자와 다음 환자 사이에 사용할 내시경을 증기멸균만 하지 않는 이유를 세균 오염에 대한 우려를 바탕으로 설명하시오.**
- **내시경 재처리의 마지막 단계에는 70% 에틸알코올 또는 이소프로필알코올로 세척하는 작업이 포함된다. 알코올 함량을 70%로 지정한 이유는 무엇인가?**

## 주요 용어로 보는 요약

### 11.1 미생물 제어

A. **오염 제거**(decontamination) 과정은 오염물질을 파괴하거나 제거하는 것을 포함한다. 오염물질이란 특정 장소와 시간에 존재하는 바람직하지 않거나 원치 않는 미생물로 정의된다.

B. **멸균**(sterilization)은 바이러스를 포함한 모든 미생물을 파괴하거나 제거하는 과정이다.
   1. **살균제**(bactericide)는 영양세포 단계의 세균을 파괴하는 화학물질이다. **살포자제**(sporicide)는 세균의 내생포자를 파괴할 수 있다.
   2. **정균제**(bacteriostatic agents)는 환경에 있는 조직이나 다른 물체에서 박테리아의 성장을 억제하거나 방지한다.
   3. **살균제**(germicide)나 **살미생물제**(microbicide)는 병원성 미생물을 죽이는 화학물질이다.

C. **소독**(disinfection)은 물체에 있는 세균 내생포자가 아닌 영양 세포 단계의 병원균을 파괴하는 물리적 또는 화학적 과정을 말한다. **방부제**(antiseptic)는 살아 있는 조직에서 병원균을 제거하기 위해 사용하는 화학물질이다.

D. **위생처리**(sanitization)는 오염물질을 제거하고 대상 물체를 위생적이고 사용하기 안전하도록 강제적으로 세척하는 것을 말한다. **제균**(degermation)은 잠재적인 병원균을 제거하기 위해 신체에 적용되는 위생처리와 동일한 과정이다.

E. 항미생물 약제의 작용 속도에 영향을 미치는 여러 요인은 다음과 같다.
   1. 약제 노출 시간
   2. 존재하는 미생물의 수
   3. 미생물의 상대적 내성(예를 들면, 내생포자 vs 영양세포 형태)
   4. 약제의 활성(살균제 vs 정균제)

F. 항미생물제의 작용 원리: **작용 방식**(modes of action). 약제는 세포벽 합성, 세포막 투과성, 단백질과 핵산의 합성 및 기능에 영향을 미친다.

### 11.2 물리적 제어 방법: 열

A. **습열**(moist heat)은 세포막을 파괴하는 동시에 단백질과 DNA를 변성시킨다.
   1. 멸균: **고압고온멸균기**(autoclaves)는 압력(121°C)의 증기를 이용해 내열성 물질을 멸균하는 반면, 간헐적 멸균은 100°C의 증기를 이용해 보다 섬세한 물품들을 멸균한다.
   2. 소독: **저온살균**(pasteurization)은 액체를 100°C 이하의 온도로 가열하여 액체 내 존재하는 미생물로 인한 위험성을 낮추는 데 사용된다. 끓는 물은 가정 내 영양세포 단계의 병원균을 파괴하는 데 사용될 수 있다.

B. 습열보다 높은 온도를 사용하는 **건열**(dry heat)도 멸균에 사용될 수 있다.
   1. **소각**(incineration)은 분젠 버너 또는 소각로를 사용하여 수행

될 수 있는데, 사용 온도 범위는 800~6,500°C 정도다.

2. 건조 오븐(dry ovens)은 150~180°C의 온도 범위에서 수행한다.

C. 저온(냉장 및 냉동)은 미생물의 성장을 억제하며 일반적으로 식품, 배지, 배양균을 보존하는 데 사용된다.

D. 건조와 **탈수**(desiccation)는 세포 내 수분을 감소시켜 (종종 일시적인) 대사 억제를 초래한다.

### 11.3 물리적 제어 방법: 방사선 및 여과

A. 방사선: **방사선**(radiation) 형태의 에너지는 열 없이 미생물을 죽이는 **저온 멸균**(cold sterilization)에 사용될 수 있다.

1. 감마선, X선과 같은 **전리 방사선**(ionizing radiation)은 깊은 침투력을 가지고 있으며 표적 생물체의 DNA를 파괴하는 방식으로 작용한다.
2. **비전리 방사선**(nonionizing radiation)은 침투력이 매우 약한 **자외선**(ultraviolet)을 사용하며, 인접한 피리미딘 사이에 이량체를 생성하여 복제를 방해하는 방식으로 작용한다.

B. 여과에 의한 미생물 제거: 여과는 미세한 필터를 통해 기체나 액체를 통과시켜 미생물을 물리적으로 제거하는 과정으로, 공기뿐만 아니라 열에 민감한 액체의 멸균에도 사용될 수 있다.

### 11.4 미생물 제어에 사용되는 화학물질

A. 화학물질은 그 효과의 정도와 적용 가능한 표면 종류에 따라 **소독제**(disinfectants), **방부제**(antiseptics), **멸균제**(sterilants), **위생처리제**(sanitizers), **제균제**(degermers)로 구분된다.

B. 항균 화학물질은 고체, 기체, 액체 형태로 존재한다. 액체는 물에 녹인 **수용액**(aqueous) 또는 알코올(또는 물-알코올)에 녹인 **팅크제**(tinctures) 형태일 수 있다.

C. **할로겐**(halogens)은 주기율표의 7족 원소들을 기반으로 한 화학물질이다.

1. 염소가스, 차아염소산염, 클로라민은 모두 이황화 결합을 파괴하는 방식으로 작용하며, 충분한 시간이 주어지면 포자 살균 효과도 있다.
2. 요오드 화합물에는 유리 요오드($I_2$)와 **요오드포어**(iodophors)가 포함된다. 요오드는 염소와 유사한 작용 기전을 가지고 있으며, 포자 살균 효과도 있다.

D. **페놀류**(phenolics)는 세포막을 파괴하고 단백질을 침전시키는 작용을 한다. 살균, 항진균, 항바이러스 효과가 있지만 포자 살균 효과는 없다. 비스페놀은 소독 및 방부 효과가 약한 물질이다. 자체 독성이 있어서 페놀류는 제한적으로 사용된다.

E. **클로르헥시딘**(chlorhexidine, 히비클렌스, 히비탄)은 광범위한 살균 특성을 지닌 계면활성제이자 단백질 변성제이지만 포자 살균 효과는 없다. 클로르헥시딘 용액은 수술 전 세척, 피부 세척, 화상 치료를 위한 피부 제균제로 사용된다.

F. 에틸알코올과 이소프로필알코올은 농도가 50~90%일 때 미생물을 제어하기에 유용하다. **알코올**(alcohol)은 **계면활성제**(surfactants) 역할을 하여 세균의 영양세포와 곰팡이의 세포막 지질을 용해하고 단백질을 응고시킨다. 포자를 죽이는 효과는 없다.

G. **과산화수소**(hydrogen peroxide)는 단백질과 DNA를 손상시키는 동시에 혐기성 세균에 독성이 있는 $O_2$ 가스로 분해되는 반응성이 높은 하이드록실 자유 라디칼을 생성한다. 과산화수소($H_2O_2$)의 강한 용액은 포자를 죽이는 효과가 있다.

H. **글루타르알데히드**(glutaraldehyde)와 같은 알데히드는 단백질과 DNA 분자를 알킬화하여 미생물을 죽이며, 멸균제로 사용될 수 있다.

I. **에틸렌옥사이드**(ethylene oxide, ETO), 프로필렌옥사이드, 이산화염소 등과 같은 가스와 에어로졸은 강력한 알킬화제이며, 모두 포자 살균 효과가 있다.

J. **세제**(detergents)와 **비누**(soaps)

1. **4차 암모늄 화합물**(quaternary ammonium compounds, quats)로 알려진 양이온성 세제는 일부 박테리아와 곰팡이의 세포막 투과성을 변화시키는 계면활성제 역할을 한다. 포자 살균 효과는 없다.
2. 비누는 미생물이 포함된 기름과 흙을 제거하는 역할을 한다.

K. **중금속**(heavy metals): 은 또는 수은을 함유한 화합물은 단백질을 불활성화시켜 매우 희석된 농도[**미량역학적 작용**(oligodynamic action)]에서도 영양세포(포자 제외)를 죽인다.

L. **염료**(dyes), **산**(acids), **알칼리**(alkalis)도 미생물을 억제하거나 파괴할 수 있지만 용도는 제한적이다.

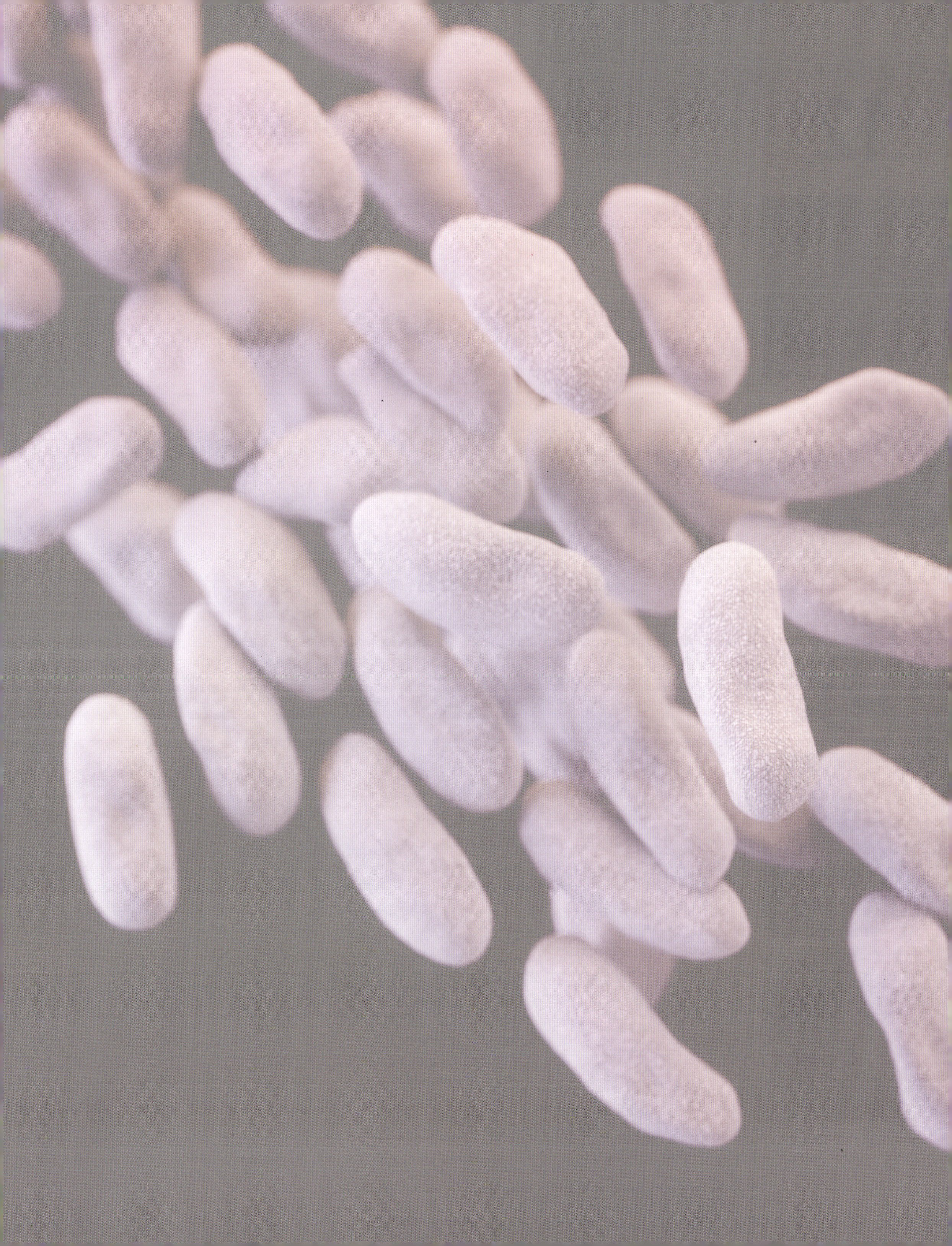

CHAPTER

# 12 약물, 미생물, 숙주 — 화학요법의 요소

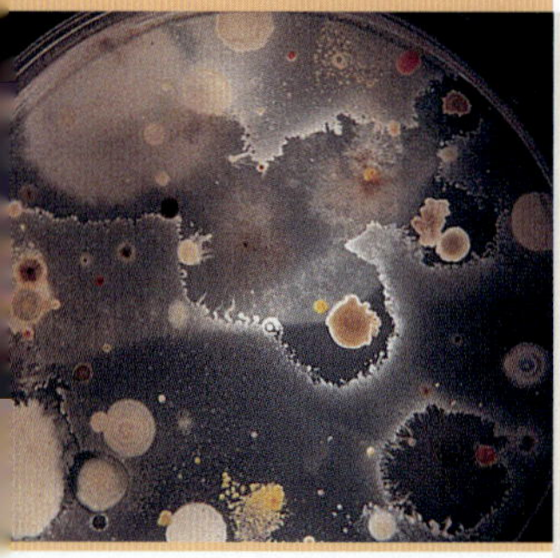

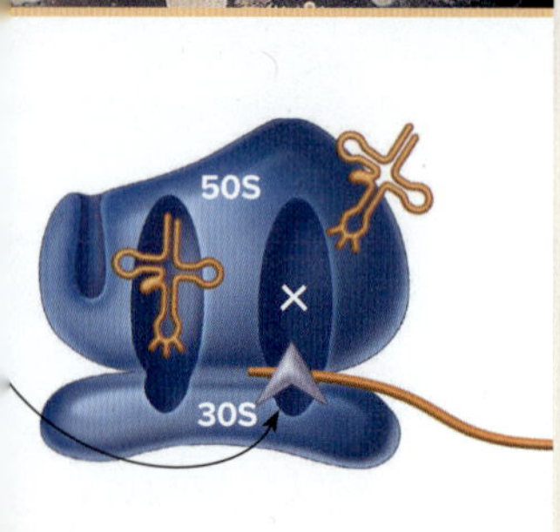


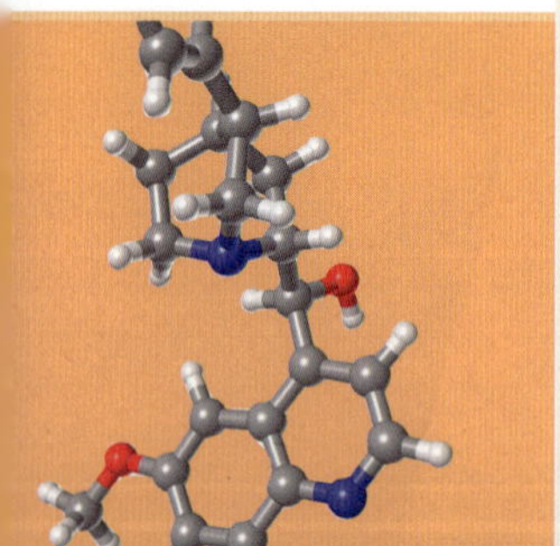

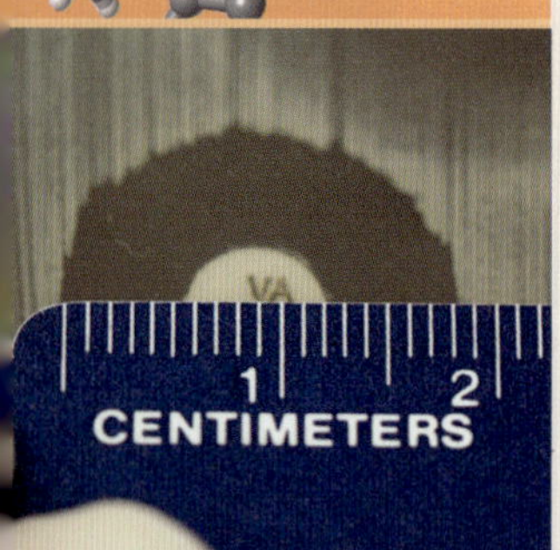


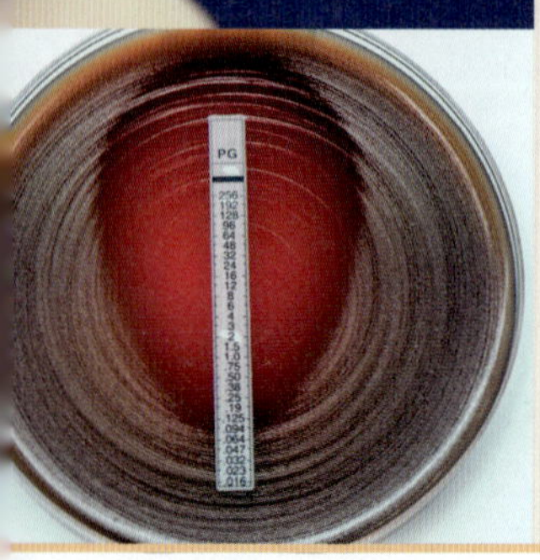

**이 장의 구성**

## 12.1 항균 요법의 원리

- 항균제의 기원
- 약물과 미생물 간 상호작용

## 12.2 주요 항균제 그룹 조사

- 세포벽에 작용하는 항균제
- 세균 세포막을 손상시키는 항생제
- DNA 또는 RNA에 작용하는 약물
- 단백질 합성을 방해하는 약물
- 대사경로를 차단하는 약물

## 12.3 곰팡이, 기생충, 바이러스 감염 치료제

- 항진균제
- 항기생충 화학요법
- 항바이러스 화학요법 약물

## 12.4 미생물과 약물 간 상호작용: 약물 내성의 획득

- 약물 내성의 발달 과정
- 약물 내성의 특이적 메커니즘
- 자연 선택과 약물 내성

## 12.5 약물과 숙주 간 상호작용

- 기관에 대한 독성
- 약물에 대한 알레르기 반응
- 항균제에 의한 미생물총 억제 및 변형

## 12.6 항균제 선택 과정

- 감염원 식별
- 미생물의 약물 감수성 검사
- MIC와 치료 지수
- 항균제 선택 시 환자 요인



(이미지 출처: wwing/Getty Images; McGraw Hill; Lisa Burgess/McGraw-Hill Education; Sirirat/Shutterstock)

사례 연구 Part 1

# 나는 아플 때 기분이 더 좋아졌어

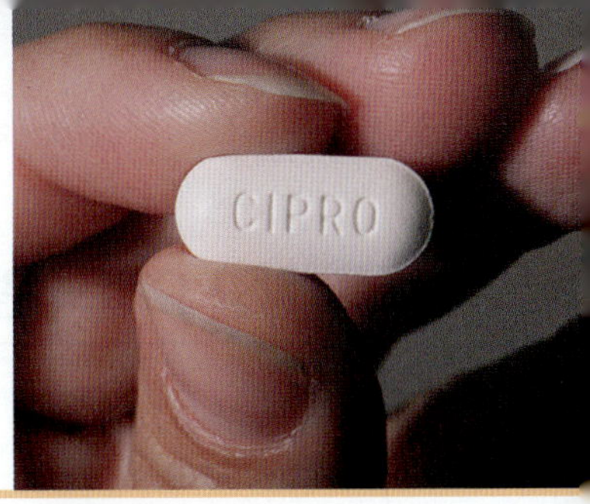


건강한 젊은 사람에게 몇 차례의 설사는 보통 의사를 찾아갈 필요까지는 없지만, 23세의 엔지니어는 **물갈이로 인한 설사**(traveler's diarrhea)가 지속되고, 몬테수마의 복수(Montezum's revenge: 한국말로 물갈이를 뜻한다. 미국인들이 멕시코와 영토전쟁을 벌이면서 멕시코 땅으로 들어갔을 때 물갈이 때문에 폭풍설사로 고통받은 것에 대한 유래로 보인다—역주)와 델리 벨리(Delhi belly: 여행자 설사를 일컫는 속어)에 대한 끊임없는 농담 때문에 치료를 받으러 갔다. 그녀의 병력은 특별한 것이 없었고, 일반적으로 위장관 감염을 치료하는 데 사용되는 광범위 항생제인 **시프로플록사신**(ciprofloxacin)을 10일 동안 처방받았다.

치료 기간 그녀는 **메스꺼움**(nausea), **현기증**(dizziness), **빈맥**(tachycardia, 빠른 심장 박동), **기억 상실**(memory loss), 그리고 집중하는 데 극도의 어려움을 겪기 시작했으며, 이를 의사에게 '브레인 포그(brain fog)'라고 설명했다. 시프로플록사신 복용은 중단됐지만 브레인 포그는 여전히 남아 있었고, 다음 달 동안 설사, 식품 불내성(food intolerance: 면역반응과 무관하게 반응하는 식품이상반응)으로 인한 위장관 통증, **편두통**(migraines), **만성 피로**(chronic fatigue), 빈번한 상기도 감염 등의 증상이 추가로 나타났다. 그녀는 지속되는 부작용에도 불구하고 직장으로 복귀했다.

처음 감염되고 7년 후, 환자는 이번에는 인후통과 열로 의사를 다시 찾았다. 그녀는 다른 항생제인 **목시플록사신**(moxifloxacin)을 5일간 처방받았다. 이번에도 심한 부작용이 나타났는데, **경련**(convulsions), 다수의 위장관 증상, 빈맥 증상(심박수가 몇 시간 동안 분당 140회로 상승), **저혈압**(hypotension), **동공 확장**(dilated pupils), 무력감, 불면증, 통증, 호흡 곤란 등이 있었다. 목시플록사신 처방은 3일째 중단했지만, 증상은 지속됐다. 다음 달까지 그녀의 체중은 약 50 kg에서 44 kg으로 줄었고, 그녀의 생각으로는 하루에 몇 움큼씩 머리카락이 빠지는 현상을 겪었다. 심한 안구건조증은 치료 중단 후 3개월이 지나면서 **각막 궤양**(corneal ulcer)을 유발했으며, 동시에 목, 어깨, 손, 무릎, 발목의 관절 및 근육 통증이 나타나기 시작했다. 치료 9개월 후에 **아킬레스건염**(Achilles tendonitis)이 발병했다.

환자의 남편에 따르면, 그녀는 이제 대부분의 시간을 침대에 누워서 보내고 있으며, 방을 가로질러 걷는 것도 어려워했고, 샤워를 할 때도 종종 의자에 앉아야 했다. 그녀는 에너지를 절약해야 했기 때문에 의사 방문과 90세 할머니 방문 중 하나를 선택해야 했으며, 끊임없는 피로로 인해 둘 다 할 수는 없었다. 전화 통화조차도 그녀를 지치게 했고, 점점 더 고립된 삶을 살게 됐다. 그녀는 더 이상 일을 계속할 수 없었다.

다양한 검사 끝에 **자율신경병증**(autonomic polyneuropathy)이라는 진단을 받았다. 이 상태는 자율신경 기능을 조절하는 신경이 손상된 상태를 의미한다. 이 질환의 가장 흔한 증상인 혈압 변화, 체온 조절, 소화 및 방광 기능의 변화가 모두 환자에게서 나타났다.

- 광범위 항생제란 무엇인가?
- 환자가 두 가지 다른 약물에 유사한 반응을 보인 이유는 무엇인가?

이 장 끝에서 사례 연구 Part 2로 이어짐.

(삽화 출처: Scott J. Ferrell/Congressional Quarterly/Getty Images)

## 12.1 항균 요법의 원리

**학습목표**

1. 항균 요법의 목표를 설명한다.
2. 항균제의 기원을 논한다.
3. 항생제, 합성 약물, 반합성 약물을 구분한다.
4. 항균 요법의 특별한 전략을 설명한다.
5. 약물의 스펙트럼이 무엇을 의미하는지, 좁은 스펙트럼 약물과 넓은 스펙트럼 약물의 차이점을 설명한다.
6. 항균제의 다섯 가지 작용 모드를 요약하고, 그 효과의 구체적인 예를 들어 설명한다.

100여 년 전 미국에서는 어린이 3명 중 1명이 5세 이전에 감염병으로 사망하는 경우가 많았다. 성홍열, 디프테리아, 결핵, 뇌막염 등 수많은 세균성 질환으로 인해 조기 사망하거나 평생 고통받는 것은 전 세계 인구 대부분에게 두려운 현실이었다.

1930년대에 감염을 통제하기 위한 현대 약물의 도입은 인간의 수명과 건강을 크게 증진시킨 의학 혁명이었다. 수년간 항생제는 기적의 약물로 여겨졌다. 항균제는 특정 감염의 발생률을 크게 줄였지만, 감염병을 완전히 근절하지는 못했고, 아마도 절대 근절하지 못할 것이다. 사실 세계의 일부 지역에서는 항균제 도입 이전만큼 감염병으로 인한 사망률이 높다. 그럼에도 불구하고 인간은 수천 년 동안 질병을 통제하려는 목적으로 약을 복용해 왔다.

**항균 화학요법**(antimicrobial chemotherapy)[1]의 목표는 단순히 감염된 사람에게 숙주의 세포를 손상시키지 않으면서 감염원을 파괴하는 약물을 투여하는 것이다. 실제로는 상충되는 많은 요소를 고려해야 하기 때문에 이 목표를 달성하기는 어렵다. 이상적인 약물은 쉽게 투여할 수 있고, 신체의 어디에서나 감염원을 찾아낼 수 있어야 한다. 감염원을 단순히 억제하는 것이 아니라 감염원을 살균할 수 있어야 하며, 신체 내에서 필요한 기간에 항균 활성 상태를 유지해야 하고, 안전하고 쉽게 분해되고 배설돼야 한다. 요컨대, 완벽한 약물은 존재하지 않지만, 약물 특성을 서로 균형 있게 조절한다면 일반적으로는 만족스러운 절충안을 얻을 수 있다(표 12.1).

### 항균제의 기원

현대 항균제는 그 기원이 매우 다양하다. 전통적으로 '**항생제**(antibiotics)'라고 불리는 약물은 특정 미생물의 자연 대사과정에서 생성된 물질로, 다른 미생물을 억제하거나 파괴할 수 있다(그림 12.1a). 자연에서 많은 항균제가 만들어진다. 수천 종의 항생제가 발견됐지만, 실제로 임상에서 사용되는 것은 비교적 소수에 불과하다. 항생제는 주로 호기성 아포 형성 세균(aerobic spore-forming bacteria)과 곰팡이에 의해 생

1 치료에 화학물질을 사용한다는 뜻의 화학요법이라는 단어는 흔히 암 치료와 관련이 있지만 공식적인 의미에는 항균 치료도 포함된다.

표 12.1 이상적인 항균제의 특징

- 미생물에는 선택적으로 독성이 있지만, 숙주세포에는 독성이 없을 것
- 미생물 억제보다는 미생물을 죽이는 효과가 있을 것
- 작용 시간이 충분해 조기에 분해되거나 배출되지 않을 것
- 미생물에 대한 내성이 생기지 않을 것
- 숙주의 미생물에 대한 방어기제를 보완하거나 지원할 수 있을 것
- 체액과 조직에서 약물의 농도가 희석되더라도 활성 상태를 유지할 것
- 감염 부위로 쉽게 전달 가능할 것
- 가격이 합리적일 것
- 숙주의 건강을 해치지 않고 알레르기나 다른 감염 발생을 유발하지 않을 것

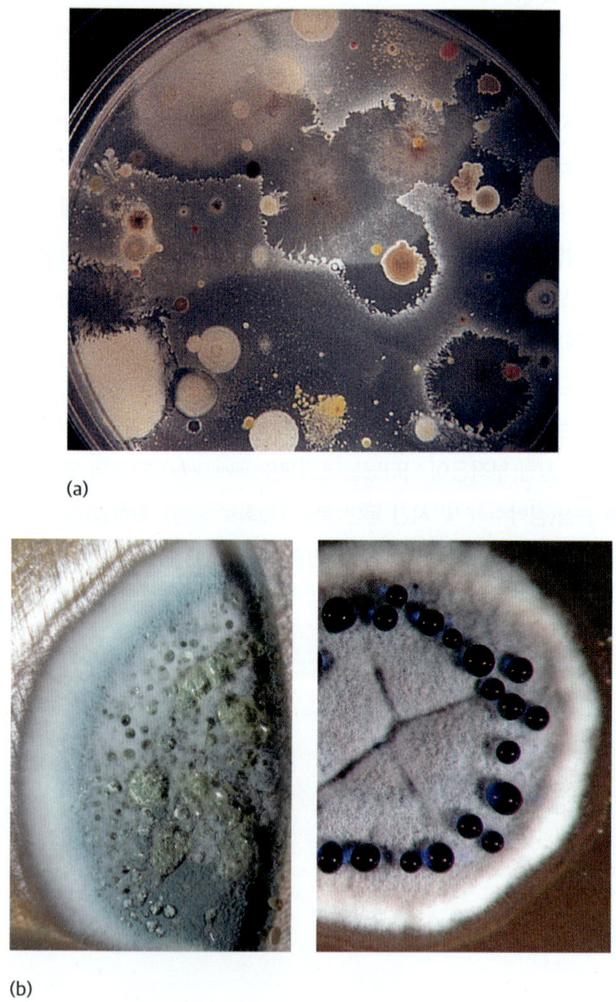

그림 12.1 항생제 생산 미생물 탐색법. (a) 한 가지 방법은 플레이트에 시료(여기서는 흙)를 넣고 표면에 박테리아를 가는 안개 형태로 뿌린 후 배양하는 것이다. 주위에 미생물의 생장 없이 맑게 보이는 억제 구역이 나타나는 것은 항생제를 생산하는 콜로니를 나타낸다. (b) 항생제를 분비하는 2개의 콜로니. 왼쪽은 *Penicillium chrysogenum*으로, 노란색 페니실린 방울이 보이며, 오른쪽은 *Streptomyces coelicolor*로, 실험용 항생제인 액티노로딘이 파란색 방울로 나타난다. 이러한 항생제 분비는 약물의 분리 및 생산에 중요한 요소다. (출처: McGraw Hill; Dr. Ramón Santamaría/IMB. CSIC/USAL. Salamanca. Spain)

성된다. 항생제가 이들 미생물의 생존에 필요한 것으로 보이는데, 이는 항생제 생산 유전자가 진화과정에서 보존됐기 때문이다. 일부 전문가들은 미생물이 근처의 경쟁자나 포식자를 억제하거나 파괴하기 위해 항생제를 합성한다고 추측한다. 다른 전문가들은 항생제가 아포 형성과 관련이 있다고 제안한다.

가장 많은 항생제는 *Streptomyces*와 *Bacillus* 속의 세균 및 *Penicillium*과 *Cephalosporium* 속의 곰팡이에서 유래됐다(그림 12.1b, 표 12.2). 이 중 *Streptomyces* 종은 가장 많은 생리활성 화합물을 생산하는데, 이들로부터 거의 9,000종의 생리활성 화합물을 분리했으며, 현재 처방되는 모든 항생제의 1/3을 차지한다. 제약 산업에서는 이러한 미생물을 대량으로 배양하고, 그들의 생산물을 약물로 판매한다. 연구자들은 돌연변이 종을 개발하거나, 미생물 배양액 혹은 생산 공정을 변경함으로써 자연에서보다 더 많은 양 또는 더 효과적인 제품을 생산하는 연구를 진행해 왔다.

몇몇 항균제 계열은 **합성**(synthetic)으로 간주되며, 이들은 미생물이 분비하지 않고 전적으로 화학적 과정을 통해 합성된다. 합성 약물에는 설파제(sulfa drugs), 퀴놀론(quinolones), 퀴닌(quinines), 아졸(azoles), 대부분의 항바이러스제가 포함된다.

가장 일반적인 약물 생산 접근 방식은 천연 및 합성 방법을 결합한 **반합성**(semisynthetic) 방법이다. 이는 미생물이 만든 기본 항생제에 약물의 반응을 조절할 수 있는 다양한 기능 그룹을 화학반응을 통해 결합해 약물의 기능을 향상하는 접근 방법이다. 이렇게 생산된 약물은 원래 항생제보다 새로운 기능을 갖도록 설계된다. 반합성 페니실린(semisynthetic penicillins), 세팔로스포린(cephalosporins), 테트라사이클린(tetracyclines)의 설계에서 이러한 기술의 예를 볼 수 있다. 생물공학 기술을 사용해 약물을 설계하는 가능성은 거의 한계가 없으며, 실제로 몇몇 약물은 항생제를 만들어 내는 미생물의 유전자를 조작해 생산됐다.

**표 12.2** 항균제의 미생물 기원

| 생산자 속(genus) | 미생물 종류 | 생산된 약품 |
|---|---|---|
| *Penicillium* | 곰팡이 | 페니실린(Penicillins)<br>그리세오풀빈(Griseofulvin) |
| *Cephalosporium* | 곰팡이 | 세팔로스포린(Cephalosporins) |
| *Micromonospora* | 박테리아 | 겐타마이신(Gentamicin) |
| *Bacillus* | 박테리아 | 바시트라신(Bacitracin)<br>폴리믹신 B(Polymyxin B) |
| *Chromobacterium* | 박테리아 | 아즈트레오남(Aztreonam) |
| *Streptomyces* | 사상균 | 스트렙토마이신(Streptomycin)<br>에리트로마이신(Erythromycin)<br>테트라사이클린(Tetracycline)<br>반코마이신(Vancomycin)<br>클로람페니콜(Chloramphenicol)<br>암포테리신 B(Amphotericin B) |

**표 12.3** 화학요법 용어

| | |
|---|---|
| 화학치료제(Chemotherapeutic drug) | 질병의 치료, 완화 또는 예방에 사용되는 모든 화학물질 |
| 항균제(Antimicrobials) | 기원에 상관없이 모든 항균제를 포함하는 포괄적인 용어 |
| 항생제(Antibiotics) | 일부 미생물의 자연 대사과정에서 생성돼 다른 미생물을 억제하거나 파괴할 수 있는 물질 |
| 반합성 약물(Semisynthetic drugs) | 자연에서 얻은 물질을 실험실에서 화학적으로 수정하여 만든 약물 |
| 합성 약물(Synthetic drugs) | 화학반응을 통해 실험실에서 완전히 합성된 항균제 |
| 좁은 범위(제한된 범위) 항균제[Narrow spectrum(limited spectrum)] | 주로 그람 양성 세균 등 특정 미생물 유형에만 효과적인 항균제 |
| 광범위(확장된 범위) 항균제[Broad spectrum(extended spectrum)] | 그람 양성 및 그람 음성 세균 등 다양한 미생물 유형에 효과적인 항균제 |
| 예방(Prophylaxis) | 감염 위험이 있는 사람에게 잠재적인 감염을 예방하기 위해 약물을 사용하는 것 |
| 항균 화학요법(Antimicrobial chemotherapy) | 감염을 제어하기 위해 화학 치료제를 사용하는 것 |
| 병용 치료[Combined therapy(combination therapy)] | 감염을 퇴치하기 위해 여러 약물을 동시에 사용하는 것 |
| 상승 효과[Synergy(synergistic effect)] | 특정 약품을 조합해 사용할 때 발생하는 향상된 효과 |

항균제는 기원, 효과 범위 및 자연적인 생산인지 합성인지에 따라 구분할 수 있다. 몇 가지 중요한 용어는 표 12.3에서 확인할 수 있다.

## 약물과 미생물 간 상호작용

항균 효과가 있는 약물의 개발 목표는 박테리아, 곰팡이, 원생동물의 세포 대사과정이나 구조를 파괴하거나 바이러스의 복제 주기를 억제하는 것이다. 대부분의 화학요법 약물은 거대 분자를 합성하거나 구성하는 데 필요한 효소의 기능을 방해하지만, 일부는 세포 내에서 이미 형성돼 있는 구조를 파괴한다. 무엇보다 약물은 **선택적 독성**(selectively toxic)을 가져야 한다. 즉, 미생물의 성장을 억제하거나 파괴하면서 동시에 숙주 조직을 손상시키지 않아야 한다. 가장 좋은 약물은 척추동물의 세포에는 없고 미생물에만 존재하는 구조나 기능에 작용하는 약물이다. 예를 들어, 세포벽 합성을 억제하는 약물(페니실린)은 인간 세포에는 세포벽이 없기 때문에 인간 세포에 대한 독성이 낮고 직접적인 영향이 거의 없다. 인간 세포에 독성이 가장 강한 것 중에는 감염원과 숙주세포 모두에 공통적인 구조(예: 세포막)에 작용하는 약물이 있다(예: 곰팡이 감염에 사용되는 암포테리신 B). 그러나 병원체의 특성이 숙주세포와 더 유사할수록 선택적 독성을 나타내기가 더 어려워지고 바람직하지 않은 부작용이 발생할 가능성이 커진다. 독성에 대한 내용은 12.5절에서 더 자세히 다룰 예정이다.

## 약물 작용 메커니즘

화학요법의 기본 원칙은 화학물질을 사용해 감염원을 돌이킬 수 없을 정도로 손상시키거나 억제하는 것이다. 이 원칙은 약물 개발에도 적용된다. 대부분의 항균제는 미생물의 구조나 대사과정의 특정 부분에 작용한다. 표 12.4는 다양한 세포 유형에 작용하는 약물의 효과를 정리한 것이다. 대체로 약물은 다음 다섯 가지 방식(그림 12.2)으로 세포의 성장을 억제하거나 세포분열을 중지시킨다.

1. 세포벽 합성 억제
2. 세포막 구조나 기능 파괴
3. DNA 및 RNA 기능 억제
4. 단백질 합성 억제
5. 주요 대사경로 차단

이러한 표적은 완전히 하나의 타깃에만 특이적으로 작용하는 것이 아니며, 일부는 겹치는 효과를 가질 수 있다. 예를 들어, DNA 전사가 억제되면 단백질 합성도 억제된다. 바이러스는 특별한 경우이며 약물에 대한 매우 특화된 표적을 갖는다(표 12.6 참조).

**표 12.4** 미생물 그룹별 약물의 일반적인 작용

| 미생물 유형 | 약물 그룹/예 | 약물의 작용 |
|---|---|---|
| 박테리아 | 페니실린(Penicillins) | 세포벽 손상 및 용해 |
| | 세팔로스포린(Cephalosporins) | 세포벽 손상 및 용해 |
| | 바시트라신(Bacitracin) | 세포벽 손상 및 용해 |
| | 아미노글리코사이드(Aminoglycosides) | 단백질 합성 억제 |
| | 마크로라이드(Macrolides) | |
| | 에리트로마이신(Erythromycin) | 단백질 합성 억제 |
| | 반코마이신(Vancomycin) | 세포벽 손상 및 용해 |
| | 테트라사이클린(Tetracyclines) | 단백질 합성 억제 |
| | 클로람페니콜(Chloramphenicol) | 단백질 합성 억제 |
| | 플루오로퀴놀론(Fluoroquinolones) | DNA 복제 차단 |
| | 리팜핀(Rifampin) | mRNA 합성 억제 |
| | 설파제(Sulfa drugs) | 엽산(folic acid) 대사과정 억제 |
| | 트리메토프림(Trimethoprim) | 엽산 대사과정 억제 |
| 진균 | 암포테리신 B(Amphotericin B) | 막 투과성 손실 |
| | 아졸(Azoles) | 막 투과성 손실 |
| | 플루사이토신(Flucytosine) | DNA, RNA 합성 언제 |
| 원생동물 | 퀴닌(Quinines) | 기생충 세포 내 독성물질 축적 |
| | 메트로니다졸(Metronidazole) | 독성이 있는 자유 라디칼 축적 |
| 연충 | 벤다졸(Bendazoles) | 포도당 대사과정 억제 |
| | 디에틸카르바미드(Diethylcarbamide) | 유충 형태 사멸 |
| | 피페라진(Piperazine) | 근육 마비 |
| | 니클로사미드(Niclosamide) | 벌레 고정력(worm hold) 약화 |
| | 이버멕틴(Ivermectin) | 신경계 억제 |
| 바이러스 | 오셀타미비르(Oseltamivir) | 바이러스 출아 억제 |
| | 사이클로비르(Cyclovirs) | 바이러스 복제 차단 |
| | 아지도티미딘(Azidothymidine) | RNA 가닥에서 DNA 형성 차단 |

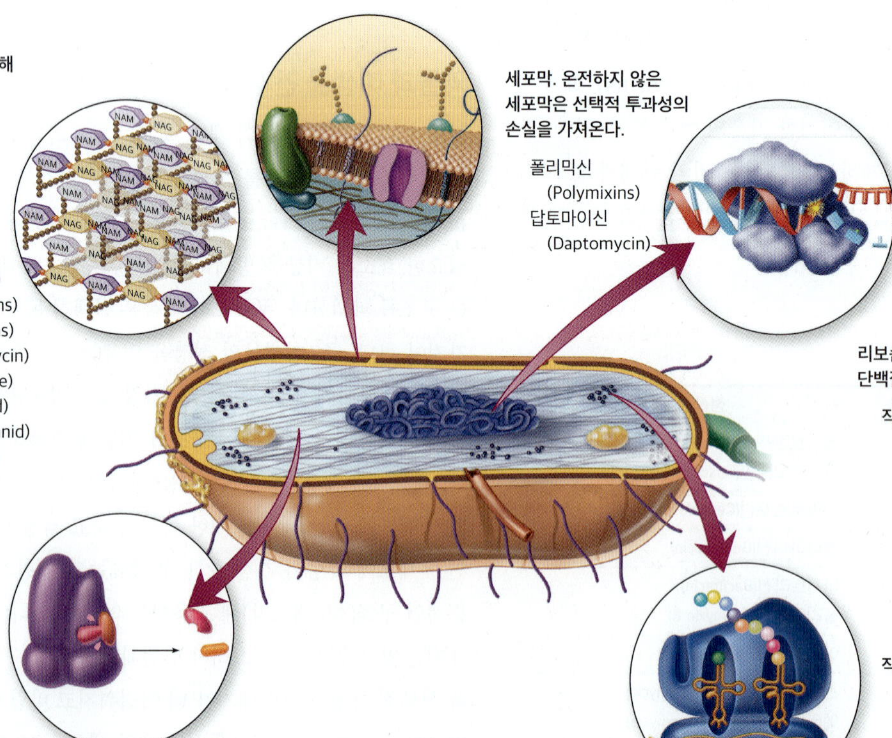


**그림 12.2** 박테리아 세포에 작용하는 약물의 주요 타깃.

### 항균제의 스펙트럼

약물이 특정 미생물 구조나 기능에 작용하면, 각각의 약물은 특정한 작용 범위를 갖게 된다. 이를 약물의 **스펙트럼**(spectrum)이라고 한다. 전통적으로, **좁은 스펙트럼**(narrow-spectrum) 약물은 제한된 범위의 세포 유형에 효과적이다. 이는 주로 특정 박테리아에만 존재하는 특정 성분을 표적으로 하기 때문이다. 예를 들어, 바시트라신(bacitracin)은 그람 양성 박테리아의 펩티도글리칸의 연장을 차단하지만, 그람 음성 박테리아에는 효과가 없다. 세포벽의 외막이 약물에 대한 장벽 역할을 하기 때문이다. 폴리믹신(polymycin)은 그람 음성 세포의 외막을 분해하지만, 그람 양성 세포에는 이러한 구조가 없기 때문에 효과가 없다.

보다 넓은 범위의 미생물에 효과적인 약물은 확장 스펙트럼 또는 광범위 스펙트럼 약물로 분류한다. 예를 들어, **확장 스펙트럼**(extended-spectrum) 약물인 암피실린(ampicillin)은 그람 양성 및 그람 음성 박테리아 모두에 효과적이지만, 넓은 범위의 약물은 아니다. 가장 넓은 범위의 효과를 가진 약물은 테트라사이클린과 같은 **광범위 스펙트럼**(broad-spectrum) 약물이다. 이러한 약물은 대부분의 그람 음성 및 그람 양성 박테리아, 리케차(rickttsias), 미코플라스마(mycoplasmas), 스피로헤타(spirochetes)에 효과를 보인다. 광범위 스펙트럼 약물은 일반적으로 모든 세포와 미토콘드리아에 존재하는 리보솜과 같은 공통 성분에 영향을 미친다. 항균효과를 가지는 약물과 그 효과의 스펙트럼은 표 12.5에서 확인할 수 있다.

### 세포벽에 영향을 미치는 항균제

대부분의 박테리아의 세포벽은 저장성(hypotonic) 환경에서 세포가 파열되는 것을 방지하는 펩티도글리칸으로 구성된 단단한 그리드로 구성돼 있다. 활동적인 세포는 항상 새로운 펩티도글리칸을 합성하고 이를 세포막의 적절한 위치로 운반한다. 페니실린과 세팔로스포린과 같은 약물은 이 과정에 필요한 효소 중 하나 이상과 반응해 세포막에 약한 부위가 생기게 하고 삼투압에 취약하게 만든다(그림 12.3). 이러한 효과를 나타내는 항생제는 세포벽을 약화시켜 용해(lysis)를 일으키므로 세균성으로 간주한다. 그러나 오래되고 비활성화된 세포 또는 휴면 상태의 세포는 펩티도글리칸을 합성하지 않기 때문에 이러한 효과에 저항성을 나타낼 수 있다('-penems'로 줄여 표시되는 항생제는 예외).

페니실린과 세팔로스포린은 글리칸 분자를 교차 결합하는 데 관여하는 펩티다제(peptidase)를 차단해 세포벽이 완성되는 것을 방해한다(그림 12.3b). 좁은 스펙트럼 페니실린은 외막을 통과하지 못하므로 그람 음성 세균에는 효과적이지 않다. 많은 광범위 페니실린(암피실린) 및 세팔로스포린(세프트리악손)은 그람 음성 종의 세포벽에 들어갈 수 있다. 시

**표 12.5 항균제의 효과 범위**

| 범주 | 마이코박테리아 | 그람 음성 세균 | 그람 양성 세균 | 클라미디아 | 리케차 |
|---|---|---|---|---|---|
| 질병 | 나병(한센병)<br>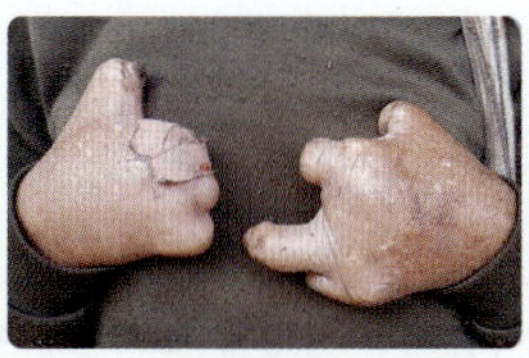 | 페스트<br>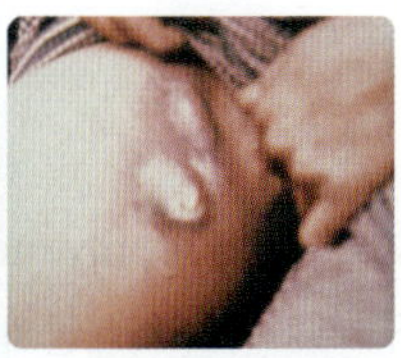 | *Staphylococcus* 감염<br>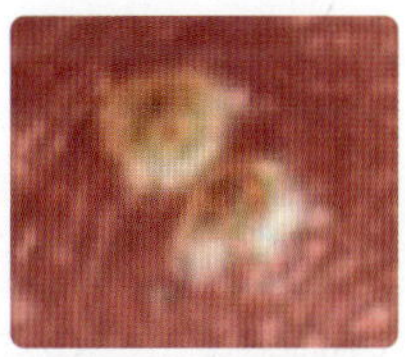 | 트라코마<br>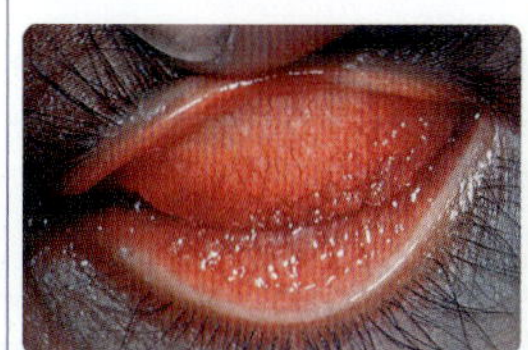 | 로키산 홍반열<br>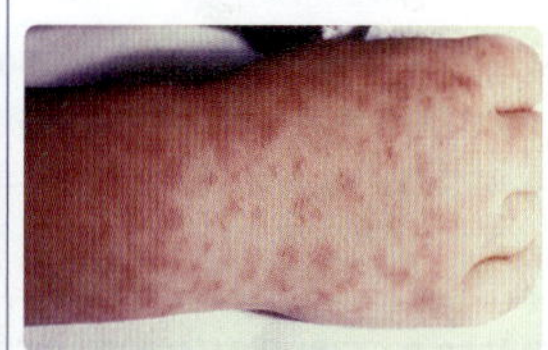 |
| 기타 사례 | 결핵 | 살모넬라증, 임질 | 연쇄상구균 인후염 | 클라미디아 감염증 | 티푸스 |
| 항생제 효과 범위* | 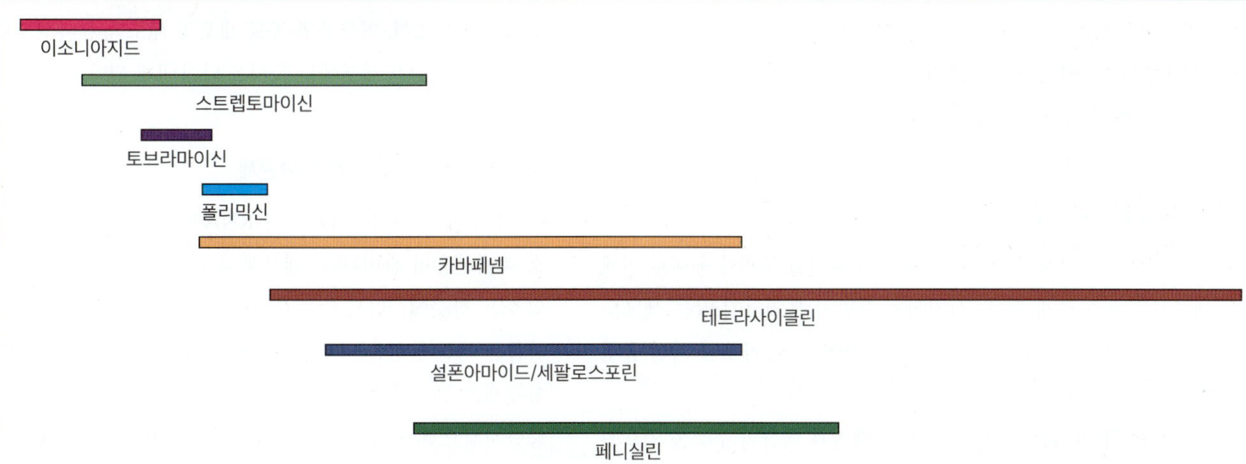 | | | | |



* 항생제에 대한 내성균이 존재할 수 있으며, 이 경우 항생제가 항상 효과적이지 않을 수도 있다.

(출처: NikomMaelao Production/Shutterstock; CDC; Neal R. Chamberlin/McGraw Hill; Susan Lindsley/CDC; Centers for Disease Control and Prevention)

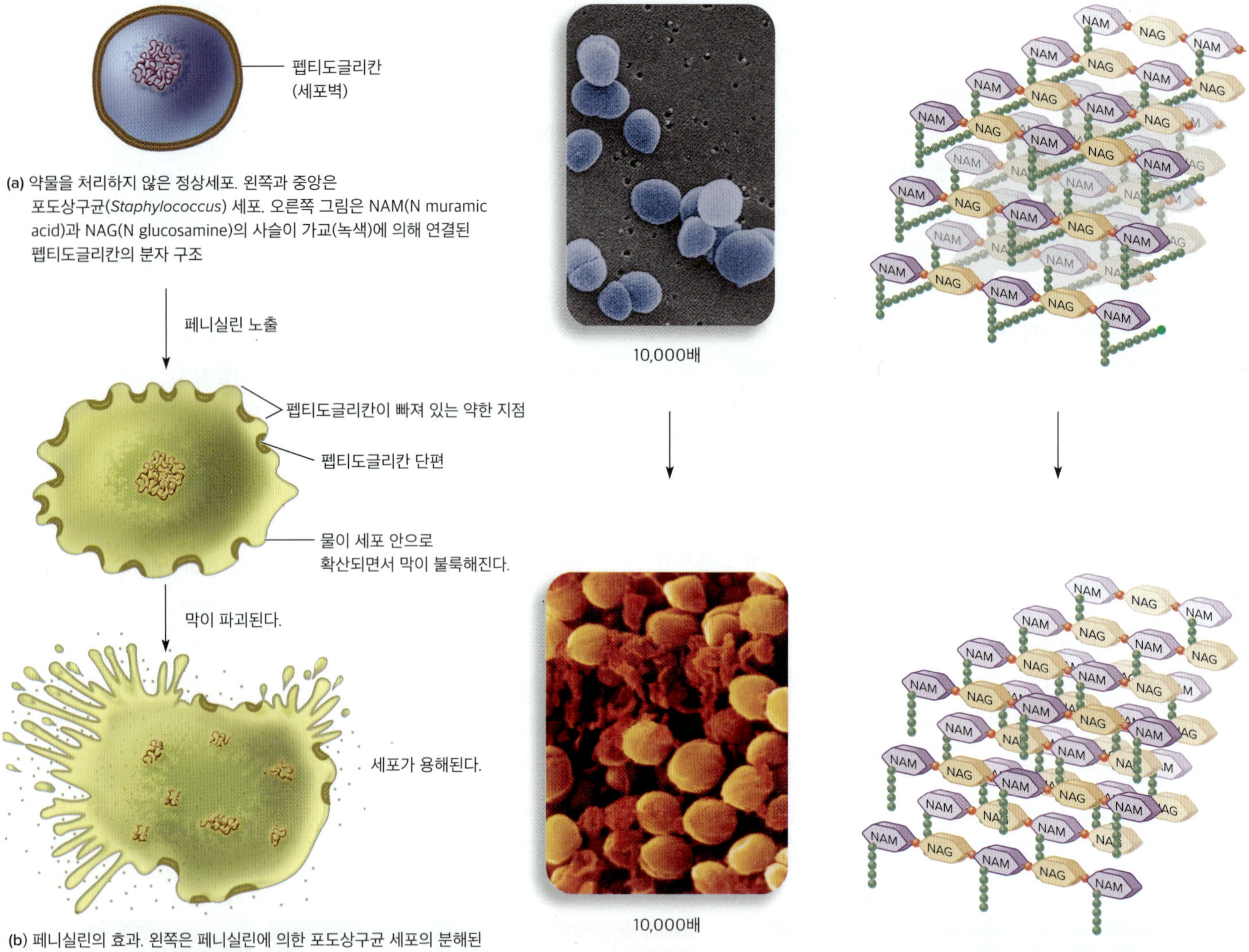


(a) 약물을 처리하지 않은 정상세포. 왼쪽과 중앙은 포도상구균(*Staphylococcus*) 세포. 오른쪽 그림은 NAM(N muramic acid)과 NAG(N glucosamine)의 사슬이 가교(녹색)에 의해 연결된 펩티도글리칸의 분자 구조

(b) 페니실린의 효과. 왼쪽은 페니실린에 의한 포도상구균 세포의 분해된 모습. 중앙은 용해되고 세포사멸 중인 실제 세포의 모습. 오른쪽 그림은 펩티도글리칸 사슬 형성을 차단하고 세포벽 형성을 억제하는 페니실린의 작용 기전

**그림 12.3 그람 양성균에 대한 페니실린의 효과.** (출처: Janice Carr/CDC; CNRI/Science Source)

클로세린은 기본 펩티도글리칸 소단위의 형성을 억제하며, 반코마이신은 펩티도글리칸의 신장을 방해한다.

### 세포막 기능을 방해하는 항균제

손상된 세포막을 가진 세포는 대사 교란이나 완전한 붕괴와 용해로 인해 결국 세포사멸에 이르게 된다. 심지어는 활발히 분열하지 않는 세포도 파괴된다. 세포막을 손상시키는 항생제는 일반적으로 세포막 지질 유형의 차이에 따라 특정 미생물군에 대한 특이성을 갖는다.

폴리믹신은 막 인지질과 상호작용해 단백질과 핵산의 누출을 일으키며, 특히 그람 음성균에 작용한다(그림 12.4). 답토마이신은 그람 양성균에 선택적으로 작용하지만, 심각한 부작용을 일으킬 수 있어 사용을 제한하고 있다. 폴리엔(polyene) 항진균 항생제(암포테리신 B와 니스타틴)는 진균 세포막의 스테롤과 복합체를 형성해 세포막에 비정상적인 손상을 일으켜 작은 이온의 누출을 야기한다. 불행히도 이러한 선택성은 정확하지 않으며, 미생물과 동물 세포의 세포막 유사성으로 인해 대부분의 항생제가 인간 세포에도 독성을 나타내게 된다.

### 핵산 합성에 영향을 미치는 항균제

9장에서 배운 것처럼, DNA와 RNA를 생성하는 경로에는 광범위한 효소 촉매반응이 관여한다. 대부분의 복잡한 과정과 마찬가지로, 그 경로의 어느 한곳에서라도 억제가 발생하면 후속 과정이 차단된다. 항미생물 약물은 핵산 합성을 억제함으로써 이러한 경로에 영향을 미치는 것이다. 항균제는 뉴클레오타이드 합성을 차단하고, 복제를 억제하거나 전사를 중단시킴으로써 핵산 합성을 방해한다. DNA와 RNA가 제대로 작동하기 위해서는 단백질 합성이 필수적이기 때문에, 결과적으로 단백질 합성도 억제된다.

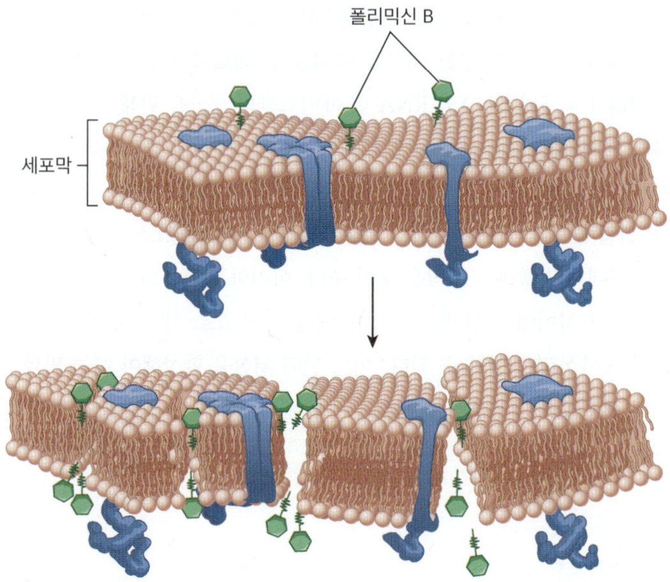


**그림 12.4 세포막에 효과를 나타내는 약물.** 폴리믹신이 그람 음성균의 세포막 외부에 결합하면 비정상적으로 세포막이 열리게 되고 세포 내부 물질의 유출이 발생해 세포가 용해된다.

여러 종류의 약물은 DNA 합성을 억제한다. 플루오로퀴놀론과 같은 광범위 약물은 DNA를 풀어 주는 효소나 헬리케이즈(helicases)를 억제해 DNA 복제와 복구를 중단시킨다. 일부 항바이러스제는 퓨린 및 피리미딘의 **유사체**(analogs)* 로 작용해 정상적인 염기 대신 바이러스 핵산에 삽입된다. 이 비정상적인 염기는 합성을 중단시키고, 바이러스 복제를 차단한다(표 12.6 참조). 항바이러스제 렘데시비르(remdesivir)는 COVID-19를 일으키는 바이러스 감염을 치료하는 데 사용되는 아데닌 유사체로, 비정상적인 RNA를 생성해 RNA 중합효소가 전사를 중단시킨다. RNA가 생산되지 않으면 바이러스는 증식할 수 없다.

### 단백질 합성을 억제하는 항균제

대부분의 단백질 합성을 억제하는 약물은 리보솜-mRNA 복합체와 반응한다. 인간 세포도 리보솜을 가지고 있지만, 진핵세포의 리보솜은 원핵세포와 크기와 구조가 다르기 때문에, 이 항미생물제는 일반적으로 박테리아에 대한 선택적 작용을 나타내게 된다. 프로카리오틱 리보솜(prokaryotic ribosome)에 결합하는 약물의 잠재적인 치료 결과는 미토콘드리아에 손상을 줄 수 있다는 점이다. 미토콘드리아는 프로카리오틱 유형의 리보솜을 포함하기 때문이다.

리보솜은 큰(50S) 소단위와 작은(30S) 소단위로 구성돼 있으며, 각각은 항미생물제의 표적이 될 수 있다(그림 12.5). 아미노글리코사이드(예: 스트렙토마이신 또는 젠타마이신)는 30S 소단위 부위에 결합해 mRNA

* 유사체 다른 화합물과 구조가 유사한 약물.

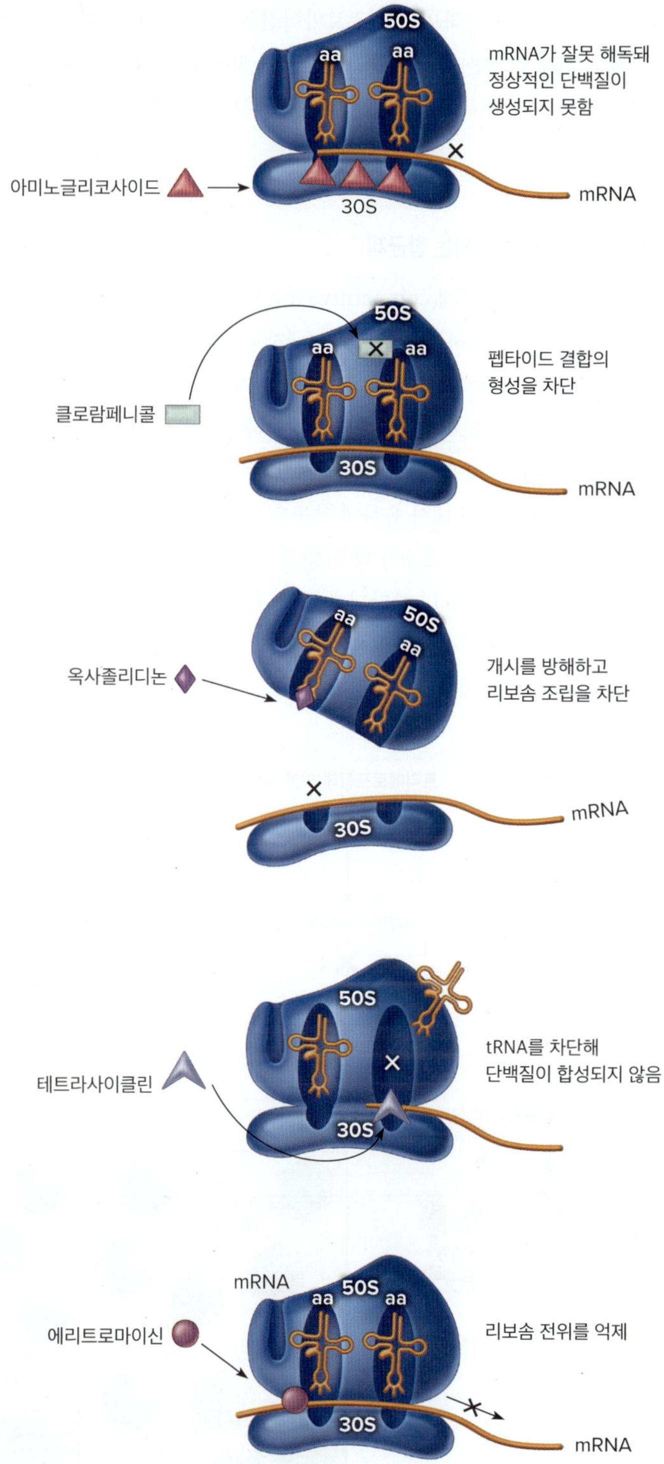


**그림 12.5 원핵생물의 리보솜에 대한 억제 부위와 이에 작용하는 주요 항생제.** 모두 단백질 합성을 차단하는 일반적인 효과가 있다. 차단되는 곳은 X로 표기.

의 오독(misreading)을 일으켜 비정상적인 단백질을 생성하게 한다. 테트라사이클린과 글리실사이클린도 30S 소단위에 결합해 A 부위에서 tRNA의 결합을 차단하고 단백질 합성을 중단시킨다. 50S 소단위도 유사하게 표적이 될 수 있다. 클로람페니콜은 펩타이드 결합 형성을 방해해 단백질 합성을 차단하며, 에리트로마이신은 리보솜이 mRNA를 따라 이동하는 것을 억제한다. 옥시졸리디논 또한 50S 소단위에 결합하지만, 두 가지 리보솜 소단위가 함께 결합하지 못하게 해 번역이 시작되는 것을 막는다.

### 대사경로에 영향을 미치는 항균제

일부 약물은 **경쟁적 억제**(competitive inhibition) 과정을 통해 효소의 정상적인 기질을 모방하는 방식으로 억제작용을 한다. 이러한 약물은 **대사 유사체**(metabolic analogs)라고 하며, 원래 자연에 존재하는 기질과 구조적으로 유사해 효소의 활성부위와 경쟁하게 된다. 약물을 표적 세포에 고농도로 처리하게 되면, 효소의 활성부위에 결합해 정상적인 기질을 대체하게 된다. 하지만 대사 유사체 약물은 '막다른 길'이며, 필요한 기능을 수행할 수 없게 된다. 효소가 더 이상 필요한 산물을 생성할 수 없으므로 세포 대사가 느려지거나 중단되게 된다. 황산염과 트리메토프림과 같은 항균제가 이러한 작용 기전을 나타낸다. 일부 항바이러스제(예: 레트로비르)도 경쟁적 억제제로 작용한다.

설폰아마이드와 트리메토프림은 테트라하이드로폴레이트 합성에 필요한 효소를 차단해 엽산 대사를 방해한다. 테트라하이드로폴레이트는 박테리아 세포가 DNA와 RNA 및 아미노산의 생산을 위해 엽산을 합성하는 데 필요한 성분이다. 트리메토프림과 설폰아마이드는 시너지 효과를 내기 위해 동시에 투여되며, 이를 통해 각 약물의 용량을 줄일 수 있다. 그림 12.6은 설폰아마이드가 PABA(파라아미노벤조산)와 효소의 활성부위에서 경쟁하는 방식을 보여 준다. 이러한 화합물의 선택적 독성은 포유류가 식이에서 엽산을 얻으며, 따라서 이 효소 시스템을 갖고 있지 않다는 사실로 설명할 수 있다. 이로 인해 엽산을 합성해야 하는 박테리아와 원생동물 기생충을 억제하면서 인간 숙주에게는 영향을 미치지 않게 되는 것이다.

**핵심 점검 12.1**

1. 항생제와 합성 약물의 차이를 설명하시오.
2. 좁은 범위 항생제와 광범위 항생제의 차이를 설명하시오.
3. 일부 약물이 다른 약물보다 좁은 스펙트럼을 갖는 이유를 설명하시오. (힌트: 이들의 작용 방식을 살펴볼 것)
4. 항생제의 주요 기원은 무엇이며, 항생제를 생산하는 미생물에서 항생제의 원래의 기능은 무엇인가?
5. 치료에서 고려해야 할 약물의 가장 중요한 특성은 무엇인가?
6. 약물이 미생물 억제제(microbistatic)보다는 미생물 살해제(microbicidal)인 것이 왜 더 좋을까?
7. 항균제의 주요 작용 방식을 설명하고, 각각의 예를 제시하시오.
8. 경쟁적 저해의 개념을 설명하고, 대사 유사체 분자가 대사를 어떻게 저해하는지 설명하시오.
9. 전사를 차단하는 약물의 확장된 효과는 무엇인가?

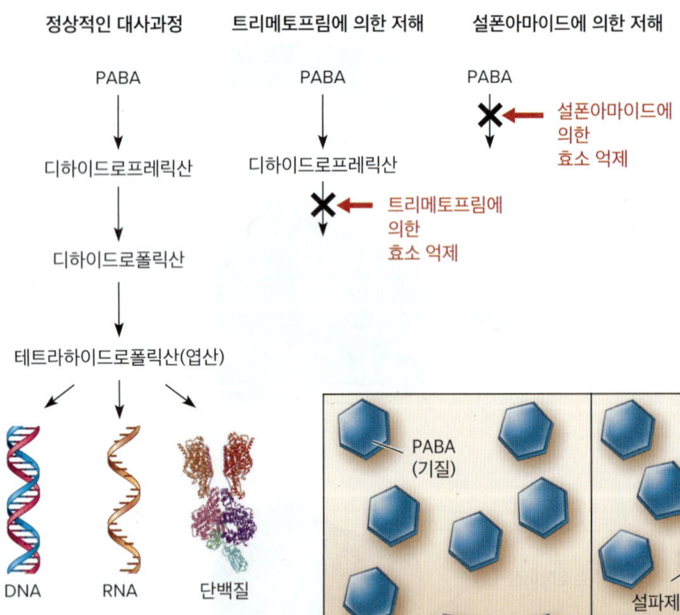


(a)

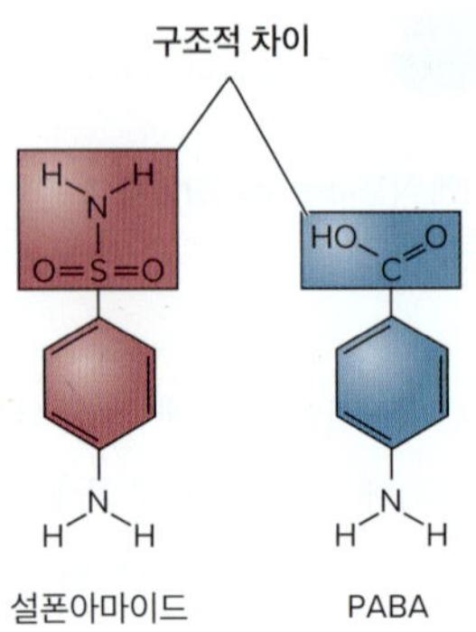


(b)

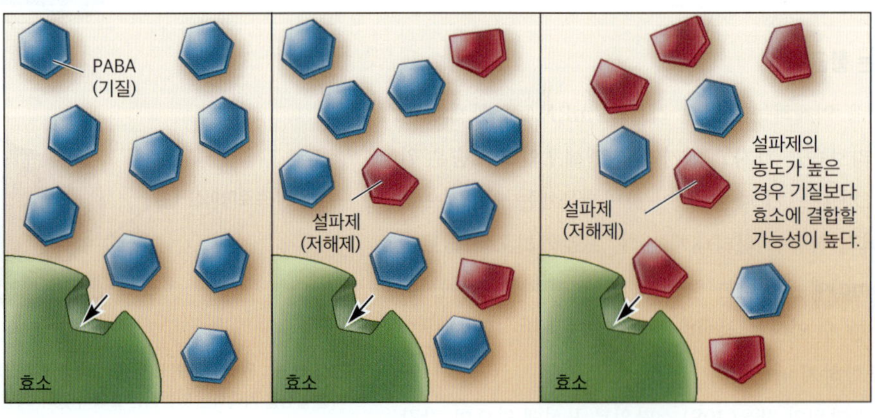


(c)

그림 12.6 경쟁적 저해의 작용 방식. (a) 이 예시는 박테리아가 엽산을 합성하는 데 사용하는 대사경로를 설파제가 어떻게 차단하는지를 보여 준다. 대사경로에서 2개의 서로 다른 효소를 차단해 박테리아가 하나의 효소 촉매반응을 우회하더라도 그 진행을 여전히 저해할 수 있다. (b) 설파닐아마이드(sulfanilamide) 분자의 구조식을 PABA(파라아미노벤조산) 분자와 나란히 비교한 것. 비록 전체적인 모양이 비슷하지만, 설파제는 엽산을 만드는 데 사용할 수 없다. (c) 설파제 분자는 PABA가 일반적으로 결합하는 효소의 활성부위에 끼어 들어갈 수 있다. 이 작용은 설파 분자가 더 많이 존재해 PABA보다 우세할 때만 효과적이다. 이 경우 효소의 활성부위를 설파제가 차지하게 돼 PABA가 거의 결합할 수 없으므로 엽산의 합성은 저해된다. (출처: Barry Chess/McGraw Hill)

## 12.2 주요 항균제 그룹 조사

**학습목표**

7. 세포벽과 막에 작용하는 항균제의 종류를 설명하고, 적용 예를 제시한다.
8. DNA나 RNA에 작용하는 항균제의 종류를 설명하고, 사용상의 특징을 설명한다.
9. 단백질 합성을 차단하는 항균제의 종류를 제시하고, 사용법을 설명한다.
10. 독특한 작용 기전을 가진 몇 가지 항생제를 나열하고, 그들의 가장 일반적인 용도를 설명한다.

미국 시장에서는 수백 가지의 항균제가 시판되고 있다. 의학 및 제약 관련 문헌에는 항균효능에 대한 많은 물질이 나와 있지만, 대부분은 소수의 항균제 계열의 변형된 형태다. 현재 약 280개의 다른 항균제가 약 24개의 약물 계열로 분류되고 있다. 약물에 대한 참고 서적에는 동일한 일반 약물에 대해 서로 다른 상품명이 있는 경우가 많기 때문에 훨씬 더 많은 약물이 있는 것처럼 보일 수 있다. 예를 들어, 암피실린은 50개 이상의 다른 상품명으로 나열돼 있다. 대부분의 항생제는 박테리아 감염에 사용되지만, 다음 절에서는 몇 가지 곰팡이, 바이러스, 원생동물의 감염에 사용되는 약물에 대해서도 설명하고자 한다.

### 세포벽에 작용하는 항균제

**베타락탐**(beta-lactam)* 항생제 그룹은 모두 반응성이 큰 3탄소, 1질소 고리를 포함한다. 이들의 주요 작용 기전은 세포벽 합성에 관여하는 단백질과 상호작용해 세포를 용해하고 세포 사멸을 일으키는 것이다. 모든 항균제의 절반 이상이 베타락탐 항생제이며, 페니실린과 세팔로스포린이 가장 대표적인 베타락탐계 약물이다.

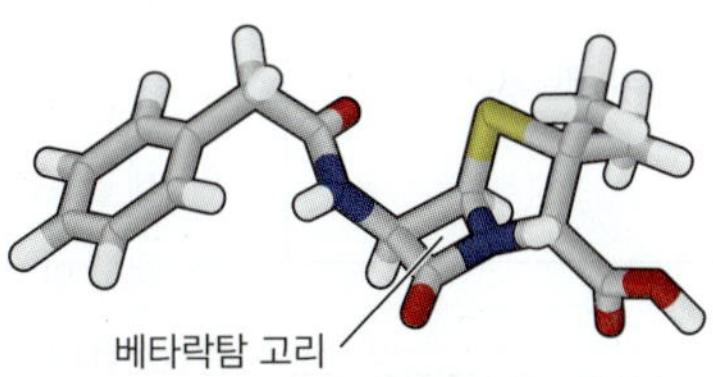

페니실린 G의 구조

### 페니실린과 그 유사체

모화합물의 이름을 딴 **페니실린**(penicillin) 계열의 항생제는 광범위하고 다양한 화합물 그룹으로, 대부분 약물 이름이 '-cillin'으로 끝나는 약물 그룹이다. 페니실린은 단순한 원료를 사용해 실험실에서 완전히 합성할 수도 있지만, 미생물 발효를 통해 천연 페니실린을 얻는 것이 더 실용적이고 경제적이다. 이 약물을 생산하는 미생물은 실험적으로 조작된 독특한 *Penicillium chrysogenum* 균주로, 초기의 균주보다 1,000배 더 많은 페니실린을 합성할 수 있다. 발효를 통해 생산된 천연 제품은 변형 없이 그대로 사용할 수도 있고, 반합성 유도체를 만드는 데 사용될 수도 있다. 모든 페니실린은 베타락탐 고리, 티아졸리딘 고리, 항균 활성을 나타내는 가변형이 가능한 측쇄(side chain)로 구성된다(그림 12.7).

페니실린 G는 최초의 항생제로, 모든 '-cillin' 계열 약물의 모화합물이다. 좁은 스펙트럼을 가지고 있으며 경구로 투여할 수 없고 주로 감수성이 있는 그람 양성균(예: 연쇄상구균)과 일부 그람 음성균(예: 수막염균) 감염에 치료 효과를 가지는 약물이다. 이와 가까운 계열인 페니실린 V는 유사한 용도로 사용되지만, 위산에서 안정적으로 존재할 수 있도록 변형돼 경구 투여가 가능하다. 좁은 스펙트럼의 디클록사실린(dicloxacillin)과 나프실린(nafcillin)은 때때로 페니실린 G 또는 V 대신 처방되는데, 너무 많은 병원체가 메티실린에 내성을 갖게 됐기 때문에 메티실린은 대부분 새로 변형된 형태의 약물로 대체돼 처방되고 있다.

암피실린(ampicillin)과 아목시실린(amoxicillin) 같은 반합성 페니실린은 그람 음성균 세포벽의 외막을 통과할 수 있도록 화학적으로 변형된 약물이다. 이로 인해 스펙트럼이 넓어져 다양한 유형의 그람 음성균 감염을 치료하는 데 유용하게 사용된다. 티카르실린(ticarcillin)과 피페라실린(piperacillin)은 매우 확장된 스펙트럼을 가지고 있어 여러 항생제와 병용해 사용하는 대신 단독 사용으로도 효과를 나타낸다.

많은 박테리아는 일부 페니실린의 베타락탐 고리를 절단해 작용 기전을 파괴하는 효소를 생성한다. 이러한 효소는 **페니실리네이스**(penicillinases) 또는 **베타락타메이스**(beta-lactamases)라고 불리며, 이러한 효소를 가지고 있는 박테리아는 페니실린에 대한 내성을 갖게 된다. 이 문제를 해결하기 위해, 페니실리네이스 생성 박테리아에 의한 감염을 치료하기 위한 페니실리네이스 저항성 페니실린(예: 나프실린과 클록사실린)이 개발됐다. 약물 내성을 감소시키기 위한 또 다른 전략은 베타락타메이스 억제제를 페니실린과 함께 사용해 내성 박테리아가 존재하는 경우 항생제의 수명을 연장시키는 것이다. 예를 들어, 클라불란산(clavulanic acid)은 광범위 페니실린의 효과를 강화하기 위해 페니실린과 함께 처방하기도 한다. 클라바목스(clavamox)는 아목시실린과 클라불란산을 조합한 약물로, 오구멘틴(Augmentin)이라는 상품명으로 판매되고 있다. 조신(zosyn)은 베타락타메이스 억제제 타조박탐과 피페라실린을 조합한 약물로, 다양한 전신 감염에 사용되고 있다. 이러한 결합된 약물은 두 약물이 함께 작용하는 시너지 효과로 인해 더욱 확장된 항균 스펙트럼을 나타내게 된다.

모든 '-cillin' 계열의 약물은 세포벽(인간은 세포벽이 없음)에 특이적으로 작용하기 때문에 비교적 부작용이 적고 약물 내성에 강하다. 치료에서의 주요 문제는 병원체의 내성 균주와 알레르기다(독성 문제와는 완전히 다름). 페니실린 계열 약물에 알레르기 반응을 보이는 경우, 종류에 상관없이 이 계열의 모든 약물을 사용할 수 없다.

* 베타락탐 여러 약물 그룹에서 발견되는 분자 화학명.

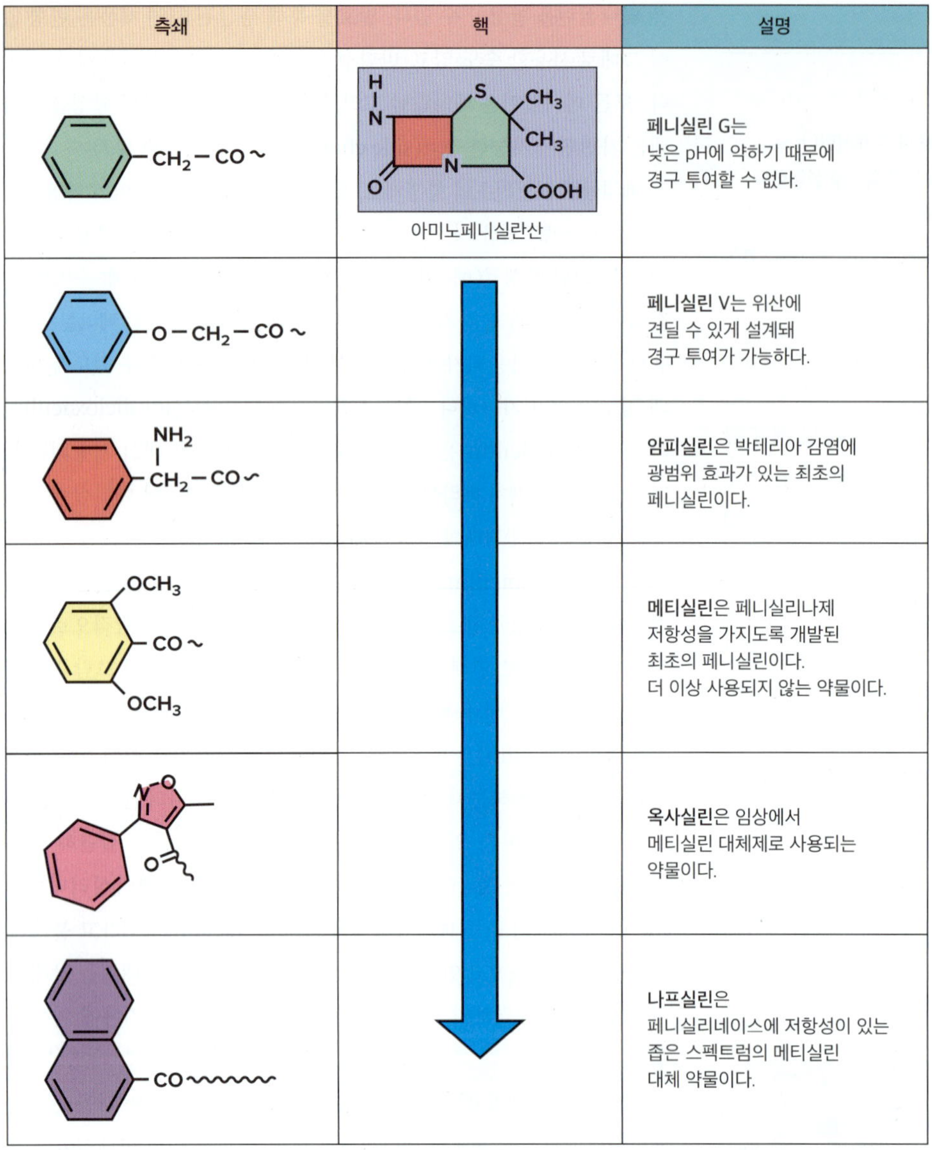


**그림 12.7** **반합성 페니실린의 화학 구조와 기능.** 모든 페니실린은 기본 골격을 형성하는 핵이라는 중심 분자로 시작된다. 핵은 비활성 페니실린 유도체인 아미노페니실란산(aminopenicillanic acid)으로, 베타락탐 고리의 질소에 측쇄 또는 R 그룹을 추가하기 위한 결합부위가 있다. 이는 생성물을 미세하게 조정해 원하는 특수 작용을 가진 최종 완성된 분자를 만들어 내는 데 활용된다. 이러한 예로 페니실리네이스(메티실린, 옥사실린, 나프실린)에 대한 저항성을 갖는 페니실린, 더 넓은 활성 범위를 가지는 약물(암피실린), 산성에 강한 약물(페니실린 V)이 있다.

## 세팔로스포린 계열 약물

**세팔로스포린**(cephalosporin) 항생제는 현재 처방되고 있는 모든 항생제의 1/3을 차지한다. 세팔로스포린은 페니실린과 형태가 유사하다. 베타락탐 구조를 가지고 있으며 합성적으로 변형시킬 수 있고(그림 12.8), 유사한 작용 기전을 가진다. 이 화합물들의 일반 명칭은 종종 이름에 cef, ceph, 또는 kef라는 어근이 포함돼 있다.

세팔로스포린은 다양한 기능이 있다. 이들은 비교적 광범위한 효능 스펙트럼을 나타내며 대부분 페니실리네이스에 내성이 있고, 페니실린보다 알레르기 반응이 적게 나타난다. 일부 세팔로스포린은 경구 투여할 수 있지만, 많은 경우 장에서 잘 흡수되지 않아 근육이나 정맥으로 주사하는 **비경구**(parenterally)* 투여가 효과적이다.

세팔로스포린 계열 항생제는 네 세대로 나누는데, 각 세대는 이전 세대보다 그람 음성균에 대해 더 효과적이다. 또한 후속 세대는 일반적으로 개선된 투여 일정과 더 적은 부작용을 가지고 있다. 1세대 세팔로스포린(세팔로틴과 세파졸린)계 약물은 그람 양성 구균과 일부 그람 음성균에 효과적인다. 2세대 형태[세파클로르(cefaclor)와 세포니시드(cefonicid)]의 약물은 1세대보다 그람 음성균[예: 엔테로박터(*Enterobacter*), 프로테우스(*Proteus*), 헤모필루스(*Haemophilus*)] 감염을 치료하는 데 더 효과적이다. 3세대 세팔로스포린[세팔렉신(cephalexin, Keflex)과 세프트리악손(ceftriaxone, Rocephin)]은 광범위한 효능 스펙트럼을 가지고 있으며, 특히 베타락타메이스를 생성하는 장내 세균에 대해 우수한 항균 활성을 가지고 있다. 4세대 약물[세페핌(cefepime)]은 가장 넓은 범위의 항균 특성을 가진다. 이들은 그람 음성균과 그람 양성균 감염 모두에 효과적이며, 신속하게 미생물을 사멸시킨다.

최근 이 약물 계열에 추가된 것은 광범위 세팔로스포린과 베타락타메이스 억제제를 결합한 약물이다. Zerbaxa는 세프토로졸란(ceftolozane)과 타조박탐(tazobactam)을 결합한 것으로 저항성 요로 및 복부 감염을 치료하는 데 사용된다. Avycaz는 세프타지딤(ceftazidime)과 아비박탐(avibactam)을 결합한 약물로, 생명이 위독한 신장 및 복부 감염에 제한적으로 사용된다.

### 카바페넴과 모노박탐

다른 베타락탐 약물로는 카바페넴(carbapenems) 또는 '페넴(penems)'과 아즈트레오남이 있다. 이미페넴(imipenem)과 에르타페넴(erta-

---

* **비경구** 그리스어 para(~을 넘어)와 enteron(장)에서 유래. 소화기관을 거치지 않고 약물을 체내에 투여하는 방식.

penem)은 페니실린과 유사한 작용 기전을 가진 광범위 항생제로, 베타락타메이스에 대한 저항성이 더 크다. 이들은 매우 낮은 농도에서도 활성화되며, 구강 투여가 가능하고 알레르기를 제외하고는 부작용이 거의 없다. 2001년부터 병원에서 카바페넴 저항성 그람 음성 장내 박테리아[카바페넴 저항성 장내세균과(carbapenem-resistant Enterobacteriaceae, CRE)]의 출현이 보고돼 현재 일부 임상 환경에서 우려를 낳고 있다(11장 사례 연구 참조).

아즈트레오남(aztreonam)은 모노박탐 계열의 좁은 스펙트럼 항생제로, 그람 음성 호기성 간균(gram-negative aerobic bacilli)에 의한 폐렴, 패혈증, 요로 감염을 치료하는 데 사용된다. 아즈트레오남은 화학적으로 페니실린과 다르기 때문에, 페니실린에 알레르기가 있는 사람을 치료할 때 특히 유용하게 사용된다. 왜냐하면 페니실린 항체와 교차 반응하지 않기 때문이다.

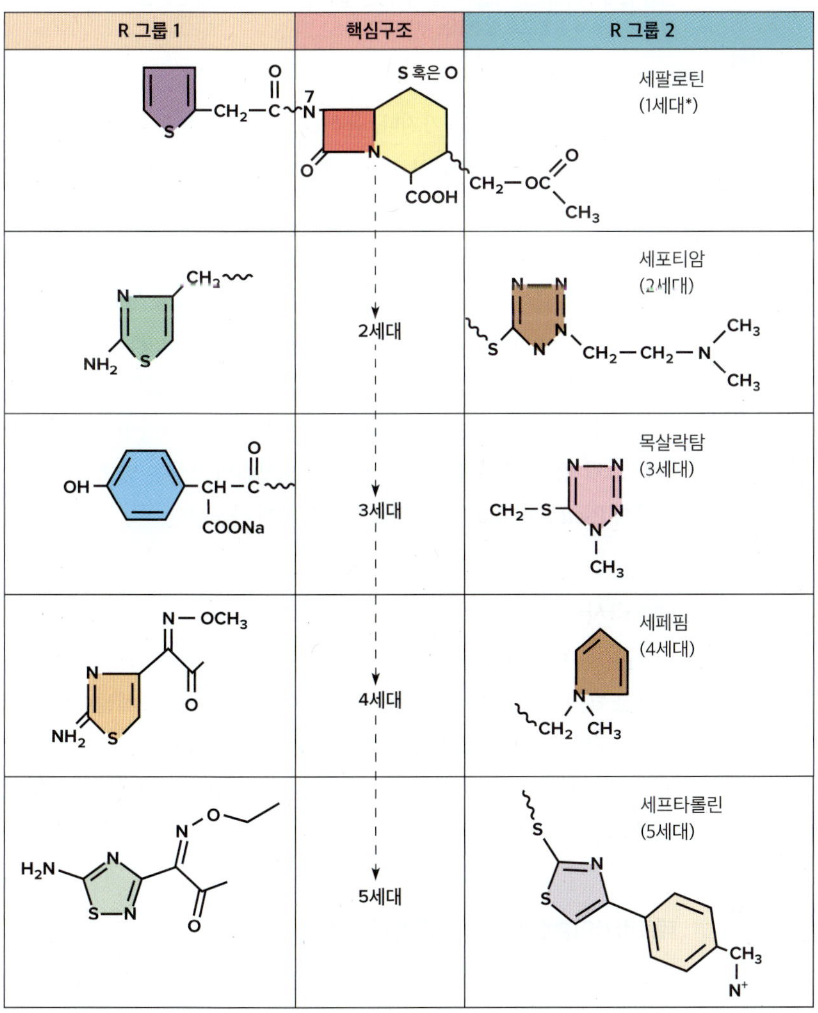


**그림 12.8** 세팔로스포린의 구조. 페니실린과 마찬가지로 주요 핵심 구조는 베타락탐 고리(빨간색)와 두 번째 고리(노란색)로 구성돼 있다. 그러나 페니실린과 달리 세팔로스포린은 R 그룹을 배치할 수 있는 2개의 부위(3번과 7번 위치)를 갖는다. 이로 인해 기능적으로 더 다양하고 구조적으로 더 복잡한 여러 세대의 분자를 만들 수 있다.

### 기타 세포벽 억제제(베타락탐이 아님)

반코마이신(vancomycin)은 좁은 스펙트럼의 항생제로, 페니실린 및 메티실린 저항성 포도상구균 감염이나 페니실린 알레르기가 있는 환자의 감염을 치료하는 데 가장 효과적인 약물이다. 이 약물은 또한 소아의 *Clostridium* 감염과 *Enterococcus faecalis*에 의한 심내막염 치료에도 사용된다. 반코마이신은 매우 독성이 강하고 투여하기가 어려워 보통 가장 심각하고 생명을 위협하는 상태에서만 사용된다. 반코마이신의 두 가지 유사체인 달바반신(dalbavancin)과 오리타반신(oritavancin)은 최근 피부 및 구조 감염, 특히 메티실린 내성 황색포도상구균(MRSA)에 의해 발생한 감염에 대한 대체제로 개발돼 사용되고 있다.

바시트라신(bacitracin)은 *Bacillus subtilis*의 균주에 의해 생성되는 좁은 스펙트럼 펩타이드 항생제다. 이 약물의 주요 효과는 그람 양성균에서 펩티도글리칸의 신장을 차단하는 것이다. 처음 분리된 이후, 이 약물은 표재성 피부 감염을 치료하기 위한 약국에서 판매되는 항생제 연고(Neosporin)의 주요 성분으로 사용되면서 유명해졌다. 이 용도로 바시트라신은 보통 네오마이신(아미노글리코사이드)과 폴리믹신과 결합해 사용된다.

이소니아지드(isoniazid, INH)는 항산균(acid fast organisms)의 세포벽 구성요소인 미콜산(mycolic acid) 합성을 억제하는 방식으로 작용한다. *Mycobacterium tuberculosis* 감염을 치료하는 데 사용되며, 자라고 있는 세포에만 효과를 나타낸다. 보통 리팜핀 및 다른 약물과 함께 결핵 치료에 처방된다. 2019년 말, 새로운 약물인 프레토마니드(pretomanid)가 일부 약물 내성 결핵 균주를 위한 치료제로 승인됐다. 이와 밀접한 관계가 있는 화합물인 에탐부톨(ethambutol)은 결핵 치료에 추가돼 사용되는 또 다른 약물이다.

## 세균 세포막을 손상시키는 항생제

*Bacillus polymyxa*는 **폴리믹신**(polymyxins)의 공급원으로, 이 좁은 스펙트럼 펩타이드 항생제는 독특한 지방산 성분을 포함하고 있어 세포막을 손상시키는 활성을 나타낸다(그림 12.4 참조). 폴리믹신 B와 E(콜리스틴) 두 가지만이 일상적으로 사용되며, 이들 또한 신장에 대한 독성이 있어 사용이 제한된다. 두 약물 모두 *Pseudomonas aeruginosa* 및 *Acinetobacter baumannii*와 같은 그람 음성 간균에 의한 약물 내성 감염을 치료하는 데 사용된다. 또한 피부 감염을 예방하기 위한 연고 성분 중 하나로 사용된다(예: Neosporin).

## DNA 또는 RNA에 작용하는 약물

**플루오로퀴놀론**(fluoroquinolones)은 DNA 자이레이스(gyrase)와 이와 관련된 효소인 토포이소머레이스(topoisomerase) IV에 결합해 박테리아 DNA의 복제를 억제한다. 주로 그람 양성 세포의 표적은 DNA 자이레이스, 그람 음성 세포의 표적은 토포이소머레이스다. 이 약물들이 서로 다른 세포 유형에서 다른 효소를 표적으로 삼는 방법은 정확히 알려지지 않았지만, 이러한 작용 방식으로 플루오로퀴놀론이 광범위한 효과를 나타내게 된다. 이들은 광범위하고, 매우 강력한 효과를 나타내며, 장에서 쉽게 흡수된다.

플루오로퀴놀론은 도입 이후 총 네 세대의 개발 단계를 거치며 발전해 왔다. 현재 약 24가지 종류가 있다. 가장 흔히 사용되는 플루오로퀴놀론 두 가지는 노르플록사신(norfloxacin)과 시프로플록사신(ciprofloxacin, Cipro)으로, 이들은 요로 감염, 성병, 위장관 감염, 골수염, 호흡기 감염, 연조직 감염 같은 다양함 감염질환에 처방된다. 새롭게 개발된 이 계열의 약물로는 스파플록사신(sparfloxacin)과 레보플록사신(levofloxacin)이 있다. 플루오로퀴놀론의 부작용으로는 힘줄 손상, 대동맥류 위험 증가, 뇌 장애 등이 있으며, 이러한 심각한 부작용으로 인해 사용이 제한된다. FDA는 이러한 심각한 부작용에 대해 경고하기 위해 플루오로퀴놀론에 **블랙박스**(black box) 경고 라벨을 부착하도록 하고 있다.

핵산을 방해하는 또 다른 약물로는 리팜핀(rifampin)이 있다. 이 약물의 주요 작용은 RNA 중합효소의 작용을 차단해 전사를 방해하는 것이다. 이 약물은 많은 그람 음성 간균의 세포막을 통과할 수 없기 때문에 효능 스펙트럼이 다소 제한적이다. 리팜핀은 주로 그람 양성 막대균 및 구균과 일부 그람 음성균의 감염을 치료하는 데 사용된다. 리팜핀은 특히 결핵과 한센병(나병) 치료에서 효과가 두드러지며, 약물에 대한 내성을 방지하기 위해 일반적으로 다른 약물과 함께 병용 투여한다. 리팜핀은 *Neisseria meningitidis* 보균자와 그 접촉자에게 예방적으로 투여가 권장되며, 때로 *Legionella*, *Brucella*, *Staphylococcus* 감염 치료에 사용된다.

## 단백질 합성을 방해하는 약물

### 아미노글리코사이드 약물

1개 이상의 아미노 당과 아미노사이클리톨(6탄소) 고리로 구성된 항생제를 **아미노글리코사이드**(aminoglycosides)라 한다(그림 12.9). 이 복합 화합물은 *Streptomyces*와 *Micromonospora* 속의 다양한 토양 **방선균**(actinomycetes) 종에만 생성된다.

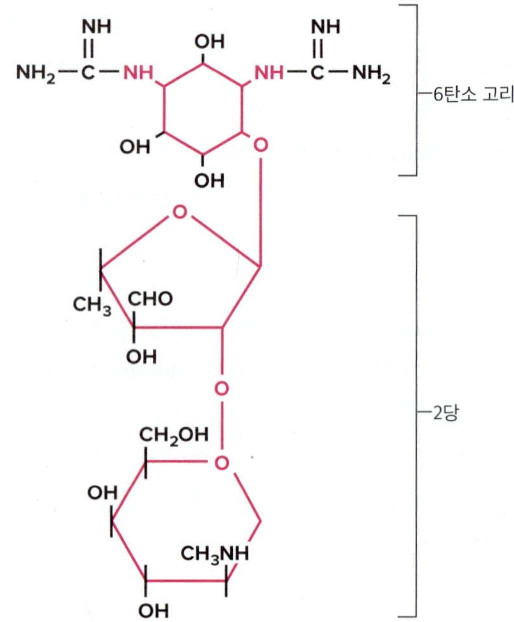


그림 12.9 아미노글리코사이드의 구조. 분자 구조 중 색칠된 부분은 모든 아미노글리코사이드 약물에서 공통으로 발견되는 부분이다.

#### 아미노글리코사이드의 하위 그룹과 사용법

아미노글리코사이드는 단백질 합성을 억제하는 효능이 있어 비교적 광범위한 항균 스펙트럼을 가진다. 특히 호기성 그람 음성 간균 및 특정 그람 양성균에 의한 감염을 치료하는 데 유용하게 사용된다. 스트렙토마이신(streptomycin)은 가장 오래된 약물이지만, 점차적으로 독성이 적은 새로운 형태의 약물로 대체되고 있다. 이 약물은 여전히 흑사병과 야토병 치료에 사용되며, 결핵에 대한 효과적인 치료제로도 사용되고 있다. 젠타마이신(gentamicin)은 독성이 약하며 *Escherichia*, *Pseudomonas*, *Salmonella*, *Shigella*와 같은 그람 음성 간균에 의한 감염 치료에 널리 사용된다. 두 가지 다른 아미노글리코사이드인 토브라마이신과 아미카신도 그람 음성 감염에 사용되며, 특히 토브라마이신은 낭포성 섬유증 환자의 *Pseudomonas* 감염 치료에 유용하게 사용된다.

### 테트라사이클린 항생제

이 계열의 첫 번째 항생제는 아우레오마이신(aureomycin)으로, 이를 바탕으로 테라마이신, 테트라사이클린 및 여러 반합성 유도체들이 합성됐다. 이들은 일반적으로 **테트라사이클린**(tetracyclines)으로 알려져 있다(그림 12.10a). 이들은 리보솜에 결합해 단백질 합성을 차단함으로써 광범위한 효과를 나타낸다.

#### 테트라사이클린의 하위 그룹과 사용법

테트라사이클린이 억제할 수 있는 미생물의 범위는 매우 광범하다. 여기에는 그람 양성 및 그람 음성 간균과 구균, 호기성 및 혐기성 박테리아, 마이코플라스마, 리케차, 스피로헤타가 포함된다. 도사이클린(doxycycline)과 미노사이클린(minocycline) 같은 테트라사이클린 화

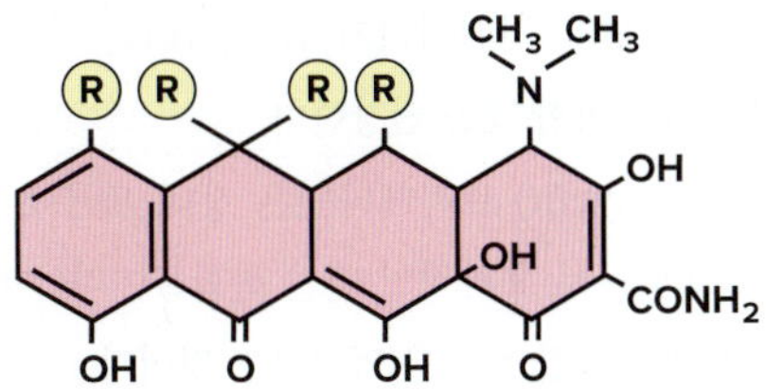

(a) 테트라사이클린

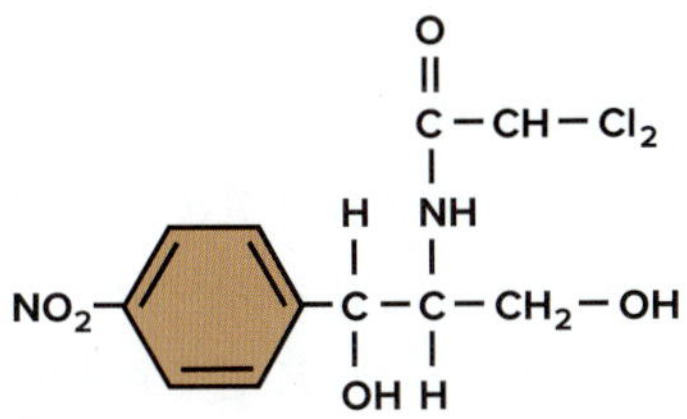

(b) 클로람페니콜

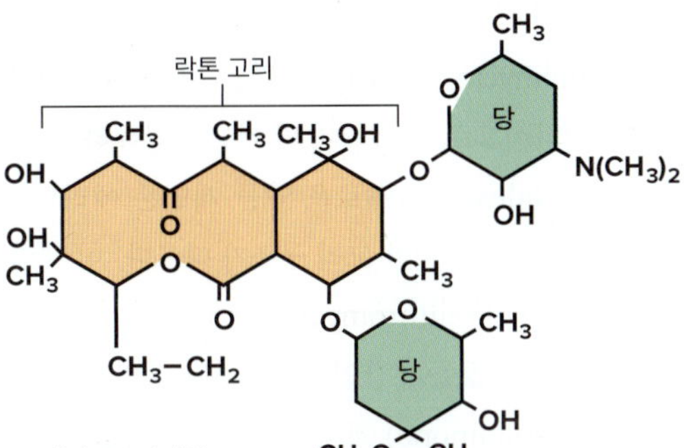

(c) 에리트로마이신

그림 12.10 원핵세포의 리보솜에 작용하는 세 가지 항생제 구조. (a) 테트라사이클린. 4개의 고리기 규칙적으로 배열된 그룹을 가지고 있어 이런 이름이 붙여졌다. 여러 가지 유형은 4개의 R 그룹이 치환돼 구조와 활성이 달라지게 된다. (b) 클로람페니콜. 잠재적으로 심각한 부작용이 있을 수 있는 광범위 스펙트럼 약물. (c) 에리트로마이신. 마크로라이드계 약물의 예. 중심에 2개의 헥소스 당이 부착된 큰 락톤 고리가 있다.

합물은 경구로 투여하며, 여러 성병, 로키산 홍반열, 라임병, 티푸스, 마이코플라스마 폐렴, 콜레라, 렙토스피라증, 여드름, 심지어 일부 원생동물 감염을 치료하는 데 사용된다. 미노사이클린의 새로운 유도체인 티게사이클린(tigecycline)은 약물 내성[예: 아시네토박터(*Acinetobacter*) 및 MRSA] 사례에서 병원에서의 심각한 피부 및 연조직 감염을 치료하기 위해 개발됐다. 일반적인 테트라사이클린은 저렴하고 사용이 간편하지만, 부작용으로 인해 사용이 제한될 수 있다. 정상적인 미생물군의 변화로 인한 소화기계 장애, 치아 착색 외에 임신 중 복용했을 경우 태아의 골격 발달에도 영향을 줄 수 있다고 알려져 있다(표 12.9 참조).

### 클로람페니콜

클로람페니콜(chloramphenicol)은 독특한 니트로벤젠 구조를 가진 강력한 광범위 항생제다(그림 12.10b). 이 약물의 주요 작용은 세포에서 펩타이드의 결합 형성과 단백질 합성을 차단하는 것이다. 클로람페니콜은 더 이상 자연적으로 만들지 않고, 화학적 과정을 통해 합성된다. 테트라사이클린만큼이나 광범위한 효능 스펙트럼을 가지고 있지만, 인간 세포에 매우 독성이 강해 사용이 제한되고 있다. 이 약물을 장기간 복용한 환자 중 소수는 골수의 비가역적 손상으로 치명적인 재생 불량성 빈혈(aplastic anemia)[2] 이 발생했다. 현재 이 약물은 대체 치료법이 없는 경우에 한해 장티푸스, 뇌 농양, 리케차, 클라미디아 감염 치료에만 제한적으로 사용되고 있다. 클로람페니콜은 절대적으로 고용량으로 장기간 반복 투여해서는 안 되는 약물이며, 치료 중에는 환자의 혈액을 지속적으로 모니터링해야 한다.

### 마크로라이드 및 관련 항생제

에리트로마이신(erythromycin)은 마크로라이드(microlides)[3] 로 불리는 항생제의 대표적인 예다. 큰 락톤 고리와 여기에 결합된 당으로 이루어진 구조를 갖는다(그림 12.10c). 중간 정도의 효능 스펙트럼을 가지며, 독성이 비교적 낮다. 작용 기전은 리보솜의 50S 소단위에 결합해 단백질 합성을 차단한다. 에리트로마이신은 마이코플라스마 폐렴, 레지오넬라증, 클라미디아 감염, 백일해, 디프테리아 치료를 위해 경구 투여되며, 장 수술 전 예방 약물로도 사용된다. 또한 페니실린 내성을 가진 연쇄상구균 및 임균 감염을 치료하는 데도 유용한 대체 약물이며, 매독과 여드름 치료에도 사용된다. 새로운 반합성 마크로라이드로 약물로는 클라리스로마이신(clarithromycin)과 아지트로마이신(azithromycin, Zithromax)이 있다. 두 약물 모두 중이염, 호흡기 및 피부 감염에 유용하게 사용되며, AIDS 진단을 받은 *Mycobacterium* 감염(MAC)에도 사용이 승인됐다. 클라리스로마이신은 헬리코박터 파일로리(*Helicobacter pylori*)로 인한 감염 및 위궤양을 조절하는 데도 효과적이라고 알려져 있다. 아지트로마이신은 전 세계적으로 가장 많이 처방되는 항생제 중 하나로, 호흡기, 위장관, 성병 감염 치료에 사용된다. 그러나 일부 사람들에게 심장 부정맥과 같은 심각한 부작용을 유발할 수 있어 민감한 사람들에게는 사용이 제한된다.

클린다마이신(clindamycin)은 린코마이신에서 유래된 광범위 항생제다. 클린다마이신은 소화기계에서 부작용을 유발하는 경향이 있어 (1) 혐기성 박테리아(박테로이데스 및 클로스트리듐)에 의한 대장 및 복부 감염, (2) 페니실린 내성을 가진 포도상구균 감염, (3) 여드름 치료제 등으로 사용을 제한한다.

## 대사경로를 차단하는 약물

대사경로를 차단하는 약물은 합성으로 만들어지는 것이 대부분이다. 이

2 혈액 생성 조직의 기능 장애로 인해 혈액세포 수치가 매우 낮은 질병.

3 마크로라이드 항생제 이름은 이 계열의 항생제가 공통적으로 포함하고 있는 화학적 고리 구조(마크로라이드 고리)에서 유래되었음.

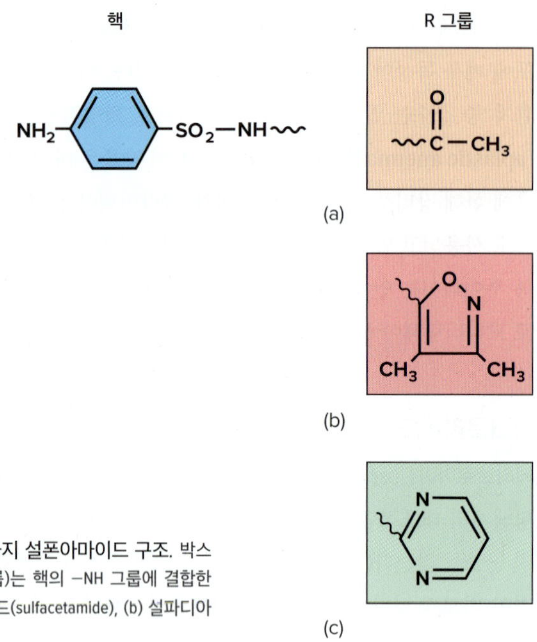


그림 12.11 몇 가지 설폰아마이드 구조. 박스 형태의 측쇄(R 그룹)는 핵의 −NH 그룹에 결합한다. (a) 설파세타미드(sulfacetamide), (b) 설파디아진, (c) 설피속사졸.

런 작용 기전의 항균제는 세균이나 곰팡이의 발효에서 유래된 것이 거의 없다. 일부는 아닐린 염료로부터 합성됐고, 다른 일부 약물은 처음에 식물에서 분리됐다. 이러한 약물은 주로 다른 항생제로 대체됐지만, 여전히 화학요법에서 필수적인 역할을 담당한다.

이 계열에서 가장 중요한 약물은 **설폰아마이드**(sulfonamides) 또는 **설파제**(sulfa drugs)다. 이 이름은 약물의 초기 형태인 설파닐아마이드(sulfanilamide)에서 유래됐다(그림 12.11). 이 약물은 대사 유사체로 작용해 박테리아의 엽산 합성을 차단한다(그림 12.6 참조). 이런 작용 기전의 수십 가지 약물이 개발됐는데, 대부분은 좁은 효능 스펙트럼을 가진다. 설피속사졸(sulfisoxazole)은 용해도가 높아 시겔라증, 요로 감염, 일부 원생동물 감염 치료에 효과적이다. 실버 설파디아진(sulfadiazine) 연고와 용액은 화상 및 눈 감염 치료에 사용된다. 또 다른 약물인 트리메토프림(trimethoprim)은 엽산 합성의 두 번째 효소 단계를 억제한다. 이 때문에 트리메토프림은 설파메톡사졸과 함께 사용돼 시너지 효과를 나타낸다(상품명: Septra, Bactrim). 이 조합은 주폐포자충 폐렴(*Pneumocystis jiroveci* pneumonia, PCP), 요로 감염, 중이염의 주요 치료법 중 하나다.

설폰은 화학적으로 설폰아마이드와 유사하지만 광범위한 효과는 없다. 그러나 한센병(나병) 치료의 주요 약물로 여전히 중요하게 사용된다. 가장 활성이 높은 형태는 다프손으로, 일반적으로 리팜핀 및 클로파지민(항균 염료)과 함께 장기간 투여된다.

## 독특한 작용 기전을 갖는 항생제

대부분의 새로운 항생제는 기존의 약물 계열로부터 개발되지만, 세균에 대해 새로운 작용을 하는 몇 가지 새로운 약물 계열이 개발됐다. 의학 전문가들은 약물 내성 발달을 지연시키기 위해 이러한 약물은 다른 대체 약물이 없는 경우에만 처방할 것을 권장한다.

포스포마이신(fosfomycin) 트리메타민은 장내 세균에 의한 요로 감염 치료를 위한 대체 약물로 효과적인 인산 화합물이다. 이 약물의 작용 기전은 세포벽 합성에 필요한 효소를 억제하는 것이다.

Synercid는 스트렙토그라민 계열의 항생제로, 두 가지 활성 화합물(퀴누프리스틴과 달포프리스틴)을 포함하며, 이들이 결합해 특정 박테리아에 시너지 효과를 나타낸다. 이 약물은 심내막염과 수술 감염을 일으키는 포도상구균 및 장구균에 대해 살균 효과를 가지며, 연쇄상구균(*Streptococcus*) 저항성 균주 감염 치료를 위해 사용되는 약물 중 하나다. Synercid는 다른 약물이 내성으로 인해 효과가 없을 때 주요 사용된다. 작용 기전은 50S 리보솜의 특정 부위에 결합해 펩타이드 전이와 연장을 억제하는 것이다.

답토마이신(daptomycin, Cubicin)은 주로 그람 양성 박테리아에 대해 작용하는 리포펩타이드로, 여러 가지 막 기능을 방해하는 작용을 한다.

케톨라이드(ketolides)라는 새로운 약물 계열은 에리트로마이신과 같은 마크로라이드와 유사하지만 고리 구조가 다르다. 이 계열의 대표적인 약물인 텔리트로마이신(telithromycin, Ketek)은 마크로라이드 내성을 가진 박테리아에 의한 호흡기 감염 치료에 사용된다.

옥사졸리디논(oxazolidinone) 계열의 약물은 독특한 기전을 가진다. 이들은 단백질 합성의 시작 단계를 억제하는데, 이는 mRNA와 번역 시작에 필요한 두 리보솜 소단위 간 상호작용을 방해함으로써 단백질 합성을 억제한다. 이 계열의 두 가지 약물은 리네졸리드(linezolid, 상품명 Zyvox)와 테디졸리드(tedizolid, Sivextro)로, MRSA와 반코마이신 내성 장구균(VRE) 감염 치료에 중요하게 사용된다. 이들은 자연에서 발견되지 않는 합성 약물이기 때문에 약물 내성 발달이 느릴 것으로 기대된다.

베다퀼린은 *Mycobacterium*에서 ATP 합성을 억제하는 독특한 작용 기전을 가진 항결핵 약물이다. 이 약물은 Sirturo라는 브랜드명으로 판매되고 있으며, 다제내성을 나타내는 경우 혹은 극도로 약물 내성이 강한 결핵균 감염 치료에만 사용된다.

**핵심 점검 12.2**

10. 주요 항균제 그룹에 대한 작용 기전과 적용을 요약한 표를 작성하시오(항생제 및 합성 약물).
11. 페니실린과 세팔로스포린 계열 약물이 다른 항생제보다 독성이 적은 이유는 무엇인지 설명하시오. 주요 부작용은 무엇인가?

## 12.3 곰팡이, 기생충, 바이러스 감염 치료제

학습목표

11. 곰팡이에 효과적인 항균제를 분류하고, 이들이 어떻게 사용되는지 설명한다.
12. 기생충 감염 치료에 사용되는 약물의 범주를 논의하고, 그 적용에 대해 설명한다.
13. 항바이러스 치료에서의 어려움에 대해 논의한다.
14. 여러 범주의 항바이러스제를 구분하고, 이들이 어떻게 사용되는지 설명한다.
15. COVID-19 팬데믹에 대처하기 위해 사용된 방법을 설명한다.

### 항진균제

곰팡이 세포는 진핵세포라서 화학요법에서 특별한 문제를 나타낸다. 대부분의 화학요법에 사용되는 약물은 박테리아를 표적으로 개발됐으며, 곰팡이 감염을 퇴치하는 데는 일반적으로 효과적이지 않다. 또한 곰팡이 세포와 인간 세포가 매우 유사하기 때문에, 곰팡이 세포에 독성이 있는 약물은 인간 조직에도 해를 끼칠 수 있다. 곰팡이 감염을 치료하기 위해 특수한 항진균 성질을 가진 몇 가지 약물이 개발됐다. 현재 사용되는 주요 약물 그룹에는 마크로라이드 폴리엔 항생제, 그리세오풀빈, 합성 아졸, 플루사이토신, 에키노칸딘, 펑거프가 있다(그림 12.12).

**폴리엔**(polyenes)은 곰팡이 세포막에 결합해 선택적 투과성을 잃게 만든다. 이들은 곰팡이 세포막에 있는 특정 스테롤 성분인 에르고스테롤이 포함돼 있기 때문에 곰팡이 세포막에 특이적으로 작용한다. 그러나 포유류 세포막에는 에르고스테롤과 유사한 화합물이 포함돼 있어 폴리엔이 일부 결합할 수 있기 때문에 독성이 완전히 선택적이지는 않다.

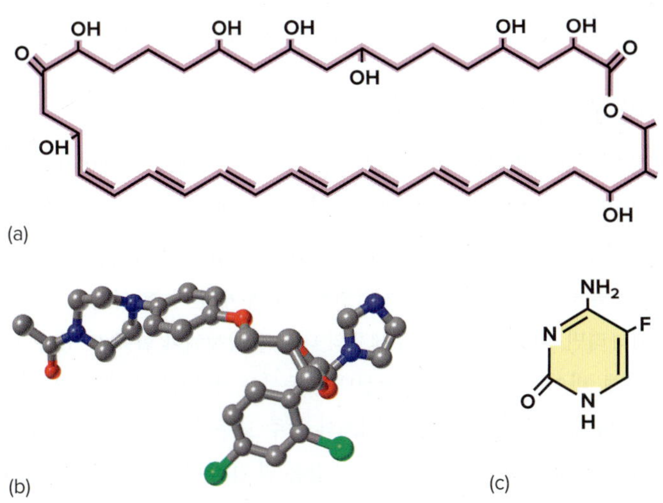


**그림 12.12** 일부 항진균제 구조. (a) 폴리엔. 표시된 예는 곰팡이 세포막에 삽입되는 복합 스테로이드 항생제인 암포테리신 B. (b) 케토코나졸과 같은 복잡한 고리형 화합물인 아졸은 진균 세포막의 성분인 에르고스테롤의 합성을 억제한다. (c) DNA와 단백질 합성을 억제하는 시토신의 구조적 유사체인 플루시토신.

**마크로라이드 폴리엔**(macrolide polyenes)은 암포테리신 B(Fungizone, 산성 및 염기성, 즉 양쪽성 특성으로 인해 명명됨)와 나이스타틴(nystatin, 뉴욕주에서 발견돼 붙여진 이름)으로 대표되며, 세포막 일부의 지질을 모방하는 구조다. 암포테리신 B는 기능이 가장 다양하고 효과적인 항진균제로, 칸디다 알비칸스(*Candida albicans*)에 의한 피부 및 점막 병변을 포함한 대부분의 곰팡이 감염에 효과가 있으며, 히스토플라스마증(histoplasmosis)과 크립토코쿠스 뇌수막염(cryptococcus meningiti)에 광범위하게 사용되는 암포테리신 B의 큰 단점은 피로와 불규칙한 심장 박동 같은 심각한 부작용이 있을 수 있다는 것이다. 나이스타틴(Mycostatin)은 피부와 점막의 진균증 치료를 위해 국소적 또는 경구적으로만 사용되며, 피하 또는 전신 곰팡이 감염이나 백선증(ringworm)에는 유용한 치료제가 아니다.

그리세오풀빈(griseofulvin)은 특히 무좀과 같은 특정 피부사상균 감염 치료에 효과를 나타내는 항진균제다. 이 약물은 표피, 손톱, 머리카락에 침착돼 곰팡이의 성장을 억제한다. 그리세오풀빈으로 곰팡이를 완전히 박멸하기 위해서는 몇 개월이 소요되며, 상대적으로 신장에 대한 독성이 높기 때문에 이 치료법은 가장 고질적인 경우에만 사용된다. 백선증과 무좀 치료를 위해 개발된 새로운 약물인 테르비니핀(terbinifine, Lamisil)은 에르고스테롤 합성을 억제하며, 피부와 손톱에 쉽게 침착된다. 그러나 이 약물도 장기간 복용해야 하며, 간독성을 포함한 여러 부작용이 있다.

**아졸**(azoles)계 항진균제는 복잡한 고리 구조를 가지며, 에르고스테롤과 세포막 합성을 억제하는 광범위 항진균제다. 다른 항진균제에 비해서는 상대적으로 부작용이 적다. 가장 효과적인 약물로는 케토코나졸(ketoconazole, Nizoral), 플루코나졸(fluconazole, Diflucan), 클로트리마졸(clotrimazole, Gyne-Lotrimin), 미코나졸(miconazole, Monistat), 보리코나졸(voriconazole, VFEND), 이트라코나졸(itraconazole, Sporanox)이 있다. 케토코나졸은 경구 또는 국소적으로 사용돼 피부 진균증, 질 및 구강 칸디다증, 일부 전신 및 침습성 진균증을 치료하는 데 사용된다. 플루코나졸은 특정 AIDS 관련 진균증(예: 아스페르길루스증 및 크립토코쿠스 뇌수막염)에 사용된다. 클로트리마졸과 미코나졸은 주로 피부, 구강, 질 감염 치료를 위한 국소 연고로 사용된다. 이트라코나졸은 일반적으로 손톱의 진균 감염 및 전신 칸디다증 치료를 위해 경구로 사용된다. 보리코나졸은 혈액-뇌 장벽을 통과하기 때문에 진균성 뇌수막염 치료에 사용된다. 아졸 계열의 새로운 약물인 Cresemba는 아스페르길루스증과 뮤코르증 같은 심각한 전신 진균증 치료에 사용된다.

플루사이토신(flucytosine)은 항진균 성질을 가진 시토신 뉴클레오타이드 유사체다. 경구 투여 후 빠르게 흡수되며, 혈액과 뇌척수액에서 쉽게 용해된다. 단독으로는 특정 피부 진균증을 치료할 수 있다. 그러나 많은 곰팡이가 플루사이토신에 내성을 가지고 있어 보통 전신 진균증을 효과적으로 치료하기 위해 암포테리신 B와 함께 사용된다.

에키노칸딘 계열 약물인 카스포펀진(caspofungin)은 여러 유형의 곰팡이 세포벽을 손상시켜 쉽게 용해되게 만든다. 이러한 작용 기전의 장점은 인간 세포에는 작용하지 않는다는 것이다.

펑거프(fungerps)는 20년 만에 처음 등장한 새로운 항진균제 계열이다. 현재까지 이 계열에는 이브렉사펑거프(ibrexafungerp)라는 단일 약물만 개발됐으며, 곰팡이 세포벽 합성에 필요한 글루칸 합성을 억제하는 작용 기전을 가진다. 아졸 및 에키노칸딘에 내성을 가진 칸디다 종을 타깃으로 하며, 경구 복용이 가능해 투여가 훨씬 간편하다.

## 항기생충 화학요법

원생동물과 연충 기생충의 다양성과 이에 대응하는 치료법은 이 책의 범위를 훨씬 넘어서지만, 몇 가지 일반적인 약물에 대해 다루기로 한다. 현재 말라리아, 리슈마니아증, 수면병, 아메바성 이질 및 연충 감염을 치료하기 위해 승인된 약물과 실험적 약물의 수는 적지만, 새로운 약물과 더 나은 약물에 대한 필요성으로 인해 이 분야에 대한 연구가 촉발되고 있는 추세다.

### 항말라리아 약물: 퀴닌과 그 유사체

퀴닌은 기나나무(cinchona, 키나나무 또는 신코나나무) 껍질에서 추출한 독성 화학물질로 수백 년 동안 말라리아의 주요 치료제였지만, 현재는 인간에게 독성이 감소된 합성 퀴놀린[주로 클로로퀸(chloroquine)과 프리마퀸(primaquine)]으로 대체됐다. 말라리아 기생충(*Plasmodium*)은 여러 종이 존재하고 그 생애 주기 단계가 다양해서 모든 종과 단계에 대해 보편적으로 효과적인 단일 약물은 없으며, 각각의 약물은 치료에 제한적으로 사용된다. 예를 들어, 프리마퀸은 감염의 간(liver) 단계를 제거하며, 클로로퀸은 적혈구 감염과 관련된 급성 발작을 억제한다. 클로로퀸은 또한 풍토병 지역에서 예방 치료제로 사용되기도 한다. 클로로퀸은 기생충 내성의 가능성을 줄이기 위해 다른 약물과 함께 복용하는 것이 일반적이다.

메플로퀸은 최근 동남아시아 지역에서 증가해 문제가 되고 있는 *Plasmodium*, 클로로퀸 내성 균주에 의한 감염 치료에 사용되는 퀴닌의 반합성 유사체다. 최신 승인된 약물은 아르테미시닌과 루메판트린의 조합으로 구성된 Coartem으로, 약물 내성을 예방하기 위해 설계됐으며 세계 여러 지역에서 사용되고 있는 추세다.

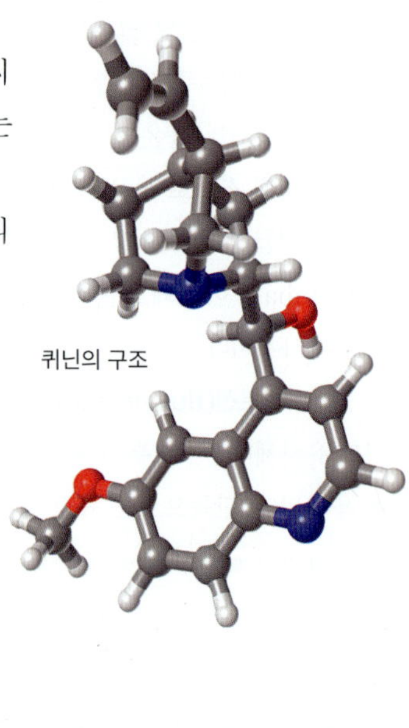

퀴닌의 구조

### 기타 원생동물 감염 치료를 위한 화학요법

널리 사용되는 아메바 살균제인 메트로니다졸(Flagyl)은 *Entamoeba histolytica*에 의한 장 감염 및 간 질환 치료에 효과적이다. 이 약물은 병원체의 필수 대사 효소를 비활성화하는 것으로 알려져 있다. 경구 투여 시 *Giardia lamblia*와 *Trichomonas vaginalis*에 의한 감염에도 사용된다. 다른 항원생동물 약물로는 퀴닌 기반 약물인 퀴나크린, 설폰아마이드, 테트라사이클린이 있다.

### 항연충제 치료

연충 감염 치료는 모든 화학요법 중 가장 어려운 과제 중 하나다. 간흡충, 촌충, 회충은 다른 미생물보다 훨씬 큰 기생충이며, 동물로서 인간과 유사한 생리를 가진다. 또한 이들의 번식을 차단하는 전략으로 성충을 박멸하는 것은 일반적으로 효과적이지 않다. 가장 효과적인 약물은 생애 주기의 모든 단계를 마비시키거나, 분해하거나, 대사를 억제하는 것이다.

메벤다졸(mebendazole)과 알벤다졸(albendazole)은 여러 유형의 회충 감염을 치료하는 데 사용되는 광범위 항기생충 약물이다. 이러한 약물은 장에서 국소적으로 작용해 회충, 알, 유충의 미세소기관 기능을 억제해 포도당 대사의 핵심 단계를 차단하고 이들을 무력화한다. 피란텔(pyrantel)과 프라지콴텔(praziquantel)은 다양한 회충과 편충의 근육을 마비시킨다. 니클로사마이드는 촌충의 스코렉스(scolex)와 인접한 편절을 파괴해 촌충이 부착되는 것을 느슨하게 만든다. 이러한 치료법에서 기생충은 장벽에 대한 그립(grip)을 유지할 수 없게 되며, 장의 정상적인 연동 작용에 의해 대변과 함께 배출된다. 그러나 치료와 함께 종종 심한 복부 경련이 동반되는 경우가 있다. 이버멕틴(ivermectin)은 회충 감염과 이 치료에 사용되는 광범위 항기생충제다. 복용자에게는 아무런 효능도 나타나지 않았음에도 불구하고 COVID-19의 '치료제'로 많은 주목을 받았다.

## 항바이러스 화학요법 약물

바이러스 감염의 화학요법 치료는 독특한 도전 과제다. 박테리아, 곰팡이, 원생동물, 연충에 의해 발생하는 감염에 대해 논의하면서, 약물 선택에서 구조와 대사 차이점에 중점을 두었다. 바이러스의 경우, 대사 기능 대부분을 숙주세포에 의존하는 감염원을 다루게 된다. 바이러스 기능을 방해하려면, 어느 정도는 숙주세포의 대사를 방해해야 할 수도 있다. 다시 말해, 바이러스 감염에 대한 선택적 독성을 확보하는 것은 매우 어렵다. 하나의 대사 시스템이 바이러스와 숙주 모두의 건강을 책임지기 때문이다. 홍역, 유행성 이하선염, 간염 같은 몇 가지 바이러스 질환은 효과적인 백신을 통해 예방할 수 있다. 그러나 많은 심각한 바이러스 질환에 대해서는 백신이 없기 때문에 항바이러스 약물에 대한 필요성이 크다고 할 수 있다.

최근 몇 년간 특정 바이러스의 감염 주기의 특정 지점을 타깃으로 하는 여러 항바이러스제가 개발됐다. 그러나 바이러스 간 현저한 차이로 인해 항바이러스 화합물은 스펙트럼이 제한되는 경향이 있다.

대부분의 항바이러스제는 바이러스 주기의 완료과정에서 한 단계를 차단하도록 설계됐다. 주요 작용 기전은 다음과 같다.

1. 바이러스의 숙주세포 침투 차단
2. 바이러스 유전물질의 복제, 전사 및/또는 번역 차단
3. 바이러스 입자의 정상적인 성숙 방지

항바이러스 약물은 바이러스가 합성되고 방출되는 것을 막아 감염되지 않은 세포를 보호하지만, 대부분의 경우 숙주의 DNA 내에 있는 잠복 상태 또는 지속 상태에 있는 바이러스나 세포 외 바이러스를 제거할 수 없다. 몇 가지 항바이러스 약물의 작용을 요약한 내용은 표 12.6에 나와 있다.

## 인플루엔자 치료 약물

자나미비르(zanamivir, Relenza)와 오셀타미비르(oseltamivir, Tamiflu)는 인플루엔자 A 및 B 바이러스의 뉴라미니데이즈(neuraminidase) 작용을 차단하는 항인플루엔자 약물이다. 뉴라미니데이즈가 작용하지 않으면, 바이러스는 숙주세포에서 방출되지 않으며 세포가 활성 바이러스를 생산할 수 없게 된다. 두 가지 유형의 약물 모두 예방 목적으로 사용될 수 있으며, 감염 초기 단계에 투여해야 가장 효과적이다(표 12.6).

발록사비르 마르복실(baloxavir marboxil, Xofluza)은 바이러스 RNA 합성의 시작을 차단해 인플루엔자 바이러스의 복제를 억제한다. Relenza와 Tamiflu처럼 Xofluza도 감염 초기 단계에서 복용해야 효과를 볼 수 있다.

## 항헤르페스 약물

많은 항바이러스 효과를 나타내는 약물은 뉴클레오타이드의 구조를 모방해(즉, 유사체로 작용) 복제되는 DNA 부위와 경쟁적으로 작용한다. 이러한 뉴클레오타이드 유사체 중 하나가 DNA 사슬에 결합되면, 해당 가닥의 복제가 중단돼 바이러스의 복제 주기를 방해한다. **아시클로버**(acyclovir, Zovirax)와 이와 관련된 화합물인 발라사이클로버(valacyclovir, Valtrex), 팜시클로버(famciclovir, Famvir), 펜시클로버(penciclovir, Denavir)는 모두 이러한 방식으로 작용하며, 경구 또는 국소적으로 일반적인 헤르페스(herpes) 바이러스 감염(예: 구강 및 생식기 헤르페스, 수두, 대상포진)을 치료하는 데 사용된다. 관련 약물인 간시클로버(ganciclovir, Cytovene)는 면역력이 약해진 환자에서 발생하는 거대세포바이러스 감염을 치료하기 위해 주사로 사용된다.

이들 항바이러스제 중 일부(특히 발라사이클로버와 팜시클로버)의 흥미로운 점은 바이러스 자체가 인코딩한 효소에 의해 활성화된다는 것이다. 이를 통해 약물이 바이러스에 감염된 세포에서만 활성화된다. 티미딘 키네이스 효소는 바이러스가 뉴클레오사이드를 바이러스 RNA 또는 DNA에 결합하기(incorporation) 전의 과정에 관여한다. 비활성 약물이 바이러스에 감염된 세포에 들어가면, 바이러스 자체의 티미딘 키네이스가 이를 활성이 있는 항바이러스제로 전환시킨다. 바이러스가 없는 세포에서는 약물이 활성화되지 않아 정상적인 DNA 복제가 계속될 수 있다.

## 항C형 간염 약물

바이러스 생활사에 대한 연구가 증가하면서 미국에서 약 240만 명이 앓고 있는 질병인 C형 간염의 치료가 사실상 가능해졌다. 소포스부비르(sofosbuvir)와 레디파스비르(ledipasvir, 브랜드명 Harvoni)라는 두 가지 약물을 함께 사용하는 치료법은 가장 일반적인 형태의 바이러스에 감염된 사람들의 94%에서 99%까지 치료 효과를 나타냈다. 소포스부비르는 C형 간염 유전체의 복제를 담당하는 RNA 중합효소를 표적으로 해 RNA 가닥의 합성을 방지하는 뉴클레오타이드 유사체다. 레디파스비르는 RNA 중합효소가 제대로 기능하기 위해 필요한 NS5A(비구조 단백질 5A)라는 단백질의 기능을 방해한다. 두 약물은 시너지 효과를 발휘한다. 유사한 약물 조합도 효과를 나타내고 있다. 제파티어(zepatier)는 엘바스비르(elbasvir, NS5A 억제제)와 그라조프레비르(바이러스 복제에 필요한 프로테이스)의 조합이며, Mavyret은 글레카프레비르(glecaprevir, 프로테이스 억제제)와 피브렌타스비르(pibrentasvir NS5A 억제제)의 조합이다. 이러한 치료법의 주요 단점은 비용이며, 치료 시리즈(통상 8~16주)에 약 10만 달러의 비용이 든다. 그러나 많은 의학 전문가들은 치료율이 비용만큼 가치가 있다고 생각한다. C형 간염을 관리하지 않으면 일반적으로 훨씬 더 높은 비용이 드는 간 이식으로 이어지기 때문이다.

## HIV 감염 치료제

HIV 관련 질병의 세계적인 유행은 약물 연구에 대한 강력한 자극제가 됐다. 현재 HIV를 관리하기 위한 상당수의 약물과 약물 조합이 존재한다. 모든 항레트로바이러스제는 HIV의 증식 주기의 특정 부분을 타깃으로 개발된다. 현재 HIV 주기의 모든 전략적 단계를 억제하거나 차단할 수 있는 약물이 개발됐다(표 12.6).

가장 중요한 표적 중 하나는 HIV가 숙주세포로 가져오는 **역전사효소**(reverse transcriptase, RT)다. 9장에서 배운 것처럼, HIV는 RNA 유전체를 가진 레트로바이러스다. 숙주에 들어온 이 RNA는 역전사효소에 의해 DNA로 전환된다. 이러한 활성은 항HIV 약물 개발에 있어 두 가지 타깃을 제공한다. 첫 번째 뉴클레오사이드 역전사효소 억제제(nucleoside

표 12.6 항바이러스제의 작용 기전*

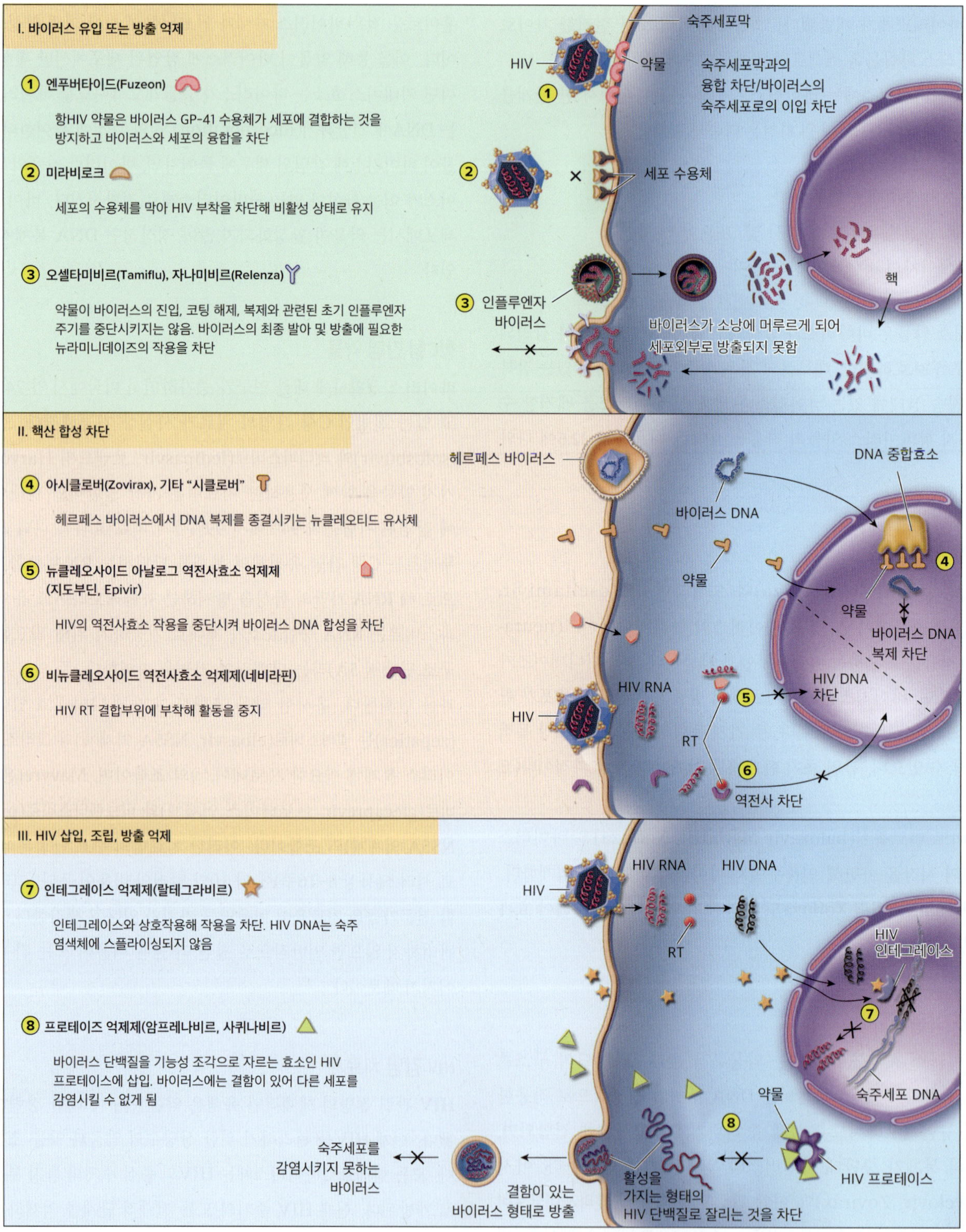


* 약물 효과를 쉽게 보기 위해 바이러스 주기의 세부 사항은 생략.

or nucleotide reverse transcriptase analogs, NRTI)는 경쟁적 억제를 통해 DNA 합성을 직접 중단시킨다. 지도부딘(zidovudine)은 최초의 NRTI이며 HIV를 치료하기 위해 개발된 첫 번째 약물이었다. 지도부딘은 티민 유사체며, HIV의 DNA 가닥에 삽입되지만 추가적인 뉴클레오타이드가 결합할 수 있는 적절한 부위를 제공하지 않기 때문에 DNA 합성이 종료된다. 다른 예로는 스타부딘, 라미부딘, 디다노신, 스타부딘, 테

**표 12.7 항HIV 약물의 종류, 효능 및 예시**

| 항HIV 약물 종류 | 바이러스에 대한 효능 | 예시(괄호는 상품명) |
|---|---|---|
| 결합 억제제 | 바이러스가 숙주세포에 들어가기 위해 필요한 수용체에 결합하는 것을 방지. 마라비로크는 CCR5 수용체를 막고, 이발리주맙(ibalizumab)은 CD4 수용체를 차단 | 포스템사비르(Rukobia)<br>마라비로크(Selzentry)<br>이발리주맙(Trogarzo) |
| 융합 억제제 | HIV가 숙주세포막과의 융합 억제 | 엔푸비르타이드(Fuzeon) |
| 뉴클레오사이드 역전사효소 억제제(NRTIs) | HIV DNA에 삽입돼 새로운 염기가 추가되는 것을 막는 화학적 유사체. 이로 인해 DNA 합성이 중단되고 바이러스 복제가 멈춤. 경쟁적 억제의 한 형태 | 아지도티미딘(AZT, Retrovir)<br>라미부딘(3TC, Epiver)<br>엠트리시타빈(Emtriva) |
| 비뉴클레오사이드 역전사효소 억제제(NNRTIs) | 역전사효소와 상호작용해 활성부위를 차단. 비경쟁적 억제의 한 형태 | 도라비린(Pifeltro)<br>에트라비린(Intelence)<br>릴피비린(Endurant) |
| 인테그레이스 억제제 | 바이러스 DNA가 숙주세포 염색체에 삽입(통합)되기 위해 필요한 HIV 인테그레이스와 상호작용 | 카보테그라비르(Vocabria)<br>돌루테그라비르(Tivicay)<br>랄테그라비르(Isentress) |
| 프로테이스 억제제 | 바이러스의 조립을 완성시키는 HIV 프로테이스가 차단돼 불완전하고 기능이 없는 바이러스 생성 | 아타자나비르(Reyataz)<br>다루나비르(Prezista)<br>사퀴나비르(Invirase)<br>티프라나비르(Aptivus) |
| 약물 동력학적 증강제 | 다른 항HIV 약물의 효과를 증가시키는 시너지 효과 발휘 | 코비시카스트(Tybost) |

노포비르가 있다.

두 번째 유형의 항RT 약물은 비뉴클레오사이드 역전사효소 억제제(nonnucleoside reverse transcriptase inhibitors, NNRTIs)로, 역전사효소 자체의 부위에 결합해 그 모양을 변형시킨다. 이는 비경쟁적 억제의 한 유형이다(표 12.7). NNRTIs는 HIV RNA의 역전사를 방지하는 비슷한 효능이 있지만, 이들은 효소 자체에 결합해 활성부위가 DNA를 합성하지 못하도록 방해한다. 이 약물은 보통 NRTI와 함께 또는 병용 투여된다.

바이러스 방출에 필수적인 또 다른 효소는 HIV 프로테이스(HIV protease)로, 바이러스 구조(캡시드, 효소)의 중요한 부분인 단백질을 자르는 데 관여한다. 프로테이스 억제제로 불리는 약물 계열은 이 효소를 차단해 감염력을 가지지 못하는 결함이 있는 바이러스를 만든다.

새로운 종류의 항HIV 약물에는 침입 초기에 바이러스의 진입 또는 융합을 차단하는 두 가지와 바이러스가 숙주 유전체로 통합되는 것을 방지하는 약물이 있다. 마라비로크(maraviroc)와 포스템사비르(fostemsavir)는 바이러스가 숙주세포에 부착하는 것을 방지해 HIV가 세포에 침입하지 못하게 한다. 엔푸비르타이드(enfuvirtide, Fuzeon)는 바이러스가 숙주세포에 부착된 후, 바이러스의 외피가 숙주세포와 융합하는 것을 차단해 감염을 억제한다. HIV 치료의 또 다른 중요한 표적 효소는 HIV 인테그레이즈(HIV integrase)로 HIV DNA 합성과정을 완료하는 데 필수적인 효소다. 인테그레이즈 억제제는 이 바이러스 DNA가 숙주세포의 염색체에 통합되는 것을 억제한다. 이 단계는 바이러스의 완전한 기능에 필수적이기 때문에 이 작용은 바이러스 복제 주기를 종결시키는 역할을 한다.

현재 HIV 치료 전략은 항레트로바이러스 치료(antiretroviral therapy, ART)로, 약물 내성 발달을 줄이기 위해 하나의 알약에 두 가지, 세 가지 또는 네 가지 약물을 조합해 사용하는 경우가 많다. 대부분의 치료법에는 적어도 하나의 NRTI와 하나의 NNRTI가 포함되며, 일부는 프로테이스 억제제와 인테그레이스 억제제를 추가하기도 한다. 예로는 Cabenuva, Biktarvy, Symtuza가 있다. HIV에 감염되지 않았지만 바이러스에 감염될 위험이 높은 활동에 참여하는 사람들*에게는 **노출 전 예방요법**(pre-exposure prophylaxis, PrEP), 즉 HIV 음성인 개인이 HIV 감염을 예방하기 위해 항레트로바이러스 약물을 사용하는 방법이 권장된다. 두 가지 선택사항이 있다. 두 가지 NRTI를 포함하는 Truvada와 두 가지 NRTI와 인테그레이즈 억제제를 포함하는 Biktarvy이다. 표 12.7은 HIV 약물의 유형과 작용 기전, 예시를 요약 정리한 것이다.

### 인터페론

항바이러스제에 대한 가장 좋은 대안은 인체 유래 물질인 **인터페론**(interferon, IFN)이다. 인터페론은 주로 섬유아세포(fibroblast)와 백혈구에서 다양한 면역 자극에 반응해 생성되는 당단백질이다. 항바이러스와 항암 효과를 포함한 다양한 생물학적 활성을 가진다. 연구에 따르면, 동물의 숙주 방어(host defense)에서 여러 가지 기능을 담당하며, 자연면역에서 중요한 역할을 하는 것으로 알려져 있다. 그 작용 기전은 14

* HIV 발병률이 연간 2% 이상이거나(매년 인구의 2% 이상이 바이러스에 감염됨) 바이러스 수치가 억제되지 않는 HIV 감염자의 HIV 음성 파트너.

장에서 다룬다.

인터페론의 항바이러스 효능에 대한 초기 연구는 인간 혈액에서 매우 미량만 추출할 수 있었기 때문에 제한적이었다. 현재 여러 유형의 인터페론이 10장에서 설명한 유전자 재조합 기술을 통해 생산되고 있다. 광범위한 임상시험을 통해 인터페론의 바이러스 감염 및 암에 대한 효과가 검증됐다. 알려진 인터페론의 치료적 이점은 다음과 같다.

1. 특정 감염(주로 헤르페스바이러스 감염)의 치료 시간 단축 및 일부 합병증 감소
2. 감기와 유두종바이러스(사마귀)의 일부 증상 예방 및 감소
3. 골암, 자궁경부암, 특정 백혈병 및 림프종을 포함한 특정 암의 진행 지연
4. 희귀 암인 털세포백혈병(hairy-cell leukemi), C형 간염(바이러스성 간 감염), 생식기 사마귀, AIDS 환자의 카포시 육종(Kaposi's sarcoma) 치료

### SARS-CoV-2 치료

지난 몇 년 동안 COVID-19를 일으키는 바이러스인 SARS-CoV-2에 대해 다른 어떤 바이러스보다도 많은 논의가 있었다. 따라서 예방 및 치료에 대해 설명할 필요가 있다. 먼저 약간의 맥락에 대해 설명하면, 코로나바이러스는 널리 퍼져 있으며 잘 알려진 바이러스로, 대부분이 감기를 유발하며, 평생 동안 여러 번 감염된 경험이 있는 바이러스다. SARS-CoV-2는 인간에게 심각한 감염을 일으킨 세 번째 코로나바이러스다. 이전의 두 가지는 2003년에 774명의 사망을 초래한 SARS-CoV, 2012년 이후 주로 아라비아 반도에서 약 900명의 사망을 초래한 MERS-CoV(중동호흡기증후군 코로나바이러스)다. 이는 새로운 문제가 아니었음을 의미하며, 코로나바이러스의 통제와 예방 전략이 COVID-19 발생 이전에 잘 연구됐다는 것을 보여 준다.

중요한 점은 중증 COVID-19가 폐를 손상시키는 염증의 결과이며, 엄밀히 말하면 바이러스의 결과가 아니라 감염에 대한 신체의 반응이라는 점이다. 첫 번째로 시도된 치료법이자 가장 성공적인 치료법은 염증을 줄이는 데 중점을 두었으며, 이는 바이러스를 직접 공격하는 것이 아니었다. 신체의 면역반응(특히 염증)을 억제하는 스테로이드 덱사메타손으로 치료하면, 가장 중증 환자들의 사망률을 크게 줄일 수 있었다. 부데소나이드를 포함한 다른 스테로이드 약물과 류머티즘 관절염 치료에 일반적으로 사용되는 단클론 항체 치료제도 유사한 효과를 나타냈다.

바이러스 자체를 대상으로 한 치료 측면에서는 SARS-CoV-2에 결합하는 항체를 주입하는 것이 특히 질병 초기 단계에서 투여됐을 때 효과를 보였다. 이 항체들은 COVID에서 회복된 사람들의 혈액에서 분리됐기 때문에 이를 회복기 항체라고 명명했다. 회복기 COVID 환자의 혈액에서 발견된 항체와 유사한 구조를 가진 실험실에서 만든 단클론 항체도 유사한 효과를 보였다. 심각한 감염의 경우, 아데노신 유사체로 바이러스 복제를 중단시키는 렘데시비르(remdesivir)가 입원 기간을 평균 15일에서 10일로 단축시켰다.

SARS-CoV-2에 대항하기 위해 사용된 두 가지 다른 항바이러스제는 임상시험에서 좋은 성과를 나타내 임상시험이 조기에 종료되고 약물은 긴급사용 승인을 받게 됐다(매우 드문 경우로, 대조군이 치료를 받지 않은 상태로 두는 행위가 비윤리적인 것으로 간주될 정도로 약물의 가능성이 크다고 판단될 때). Paxlovid는 두 가지 프로테이스 억제제를 조합한 약물로, 코로나바이러스가 복제하는 데 필요한 효소의 활동을 억제한다. 감염 초기(증상 발현 후 5일 이내)에 복용했을 때 Paxlovid는 입원율과 사망률을 89%까지 감소시켰다. 두 번째 약물인 몰누피라비르(molnupiravir, 브랜드명 Lagevrio)는 원래 광범위 항바이러스제로 개발된 뉴클레오사이드 유사체다. 유사한 조건에서 Lagevrio는 중증 질환을 약 30% 감소시키는 효과를 보였다. 두 약물 모두 경구로 복용할 수 있어 투여가 간편하다는 장점이 있다. Paxlovid가 훨씬 더 효과적이기 때문에 대부분의 경우 첫 번째 치료제로 사용됐으며, Lagevrio는 Paxlovid를 사용할 수 없는 환자에게 대안으로 사용됐다(Paxlovid에 포함된 프로테이스 억제제 중 하나는 여러 약물과 상호작용이 있어 사용이 제한된다).

COVID-19 팬데믹을 종식시키는 열쇠는 약물이 아닌, 심각한 질병을 예방하고 바이러스의 전파를 줄이는 백신의 개발이었다. 인체의 면역체계와 백신 개발에 대한 내용은 15장과 16장에서 더 자세히 설명할 것이다.

**핵심 점검 12.3**

12. 주요 항진균제, 항기생충제, 항바이러스제의 적용을 정리한 표를 작성하시오.
13. 항진균제, 항기생충제, 항바이러스제가 항균제보다 적은 이유를 설명하시오.
14. 항바이러스제의 표적과 그 작용 기전을 나열하시오. HIV 치료에 여러 유형의 약물을 사용하는 전략은 무엇인가?
15. 인터페론 기반 약물의 기원과 생물학적 작용을 요약하시오.
16. SARS-CoV-2 감염과 COVID-19 팬데믹을 통제하기 위해 사용된 네 가지 전략을 설명하시오.

## 12.4 미생물과 약물 간 상호작용: 약물 내성의 획득

**학습목표**

16. 미생물의 약물 내성의 발달을 설명하고, 내성이 어떻게 획득되는지 설명한다.
17. 미생물이 약물에 내성을 갖게 되는 주요 메커니즘을 설명한다.
18. 약물 내성 수준을 감소시키는 몇 가지 방법에 대해 설명한다.
19. 약물 내성이 미생물 집단에 퍼지는 방식과 그 장기적인 영향에 대해 설명한다.

항균제 사용에서 나쁜 결과 중 하나는 미생물에 대한 **약물 내성**(drug resistance)이 생기는 것이다. 이는 미생물이 이전에 사용해 효과를 나타내었던 약물의 양을 견디기 시작하는 적응 반응이다. 항균제에 대한 저항 메커니즘의 발달은 미생물 집단의 유전적 다양성과 적응성의 결과다. 약물 내성은 후천적 특성일 수도 있고 내재적 특성일 수도 있다. 내인성 약물 내성은 자신이 생산하는 모든 항생제에 내성을 가져야 하는 박테리아 또는 약물을 차단하는 자연적인 장벽(예: 그람 음성균의 외막)이 있는 박테리아에서 발견된다. 이러한 유형의 내성은 항균 화학요법에서 주요 문제는 아니다. 훨씬 더 중요한 것은 이전에 약물에 민감했던 미생물이 내성을 획득하는 것이다. 여기서 약물 내성이라는 용어는 이러한 유형의 획득된 내성을 의미한다.

## 약물 내성의 발달 과정

사람들의 생각과 달리 항생제 내성은 최근에 나타난 현상은 아니다. 일부 세균에서 페니실린 내성은 1940년, 즉 페니실린이 대중에게 사용되기 3년 전에 이미 페니실린 내성균이 발견됐다. 1980년대와 1990년대에 과학자들과 의사들이 대규모로 치료에 실패한 경우를 겪으면서 문제가 명확해졌다.

미생물은 다음과 같은 과정이 생기게 되면 약물에 내성을 가지게 된다. (1) 중요한 염색체 유전자의 자발적 돌연변이, 또는 (2) 다른 종으로부터 유전자 또는 유전자 세트를 획득하는 것이다. 염색체 기반의 약물 내성은 보통 세균 집단에서 자발적인 무작위 돌연변이로 인해 발생한다. 이러한 돌연변이가 집단에 유리한 방향으로 작용할 가능성은 매우 낮으며, 특정 약물에 대한 내성을 가지게 될 가능성은 더 낮다고 할 수 있다. 그럼에도 불구하고 어떤 집단에서 미생물의 수가 매우 많고 돌연변이가 지속적으로 발생하기 때문에, 그러한 돌연변이는 일어날 수 있다. 그 결과는 미생물의 약물에 대한 민감성 변화에서 시작해 더 많은 용량의 약물을 사용함으로써 극복할 수 있는 변화부터, 약물에 대한 민감성을 완전히 상실하는 데까지 매우 다양하다.

미생물 간의 전이를 통한 내성은 9장에서 다루었던 염색체 유전자와 **저항(R) 인자**(resistance (R) factor)로 불리는 플라스미드가 접합, 형질전환, 또는 형질도입 과정을 통해 전이되면서 발생한다(그림 12.13). 연구에 따르면 약물 내성을 부여하는 플라스미드는 미생물이 약물에 노출되기 전에 이미 자연적으로 존재한다. 이러한 특성은 '기회를 기다리는' 상태로 존재하며, 종에 약물에 대한 적응성을 부여한다. 많은 세균은 또한 전이 가능한 약물 내성 서열(트랜스포존)을 가지고 있으며, 이는 한 플라스미드에서 다른 플라스미드로 또는 플라스미드에서 염색체로 복제돼 삽입될 수 있다. 약물 내성 코드를 포함한 염색체 유전자와 플라스미드는 모든 후손에게 유전된다. 이러한 내성 유전자 공유를 통해 약물 내성 종은 빠르게 확산된다. 인체의 미생물군과 환경에서 살아가는 완전히 관련 없는 세균 간에 생물막(biofilm)에서 유전자 전이가 얼마나 빈번하고 쉽게 일어나고 있는지에 대한 증거가 늘고 있다.

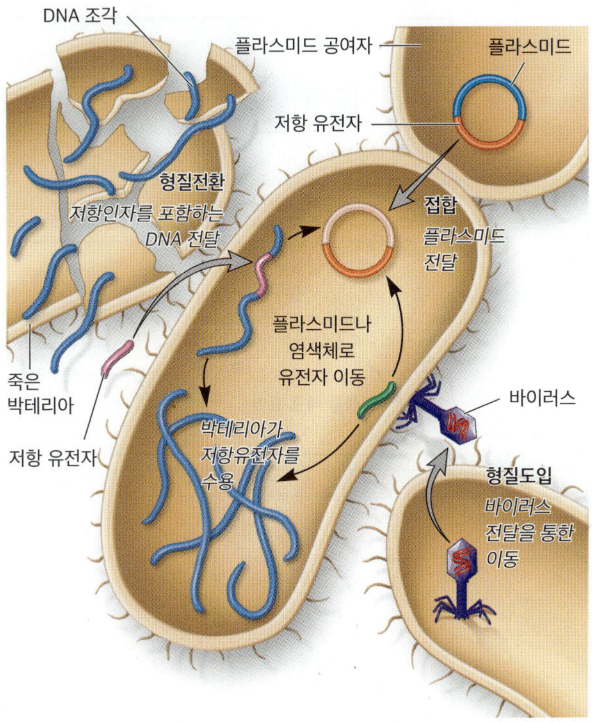


**그림 12.13** 약물 내성의 이전. 박테리아는 접합, 형질도입 및 변형의 과정을 통해 약물 내성을 위한 수많은 유전자를 포함하는 R 인자를 전달한다. 이러한 교환이 광범위하게 발생하면 약물 내성이 급속히 확산된다.

## 약물 내성의 특이적 메커니즘

박테리아 세포 내에서 이러한 유전자 전이의 효과는 다음과 같으며, 실제로 박테리아의 약물에 대한 저항성을 유발한다(아래 번호는 그림 12.14의 번호와 동일).

1. 약물을 비활성화하는 대체 효소의 개발(새로운 유전자 획득 시 발생)
2. 세균으로의 약물 투과성이나 흡수 감소 또는 제거
3. 약물을 제거하는 특수 약물 수송 펌프의 활성화
4. 약물 결합부위의 수 감소 또는 친화력 감소(돌연변이나 새로운 유전자 획득으로 발생 가능)
5. 영향을 받은 대사경로가 중단되거나 대체 경로 사용(원래 효소의 돌연변이로 발생)

### 약물 비활성화 메커니즘

미생물은 약물 구조를 영구적으로 변화시키는 효소를 생성해 약물을 비활성한다. 한 예로, 박테리아가 분비하는 세포 외 효소의 하나인 베타-락타메이스(beta-lactamases)는 일부 페니실린과 세팔로스포린의 베

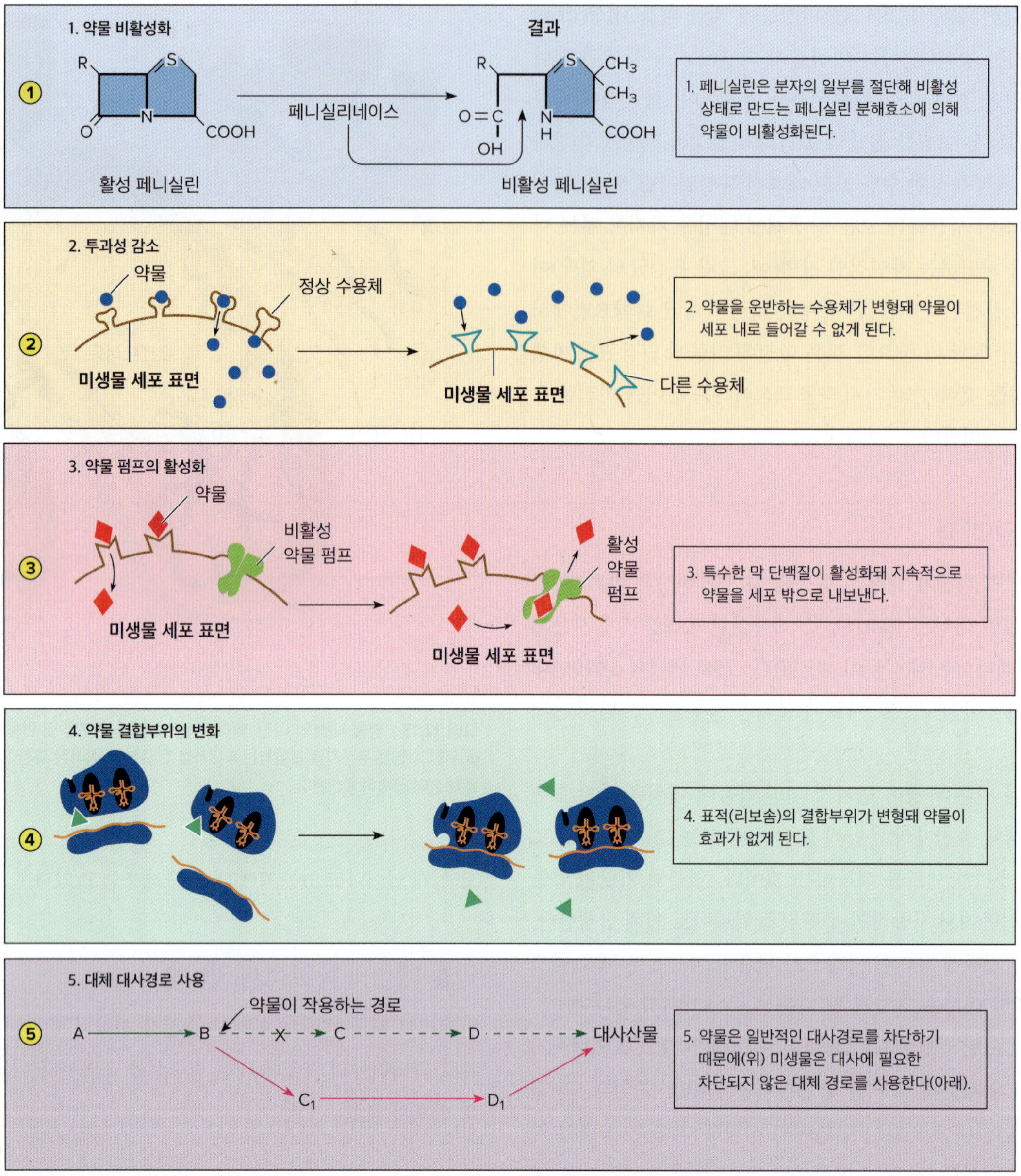


그림 12.14 약물 내성 획득 메커니즘의 예시.

타락탐 고리 구조를 가수분해해 약물을 비활성화한다. 페니실리네이스(penicillinase)와 세팔로스포리네이스(cephalosporinase)라는 두 가지 베타락타메이스는 특정 페니실린 또는 세팔로스포린 분자의 구조를 파괴해 그 활성을 상실하게 만든다(그림 12.14, 1번). 황색포도상구균(*Staphylococcus aureus*)의 많은 균주는 페니실리네이스를 생성하므로, 일반 페니실린은 치료 옵션으로 거의 사용되지 않는다. 네이세리아 임균(*Neisseria gonorrhoeae*)의 일부 균주는 PPNG[4]라고 불리며, 페니실리네이스 유전자를 획득했기 때문에 임질 치료에도 대체 약물이 필요하다. 많은 그람 음성균 종은 자연적으로 이미 베타락타메이스가 있기 때문에 일부 페니실린과 세팔로스포린에 본래부터 내성을 가지고 있다.

## 약물 투과성 감소 또는 약물 배출 증가

일부 박테리아의 내성은 약물이 세포에 들어가서 표적에 작용하는 것을 방지하는 메커니즘에 기인해 발생한다. 예를 들어, 특정 그람 음성균의 세포벽 외막은 일부 페니실린 약물에 대한 자연적인 장벽 역할을 한다. 아미노글리코사이드 내성은 수송 시스템이나 외막 단백질의 점 돌연변이(point mutation)에 의해 약물 투과성이 변화함으로써 발달하는 것

4 페니실리네이스 생성 네이세리아 임균(Penicillinase-producing *Neisseria gonorrhoeae*).

12.1 연결고리 찾기

## 우리는 약물 내성에 대한 경쟁에서 지고 있는가?

> "항생제 내성의 증가는 전 세계적인 보건 위기다. 항균제 내성은 전 세계 모든 지역에서 증가하고 있다. 우리는 1차 항생제를 잃어 가고 있다. 이는 광범위한 일반 감염을 치료하는 것을 훨씬 더 어렵게 만들며, 대체 치료법은 더 비싸고, 더 독성이 강하며, 더 오랜 치료 기간이 필요하다."
>
> - 마거릿 찬, WHO 사무총장

많은 미생물이 다양한 약물에 노출될 때, 그 약물에 저항하는 유전적으로 유리한 균주나 유형이 항상 존재할 수 있다는 것은 자연의 섭리다. 이는 미생물이 단지 그들이 가장 잘하는 일—적응하고 생존하기—을 실천하고 있는 것이라고 할 수도 있다.

우리의 약물 사용 자체가 그들의 약물 내성 진화를 가속화하는 촉매 역할을 하고 있다. 병원에서 획득한 감염이 매년 약 200만 건 발생하며, 이는 9만 명의 사망을 초래한다. 이 감염의 약 70%는 적어도 하나의 약물에 내성을 가진 세균에 의해 발생한다. 수년 동안 여러 병원체에서 점진적으로 약물 내성이 발달하는 것으로 보고됐지만, 최근 몇 년 동안 문제가 더 심각해졌다. 이제는 비교적 새로운 약물에 매우 짧은 시간 내에 내성을 가지게 된 미생물을 발견하는 것이 흔한 일이 됐다. 임상 환경은 약물 내성 박테리아 균주가 많이 존재하는 환경이다. 이 환경에서는 대규모 병원체가 다양한 약물에 지속적으로 노출된다. 병원은 또한 방어력이 약해진 환자들이 있는 곳으로, 이들은 감염에 매우 취약하다.

황색포도상구균과 페니실린의 사례를 통해 이러한 패턴을 쉽게 확인할 수 있다. 1950년대에 병원에서 발견된 균주가 이 약물에 대한 내성을 보이기 시작했으며, 페니실린의 무분별한 사용으로 인해 25년 내에 이러한 균주는 거의 100% 페니실린에 내성을 가지게 됐다. 이에 대응해 제약회사들은 페니실린의 대안으로 메티실린을 개발했지만 몇 년 후 거의 모든 항생제에 내성을 갖게 된 MRSA(methicillin-resistant *S. aureus*, 메티실린 내성 황색포도상구균) 균주가 나타나기 시작했다. 이 문제를 더욱 복잡하게 만든 것은, MRSA 균주가 병원에서 지역사회로 퍼져 나갔다는 사실이다. 다행히도, MRSA는 반코마이신으로 치료할 수 있었으나, 시간이 지나면서 반코마이신에 대한 중간내성을 가진 VISA(vancomycin intermediate *Staphylococcus aureus*, 반코마이신 중간내성 황색포도상구균) 균주와, 결국 이 약물에 완전한 내성을 가진 VRSA 균주가 보고됐다. 새로운 대체 약물에 대한 내성이 점차 증가하는 이러한 패턴이 보건당국을 더욱 걱정시키고 있다.

더욱 심각한 경고 중 하나는 11장 사례 연구에서 다뤘던 카바페넴 내성 장내세균(CRE)에 대한 것이다. 이것은 전통적으로 다른 베타락탐 약물에 대한 내성 있는 경우에 사용됐던 카바페넴 약물(이미페넴, 에르타페넴)에 대한 이 그람 음성 간균(gram-negative rods) 계열은 내성을 나타낸다. 클렙시엘라 폐렴균(*Klebsiella pneumoniae*), 엔테로박터 클로아케(*Enterobacter cloacae*), 대장균(*Escherichia coli*)의 많은 새로운 내성 균주가 병원에서 내성(그림 참조)을 획득한 경우다. 병원 환경에서 장내 세균은 혈류 및 요로 감염을 유발한다. 방어력이 약화된 환자의 경우 치사율은 50%에 이를 수 있다.

### 동물 사료에 사용되는 약물

약물 내성 증가의 큰 원인이 되는 또 다른 관행은 감염을 줄여 동물의 건강과 크기를 개선하려는 목적으로 동물 사료에 항균제를 첨가하는 것이다. 미국에서 사용되는 모든 항생제의 80%는 동물 사료 첨가용이다. 살모넬라(*Salmonella*), 대장균(*E. coli*), 장구균(enterococci) 같은 장내 세균은 동물의 장내에 정상적으로 존재하며, 내성 플라스미드를 쉽게 공유하고 약물에 노출될 때마다 지속적으로 선택돼 증폭된다. 이러한 병원체는 이후 동물에서 인간으로 '점프'해 내성이 있는 균주가 감염을 일으키며, 종종 전염병 수준으로 전파되기도 한다. 2018년 미국에서 닭고기와 관련된 살모넬라균이 발생했을 때 이 병원균은 12가지 약물에 내성이 있는 것으로 밝혀졌다. 발생 기원을 추적한 결과 VRE(반코마이신 내성 장구균)라고 불리는 기회감염 병원균은 소 사료에 반코마이신 유사 약물을 사용하면서 생긴 것으로 알려졌다. VRE는 이제 병원에서 발생하는 가장 끈질긴 감염 중 하나며, 치료할 수 있는 약물이 거의 없다.

### 전 세계적인 약물 내성

약물 딜레마는 모든 국가와 사회경제적 집단에 영향을 미치는 광범위한 문제가 됐다. 일반적으로 세균성, 진균성, 원생동물성, 또는 바이러스성 감염병의 대다수에서 약물 내성이 증가하고 있다. 인도의 일부 지역에서는 콜레라 치료에 사용되는 약물인 푸라졸리돈(furazolidone)과 암피실린(ampicillin)이 10년 만에 매우 효과적인 약물에서 사실상 무용지물이 됐다. 동남아시아에서는 임질균 감염의 98%가 다제내성을 나타냈다. 말라리아 기생충의 많은 균주가 주요 약물인 클로로퀸에 내성을 가지게 됐으며, 이로 인해 클로로퀸은 대체 약물과 함께 사용되거나 아예 사용되지 않게 됐다. 인플루엔자 치료 약물이었던 아만타딘과 리만타딘은 바이러스가 이 약물에 거의 완전히 내성을 가지게 되면서 사용이 중단됐다. 아프리카의 일부 지역에서는 결핵균이 극도로 강한 내성을 가지게 돼 효과적인 치료법이 없는 상황에 이르렀다. 문제를 더 악화시키는 점은, 세계 여행이 보편화되고 식료품의 세계화로 인해 약물에 내성을 가진 병원체가 짧은 시간 안에 전 세계로 퍼질 수 있다는 것이다.

미국에서만도 약물 내성 감염을 치료하는 추가 비용이 연간 50억 달러를 넘는다. 많은 개발도상국에서는 약물의 남용이나 과소사용으로 인해 약물을 잘못 취급하고 있으며, 둘 중 하나가 약물 내성을 유발할 수 있다. 처방약 판매를 규제하지 않는 많은 국가에서는 처방약을 일반의약품으로 쉽게 구입할 수 있다. 예를 들어 항결핵제 INH(이소니아지드)는 건강을 개선하기 위해 '폐 비타민'으로 사용되기도 하며, 병원 진단이 없는 상태로 항생제를 잘못된 용량으로 복용하는 경우가 많다. 이들 국가는 결국 다른 국가로 전파될 수 있는 약물 내성 병원균의 온상 역할을 하게 된다.

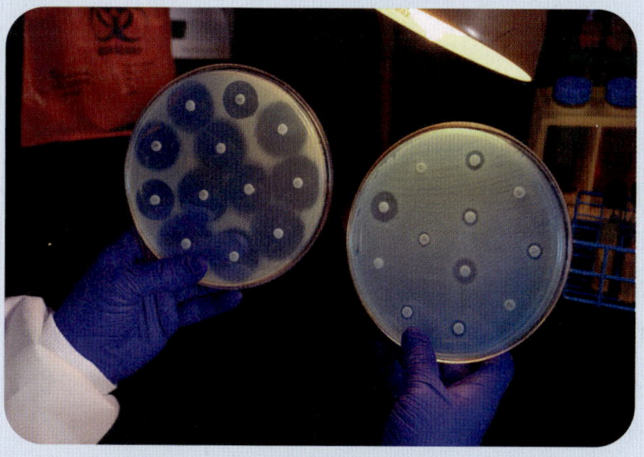

2개의 세균 배양물을 12개의 서로 다른 항생제 디스크에 노출시킨 후 민감도 테스트를 진행한 결과를 비교한 플레이트. 왼쪽 플레이트는 모든 12가지 약물에 대해 균일한 억제 영역을 보여 주며, 이는 배양물이 모든 약물에 대해 완전히 반응한다는 것을 나타낸다. 오른쪽에는 CRE 병원체(여기서는 엔테로박터)의 샘플이 있으며, 두 가지 약물에 약간의 효과를 보이지만 나머지 약물에는 모두 내성을 보인다. (James Gathany/CDC)

**"Bad Bugs—No Drugs"**

새로운 항균제 개발은 긴급하게 해결해야 할 과제로 간주되고 있다. 의료 전문가들은 '나쁜 세균—치료약이 없다(bad bugs—no drugs)' 딜레마의 발생이 증가하고 있다고 보고 있다. 그 대표적인 예가 ESKAPE로 알려진 병원체의 놀라운 추세다. 이 약어는 병원체의 일반명 첫 글자에서 유래했지만, 이 6개 병원체가 약물을 매우 효과적으로 피하며, 점점 더 내성이 강해지고 있다는 것을 의미한다. 이 세균—엔테로코쿠스(*Enterococcus*), 황색포도상구균(*Staphylococcus aureus*), 클렙시엘라(*Klebsiella*), 아시네토박터(*Acinetobacter*), 슈도모나스(*Pseudomonas*), 엔테로박터(*Enterobacter*)—은 병원에서 획득한 감염의 대다수를 차지하며, 약물 내성이 가장 강한 병원체다. 극도로 약물 내성이 강한 균주나 '슈퍼박테리아'를 분리하는 것은 드문 일이 아니며, 이들 균주에는 한두 가지 약물만 효과가 있거나 때로는 전혀 효과가 없는 경우도 있다. 공중 보건 위기를 피하기 위해 여러 정부는 제약회사와 협력해 약물 발견 및 개발에 적극적으로 나서고 있으며, 이를 '새로운 세균—새로운 약물(new bugs–new drugs)' 접근법이라고 한다.

이 위기를 다루고 있는 훌륭한 다큐멘터리를 보려면, PBS Frontline 웹사이트에서 "Hunting the Nightmare Bacteria"를 검색해 보라.

**미생물이 약물 내성을 그렇게 빨리 발달시키는 이유는 무엇인가?**

으로 알려져 있다(그림 12.14, 2번과 3번).

많은 박테리아는 약물과 다른 화학물질을 세포 밖으로 능동적으로 배출하는 다제내성(multidrug-resistant, MDR) 펌프를 가지고 있다. 이 펌프는 플라스미드나 염색체에 의해 인코딩된 단백질로, 세포막에 존재해 ATP 합성과 유사한 양성자 동력(proton-motive force)을 통해 분자를 배출한다(그림 12.14, 3번). 이러한 펌프로 인해 많은 그람 양성 병원균(예: 포도상구균, 연쇄상구균)과 그람 음성 병원균(예: 슈도모나스, *E. coli*)이 약물에 대한 내성을 가지게 된다. MDR 펌프는 물질에 대한 선택성이 부족하기 때문에 한 종류의 펌프가 다양한 균 약물, 세제 및 기타 독성물질을 배출할 수 있다.

## 약물 수용체의 변화

대부분의 약물이 단백질, RNA, DNA 또는 막 구조와 같은 특정 표적에 작용하므로 미생물은 이러한 표적의 특성을 변화시켜 약물의 작용을 회피할 수 있다. 리보솜 단백질에 점 돌연변이가 발생하면 박테리아는 아미노글리코사이드에 내성을 갖게 된다(그림 12.14, 4번). 에리트로마이신과 클린다마이신 내성은 50S 리보솜 결합부위의 변화와 관련이 있다. 폐렴구균(*Streptococcus pneumoniae*)에서의 페니실린 내성과 황색포도상구균(*Staphylococcus aureus*)에서의 메티실린 내성은 세포벽에 있는 결합 단백질의 변화와 관련이 있다. 여러 종의 장구균(enterococci)은 세포벽 단백질의 변화를 통해 반코마이신 내성을 획득했다. 일부 세균은 세포벽을 완전히 제거해 페니실린의 영향을 받지 않는 세포벽 결핍 형태(cell-wall-deficient form, L형)로 전환해 내성을 가질 수 있게 됐다. 곰팡이는 특정 항진균제의 주요 수용체인 에르고스테롤 합성을 감소시켜 내성을 획득했다.

## 대사 패턴의 변화

미생물이 대체 대사경로 또는 효소를 개발하면, 항대사제의 작용을 피할 수 있다(그림 12.14, 5번). 설폰아마이드와 트리메토프림 내성은 미생물이 엽산 합성의 일반적인 대사경로 외에 대체 대사경로를 사용할 때 내성을 획득한다. 곰팡이는 특정 대사과정을 완전히 차단함으로써 플루사이토신에 대한 내성을 획득했다.

## 생물막과 약물 내성

약 60%의 감염이 생물막(biofilms)과 관련이 있는 것으로 추정된다. 생물막은 세포외 매트릭스 내에서 자라는 복잡한 미생물 군집이다(4장에서 처음 논의). 생물막은 박테리아 내성을 더 복잡하게 만드는 현상이다. 심장 판막, 중이, 치아의 세균 감염과 같은 자연 조직에서 항상 문제가 되는 것은, 인체 내에 삽입되는 의료기기의 사용 증가로 인해 생물막이 쉽게 부착될 수 있는 또 다른 환경이 만들어졌다. 카테터, 인공 판막, 보철 장치는 치료나 제거가 어려운 지속적인 생물막이 만들어질 수 있는 환경이다.

감염성 생물막 내의 미생물은 자유롭게 존재하는 동일한 미생물보다 수백 배 더 높은 약물 내성을 가질 수 있다. 가장 큰 이유는 침투 불가능한 성질을 가지는 세포외 매트릭스에 의해 미생물이 보호되기 때문이다—약물이 미생물에 진입하는 것을 차단할 수 있다. 또한 생물막 내의 미생물은 군집을 이루고 있어 서로 소통하며 약물 내성 플라스미드와 유전자를 전이하는 데 더 유리한 환경이다. 물론 생물막 내의 한 미생물이 특정 약물을 비활성화할 수 있다면, 근처의 다른 미생물도 그 약물이 없는 환경에서 생존할 수 있게 된다.

# 자연 선택과 약물 내성

지금까지는 세포와 분자 수준에서 약물 내성을 고려했지만, 이 저항성이 세포 집단 전체에 걸쳐 발생하는 경우에만 완전한 영향을 알 수 있다. 이를 어떻게 설명할 수 있는지와 그 장기적인 치료 결과를 살펴보자.

대규모의 미생물 집단에는 이전 돌연변이나 플라스미드 전달로 인해 이미 약물 내성이 있는 소수의 개별 세포가 존재할 가능성이 높다. 약물이 그 환경에 존재하지 않는 한 내성을 가진 개체의 수는 적은 상태로 남아 있을 것이다. 그러나 약물에 노출되면 약물에 민감한 개체는 억제되거나 파괴되고, 내성 형태는 생존하고 증식하게 된다. 개체수가 계속 증가함에 따라 이러한 내성을 가진 미생물의 자손은 약물 내성을 물려받게 된다. 시간이 지나면 대체 개체는 더 많은 약물 내성 형태를 갖게 되며 결

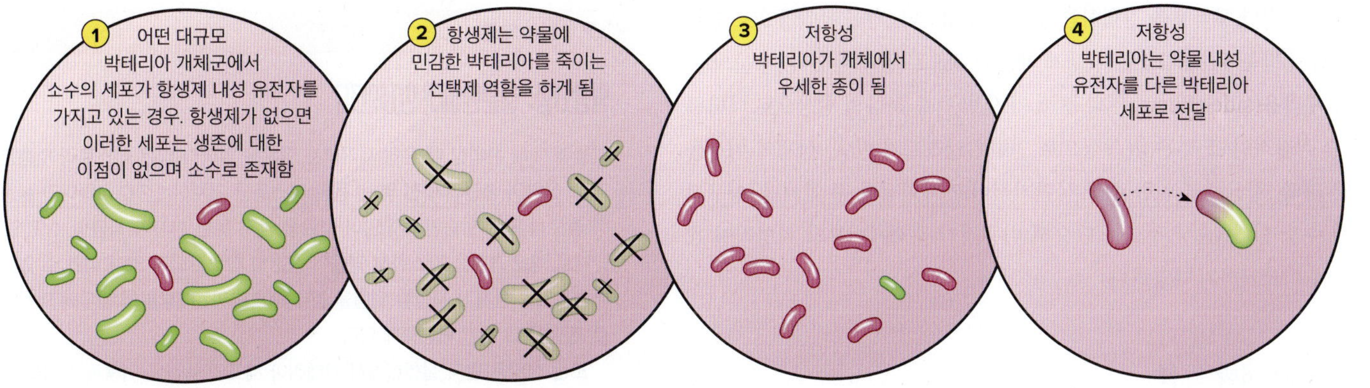


과정그림 12.15 항생제 내성의 발생과 확산. (출처: Barry Chess/McGraw Hill)

**표 12.8 미생물의 약물 내성을 제한하기 위한 전략**

**약물 사용**
- 의사는 정확한 진단을 내리고 적절한 약물 치료를 처방할 책임이 있다.
- 의사의 지침 준수: 환자는 적절한 기간 최적의 경로를 통해 정확한 용량을 복용해야 한다. 이는 저용량 약물에 저항할 수 있는 돌연변이를 감소시키고 병원체를 완전히 제거할 수 있게 한다.
- 두 가지 이상의 약물을 함께 사용하는 복합 치료는 최소한 하나의 약물이 효과를 보일 가능성을 높이며, 한 약물에 내성이 있는 균주는 다른 약물에 의해 제거될 수 있다.

**약물 연구**
- 연구는 단기간, 고용량의 더 효과적이고, 비용이 적게 들며, 부작용이 적은 항균제 개발에 중점을 둔다.
- 제약회사는 미생물의 효소에 의해 쉽게 비활성화되지 않거나 우회경로가 없는(대체 대사경로가 없는) 작용 기전을 가진 새로운 항균제를 계속해서 연구해야 한다.

**장기 전략**
- 항생제 남용을 줄이기 위한 방안은 의료 종사자를 위한 교육 프로그램부터 특정 유형의 항생제 처방에 대한 정당성을 확보하는 것까지 다양하다.
- 특히 가치 있는 항균제는 한두 가지 유형의 감염에만 사용하도록 제한할 수 있다.
- 동물 사료에 항균제를 첨가하는 것을 전 세계적으로 제한해야 한다.
- 저소득층 인구에게 효과적인 치료법을 제공하는 정부 프로그램을 확대해야 한다.
- 백신은 가능한 한 대체 보호 수단으로 사용돼야 한다.

국 모든 개체가 완전히 내성을 갖게 될 수 있다(과정그림 12.15). 생태학적 및 진화론적 측면에서 환경 요인(이 경우 약물)은 개체군에 선택적 압력을 가해 더 잘 적응된 미생물(약물 내성 미생물)이 생존하고 성장할 수 있도록 만들 것이다. 최종 결과는 약물 내성 상태로 진화된 미생물 집단이다.

약물 내성 형태에 대한 자연 선택은 일반적인 현상이다. 이는 자연 서식지, 의료 환경, 약물 치료 중에 인간과 동물의 체내에서 발생한다. **12.1 연결고리 찾기**를 참조하면 약물 내성에 대한 현재의 영향과 의미를 알 수 있다. 표 12.8은 약물 내성 발달을 늦추기 위해 고려되고 있는 몇 가지 조치를 요약한 것이다.

**핵심 점검 12.4**

17. 미생물 유전학의 관점에서 약물 내성 현상을 설명하시오(예: R 인자 설명 포함).
18. 약물 내성의 다섯 가지 기본 메커니즘을 설명하시오.
19. 약물 내성 미생물의 발생을 증가시키는 여러 상황이나 사건을 간략히 설명하시오.
20. 의료진과 환자가 약물 내성을 예방할 수 있는 방법을 나열하시오(표 12.8 참조).

## 12.5 약물과 숙주 간 상호작용

**학습목표**

20. 약물이 인체에 미치는 부작용에 대해 설명한다.
21. 장기와 조직에 대한 약물의 독성 효과를 설명한다.
22. 약물이 어떻게 면역 반응에 손상을 줄 수 있는지 논의한다.
23. 약물이 정상적인 미생물군을 어떻게 변화시키는지와 그 결과에 대해 설명한다.

지금까지 이 장에서는 항균제와 이것이 표적으로 삼는 미생물 간의 상호작용에 중점을 두었다. 감염 중에 미생물은 숙주 내부 또는 숙주 표면에 존재한다. 이는 표적이 미생물임에도 불구하고 약물이 숙주에 투여된다는 것을 의미한다. 이 때문에 숙주에 대한 약물의 효과를 항상 고려해야 한다.

선택적 항균 독성은 항상 추구해야 할 이상적인 목표지만, 화학요법은 본질적으로 인간 조직에 해를 끼칠 수 있는 외부 화학물질과 접촉하는 것을 포함한다. 실제로 항균제를 복용하는 사람 중 적어도 5%가 이에 대한 심각한 부작용을 경험하는 것으로 추정된다. 약물 부작용으로 인한 응급실 방문 5건 중 1건은 항생제 때문인 것으로 알려져 있다. 약물의 주요 **부작용**(side effects)은 다음 세 가지 범주 중 하나의 현상으로 나타난다: 직접적인 조직 손상(독성으로 인한), 알레르기 반응, 신체의 미생물군 파괴. 항균제로 인한 손상은 단기적이고 가역적일 수 있지만, 영구적일 수도 있다. 손상 정도는 단순히 미용적인 문제에서부터 치명적인 효과에 이르기까지 다양하다.

## 기관에 대한 독성

약물은 살아 있는 유기체의 성장을 늦추거나 멈추는 것을 주된 목적으로 하는 화학물질이다. 이를 염두에 두고 보면, 약물이 신체의 거의 모든 조직에 해를 끼칠 수 있다는 것은 어쩌면 당연한 사실이다.

화학요법의 가장 큰 영향을 받는 두 기관은 간과 신장이다. 간은 혈액 내 외부 화학물질을 대사하고 해독하는 역할을 담당하기 때문에 약물이나 그 대사산물에 의해 손상될 수 있다. 간 세포 손상은 효소 이상, 지방간, 간염, 간부전으로 이어질 수 있다. 신장은 약물과 그 대사산물을 배출하는 데 관여하는 장기다. 일부 약물은 신장 세뇨관을 자극해 여과 능력에 영향을 미치는 변화를 초래할 수 있다. 설폰아마이드와 같은 약물은 신장에서 결정화돼 소변 흐름을 막는 결석을 형성할 수 있다.

구강 항균 치료와 관련된 가장 흔한 부작용은 설사로, 심각한 장 자극 또는 대장염으로 발전할 수 있다. 일부 약물은 장벽을 직접 자극하기도 하지만, 일반적인 소화기 관련 불만은 장내 미생물군의 교란으로 인해 발생한다고 알려져 있다(그림 12.17).

많은 기생충 감염 치료제는 심장에 독성을 나타내며, 심한 경우 심장 박동 불규칙 및 심장 마비를 유발할 수 있다. 클로람페니콜은 골수에서 혈액 형성 세포에 심각한 손상을 초래해 가역적이거나 영구적인(치명적인) 빈혈을 일으킬 수 있다. 일부 약물은 적혈구 세포의 용해를 유발하고, 다른 약물은 백혈구 수를 감소시키며, 또 다른 약물은 혈소판을 손상시키거나 혈소판 형성에 간섭해 혈액 응고를 억제하기도 한다.

특정 항균제는 뇌에 직접 작용해 발작을 일으킬 수 있다. 아미노글리코사이드 같은 약물은 신경을 손상시켜(일반적으로 8번째 뇌신경을 손상시킴) 어지러움, 청력 상실, 또는 운동 및 감각 장애를 유발할 수 있다. 약물이 횡격막으로의 충동 전달을 차단할 때는 호흡 부전이 발생할 수 있다.

약물에 의한 부작용은 피부에서 빈번하게 나타난다. 피부 반응은 약물에 의한 알레르기 증상이거나 약물의 직접적인 독성에 의해 나타난다. 여러 약물이 햇빛과 상호작용해 피부염을 일으킬 수 있다. 이러한 현상을 광과민성 피부염이라고 한다. 테트라사이클린 계열의 항생제는 치아 법랑질에 결합해 영구적인 회색 또는 갈색의 변색을 일으킬 수 있기 때문에 생후 8세 이하의 어린이에게는 사용을 권장하지 않는다(그림 12.16). 또한 임산부는 테트라사이클린을 피해야 하는데, 이는 태반을 통과해 태아의 뼈와 치아에 축적될 수 있기 때문이다. 이 장 사례 연구에서 본 것처럼, 시프로플록사신(ciprofloxacin) 같은 플루오로퀴놀론 계열의 약물은 신경 손상, 정신력 상실, 관절 부종, 건 파열 등 여러 조직에 심각한 부작용을 일으킬 수 있다.

> **임상 연결**
>
> ### 임상시험: 충분한 때가 언제인가?
>
> 약물에 대해 논의할 때 흔히 제기되는 질문은 얼마나 많은 테스트라야 충분한가다. 신약이 승인되기 전 몇 년 동안 테스트를 거쳐야 할까? 그렇다면 실험약이 충분히 빠르게 승인되지 않아 치료를 받지 못한 환자가 사망할 수도 있다. 반대로, 승인과정을 간소화해 약물이 충분히 테스트되지 않아 피할 수 있었던 부작용으로 환자가 사망할 위험을 감수해야 할까? 대부분의 경우와 마찬가지로, 진실은 그 중간 어디쯤에 있다.
>
> 모든 신약은 먼저 실험실에서 박테리아 세포와 동물을 이용해 실험을 진행한다. 이러한 초기 테스트는 주로 약물의 안전성에 중점을 두며, 테스트가 성공적이라면 제약회사(스폰서라고도 함)는 식품의약국(FDA)에 임상시험을 시작할 수 있도록 신청한다. 임상시험 동안 약물은 건강한 사람과 환자에게 시험해 안전성과 효과를 모니터링한다. 약물의 이점이 위험을 상회한다면—완전히 위험이 없는 약물은 없으므로—FDA는 일반적으로 약물의 제조와 판매를 승인한다.
>
> 의약품이 승인되면 시판 후 감시가 시작된다. 치료받는 사람의 수가 수백 명에서 아마도 수십만 명으로 증가하고 1,000명당 2명에게 영향을 미치는 플루오로퀴놀론 사용 예에서 나타났듯이 건염과 같은 드문 부작용이 생길 수 있다는 것을 알 수 있었기 때문에 이 감시 기간은 필요하다. 부작용 보고서는 FDA 부작용 보고 시스템(FAERS) 내에 수집 및 저장된다. 환자가 처방대로 약을 복용하지 않는 등 문제가 발생하면 제약회사는 FDA의 의견을 받아 의료 서비스 제공자에게 서한(종종 'Dear Doctor' 서한이라고도 함)을 발행해 문제를 알릴 수 있다. 다른 경우에는 FDA가 처방 정보나 약물 라벨의 변경을 요구할 수 있다. 이 중 가장 엄격한 요구사항은 '블랙박스 경고(black box warning)'다. 주의를 끌기 위해 경고를 검은색 윤곽선으로 표기해서 이런 이름이 붙여졌다. 이 경고는 심각하거나 생명을 위협하는 위험이 있는 약물에 적용된다.
>
> 마지막으로, 몇 달 또는 몇 년 후에 FDA는 약물의 승인을 재평가할 수 있다. 이러한 경우, 부작용의 성격과 빈도로 인해 해당 약물이 가지는 효과가 더 이상 위험보다 중요하지 않을 수 있으며, FDA는 제조업체에게 해당 약물을 시장에서 철수하도록 요청할 수 있다.
>
> **어떤 유형의 문제가 시간이 지남에 따라 약물이 천천히 시스템에 방출되도록 고안된 서방형 약물의 개발을 촉발했을까?**

## 약물에 대한 알레르기 반응

약물 반응 중에서 가장 흔한 것 중 하나는 **알레르기**(allergy), 즉 과민 반응이다. 이 반응은 약물이 항원(면역체계를 자극할 수 있는 외부 물질)으로 작용해 알레르기 반응을 유발하기 때문에 발생한다. 이러한 반응은 약물의 분자 자체나 체내에서 약물이 대사돼 생성된 물질에 의해 유발될

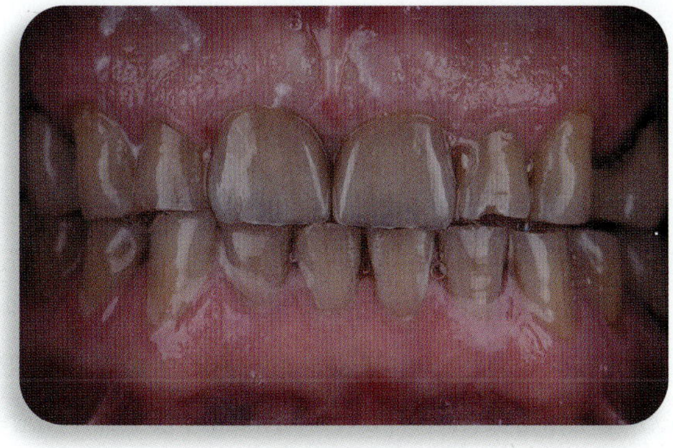

그림 12.16 **약물로 인한 부작용.** 어린아이들에게 투여된 테트라사이클린의 부작용은 치아 법랑질이 성인기까지 계속 변색되는 영구적인 갈색 변색이다. (출처: GaroManjikian/Shutterstock)

수 있다. 예를 들어, 페니실린의 경우 알레르기 반응을 일으키는 것은 페니실린 분자 자체가 아니라 벤질페니실로일(benzylpenicilloyl)이라는 대사산물이다. 모든 주요 항균제에서 알레르기 반응이 보고됐지만, 페니실린이 가장 많은 알레르기 반응을 일으키며, 그다음은 설폰아마이드다.

약물에 알레르기가 있는 사람은 처음 접촉 시 증상이 나타나지 않더라도 감작될 수 있다. 한번 감작되면 두 번째 약물에 노출됐을 때 피부 발진(두드러기) 같은 반응이 나타날 수 있다. 호흡기 염증, 그리고 드물게 아나필락시스(급격하고 심각한 알레르기 반응으로 빠르게 진행돼 치명적일 수 있음)도 나타날 수 있다. 이 주제는 16장에서 더 자세히 논의할 것이다.

## 항균제에 의한 미생물총 억제 및 변형

정상적이고 건강한 신체의 표면, 예를 들어 피부, 대장, 비뇨기계 외부 개구부, 구강 등에는 수많은 미생물이 서식할 수 있는 다양한 환경이 갖추어져 있다. 이들 정상 군집체, 즉 미생물총(microbiota)은 대부분 해롭지 않거나 유익한 세균으로 구성돼 있지만, 그중 일부는 잠재적으로 병원체가 될 수 있다. 이 주제에 대해서는 13장과 이후 장에서 자세히 논의할 것이다. 여기서는 약물이 이들 미생물총에 미치는 일반적인 효과에 초점을 맞추어 논의한다.

광범위 항균제를 사용해 감염을 치료할 경우, 이는 균형을 유지하는 데 중요한 역할을 하는 유익한 미생물뿐만 아니라 감염을 일으킨 미생물도 함께 파괴할 수 있다(그림 12.17). 이 치료가 유익한 미생물 종을 파괴하면, 소수에 불과했던 내성 미생물이 과도하게 증식해 질병을 일으킬 수 있다. 이러한 합병증을 **중복감염**(superinfection)이라고 한다.

몇 가지 일반적인 예는 미생물총의 교란이 어떻게 대체 병원체와 중복감염으로 이어지는지 보여 준다. 예를 들어, 대장균에 의한 요로 감염을 치료하기 위해 광범위한 세팔로스포린을 사용하면 감염은 치료되지만, 정상적으로 질의 산성 환경을 유지하는 유산균도 파괴될 수 있다. 그러나 이 약물은 *Candida albicans*라는 효모에는 영향을 미치지 않는다.

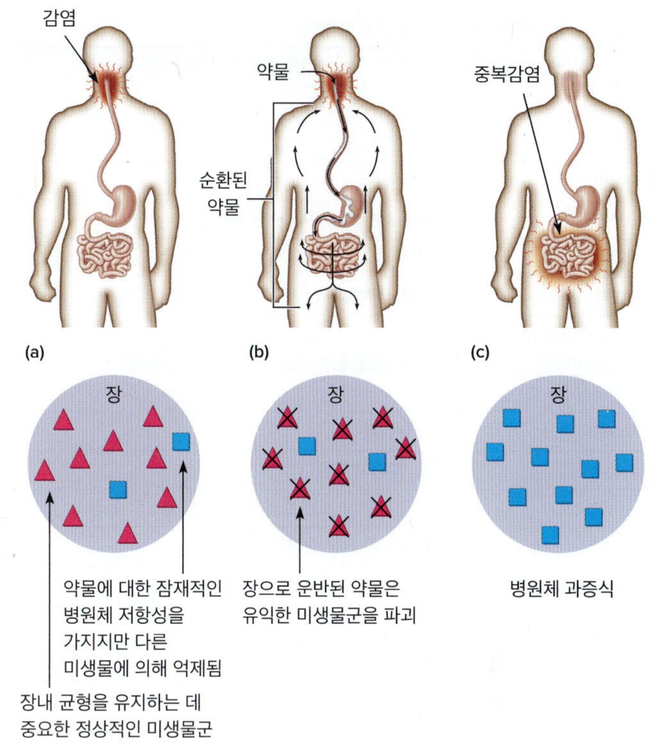


그림 12.17 **미생물총을 파괴하고 중복감염을 일으키는 항균제의 역할.** (a) 목에 1차 감염되었을 경우 경구 항생제로 치료. (b) 약물이 장으로 운반. 장으로 들어가 순환계로 흡수. (c) 1차 감염은 치료됐으나 약물 내성 병원체가 살아남아 있는 장내에 중복감염을 일으킨다.

유산균에 의해 억제됐던 환경에서 해방된 효모는 증식해 증상을 유발할 수 있다. 칸디다는 구강인두(구강 아구창)와 대장에서 유사한 중복감염을 일으킬 수 있다. 테트라사이클린, 클린다마이신, 광범위 페니실린과 세팔로스포린의 경구 투여는 항생제 관련 대장염(일반적으로 C-diff 질환으로 알려짐)으로 알려진 심각하고 치명적인 상태와 관련이 있다. 이 상태는 항생제에 내성이 있는 내생포자 형성 세균인 *Clostridioides difficile*의 과도한 증식으로 인해 발생한다. 이는 장 내벽을 침범해 설사, 발열 및 복통을 유발하는 독소를 방출한다.

표 12.9는 일반적인 약물 그룹에 대한 주요 부작용 및 독성 반응을 요약한 것이다.

**핵심 점검 12.5**

21. 왜 세균과 곰팡이의 세포막에 작용하는 약물은 일반적으로 높은 독성을 가지는가?
22. 중복감염이 발생하는 일련의 과정을 예를 들어 설명하시오.
23. 항생제와 기타 약물의 어떤 특성이 과민증과 알레르기 반응을 유발하는가?
24. 가능하다면 왜 광범위 약물 대신 좁은 스펙트럼 약물을 사용하는 것이 더 나은지 설명하시오.

표 12.9 일반적인 약물군에 대한 주요 독성 이상반응

| 항균제 | 주요 손상 또는 이상반응 |
|---|---|
| 항생제 | |
| 페니실린 G | 피부 알레르기 |
| 암피실린 | 설사 및 장염 |
| 세팔로스포린 | 프로트롬빈 합성 억제, 순환 저하, 신염 |
| 테트라사이클린 | 설사 및 장염, 치아 법랑질 변색, 광과민성 반응(햇빛에 민감) |
| 클로람페니콜 | 적혈구 및 백혈구 전구체 손상 |
| 아미노글리코사이드 (스트렙토마이신, 겐타마이신 등) | 설사 및 장염, 청력 상실, 어지러움, 신장 손상 |
| 아지스로마이신 | 심장 부정맥 |
| 이소니아지드 | 간염, 발작, 피부염 |
| 설폰아마이드 | 신장 결석 형성, 소변 흐름 차단, 용혈, 혈소판 수 감소 |
| 폴리믹신 | 신장 세뇨관 손상, 근육 반응 약화 |
| 퀴놀론계(플록사신 계열) | 두통, 어지러움, 위장 장애, 건염 |
| 리팜핀 | 간 세포 손상, 피부염 |
| 항진균제 | |
| 암포테리신 B | 신장 여과 기능 방해 |
| 플루사이토신 | 백혈구 수 감소 |
| 항원충제 | |
| 메트로니다졸 | 구역질, 구토 |
| 클로로퀸 | 구토, 두통, 가려움 |
| 구충제 | |
| 니클로사마이드 | 구역질, 복통 |
| 피란텔 | 자극, 두통, 어지러움 |
| 항바이러스제 | |
| 아시클로버 | 발작, 혼란, 피부 발진 |
| 아만타딘 | 신경과민, 어지러움, 구역질 |
| AZT | 면역 억제, 빈혈 |
| 프로테이스 억제제 | 간 손상, 비정상적인 지방 축적, 당뇨 |

## 12.6 항균제 선택 과정

학습목표

24. 약물 치료에서 고려해야 할 중요한 요소를 설명한다.
25. 감염원에 대한 민감도 검사의 원리를 설명한다.
26. 약물 선택에서 최소 저해 농도(MIC)와 치료 지수(TI)의 활용에 대해 설명한다.
27. 최종 약물 선택에서 의학적 고려사항에 대해 논의한다.
28. 항균제 관리에서 발생하는 문제를 요약 설명한다.

항균 치료를 실제로 시작하기 전에 최소 세 가지 요소를 고려해야 한다.

1. 감염을 일으키는 미생물의 성질
2. 다양한 약물에 대한 미생물의 감수성(민감성) 정도
3. 환자의 전반적인 건강 상태

### 감염원 식별

감염원의 식별은 가능한 한 빨리 진행하는 것이 좋다. 특히 항균제를 투여하기 전에 검체를 채취해 감염원을 손실 없이 밝혀내는 것이 중요하다. 체액, 가래, 대변을 직접적으로 검사하는 것은 박테리아나 곰팡이를 신속하게 탐지할 수 있는 방법이다. 새로운 분자 진단 방법은 감염원의 식별 속도를 크게 향상했다. 의사는 이러한 즉각적인 결과를 바탕으로 치료를 시작한다. 약물 선택은 해당 미생물에 대해 효과가 있는 것으로 알려진 약물에 대한 경험을 기반으로 한다. 예를 들어, 인후염이 화농연쇄상구균(*Streptococcus pyogenes*)에 의해 발생한 것으로 보이면, 의사는 페니실린을 처방한다. 왜냐하면 이 구균은 지금까지 일반적으로 페니실린에 민감한 것으로 알려져 있기 때문이다. 감염원이 분리되지 않거나 분리될 수 없는 경우, 주어진 감염에서 가장 가능성이 높은 병원체를 예측하기 위해 역학 통계가 활용되기도 한다. 예를 들어, 소아 뇌수막염 사례의 대부분은 폐렴연쇄상구균(*Streptococcus pneumoniae*)에 의해 발생하며, 네이세리아 수막염(*Neisseria meningitidis*)과 헤모필루스 인플루엔자(*Haemophilus influenzae*)가 그다음으로 알려져 있다.

### 미생물의 약물 감수성 검사

일반적으로 저항성을 보이는 박테리아 그룹, 주로 포도상구균 종(*Staphylococcus species*), *Neisseria gonorrhoeae*, *Streptococcus pneumoniae*, *Enterococcus faecalis* 및 호기성 그람 음성 장내 세균에 대한 검사는 필수적이다. 그러나 모든 감염원에 대해 항균제 감수성 검사가 필요한 것은 아니다. 그룹 A 연쇄상구균과 대부분의 혐기성 세균과 같이 페니실린에 균일하게 감수성이 있는 것으로 알려진 특정 그룹에서는 환자가 페니실린에 알레르기가 없는 한 검사할 필요가 없을 수 있다. 진균, 원생동물, 바이러스에 대한 검사 방법도 진행하지만, 이러한 그룹에 대해서는 검사를 자주 하지 않을 수 있다.

적절한 항균제 선택은 표준화된 방법을 통해 감염성 병원체에 대한 여러 약물의 in vitro 활성을 실험하는 것으로 시작된다. 일반적으로 이러한 검사는 순수한 배양균을 여러 가지 약물에 노출시키고 해당 약물이 성장에 미치는 영향을 관찰하는 과정이다.

커비-바우어(Kirby-Bauer) 기법은 항균제 감수성 시험법 중 하나로 한천 확산 검사라고도 하며, 항균제 감수성에 대한 유용한 데이터를 제공한다. 이 검사에서는 특수 배지의 표면에 시험할 박테리아를 도포하고, 사전에 측정된 양의 항균제를 포함한 작은 디스크를 박테리아가 자라는 곳에 분배한다. 배양 후 디스크 주위의 억제 구역(zones of inhibition)을 측정하고 각 약물의 기준치와 비교한다(그림 12.18). 항균제 감수성 프로파일 또는 항생제 감수성 검사 결과는 약물 선택을 위한

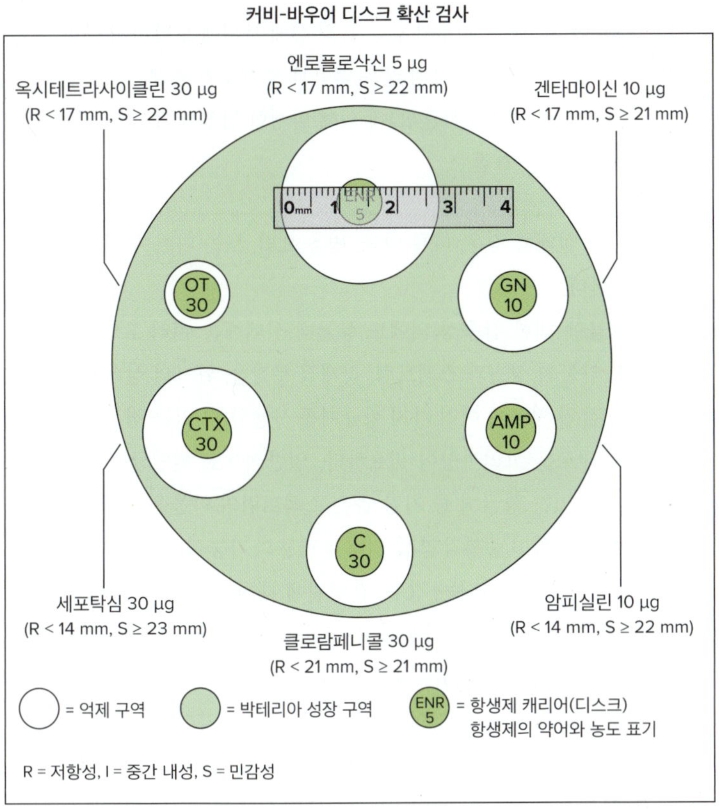


(a) 한천 확산 민감성 테스트의 예시와 평가. 테스트 박테리아가 약물에 민감한 경우 디스크 주위에 억제 구역이 나타남. 이 영역의 크기가 클수록 약물에 대한 박테리아의 민감도가 크다는 것을 의미. 각 영역의 직경은 밀리미터 단위로 측정하며 비교 표준(R, I 또는 S)을 사용해 민감성 또는 저항성의 정도를 평가한다.

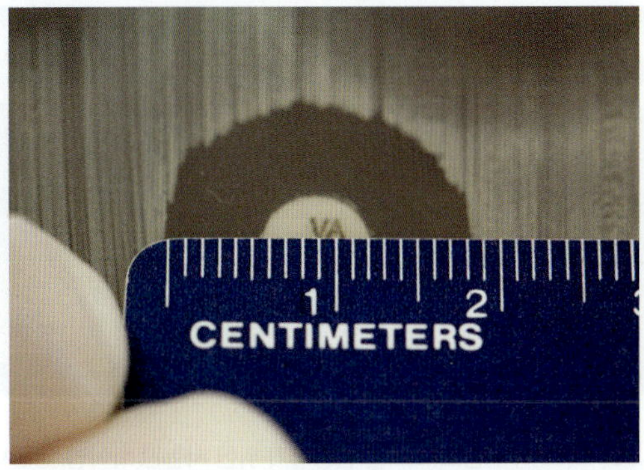


(b) 황색포도당 구균이 반코마이신을 포함한 디스크 주위에 억제 구역을 나타냄. 억제 구역은 항상 직경으로 측정하며, 이 경우 억제 구역은 18 mm다.

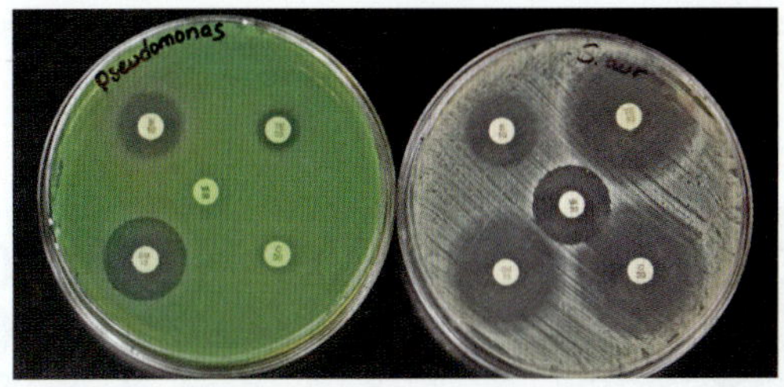


(c) 녹농균(*Pseudomonas aeruginosa*, 그람 음성, 왼쪽)과 황색포도상구균(*Staphylococcus aureus*, 그람 양성, 오른쪽)의 커비-바우어 검사 비교에서 세 가지 정보를 알 수 있다. 1) 오른쪽 배지의 더 큰 크기의 억제 구역은 일반적으로 그람 양성균이 그람 음성균보다 항균제에 더 민감하다는 것을 나타낸다. 2) 반코마이신(VA 30, 중앙)은 황색포도상구균에는 효과가 있지만 녹농균에는 효과가 없는 좁은 스펙트럼의 항생제다. 3) 이 *Pseudomonas* 계열의 균주는 일반적으로 광범위한 항생제인 테트라사이클린(TE 30)과 클로람페니콜(C 30)에 저항성을 나타낸다. *Pseudomonas* 계열은 다수의 약물에 대해 저항성을 나타내는 것으로 잘 알려져 있다.

**그림 12.18** 한천 확산 검사의 준비와 결과 해석 방법. (출처: Lisa Burgess/McGraw Hill)

데이터를 제공한다. 커비-바우어 시험법은 혐기성 박테리아, 매우 까다롭거나 천천히 자라는 세균(*Mycobacterium*)에는 효과적이지 않다.

약물 효과의 정량적 평가를 위해서는 Etest® 방법을 사용하기도 한다(그림 12.19). 정확한 수치 등급(다음 단락에서 설명)을 제공하는 것 외에도 이 방법을 사용하면 혐기성균, 마이코박테리아, 진균 등 다양한 약물과 미생물 유형을 테스트할 수 있다. 먼저, 항균제를 배양액이 담긴 여러 시험관에 연속적으로 희석한 다음, 각 시험관에 작은 양의 순수 배양된 샘플을 균일하게 접종하고 배양해 성장을 관찰한다(탁도 관찰). 일련의 시험관 중에서 육안으로 성장이 억제되는 최소 농도를 **최소 저해 농도**(minimum inhibitory concentration, MIC)라고 한다. MIC는 약물의 최소 유효 용량을 결정하고 다른 항균제와의 비교 지표를 제공하는 데 유용하게 활용할 수 있다(그림 12.20, 12.21, 표 12.10). 많은 임상실험실에서는 동시에 수십 가지의 약물과 미생물을 테스트할 수 있는 자동화된 기계를 사용해 이러한 항균제 검사 절차를 진행한다.

## MIC와 치료 지수

항균제 감수성 검사 결과는 의사가 적절한 약물을 선택하는 데 중요한 정보를 제공한다. 치료가 이미 시작됐을 경우 검사 결과를 통해 해당 약물 사용이 적절한지를 확인하는 것이 중요하다. 치료가 시작된 후에도 환자의 임상 반응을 관찰하는 것이 필요하다. 이는 약물의 in vitro 활성

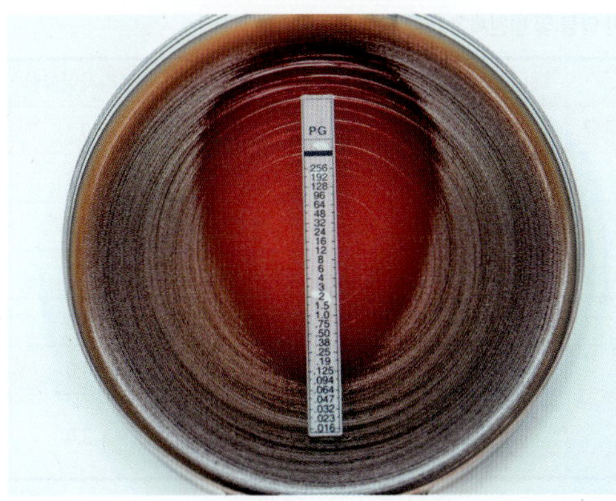


**그림 12.19** Etest®는 민감도를 정량적으로 측정하는 방법이다. 이 테스트에서는 약물이 미리 측정된 농도로 배열된 플라스틱 스트립을 사용하며, 스트립에는 약물 농도를 표시하는 눈금이 있다. 농도는 스트립의 상단에서 하단으로 갈수록 낮아진다. 이 스트립을 시험 미생물이 도포된 배지 위에 놓고 배양하면, 스트립 주변에 타원형의 억제 구역(ellipse of inhibition)이 형성된다. 이 타원형의 억제 구역이 시작되는 가장 낮은 농도 지점이 최소 저해 농도(MIC)에 해당한다. 이 테스트에서 벤질페니실린의 MIC는 0.094 μg/ml다. (출처: Sirirat/Shutterstock)

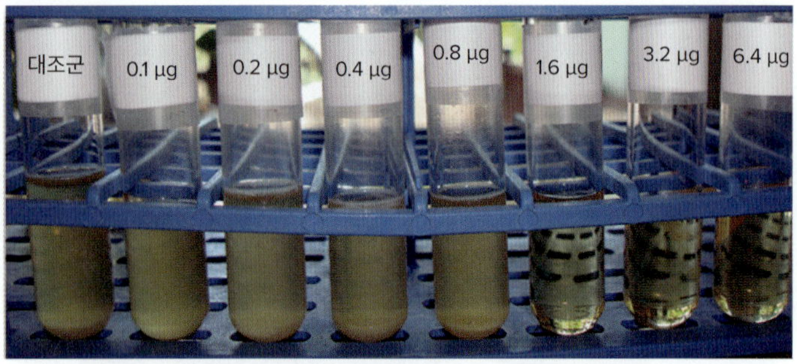


**그림 12.20 최소 저해 농도(MIC)를 결정하기 위한 시험관 희석법.** 항생제를 액체 배양액이 담긴 시험관에 희석해 연속된 시험관의 농도가 6.4 μg/ml(맨 오른쪽)에서 0.1 μg/ml(왼쪽에서 두 번째)까지 다양하게 만든다. 모든 시험관에 동일한 양의 박테리아를 접종한 후 배양한다. 왼쪽 첫 번째 시험관은 약물이 없는 대조군으로, 정상적인 성장을 나타내어 시험관이 탁도를 보인다. 왼쪽에서 오른쪽으로 관찰할 때 MIC는 혼탁함이 없고 성장이 없는 첫 번째 시험관의 희석 농도다. (출처: AB BIODISK 2008. Re-printed with permission of AB BIODISK)

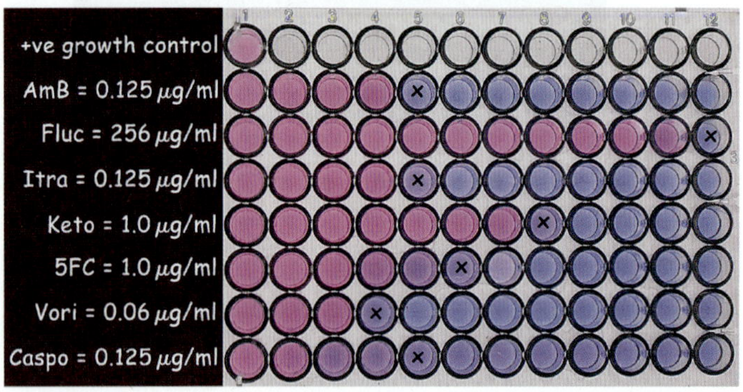


**그림 12.21 병원성 효모에 적합한 다중 웰 플레이트에서의 배지 희석법.** 시험 중인 약물은 암포테리신 B(AmB), 플루사이토신(5FC), 플루코나졸(Fluc), 아졸 계열 약물[이트라코나졸(itra), 케토코나졸(Keto), 보리코나졸(vori), 카스포펀진(caspo)]이다. 분홍색은 성장을 나타내고, 파란색은 성장이 없음을 나타낸다. 각 줄에서 2번에서 12번까지는 약물의 농도가 μg/ml 단위로 증가한다. 1번 줄은 약물이 없는 대조군이다. 성장이 없는 첫 번째 희석 농도는 X로 표기돼 있으며 해당 약물의 MIC를 나타낸다. 결과는 왼쪽 박스에 표기돼 있다. (출처: McGraw Hill)

**표 12.10 일반 약물 및 병원체에 대한 MIC(μg/ml) 비교**

| 세균 | 페니실린 G | 암피실린 | 설파메톡사졸 | 테트라사이클린 | 세파클러 |
|---|---|---|---|---|---|
| 황색포도상구균 | 4.0 | 0.05 | 3.0 | 0.3 | 4.0 |
| 장구균 | 3.6 | 1.6 | 100.0 | 0.3 | 60.0 |
| 임질구균 | 0.5 | 0.5 | 5.0 | 0.8 | 0.2 |
| 대장균 | 100.0 | 12.0 | 3.0 | 1~4.0 | 3.0 |
| 녹농균 | >500.0 | >200.0 | >100.0 | >100.0 | 4.0 |
| 살모넬라 종 | 12.0 | 6.0 | 10.0 | 1.0 | 0.8 |
| 웰치간균 (혹은 웰치균) | 0.16 | NA | NA | 3.0 | 12.0 |

NA = 해당사항 없음

이 항상 in vivo 효과와 일치하지 않기 때문이다. 항균 치료가 실패하는 경우, 그 원인은 주로 다음과 같다.

1. 약물이 뇌, 관절, 피부와 같은 특정 신체 부위에 도달하지 못함
2. 감수성 검사에 나타나지 않은 몇몇 내성 세포가 존재
3. 하나 이상의 병원체(혼합)에 의해 발생한 감염에서 그중 일부가 약물에 내성을 가짐

치료가 실패할 경우, 다른 약물, 병용 요법, 또는 다른 투여 방법을 고려해야 한다.

미생물에 대한 감수성 외에도 항균제 선택에는 여러 요인이 영향을 미친다. 약물의 성질과 스펙트럼, 잠재적 부작용, 환자의 상태가 매우 중요하다. 감염 치료에 여러 가지 항균제를 사용할 수 있는 경우 최종 약물 선택 시 새로운 고려사항이 필요하다. 일반적으로 원인균이 알려진 경우, 효과가 있는 항균제 중 가장 좁은 스펙트럼의 약물을 선택하는 것이 좋다. 이렇게 하면 중복감염 및 기타 부작용의 가능성을 줄일 수 있다.

약물 독성이 우려되는 경우, 감염원에 대한 선택적 독성이 높고 인체에 대한 독성이 낮은 약물을 선택하는 것이 가장 좋다. **치료 지수**(therapeutic index, TI)는 최소 유효(치료) 용량과 사람에게 독성이 있는 약물 용량의 비율로 정의한다. 이 두 수치가 가까울수록(비율이 작을수록) 독성 약물 반응 가능성이 더 커진다. 예를 들어, 치료 지수가 10 μg / ml, 독성 용량이 9 μg / ml인 약물(MIC)의 치료 지수(TI)는

$$\frac{10\ \mu\text{g/ml: 독성 용량}}{9\ \mu\text{g/ml(MIC)}}\ \boxed{\text{TI} = 1.1}$$

1.1로, TI이 10인 약물보다 위험성이 더 크다.

$$\frac{10\ \mu\text{g/ml}}{9\ \mu\text{g/ml}}\ \boxed{\text{TI} = 10}$$

제약회사는 미생물을 억제하면서도 환자의 세포에 악영향을 미치지 않는 용량을 권장한다. 치료에 고려되는 일련의 약물이 유사한 MIC를 가지고 있을 때 치료 지수가 가장 높은 약물이 가장 안전하다고 할 수 있다.

## 항균제 선택 시 환자 요인

의사는 또한 약물의 활성이나 환자의 반응에 영향을 미칠 수 있는 의학적 상태를 파악하기 위해 환자의 병력을 주의 깊게 조사해야 한다. 특정 약물에 대한 알레르기 병력이 있는 경우, 해당 약물과 관련 약물을 사용하는 것을 피해야 한다. 간이나 신장 질환이 있는 경우에는 약물이 대사되거나 배출되는 과정에서 이들 기관이 중요한 역할을 하기 때문에 약물 치료를 변경해야 할 수도 있다. 영아, 노인 및 임산부는 특별한 주의가 필요하다. 예를 들어, 나이는 위장관 흡수와 장기 기능을 감소시킬 수 있으며, 대부분의 항균제는 태반을 통과해 태아 발달에 영향을 미칠 수 있기 때문이다.

임상 사례

### 이 약물들을 함께 복용하지 마세요. 어쩌면 함께 복용해야 할지도 모릅니다.

양극성 질환 병력이 있는 45세 남성 환자는 구급차를 타고 도착했다. 집에서 의식이 없는 채로 발견된 그는 이송되기 전에 응급구조대에 의해 삽관치료를 받았다. 양극성장애를 조절하기 위해 발프로산(VPA)을 처방받았는데, 약물 과다복용으로 인한 자살시도 결과라고 추정되었다. 처방 기록에 따르면 의사들은 그가 약 10 g의 VPA를 섭취했다고 추정했는데, 이는 정상 복용량의 약 15배에 해당한다.

입원하자마자 의사들은 발프로산 과다복용으로 인해 발생할 수 있는 흡인성 폐렴(위장관 내용물 흡입으로 인해 발생하는 폐 감염)을 예방할 목적으로 항생제 세페핌과 메트로니다졸을 투여했다. 위장관의 독소를 흡착하기 위해 활성탄을 투여했음에도 불구하고 그의 VPA 수치는 계속 상승했다.

발프로산은 일반적으로 발작, 양극성장애와 편두통을 치료하는 데 사용된다. 의사들은 이러한 환자에게 카바페넴 항생제 처방을 할 때 주의해야 한다. 왜냐하면 두 약물 사이에 상호작용이 일어나 혈류 내 VPA 농도를 낮출 수 있기 때문이다. 이러한 경우 보통 발작이나 편두통 등에 대한 효과가 감소하는 바람직하지 않은 부작용을 일으키지만, 이번에는 이러한 약물 상호작용이 환자에게 더 유리하게 작용할 수 있을 것이라고 판단했다.

의사들은 폐렴을 예방하기 위해 처음 사용했던 두 약물을 중단하고, 광범위한 항균 작용을 가진 카바페넴 계열 항생제인 메로페넴으로 대체했다. 이후 14시간 동안 환자의 발프로산 수치는 급격히 감소했고, 환자는 점점 더 의식이 명료해졌으며 다음 날 삽관을 제거할 수 있었다. 4일 후 환자는 정신과로 전원됐다.

혈압을 낮추기 위해 니페디핀(Procardia®)을 복용하는 환자들은 약 복용 중 자몽주스 섭취를 피하라는 경고를 받는다. 니페디핀-자몽 상호작용과 발프로산-메로페넴 상호작용은 근본적으로 어떻게 다른가? (인터넷 검색이 필요할 수 있다.)

다른 약물의 복용도 신중하게 검토해야 한다. 왜냐하면 약물들 간의 부적합성으로 인해 하나 이상의 약물의 독성이 증가하거나 치료가 실패할 수 있기 때문이다. 예를 들어, 아미노글리코사이드와 세팔로스포린의 조합은 신독성을 증가시키고, 제산제는 이소니아지드의 흡수를 감소시키며, 테트라사이클린이나 리팜핀과 경구 피임약의 상호작용은 피임 효과를 무효화할 수 있다.

일부 약물(특정 아미노글리코사이드가 포함된 페니실린 또는 플루시토신이 포함된 암포테리신 B)은 시너지 효과를 발휘하므로 각각의 복용량을 줄여 사용할 수 있다. 약물 선택 시 고려해야 할 다른 사항은 환자의 유전적 또는 대사적 이상, 감염 부위, 투여 경로, 약물 비용 등이다.

모든 정보가 주어졌다고 해도, 최종 약물 선택이 항상 간단한 것은 아니다. 예를 들어, 클레브시엘라(*Klebsiella*)로 인한 폐렴을 앓고 있고, 간과 신장 기능이 저하된 고령의 알코올 중독 환자의 경우를 생각해 보자. 이 환자의 경우 위장관 손상과 흡수 불량으로 인해 모든 약물을 비경구적으로 투여해야 한다. 약물 테스트 결과, 감염원은 4세대 세팔로스포린, 겐타마이신, 이미페넴, 티카르실린에 감수성이 있는 것으로 나타났다. 환자의 병력에는 페니실린에 대한 알레르기가 있어 페니실린은 제외해야 한다. 세팔로스포린은 고령 환자에서 심각한 출혈을 유발할 수 있어 좋은 선택이 아닐 수 있다. 겐타마이신 같은 아미노글리코사이드는 신독성이 있으며 손상된 신장에서는 잘 제거되지 않는다. 이미페넴(imipenem)은 스펙트럼이 넓고 독성이 낮기 때문에 최선의 선택이 될 것이다.

**핵심 점검 12.6**

**25.** 희석 감수성 검사와 디스크 확산 검사는 미생물의 약물 감수성을 결정하는 데 어떻게 사용되는지 설명하시오.
**26.** 커비-바우어 테스트와 그 목적을 간략하게 설명하시오.
**27.** 시험자가 커비-바우어 분석을 검사해 약물 억제 구역에서 성장하는 미생물의 콜로니를 발견한 경우 시험자가 내려야 할 결론은 무엇인가?
**28.** 최소 저해 농도와 치료 지수 간의 관계를 설명하시오. 각 항목에서 무엇이 최적인가?
**29.** 적절한 항균제 선택 시 고려해야 할 일반적인 요인에 대해 설명하시오.

## 사례 연구 Part 2

효능이 우수하며, 광범위한 항생제라는 평판에도 불구하고 플루오로퀴놀론 계열의 항생제는 잠재적인 부작용이 많이 보고되고 있으며, 이를 흔히 약물 이상 반응이라고도 한다. 대부분의 경우 이러한 반응은 경미한 불편함(메스꺼움, 구토, 설사, 두통)으로 나타나며, 일반적으로 지속적인 영향이 없고 다른 종류의 약물에서 볼 수 있는 증상과 크게 다르지 않다. 하지만 몇몇 경우에 시프로플록사신(ciprofloxacin)과 목시플록사신(moxifloxacin) 같은 플루오로퀴놀론이 심각한 건염(tendonitis)의 위험성을 증가시키는 것(1,000명 중 1~2명)과, 더 드물게는 중추신경계 장애와 연관이 있는 것으로 밝혀졌다. 2016년에 미국 식품의약국(FDA)은 다음과 같이 발표했다.

"FDA 안전성 검토 결과, 플루오로퀴놀론을 전신적으로(즉, 정제, 캡슐, 주사제) 사용할 때 장애를 유발할 수 있으며, 영구적인 심각한 부작용이 함께 발생할 수 있다는 사실이 밝혀졌다. 이러한 부작용은 건(힘줄), 근육, 관절, 신경, 중추신경계에 영향을 미칠 수 있다. … 우리는 이러한 심각한 부작용의 위험이 일반적으로 약물로서의 이점보다 크기 때문에, 플루오로퀴놀론은 다른 치료 옵션이 없는 환자들에게만 사용해야 한다고 결정했다. … 하지만 일부 심각한 세균 감염의 경우, 플루오로퀴놀론의 이점이 부작용의 위험보다 더 크므로 치료 옵션으로서 사용할 수 있다."

플루오로퀴놀론은 여전히 시장에서 판매되지만, FDA의 가장 강력한 경고 라벨인 블랙 박스 경고가 부착돼 있다. 2018년에는 플루오로퀴놀론이 신경장애를 일으킬 수 있으며, 혈당을 크게 감소시켜 혼수상태나 사망에 이를 수 있다는 내용을 강조하기 위해 블랙 박스 경고 문구가 강화됐다.

플루오로퀴놀론에 기인한 부작용의 원인은 밝혀지지 않았지만, 미토콘드리아 독성이 그 원인일 것이라고 추정된다. 이미 미토콘드리아가 격렬한 신체 활동으로 인해 스트레스를 받고 있거나, 미토콘드리아에 영향을 미치는 것으로 알려진 약물(일부 HIV 프로테이스 억제제, 콜레스테롤 저하제, 항암 화학요법)을 복용 중인 사람들은 플루오로퀴놀론 항생제에 부작용이 발생할 가능성이 더 높다.

이 사례 속 환자의 남편은 이렇게 말했다. "다행히도 저는 플루오로퀴놀론을 복용한 적이 없지만, 플로오로퀴놀론이 초래하는 파괴를 직접 목격했습니다. … 그녀의 삶은 이 약으로 인해 완전히 망가졌습니다. 그녀가 할 수 있는 일은 단지 다른 사람들에게 플루오로퀴놀론의 위험성에 대해 경고하는 것뿐입니다."

- **일반적으로 좁은 스펙트럼 항생제가 광범위한 스펙트럼 항생제보다 더 나은 치료 선택인 이유는 무엇인가?**
- **박테리아 세포를 공격하기 위해 설계된 항생제가 미토콘드리아에 손상을 줄 수 있는 이유는 무엇인가?**

주요 용어로 보는 요약

### 12.1 항균 요법의 원리

A. **화학요법 약물**(chemotherapeutic drugs)은 신체 내 미생물을 제어하기 위해 사용된다. 이러한 약물은 그 기원에 따라 **항생제**(antibiotics)라고도 한다. 항생제는 미생물에 의해 자연적으로 만들어지며, 반합성 또는 합성 약물은 부분적으로 또는 완전히 화학적 과정을 통해 생산된다.

B. 이들의 작용 방식과 스펙트럼에 따라 **광범위한 스펙트럼**(broad spectrum) 또는 **좁은 스펙트럼**(narrow spectrum), 미생물 억제제 또는 미생물 살균제로 구분한다.

C. 화학요법 약물 사용에 대한 전략적 접근은 다음과 같다.

1. **예방요법**(prophylaxis): 감염에 취약한 사람들에게 감염을 예방하기 위해 약물을 투여하는 것.
2. **병합 요법**(combined therapy): 두 가지 이상의 약물을 동시에 투여해 내성균의 발생을 방지하거나 **시너지 효과**(synergism)를 달성하는 것.

D. 약물과 미생물 간 상호작용

1. 이상적인 항균제는 **선택적 독성**(selectively toxic)을 가지며, 매우 강력하고, 안정적이며, 신체의 조직과 체액에 잘 용해돼야 한다.
2. 숙주의 면역체계나 미생물군을 교란하지 않으며 약물 내성을 나타내지 않는다.

### 12.2 주요 항균제 그룹

A. 세포 외피에 작용하는 약물

1. **페니실린**(penicillins)은 베타락탐 계열 약물로, 원래는 곰팡이인 페니실리움 크리소제눔(*Penicillium chrysogenum*)에서 분리됐다. 자연적인 형태는 페니실린 G이며, 암피실린과 메티실린과 같은 다양한 반합성 형태는 그 스펙트럼과 용도가 다양하다.
   a. 페니실린은 세포벽 형성을 방해해 세포가 결국 파열되게 하는 살균제다.
   b. 페니실린 요법에서 발생하는 주요 문제는 알레르기 반응과 **베타-락타메이스**(beta-lactamase)에 의한 세균 내성이 있다.
2. **세팔로스포린**(cephalosporins)에는 *Cephalosporium* 곰팡이에서 처음 분리된 천연 약물과 반합성 약물이 모두 포함된다. 세팔로스포린은 펩티도글리칸 합성(페니실린과 유사)을 억제하지만 스펙트럼이 훨씬 더 넓다.
3. 바시트라신과 **폴리믹신**(polymyxin)은 좁은 스펙트럼 항생제다.
   a. 바시트라신은 그람 양성균의 세포벽 합성을 방해하며, 항균성 피부 연고에 사용된다.
   b. 폴리믹신은 세포막에 영향을 미치며, 피부 연고에 첨가되며 슈도모나스 감염 치료에 사용될 수 있다.
4. 반코마이신은 세포벽 합성 초기 단계를 방해하며, 치명적인 메티실린 내성 포도상구균 감염 치료에 사용된다.
5. 이소니아지드(INH)는 마이코박테리아의 세포벽 성분 합성을 차단하며, 결핵 치료에 사용된다.

B. 핵산 합성에 영향을 미치는 약물

1. 플루오로퀴놀론(시프로플록사신)은 광범위한 스펙트럼을 가진 합성 약물 계열로, 다양한 감염에서 유용하게 사용되지만, 때때로 심각한 부작용을 일으킬 수 있다.
2. 리팜핀은 RNA 중합효소와 상호작용해 전사를 방해하며, 주로 결핵과 한센병(나병) 감염에 사용된다.

C. 단백질 합성을 억제하는 약물

1. **아미노글리코사이드**(aminoglycosides)는 스트렙토마이세스

(*Streptomyces*) 속에서 발견되는 독특한 박테리아에서 분리된 여러 좁은 스펙트럼 약물을 포함한다. 예로는 스트렙토마이신, 겐타마이신, 토브라마이신, 아미카신 등이 있다.

2. **테트라사이클린**(tetracyclines)과 클로람페니콜은 스트렙토마이세스에서 분리한 매우 광범위한 스펙트럼 약물이다. 두 약물은 번역 과정을 방해하지만, 부작용으로 인해 제한된 영역에서 사용된다.
3. 에리트로마이신과 클린다마이신 모두 단백질 합성에 영향을 미친다. 에리트로마이신은 페니실린 내성 박테리아에 대한 광범위한 대체 약물이며, 클린다마이신은 주로 혐기성균에 의한 장내 감염 치료에 사용된다.

D. 대사 억제 약물
1. **설폰아마이드**(sulfonamides)는 **대사 유사체**(metabolic analogs)로 작용해 핵산 합성에 필요한 효소를 **경쟁적으로 억제하는**(competitively inhibiting) 합성 약물이다.
2. 트리메토프림은 설폰아마이드 약물과 함께 자주 사용된다.
3. 답손은 한센병 치료에 (종종 리팜핀과 함께) 사용되는 좁은 스펙트럼 약물이다.

E. 특이 기전을 가진 항균제는 박테리아가 전통적인 약물에 대해 내성을 가지게 됐을 때 유용하다.
1. 포스포마이신은 세포벽 합성을 억제하며, 그람 음성균에 효과적이다.
2. Synercid는 번역을 억제하며, 그람 양성 구균에 대해 가장 효과적이다.
3. Ketek은 광범위한 스펙트럼 효과를 가진 케톨리드 항생제다.
4. 옥사졸리디논은 단백질 합성의 시작을 억제하는 또 다른 계열의 합성 약물이다. 이는 다른 약물(MRSA 및 VRE)에 내성이 있는 포도구균 치료에 유용하게 사용된다.

### 12.3 곰팡이, 기생충, 바이러스 감염 치료 약물

A. 항진균제
1 암포테리신 B와 나이스타틴은 세정제와 유사한 작용으로 진균의 세포막을 파괴한다.
2. **아졸류**(azoles)는 막 합성을 방해하는 합성 약물로, 케토코나졸, 플루코나졸, 미코나졸이 포함된다.
3. 플루사이토신은 DNA 합성을 억제한다. 진균에 대한 내성 때문에 플루사이토신은 주로 암포테리신과 함께 사용한다.

B. 원충 감염 치료제
1. 퀴닌 또는 클로로퀸, 프리마퀸, 메플로퀸 같은 관련 화합물은 말라리아 기생충인 플라스모디움 감염을 치료하는 데 사용된다.
2. 기타 항원충제에는 메트로니다졸, 수라민, 멜라소프롤, 니트리푸리목스가 있다.

C. 구충 감염 치료제에는 메벤다졸, 프라지콴텔, 피란텔, 피페라진, 니클로사마이드가 있다.

D. 항바이러스제는 바이러스의 침투, 증식 또는 조립을 억제한다. 바이러스와 숙주의 대사가 밀접하게 연관돼 있기 때문에 독성이 발생할 수 있다.
1. **아시클로버**(acyclovir), 발라사이클로버, 팜시클로버, 리바비린은 뉴클레오사이드 유사체로서 특히 헤르페스바이러스에서 바이러스 DNA 복제를 억제한다.
2. 타미플루는 인플루엔자 A 바이러스의 탈피(바이러스 코팅이 벗겨지는 것)를 방해한다. 다른 항인플루엔자 약물인 **Xofluza**는 RNA 합성의 시작을 차단하는 작용을 한다.
3. 두 종류의 역전사효소 억제제, 프로테이스 억제제, 인테그레이스 억제제 및 진입/융합 억제제가 주요 항HIV 약물 범주며, 보통 두세 가지를 조합해 투여한다.
4. **인터페론**(interferon)은 항바이러스 및 항암 특성을 가진 자연적으로 존재하는 단백질이다.

### 12.4 미생물과 약물 간 상호작용: 약물 내성 획득

A. 미생물은 **저항(R)인자**(resistance (R) factors)를 획득함으로써 약물에 대한 민감성을 잃을 수 있다. 약물 내성은 약물 불활성화, 약물 투과성 감소, 세포에서 약물 제거 증가, 약물 수용체 변화, 대사 패턴 변화의 형태로 획득된다.

B. 생물막 내에서 생활하는 미생물은 대부분의 약물 요법에 대해 훨씬 더 높은 내성을 나타낸다.

### 12.5 약물과 숙주 간 상호작용

화학요법의 부작용에는 장기 독성, 알레르기 반응 및 미생물군의 변화가 있다.

### 12.6 항균제 선택 과정

A. 신속한 감염원 확인이 중요하다.

B. 병원성 미생물은 다양한 항균에 대한 감수성을 테스트해야 한다. 이를 위해 **커비-바우어**(Kirby-Bauer) 및 **최소 저해 농도**(minimum inhibitory concentration, MIC) 같은 표준화된 방법을 사용한다. **치료 지수**(therapeutic index)는 적절한 약물을 선택하기 위한 것으로 약물의 MIC와 독성을 고려해 계산한 값이다.

C. 환자의 연령, 알레르기, 질병, 임신 등의 의학적 상태도 약물 선택의 중요한 가이드다.

D. 전 세계적으로 부적절한 약물 사용은 수많은 의학적 및 경제적 문제를 초래하고 있다.

CHAPTER

# 13 미생물 - 인간 상호작용: 감염, 질병, 그리고 역학

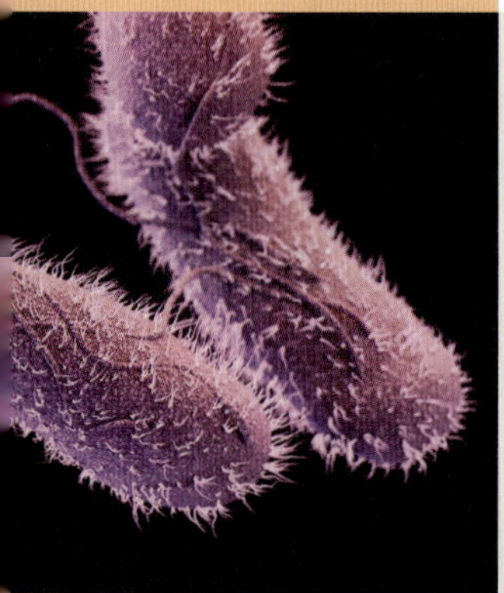

Reported Cases of Lyme Disease—United States, 2019

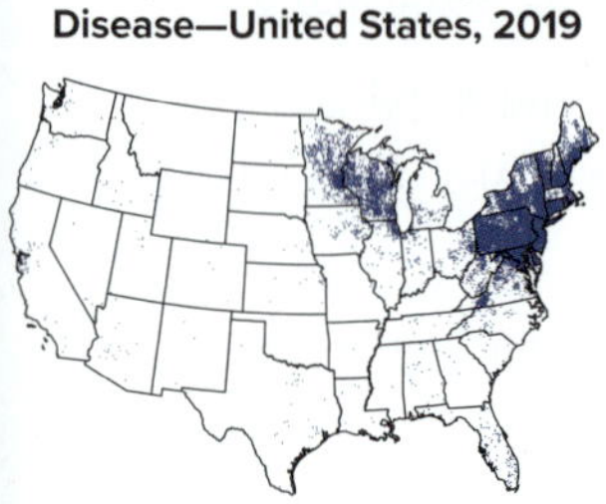

**이 장의 구성**





(이미지 출처: Carol Yepes/Getty Images; CDC/Melissa Brower; Custom Medical Stock Photo/Alamy Stock Photo; Frank Hadley Collins, Dir, Center for Global Health and Infectious Diseases; University of ND/CDC)

사례 연구 **Part 1**

# 바나나 맛이 변한 것 같아요

1984년부터 샌디에이고에서 살아온 48세 수컷 윈스턴은 심장병 병력이 있었으나, 꾸준히 건강관리를 받으며 잘 지내 왔다. 2021년 1월 6일, 윈스턴에게 기침 증세가 나타났고, COVID-19를 유발하는 SARS-CoV-2 바이러스 검사를 받았다. 이틀 후, 검사 결과는 양성으로 확인됐다. 윈스턴은 COVID-19에 감염된 최초의 실버백 고릴라가 됐다.

그 전 해는 전 세계적 **대유행**(pandemic)을 일으킨 **신종 코로나바이러스**(novel coronavirus)의 공포로 가득했다. 2019년 중국 후난성에서 시작된 이 바이러스는 순식간에 전 세계로 퍼져 나갔고, 이 글을 쓰는 현재까지 6억 명 이상이 감염됐으며, 650만 명이 목숨을 잃었다. 왕관(crown)을 닮은 스파이크(spike) 모양을 따라 이름 지어진 코로나바이러스는 호흡기 감염을 일으키는 광범위한 바이러스 과(family)다. 수백 종의 코로나바이러스가 존재하지만, 사람에게 감염되는 것은 7종뿐이며, 이들은 **흔한 감기**(common cold)에서부터 치사율이 34%에 달하는 **중동호흡기증후군**(Middle East respiratory syndrome, MERS)에 이르기까지 다양한 질병을 유발한다. 나머지는 돼지, 낙타, 고양이, 박쥐 등 동물에게만 감염된다. 때때로 이런 동물 바이러스 중 하나가 사람에게 옮겨 가는 **스필오버 현상**(spillover event)이 발생하는데, 이는 사람 사회에 새로운 질병을 초래할 수 있다. 실제로 2002년에 코로나바이러스가 관박쥐에서 사향고양이(당시 살아 있는 동물 시장에서 판매)를 거쳐 사람에게 전파된 사례가 있다. 이 바이러스는 폐렴과 유사한 증상을 일으켰고, 결국 **중증급성호흡기증후군**(severe acute respiratory syndrome, SARS)으로 명명됐으며, 원인 바이러스는 SARS 코로나바이러스 또는 **SARS-CoV**로 불리게 됐다. 17년 후, 또 다른 코로나바이러스가 비슷한 질병을 일으키자, 자연스럽게 **SARS-CoV-2**라는 이름이 붙었다.

SARS-CoV-2가 미국 전역에 퍼져 약 1억 명이 감염되고, 100만 명 이상이 사망하는 동안 과학자들은 **바이러스 유전체**(viral genome) 염기서열 분석, 더 빠르고 정확한 바이러스 **진단 검사**(assay) 개발, 감염 후 심각한 증세를 완화하는 치료법 확립, 바이러스 감염 예방 **백신**(vaccine) 개발에 총력을 기울였다. 바이러스 확산을 방지하기 위해 공중보건 전문가인 **역학자**(epidemiologist)들의 권고안에 따라, 학교는 온라인 수업으로 전환됐고, 영화관과 놀이공원은 문을 닫았으며, 스포츠 경기는 관중 없이 진행됐다. 또한 식당은 포장 판매만 허용됐고, 마스크는 외출 시 필수품이 됐다. 이런 모든 조치는 사람 간 전염을 예방한다는 공동의 목표를 가지고 있었다. 물론 모든 것을 중단할 수는 없었다. 의료 시설부터 식료품점까지 필수 사업체들은 계속 운영됐고, **필수 노동자**(essential worker)라는 새로운 개념이 등장했다. 이런 필수 노동자 중에는 동물원이 폐쇄됐음에도 불구하고 동물들을 돌보기 위한 직원들도 포함됐다. 윈스턴에게 기침 증상이 나타나기 몇 달 전인 2020년 3월, 브롱크스 동물원은 4살 된 말레이호랑이 나디아가 SARS-CoV-2 양성 판정을 받았다고 발표했다. 이 호랑이는 **무증상**(asymptomatic) 동물원 직원으로부터 감염된 것으로 추정됐으며, 이는 사람에서 동물로 바이러스가 전파된 최초 사례였다. 미국동물원수의사협회는 바이러스 전파를 줄이기 위해 직원들이 서로 간에, 그리고 호랑이 같은 큰 동물들과 사회적 거리를 유지해야 한다는 성명을 발표했다(이는 대유행 상황이 아니어도 바람직한 조치다).

그 후 몇 달 동안 유타주의 밍크, 켄터키주의 표범, 테네시주 녹스빌의 또 다른 호랑이에게서 감염 사례가 확인됐다. 이어서 2021년 1월 초 샌디에이고 동물원 사파리 공원의 윈스턴도 감염됐다. 윈스턴은 8마리로 구성된 고릴라 무리의 일원이었기에, 전체 무리가 바이러스에 **노출된**(exposed) 것으로 추정되었다.

- **풍토병, 유행병, 대유행병 사이의 차이점은 무엇인가?**
- **동물 건강 문제 외에 코로나바이러스가 동물에게 전파되는 것이 우려스러운 이유는 무엇인가?**

이 장 끝에서 사례 연구 Part 2로 이어짐.

(삽화 출처: Alissa Eckert, MS; Dan Higgins, MAMS/CDC)

## 13.1 우리는 외롭지 않다

**학습목표**

1. 우리 몸을 서식지로 삼고 있는 미생물과 사람 사이의 주요 작용을 설명한다.
2. 감염병과 관련된 용어를 정의하고 구분한다.
3. 정상 미생물총의 특징과 이들이 제공하는 다양한 기능에 대해 논의한다.
4. 주요 신체 기관계에서 미생물총 발달에 영향을 미치는 원인과 조건에 대해 간략히 설명한다.
5. 우리 몸에서 미생물이 살지 않는 부위는 어디이며, 왜 이런 부위에 미생물이 없어야 하는지 알아본다.
6. 무균 상태가 무엇이며, 이런 상태가 미생물학자에게 왜 중요한 연구 대상인지 설명한다.

인체는 미생물과 역동적인 평형상태에 있다. 이것은 건강한 상태에서 미생물과 균형 잡힌 공존을 유지할 수 있다는 의미다. 따라서 이 균형이 깨질 경우, 미생물에 의해 감염이나 질병이 발생할 수 있다. 이 장에서는 사람과 미생물 사이 관계에 대해 알아본다. 먼저 정상 미생물총의 특징과 기능을 살펴보고, 감염과 질병에 대해 알아본 후, 역학과 질병 전파경로를 공부하는 것으로 마무리한다. 이러한 주제는 숙주 방어와 감염원으로부터 우리를 보호하는 방법을 다루는 14장과 15장을 이해하기 위한 기초가 된다.

### 접촉, 정착, 감염, 질병

7장에서 처음으로 사람과 미생물 사이 기본적인 관계를 배웠다. 사람 몸에 있는 미생물 대부분은, 인체를 영양분 공급처이면서 안전한 서식지를 제공하는 대상으로 여길 수 있다. 사람 입장에서 미생물이 머무는 방식에는 상리공생(mutualism), 편리공생(commensalism), 기생(parasitism)이 있는데, 이런 관계는 사람에게 유익하거나, 별다른 영향을 주지 않을 수도 있지만, 병에 걸리게 할 수도 있다.

사람과 상리공생 또는 편리공생 관계를 맺는 미생물은 **정상 상재미생물총**(normal resident microbiota)에 속한다. 이런 미생물은 대체로 신체 외부 표면에서만 집락(colony)을 형성하며 머무르고, 미생물이 없는 조직이나 체액으로 침투하지 않는다. 숙주 방어체계를 뚫고 미생물이 조직을 침범해 증식하면 **감염**(infection)이 발생하며, 이 미생물은 감염원 또는 **병원체**(pathogen)로 간주된다. 감염으로 조직이나 기관에 손상 또는 기능 장애가 발생한 것을 **감염병**(infectious disease)이라고 한다. 질병(disease)은 건강한 상태에서 벗어난 어떤 상태를 의미한다. 감염, 식단, 유전, 노화 등 다양한 원인으로 인해 수백 가지 질병이 발생할 수 있지만, 이 장에서는 미생물이나 미생물이 만들어 낸 물질로 인해 조직이나 기관이 손상돼 발생하는 질병만을 다룬다.

그림 13.1은 감염과 질병에서 예상되는 단계와 영향을 그림으로 보여준다. 숙주 저항력과 병원성 정도에 관련된 수많은 요인으로 인해 모든 접촉이 감염으로 이어지는 것도 아니고 모든 감염이 질병으로 이어지는 것도 아니다. 사실 감염 없는 접촉과 질병 없는 감염이 일반적인 현상이다. 감염과 질병에 대해 더 자세히 알아보기 전에, 미생물이 우리 몸에 정착해 장기적이고 일반적으로 유익한 관계를 형성하는 과정을 살펴볼 것이다.

**표 13.1** 정상 상재미생물이 서식하는 부위

- 피부와 인접 점막
- 상부 호흡기(구강, 인두, 코점막)
- 위장관(입, 결장, 직장, 항문)
- 요도 외부 개구부
- 바깥 생식기관
- 질
- 바깥귀와 바깥귀길
- 눈 외부(눈꺼풀, 속눈썹 모낭)

### 상재미생물총: 사람을 서식지로 삼다

인체는 부위별로 온도, pH, 영양소, 습도, 산소 농도가 각기 다르며, 이는 미생물이 서식할 수 있는 수많은 미세 환경과 생태적 공간을 제공한다. 이런 다양한 서식 환경 덕분에 인체가 풍부한 미생물을 보유하는 것은 놀라운 일이 아니다. 실제로 인체에는 우리 자신의 세포보다 세 배 많은 미생물이 살고 있을 정도로 이상적인 환경이 조성돼 있으며, 최근 이러한 인체-미생물 간 관계의 중요성이 포괄적인 연구의 중심이 됐다(**13.1 연결고리 찾기**).

표 13.1에서 보듯이, 외부 환경과 접촉하는 신체 부위 대부분에는 상재미생물이 서식하고 있다. 특히 점막 표면은 미생물이 부착하기에 최적의 조건을 제공한다. 반면, 외부 환경과 접촉하지 않는 기관, 조직, 체액은 일반적으로 미생물이 없다(표 13.2). 이런 부위에서 미생물이 발견되는 것은 대부분 감염을 의미한다.

신체와 접촉하는 미생물 대부분은 특정 부위에 정착하기 훨씬 전에 숙주 방어체계에 의해 제거되거나 파괴된다. 이처럼 신체에 잠시 머무는 미생물을 **비상재미생물**(transient)이라고 한다. 반면 장기간 정착하는 미생물은 **상재미생물**(resident)로 분류된다. 상재미생물의 가장 중요한 적응 특성은 숙주의 면역체계를 자극하지 않고 공존하는 것이다. 이들은 사람을 숙주로 삼아 함께 진화하면서 서로에게 해를 끼치지 않는 상호공생관계를 발전시켰다.

미생물총은 기본적으로 안정적이지만, 건강 상태, 연령, 식습관, 위생 상태, 호르몬 변화, 약물 치료 등에 따라 변화할 수 있다. 미생물총은 과도한 유해 미생물 증식을 억제함으로써 우리에게 대부분 이익을 준다. 대표적인 예로, 질 표면 젖산균(lactobacilli)의 글리코겐(glycogen) 발효로 만들어진 산성 환경이 효모에 속하는 *Candida albicans*와 기타 병원체 증식을 억제하는 것을 들 수 있다. 또 다른 예는 대장에 서식하는

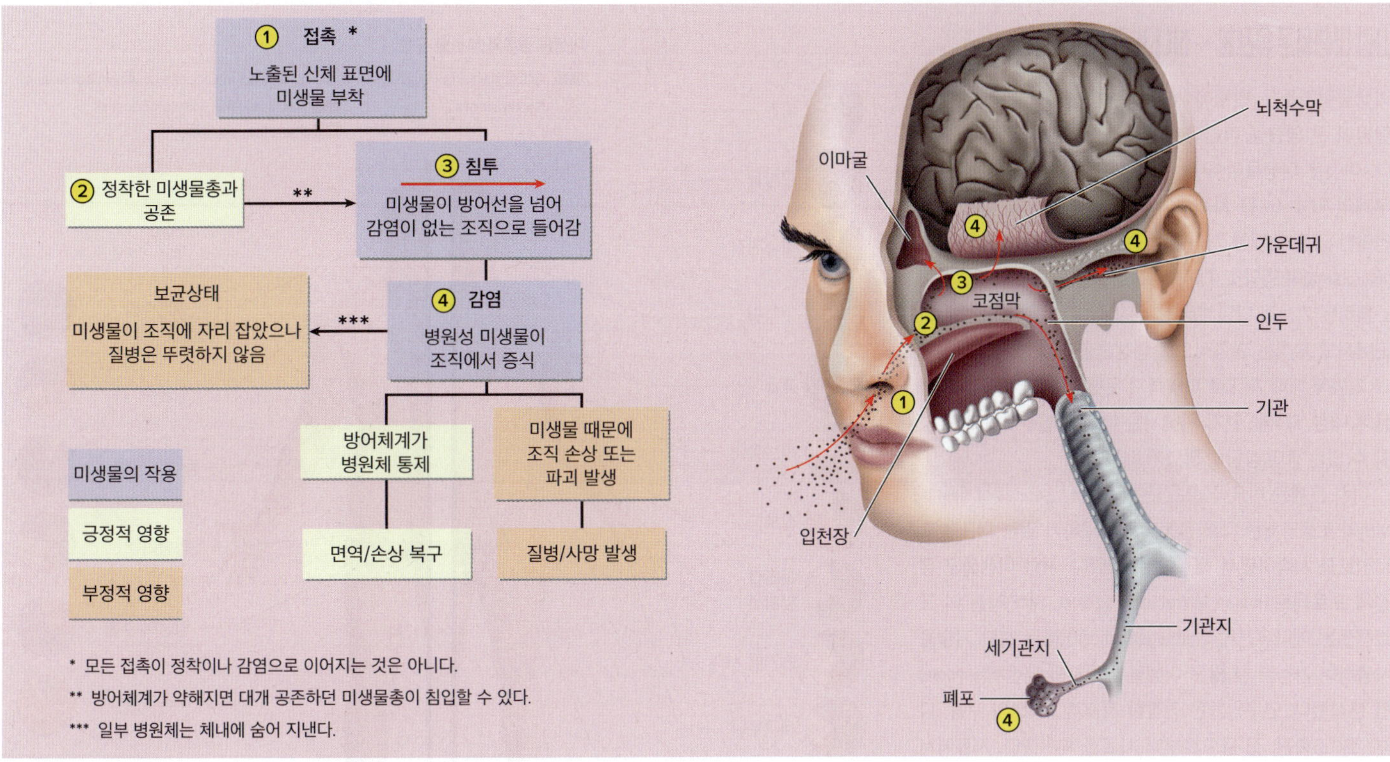


**그림 13.1** 미생물과 사람 사이 관계. 미생물과 접촉한 영향은 다양한 방향으로 진행될 수 있는데, 아무 영향이 없는 것부터 정착(colonization), 감염과 질병 그리고 면역에 이르기까지 다양하다. 여기서 보여 주는 예는 *Streptococcus pneumoniae*(폐렴구균)와 같은 병원체와 접촉했을 때 발생할 수 있는 현상이다. 이 세균은 상기도에서 무해하게 존재할 수 있지만, 귀, 머리뼈, 하기도를 침범하고 감염시킬 수 있다.

**표 13.2** 무균 상태(미생물이 없는)인 해부학적 부위와 체액

| 모든 내부 조직 및 기관 | |
|---|---|
| • 심장 및 순환계 | • 뼈 |
| • 간 | • 난소/고환 |
| • 신장과 방광 | • 샘(췌장, 침) |
| • 폐 | • 코곁굴 |
| • 뇌와 척수 | • 가운데귀와 속귀 |
| • 근육 | • 눈 내부 |
| **내부 기관 또는 조직 내 체액** | |
| • 혈액 | |
| • 신장, 요관, 방광 내 소변 | |
| • 뇌척수액 | |
| • 구강으로 배출되기 전 침 | |
| • 요도로 들어가기 전 정액 | |

*Escherichia coli*가 생성하는 특정 단백질이 *Salmonella*와 *Shigella* 같은 병원성 세균 증식을 억제하는 것이다.

이처럼 '유익한' 미생물이 침입하는 미생물을 억제하는 현상을 **미생물 맞버팀작용**(microbial antagonism)이라고 한다. 이미 형성된 생물막(biofilm)에 존재하는 미생물총은 새로운 미생물에 의해 쉽게 대체되지 않는 것도 같은 이유에서다. 이런 길항적 보호는 두 가지 원리로 설명할 수 있다. 첫째, 숙주 조직에 미생물이 부착할 수 있는 공간은 한정돼 있고, 이미 그곳은 정상 미생물총으로 가득 차 있기 때문이다. 둘째, 상재미생물총이 조성하는 화학적·생리적 환경이 다른 미생물의 생존에 적합하지 않기 때문이다.

생쥐 실험을 통해 과학자들은 *Bacteroides*에 속하는 장내세균 중 한 종이 숙주의 방어물질 생성을 조절해 해당 부위에서 다른 미생물을 억제한다는 사실을 발견했다. 이는 극단적인 미생물 맞버팀작용 사례이지만, 이런 현상은 전반적으로 우리의 건강 유지에 매우 중요하다.

## 태아와 신생아에서 초기 미생물 정착

오래전부터 배아와 태아 발생 중 자궁과 관련 구조물들은 무균 상태(germ-free)며, 출생 직전까지 그 상태가 유지되는 것으로 알려져 왔다.

출산 수 시간 전 양막이 터지면서 아기는 처음으로 산모가 보유한 미생물에 노출되기 시작한다. 더 광범위한 미생물 노출은 출산과정에서 일어나는데, 이때 아기는 불가피하게 산도(birth canal)와 직접적으로 접촉한다(그림 13.2). 출산 후 8~12시간 이내 신생아 체내에서는 주로 산모로부터 전달받은 사슬구균(streptococci), 포도상구균(staphylococci), 젖산균 같은 세균이 정착(colonization)하기 시작한다. 이후 가족, 의료진, 주변 환경, 음식물 접촉이 계속되면서 피부, 위장관, 호흡기관과 비뇨

13.1 연결고리 찾기

## 사람 미생물군 유전체 – 하나가 된 생명체

미생물학자들은 인체에 서식하는 미생물이 우리 건강과 질병에 큰 영향을 미친다는 사실을 오래전부터 알고 있었다. 이것은 미생물이 우리 몸의 세포 수보다 훨씬 많고 몸무게의 약 2~5%를 차지하기 때문에 당연한 결과다. 이런 긴밀한 공존에 대한 지식은 초생명체, 즉 사람과 미생물총(microbiota)이 영양소, 대사, 유전정보를 공유하고 끊임없이 소통하는 기능적 단일체로 합쳐진다는 개념을 촉발했다. 최근까지도 우리는 과학적으로 미생물총에 대한 상호작용과 그 기능에 대해 제대로 파악하지 못했었다. 그 이유는 미생물에 대한 지식을 얻기 위해서는 배양이 필수적인데, 배양할 수 없는 종이 상당히 많았기 때문이다.

이런 문제는 미국국립보건원(National Institutes of Health, NIH)이 초생명체를 다른 관점에서 연구하기 위한 대규모 프로젝트를 시작하면서 해결할 수 있었다. **사람 미생물군 유전체 프로젝트**(Human Microbiome Project, HMP)라는 이 프로젝트는 메타유전체학(metagenomics)이라는 첨단 기술을 사용하여 가능한 한 많은 미생물 거주자의 유전체(genome)를 분석했다. 연구원들은 건강한 지원자 300명의 구강, 피부, 코, 소화관, 질 등으로부터 시료를 채취했다. 시료에서 추출된 DNA에 대한 염기서열 분석을 통해 우리가 이미 미생물총의 일부로 알고 있던 여러 미생물을 확인할 수 있었고, 새로 발견된 미생물 목록도 작성할 수 있었다. 5년간의 분석 끝에 연구원들은 우리 몸에 미생물이 최소 1만 종 정도 서식한다고 추정했다. 더욱 놀라운 사실은 미생물 고유 유전자가 800만 개로 확인됐는데, 이것은 사람 유전체 유전자의 360배가 넘는 것이다. 이것은 유전적으로 우리가 사람보다 미생물에 더 가깝다는 것을 의미한다! 따라서 우리 몸의 모든 미생물총이 가진 유전물질 전체를 가리켜 사람 **미생물군 유전체**(microbiome)라 부른다.

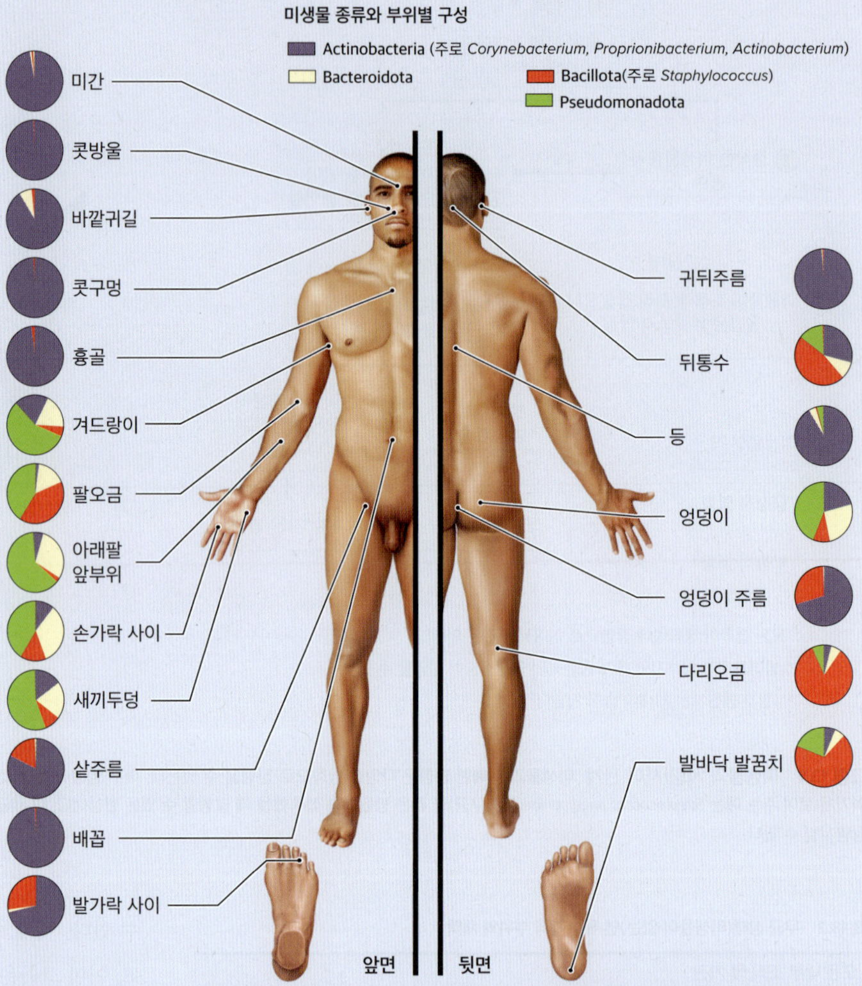


이 연구 초기 결과들은 몇 가지 흥미로운 깨달음을 제공했다. 사람과 공존하는 미생물 집단은 세균(가장 큰 집단), 고균(가장 작은 집단), 진균, 원생동물, 바이러스로 구성됐고, 각 집단을 대표하는 종들이 분리됐다. 미생물 대부분은 상호 공생관계로 질병을 일으키지 않지만, 그중 *Staphylococcus aureus*와 *Helicobacter pylori*와 같은 것들은 병원체에 속해 있다. 지원자들에서 발견된 세균 종은 대부분 같았지만, 미생물총에 대한 정확한 구성은 개인마다 달랐다. 미생물총은 출생 전부터 발달하기 시작하고, 나이와 성별에 따라 달라지는 것으로 나타났다. 이런 연구를 통해 많은 세균이 인공 배지에서 자라지 못하는 이유는 특정 대사과정에 필요한 유전자를 잃었기 때문이며, 대신 필요한 물질은 그들의 숙주로부터 얻고 있다는 것을 알게 됐다.

피부에는 세균과 효모에 속하는 미생물 약 500종이 서식하고, 위치에 따라 현저한 차이를 보였다. 예를 들어 손과 몸 주름 피부는 귀, 배꼽과 같은 부위보다 훨씬 더 다양한 미생물을 가지고 있었다. 피부에서 분리된 세균은 대부분 Actinobacteria 문(phylum), Firmicutes 문, Proteobacteria 문, Bacteroidetes 문에 속한다(4장 참조). 시료 채취 부위와 각 부위에서 발견되는 세균 집단 비율은 제시된 그림을 참조하자. 한 연구에 따르면 피부에는 각종 바이러스도 많이 서식하고 있다. 바이러스 대부분은 박테리오파지(bacteriophage)인 것으로 보이고, 주로 피부에 서식하는 세균에 연관된 것으로 보이지만, 사람 관련 바이러스나 기타 진핵세포성 바이러스도 발견됐다. 결국 미생물총과 그 구성은 우리가 생각했던 것보다 훨씬 더 복잡한 것이 분명하다.

장 미생물총은 다양한 세균, 진균류, 고균, 원생동물 500~1,000여 종을 포함하는 가장 크고 다양한 미생물총이다. 이 서식지에서 우세한 문은 Firmicutes 문과 Bacteroidetes 문이다. 대부분은 결장에 서식하고 다양한 생리활동에 영향을 미친다. 가장 흔한 구성원은 *Bacteroides*에 속하는 종들로, 복합 탄수화물 소화와 보호 점액층 발달에 도움을 준다. 이 세균은 또한 신생아의 장 발달을 조절하기 위해 장 세포에 신호를 보낸다는 결과도 있다. 또 다른 세균은 면역계 세포와 상호작용하고 면역체계 발달을 돕는 것으로 알려졌다. 최근 일부 연구 결과에 따르면 미생물은 뇌 발생, 생화학, 행동에도 영향을 미치는 것으로 보인다.

HMP를 통해 균형 잡힌 미생물총은 보호작용을 하지만, 그 균형이 깨지면 여러 질병에 취약해진다는 생각이 확실히 증명됐다. 대표적인 예로, 항생제 치료로 인해 정상 장내 미생물이 제거되었을 때 발생하는 *Clostridioides difficile* 감염을 들 수 있다. 여러 연구에서 과민성대장증후군, 크론병, 대장암과 같은 다른 장 질환에 대한 미생물총 변화의 영향을 조사하고 있다. 일부 연구 결과에 따르면 미생물군 유전체 구성이 지방 세포 대사에 영향을 미칠 수 있고, 이것은 특정 개인의 비만에 영향을 미칠 수 있다. 건선, 습진, 여드름과 같은 질환에서 피부 미생물총이 정상인의 피부 미생물총과 현저하게 다르다는 새로운 연구 결과도 있다. 많은 과학자가 미생물군 유전체의 비밀을 계속 풀어 나가면서, 이를 바탕으로 우리와 하나 된 미생물 동반자에 연관된 이런 질병과 기타 많은 질병을 예방할 수 있는 새로운 전략과 치료법 개발에 도전하고 있다.

**COVID-19 대유행 동안 손 소독제를 자주 쓴 것이 우리 몸에 있는 미생물군 유전체 발달에 어떤 영향을 미칠 수 있는가?**

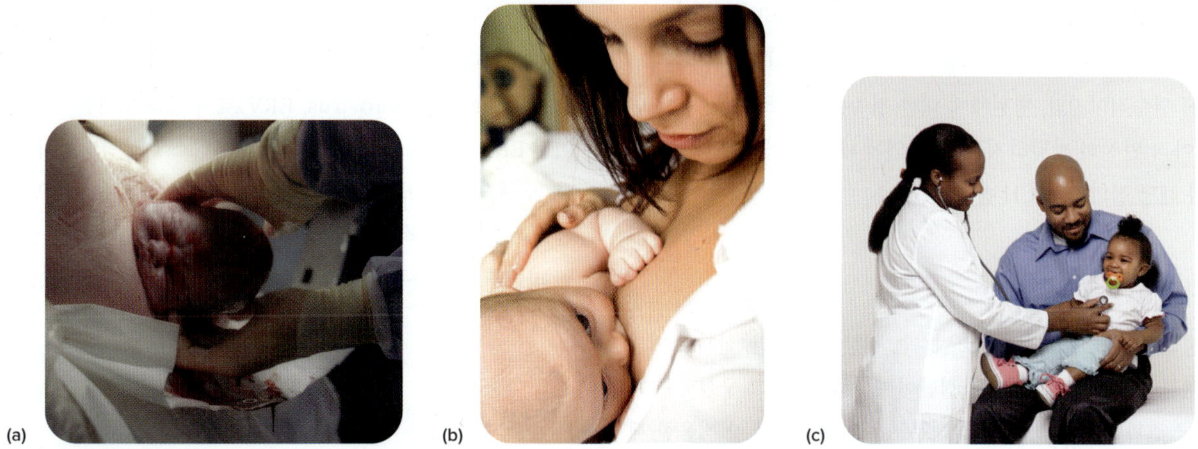

**그림 13.2** 신생아 미생물총의 시작. 신생아는 출생 시 여러 경로를 통해 두 번째 단계인 미생물총 정착과정을 거친다. 신생아 미생물총은 산도, 모유 또는 기타 음식, 가족 구성원, 의료진, 환경에 대한 노출로부터 얻을 수 있다. 아기는 짧은 시간 안에 피부, 구강, 장에 있는 주요 부위에 초기 미생물총을 형성한다. (출처: Janine Wiedel Photolibrary/Alamy Stock Photo; Ingram Publishing/Superstock; iofoto/Shutterstock)

생식기관 일부에도 미생물이 계속해서 정착한다. 이것이 대다수 과학자가 받아들이는 견해이지만, 최근 새로운 연구 기법을 통해 출산이 일어나기 훨씬 이전부터 태아에 미생물 정착이 가능하다는 사실이 밝혀지고 있다(**임상적 연결고리: "태아는 정말 무균 상태일까?"** 참조).

대장에 처음으로 정착하는 미생물총의 특성은 아기가 모유를 먹는지 분유를 먹는지에 따라 크게 달라진다. 모유와 유방 조직에는 고유 미생물총이 존재해 아기 소화관에 유익한 세균이 심어진다. 신생아 연구에서 흥미로운 발견은 모유에 아기가 소화하지 못하는 짧은 탄수화물 사슬(올리고당, oligosaccharide)이 포함돼 있다는 점이다. 이런 올리고당을 분해할 수 있는 효소는 오직 특정 *Bifidobacterium*(*infantis*) 종만이 생성한다. 결국 모유는 이러한 유익한 세균의 성장을 선택적으로 촉진하며, 아기 위장관은 거의 대부분 이러한 세균으로 채워진다. 이러한 세균은 잠재적으로 해로운 균의 정착과 병원체 침입을 막는 보호 기능을 수행할 것으로 보인다. 반면 분유를 먹는 아기들(우유나 우유 기반 분유를 섭취하는 경우)은 대장균(coliforms), 젖산균, 장내 사슬구균(enteric streptococci), 포도상구균이 혼합된 미생물총을 얻게 된다. 이런 조합은 성인 미생물총과 비슷하지만, 모유 수유 경우와 같은 보호 효과는 제공하지 못한다.

**임상적 연결고리**

## 태아는 정말 무균 상태일까?

수십 년 동안 신생아 미생물총은 산모 양막이 파열될 때 처음 형성된다고 알려져 왔다. 그때까지 태아와 양수는 무균 상태라고 여겨졌고, 이것은 무균 자궁 가설(sterile womb hypothesis)이라고 불렸다. 그러나 새로운 증거는 우리의 생각을 바꿀 필요가 있음을 말해 준다.

무균 자궁이라는 개념은 비교적 단순하게 생겨났다. 실험실에서 태반, 양수 또는 태변(신생아의 첫 대변) 시료를 배양했을 때 아무것도 자라지 않았기 때문이다. 그러나 일부 세균 종을 배양할 수 없다는 사실을 알게 되면서 이런 세균의 존재를 확인하기 위해 DNA 검출 방법을 사용하기 시작했다. 차세대 염기서열 분석(next generation sequencing, NGS)이라는 새로운 기법을 사용한 결과, 출생 전 환경(태아 시기)에서 이전에 놓쳤던 세균 종이 존재할 가능성이 제기됐다. 초창기 NGS 실험들이 제대로 통제되지 않은 경우가 생기면서, DNA가 검출되더라도 그것은 살아 있는 세균이 있다는 증거가 아니며 단순히 일시적으로 존재한다는 의미 그 이상도 아니라는 비판을 받았다.

출생 전 세균 집락 형성은 많은 절지동물에서 발생하는 것으로 알려져 있으며, 이 경우 *Wolbachia*, *E. coli*, *Pseudomonas*와 같은 세균이 모체에서 자손으로 출생 전에 전달된다. 이 모체 전달(maternal transfer)은 자손의 면역체계를 강화해서 이런 세균에 의한 감염을 줄여 준다. 사람이 출생 전에 똑같이 면역체계를 준비한다는 생각 역시 설득력이 있다. 최근 두 가지 연구에서는 태아 환경에서 *Lactobacillus*, *Staphylococcus*, *Micrococcus* 균주가 검출됐고, 이들 세 가지 세균 종은 모두 면역체계를 자극해서 출생 전에 어느 정도 보호작용을 제공할 수 있다. 그러나 이전 연구들과 마찬가지로, 상당수 과학자는 아직 확신하지 못하고 있다.

이것은 단순한 과학적 호기심의 문제가 아니다. 사람 미생물총 이상은 비만, 알레르기, 자가면역질환, 당뇨병 등 다양한 질병에 연관돼 있음이 발견되고 있기 때문이다. 만약 미생물총 형성이 우리가 생각했던 것보다 훨씬 이전부터 시작될 수 있다면, 신생아에 대한 항생제 사용에 대해 재검토해야 할 수도 있다. 그리고 과거에도 여러 번 그랬듯이, 우리는 기존 이론을 바꿔야 할 수도 있다.

임신 중 항생제 사용은 항상 산모와 아기 모두에게 위험 대비 이익을 평가하는 문제였다. 미생물총 조기 발달 가능성이 이 평가에 어떤 영향을 미칠까?

지속적인 미생물총 발달에 기여하는 것은 젖 떼기, 치아 맹출, 첫 고형식 섭취다. 미생물에 대한 노출은 피할 수 없을 뿐만 아니라 신생아 미생물총 성숙에 필수적이지만, 병원체에 대한 접촉은 위험하다. 신생아 면역 방어는 아직 완전히 발달하지 못해 감염에 매우 취약하기 때문이다(그림 13.9와 해당 절의 TORCH 참조).

## 신체 부위별 고유 미생물

우리는 미생물총을 하나의 단일체로 말하는 경향이 있지만, 실제로 미생물총은 미생물 수천 종으로 구성된 집단이며, 개인마다 그 구성과 수가 다르다. 연구 결과에 따르면, 사람들 대부분은 자신에게만 잘 적응한 세균, 진균류, 원생동물을 보유하고 있고, 때로는 바이러스와 절지동물도 함께 가지고 있다. 표 13.3은 인체 주요 부위별로 서식하는 정상 상재미생물의 종류를 개략적으로 보여 준다.

바이러스는 일반적으로 질병을 일으키는 감염원으로 여겨져 왔기 때문에 정상 상재미생물로서 역할을 이해하기는 복잡하다. 또한 바이러스는 다른 상재미생물과 달리 숙주세포 내부에서 생활한다는 독특한 특징을 가진다. 그러나 최근 연구들은 바이러스가 인체에 해를 끼치지 않거나 오히려 이로운 영향을 미칠 수 있다는 사실을 밝혀내고 있다. 사람 유전체 서열 분석을 통해 우리 유전물질 중 약 5~8%가 내생 레트로바이러스(endogenous retrovirus, ERV)로 구성돼 있다는 사실이 밝혀졌다. 이런 ERV는 원래 고대에 사람이 바이러스에 감염되면서부터 시작됐으나, 오랜 시간 동안의 공진화(coevolution) 과정을 거치면서 사람 유전물질과 상리공생적 관계를 구축한 것으로 추정된다. 시간이 흐르면서 이런 바이러스는 숙주인 사람의 발달과정과 유전자 발현을 조절하는 중요한 요소가 되었을 것으로 보인다.

## 사람 피부 미생물

피부는 인체에서 가장 크고 외부와 손쉽게 접촉하는 기관이다. 피부는 크게 두 층으로 이뤄져 있는데, 하나는 탈락하는 죽은 세포층과 그 재생을 반복하는 표피(epidermis)고, 다른 하나는 표피와 피하조직(subcutaneous tissue) 위에 놓인 진피(dermis)다(그림 13.3a). 피부에는 부위별로 모낭(hair follicle)과 다양한 샘(gland)이 있고, 가장 바깥쪽은 미생물이 잘 부착할 수 있는 왁스 같은 보호층인 각질(dead skin cell)로 덮여 있다. 정상 미생물총은 각질층에만 존재하고, 모낭과 땀샘

**표 13.3 우리 몸에 사는 미생물들: 미생물총이 잘 자리 잡은 부위와 대표 예**

| 해부학적 위치 | 대표하는 속(genus) | 주요 특징 |
|---|---|---|
| 피부 | 세균: *Pseudomonas, Micrococcus, Corynebacterium, Propionibacterium, Staphylococcus, Streptococcus*<br>진균류: *Candida, Malassezia, Rhodotorula*<br>절지동물: *Demodex* 진드기(mite) | 미생물은 표피, 땀샘, 모낭 상부에서 세포가 없는 층에만 서식하고, 진피와 그 아래 층은 무균 상태<br>성장에 피부 지질이 꼭 필요<br>피지선과 모낭에 존재 |
| 위장관 | | |
| 구강 | 세균: *Streptococcus, Neisseria, Veillonella, Fusobacterium, Lactobacillus, Bacteroides, Actinomyces, Eikenella, Treponema, Haemophilus*<br>진균류: *Candida*<br>원생동물: *Entamoeba gingivalis* | 뺨, 잇몸, 인두의 표피층에 정착. 치아 표면에 존재. 침에 아주 많음. 일부는 치아우식과 치주병에 관여<br>*C. albicans*가 칸디다성구내염(아구창) 유발<br>구강 위생이 불량한 사람 잇몸에 서식 |
| 대장과 직장 | 세균: *Bacteroides, Fusobacterium, Bifidobacterium, Clostridium*, 분변 연쇄상구균과 포도상구균, *Lactobacillus*, 대장균(*Escherichia, Enterobacter*), *Proteus* spp.<br>진균류: *Candida*<br>원생동물: *Entamoeba coli, Trichomonas hominis* | 하부 위장관 부위 중 대장과 직장을 제외하고 나머지는 미생물이 드물거나 존재하지 않음. 미생물총은 주로 절대혐기성균으로 구성. 나머지 미생물은 산소 내성 또는 조건부혐기성<br>효모는 여기서 생존할 수 있지만 곰팡이는 생존할 수 없음<br>대장 노폐물을 먹이로 삼음 |
| 상기도 | 코안, 목구멍, 인두에 미생물 존재. 서로 가깝고, 구강과도 인접해 있어서 구강 미생물 구성과 유사함 | 기관에는 드물게 존재할 수 있지만, 기관지, 세기관지, 폐포는 국소적 숙주 방어로 인해 기본적으로 무균 상태 |
| 생식관 | 세균: *Lactobacillus, Streptococcus*, diphtheroids(*Corynebacterium*과 비슷한 종류) *Escherichia, Gardnerella*<br>진균류: *Candida* | 여성의 경우 미생물은 외부 생식기, 질 및 자궁경부 표면에 서식. 내부 생식 구조는 일반적으로 무균 상태를 유지. 질 집락은 여성 호르몬 변화에 반응<br>효모 감염의 원인 |
| 비뇨관 | 세균: *Staphylococcus, Streptococcus, Corynebacterium, Lactobacillus* | 여성 미생물총은 요도 점막 첫 부분에만 존재. 나머지 부분은 무균 상태. 남성은 앞쪽 요도의 짧은 부분을 제외하고 생식기와 기 전체가 무균 상태 |
| 눈 | 세균: 응고효소-음성 포도상구균, *Streptococcus, Neisseria* | 눈꺼풀과 모낭은 피부와 비슷한 미생물을 가짐. 결막에는 미생물이 가끔 존재. 깊이 위치한 조직은 무균 상태 |
| 귀 | 세균: 포도상구균, 디프테로이드균<br>진균류: *Aspergillus, Penicillium, Candida*, 효모 | 바깥귀는 피부와 유사한 미생물을 가짐. 고막 안쪽 부위는 일반적으로 무균 상태 |

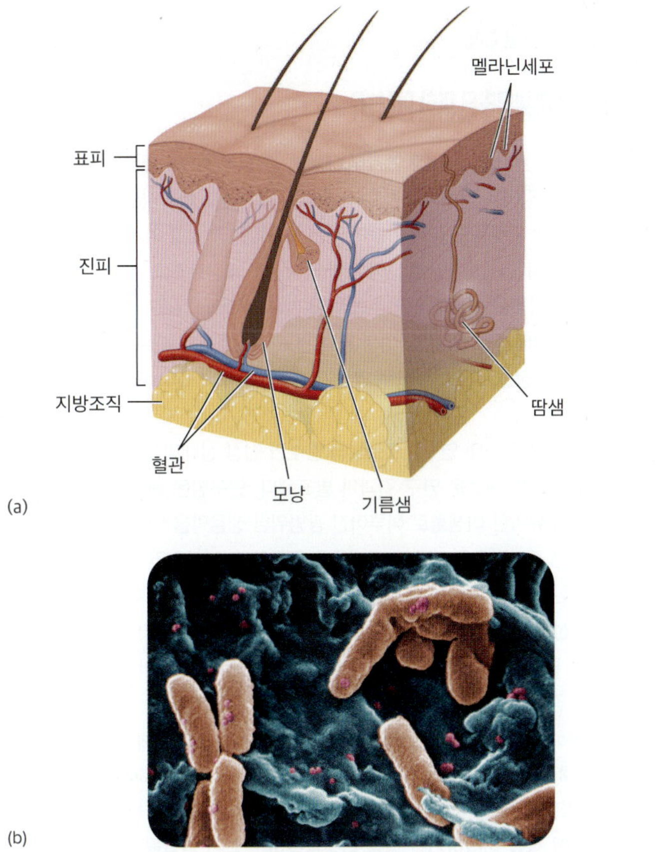


**그림 13.3** **피부 생태계.** (a) 표피는 다양한 샘, 모낭과 함께 풍부하고 다양한 서식지를 제공하며, 진피와 지방조직에 미생물은 없다. (b) 피부층을 확대한 모습(7,500배)에서 피부 세포에 부착된 막대와 공 모양 세균이 보인다. (출처: Don Bliss/National Cancer Institute(NCI); Janice Haney Carr/CDC)

주변을 제외하면 진피나 피하조직까지는 침투하지 않는다. 피부 부위에 따라 미생물총 특성이 다르며, 건조한 피부보다 기름지고 습한 피부에 더 많고 다양한 미생물이 서식한다. 습도, 직업적 환경 노출, 옷도 미생물총의 특성에 영향을 미친다. 특히 피부가 코, 입, 외부 생식기의 점막과 만나는 경계 부위에는 매우 다양한 미생물이 밀집해 있다.

피부에는 미생물 군집이 두 종류 존재한다. 첫 번째는 비상재미생물로, 이들은 피부 표면에 부착하지만 대개 그곳에서 증식하지는 않는다. 비상재미생물은 일상적인 접촉을 통해 유입되고, 개인마다 또는 시간이 지남에 따라 그 구성이 달라진다. 일시적 미생물은 사람이 접촉하는 모든 미생물을 포함하며, 보통 인체에 서식하지 않는 종일 수 있고, 개인의 위생 상태에 큰 영향을 받는다.

두 번째는 상재미생물로, 이들은 표피 깊은 층과 땀샘, 모낭에 서식하며 증식한다(그림 13.3b). 상재미생물총은 비상재미생물보다 더 안정적이고 예측 가능한 구성을 보이며, 위생 상태에 대한 영향도 상대적으로 적게 받는다. 일반적인 피부 상재미생물은 주로 *Staphylococcus*, *Corynebacterium*, *Propionibacterium*과 같은 세균과 효모로 구성된다. 습한 피부 주름, 특히 발가락 사이에는 진균류가 주로 서식하며, 겨드랑이, 외부 생식기, 외이도의 기름진[1] 분비물에는 지질을 선호하는 친지질성 마이코박테리아와 포도상구균이 주로 발견된다. 특히 *Mycobacterium smegmatis*는 외부 생식기 주변에 쌓인 왁스 같은 분비물인 치구(smegma)에 서식한다.

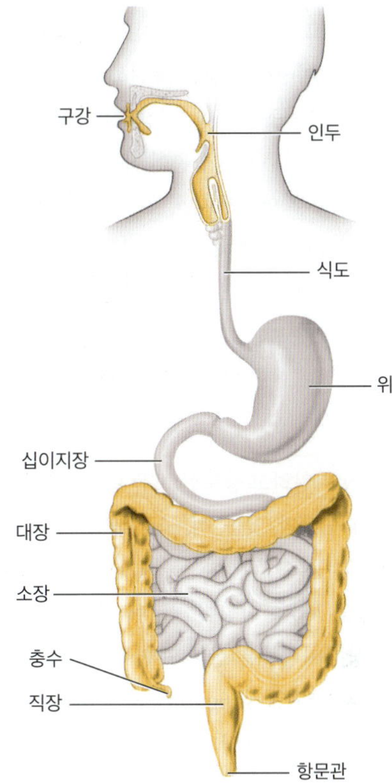


**그림 13.4** **위장관 내 미생물 분포.** 주요 상재미생물 군집이 서식하는 위장관 부위는 노란색으로 강조돼 있다. 색이 없는 부위에는 미생물이 거의 서식하지 않는다.

## 위장관 상재미생물

위장관(gastrointestinal tract, GI tract)은 음식물을 받아들여 이동시키고, 소화와 영양소를 흡수하며, 노폐물을 배출하는 역할을 한다. 위장관은 구강, 식도, 위, 소장, 대장, 직장, 항문 순으로 구성된다. 위장관에 미생물이 서식하고 있다고 하면 '내부 장기는 일반적으로 무균 상태'라는 일반적인 견해와 상반되게 들릴 수 있지만, 사실 위장관은 내부에 있다고 볼 수 없다. 실제로 위장관은 구강 점막에서 항문 점막까지 이어지는 길고 비어 있는 관(주머니와 굴곡이 있는)이다. 이 관의 내부 표면은 외부 환경(음식, 공기 등)에 노출돼 있으므로 해부학적으로 몸 바깥과 마찬가지다.

위장관 내부 pH, 산소 농도, 미세한 해부학적 구조의 차이는 미생물군 종류와 분포에 영향을 준다(그림 13.4). 어떤 미생물은 점막 상피나 관

1 피지(sebum)는 주성분이 지질이며, 모낭에 있는 피지샘으로부터 분비된다.

련 구조물에 부착해 살고, 또 다른 미생물은 장 **내강**(lumen)*에 서식한다. 풍부한 영양분은 미생물 성장을 촉진하지만, 실질적으로 영구적인 미생물 군집이 형성되는 곳은 구강, 대장, 직장에 한정된다. 식도에는 타액과 함께 삼켜진 세균 위주 미생물총이 아주 적게 존재할 수 있고, 위산은 미생물 생장을 대부분 억제하지만, 소수의 젖산균과 *Helicobacter pylori*(위궤양 원인 세균)는 위에 자리 잡을 수 있다. 소장에는 드물게 젖산균과 연쇄상구균이 존재하며, 소장 끝부분 미생물총은 인접한 대장과 비슷하다.

## 구강 미생물총

구강은 인체에서 가장 다양하고 풍부한 고유 미생물이 서식하는 곳이다. 구강에서 볼(cheek) 쪽 상피, 잇몸, 혀, 구강 바닥, 치아 법랑질(enamel) 등 다양한 미세 서식지는 수많은 미생물에게 적합한 틈새를 제공한다. 연구에 따르면 미생물 700종 이상이 구강에 서식하고 있다고 한다. 가장 흔히 발견되는 상재미생물은 상피 표면에 군집을 형성하는 호기성 *Streptococcus* 속에 포함된 *S. sanguinis*, *S. salivarius*, *S. mitis*다. *S. mutans*와 *S. sanguinis*는 단순 당과 만나면 끈적한 덱스트란(dextran) 점액층을 형성하여 충치의 주요 원인이 된다. 덱스트란이 치아 표면에 달라붙으면 다른 세균을 끌어들이는 생물막이 형성된다.

치아가 돋아나면서 잇몸 틈새에 형성된 혐기성 환경은 충치와 치주[2] 감염을 일으킬 수 있는 혐기성 세균 서식을 촉진한다. 또한 타액이 구강 내로 분비됨과 동시에 많은 상재세균과 비상재세균으로 가득 차게 된다. 타액에는 보통 많은 세균이 포함돼 있는데(최대 $5 \times 10^9$개/mL), 이런 사실로 인해 구강 세정제 효과는 제한적이며, 사람에게 물렸을 때 매우 위험할 수 있다.

## 대장 미생물총

장내 미생물은 숙주와 매우 복잡하고 중요한 상호작용을 한다. 특히 대장(맹장, 결장, 직장으로 나뉨)에는 미생물이 엄청난 수(대변 1 g당 $10^8$~$10^{11}$개 세포) 서식한다. 이런 미생물은 그 수가 방대하고 번식력이 강해 대변 부피에서 30% 이상을 차지한다. 심지어 오랫동안 금식한 사람도 세균 위주로 구성된 대변을 배출할 정도다.

맹장은 그다지 쓸모없는 기관으로 여겨져 왔지만, 최근 연구에 따르면 맹장이 정상 미생물총을 보충하는 데 중요한 역할을 한다고 밝혀졌다(**임상적 연결고리** 참조). 대장은 산소가 부족해 절대 혐기성 세균(*Bacteroides, Bifidobacterium, Fusobacterium, Clostridium*)이 서식하기에 유리한 환경이다. *E. coli, Enterobacter, Citrobacter*와 같은 **대장균**(coliforms)*은 상대적으로 적은 수가 존재한다. 이들 중 많은 종이 대변 내 노폐물을 발효시켜 숙주에게 유익한 비타민($B_{12}$, K, 피리독신, 리보플라빈, 티아민)과 산(아세트산, 부티르산, 프로피온산)을 생성한다. 또한 이들이 생성하는 소화효소는 이당류를 단당류로 분해하거나 스테로이드 대사를 촉진하는 등의 중요한 역할을 한다.

장내세균은 **스카톨**(skatole)*, 아민 그리고 다양한 가스($CO_2$, $H_2$, $CH_4$, $H_2S$)를 생성해 장내 특유의 냄새를 유발한다. 이 가스를 점잖게 표현해 방귀(flatus)라고 하며, 이 가스는 방귀 배출(flatulence)을 통해 외부로 나간다. 일부 가스는 세균이 양배추, 옥수수, 콩 등 채소 속 탄수화물 찌꺼기를 대사해 생성된다. 세균은 하루 평균 약 8.5리터의 가스를 생

> **임상적 연결고리**
>
> ### 충수: 장내 미생물총을 위한 안식처?
>
> 충수(appendix)는 소장과 대장 연결부 근처에 긴 벌레 형태로 튀어나온 주머니형 기관으로, 길이는 약 10 cm 정도다. 충수는 제거해도 의학적으로 큰 문제가 없었기 때문에 오랫동안 실제 기능이 없는 쓸모없는 부위로 여겨져 왔다. 하지만 최근 의학계에서는 이런 주장에 대한 타당성을 재검토하고 있다. 그 이유는 일단, 면역학자들은 충수에 상당수의 백혈구(white blood cell)가 존재한다는 사실을 오래전부터 알고 있었고, 이를 통해 편도선이 호흡기를 보호하듯 충수도 병원체로부터 장을 보호하는 일종의 림프기관(lymphatic organ)일 것으로 봤기 때문이다.
>
> 더욱이 미국 듀크대 연구팀으로부터 충수가 정상 상재미생물총 번식과 유지를 담당한다는 새로운 연구 결과가 발표됐다. 연구팀은 충수 내벽(internal surface)에서 유익한 미생물로 이루어진 광범위한 생물막을 발견했는데, 이 충수 생물막은 주기적으로 대장에 미생물을 공급하고, 정상적인 대장 기능에 필요한 적절한 미생물 구성을 유지하며, 설사나 기타 장 질환 후 대장이 가진 생물막 재형성을 도왔다. 연구자들은 오늘날 사람이 이런 중요한 역할이 남아 있는 충수가 없다 해도 건강할 수 있는 이유는, 개선된 의료서비스와 위생관리 덕분에 장 감염 발생률이 매우 줄었기 때문이라고 설명했다.
>
> *Clostridioides difficile* 감염으로 인한 심각한 설사 치료를 위해 이례적이지만 효과적인 치료법은 분변 미생물총 이식(fecal microbiota transplantation, FMT)이다. 이 방법은 수백 년 전부터 존재해 왔으며, 건강한 기증자의 대변 시료를 감염된 대장에 직접 이식하거나 정상 미생물총이 포함된 알약을 삼키는 방식이 있다. *C. difficile* 감염에 대한 FMT는 항생제 복용보다 성공률이 더 높은데, 그 이유는 대장과 충수에 있는 정상 미생물총을 회복시켜 병원체 성장을 억제하기 때문이다.
>
> **'건강한' 장에는 미생물이 수천 종 존재한다. 한 사람의 장내 미생물총을 다른 사람 대장에 이식할 때 발생할 수 있는 예상치 못한 해로운 영향에는 어떤 것들이 있을까?**

* **내강** 관 모양 구조물 안의 속 공간, 즉 내부 통로.

2 치아 주변에 위치하거나 발생하는.

* **대장균** 라틴어 colum(체)에서 유래. 그람 음성, 조건부혐기성이며 젖당을 발효하는 미생물들.

* **스카톨** 그리스어 skatos(배설물)에서 유래. 대변 특유의 악취를 유발하는 화학물질 중 하나.

성하지만, 실제 방귀로 배출되는 양은 그중 극히 일부에 불과하다. 이 가연성 가스는 때로는 산소와 함께 폭발성 혼합물을 형성하기도 하며, 장 수술 중 발화해 결장이 파열된 사례가 보고된 적도 있다.

또한 많은 사람은 유년기를 지나면서 유당분해효소(lactase)를 분비하는 능력을 상실하는데, 이를 유당분해효소 결핍증(lactase deficiency) 또는 유당불내증(lactose intolerance)이라고 한다. 이런 상태인 사람이 우유나 유당이 포함된 유제품을 섭취하면 문제가 발생한다. 소화되지 않은 유당이 남아 있으면 장내 삼투압이 증가해 복통, 설사, 장 불편을 유발한다. 더군다나 유당은 장내세균에 의해 분해될 수 있는데, 이 과정에서 가스와 장을 자극하는 물질이 방출된다. 이러한 증상에 가장 좋은 대처법은 유당 함유 식품을 피하거나 유당이 없는 대체식품을 먹는 것이다.

## 호흡기관 서식 미생물

상기도(비강과 인두)에 처음으로 정착하는 미생물은 주로 구강 사슬구균(oral streptococci)이다. *Staphylococcus aureus*는 코입구, 코안뜰, 앞인두에 주로 서식하며, *Neisseria* 종은 물렁입천장 뒤쪽 코인두 점막에 자리 잡는다(그림 13.5). 아래쪽으로 내려가면 편도와 인두 하부에 다양한 사슬구균과 *Haemophilus* 종 미생물이 정착한다. 이보다 더 아래에 있는 기관지와 폐는 미생물이 계속 서식하기에 부적합한 환경이다.

## 비뇨생식기관 미생물총

비뇨생식기관에서 상재미생물이 서식하는 부위는 여성에서 질과 요도 바깥 구멍, 남성에서 앞요도(anterior urethra)다(그림 13.6). 내부

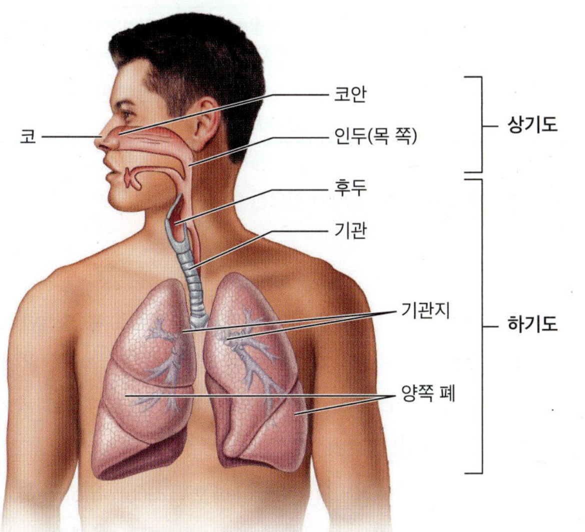


**그림 13.5 기도에서 미생물 정착 부위.** 코인두에 있는 촉촉한 점액층에는 상재미생물이 자리 잡고 있다. 인두, 후두, 상부기관에는 드물게 정착하지만 그 아래쪽(기관지, 세기관지, 폐)에는 기본적으로 상재미생물이 없다.

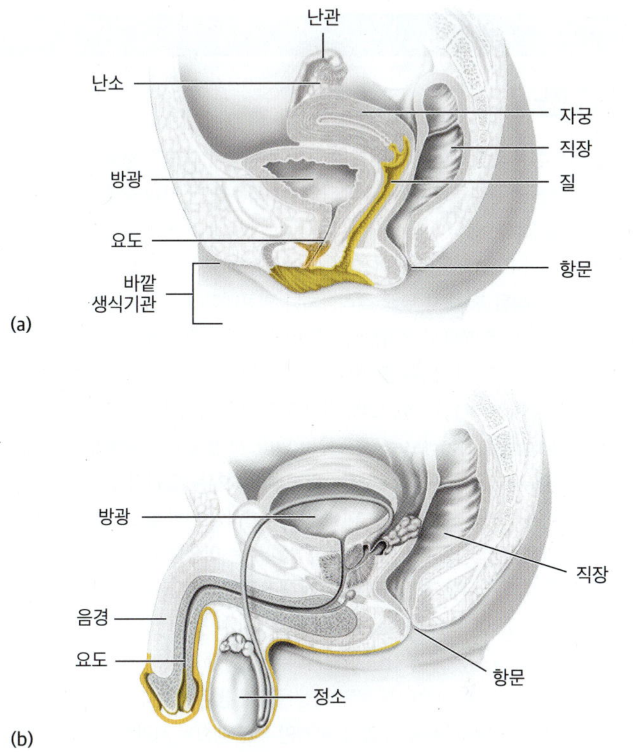


**그림 13.6 생식관에서 미생물총 부위.** (a) 여성과 (b) 남성의 생식기 상재미생물(위치는 색으로 표시).

생식기는 자궁목마개(cervical plug)와 같은 물리적 장벽과 다른 방어 기작 덕분에 무균 상태가 유지된다. 신장, 요관, 방광, 상요도 역시 소변 흐름과 정기적인 방광 비움에 의해 무균 상태가 유지된다고 추정된다. 여성 요도는 약 3.5 cm로 짧기 때문에 요로 감염이 흔히 발생한다. 요도에서 주요 상재미생물로는 비용혈성 사슬구균(nonhemolytic streptococci), 포도상구균, 코리네세균(corynebacteria), 가끔 대장균이 있다.

질은 생리적 변화가 정상 미생물총 구성에 미치는 영향을 잘 보여 준다. 여성에서 이런 변화에 중요한 역할을 하는 요소는 호르몬인 에스트로겐(estrogen)이다. 에스트로겐은 질 점막이 글리코겐을 분비하도록 자극하는데, 특정 세균(주로 *Lactobacillus* 종)이 이것을 발효해 pH를 약 4.5로 낮춘다. 사춘기 이전 여성은 에스트로겐과 글리코겐 분비가 거의 없어서 질 pH가 약 7.0에 머문다. 이런 조건은 디프테로이드균(diphtheroids)[3], 포도상구균, 연쇄상구균 그리고 일부 대장균이 자리 잡기 좋은 환경이다. 사춘기 이후 호르몬 수치가 상승하면서 질은 글리코겐을 분비하기 시작하고, 미생물군은 산을 생성하는 젖산균으로 변화한다. 이러한 질의 산성 환경은 발달 중인 태아에게 해를 끼칠 수 있는 미생물의 정착과 침입을 막는 것으로 여겨진다. 에스트로겐-글리코겐 효

3 병원성이 없는 모든 *Corynebacterium*.

**13.2 연결고리 찾기**

## 미생물이 없는 삶

미생물총이 정상적인 생명 활동에 얼마나 필수적이며 어떤 기능을 하는지에 대한 의문은 오랫동안 관심을 받아 온 주제다. 이런 의문을 더 자세히 조사하기 위한 동물 모델의 필요성은 결국 실험실에서 **무균**(germ-free or axenic)* 포유류나 조류를 만들어 내기 위한 기술 개발로 이어졌다. 새끼는 우선 제왕절개를 통해 무균 상태로 어미로부터 분리된 후 즉시 무균 격리장치나 인큐베이터로 옮겨진다. 어린 새끼는 스스로 먹을 수 있을 때까지 격리장치 구멍에 설치된 장갑을 통해 사람이 직접 먹이를 주고, 장치에 들어가는 모든 물질이나 물건도 무균 처리된다. 무균 상태로 키우는 포유류로는 생쥐(mouse), 쥐(rat), 토끼, 기니피그, 원숭이, 개 등이 있다.

무균 동물 실험은 기본적으로 두 종류가 있다. (1) 정상 미생물총이 없을 때 동물의 영양, 대사, 해부학적 구조에 미치는 영향을 알아보는 일반적인 연구와 (2) 무균 동물에 특정 미생물을 접종하여 그 미생물의 개별적인 영향을 조사하거나, 여러 종의 알려진 미생물을 접종하여 상호작용을 알아보는 **미생물 제어 환경**(gnotobiotic)* 연구다. 연구 결과는 실험군인 무균 동물과 대조군인 정상 동물을 비교해 검증한다. 표 13.A는 무균동물 연구에서 얻은 주요 결론을 정리한 것이다.

놀랍게도 무균 동물은 무균 상태가 유지되는 한 정상 대조군보다 더 오래 살고 질병에도 덜 걸린다. 이런 관점에서 보면 미생물총이 생존에 절대적으로 필요한 것은 아니며, 오히려 감염원이 될 수도 있다. 하지만 무균 생활은 사람에게는 매우 비현실적이며, 선택할 수 있는 사항이 아니다. 무균 동물은 미생물총이 발생, 생화학, 행동에 미치는 강력한 영향을 밝히는 데 계속 활용될 것이다.

추가 연구에 따르면 미생물총은 면역체계 발달에 매우 중요한 요인임이 확인되었다. 무균 동물이 정상 동물과 접촉하면 점차 그 정상 동물과 비슷한 상재미생물이 발달했으나, 이러한 미생물에 대한 저항성이 낮아 비교적 덜 해로운 종에 감염되어도 사망할 수 있었다. 이런 취약성은 무균 동물의 미성숙한 면역체계 때문이다. 이 동물들은 특정 백혈구 수가 적고 면역반응 속도가 느리다.

흥미로운 결과 중 하나는 무균 쥐가 정상 쥐보다 체지방이 42%나 적다는 점이었다. 후속 실험에서 정상 미생물총이 두 가지 방식으로 쥐의 체지방을 증가시킨다는 사실이 밝혀졌다. 첫째, 장내 특정 세균이 복합 탄수화물에 대한 소화를 도와 쥐가 더 많은 열량을 얻게 한다. 둘째, 이 세균들은 쥐의 호르몬 작용에 영향을 미치는 물질을 분비하여 평소보다 더 많은 지방을 저장하게 만든다.

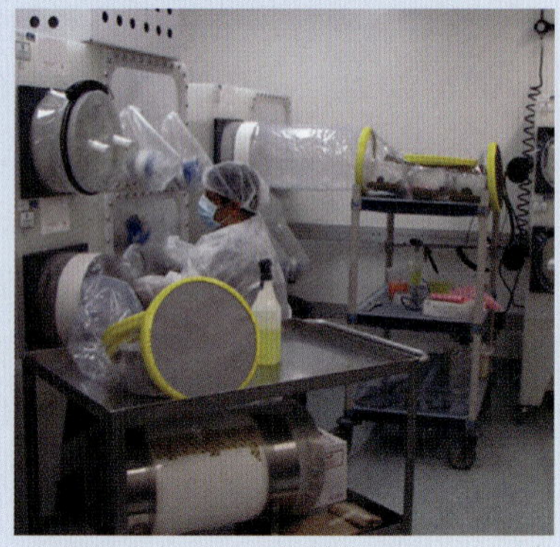

미생물 제어 환경을 위한 무균 생쥐 사육시설(출처: NIAID)

미생물 제어 환경 연구를 통해 여러 감염병에 대한 발생과정이 명확해졌다. 예를 들어, 수년간 충치 발생에서 미생물의 정확한 역할이 모호했으나, 무균 쥐, 햄스터, 비글을 대상으로 한 연구를 통해 충치 발생이 유전, 고당분 식이, 불량한 구강 위생의 영향을 받는다는 사실이 확인됐다. 그러나 이런 모든 소인(predisposing factor)이 존재하더라도 특정 세균을 접종하지 않는 한 무균 동물에서 충치는 발생하지 않았다.

**표 13.A 무균 상태가 미치는 다양한 영향**

| 무균 동물의 특징 | 중요성 |
|---|---|
| 맹장 비대. 쥐, 토끼, 닭 장관에서 기타 퇴행성 질환 | 미생물은 정상적인 장 발달에 필요하다. |
| 일부 동물에서 비타민 결핍 | 미생물은 비타민 공급에 중요한 원천이 될 수 있다. |
| 대부분 동물에서 면역계 발달 저하 | 미생물은 특정 숙주 방어 발달 자극에 필요하다. |
| 개, 쥐, 햄스터에서 충치와 치주질환 없음 | 미생물은 충치 형성과 치주질환의 직접적 원인이다. |
| 장내병원체(*Shigella*, *Salmonella*, *Vibrio cholerae*)와 진균 감염에 대한 감수성 증가 | 정상 미생물총은 병원체에 대해 길항작용을 한다. |
| 아메바성 이질에 대한 감수성 감소 | 정상 미생물총은 장내 아메바의 생활사(life cycle) 완성을 촉진한다. |
| 체지방 감소 | 정상 미생물총은 소화가 어려운 탄수화물을 분해하고, 체내 지방 저장을 증가시키는 데 도움을 준다. |
| 불안과 신경과민 증가 | 쥐는 스트레스 상태에 훨씬 더 민감하고, 스트레스 호르몬 수치도 증가한다. |

**무균 포유류를 만들기 위해 제왕절개가 필요한 이유는 무엇인가?**

* 무균 다른 생물체가 전혀 섞여 있지 않은 상태를 뜻함. 즉, 하나의 미생물만 존재하는 순수 배양 상태를 말함.

* 미생물 제어 환경 존재하는 미생물이 모두 밝혀져 있거나, 일부러 넣은 미생물만 있는 상태를 뜻함. 즉, 어떤 미생물이 있는지 정확히 알고 있는 환경에서 자라는 생물 또는 그런 상태를 말함.

과는 가임기 동안 계속되다가 완경기(menopause)에 접어들면 미생물총이 사춘기 이전과 비슷한 혼합 미생물총으로 돌아간다. 이러한 변화는 갑작스럽게 일어나지 않고, 수개월에서 수년에 걸쳐 서서히 진행된다.

### 정상 미생물총 유지

정상 상재미생물이 사람과 동물 건강에 필수적이라는 점은 의심할 여지가 없다. 이 미생물들이 숙주와 균형을 이루며 살아갈 때 감염을 예방하고, 일부 방어 기능을 강화하는 환경을 만들어 낸다. 일반적으로 미생물은 각 영역에서 종류와 수를 유지하기 위해 정기적으로 자연스럽게 교체된다. 그러나 미생물군 구성은 고정돼 있지 않기 때문에 여러 원인에 의해 이 균형이 깨질 수 있다. 광범위 항생제 사용, 식단 변화와 기저질환 등은 미생물군 구성을 변화시켜 질병 발생으로 이어질 수 있다. 치료 분야에서 최근 주목받고 있는 방법은 **프로바이오틱스**(probiotics)로, 이것을 적용하는 구체적인 방법은 안전성이 확인된 유익한 미생물을 순수 배양한 후, 이를 먹거나 주입하는 방식으로 체내에 투여하는 것이다. 이때 사용되는 미생물은 모두 질병을 일으키지 않는 것으로 확인된 것들이다.

미생물총의 영향을 알아보는 실험 연구는 **13.2 연결고리 찾기**에서 더 자세히 볼 수 있다.

**핵심 점검 13.1**

1. 사람과 미생물이 맺고 있는 주요 관계에 대해 설명하시오.
2. 미생물총(microbiota)과 미생물군유전체(microbiome)란 무엇이며, 이들이 우리 몸에서 하는 중요한 역할을 설명하시오.
3. 오염, 정착, 감염, 질병을 구별하고, 각각에 의해 발생 가능한 결과를 설명하시오.
4. 감염병은 다른 질병과 어떻게 다른가?
5. 일반적으로 무균 상태인 신체 부위와 정상 상재미생물총이 서식하는 부위를 간략하게 설명하시오.
6. 비상재미생물과 상재미생물 간 차이점을 설명하시오.
7. 신생아의 장과 질에서 미생물총 변화를 일으키는 요인을 설명하시오.

## 13.2 감염 발생 주요소

**학습목표**

7. 감염 발생에 대한 주요 단계를 검토한다.
8. 병원체를 다양한 유형과 수준으로 분류하고, 병원성과 독력 간 차이를 구분한다.
9. 다양한 유입경로별 차이를 설명하고, 각 경로를 통해 침입하는 병원체의 예를 설명한다.
10. 감염량이 의미하는 것을 예시와 함께 설명한다.
11. 부착과정과 이를 통해 미생물이 몸속으로 들어가는 다양한 방식을 설명한다.
12. 침투 인자와 독성 인자를 구별하고 분석한다.
13. 외독소와 내독소가 가진 주요 특징을 비교하고, 차이점을 파악한다.

이 절에서는 그림 13.7에 요약된 감염과정 또는 경로에서 일어나는 '연속적인 사건들'을 살펴볼 것이다. 병원체는 숙주에 대한 관계에서 감염과 질병을 일으키는 기생 미생물이다. 감염 유형과 심각성은 미생물 **병원성**(pathogenicity)과 숙주 상태에 따라 결정된다. 병원성은 미생물이 감염이나 질병을 일으킬 수 있는 능력(감염 또는 질병 유발 여부와 그 가능성)을 설명하는 포괄적 개념으로, 이를 기준으로 병원성 미생물은 먼저 두 가지로 분류된다.

**표 13.4** 숙주 방어 약화와 감염에 대한 감수성을 높이는 인자들*

- 고령과 아주 낮은 연령(유아: 1~6세, 미숙아)
- 선천성 면역 결핍과 후천성 면역 결핍
- 수술과 기관 이식
- 기질병: 암, 간 기능 장애, 당뇨병
- 화학요법과 면역억제제
- 신체적·정신적 스트레스
- 기타 감염

*이런 인자들로 인해 방어장벽 또는 면역반응이 취약해진다.

**진성 병원체**(true pathogen)는 정상적인 면역 기능을 가진 건강한 사람에게도 질병을 일으킬 수 있다. 이들은 감기와 같은 가벼운 증상에서 말라리아와 같은 심각한 증상, 광견병과 같은 치명적인 질병까지 다양한 증상을 일으킨다. 다른 예로는 인플루엔자 바이러스, 페스트균, 수막염균이 있다.

**기회감염 병원체**(opportunistic pathogen)는 숙주 면역체계가 약해졌거나[4] 적절하지 않은 신체 부위에 자리 잡았을 때 질병을 일으킨다. 이들은 건강한 사람에게는 거의 병원성을 나타내지 않으며, 진성 병원체와 달리 뚜렷한 독성 특성이 없다. 대표적인 예로 *Pseudomonas* 속과 *Candida albicans*가 있다. 표 13.4는 진성 병원체와 기회감염 병원체로 인한 감염 위험을 높이는 요인을 보여 준다.

병원체를 진성 병원체와 기회감염 병원체로 나누는 것은 이해를 돕기 위한 단순한 분류일 뿐이다. 실제로 병원성은 낮은 수준부터 높은 수준까지 다양하다. 미국 질병통제예방센터(CDC)는 이를 고려해서 병원성 정도와 취급 위험성에 따라 1~4등급으로 분류한 생물안전등급(biosafety category) 체계를 만들었다. 1등급은 인체에 무해한 미생물이고, 4등급은 사람에게 매우 위험한 전염성 바이러스이며, 2등급과 3등급에는 독력이 중간 정도인 미생물이 속한다. 이 등급에 대한 자세한 내용은 부록 B에서 확인할 수 있다.

4 면역력이 약해진 사람들은 흔히 '면역 저하자'라고 불린다.

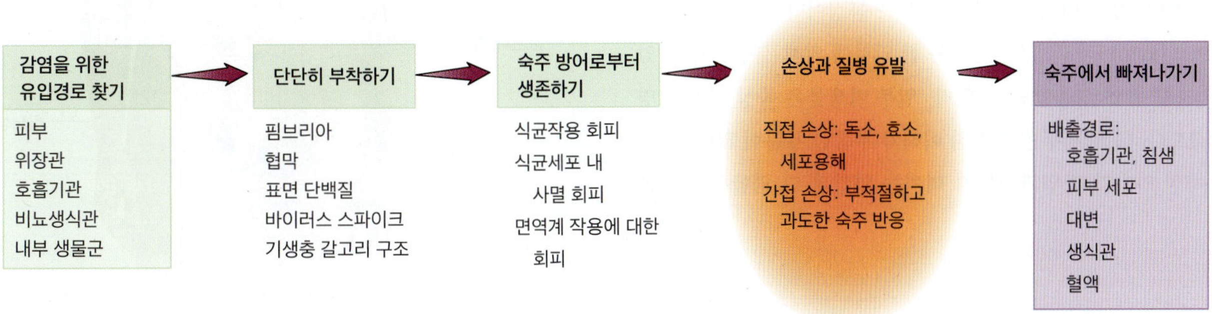


**그림 13.7** 감염원 유입, 정착, 배출 과정에 관련된 사건의 순서도.

임상 사례

### 숙주 조건 변화로 발생한 예외 감염

환자는 60세의 시카고대 교수, 말콤 카사다반(Malcolm Casadaban)으로, 페스트(흑사병) 원인 세균인 *Yersinia pestis*에 대한 연구로 잘 알려져 있었다. 이 세균은 1300년대에 1억 명 이상을 죽음에 이르게 한 주요 병원체였고, 페스트는 여전히 가끔 발생하고 있었다. 카사다반 교수는 이 질병을 예방하기 위한 백신을 개발하고 있었다. 하지만 페스트 연구자라도 때로는 독감에 걸릴 수 있기에, 그는 주치의를 찾아갔다.

당연하게도 의사는 그의 직업을 고려하여 먼저 "*Yersinia pestis*를 다루고 계신가요?"라고 물었다. 카사다반 박사는 자신이 다루는 것은 과다한 철분이 있어야만 증식할 수 있는 약독화 균주뿐이라며 의사를 안심시켰다. 이 균주는 실험실에서는 잘 자랐지만, 인체 내 정상 철분 수준으로는 증식이 불가능해 질병을 일으킬 수 없었다. 의사는 이 대답을 듣고 페스트가 아니라 확신했고, 바이러스 감염으로 진단해 휴식을 취하라며 그를 귀가시켰다.

하지만 3일 후, 그는 매우 위중한 상태로 병원에 다시 찾아왔고, 얼마 지나지 않아 사망했다. 부검 결과, 무해하다고 여겨졌던 *Y. pestis* 균주가 그의 체내에서 발견됐지만, 그의 죽음은 여전히 미스터리로 남아 있었다. 어떻게 약화된 균주가 죽음을 초래할 수 있었을까? 의사의 혈액검사로 마침내 이 수수께끼가 풀렸다. 카사다반 박사는 자신도 모르는 사이에 혈액에 철분이 과다 축적되는 유전질환인 혈색소침착증(hemochromatosis)을 앓고 있었던 것이다. 이 과다한 철분으로 인해 보통은 철분 부족으로 무해한 *Y. pestis*가 원래 가진 독력을 되찾을 수 있었다. 카사다반 박사의 상태가 그가 수년간 연구해 온 단 하나의 세균에 대한 감수성을 높인 것이다.

**위산 감소제(속쓰림 치료용)는 위장관을 통과하는 세균에 대한 환자의 감염 위험을 높일 수 있다. 이는 카사다반 박사의 사례와 어떤 점에서 유사한가?**

병원체가 유발하는 질병 심각성은 그 **독력**(virulence)* 에 따라 달라진다. 병원성과 독력은 자주 혼용되지만, 독력은 병원체가 질병을 일으키는 강도(감염 후 질병 증상의 심각성이나 파괴력)를 나타내는 용어다. 미생물 독력은 숙주에 자리 잡고 손상을 일으킬 수 있는 능력으로 결정된다. 이 과정은 여러 단계로 이루어진다. 미생물이 침입하려면 숙주에 들어가 그 조직에 단단히 붙어야 하며, 숙주 방어체계를 견뎌 내야 한다. 손상을 일으키려면 조직에서 증식하고 독소를 만들거나, 보호보다 더 큰 손상을 주는 과도한 숙주 면역반응을 유도해야 한다. 이렇게 감염이나 질병 상태에 영향을 미치는 미생물의 모든 특징이나 구조를 **독성 인자**(virulence factor)라고 한다. 독력은 한 인자에 의해 결정될 수도 있고, 여러 인자가 함께 작용할 수도 있다. 일부 미생물은 독성 인자가 명확히 밝혀졌으나, 다른 경우는 여전히 이해가 부족한 부분이 많다. 다음 절에서는 독성 인자가 감염과정에서 미치는 영향과 그 역할을 살펴볼 것이다.

* 독력 라틴어 virulentia(바이러스 또는 독)에서 유래.

## 감염 개시: 1단계-유입경로

감염이 시작되려면 미생물이 특정 경로를 통해 인체 조직으로 들어와야 하는데, 이를 **유입경로**(portal of entry)라 한다(그림 13.8). 인체에서 보통 이런 경로는 피부나 점막 같은 경계 부위다. 감염원은 환경, 다른 사람, 또는 동물에서 유래한 **외인성**(exogenous)일 수 있다. 반면, **내인성**(endogenous) 감염은 이미 몸 안에 있는 미생물 군집이나 잠복 감염에서 비롯된다.

유입경로는 대부분 우리 몸에 상주하는 미생물이 존재하는 해부학적 부위와 일치한다. 대표적으로 피부, 위장관, 기도, 비뇨생식기관 등이 있다. 병원체 대다수는 특정 유입경로에 맞춰 적응하여 이 경로를 병원체 성장과 확산을 위한 서식지로 삼는다. 이런 적응은 매우 제한적일 수 있어서 어떤 병원체는 잘못된 경로로 들어가면 감염을 일으키지 못한다. 예를 들어, 인플루엔자 바이러스가 폐로 들어가야 독감(flu)을 일으키지만, 단순히 피부에 닿는 것만으로는 감염되지 않는다. 마찬가지로, 무좀균(athlete's foot fungi)이 발가락 사이 작은 틈에 접촉할 때 감염을 일으킬 수 있지만, 이 균의 포자를 흡입한다고 해서 건강한 사람에게 감염이 유발되지는 않는다.

때로는 감염원이 여러 유입경로를 통해 인체에 들어올 수 있다. 예를 들어, *Mycobacterium tuberculosis*는 기도와 위장관을 통해 들어올 수

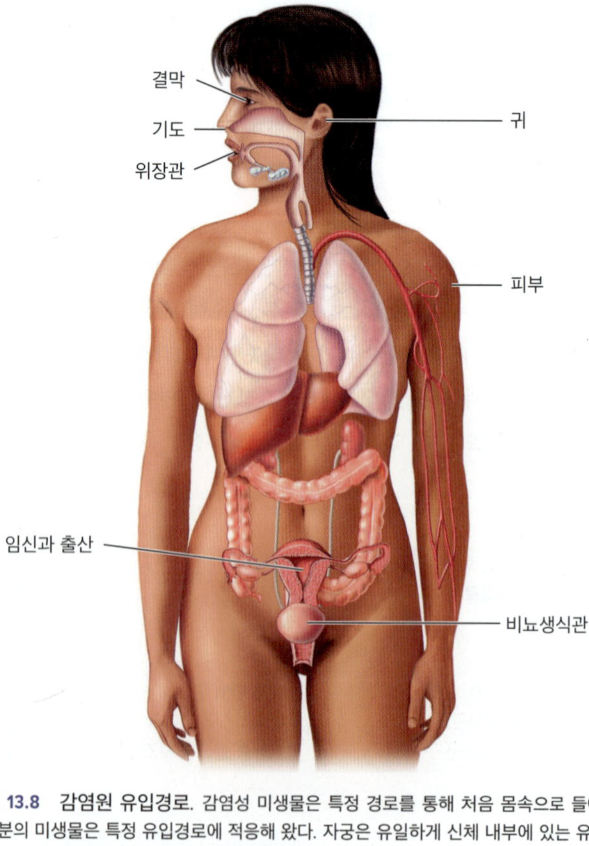


그림 13.8 감염원 유입경로. 감염성 미생물은 특정 경로를 통해 처음 몸속으로 들어온다. 대부분의 미생물은 특정 유입경로에 적응해 왔다. 자궁은 유일하게 신체 내부에 있는 유입경로로, 이를 통해 미생물이 발달 중인 태아에게 도달할 수 있다.

있으며, *Streptococcus*와 *Staphylococcus* 같은 병원체는 피부, 비뇨생식관, 기도 등 다양한 유입경로를 통해 침입하도록 적응해 있다. 동일한 병원체라도 서로 다른 경로로 들어오면 감염이나 질병 형태가 달라질 수 있다. 예를 들어, *S. aureus*가 피부 모낭에 감염되면 농양(abscess)을 형성하지만, 기도에 침입하면 심각한 폐렴(pneumonia)을 유발할 수 있다.

### 피부와 점막을 통한 감염원 유입

피부는 아주 흔한 병원체 유입경로다. 피부 감염은 주로 작은 긁힘, 찰과상, 또는 작은 구멍과 같은 손상된 부위에서 발생하며, 매끄럽고 손상되지 않은 피부에서는 감염이 일어나지 않는다. 예를 들어, 종기(boils)를 일으키는 *S. aureus*, 농가진(impetigo) 원인균인 *Streptococcus pyogenes*, 피부 진균(fungal dermatophyte), 괴저(gangrene)와 파상풍(tetanus) 원인균은 모두 손상된 피부를 통해 침입한다. 입 주변 점막을 통해 들어오는 감염원으로는 단순 포진 바이러스가 있다.

일부 감염원은 소화효소를 사용해 피부에 직접 통로를 만들어 조직으로 침투한다. 예를 들어, 특정 장내기생충(helminth worm)은 피부를 직접 뚫고 들어가 조직에 도달한다. 또 다른 감염경로로는 물림이 있다. 곤충, 진드기, 다른 동물에 의한 물림은 여러 바이러스, 리케차(rickettsia), 원생동물을 위한 침입경로가 된다. 인위적으로 피부장벽을 뚫는 수단으로는 약물 사용자들이 쓰는 오염된 주사기가 있다. 주사로 약물을 주입하는 사람들은 B형 간염, 에이즈, 파상풍, 결핵, 골수염, 말라리아를 일으키는 병원체에 쉽게 노출될 수 있다. 이러한 감염 중 일부는 약물 사용과 관련해 다시 확산되기도 한다. 오염된 주사기에는 흔히 피부나 환경에서 유래한 세균이 들어 있어 심내막염(endocarditis)과 같은 심장질환, 폐농양, 주사 부위 만성 감염을 일으킬 수 있다.

눈 외부 보호막인 결막(conjunctiva)은 감염에 대해 비교적 좋은 방어막 역할을 하지만, 트라코마의 원인균인 *Chlamydia trachomatis*와 *Neisseria gonorrhoeae* 같은 세균은 결막에 쉽게 부착한다. 또한 홍역, 볼거리, 풍진 같은 몇몇 소아성 바이러스도 눈을 통해 감염될 수 있다.

### 위장관 유입경로

위장관은 음식, 음료수나 기타 섭취 물질에 포함된 병원체가 들어오는 유입경로다. 이런 병원체는 소화효소와 급격한 pH 변화에 적응하여 생존할 수 있다. 대부분의 장내 병원체는 소장이나 대장 점막에 침투하여 정착하는 특별한 방법을 가지고 있다. 잘 알려진 장내 병원체로는 *Salmonella*, *Shigella*, *Vibrio*속인 그람음성 막대균과 특정 대장균(*E. coli*) 균주가 있다. 위장관을 통해 들어오는 바이러스에는 폴리오바이러스, A형 간염 바이러스, 에코바이러스, 로타바이러스가 있으며, 주요 장내 원생동물로는 *Entamoeba histolytica*와 *Giardia lamblia*가 있다. 항문은 일반적인 유입경로는 아니지만, 항문 성교를 하는 사람들에게는 병원체의 침입경로가 될 수 있다.

### 기도 유입경로

입과 코는 기도로 이어지는 통로며, 병원체가 가장 많이 들어오는 유입경로다. 상기도, 코곁굴(sinus), 이관(auditory tube)은 점막 표면이 주변에 연속돼 있어 미생물이 한 부위에서 다른 부위로 쉽게 이동한다. 병원체가 기도에 침투하는 정도는 주로 크기에 따라 결정되는데, 일반적으로 작은 세포나 입자가 큰 것보다 더 깊이 흡입된다.

이 경로를 통해 들어오는 감염원으로는 사슬구균성 인후염, 수막염, 디프테리아, 백일해를 일으키는 세균과 인플루엔자, 홍역, 유행성이하선염, 풍진, 수두, 감기를 유발하는 바이러스가 있다. 하기도(세기관지와 폐)까지 흡입된 병원체는 폐에 염증을 일으켜 폐렴을 유발할 수 있다. 폐렴의 원인으로는 *Streptococcus pneumoniae*, *Klebsiella*, *Mycoplasma* 같은 세균 감염과 *Cryptococcus*, *Pneumocystis* 같은 진균 감염이 있다. 또한 세균인 *M. tuberculosis*와 *Histoplasma* 같은 진균 병원체는 독특한 폐질환을 일으킨다.

### 비뇨생식기 유입경로

비뇨생식기는 성적 접촉(성관계 또는 밀접한 직접 접촉)을 통해 병원체가 들어오는 경로다. 이런 질환을 **성매개감염**(sexually transmitted infection, STI)이나 **성매개질병**(sexually transmitted disease, STD)이라고 한다. 성매개감염이라는 용어가 더 널리 쓰이는 경우가 있는데, 이 용어는 많은 성 관련 질병이 증상 없이도 전파될 수 있는 특성을 반영한 것이다. STI와 STD는 전 세계 감염 중 약 4%를 차지하며, 새로 감염되는 사례가 매년 약 2,600만 건 발생하는데, 이것은 특정 세균과 바이러스 8종이 일으킨다. 표 13.5는 가장 흔한 성 관련 감염과 질환의 최신 통계와 추정치를 보여 준다.

STI와 STD 원인 미생물은 음경, 외부 생식기, 질, 자궁경부, 요도 피부나 점막을 통해 침입한다. 일부 병원체는 손상되지 않은 표면도 뚫고 들어갈 수 있으며, 어떤 병원체는 상처나 긁힘을 통해 들어간다. 과거 가장 흔한 성병인 매독과 임질은 이제 생식기 사마귀(HPV), 클라미디아

**표 13.5** 미국에서 흔히 발생하는 STI/STD 발생률*

| STI/STD | 연간 신규 발생 추정 건수(발생빈도) |
|---|---|
| 인유두종 바이러스(Human papillomavirus) | 13,000,000 |
| 트리코모나스증(Trichomoniasis) | 6,900,000 |
| 클라미디아증(Chlamydiosis)** | 4,000,000 |
| 임질(Gonorrhea)** | 1,600,000 |
| 단순 포진(Herpes simplex) | 572,000 |
| 매독(Syphilis)** | 146,000 |
| 신규 HIV 감염 | 32,600 |
| B형 간염(Hepatitis B)** | 8,300 |

*CDC(2018), 보고된 통계와 임상 자료 기반
**보건 기관이 CDC에 공식적으로 보고하는 성병

(chlamydia), 질편모충증(trichomoniasis) 등의 증가로 그 자리를 내줬다. 그 밖의 흔한 성매개 병원체로는 사람면역결핍바이러스(HIV), 단순 포진 바이러스, *Candida albicans*(효모형), 옴(scabies), 지카바이러스, B형 간염 바이러스 등이 있다.

모든 비뇨생식기 감염이 성적 접촉으로 전파되는 것은 아니다. 일부 감염은 미생물 이동으로 발생하는데, 예를 들어 위장관의 정상 미생물총이 비뇨기계로 옮겨 가 요로 감염을 일으키거나, 항세균제를 오래 사용한 후 생기는 상재 효모 감염같이 정상 미생물총이 과도하게 증식해 발생하기도 한다.

### 임신과 출생 중 병원체 유입

태반(placenta)은 모체와 태아 조직으로 이루어진 교환기관으로, 태아 혈액과 모체 혈액이 섞이지 않은 상태에서 모체로부터 태아에게 녹아 있는 영양소와 기체를 전달한다. 태반은 보통 모체 혈액을 통해 들어온 병원체를 막아 내는 효과적인 방어벽 역할을 한다. 그러나 매독 스피로헤타(syphilis spirochete)와 같이 일부 미생물은 태반을 통과해 탯줄 정맥을 거쳐 태아 순환계로 들어가 태아 조직에 퍼질 수 있다(그림 13.9).

신생아 감염이 모두 태반을 통해 발생하는 것은 아니다. 단순 포진(herpes simplex)이나 클라미디아증(chlamydiosis) 같은 일부 감염은 출산과정에서 신생아가 산도(birth canal)를 지날 때 전염된다. 태아와 신생아에게 영향을 미치는 주요 감염은 **TORCH** 감염이라는 목록으로 따로 분류돼 의료진이 반드시 확인한다. TORCH는 톡소플라즈마증(**t**oxoplasmosis), 기타 질환(**o**ther disease: 매독, 수두대상포진 바이러스, 파보바이러스 B19, HIV), 풍진(**r**ubella), 거대세포바이러스(**c**ytomegalovirus), 단순 포진 바이러스(**h**erpes simplex virus)를 뜻한다. TORCH 감염으로 인한 가장 심각한 합병증은 자연 유산, 선천적 기형, 뇌 손상, 조산, 사산 등이다.

## 감염에 필요한 감염량

유입경로로 들어오는 미생물 세포나 바이러스 입자 수는 감염과정에서

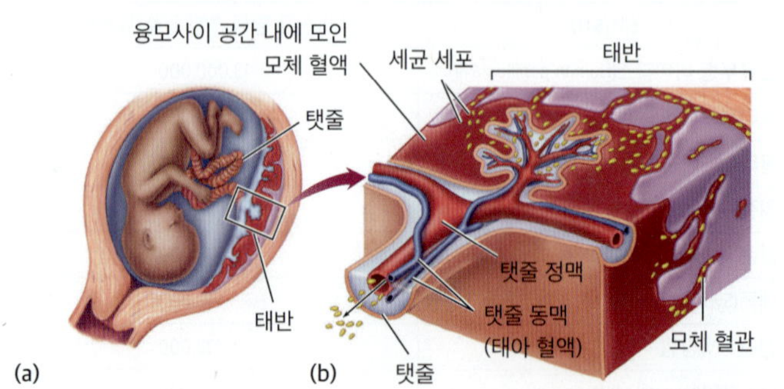


**그림 13.9** 태반을 통한 태아 감염. (a) 자궁 속 태아. (b) 확대도를 보면 미생물이 모체 혈관을 지나 태반 혈액으로 들어가고, 이후 탯줄 정맥을 통해 태아 순환계로 이동한다.

**표 13.6** 특정 병원체에 감염되기 위한 추정 감염량

| 질병명 | 감염량 추정치 | 주요 감염경로 |
|---|---|---|
| 홍역 | 1 바이러스 | 호흡기 |
| 이질 | 1~10세포 | 경구 섭취 |
| 노로바이러스 위장관염 | 18바이러스 이하 | 경구 섭취 |
| 결핵 | 10~50세포 | 다양함 |
| 천연두 | 10~100바이러스 | 호흡기 |
| 브루셀라증 | 10~100세포 | 다양함 |
| 바이러스성 뇌염 | 10~100바이러스 | 모기 물림 |
| 페스트 | 100~500세포 | 벼룩 물림 |
| 임질 | 1,000세포 | 성적 접촉 |
| 탄저병 | 8,000~50,000포자 | 호흡기, 피부 |
| 살모넬라증 | 10,000세포 | 경구 섭취 |
| 콜레라 | 100,000,000세포 | 경구 섭취 |

중요한 요소다. 대부분의 병원체는 **감염량**(infectious dose, ID)이라고 하는 최소수에 도달해야 감염이 시작된다. 미생물별 감염량은 많은 실험을 통해 확인됐다. 일반적으로 감염량이 낮은 미생물은 국소 부위에서 빠르게 작용하는 경향이 있으며, 감염량이 높은 미생물은 신체 전체를 이동하면서 영향을 끼치는 물질을 만들어 낸다. 표 13.6은 병원체 종류별 다양한 감염량을 적은 것부터 많은 순서대로 보여 준다. 예를 들어 콜레라(cholera)와 살모넬라증(salmonellosis)을 일으키는 병원체는 감염량이 아주 많은데, 그 이유는 이 병원체들이 위를 지날 때 위산에 의해 억제되거나 파괴되기 때문이다. 유입경로로 들어오는 미생물 수가 감염량보다 적으면 대체로 감염이나 질병이 생기지 않는다. 반면, 감염량보다 훨씬 많은 수가 들어오면 질병이 매우 빠르게 발생할 수 있으며, 병원성이 약한 병원체도 대량으로 유입되면 더 강한 독력을 나타낼 수 있다. 감염 방식과 감염량에 대한 지식은 대부분 사람과 동물을 대상으로 한 실험을 통해 얻었다(**13.3 연결고리 찾기**).

## 숙주에 부착: 2단계

**부착**(adhesion)은 병원체가 충분한 수로 유입경로를 통과한 후 숙주세포와 안정적으로 결합하는 과정을 말한다. 숙주는 체내 조직에 침입한 미생물이나 이물질을 제거하는 다양한 방법을 가지고 있으므로 안정적인 부착은 감염에 필수적이다. 부착은 숙주와 병원체가 각각 가진 특정 구조물 사이 결합에 의존하므로, 각 병원체는 결합할 수 있는 세포나 생물체가 한정적이다. 병원체는 일단 부착에 성공하면 체내로 침입하기에 유리한 위치를 확보하게 된다. 병원성 세균, 진균, 원생동물은 주로 핌브리아(fimbriae), 선모(pili), 편모(flagella) 같은 부속기관과 점착성 점액(adhesive slime)이나 협막(capsule) 같은 표면 구조를 통해 부착하며, 바이러스는 특수한 수용체를 통해 부착한다(그림 13.10). 기생충처럼 큰 병원체는 흡착판이나 갈고리, 돌기를 사용하여 유입경로에 물리적으

13.3 연결고리 찾기

## 사람 실험체

현재는 감염병의 영향을 파악하기 위해 인체 실험을 하지 않지만, 과거에는 흔한 일이었다. 인체 실험 관행은 18세기까지 거슬러 올라가며, 실험자는 자신을 대상으로 삼기도 했다. 몇몇 연구에서 진균학자들은 진균 병변에서 긁어 낸 것을 자기 피부와 심지어 가족 피부에 접종해 그 질병이 전염된다는 사실을 확인하기도 했다. 초기 기생충학 연구에서 연구자가 직접 기생충 알을 삼켜 감염과정과 그 생활사를 연구하는 일은 빈번했다.

로베르트 코흐(Robert Koch)의 독일인 동료 중 한 명인 막스 폰 페텐코퍼(Max von Petenkofer)는 콜레라가 세균에 의해 발생하지 않음을 역으로 보여 주기 위해 자기 조수와 함께 *Vibrio cholerae* 배양액을 마셨다. 다행히도 두 사람 모두 경미한 증상만 나타냈지만, 자신을 실험 대상으로 삼은 대부분은 그런 행운이 따르지 않았다.

가장 유명한 사례는 1900년 월터 리드(Walter Reed)와 함께 황열병(yellow fever) 원인을 연구하던 쿠바 의사 제시 러지어(Jesse Lazear)의 경우다. 러지어는 모기가 황열병을 전파한다고 확신했고, 이를 증명하기 위해 자신과 두 자원자가 황열병 환자 피를 가진 모기에 물리는 실험을 진행했다. 그 결과 세 사람 모두 황열병에 걸렸고, 러지어는 결국 사망했다.

최근 좀 더 주목할 만한 사람 대상 실험 사례는 1954년부터 1973년까지 미국 정부가 실시한 153건의 생물학 무기 실험이었다. 이른바 화이트코트(Whitecoat)라 불린 작전을 주도한 과학자들은 특정 병원체가 공기나 다른 경로로 얼마나 감염될 수 있는지 알아내려 했다. 2,000명 규모의 지원자가 Q열, 야토병(tularemia), 리슈마니아증(leishmaniasis) 등을 일으키는 병원체에 노출되는 실험에 참여했다. 다행히 탄저병, 흑사병, 천연두와 관련된 치명적인 병원체는 이 실험에서 사용되지 않았다. 실험 대상자들은 몇 가지 중요한 공통점을 가지고 있었는데, 모두 젊은 남성 징집병이면서 제7일안식일예수재림교 신자들이었다.

이들이 이 비밀 실험에 적합했던 이유는 모두 양심적 병역거부자였기 때문이다.

인체 실험 대상자를 병원체에 노출시키기 위해 환기시설을 갖춘 특수 제작된 연구시설(출처: US Army)

이들은 전투를 거부했지만, 대신 의료나 행정 업무 같은 다른 군 임무에 배치됐다. 그중 일부는 실험 참여에 동의했고, 메릴랜드주 포트 데트릭에서 그 생물학 무기 실험이 진행됐다. 지원자들은 특수 제작된 방에서 공기 중에 퍼진 병원체에 직접 노출되거나 순수배양된 병원체 에어로졸을 흡입했다. 동시에 원숭이나 기니피그도 같은 병원체에 노출시켜 동물 감염경로와 비교하는 연구도 병행됐다.

이 실험을 통해 여러 가지 중요한 발견이 이뤄졌다. 먼저 여러 병원체에 대한 감염량이 확인됐고, 입자 크기가 감염에 미치는 영향도 알 수 있었으며, 백신 효과를 확인하는 데도 도움이 됐다. 이처럼 위험성이 큰 실험이었음에도, 그 실험에 참여한 사람 중 질병을 오랫동안 겪은 경우가 없었다는 사실은 아주 놀랍다. 지금은 이런 실험이 허용되지 않겠지만, 그들의 희생 덕분에 생물무기 위험성에 대한 이해가 크게 발전한 것은 부정할 수 없다.

**역학자들이 병원체의 영향을 연구하기 위해 인체 실험을 해야 했던 이유는 무엇인가?**

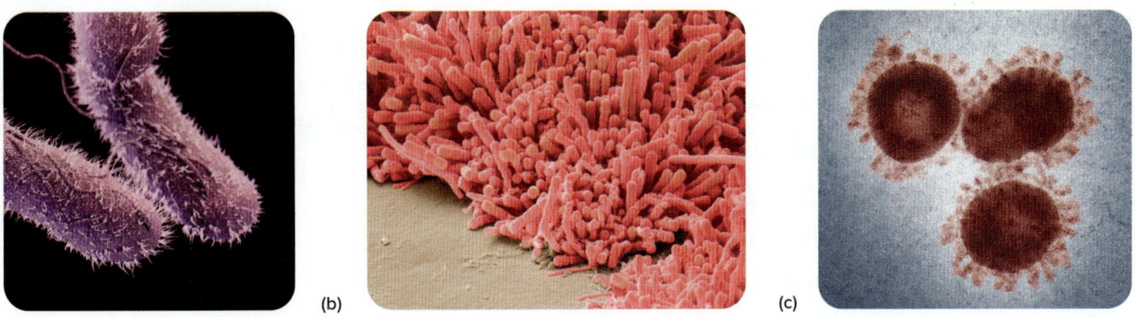

(a) (b) (c)

**그림 13.10 병원체 부착 방법.** (a) 미세한 핌브리아로 덮인 *Salmonella* 세포 사진. 이들은 핌브리아를 이용해 장 상피에 부착한다. (b) 협막을 이용해 치아 표면에 달라붙은 세균. (c) 기도 세포에 부착하기 위해 사용되는 돌기를 가진 코로나바이러스 입자. (출처: CDC/Melissa Brower; Science Photo Library/Alamy Stock Photo; Dr. Fred Murphy/Sylvia Whitfield/CDC)

로 부착한다. **표 13.7**에는 질병을 일으키는 미생물이 가진 다양한 부착 수단과 방법이 나와 있다.

### 숙주 침입과 정착: 3단계

미생물은 침투력(invasiveness)을 높이는 다양한 수단을 가지고 있다. 침투력은 숙주의 방어체계를 피해 더 깊은 조직으로 들어가서 증식하고 정착하는 능력을 의미한다. 이 능력은 모두 독력과 관련이 있어서 독성 인자로 여겨진다. 이런 인자는 조직 손상 정도와 질병 심각성에도 영향을 미친다. 병원체가 지닌 독성 인자가 조직에 미치는 영향은 매우 다양하다. 예를 들어 감기 바이러스는 감염시킨 숙주에 비교적 적은 손상을 주지만, 파상풍균이나 광견병 바이러스는 숙주에 심각한 손상을 주거나 심지어 죽음에 이르게 할 수 있다.

**표 13.7 미생물의 다양한 부착 수단과 방법**

| 미생물 | 질병 | 부착 방법 |
|---|---|---|
| *Neisseria gonorrhoeae* | 임질 | IV형 선모를 생식기 상피에 부착 |
| *Escherichia coli* | 설사 | 잘 발달된 핌브리아를 장세포에 부착 |
| *Shigella and Salmonella* | 장염 | 핌브리아를 장 상피에 부착 |
| *Vibrio cholerae* | 콜레라 | 당질피질(glycocalyx)을 장 상피에 고정 |
| *Treponema* | 매독 | 원뿔형 갈고리가 숙주세포에 박힘 |
| *Mycoplasma* | 폐렴 | 특수한 돌출부 끝이 폐 상피와 융합 |
| *Pseudomonas aeruginosa* | 폐 감염 | 핌브리아와 점액층이 숙주세포에 붙음 |
| *Streptococcus mutans* | 치아 우식 | 덱스트란 점액층이 구균을 치아 표면에 달라붙게 함 |
| 인플루엔자 바이러스 | 독감 | 바이러스 스파이크와 호흡기 세포 특정 수용체가 서로 결합 |
| 폴리오바이러스 | 소아마비 | 캡시드(capsid)가 표적세포 수용체에 부착 |
| HIV | AIDS | 바이러스 스파이크와 백혈구 특정 수용체가 서로 결합 |
| *Giardia lamblia* | 편모충증 | 아래쪽 흡반(suction disc)이 장 표면에 부착 |
| *Trypanosoma* | 수면병 | 편모를 이용해 숙주세포에 침투 |

일반적으로 주요 독성 인자는 항포식작용, 세포외효소, 독소로 나뉜다. 그림 13.11은 이런 인자가 작용하는 방식의 일부를 보여 준다.

## 항포식작용 인자

미생물이 유입경로를 통해 처음 들어올 때 숙주의 방어기제에 저항하게 된다. 첫 반응은 **포식세포**(phagocyte)라 불리는 백혈구에서 나온다. 포식세포는 보통 병원체를 세포 내로 잡아들여 효소와 항미생물성 화학물질로 파괴한다(14장 참조).

**항포식작용 인자**(antiphagocytic factor)는 특정 병원체가 포식세포를 피하거나 포식작용 과정을 우회하도록 돕는 독성 인자다(그림 13.11c). 세균이 가진 가장 공격적인 전략은 포식세포를 직접 죽이는 것이다. 예를 들어, *Streptococcus*와 *Staphylococcus*는 백혈구에 독성을 미치는 물질인 **백혈구파괴소**(leukocidin)를 생성한다. 일부 미생물은 외부 표면에 점액층이나 협막을 둘러 포식세포가 쉽게 포식하지 못하게 한다. *Streptococcus pneumoniae, Salmonella typhi, Neisseria meningitidis, Cryptococcus neoformans* 등이 그 예다. 또 다른 경우로는 *Legionella*와 *Mycobacterium*처럼 포식세포 내에서도 생존할 수 있게 적응한 세균이 있다. 이런 세균은 포식세포에 포획된 후에도 파괴되지 않으며, 이는 병원체가 몸속에서 숨어 증식하고 퍼져 나갈 수 있는 장소를 제공한다는 점에서 중요하다.

### 숙주세포 안으로 들어가기

특히 세포 내 병원체는 생활사를 완료하기 위해 숙주세포 안으로 들어가야 한다. 리케차, 클라미디아, 바이러스는 세포 안으로 들어갈 수 있도록 포식되거나 융합과 같은 몇몇 특수한 독성 전략을 진화시켰다. 일부 세균 병원체는 분비시스템을 통해 특수한 독성 단백질을 숙주세포에 직접 주입하여 침입한다(그림 13.11d). 예를 들어, *Salmonella*와 대장균(*E. coli*)은 독성 단백질로 장세포 내 액틴 세포골격을 변형시킴으로써 세포 표면이 구겨지도록 만들어 세포 안으로 들어간다. 일단 세포 안으로 들어가면 이들은 액포(vacuole) 안에서 증식하며, 세포를 통로로 이용해 조직 깊은 층으로 확산한다. *Listeria*와 *Shigella*와 같은 병원체는 침입한 세포 안에서 액틴섬유(actin filament)를 모은 다음 이동기관으로 삼아 세포 내에서 이동한다.

## 세포외효소

많은 병원성 세균, 진균, 원생동물, 기생충은 조직의 구조를 파괴하는 **세포외효소**(exoenzyme)를 분비한다. 또 다른 효소는 숙주 방어장벽을 녹여 미생물이 체내 깊숙한 부위로 퍼지도록 돕는다. 다음은 몇 가지 예다.

1. **점액 분해효소**(mucinase): 점막 보호막을 분해하며, 아메바성 이질의 원인 인자다.
2. **케라틴 분해효소**(keratinase): 피부와 머리카락의 주요 성분인 케라틴을 분해하며, 백선을 일으키는 진균이 분비한다.
3. **콜라겐 분해효소**(collagenase): 결합조직의 단백질 섬유를 분해하며, *Clostridium* 종과 일부 기생충의 침투 인자다.
4. **히알루론산 분해효소**(hyaluronidase): 동물 세포를 서로 접착시키는 기질인 히알루론산을 분해하며, 포도상구균, 클로스트리디움, 연쇄상구균, 폐렴쌍구균의 중요한 독성 인자다(그림 13.11a).

일부 효소는 혈액 성분과 반응한다. 병원성 포도상구균(pathogenic staphylococci)이 생성하는 응고효소(coagulase)는 혈액이나 혈장을 응고시키는 반면 세균성 인산화효소(bacterial kinase)인 스트렙토키나아제와 스타필로키나아제는 피브린 응고를 분해하여 병원체의 손상된 조직 침입을 촉진한다. 실제로 스트렙토키나아제(Streptase)를 포함한 약물은 생명을 위협하는 혈전과 색전이 있는 환자에게 투여된다.[5]

## 세균 독소: 독성 물질

**독소**(toxin)는 미생물, 식물, 일부 동물에서 생성되는 특정 화학물질로, 다른 생물에 독성효과를 나타내는 물질이다. **독소 생성능**(toxigenicity)은 독소를 생성할 수 있는 능력으로, 이는 많은 세균 종의 유전자에 의해 조절되며 여러 **독소병**(toxinoses)을 유발하는 주요 원인이다. 독소가 감염 부위에서 혈액을 통해 퍼지는 독소증은 **독소혈증**(toxemia, 예:

5 이러한 상태는 혈관 내부에 혈전이 생긴 것으로, 혈액 순환을 막을 수 있다.

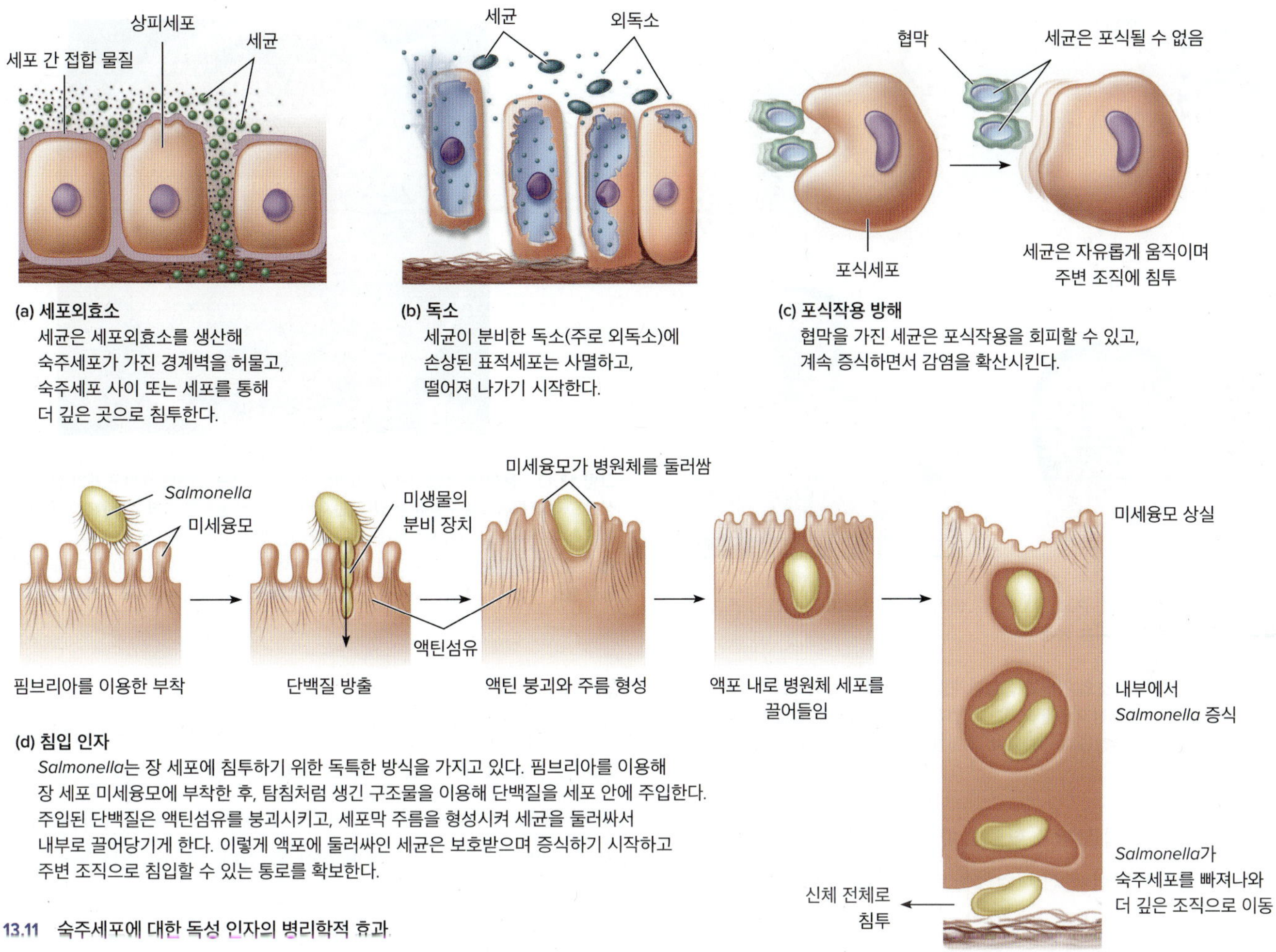


**(a) 세포외효소**
세균은 세포외효소를 생산해 숙주세포가 가진 경계벽을 허물고, 숙주세포 사이 또는 세포를 통해 더 깊은 곳으로 침투한다.

**(b) 독소**
세균이 분비한 독소(주로 외독소)에 손상된 표적세포는 사멸하고, 떨어져 나가기 시작한다.

**(c) 포식작용 방해**
협막을 가진 세균은 포식작용을 회피할 수 있고, 계속 증식하면서 감염을 확산시킨다.

**(d) 침입 인자**
*Salmonella*는 장 세포에 침투하기 위한 독특한 방식을 가지고 있다. 핌브리아를 이용해 장 세포 미세융모에 부착한 후, 탐침처럼 생긴 구조물을 이용해 단백질을 세포 안에 주입한다. 주입된 단백질은 액틴섬유를 붕괴시키고, 세포막 주름을 형성시켜 세균을 둘러싸서 내부로 끌어당기게 한다. 이렇게 액포에 둘러싸인 세균은 보호받으며 증식하기 시작하고 주변 조직으로 침입할 수 있는 통로를 확보한다.

그림 13.11 숙주세포에 대한 독성 인자의 병리학적 효과

파상풍, 디프테리아)이라 불리며, 독소를 섭취하여 발생하는 경우는 **중독**(intoxication, 예: 보툴리누스중독)이라 한다. 독소는 그 작용 표적에 따라 명명되는데, 신경독(neurotoxin)은 신경계에 작용하고, 장독소(enterotoxin)는 장에, 혈액독소(hemotoxin)는 적혈구를 손상시키며, 신장독소(nephrotoxin)는 신장에 영향을 미친다.

전통적인 분류 방식으로 세균 독소는 기원에 따라 분류된다(그림 13.12). 살아 있는 세균 세포가 감염된 조직으로 분비하는 독소는 **외독소**(exotoxin)라 부르고, 세포가 손상되거나 용해된 후 방출되는 독소는 **내독소**(endotoxin)라 한다. 이 두 그룹 간의 중요한 차이점은 표 13.8에 요약되어 있다.

외독소는 특정 표적 세포에 강하게 작용하며, 종종 치명적인 효과를 나타낼 만큼 강력한 단백질이다. 외독소는 일반적으로 세포막을 손상시켜 세포 용해를 유도하거나 세포 내 기능을 방해한다(그림 13.11b). **용혈소**(hemolysin)*는 적혈구(및 일부 다른 세포)의 세포막을 파괴하는 세균 외독소의 한 종류로, 적혈구를 파괴하여 헤모글로빈 색소가 방출되게 한다. 병원성을 높이는 용혈소에는 *Streptococcus pyogenes*의 스트렙토리신과 *Staphylococcus aureus*의 α와 β 독소가 포함된다. 혈액 한천 배지에서 용혈소를 생성하는 세균 집락 주위에는 뚜렷한 용혈 구역이 나타나며(그림 13.13), 이런 용혈 양상은 세균의 동정과 병원성 정도를 판단하는 특징 중 하나다.

디프테리아, 파상풍, 보툴리눔 독소 등의 외독소는 표적 세포에 부착하여 세포 내부로 들어간 뒤 필수적인 세포 경로를 방해한다. 이런 외독소는 A(활성) 부분과 B(결합) 부분으로 구성되어 있어 A-B 독소라고 불린다. B 부분이 숙주세포 표면의 특정 수용체에 결합하면 A 부분이 숙주세포막을 통과할 수 있게 된다. 세포 내부로 들어간 A 부분은 세포 내 과정을 방해해 특정 표적을 손상시킨다.

예를 들어 *Clostridium tetani*의 독소는 특정 척수신경세포의 작용을 차단하고, *Clostridium botulinum* 독소는 신경-근 자극 전달을 방해하며, 백일해 독소는 호흡기 섬모를 비활성화하고, 콜레라 독소는 장 세포에서 다량의 염분과 수분을 배출하게 한다.

외독소와 달리 내독소는 현재 한 종류만 존재한다. 내독소는 지질다당류(lipopolysaccharide, LPS)라는 화학물질로, 그람 음성 세균 세포 외막의 일부다. 그람 음성 세균이 감염을 일으키면 일부 세균이 용해되

* 용혈소 그리스어 hemo(혈액)와 lysin(분해하다)에서 유래.

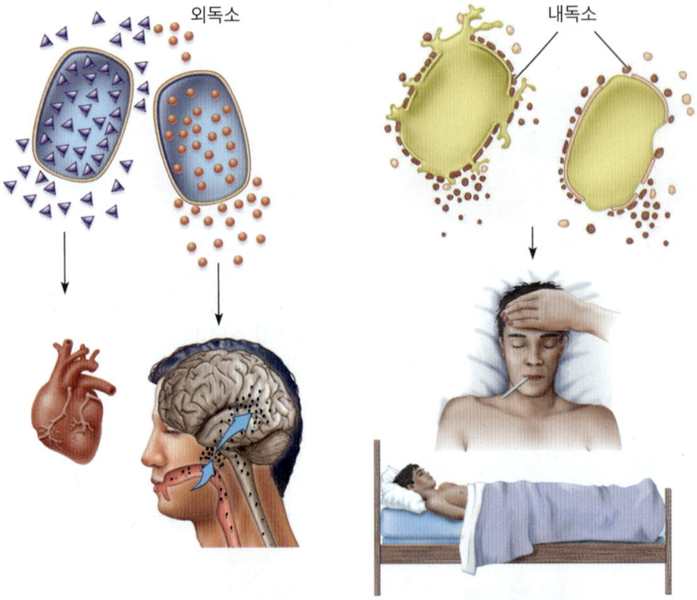


(a) 표적 기관이 손상됨. 심장, 근육, 혈액 세포, 소화관 등의 기능 장애

(b) 광범위한 생리학적 효과 — 열, 피로, 통증, 쇼크

**그림 13.12 외독소와 내독소의 기원과 심혈관계를 통한 영향.** (a) 외독소: 살아 있는 세균 세포에서 분비되고, 대부분 특정 기관을 표적으로 삼아 생리학적 효과를 나타낸다. (b) 내독소: 그람 음성 세균의 세포벽이 손상될 때 방출되며, 더 광범위한 생리학적 효과를 가진다.

어 이 LPS 분자가 감염 부위나 혈류로 방출된다. 내독소는 외독소와 달리 조직과 장기에 다양한 전신적 영향을 미칠 수 있다. 내독소의 양에 따라 발열, 염증, 출혈, 설사 등을 일으킬 수 있다. *Salmonella*, *Shigella*, *Neisseria meningitidis*, *E. coli*와 같은 그람 음성 세균에 의한 혈액 감염은 특히 위험하며, 다량의 내독소가 혈류로 방출되면 치명적인 내독소 쇼크를 유발할 수 있다.

**표 13.8 세균 외독소와 내독소의 특성별 차이**

| 특성 | 외독소 | 내독소 |
|---|---|---|
| 독성 | 적은 양으로도 독성을 나타냄 | 많은 양에서 독성을 나타냄 |
| 신체에 대한 영향 | 세포 특이적(혈액, 간, 신경 등) | 전신성과 낮은 특이성: 열, 염증, 쇠약, 쇼크 |
| 화학적 조성 | 작은 단백질 | 세포벽에 있는 지질다당류 |
| 60℃에서 열변성 여부 | 불안정 | 안정 |
| 변성독소 형성 여부 | 변성독소* 변환 가능 | 변성독소 변환 불가능 |
| 면역반응 유도 여부 | 항독소** 생성 자극 | 항독소 생성 자극 없음 |
| 열 유발 여부 | 보통 유발하지 않음 | 유발 |
| 배출 방법 | 살아 있는 세포에서 분비 | 용해 중인 세포의 세포벽에서 배출 |
| 기본 출처 | 몇몇 그람 양성과 그람 음성 세균 | 모든 그람 음성 세균 |
| 질병 예시 | 파상풍, 디프테리아, 콜레라, 탄저병 | 뇌수막염, 내독소성 쇼크, 살모넬라증 |

* 변성독소는 백신에 사용할 수 있도록 불활성화시킨 백신을 가리킨다.

** 항독소는 특정 독소와 반응하는 항체를 말한다.

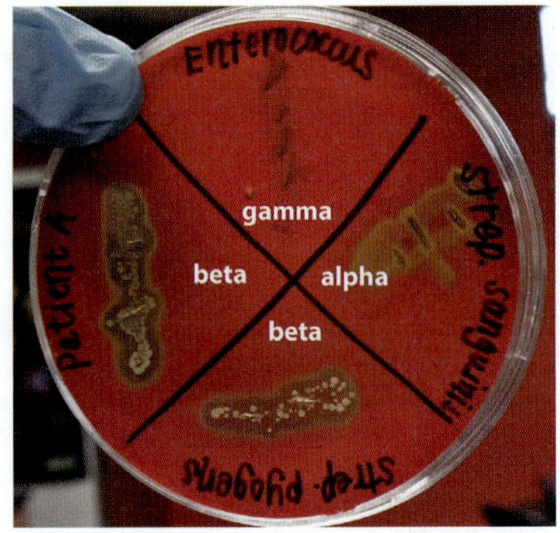


**그림 13.13 용혈의 유형.** 용혈소 효과는 증식하는 세균 주위에 적혈구 제거 정도에 따라 형성된 고리의 특징으로 구별할 수 있다. 먼저 알파(alpha) 용혈은 적혈구가 완전히 용혈되지 않았음을 의미한다(배양 접시 오른쪽에서 녹색을 띠는 뿌연 고리). 베타(beta) 용혈은 적혈구가 완전히 용혈됐음을 의미한다(배양 접시 아래와 왼쪽에서 완전히 투명한 고리). 감마(gamma) 용혈은 용혈 활성이 없음을 의미한다(배양 접시 위쪽). (출처: Lisa Burgess/McGraw Hill)

## 감염이 신체 각 기관과 전신에 미치는 영향

숙주 조직은 효소, 독소, 기타 독성 인자를 통한 공격뿐만 아니라 병원체 증식으로 손상되는 경우가 많다. 병원체는 혈관, 림프관, 난관, 담관과 같은 관 구조를 막을 수 있으며, 이러한 손상이 누적되면 **괴사**(necrosis)라 불리는 세포와 조직 파괴가 발생할 수 있다. 바이러스는 독소나 분해효소를 생산하지 않지만, 세포 내에서 수를 늘리고 빠져나오면서 결국 세포를 죽게 한다. 바이러스 감염으로 인한 많은 세포병리학적 효과는 감염된 세포의 대사장애와 사멸로 인해 발생한다(6장 참조).

독성 인자에 속하는 효소와 독소를 통한 직접적인 공격은 세포, 조직, 장기에 큰 손상을 초래할 수 있다. 하지만 미생물로 인한 많은 질병이 실제로는 간접적 손상, 즉 숙주의 과도하거나 부적절한 면역반응으로 발생한다는 점을 주목해야 한다. 이를 통해 병원성이 미생물 자체의 특성만으로 정해지는 것이 아니라 숙주와의 상호작용에서 비롯된다는 점을 말해 준다. 예를 들어 *Streptococcus pneumoniae*의 협막은 세균이 포식세포에 의해 폐에서 제거되는 것을 방해해 백혈구에 의한 강한 염증 반응과 폐 내 체액 축적을 유발하는데, 이것을 폐렴이라고 한다.

독소나 효소로 직접 공격하는 병원체는 당연히 연구와 특성 파악이 더 쉬웠다. 따라서 미생물학이 발전하면서 이런 진성 병원체들이 가장 먼저 연구 대상이 됐다. 그러나 지난 수십 년 사이 미생물학자들은 미생물과 숙주 사이 작용을 더욱 깊이 이해하게 됐고, 이로써 감염병에 대한 새로운 시각을 얻게 됐다.

**핵심 점검 13.2**

8. 진성 병원체가 기회감염 병원체와 다른 점 몇 가지를 설명하시오.
9. 병원성과 독력 간 차이점을 구분하시오.

10. 유입경로에 대한 개념을 설명하고 주요 유입경로와 관련된 감염 예시를 제시하시오.
11. 외인성 감염과 내인성 감염 간 차이점을 구분하시오.
12. 감염량 크기에 영향을 미치는 요인을 설명하시오.
13. 병원체에서 미생물 부착에 관련된 여러 구성요소를 설명하시오.
14. 독성 인자를 정의하고, 그람 양성균, 그람 음성균, 바이러스 그리고 기생충이 가지는 독성 인자에 대해 각각 예를 들어 설명하시오.
15. 독성 인자가 숙주에 대한 침입과 숙주의 방어 회피에 도움을 주는 몇 가지 효과를 논의하시오.
16. 독소 생성능을 정의하고, 외독소와 내독소의 주요 특징을 요약해서 설명하시오.
17. 용혈소, 백혈구파괴소, 히알루론산 분해효소, 인산화효소, 파상풍 독소, 백일해 독소, 장독소가 표적으로 하는 신체 세포나 조직은 무엇인가?

## 13.3 감염과 질병 진행 순서

**학습목표**

14. 감염에 대한 의학적 단계를 설명한다.
15. 감염의 다양한 양상을 핵심 용어를 사용해 설명한다.
16. 감염과 염증 증상을 정확한 전문 용어를 사용해 설명한다.
17. 주요 배출경로와 이것이 감염과 질병 말기에 미치는 영향을 논의한다.

### 의학적 감염 단계

감염과 질병을 통해 우리 몸은 병원체 침입과 독소에 대항해 반응하는 과정을 거치는데 이 과정은 잠복기, 전구 단계, 침입기, 회복기 네 단계로 구분된다(그림 13.14).

**잠복기**(incubation period)는 병원체가 숙주에 들어온 시점부터 첫 증상이 나타나기까지의 기간이다. 이 시기에 병원체는 유입 부위에서 증식하지만 아직 증상이 나타날 만큼의 손상은 일으키지 않는다. 병원체마다 잠복기는 비교적 일정하지만 숙주의 저항력, 병원체 독력 정도, 그리고 병원체가 처음 들어온 곳에서 표적 기관까지 거리(거리가 멀수록 잠복기가 길어진다)에 따라 달라질 수 있다. 예를 들어 폐페스트

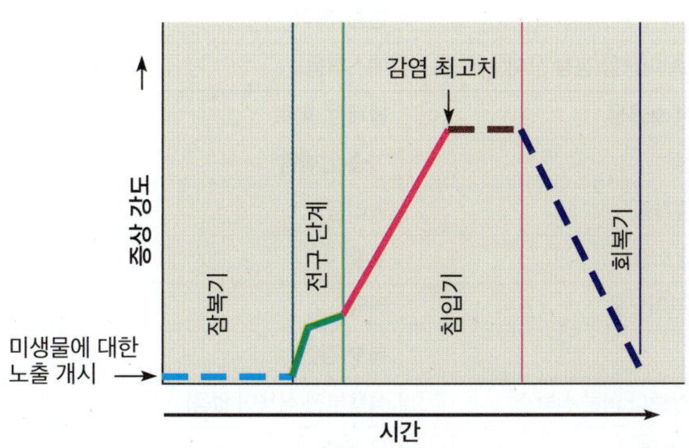


그림 13.14 감염과 질병 진행 순서. 점선은 그 기간이 가변적일 수 있음을 의미한다.

(pneumonic plague)는 불과 몇 시간 만에 증상이 나타나는 반면, 한센병(Hansen's diseas)은 수년이 걸릴 수 있다. 하지만 감염병 대부분은 잠복기가 2~30일 사이다.

감염 초기에는 두통, 근육통, 피로감, 소화불량, 전반적인 몸살 증세 같은 모호한 불편감이 나타난다. 이런 증상이 나타나는 짧은 기간(1~2일)을 **전구 단계**(prodromal stage)라 한다. 그 후 병원체는 **침입기**(period of invasion)에 들어서는데, 이 시기에 병원체는 빠르게 증식하면서 가장 강한 독성을 보이고 목표로 한 조직과 기관에 자리 잡는다. 이때는 주로 열이 나고, 병원체 종류에 따라 기침, 피부 발진, 설사, 근육 마비, 부종, 황달, 분비물 배출, 심한 통증 등 더 뚜렷하고 구체적인 증상이 나타난다. 이 시기 길이는 병원체에 따라 매우 다양하다.

환자 신체가 감염에 대항하기 시작하면 증상은 점차 줄어드는데, 이는 때로는 급격히, 때로는 천천히 일어난다. 이어지는 **회복기**(convalescent period)에는 면역반응이 병원체를 제거하고 손상된 조직을 치료하면서 환자의 체력과 건강이 점차 되돌아온다. 만약 회복하지 못하고 사망하게 되면 이는 치명적 감염으로 분류된다.

이 네 단계 동안 병원체가 다른 사람에게 전파될 수 있는 시기는 그 종류마다 다르다. 예를 들어 홍역은 주로 잠복기에 전파되고, 이질균은 침입기에 전파되며, B형 간염 바이러스나 노로바이러스(norovirus)는 모든 단계에서 전파가 가능하다.

### 감염 양상

감염은 매우 다양한 형태로 나타난다. 가장 단순한 형태는 **국소 감염**(localized infection)으로, 미생물이 몸에 들어와 특정 조직에만 머무는 경우다(그림 13.15a). 대표적인 국소 감염의 예로는 종기, 진균성 피부 감염, 사마귀 등이 있다.

감염원은 대부분 한곳에 머물지 않고 유입 부위에서 다른 조직으로 퍼져 나간다. 실제로 광견병이나 A형 간염 바이러스처럼 목표 조직이 유입 부위에서 멀리 떨어져 있는 병원체에게는 이런 체내 이동이 꼭 필요하다. 광견병 바이러스는 물린 상처에서 신경경로를 따라 뇌로 이동하고, A형 간염 바이러스는 심혈관계를 통해 장에서 간으로 이동한다. 감염이 여러 부위와 체액(주로 혈액)으로 퍼질 때 이를 **전신 감염**(systemic infection)이라고 한다(그림 13.15b). 전신 감염의 예로는 바이러스성 질환(홍역, 풍진, 수두, AIDS), 세균성 질환(브루셀라증, 탄저병, 장티푸스, 매독), 진균성 질환(히스토플라스마증, 크립토콕쿠스증)이 있다. 감염원은 또한 신경(광견병의 경우처럼)이나 뇌척수액(수막염의 경우처럼)을 통해서도 목표 부위로 이동할 수 있다.

국소 감염이었던 병원체가 다른 조직으로 퍼져 나가 새로운 감염을 일으키는 경우를 **병소 감염**(focal infection)이라고 한다(그림 13.15c). 결핵이나 성홍열을 일으키는 사슬구균성 인두염(streptococcal pharyngitis)이 이런 형태를 보인다. **독소혈증**(toxemia)을 보면, 감염

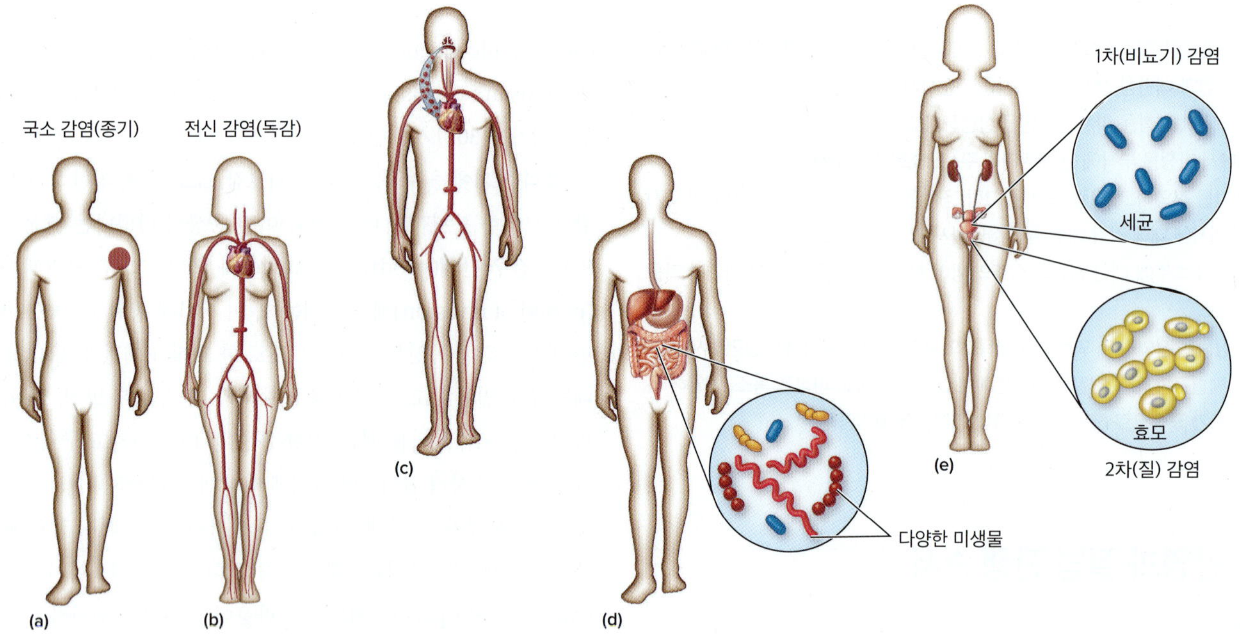


**그림 13.15 위치와 순서에 따른 감염 발생.** (a) 국소 감염: 특정 부위에 한정된 병원체 감염이다. (b) 전신 감염: 병원체가 혈액 순환을 통해 여러 부위로 퍼지는 감염이다. (c) 병소 감염: 처음에는 국소 감염으로 시작되지만, 상황에 따라 미생물이 혈류를 타고 다른 부위로 퍼지는 감염이다. (d) 혼합 감염: 같은 부위에 미생물 여러 종이 동시에 감염을 일으키는 경우다. (e) 1차와 2차 감염: 초기 감염에 이어 두 번째 감염이 발생하는 경우로, 두 번째 감염은 같은 부위 또는 다른 부위에서 발생하고, 다른 미생물에 의해 야기된다.

자체는 유입경로에 머물러 있지만 병원체가 만든 독소가 혈액을 통해 실제 표적 조직으로 운반된다. 이렇게 해서 처음 세균에 감염된 세포와 독소의 표적이 되는 세포가 다를 수 있다. 디프테리아와 일부 포도상구균 질환이 그 예다.

감염은 여러 종류의 미생물에 의해서도 발생할 수 있다. **혼합 감염**(mixed infection)에서는 여러 병원체가 동시에 감염 부위에 자리 잡는다(그림 13.15d). 어떤 혼합 감염에서는 미생물들이 서로 협력해 조직을 파괴하고, 또 어떤 경우에는 한 미생물이 다른 미생물이 침입하기 좋은 환경을 만든다. 가스 괴저, 상처 감염, 충치, 사람 물림에 의한 감염은 대개 혼합 감염인 경우가 많다. 이를 **복합균 질병**(polymicrobial disease)이라고도 하며, 감염 부위에 생물막이 생겨서 나타날 수 있다.

일부 질병은 발생 순서에 따라 설명되기도 한다. 처음 발생한 **1차 감염**(primary infection)이 다른 미생물 감염으로 악화될 때, 나중에 생긴 감염을 **2차 감염**(secondary infection)이라고 한다(그림 13.15e). 수두(1차 감염)에 걸린 아이가 *Staphylococcus aureus*(2차 감염)에 감염되는 경우가 그 예다. 또 다른 중요한 예는 독감 환자가 합병증으로 2차성 폐렴에 걸리는 경우가 있다. 2차 감염이 반드시 1차 감염과 같은 부위에서 발생할 필요는 없으며, 보통 몸의 방어 능력이 약해졌다는 것을 의미한다.

급격히 발생해서 심한 증상을 보이지만 짧게 끝나는 감염을 **급성 감염**(acute infection)이라 하고, 오래 진행되고 지속되는 감염을 **만성 감염**(chronic infection)이라고 한다. 감염병을 설명하는 다른 일반적인 용어는 **13.4 연결고리 찾기**에서 확인할 수 있다.

## 징후와 증상: 질병을 알리는 경고 신호

감염으로 인한 병리적 변화가 질병으로 이어질 때 다양한 징후와 증상이 함께 나타난다. **징후**(sign)란 관찰자가 객관적으로 확인할 수 있는 질병 증거이고, **증상**(symptom)은 환자가 주관적으로 느끼는 질병 증거다. 징후는 증상보다 더 정확하며 측정이 가능한 경우가 많은데, 원인은 둘 다 같을 수 있다. 예를 들어 뇌 감염의 경우 뇌척수액에서 세균이 발견되는 것은 징후이고, 두통은 증상이다. 또한 사슬구균 감염에서 목이 아픈 것은 증상이고, 인두가 붓는 것은 징후다. 질병을 나타내는 지표는 보고되는 방식에 따라 징후나 증상 모두가 될 수 있다. 특정한 징후와 증상의

**표 13.9 감염병에 대한 일반적 징후와 증상**

| 징후* | 증상 |
|---|---|
| 열 | 오한 |
| 패혈증 | 통증, 자극 |
| 조직액 속 미생물(정상 상태는 무균) | 메스꺼움 |
| 비정상적 호흡음 | 불쾌감, 피로 |
| 피부발진 | 가슴 압박감 |
| 백혈구증가증 | 가려움 |
| 백혈구감소증 | 두통 |
| 림프절 부어오름 | 허약 |
| 농양 | 복부 경련 |
| 빈맥(정상보다 빠른 심박수) | 식욕부진(식욕이 없음) |
| 혈청 내 항체 | 목 통증 |

*징후에 대한 전문 용어는 본문에서 설명한다.

13.4 연결고리 찾기

## 감염과 질병을 설명하는 의학 용어 안내

의학 용어는 의미가 아주 정확해서 효율적으로 사용된다. 하나의 정확한 전문 용어로 긴 설명을 대신할 수 있어서 의료 기록을 작성할 때 매우 유용하다. 처음에는 새로운 용어가 너무 많아 어렵게 느껴질 수 있지만, 몇 가지 핵심 단어와 기본적인 해부학 지식만 알면 많은 용어를 쉽게 이해하고 심지어 모르는 단어의 뜻도 짐작할 수 있다. 다음은 의학 용어를 쉽게 이해하는 방법이다.

접미사 -itis는 염증을 의미하고, 해부학적 용어 끝에 붙으면 해당 위치가 염증 상태임을 나타낸다. 예를 들어 수막염(meningitis)은 뇌를 둘러싼 수막(meninge)에 일어난 염증이고, 뇌염(encephalitis)은 뇌 자체 염증이며, 간염(hepatitis)은 간 염증을 가리킨다. 마찬가지로 위장염(gastroenteritis)은 위와 장 염증을, 중이염(otitis media)은 귀 안쪽인 중이 염증을 의미한다. 모든 염증이 감염 때문은 아니지만, 감염병은 대부분 표적 기관에 염증을 일으킨다.

접미사 -emia는 혈액을 의미하는 그리스어 haeima에서 유래했다. 단어 뒤에 붙으면 '혈액과 관련된'이라는 뜻이다. 예를 들어, 패혈증(septicemia)은 혈액 감염을 의미하고, 균혈증(bacteremia)은 혈액 내 세균, 바이러스혈증(viremia)은 혈액 내 바이러스, 진균혈증(fungemia)은 혈액 내 진균 감염을 의미한다. 이것은 독소혈증(toxemia), 임균혈증(gonococcemia), 스피로헤타혈증(spirochetemia)과 같은 특정 상태에도 적용된다.

접미사 -osis는 '질병이나 병적 과정'을 의미한다. 주로 병원체 이름에 붙여 그들이 일으키는 질병을 나타낸다. 예를 들어, 리스테리아증(listeriosis), 히스토플라스마증(histoplasmosis), 톡소플라스마증(toxoplasmosis), 시겔라증(shigellosis), 살모넬라증(salmonellosis), 보렐리아증(borreliosis) 등이 있다. 이 접미사의 변형으로 -iasis가 있는데, 트리코모나스증(trichomoniasis)과 칸디다증(candidiasis)이 그 예다.

접미사 -oma는 그리스어 onkomas(부종)에서 유래했으며 종양을 의미한다. 대개 암(림프종, 흑색종)을 설명할 때 쓰이지만, 덩이나 부종을 일으키는 일부 감염병(결핵종, 나종)에도 사용된다.

조합으로 질병을 진단할 수 있으면 이것을 **증후군**(syndrome)이라 한다. 감염병을 진단하는 데 중요한 징후와 증상은 표 13.9에 나와 있다.

### 염증에 대한 징후와 증상

질병의 첫 신호는 대부분 우리 몸에서 **염증**(inflammation)* 이라는 방어작용이 활성화되면서 나타난다. 미생물이나 그 산물로 조직이 손상되면 이에 대항하기 위해 특정 세포와 화학물질이 모여드는데, 이것이 염증반응이다. 이 주제는 14장에서 더 자세히 다루겠지만, 앞서 언급했듯이 많은 감염 증상과 징후는 이 체계가 가동되면서 발생한다. 염증은 일반적으로 발적, 통증, 부기와 같은 증상에 대한 원인이다. 감염이나 질병이 눈에 보이게 나타난 형태를 **병변**(lesion)* 이라고 한다. 염증에 관련된 대표적인 병변으로는 손상된 조직에 체액이 축적되는 **부종**(edema)*, 조직 내에서 염증 세포와 미생물이 벽으로 둘러싸여 있는 **육아종**(granuloma)과 **농양**(abscess), 그리고 림프절이 부어오른 **림프절염**(lymphadenitis) 등이 있다.

발진과 기타 피부 병변은 많은 질병에서 가장 흔히 나타나는 병변이지만, 서로 비슷하게 보이기 때문에 이것만으로는 질병을 구분하기가 어려울 수 있다. 피부 병변은 표피와 그 속의 선, 모낭에만 국한될 수도 있고, 진피와 피하 조직까지 확장될 수도 있다. 일부 감염(종기, 수두, 무좀, 사마귀) 병변은 질병이 진행되면서 모양과 위치가 계속 달라지기 때문에 한 가지로만 분류하기 어렵다.

### 혈액 감염 징후

혈액 속에서 순환하는 백혈구 수 변화는 감염 가능성을 보여 주는 중요한 징후로 알려져 있다. 백혈구 수가 증가하는 것을 **백혈구증가증**(leukocytosis)* 이라 하고, 감소하는 것은 **백혈구감소증**(leukopenia)* 이라 한다. 감염을 알려 주는 또 다른 신호는 혈액에 미생물이나 그들이 만든 물질이 있는 것이다. 혈액 감염을 나타내는 임상 용어인 **패혈증**(septicemia)은 미생물이 혈액 속에서 증식해 몸 전체에 많은 수가 존재하는 상태를 말한다. 세균이나 바이러스가 혈액에서 기준 이하로 발견될 때는 **균혈증**(bacteremia)이나 **바이러스혈증**(viremia)이라는 용어를 사용하는데, 이것은 혈액 속에 미생물이 있더라도 반드시 그 수가 늘어나지 않을 수도 있다는 것을 뜻한다.

감염이 일어나면 건강한 사람의 몸은 혈액에 항체가 생기거나 미생물을 공격하는 반응을 보이는 등과 같은 면역반응이 반드시 나타난다. 이런 면역반응은 HIV나 매독 같은 감염병 진단에 사용되는 여러 혈청학적 검사에 활용된다. 이처럼 특정 병원체만을 골라 공격하는 면역반응은 우리 몸이 그 병원체만을 겨냥한 방어 능력을 만들어 내고 있다는 증거다. 우리 몸의 이런 방어작용에 대해서는 14장과 15장에서 더 자세히 설명한다.

### 알아채지 못하는 감염

감염이 진행되더라도 아무런 증상이 나타나지 않는 경우는 생각보다 자주 있다. 겉으로 드러나는 감염 지표가 없는 이런 감염을 **무증상**

* 염증 라틴어 inflammation(불을 붙이다)에서 유래.

* 병변 라틴어 laesio(상처 입히다)에서 유래.
* 부종 그리스어 oidema(붓기)에서 유래.
* 백혈구증가증 leukocyte는 '백혈구', -osis는 상태를 나타내는 접미사. 백혈구 수가 비정상적으로 증가한 상태.
* 백혈구감소증 leukocyte는 '백혈구', penia는 '감소' 또는 '부족'이라는 뜻. 백혈구 수가 비정상적으로 감소한 상태.

(asymptomatic), **준임상**(subclinical), 또는 불현성(inapparent) 감염이라고 한다. 이때 환자는 대개 질병 관련 증상을 전혀 느끼지 못하므로 병원에 가지 않게 된다. 하지만 대부분 감염이 일어나면 반드시 어떤 징후는 나타난다는 점을 알아야 한다. 13.4절에서는 무증상 감염이 질병 전파에 미치는 영향을 자세히 살펴본다.

## 배출경로: 숙주에서 떠나기

앞에서 설명했듯이, 기생생물은 다음 숙주로 이동할 방법이 있어야만 생존에 성공할 수 있다. 몇 가지 예외를 제외하면, 병원체 대부분은 **배출경로**(portal of exit)라고 부르는 특정한 통로를 통해 숙주를 떠난다(그림 13.16). 병원체는 주로 분비, 배설, 유출 또는 벗겨진 조직을 통해 몸 밖으로 배출된다. 이런 물질에 포함된 수많은 병원체는 더 강한 독력을 갖게 되고, 새로운 숙주를 감염시킬 기회도 많아진다. 이를 가장 잘 보여주는 것은 에볼라바이러스인데, 이 바이러스는 질병 후기에 전염성이 가장 강해지며 모든 체액을 통해 엄청난 수의 바이러스가 배출된다. 대부분 배출경로와 유입경로는 같지만, 일부 병원체는 다른 경로를 사용한다. 13.4절에서 보게 되겠지만, 역학자들이 배출경로에 주목하는 이유는 이것이 인구 집단 내에서 감염이 퍼지는 데 큰 영향을 미치기 때문이다.

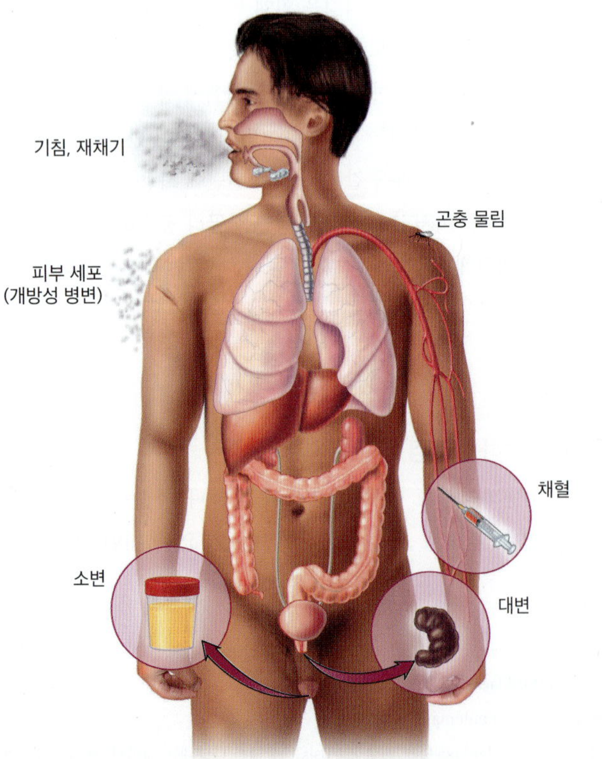


**그림 13.16** 감염병의 주요 배출경로. 병원체는 분비, 배설, 유출 또는 흘림 등에 포함된 상태로 신체에서 빠져나간다.

### 호흡기와 타액을 통한 배출

상기도나 하기도를 감염시키는 병원체는 점액, 가래, 콧물 등 습한 분비물을 통해 몸 밖으로 빠져나온다. 이런 분비물은 주로 기침과 재채기를 통해 가장 강하게 배출되지만, 말하거나 웃을 때도 배출될 수 있다. 공기 중으로 방출된 작은 액체 입자는 에어로졸이나 비말을 형성해 다른 사람들에게 감염원을 전파할 수 있다.

### 상피세포

피부와 두피 바깥층은 끊임없이 떨어져 나가 주변으로 배출된다. 집 안 먼지 대부분이 실제로 이런 피부 세포로 이루어져 있다. 한 사람이 하루에 수십억 개의 피부 세포를 떨어뜨리는데, '고배출자'라고 불리는 일부 사람들은 주변에 엄청난 수의 세균을 퍼뜨린다. 사마귀, 곰팡이 감염, 종기, 단순 포진, 천연두, 매독과 같은 질병에서는 피부 병변과 그 삼출물이 배출경로가 될 수 있다.

### 대변 배출

대변은 매우 흔한 배출경로다. 일부 장내 병원체는 장 점막에서 자라면서 염증을 일으켜 장의 운동성을 증가시킨다. 운동성이 증가하면 장 연동 운동이 빨라져 설사가 일어난다. 이질, 콜레라, 살모넬라증, 노로바이러스 감염에서 볼 수 있듯이, 더 묽어진 대변은 병원체가 빠르게 배출되는 통로가 된다. 여러 종류의 기생충도 대변을 통해 포낭(cyst)이나 알을 배출한다. 병원체가 포함된 대변이 식수를 오염시키거나 농작물 비료로 사용될 때는 공중 보건 문제가 된다.

### 비뇨생식기를 통한 배출

성매개감염을 일으키는 많은 병원체는 질 분비물이나 정액을 통해 숙주를 떠난다. 이는 또한 단순 포진 바이러스, *Chlamydia*, *Candida albicans*와 같은 신생아 감염의 원인이 되는데, 이때 아기는 산도를 통과하면서 감염된다. 드물게는 신장을 감염시키는 특정 병원체가 소변을 통해 배출되는데, 렙토스피라병(leptospirosis), 장티푸스, 결핵(tuberculosis), 주혈흡충증(schistosomiasis) 병원체가 그 예다.

### 채혈이나 출혈을 통한 배출

혈액은 외부로 직접 나가는 경로는 없지만, 자연적이거나 인위적인 방법으로 혈관이 뚫렸을 때 배출경로가 될 수 있다. 진드기, 벼룩, 모기 같은 흡혈동물은 병원체를 전파하는 흔한 매개체다. HIV와 간염 바이러스는 주삿바늘을 공유하거나 성관계 중 점막의 작은 상처를 통해 전파된다.

많은 미생물이 수혈을 통해 전파될 수 있기 때문에 헌혈자와 헌혈된 혈액에 대한 검사는 매우 엄격해야 한다. 1980년대 중반에는 혈우병 환자 수천 명이 바이러스를 포함한 혈액응고인자를 투여받아 HIV에 감염됐다. 현재는 수혈을 통한 감염 위험이 1,000만 건당 약 1건 정도다. 위험을 높이는 한 가지 요인은 아직 발견되지 않은 새로운 질병 병원체가 혈액 공급에 존재할 수 있다는 점이다. 실제로 웨스트나일 바이러스(West Nile virus)와 샤가스병(Chagas disease)이 이러한 경로를 통해 전파된 사례가 있다.

### 미생물 지속성과 병리학적 상태

숙주가 겉으로 회복된 것처럼 보이더라도 미생물이 숙주의 방어체계에 의해 완전히 소멸했다고 단정할 수 없다. 일부 만성 감염병에서 초기 증상이 나타난 후 감염원은 **지속 상태**(persistence) 또는 **잠복기**(latency)로 들어간다. 잠복기 중에도 미생물은 주기적으로 활성화돼 질병이 재발할 수 있다. 단순포진, 대상포진, B형 간염, AIDS, 엡스타인-바(Epstein-Barr)와 같은 바이러스는 숙주 내에서 오랫동안 잠복할 수 있다. 매독, 장티푸스, 결핵, 말라리아 병원체 역시 잠복기를 가진다. 지속성 감염원을 보유한 사람은 잠복기 동안 병원체를 배출할 수도, 하지 않을 수도 있다. 만약 병원체를 배출한다면 이러한 사람들은 만성 보균자가 되어 다른 사람들에게 감염원천이 된다.

일부 질병은 조직이나 장기에 장기적 또는 영구적인 손상을 남기는 **후유증**(sequelae)* 을 유발한다. 예를 들어, 뇌수막염은 청각 손실을 초래할 수 있고, 사슬구균성 인두염은 류머티즘성 심장병으로 이어질 수 있으며, 라임병(lyme disease)은 관절염을 유발할 수 있고, B형 간염은 간경화와 간암을 일으킬 수 있다.

**핵심 점검 13.3**

18. 감염의 단계별 현상을 설명하고, 다음 사항을 서로 비교하시오.
    - 전신 감염 vs 국소 감염 vs 병소 감염
    - 1차 감염 vs 2차 감염
    - 감염 vs 중독
19. 징후와 증상 간 차이점을 구체적 사례와 함께 설명하시오.
20. 감염 사례와 그에 따른 배출경로를 제시하시오.
21. "13.4 연결고리 찾기"의 용어를 사용해 요도염, 내독소혈증, 클라미디아증, 림프종을 정의하시오.

* 후유증 라틴어 sequi(따르다)에서 유래.

## 13.4 역학: 인구 집단 내 질병 연구

**학습목표**

18. 역학을 정의하고, 주요 목표를 요약한다.
19. 감염병 전파와 관련된 주요인들 사이 관계를 설명한다.
20. 보균자의 개념과 보균자 종류를 서술한다.
21. 예시를 통해 매개체 종류를 구분하고, 인수공통감염의 중요성을 논의한다.
22. 전염성 감염병과 비전염성 감염병의 차이점을 설명한다.
23. 전염성 질병의 전파 양상에 대한 특징을 설명한다.

지금까지는 주로 감염병이 개인에게 미치는 영향을 살펴봤다. 이번에는 질병이 지역사회에 미치는 영향, 즉 **역학**(epidemiology)* 에 대해 알아본다. 역학은 특정 인구 집단에서 나타나는 질병 빈도와 분포, 그리고 기타 건강 관련 요인을 연구하는 학문이다. 이것은 미생물학뿐만 아니라 해부학, 생리학, 면역학, 의학, 심리학, 사회학, 생태학, 통계학 등 많은 학문 분야를 아우르며, 감염병 외에도 심장병, 암, 약물중독, 정신질환 등 다양한 질병을 연구 대상으로 삼는다.

역학자는 질병 원인, 병리, 전파 경로에 대한 단서를 수집하고, 지역사회 내 질병 발생 건수와 분포를 추적한다. 역학자는 질병이 누구에게서, 언제, 어디서, 왜, 무엇 때문에 발생했으며, 어떻게 퍼져 나가는지를 연결하는 '감염 연결고리'를 밝혀낸다. 이런 연구 결과는 공중보건기관이 예방과 치료 프로그램을 개발하고, 질병 발생 예측을 위한 기초 자료를 마련하는 데 이용된다.

### 감염성 미생물의 기원과 전파경로

#### 병원소: 병원체 저장소

역학에서 가장 중요한 연구 과제 중 하나는 병원체가 어디에서 시작됐고, 어떤 경로로 퍼져 나가는지를 밝히는 것이다. 맨 앞에서 살펴본 사례 연구처럼, 감염병이 발생하자마자 이런 부분을 철저히 조사하는 것은 중요하다.

병원체가 계속 살아남고 퍼져 나가기 위해서는 반드시 머물 수 있는 곳이 필요하다. 생태계에서 병원체가 주로 머무는 이런 곳을 **병원소**(reservoir)라고 한다. 주로 사람이나 동물이 병원소가 되지만, 흙, 물, 식물도 병원소가 될 수 있다. 병원소는 **감염원천**(infection source)과는 다른 개념이다. 감염원천은 실제로 감염을 일으키는 개체나 물체를 말한다. 숙주 밖에서 오래 살지 못해 직접 전파되는 병원체는 대개 병원소와 감염원천이 같다. 반면 숙주 밖에서도 생존할 수 있는 병원체는 병원소

* 역학 그리스어 epidemios(널리 퍼진)에서 유래.

**임상 사례**

## 손과 코를 깨끗하게 씻기

환자는 시카고 병원에서 제왕절개로 태어난 지 며칠 지나지 않은 신생아였다. 퇴원 전, 아기 피부에서 여러 물집과 농포가 발견됐다. 진단 결과, 아기가 메티실린 내성 황색포도상구균(methicillin-resistant Staphylococcus aureus, MRSA)에 감염된 것으로 확인됐다. MRSA는 흔히 사용하는 항생제로는 치료가 어려운 세균이다. 신생아인 경우, *S. aureus* 감염에 사용되는 많은 대체 항생제가 사용될 수 없어 치료는 더욱 어려웠다. 신생아는 면역체계가 미완성이고 상태가 빠르게 나빠질 수 있어 감염 치료는 빠르고 적극적으로 이뤄져야 한다. 다행히 아기는 적절한 국소 그리고 전신 항생제를 통해 잘 치료됐고, 합병증 없이 퇴원했다.

하지만 이것은 단일 사건이 아니었다. 해당 병원에서는 지난 6개월 동안 유사한 사례가 10건이나 발생해 감염관리 전문팀이 조사를 시작했다. 산과 병동, 분만실, 신생아실에서 환자와 직접 접촉했을 가능성이 있는 의료진 135명의 비강 배양검사 결과, 의사 1명과 간호사 1명이 무증상 상태로 MRSA를 보유했고, DNA 분석 결과 이들이 보유한 MRSA 균주가 환자 5명에게서 발견된 균주와 일치했다. MRSA에 감염된 의료진 2명은 항생제 치료를 끝낸 다음 반복적인 비강 배양검사가 음성일 때까지 업무에서 배제됐다. 또한 손 위생, 감염관리 지침, 청소 등을 더욱 철저하게 시행하기로 했다.

신생아실 감염 중 절반만이 의료진과 관련됐었다. 나머지 감염은 어디에서 비롯된 것인가?

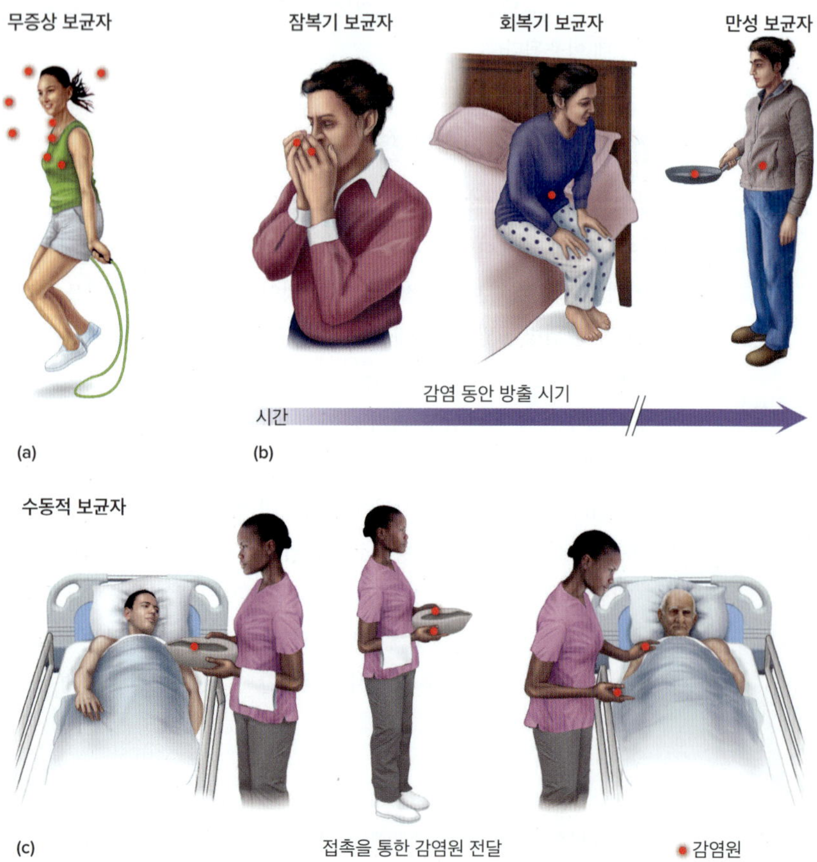


와 감염원천이 서로 다를 수 있다. 예를 들어, 임질(gonorrhea) 병원체는 숙주 밖에서 생존이 어려워 병원소와 감염원천이 모두 사람이다. 하지만 A형 간염 바이러스는 사람이 병원소이고, 오염된 음식이 감염원천이 되는 경우가 많다.

### 생물학적 병원소

많은 병원체는 숙주 집단 내에서 보존됨으로써 끊임없이 존재하고 전파된다. 증상이 확실히 드러나는 감염된 사람이나 동물은 병원소로서 확실하게 감염된 개체다. 하지만 병원소 중 하나인 **보균자**(carrier)는 겉으로 드러나지 않게(증상 없이) 병원체를 보유하면서 모르는 사이에 다른 개체를 감염시킨다. 보균자는 때때로 일반적인 검사(혈액검사, 배양검사)나 다른 역학적 방법을 통해 발견되기도 하지만, 안타깝게도 대부분 발견과 통제가 매우 어렵다. 어떤 형태든 병원소가 유지되는 한 해당 인구 집단이나 지역에서 질병은 계속 존재하며, 전염병 발생 가능성은 지속적인 위협이 된다. 보균자 상태는 단기간 또는 장기간 유지될 수 있으며, 보균자는 해당 미생물로 인한 질병을 경험했을 수도 있고 그렇지 않을 수도 있다.

보균 상태는 여러 상황에서 발생할 수 있다. **무증상 보균자**(asymptomatic carrier, 겉보기에 건강한 사람)는 감염돼 있지만, 앞서 언급했듯이 겉으로는 아무런 증상이 없다(그림 13.17a). 일부 무증상 감염(임질이나 생식기 사마귀 등)은 뚜렷한 증상 없이 전체 감염과정이 진행될 수 있다. 그림 13.17b는 병원체를 전파할 때 감염 징후를 보이지 않는 세 가지 유형의 보균자를 보여 준다. **잠복기 보균자**(incubation carrier)는 증상이 나타나기 전 잠복기 동안 감염원을 전파한다. 예를 들어, HIV 감염자는 감염이 확인되기 수개월 또는 수년 전부터 바이러스를 보유하고 잠재적으로 전파할 수 있다. 회복 중인 환자는 증상이 사라진 후에도 병원체를 배출하는 **회복기 보균자**(convalescent carrier)로서 다른 사람에게 감염을 전파할 수 있다. 위장염의 가장 흔한 원인인 노로바이러스는 감염이 끝난 후에도 몇 주 동안 전파될 수 있다.

회복 후 오랫동안 계속해서 감염원을 지닌 사람을 **만성 보균자**(chronic carrier)라 한다. 결핵, 간염, 단순포진 감염에서 회복된 환자는 흔히 만성적으로 병원체를 보유한다. 장티푸스 환자 약 20명 중 1명은 수년간, 때로

**그림 13.17** 감염원 전파에서 보균자의 감염 연관성. (a) 무증상 보균자는 증상 없이 감염된 상태다. (b) 잠복기, 회복기, 만성 보균자는 증상 전후에 감염을 전파할 수 있다. (c) 수동적 보균자는 감염되지 않았지만 오염된 상태로, 물리적 접촉을 통해 병원체를 전파한다.

는 평생 동안 담낭에 *Salmonella typhi*를 보유한다. 가장 악명 높은 사례는 1900년대 초 수백 명에게 감염을 전파한 요리사 '장티푸스 메리(Typhoid Mary)'다.

**수동적 보균자**(passive carrier)는 환자 치료과정에서 큰 문제가 된다(13.5절의 의료관련감염 참조). 치과를 비롯해 체액과 혈액으로 심하게 오염된 물질을 끊임없이 다뤄야 하는 의료기관 종사자들은 단순 접촉으로 병원체를 옮기거나 실수로 다른 환자에게 전파할 위험이 있다(그림 13.17c). 올바른 손 씻기, 오염된 물질 취급, 무균 기술을 적용하면 이런 위험을 크게 줄일 수 있다.

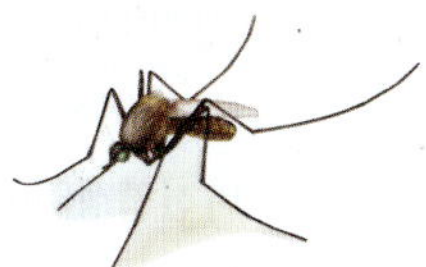

모기

## 동물 병원소와 감염원

지금까지는 생물학적 병원소나 보균자를 언급할 때 동물을 사람과 함께 다루었지만, 감염 매개체로서 동물은 특별히 구별할 필요가 있다. 역학자는 이 **매개체**(vector)라는 용어를 한 숙주에서 다른 숙주로 감염원을 전파하는 살아 있는 동물을 지칭할 때 사용한다(이 용어는 때때로 질병을 전파하는 모든 물체를 가리키는 의미로 잘못 사용되기도 한다). 매개체는 대부분 벼룩, 모기, 파리, 진드기와 같은 절지동물이지만, 더 큰 동물인 포유류(광견병), 조류(비둘기병), 하등 척추동물(살모넬라증) 등도 감염을 전파할 수 있다.

파리

일반적으로 매개체는 미생물과의 관계에 따라 크게 두 가지로 나뉜다. **생물학적 매개체**(biological vector)는 병원체 생활사(life cycle)의 필수 요소가 돼서 병원체가 증식하거나 발달을 완성하는 장소 역할을 한다. 생물학적 매개체는 물기, 에어로졸 형성, 또는 접촉을 통해 감염원을 인간 숙주에게 전달한다. 무는 매개체인 경우, 그 동물은 감염된 침을 혈액 속으로 주입하거나(모기), 물린 상처 주변에 배변하거나(벼룩), 상처에 혈액을 되돌려 보내기(체체파리)도 한다.

**기계적 매개체**(mechanical vector)는 감염원 생활사에 필수적이지 않으며, 단순히 감염되지 않은 상태로 감염원을 운반할 뿐이다. 이러한 동물은 신체 외부가 병원체와 접촉할 때 오염된다. 이후 감염원은 음식과 같은 매개물을 통해 간접적으로, 또는 때로는 직접 접촉(특정 눈 감염의 경우)을 통해 사람에게 전달된다. 집파리는 악명 높은 기계적 매개체다. 이들은 부패한 쓰레기와 배설물을 먹이로 하며, 먹이 활동 중에 발과 입 부위가 쉽게 오염된다. 또한 먹이를 부드러운 상태로 소화하기 위해 소화액을 음식 위에 토하기도 한다. 파리는 20가지 이상의 세균성, 바이러스성, 원생동물성, 기생충성 감염을 전파한다. 다른 물지 않는 파리들은 열대 궤양(tropical ulcer), 요스(yaws), 트라코마를 전파한다. 파리와 비슷한 불결한 습성을 가진 바퀴벌레는 대변 병원체를 기계적으로 전파할 뿐만 아니라 천식이 있는 어린이들의 알레르기 발작을 유발하는 데도 영향을 미친다.

**표 13.10** 대표적인 인수공통감염

| 질병/감염원 | 주요 동물 병원소 | 감염 방법 |
|---|---|---|
| **바이러스** | | |
| 광견병 | 모든 포유류 | 물림, 에어로졸 |
| 황열 | 야생조류, 포유류, 모기 | 모기 물림 |
| 바이러스성 열 | 야생포유류 | 다양한 모기 |
| 한타바이러스 | 설치류 | 공기 중 마른 분뇨 등 흡입 |
| 인플루엔자 | 닭, 돼지 | 공기 중 분비물 흡입 |
| 웨스트나일바이러스 | 야생조류, 모기 | 모기 물림 |
| **세균** | | |
| 로키산홍반열 | 개, 진드기 | 진드기 물림 |
| 앵무새병 | 새 | 공기 중 분비물 |
| 렙토스피라증 | 가축 | 동물 폐기물(소변) |
| 탄저병 | 가축 | 공기 중 포자, 피부 접촉 |
| 브루셀라증 | 소, 양, 돼지 | 공기와 식품 매개 |
| 페스트 | 설치류, 벼룩 | 벼룩 물림, 에어로졸 |
| 살모넬라증 | 다양한 포유류, 조류, 설치류 | 식품 매개 |
| 야토병 | 설치류, 조류, 절지동물 | 진드기 물림, 공기 매개 |
| **기타** | | |
| 백선 | 가축 | 피부 접촉 |
| 톡소플라즈마증 | 고양이, 설치류, 조류 | 식품 매개, 접촉 |
| 트리파노소마증 | 가축, 야생포유류 | 체체파리, 침노린재 |
| 선모충증 | 돼지, 곰 | 낭포 섭취 |
| 촌충 | 소, 돼지, 물고기 | 알 섭취 |
| 옴 | 가축 | 피부 접촉 |

많은 매개체와 동물 병원소는 자신의 감염을 사람에게 전파한다. 동물에게 고유한 감염병이지만, 그대로 사람에게 전파될 수 있는 감염을 **인수공통감염병**(zoonosis)* 이라고 한다. 이런 감염 유형에서 사람은 최종 숙주며, 이것은 미생물 입장에서 생존 유지에 불리하다. 일부 인수공통감염병(예: 광견병)은 여러 숙주가 관여할 수 있으며, 다른 감염병(예: 페스트)은 자연계에서 매우 복잡한 순환과정을 가질 수 있다. 인수공통감염병 전파는 사람과 동물 사이 긴밀한 접촉으로 촉진되며, 동물 관련 직종이나 야외활동이 많은 직업을 가진 사람들이 가장 큰 위험에 노출돼 있다. 인수공통감염병은 전 세계적으로 적어도 150가지가 존재하며, 가장 흔한 것은 표 13.10에 나열돼 있다. 전 세계적으로 새롭게 출현하는 모든 질병의 70%가 인수공통감염병이다. 주목할 점은 동물 병원소를 제거하지 않고서는 인수공통감염병을 완전히 근절하는 것이 불가능하다는 것이다. 모기와 특정 설치류를 완전히 없애려는 시도가 있었고, 독감 유행 시에는 그 확산을 통제하기 위해 수많은 닭과 돼지가 도살되기도 한다.

* **인수공통감염병** 그리스어 zoion(동물)과 nosos(질병)에서 유래.

특정 모기가 매개하는 인수공통감염병 발생을 조기에 경고하기 위한 한 방법은 감시 동물(sentinel animals) 활용이다. 감시 동물은 주로 웨스트나일열, 다양한 바이러스성 뇌염, 말라리아와 같은 질병의 숙주가 될 수 있는 가축(주로 닭이나 말)이다. 감시 동물은 지역사회 내 여러 장소에 배치되며, 혈액검사를 통해 모기에 물려 최근 감염됐는지 알 수 있는 감염원 항체를 주기적으로 확인한다. 감시 동물은 사람에 대한 잠재적 노출 가능성을 알기 위한 유용한 데이터를 제공하며, 인수공통감염병 확산 지역을 포함한 역학적 양상을 파악하는 데도 도움이 된다.

### 무생물 병원소

미생물은 생물권에 있는 거의 모든 서식지에 적응해 왔다. 이들은 토양과 물속에서 번성하며 종종 공기 중으로도 퍼져 나간다. 미생물 대부분은 유기물을 분해하며 살아가는 부생생물로서 사람에게 유익하지만, 일부는 기회감염성 질병을 일으키고 몇몇은 전형적인 병원체다. 사람은 이런 환경 속 감염원과 계속 접촉하기 때문에 자연환경에서 비롯된 병원체는 진단적으로도 역학적으로도 중요성을 지닌다.

토양에는 세균, 원생동물, 기생충, 진균 등이 영양체(vegetative form) 상태로 존재할 뿐만 아니라 이들의 포자, 낭포, 알, 유충과 같이 내성 단계나 발달 단계 상태로도 존재한다. 토양에 사는 세균성 병원체로는 탄저균(anthrax bacillus)과 가스 괴저, 보툴리누스 중독, 파상풍을 일으키는 *Clostridium* 속 균이 있다. *Coccidioides* 속과 *Blastomyces* 속 병원성 진균은 토양과 먼지 속 포자를 통해 확산한다. 구충(hookworm)인 *Necator*의 침입 단계도 토양에서 발생한다. 자연환경의 물에는 토양보다 영양분이 적지만, 그래도 *Legionella*, *Cryptosporidium*, *Giardia*와 같은 병원성 종이 살아갈 수 있다.

## 감염원 획득과 전파

감염병은 감염원을 어떻게 획득하는지에 따라 분류할 수 있다. 감염된 숙주가 감염원을 다른 숙주에게 전달하여 새로운 숙주에게서 감염이 성립될 때 이를 **전염성**(communicable) 감염병이라고 한다. 이 표현이 표준용어로 사용되고 있으나, 실제 전파과정에서 옮겨 가는 것은 질병이 아니라 질병을 일으키는 미생물이라는 점을 알아야 한다. 감염원 전파는 직접적이거나 간접적일 수 있으며, 질병이 얼마나 잘 퍼지는지는 감염원 특성에 따라 큰 차이를 보인다. 감염원이 매우 쉽게 전파될 수 있고, 특히 직접 접촉을 통해 전파된다면, 이를 **접촉성**(contagious)이라고 한다. 독감과 홍역은 숙주 사이를 쉽게 이동하므로 접촉성이 있는 반면에, 한센병은 전염성이 매우 약하다. 전염성 감염병은 인구 집단 내에서 퍼질 수 있으므로 다음 절에서 중점적으로 다룰 것이다.

반면, **비전염성**(noncommunicable) 감염병은 감염원이 한 숙주에서 다른 숙주로 직접 전달되지 않는다. 이것은 특정 환경이나 상황에 노출되어 발생하는 감염병이다. 비전염성 감염은 주로 면역반응이 약해진 사람이 자신의 미생물총에 의해 침입당할 때(예: 특정 폐렴의 경우) 또는 개인이 토양과 같은 무생물 병원소에 존재하는 조건성 기생체와 우연히 접촉할 때 발생한다. 예를 들어, 진균 포자를 흡입하여 발생하는 특정 진균증이나, 오염된 물체에 있던 *Clostridium tetani*의 내생포자가 베인 곳이나 상처로 들어가 발생하는 파상풍이 있다. 이렇게 감염된 사람들은 다른 사람의 감염원이 되지 않는다.

### 전염성 질병의 전파경로

감염병이 전파되는 경로나 양상은 매우 다양하다. 감염병은 생물(animate)이나 무생물(inanimate)에 대한 직접 또는 간접 접촉을 통해 퍼지며, 수평(horizontal) 또는 수직(vertical)으로 전파될 수 있다. 수평 전파란 감염된 개체에서 다른 개체로 집단 내에서 퍼져 나가는 것을 의미하며, 수직 전파는 난자, 정자, 태반, 또는 모유를 통해 부모에서 자녀에게 전달되는 것을 말한다. 정확한 전파 양상은 다양할 수 있지만, 그림 13.18은 미생물 전파 방식을 크게 두 가지로 보여 준다. 하나는 직접 전파되는 것이고, 다른 하나는 매개체를 통해 간접 전파되는 것이다.

#### 직접 전파경로

미생물 직접 전파는 감염자와 피감염자의 피부나 점막이 서로 접촉해야

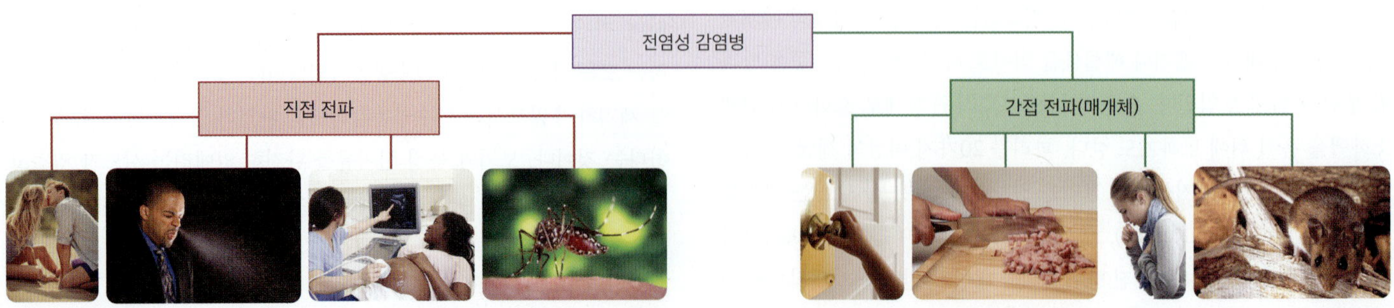


그림 13.18 전염성 감염병 전파경로 요약. (출처: Igormakarov/Shutterstock; Custom Medical Stock Photo/Alamy Stock Photo; Monkeybusinessimages/iStock/Getty Images; Frank Hadley Collins, Dir, Center for Global Health and Infectious Diseases; University of ND/CDC; Frank Rosenstein/Getty Images; McGraw Hill; istock/360/Alex Raths/Getty Images; James Gathany/CDC)

일어난다. 이런 전파경로는 중간 매개체 없이 배출경로와 유입경로가 직접 만나는 것으로 볼 수 있다. 또한 직접 전파는 재채기나 기침으로 가깝게 있는 사람에게 곧바로 튀는 미세 비말(fine droplet)로도 일어난다(공기 중을 떠다니며 멀리 퍼져 나가는 비말핵과는 다르다). 성매개감염병은 대부분 직접 전파되고, 키스나 생물학적 매개체에 물려서 생기는 감염도 직접 전파에 속한다. 절대기생체(obligate parasite)는 대개 숙주 밖에서 생존기간이 짧아서 직접 접촉으로만 전파될 수 있다. 어머니에서 아기로 수직 전파되는 감염병도 직접 전파에 속한다.

### 간접 전파경로

간접 전파는 감염자로부터 어떤 매개체를 거쳐 다른 사람에게 미생물이 전달되는 것이다. 주로 감염자의 일상 활동으로 물건, 음식, 공기가 오염될 때 발생하며, 이런 전파는 증상이 있는 감염자나 증상이 없는 보균자 모두에 의해 가능하다.

#### 매개체를 통한 간접 전파: 오염된 물질

**매개체**(vehicle)란 사람이 일반적으로 사용하는 물건 중에서 감염원을 전파할 수 있는 모든 무생물을 말한다. **공통 매개체**(common vehicle) 또는 **감염원천**은 여러 사람을 감염시키는 단일 물질을 의미한다. 대표적인 매개체로는 음식, 물, 여러 생물학적 제제(혈액, 혈청, 조직 등), 매개물이 있다.

**매개물**(fomite)은 병원체를 보유하고 전파하는 무생물 물체를 말한다. 매개물이 될 수 있는 물건의 종류는 셀 수 없이 많다. 가장 대표적인 것은 많은 사람들이 접촉하는 물건으로, 문 손잡이, 전화기, 버튼류, 수도꼭지 손잡이 등이 있는데, 이들은 접촉으로 쉽게 오염될 수 있다. 다른 예로는 공동으로 사용하는 침구류, 손수건, 변기 시트, 장난감, 식기류, 의류, 개인용품, 주사기 등이 있다. 지폐에는 미생물 억제를 위한 소독제가 처리되어 있지만, 병원체는 지폐와 동전 모두에서 완전히 사라지지 않는다.

집단 식중독 발생은 주로 음식이 공통 매개체일 때 일어난다. 병원체 출처는 토양, 음식을 취급한 사람 또는 기계적 매개체일 수 있다. 우유는 미생물이 잘 자랄 수 있는 영양분이 풍부한 배지이므로 병든 동물, 감염된 취급자, 환경으로부터 병원체를 전파하는 중요한 수단이 된다. 브루셀라증, Q열, 살모넬라증, 리스테리아증은 오염된 우유를 통해 전파된다. 배설물에 오염된 물은 *Salmonella*, *Vibrio*(콜레라), 바이러스(A형 간염, 폴리오), *Leptospira*, 그리고 병원성 원생동물(*Giardia*, *Cryptosporidium*)을 전파할 수 있다.

**입-분변 경로**(oral-fecal route)는 간접 전파 중 특별한 유형인데, 매개체가 먼저 분변에 접촉해 오염된 후 누군가의 입으로 전파되는 것을 말한다. 일반적인 예로는 분변 보균자가 음식을 다루면서 오염시키고 이를 모르는 사람이 섭취하는 경우가 있다. A형 간염, 아메바성 이질(amebic dysentery), 시겔라증, 장티푸스가 주로 이런 방식으로 전파된다. 입-분변 전파는 장난감, 기저귀, 기타 무생물 매개체를 통해서도 일어날 수 있다. 예를 들어, 노로바이러스는 감염자가 만진 공공 시설물을 통해 쉽게 전파될 수 있으므로 손을 잘 씻는 것이 무엇보다 중요하다.

#### 매개체를 통한 간접 전파: 공기

토양이나 물과 달리 실외 공기는 대부분 미생물 증식에 필요한 영양분을 제공하지 못하므로 공기 매개 병원체 전파 가능성은 낮다. 반면, 실내 공기(특히 밀폐된 공간)는 비말핵과 에어로졸을 통해 특정 호흡기 병원체를 부유시키고 분산시키는 중요한 매개체가 될 수 있다.

**비말핵**(droplet nuclei)은 입과 코에서 나오는 작은 점액과 타액이 말라 생기는 미세한 잔류물이다. 이것은 재채기나 기침을 막지 않았을 때 많이 발생하거나, 말할 때도 적은 양이 발생한다. 큰 수분 방울은 빠르게 가라앉지만, 더 작은 입자들은 증발하여 더 오래 공중에 떠 있을 수 있고 폐 깊숙이 흡입될 수 있다. 결핵균, COVID 바이러스, 독감 바이러스와 같은 병원체가 이런 비말핵을 통해 전파된다.

**에어로졸**(aerosol)은 살아 있는 병원체를 포함한 미세 먼지나 수분 입자가 공기 중에 떠 있는 상태를 말한다. Q열은 동물 사육장 먼지를 통해 전파되며, 앵무병(psittacosis)은 감염된 새들로부터 나온 에어로졸을 통해 전파된다. 콕시디오이데스증(폐 감염)은 주로 바람이나 땅파기로 인해 토양이 날려 *Coccidioides* 포자가 포함된 먼지구름이 잘 생성되는 곳에서 집단으로 발생한다.

**핵심 점검 13.4**

22. 전염성 감염병과 비전염성 감염병의 차이점과 (직접) 접촉과 간접 전파 방식의 차이를 설명하시오.
23. 병원소와 감염원천 간 차이를 사례를 통해 구분하시오.
24. 기계적 매개체와 생물학적 매개체의 주요 차이점을 서술하시오.
25. 인수공통감염병(zoonosis)을 정의하고, 이 감염병을 통제하기 어려운 이유를 설명하시오.
26. 감염병 보균자가 무엇인지 설명하고, 사람이 보균자가 되는 네 가지 방법을 서술하시오.
27. 인구 집단 내 보균자가 역학적 그리고 의학적으로 중요한 이유를 설명하시오.

## 13.5 역학자: 조사와 감시

**학습목표**

24. 인구 집단 내에서 감염과 질병을 추적하는 주요 방법을 설명한다.
25. 집단발생 양상을 빈도, 수, 장소에 따라 구분한다.
26. 코흐의 가설에서 각 단계를 요약하고, 미생물학자에게 중요한 이유를 설명한다.
27. 의료관련감염의 핵심 내용과 환자에게 끼치는 영향을 논의한다.
28. 표준예방지침이 무엇인지 설명하고, 어떻게 시행되는지 논의한다.

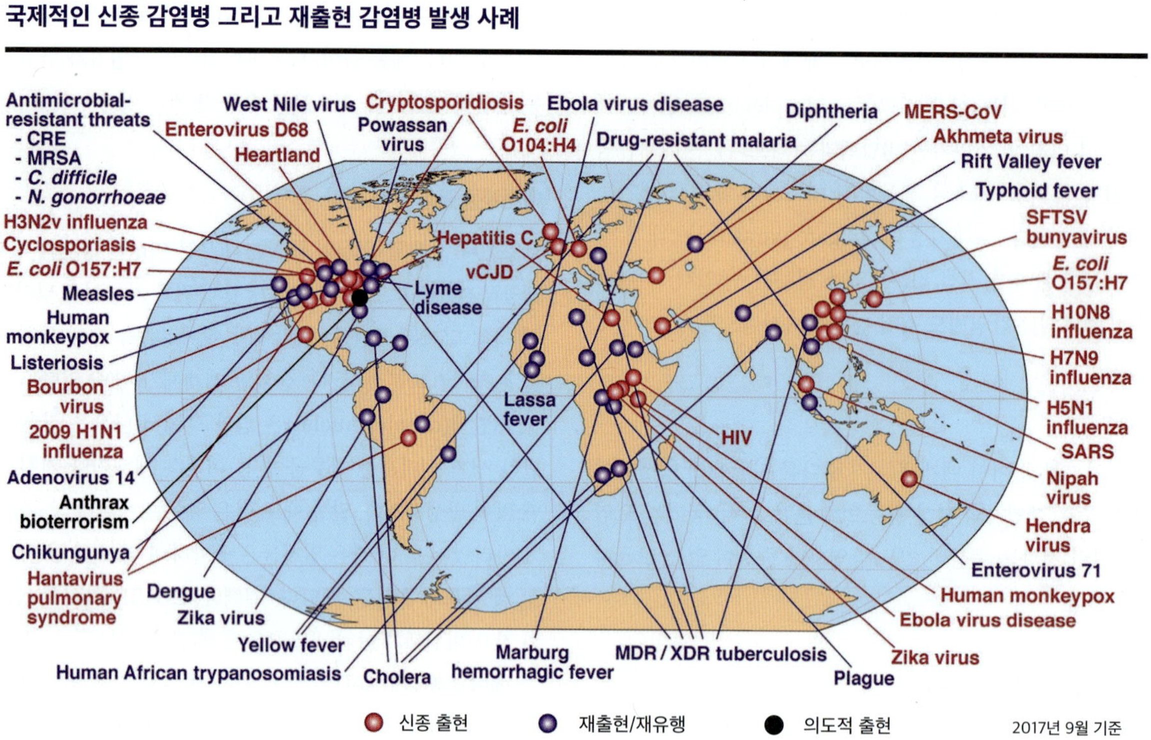


그림 13.19 **신종 감염병과 재출현 감염병.** HIV, COVID-19와 같은 세계적 대유행에 대한 정보는 여기에 포함돼 있지 않다. (출처: Anthony S. Fauci/NIAID)

역학자들은 병원체 독력, 감염경로, 질병이 진행되는 과정을 주요 연구 대상으로 삼는다. 이와 더불어 **감시**(surveillance) 활동도 담당하는데, 이것은 감염 발생률, 사망률, 이환율, 전파율에 대한 데이터를 수집하고 분석한 후 보고하는 것이다. 감염병은 지역 단위부터 국제 사회까지 여러 기관이 체계적인 협력망을 통해 꾸준히 관리되고 있다(그림 13.19). 감시 활동은 감염병 관리뿐만 아니라 병원에서 발견되는 많은 질병을 공중보건 당국에 알리고 관련 자료를 체계적으로 관리하는 업무도 포함한다. 미국의 경우, 감염병은 법적으로 병원이 반드시 정부기관에 보고해야 하는 특정 **신고의무 질병**(reportable disease)과 각 주의 판단에 따라 CDC에 자발적으로 보고할 수 있는 **신고대상 질병**(notifiable disease)으로 나뉜다. 의사와 병원은 자신들이 알게 된 모든 신고의무 질병에 대해 해당 기관에 연락해야 한다. 사례 보고(case reporting)는 개인별 또는 집단으로 묶어 이뤄지는 경우다. [우리나라에서는 감염병의 예방 및 관리에 관한 법률에 따라 감염병을 법적으로 1급부터 4급까지 분류한다. 이 중 전수감시체계에 속하는 1~3급은 발생 즉시(1급) 또는 24시간 이내(2급과 3급)에 의사가 관할 보건소에 신고해야 한다. 표본감시체계에 속하는 4급은 발생 7일 이내에 감시 기관으로 지정된 의료기관 의사가 관할 보건소에 신고해야 한다. — 역주]

지역 공중보건기관은 우선 신고된 질병 사례 데이터를 받아 이것을 어떻게 처리할지 결정한다. 대부분 보건 담당자들은 환자의 과거 접촉 기록과 동선을 조사해서 이전 접촉자들을 추적하고, 약물치료, 예방접종, 교육 등을 통해 감염이 더 이상 확산하지 않도록 최대한 신속히 대응한다. 성매개감염병인 경우, 환자들에게 성관계 상대를 밝히도록 요청하며, 이들에게 연락해 검사와 치료를 받게 한다. 이 보고서에 포함된 사람들의 신원을 철저히 비밀에 부치는 것은 매우 중요하다. 미국에서 전국적인 감염병 추적을 담당하는 주요 정부기관은 조지아주 애틀랜타에 있는 질병통제예방센터(CDC)로, 이곳에서는 **국가 감염병 감시체계**(National Notifiable Diseases Surveillance System, NNDSS)가 운영되고 있다. CDC는 매주 이환율과 사망률에 대한 주간 보고서인 《Morbidity and Mortality Weekly Report》를 발행한다. 이 보고서는 약 100가지 신고의무 질병과 신고대상 질병에 대한 주간 그리고 누적 통계를 제공하며, 사례 발생률과 사망률을 요약해서 알려 준다. 또한 중요한 질병과 이례적인 질병 사례를 주의 깊게 살피고, 미국 주요 지역에서 발생한 질병에 대한 데이터를 담고 있다. 이 발행물은 http://www.cdc.gov/mmwr/ 에서 누구나 볼 수 있다. CDC는 최종적으로 자국 통계를 세계보건기구(WHO)에 전달함으로써 전 세계적인 감염병 대응체계에 함께 참여한다.

많은 질병 발생 사례가 실제보다 적게 보고되는 것으로 여겨지는데, 대개 이런 질병은 증상이 비교적 약해서 감염자 대부분은 병원에 가지 않고 극히 일부 위중한 사람들만 진료를 받기 때문이다. 예를 들어, 살모넬라 감염은 매년 약 40만 건이 보고되지만, 역학자들은 실제 감염 사례가 100만에서 200만 건 사이일 것으로 추정한다. 신고대상 질병에 대한 요약은 www.cdc.gov/mmwr/mmwr_nd에서 확인할 수 있다.

## 역학 통계: 사례 빈도

질병 **유병률**(prevalence)은 전체 인구 대비 특정 질병의 기존 사례 수를 누적(어느 한 시점에서 현재까지 그 질병을 앓고 있는 모든 사람 수)해 나타낸 것이다. 이것은 대개 특정 질병을 가지고 있는 인구 비율(%)로 기록되며, 한 인구 집단에서 그 질병이 얼마나 흔한지를 나타내는 지표로 사용된다. 질병 **발병률**(incidence)은 일정 기간에 새로 발생한 사례 수를 건강한 인구와 비교해 측정한다. 이 통계는 질병률(case rate) 또는 이환율(morbidity rate)이라고도 하며, 기록 시점에서 감염 비율과 감염 위험도를 나타낸다. 유병률과 발병률을 계산하기 위해 사용되는 공식은 다음과 같다.

$$\text{유병률} = \frac{\text{인구 내 총 사례 수}}{\text{전체 인구수}} \times 100 = \%$$

$$\text{발병률} = \frac{\text{신규 사례 수}}{\text{총감수성(감염가능) 인구수}} \text{(보통 인구 10만 명당으로 보고됨)}$$

예를 들어 학생이 50명인 교실에서 새로운 인플루엔자 바이러스에 노출된 상황을 가정해 보자. 노출 전에는 유병률과 발병률 모두 0(0/50)이다. 만약 1주일 후 50명 중 5명이 질병에 걸린다면 유병률은 5/50 = 10%, 발병률은 10명당 1명(소규모 인구 집단이므로 10만 명 대신 10을 사용)이다. 한 달 내에 추가로 25명이 독감에 걸렸다면, 유병률은 30/50, 즉 60%로 증가하며, 발병률(새로운 감염 수)은 25/50, 즉 10명당 5명이 된다. 실제 사례로 HIV 감염을 보면, 1981년부터 2019년까지 최근 통계에서 누적된 총 사례 수(유병률)는 1,189,700건으로, 이것은 미국 전체 인구의 약 0.36%다. 2019년 한 해 동안 발병률은 36,801건으로, 10만 명당 11.1건에 해당한다.

유병률과 발병률 변화는 보통 계절별, 연도별 그리고 장기적인 기준으로 관찰되며, 이를 통해 질병 발생 추세를 예측할 수 있다(그림 13.20). 역학자들이 관심을 갖는 통계에는 성별, 인종, 지역에 따른 질병 발생률이 있다. 추가로 중요한 지표는 **사망률**(mortality rate)로, 특정 질병으로 인한 인구 내 총 사망자 수를 나타낸 것이다. 지난 세기 동안 감염병으로 인한 전체 사망률은 감소했지만, 감염병에 걸린 사람 수를 의미하는 **이환율**(morbidity* rate)은 비교적 높게 유지되고 있다.

통계를 잘 살펴보면 특정 인구 집단에서 질병이 얼마나 자주 발생하는지 파악할 수 있다. **풍토병**(endemic)은 특정 지역에서 고정으로 존재하며, 비교적 일정하고 예측 가능한 빈도로 오랜 기간 발생하는 감염병을 말한다(그림 13.21a). 대개 풍토병의 원인은 그 지역에만 존재하는 병원소 때문이다. 예를 들어, 라임병은 매개체인 진드기가 서식하는 미국 특정 지역의 풍토병이다. 이런 지역에서는 매년 새로운 사례가 발생할 것으로 예상된다. **산발성**(sporadic) 질병은 넓은 지역에 걸쳐 불규칙한 간격으로 가끔 사례가 보고되는 경우를 말한다(그림 13.21b). 예를 들어 파상풍과 장티푸스는 미국에서 산발적으로 발생(연간 500건 미만, 무작위 분포)하고 있는 감염병이다.

풍토병이나 산발성 질병의 신규 사례 수가 해당 인구 집단에서 예상되는 수준을 초과하는 경향을 보일 때 이것을 **유행병**(epidemic)이라 한

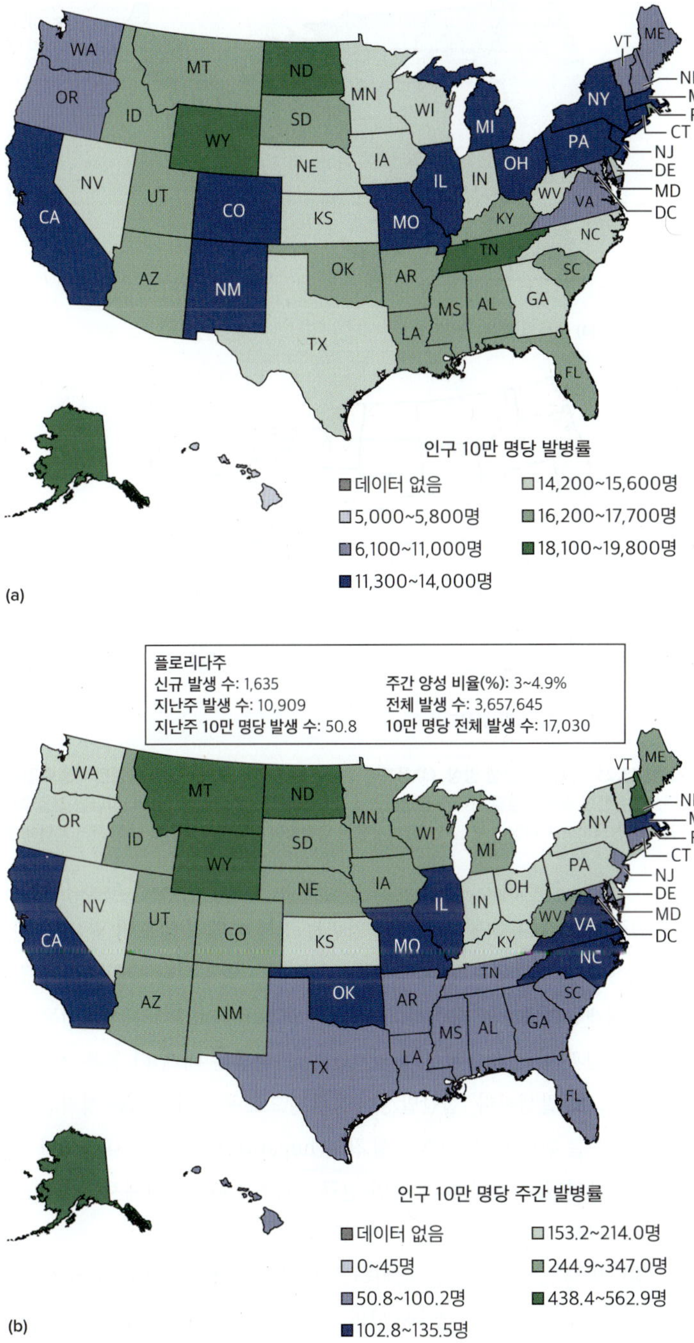


**그림 13.20** CDC가 분석한 역학 데이터 표본. (a) 미국 주별 COVID-19 유병률은 인구 10만 명당 총 감염자 수를 나타낸다. (b) 한 주에서 COVID-19 발병률은 1주일 동안 인구 10만 명당 신규 환자 수를 표시한다. CDC 웹사이트에서 각 주를 선택하면 유병률과 발병률에 대한 데이터 요약을 확인할 수 있다(여기서는 플로리다주를 예시로 보여 줌). (출처: Centers for Disease Control and Prevention)

* 이환 라틴어 morbidis(병든)에서 유래. 질병이 있는 상태.

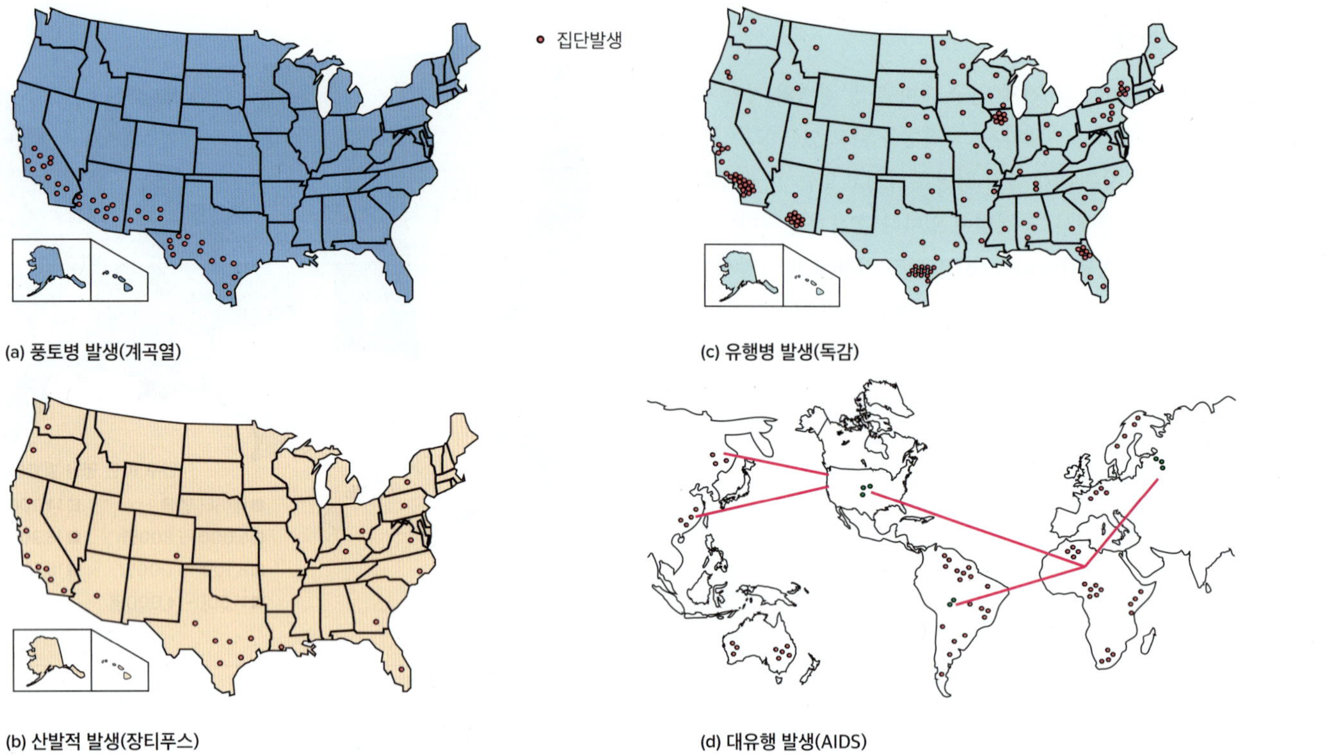


**그림 13.21 감염병 발생 양상.** (a) 풍토병 발생은 한 지역에 걸쳐 비교적 안정된 비율로 집중돼 발생하는 경우를 말한다. (b) 산발적 발생은 넓은 지역에 걸쳐 감염 사례가 무작위로 나타나는 경우다. (c) 유행성 발생은 감염 사례가 급증하면서 종종 지리적으로 군집을 이뤄 나타나는 것을 의미한다. 이러한 군집은 특정 지역, 예를 들어 식당과 관련된 식중독 유행처럼 지역 한정일 수도 있고, 독감처럼 전국적으로 퍼질 수도 있다. (d) 대유행은 유행병이 대륙이나 국경을 넘어 여러 지역에 걸쳐 확산되는 경우를 뜻한다.

다(그림 13.21c). 유행병의 시간적 범위는 정해져 있지 않으며 몇 시간 안에 발생하는 식중독부터 몇 년 동안 지속되는 임질이나 클라미디아 같은 성매개감염병까지 다양하다. **집단발생**(outbreak)이라는 용어는 흔히 유행병과 같은 의미로 사용되지만, 집단발생은 대개 더 좁은 지역에서 소규모로 발생한다. 집단발생이 유행병으로 분류되기 위한 정확한 증가율 기준은 없다. 예를 들어 C형 간염(hepatitis C)은 미국 내 350만 명 이상이 감염됐고, 최근 몇 년 동안 신규 사례가 150% 증가해서 유행병으로 분류됐다.

집단발생으로부터 얻은 데이터를 분석해서 **유행곡선**(epicurve)을 그리면 사례 수를 시간 경과에 따라 나타낼 수 있다(그림 13.22). 유행병은 다음 세 가지 전파 양상 중 하나를 따르게 된다. 첫째, **단일감염원천 유행**(point-source epidemic)은 감염원이 한곳에서 거의 동시에 발생한 경우다. 바비큐 파티에서 같은 시간에 제공된 오염된 음식을 먹고 참석자 모두가 한꺼번에 식중독에 걸리는 상황이 좋은 예다. 이때 유행곡선은 급격히 증가했다가 점차 감소한다. **공동감염원천 유행**(common-source epidemic)은 모든 사례가 같은 감염원천에 노출돼 발생하며, 이 감염원천이 계속 다른 사람들을 감염시키는 경우다. 이 경우 유행곡선은 노출 시기와 정도에 따라 불규칙한 정점 여러 개를 보인다. 위생이 불량한 식당 직원이 일할 때마다 손님들을 감염시키는 상황이 좋은 예다. **전파성 유행**(propagated epidemic)은 사람 사이에 질병 전파가 일어나는 경우다. 독감에 걸린 미생물학 강사가 강의 중 여러 학생을 감염시키고, 이 학생들이 다른 수업에 참석하면서 또 다른 학생들을 감염시키는 상황이 좋은 사례다. 이 경우 유행곡선은 시간이 지남에 따라 점점 증가하며, 이것은 사람 사이에 전파가 일어나고 있음을 나타낸다.

유행병이 대륙이나 국가 간 경계를 넘어 퍼지는 것을 **세계적 유행병**(pandemic)이라 하며, AIDS, 독감, COVID-19가 대표적인 사례다(그림 13.21d).

## 역학자의 조사 전략

지역에서 새로운 질병이나 유행병에 대한 초기 증거는 단편적이다. 초기에는 의료진이 몇몇 간헐적인 사례를 발견해서 보건기관에 보고하지만, 경보가 발령되기까지는 사례가 다수 보고돼야 한다. 여기서 역학자와 공중보건부서는 의학적 수사관으로서 비슷한 사례를 찾아 모으고, 이들 간 공통점을 발견해야 한다. 또한 집단발생이나 유행에 영향을 미칠 수 있는 요인을 역추적하여 재구성하는 작업도 수행한다. 완전히 새로운 질병일 경우에는 병원체를 분리하고, 질병과 직접적인 연관성을 입증해야 하므로 더 광범위한 초기 조사가 필요하다(**13.5 연결고리 찾기**). 조사를 이끄는 초기 정보는 **최초환자**(index case)에서 시작된다. 최초환자란 보건기관의 관심을 처음으로 끌게 된 감염 또는 질병 사례를 뜻한다. 이것이 정확하게 첫 번째 사례는 아닐 수도 있지만, 보고된 사례 중 첫 번째로

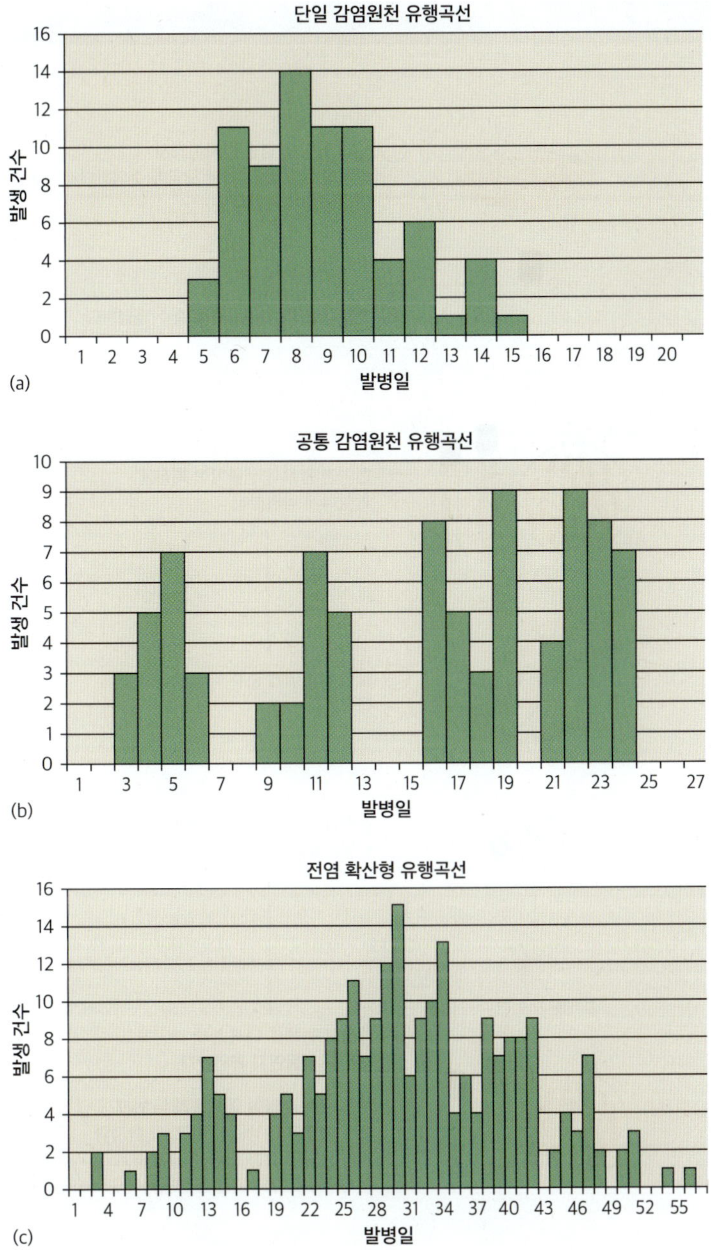


**그림 13.22** 유행병의 세 가지 주요 양상을 보여 주는 유행곡선 그래프. (출처: McGraw Hill)

볼 수 있다. 대개 최초환자 뒤에 다른 사례들이 이어지고, 이후 통계는 조사 방향을 더욱 구체화하는 데 도움을 준다.

질병에 영향을 미칠 수 있는 모든 원인은 세밀하게 조사된다. 조사관들은 여러 감염 사례를 분석해 이것이 사람 사이에 전파됐는지, 아니면 공동감염원천이나 매개체에서 비롯됐는지 파악한다. 또한 동물에 대한 접촉 가능성, 오염된 음식과 물, 공공시설, 사람들 사이 관계나 지역 내 생활 환경 변화도 살펴본다. 조사관들은 이런 복잡한 사례 정보 속에서 감염원을 가리키는 것들을 가려내 신속하게 통제하고자 한다.

## 병원 역학과 의료관련감염

의료기관에서 치료받는 동안 얻거나 발생하는 감염병을 **의료관련감염**(healthcare-associated infection, HAI)이라고 한다. 병원이나 의원은 질병을 치료받는 곳이지 새로운 질병에 걸리는 곳이 아니라고 생각하기 때문에 처음에는 모순된 개념처럼 생각된다. 하지만 수술 부위가 감염되거나, 도뇨관(catheter)을 삽입한 환자가 요로 감염에 걸리는 일은 드물지 않다. 의료관련감염 발생률은 의료 환경이나 병원에 따라 입원 환자의 0.1%에서 20%까지 다양하고, 평균은 약 3%(31명 중 1명)다. 입원자 수를 고려할 때 매년 발생 사례 수는 약 100만에서 200만 건이고, 사망자는 약 72,000명에 이른다. 또한 추정치에 따르면, 이것으로 인해 연간 800만 일의 추가 입원 일수가 발생하고 추가 비용이 50억에서 100억 달러일 것으로 보고됐다.

병원 환경만이 가지는 여러 요인이 의료관련감염을 일으키기 쉬운 조건을 만들어 내기 때문에 어느 정도 감염은 사실상 피할 수 없다. 결국 병원은 면역체계가 취약해진 환자들이 모이고 생기는 곳이며, 기회감염 병원체가 모이는 장소가 될 수 있다. 일부 환자는 외과수술이나 면역체계 약화 때문에 상재미생물이 체내에 침투하는 것을 허용하게 된다. 다른 환자들은 오염된 도뇨관이나 인공호흡기 등과 같은 의료 장비, 다른 환자들, 의료진, 방문객, 공기, 물을 통해 직간접적으로 감염된다.

의료 행위 자체가 감염원이 한 환자에서 다른 환자로 전파될 가능성을 높인다. 인공호흡기나 내시경 같은 재사용 기구를 이용한 치료는 감염원을 위한 감염원천이 될 수 있다(11장의 사례 연구 참조), 도뇨관, 인공 심장 판막, 이식편, 기관절개관 등과 같은 체내 삽입장치는 감염원이 쉽게 들어올 수 있는 경로이자 서식지가 된다. 또한 입원 환자 중 많은 수가 항생제를 사용하기 때문에 병원 내에서는 밖보다 훨씬 더 빠른 속도로 항생제 내성 미생물이 출현한다.

가장 흔한 의료관련감염은 수술 부위, 호흡기, 위장관, 피부, 요로, 혈액(패혈증) 감염이다(그림 13.23). 그람 음성 장내세균(*E. coli*, *Klebsiella*, *Pseudomonas*)은 의료관련감염 환자 절반 이상에서 분리되며, 나머지는 그람 양성 세균(포도상구균과 사슬구균)과 효모(*Candida*)가 대부분을 차지한다. 또한 임상 환경에서는 결핵균, 살모넬라, B형 간염, 인플루엔자 바이러스와 같은 진성 병원체도 전파될 수 있다.

의료관련감염의 잠재적 위험성과 영향 때문에 병원은 감염 발생을 감시하고 감염 관리와 무균 절차에 대한 지침을 개발하는 위원회를 구성해야 한다. 의료적 무균법(medical asepsis)에서는 환자, 의료진, 병원 환경에서 미생물 분포량을 낮추기 위해 올바른 손씻기, 소독, 위생 관리와 함께 환자 격리 등을 실시한다. 표 13.11은 주요 격리 유형에 대한 지침을 요약한 것이다. 이런 절차의 목적은 감염원이 사람 사이 확산을 통제하는 것이다. 예방 수단 중 가장 엄격한 것이 외과적 무균법(surgical asepsis)이며, 이것은 이전에 언급한 모든 방법에 더해 수술과정 전체에 완전한 무균 상태를 보장하는 방법이다. 여기에는 수술 기구, 드레싱, 붕대, 스펀

13.5 연결고리 찾기

## 코흐의 법칙: 질병과 병원체 사이 연결고리를 밝히다

감염병과 질병 연구의 핵심 목표는 정확한 **병인체**(etiologic agent), 즉 질병에 대한 원인 물질을 찾는 것이다. 지금은 특정 감염병이 특정 미생물에 의해 일어난다는 것은 상식으로 여겨지지만, 예전에는 그렇지 않았다. 약 130년 전, 로베르트 코흐는 세균이 질병을 일으킨다는 질병 배종설(germ theory of disease)을 증명하기 위해 과학적으로 엄격한 기준이 필요하다고 생각했다. 그는 소 탄저병 연구를 통해 **코흐의 가설**(Koch's postulate)이라 불리는 아래에 나열된 네 가지 기준을 확립했다.

1. 특정 질병이 있는 모든 환자에서 특정 미생물이 발견돼야 한다.
2. 감염된 숙주로부터 그 미생물을 분리하여 실험실에서 배양할 수 있어야 한다.
3. 건강한 동물에게 실험실에서 배양한 미생물을 감염시켰을 때 같은 질병이 발생해야 한다.
4. 새롭게 감염된 동물에서 동일한 미생물을 다시 분리할 수 있어야 한다.

이 법칙을 올바르게 적용하기 위해서는 몇 가지 중요한 조건이 있다. 각 배양체는 한 가지 종으로만 구성(순수 배양)돼야 하고, 현미경으로 관찰할 수 있어야 하며, 특성 검사로 확인돼야 한다. 또한 처음과 나중에 분리된 미생물이 같아야 하고, 질병의 병리적 영향, 징후, 증상도 첫 번째와 두 번째 대상에서 일치해야 한다. 이 법칙이 확립되자마자 빠르게 적용되면서 단기간 내 결핵, 디프테리아, 페스트 등 여러 질병의 원인체를 밝혀낼 수 있었다. 오늘날 감염성 질환 대부분은 알려진 병원체와 직접적으로 관련돼 있다.

그러나 바이러스나 절대기생성 세균처럼 배양이 어렵거나 불가능한 병원체도 있다. 이런 경우, 코흐의 법칙을 수정해 적용한다. 같은 질병인 환자의 조직 표본에서 반복적으로 같은 병원체가 관찰되는 것도 중요한 증거로 인정된다. 만성 장 감염인 휘플병(Whipple disease)이 그 좋은 예로, 오랫동안 병인체를 찾지 못하다가 결국 감염된 조직에서 지속적으로 발견되는 세균이 확인되면서 *Tropheryma whipplei*라고 명명했다. 지금은 유전자서열 분석기술(gene sequencing)로 배양이 불가능한 미생물 유전자도 분석할 수 있게 됐고, 이는 코흐의 가설을 충족시키는 새로운 증거로 활용되고 있다.

코흐의 최초 가설이나 그 수정된 버전은 현대 역학에서도 여전히 중요한 역할을 하고 있는 가운데, 거의 매년 새로운 질병이 발생하거나 기존 질병이 일반적인 발생 범위를 벗어나 퍼지고 있다. 주목할 만한 예로는 뎅기열, 인플루엔자, SARS, 웨스트나일열 등이 있다. 바이러스성 질병에는 가설에 대한 일부 수정이 필요한데, 여기에는 바이러스는 세포배양을 통해 증식시켜야 하고, 세균 필터를 통과해야 하며, 검출 가능한 특정 면역반응을 유발해야 한다는 것이 포함된다.

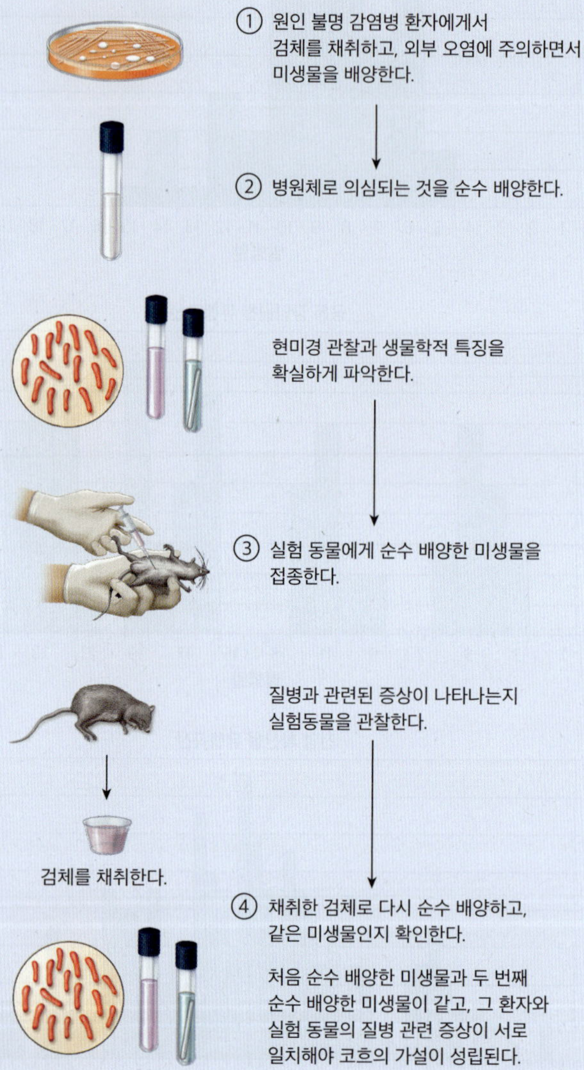


**효과적인 동물 모델이 없어도 HIV가 AIDS의 원인이라는 것을 확신할 수 있는 이유를 설명하시오.**

지 등에 대한 멸균은 물론 의료진의 무균 가운 착용, 수술실 표면과 공기에 대한 철저한 소독이 포함된다.

대부분 병원은 감염 관리 담당자를 고용한다. 이들은 병원 전체에 대한 적절한 관리 방법과 절차를 시행할 뿐만 아니라 잠재적인 집단발생을 추적하고, 무균법에 대한 위반사항을 알아내며, 다른 의료진에게 무균 기술을 교육하는 업무도 맡는다. 이런 교육이 가장 필요한 대상은 간호사와 다른 의료종사자들인데, 그들의 업무 특성상 주삿바늘에 찔리고, 감염성 분비물과 혈액에 노출되고, 환자와 직접 접촉하기 때문이다. 환자의 감염경로를 차단하는 방법은 의료진 자신을 보호하는 데도 도움이 된다. 이런 이유로 병원들 대부분은 표준예방지침을 채택하고 있는데, 그 이유는 의료현장에 있는 모든 사람의 분비물이 잠재적으로 감염성이 있으며 전파가 어느 방향으로든 일어날 수 있다는 것을 알고 있기 때문이다.

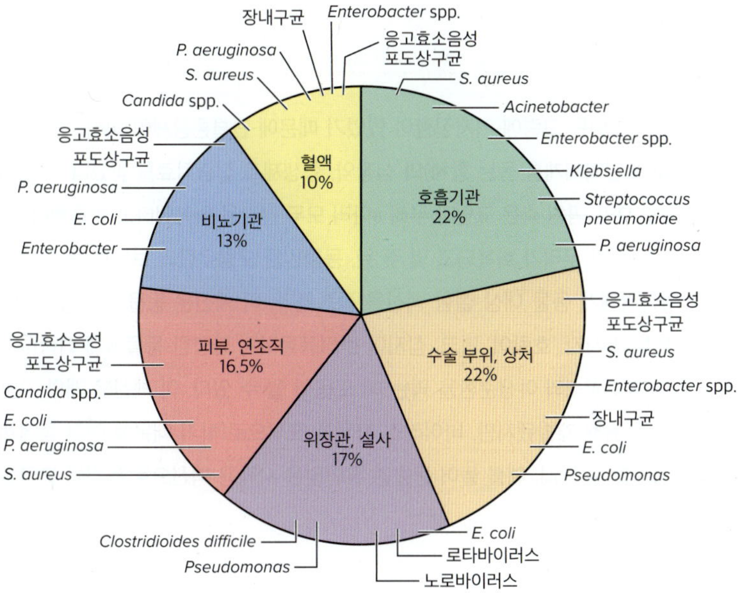


**그림 13.23** 의료관련감염(HAI) 유병률. 원그래프는 신체 부위별 상대적 발생 빈도를 나타낸다. 이것은 HAI를 일으키는 것으로 알려진 병원체 500여 종 중 가장 흔하게 분리되는 것들이다. (출처: National Health Safety Network, a unit of the CDC. Centers for Disease Control and Prevention)

## 혈액과 체액에 대한 표준예방지침

의료와 치과 환경에서는 환자에서 환자, 환자에서 의료진, 그리고 의료진에서 환자로 감염원이 전파되는 것을 방지하기 위해 엄격한 조치가 필요하다. 그러나 이런 예방조치에도 불구하고 감염률은 상당히 높을 수 있다. 기존 많은 연구 결과에 따르면, 의료관련감염 중 1/3 이상은 일관되고 철저한 감염관리 방법을 통해 예방할 수 있다.

이전에는 감염관리지침이 질병별로 구분돼 있어서 명확하게 확인된 감염에 대해서는 특정 규제와 기술을 적용했다. 이런 체계에서 의료진은 감염성이라고 표시된 물질을 그렇지 않은 물질보다 훨씬 더 주의해서 다루는 경향이 있었다. 에이즈 유행은 이런 정책을 재검토하는 계기가 됐다. 진단되지 않은 감염 환자가 있을 가능성 때문에 CDC는 환자와 체액을 다룰 때 더 엄격한 지침을 적용했다. 이런 지침을 **표준예방지침**(Standard Precautions, SPs)이라 하며, 이것은 모든 환자의 검체가 감염원을 포함할 수 있다는 가정하에 동일한 수준으로 주의해야 한다는 지침이다. 여기에는 확인된 감염 사례에 사용되는 체액 격리(BSI) 기술도 포함된다.

이런 예방조치는 의료현장의 모든 개인, 즉 환자, 의료진, 일반인 모두를 보호하기 위해 설계되었다는 점을 알아야 한다. 일반적으로 여기에는 병원체 접촉과 오염을 예방하기 위한 기술이 있으며, 예방할 수 없는 경우에는 감염 위험이 있는 물질을 안전하게 처리하기 위한 정해진 절차를 시행하는 것을 포함한다. 표준주의에 대한 더 자세한 사항은 부록 B를 참조하라.

**핵심 점검 13.5**

28. 역학에 대한 과학적 원리와 역학자의 업무를 개략적으로 설명하시오.
29. 역학자가 감염병 발병률과 유병률을 구분하는 데 필요한 정보를 설명하시오.
30. 단일감염원천 유행, 공동감염원천 유행, 전파성 유행을 구분하고, 최초환자가 무엇을 의미하는지 설명하시오.
31. 코흐의 가설의 주요 특징을 나열하고, 일부 질병에서 이를 증명하기 어려운 이유를 설명하시오.
32. 의료관련감염의 대표적인 감염원천에는 어떤 것들이 있는가?
33. 의료관련감염에 관여하는 주요인을 개략적으로 설명하고, 이를 예방하기 위해 따르는 예방 단계를 설명하시오.

**표 13.11** 임상에서 사용되는 격리 단계

| 격리 유형* | 보호 조치** | 예방 감염병 또는 대상 |
|---|---|---|
| 장내 감염 예방 | 환자와 접촉할 때 반드시 가운과 장갑 착용. 마스크 착용 필요 없음. 대변과 소변 폐기 시에는 특별히 주의 | 설사병. *Shigella*, *Salmonella*, *E. coli*, *Clostridioides difficile*. 콜레라. A형 간염. 로타바이러스. 편모충증 |
| 호흡기 감염 예방 | 개인별 밀폐된 방 필요. 가운과 장갑 필요 없음. 마스크 착용 필요. 분비물에 오염된 물품은 반드시 소독 | 결핵, 홍역, 볼거리, 뇌수막염, 백일해, 풍진, 수두, SARS-CoV-2 |
| 배액과 분비물 예방 | 가운과 장갑 착용. 마스크 착용 필요 없음. 오염된 기구와 드레싱(소독과 붕대 교체)에 대한 각별한 주의 | 포도상구균과 사슬구균 감염. 가스 괴저. 대상포진. 화상 감염 |
| 완전 격리 | 개인별 밀폐된 방 필요. 가운, 마스크 그리고 장갑은 반드시 착용. 오염된 물품은 반드시 포장하고, 제거해야 함 | 대부분 고위험성 또는 전염성이 높은 미생물. 결핵, 일부 폐렴, 광범위한 피부와 화상 감염. 단순포진과 대상포진 포함 |
| 역격리(또는 보호 격리) | 완전 격리와 동일한 지침 필요. 병실은 공기 중 병원체를 제거하는 고효율 미립자(high-efficiency particulate, HEPA) 필터에 균일한 흐름으로 통과시켜 환기. 감염된 사람은 출입 금지 | 암 치료, 수술, 유전적 결함, 화상, 미숙아 또는 AIDS 때문에 극도로 면역력이 저하돼 기회감염에 취약한 환자 보호 |

* 예방은 병원체 주요 침입경로와 전염성을 기준으로 한다.
** 어떤 경우든 환자를 방문하는 사람은 병실에 들어가기 전에 간호사에게 알려야 하며, 모든 방문자와 직원은 병실에 출입할 때 손을 씻어야 한다.

## 사례 연구 Part 2

광견병이나 페스트처럼 COVID-19 역시 동물과 사람 간에 서로 감염될 수 있는 인수공통감염병이다. 이번 동물원 사례처럼, 사람에게서 동물로 전파되는 경우를 인체유래감염(anthroponosis)이라고 한다. 연구 결과, 모든 종류의 고양이(반려묘 포함)가 그 바이러스에 쉽게 감염되어 다른 동물에게 옮길 수 있다는 사실이 밝혀졌다. 다행히 개는 고양이에 비해 감염될 위험이 낮았다.

반려동물에게 바이러스를 전파하는 것보다 더 큰 문제는 원인 바이러스인 SARS-CoV-2가 야생동물 사이에 퍼져 야생순환(sylvatic cycle)을 형성할 수 있다는 점이다. 이것은 바이러스가 야생동물 개체군에서 계속 유지되면서 사람에게 재유입된 후 확산될 위험이 항상 존재한다는 의미다. 또한 바이러스가 야생동물 사이에서 광범위하게 퍼지면 변이될 가능성이 높아져 백신으로도 막기 어려운 새로운 변종이 나타날 수 있다.

윈스턴은 고령에 기저질환이 있었기 때문에 단클론항체(바이러스를 인식하여 면역체계를 돕는 항체)와 심장약, 항생제로 집중치료를 받았다. 다행히 2월 13일, 공원 측은 고릴라 무리 8마리 모두 건강을 회복했다고 발표했다.

고릴라 무리가 회복되고 몇 주 뒤, 동물원은 오랑우탄과 보노보 등 유인원 9마리에게 동물 대상 실험 백신을 접종했다. 이 백신은 동물원 영장류뿐만 아니라 사자, 호랑이, 밍크, 심지어 반려동물까지 다양한 동물에게 접종하여 SARS-CoV-2의 야생순환을 막는 데 도움이 될 수 있다. 이 백신은 개와 고양이를 위해 개발됐지만, 바이러스 자체를 표적으로 하기 때문에 여러 종에게 사용할 수 있다. 예를 들어 동물원 유인원은 사람용 백신으로 독감과 홍역을 예방하고 있다.

**주요 용어로 보는 요약**

### 13.1 우리는 외롭지 않다

A. 우리 몸은 다양한 미생물과 함께 살고 있다. 이러한 미생물은 몸안에 살면서 해를 끼치지 않는 정상 상재미생물과 질병을 일으키는 **병원체**(pathogen)로 나눌 수 있다.

B. 상재미생물총: 사람을 서식지로 삼다

1. **정상 상재미생물총**(normal resident microbiota)은 환경에 노출된 모든 신체 표면(피부, 입안, 대장 등)에 살면서 크고 다양한 미생물 공동체를 이룬다.
2. 정상 상재미생물 정착은 출생 전부터 시작돼 평생 지속되고, 개인의 나이, 식습관, 위생 상태, 건강 상태 변화에 따라 그 구성이 달라진다.
3. 정상 상재미생물은 대부분 숙주에게 이롭지만, 면역체계가 약해지거나 원래는 무균 상태인 신체 부위를 침범하면 질병을 일으킬 수 있다.
4. 정상 상재미생물이 제공하는 큰 이점 중 하나는 **미생물 맞버팀 작용**(microbial antagonism)이다.

C. 특정 부위 고유 미생물군

피부, 구강, 위장관, 대장, 호흡기관, 비뇨생식기관에는 세균, 진균, 원생동물로 구성된 상재미생물이 서식한다.

### 13.2 감염 발생 주요소

A. **병원성**(pathogenicity)은 미생물이 감염과 질병을 일으킬 수 있는 능력('있다/없다'로 표현)을 말하고, **독력**(virulence)은 미생물이 숙주 조직을 침범하고 손상시키는 정도('강하다/약하다'로 표현)를 뜻한다.

1. **진성 병원체**(true pathogen)는 면역 방어가 정상인 건강한 숙주에게 질병을 일으킬 수 있는 미생물이다.
2. **기회 병원체**(opportunistic pathogen)는 숙주 방어가 약화된 상황에서만 질병을 일으킬 수 있는 미생물이다.

B. 감염 개시: 1단계—유입경로

1. 미생물은 보통 특정 **유입경로**(portal of entry)를 통해 체내에 들어오며, 이런 경로에는 대개 정상 상재미생물이 서식한다.
2. 감염을 일으키는 데 필요한 최소 미생물 수를 **감염량**(infectious dose)이라 하고, 병원체는 그 출처에 따라 **외인성**(exogenous) 또는 **내인성**(endogenous)으로 구분된다.

C. 숙주에 부착: 2단계

미생물은 핌브리아, 협막, 또는 숙주세포 수용체를 통해 숙주에 달라붙는데, 이를 **부착**(adhesion)이라 한다.

D. 숙주 침입과 정착: 3단계

체내에서 생존하는 미생물은 숙주의 초기 방어 수단을 무력화하는 전략을 발달시켰다.

E. 독성 인자가 조직 손상과 질병에 미치는 영향

**독성 인자**(virulence factor)는 숙주에게 병리적 영향을 주는 미생물의 구조물이나 특성이다. 이 중 일부는 침입이나 부착에 사용되지만, 많은 독성 인자는 직접적인 손상을 일으키는데, 효소, 독소, 식세포 억제나 파괴라는 세 가지 범주로 나뉜다.

1. **세포외효소**(exoenzyme): 상피조직을 분해해서 병원체 **침입**(invasion)을 가능하게 한다.
2. **독소 생성능**(toxigenicity): 미생물이 증식 부위에서 독소를 생산하는 능력을 말한다. **독소**(toxins)는 **내독소**(endotoxins)와 **외독소**(exotoxins)로 나뉘며, 독소에 의한 질병은 **중독증**

(intoxications), **독소혈증**(toxemias), **독소증**(toxinoses)으로 분류된다.

**13.3 감염과 질병 진행 순서**

A. **감염병**(infectious disease)은 **잠복기**(incubation period), **전구 단계**(prodromal stage), **침입기**(period of invasion), **회복기**(convalescent period)라는 전형적인 순서를 따르며, 각 순서는 특정 강도에 따른 증상으로 구분된다.

B. 감염은 다음과 같이 분류된다.

1. 발생 부위에 따라 **국소 감염**(localized infection), **전신 감염**(systemic infection), **병소 감염**(focal infection)
2. 관여된 미생물 종류 수와 감염 순서에 따라 **혼합 감염**(mixed infection), **1차 감염**(primary infection), **2차 감염**(secondary infection)
3. 감염 기간에 따라 **급성 감염**(acute infection), **만성 감염**(chronic infection), 아급성 감염(subacute infection)

C. 감염 **징후**(sign)는 객관적 증거를, **증상**(symptom)은 주관적 증거를 의미한다. **증후군**(syndrome)은 예측할 수 있는 여러 증상이 동시에 나타나는 질병을 말한다.

D. 최초 감염 후 병원체는 **잠복**(latent) 상태로 체내에 남아 재발성 감염을 일으킬 수 있다. 숙주세포에 대한 장기적 손상을 **후유증**(sequelae)이라고 한다.

E. 미생물은 특정 **배출경로**(portal of exit)를 통해 체외로 나가 다른 숙주에 접근할 수 있게 된다.

**13.4 역학: 인구 집단 내 질병 연구**

A. 미생물 **병원소**(reservoir)는 자연 서식지를 의미하며, 병원체의 **감염원천**(source)은 직접적인 출처를 의미한다.

B. **보균자**(carrier)는 숨겨진 병원체가 있지만 다른 사람에게 전파하는 개인으로, **무증상 보균자**(asymptomatic carrier), 잠복기 보균자, 회복기 보균자, 만성보균자, **수동 보균자**(passive carrier)로 구분된다.

C. **매개체**(vector)는 병원체를 전파하는 동물을 의미한다.

1. **생물학적 매개체**(biological vector)는 전파하는 병원체 생활사에 관여하는 반면, **기계적 매개체**(mechanical vector)는 생활사 관여 없이 전파만 한다.
2. **인수공통감염병**(zoonoses)은 원래는 동물에서 발견됐지만 사람에게 전파될 수 있는 질병이다.

D. 질병에 대한 병원체는 **전염성**(communicable) 또는 **비전염성**(noncommunicable)으로 구분되고, 높은 전염성을 가진 질병을 **접촉성**(contagious) 질병이라고 한다.

1. 질병 직접 전파는 출구와 입구가 직접 만날 때 발생한다.
2. 간접 전파는 **매개체**(vehicle), **매개물**(fomite), 또는 **비말핵**(droplet nuclei)과 같은 것이 중간에서 출구와 입구를 연결할 때 일어난다.

**13.5 역학자: 조사와 감시**

A. 역학자는 인구 집단에서 **신고의무**(reportable)와 **신고대상**(notifiable) 질병을 감시한다.

B. 감염병은 **유병률**(prevalence)과 **발병률**(incidence)에 따라 집계된다.

C. 인구 집단은 **이환율**(morbidity rate), **사망률**(mortality rate), 연령, 성별, 지리적 분포에 따라 분석된다.

D. 질병 양상은 인구 집단 내 발생 빈도에 따라 **풍토성**(endemic), **산발성**(sporadic), **유행성**(epidemic), 또는 **세계적 유행성**(pandemic)으로 분류된다.

E. 역학자는 **최초환자**(index case)를 찾고 새로운 사례가 집단 발생하는 것과 같은 질병 발생 변화를 조사한다. 역학자는 증거를 수집해 최초 감염원이나 병원소를 **역추적**(trace back)하고, **유행곡선**(epicurve)을 사용하여 질병 확산 양상을 파악한다.

F. **의료관련감염**(healthcare-associated infections, HAIs)은 병원이나 기타 의료 환경에서 걸리게 된 질병을 말한다. 이런 감염 발생을 줄이기 위해서는 특별한 주의가 필요하다. 의료관련감염 대부분은 호흡기, 수술 절개 부위, 위장관, 요로, 피부, 혈액에서 발생한다. 감염원은 정상 상재미생물, 의료기기, 환자, 의료종사자, 그리고 의료 환경으로부터 유래할 수 있다.

CHAPTER

# 14 숙주 방어와 선천면역 소개

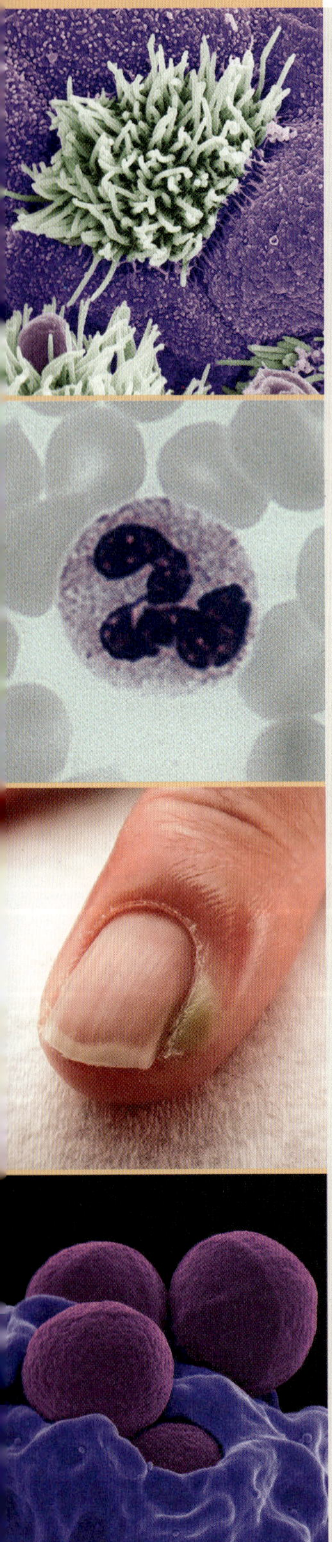

**이 장의 구성**

**14.1 숙주 방어 기작 개요**

- 진입 관문의 장벽: 타고난 1차 방어선

**14.2 방어 기관의 구조와 기능 그리고 면역**

- 백혈구는 어떻게 인식하고 감시하는가
- 면역계의 구획과 연결

**14.3 2차 방어선: 염증**

- 염증 반응: 부상에 대한 반응들의 복합적 조화
- 염증 단계

**14.4 2차 방어: 식세포작용, 인터페론, 그리고 보체**

- 식세포작용: 백혈구에 의한 섭취와 파괴
- 인터페론: 항바이러스 사이토카인과 면역 자극제
- 보체: 다재다능한 백업 시스템
- 주요 숙주 방어 개요



(이미지 출처: Plush Studios/Blend Images LLC; Science Photo Library/Alamy Stock Photo; Harold Benson; Robert Kirk/Getty Images; National Institute of Allergy and Infectious Diseases(NIAID))

사례 연구 **Part 1**

# 몸이 스스로 벗어날 수 없을 때

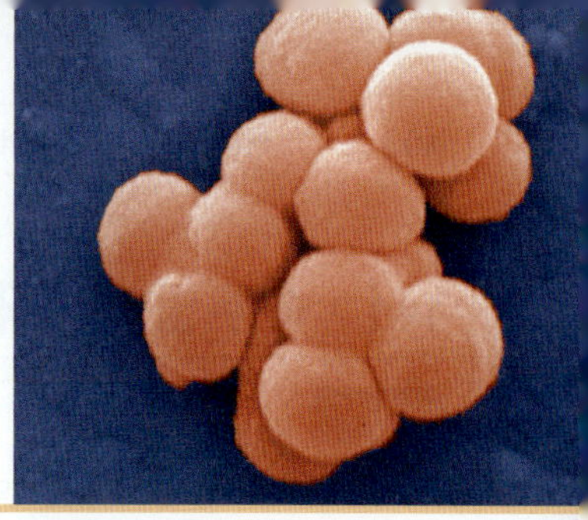

특정 **징후**(signs)와 **증상**(symptoms)의 조합은 응급실 의사의 주의를 끌기 마련이다. 왜냐하면 심각한 **응급 상황**(emergent situation)을 알리는 신호이기 때문이다. 그래서 응급실 의사가 진찰한 젊은 여성이 **빈호흡**(tachypnea, 빠른 호흡), 의식 저하, 그리고 **발열**(fever) 증세를 보이자 그녀는 즉시 추가 검사를 위해 병원에 입원했다. 그녀는 또한 저혈압을 보였고, 그날 소변을 보지 못했으며, 손가락과 발가락이 청색 기미를 보였는데, 이는 **패혈증**(sepsis)과 유사한 임상 양상이다. 패혈증은 신체에서 분비되는 화학물질이 극도의 염증 반응을 일으킬 때 발생하는 심각한 감염 합병증이다. 신속하고 적극적인 치료가 이루어지지 않으면 패혈증은 빠르게 사망으로 이어질 수 있다.

실험실 검사 결과도 패혈증과 일치했다. 환자의 **혈소판 수치는 낮았고**(low platelet count) 감염과 싸우는 **백혈구**(leukocytes)의 수가 감소했기 때문이다. C-반응성 단백질 수치의 상승은 전신에 광범위한 염증이 있음을 시사했으며, 혈액 검사 결과 혈관 내 응고와 함께 간과 신장 손상이 확인되었다. 패혈증이 그녀의 몸이 정지되도록 만들고 있었다.

환자는 겨우 15세였지만, 병원이 낯설지 않았다. 그녀는 6살 때 **전신성 홍반성 루푸스**(systemic lupus erythematosus, SLE 또는 간단히 루푸스) 진단을 받았고, 광범위한 병력이 있었다. 루푸스는 신체의 면역체계가 자신의 세포핵에 대한 **항체**(antibodies)를 생성하여 스스로를 공격하는 자가면역 질환이다. 루푸스로 인한 **염증**(inflammation)은 피부, 관절, 콩팥, 간, 심장, 폐에 영향을 미칠 수 있으며, 증상은 경증에서 중증까지 다양하며, 시간에 따라 크게 변동한다. 9년도 채 되지 않아 환자는 이미 신장염, 췌장염, 용혈성 빈혈, 동맥 고혈압을 겪었는데, 이는 모두 특히 공격적인 형태의 질환 때문이었다. 그녀의 루푸스는 메토트렉세이트, 사이클로포스파마이드 등을 포함하는 여러 **면역억제제**(immunosuppressive drugs)와 함께 코르티코스테로이드로 치료되고 있었다. 그녀는 3개월 전 마지막으로 병원에 내원했으며, 당시 SLE의 임상적 증상은 보이지 않았다.

흉부 X선 검사에서는 특이 소견이 없었지만, 컴퓨터 단층촬영(CT) 검사에서는 부비동염이 확인되었는데, 환자에게서 나타난 증상을 유발할 정도는 아닌 것으로 보였다. 폐렴연쇄상구균(*Streptococcus pneumoniae*)이 혈액으로부터 배양되어 **전신 감염**(systemic infection)을 시사했고, 뇌척수액에서 배양되어 **뇌수막염**(meningitis)을 시사했다. 폐렴연쇄상구균은 그람 양성균이고, 고농도로 **캡슐화된**(encapsulated) 세균으로서, 부비동, 폐, 혈액, 뇌막 감염을 흔히 유발한다. MRI(자기공명영상) 검사 시행 결과가 놀라웠는데, 눈에 보이는 것 때문이 아니라 없는 것 때문이었다. 환자에게는 비장이 없었다.

- **염증은 일반적으로 어떤 방어선에 속하는가?**
- **면역체계가 제대로 기능했다면, 이 경우 어떤 유형의 백혈구 수가 증가하는가?**

이 장 끝에서 사례 연구 Part 2로 이어짐.

(삽화 출처: Janice Haney Carr/CDC)

## 14.1 숙주 방어 기작 개요

학습목표

1. 기본적인 숙주 방어의 특징을 요약한다.
2. 세 가지 방어선을 구분하고 각 방어선의 예를 설명한다.
3. 다양한 유형의 선천적, 비특이적 방어의 본질을 설명한다.

13장에서는 인간과 미생물의 관계를 살펴보았는데, 특히 질병에서 미생물의 역할에 중점을 두었다. 이 장에서는 이 관계의 다른 측면, 즉 숙주가 미생물로부터 자신을 방어하는 측면을 살펴본다. 앞서 언급했듯, 미생물이 인간과 끊임없이 접촉하고 인체에 서식하는 것을 고려할 때 우리가 끊임없이 감염되고 질병에 걸리지 않는다는 것은 일종의 기적과도 같다. 우리 몸에 대한 이러한 끊임없는 공격을 극복할 수 있는 능력은 매혹적이고 매우 복잡한 시스템의 결과다.

병원균으로부터 신체를 보호하기 위해 면역체계는 여러 수준에서 작동하는 중첩된 **숙주 방어**(host defenses) 네트워크를 활용한다. 여기에는 출생 시 존재하는 **선천적 자연 방어**(innate, natural defenses) 체계가 있어 감염에 대한 비특이적 저항성을 제공하고, 특이적이고 획득되어야 하는 **적응면역**(adaptive immunities) 체계도 포함된다. 이러한 방어 체계는 때때로 1차, 2차, 3차 방어선(표 14.1)이라는 범주로 나뉜다.

1차 방어선에는 진입 관문(portal of entry)에서 침입을 차단하는 모든 장벽이 포함된다. 이 방어선은 대부분 비특이적이며, 신체 내부 조직으로의 접근을 제한한다. 그러나 이는 특정 이물질을 인식하지 않고 매우 일반적인 작용을 하기 때문에 진정한 면역 반응으로 간주되지 않는다.

2차 방어선은 염증과 식세포작용을 포함하는, 더욱 내재화된 보호 세포 및 체액 체계다. 이 체계는 1차 방어선이 무력화되면 국소 및 전신 수준에서 빠르게 작용하며, 대부분의 반응에서도 비특이적이다.

매우 특이적인 3차 방어선은 적응적이며, 림프구라고 불리는 백혈구가 각 이물질을 접할 때마다 개인별로 획득된다. 각기 서로 다른 미생물에 대한 반응은 고유한 보호 물질과 기억 세포를 생성하는데, 이는 해당 미생물과 다시 마주칠 경우 작용하게 된다. 이 3차 방어선이 어떻게 장기 면역을 제공하는지에 대한 자세한 내용은 15장에서 논의하며, 이 장에서는 1차 방어선과 2차 방어선에 중점을 둔다.

다양한 방어 수준은 완전히 별개의 방식으로 작동하지 않는다. 대부분의 방어는 서로 겹치며, 심지어 일부 효과는 중복되기도 한다. 이러한 협력적 반응은 침입하는 미생물을 여러 서로 다른 전선에서 동시에 표적으로 삼아 미생물의 생존을 어렵게 만든다. 숙주 방어의 상호작용적인 특성을 설명하기 위해 먼저 기본적인 개념부터 살펴보는데, 이는 나중에 나올 면역체계의 더 복잡한 반응을 이해하는 데 필요한 토대를 마련해 줄 것이다.

### 진입 관문의 장벽: 타고난 1차 방어선

수많은 방어 기작은 신체의 해부학적 구조와 생리 작용의 정상적인 부분이다. 이러한 선천적이고 비특이적인 방어 기작은 미생물뿐만 아니라 살아 있든 아니든 모든 외부 물질의 침입을 차단하는 물리적·화학적·유전적 장벽으로 나눌 수 있다(그림 14.1).

#### 신체 표면의 물리적 또는 해부학적 장벽

피부, 그리고 호흡기와 소화기관의 점막에는 여러 내장된 방어체계가 있다. 피부의 가장 바깥층(각질층)은 상피세포로 구성되어 있는데, 이 세포들은 압축되고, 서로 단단히 고착되며, 불용성 단백질인 케라틴이 주입된다. 그 결과 불침투성과 방수성을 가진 두껍고 질긴 층이 형성된다. 이 깨지지 않은 장벽을 뚫고 들어갈 수 있는 병원균은 거의 없으며, 특히 발바닥이나 손바닥과 같이 각질층이 신체의 다른 부위보다 훨씬 두꺼운 부위에서는 더욱 그렇다. 다른 피부 장벽에는 모낭과 피부샘도 포함된다. 모간은 주기적으로 밀려 나오며, 모낭 세포는 **박리된다**(desquamated)*. 땀샘의 홍조 효과도 미생물 제거에 도움이 된다.

소화관, 요로, 호흡기, 그리고 눈의 점막성 피부막은 촉촉하고 투과성이 있다. 이러한 상피의 정상적인 마모에도 불구하고 손상된 세포는 빠르게 재생된다. 일부 점막의 자유 표면에 있는 점액질 막은 세균의 침입과 부착을 방해한다. 눈 깜박임과 눈물 분비(누액)는 눈 표면을 눈물로 씻어내고 자극 물질을 제거한다. 끊임없이 흐르는 침은 미생물을 위

* 박리 라틴어 desquamo(비늘을 벗기다)에서 유래. 표피 비늘의 벗겨짐.

표 14.1 숙주 방어의 일반적인 특징

| 방어선 | 선천/후천 | 특이적/비특이적 | 면역 기억 생성 | 예시 |
|---|---|---|---|---|
| 1차 | 선천 | 비특이적 | 아니요 | 물리적 장벽: 피부, 눈물, 기침, 재채기<br>화학적 장벽: 낮은 pH, 라이소자임, 소화효소<br>유전적 장벽: 숙주의 유전적 구성에 내재된 저항성(병원균 침입 불가) |
| 2차 | 선천 | 대체로 비특이적 | 아니요 | 식세포작용, 염증, 발열, 인터페론, 보체 |
| 3차 | 후천 | 특이적 | 예 | T 림프구, B 림프구, 항체 |

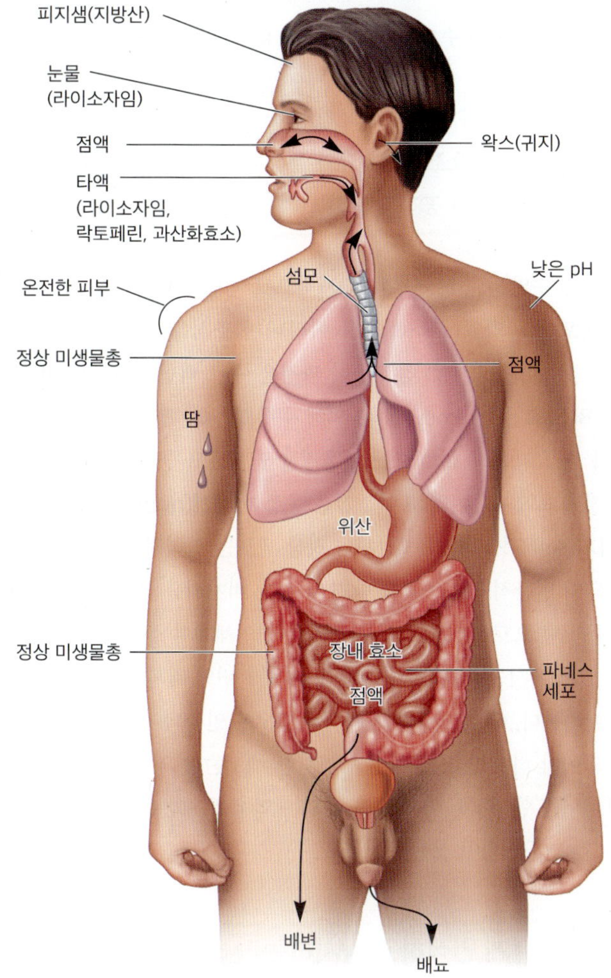


**그림 14.1** 방어. 미생물이 숙주 조직으로 침입하는 것을 막는 몇 가지 비특이적 방어 장벽.

(stomach)라는 혹독한 환경으로 운반하도록 도와준다. 구토와 배변은 또한 유해 물질이나 미생물을 체외로 배출한다.

호흡기는 정교하고 매우 효과적인 적응을 통해 감염으로부터 끊임없이 보호된다. 코털은 더 큰 입자를 가두어 둔다. 알레르기와 감기에서 흔히 보이는 코 점막의 염증인 비염은 점액과 체액의 다량의 흐름을 생성하여 비강을 씻어내는 데 도움이 된다. 호흡기(주로 기관과 기관지)에서 섬모 상피(섬모 에스컬레이터라고 함)는 점액에 갇힌 이물질을 인두 쪽으로 운반하여 제거한다(그림 14.2). 비강의 자극은 반사적으로 재채기를 유발하고, 이는 많은 양의 공기를 고속으로 배출한다. 마찬가지로 기관지, 기관, 후두의 급성 민감성은 기침을 유발하여 자극 물질을 배출한다.

비뇨 생식기는 요관을 통한 지속적인 소변 흐름과 주기적인 방광 비우기로 인한 요도 세척을 통해 부분적으로 보호받는다.

미생물총(microbiota)의 구성과 그 보호 효과는 13장에서 논의되었다. 비록 정상적인 미생물 상주균은 물리적 또는 해부학적 장벽을 형성하지 않지만, 그들의 존재로 병원균이 상피 표면에 접근하는 것을 차단할 수 있다. 또한 제한된 자원을 두고 병원균과 경쟁하거나 신체 환경을

**그림 14.2** 호흡 기관의 섬모 방어. 기관의 상피세포는 점액을 쓸어내는 섬모 뭉치로 덮여 있으며, 작은 입자와 미생물로 가득 찬 점액을 폐에서 위로 끌어올려 멀리 밀어낸다. (출처: Science Photo Library/Alamy Stock Photo)

변화시켜 병원균 서식을 어렵게 만들 수도 있다. 예를 들어, 대장의 일부 상주균은 박테리오신이나 항생제를 분비하여 다른 세균을 억제하거나 죽일 수 있다.

## 비특이적 화학적 방어

피부와 점막은 다양한 화학적 방어 기작을 제공한다. 피지 분비물은 항균 효과를 발휘하고, 눈꺼풀의 마이봄샘과 같은 특수 분비선은 항균 분비물로 결막을 윤활한다. 눈물과 침의 다른 방어 기작으로는 **라이소자임**(lysozyme)과 **디펜신**(defensins)이 있다. 라이소자임은 세균 세포벽의 펩티도글리칸을 가수분해하는 효소다. 디펜신은 다양한 세포와 조직에서 생성되는 펩타이드로 세포막을 손상시키고 세균과 곰팡이를 용해시킨다. 피부 세포는 세균 제거에 도움이 되는 데르미시딘이라 불리는 디펜신을 생성하고, 장의 파네스 세포는 여러 종류의 감염원을 파괴하거나 억제할 수 있는 디펜신을 분비한다. 땀에 함유된 고농도의 젖산과 전해질, 그리고 피부의 산성 pH와 지방산 함량 또한 많은 미생물의 활동을 억제한다.

내부적으로 위의 염산 함량은 삼켜진 여러 병원균으로부터 보호를 제공한다. 장의 소화액과 담즙 또한 미생물에 잠재적으로 파괴적일 수 있다. 심지어 정액도 세균을 억제하는 항균 물질을 함유하고 있으며, 질은 미생물총의 일부인 유산균에 의해 유지되는 보호 산성 pH를 유지한다.

## 감염에 대한 유전적 저항성

어떤 경우에는 개체의 유전적 구성이 충분히 달라 일부 병원체로부터 보호받을 수 있다. 이러한 현상에 대한 한 가지 설명은 일부 병원체가 특정 숙주 종에 대한 특이성이 매우 높아 다른 종은 감염시킬 수 없다는 것이다. 이러한 특이성은 특정 숙주 수용체에 부착해야만 침입할 수 있는 바이러스에서 특히 사실이다. 뉴캐슬 바이러스는 당신의 안전을 위협하

지 않지만 앵무새를 죽일 수 있으며, 볼거리에서 회복하는 동안 강아지를 껴안는 것은 전혀 문제가 되지 않는다. 두 바이러스 모두 제한된 숙주 범위를 가진다. 그러나 이러한 방어는 광범위한 동물을 공격하는 인수공통 감염원에는 적용되지 않는다. 감수성의 유전적 차이는 한 종의 구성원 내에서도 존재할 수 있다. 겸상 적혈구 빈혈을 유발하는 돌연변이를 가진 인간은 말라리아에 내성을 갖는다. 유전적 차이는 결핵, 한센병(나병), 그리고 특정 전신 진균 감염에 대한 감수성에도 존재한다.

장벽의 중요한 역할은 장벽을 잃었거나 아예 갖지 못한 사람들에게서 분명하게 드러난다. 화상으로 인한 심각한 피부 손상을 입은 환자는 감염에 극도로 취약하다. 침샘, 누관, 장, 요로가 막힌 환자도 감염 위험이 크다. 하지만 이처럼 중요하더라도, 1차 방어선 홀로는 충분한 보호를 제공할 수 없다. 많은 병원균이 독성 인자(13장에서 논의)를 이용하여 장벽을 우회하는 방법을 찾기 때문에 염증 반응, 식세포작용, 특정 면역 반응과 같은 완전히 새로운 방어 체계가 그들에게 대응할 준비가 되어 있다.

**핵심 점검 14.1**

1. 세 가지 방어선의 기능을 설명하고 생존에 가장 필수적인 방어선을 제시하시오.
2. 비특이적 숙주 방어와 면역 반응의 차이점은 무엇인가?
3. 선천적 방어와 후천면역을 구분하시오. 각 방어선의 일반적인 특징은 무엇인가? 같은 미생물에 대해 여러 방어선(선천 및 후천)을 갖는 것의 이점에 대해 논하시오.
4. 신체에 존재하는 네 가지 선천적 방어 반응을 나열하고, 각 유형이 감염과 어떻게 싸우는지 설명하시오.

## 14.2 방어 기관의 구조와 기능 그리고 면역

**학습목표**

4. 면역체계의 주요 기능과 기관을 설명한다.
5. 숙주 방어 인식 시스템의 여러 특징을 설명한다.
6. 패턴 인식 수용체와 병원체 관련 분자 패턴의 특성을 규명한다.
7. 신체 구획의 미세 해부학적 구조와 그것이 어떻게 상호 연결되는지 설명한다.
8. 단핵구 식세포계의 해부학적 구조와 기능을 개략적으로 설명한다.
9. 혈액의 기원과 구성을 개략적으로 설명하고, 혈액 세포의 유형과 기능의 특성을 규명한다.
10. 혈액 순환 및 조직과 관련된 백혈구의 행동을 설명한다.
11. 림프계의 특징과 기능을 설명한다.

**면역학**(immunology)은 신체의 2차 및 3차 방어선의 모든 특징을 연구하는 학문을 포함한다. 이 장에서는 주로 감염성 미생물을 다루지만, 면역학은 암이나 알레르기처럼 다양한 분야 연구에도 핵심적인 역할을 한다는 점에 유의해야 한다.

건강한 면역체계의 주요 기능은 다음과 같이 요약될 수 있다.

1. 장기, 조직 및 기타 신체 부위의 감시
2. 신체의 정상 구성요소와 병원균과 같은 이물질의 인식 및 구분
3. 외부 침입자에 대한 공격 및 파괴

감염원은 수많은 통로를 통해 잠재적으로 침입할 수 있기 때문에 면역체계 세포는 끊임없이 몸 안을 돌아다니며 조직을 조사하여 잠재적 병원체를 찾는다(그림 14.3 참조). 이 과정은 주로 **백혈구**(white blood cells, WBCs 혹은 leukocytes)에 의해 수행되는데, 백혈구는 침입하는 박테리아 세포 같은 체내의 모든 이물질을 인식하고 구별하는 선천적인 능력을 가지고 있다. 이러한 이물질은 종종 **비자기**(nonself)라고 지칭된다. **자기**(self)라고 불리는 신체의 정상 세포는 면역체계의 감시를 받고 인식되며 일반적으로 공격을 받지 않는다. 비자기를 구별하고 그리하여 자기를 공격으로부터 보호하는 능력은 면역체계의 실효성에 아주 중요하다. 16장에서는 이 체계가 잘못될 때 자가면역 질환이 어떻게 발생하는지 살펴본다. 외부 세포는 잠재적 위협으로 인식되어야 하고 적절하게 처리되어야 하지만, 정상적이고 건강한 세포는 면역 방어 체계의 공격을 받아서는 안 된다. 이에 대한 예외는 암세포와 같은 비정상적이거나 손상된 자기(self)일 것이다.

### 백혈구는 어떻게 인식하고 감시하는가

백혈구는 1차 방어선을 통과했을 수 있는 이물질을 찾아 조직과 체내 구획을 이동하는 운동성, 이동성 세포다. 각 유형의 혈액 세포는 방어에서 특정 역할을 수행하지만, 대부분의 혈액 세포는 이물질을 찾아내고 상호작용할 수 있는 능력을 가지고 있다(그림 14.3 참조). 그들은 막에 특수한 분자를 갖고 있는데, 이는 **패턴 인식 수용체**(pattern recognition receptors, PRR)로 알려져 있으며 병원균을 감지하는 '감지기'와 같은 역할을 한다. 키나아제, 렉틴, 만노스 유형 분자를 포함한 서로 다른 여러 유형의 PRR이 이런 인식에 관여한다. 가장 잘 알려진 PRR은 식세포와 같은 초기 대응 세포의 세포막에 존재하는 **톨 유사 수용체**(toll-like receptors, TLR)다.

PRR과 TLR은 특정 미생물에만 특이적이지는 않지만, 여러 병원체 표면에 있는 **병원체 관련 분자 패턴**(pathogen-associated molecular pattern, PAMP)이라는 분자를 즉시 인식하고 상호작용할 수 있다. PAMP는 여러 미생물이 공유하는 분자로, 선천면역에 관여하는 백혈구에 신호를 보내는 '적신호'와 같은 역할을 한다. TLR과 같은 PRR이 병원균의 PAMP를 감지하면 침입을 조기에 감지하고, 병원균이 더 깊숙이 침투하기 전에 병원균을 제어하는 반응을 촉발한다. PAMP의 예로는 세균 세포벽의 펩티도글리칸, 리포테이코산, 리포다당류(LPS)가 있고, 일부 바이러스에서 발견되는 이중가닥 RNA, 곰팡이 세포벽의 지모산, 그

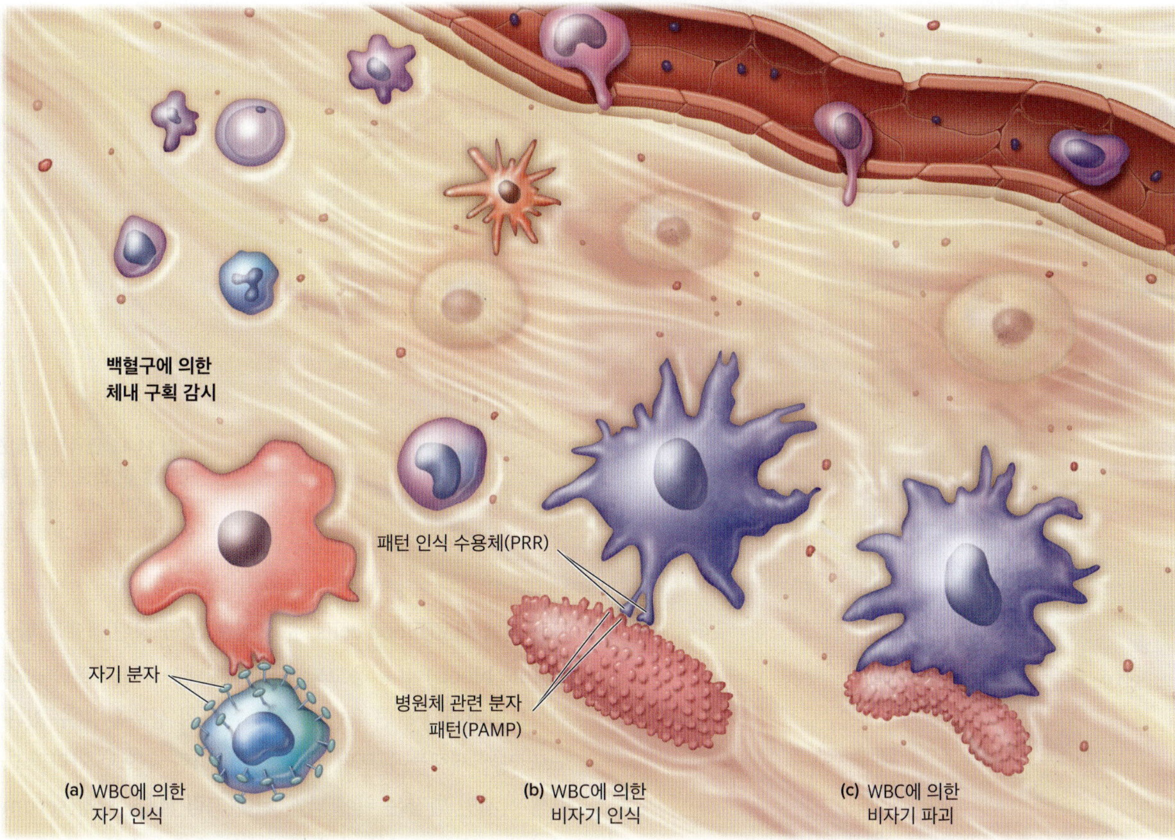


**그림 14.3 탐색, 인식, 제거는 면역체계의 기능이다.** 이 그림에서 보이듯이 백혈구(WBC)는 고도로 발달된 '촉각'을 갖추고 있다. (a, b) 백혈구는 조직을 탐색하면서 이물질 또는 비자기를 감지하는 패턴 인식 수용체(PRR)를 통해 주변 환경을 '느낀다'. (c) PAMP라 불리는 비자기 분자가 감지되면 WBC는 이를 갖고 있는 미생물을 제거하기 위해 반응을 일으킨다. PAMP는 많은 병원체가 표면에 갖고 있는 병원체 관련 분자 패턴이다. 자기 분자는 이러한 반응을 유발하지 않는다.

리고 세균 플라젤린 등이 있다. 이 주제는 식세포에 관한 14.4절에서 다시 다룬다.

이러한 구성요소는 많은 병원체 간에 공유되고 단일 세포 유형에 특이적이지 않기 때문에 매우 다양한 미생물을 인식하는 데는 적은 수의 TLR만 필요하다. 이러한 유형의 인식은 특정 또는 단일 유형의 미생물에 대해 선택적이지 않으므로 비특이적인 선천면역의 일종으로, 3차 방어선의 특정 후천면역과 혼동해서는 안 된다는 점을 강조하는 것이 중요하다.

## 면역계의 구획과 연결

많은 신체 시스템과 달리 면역계는 하나의 잘 정의된 기관에 존재하지 않는다. 대신 모든 장기와 조직에 침투하는 크고 복잡하며 분산된 세포와 체액 네트워크를 포함한다. 바로 이러한 배열이 신체에서 미생물과 유해 물질을 검출하는 데 도움이 되는 감시 및 인식 과정을 촉진한다.

우리 몸은 세포 내, 세포 외, 림프, 뇌척수, 그리고 순환 구획이라고 하는 체액으로 채워진 여러 공간으로 나뉘어 있다. 이러한 구획은 물리적으로 분리되어 있지만 수많은 연결고리가 있다. 그 구조와 위치는 광범위한 교류와 소통을 가능하게 한다. 면역 기능에 관여하는 가장 광범위한 신체 구획은 다음과 같다.

1. **단핵구 식세포계**(mononuclear phagocyte system)
2. **세포외액**(extracellular fluid, ECF)을 포함하는 조직 세포를 둘러싼 공간
3. **혈류**(bloodstream)
4. **림프계**(lymphatic system)

효과적인 면역 반응을 위해서는 한 체액 구획의 활동이 다른 구획으로 전달되어야 한다. 현미경 수준(그림 14.4)에서 조직 세포의 클러스터는 단핵 식세포 시스템의 일부인 망상 섬유와 혈액 및 림프 모세관과 직접 접촉한다. 모든 세포와 구조물은 세포외액(ECF)으로 둘러싸여 있으며, 이는 영양분과 가스를 교환하는 중요한 장소다. 어느 구획이 먼저 노출되든 어느 한 구획의 면역 반응은 미세한 수준에서 다른 구획으로 전달된다. 이러한 통합 시스템의 분명한 이점은 신체의 어떤 세포도, 심지어 가장 고립된 세포도 보호에서 멀리 떨어져 있지 않다는 것이다. 이러한 각 구획을 개별적으로 자세히 살펴보자.

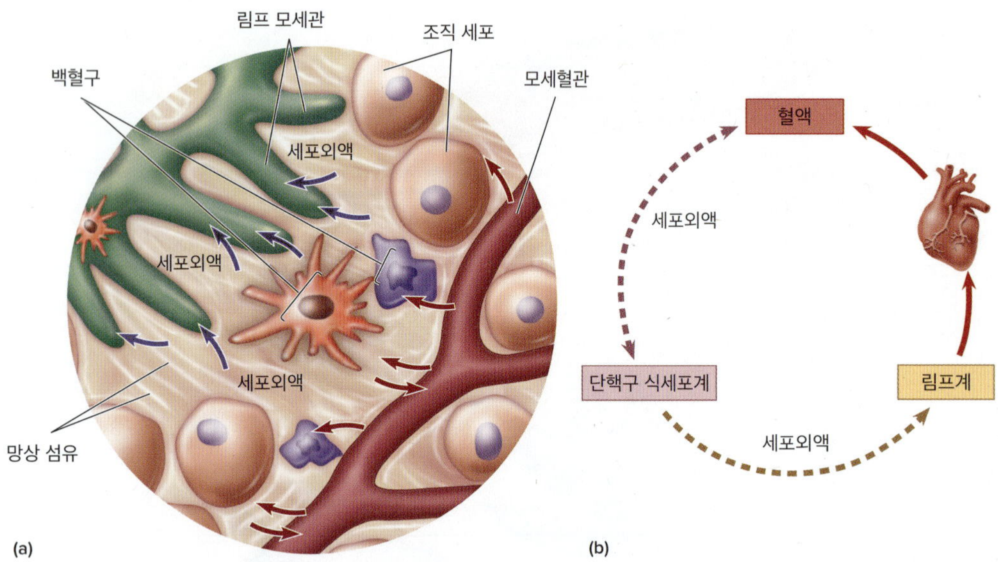


**그림 14.4** 면역체계에 관여하는 신체 구획들 간 연결. 주요 구획이 미시적 수준에서 만나 세포, 체액 및 분자의 지속적인 교환이 가능하다(화살표).

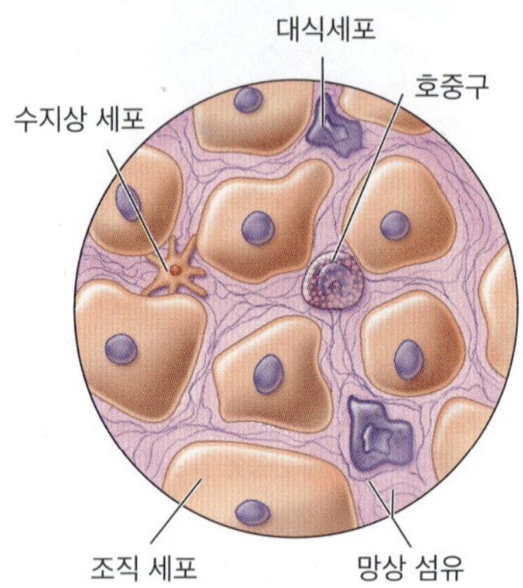


**그림 14.5** 단핵구 식세포계는 몸 전체에 걸쳐 연속적인 결합 조직 체계로 존재한다. 이 시스템은 각 세포를 감싸는 섬유질 지지망(망상 섬유)으로 미시적 수준에서 시작된다. 이 망은 조직이나 장기 내에서 한 세포와 다른 세포를 연결하고 조직 내부와 조직 사이를 이동할 수 있는 식세포 백혈구를 위한 틈새(niche)를 제공한다.

## 단핵구 식세포계의 면역 기능

망상세포계라고 불리는 결합 조직 섬유는 신체에 스며든다. 이러한 섬유는 세포 기저층에서 시작하여 주변 세포를 상호 연결하고, 모든 장기를 둘러싼 거대한 결합 조직 네트워크와 맞물린다. 이 네트워크, 즉 단핵구 식세포계(MPS, 그림 14.5)는 조직과 장기 내부 및 장기 사이의 통로를 제공하기 때문에 면역 기능에 매우 중요하다.

## 혈액의 기원, 구성 및 기능

순환계에는 혈액을 순환시키는 심장, 동맥, 정맥 및 모세혈관, 림프를 순환시키는 림프관 및 림프 기관(림프 결절)을 포함하는 림프계가 포함된다. 앞으로 보게 되듯, 이 두 순환계는 평행을 이루고, 서로 연결되며, 상호 보완적이다.

동맥, 정맥 및 모세혈관을 통과하는 물질은 **혈장**(plasma) 내에 부유하는 **혈액 세포**(blood cells, 유형 성분)로 구성된 액체 결합 조직인 **전혈**(whole blood)이다. 응고되지 않은 혈액을 담은 튜브를 그대로 두거나 원심분리기에 돌리면 육안으로 이 두 가지 성분을 볼 수 있다. 세포의 밀도로 인해 세포는 튜브의 바닥에 불투명한 층으로 가라앉고, 투명한 노란색 액체인 혈장은 위에 남게 된다(그림 14.6). **혈청**(serum)은 응고된 혈액에서 나온 투명한 액체라는 점을 제외하면 혈장과 본질적으로 동일하지만 혈장에 포함된 응고 단백질이 없다. 혈청은 종종 면역 검사와 치료에 사용된다(15장).

### 혈장의 기본 특성

혈장에는 간, 백혈구, 내분비샘 및 신경계에서 생성되고 소화관에서 흡수된 수백 가지 화학물질이 포함되어 있다. 이 체액의 주성분은 물(92%)이

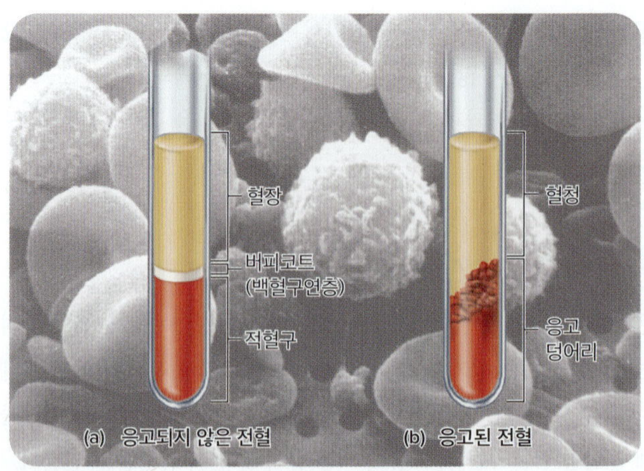


**그림 14.6** 전혈의 거시적 구성. (a) 응고되지 않은 혈액이 튜브 안에 있으면 투명한 혈장층, 백혈구를 포함하는 버피코트(백혈구연층)라는 얇은 미백색 물질층, 바닥의 적혈구층으로 층화된다. (b) 혈청은 응고된 혈액에서 분리되는 투명한 액체다. 응고가 일어나면 적혈구와 백혈구가 튜브의 바닥에 한 덩어리로 뭉치게 된다. (출처: National Cancer Institute; Created by; Bruce Wetzel and Harry Schaefer (Photographers))

며 나머지는 알부민과 글로불린(항체 포함) 같은 단백질, 기타 면역 화학물질, 피브리노겐과 기타 응고 인자, 호르몬, 영양소, 이온 및 전해질, 용존 가스($O_2$와 $CO_2$), 노폐물(요소)로 구성되어 있다. 이러한 물질은 영양, 발달, 보호, 항상성 및 면역과 같은 정상적인 생리적 기능을 지원한다.

### 혈액 세포 개요

**조혈**(hemopoiesis 또는 hematopoiesis)*로 알려진 혈액 세포의 생산은 배아 발달 초기에 난황낭(배아막)에서 시작된다. 이후 간과 림프 기관에서 조혈을 담당하고 최종적으로 적색 골수에서 완전히 영구적으로 조혈을 담당한다. 신생아의 적색 골수 대부분은 조혈 기능에 전념하지만, 활성 골수 부위는 점차 줄어들고 4세가 되면 갈비뼈, 흉골, 골반대, 두개골과 척추의 편평골, 상완골과 대퇴골의 근위 부분만 혈액 세포 생산에 전념한다.

혈액 세포의 수명이 비교적 짧기 때문에 인간의 일생 동안 계속되는 빠른 세포 교체가 필요하다. 새로운 혈액 세포의 주요 전구체는 골수에서 유지되는 다능성 **줄기세포**(stem cells)[1]라는 미분화 세포 풀이다. 이 줄기세포는 발생 과정 동안 증식하고 분화하는데, 이는 미성숙하거나 특수화되지 않은 세포가 성숙한 세포의 특수한 형태와 기능을 발달시킨다는 것을 의미한다. 이 과정에서 생성되는 세포의 주요 라인은 적혈구(RBC), 백혈구(WBC), 혈소판을 생성한다. 백혈구 세포주는 최종 분화 과정에서 여러 개의 2차 세포주로 발생하도록 프로그래밍된다(그림 14.7). 이렇게 분화된 백혈구 계통은 주로 면역 기능을 담당한다.

**백혈구**(leukocytes)*는 전통적으로 염료가 혼합된 혈액학적 염색약에 대한 반응으로 평가되며 세포의 색과 형태에 따라 세포를 구분할 수 있다. 이 염색을 혈액 도말에 사용하고 광학현미경을 사용하여 평가하면 백혈구는 세포질에 눈에 띄는 색의 과립이 있거나 없는 상태로 나타나며, 이를 기준으로 **과립구**(granulocytes)와 **무과립구**(agranulocytes)의 두 가지 그룹으로 나뉜다. 확대하면 무과립구도 세포질에 작은 과립을 가지고 있음을 알 수 있으므로 일부 혈액학자들은 핵의 모양을 사용하여 구분하기도 한다. 과립구는 엽상 핵을 가지고 있고, 무과립구는 엽상 핵이 없고 둥근 핵을 가진다(그림 14.7).

### 과립구

혈류에 존재하는 과립 백혈구의 유형은 호중구, 호산구, 호염기구다. 세 가지 모두 산성 염료(에오신) 또는 염기성 염료(메틸렌 블루)의 일부 조합으로 염색되는 눈에 띄는 세포질 과립으로 잘 알려져 있다. 이러한 과립은 진단적으로 유용하지만, 다양한 생리적 현상에서도 기능한다.

**호중구**(neutrophils)*는 눈에 띄는 엽상 핵과 가늘고 연한 라벤더색 과립으로 다른 백혈구와 구별된다. 골수에서 갓 방출된 세포의 핵은 말굽 모양이지만, 나이가 들면서 여러 개의 엽(최대 5개)을 형성한다. 다형핵 호중구(polymorphonuclear neutrophils, PMN)라고도 불리는 이 세포는 순환 백혈구의 55~90%를 차지하며, 현재 순환하는 세포의 수는 약 250억 개에 달한다. 호중구의 주요 기능은 식균 작용이다. 혈액과 조직 모두에서 높은 수치를 보이는 것은 상주 미생물과 환경으로부터 지속적인 위협이 있음을 시사한다. 대부분의 세포질 과립은 소화효소 및 기타 화학물질을 운반하여 식세포가 섭취한 물질을 분해한다(14.4절의 식세포작용에 대한 논의 참조). 호중구의 평균 수명은 약 2일에 불과하며, 이 시간의 대부분을 조직에서 보내고 약 4~10시간만 순환계에서 보낸다.

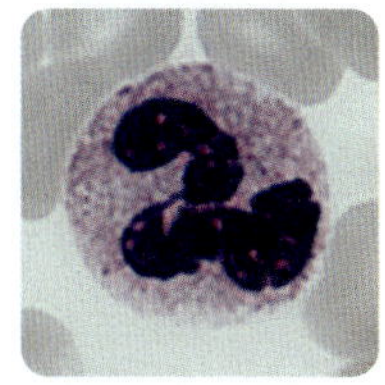
호중구(Harold Benson)

**호산구**(eosinophils)*는 염색에서 주황색에서 빨간색(호산구)의 큰 과립과 양엽 핵으로 쉽게 구별할 수 있다. 호산구는 순환계보다 골수 및 비장에 훨씬 더 많이 존재하며 전체 백혈구(WBC) 수의 1~3%에 불과하다. 과립에는 독성 단백질 및 염증성 화학물질뿐만 아니라 과산화효소, 라이소자임, 기타 소화효소가 포함되어 있다.

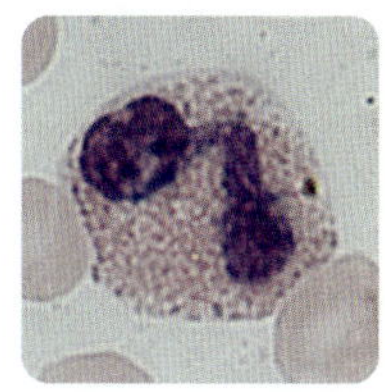
호산구(Harold Benson)

호산구의 주요 보호 작용은 대형 진핵 병원체를 공격하고 큰 진핵생물 병원체를 파괴하는 능력이다. 또한 염증과 알레르기 반응에도 관여한다. 호산구의 가장 중요한 표적에는 회충증, 사상충증, 주혈흡충증을 유발하는 기생충의 유충 형태가 있다. 호산구가 유충 표면에 결합하고 독성 화합물을 세포로 방출하면 유충이 분해된다. 호산구는 염증 및 알레르기 반응 부위 근처에 가장 먼저 축적되는 세포 중 하나로, 다른 백혈구를 끌어당기고 화학 매개체를 방출한다.

**호염기구**(basophils)*는 옅은 색의 두 엽이 달린 핵과 매우 두드러진 진한 파란색에서 검은색 과립이 특징이다. 호염기구는 가장 희

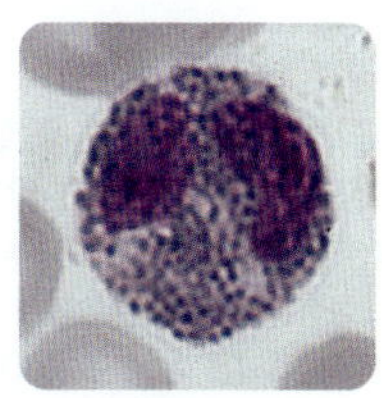
호염기구(Harold Benson)

* 조혈 그리스어 haima(피)와 poiesis(만들기)에서 유래.

1 다능성 줄기세포는 여러 가지 다른 유형의 혈액 세포로 발달할 수 있다. 단능성 세포는 이미 특정 계통의 발달 단계에 있다.

* 백혈구 그리스어 leukos(흰색)와 kytos(세포)에서 유래. 염색되지 않은 WBC의 흰색은 침전된 혈액의 흰색 층 또는 버피코트에서 가장 잘 보인다.

* 호중구 라틴어 neuter(중성, 어느 쪽도 아님을 의미)와 그리스어 philos(사랑하다)에서 유래. 과립은 중성이며 산성 또는 염기성 염료와 현저하게 반응하지 않는다. 임상 보고서에서는 종종 '폴리' 또는 줄여서 PMN이라고 한다.

* 호산구 그리스어 eos(새벽, 장밋빛)와 philos(사랑하다)에서 유래. 에오신(eosin)은 과립에 달라붙는 빨간색의 산성 염료다.

* 호염기구 그리스어 basis(기저, 기초)에서 유래. 과립은 염기성 염료를 끌어당긴다.

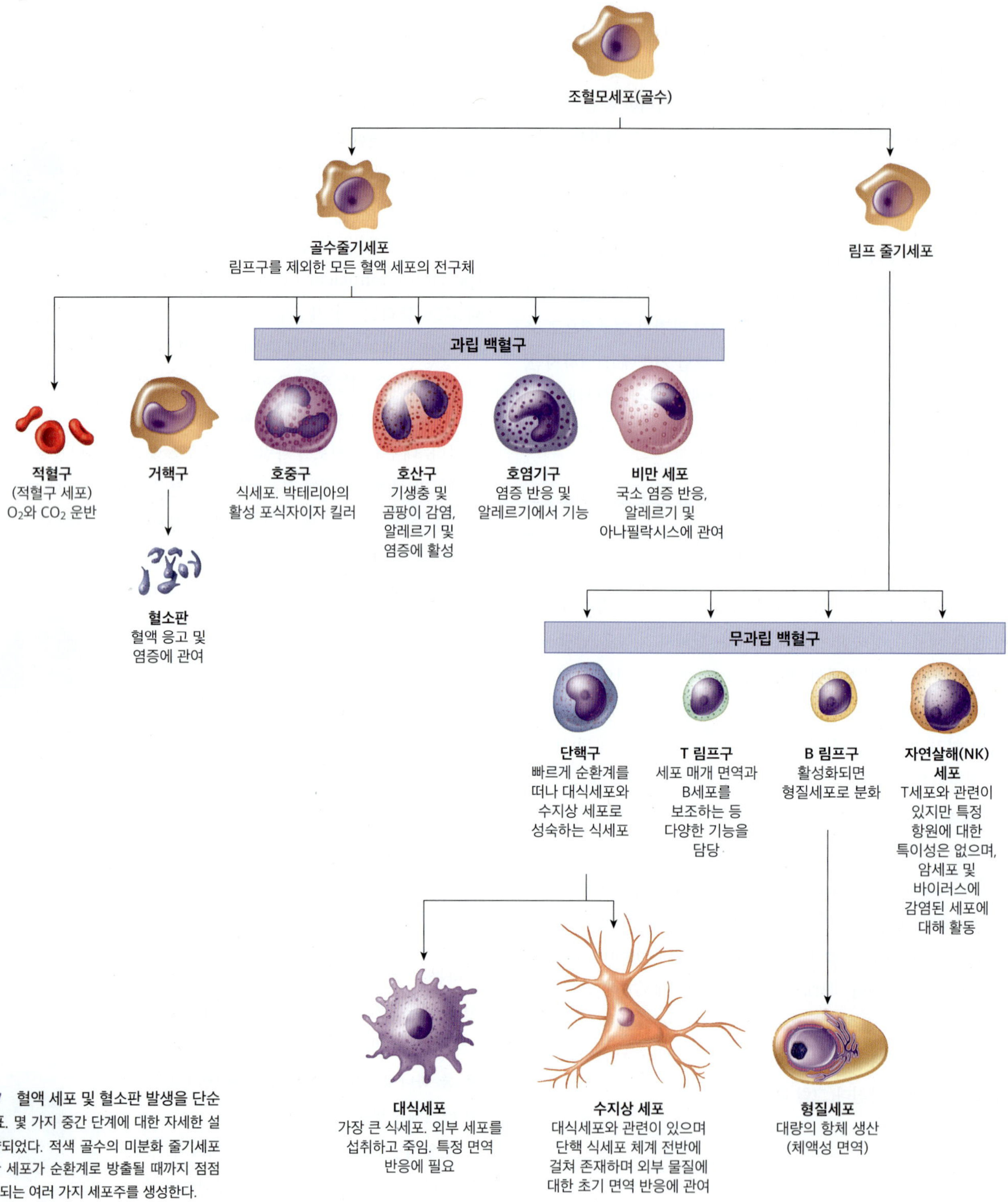


**그림 14.7 혈액 세포 및 혈소판 발생을 단순화한 도표.** 몇 가지 중간 단계에 대한 자세한 설명은 생략되었다. 적색 골수의 미분화 줄기세포는 성숙한 세포가 순환계로 방출될 때까지 점점 더 세분화되는 여러 가지 세포주를 생성한다.

귀한 유형의 백혈구이며, 정상인의 전체 순환 백혈구 중 0.5% 미만을 차지한다. 호염기구는 **비만세포**(mast* cells)라고 불리는 광범위하게 분포하는 조직 세포와 형태적 및 기능적 유사성을 공유한다. 비만세포는 혈관, 신경 및 상피 주변의 결합 조직에 결합된 비운동성 세포이며, 호염기구는 구획 내부 및 구획 사이를 이동하는 운동성 세포다. 두 세포 유형 모두 동일한 골수 줄기세포주에서 유래한다.

호염기구는 강력한 화학적 매개체를 가진 과립을 포함하기 때문에 많은 작용에서 호산구와 유사하다. 이러한 매개체는 신체의 다른 세포와 조직에 작용한다. 예를 들어, 백혈구를 감염 부위로 유인하거나 손상

* 비만 독일어 mast(음식)에서 유래. 초기 세포학자들은 이 세포들이 음식 액포로 가득 차 있다고 생각했다.

에 반응하여 혈관을 확장시킬 수 있다. 비만세포는 병원균의 국소 침입에 대한 최전선 방어자이며, 다른 염증 세포를 모집하고, 즉각적인 알레르기 발생 시 히스타민과 기타 알레르기 자극 물질의 방출을 직접 담당한다.

### 무과립구

무과립 백혈구는 구형의 비엽상 핵을 가지고 있으며 광학현미경으로 볼 때 눈에 띄는 세포질 과립이 없다. 두 가지 일반적인 유형은 단핵구와 림프구다.

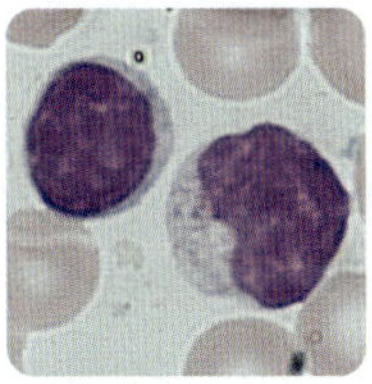

림프구(Harold Benson)

림프구는 15장의 주제인 3차 방어선의 초석이지만, 여기서는 다른 혈액 성분과의 관계를 명확히 하기 위해 그 기원과 형태에 대해 설명한다. **림프구**(lymphocytes)는 혈액에서 두 번째로 흔한 백혈구로 전체 순환 백혈구의 20~35%를 차지한다. 전신에 분포하는 그들의 전체 수가 모든 세포 중 가장 많다는 사실은 면역에 얼마나 중요한 역할을 하는지를 보여준다. 한 추정에 따르면 전체 성인 체세포의 약 1/10이 림프구이며, 적혈구와 섬유아세포만 이보다 더 많다고 한다.

염색된 혈액 도말 검사에서 대부분의 림프구는 투명한 세포질의 얇은 테두리로 둘러싸인 균일하게 어둡고 둥근 핵을 가진 작은 구형 세포로 보이지만, 조직에서는 훨씬 더 커질 수 있으며 심지어 단핵구와 비슷하게 보일 수도 있다. 림프구에는 **B 림프구**[B lymphocytes, 줄여서 **B세포**(B cells)]와 **T 림프구**[T lymphocytes, 줄여서 **T세포**(T cells)]의 두 가지 유형이 존재한다. B세포는 조류에서 발달하는 기관인 파브리시우스 윤활낭(bursa of Fabricius)에서 이름을 따왔다. 윤활낭이 없는 사람의 경우 B세포는 골수에서 생성된다. T세포도 골수에서 생성되지만 흉선에서 성숙한다. 두 세포 집단은 혈류와 림프에 의해 운반되며 림프 기관과 결합 조직 사이를 자유롭게 이동한다. **자연살해세포**(natural killer(NK) cells)는 T세포 및 B세포와 동일한 전구체에서 발생하지만 다른 발달 경로를 따른다.

B 림프구와 T 림프구는 세 번째 방어선인 특이면역 반응의 핵심 세포다. 림프구는 이물질(항원)에 의해 자극을 받으면 이물질을 중화 및 파괴하는 활성화된 세포로 변모한다. 활성화된 B세포는 특수한 **형질 세포**(plasma cells)를 형성하여 **항체**(antibodies)*를 생성한다. 항체는 외부 세포 또는 분자에 결합하여 파괴에 관여하는 단백질이다. 이러한 작용으로 인해 B세포는 **항체 매개 면역**(antibody-mediated immunity, 체액성 면역이라고도 함)에 기여하는 것으로 알려져 있다. 활성화된 T세포는 외부 세포를 직접 죽이고 면역 기능을 제어하는 등 다양한 면역 기능[**세포 매개 면역**(cell-mediated immunity)이라고도 함]에 관여한다. 두 종류의 림프구 모두 면역체계의 주요 특징인 특이성과 기억력을 가지고 있다. 자연살해세포는 B세포 및 T세포와 달리 단일 항원에 대한 특이성을 발달시키지 않으며 일반적으로 3차 방어선의 일부로 간주되지 않는다. 림프구에 의해 조절되는 특이 면역 반응은 매우 중요하기 때문에 15장의 대부분을 림프구의 반응에 할애한다.

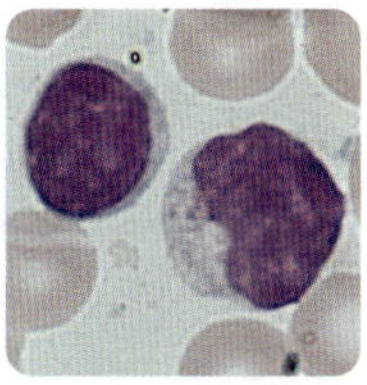

단핵구(Courtesy of Harold Benson)

**단핵구**(monocytes)*는 일반적으로 모든 백혈구 중 가장 크며 순환계에서 세 번째로 흔하다(3~7%). 단핵구는 성숙함에 따라 핵이 타원형 또는 신장 모양으로 한쪽이 움푹 패이고 중앙에서 벗어나며 종종 잔주름으로 뒤틀린다. 세포질에는 소화효소를 함유한 미세한 액포가 많

---

**임상 사례**

## 개인적으로 웰던(well-done)을 선택할 겁니다

환자는 테네시주 클레이본 카운티의 응급실에 함께 도착한 부부로, 발열, 오한, 두통과 함께 근육 및 관절 통증 등 비슷한 징후와 증상을 보였다. 처음에는 단순한 독감으로 생각했던 두 사람은 얼굴이 붓기 시작하자 걱정이 되기 시작했다. 백혈구 검사 결과 남성은 24%, 여성은 28%의 호산구가 검출되었는데, 이는 정상 수치를 훨씬 웃도는 수치였다. 기생충 감염을 의심한 의사는 이 부부가 여행이나 이국적인 음식을 섭취한 적이 있는지 물었다. 이 남성은 몇 달 전 캐나다에서 흑곰을 사냥했고 고기의 대부분을 얼음에 넣어 미국에 있는 집으로 배송했다고 실토했다. 몇 주 후 그는 몇몇 친구들과 함께 캐나다산 흑곰 요리를 즐겼다. 더 자세히 조사한 결과, 의사는 그 고기가 바비큐용이었고, 부부는 미디엄 레어로, 친구들은 웰던으로 구웠다는 것을 알게 되었다(친구들은 아무도 아프지 않았다). 남은 고기는 포장하여 주방 냉동고에 보관한 후 몇 주에 걸쳐 먹었다.

혈청학적 검사 결과 두 환자 모두 기생충인 트리키넬라(*Trichinella*)에 대한 항체가 형성된 것으로 밝혀졌다. 트리키넬라는 한때 사육 돼지에서 흔히 발견되었지만 현재는 멧돼지나 곰과 같은 사냥 고기에서 더 흔하게 발견된다. 조직학적 검사 결과, 곰의 근육에서 트리키넬라 유충이 발견되었으며(근육 그램당 350~400마리의 유충), PCR을 통해 이 기생충이 북위도 지역에서 발견되며 (다른 속 종과 달리) 동결에 강한 트리키넬라 나티바(*Trichinella nativa*) 종으로 확인되었다. 트리키넬라 나티바는 북극곰과 바다코끼리에서 더 흔히 발견되며, 알래스카와 캐나다의 원주민이 사냥하여 먹기도 한다.

환자들은 알벤다졸과 코르티코스테로이드를 투여받기 시작했다. 두 환자 모두 완전히 회복되었다.

곰의 기생충이 더 흔하게 발생하는 트리키넬라 스피랄리스(*T. spiralis*)였다면 사례 속 부부의 결과는 어떻게 달라졌을까?

---

* **항체** 그리스어 anti(반대)와 옛 영어 bodig(신체)에서 유래.

* **단핵구** mono(하나의)와 cytos(세포)에서 유래.

이 있다. 단핵구는 골수에서 혈류로 배출되어 며칠 동안 식세포로 살아간다. 이후 순환계를 떠나 **대식세포**(macrophages)* 로 최종 분화한다. 대식세포는 일반적으로 다음 항목을 담당하는 면역의 핵심 역할자다.

1. 다양한 유형의 특이적 및 비특이적 식세포 및 살상 기능(감염과 염증으로 인해 생긴 혼란을 '청소'하는 세포 청소부 역할 수행)
2. 외부 분자를 처리하여 림프구에 제시
3. 면역 세포와 반응을 돕고, 매개하고, 유인하고, 억제하는 생물학적 활성 화합물 분비

다음 절에서 이러한 기능에 대해 자세히 설명한다.

단핵구 세포주의 또 다른 산물은 **수지상 세포**(dendritic cells)로, 길고 가는 세포 돌기 때문에 이러한 이름이 붙었다. 미성숙 수지상 세포는 혈액에서 단핵구 식세포계와 림프 조직으로 이동하고, 그곳에서 병원균을 포획한다. 박테리아와 바이러스의 섭취는 수지상 세포가 림프절과 비장으로 이동하여 림프구와의 반응에 참여하도록 자극한다. 백혈구의 주요 특징은 표 14.2에 요약되어 있다.

### 적혈구 및 혈소판 라인

이 요소들은 순환계 자체에 존재하며 일반적으로 면역계의 일부로 간주되지 않는다. 그들의 발생도 그림 14.7에 나와 있다.

**적혈구**(erythrocytes)는 여러 분화 단계를 거치는 줄기세포에 의해 생성되며, 순환계에 들어가기 직전에 핵을 잃는다. 이렇게 생성된 적혈구는 산소와 이산화탄소를 조직 안팎으로 운반하는 단순하고 양면이 오목한 헤모글로빈 주머니다. 이들은 순환하는 혈액 세포 중 가장 많은 수를 차지하며, 염색 시 작은 분홍색 원으로 나타난다. 적혈구는 일반적으로 면역 기능을 하지 않지만, 면역 반응의 표적이 될 수 있다.

**혈소판**(platelets)은 순환 혈액에서 온전한 세포가 아닌 구성요소다. 혈소판은 크고 다핵성인 거핵세포가 분해되어 형성된다. 염색 시 혈소판은 청회색이며 미세한 붉은색 과립이 있으며, 크기가 작아 세포와 쉽게 구별된다. 혈소판은 주로 지혈(파열된 혈관을 막아 출혈을 멈추게 함)과 혈액 응고 및 염증에 작용하는 화학물질을 분비하는 역할을 한다.

## 림프계의 구성요소와 기능

순환계의 림프 부분은 혈관, 세포, 그리고 특수한 부속 기관들이 구획화된 네트워크다(그림 14.8). 림프계는 조직의 가장 먼 곳에서 작은 모세혈관으로 시작하여 점점 더 큰 혈관과 여과기(림프절)로 구성된 시스템을 통해 특수한 체액(림프)을 운반한다. 림프계는 결국 정상적인 순환계로 다시 배출되는 주요 혈관과 연결된다. 면역 방어와 관련된 **림프관**(lymphatic) 또는 **림프계**(lymphoid system)의 몇몇 주요 기능은 다음과 같다.

1. 세포외액이 순환계로 복귀하는 추가 경로 제공
2. 염증 반응으로 인해 축적된 체액 배출 돕기
3. 림프구, 식세포, 항체 체계를 통해 외부 물질에 대한 감시, 인식, 보호 제공

### 림프액

**림프**(lymph)는 림프 순환을 통해 운반되는 혈장과 같은 액체다. 그것은 특정 혈액 성분이 혈관을 빠져나와 세포외 공간으로 이동한 후 림프 모세혈관으로 확산되거나 이동할 때 형성된다. 이런 이유로 림프의 구성은 여러 면에서 혈장과 유사하다. 림프는 물, 용해된 염, 그리고 2~5%의 단백질(특히 항체와 알부민)로 이루어져 있다. 혈액과 마찬가지로 림프는

* 대식세포 그리스어 macro(많은)와 phagein(먹다)에서 유래. 이들은 조직의 '대식가들'이다.

표 14.2 백혈구의 특성

| 세포 유형 | 순환계 빈도수 | 주된 기능 | 특징 | 모양* |
|---|---|---|---|---|
| 호중구 | 백혈구의 55~90% | 일반 식세포작용 | 수명은 2일, 순환에 소요되는 시간은 4~10시간에 불과 | 다엽 핵. 소화효소를 함유한 작은 보라색 과립 |
| 호산구 | 백혈구의 1~3% | 기생충 박멸. 알레르기 매개체 | 비장과 골수에서 훨씬 더 많이 발견됨 | 독성 단백질, 염증 매개체, 소화효소를 함유한 큰 주황색 과립이 있는 이중엽 핵 |
| 호염기구 | 백혈구의 0.5% | 알레르기, 염증, 기생충 감염에 효과적 | 세포질 과립에는 히스타민, 프로스타글란딘 및 기타 알레르기 반응의 화학적 매개체가 포함됨 | 옅은 염색, 수축된 핵과 진한 파란색에서 검은색 과립 |
| 단핵구 | 백혈구의 3~7% | 식세포작용 후 대식세포와 수지상 세포로 최종 분화 | 단핵구는 또한 면역체계의 기능을 조절하는 여러 가지 화학물질을 분비 | 가장 큰 백혈구. 핵은 크고, 난형이며, 종종 움푹 들어간 형태로 광학현미경으로는 세포질 과립을 볼 수 없음 |
| 림프구 | 백혈구의 20~35% | 특정(후천)면역 | 림프구에는 두 가지 유형이 존재. T세포는 세포 매개 면역 담당, B세포는 체액 면역 담당 | 균일하게 염색된 어둡고 둥근 핵을 가진 작고 구형의 세포 |
| 자연살해세포 | 백혈구의 2~3% | 선천면역 | 자연살해세포는 바이러스에 감염되었거나 암세포가 된 체세포에 대해 활성을 지님 | 어둡고 둥근 핵을 가진 작고 구형의 세포 |

* 그림 14.7의 예시 참조.

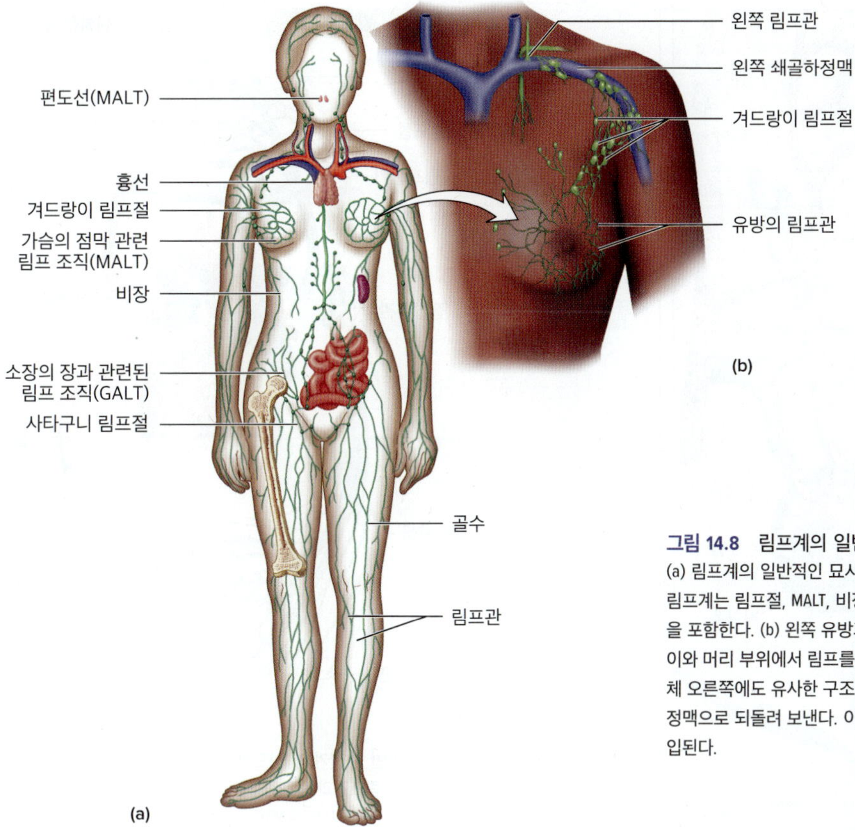


**그림 14.8 림프계의 일반적인 구성요소.** 배액 패턴과 정상 순환계와의 연결을 보여 준다. (a) 림프계의 일반적인 묘사. 림프계는 신체 대부분 부위로 뻗어 있는 특수 혈관의 분지망이다. 림프계는 림프절, MALT, 비장, GALT, 흉선, 편도선, 골수를 포함한 여러 유형의 지지 조직과 기관을 포함한다. (b) 왼쪽 유방과 겨드랑이 림프 순환을 확대한 모습. 왼쪽 림프관은 오른쪽 겨드랑이와 머리 부위에서 림프를 받아 왼쪽 쇄골하정맥을 통해 정상적인 혈액 순환으로 배출된다. 신체 오른쪽에도 유사한 구조가 있는데, 흉부 림프관이 신체 나머지 부위의 림프를 오른쪽 쇄골하정맥으로 되돌려 보낸다. 이러한 직접적인 연결을 통해 모든 림프는 결국 순환하는 혈액으로 유입된다.

수많은 백혈구(특히 림프구)와 지방, 세포 파편, 조직 공간에 침투한 감염원과 같은 여러 종류의 물질을 운반한다. 혈액과 달리 적혈구는 일반적으로 림프에서 발견되지 않는다.

### 림프관

림프를 운반하는 관 체계는 혈관을 따라 구성된다(과정그림 14.9). 가장 작은 관인 **림프 모세관**(lymphatic capillaries)은 혈액 모세관을 따라 존재한다. 림프 모세관은 중추신경계와 뼈, 태반, 흉선과 같은 특정 기관을 제외한 신체의 모든 부위에 스며든다. 그들의 얇은 벽은 혈액 모세관과 유사한 단일 층의 상피세포를 가지는데, 느슨한 접합부를 통해 순환계로부터 모여지는 세포외액의 자유로운 통과가 일어난다(그림 14.4 참조). 림프관은 특히 손과 발, 그리고 유방의 유륜 주변에 많이 존재한다.

혈류와 림프계 사이의 두 가지 중요한 차이점을 짚고 넘어가자(그림 14.10). 첫째, 림프계의 주요 기능 중 하나가 림프액을 순환계로 되돌리는 것이므로, 림프는 사지에서 심장 쪽으로 한 방향으로만 흐른다. 결국 흉관과 목 아래 근처의 오른쪽 림프관을 통해 혈류로 되돌아온다(그림 14.8 참조). 두 번째 차이점은 림프액이 림프계 관을 통해 이동하는 방식과 관련이 있다. 혈액은 전용 펌프(심장)를 통해 온몸으로 운반되는 반면, 림프는 림프관을 둘러싼 골격근의 수축을 통해서만 이동한다. 이러한 근육 움직임에 대한 의존성은 밤중(근육이 활동하지 않을 때)에 때때로 발생하는 손발 부종이 잠에서 깨자마자 사라지는 것을 설명하는 데 도움이 된다.

기생충 감염인 사상충증(filariasis)은 림프액 배수가 감염원에 의해 막혔을 때 어떤 일이 일어나는지 보여 주는 극적인 사례다. 감염에 의해 생긴 필라리아 기생충은 사지의 림프절과 림프관에 걸려 이들을 틀어막게 된다. 이렇게 되면 림프액이 부관으로 흘러들어 혈액으로 돌아오지 못하게 된다. 림프액이 과도하게 축적되면 사지와 음낭, 유방과 같은 다른 신체 부위가 심하게 변형된다.

### 림프 기관

면역 기능을 가진 림프 기관과 조직은 여기 요약된 것같이 1차 및 2차로 분류할 수 있다.

1차 기관
- 흉선
- 골수

2차 기관 및 조직
- 림프절
- 비장
- MALT—점막 관련 림프 조직
- GALT—장 연관 림프 조직(페이어 패치)

**1차 림프 기관**(primary lymphoid organs)은 림프구가 생성되거나

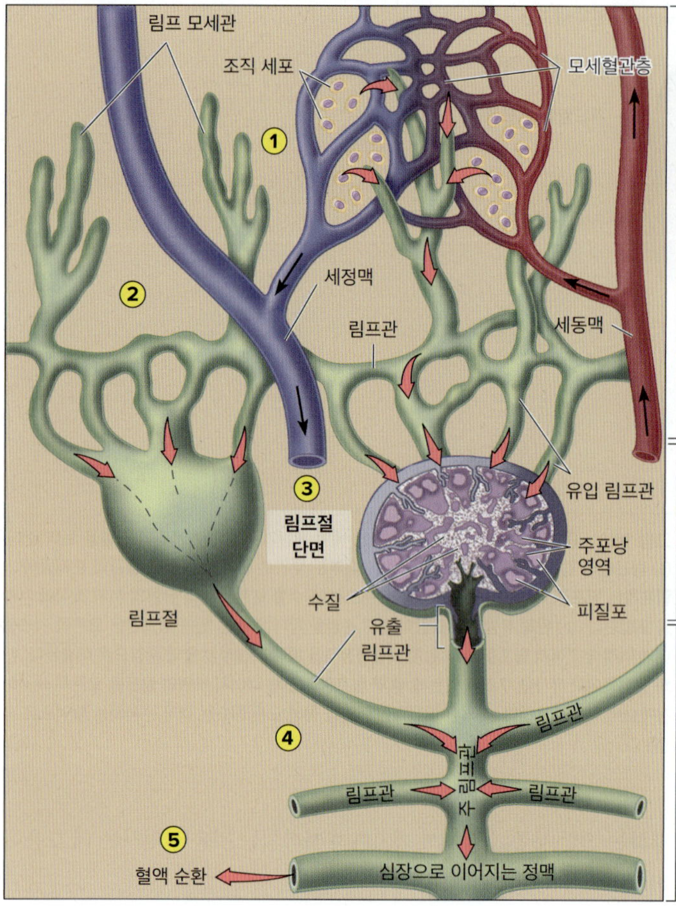


과정그림 14.9 림프관과 림프절에서의 순환 체계.

(1) 림프 순환의 가장 미세한 단계는 주변 조직에서 외부 물질을 흡수하고 그것을 림프액으로 작은 관을 통해 사지에서 멀리 운반하는 막힌 모세혈관(녹색)에서 시작된다.

(2) 이러한 관은 림프액을 더 큰 관으로 이루어진 순환계로 운반하는데, 궁극적으로 여과 기관의 집합체인 림프절로 흘러 들어간다.

(3) 림프절을 절개하면 여러 유형의 백혈구가 있는 부비동으로 림프액을 배출하는 구심관이 드러난다. 여기에서 이물질은 림프구, 대식세포, 수지상 세포에 의해 걸러지고 처리된다.

(4)와 (5) 림프는 림프절에서 유출관을 통해 더 큰 배수관으로 계속 흘러 들어가고, 이 배수관은 결국 심장 근처의 큰 정맥과 연결된다. 이렇게 세포와 면역산물은 지속적으로 정상적인 혈액 순환계로 유입된다.

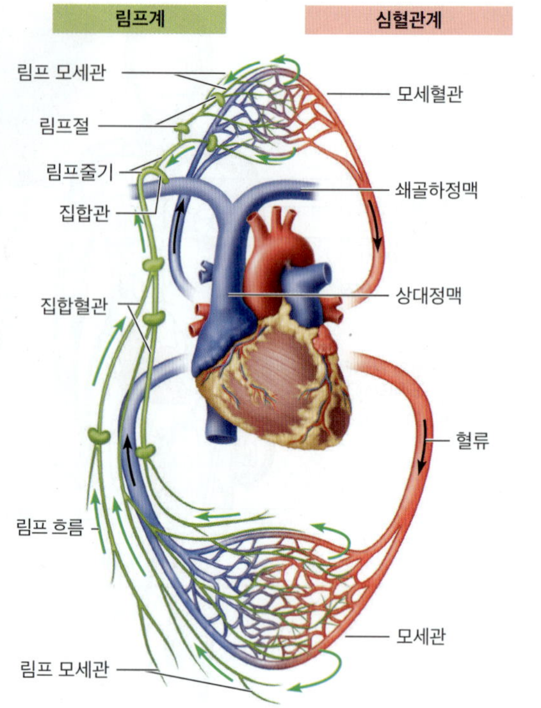


그림 14.10 일반 순환계와 림프계의 순환 패턴 비교. 림프액 흐름은 림프 모세관에서 수집 림프관과 림프관을 거쳐 큰 림프관을 지나 쇄골하정맥을 거쳐 심장으로 이어지는 한 방향(녹색)으로 흐른다. 반면 혈액의 흐름은 순환적이어서 동맥을 통해 모세혈관을 거쳐 정맥을 통해 심장으로, 그리고 다시 되돌아간다. 이러한 결합 시스템을 통해 림프관은 과도한 조직액을 모아 혈류로 되돌려 보낼 수 있다. 또한 두 시스템은 외부 침입자에 대한 조직 감시에 함께 참여할 수 있다. 주: 림프 흐름(녹색)은 비교를 간소화하기 위해 한쪽에만 표시되어 있다.

서식하는 곳인 흉선과 골수를 포함한다. 이곳은 림프구(특정 면역 기능을 가진 백혈구)가 만들어지고 성숙하는 장소다. 또한 이후 2차 림프 부위를 채울 림프구를 방출한다.

**2차 림프 기관**(secondary lymphoid organs, 비장 및 림프절)은 순환계에 기반을 둔 곳으로, 미생물과 접촉하고 면역 반응이 자주 발생하는 곳이다. 이와 연관된 림프 조직은 피부와 점막 같은 신체 조직 전체에 널리 퍼져 있는 세포들의 집합체로, 국소적으로 침입하는 감염원에 대처할 준비가 되어 있다.

## 흉선

**흉선**(thymus, 가슴샘)은 배아 때 인두 부위의 두 엽이 삼각형 구조로 융합되어 형성된다. 흉선은 흉골 끝부분 근처의 흉강 안에 위치한다. 흉선의 크기는 출생 시 비례적으로 가장 크며(그림 14.11), 사춘기까지 높은 활동성과 성장을 보이다가 사춘기 이후에는 성인기를 거치며 점차 줄어들기 시작한다.

온전한 흉선 없이 태어난 아이들(디조지 증후군, 16장 참조)이나 수술로 흉선을 제거한 어린이는 심각한 면역결핍을 겪으며 성장이 저해된다. 성인은 성숙한 T세포가 충분히 발생하여 흉선을 제거하거나 기능을 감소시켜도 증상이 경미하다. 흉선을 경부 후두 근처에 위치하며 완전히 다른 기능을 하는 갑상샘(thyroid gland)과 혼동하지 말자.

## 림프절

림프절은 작고 캡슐화된 콩 모양의 기관으로, 보통 흉강과 복강의 림프관과 큰 혈관을 따라 종종 클러스터로 위치한다(그림 14.8 참조). 림프절

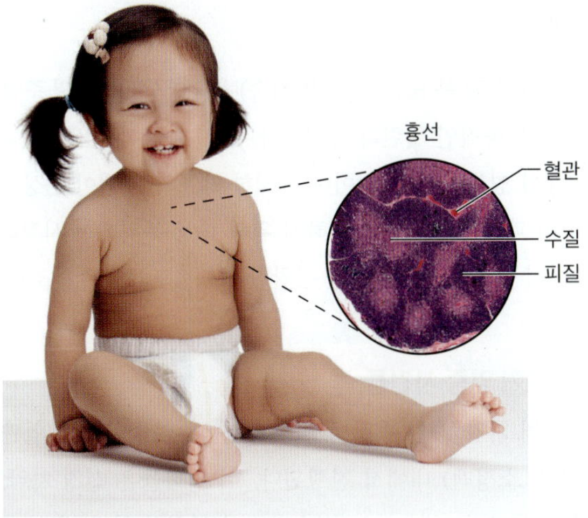


그림 14.11 **흉선.** 출생 직후, 흉선은 상흉부 중앙선 위 영역을 거의 채우는 큰 기관이다. 하지만 성인에서는 비례적으로 더 작다. 단면 사진은 흉선의 주요 해부학적 영역을 보여 준다. 미성숙 T세포는 피질을 통해 침투하여 성숙함에 따라 수질로 이동한다. (출처: BJI/Blue Jean Images/Getty Images; Alvin Telser/McGraw Hill)

의 주요 집합체는 겨드랑이(액와 림프절), 서혜부(서혜부 림프절), 목(경부 림프절)의 느슨한 결합 조직에서 생긴다. 이런 림프절의 위치와 구조는 림프에 들어온 물질을 걸러 내고 면역 반응에 적합한 세포와 틈새(niche)를 제공하는 데 명확하게 특화되어 있다.

### 비장

비장은 횡격막 아래 그리고 위 왼쪽에 위치한 복강 상부에 있는 림프 기관이다. 림프액 대신 혈액을 걸러 내는 필터 역할을 한다는 점을 제외하면 림프절과 다소 유사하다. 비장의 주요 기능은 혈액 순환에서 낡은 적혈구를 제거하는 것이지만, 가장 중요한 면역학적 기능은 혈액에서 병원균을 걸러 내고 상주하는 대식세포에 의한 식균작용에 중점을 둔다. 비장을 수술로 제거한 성인은 비교적 정상적인 생활을 할 수 있지만, 비장이 발달하지 못했거나 상실한 어린이는 면역력이 심각하게 저하된다.

### 연관 림프 조직

점막으로 둘러싸인 시스템 곳곳에는 **점막 관련 림프 조직**(mucosal-associated lymphoid tissue) 또는 **MALT**라고 하는 림프구 및 기타 백혈구의 개별 다발이 내장되어 있다. 이 광범위한 시스템의 위치는 다음과 같은 이점이 있다. 위장, 호흡기, 비뇨기 및 기타 진입구를 통해 유입되는 미생물의 지속적인 유입에 대응하기 위한 국소적이고 신속한 메커니즘을 제공한다. 인두에는 편도선의 형태로 MALT의 주요 공급원이 있다. 임산부와 수유부의 유방도 모유에 보호 항체를 추가하는 림프 조직의 일시적인 부위가 된다.

MALT는 특정 림프 조직이 발견되는 위치에 따라 12개 이상의 카테고리로 더 나뉜다. 가장 중요한 예는 장 관련 림프 조직(GALT)이다. GALT는 맹장과 **페이어 패치**(Peyer's patches)를 포함하는데, 이는 소장의 회장에 있는 림프구의 조밀한 응집체다. GALT는 장내 병원균에 대한 면역 기능을 제공하며 일부 유형의 항체의 중요한 공급원이다. 2차 림프 조직의 덜 잘 조직된 다른 컬렉션에는 피부 관련 림프 조직과 기관지 관련 림프 조직이 포함된다.

**핵심 점검 14.2**

5. 조직 감시는 어떻게 수행되며, 그 원인은 무엇인가?
6. 면역체계가 자기 자신을 외부 세포와 입자로부터 구별하는 과정을 설명하시오.
7. 면역체계와 관련하여 비자기(nonself)라는 용어는 무엇을 의미하는가?
8. 단핵구 식세포계의 주요 구성요소는 무엇인가?
9. 단핵구 식세포계는 조직 및 혈관계와 어떻게 소통하는가?
10. 줄기세포의 기능을 설명하고 조혈 단계를 요약하시오.
11. 과립구와 무과립구를 구분하시오.
12. 과립구와 무과립구의 주요 유형, 기능 및 순환계 내 분포를 설명하시오.
13. 두 림프구 유형의 주요 기능을 설명하고 체액성 면역과 세포 매개 면역을 구분하시오.
14. 림프(액)란 무엇이며 어떻게 형성되는가?
15. 림프계의 기능을 간략하게 설명하고 MALT 및 GALT와 같은 연관 림프 조직의 작용을 설명하시오.

## 14.3 2차 방어선: 염증

**학습목표**

12. 염증 반응의 주요 과정을 설명하고, 각 과정에서 무엇이 일어나는지 설명하시오.
13. 사이토카인, 케모카인, 그리고 기타 염증 매개체의 기능을 요약하시오.
14. 발열의 기작을 설명하고, 그 유익한 효과와 해로운 효과를 설명하시오.

면역체계의 주요 해부학적 및 생리학적 체계를 소개했으므로, 이제 숙주 방어에 중요한 역할을 하는 (1) 염증, (2) 식세포작용, (3) 인터페론, (4) 보체의 기작을 살펴보자. 이러한 방어의 일반화된 속성 때문에 그들은 주로 비특이적인 효과를 보이지만, 15장에서 기술되는 특이면역 반응을 지원하고 상호작용하기도 한다.

### 염증 반응: 부상에 대한 반응들의 복합적 조화

가장 일반적인 수준에서 **염증**(inflammation)은 조직의 항상성 회복을 시도하는 외상성 사건에 대한 반응이다. 면역 반응으로 인해 침입한 미생물과 세포 찌꺼기를 제거하는 데 도움이 되는 정상적이고 필수적인 과정이다. 대부분의 사람들은 매일 어떤 식으로든 염증을 경험한다. 염증은 상처의 발적, 화상의 물집, 감염의 고통스러운 병변, 알레르기 증상 등

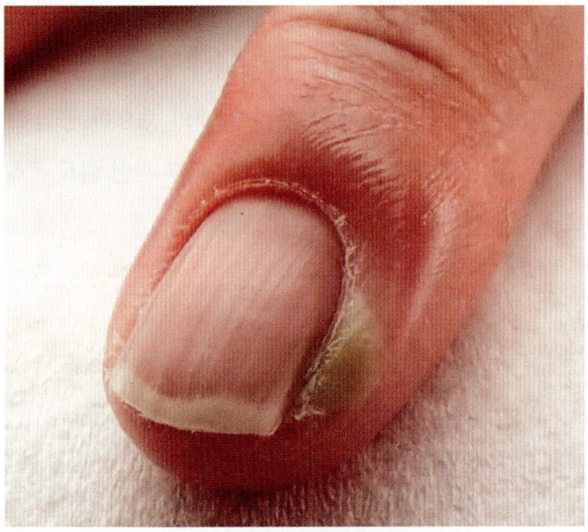

그림 14.12 염증에 대한 반응. 감염 또는 부상으로 인한 염증의 고전적인 지표는 발적, 열감, 부종, 통증이다. 각 증상은 이 절에서 기술하는 염증 기작 중 하나를 나타낸다. (출처: Robert Kirk/Getty Images)

으로 나타나며 때로는 눈에 띄지 않을 수도 있다.

염증은 발적(rubor), 열감(calor), 부종(tumor), 통증(dolor)이라는 네 가지 라틴어로 간결하게 표현되는 일련의 전형적인 징후와 증상으로 쉽게 식별할 수 있다. 발적(redness)은 손상된 조직의 혈액 순환과 혈관 확장으로 인해 발생한다. 열감(warmth)은 혈액의 흐름이 증가하여 발산되는 열, 부종(swelling)은 조직에 축적되는 세포외액의 증가, 통증(pain)은 부종의 압력 또는 화학 매개체에 의한 신경 종말의 자극으로 인해 발생한다(그림 14.12). 다섯 번째 증상인 기능 상실(loss of function)은 염증을 동반할 수 있는 영향에 대한 완전한 그림을 그리기 위해 추가되기도 한다. 이러한 증상은 종종 불쾌감을 주지만, 부상이 발생했다는 중요한 경고 역할을 하며 신체를 추가 부상으로부터 보호할 수 있는 반응을 유발한다.

염증 반응을 유발할 수 있는 요인에는 감염으로 인한 외상(여기에서 주된 강조), 조직 손상 또는 사망, 그리고 특정 면역 반응이 있다. 염증의 세부사항은 매우 복잡하지만, 그 주요 기능은 다음과 같이 요약할 수 있다.

1. 면역 세포와 화학물질을 손상 부위로 동원시키고 유인한다.
2. 조직 손상을 복구하고 유해물질을 국소화하고 제거하는 메커니즘을 작동시킨다.
3. 미생물의 추가 침입을 파괴하고 차단한다(과정그림 14.13 참조).

염증 반응은 강력한 방어 반응으로, 신체가 부상 후 안정성을 유지하고 스스로 회복하기 위한 수단이다. 하지만 만성화될 경우, 실제로 조직 손상, 파괴, 그리고 질병을 유발할 가능성이 있다(**14.2 연결고리 찾기** "염증의 단점" 참조).

## 염증 단계

염증 반응은 급성(몇 분 또는 몇 시간 지속)에서 만성(며칠, 몇 주 또는 몇 년 지속)까지 역동적인 일련의 사건이다. 초기 손상이 발생하면 손상된 조직 부위에서 연쇄 반응이 일어나 유익한 세포와 체액이 손상 부위로 소환된다. 이 과정을 실제로 상상하기 위해 손상 부위에서 시작하여 미시적 수준에서 주요 사건의 흐름을 관찰한다(과정그림 14.13 참조).

### 혈관 변화: 초기 염증 사건들

부상과 더불어 가장 초기 변화의 일부가 손상 조직 근처의 혈관(소동맥, 모세혈관, 소정맥) 내에서 진행된다. 이 변화들은 신경 자극, **화학 매개체**(chemical mediators), 그리고 손상 부위의 혈액 세포, 조직 세포 및 혈소판에 의해 분비되는 **사이토카인**(cytokines)* 에 의해 조절된다. 혈관작용 매개체가 정맥과 동맥을 둘러싸는 평활근세포에 영향을 주어 혈관의 협착 및 확장을 유발함으로써 혈액의 흐름을 손상 부위로 바꾼다. 다른 것들은 **케모카인**(chemokines)이라 불리는 **주화성 인자**(chemotactic factors)로 백혈구에 영향을 준다. 염증 반응 매개체는 발열을 일으키고, 림프구를 자극하며, 감염 확산을 막고, 알레르기 증상을 유발한다(**14.1 연결고리 찾기**). 비록 세동맥의 협착이 제일 먼저 촉진되지만, 그것은 단지 수 초나 수 분 정도만 지속된다. 일단 혈액 손실을 막기 위한 혈전이 생기면 곧이어 바로 정반대 반응인 **혈관 확장**(vasodilation)이 뒤따른다. 혈관 확장의 전반적 효과는 손상 부위로 혈액의 흐름을 증가시켜 면역 성분의 유입을 촉진하고 또한 발적과 열감을 유발하는 것이다.

### 염증의 초기 화학 표지물

**C-반응성 단백질**(C-reactive protein, CRP)[2] 은 염증의 초기 표지물(indicator)인 패턴 인식 수용체다. 그것은 간에 의해 생성되는 큰 단백질로 혈액을 순환한다. CRP는 감염이나 다른 병리 조건 시 대식세포에 의해 생성된 사이토카인에 대한 반응으로 분비된다. CRP는 PAMP, 죽거나 손상당한 세포상의 다른 수용체 및 감염물질에 달라붙어 식세포작용을 증가시키고 보체 시스템을 활성화한다(다음 절 참조). 이런 식으로 CRP는 국소적이고 즉각적이며, 선천적인 보호의 또 다른 원천으로 작용한다. CRP는 염증 반응 시작의 첫 몇 시간 동안에 검출될 수 있기 때문에 염증의 효과적인 마커이고 혈액검사에서 측정될 수 있다. CRP의 높은 수준은 또한 심혈관 질환, 암, 조직 손상 및 괴사 시 발견될 수 있고 종종 이런 상황의 위험을 진단하는 데 사용될 수 있다.

* 사이토카인 그리스어 cytos(세포)와 kemein(움직이다)에서 유래. 백혈구에 의해 생성되어 숙주의 방어 반응을 조절하는 단백질 또는 폴리펩타이드.

2 보체 시스템과 혼동하지 말자.

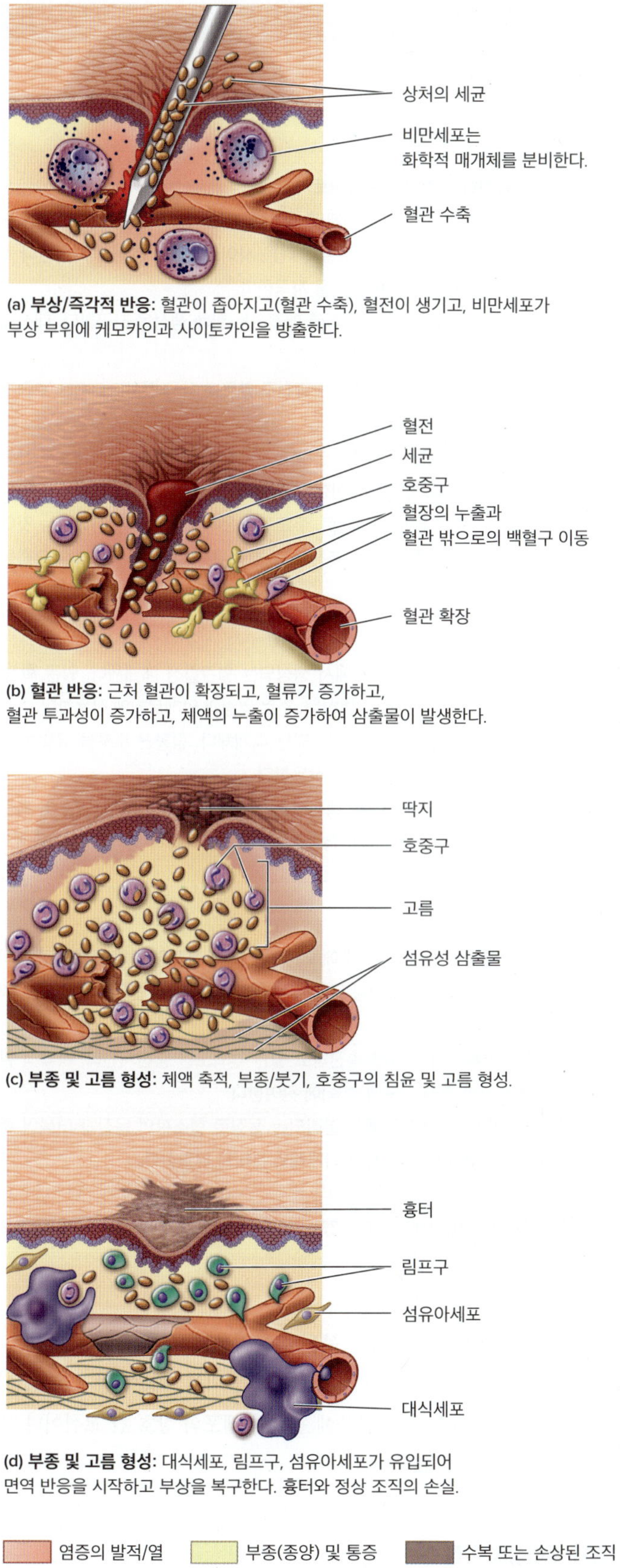


**과정그림 14.13** 염증의 주요 사건.

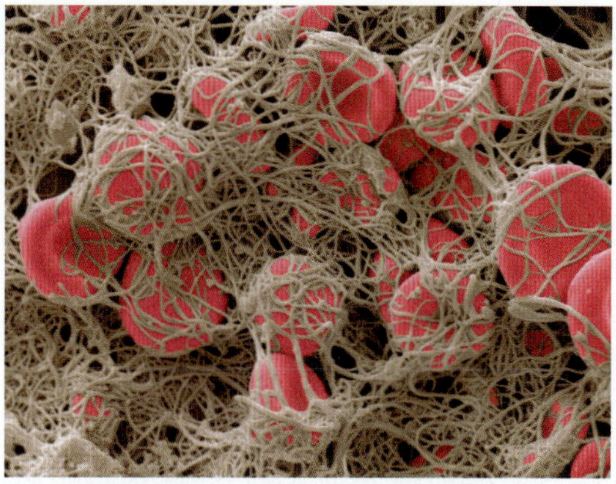

**그림 14.14** 혈전 생성. 상처 후, 피브리노겐이 불용성의 피브린 실이 되어 적혈구를 둘러싼다. 백혈구와 혈소판 또한 함께 갇히게 되어 출혈을 막는 데 도움을 준다(SEM 3,250배). (출처: Science Photo Library/Alamy Stock Photo)

모세혈관상에서 혈액을 받는 작은 정맥인 모세혈관(이)후세정맥은 염증의 여러 측면에서 중요하다. 그들이 수축하면 혈액 순환이 느려지고 그 부위에 세포외액이 모이게 된다. 일부 혈관 활성을 지닌 물질들이 이 세정맥의 벽에 있는 내피세포들이 분리되어 틈을 형성하게 하고 이 공간을 통해 혈액 유래 성분들이 세포 밖 공간으로 삼출되게 한다. 모세혈관도 사이토카인의 영향하에 느슨해진다. 작은 혈관으로부터 조직으로 빠져나오는 혈장을 삼출물(exudate)이라 부른다. 이 액체의 축적은 **부종**(edema)이라는 국소적 팽창과 경화를 유발한다. 이 부종성 삼출물은 다양한 양의 혈장 단백질(예를 들면 글로불린, 알부민, 혈액 응고 단백질인 피브리노겐, 혈액 세포, 세포 부스러기 등)을 함유한다. 그 내용물에 따라 삼출물은 투명하거나[혈청성(serous)], 적혈구나 **고름**(pus)을 포함할 수도 있다. 고름은 주로 백혈구, 미생물, 그리고 식세포작용에 의해 생긴 부스러기로 구성된다. 어떤 부종 유형에서는 피브리노겐이 실모양의 피브린으로 변해 상처 부위를 둘러싼다(그림 14.14). 1시간 이내에 수많은 호중구가 특수 신호 분자에 반응하여 상처 부위로 모여들게 된다.

### 백혈구의 독특한 동적 특성

백혈구가 혈관을 떠나 조직으로 들어가기 위해서는 모세혈관이나 세정맥 같은 보다 작은 혈관의 안쪽 벽에 들러붙어야 한다. 이 위치로부터 **혈구이주**(diapedesis)*라는 과정을 통해 혈관을 떠나 조직 공간으로 이주할 준비를 하게 된다.

이행(transmigration)이라고 알려진 혈구이주는 백혈구의 여러 연관된 특성들의 도움을 받는다. 예를 들면, 백혈구는 활발한 운동성이 있으며 쉽게 모양을 바꾼다. 그들의 이주는 세정맥의 안쪽을 구성하는 내피세포의 본성에 의해서도 도움을 받는다. 세정맥은 복잡한 부착 수용체

* 혈구이주 그리스어 dia(~을 통해)와 pedan(뛰다)에서 유래.

**14.1 연결고리 찾기**

## 염증 매개체의 역동성

신경계가 복잡한 통신 네트워크에 의해 조정되는 것처럼 면역계도 마찬가지다. 수백 개의 작은 활성 분자가 끊임없이 분비되어 세포 발생, 염증 및 면역의 여러 측면을 조절, 자극, 억제 및 기타 방식으로 제어한다. 이러한 물질은 단핵구, 대식세포, 림프구, 섬유아세포, 비만세포, 혈소판, 혈관 내피세포 등 여러 유형의 세포에서 생성되는 산물이다. 그 효과는 국소적 또는 전신적, 단기적 또는 장기적, 비특이적 또는 특이적, 보호적 또는 병리적일 수 있다.

사이토카인 분야는 매우 복잡해졌기 때문에 여기에서는 중요한 사이토카인 및 기타 매개체의 주요 그룹에 대한 개요만 소개할 수 있다. 주요 기능 유형은 다음과 같이 분류할 수 있다.

1. 염증 및 식균 작용과 같은 비특이적 면역 반응을 매개하는 사이토카인
2. 림프구의 성장과 활성화를 조절하는 사이토카인
3. 염증 동안 면역 반응을 활성화하는 사이토카인
4. 백혈구의 조혈 인자
5. 혈관 활성 매개체
6. 기타 염증 매개 물질

**염증과 면역의 비특이적 매개체**

- 종양괴사인자(TNF)는 대식세포, 림프구 및 기타 세포에서 나오는 물질이다. 화학작용과 식균 작용을 증가시키고 다른 세포가 염증성 사이토카인을 분비하도록 자극한다. 또한 발열(내인성 발열원)을 유발하고 혈액 응고를 자극한다. 안타깝게도 과도하게 생성되면 조직에 손상을 일으킬 수 있다.
- 인터페론 알파와 인터페론 베타는 백혈구와 섬유아세포에서 생성되는데, 바이러스 복제와 세포분열을 억제하고 다른 세포를 죽이는 특정 림프구의 작용을 증가시킨다.
- 인터루킨은 원래 백혈구에서 분리된 작은 펩타이드 그룹을 지칭하는 용어다. 현재 50개 이상의 인터루킨이 알려져 있다. 백혈구 외에 다른 세포에서도 인터루킨을 합성할 수 있으며 다양한 생물학적 활성을 가지고 있다는 것이 밝혀졌다.
  - 인터루킨-1(IL-1)은 대식세포와 상피세포의 산물이다. 발열을 유도하고 특정 백혈구를 활성화하는 등 TNF와 동일한 생물학적 활성을 가지고 있다.
  - 인터루킨-6는 대식세포, 림프구, 섬유아세포에서 분비된다. 주요 효과는 B세포의 성장을 자극하고 C 반응성 단백질과 같은 간 단백질의 합성을 증가시키는 것이다.
- 다양한 케모카인. 정의에 따르면 케모카인은 백혈구의 이동과 이주를 자극하는 사이토카인(화학 주성 인자)이다. 여기에는 보체 C5a, 인터루킨-8 및 혈소판 활성화 인자 등이 포함된다.

**림프구 성장 및 활성화를 조절하는 사이토카인**

- 인터루킨-2는 T세포의 주요 성장 인자다. 흥미롭게도, 이는 자신을 분비하는 세포와 동일한 세포에 작용한다. 세포분열과 다른 사이토카인의 분비를 자극한다. B세포에서는 성장 인자이자 항체 합성을 자극한다.
- 인터루킨-4는 B세포 발달과 알레르기를 매개하는 항체 생성을 자극한다. 대식세포의 작용을 억제한다.
- T세포, 대식세포, 호중구에서 생성되는 과립구 콜로니 자극 인자(G-CSF)는 호중구의 활성화와 분화를 자극한다.
- 다양한 세포에서 생성되는 대식세포 콜로니 자극 인자(M-CSF)는 대식세포로 분화하는 줄기세포의 성장과 발달을 촉진한다.
- 인터페론 감마는 T세포 유래 매개체로, 주요 기능은 대식세포를 활성화하는 것이다. 또한 T세포와 B세포의 분화를 촉진하고, 호중구를 활성화하며, 혈류 유출을 자극한다.

**혈관 활성 매개체**

- 히스타민은 비만세포와 호염기구에서 생성되는 혈관활성 매개체다. 혈관 확장, 혈관 투과성 증가, 점액 생성을 유발한다. 주로 염증과 알레르기에 작용한다.
- 세로토닌은 혈소판과 장세포에서 생성되는 매개체다. 평활근 수축을 유발하고, 위 분비를 억제하며, 신경전달물질로 작용한다.
- 브래디키닌은 혈액이나 조직에서 생성되는 혈관활성 아민이다. 평활근 수축을 자극하고 혈관 투과성, 점액 생성, 통증을 증가시킨다. 특히 알레르기 반응에서 활발하게 작용한다.

**기타 매개체**

- 프로스타글란딘은 대다수의 체세포에 의해 생성되며 복잡한 화학 매개체로서 서로 반대되는 효과(예: 혈관의 확장 또는 수축)를 가지며 면역 반응과 통증의 강력한 촉진자다.
- 류코트리엔은 평활근의 수축을 촉진하고 혈관 투과도를 증진시킨다. 즉각적 알레르기의 더 심각한 증상(기도의 수축)에 관여한다.
- 혈소판 촉진 인자는 호염기구에서 분비되는 물질로 혈소판의 응집과 더불어 즉각적 알레르기 반응에서 다른 화학 매개체의 분비를 유발한다.

**발적에서는 어느 염증 매개체가 관여하겠는가? 암에서는? 통증에서는? 열감에서는?**

를 갖고 있는데 이들은 염증 매개체의 영향하에서 '끈적임'이 증가한다. 이것은 백혈구로 하여금 내피세포에 부착하거나 이주하도록 한다. 이 위치에서 그들은 쉽게 세포 외 공간으로 기어 들어갈 수 있다(그림 14.15).

백혈구의 이러한 이주 습관에서 또 다른 요소는 **주화성**(chemotaxis)* 인데, 이는 세포가 상처나 감염 부위에서 분비되는 특정 화학 자극에 대한 반응으로 이주하려는 경향으로 정의된다. 이런 수단을 통해 세포는 여러 구획으로부터 감염 부위로 몰려들고, 식세포작용, 수리, 그리고 특이 면역 반응 같은 일반적 기능 수행을 위해 그곳에 남게 된다. 이런 기본 특성이 대다수 면역 반응에 필요한 세포의 상호 간 교신이나 세포 파송에 절대적으로 요구된다.

### 부종과 주화성의 이점

액체의 유입과 호중구의 침투는 생리적으로 이로운 활동이다. 액체는 독성물질을 희석시키고, 피브린 엉김은 미생물을 효과적으로 포집하여 추

* 주화성 신라틴어 chemo(화학적)와 taxis(배열)에서 유래.

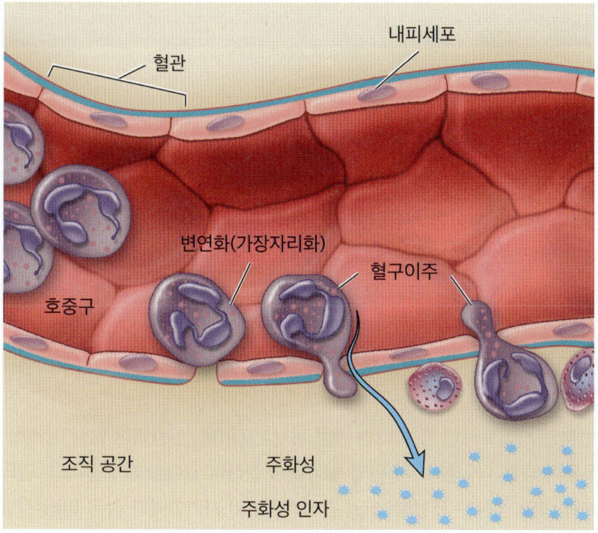


**그림 14.15 백혈구의 혈구이주와 주화성.** 세정맥의 단면은 혈구이주를 통해 혈관벽의 공간 사이로 자신을 밀어 넣는 백혈구를 보여 준다. 이 과정은 또한 어떻게 백혈구 집단이 내피세포 벽의 수용체에 달라붙는지를 묘사한다.

가 확산을 방지한다. 염증 부위에서 뭉치는 호중구는 즉각적으로 식세포 활동과 파괴 활동을 미생물, 죽은 조직, 입자성 물질에 대해 수행한다(식세포작용에 관한 14.4절에서 다루는 기작을 통해). 어떤 유형의 염증에서는 축적된 식세포가 농양에 기여한다. 일부 세균(연쇄상구균, 포도상구균, 임균, 수막구균)은 호중구에 특히 강력한 유인제이고, 따라서 **화농성**(pyogenic) 세균이다.

### 염증의 늦은 반응

때로 부드러운 염증은 부종과 식세포작용에 의해 해소될 수 있다. 수일 이상 지속되는 염증반응은 단핵구, 림프구, 대식세포 등의 집합체를 반응 부위로 모이게 한다. 농양, 세포 부스러기, 죽은 호중구와 손상된 조직의 제거는 그런 큰 덩어리를 삼켜 처리할 수 있는 유일한 세포인 대식세포에 의해 수행된다. 동시에 후천면역의 특이적 면역 반응이 등장한다. B 림프구는 특정한 항미생물 단백질(항체)을 생산하여 외부 분자 및 세포와 반응하고, T 림프구는 침입자들을 직접 죽인다. 이런 과정의 후반기에 조직은 다양의 수준의 복구 과정을 겪게 되고 흉터(scar, 과정그림 14.13d 참조)의 형태로 결합 조직으로 대체될 수 있다. 염증이 이런 식으로 완화되거나 해소될 수 없으면, 만성이 되거나 **14.2 연결고리 찾기** "염증의 단점"에서 다룬 장기 병리 현상을 만들 수 있다.

## 발열: 염증 보조자

염증의 중요한 전신적 구성요소는 비정상적으로 높아진 체온으로 정의되는 발열이다. 비록 발열이 감염의 거의 보편적 증상이지만, 그것은 또한 특정 알레르기, 암, 그리고 다른 유기 질병과 연관되어 있다. 원인이 진단되지 않은 발열의 경우 원인불명열(FUO)이라 부른다.

체온은 일반적으로 뇌의 시상하부에 있는 조절센터를 통해 유지된다. 이 항온계가 몸의 열 생산량과 열 손실을 조절하고 몸의 코어온도를 하루 주기 동안에 37℃(98.6℉) 근처, 변동폭(1℉)에 맞춘다. 고열은 **발열원**(pyrogen)* 이라 불리는 순환물질이 시상하부 항온계를 높은 수치로 재조정할 때 개시된다. 이 변화가 근육으로 하여금 열 생산을 높이도록 말단 세동맥들은 혈관 수축을 통해 열 손실을 줄이는 신호를 준다. 고열은 중증도에 따라 저수준(37.7~38.3℃ 혹은 100~101℉)에서 중간수준(38.8~39.4℃ 혹은 102~103℉), 고수준(40.0~41.1℃ 혹은 104~106℉)으로 나뉜다.

발열원은 외인성(신체 외부에서 발생) 또는 내인성(신체 내부에서 발생)으로 분류된다. 외인성 발열원은 바이러스, 세균, 원생동물 및 곰팡이 등의 감염원의 산물이다. 잘 알려진 외인성 발열원 중 하나는 그람 음성균의 세포벽에서 발견되는 지질 다당류인 내독소다. 혈액, 혈액 제제, 백신 또는 주사액에도 외인성 발열원이 포함될 수 있다. 내인성 발열원은 식세포작용 과정에서 단핵구, 호중구, 대식세포에 의해 방출되며 면역반응의 자연스러운 일부로 보인다. 대식세포가 방출하는 두 가지 강력한 발열원은 인터루킨-1(IL-1)과 종양 괴사 인자(TNF)다.

발열은 보통 오한을 동반한다. 열이 나는 사람이 주기적으로 추위를 느끼고 통제할 수 없을 정도로 떨게 되는 이유는 무엇일까? 그 설명은 뇌가 열에 반응하는 방식과 시상하부와 혈액 온도 사이의 자연스러운 생리적 상호작용에 있다. 예를 들어, 온도조절기가 102℉에서 (발열에 의해) 재설정되었지만 혈중 온도가 99℉인 경우, 더 많은 열을 생산하기 위해 뇌가 근육을 무의식적으로 수축(떨림)하도록 자극한다. 또한 피부의 혈관이 수축하여 추위를 느끼게 되고, 피부의 털세움근(piloerector muscle)이 소름을 유발한다.

### 발열의 효능과 치료

의학 전문가들은 발열이 중요한 생물학적 기능을 한다는 풍부한 증거를 가지고 있다. 조직 배양 연구에 따르면 온도가 상승하면 T세포의 활동이 자극되고 인터페론의 효과가 증가하는 것으로 나타났다. 인위적으로 감염된 토끼와 돼지를 열이 나도록 방치하면 억제제를 투여한 토끼와 돼지보다 더 높은 비율로 생존한다. 발열은 많은 포유류 종에서 호중구의 포도상구균에 대한 식세포작용을 강화하는 것으로 보인다. 감염 중 발열이 나타나는 것은 침입한 미생물에 대한 정상적이고 유익한 반응임을 강력하게 시사한다. 발열의 다른 영향은 다음과 같다.

- 소아마비 바이러스, 감기 바이러스, 대상포진 바이러스, 전신 및 피하

* **발열원** 그리스어 pyr(불)와 gennan(생성하다)에서 유래. 화장용 장작더미(funeral pyre)와 방화광(pyromaniac)과 어원이 같음.

14.2 연결고리 찾기

## 염증의 단점

염증의 모든 측면이 보호적인 것은 아니며, 조직 손상의 효율적인 해결로 이어지는 것도 아니다. 질병 목록을 살펴볼 때, 얼마나 많은 질환이 부분적으로 혹은 전적으로 과도하게 반응하거나 잘못 기능하는 염증 반응 때문인가를 보면 다소 충격적이다.

13장에서 언급한 일부 염증 반응들은 주목해야 할 케이스다. 아프리카 수면병, 크립토코쿠스증과 다른 뇌 감염병에서 뇌에 축적되는 염증성 삼출물은 신경계에 너무나도 해로워서 손상이 영구적이다. 염증 반응은 종종 농양(abscess)으로 이어지는데, 이 부푼 덩어리는 호중구와 죽은 액화 조직으로 구성되고, 중심부에 살아 있는 병원균을 갖고 있을 수 있다. 농양은 포도상구균, 아메바성, 그리고 내장 감염의 현저한 특징이다.

만성질환, 예를 들면 결핵의 결절, 후기 매독의 병변, 한센병의 흉측한 결절, 리슈마니아증의 피부 궤양 등 다른 병리학적 증상은 육아종 형성이라 불리는 비정상적 조직 반응에 기인한다. 육아종은 미생물뿐만 아니라 부수기 어려운 비생명의 외부 물질에 대한 반응으로도 생긴다. 이런 조건은 호중구나 대식세포가 염증 반응에 관계된 병원체나 물질을 비효율적으로 또 불완전하게 포식함으로써 개시된다. 이런 염증 부스러기를 처리하는 것의 실패는 때때로 좌절된 식세포작용으로 지칭된다. 대식세포는 내부소화된 물질을 액포에 저장하고 불활성화함으로써 반응한다. 주어진 시간 동안 대식세포는 이물질 거대세포라 불리는 거대한 불활성의 다핵세포로 융합하게 된다. 이런 부위는 림프구로 더욱 침윤된다. 그렇게 생긴 집합체는 조직이 과립처럼 보이게 하고, 그래서 그렇게 이름이 붙여진다. 육아종은 수개월, 수년, 또는 전 생애 동안 조직에 존재할 수 있다.

예를 들어 부상이나 감염 후의 급성 염증은 일반적으로 우려할 만한 문제가 아니며, 기저 질환이나 부상이 치유되면 감소한다. 만성 염증은 백혈구와 화학적 염증의 매개체가 너무 오랫동안 생성될 때 발생한다. 이 경우 면역체계가 신체의 다른 부위로 관심을 돌려 건강한 세포를 무차별적으로 공격할 수 있다. 과잉 염증 반응은 당뇨병, 암, 관절염, 심장병 등 여러 만성 질환과 관련이 있다. 그러나 방금 언급한 모든 질병과 다른 많은 질병은 자체적으로 염증 반응을 일으키기 때문에 인과관계를 증명하기는 어렵다는 점에 유의해야 한다.

일반적인 사이토카인 중 하나인 종양 괴사 인자(TNF)는 강력한 염증 매개체다. 식세포작용과 같은 다양한 초기 면역 활동을 조절하며 강력한 발열원이다. 안타깝게도 TNF의 과잉 생산은 패혈성 쇼크, 건선, 천식 및 자가면역과 같은 여러 질병에도 관여한다. TNF의 손상 효과를 막기 위한 치료제로 여러 약물[예: 아달리무맙(Humira) 및 에타너셉트(Enbrel)]이 개발되었다.

의과학계에서는 염증 매개체에 대한 새로운 정보를 바탕으로 추가 응용분야를 빠르게 찾고 있다. 매우 유망한 분야 중 하나는 화학작용과 백혈구의 대규모 파괴적 유입을 감소시킬 수 있는 케모카인 억제제의 사용으로 보인다. 이러한 치료법은 궁극적으로 특정 암, 동맥경화, 알츠하이머병을 치료하는 데 사용될 수 있다.

**염증 매개체가 조직 손상과 질병을 어떻게 촉진하는지 설명하시오.**

진균 병원체, 마이코박테리아 종, 매독 스피로헤타 등 온도에 민감한 미생물의 증식을 억제한다.

- 철분의 가용성을 감소시켜 세균의 영양을 방해한다. 연구에 따르면 열이 나는 동안 대식세포는 철분 저장고 방출을 중단하여 병원균 성장에 필요한 여러 효소 반응을 지연시킬 수 있다고 한다.
- 신진대사를 증가시키고 면역 반응과 자연보호 생리적 과정을 자극한다. 조혈, 식세포작용 및 특정 면역 반응 속도를 높인다.

발열이 해로운 것보다 유익할 수 있다는 점을 이해하고 열을 억제할지 여부를 결정하는 것은 중요한 의학적 질문이다. 일부 옹호자들은 건강한 사람의 미열(99~101℉)은 면역 자극제로서의 잠재력과 최소한의 부작용을 고려할 때 자연 경과를 지켜봐야 한다고 생각한다. 모든 의료 전문가들은 어린이 또는 심혈관 질환, 발작, 호흡기 질환이 있는 환자의 고열 또는 장기간의 발열은 위험하므로 해열제를 사용하여 즉시 치료해야 한다는 데 동의한다. 열에 대한 고전적인 치료법은 아스피린이나 아세트아미노펜(Tylenol)과 같은 해열제로 시상하부 중추의 설정을 낮추고 정상 체온을 회복하는 것이다. 열 손실을 증가시키는 모든 물리적 기술(예: 미지근한 목욕)도 심부 온도를 낮추는 데 도움이 될 수 있다.

**핵심 점검 14.3**

16. 자극, 생리적 반응, 징후 및 증상을 포함하여 염증 반응의 주요 사건에 대해 설명하시오.
17. 발적, 열감, 통증, 부종 중 어떤 것이 징후이고 어떤 것이 증상인가?
18. 림프절 부종과 백혈구 증가를 설명하는 염증 및 면역 방어의 작용은 무엇인가?
19. 고름의 원인은 무엇이며 무엇을 의미하는가?
20. 부종은 어떤 면에서 유익하고 어떤 면에서 해로울 수 있는가?
21. 발열을 유발하는 생리적 현상을 설명하고, 발열이 자연적으로 유익한 방식을 다시 살펴보시오.
22. 혈구이주와 주화성의 과정을 설명하고 이 둘이 어떻게 상호 연관되는지 보이시오.
23. 염증 매개체 및 사이토카인 주요 유형의 기원과 작용에 대해 간략히 설명하시오.

## 14.4 2차 방어: 식세포작용, 인터페론, 그리고 보체

**학습목표**

15. 식세포작용을 정의하고 어떤 세포가 이 기능을 수행하는지 확인하시오.
16. 식세포작용의 주요 단계 및 각 단계에서 무슨 일이 일어나는지 설명하시오.
17. 호중구 세포외 트랩의 생성을 설명하시오.
18. 식세포가 병원체를 죽이는 방식을 설명하시오.
19. 인터페론의 기원을 설명하고 바이러스 및 기타 면역 기능을 조절하는 데 있어 그

역할을 설명하시오.

20. 보체 시스템, 그 기원 및 기본적인 기능의 특징을 설명하시오.

## 식세포작용: 백혈구에 의한 섭취와 파괴

어떤 기준에서 보더라도 식세포는 조직을 구불구불 돌아다니며 표적을 찾아 포획하고 파괴하는 인상적인 살아 있는 기계다. 다음은 식세포의 주요 활동을 요약한 것이다.

1. 조직 구획을 조사하고 미생물, 미립자 물질(먼지, 탄소 입자, 항원-항체 복합체), 손상되었거나 죽은 세포를 표적으로 삼는다.
2. 이러한 물질을 섭취하고 제거한다.
3. 외부 물질에서 면역원성 정보(항원)를 추출한다.

### 식세포의 주요 범주

일반적으로 모든 세포는 물질을 삼킬 수 있는 능력을 어느 정도 가지고 있지만 전문 식세포는 생계를 위해 이 작업을 수행한다. 주요 유형의 식세포는 호중구, 단핵구, 대식세포 및 수지상 세포다.

#### 호중구와 호산구

앞서 언급했듯이 호중구는 염증 반응 초기에 세균 및 기타 이물질과 손상된 조직에 반응하는 범용 식세포다. 세균 감염의 일반적인 징후는 혈액의 높은 호중구 수(호중구 증가증)며, 호중구는 또한 고름의 주요 구성 성분이기도 하다. 호산구는 기생충 감염 부위 및 항원-항체 반응에 끌리지만 사소한 식세포 역할만 한다.

#### 호중구의 확장된 기능

호중구는 선천면역의 '일꾼' 중 하나다. 호중구는 식세포 기능 외에도 호중구 세포외 트랩(NETS)이라는 병원균을 포획하는 독특한 시스템을 가지고 있다. 호중구는 박테리아 및 기타 병원균을 정기적으로 포획하여 죽인 후 사멸하도록 프로그래밍되어 있다. 하지만 죽는다고 해서 호중구의 보호작용이 끝나는 것은 아니다. 세포질 내의 과립은 호중구 엘라스타아제라는 효소를 방출하여 호중구의 핵으로 이동하고 DNA를 염색체로 구성하는 데 필요한 단백질을 파괴한다. 이렇게 죽어 가는 호중구는 DNA, 효소, 히스톤 및 기타 세포 내용물로 구성된 섬유질 매트릭스를 배출하여 호중구가 완전히 용해된 후에도 미생물의 침입을 막는다(과정그림 14.16). NET는 여러 수준에서 작동하여 박테리아와 곰팡이를 포획 및 고정하고, 독성 인자를 분해하고, 미생물살상 화학물질로 죽이고, 궁극적으로 확산을 방지한다.

#### 대식세포: 역동적인 청소부

단핵구는 혈류에서 조직으로 이동한 후 다양한 염증 매개체에 의해 대식세포로 변형된다. 이 과정은 크기가 증가하고 리소좀과 다른 세포소기관의 발달이 촉진되는 것으로 특징지어진다(과정그림 14.16). 한때 대식세포는 고정형(조직에 부착) 또는 유주형(떠돌아다니는 것)으로 분류되었지만, 이 용어는 오해의 소지가 있다. 모든 대식세포는 이동할 수 있는 능력을 가지고 있다. 특정 기관에 상주하는지 아니면 떠돌아다니는지는 발달 단계와 받는 면역 자극에 따라 달라진다. 조직구라고 하는 특수한 대식세포는 특정 조직으로 이동하여 수명이 다할 때까지 그곳에 머물러 있는다. 예를 들면 폐포(폐) 대식세포, 간의 쿠퍼 세포, 피부의 랑게르한스 세포, 비장, 림프절, 골수, 신장, 뼈, 뇌의 대식세포 등이 있다. 다른 대식

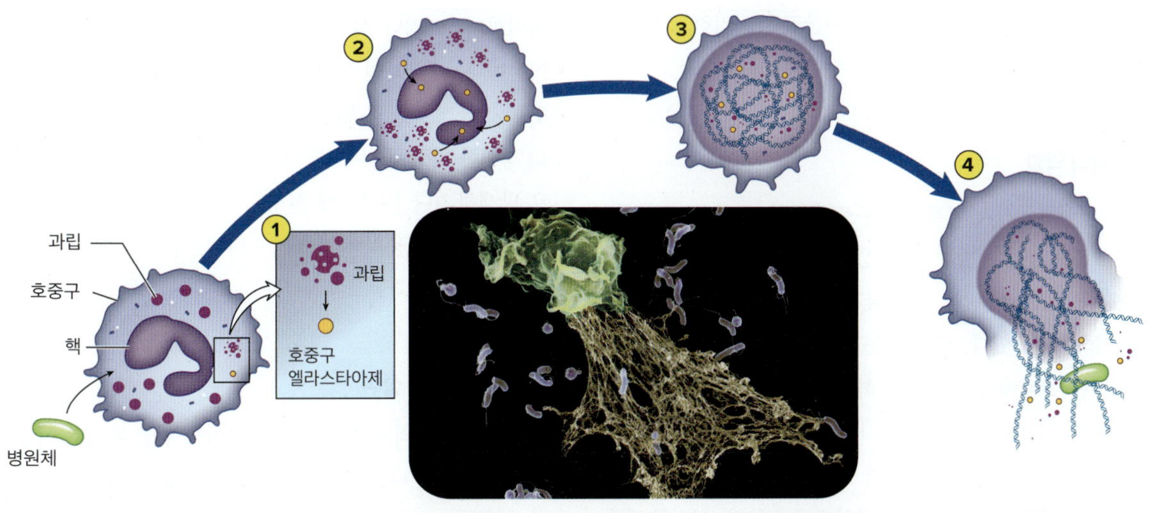


과정그림 14.16 **호중구 세포외 트랩(NETS) 생성.** (위) (1) 호중구 세포질 내 과립이 호중구 엘라스타아제(NE)라는 효소를 방출한다. (2) 호중구 엘라스타아제는 세포핵으로 이동하여 세포의 DNA를 염색체로 압축포장하는 데 필요한 단백질을 분해한다. (3) 염색체가 탈축합됨에 따라 DNA가 세포를 채운다. (4) 호중구가 용해되어 그물을 바깥쪽으로 밀어내 병원성 세포를 포획한다. (아래) 호중구 세포외 트랩에 갇힌 살모넬라 세포. (출처: The-scientist.com, Infographic: How NETs work; SCIENCE PHOTO LIBRARY/Science Source)

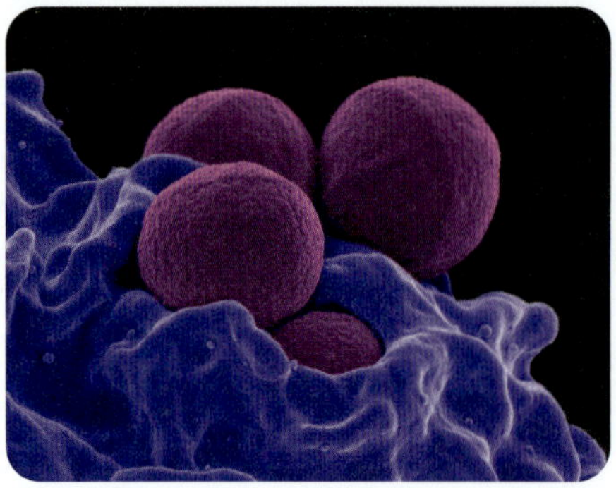

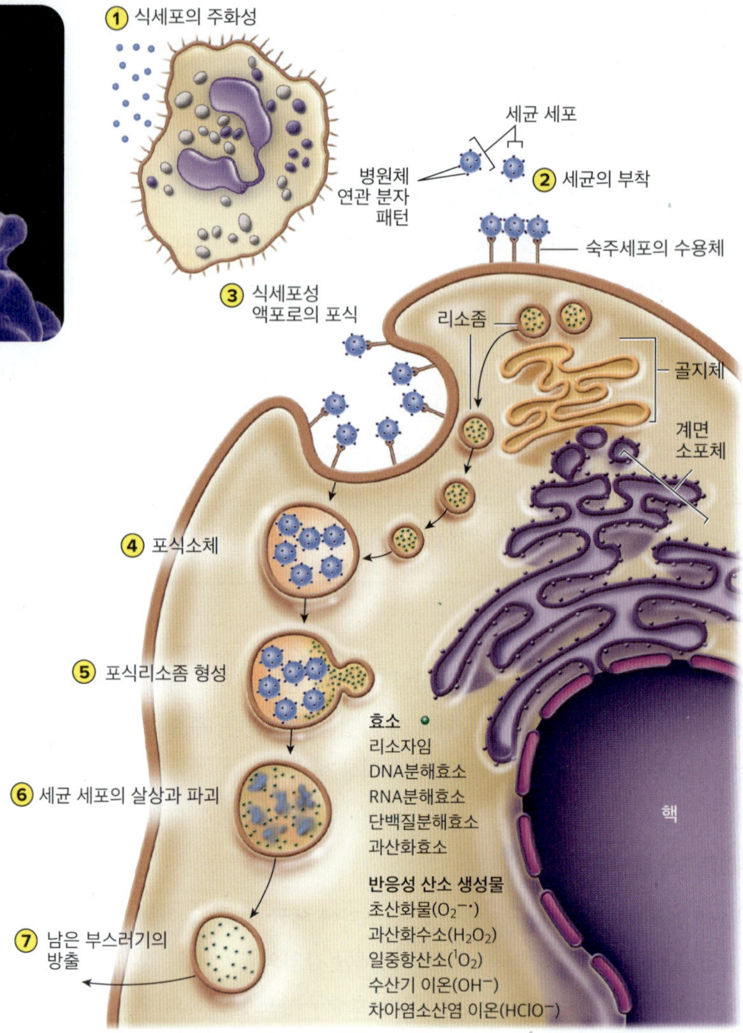


과정그림 14.17 **식세포작용의 순차적인 과정.** (1) 식세포가 세균에 끌린다. (2) PAMP를 통해 세균이 식세포 수용체에 부착하는 과정을 보여 주는 확대 모습. (3) 삼키는 동안 세균 주변에 액포가 형성된다. (4) 포식소체 소화 액포가 생성된다. (5) 리소좀이 포식소체와 융합하여 포식리소좀을 형성한다. (6) 효소와 독성 산소 생성물이 세균을 죽이고 소화한다. (7) 소화되지 않은 입자가 방출된다. 삽입 그림: 호중구(파란색)가 식세포작용을 하는 보라색 메티실린 내성 황색포도상구균 세포(10,000배)의 주사전자현미경 사진. (출처: National Institute of Allergy and Infectious Diseases(NIAID))

세포는 특정 조직에 영구적으로 상주하지 않고 망상 내피 시스템 전체에 걸쳐 유목민처럼 떠돌아다닌다. 단핵구 계통의 또 다른 산물인 수지상 세포는 피부와 점막 내벽에 집중되어 있으며, 이물질을 처리하고 선택된 림프구와의 반응을 준비한다(15장 참조).

### 적혈구: 면역계에서의 역할

최근 연구에 따르면 적혈구가 면역계의 일부로 기능할 수 있다는 사실이 밝혀졌는데, 이는 매우 놀라운 발견이다. 성숙한 적혈구에는 핵이 없으며, 산소를 운반하는 헤모글로빈을 위한 공간을 최대한 많이 만들기 위해 세포소기관이 돌출되어 있다. 핵이 없는 적혈구 세포는 주변 환경에 반응할 수 없으며, 몸 전체에 산소와 이산화탄소를 운반하는 거의 기계적인 역할에 국한되어 있는 것으로 여겨졌다. 그러나 적혈구가 순환계에 존재하는 무세포 DNA를 수집하는 데 특히 능숙할 수 있다는 증거가 쌓이고 있으며, 이 무세포 DNA의 대부분은 병원체에 속한다. 이러한 작은 DNA를 운반하는 세포는 면역계의 다른 세포에 의해 표적이 되어 신체의 면역 반응을 유발하는 데 도움을 준다.

## 식세포 인식 기작, 포식 및 사멸

**식세포작용**(phagocytosis)이라는 용어는 말 그대로 '먹는 세포 과정'을 의미한다. 그러나 식세포작용은 단순히 세포를 삼키는 물리적 행위 그 이상이다. 왜냐하면 식세포는 다양한 항미생물 물질을 사용하여 외부 세포를 적극적으로 공격하고 분해하기 때문이다. 식세포작용은 해당 영역의 경미한 자극에 반응하는 단독 식세포에 의해 수행되는 고립된 사건으로 발생하거나 14.3절에 설명된 조율된 염증 사건의 일부로 발생할 수 있다. 식세포작용의 과정에는 주화성, 섭취, 포식리소좀 형성, 파괴 및 제거가 포함된다(과정그림 14.17).

### 주화성, 결합 및 섭취

식세포는 의도적인 방향 감각을 가지고 염증 부위로 이동하며, 병원체와 숙주 조직에서 나오는 자극물질의 구배에 이끌려 염증 부위로 이동한다.

식세포가 병원체를 발견하면 병원체와 접촉하기 위해 톨 유사 수용체(toll-like receptor, TLR)를 사용한다(과정그림 14.17). TLR은 다양한 미생물의 병원체 연관 분자 패턴(PAMP) 수용체를 인식하고 결합하는 수용체라는 것을 기억하자. 식세포 막에는 약 10개의 서로 다른 TLR이 있다. 노출된 수용체의 끝은 PAMP에 연결되고 즉시 이합체화되어 두 번째 TLR과 결합하여 분자를 감싸게 된다(그림 14.18). 이는 세포 내 식세포 과정과 화학 매개체의 방출을 자극하는 신호를 핵으로 전달한다.

### 포식리소좀 형성

염증성 반응이 일어나는 현장에서 식세포는 종종 결합 조직의 섬유질 네트워크나 혈액 및 림프관 혈관벽에 세포나 이물질을 가두어 둔다. 일단 식세포가 먹이를 '포획'하면, 세포나 입자를 주머니에 감싸는 위족(僞足)을 확장하여 **식포**(食胞, phagosome)라고 하는 액포에 내재화한다.

짧은 시간 안에 **리소좀**(lysosomes)은 식포의 현장으로 이동하여 식포와 융합하여 **포식리소좀**(phagolysosome)을 형성한다. 항미생물 화학물질을 포함하는 다른 과립이 포식리소좀으로 방출되어 섭취한 물질을 독살하고 분해하도록 설계된 강력한 양조물을 형성한다(과정그림 14.17 참조). 식세포작용의 파괴력은 이 항미생물 물질과 접촉한 후 30분 내에 세균이 죽는다는 사실에서 알 수 있다.

### 파괴 및 제거 시스템

파괴적인 화학물질이 포식리소좀에서 미생물을 기다리고 있다. **호흡 폭발**(respiratory burst) 또는 산화 폭발로 알려진 산소 의존성 시스템은 **활성산소 중간체**(reactive oxygen intermediates, ROI)라고 하는 산소 대사의 산물을 정교화한다. 과립구에서 발견되는 효소인 미엘로퍼옥시데이스는 강력한 산화제인 할로겐 이온($OCl^-$)을 형성한다. 과산화수소, 슈퍼옥사이드 음이온($O_2^-$), 활성산소 또는 일중항 산소($^1O^-$), 하이드록실 유리 라디칼(HO) 등 산소 대사의 다른 산물은 개별적으로 또는 함께 강력한 살상력을 가지고 있다. 이 일련의 활성산소는 곰팡이와 많은 세균 같은 호기성 병원균을 죽이는 데 필요한 '녹아웃' 펀치를 제공한다. 다른 화학물질로는 젖산, 리소자임, 세균을 죽이고 바이러스 복제를 억제하는 강력한 매개체인 산화질소(NO)가 있다. 박테리아 세포막을 손상시키는 양이온성 단백질과 여러 **가수분해**(hydrolytic)효소가 이 작업을 완료한다. 소화가 되지 않은 잔해 조각은 대식세포에서 세포외배출을 통해 방출된다. 15장에서 살펴보겠지만, 대식세포와 수지상 세포는 식세포작용을 림프구와의 특정 면역 반응에 필요한 미생물 항원의 추가 처리와 결합시킨다.

## 인터페론: 항바이러스 사이토카인과 면역 자극제

**인터페론**(interferon, IFN)은 특정 백혈구와 조직 세포에서 자연적으로 생성되는 작은 단백질로 12장에서 설명했다. 인터페론은 특정 바이러스 감염 및 암에 대한 치료에 사용되며 면역 증강제로도 사용할 수 있다. 인터페론 시스템은 원래 바이러스에만 작용하는 것으로 여겨졌지만, 현재

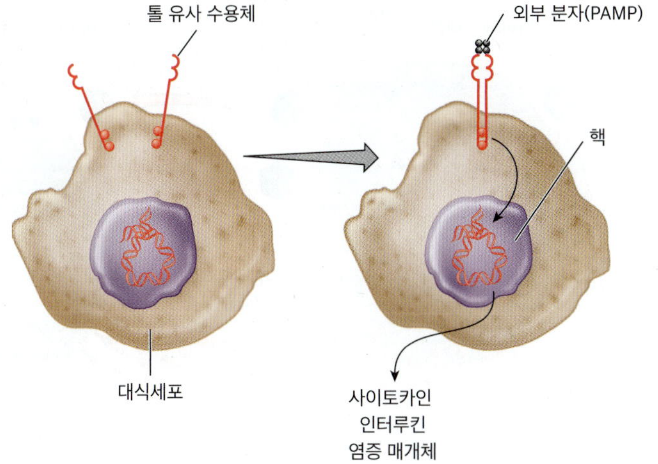


그림 14.18 톨 유사 수용체를 이용한 식세포 감지 및 신호전달. 톨 유사 수용체(TLR)는 식세포 및 면역계의 다른 세포들의 세포막을 가로지른다. 특정 병원체의 PAMP와 같은 분자가 이 수용체에 의해 인식되면, TLR들이 융합하여 외부 분자와 결합한다. 이는 화학물질 생성을 유도하고 포식을 유발한다.

는 다른 미생물에 대한 방어와 면역 조절 및 상호 통신에도 관여하는 것으로 알려져 있다. 림프구와 대식세포에서 생성되는 인터페론 알파, 섬유아세포와 상피세포에서 생성되는 인터페론 베타, T세포에서 생성되는 인터페론 감마 등 세 가지 주요 유형이 있다. 인터페론의 작용에 대한 요약은 **14.1 연결고리 찾기**를 참조하자.

세 가지 종류의 인터페론은 모두 바이러스, RNA, 면역 생성물 및 다양한 외부 분자에 반응하여 생성된다. 이들의 생물학적 활동은 광범위하다. 모든 경우에 세포 표면에 결합하여 유전자 발현의 변화를 유도하지만 정확한 결과는 다양하다. 다음에 설명하는 항바이러스 효과 외에도 세 가지 IFN 모두 암 유전자의 발현을 억제하고 종양 억제 효과를 가질 수 있다. 인터페론 알파와 IFN 베타는 식세포를 자극하고, IFN 감마는 대식세포와 T세포 및 B세포의 면역 조절제다.

### 항바이러스성 인터페론의 특성

바이러스가 숙주세포의 수용체에 결합하면 세포가 인터페론을 합성하도록 지시하는 신호가 핵으로 전달된다. 인터페론 유전자의 전사 및 번역 후, 새로 합성된 인터페론 분자는 세포에 의해 세포외 공간으로 빠르게 분비되어 다른 숙주세포와 결합한다. 인터페론이 다른 세포에 결합하면 바이러스 단백질의 번역을 방해하여 바이러스 증식을 억제하는 또 다른 종류의 단백질이 생성된다(그림 14.19). 인터페론은 바이러스 특이적이지 않으므로, 한 종류의 바이러스에 반응하여 합성되면 다른 종류의 바이러스도 예방할 수 있다. 이 단백질은 바이러스 억제제이기 때문에 여러 바이러스 감염에 대한 유용한 치료제로 사용되어 왔다.

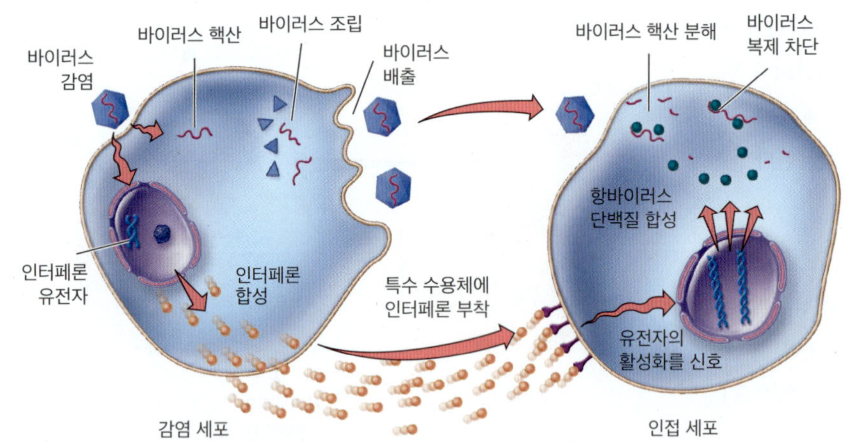


**그림 14.19** 인터페론의 항바이러스 활성. 세포가 바이러스에 감염되면 그 핵은 인터페론(IFN) 유전자를 전사하고 번역하도록 활성화된다. 인터페론은 세포 밖으로 확산되어 근처의 감염되지 않은 세포의 IFN 수용체에 결합하여 바이러스 유전자를 제거하고 바이러스 복제를 차단하는 단백질 생산을 유도한다. 초기 세포는 자기 자신의 IFN에 의해 보호받지 않으며, IFN이 수용 세포를 바이러스의 침입으로부터 막지 못하지만, 바이러스는 복제를 시작하기 전에 불활성화된다.

### 인터페론의 다른 역할

인터페론은 또한 백혈구의 발달을 활성화하거나 지시하는 중요한 면역 조절 사이토카인이다. 예를 들어, T 림프구에서 생성되는 인터페론 알파는 자연살해(NK)세포라고 하는 세포의 하위 집합을 활성화한다. 또한 인터페론 베타의 한 유형은 B 림프구와 T 림프구의 성숙과 염증에 중요한 역할을 한다. 인터페론 감마는 암세포를 억제하고 B 림프구를 자극하고 대식세포를 활성화하며 식세포작용의 효과를 향상시킨다.

## 보체: 다재다능한 백업 시스템

면역계는 여러 가지 기능이 중복되는 가운데 면역계에는 여러 수준에서 작용하는 **보체**(complement)라는 또 다른 복잡한 다중 임무 시스템이 있다. 면역 반응을 '보완'하는 특성 때문에 이름 붙여진 보체 시스템은 간세포, 림프구 및 단핵구에서 방출되는 최소 30개의 혈액 단백질로 구성된다. 보체 인자는 형태의 패턴 인식 수용체(PRR)로, 염증 및 식세포작용과 함께 작용하여 다양한 세균, 바이러스 및 기생충을 파괴한다. 이 시스템은 일반적으로 비특이적이며 선천적이지만 후천적인 면역 반응에도 역할을 할 수 있다. 보체 시스템의 세 가지 주요 방어 기능은 (1) **막 공격 복합체**(membrane attack complex, MAC)가 병원체를 직접 죽이고, (2) 병원체를 식세포에 더 매력적으로 만드는 분자로 코팅하고[**옵소닌화**(opsonization)], (3) 염증성 세포의 모집 및 사이토카인 방출을 유발하는 것이다. 앞서 두 번째와 세 번째 주제를 소개한 바 있으므로 여기서는 막 공격의 주요 기작 복합체에 집중할 것이다.

보체의 막 공격 기능은 혈액 응고와 같은 일련의 반응으로, 화학 계열의 첫 번째 물질이 다음 물질을 활성화하고, 이 다음 물질을 활성화하는 식으로 원하는 최종 생성물에 도달할 때까지 일련의 반응이 이루어진다. 세 가지 버전의 보체 경로가 존재한다(과정그림 14.20). 이들의 주요 특징은 활성화되는 방식, 주요 참여 요인 및 특이성이다. 세 가지의 최종 단계는 모두 같은 지점에서 수렴하여 비슷한 최종 결과, 즉 미생물 또는 감염된 세포의 파괴를 낳는다. 손상의 초점이 세포막에 있기 때문에 보체 방어의 이 부분은 외벽이 막에 대한 접근을 차단하는 미생물에는 효과적이지 않지만 막이 노출된 세포와 바이러스에는 효과적이다.

고전적인 경로는 가장 구체적이며, 주로 미생물에 결합된 항체의 존재에 의해 활성화된다. 이 경로는 후천면역 반응에 보체를 연결하는 경로다. 다른 두 경로는 비특이적이며 미생물 표면의 일반적인 외부 분자에 의해 촉발된다. 렉틴 경로에서는 숙주 혈청 단백질 또는 렉틴이 세균 및 기타 미생물의 벽에 존재하는 만난이라는 당과 결합한다. 대체 경로는 미생물의 특정 표면 분자에 결합하는 보체 단백질(PAMPS)에 의해 시작되지만, 자발적으로 촉발될 수도 있다. 보체 번호(C1~C9)는 발견 순서를 기준으로 하기 때문에 일부 인자는 숫자 순서대로 활성화되지 않는다는 점에 유의하자.

### 보체 연쇄반응 단계

일반적으로 보체 경로는 개시, 증폭 및 연쇄반응, 중합, 막 공격의 네 단계를 거친다. 시작 반응에는 경로에 따라 항체, 렉틴 또는 미생물 표면 수용체(과정그림 14.20a)와 같은 특정 유형의 개시 분자가 필요하다. 병원체의 막에 이 개시제가 존재하면 보체 화학물질 C1부터 C4까지를 포함하는 일련의 작용이 추진되며, 각 단계는 두 가지 목적을 수행한다. 보체 시스템의 증폭 부분에 대한 자세한 내용은 생략하지만, 최종적으로 결과물인 **C3** 분자는 표적 세포의 막에 남아 있는 보체 인자의 후속 중합에 핵심적인 역할을 하는 분자다. C3는 변환 효소에 의해 작용하여 인자 $C3_a$와 $C3_b$로 분리된다. **$C3_b$**는 인식 부위와 앵커를 형성하여 앞으로 이어질 일련의 최종 반응을 준비한다(과정그림 14.20b). $C3_b$는 그 자체로도 옵소닌화의 중요한 인자로서 식세포작용을 촉진한다. 옵소닌화에 대한 보다 자세한 내용은 15장에서 확인할 수 있다.

$C3_b$는 인자 C5를 $C5_a$와 $C5_b$로 분리하여 연쇄반응을 진행시킨다. 이 분자 중 하나인 **$C5_b$**는 다음에 설명된 나머지 보체 인자의 중합을 마무리하는 데 핵심적인 역할을 한다. 연쇄반응에서 계속되지 않는 2개의 절단 산물($C3_a$ 및 $C5_a$)은 여전히 많은 면역 기능을 가지고 있음을 알 수 있다(과정그림 14.20b의 오른쪽). 둘 다 백혈구를 모집하고 히스타민 같은 염증 매개체의 방출을 유발하는 화학작용 인자다.

보체 계열의 마지막 반응에는 인자 $C5_b$, C6, C7, C8이 결합하여 막 내에서 고정 복합체를 형성하는 것이다(과정그림 14.20c). 이어서 여러 개의 **C9** 분자가 막 공격 복합체(MAC, 과정그림 14.20d)인 고리 모양 형성

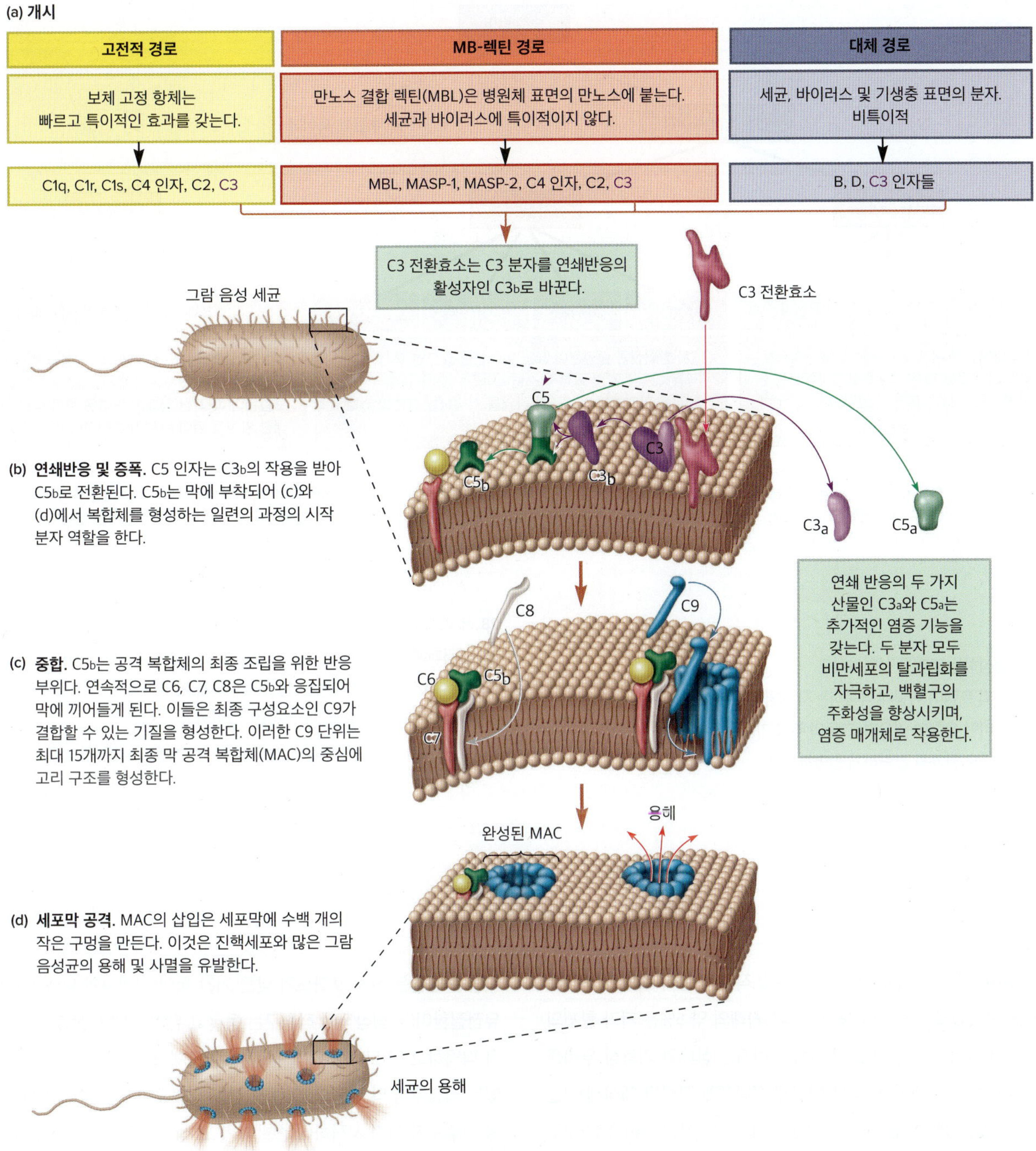


**과정그림 14.20 막 공격으로 이어지는 보체 경로 개요.** (a) 세 경로 모두 서로 다른 유발 요인과 시작점을 갖지만, 모두 같은 지점인 C3 전환효소로 모인다. 이 효소는 보체 '기계'의 특징인 막 공격 복합체를 생성하는 일련의 반응(b, c, d)을 시작한다. 최종 결과는 세포막에 작은 구멍들의 형성이고 표적 병원체의 파괴다.

패턴에 삽입된다. MAC은 보체 시스템의 주요 파괴력이다. 이는 그람 음성 세균, 일부 기생 원생동물, 외피 바이러스 및 바이러스에 감염된 숙주 세포의 막에 효과적으로 구멍을 뚫고 용해시킨다. 고전적인 경로를 제외하고, 이러한 반응은 비특이적이며 광범위한 미생물에 대해 활성화될 수 있다.

## 주요 숙주 방어 개요

이 시점에서 인체의 방어는 종종 병원체와 싸우기 위해 병렬 및 중복 방식으로 작동한다는 것이 분명해질 것이다. 그 결과 여러 수준에서 작동하는 방어 체계들이 끊임없이 공격을 가하게 된다. 이는 **그림 14.21**에서 확인할 수 있으며, 이 그림은 논의의 시작이자 15장으로 자연스럽게 이어지는 세 가지 방어선으로 구성되어 있다.

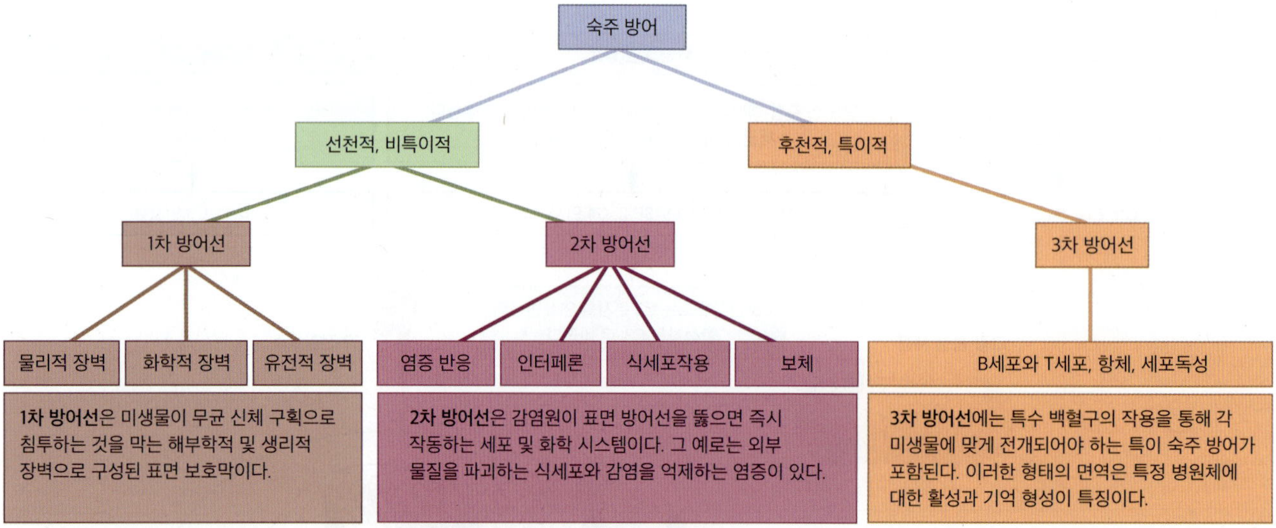


그림 14.21 숙주 방어의 주요 구성요소를 요약한 순서도. 방어는 두 가지 일반적인 범주로 분류된다: (1) 선천적이고 비특이적인 방어 또는 (2) 후천적이고 특이적인 방어. 이러한 방어는 1차 방어선, 2차 방어선, 3차 방어선으로 더 세분화될 수 있으며, 각 방어선은 서로 다른 수준과 유형의 방어를 특징으로 한다. 가장 다양한 방어선인 3차 방어선은 특이면역을 담당한다. 이는 15장에서 더 자세히 다룬다.

**핵심 점검 14.4**

**24.** 대식세포를 생성하는 과정을 설명하시오.
**25.** 호중구의 세포외 트랩이 어떻게 작동하는지 설명하시오.
**26.** 대식세포에는 어떤 유형이 있으며, 그들의 주요 기능은 무엇인가?
**27.** 식세포작용의 주요 단계를 간략하게 설명하시오.
**28.** 세 가지 주요 유형의 인터페론, 그 공급원 및 생물학적 효과를 간략하게 설명하시오.
**29.** 인터페론이 항바이러스 화합물로 작용하는 기작을 설명하시오.
**30.** 보체 시스템의 일반적인 작용을 설명하시오.
**31.** 보체 연쇄반응을 유발하는 요인은 무엇인가?
**32.** 그림 14.21을 참고하여 갈색, 보라색, 주황색으로 표시된 각 범주에 대한 예를 제시하시오.

## 사례 연구 Part 2

환자의 MRI에서 비장이 있어야 할 곳에 얇은 조직 가닥만이 보였고 비장의 부재가 감염을 일으켰을 가능성이 높았다. SLE 사례의 약 5%는 자가 항체의 공격으로 인해 비장이 대부분 또는 완전히 없어지는 상태인 기능성 무비증(functional asplenia)을 초래한다. 비장 대식세포(비장에 격리된 대식세포)는 폐렴연쇄구균과 같은 캡슐화된 세균에 대한 신체의 일차적인 방어 수단이다. 질병이나 외상으로 인해 비장 기능이 저하된 환자는 비장 절제술 후 압도적 감염(OPSI)에 걸리기 쉬우며, 이 감염은 단 몇 시간 내에 경미한 질환에서 중증 패혈증으로 진행될 수 있다.

환자는 중환자실에서 9일 동안 치료를 받았으며, 그중 4일은 호흡을 돕기 위해 인공호흡기를 착용했다. 도파민과 에피네프린을 사용하여 혈압을 안정시키고, 항생제를 투여하여 폐렴연쇄구균 감염을 치료했다. 퇴원하기 전에 그녀는 예방적 페니실린을 처방받고 23가지 폐렴연쇄구균 폐렴을 예방하는 백신인 뉴모박스를 접종받았다. 건강한 성인의 경우, 미국 질병통제센터에서는 일반적으로 65세 이상에게만 이 백신을 권장한다.

루푸스만이 면역체계를 혼란에 빠뜨릴 수 있는 유전질환은 아니다. 겸상 적혈구 질환은 산소 포화도가 낮은 기간 동안 적혈구의 모양이 변할 수 있는 유전질환이다. 정상적인 적혈구는 둥글고 유연하지만, 산소가 부족하면 세포가 딱딱하고 낫 모양이 되어 몸의 작은 모세혈관을 통과하지 못하고 그 뒤에 있는 적혈구를 막게 된다. 이렇게 갇힌 적혈구가 산소를 잃으면 적혈구도 겸상 적혈구가 되기 시작하여 손발이 붓고 성장 지연, 시력 문제, 뇌졸중 등 고통스러운 증상이 동반되는 겸상 적혈구 위기를 유발할 수 있다.

겸상 적혈구는 일반적으로 생후 첫해에 비장도 손상시킨다. 시간이 지남에 따라 비장은 섬유화되고 작아지며 기능을 상실하게 되고, 환자는 기능적 자가 비장 절제술을 받는다고 한다. 이러한 환자는 이 사례의 젊은 여성처럼 면역력이 결핍되어 있으며, 특히 폐렴연쇄구균과 같은 캡슐화된 미생물과 관련하여 패혈증의 위험이 증가한다.

- **건강한 비장에서 폐렴연쇄구균 세포와 격리된 대식세포 사이의 일반적인 상호작용을 간략하게 설명하시오.**
- **환자에게 예방적 페니실린을 처방한 이유는 무엇인가?**

## 주요 용어로 보는 요약

### 14.1 숙주 방어 기작 개요

1차 방어선은 해부학적·화학적·유전적 장벽으로 구성된 선천적 비특이적 시스템으로, 미생물의 진입 관문에서 미생물을 차단한다. 2차 방어선 역시 선천적이고 비특이적이며 조직 내 보호 세포와 체액을 포함하고, 3차 방어선은 후천적이고 특이적이며 T세포와 B세포의 기능에 따라 달라진다.

### 14.2 방어 기관의 구조와 기능 그리고 면역

A. **면역학**(immunology)은 **면역**(immunity)을 연구하는 학문으로, 백혈구(WBC)에 의한 감염원에 대한 저항력의 발달을 말한다. WBC는 세포막의 분자 또는 **패턴 인식 수용체**(pattern recognition receptors, PRR)를 통해 **비자기**(nonself, 외부) 세포를 인식하고 분화하여 신체를 감시한다. PRR은 **병원체 관련 분자 패턴**(pathogen-associated molecular patterns, PAMP)이라는 외부 세포에서 운반되는 여러 지표를 인식한다. 정상적인 조건에서는 **자기**(self) 세포는 그대로 남아 있지만, 비자기 세포는 여러 유형의 면역 반응의 공동 노력에 의해 파괴된다.

B. 면역학 연구를 위해 인체는 혈액, 림프, **단핵 식세포 시스템**(mononuclear phagocyte system)의 세 가지 구획으로 나뉜다. 네 번째 구성요소인 세포외액은 처음 세 가지를 둘러싸고 있으며 신체의 모든 영역 간에 지속적인 통신을 가능하게 한다.

C. 순환계: 혈액 및 림프계

1. **전혈**(whole blood)은 **혈장**(plasma)에 분산된 **혈액 세포**[blood cells, 골수에서 **조혈**(hematopoiesis)에 의해 형성됨]로 구성된다. 골수에서 **줄기세포**(stem cells)가 분화하여 **백혈구**(leukocytes), **적혈구**(erythrocytes), 거핵구를 생성하여 **혈소판**(platelets)을 생성한다.
2. 백혈구는 면역 기능의 주요 매개체이며 모양에 따라 **과립구**[granulocytes, **호중구**(neutrophils), **호산구**(eosinophils), **호염기구**(basophils)]와 **무과립구**[agranulocytes, **단핵구**(monocytes), **림프구**(lymphocytes), 자연살해세포]로 나눌 수 있다. 단핵구는 나중에 분화하여 **대식세포**(macrophages)와 **수지상 세포**(dendritic cells)가 된다. 림프구는 **체액성 면역**(humoral immunity)의 일부로 **항체**(antibodies)를 생산하는 **B세포**(B cells)와 **세포 매개 면역**(cell-mediated immunity)에 참여하는 **T세포**(T cells)로 나뉜다. 자연살해세포는 암세포 및 바이러스에 감염된 세포에 대해 비특이적으로 작용한다. 백혈구는 면역체계의 화학적 매개체에 반응하여 **주화성**(chemotaxis)과 **혈구이주**(diapedesis)를 모두 보인다.

D. 림프계

1. **림프계**(lymphatic system)는 순환계와 평행을 이루며 림프를 운반하는 동시에 면역계 세포의 숙주 역할을 한다. 림프 기관 및 조직에는 **림프절**(lymph nodes), 비장 및 **흉선**(thymus)뿐만 아니라 **GALT** 및 **MALT**와 같이 조직이 덜 조직화된 면역 조직 부위가 포함된다.

### 14.3 2차 방어선: 염증

A. 염증 반응은 발적, 열감, 부종, 통증으로 특징지어지는 조직 손상에 대한 복잡한 반응이다.

1. **화학 매개체**(chemical mediators), **사이토카인**(cytokines) 및 **케모카인**(chemokines)에 반응하여 혈관이 좁아졌다가 확장된다.
2. **부종**(edema)은 감염 부위에 혈액 공급이 증가함에 따라 조직을 부풀게 한다.
3. 백혈구, 미생물, 파편, 체액이 모여 **고름**(pus)을 형성한다.
4. **발열원**(pyrogens)이 열을 유발할 수 있다.

### 14.4 2차 방어: 식세포작용, 인터페론, 그리고 보체

A. 식세포작용: 염증의 파트너

1. 대식세포와 호중구는 식포(食胞)에 미생물을 집어넣는 **식세포작용**(phagocytosis)에 관여한다. 식포와 **리소좀**(lysosome)이 결합하면 식포의 내용물이 파괴된다.
2. 식세포는 **톨 유사 수용체**(toll-like receptors, TLR)라는 일종의 PRR을 사용하여 PAMP와 같은 미생물의 외부 마커를 인식하고 부착한다.

B. **인터페론**(interferon, IFN)은 백혈구 및 섬유아세포에서 생성되는 단백질 계열로, 바이러스 RNA를 분해하거나 바이러스 단백질의 합성을 차단하여 바이러스의 번식을 억제한다.

C. **보체**(complement)는 세균, 바이러스 및 기생충을 파괴하는 역할을 하는 선천적인 방어 시스템이다. 보체는 세포 표면에서 반응을 일으켜 **막 공격 복합체**(membrane attack complex, MAC)를 형성하여 미생물 세포의 막에 구멍을 만들어 죽인다. 또한 염증과 식세포작용에 중요한 역할을 한다.

CHAPTER

# 15 적응면역, 특이면역, 그리고 면역

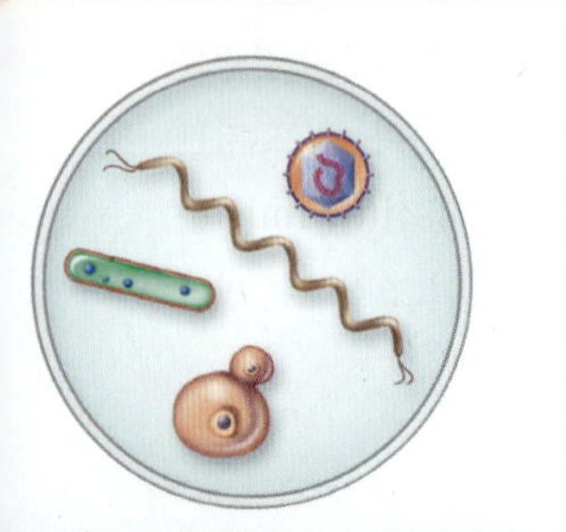

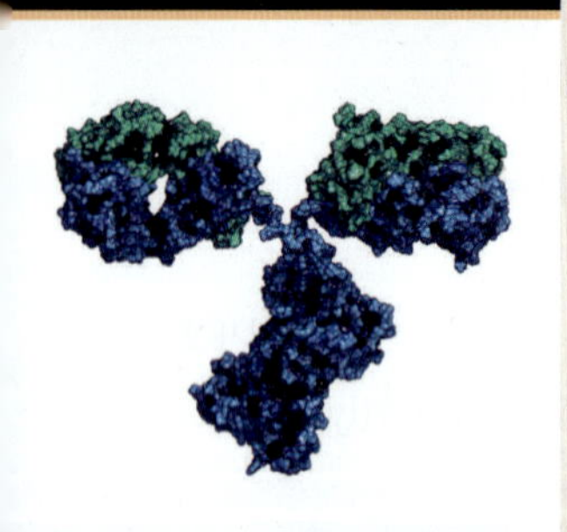

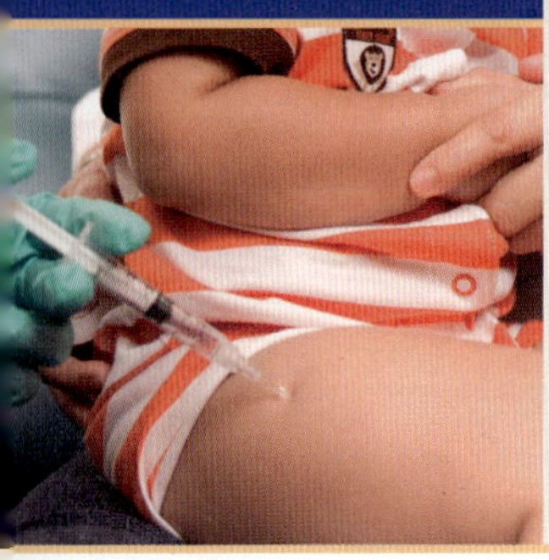

## 이 장의 구성



(이미지 출처: Chuck Nacke/Alamy Stock Photo; Science History Images/Alamy Stock Photo; Molekuul_be/Shutterstock; Lukasz Stefanski/Shutterstock; Amanda Mills/CDC)

사례 연구 **Part 1**

# 빠른 대응이 필요해!

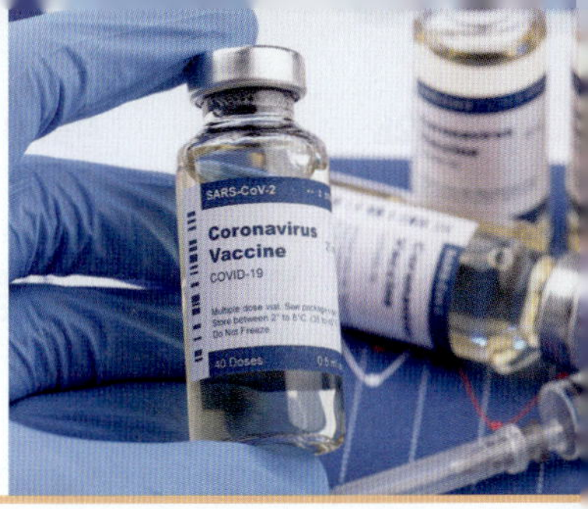


그 사건은 전개 과정만 잘 알려져 있을 뿐, 여전히 의문투성이다. 2019년 말, 중국 후베이성에서 원인을 알 수 없는 **폐렴 유사**(pneumonia-like) 증상을 보이는 환자들이 병원을 찾았다. 처음 확진된 4명은 모두 화난 수산물 도매시장을 방문한 이력이 있었다. 그곳은 살아 있는 동물을 포함한 다양한 식재료를 판매하던 야시장으로, 외국인들이 보기에 특이한 동물들도 식용으로 거래됐다. 2019년 12월 31일까지 중국에서 감염 사례는 총 44건 보고되었고, 시장은 다음 날 폐쇄됐다. 그로부터 2주도 지나지 않아 **2019-CoV**(당시 명칭) 감염으로 인한 첫 **사망자**(death)가 발생했다. **세계적 대유행**(pandemic)을 촉발한 **종간전파 현상**(spillover event)의 정확한 경위는 앞으로도 밝혀지지 않을 가능성이 크지만, 중요한 사실은 새로운 호흡기 바이러스가 전 세계에 퍼지기 시작했다는 것이며, 시급한 과제는 그 확산을 막는 일이었다.

질병 확산을 초기에 억제하기 위한 당연한 기본 조치는 **격리**(isolation)와 **검역**(quarantine)이었다. 이 두 조치는 1918년 **인플루엔자 대유행**(influenza pandemic), 14세기 유럽의 흑사병, 기원전 430년 아테네의 장티푸스 유행 때도 사용된 적이 있다. 2020년 1월 23일, 중국 정부는 우한에서 출발하는 항공편과 열차 운행을 중단시켰고, 도시 내 대중교통도 모두 멈추게 했다. 인구 1,100만 명이 사는 도시를 봉쇄해 바이러스를 고립시키려 했으나, 이 시도는 실패했다. 이후 전 세계적으로 국제 여행 제한과 더불어, 각국 정부는 감염자와 접촉자에 대한 **자가 격리**(limit their exposure)를 시행했다. 또한 공공 모임을 금지하며, 학교를 폐쇄하고, 마스크 착용을 권장하거나 의무화했다. 100년 전과 달랐던 점은 바로 **예방접종**(vaccination)이라는 새로운 도구가 존재했다는 사실이다. 바이러스가 분리되고 유전체 염기서열이 인터넷에 업로드되자마자, 전 세계 과학자들은 효과적인 백신을 개발하기 위한 공동 작업에 착수했다.

중국에서는 베이징생물제품연구소(Beijing Institute of Biological Products)가 우한 진인탄 병원의 환자에게서 분리한 바이러스를 백신 제작에 사용했다. 먼저 아프리카 녹색원숭이에서 유래한 세포주를 대형 **생물반응기**(bioreactor)에서 배양한 뒤, 이 세포에 바이러스를 감염시켰다. 일정 시간이 지나 바이러스가 세포 내에서 증식하고 퍼지면, β-프로피올락톤(β-propiolactone)을 처리해 바이러스 핵산을 불활성화시켰다. 이후 정제 과정을 거쳐 백신으로 제조했으며, 임상 시험이 시작되었다.

대만 백신 제조업체인 메디젠(Medigen)은 다른 전략을 택했다. 이들은 바이러스 전체가 아닌, 바이러스가 가진 특정 단백질을 기반으로 백신을 개발했다. 연구진은 SARS-CoV-2의 외피에 존재하는 스파이크 단백질인 S-2P를 유전공학적으로 제조한 후, **면역증강제**(adjuvant)를 결합한 **MVC-COV1901**이라는 백신을 만들고 임상 시험에 돌입했다.

한편, 미국 제약회사 존슨앤드존슨(Johnson & Johnson)은 수십 년간 개발해 온 **아데노바이러스 26**(Adenovirus 26) 기반 백신 기술을 활용했다. 이 회사는 이미 같은 기술로 **에볼라**(Ebola) 백신을 생산한 경험이 있었다. 야생 아데노바이러스는 사람에서 다양한 호흡기 감염을 일으키지만, 이 백신에는 유전자 조작을 통해 질병을 유발하지 않도록 만든 아데노바이러스가 사용됐다. 이 백신 개발에서 첫 단계는 SARS-CoV-2의 mRNA를 DNA로 변환한 후, 이 중 **스파이크**(spike) 단백질을 암호화하는 유전자를 아데노바이러스 DNA에 삽입하는 것이었다. 이렇게 재조합된 바이러스를 사람 신장 세포주에 감염시켜 대량으로 배양한 뒤, 정제하고 백신으로 만들어 시험에 돌입했다.

또 다른 전략은 매사추세츠주 케임브리지에 위치한 소규모 기업인 모더나(Moderna)가 추진했다. 이 회사는 회사명 끝에 RNA가 들어가 있을 만큼 **RNA 기반**(RNA-based) 치료제 개발에만 집중해 왔다. 모더나는 SARS-CoV-2의 스파이크 단백질을 암호화하는 합성 mRNA 조각을 중심으로 백신을 설계했다. 이 mRNA는 **지질 나노입자**(lipid nanoparticle)로 감싸져 있었는데, 이것은 체내 효소에 의한 mRNA 분해를 막아 주기 위해서다. 모더나의 전략은 mRNA를 생물반응기에서 세포 증식을 통해 얻지 않고 공장에서 직접 합성했기 때문에, 상대적으로 짧은 시간 안에 훨씬 많은 백신을 생산할 수 있다는 큰 장점이 있었다. 그러나 이 전략의 가장 큰 단점은 RNA 백신이 이전까지 실제로 성공한 적이 한 번도 없었다는 점이었다.

- **사람 면역세포 중 이 백신들을 통해 자극되는 것은 무엇인가?**
- **면역증강제란 무엇인가?**

이 장 끝에서 사례 연구 Part 2로 이어짐.

(삽화 출처: Nevodka/Alamy Stock Photo)

## 15.1 특이면역: 적응면역의 핵심

학습목표

1. 적응면역의 일반적인 특징을 요약한다.
2. 면역계에서 면역능, 항원, 특이성, 기억이 의미하는 바를 정의한다.
3. 특이면역반응에 대한 전체적인 흐름을 파악한다.
4. 면역 수용체의 종류와 기능을 설명하고, 작용 위치와 형성 방법을 설명한다.
5. 면역계에서 다양성이 생겨나는 주요 과정과 클론 선택 이론의 특징을 설명한다.
6. 림프구에 항원 수용체가 형성되는 과정을 설명한다.
7. B세포와 T세포 성숙 과정에서 일어나는 일들을 설명하고, 차이점을 논한다.

14장에서는 면역계가 체내를 감시하고, 외부 세포나 분자를 인식하며, 그에 반응할 수 있는 능력을 설명했다. 이와 관련해 해부학적·생리학적 장벽, 식세포작용, 염증 반응과 같은 선천면역 기전을 중심으로 간단히 살펴봤다. 또한 백혈구와 림프 조직 같은 주요 면역계 구성요소에 대한 기초 정보도 함께 제공했다. 그림 14.21에 제시된 흐름도를 참고하면, 다양한 숙주 방어 기전 사이의 관계를 다시 확인할 수 있다. 이번 장에서는 선천면역이 아닌, 경험을 통해 획득되는 면역체계, 즉 적응면역을 다룬다.

건강한 사람은 병원체에 대항하기 위한 매우 특이적이고 강력한 방어 체계를 갖추고 있다. 이 체계는 **적응면역**(adaptive immunity) 또는 **획득면역**(acquired immunity)이라 하며, 때로는 면역의 세 번째 방어선이라 불리기도 한다. 이 면역체계는 감염이나 예방접종을 통해 장기적인 보호 능력을 형성한다. 적응면역의 중요성은, 이 기능이 선천적으로 결핍된 아이들이나 AIDS 환자처럼 면역 기능을 상실한 사람들의 사례를 통해 극명하게 드러난다. 아무리 철저히 격리하고 감염을 통제하며, 림프 조직을 회복시키기 위해 노력하더라도, 면역결핍 환자는 생명을 위협하는 감염에 지속적으로 노출된다.

적응면역은 백혈구 중에서도 B 림프구와 T 림프구의 작용으로 이루어진다. 태아 발달 동안 이 세포들은 각각 특정 항원 하나에만 반응할 수 있도록 선택 과정을 거치며, 이 과정에서 면역계는 광범위한 외부 물질과 상호작용할 수 있는 능력, 즉 **면역능**(immunocompetence)을 갖추기 시작한다. 이 과정을 통해 신생아는 수억 가지에 달하는 다양한 외래 항원에 대해 면역반응을 일으킬 수 있는 가능성을 가지고 태어난다. 그러나 이러한 면역능이 완전히 성숙하기까지는 시간이 오래 걸리며, 청소년기 후반까지 이어진다.

**항원**(antigen)은 B세포와 T세포가 가진 특정 수용체에 인식될 수 있는 모든 분자를 말한다. 항원은 세포나 바이러스로부터 유래한 단백질, 다당류, 그 밖의 다양한 화합물이 될 수 있다. 또한 환경에 존재하는 화학물질도 항원이 될 수 있는데, 이에 대해서는 16.2절 알레르기에서 다룰 예정이다. 세포에서 유출되거나 외부에 노출된 물질은 대부분 항원이 될 수 있다. 심지어 우리 몸의 세포에서 유래한 물질조차 특정 조건에서는 항원으로 작용할 수 있다. 일반적으로 우리 면역계는 자신의 항원에 대해 반응하지 않도록 조절돼 있지만, 이런 항원은 다른 사람의 면역계에서는 반응을 유도할 수 있다.

14장에서는 선천면역반응의 한 부분으로, 식세포를 자극하는 병원체 연관 분자 패턴(PAMP)에 대해 설명한 바 있다. PAMP는 다양한 미생물이 지닌 공통 분자 구조이며, 비특이적 면역반응을 유도한다. 반면, 항원은 특정 미생물만이 지닌 고유한 분자로서, 특이적 면역반응을 유도한다. 이 두 종류의 분자는 다음 두 가지 공통점을 지닌다. (1) 모두 외래 세포(미생물)의 구성 성분이며, (2) 숙주 백혈구로부터 반응을 유도할 수 있다.

적응면역이 선천면역과 근본적으로 다른 두 가지 특징은 **특이성**(specificity)과 **기억**(memory)이다. 예를 들어, 해부학적 장벽이나 식세포작용과 같은 선천면역 기전은 비특이적으로 작동하지만, 적응면역은 특정 병원체에 선택적으로 반응한다. 예를 들어, 수두 바이러스에 감염됐을 때 형성된 항체는 수두 바이러스에 대해서는 보호 효과를 가지지만, 홍역 바이러스에는 전혀 효과가 없다. 또한 기억 기능은 림프구가 이전에 만난 병원체를 기억하고, 그 병원체가 다시 침입했을 때 훨씬 빠르게 반응할 수 있는 능력을 의미한다. 이러한 기억 반응은 적응면역의 핵심 기능 중 하나이며, 이후 여러 절에서 자세히 다룰 것이다.

### 특이면역반응

면역반응은 매우 복잡하고 정밀하게 조절되는 과정이며, 우리 몸 안에서 세포와 화학물질이 구성하는 가장 정교하고 조화로운 연결망 중 하나다. 이 체계를 이해하기 쉽게 설명하기 위해 면역반응이 형성되는 연속된 과정을, 서로 연결돼 있지만 구분되는 단계로 나누어 설명하려고 한다. 각 단계는 면역반응이 어떻게 발달하는지를 보여 주는 하나의 과정을 다룬다. 이 장에서 다루는 내용은 다음과 같이 구성돼 있다.

I. 면역계 형성과 분화(15.1절)
II. 림프구 성숙과 항원의 특성(15.2절)
III. 항원에 대한 면역반응과 T세포 작용(15.3절)
IV. B세포 면역 작용, 항체의 생성과 작용(15.3절)

이 장의 내용을 따라가면서 우리는 일종의 '지도'를 기준으로 학습하게 된다. 과정그림 15.1은 주요 단계의 흐름을 도식화해 보여 주며, 각 내용을 유기적으로 연결해 설명한다. 또한 이 그림에는 각 주제를 더 자세히 설명하는 관련 그림 번호도 함께 표시돼 있다.

### 면역반응 체계의 발달

림프구 발달과 기능을 본격적으로 살펴보기 전에 먼저 몇 가지 핵심 개념을 복습할 필요가 있다. 여기에는 다음과 같은 개념이 포함된다: 분자

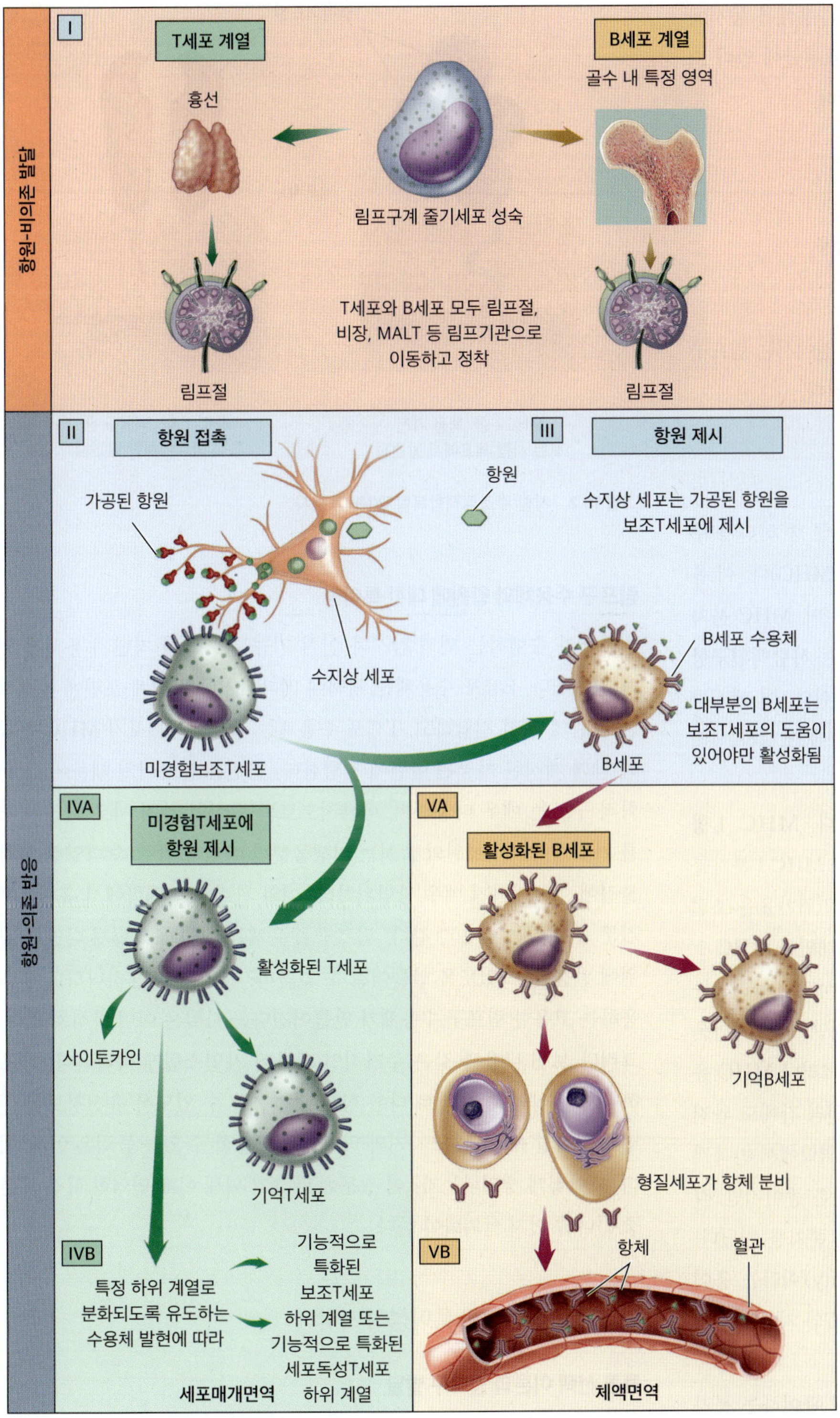


**I. 림프구계 형성.** 림프구는 동일한 줄기세포에서 유래하지만, 초기 단계에서 두 가지 주요 세포 계열로 분화된다. T세포는 흉선에서 성숙하고, B세포는 골수 내 특정 영역에서 성숙한다. 성숙한 세포들은 방출된 뒤, 림프절, 비장, MALT 등과 같은 림프기관에 정착하며, 감염원에 대해 지속적으로 방어하는 세력이 된다(그림 15.3과 15.4a 참조).

**II. 항원과 접촉하고 III. 항원 제시를 담당하는 항원제시세포.** 외래 세포는 항원이라 불리는 분자들을 가지고 있으며, 이 항원에 수지상 세포와 같은 항원제시세포(APC)가 접촉해 포식한다. 포식된 항원은 가공된 후 항원제시세포 표면에 제시된다. 대부분 미경험보조T세포는 항원제시세포가 가공해 제시한 항원을 인식함으로써 활성화된다. 이렇게 활성화된 보조T세포는 이후 B세포와 다른 T세포들의 면역반응을 유도하는 역할을 한다(그림 15.4b와 15.9 참조).

**IVA. T세포 활성과 IVB. T세포 반응.** 제시된 항원을 인식해 활성화된 T세포 중 일부는 기억세포로 분화하고, 나머지는 수용체 발현 양상에 따라 보조 또는 세포독성 효과기 하위 계열 T세포로 분화한다. T세포 면역은 세포매개면역이라고 부르는데, 이는 T세포가 몸속 체액에 분자를 분비하는 방식이 아니라, 직접 병원체에 감염된 세포에 세포사멸을 유도하거나, 사이토카인을 분비해 다른 면역세포의 반응을 조절하기 때문이다(그림 15.10, 15.11, 표 15.2 참조).

**VA. B세포 반응.** 보조T세포에 의해 활성화된 B세포는 급격한 세포분열을 일으키며, 항원을 빠르게 다시 기억할 수 있도록 하는 기억세포와 항체라고 불리는 단백질을 분비하는 형질세포 중 하나로 분화한다(그림 15.14 참조).

**VB. 체액면역*.** 형질세포에서 분비된 항체는 혈액, 세포외액, 림프액 같은 체액 속을 순환하며 체액면역을 제공한다. 이 항체들은 특정 항원과 반응하여, 그 항원이 면역반응 대상이라는 것을 좀 더 확실하게 표시한다(그림 15.17과 표 15.3 참조).

* 이런 체액들을 예전에는 "humors"라고 불렀다.

과정그림 15.1 **적응면역반응의 기원과 주요 과정.** 이 요약 그림은 15.2절, 15.3절, 15.4절에서 다룰 내용의 전반적인 흐름을 정리한 것이다.

(특히 단백질)의 독특한 구조, 세포 표면(세포막과 외피) 특징, 유전자 발현 방식, 면역계 인식 작용, '자기(self)'와 '비자기(nonself)' 구별. 결국 특정 백혈구 세포 표면에서 돌출된 단백질 수용체와 표지 분자들의 구조와 기능은 유전자 발현의 결과이며, 이런 분자들이 특이적인 면역 인식을 담당하고, 그에 따른 면역반응을 유도한다.

## 자기와 비자기를 인식하는 데 관여하는 세포 표면 표지자

14장에서는 세포 표면 수용체가 세포 특이성과 정체성을 결정짓는 핵심 요소라는 개념을 다룬 바 있다. 세포 하나는 여러 가지 수용체를 동시에 발현할 수 있으며, 각 수용체는 감지, 인식, 세포 간 신호전달에 있어 고유하고 중요하다. 면역 수용체의 주요 기능은 다음과 같다.

- 비자기 또는 외부 항원 인식과 결합
- 자기 항원에 대한 인식 촉진
- 면역계 내 다른 세포들과 화학적 신호를 통한 상호작용
- 세포 발달

이런 수용체들은 면역반응에서 매우 중요하므로, 이 절에서는 림프구와 대식세포가 가지는 주요 수용체에 초점을 맞춰 설명한다.

### 주조직적합복합체

사람 세포 표면에 있는 인식 분자를 암호화하는 유전자군 중 하나가 **주조직적합복합체**(major histocompatibility complex, MHC)다. 이 유전자 복합체를 통해 MHC라 불리는 당단백질이 생성되며, MHC 분자는 적혈구를 제외한 모든 세포 표면에 존재한다. MHC는 **사람백혈구항원**(human leukocyte antigen, HLA) 체계라고도 불린다. 이 체계는 면역계가 자기를 인식하고, 이식 조직을 거부하는 반응을 조절하는 데 핵심적인 역할을 한다.

MHC 유전자군의 기능은 다음과 같이 알려져 있다. **MHC Ⅰ형**(class Ⅰ MHC) 유전자는 자기 고유한 특성을 나타내는 MHC I 분자를 암호화하며, 이를 통해 면역계가 자기 분자를 인식하고 면역반응을 조절할 수 있다. 이 체계는 매우 복잡하지만, 일반적으로 각 개인은 MHC Ⅰ형(HLA) 유전자의 특정 조합을 비교적 예측 가능한 방식으로 물려받는다. 사람 사이에는 수백만 가지 조합과 변이가 가능하지만, 서로 가까운 혈연관계일수록 MHC 조합이 유사할 가능성이 높다. 그러나 MHC 유전자의 유전 양상은 매우 다양하므로, 심지어 가까운 친척 간에도 완전히 동일한 조합을 가지는 경우는 거의 없다. 이 점은 면역학에서 반복적으로 등장하는 중요한 주제를 시사한다. 사람은 모두 같은 종이지만, 각 개인의 세포는 다른 사람에게 항원으로 작용할 수 있는 분자를 지닌다. 바로 이런 사실에서 '조직(histo-) 적합성(compatibility)'이라는 용어가 유래했다. 따라서 수혈이나 장기이식을 할 때는 MHC와 기타 항원에 대한 검사가 꼭 필요하다.

**MHC Ⅱ형**(class Ⅱ MHC) 유전자는 면역 조절에 관여하는 분자를 암호화한다. 이 Ⅱ형을 발현하는 세포들을 통틀어 **항원제시세포**(antigen-presenting cells, APCs)라고 부르며, 여기에는 대식세포, 수지상 세포, B세포가 포함된다. 이 세포들은 보조T세포와 상호작용하기 위해 필요한 MHC Ⅰ형과 Ⅱ형을 모두 발현하는 '전문' 항원제시세포다. 그림 15.2에서는 MHC Ⅰ형과 Ⅱ형 구조와 차이를 보여 준다.

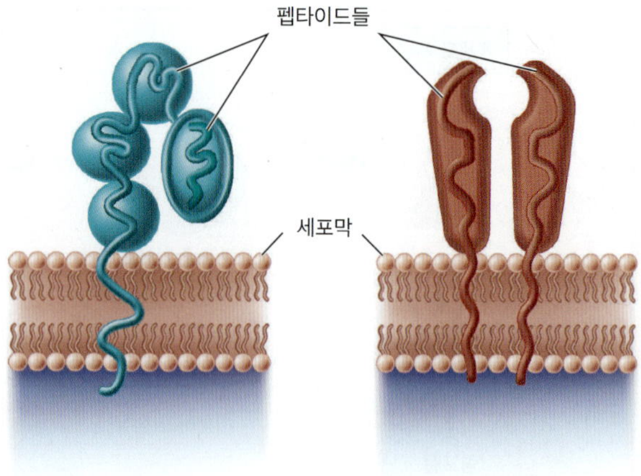


그림 15.2 사람 주조직적합복합체(MHC) 분자.

### 림프구 수용체와 항원에 대한 특이성

림프구가 수행하는 면역 감시와 인식 기능은 이들이 지닌 수용체에 의해 결정된다. B세포 수용체는 체액에 떠다니거나 병원체 표면에 존재하는 항원에 직접 결합하고, T세포 수용체는 항원제시세포가 MHC 분자와 함께 제시한 가공된 항원에 결합한다. 항원은 분자이기 때문에 그 화학적 구조는 매우 다양하며, 이론적으로는 수십억 가지 서로 다른 구조를 가질 수 있다. 항원의 출처는 미생물뿐만 아니라 환경 속 다양한 화학물질에 이르기까지 매우 광범위하다. 이와 관련해 면역학에서 흥미로운 질문 중 하나는 다음과 같다. 림프구 수용체는 어떻게 그렇게 다양한 항원에 반응할 수 있도록 만들어질 수 있을까? 실제로 항원 하나하나에 대응하는 고유한 림프구 수용체가 만들어진다는 사실은 이미 밝혀져 있다. 그러다 보면 다음과 같은 추가적인 의문이 자연스럽게 따라온다. 세포 하나가 수십억 가지 서로 다른 항원에 반응할 수 있도록 유전정보를 어떻게 저장할 수 있을까? 자기와 비자기를 구분할 수 있는 능력은 언제, 어디서, 어떻게 생겨나는가? 이 질문에 답하기 위해 이제 면역학 핵심 이론 중 하나를 먼저 살펴봐야 한다.

## 면역반응 다양성과 특이성의 시작

### 클론 선택 이론과 림프구 발달

연구 결과에 따르면, 림프구는 항원 특이적 수용체를 생성하기 위해 약 500개가 조금 넘는 유전자를 활용하며, 이를 통해 놀라울 만큼 방대한 수용체 다양성을 만들어 낸다. 이런 다양성이 어떻게 생성되는지 설명하는 가장 널리 받아들여진 이론은 **클론 선택 이론**(clonal selection theory)이다. 이 이론에 따르면, 배아와 태아 시기부터 미분화 림프구는 지속적으로 분열하고 유전자 재조합을 거치면서, 수억 가지에 달하는 서로 다른 수용체 특이성을 지닌 림프구 계열로 분화한다.

이런 과정은 일반적으로 B세포와 T세포 모두에 적용되며, 그 과정은 다음과 같이 요약할 수 있다. 먼저 골수 내 특정 조혈 줄기세포는 과립구, 단핵구, 림프구와 같은 다양한 백혈구 계열로 분화한다. 이 중 림프구 계열은 T세포 또는 B세포로 발달한다. B세포로 분화할 세포는 골수에 남아 성숙하고, T세포로 분화할 세포는 흉선으로 이동하여 성숙한다. 이후 성숙한 B세포와 T세포는 2차 림프기관으로 이동한다(그림 15.3). 2차 림프기관은 1차 림프기관인 골수와 흉선에서 지속적으로 림프구를 공급받게 된다.

T세포와 B세포가 2차 림프기관에 도달할 무렵이면, 각 세포는 고유한 항원 단 하나에 반응할 수 있는 준비가 이미 완료된 상태다. 이런 다양성은 흉선이나 골수에서 T세포와 B세포 수용체 관련 유전자들이 재배열(rearrangement)되면서 형성된다(과정그림 15.4a). 유전자 재배열은 림프구계 줄기세포가 분열하고 분화하는 초기 단계에서 일어나며 이처럼 광범위한 유전자 재조합 과정을 통해 각기 다른 항원 특이성을 지닌 수많은 림프구가 생성된다. 이렇게 단 하나의 고유한 항원에 반응할 수 있게 준비된 각 세포를 클론(clone)이라 부르며, 항원이 체내에 들어오면 해당 항원을 인식할 수 있는 클론이 선택되어 빠르게 증식하며, 동일한 특이성을 지닌 림프구 집단으로 확장된다. 클론 하나에서 확장된 모든 세포는 동일한 수용체 단백질을 세포 표면에 발현하며, 같은 항원에만 반응한다.

림프구 발달 초기에 나타나는 이 증식 단계와 유전자 재배열은 외부 항원을 인식하기 전에 진행된다. 이 시기에는 림프구계 줄기세포가 여러 차례 분열하며 증식하고, 각각의 자손 세포는 유전자 재배열을 통해 고유한 항원 수용체를 지닌 다양한 클론으로 분화한다. 하지만 이 단계와 더불어 또 하나의 중요한 과정이 필요하다. 바로 **자기 MHC**(self MHC)에 과도하게 반응할 수 있는 림프구 클론을 제거하는 일이다. T세포는 흉선에서 자기 MHC를 인식하지 못하거나 너무 강하게 반응할 경우 제거된다. B세포 역시 골수에서 자기 항원에 대한 반응성이 지나치게 높으면 제거된다. 이러한 '금지된 클론'이 체내에 남아 있으면, 면역계가 자기 분자를 외부 항원으로 오인해 자기 조직을 공격하는 위험한 반응을 일으킬 수 있다. 따라서 클론 선택 이론에서는, 면역 발달 단계에서 클론 제거가 함께 일어난다고 설명한다. 이런 잠재적으로 유해한 림프구 제거는 **면역 관용**(immune tolerance), 즉 자기 성분에 대한 면역반응을 억제하는 기초가 된다. 자가면역질환(autoimmunity)은 이런 면역 관용이 손상됐을 때 발생한다고 여겨지며, 이에 대한 자세한 내용은 16장에서 다룬다.

**클론 선택**(clonal selection)과 **클론 확장**(clonal expansion)으로 이어지는 이 두 단계는 항원 인식 후 일어난다. 항원을 지닌 미생물이 체내로 들어오면 그 항원을 인식할 수 있는 특정 림프구와 접촉하게 된다. 이 접촉은 해당 클론을 자극해 유사분열을 유도하고, 같은 특이성을 가진 림프구 수가 빠르게 증가한다. 이를 통해 그 항원에 대한 면역반응 규모와 효과가 확대된다.

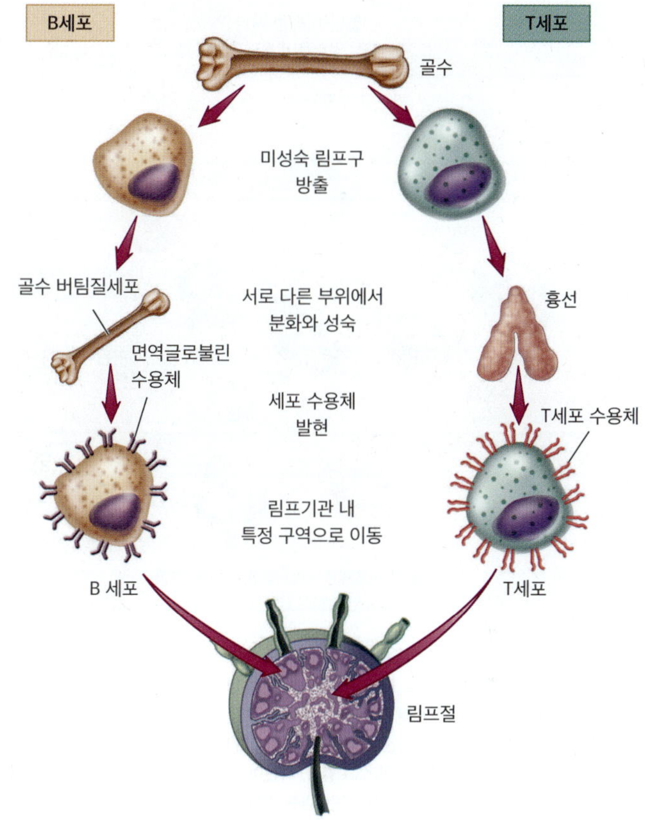


그림 15.3 B세포와 T세포 발달의 주요 단계.

클론 선택 이론에서 특히 강조되는 두 가지 핵심 개념은 다음과 같다. (1) 림프구의 항원 특이성은 항원이 체내로 들어오기 전, 즉 발달 과정 중에 이미 유전적으로 결정돼 있다. (2) 각 림프구는 오직 하나의 항원에만 반응할 수 있는 고유한 특이성을 지닌다. 림프구 반응 체계에 대한 나머지 중요한 특징은 이후 절에서 더 자세히 설명된다.

### B세포 수용체: 면역글로불린 분자

B 림프구의 경우, 유전자 재조합 과정을 거치는 수용체 유전자는 **면역글로불린**(immunoglobulin, Ig)* 합성을 담당하는 유전자들이다. 면역글로불린은 B세포 특이적 수용체로 작용하며, 동시에 항체로도 기능하는 크고 복잡한 당단백질 분자다. 이 분자는 폴리펩타이드 사슬 4개가 결합해 형성되며, 동일한 중쇄(heavy chain, H chain) 2개와, 동일한 경쇄(light chain, L chain) 2개가 한 쌍씩 결합해 있다(그림 15.5a). 각 경쇄는 중쇄와 결합하고, 중쇄 2개는 이황화 결합(disulfide bond)으로 서로 연결되어 대칭적인 Y자 형태를 이룬다.

* 면역글로불린 면역 기능을 수행하도록 공 형태 단백질들이 서로 연결돼 만들어진 단백질.

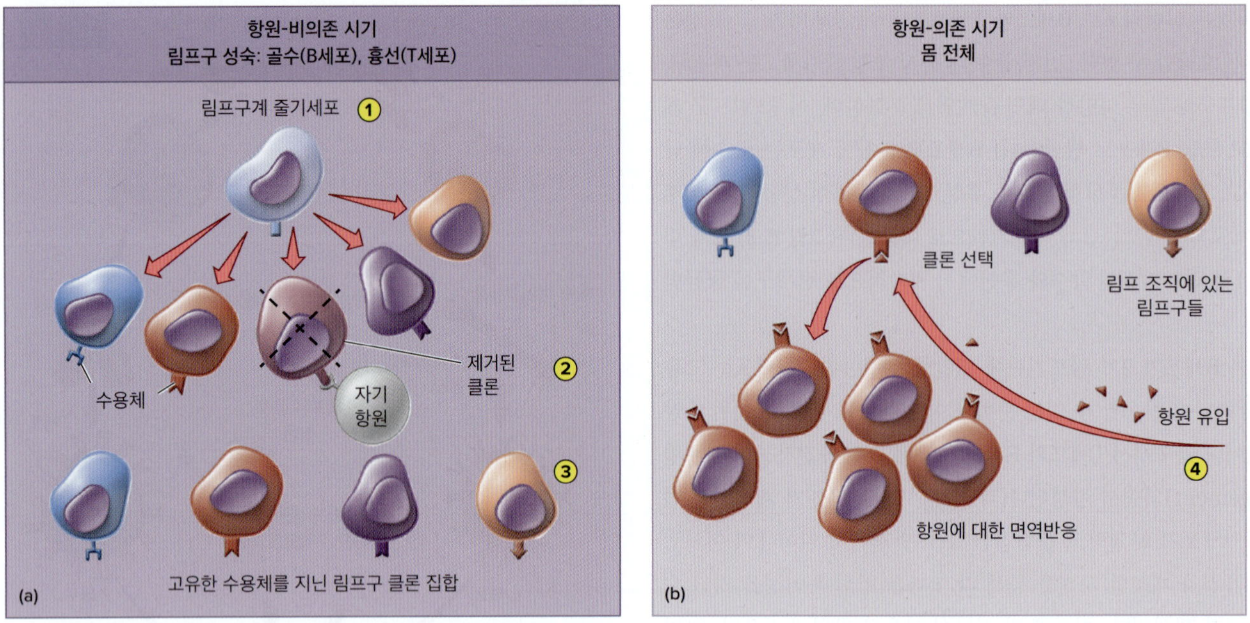


과정그림 15.4 **림프구 발달과 성숙. (a) 항원-비의존 시기.** (1) 초기 림프구가 줄기세포로부터 발달하는 동안, 하나의 줄기세포는 빠르게 세포 분열을 일으켜 수많은 자손 세포들을 만든다. 이 자손 세포들이 분화되는 과정에서 세포 표면 수용체 단백질을 암호화하는 유전자들이 무작위로 재배열되며 유전적으로 서로 다른 수많은 세포 집단이 만들어진다. 이런 세포 집단의 각 세포를 클론이라 부르며, 각 클론은 고유한 수용체를 지니며, 단 하나의 항원 또는 외부 분자에만 특이적으로 반응한다. (2) 자기 분자를 인식 후 너무 강하게 반응할 수 있는 수용체를 지닌 림프구 클론은 제거된다. T세포는 흉선에서 자기 항원을 인식하는 것뿐만 아니라, 자기 MHC를 인식하지 않아 기능을 수행할 수 없는 세포도 제거 대상이 된다. (3) 이런 선별 과정을 통과해 살아남은 림프구는 각각 특정 항원 하나에만 반응할 수 있는 특이성을 지닌다. 그 결과, 자신이 속한 조직 환경과 면역 자극의 영향을 받아 추가로 분화할 준비가 된, 성숙하지만 아직 항원을 접해 보지 못한 미경험 림프구들이 큰 집단을 이루게 된다. **(b) 항원 의존 시기.** (4) 림프구는 림프 조직으로 이동하여 항원과 만날 수 있는 자리에 위치한다. 특정 항원이 체내로 들어오면, 해당 항원과 표면 수용체가 일치하는 림프구 클론만이 선택된다. 이 선택은 면역반응을 유도하며, 어떤 림프구가 관여하는지에 따라 반응 양상은 달라진다.

이 Y자 구조 갈래 끝부분, 즉 경쇄와 중쇄가 만나는 부위에는 **항원결합부위**(antigen binding site)라 불리는 주머니 모양 구조가 있다. 이 부위는 다양한 항원 형태에 대응할 수 있도록 구조가 변화될 수 있다. 이런 구조 변화는 **가변부위**(variable region, V region) 덕분이며, 이 부위 아미노산 배열은 B세포 클론마다 크게 다르다. 반면, 경쇄와 중쇄의 나머지 부분은 **불변부위**(constant region, C region)로, 이 부위 아미노산 배열은 항체 간에 큰 차이가 없다.

### B 림프구 성숙 중 수용체 형성 과정

면역글로불린을 암호화하는 유전자는 서로 다른 염색체 3개에 나뉘어 존재한다. 미분화 림프구는 경쇄 가변부위(V)를 암호화하는 유전자 약 150개, 중쇄 가변부위(V)와 **다양성 부위**(diversity region, D)를 암호화하는 유전자 약 250개를 가지고 있다. 반면, 불변부위(C)와 최종 면역글로불린 분자를 구성하는 유전자 조각을 연결하는 **결합부위**(joining region, J)를 암호화하는 유전자는 매우 적다. 림프구가 성숙하는 동안 광범위한 유전자 재조합이 일어나며, 그 결과 성숙한 세포에서는 V 유전자 1개와 D 유전자 1개만이 활성화되고, 나머지 V와 D 유전자는 모두 제거된다(과정그림 15.5b).

이 과정을 분자 수준에서 '오려 붙이기(cut and paste)' 작업에 비유할 수 있다. 유전자 조각은 염색체에 일정한 순서로 배열돼 있으며, 복잡한 효소 시스템이 무작위로 특정 DNA 조각을 선택해 잘라내어 이어붙인다(splice). 이때 선택되지 않은 나머지 유전자 조각은 해당 세포 유전체에서 완전히 제거되고, 선택된 유전자 조각만 남아 특정 폴리펩타이드 수용체를 암호화하게 된다. 이 과정은 다음과 같은 단계로 이루어진다.

- 중쇄: 가변(V), 다양성(D), 결합(J), 불변(C) 유전자에서 각각 1개씩 선택돼 서로 연결된다.
- 경쇄: 가변(V), 결합(J), 불변(C) 유전자에서 각각 1개씩 선택돼 서로 연결된다.
- 각 유전자 조합은 전사와 번역을 거쳐 폴리펩타이드로 합성되며, 중쇄 1개와 경쇄 1개가 결합해 면역글로불린 절반을 이룬다. 이런 구조 2개가 결합해 완전한 항체가 된다(과정그림 15.5b).

이렇게 합성된 면역글로불린은 세포막으로 운반돼 위치하며, 수용체로 작용하면서 그 림프구의 특이성을 나타내고 항원과 반응할 수 있게 된다(과정그림 15.5). 특히 주목할 점은, 각 림프구에서 선택 후 최종 결정된 가변부위 유전자는 그 림프구와 그 자손이 살아 있는 동안 절대 바뀌지 않는다는 것이다. 즉, 이 유전자 조합은 림프구 항원 특이성을 결정하며, 한번 결정되면 평생 유지된다. 단, 불변부위는 기능적 특성을 조절하기 위해 바뀔 수 있다. 면역글로불린 분자에 대한 다양한 종류(class)와 기능은 15.4절에서 자세히 다룬다.

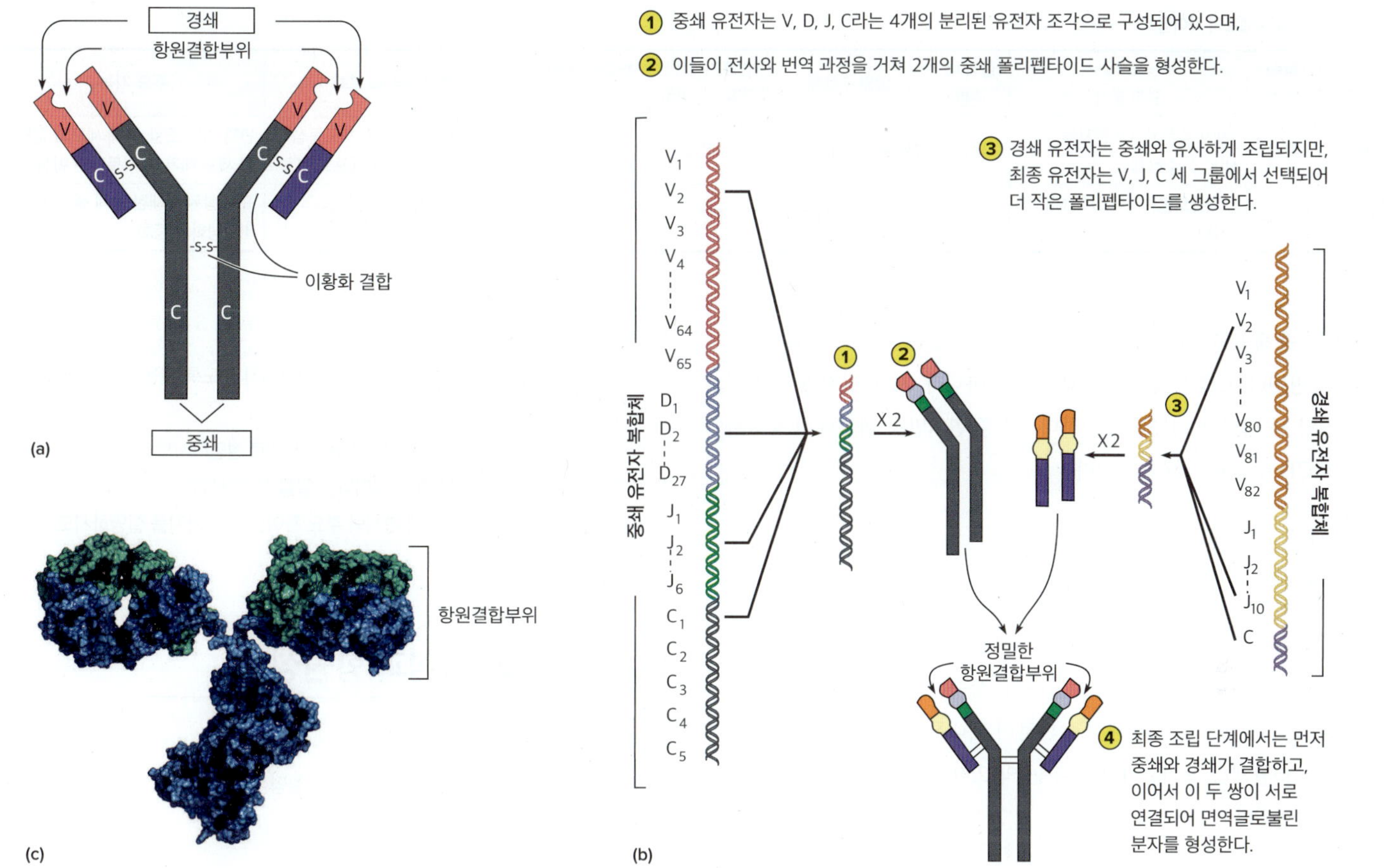


과정그림 15.5 면역글로불린의 기본 구조와 유전적 구성. (a) 면역글로불린 분자의 단순 구조. 이 분자는 폴리펩타이드 사슬 4개로 구성되며, 동일한 경쇄 2개와 동일한 중쇄 2개가 이황화 결합으로 연결돼 있다. 각 사슬은 가변부위(V)와 불변부위(C)를 지니며, 경쇄와 중쇄의 가변부위가 함께 항원결합부위를 형성한다. (b) 중쇄 또는 경쇄를 암호화하는 최종 유전자는 여러 유전자 영역(1, 2, 3)에서 유전물질 조각을 잘라 이어붙이는 방식으로 조립된다. (c) 면역글로불린 분자 공간채움 모형. 중쇄는 파란색, 경쇄는 청록색으로 표시되어 있으며, Y자형 구조의 끝부분에서 중쇄와 경쇄가 만나는 복잡한 단백질 배열이 항원에 특이적으로 결합하는 부위를 만들어 낸다.(출처: Molekuul_be/Shutterstock)

### T세포 수용체와 항원 인식

T세포 수용체(T-cell receptor)는 B세포 수용체와 같은 단백질 계열에 속한다. 이 수용체 역시 유전자 재조합을 통해 형성되며, 가변부위와 불변부위를 모두 지닌다. 또한 서로 평행한 두 폴리펩타이드 사슬이 항원결합부위를 형성해, 세포막에서 항원 수용체로 기능한다(그림 15.6). 하지만 B세포 면역글로불린과 달리, T세포 수용체는 상대적으로 작고, 체내는 물론 체외로도 분비되지 않는다. T세포에 존재하는 다른 수용체들에 대해서는 15.3절에서 더 자세히 다룬다.

이제 면역 특이성이 형성되는 데 관련된 핵심 개념을 살펴봤으므로, 과정그림 15.1에 따라 본격적인 면역반응 설명으로 이어 갈 수 있다.

## T세포 성숙 과정

T세포의 추가적인 발달과 성숙은 흉선과 그곳에서 분비되는 호르몬들에 의해 조절된다. T세포 기능은 매우 복잡하며(15.3절 참조), 이런 복잡성은 부분적으로 성숙 과정 중 세포막 표면에 부여되는 다양한 분자들에서 비롯된다. 이러한 분자는 **분화 무리**(cluster of differentiation, CD) 또

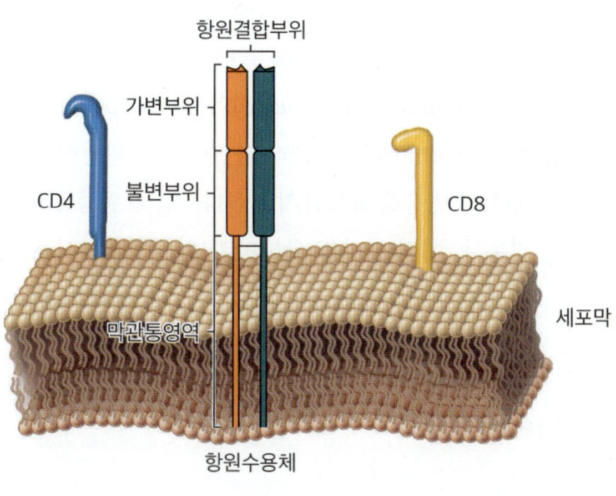


그림 15.6 항원에 대한 T세포 수용체와 CD 수용체의 구조. T세포 수용체는 면역글로불린과 구조적으로 유사하다. TCR은 면역글로불린의 '한쪽 팔' 구조를 모방한 2개의 폴리펩타이드 사슬로 이루어져 있다. TCR은 항원에 대해 매우 다양한 특이성을 나타낼 수 있는 가변부위와, 구조적으로 큰 변화를 보이지 않는 불변부위를 지니고 있다. T세포에는 CD 수용체라고 불리는 또 다른 유형의 수용체도 존재하며, 이는 세포 신호전달에 관여한다. CD4와 CD8 수용체에 대해서는 15.3절에서 다룬다.

표 15.1 T세포와 B세포의 차이점

| 구분 | 성숙 장소 | 세포막 표지 분자 | 혈액 내 순환 | 항원 수용체 | 림프기관(림프절) 내 위치 | MHC에 제시된 항원 인식 | 항원자극 후 분화 | 주요 기능 |
|---|---|---|---|---|---|---|---|---|
| T세포 | 흉선 | T세포 수용체, CD 분자들, MHC Ⅰ 수용체 | 많음 | T세포 수용체(TCR) | 부피질 | 가능 | 보조T세포 하위 계열, 세포독성T세포 하위 계열, 기억세포로 분화 | 면역 기능 조절, 외래 세포와 감염된 세포 제거, 사이토카인 합성 |
| B세포 | 골수 | 면역글로불린, MHC Ⅰ과 MHC Ⅱ 수용체 | 적음 | 면역글로불린 D와 M | 피질 | 불가능 | 형질세포, 기억세포로 분화 | 표적 항원에 대한 항체 생산, 항원 비활성화와 중화 |

는 **CD 수용체**(CD receptors)라고 하며, 각각 고유한 번호(CD1, CD2 등)로 명명된다. CD 분자는 수용체 역할뿐 아니라, 세포 접착과 세포 간 신호 전달 등 다양한 기능을 수행한다. 이 중 면역반응 과정에서 중요한 두 가지 CD 수용체는 다음과 같다.

- CD4 수용체: 보조T세포에 존재
- CD8 수용체: 세포독성T세포에 존재

이들 CD 수용체는 면역반응 중 다른 백혈구 표면의 특정 MHC 분자와 상호작용한다. 그림 15.3에서 보았듯이, 성숙한 T세포는 림프기관 내 특정 부위로 이동한 뒤 계속해서 순환하며 체내를 돌고 있다. 하루 동안 림프계와 순환계를 오가는 T세포 수는 약 250억 개($25 \times 10^9$)에 이르는 것으로 추정된다.

## B세포 성숙 과정

B세포 성숙은 골수 내 특정 부위에서 이루어지며, 이곳에는 버팀질세포(stromal cell)라 불리는 커다란 세포들이 존재한다. 버팀질세포는 림프구계 줄기세포를 물리적으로 지지하고, B세포 발달을 유도하는 다양한 화학 신호를 제공한다. 이런 유전자 조절과 선별 과정을 통해 서로 다른 B세포 수억 개가 생성된다(과정그림 15.4a 참고). T세포와 마찬가지로, 미경험B세포(naive B cell)는 림프절, 비장, 점막연관림프조직(mucosal-associated lymphoid tissue, MALT)의 특정 부위로 이동하기 위해 자신에게 적합한 부착 분자에 결합한다. 이곳에서 B세포는 일생 동안 다양한 항원과 접촉하게 된다. B세포는 항원을 인식하기 위해 면역글로불린 분자를 세포 표면 수용체로 발현한다(표 15.3 참조).

표 15.1에는 B세포와 T세포 구조, 기능, 작용에 대한 주요 차이점들이 요약돼 있다.

**핵심 점검 15.1**

1. 면역능, 면역 특이성, 면역 기억, 적응면역이 각각 무엇을 의미하는지 설명하시오.
2. 특이면역반응에서 수용체는 어떤 역할을 하며, 어떻게 다양한 형태로 만들어질 수 있는지 설명하시오.
3. 주조직적합복합체 구조를 설명하고, 이 구조가 면역반응에 어떻게 관여하는지 서술하시오.
4. 클론 선택 이론을 설명하시오.
5. 우리 몸이 자기 성분에 대해 면역반응을 일으키지 않도록 관용을 형성해야 하는 이유는 무엇인지 설명하시오.
6. T 림프구와 B 림프구 기원과 발달 과정을 순서대로 설명하시오.
7. 림프구가 성숙해 가는 과정에서 일어나는 일을 설명하시오.
8. B세포와 T세포 사이 공통점 세 가지와 주요 차이점 다섯 가지를 설명하시오.

# 15.2 항원의 특성과 항원성

**학습목표**

8. 항원의 특징, 항원성의 성질, 항원결정기를 설명한다.
9. 항원을 기능에 따라 분류하는 방법을 논한다.

## 항원과 면역원의 특징

앞서 **항원**(antigen)* 이라는 개념을 간단히 다룬 바 있지만, 이제는 좀 더 명확하게 정의할 수 있다. 항원이란 림프구 수용체가 인식할 수 있는 분자 또는 그 일부이며, 이때 인식 여부를 **항원성**(antigenicity)이라 한다. 어떤 물질이 항원성을 가지려면, 림프구가 인식할 수 있도록 비자기적이어야 하고, 충분한 크기와 복잡한 구조를 지니며, 림프구에 노출될 수 있는 위치에 있어야 한다. 이와 관련해 함께 쓰이는 용어로는 **면역원**(immunogen)과 면역원성(immunogenicity)이 있다. 면역원이란, 항원성이 있으면서 실제로 특이면역반응까지 유도하는 항원을 뜻한다.

항원과 면역원은 비슷해 보이지만 중요한 차이가 있다. 일부 항원은 실제 면역반응을 유도하는 데 필요한 모든 조건을 충족하지 못할 수 있지만, 면역원은 반드시 반응을 유도한다. 예를 들어, 수막염을 유발하는 세균인 인플루엔자균(*Haemophilus influenzae*)의 협막(capsule)에서 유래한 작은 **다당류**(polysaccharide)는 외래 물질이며 항원성이 있지만, 크기가 너무 작아 림프구 반응을 유도하지 못한다. 즉, 항원성은 있지만 면역원성은 없는 경우다. 이런 항원을 백신으로 만들기 위해서는 면

* 항원 항체 생성과 관련된 물질.

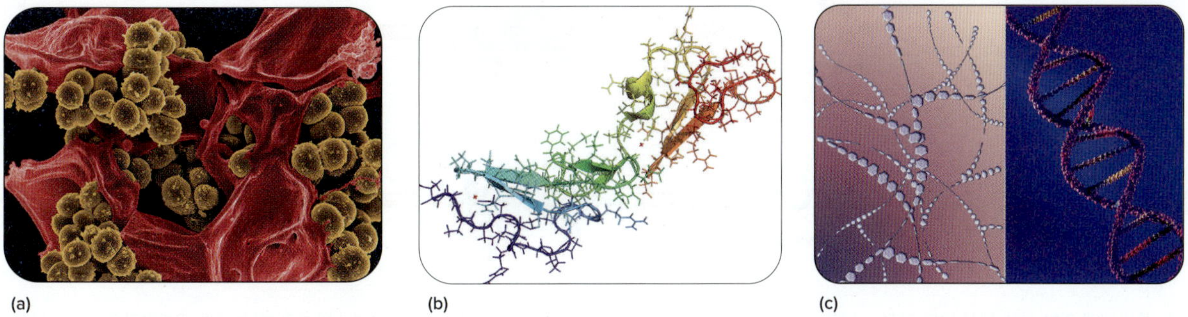

그림 15.7 항원의 특징. (a) 식물, 동물, 세균, 곰팡이 전체 세포와 바이러스는 쉽게 인식할 수 있는 면역원이다. (b) 단백질은 대부분 강력한 면역원으로 작용하며, 이처럼 복잡한 분자에는 수많은 항원결정기가 존재한다. (c) 전분(왼쪽)이나 DNA(오른쪽)처럼 크지만 같은 단위체가 반복되는 구조를 지닌 고분자는 그 크기에도 불구하고 일반적으로 면역원성이 약하다. 전분을 이루는 포도당과 같이 단순하고 작은 분자는 면역원으로서 부적합하다. (출처: Image Source/Alamy Stock Photo; ibreakstock/Shutterstock; McGraw Hill; Comstock/Getty Images)

역계가 더 쉽게 인식하고 반응할 수 있도록 항원 구조를 바꾸는 과정이 필요하다[이 절 뒷부분에서 합텐에 대해 더 자세히 다룰 것이다]. 이후 면역반응을 설명하는 과정에서 항원이라는 용어는 면역원일 가능성까지 포함된 의미로 사용될 것이다.

항원의 중요한 특징 중 하나는, 면역계가 그것을 비자기나 외래 물질로 인식한다는 것이다. 이는 해당 물질이 우리 몸의 정상 성분이 아니라는 뜻이다. 전체 미생물이나 그 일부, 세포, 혹은 다른 사람, 동물, 식물 또는 환경에서 유래한 다양한 물질들은 모두 이런 비자기성을 지니며, 개인 면역계에 의해 항원으로 인식될 수 있다(그림 15.7). 단순 구조로 반복된 고분자보다 복잡한 분자 구조를 가진 물질일수록 면역원성이 더 강하게 나타난다. 특히 단백질 또는 단백질이 포함된 복합체는 강력한 면역반응을 유도하므로 가장 대표적인 항원으로 알려져 있다. 항원으로 작용하는 주요 물질은 다음과 같은 분류로 구분된다.

- 단백질(예: 효소, 세포막 수용체, 호르몬, 외독소)
- 복합 고분자
  - 지단백질(lipoprotein): 지질과 단백질이 결합한 구조
  - 지질다당류(lipopolysaccharide): 지질과 다당류가 결합한 구조. 주로 미생물 세포막이나 세포벽에서 유래
  - 핵단백질(nucleoprotein): DNA가 단백질과 결합한 구조. DNA 자체는 구조가 너무 단순하고 반복적이라 항원성이 없음
  - 다당류(polysaccharide): 특정 세균의 협막에서 유래
  - 당지질(glycolipid): 예로서 결핵균(*M. tuberculosis*)의 미콜산(mycolic acid)

## 분자 구조와 크기가 항원성에 미치는 영향

면역반응이 시작되려면, 해당 물질은 먼저 면역 감시 세포의 '주의를 끌 수 있을 만큼' 충분히 커야 한다. 일반적으로 분자량이 1,000 미만인 물질은 림프구 수용체에 인식되기 어려우며, 1,000~10,000 정도는 인식은 가능하지만 실제로 면역반응을 유도하는 경우는 드물다. 반면, 분자량이 100,000 이상인 복잡한 고분자는 수용체에 인식될 뿐 아니라 면역반응까지 유도할 가능성이 크며, 특히 단백질이 여기에 해당한다. 단, 크기만으로는 충분하지 않다. 예를 들어, 구조가 단순하게 반복된 포도당 중합체인 글리코겐(glycogen)은 분자량이 100,000이 넘더라도 항원성이 없거나 매우 낮은 반면, 분자량이 약 6,000에 불과한 단백질 인슐린(insulin)은 항원성이 있고, 실제로 면역반응을 유도할 수 있다.

림프구는 항원 전체가 아니라 그 일부에 결합하며, 항원에 있는 이 구조를 **항원결정기**(epitope)라고 부른다. 항원결정기는 그 분자가 외래 물질임을 면역계에 알리는 결정적 신호 역할을 하며, 그 모양이 림프구 수용체에 정확히 맞아야 반응이 일어난다(그림 15.7b). 단백질 표면에 드러나 있는 특정 아미노산 잔기나, 수용체에 부착된 탄수화물 사슬이 대표적인 예다. 외래 세포나 분자는 보통 항원결정기를 여러 개 지니고 있으며, 각각이 서로 다른 림프구를 자극해 특이면역반응을 유도한다. 대표적인 예로는 세균 세포벽, 세포막, 편모, 협막, 독소 항원, 그리고 바이러스 표면과 내부 항원을 들 수 있다.

한편, 크기가 너무 작아 혼자서는 면역원이 될 수 없는 외래 물질을 **합텐**(hapten)이라 부른다. 하지만 합텐이 크고 복잡한 운반체(carrier) 분자와 결합하면, 그 복합체는 림프구 수용체에 인식될 수 있을 만큼 크고 안정적인 구조를 형성하게 되어 면역반응을 유도할 수 있다(그림 15.8). 이 경우, 합텐은 항원결정기 역할을 하고, 운반체는 복합체 크기를 키우고 항원결정기가 잘 결합되도록 그 방향을 조절해 주는 역할을 한다. 합텐에 해당하는 예로는 특정 백신 성분, 약물, 금속, 다양한 화학물질 등이 있으며, 이들은 체내에서 혈청 단백질 같은 운반체와 결합함으로써 면역원성을 획득하게 된다(16.2절 참조).

## 기능에 따른 항원 분류

사람은 각자 유전적, 생화학적으로 고유해서(일란성 쌍둥이를 제외하면), 단백질을 포함한 한 사람의 구성 성분은 다른 사람에게 항원으로 작

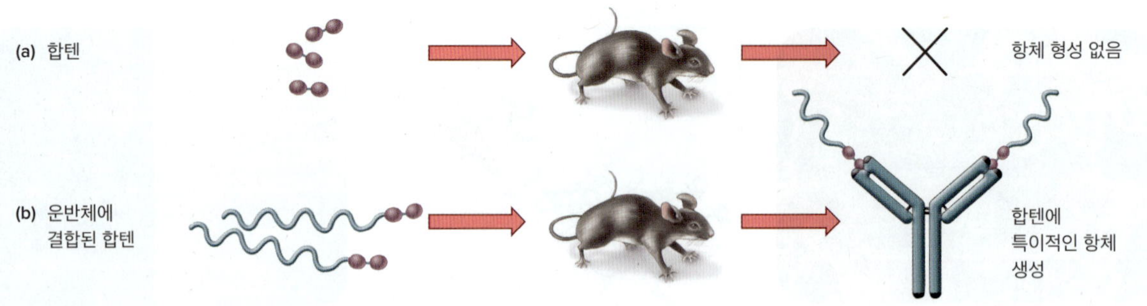


**그림 15.8 합텐-운반체에 의한 항체 생성 유도 과정.** (a) 합텐은 분자량이 너무 작아 동물 면역계에 의해 인식되지 않기 때문에, 단독으로 면역반응을 유도하지 못한다. (b) 합텐이 크고 복잡한 운반체 분자와 결합하면, 항원결정기로 작용해 면역반응을 자극하고, 이에 특이적인 항체가 생성된다.

용할 수 있다. **동종항원**(alloantigen)은 같은 종 내 일부 개체만 지닌 세포막 표지자나 분자를 말한다. 동종항원은 개인 혈액형과 주조직적합복합체 특징을 결정하며, 수혈이나 장기이식에서 나타나는 면역 거부 반응의 원인이 된다.

**초항원**(superantigen)은 처음에는 T세포를 비정상적으로 강하게 자극하는 항원으로 알려졌고, 이후 B세포를 과도하게 자극하는 초항원도 발견됐다. 대표적인 예로는 T세포에 대한 포도상구균(*Staphylococcus*)의 독성쇼크독소(toxic shock toxin)와 장독소(enterotoxin)가 있다. T세포에 대한 초항원 반응은 사이토카인(cytokine)이 대량 분비되도록 유도하며, T세포 자신이나 다른 세포의 사멸을 초래할 수 있다. 초항원 작용은 15.3절에서 다룰 예정이다.

알레르기 반응을 유도하는 항원은 **알레르겐**(allergen)이라 하며, 16장에서 자세히 설명한다.

한편, 자기 몸을 구성하는 성분이 항원으로 작용하는 경우도 있다. 림프구 분화 과정에서는 자기 조직에 대한 면역 관용이 형성되지만, 배아 발달 초기에 눈이나 갑상샘처럼 면역계와 격리된 기관이 먼저 만들어지면 그 안의 분자들은 면역계가 '자기'로 인식할 기회를 갖지 못한다. 이후 조직 손상이나 염증 등으로 이 분자들이 노출되면, 면역계는 이를 외래 물질로 오인해 공격할 수 있다. 이런 분자를 **자가항원**(autoantigen)이라 하며, 류머티즘 관절염과 같은 자가면역질환의 원인 중 하나로 여겨진다(16장 참조).

이제 면역 특이성 형성과 관련된 요소들을 충분히 살펴보았으므로, 과정그림 15.1을 따라 면역반응에 대해 본격적으로 다룰 것이다.

**핵심 점검 15.2**

9. 항원, 면역원, 항원결정기란 무엇이며, 면역반응에서 어떤 역할을 하는가?
10. 항원성이 형성되는 데 있어 비자기성, 크기, 복잡성은 어떤 영향을 미치는가?
11. 서로 다른 다섯 가지 항원 유형을 비교하고, 각 항원이 수행하는 기능 또는 작용을 설명하시오.

## 15.3 항원에 대한 면역반응과 T세포의 기능

**학습목표**

10. 항원제시세포, T세포, B세포 사이 협력작용을 설명한다.
11. 항원을 인식하고 활성화되는 초기 반응에서 인터루킨의 역할을 논한다.
12. 세포매개성 면역의 주요 작용을 요약한다.
13. 다양한 T세포와 이들이 지닌 수용체 사이 관계, 활성화 과정을 분석한다.
14. 보조T세포와 세포독성T세포의 주요 기능을 설명한다.
15. 자연살해세포와 초항원의 개념을 설명한다.

면역반응은 대부분 항원과 백혈구가 서로 만나면서 시작된다. 미생물이나 기타 외래 물질은 주로 호흡기 또는 소화관 점막을 통해 체내로 들어오며, 다른 점막(눈, 비뇨생식기 점막 등)이나 피부를 통해 침입하는 경우는 비교적 드물다. 항원이 혈류를 통해 체내에 들어오면 간, 비장, 골수, 신장, 폐 등에 분포된다. 항원이 말초조직에 침입하면, 일부는 림프액에 실려 림프절로 이동하고, 일부는 항원제시세포에 의해 운반된다. 림프절과 비장은 말초조직에서 포획된 항원이나 혈류 또는 림프를 통해 유입된 항원이 림프구와 접촉할 수 있도록 항원이 모이는 주요 장소다. 항원제시세포는 포획한 항원을 림프절로 운반하고, 비장 내 항원제시세포는 혈류를 통해 유입된 항원을 포획한다. 이후 이들 세포는 림프절과 비장에 있는 미경험림프구에 항원을 제시한다.

### 항원 처리와 제시

면역반응에서 항원은 대부분 '가공되지 않은(raw)' 상태로 존재하며, T세포가 이를 인식하려면 **항원제시세포**(antigen-presenting cell, APC)에 의한 처리 과정을 거쳐야 한다. **대식세포**(macrophages), **수지상 세포**(dendritic* cells), B세포 모두 항원제시세포로 작용할 수 있지만, 이 중 수지상 세포는 항원이 처음 체내에 들어왔을 때 가장 흔하게 작

* 수지상 그리스어 dendron에서 유래. 나무처럼 가지를 친 모양을 의미.

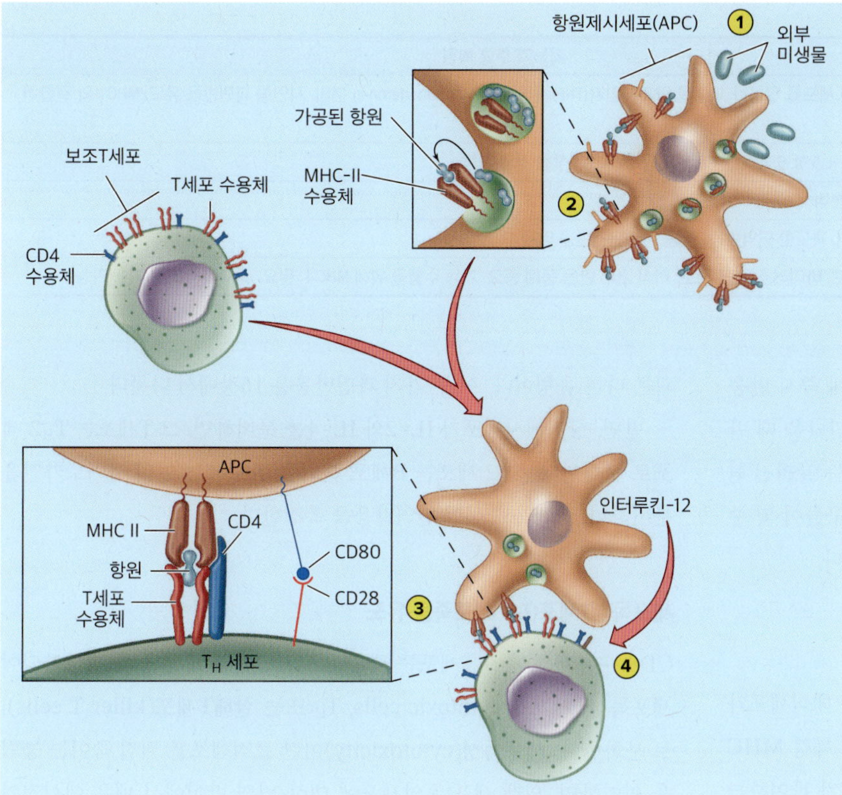


**과정그림 15.9 항원제시세포와 보조T세포(CD4 계열) 상호작용.** (1) 항원제시세포(APC, 여기서는 수지상 세포)는 말초 조직에서 미생물처럼 구조가 복잡한 항원을 포식한 후, 림프 조직으로 이동해 이를 제시한다. APC는 미생물을 포식하여 세포 내 소포로 들여보낸 뒤, 이를 더 작고 단순한 펩타이드 조각으로 분해한다. (2) 이렇게 생성된 항원 펩타이드는 MHC II 수용체와 결합하여 APC의 세포 표면에 제시된다. 세포막 표면에 위치한 이 MHC II-항원 복합체는 상보적인 수용체를 가진 보조세포에 의해 쉽게 인식된다. (3) APC 표면의 MHC II-항원 복합체는 보조T세포에 있는 두 가지 수용체에 의해 인식된다. 하나는 T세포 수용체(TCR)이고, 다른 하나는 CD4 공동수용체다. 이 두 수용체는 각각 MHC 수용체('자기'로 인식됨)와 항원('비자기'로 인식됨)을 동시에 인식한다. 또한 APC의 CD80 분자와 T세포 표면에 있는 CD28 분자 간 상호작용도 보조T세포가 제대로 활성화되기 위해 반드시 필요하다. (4) 이러한 물리적 결합과 함께, APC에서 분비된 IL-12는 보조T세포를 활성화시키고, 활성화된 보조T세포는 종류에 따라 특정 인터루킨을 분비하여 다른 림프구의 기능을 돕는다.

용하는 APC이다. 항원제시세포는 항원을 면역계가 더 잘 인식하고 반응할 수 있도록 가공한 뒤, 이를 MHC II 형 수용체에 결합시켜 세포 표면에 제시한다(과정그림 15.9).

T세포가 APC에 제시된 항원에 반응하려면 몇 가지 조건이 충족돼야 한다. 일반적으로 단백질 기반 항원은 T세포-의존적 항원(T cell-dependent antigen)으로, 항원과 림프구, APC 사이에 연속적인 인식 단계가 필요하다. 이 과정에서 가장 먼저 관여하는 세포가 **보조T세포**(T helper cell, $T_H$)이다. 이 계열 T세포의 수용체(TCR)는 항원제시세포에 있는 MHC II 형 수용체와 제시된 항원에 동시에 결합한다(과정그림 15.9). 이어서 T세포 표면의 CD4 수용체가 APC에 있는 MHC II 와 결합하고, 마지막으로 항원제시세포의 CD80 단백질이 T세포에 있는 CD28 단백질과 결합한다. 이처럼 여러 인식 단계를 거친 후, APC는 **인터루킨-1**(interleukin-1, IL-1)이나 인터루킨-12(interleukin-12, IL-12) 같은 사이토카인을 분비해 보조T세포를 활성화시킨다. IL-1은 초기 T세포 활성화와 증식에 도움을 주며 염증 반응을 조절하는 보조적 사이토카인이다. 반면, IL-12는 보조T세포 하위 유형인 $T_H1$ 세포로 분화하도록 유도하여 세포매개성 면역반응을 촉진한다. APC가 분비하는 사이토카인의 종류에 따라 다양한 하위 유형의 보조T세포로 분화할 수 있으며, 이들 중 일부는 **인터루킨-2**(interleukin-2, IL-2)를 분비해, 항원에 노출된 B세포와 다른 T세포의 증식과 활성을 전반적으로 증가시킨다. 이후 B세포와 다른 T세포가 APC-보조T세포 복합체를 통해 어떻게 활성화되고, 또 항원에 대해 어떤 반응을 보이는지는 아래와 15.4절에서 다룬다.

한편, 일부 항원은 APC나 보조T세포의 도움 없이도 B세포 반응을 유도할 수 있다. 이런 항원은 T세포-비의존적 항원(T cell-independent antigens)으로, 반복적이고 변형이 거의 없는 항원결정기를 다수 지닌 단순한 구조다. 대표적인 예로는 대장균(*Escherichia coli*) 세포벽의 지질다당류, 폐렴구균(*Streptococcus pneumoniae*) 협막을 이루는 다당류, 광견병 바이러스나 엡스타인-바 바이러스(Epstein-Barr virus)의 특정 분자 등이 있다. 하지만 이런 항원은 드물어서, B세포 반응에는 대부분 보조T세포의 도움이 필요하다.

## T세포 반응과 세포매개면역(CMI)

T세포 반응은 **세포매개면역**(cell-mediated immunity, CMI)이라고 하며, 면역체계에서 가장 복잡하고 다양한 반응 중 하나다. 이 반응에는 다양한 T세포 하위 유형이 관여하는데, 이들은 CD 수용체 종류에 따라 외래 항원과 세포에 반응하는 방식이 서로 다르다(표 15.2). T세포는 활성화되기 전에 항원을 제시받아야 하는 제한성을 지닌다. 즉, 자기를 인식하는 과정을 거치기 위해 항원은 반드시 항원제시세포의 MHC 복합체에 의해 제시되어야 한다(과정그림 15.9). 모든 T세포는 사이토카인을 생산하며, 이 사이토카인들은 서로 협력해 다양한 생물학적 효과와 면역기능을 수행한다. T세포는 기능 면에서 B세포와 뚜렷이 구분된다. B세포는 항원을 제거하기 위해 분비 분자를 혈액에 방출하는 방식으로 작용하지만, T세포는 전체 세포가 직접 표적세포와 접촉해 반응한다. 또한 T세포는 다른 T세포, B세포, 식세포를 자극한다.

T세포는 처음에 항원-MHC 복합체가 T세포 수용체에 결합하고, 항원제시세포가 주로 IL-12를 방출하는 과정을 통해 준비된다. 이 연속된

표 15.2 T 세포 하위 유형의 특징

| 유형 | T 세포 표면의 주요 수용체 | 기능과 주요 특징 |
|---|---|---|
| 보조T세포 1($T_H1$) | CD4 | 다른 CD4 및 CD8 유형 세포를 활성화. IL-2, 종양괴사인자(TNF), 인터페론-감마(interferon-γ) 분비. 지연형 과민반응 유도. MHC II와 결합하는 항원 인식 |
| 보조T세포 2($T_H2$) | CD4 | B세포 증식 유도. IL-4, IL-5, IL-6, IL-9, IL-10, IL-13 등 분비. $T_H1$ 작용 억제 가능 |
| 보조T세포 17 | CD4 | 염증 반응 촉진. IL-17 분비 |
| 조절T세포($T_{reg}$) | CD4, CD25 | 면역 관용 유도에 관여. 과도한 면역반응, 염증, 자가면역반응 억제 |
| 세포독성T세포($T_C$) | CD8 | 외래 세포 용해. 암세포, 바이러스 감염 세포, 이식 거부 반응 등에 중요. 기능 수행을 위해 MHC I 필요. 일부에서 조절 기능 가능 |

과정은 T세포를 활성화시켜 세포분열을 준비시키고, 항원에 즉시 반응하는 효과세포(effector cell)와, 나중에 같은 항원을 다시 만났을 때 반응하는 기억세포(memory cell)를 만들어 낸다. 기억T세포는 알려진 혈액세포들 가운데 수명이 아주 긴 세포 중 하나로, 다른 림프구들이 몇 주 또는 몇 달 정도 생존하는 데 비해 수십 년 동안 유지될 수 있다.

## T세포 활성화와 하위 유형으로 분화

림프기관에 존재하는 성숙한 미경험T세포는, 수지상 세포나 대식세포가 처리하고 제시한 항원에 반응할 준비가 되어 있다. 이들은 특정 MHC 분자와 함께 제시된 항원만을 인식할 수 있으며, 어떤 MHC가 관여하는지는 T세포 유형에 따라 다르다(과정그림 15.10). CD4 수용체를 지닌 T세포는 세포 MHC II 분자에 제시된 펩타이드를 인식하고, CD8 수용체를 지닌 T세포는 MHC I 분자에 제시된 펩타이드를 인식한다(과정그림 15.11).

### 보조T세포(TH): 특이면역반응 유도

**보조T세포**(CD4)는 B세포와 다른 T세포의 항원 반응을 조절하는 데 중심적인 역할을 하며, 대식세포를 활성화하고 포식작용을 증가시키는 데에도 관여한다. 이런 기능은 수용체를 통한 직접 접촉뿐만 아니라, IL-2와 같은 사이토카인을 분비하는 간접적인 방식으로도 수행된다. IL-2는 B세포와 T세포의 초기 증식과 활성을 자극하며, 인터루킨-4(interleukin-4, IL-4)를 포함한 여러 사이토카인은 B세포 분화를 유도한다. 보조T세포는 혈액과 림프기관에서 가장 많은 T세포 유형으로, 전체 T세포 중 약 65%를 차지한다. HIV 감염은 CD4 T세포 수를 심각하게 감소시키며, 이를 통해 AIDS에서 면역 기능 저하라는 병리적 특징이 나타난다.

보조T세포는 항원-MHC II 복합체에 의해 활성화된 후, 항원제시세포가 분비하는 사이토카인 종류에 따라 **$T_H1$**(T helper 1) 또는 **$T_H2$**(T helper 2)라는 하위 유형으로 분화한다. 수지상 세포가 IL-12를 분비할 경우, T세포는 $T_H1$ 세포로 분화하며, 이후 다른 T세포들을 활성화해 세포매개성 면역반응을 촉진한다. $T_H1$ 세포는 지연형 과민반응에도 관여하는데, 이것은 꽃가루 알레르기나 아나필락시스 같은 즉시형 과민반응과는 다른 유형이다. 이 두 가지 과민반응은 16장에서 다룬다.

반면, 항원제시세포가 IL-2와 IL-4를 분비하면, 그 T세포는 $T_H2$ 세포로 분화한다. $T_H2$ 세포는 B세포 분화를 유도하는 여러 사이토카인을 분비하며, 항체가 중심인 면역반응을 촉진한다.

### 세포독성T세포($T_C$): 세포죽음 유도

CD8 수용체를 가진 T세포는 항원이 MHC I 에 제시될 때 활성화되어 **세포독성T세포**[T cytotoxic cells, $T_C$ 또는 **살해T세포**(killer T cells)]로 분화한다. **세포독성**(cytotoxicity)이란 표적세포를 직접 죽이는 능력을 의미하며, 외래 세포나 암세포에 대한 면역 방어에서 매우 핵심적인 기능이다. 그러나 이 기능이 잘못 작동할 경우, 오히려 질병을 유발할 수도 있다. 세포독성T세포가 활성화되기 위해서는 MHC I 에 결합된 외래 펩타이드를 인식해야 하며, 표적세포를 직접 공격해야 한다. 이때 $T_C$ 세포는 **퍼포린**[1](perforin)과 **그랜자임**(granzyme)이라는 두 가지 물질을 분비해 표적세포를 심각하게 손상시킨다(과정그림 15.11). 퍼포린은 표적세포의 세포막에 구멍을 뚫는 단백질이며, 그랜자임은 세포 내 단백질을 분해하는 효소다. 퍼포린은 세포막을 손상시켜 이온이 빠져나가게 하고, 동시에 그랜자임이 세포 내부로 들어갈 수 있는 통로를 형성한다. 그랜자임은 이후 표적세포의 선택적 투과성을 잃게 만들고, **세포자멸사**(apoptosis)*를 유도해 세포를 사멸시킨다. 세포자멸사는 유전적으로 정해진 세포죽음 과정을 의미한다. 이 과정을 통해 세포는 세포핵이 다른 내용물들과 함께 순서대로 분해된 뒤 쪼그라들면서 사멸하게 된다.

$T_C$ 세포가 죽일 수 있는 주요 표적세포는 다음과 같다.

- 바이러스에 감염된 세포. 세포독성T세포는 바이러스 펩타이드-MHC I 복합체를 표면에 제시하고 있는 세포를 인식해 공격한다(과정그림 15.11). 이런 세포독성 면역반응은 바이러스 감염에 대한 필수적인 방어 수단이다.
- 암세포. T세포는 조직을 지속적으로 감시하면서 비정상적인 세포

1 퍼포린은 '구멍을 내다'라는 perforate에서 유래.

* 세포자멸사 그리스어 apo(떨어져 나가다)와 ptosis(떨어짐, 낙하)에서 유래.

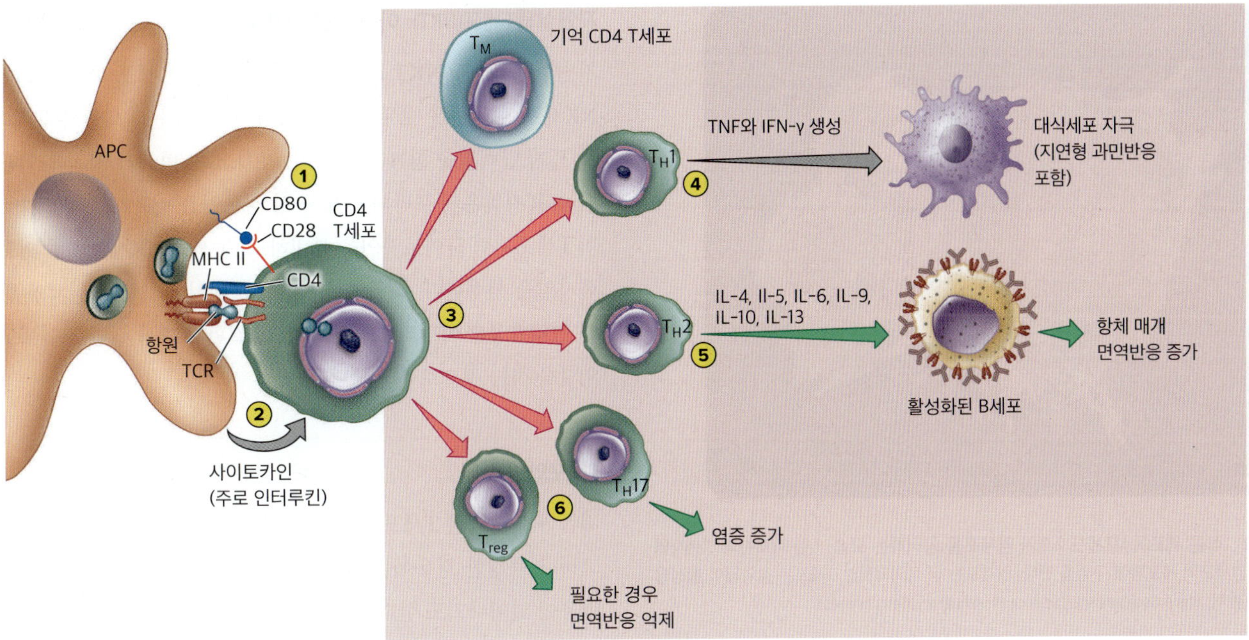


**과정그림 15.10 CD4 T세포 활성화와 분화.** (1) 항원제시세포(APC)는 MHC II -펩타이드 항원 복합체를 CD4 수용체를 가진 T세포에 제시한다. (2) APC는 사이토카인(주로 인터루킨)을 한 가지 이상 분비한다. (3) APC가 분비하는 사이토카인의 종류에 따라 CD4 T세포는 $T_H1$, $T_H2$, $T_H17$, $T_{reg}$ 또는 기억 CD4 T세포($T_M$)로 분화한다. (4) $T_H1$ 세포는 TNF와 IFN-γ를 분비해 대식세포나 $T_H2$ 세포를 자극한다. (5) $T_H2$ 세포는 B세포를 활성화해 항체 매개 면역반응을 유도한다. (6) APC가 분비하는 또 다른 인터루킨과 성장인자 조합은 CD4 T세포를 $T_H17$ 세포로 분화시켜 염증을 증가시키거나, $T_{reg}$으로 분화시켜 면역반응을 억제하도록 유도한다.

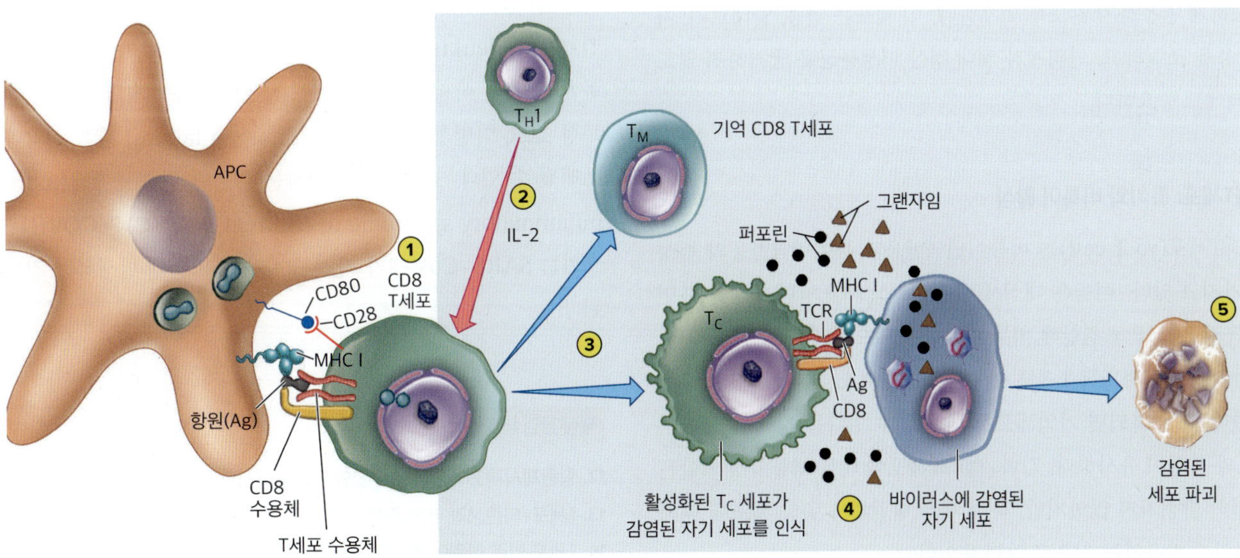


**과정그림 15.11 CD8 T세포 활성화와 분화.** (1) 항원제시세포(APC)는 MHC I -펩타이드 항원 복합체를 CD8 수용체를 가진 T세포에 제시한다. (2) $T_H1$ 세포는 IL-2를 분비한다. (3) CD8 T세포는 세포독성T세포($T_C$ 세포)와 기억 CD8 세포($T_M$)로 분화한다. (4) $T_C$는 암세포로 변했거나 바이러스에 감염된 자기 세포에 결합해 퍼포린과 그랜자임을 분비한다. (5) 퍼포린과 그랜자임에 공격당한 표적세포는 세포자멸사로 사멸된다.

를 발견하면 즉시 공격한다(그림 15.12). 실제로 T세포가 결핍된 사람은 암 발생률이 높다는 점에서 이 기능의 중요성이 확인된다(16장 참조).

- 동물이나 사람에서 유래한 이식 조직 세포. 세포독성 면역반응은 이식 거부 반응에서 가장 중요한 역할을 한다. 이 경우, Tc 세포는 수혜자 체내에 이식된 조직을 외래 세포로 인식해 공격한다.

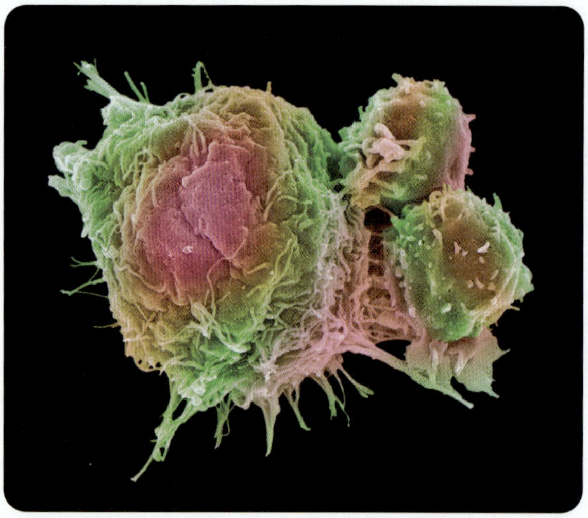

그림 15.12 작은 세포독성T세포 2개가 암세포를 공격하는 모습. $T_C$는 퍼포린과 그랜자임을 분비해 암세포의 세포막에 구멍을 낸다. 암세포는 곧 파괴되지만, T세포는 살아남아 활성을 유지한다. (출처: Steve Gschmeissner/Science Photo Library/Getty Images)

### 조절T세포($T_{reg}$): 면역기능 조절

16장에서 자세히 살펴보겠지만, 과도하게 활성화된 면역계는 면역 기능이 저하된 상태만큼이나 해로울 수 있다. **조절T세포**(regulatory T cells 또는 $T_{reg}$)는 CD4와 CD25 수용체를 가지고 있으며(표 15.2 참조), 면역계가 과도하게 반응하지 않도록 억제한다. 이 세포는 염증, 알레르기, 자가면역반응을 조절하고, 면역계가 체내 정상 미생물군을 공격하지 않도록 돕는 데에도 중요하다.

### 감마-델타T세포: 특이와 비특이 활성

감마-델타T세포(γδ T cell)는 비특이면역반응과 특이면역반응의 특성을 모두 가지고 있다. 이들은 대식세포나 수지상 세포처럼 미생물 표면에 있는 특정 PAMP에 결합해 비특이 반응을 일으킬 수 있으며, 동시에 다양한 항원을 인식하도록 T세포 수용체를 가지고 있어 특이면역반응에도 관여한다. 활성화되면 기억세포를 생성할 수 있다는 점에서 '일반적인' T세포와 특징이 유사하다. 감마-델타T세포에 대한 생물학적 역할은 아직 완전히 밝혀지지 않았지만, 특정 세균 병원체나 종양 세포에 대해 특히 활발하게 반응하는 것으로 알려져 있다.

### 자연살해세포(NK): 암세포와 바이러스 감염세포 사멸

자연살해세포(NK세포)는 림프구에 속하며 기능은 T세포와 유사하다. 이 세포는 비장, 혈액, 폐를 순환하며 암세포나 바이러스에 감염된 세포를 가장 먼저 공격하는 세포일 가능성이 높다. NK세포는 세포독성T세포와 유사한 방식으로 표적세포를 파괴한다(그림 15.13). 하지만 항원 수용체가 없어 특정 항원에만 반응하지 않으며, 따라서 특이면역이 아닌 비특이면역반응에 속한다.

### 자연살해T세포(NKT): 이중 특성 림프구

자연살해T세포(NKT cell)는 최근에 확인된 세포 유형으로, T세포와 NK세포의 특성을 모두 지니고 있다. 이 세포는 T세포 수용체와 NK세포 표지 단백질을 함께 발현하며, 자기 또는 비자기 지질에 의해 자극을 받는다(지질은 세포막의 주요 구성 성분임을 떠올려 보자). 자극을 받으면 T세포처럼 사이토카인을 분비하고, 동시에 NK세포처럼 퍼포린과 그랜자임을 생성한다. 최근 연구에 따르면, 이 세포는 병원체와 종양에 대한 면역반응뿐 아니라 자가면역 관련 질환과 대사 질환 조절에도 중요한 역할을 하는 것으로 확인됐다.

### T세포와 초항원

지금까지 살펴본 T세포 반응은 대부분 유익하며, 방어적인 역할이었다. 그러나 특정한 경우에는 심각한 질병으로 이어질 수 있는 강력한 면역반응이 일어나기도 한다. 그 대표적인 예가 바로 **초항원**(superantigen)에 노출된 경우다. 초항원은 주로 세균이나 바이러스에 존재하는 독성인자이며, 병원성 포도상구균이 분비하는 장독소, A군 사슬구균의 특정 독소, 엡스타인-바 바이러스의 단백질 등이 여기에 해당한다. 초항원은 항원 특이성과 관계없이 수많은 T세포를 동시에 활성화해 과도한 면역반응을 유도한다. 이 분자는 MHC II와 T세포 수용체에 동시에 결합할 수 있는 구조를 가지고 있어, 수많은 T세포를 '속여' IL-1, 인터루킨-6(interleukin-6, IL-6), TNF 같은 사이토카인을 대량으로 분비하게 만든다. 이렇게 강력한 매개 물질이 과도하게 분비되면 혈관 손상, 독성 쇼크, 다발성 장기부전(multiorgan failure) 같은 심각한 결과가 초래될 수 있다. 소아에서 발생하는 다기관 염증 증후군(multisystem inflammatory syndrome in children, MIS-C)은 COVID-19를 일으키는 SARS-CoV-2가 가진 초항원에 노출돼 발생하는 것으로 추정된다.

**핵심 점검 15.3**

12. 항원제시세포의 기능은 무엇인지 서술하시오.
13. T세포-의존성과-비의존성 면역반응 사이 차이점을 설명하시오.
14. T세포-의존 항원이 침입한 후 항원 처리, 항원제시, 대식세포와 림프구 사이 협력반응, 활성화된 B세포의 반응까지 면역반응 경로를 추적하시오.
15. IL-2, IL-4, IL-12의 기능은 각각 무엇인가?
16. T세포가 관여하는 면역반응을 세포매개성이라 부르는 이유는 무엇인가?
17. 다양한 유형의 T세포는 어떻게 활성화되며, 각각 어떤 반응을 일으키는지 설명하시오.
18. 세포독성 T세포의 표적은 무엇이며, 표적을 파괴하는 방법은 무엇인가?
19. 초항원이 다른 항원과 다른 점과 병리적 반응에 어떻게 기여하는지 논하시오.

## 15.4 B세포의 면역 작용

**학습목표**

16. B림프구 활성화, 클론 확장, 항체 생성 과정을 나열하고 분석한다.
17. 다섯 가지 주요 면역글로불린의 구조와 기본 기능을 설명한다.
18. 항체가 방어적 면역반응에서 수행하는 작용을 설명한다.
19. 항원과 면역원에 대한 1차 반응과 2차 반응을 분석하고, 기억 반응과 추가 접종의 중요성을 설명한다.

### B세포 활성화 과정

#### B림프구 활성화: 클론 선택, 확장, 항체 생성

B세포가 면역학적으로 활성화되기 위해서는 연속된 과정을 거쳐야 하며, 그 단계는 아래에 순서대로 설명돼 있고 과정그림 15.14에도 제시돼 있다.

1. **클론 선택과 항원 결합.** 특정 항원에 대한 특이성을 이미 지닌 B세포가 자신의 Ig 수용체를 통해 그 항원을 포착하면, 수용체와 함께 세포 내로 끌어들여 작은 펩타이드 조각으로 처리한다. 처리된 항원은 B세포의 MHC II 수용체에 결합되며, 이 MHC-항원 복합체는 T세포 수용체에 의해 인식된다. 또한 이런 항원 인식은 B세포 내로 활성화 신호를 일으킨다.
2. **화학 매개물에 의한 유도.** B세포는 대식세포와 T세포가 분비하는 IL-2, IL-6, 성장인자, 특히 IL-4와 인터루킨-5(interleukin-5, IL-5) 등의 신호와 함께 분화가 유도된다.
3. **막 수용체를 통한 내부 신호전달.** 이런 다양한 사이토카인 자극들이 B세포 막에 있는 수용체와 결합하면, 그 신호가 세포 내부로 전달되어 B세포의 핵에 도달한다.
4. **B세포 활성화 유도.** 이 과정들을 통해 B세포는 활성화되며, 활성화된 B세포는 림프모세포(lymphoblast)라 불린다. 림프모세포는 세포 주기와 유사분열에 대비해 세포 크기가 커지고, DNA와 단백질 합성이 증가한다.

5~6. **클론 확장.** 항원을 인식한 B세포는 연속적인 유사분열을 통해 유전적으로 동일한 자손 세포들을 대량으로 생성한다. 이 과정에서 일부 세포는 **형질세포**(plasma cell)로 분화되어 항체를 생성하고, 일부는 **기억세포**(memory cell)로 분화해 체내에 장기간 유지된다. 기억세포는 이후 같은 항원이 다시 침입했을 때 더 빠르고 강한 면역반응을 일으킬 수 있도록 준비된 상태다. 이러한 연속된 과정을 B세포 클론 확장(clonal expansion)이라 하고, B세포의 수적 증가뿐만 아니라 기능적 분화를 포함하며, 결과적으로 동일한 항원에 반응할 수 있는 특이적 B세포 집단의 크기와 반응 효율이 증대된다. 이는 면역 기억의 기반이 되는 중요한 과정이다.

7. **항체 생성과 분비.** 형질세포의 주요 기능은 세포막 항원 수용체와 동일한 특이성을 가진 항체를 대량으로 생성해 주변 조직으로 분비하는 것이다(과정그림 15.14의 단계 7). 각 형질세포는 항체를 초당 약 2,000개 생산할 수 있지만, 항체 생성은 무한히 지속되지 않으며, 형질세포는 수명이 짧아 항체를 생성한 뒤 빠르게 소멸한다.

#### B세포가 생성한 산물: 항체 구조와 기능

앞서 **면역글로불린**(immunoglobulin, Ig)[2] 분자는 폴리펩타이드 사슬 4개로 구성돼 있으며, 이들 사이에는 이황화 결합이 존재한다고 배운 바 있다. 항체는 면역글로불린 중 하나이므로, 이와 같은 기본 구조를 모두 가지고 있다. 여기서는 IgG 분자를 예로 들어 구조를 자세히 살펴보자. 항체 분자에는 기능적으로 구분되는 두 부위(fragment)가 있다. 항원과 결합하는 2개의 '팔' 부분은 **항원결합부위**(fragment antigen-binding, Fab)라 하며, 나머지 부분은 **결정화부위**(fragment crystallizable, Fc)라 부른다. Fc라는 명칭은 이 부분이 순수한 형태로 결정화될 수 있기 때

[2] Ig는 immunoglobulin의 약자이며, 혈청 속 단백질 중 하나로 면역계에서 항체로 작용한다.

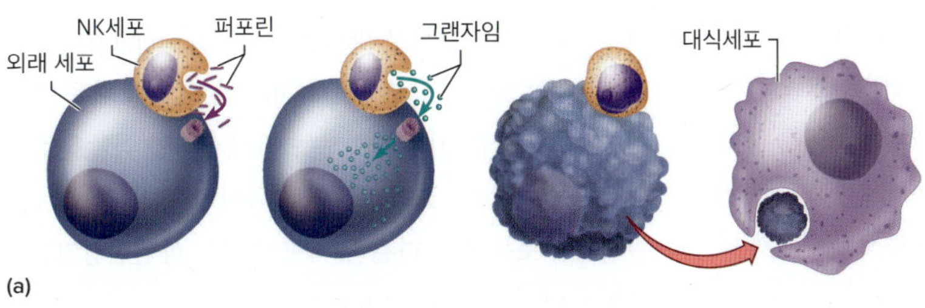


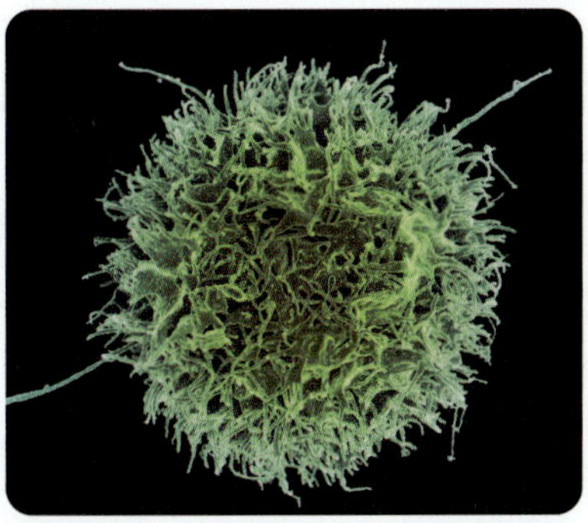


**그림 15.13** NK세포의 작용. (a) (1) NK세포는 퍼포린을 분비하며, 퍼포린은 서로 결합해 외래 세포의 세포막에 구멍을 형성한다. (2) NK세포에서 분비된 그랜자임이 새로 생긴 구멍을 통해 세포 내부로 들어간다. (3) 외래 세포는 세포자멸사에 의해 죽게 된다. (4) 대식세포가 죽은 세포를 포식하고 분해한다. (b) NK세포를 주사전자현미경으로 촬영한 사진. (출처: Science History Images/Alamy Stock Photo)

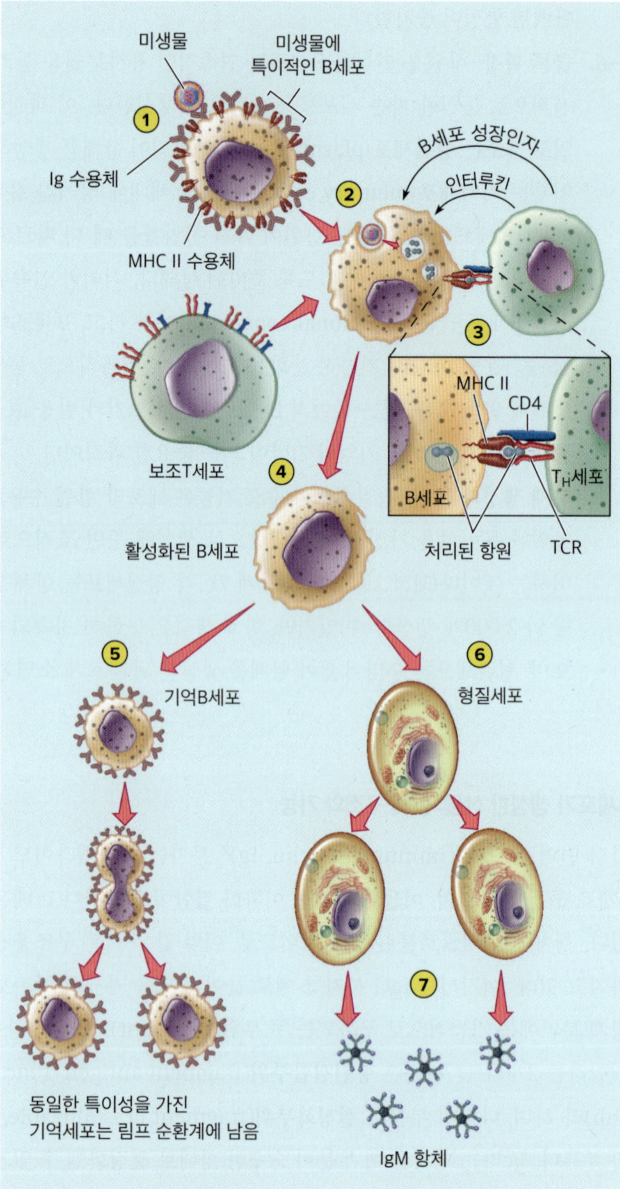


**① 항원 결합을 통한 클론 선택**
B세포는 자신의 Ig 수용체를 이용해 바이러스와 같은 미생물과 그 항원에 직접 결합할 수 있다. 이 과정을 통해 특정 항원에 특이적인 B세포 클론이 선택되며, '첫 번째 활성화 신호'가 세포 내로 전달된다.

**② 항원 처리와 제시**
항원이 결합하면, B세포는 항원을 세포 내로 끌어들인 뒤 더 작은 단백질 조각으로 분해한다. 이렇게 처리된 항원은 MHC II 분자에 결합돼 세포 표면에 제시된다(APC와 비슷한 방식). 이 단계는 B세포에서 처리된 항원이 보조T세포에 제시될 준비를 마치는 과정이다.

**③ B세포와 보조T세포 사이 협력과 인식**
B세포가 기능을 발휘하기 위해서는 B세포가 인식했던 항원과 같은 항원을 인식한 보조T세포와 상호작용해야 한다. 이 보조T세포는 APC에 의해 이미 B세포와 같은 항원을 인식한 상태다. 즉, 이 두 세포는 '연결된 인식(linked recognition)'을 통해 상호작용하며, 이때 항원을 제시하고 있는 B세포의 MHC II는 T세포 수용체와 CD4 분자 모두에 결합한다(확대그림 참조). 이 결합은 '두 번째 활성화 신호'를 B세포에 전달한다.

**④ B세포 활성화**
보조T세포는 인터루킨과 B세포 성장인자 등 다양한 사이토카인을 분비해 '세 번째 활성화 신호'를 제공한다. 이렇게 항원 결합, 연결된 인식, 사이토카인 자극이라는 세 가지 신호가 함께 작용해 B세포는 완전히 활성화된다. 그 결과 B세포의 대사활동이 증가하고, 세포 크기가 커지며, 증식과 분화를 준비하게 된다.

**⑤~⑥ 클론 확장과 기억세포 형성**
활성화된 B세포는 유사분열을 통해 같은 항원 특이성을 지닌 클론 세포들을 빠르게 증식시키며, 증식한 세포들은 기억세포 또는 형질세포로 분화한다. 기억세포는 장기간 체내에 남아 이후 같은 항원이 다시 침입했을 때 신속히 반응할 수 있는 세포들이다.

**⑦ 형질세포와 항체 합성**
형질세포는 수명이 짧지만 매우 활발한 분비세포로, 항체를 합성하고 방출한다. 이 항체들(여기서는 IgM)은 원래 B세포가 가지고 있던 Ig 수용체와 동일한 항원 특이성을 지니며, 체액 속을 순환하면서 1단계에서 결합했던 항원이나 미생물과 반응한다.

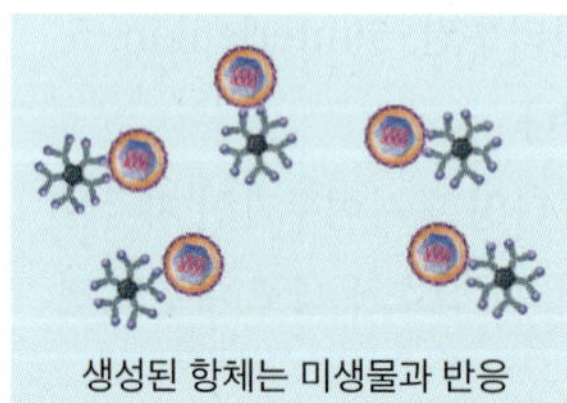


과정그림 15.14 **B세포 활성화와 항체 합성 과정.** 이 과정은 본문의 번호 순서에 따라 진행된다. 확대 그림에는 이러한 반응에 핵심적으로 작용하는 수용체만을 표시했다.

문에 붙여진 것이다. 각 Fab 부위의 아미노 말단은 중쇄와 경쇄의 가변 부위로 구성되어 있으며, 항원에 있는 항원결정기 하나를 끼워 넣을 수 있는 홈(groove) 모양으로 접힌다. Fab와 Fc가 연결되는 부위를 경첩 부위(hinge region)라 하는데, 이 구역 덕분에 Fab 부분이 회전할 수 있다. 따라서 Fab는 서로 조금 떨어져 있는 항원 부위에도 유연하게 접근할 수 있다. Fc 부분은 면역계의 다양한 세포나 분자와 결합하는 데 관여한다. 그림 15.15는 항체 구조를 도식적으로 보여 준다(항체 유전학에 대한 복습은 그림 15.5 참조).

### 항원-항체 결합과 Fab의 기능

항체의 항원결합부위는 항원에 꼭 맞도록 구성된 입체적 홈 구조를 지니며, 이 구조는 고변이부위(hypervariable region)에 의해 형성된다. 고변이부위는 항원결합부위 중 아미노산 서열이 매우 다양하게 변하는 영역으로, 항원결정기와 결합하는 데 핵심적인 역할을 한다(그림 15.16). 항체 하나에 있는 두 Fab는 동일한 특이성을 지니므로, 같은 항원의 두 항원결정기 또는 서로 다른 두 세포에 있는 항원결정기를 동시에 결합시켜 세포 사이를 연결할 수 있다.

분비된 항체의 주요 목적은 항체 형성을 유도한 특정 항원과 결합하는 것이다. 이 결합 이후 다양한 면역반응이 일어날 수 있다(그림 15.17). 예를 들어 항체는 옵소닌(opsonin)으로 작용해 미생물이나 입자 표면을

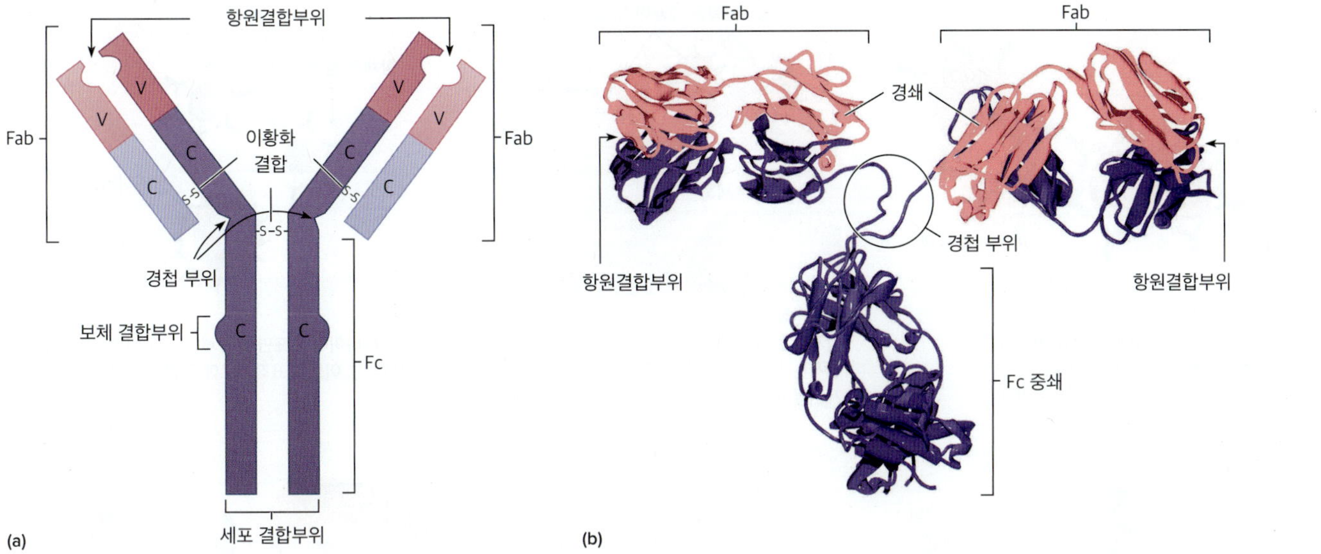


**그림 15.15 항체 구조에 대한 기능적 모형.** (a) IgG 구조를 도식화한 모형으로, 항체의 주요 부위인 Fab와 Fc를 보여 준다. Fab는 경첩 부위를 중심으로 회전할 수 있어, 항원결합부위의 위치에 따라 유연하게 각도를 조절할 수 있다. (b) 면역글로불린의 3차원 구조 모형으로, 각 사슬 내부와 사슬 사이 결합을 통해 형성된 3차 및 4차 구조와, 경쇄와 중쇄가 어떻게 배열돼 있는지 보여 준다.

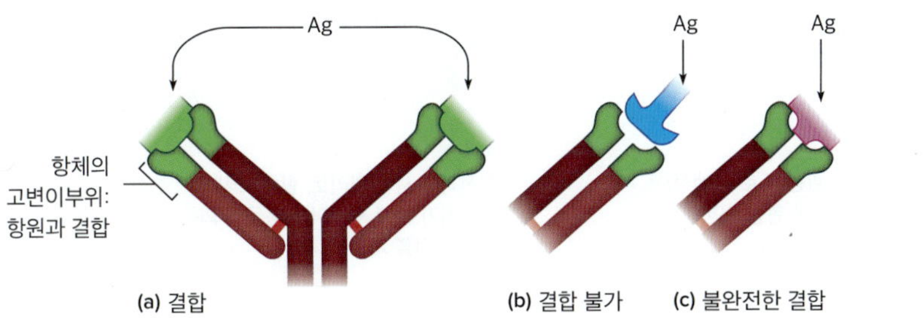


**그림 15.16 항원-항체 결합.** 항체(Ab)와 항원(Ag) 사이 결합은 구조적 적합도에 따라 달라지며, 특히 수소 결합과 정전기적 인력을 포함한 다양한 약한 결합력에 의해 유지된다. 항원이 항체와 더 잘 맞을수록 (a) 림프구에 대한 자극 효과가 더 크고, 적합도가 낮을수록 (c) 자극 효과는 감소한다.

둘러싸는 **옵소닌화**(opsonization)*를 유도한다. 옵소닌화는 식세포가 항원을 더 쉽게 인식하고 제거할 수 있도록 도와주며, 이는 마치 미끄러운 물체에 손잡이를 달아 잡기 쉽게 만든 상황에 비유된다.

또한 항체는 여러 세포를 가로로 연결해 큰 덩어리로 **응집**(agglutination)시킬 수 있다. 그 결과 병원체가 움직이지 못하게 되고, 포식 작용도 더 효율적으로 일어난다. 작은 자유 항원에 대해서는 이와 유사한 **침전**(precipitation) 반응이 일어나며, 이 두 반응은 17장에서 다룰 다양한 면역 검사법의 기본 원리다. 항체와 보체가 상호작용하면 특정 세포나 일부 바이러스를 파괴할 수 있다. 이런 반응을 보체 고정(complement fixation)이라 부르며, 보체 활성화 경로 중 고전 경로(classical pathway)에 해당한다(그림 14.20과 17.16).

**중화 반응**(neutralization reaction)에서는 항체가 바이러스의 표면 수용체나 세균 단백질의 활성 부위에 결합해 이들이 표적세포에 부착하는 것을 방해한다. **항독소**(antitoxin)는 세균의 외독소를 무력화하는 특수한 항체로 작용한다.

### Fc의 기능

Fab는 항원 결합을 담당하지만, 대부분 면역글로불린의 Fc에는 대식세포, 호중구, 호산구, 비만세포, 호염구, 림프구의 세포막과 결합할 수 있는 부위가 있다. 항체의 Fc가 어떤 세포에 결합하느냐에 따라 그 효과는 달라진다. 예를 들어 옵소닌화에서는, 항체가 외래 세포나 바이러스에 결합하면 Fc 부위가 식세포에 노출돼 이 세포들이 더 쉽게 인식하고 제거할 수 있도록 돕는다.

또한 일부 항체는 Fc 부위에 보체를 고정할 수 있는 부위도 가지고 있으며, 특정 면역반응에서는 Fc가 결합한 세포로부터 사이토카인이 분비되기도 한다. 예를 들어 알레르기 반응에 관여하는 IgE 항체의 Fc 말단은 비만세포나 호염구와 결합해 히스타민과 같은 알레르기 매개 물질 방출을 일으킨다.

### 면역글로불린에 있는 보조 분자

모든 항체는 단백질뿐 아니라 다른 분자들과 함께 구성돼 있다. 대부분 불변부위에는 탄수화물이 결합돼 있으며(그림 15.15b와 표 15.3), 보조 단백질로는 IgA와 IgM 단량체를 연결하는 J 사슬, 그리고 IgA가 점막을 통과할 수 있도록 돕는 분비 성분(secretory component)이 있다. 이런 보조 단백질은 특정 면역글로불린 유형에서만 나타난다.

* 옵소닌화 라틴어 opsonium(음식 또는 보급품)과 izare(~이 되다)에서 유래.

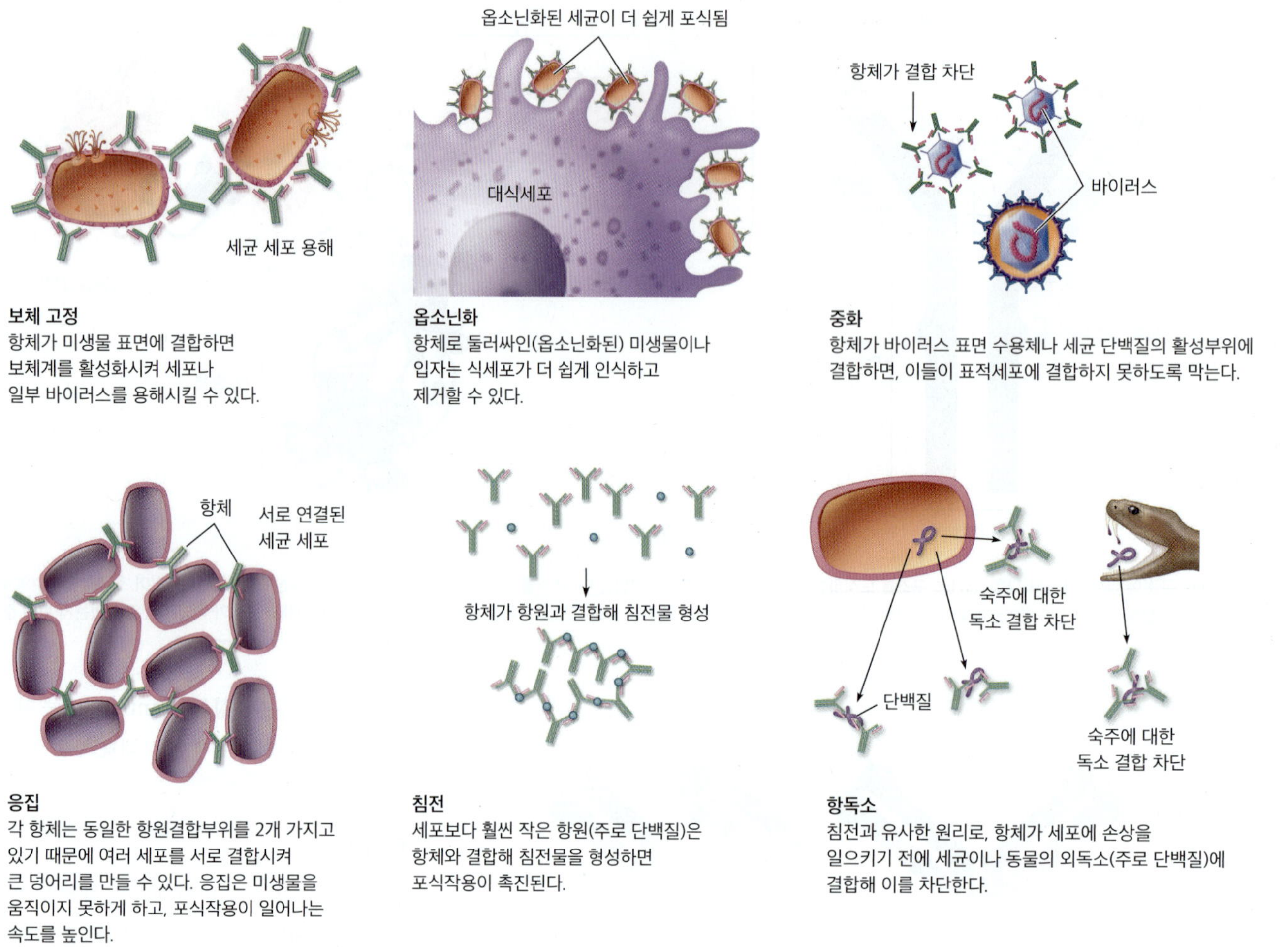


**그림 15.17 항체의 주요 기능 요약.** 보체 고정, 응집, 침전은 17장에서 자세히 다룬다.

### 면역글로불린의 종류

면역글로불린은 구조와 기능에 따라 동형(isotype)으로 구분된다(표 15.3). 동형은 주로 Fc 구조의 차이에 따라 나뉜다. 동형은 Ig 다음에 특정 문자를 붙여 표기한다: IgG, IgA, IgM, IgD, IgE.[3]

**IgG**를 통해 항체의 일반적인 구조를 살펴봤었다. 단량체[4] IgG는 항원에 대한 1차 면역반응 후기 단계에서 형질세포에 의해 생성되며, 항원을 다시 만났을 때 기억세포에 의해 재생성된다. IgG는 혈액, 림프, 세포외액을 포함한 체내 대부분의 체액에서 동형 항체 중 가장 높은 농도로 존재한다. 주요 기능으로는 독소 중화, 옵소닌화, 보체 고정 등이 있으며, 유일하게 태반을 통과해 태아에게 면역을 제공할 수 있는 항체이기도 하다.

**IgA**는 두 가지 형태로 존재한다. **단량체**(monomer)는 혈류를 타면서 순환하고, **이량체**(dimer)는 침샘, 장, 비강 점막, 유방, 폐, 비뇨생식기 계통에서 분비되는 점액과 장액 속에 존재한다. 형질세포에서 분비된 IgA 이량체는 J 사슬을 통해 단량체 2개가 연결돼 있는데, 점막 상피세포는 이 이량체가 막을 통과할 수 있도록 분비 성분을 추가한다. 이렇게 외분비된 IgA 이량체는 점막 표면에 대한 방어를 담당하며, 침, 눈물, 초유, 점액 등에도 포함돼 있다. 따라서 IgA 이량체는 장, 호흡기, 비뇨생식기 점막에 침입하는 병원체를 차단한다. 또한 IgA는 외분비를 통해 모유 수유 신생아에게 수동적으로 전달되는 면역 보호의 핵심이 된다(**임상 연결** 참조).

**IgM**은 형질세포에서 분비될 때 단량체 5개의 Fc 부위가 J 사슬로 연결된 오량체(pentamer) 구조이므로, 매우 큰 항체다. 결합부위가 10개나 되기 때문에 항원과 결합할 수 있는 능력이 매우 크다. IgM은 숙주가 항원과 처음 접촉한 후 가장 먼저 합성되는 항체로, 응집과 보체 고정 능력이 뛰어나 여러 면역반응에서 중요한 역할을 한다. 주로 혈류를 타고 순환하지만, 분자 크기가 커서 태반을 통과는 불가능하다. 한편 IgM 단량체는 B세포 표면에서 항원 수용체로 작용한다.

---

3 영어 알파벳은 그리스 문자인 감마(γ), 알파(α), 뮤(μ), 델타(δ), 엡실론(ε)에서 따온 것으로, 각각 그 항체의 불변 영역 고유 구조를 나타낸다.

4 단량체(monomer)는 '한 단위' 또는 '한 부분'을 뜻한다. 이와 같이 이량체(dimer)는 '두 단위', 오량체(pentamer)는 '다섯 단위', 중합체(polymer)는 '많은 단위'를 의미한다.

**표 15.3** 면역글로불린(Ig) 종류에 따른 특징

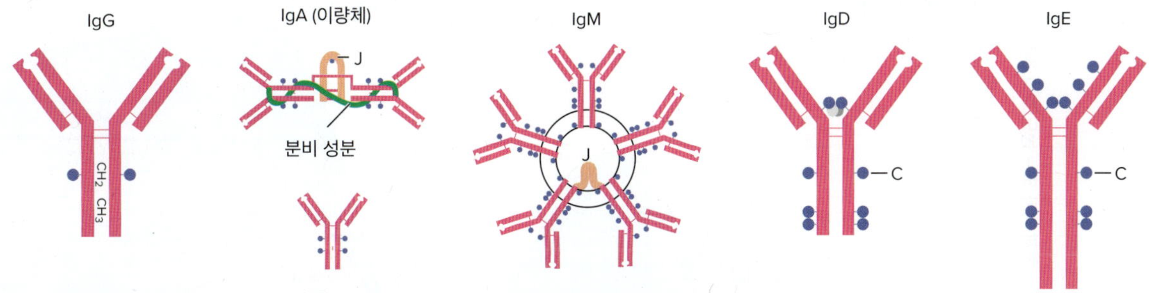


| 구분 | 단량체 | 단량체, 이량체 | 단량체, 오량체 | 단량체 | 단량체 |
|---|---|---|---|---|---|
| 항원결합부위 수 | 2 | 2 또는 4 | 2 또는 10 | 2 | 2 |
| 혈청 내 전체 항체 중 비율 | 80% | 13% | 6% | 0.001% | 0.002% |
| 혈청 내 평균 유지 기간(일) | 23 | 6 | 5 | 3 | 2.5 |
| 태반 통과 여부 | 가능 | 불가능 | 불가능 | 불가능 | 불가능 |
| Fc에 의한 보체 고정 | 가능 | 불가능 | 가능 | 불가능 | 불가능 |
| Fc에 결합하는 세포 | 식세포 | 상피세포 | 해당 없음 | 해당 없음 | 비만세포, 호염구 |
| 생물학적 기능 | 장기 면역 유지, 기억 항체, 독소와 바이러스 중화 | 단량체는 혈류 순환, 이량체는 외분비 항체로 점막 표면에 존재 | 단량체는 B세포 수용체로 작용 가능, 오량체는 항원에 대한 초기 반응에서 생성 | B세포 표면 수용체로 작용하여 항원 인식 | 알레르기 항체, 기생충 감염 방어 |

* C=탄수화물, J=J 사슬.

**IgD**는 단량체 형태로 혈청에 극미량 존재하며, 보체 고정, 옵소닌화, 태반 통과 같은 기능은 없다. 주로 B세포 표면에서 IgM과 함께 항원 수용체로 작용하며, B세포 활성화를 유도한다.

**IgE**는 평소 혈중 농도가 매우 낮은 항체이지만, 알레르기나 기생충 감염 시 급격히 증가한다. IgE의 Fc 부위는 비만세포와 호염구 수용체와 결합해 이 세포들로부터 염증반응을 일으킬 수 있는 강력한 생리활성 물질을 방출시킨다. 이렇게 유도된 염증반응은 호산구나 림프구 같은 면역세포를 감염 부위로 끌어들여 기생충에 대한 방어를 유도한다. 그러나 IgE는 동시에 아나필락시스, 천식, 기타 여러 알레르기 반응에 대한 주된 매개체로 작용할 수 있다(16장 참고).

## 혈청 속 항체

항체가 처음 분비된 위치와 관계없이 상당량은 결국 체내 다양한 연결 경로를 통해 혈액으로 이동한다. 감염 또는 예방접종 이후 얻은 **항혈청**(antiserum, 특정 항체를 포함한 혈청)을 전기영동하면, 주요 단백질들이 이동성과 크기(분자량)에 따라 일정한 분포 양상으로 분리된다. 알부민(albumin)은 하나의 밴드로 나타나고, 글로불린은 알파1($\alpha_1$), 알파2($\alpha_2$), 베타($\beta$), 감마($\gamma$) 글로불린이라는 네 밴드로 나뉜다. 대부분 글로불린은 항체를 포함하고 있기 때문에 '면역글로불린'이라는 용어가 여기에서 유래되었다. **감마글로불린**(gamma globulin)은 주로 IgG로 구성되며, 베타와 알파2 글로불린에는 IgG, IgA, IgM이 혼합되어 있다.

## 항체 생성 반응: 항원에 대한 1차와 2차 반응

항원에 대한 면역계의 반응을 이해하려면 시간에 따라 혈청 내 항체 농도 변화를 관찰하는 것이 유용하다(그림 15.18). 그 농도는 항체 **역가**(titer)[5] 또는 항체 농도라는 값으로 수치화된다. 항원이나 면역원에 처음 노출되었을 때, 면역계는 **1차 반응**(primary response)을 일으킨다. 이 반응의 초기 단계인 잠복기(latent period)는 항체가 검출되지 않는 시기로 보이지만, 내부적으로 활발한 면역반응이 일어나고 있다. 이 시기 동안 항원은 림프 조직에 모여 처리되고, 그 항원에 특이적인 B세포 클론이 활성화된다. 이후 형질세포가 항체를 생성하면 혈청 내 항체 농도는 점차 증가해 일정한 수준에 도달한 뒤 몇 주 또는 몇 달에 걸쳐 다시 낮아진다.

1차 반응에서 생성된 항체 종류를 조사해 보면 중요한 특징이 드러난다. 1차 반응 초기에 형질세포가 가장 먼저 분비하는 항체는 IgM이며, 이후 항체의 특이성은 유지된 채 항체 종류가 IgG 또는 다른 항체(IgA나 IgE)로 전환된다.

면역계가 몇 주, 몇 달, 심지어 몇 년 후라도 같은 항원이나 면역원에 다시 노출되면 **2차 반응**(secondary response)이 일어난다. 이때 항체

5 프랑스어 titre(기준)에서 유래. 역가를 측정하는 방법 중 하나는 그림 17.13에 나와 있다.

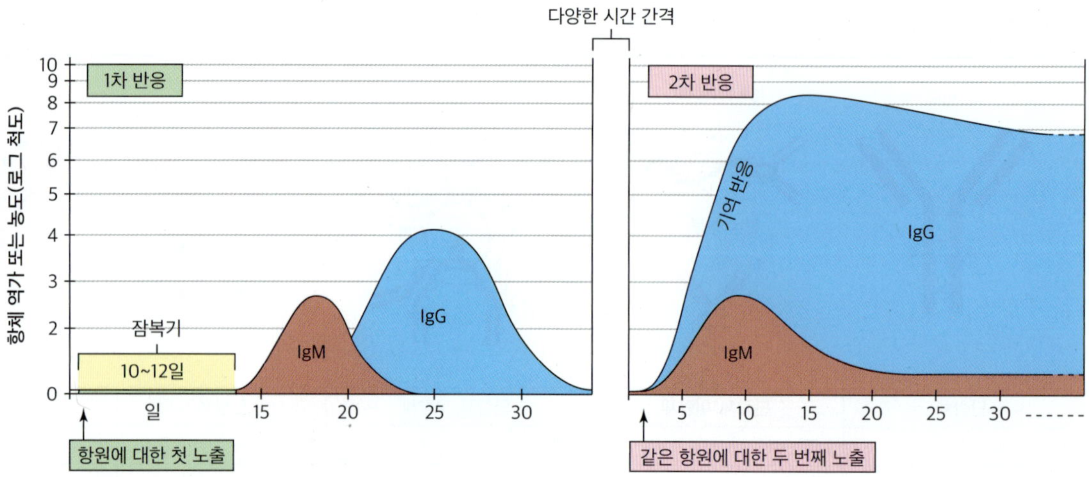


**1차 반응.** 처음에는 측정 가능한 항체가 나타나지 않는 잠복기가 존재한다. 가장 먼저 생성되는 항체는 IgM이며, 이후 처음 형성된 기억세포의 활성화에 따라 IgG가 생성된다. 수 주가 지나면 항체 역가는 점점 낮아진다.

**2차 반응.** 이전 반응에서 형성된 기억 림프구들이 즉시 반응할 준비가 되어 있기 때문에 잠복기는 나타나지 않는다. 항체 역가는 빠르게 증가하며, 주로 IgG가 생성되고 이 상태는 수 주 동안 유지된다. 이와 함께 일부 순수 B세포에 의해 소량의 IgM도 생성된다.

**그림 15.18 항원 자극에 대한 1차 반응과 2차 반응의 시간적 양상 비교.** 1차 반응과 2차 반응의 전 과정을 항체 역가 또는 농도 변화로 관찰하면 뚜렷한 양상 차이를 확인할 수 있다. 기억 반응은 1차 반응보다 약 1,000배 더 많은 항체를 생성하는데, 이 그래프는 로그(log) 단위로 표현돼 있다. 이러한 항체의 급격한 증가는 방어력을 훨씬 더 효과적으로 '증강(boost)'시킨다.

생성 속도, 최대 농도, 항체 지속 기간 모두 1차 반응보다 훨씬 증가한다. 2차 반응의 신속성과 강도 증가는 1차 반응에서 생성된 기억B세포에 의한 것이다. 이러한 '기억 효과' 때문에 2차 반응은 **기억 반응**(anamnestic response)* 이라고도 한다. 기억 반응에서는 잠복기 또는 지연기가 크게 줄어들고, 훨씬 더 빠르고 강력하며 오래 지속되는 항체 반응이 나타난다. 이 효과가 가능한 이유는 기억B세포가 이미 활성화 초기 단계를 거쳤고, 형질세포로 분화하는 데 필요한 자극 신호도 훨씬 적기 때문이다.

이런 반응의 이점은 명확하다. 감염원에 재노출되었을 때, 빠르고 강력한 면역반응을 제공한다는 것이다. 이와 같은 기억 효과는 **백신 추가 접종**(vaccine booster)의 기본 원리이기도 하며, 이에 대한 내용은 15.6절에서 다룬다.

## 단클론항체: 정밀한 항원 인식 능력

항체는 항원을 찾아내거나 식별하는 데 매우 유용한 도구로 널리 활용되고 있다. 오랫동안 인간이나 동물의 혈액에서 추출한 항혈청이 진단과 치료에 사용하는 주요 항체 공급원이었으나, 대부분의 항혈청에는 근본적인 문제가 있다. 바로 **다클론항체**(polyclonal antibody)가 섞여 있다는 점이다. 이는 다양한 B세포 클론에서 유도된 수십 가지 면역반응을 반영하기 때문에 여러 항체 종류가 혼합돼 있는 것이다. 이러한 특징은 여러 면역반응이 동시에 일어날 수 있다는 점에서 자연스러운 결과다. 또한 미생물 한 종이 다양한 항원결정기를 지니고 있어 서로 다른 특이성을 가진 항체들이 생성된다. 이와 달리, 단일 B세포 클론에서 생성되어 단 하나의 항원에만 특이적인 항체는 **단클론항체**(monoclonal antibody, MAB)라고 한다. 이 항체들은 체내에서 매우 유사하지만 약간씩 차이가 있는 세포들을 선택적으로 표적화할 수 있다. 예를 들어, 암세포와 정상 폐세포의 미세한 차이를 구분해 암세포만 공격할 수 있다.

**표 15.4 대표적인 단클론항체 기반 치료제**

| 약물 이름 (화학명과 상품명) | | 치료 대상 질환 |
|---|---|---|
| **암치료제** | | |
| Trastuzumab | Herceptin | 유방암 |
| Rituximab | Rituxan | B세포 질환(림프종, 백혈병) |
| Alemtuzumab | Campath | 만성 T세포 백혈병 및 림프종 |
| Pembrolizumab | Keytruda | 전이성 흑색종, 폐암 |
| **기타 질환 치료** | | |
| Omalizumab | Xolair | 천식 |
| Belimumab | Benlysta | 전신홍반루푸스 |
| Daclizumab | Biogen | 다발성 경화증 |
| Ibalizumab | Trogarza | HIV 감염 |
| Erenumab | Aimovig | 편두통 |
| Adalimumab | Humira | 류머티즘 관절염, 건선 |
| Casirivimab and Imdevimab | Regeneron | COVID-19 |

* 주: 화학명은 모두 -mab으로 끝난다. 이는 monoclonal antibody(단클론항체)를 의미하는 약어다.

* 기억 반응 그리스어 anamnesis(회상)에서 유래.

임상 사례

### 내일 아침에는 괜찮아질 거예요

마이크 버튼(Mike Burton)은 SARS-CoV-2 감염을 막기 위해 최선을 다했지만, 결국 COVID에 걸리고 말았다. 백신을 접종했음에도, 은퇴한 73세 외과의사였던 그는 감염과 중증 질환에 취약하다는 사실을 잘 알고 있었다. 게다가 아내 린다는 간 이식 수술을 받은 환자로, 복용 중인 면역억제제 때문에 면역력이 크게 저하된 상태였다. 그녀에게 COVID는 생명을 위협할 수 있는 위험 요소였다. 버튼 부부는 마스크를 착용하고 집 안에서도 서로 떨어져 생활하며 최대한 조심했다.

가족의 친구인 한 간호사는 버튼 박사에게 리제네론(Regeneron)이라는 치료제를 알아보라고 권했다. 이 치료제는 SARS-CoV-2의 스파이크 단백질에 결합하여 바이러스가 숙주세포에 침입하지 못하도록 막는 단클론항체 조합이다. 감염 초기 며칠 안에 투여하면 입원율과 사망률을 70%까지 낮추고 증상 지속 기간도 4일 단축한다고 알려져 있었다.

항체를 30분간 주입받은 후 버튼 박사는 집으로 돌아갔다. 다음 날 아침, 열과 오한은 사라졌고 기침도 크게 줄어들었다. 아내는 이 치료 덕분에 자신과 남편 모두가 보호받았다고 말했다. "남편처럼 아프고 싶지 않았어요. 제가 감염됐다면 훨씬 더 심하게 앓았을 거고, 회복도 어려웠을 거예요."

**다른 단클론항체 치료제는 일부 코로나바이러스 변이에 효과가 낮아 사용이 중단되었다. 그 이유는 무엇인가?**

10장에서 다룬 유전공학 기술의 발전 덕분에 단클론항체 생산은 과거보다 훨씬 쉬워졌고, 단클론항체를 기반으로 한 치료법은 폭발적으로 증가하고 있다. 현재 80종 이상의 단클론항체 치료제가 사용되고 있다(표 15.4).

**핵심 점검 15.4**

20. B세포는 어떻게 활성화되는가? 이 과정에 어떤 단계들이 포함되며, 활성화된 이후에는 어떤 일이 일어나는가?
21. 형질세포, 클론 확장, 기억세포의 기능은 무엇인가?
22. 면역글로불린의 구조와 Fab 및 Fc 부위의 기능을 설명하시오.
23. 항체가 면역에서 수행하는 네 가지 또는 다섯 가지 기능을 설명하시오.
24. 항체가 항원에 결합하는 과정을 설명하시오. 결합된 항원은 결국 어떻게 처리되는가?
25. 항원에 대한 1차 반응과 2차 반응을 비교하시오.
26. 그림 15.18에 나오는 각 면역반응에서 면역글로불린의 종류, 출현 순서, 양을 설명하고, 이 차이가 발생하는 이유를 설명하시오.
27. 잠복기와 기억 반응이 발생하는 이유는 무엇인가?

## 15.5 적응면역 분류

**학습목표**

20. 적응면역의 주요 유형을 분류하고 정리한다.
21. 자연면역과 인공면역, 능동면역과 수동면역의 차이점을 설명한다.
22. 면역 획득 경로와 면역반응 여부에 따른 적응면역 유형이 어떻게 조합되는지 예를 들어 설명한다.

사람은 다양한 경로를 통해 적응면역을 형성한다(그림 15.19). 적응면역은 면역이 스스로 생성된 것인지, 다른 사람에게서 전달받은 것인지에 따라 나뉜다. 이 분류 방식은 면역 형성 경로를 이해하는 데 도움이 되는 유용한 의학적 기준이다.

### 획득 경로와 면역반응 여부에 따른 분류

적응면역은 획득면역(acquired immunity)이라고도 하며, 말 그대로 '면역을 획득한 경로'에 따라 크게 두 가지로 구분할 수 있다. 먼저 **자연면역**(natural immunity)은 자연스러운 생물학적 경로를 통해 획득한 면역을 의미한다. 다음으로 **인공면역**(artificial immunity)은 예방접종이나 면역 혈청 투여 등과 같이 감염 예방을 위해 의료적 방법으로 획득한 면역이다. 각각은 다시 '면역반응 여부'에 따라 능동면역과 수동면역으로 분류할 수 있다. **능동면역**(active immunity)은 면역 자극을 통해 신체 내에서 면역반응이 일어나 형성된 면역이다. 즉, 병원체에 의해 특정 림프구가 활성화돼 항체가 생성되는 등의 면역반응이 일어나 형성된 면역이라 볼 수 있다. 능동면역은 자연 경로나 인공 경로를 통해 유도될 수 있다. 능동면역은 다음과 같은 특징을 가진다. (1) 면역 기능이 정상인 사람에게서만 나타난다. (2) 면역반응이 나타나기까지 어느 정도 시간이 필요하다(1차 반응). (3) 기억세포가 있어 같은 병원체에 다시 노출되면 신속히 반응할 수 있다(2차 반응). (4) 면역 효과가 오래 지속되며, 몇몇 병원체에 대해서는 평생 유지될 수도 있다.

**수동면역**(passive immunity)은 면역반응 없이 다른 사람이나 동물의 면역계가 만들어 낸 면역 성분(주로 항체)을 전달받아 생기는 면역이다. 이때 면역 성분을 받은 사람은 병원체에 실제로 감염되지 않아도 일정 기간 보호받을 수 있다. 수동면역도 자연 경로나 인공 경로를 통해 형성될 수 있다. 수동 면역의 특징은 다음과 같다. (1) 항원에 대한 면역 기억이 형성되지 않는다. (2) 새로운 항체가 생성되지 않는다. (3) 면역 효과가 즉시 나타난다. (4) 항체는 일정 시간이 지나면 분해되므로 면역 효과는 일시적이다.

따라서 적응면역은 면역 획득 경로와 면역반응 여부에 따라 조합하면, 네 가지 유형으로 세분화할 수 있다.

**그림 15.19** **획득면역 분류.** 자연면역은 일상적인 생애 과정 중 형성되며, 능동면역(감염 회복 후 얻는 면역)과 수동면역(모체로부터 자녀에게 항체가 전달되는 면역)으로 나뉜다. 인공면역은 의료적 처치를 통해 형성되며, 능동면역(항원 주입을 통한 면역반응 유도) 또는 수동면역(항체가 포함된 혈청을 이용한 예방과 면역치료)으로 구분된다. (출처: Rido/Shutterstock; EyeWire Collection/Getty Images; Amanda Mills/CDC; Arthur Tilley/Getty Images)

## 자연 능동면역: 감염을 통한 면역 획득

감염병에서 회복된 사람은 병원체에 대해 일정 기간 면역력을 가지게 된다. 그 기간은 질병 종류에 따라 다르다. 홍역, 유행성이하선염(볼거리), 풍진 같은 소아 바이러스 감염은 거의 평생 면역이 지속된다. 반면 폐렴구균 감염증이나 이질 같은 질병은 수개월에서 수년 정도의 짧은 면역만 제공하므로, 재감염될 수 있다. 증상이 거의 없는 감염(무증상 감염)조차도 자연 능동면역을 유도할 수 있으며, 이는 어떤 사람들이 그 질병을 앓은 적이 없고, 백신을 맞은 적도 없음에도 불구하고 특정 병원체에 면역을 갖는 이유를 설명해 준다.

## 자연 수동면역: 모체에서 자녀로 전달되는 면역

자연적으로 수동면역이 형성되는 대표적인 예는 임신과 출산 이후 모자 관계를 통해 발생한다. 임신 중에는 산모 혈액 속을 순환하는 IgG 항체가 태반을 통과하거나 능동적으로 운반되어 태아에게 전달된다. 이렇게 전달되는 항체에는 파상풍, 디프테리아, 백일해, 다양한 바이러스에 대한 항체가 포함돼 있다. 이와 같은 자연적 전달 덕분에 신생아는 생후 수개월 동안 감염으로부터 보호받는다. 이 시기 동안 아이는 스스로 능동면역을 형성해 나간다. 병원체 종류에 따라 수동면역 효과는 수개월에서 1년가량 지속되며 이후 소멸된다. 소아 백신은 대부분 이 보호 효과가 사라지기 전에 접종하도록 일정이 정해져 있다.

또 다른 자연 수동면역은 모유 수유를 들 수 있다(**임상 연결**). 수동면역 대부분은 태아 시기에 얻지만, 수유를 통해서도 일부 항체를 추가로 전달받는다. 특히 모유에는 장 내로 침입하는 미생물에 대응하는 IgA 항체가 들어 있는데, 이와 같은 독특한 보호 기능은 태반을 통해 전달되는 항체에서는 얻을 수 없다.

## 인공 수동면역: 면역요법

면역요법은 특정 감염에 노출될 위험이 있는 사람에게 그 병원체에 대한 항체를 직접 주입하여 감염을 예방하는 방법이다. 이때 사용하는 항체는 혈액에서 정제한 감마글로불린 또는 특정 감염에 대응하도록 제조된 면역 혈청에서 얻는다. 이러한 면역 혈청은 A형 간염, 광견병, 파상풍 등에 노출된 사람에게 투여해 예방 목적으로 사용된다.

## 인공 능동면역: 예방접종

예방접종(vaccination)이라는 용어는 라틴어 vacca(소)에서 유래했으며, 이는 최초로 개발된 백신인 천연두(smallpox) 백신이 소에서 우두(cowpox)를 일으키는 바이러스를 이용해 만들어졌기 때문이다(**15.1 연결고리 찾기** 참고). 백신은 특수하게 준비된 항원을 인체에 노출시켜 면역체계를 활성화하고, 항체와 기억세포를 형성하게 한다. 따라서 실제로 질병에 걸리지 않고, 동일한 병원체에 다시 노출되었을 때 빠르게 방어할 수 있게 된다. 자연 능동면역과 마찬가지로, 백신을 통한 보호 효과 강도와 지속 기간은 질병 종류에 따라 달라질 수 있다. 현재 다양한 질병에 대한 상업용 백신이 개발돼 있으며, 인공면역에 관한 자세한 내용은 15.6절에서 다룬다.

**임상 연결**

### 모유 수유의 면역학적 이점

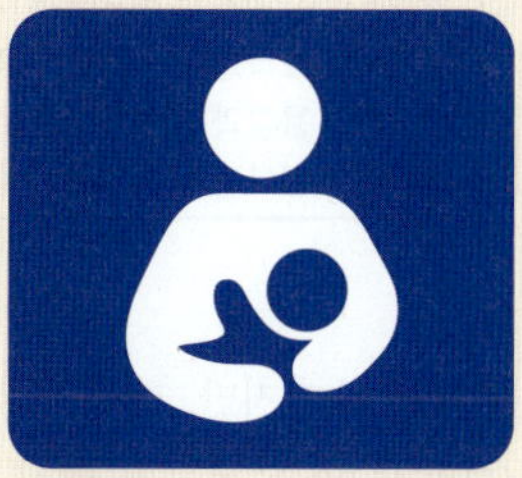
모유 수유 상징
(출처:Lukasz Stefanski/Shutterstock)

예전에 "우유는 자연이 만든 거의 완벽한 식품이다."라는 광고 문구가 있었다. 그러나 한 걸음 더 나아가, 모유는 영유아를 위한 완전한 자연식품이라 말할 수 있다. 모유는 필수 영양소가 풍부할 뿐 아니라 휴대가 간편하고 위생적이며, 따로 냉장하거나 데울 필요 없이 언제든 바로 먹일 수 있다. 그보다 더 중요한 점은 면역학적인 이점이다. 모유 수유 중에는 유방 내에서 림프구가 활발히 증식하고, 이들이 만들어 낸 IgA 항체가 점막 표면을 병원체 침입으로부터 보호하는 역할을 한다. 특히 수유 초기에 분비되는 묽고 노란색의 초유(colostrum)에는 이 항체가 특히 더 들어 있다. 이 항체들은 아기의 장 점막에 항체 보호막을 형성해 대장균, 살모넬라, 폴리오바이러스, 로타바이러스 등 장관 병원체로부터 감염을 예방한다. 이러한 국소 면역 효과는 아기에게 특히 중요하다. 생후 초기에는 스스로 항체를 만들 능력이 없고, 장 점막의 방어 기능도 충분히 발달되지 않았기 때문이다. 단, 자궁 내에서와 마찬가지로 이런 항체는 산모가 과거에 감염되었거나 백신을 통해 그 병원체에 대해 능동면역을 획득한 경우에만 아기에게 전달된다.

최근에는 모유 수유, 유방 미생물군, 신생아 미생물군 사이 연관성도 중요한 면역학적 요소로 주목받고 있다. 이전에는 산모가 유방에 감염이 없는 한 모유는 무균 상태라고 여겨졌다. 하지만 사람 미생물 군집(human microbiome) 연구에 따르면, 모유와 유방 조직에도 다양한 미생물군이 존재하며, 이는 피부나 구강과는 구성이 다르다. 이러한 발견은 모유가 단순한 영양 공급원이 아니라 아기의 장과 신체 여러 부위에 초기 미생물을 전달하는 중요한 통로라는 사실을 보여 준다. 또한 유방 미생물군은 아기의 면역계가 발달하는 과정에서 지속적인 세균 자극을 제공할 수도 있다.

한편, 인공 조제분유의 보급과 생활 방식 변화로 모유 수유는 전 세계적으로 감소하고 있다. 유엔아동기금(UNICEF)에 따르면, 전 세계 산모 중 6개월 이상 모유 수유를 지속하는 비율은 약 38%에 불과하다. 위생 상태가 양호하고 의료 서비스가 잘 갖추어진 지역에서는 분유를 먹는 아기들도 대체로 큰 문제 없이 이 시기를 지나간다. 이는 분유나 이유식이 병원체로부터 비교적 안전하고, 출생 전 태반을 통해 일부 항체를 전달받기 때문이다. 하지만 정수되지 않은 물을 사용하거나 의료 접근성이 낮은 지역에서는 오히려 조제분유가 신생아의 장에 병원체를 전달하는 결과를 낳을 수 있다. 이로 인해 수백만 신생아가 설사로 생명이 위협받고 있으며, 이는 지속적인 모유 수유만으로 충분히 예방 가능했던 문제다. 분유 사용이 영유아 건강에 끼친 피해가 너무 커서 세계보건기구(WHO)는 '모유 대체품 마케팅에 관한 국제 규범(International Code on the Marketing of Breast Milk Substitutes)'을 제정하고, 개발도상국에서는 조제분유 사용을 억제할 것을 공식 권고하고 있다.

**태반이나 모유를 통해 전달된 항체로 일시적인 보호만 가능한 이유는 무엇인가?**

**핵심 점검 15.5**

28. 능동면역과 수동면역을 형성 방식, 지속 기간, 면역 기억 형성 여부, 효과 형성 시기, 관여하는 면역세포와 성분을 기준으로 비교하시오.
29. 자연면역과 인공면역의 주요 차이점을 두 가지 이상 쓰시오.
30. T세포 면역을 수동적으로 전달하는 것이 거의 불가능한 이유를 설명하시오.

## 15.6 예방접종: 인공적인 면역 보호

**학습목표**

23. 면역요법과 면역화의 목적을 설명한다.
24. 인공 수동면역과 인공 능동면역(또는 예방접종)의 공급원과 활용을 설명한다.
25. 백신 개발에 영향을 미치는 요인들과 새로운 개발 전략을 논의한다.
26. 백신 항원의 주요 유형을 예를 들어 설명한다.
27. 예방접종의 의학적 지침, 부작용, 집단면역과의 관련성을 설명한다.

사람에게 능동적 또는 수동적으로 면역을 유도하는 방법은 질병 예방과 치료에 널리 사용되고 있다. 그러나 이 용어들이 혼용되는 경우가 있어 다음과 같이 명확히 구분할 필요가 있다. 능동면역이란 항원을 인위적으로 사람에게 투여하여 면역반응을 유도하는 것으로, 이는 곧 예방접종과 같다. 반면, 수동면역은 항체를 직접 투여하는 것으로, **면역요법**(immunotherapy)의 한 형태다.

### 인공 수동면역

수동면역에 대한 초기 시도는 파상풍 예방과 디프테리아 노출 환자 치료를 위해 항독소를 지닌 말의 혈청을 투여하는 방식이었다. 이후 동물 혈청은 대부분 인간 유래 면역제제로 대체되었으며, 이들은 특정성의 정도에 따라 기능이 달라진다. **정맥 면역글로불린**(intravenous immune globulin, IVIG)은 감마글로불린이라고도 하며, 다수의 사람에게서 채혈한 혈액에서 면역글로불린을 추출해 만든 제제다. IVIG는 항체를 고농도로 농축해 효능을 높이고, 동시에 B형 간염이나 HIV와 같은 병원체를 제거하는 방식으로 제조된다. 홍역이나 A형 간염을 예방하거나 면역 결핍 환자에게 항체를 보충해 줄 때 가장 흔히 사용된다. 대부분의 IVIG는 부작용을 최소화하기 위해 근육주사로 투여하며, 보호 효과는 약 2~3개월간 지속된다.

**특이면역글로불린**(specific immune globulin, SIG)은 좀 더 제한된 기증자 집단에서 유래한 혈청으로 만든다. SIG는 백일해, 파상풍, 수두, B형 간염 등에 대해 예방접종을 받거나 감염돼 과면역 상태가 된 사람들의 혈청에서 얻는다. SIG는 특정 항체가 고농도로 포함되어 있기 때문에 IVIG보다 효과적인 경우가 많으나, 공급량은 제한적일 수 있다.

만약 인간 유래 면역글로불린이 확보되지 않을 경우, 동물 유래 항혈청과 항독소도 효과적일 수 있다. 말에서 생산된 혈청은 디프테리아, 보툴리눔, 광견병, 거미나 뱀에 물렸을 때 사용된다. 그러나 말 유래 항원은 종종 알레르기 반응을 유발하며, 혈청병이나 아나필락시스 같은 부작용을 일으킬 수 있다(16장). 최근에는 단클론항체 치료제가 개발되면서 기존 동물에서 유래한 것을 점차 대체하고 있다. 이 단클론항체는 특정 병원체만을 정확히 인식하도록 설계된 순수 항체 약물이다. 이러한 수동면역은 모두 비교적 짧은 시간만 지속되지만, 즉시 효과를 나타내며, 예방접종이 불가능한 면역억제 환자처럼 다른 치료 수단이 없는 경우 유용하게 사용할 수 있다.

## 인공 능동면역: 예방접종

능동면역은 **예방접종**(vaccination)을 통해 유도할 수 있다. 이 방식은 병원성은 없지만 면역반응을 유도할 수 있는 물질을 인체에 노출시키는 것이다. 예방접종의 발견은 의학 역사상 가장 영향력 있고 중요한 발전 중 하나로 평가된다(**15.1 연결고리 찾기**). 예방접종의 기본 원리는, 항원에 대한 1차 반응을 유도해 면역계를 활성화함으로써 이후 동일한 병원체가 침입했을 때 2차 반응이 빠르고 강하게, 그리고 오랫동안 지속되도록 준비시키는 데 있다. 추가 접종은 기억반응을 더욱 강화할 수 있다.

백신은 과거에 흔하고 치명적이었던 여러 감염병의 발생률과 치명률을 현저히 감소시켰다. 이 절에서는 백신 제조에 대한 원리와 예방접종 시 고려해야 할 중요한 사항을 살펴본다. 이후 장에서는 감염병과 기관별 질병에 대한 백신을 따로 다룬다.

### 백신 제조 원리

백신은 면역원 선택, 효능, 투여의 용이성, 안전성, 그리고 비용 측면에서 고려되어야 한다. 자연면역에서는 병원체가 장기적인 면역반응을 유도한다. 인공 능동면역에서는 병원체 또는 그 구성요소를 변형하여 동일한 면역 효과를 얻는 것이 목표이다. 백신은 대부분 다음 네 가지 방식 중 하나로 준비된 항원을 기반으로 한다.

1. 사멸된 세포 전체 또는 불활성화된 바이러스
2. 약독화된 살아 있는 세균 또는 바이러스
3. 세균이나 바이러스에서 유래한 항원성 분자
4. 유전자 조작으로 생성된 미생물 또는 항원

효과적인 백신의 주요 특성은 표 15.5에 정리되어 있다.

세포 전체나 바이러스처럼 크고 복잡한 항원은 강력한 면역원이 된다. 백신 종류에 따라 이들은 사멸되거나 약독화된다. **사백신** 또는 **불활성화 백신**(killed or inactivated vaccine)은 원하는 병원성 세균 또는 바이러스를 배양한 뒤 포르말린, 방사선, 열 또는 기타 처리로 배양한 병원체를 죽이지만, 항원 구조는 그대로 보존되는 원리를 이용한 것이다(그림 15.20a). 콜레라 백신 중 하나, 주사형 소아마비 백신(IPV)과 일부 인플루엔자 백신 등이 불활성화 백신에 해당한다. 이 방식은 병원체가 체내에서 증식하지 않기 때문에 효과를 얻기 위해 비교적 많은 양을 접종하고 추가 접종이 필요하다.

**표 15.5 효과적인 백신의 조건**

- 부작용이나 독성이 낮고, 심각한 위해를 초래하지 않아야 한다.
- 병원체에 실제로 노출됐을 때 보호 효과를 제공해야 한다.
- 항체(B세포) 반응과 세포매개(T세포) 반응을 모두 유도해야 한다.
- 장기적인 효과를 제공하고, 기억세포를 생성해야 한다.
- 최소한의 용량과 접종 횟수로 효과를 발휘해야 한다.
- 비용이 저렴하고, 유통기한이 길며, 투여가 간편해야 한다.

많은 백신은 **생백신** 또는 **약독화 백신**(live or attenuated vaccine)으로, 약독화시킨 살아 있는 미생물을 사용해 만든 것이다. 약독화란 병원성 미생물의 독성을 현저히 낮추는 과정을 말하며, 보통 배양 조건을 바꾸거나 유전자를 조작해 병원성을 제거한다. 구체적으로 장기(long-term) 배양, 낮은 온도에서 성장하는 저온 돌연변이 계열 선택, 어떤 병원체를 원래 숙주(자연 숙주)가 아닌 개체(비자연 숙주)에 노출 또는 숙주가 아닌 세포에 감염, 독성 유전자 제거 등 다양한 방법이 쓰인다. 예를 들어, 결핵 백신(BCG)은 소 결핵균을 13년간 계대 배양하여 얻은 것이다. 홍역, 볼거리, 경구용 소아마비, 풍진 백신도 비병원성인 살아 있는 바이러스를 포함한다(그림 15.20b). 약독화 백신의 주요 장점은 다음과 같다. (1) 미생물이 살아 있어 감염성은 유지하지만 질병은 일으키지 않음, (2) 장기적인 보호 효과, (3) 적은 접종 횟수로도 효과를 기대할 수 있음. 약독화 백신의 단점은 특수한 보관 시설이 필요하고, 다른 사람에게 전파될 수 있으며, 드물게 병원성이 복구될 가능성도 있다는 것이다.

면역반응을 유도하는 정확한 항원 결정기가 밝혀져 있다면, 이 물질들을 병원체로부터 분리하여 백신의 핵심 성분으로 사용할 수 있다(그림 15.21). 이 중 세균의 세포 성분으로 만든 백신은 **무세포** 또는 **부분세포 백신**(acellular subcellular vaccine)이라 하며, 바이러스로부터 얻은 경우는 **특이항원 추출 백신**(subunit vaccine)이라고 한다. 최근에는 병원체의 면역원성 성분만을 선택적으로 추출하거나 재조합하여 만든 모든 형태의 백신을 '특이항원 추출 백신'으로 통칭하기도 한다. 이러한 백신에 사용되는 항원은 미생물 배양액에서 추출하거나, 유전공학 기술을 통해 생산하거나, 화학적으로 합성할 수 있다. 현재 사용되고 있는 추출 항원의 예로 폐렴구균과 수막구균의 협막, 탄저균의 표면 단백질 항원, B형 간염 바이러스의 표면 단백질 등이 있다.

또 다른 형태의 특수 백신으로 **톡소이드 백신**(toxoid vaccine)이 있다. 이 백신은 정제한 세균 외독소를 열이나 화학물질로 불활성화(변성)시켜 사용한다. 이 백신은 항독소 생성을 유도해 자연 독소를 중화할 수 있게 하며, 디프테리아나 파상풍처럼 독소에 의해 유발되는 질병인 독소증(toxicosis)에 대한 예방 효과를 제공한다.

15.1 연결고리 찾기

## 능동 면역화 발전의 역사

면역화라는 기본 개념은 이미 수천 년 전부터 존재해 왔다. 이 개념은 특정 전염병에서 회복한 사람은 같은 병에 다시 걸리지 않는다는 관찰에서 출발한 것으로 보인다. 이런 관찰을 응용한 초기의 예방접종은 어떤 질병에 면역이 없는 사람을 감염자나 감염 동물과 접촉시키는 위험한 방식이었다. 문헌에 기록된 가장 빠른 시도는 6세기 중국에서 이루어졌다. 기록에 따르면 마른 천연두 딱지를 빻아 가루로 만든 후, 빨대를 이용해 가족의 콧속에 불어 넣는 방식이었다.

10세기에 접어들며 이 방법은 천연두 환자의 고름을 말려 건강한 사람의 팔에 직접 접종하는 방식으로 바뀌었고, 이후 이 기술은 "**종두법**(variolation)"이라 불렸다(variola는 천연두 바이러스). 이 방법은 수 세기 동안 아시아 여러 지역에서 사용되었으며, 1721년 영국에 처음으로 전해졌다. 이 기술의 원리는 어느 정도 타당했지만, 많은 접종자와 그 접촉자들이 실제로 천연두에 걸려 사망하는 사례가 발생했다. 이 사례는 효과적인 백신이 반드시 갖춰야 할 가장 중요한 원칙을 분명히 보여 준다. 즉, 백신은 보호 효과만 있고 질병을 유발하지 않아야 한다는 원칙이다. 종두법은 너무 논란이 많아서, 영국에서는 이 시술을 시행한 사람이 중죄로 재판을 받기도 했다.

이런 사람 대상 실험은 1796년 영국 의사 에드워드 제너에 의한 효과적인 첫 백신 개발로 이어졌고, 이 백신은 의학 발전에 지대한 영향을 미쳤다. 제너는 과학적으로 백신의 효과를 최초로 입증한 실험을 시행했고, 여기서 'vaccine'과 'vaccination'이라는 단어가 생겨났다('소'를 의미하는 라틴어 vacca에서 유래). 이 용어는 현재 선택된 항원을 주입해 얻는 모든 면역 유형에 쓰인다. 제너는 소에게 감염되는 '우두(cowpox)'라는 경미한 감염병에 걸린 한 여성, 즉 한 젖 짜는 여인의 이야기를 듣게 된다. 그녀는 자신과 다른 젖 짜는 여성들이 천연두에 걸리지 않았다고 설명했다. 이를 바탕으로 제너는 교차 면역(cross protection)이 가능할 수 있다는 가설을 세웠다. 그는 사람의 우두 병변에서 물질을 채취해 한 소년에게 접종했고, 2개월 뒤 천연두 감염자의 딱지를 주사했을 때, 그 소년은 천연두에 감염되지 않았다.

이 발견은 당시 과학 수준을 고려할 때 더욱 놀라운 일이었다. 제너가 연구를 시작할 때, 현미경 기술은 초기 단계에 불과했고, 바이러스의 존재조차 알려지지 않았기 때문이다. 제너의 방법이 효과적이라는 사실이 입증되면서 다른 나라에서도 이

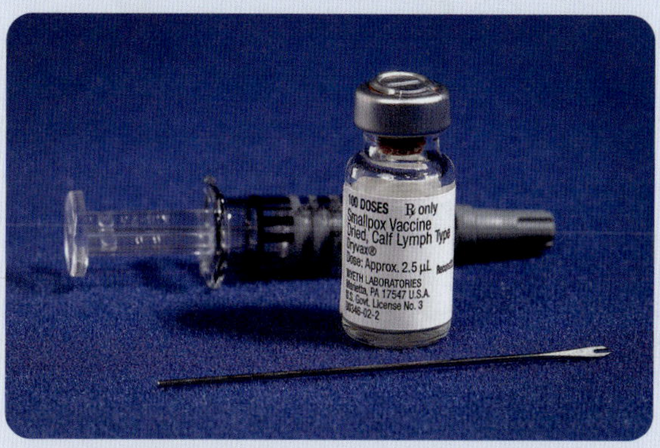


현재 사용되는 천연두 예방접종 장비. 피부를 긁어 백신을 넣는 데 사용하는 두 갈래 바늘에 주목하자. (출처: James Gathany/CDC)

백신이 널리 사용되었다. 결국 원래의 바이러스는 돌연변이를 거쳐 '우두바이러스(vaccinia virus)'라는 별개의 바이러스주로 발전했으며, 현재 사용되는 백신의 기반이 되었다. 1979년 세계보건기구는 천연두가 완전히 박멸됐다고 선언했으며, 이에 따라 예방접종도 일시적으로 중단됐었다. 그러나 최근에는 생물테러 위협으로 인해 접종이 다시 고려되고 있다.

그 외에도 백신 역사에서는 다양한 발전이 이어졌다. 장티푸스, 콜레라, 페스트 등에는 열처리로 사멸시킨 세균이 사용되었고, 디프테리아와 파상풍은 중화 독소(neutralized toxin)를 백신으로 활용했다. 물론 백신에 대한 반대와 의심도 꾸준히 존재해 왔지만, 한 가지 사실은 명확하다. 백신이 도입된 이후, 그 질병의 유병률은 현저히 감소했다(그림 1.10). 디프테리아, 홍역, 볼거리, 풍진, 소아마비와 같은 어린이 질병들은 백신 도입 전과 비교했을 때 98~100% 가까이 감소했다.

**면역학 원리를 바탕으로, 우두(vaccinia) 기반 백신이 천연두(variola)에 대해 효과적인 면역을 유도할 수 있었던 이유를 설명하시오.**

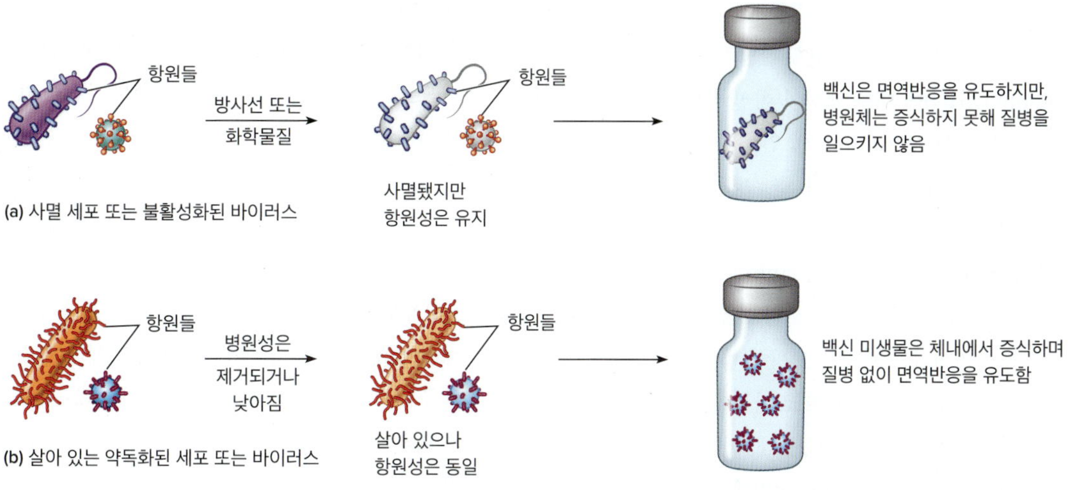


**그림 15.20 병원체 구조 전체를 활용한 백신.** (a) 사백신 또는 불활성화 백신은 병원체 전체를 방사선이나 화학물질로 처리하여 죽이되, 항원성은 유지되도록 만든다. 이 미생물은 체내 면역반응을 유도할 수 있지만, 증식할 수 없어서 질병을 일으키지 않는다. 그러나 증식하지 않기 때문에 일반적으로 더 많은 용량과 추가 접종이 필요하다. (b) 약독화 백신은 살아 있는 병원체의 병원성을 제거하거나 낮추는 방식으로 처리한다. 이 미생물은 체내에서 증식은 가능하지만, 질병은 일으키지 않는다. 일반적으로 적은 용량과 더 적은 횟수의 추가 접종만으로도 충분하다.

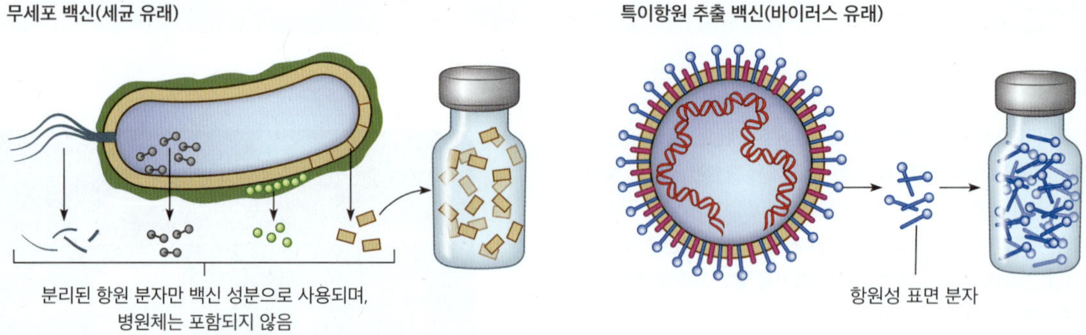


**그림 15.21 무세포 백신과 특이항원 추출 백신.** 무세포 백신과 특이항원 추출 백신은 병원체 구조 전체가 아닌 세포나 바이러스의 일부 성분만을 항원으로 사용하여 만든 백신이다. 협막, 세포벽, 편모 단백질과 같은 세포 구조는 일반적으로 우수한 항원이 된다. 톡소이드 백신은 변성시킨 세균 외독소를 항원으로 사용하며, 세균 자체가 아닌 독소에 대한 면역학적 보호를 제공한다. 파상풍 백신과 디프테리아 백신이 톡소이드 방식을 사용하는 이유는, 세균 자체보다 독소가 훨씬 더 위험하기 때문이다.

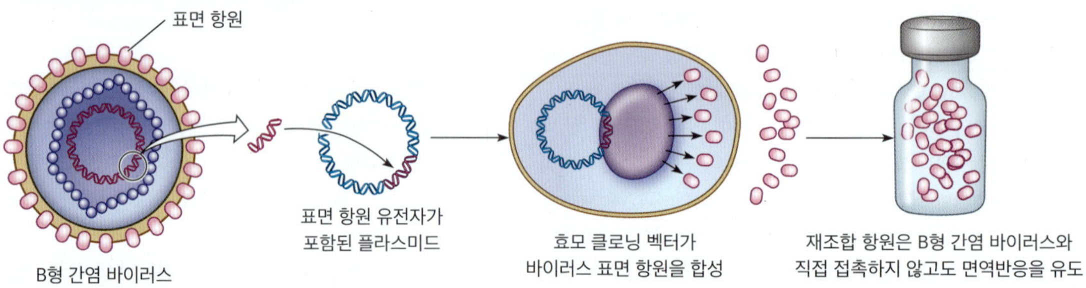


**그림 15.22 정제된 항원 백신.** 표면 항원에 의존하는 백신은 그 항원의 유전자를 포함한 플라스미드를 제작하고, 이것을 효모 세포에 삽입함으로써 생산할 수 있다. 효모 세포는 클로닝 숙주로서 항원을 합성하고, 이 항원은 백신으로 사용하기 위해 정제된다.

## 유전공학 백신

10장에서 소개된 유전자 조작 개념은 백신 개발에 새로운 접근법을 제공하며, 유전자 조작 기술이 더 강력해지고 비용도 낮아짐에 따라 이러한 유전공학 기반 백신 개발은 기존 전통적 방식을 점차 대체하게 될 가능성이 크다. 예를 들어, 클로닝 숙주(cloning host)를 자극해 항원 단백질을 합성하고 분비하게 만든 뒤, 이를 수확하고 정제하여 백신으로 사용하는 방식이 있다(그림 15.22). 현재 B형 간염과 사람 유두종바이러스(human papillomavirus)에 대한 백신이 이 방식으로 제조되고 있다. 매독(syphilis), 주혈흡충(*Schistosoma*), 인플루엔자 바이러스에서 유래한 항원들도 이와 유사하게 분리된 뒤, 클로닝을 거쳐 백신 후보 물질로 연구되고 있다.

**바이러스 벡터 백신**(viral vector vaccine)은 유전자가 삽입된 변형 바이러스를 이용해 항원의 유전정보를 사람 세포에 전달한다. 이는 실제 바이러스 감염 시 일어나는 과정을 모방한 방식이다. 존슨앤드존슨의 COVID-19 백신은 이 전략을 기반으로 만들어졌다. 여기에는 Ad26이라는 아데노바이러스 계열이 사용되었는데, 이 바이러스는 복제할 수 없고 질병을 유발하지 않도록 변형됐다. 여기에 SARS-CoV-2의 스파이크 단백질을 암호화하는 DNA 조각을 삽입했다. 이렇게 만들어진 백신, 즉 SARS-CoV-2 DNA가 삽입된 변형 바이러스 벡터가 주사되면, 이 바이러스는 숙주세포로 들어가고, 그 안에서 바이러스 DNA가 세포핵에 도달한다. 숙주세포는 이 DNA를 바탕으로 mRNA를 만들고, 이 mRNA는 스파이크 단백질을 합성한다. 이 단백질은 세포 밖으로 이동하며 면역반응을 유도한다(과정그림 15.23). 이 방식은 2019년 에볼라 백신 개발에도 사용되었으며, 현재 HIV와 지카 바이러스(Zika virus)에 대해서도 아데노바이러스 기반 백신의 임상 시험이 진행 중이다.

**RNA 백신**(RNA vaccine)은 COVID-19 예방을 위한 주요 수단으로 널리 알려지게 됐다. 이 백신 제조 기술은 유전자 치료(gene therapy) 기술과 매우 비슷하며, 차이점은 사람 DNA 대신 바이러스 RNA를 주입한다는 점이다. 이 백신 제작의 첫 단계는 바이러스 고유 유전자를 지닌 mRNA를 분리하는 것이다. SARS-CoV-2의 경우, 스파이크 단백질을 암호화한 mRNA가 이에 해당한다. 다음으로, 이 mRNA는 숙주의 분해효소로부터 보호받기 위해 지질 나노입자(lipid nanoparticles)로 감싸진다. 백신이 체내에 주사되면 지질 나노입자가 숙주세포막과 융합하면서 mRNA가 세포질로 들어간다. 이어서 세포 내 리보솜이 이 mRNA를 번역해 스파이크 단백질을 생성한다. 이 단백질은 항원으로 작용하며 B세포와 T세포를 자극해 기억세포를 형성한다(과정그림 15.24). 이후 백신의 mRNA는 세포 내 효소에 의해 분해되며, 세포에 영구적인 변화는 남기지 않는다.

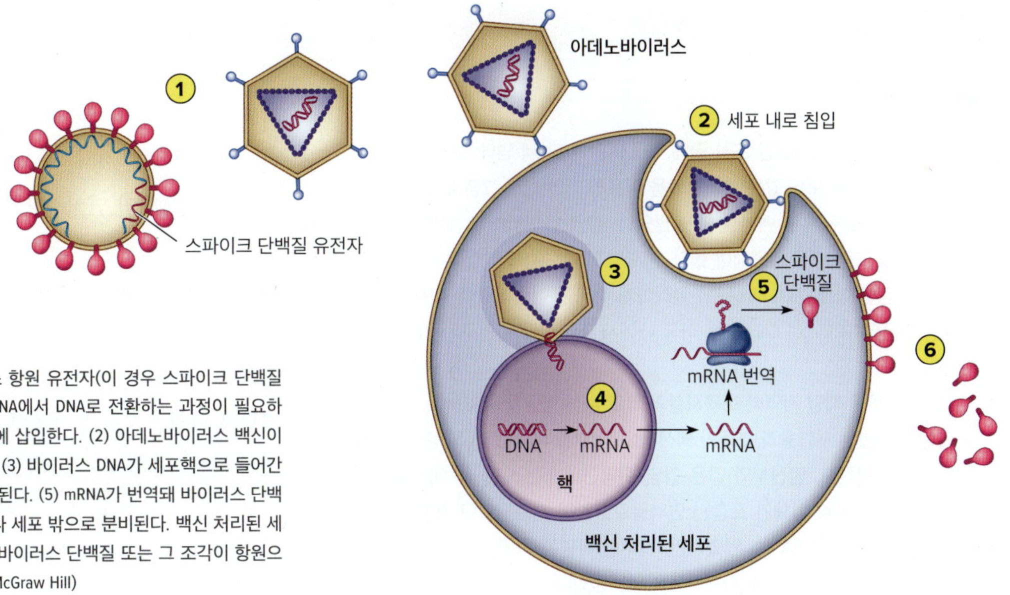


과정그림 15.23 바이러스 벡터 백신. (1) 바이러스 항원 유전자(이 경우 스파이크 단백질 유전자)를 확보한다. RNA 바이러스라면 이 유전자를 RNA에서 DNA로 전환하는 과정이 필요하다. 확보한 유전자를 변형된 아데노바이러스의 유전체에 삽입한다. (2) 아데노바이러스 백신이 체내에 주사되면, 이 바이러스가 숙주세포로 침입한다. (3) 바이러스 DNA가 세포핵으로 들어간다. (4) 바이러스 항원 유전자가 전사되어 mRNA가 생성된다. (5) mRNA가 번역돼 바이러스 단백질이 만들어지며, 이 단백질은 숙주세포막에 삽입되거나 세포 밖으로 분비된다. 백신 처리된 세포가 죽을 때 스파이크 단백질도 방출된다. (6) 생성된 바이러스 단백질 또는 그 조각이 항원으로 작용하여 면역반응을 유도한다. (출처: Barry Chess/McGraw Hill)

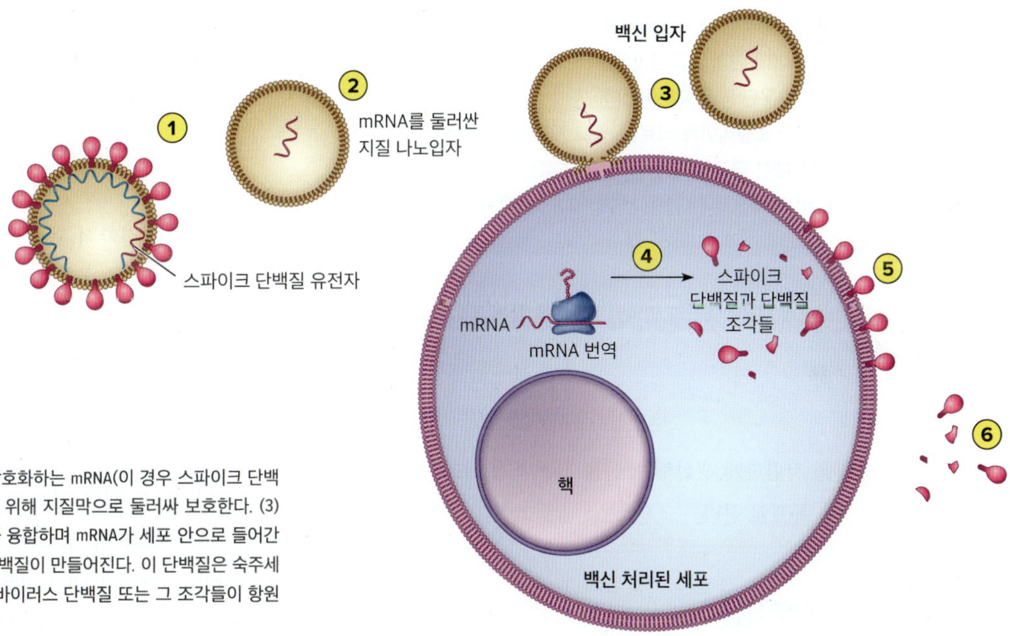


과정그림 15.24 mRNA 백신. (1) 바이러스 항원을 암호화하는 mRNA(이 경우 스파이크 단백질 mRNA)를 확보한다. (2) mRNA가 분해되는 것을 막기 위해 지질막으로 둘러싸 보호한다. (3) 백신이 체내에 주사되면 지질 나노입자가 숙주세포막과 융합하며 mRNA가 세포 안으로 들어간다. (4) 세포 안으로 들어온 mRNA는 번역돼 바이러스 단백질이 만들어진다. 이 단백질은 숙주세포 막에 삽입되거나 세포 밖으로 분비된다. (5) 생성된 바이러스 단백질 또는 그 조각들이 항원 역할을 하여 면역계를 자극한다.

COVID-19 이전, mRNA 백신은 주로 암 치료용으로 연구되고 있었다. 암세포만이 가지고 있는 유전자를 활용해, 개인 맞춤형 백신을 설계하고 이를 통해 특정 개인의 암세포만을 공격하는 것이 목표였다. 이 기술이 빠르게 전환되어 감염병 대응에 적용될 수 있었던 점은, mRNA 백신이 가진 고유한 장점 덕분이다. 즉, mRNA 서열만 바꾸면 거의 모든 병원체에 대해 새로운 백신을 빠르게 만들 수 있다는 점이다. 현재는 인플루엔자를 포함한 다양한 병원체를 대상으로 한 mRNA 백신이 임상 시험 중이다.

## 새로운 백신 개발

지금까지 많은 질병에 대한 백신이 성공했지만, 여전히 수십 가지 세균성, 바이러스성, 원생동물성, 진균성 감염병에 대해 효과적인 백신이 없는 상태다. HIV, 다양한 설사 유발 감염병(대장균, 이질균), 여러 호흡기 질환, 기생충 감염에 대해서는 효과적인 백신이 존재하지 않는다. 백신을 개발하는 것 자체도 어려운 일이지만, 두 번째 문제는 백신 배포에 있다.

몇몇 생명공학 기업은 식물을 이용해 백신 항원을 대량 생산하는 방법을 연구 중이다. 현재 콜레라, 간염, 사람 유두종바이러스, 대장균 항원을 합성하는 토마토, 감자, 바나나를 재배하는 실험이 진행되고 있다. 이

임상 사례

## 맞아도 괜찮나요?

미네소타주 보건국은 3일간 조사 끝에, 3세 미만 환자 세 명에게서 홍역 감염을 확인했다. 세 명 모두 같은 보육시설을 이용하고 있었고, 그중 두 명은 형제였다. 세 환자 모두 홍역 백신을 맞지 않았다. 홍역 바이러스에 75명이 2개월 내 감염됐고, 그중 1/3은 입원해야 했다. 환자의 95%는 MMR 백신(홍역, 볼거리, 풍진)을 접종받지 않았고, 85%는 소말리아계 미국인 어린이였다. 미네소타주 헤네핀 카운티(Hennepin County)는 미국 내에서 소말리아계 인구가 가장 많은 지역이다.

역학조사팀은 해당 지역의 보육시설과 학교 출석 명단을 확보하고, 홍역 노출 가능성이 있는 사람들과 그들의 백신 접종 여부를 파악했다. 이 중 백신 미접종자, 면역저하자, 임신부와 같은 감염 취약군에게는 노출 후 예방조치로 MMR 백신이나 홍역 항체가 포함된 면역글로불린이 제공되었다. 예방조치를 받은 사람은 즉시 복귀할 수 있었지만, 거부한 사람은 21일간 등교와 등원을 제한받았고, 공공장소 출입도 자제하도록 안내받았다.

2008년 이전에는 미네소타 태생 소말리아계 아동의 MMR 접종률이 90%를 넘었지만, 이후 해마다 감소했다. 2017년 유행 시점에는 접종률이 35.6%까지 떨어져 지역사회 전체가 홍역에 매우 취약한 상태가 되었다. 이 접종률 감소는 MMR 백신과 자폐증 사이에 인과 관계가 있다는 오해와 소말리아계 아동에게 자폐증이 더 흔하다는 잘못된 믿음 때문이었다.

이에 따라 보건당국은 소말리아계 의료인, 종교 지도자, 지역사회 인사들과 협력하여 MMR 백신에 대한 궁금증, 불안감, 잘못된 정보를 해결하려 했다. 그 결과, 유행 발생 후 MMR 백신 주간 접종 건수는 2,700건에서 9,964건으로 세 배 이상 증가했다.

감염에 취약한 사람에게 MMR 백신과 면역글로불린을 함께 투여하면 문제가 생길 수 있을까?

전략은 백신 항원을 저렴하게 생산해 백신을 접종받기 어려운 사람들에게도 공급하는 것을 목표로 한다.

### 백신 투여 경로와 부작용

백신은 대부분 피하(subcutaneous), 근육(intramuscular), 또는 피내(intradermal) 주사로 투여된다. 경구 백신은 일부 질병에만 사용되지만 몇 가지 뚜렷한 장점이 있다. 경구용 백신은 항원이 침입하는 점막 부위에서 IgA 중심 면역 보호를 유도할 수 있고, 복용이 간편해 환자들이 잘 받아들이며, 부작용이 적다. 또 다른 방법으로는 비강 백신(intranasal vaccine)이 있다. 이 백신은 분무기나 점적기를 통해 코안에 투여되며, 대표적으로 인플루엔자용 플루미스트(FluMist)가 있다. 또한 피부 패치 방식도 주목받고 있다.

일부 백신은 **면역증강제**(adjuvant)*를 첨가함으로써 더 효과적으로 만들어진다. 면역증강제란 항원의 면역원성을 강화하고, 주사 부위에서 항원 체류 시간을 늘려 주는 물질이다. 면역증강제는 항원을 침전시켜 조직 내에 유지시키고, 항원이 서서히 방출되도록 유도한다. 이러한 점진적 방출은 항원제시세포와 림프구의 접촉을 촉진하는 것으로 여겨진다. 대표적인 면역증강제로는 알루미늄 하이드록사이드(alum), 광질유와 항산균 추출물 그리고 물이 포함된 유화제인 프룬드 완전보조제(Freund's complete adjuvant, FCA), 밀랍(beeswax) 등이 있다.

백신은 일반 사용 승인을 받기 전까지 동물 실험과 사람을 대상으로 엄격한 시험을 반드시 거쳐야 한다. 하지만 승인된 이후에도, 다른 치료제들과 마찬가지로 부작용이 전혀 없는 것은 아니다. 가장 흔한 부작용은 주사 부위 국소 반응, 발열, 알레르기 반응, 그리고 기타 예기치 않은 이상 반응이다. 비교적 드문 부작용(약 30만 건 중 1건꼴)으로는 홍역 백신 접종 후 광범위뇌염(panencephalitis), 소아마비 백신의 약독화된 바이러스가 병원성을 회복하는 역돌연변이(back-mutation), 위험한 바이러스나 화학물질에 오염된 백신으로 인한 질병, 백일해 또는 돼지 인플루엔자 백신과 관련된 원인 불명의 신경학적 증상 등이 보고됐다. 일부 환자에게는 항원이 아닌, 배양 배지(예: 달걀, 조직배양 세포)에 대한 알레르기 반응이 나타나기도 한다.

부작용이 확인됐거나 의심되는 경우, 백신은 수정되거나 시장에서 사용이 금지된다. 예를 들어, 전세포 백일해 백신(whole-cell pertussis vaccine)은 신경학적 부작용이 나타난 후, 무세포 캡슐형 백신(aP)으로 대체됐다. 또한 라임병 백신은 접종자에게 관절염 및 기타 부작용이 발생하여 사용이 금지됐다. 백신 제조사들은 티메로살(thimerosal)과 같이 알레르기와 의학적 문제를 유발할 수 있는 방부제 사용도 중단했다.

백신을 투여하는 의료인은 백신이 지닌 고유한 위험성을 반드시 알아야 하며, 동시에 감염병 위험도가 백신 부작용보다 훨씬 크다는 사실도 인식해야 한다. 면역 저하자나 임신부에게 생백신을 투여할 때는 각별한 주의가 필요하며, 임신부의 경우 태아에 대한 위험도 고려해야 한다. 안타깝게도, 백신에 대한 거부감은 종종 정치적 입장과 연계되어 나타난다. 어떤 사람들은 백신을 정부가 지나치게 개입하는 일로 보거나, 정치적으로 반대편을 지지하는 행위로 오해하기도 한다. 여기에 더해, 근거 없는 사회 매체(social media)의 허위 게시물은 오랫동안 사실처럼 퍼져 나가고 있다. 그 결과, 백신을 맞지 않아 발생한 피해는 여러 인구 집단에서 이미 나타나고 있다.

### 예방접종: 목적, 대상, 시기

예방접종은 개인 보호와 더불어 사회 전체를 감염병으로부터 지키는 데도 중요하다. 예방접종은 **집단면역**(herd immunity)을 확립하는 검증된 방법이다. 이 개념에 따르면, 전염성 감염병에 면역이 생긴 사람은 그 병원체를 몸 안에 보유하지 않게 되므로 병원체의 전파가 줄어든다. 면역을 지닌 사람이 많아질수록, 면역이 없는 사람이 해당 병원체를 접하

* 면역증강제 라틴어 adjuvans(도움이 되는 것 또는 보조 역할을 하는 것)에서 유래.

**표 15.6 백신의 예방 효과**

미국에서 20세기 연간 질병 발생률과 2021년 보고된 주요 질병의 발생률 비교

| | 20세기 연간 질병 발생자 수 | 2021년 보고된 사례 수 | 감소율 |
|---|---|---|---|
| 홍역 | 530,217 | 5 | >99% |
| 백일해 | 200,752 | 1,251 | 92% |
| 유행성 이하선염 | 162,344 | 126 | 99% |
| 풍진 | 47,745 | 4 | >99% |
| 천연두 | 29,005 | 0 | 100% |
| 소아마비(마비형) | 16,316 | 0 | 100% |

출처: Centers for Disease Control and Prevention.

고 감염될 가능성도 줄어든다. 이렇게 집단 전체가 면역을 획득하면, 예방접종을 받을 수 없는 사람(예: 백신 접종이 어려운 영아)에게도 간접적으로 보호 효과가 생긴다. 예방접종을 통해 유지되는 집단면역은 전염병 발생을 막는 데 매우 중요한 수단으로 자리 잡고 있다.

예방접종을 장려하기 위해, 의료인, 정치인, 제약회사 관계자 등은 가능한 한 접종 과정을 간편하게 만들고자 노력해 왔다. 일반 예방접종은 병원에서 쉽게 받을 수 있고, 여러 백신을 하나로 조합한 형태도 많이 사용되고 있다. 예를 들어 홍역·볼거리·풍진(MMR) 백신은 여러 병원체에 대한 항원을 한 번에 주사하는 방식이다. 이런 조합 백신은 주사를 무서워하는 4세 어린이에게 주사 횟수를 줄여 주고, 바쁜 부모가 병원에 들러야 하는 횟수도 줄여 준다. 군대에서 신병들이 몇 분 안에 15종 백신을 맞거나, 어린이가 DTaP·소아마비·MMR 백신을 한 번에 접종하는 경우처럼 여러 백신을 동시에 투여하는 일은 흔하다. 전문가들은 이처럼 여러 백신을 동시에 맞을 때 면역 간섭(한 면역반응이 다른 반응을 방해하는 현상)이 큰 문제는 아니라 본다. 다만 문제는 부작용이 더 심해질 수 있다는 점이다.

## 백신의 보호 효과: 과학적 응용

백신이 제공하는 보호 효과는 과학적 경이로움이자 인류의 기적이라 볼 수 있다. 100년 전만 해도 사망이나 평생 장애를 남기던 질병들이 오늘날에는 거의 사라졌다. 표 15.6은 20세기를 휩쓴 주요 질병들이 백신에 의해 얼마나 효과적으로 억제됐는지 보여 준다. 하지만 백신은 완벽하지 않으며, 자연 감염으로 생기는 면역처럼, 백신이 유도하는 면역도 항상 100% 효과적이거나 평생 유지되는 것은 아니다. 병원체를 사멸시키거나 약독화해 백신으로 사용하는 경우, 면역반응의 강도도 그만큼 줄어들 수 있다. 홍역과 소아마비 백신처럼 거의 완전한 면역을 제공할 수도 있지만, 수두와 볼거리 백신은 대략 85% 정도의 보호 효과를 보인다. 백신을 맞은 사람에게 감염이 일어나는 **돌파 감염**(breakthrough infection) 사례는 예전부터 존재했으며, 이런 경우 증상이 훨씬 가볍게 나타나는 경향이 있다.

**핵심 점검 15.6**

31. 불활성화 백신, 약독화 백신, 특이항원 추출 백신, 재조합 백신, DNA 백신의 제조 과정을 설명하고, 각각의 장단점을 설명하시오.
32. 추가 접종, 보조제, 트로이 목마 백신, 톡소이드의 목적을 설명하시오.
33. 집단면역 개념을 설명하고, 백신 접종이 지역사회에서 집단면역 형성에 어떻게 기여하는지 설명하시오.
34. 백신 접종 후 발생할 수 있는 몇 가지 부작용을 나열하시오.

### 사례 연구 Part 2

2020년 봄, 네 가지 백신 후보가 동시에 임상시험을 시작했다. 1상과 2상 임상시험은 안전성을 확인하고, 면역반응을 유도하는 데 필요한 백신 용량을 결정하기 위해 소규모 대상자에게 시행되었다. 이 참가자들은 SARS-CoV-2 바이러스에 감염된 적이 없고, 건강한 상태임을 확인받은 사람들이었다. 이어진 3상 임상시험에서는 수만 명이 참여해 감염 위험이 있는 실제 집단에서 백신의 효과가 평가되었다. 이 임상시험과 동시에 모든 제약사는 백신 대량 생산을 시작해, 효과가 확인되면 즉시 배포할 수 있도록 준비했다.

2020년 12월 초, 모더나의 대표 호지(Hoge) 박사와 미국 국립 알레르기·감염병 연구소(NIAID) 소장 파우치(Fauci) 박사는 모더나 백신의 3상 임상시험 결과를 받았다. 총 30,420명이 참여한 이 시험에서, 증상이 나타난 COVID-19 사례는 196건이었다. 이 중 185건은 위약(placebo) 그룹에서, 11건은 백신 투여 그룹에서 발생했다. 이는 백신이 증상성 감염을 예방하는 데 있어 94.1%의 효과를 보였다는 뜻이다. 더욱 주목할 점은, 위약 그룹에서는 30명이 중증 감염이었던 반면, 백신 그룹의 감염자 11명은 모두 중증으로 발전하지 않았다는 사실이다. 이는 백신이 중증 COVID-19를 100% 예방했다는 의미다.

과거 가장 빠른 백신 개발 기록은 볼거리 백신으로, 개발부터 접종까지 약 4년이 걸렸다. 하지만 2020년 12월 18일, 미국 식품의약국(FDA)은 모더나 백신에 대한 긴급사용승인(EUA)을 발표했다. 일주일 전, 화이자(Pfizer)와 독일 바이오엔텍(BioNTech)이 공동 개발한 백신도 승인을 받았다. 두 백신 모두 mRNA 플랫폼을 기반으로 했다. 2021년 중반까지 네 가지 백신 모두 한 국가 이상의 규제기관(미국 FDA, 세계보건기구 WHO, 중국·대만 정부 등)에서 사용 승인을 받았다. 실제로 당시 전 세계에서 백신 21종이 사용 중이었고, 173종은

개발 중이었다. 국가마다 규제 수준은 달랐다.

백신 생산량이 증가하면서 두 가지 주요 쟁점이 떠올랐다. 첫째는, 면역력이 약해지는 것을 막기 위한 추가 접종 필요성, 특히 감염 시 중증 위험이 높은 사람들을 초기 접종 대상으로 한 것이다. 둘째는, 백신을 전 세계에 공평하게 배분하는 문제였다. 일부에서는 백신이 부족한 개발도상국에 먼저 공급하는 것이, 이미 충분히 보호된 선진국 국민에게 추가 접종을 제공하는 것보다 중요하다고 주장했다. 상황은 더욱 복잡해졌다. 일부 선진국, 특히 미국에서는 과학보다 정치가 우선시되었고, 백신 접종 여부가 정치 성향과 더 밀접하게 연관되는 현상까지 나타났다.

2022년 초, COVID-19는 팬데믹에서 풍토병(endemic)으로 전환됐고, 백신도 다른 백신들처럼 연 1~2회 맞아야 하는 일상적인 건강 관리 항목으로 인식되기 시작했다. 하지만 한 가지는 분명하다. COVID-19 백신은 전 세계적으로 수백만 명의 생명을 구한 과학의 결정체라는 사실이다.

- **왜 세 종류의 백신 모두 코로나바이러스의 스파이크 단백질을 표적으로 삼았을까? 병원체의 다른 부위가 아닌 이유는 무엇인가?**
- **이 사례 연구에 나오는 백신들을, 앞에서 설명한 백신 분류 체계에 따라 분류하시오.**

## 주요 용어로 보는 요약

### 15.1 특이면역: 적응면역의 핵심

림프구 특이성과 수용체의 형성. 적응면역은 B세포와 T세포가 외래 분자 또는 **항원**(antigen)에 반응하는 과정이다. 림프구가 이런 반응을 하기 전, 각 림프구는 항원에 대한 단백질 수용체를 무작위적으로 고유하게 생성하며, 최종적인 기능형으로 분화된다.

A. 면역반응 체계의 발달

1. 배아와 태아 발달 과정에서 일어나는 유전자 재조합과 돌연변이를 통해 수십억 개의 서로 다른 수용체를 지닌 림프구가 생성된다. 이 다양성은 **클론 선택**(clonal selection)을 통해 확립된다.
2. 이 시기, 자기 성분에 대한 **면역관용**(immune tolerance)이 형성된다.
3. B세포의 수용체는 **면역글로불린(Ig)**이고, T세포의 수용체는 **CD** 표지자로 불리는 작고 서로 다른 당단백질이다.
4. T세포 수용체는 **MHC** 분자의 항원결정기와 결합하며, 사람의 **MHC** 분자는 **사람백혈구항원**(human leukocyte antigens, HLA)이라 불린다.

### 15.2 항원의 특성과 항원성

항원은 림프구 수용체가 인식할 수 있는 분자 또는 그 일부를 의미한다.

A. **항원성**(antigenicity)이 있으려면 외래 분자(비자기)여야 하고, 분자 크기가 일정 기준 이상 커야 하며, 구조적으로 복잡해야 한다.

B. 분자량이 1,000 이하인 외래 분자는 단독으로 항원성이 없으며, 더 큰 운반체에 결합되어야 항원성을 갖는다. 이러한 작은 분자를 **합텐**(hapten)이라 한다.

C. 항원결정기(epitope)는 림프구가 인식하는 항원 내 부분이다. 세포, 바이러스, 큰 분자는 항원결정기를 다수 지닐 수 있다.

D. 그 외 항원으로는 초항원(superantigen), 알레르기 유발 항원(allergen), 자가항원(autoantigen)이 있다.

### 15.3 항원에 대한 면역반응과 T세포의 기능

A. T세포 의존 항원은 수지상 세포나 대식세포 같은 대식세포가 처리하는데, 이들을 **항원제시세포**(antigen-presenting cells, APC)라 한다.

B. 항원 하나가 제시되는 과정에는 APC, 보조T세포($T_H$), 그리고 항원 특이적 B세포 또는 T세포 간의 직접적인 상호작용이 필요하다.

C. 항원제시세포에서 분비되는 **IL-12**(interleukin-12)는 $T_H$를 활성화하고, $T_H$에서 분비되는 **IL-2**(interleukin-2)는 B세포와 다른 T세포를 활성화한다.

D. **보조T세포**(T helper cells, $T_H$ 또는 CD4 T cell)는 주요 T세포로 다음과 같은 특징이 있다.

1. 항원에 대한 면역반응을 조절하고, 숙주세포의 MHC-II 수용체와 상호작용이 필요하다.
2. 이 세포들은 인터루킨 분비를 통해 대식세포, B세포, 다른 T세포를 활성화한다.
   a. **$T_H$1** 세포: T세포를 활성화하고 지연형 과민반응을 유도
   b. **$T_H$2** 세포: B세포 기능을 조절하고, 특정 T세포의 작용을 억제할 수 있음

E. **세포독성T세포**(cytotoxic T cells, $T_C$ 또는 CD8 T cell)는 MHC-I 수용체에 반응하며, 다음과 같은 특징이 있다.

1. 외부 세포, 암세포, 이식 조직을 인식하고 파괴하며, 직접적으로 세포를 공격하는 화학물질을 분비한다.

F. 조절T세포($T_{reg}$ cell)는 CD4와 CD25 수용체를 발현하며, 부적절한 면역반응을 억제한다.

G. 감마-델타T세포($\gamma\delta$ T cell)는 특이적 그리고 비특이적 면역반응 속성을 모두 지니며, 세균과 종양 세포에 대해 활성을 보인다.

H. 자연살해세포(NK cell)는 T세포와 비슷하나 비특이적으로 작용하며, 감염 세포나 암세포를 조기에 제거하는 데 기여한다.

### 15.4 B세포의 면역 작용

1. B세포가 항원을 처리하고, $T_H$와 상호작용하며, B세포 성장과

분화 인자의 자극을 받으면 세포 주기를 거쳐 유사분열과 클론 확장을 시작한다.

2. 그 결과, 항체를 분비하는 **형질세포**(plasma cell)와 이후에 동일 항원에 반응하는 **기억세포**(memory cell)가 생성된다.
   a. 항체(면역글로불린)의 특성: 면역글로불린 단량체는 Y자 모양의 4개 폴리펩타이드로 구성된 대형 단백질이다. **항원결합부위**(antigen binding fragments, Fab)는 항원을 특이적으로 인식하고, **결정화부위**(crystallizable fragment, Fc)는 항체 위치와 기능을 결정한다.
   b. 항원-항체 반응에는 **옵소닌화**(opsonization), **중화**(neutralization), **응집**(agglutination), 보체 고정(complement fixation) 반응이 포함된다.
   c. 5가지 **항체**(antibody) 또는 **면역글로불린**(immunoglobulin)은 각각 **IgG**, **IgA**(분비 항체), **IgM**, **IgD**, **IgE**가 있고, 그 크기와 기능은 서로 다르다.
3. 혈청 내 항체(**항혈청**, antiserum) 형성
   a. 처음 항원이 도입되면 **1차 반응**(primary response)이 일어나며 항체 역가가 서서히 증가한다.
   b. 동일한 항원이 다시 들어오면 기억세포의 작용으로 더 빠르고 강한 **2차** 또는 **기억 반응**(secondary or anamnestic response)이 일어난다.
   c. **단클론항체**(monoclonal antibodies, MAB)는 정밀한 항원 인식 능력을 가진 순수 항체로, 의학과 연구에서 다양하게 활용된다.

### 15.5 적응면역 분류

B세포와 T세포를 통해 획득한 면역은 다음과 같이 분류할 수 있다.

A. **능동면역**(active immunity)은 항원이 체내에 들어와 항체를 유도하는 면역이다. 면역 기억 형성, 반응에 시간 필요, 효과 지속과 같은 특징이 있다.

B. **수동면역**(passive immunity)은 형성된 항체를 외부로부터 투여하는 면역이다. 기억 형성은 없으나 즉각 반응하며, 효과 지속 기간은 짧다.

C. **자연면역**(natural immunity)은 일상생활 중 감염을 통해 자연스럽게 획득한 면역을 말한다.

D. **인공면역**(artificial immunity)은 예방접종 등 의학적 방법으로 획득한 면역을 말한다.

### 15.6 예방접종: 인공적인 면역 보호

A. 수동 **면역요법**(immunotherapy)은 감염 위험이 있는 사람에게 면역글로불린이나 항혈청을 투여해 감염을 예방하거나 치료하는 방법이다. 정맥 면역글로불린(IVIG)이나 기증자의 혈청에서 추출한 특이적 면역글로불린이 사용되며, 때로는 동물 유래의 항혈청이나 항독소도 활용된다.

B. 능동 면역화, 즉 **예방접종**(vaccination)은 질병을 일으키지 않으면서도 항원으로 작용할 수 있는 물질을 체내에 주입해 면역반응을 유도하는 방식이다. 이 과정은 장기적인 면역 보호를 제공하며, **백신**(vaccine)은 다음과같이 다양한 형태로 개발돼 사용되고 있다.

1. **사백신** 또는 **불활성화 백신**(killed or inactivated vaccine): 살균된 세포나 불활성화된 바이러스를 사용
2. 생백신 또는 **약독화 백신**(live or attenuated vaccine): 살아 있지만, 병원성이 제거된 생명체를 사용
3. **특이항원 추출 백신**: 병원체 구조 전체가 아니라, 병원체의 일부 성분만 분리해 사용[예: 세포 구성 성분, 표면 항원 또는 **톡소이드**(toxoids) 등]
4. 유전공학 백신: 항원 클로닝, 재조합 미생물, mRNA 백신
5. 필요한 경우 추가 접종(booster)을 통해 면역 효과를 강화

C. 예방접종은 **집단면역**(herd immunity)을 형성시켜 비면역자도 간접적으로 보호를 받을 수 있다.

D. 백신이 항상 100% 보호를 제공하는 것은 아니며, **돌파 감염**(breakthrough infection)이 발생할 수 있으나, 이 경우 증상이 대체로 경미하다.

CHAPTER

# 16 면역 질환

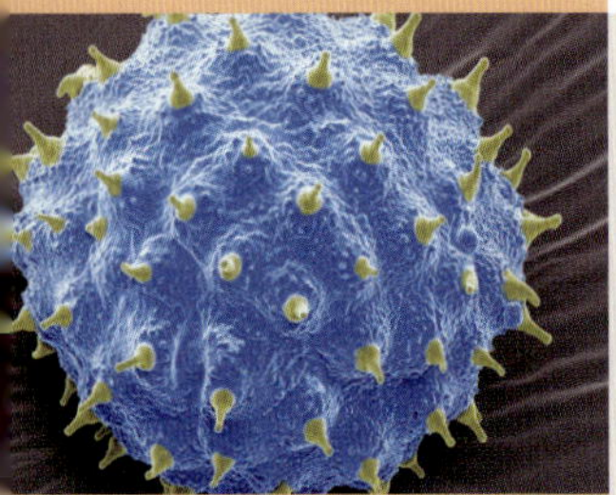

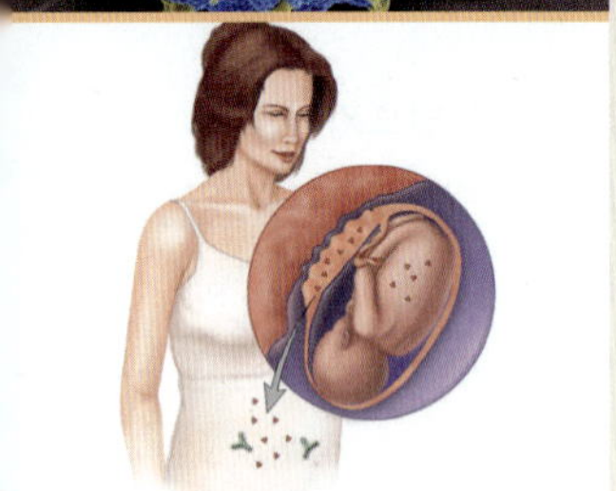

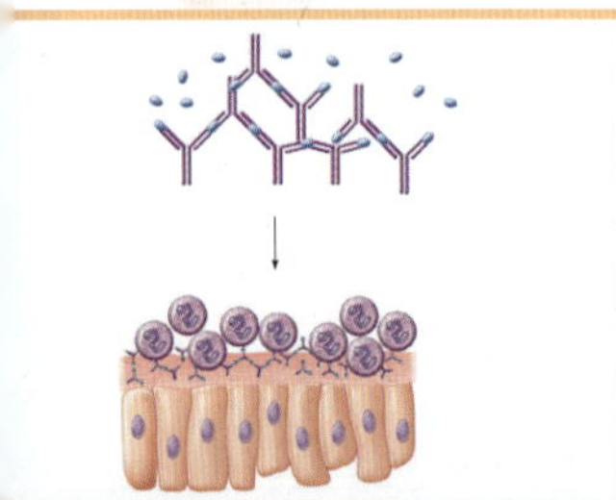

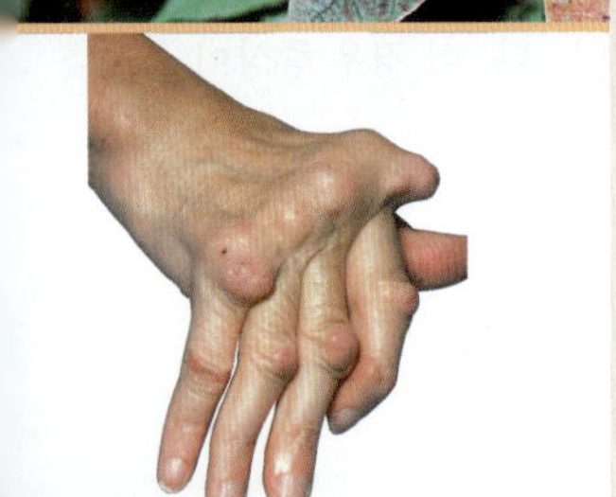

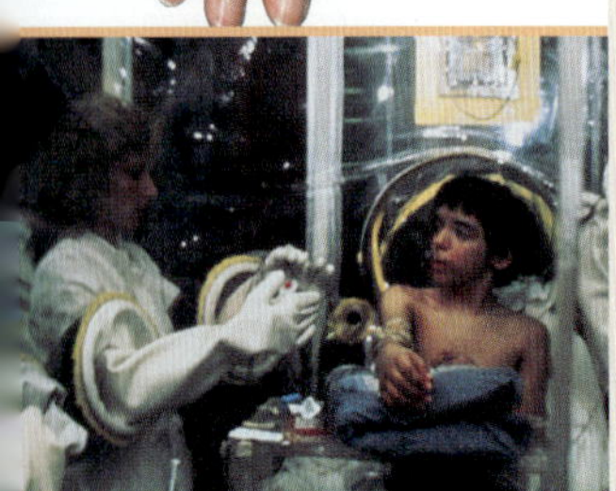

**이 장의 구성**

**16.1 면역 반응: 동전의 양면**

- 항원에 대한 과민반응: 알레르기/과민증

**16.2 알레르기 반응: 아토피와 아나필락시스**

- 알레르겐과의 접촉 방식
- 알레르겐의 본질과 유입 경로
- 알레르기의 기작: 감작과 유발
- 사이토카인, 표적 기관, 알레르기 증상
- IgE 매개 알레르기 및 비만세포 매개 알레르기와 관련된 특이질환
- 아나필락시스: 알레르겐에 대한 강력한 전신 반응
- 알레르기 진단
- 알레르기 치료와 예방

**16.3 제2형 과민증: 외래 세포를 용해하는 반응**

- 인간의 ABO 항원과 혈액형의 기초
- A 항원과 B 항원에 대한 항체
- Rh 인자와 임상적 중요성

**16.4 제3형 과민증: 면역복합체 반응**

- 면역복합체질환의 기작
- 면역복합체질환의 유형

**16.5 T세포를 수반하는 면역병리학**

- 제4형 지연성 과민증
- 장기 이식과 관련된 T세포
- 이식의 실제 사례

**16.6 자가면역질환: 자신에 대한 공격**

- 자가면역질환의 유전 및 성별 연관성
- 자가면역질환의 기원
- 자가면역질환의 예

**16.7 면역결핍질환과 암: 면역 반응의 손상**

- 1차 면역결핍증
- 2차 면역결핍증
- 암에서 면역계의 역할

(이미지 출처: YAY Media AS/Alamy Stock Photo; Science Photo Library/Alamy Stock Photo; Robert H. Mohlenbrock @ USDA-NRCS PLANTS Database/USDA SCS. 1991. Southern wetland flora: Field office guide to plant species. South National Technical Center, Fort Worth; Mediscan/Alamy Stock Photo; Baylor College of Medicine, Public Affairs)

사례 연구 **Part 1**

# 그것은 모두 네 머릿속에 있다

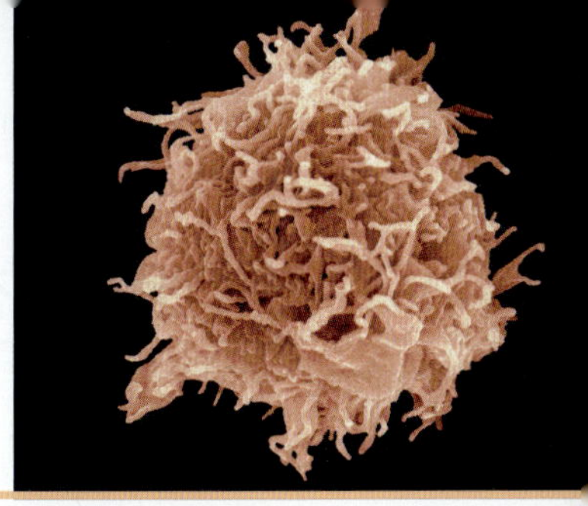

늦은 밤 어두운 길을 가면서 19세 대학생은 온갖 생각이 떠올랐지만, 그중 좋은 생각은 하나도 없었다. 에밀리 개비건(Emily Gavigan)에게 일어났던 일이다. 그녀는 친구들과 커피를 마신 후 집으로 돌아가는 길에 자신이 미행당하고 있다는 사실을 깨달았다. 펜실베이니아 스크랜턴대 2학년인 에밀리는 어떻게 해야 할지 몰라 펜실베이니아에서 뉴저지까지 계속 운전했다. 그녀는 가지고 있는 돈이 없어 통행료를 지불하지 않고 통과했다. 그녀는 부모님과 친구들에게 **끔찍한**(terrible) 일이 일어날 것이라 경고하기 위해 전화를 걸었고, 결국 조부모님 집으로 돌아갔다. 그곳에서 그녀는 자신이 미행당하고 있다고 털어놓았다. 그녀의 할아버지는 밖을 내다보며 손녀를 쫓고 있는 사람이 누구인지 찾으려 했지만, 결국 에밀리가 어떤 **정신이상증세**(psychotic episode)를 겪고 있다는 결론을 내렸다. 아무도 그녀를 쫓아오지 않았다. 그녀의 부모님은 도착해서 그녀를 병원으로 데려갔다.

그 후 몇 달 동안 에밀리는 계속해서 상태가 **악화**(deteriorate)됐다. 그녀는 간단한 수학 능력마저 잃었고 **대화하는 데도 어려움**(trouble conversing)을 겪었다. 어느 순간, 그녀는 자신이 영화 세트장이라고 믿는 정신병원에 입원했다. 의사들은 에밀리의 행동이 **조현병**(schizophrenia) 또는 **정신증**(psychosis)과 같은 심리적 장애의 초기 증상이라고 생각해 에밀리에게 다양한 항우울제(antidepressant)와 기분안정제를 처방했고, 이 두 질환은 보통 20대에서 30대 사이에 흔히 나타난다. 그녀는 계속해서 쇠약해지고 얼굴과 손이 **무감각**(numbness)해졌으며 여러 차례 **발작**(seizure)을 경험했다. 열렬한 피겨스케이트 선수인 그녀는 걷는 법도 잊어버렸다.

의사들이 에밀리의 증상의 근본적인 원인을 계속 찾는 동안, 그녀의 이모는 '투데이쇼'의 한 사연을 보고 큰 충격을 받았다. 《뉴욕포스트》 기자인 수잔나 카알란(Susannah Cahalan)은 최근 자신이 쓴 "수수께끼 같은 잃어버린 내 광란의 달(My Mysterious Lost Month of Madness)"에 대해 이야기하고 있었는데, 이 기사는 그녀가 한 달 동안 겪었던 **신경학적 일화**(neurologic episode)였다. 예고도 없이 카할란은 **편집증**(paranoid)과 발작을 겪고 말하기가 어려워졌으며, 읽기 능력을 상실했다고 한다. 첫 번째 신경과 전문의는 아마 **바이러스**(virus)로 인한 **단핵구증**(monoculeosis) 또는 알코올 금단증(카할란은 거의 술을 마시지 않음)을 의심했다고 한다. 한번은 병원에 갔을 때, 수잔나의 편집증으로 인해 차에서 뛰어내릴 뻔했고, 입원 후에는 "도주 우려"라고 적힌 주황색 팔찌를 착용해야만 했다고 한다.

그 후 2주 동안 카할란은 EEG, MRI, CAT 스캔, PET 스캔, X선 촬영 등 수많은 검사를 받았으나, 아무런 결과도 나오지 않았다. 그러나 **척추천자**(spinal trap)는 뇌척수액에서 **백혈구**(white blood cell) 수치가 증가한 것을 밝혀냈고, 이는 **뇌염**(encephalitis: 뇌의 염증)의 징후였다. 그녀의 혈액과 뇌척수액 샘플은 **염증**(inflammation)의 원인이 될 수 있는 희귀 **자가항체**(autoantibody)의 존재를 검사하기 위해 조셉 달마우(Josep Dalmau) 박사에게 보내졌다.

에밀리의 부모님은 카할란의 이야기를 듣고, 에밀리 역시 카할란의 경우와 같은 희귀 자가항체 검사를 요청했다. 하지만 의사들은 처음에 이를 반대하며 에밀리의 아버지에게 "당신의 아이가 정신질환을 앓고 있다는 사실을 받아들이셔야 합니다. 이런 가능성에 집착하는 것은 누구에게도 도움이 되지 않습니다."라고 말했다.

- **어떤 유형의 질병이 한 사람이 자신의 세포에 대항하는 항체를 생성하게 만들까?**
- **에밀리와 카할란 모두 여성이라는 사실에 어떤 의미가 있을까?**

이 장 끝에서 사례 연구 Part 2로 이어짐.

(삽화 출처: Steve Gschmeissner/Science Source)

## 16.1 면역 반응: 동전의 양면

학습목표

1. 면역병리학의 주요 범주와 그 의학적 결과를 요약한다.
2. 알레르기와 과민증의 요인에 대해 논의한다.

이전에 우리는 면역 반응을 다룰 때 주로 면역계의 이로운 효과에 중점을 두었다. 침입한 미생물을 인식하고 파괴하는, 정밀하게 조율된 면역계는 분명히 우리 몸을 보호하는 중요한 역할을 하지만, 이와 동시에 면역계는 질병을 촉진하는 또 다른 면도 있다. 이 장에서는 **면역병리학**(immunopathology), 즉 면역 반응의 과도한 활성화나 불충분한 반응으로 인해 발생하는 다양한 질병 상태를 살펴볼 것이다(그림 16.1). **알레르기**(allergy)와 **자가면역**(autoimmunity)의 경우, 면역계가 자신의 세포와 외부 항원을 제대로 구별하지 못해 무고한 조직이 면역 공격을 받는 희생양이 된다. **이식**(grafts)과 **수혈**(transfusions)에서는 수혜자가 타인의 외부 조직과 세포에 대해 반응을 보인다. **면역결핍**(immunodeficiency)은 면역 기능이 충분히 발달되지 않았거나 억제됐거나 파괴된 상태를 의미한다. **암**(cancer)은 면역 기능장애의 원인인 동시에 그 결과로 작용하기 때문에 특별한 범주에 속한다. 앞으로 살펴보겠지만, 면역질환 연구의 흥미로운 부수적인 결과 중 하나는 면역계의 기본 작동 원리에 대한 이해가 더욱 깊어졌다는 점이다.

### 항원에 대한 과민반응: 알레르기/과민증

**알레르기**(allergy)란 변화된 반응성 또는 과도한 면역 반응성을 나타내며, 염증 증상으로 나타나는 상태를 의미한다. 때때로 **과민증**(hypersensitivity)이라는 용어와 혼용되기도 하지만, 일부 전문가들은 알레르기를 즉각적인 반응(건초열, 천식)으로, 과민반응은 항원에 대한 기타 형태의 과민반응(접촉성 피부염)으로 구분한다. 알레르기 및 과민증을 가진 사람들은 '정상'인에게 영향을 미치지 않는 **알레르겐**(allergen)이라고 불리는 항원과 반복적으로 접촉할 때 극도로 민감하게 반응한다. 이러한 면역 병리의 일반적인 효과는 보통 해롭지만, 이들 반응은 방어 면역과 같은 유형의 면역 반응임을 강조한다. 여기에 포함되는 면역 반응에는 체액성 면역, 세포매개성 면역, 염증 반응, 식세포 작용과 보체 등이 있다.

이러한 연관성은 모든 사람이 특정한 환경에서는 알레르기나 과민반응을 일으킬 잠재성을 지니고 있음을 의미한다.

원래 알레르기와 과민증은 알레르겐과 접촉 후 증상이 나타나는 경과 시간에 따라 즉각적 반응과 지연성 반응으로 나누어 정의됐다. 이후 알레르기는 체액성 면역 대 세포매개성 면역으로 구분됐다. 그러나 이러한 유형의 기능장애를 일으키는 면역 반응에 대한 정보가 축적됨에 따라 기존의 분류 방식이 유용했지만, 실제로는 매우 복잡한 반응 스펙트럼을 지나치게 단순화했다는 점이 명확해졌다. 면역학자 필립 겔(Philip Gell)과 로버트 쿰스(Robert Coombs)가 처음 제안한 가설은 널리 받아들여지는 분류법으로, 항원에 대한 과민반응을 포함하는 면역계 병리를 네 가지 주요 범주로 나눈다. 여기에는 제1형('일반' 알레르기와 아나필락시스), 제2형(IgG 및 IgM 매개 세포 손상), 제3형(면역복합체 질환), 제4형(지연성 과민반응)이 포함된다(표 16.1). 일반적으로 제1, 2, 3형은 B세포 면역글로불린 반응을 포함하며, 제4형은 T세포 반응과 관련된다.

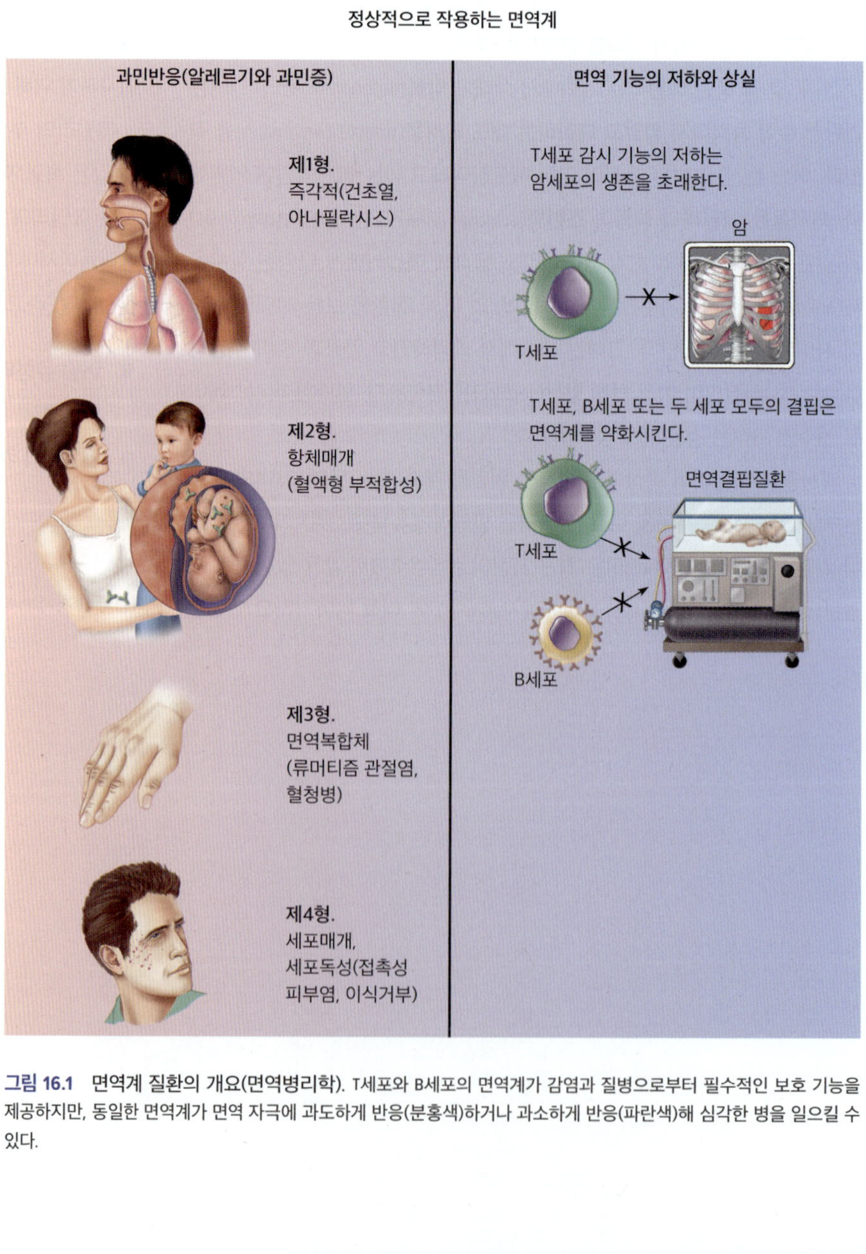


**그림 16.1 면역계 질환의 개요(면역병리학).** T세포와 B세포의 면역계가 감염과 질병으로부터 필수적인 보호 기능을 제공하지만, 동일한 면역계가 면역 자극에 과도하게 반응(분홍색)하거나 과소하게 반응(파란색)해 심각한 병을 일으킬 수 있다.

**표 16.1** 항원에 대한 과민반응으로 인한 면역병리학 분류

| 유형 | | 시스템과 기작 | 예 |
|---|---|---|---|
| 제1형 | 즉각적 알레르기 | IgE 매개. 비만세포, 호염구, 알레르기 매개물질 | 아나필락시스, 건초열, 천식 같은 알레르기 |
| 제2형 | 항체 매개 부적합 | IgG, IgM 항체가 보체와 함께 세포에 작용해 세포를 용해. 일부 자가면역질환 포함 | 혈액형 부적합, 악성빈혈, 중증근무력증 |
| 제3형 | 면역 복합성 질환 | 항체 매개 염증. 혈액 IgG 복합체가 표적 장기에 축적. 일부 자가면역질환 포함 | 루푸스 질환, 류머티즘 관절염, 혈청병, 류머티즘성 발열 |
| 제4형 | T세포 매개 과민증 | 지연성 과민증과 조직에서 세포독성반응 발생 | 감염 반응, 접촉성 피부염, 이식거부, 일부 자가면역질환 |

이러한 반응을 유발하는 항원은 외부에서 유래한 외인성 항원(미생물, 꽃가루, 이질적인 세포, 단백질)일 수도 있고, 자가 조직에서 발생한 내인성 항원(자가면역질환)일 수도 있다.

알레르기와 과민증이 감염과 쉽게 혼동되는 이유 중 하나는, 두 반응 모두 조직 손상을 일으키고 따라서 염증 반응을 유발하기 때문이다. 14장에서 설명한 것처럼 염증의 여러 증상과 징후(붉어짐, 열, 피부 발진, 부종, 과립종)는 알레르기 반응에서도 흔히 나타나며, 이 증상들은 일부 동일한 화학적 매개물질에 의해 발생한다.

**핵심 점검 16.1**

1. 면역병리학의 의미와 이러한 상태에 대해 몇 가지 예를 들어 설명하시오.
2. 알레르기/과민증을 정의하고, 이러한 상태에서 발생하는 반응의 원인이 무엇인지 설명하시오.
3. 겔과 쿰스가 제안한 B세포와 T세포 매개 면역병리학의 네 가지 범주에는 무엇이 포함되는지 설명하시오.
4. 반응이 즉각적 또는 지연된다는 것은 무엇을 의미하는가?

## 16.2 알레르기 반응: 아토피와 아나필락시스

**학습목표**

3. 알레르기 반응의 일반적인 특징을 설명한다.
4. 주요 알레르겐을 분류 및 요약하고, 예를 든다.
5. IgE, 비만세포, 감작, 유발의 개념을 포함해 즉각성 알레르기의 기작을 설명한다.
6. 주요 증상을 유발하는 알레르기의 생리적 효과를 요약한다.
7. 아토피 알레르기의 종류를 정의하고, 각각의 주요 특징을 설명한다.
8. 아나필락시스의 과정과 그 결과를 설명한다.
9. 알레르기의 진단, 치료, 예방의 주요 방법을 설명한다.

제1형 알레르기는 유사한 생리학적 기작을 공유하며, 발병이 즉각적이고 특이 항원과의 접촉과 관련이 있다. 그러나 두 가지 중증도가 있다. **아토피**(atopy)*는 건초열이나 습진 같은 만성적이고 국소적인 알레르기이며, 보통 생명을 위협하지 않는다. 반면, **아나필락시스**(anaphylaxis)*는 기도 폐쇄와 순환계 장애를 동반하는 전신적이고 치명적인 반응이다. 다음 절에서는 제1형 알레르기와 관련된 알레르겐, 접종 경로, 질병 기작 및 특이 증상에 대해 다룬다.

### 알레르겐과의 접촉 방식

알레르기는 의학적, 경제적으로 큰 영향을 미친다. 알레르기 전문의(알레르기를 치료하는 전문의사)들은 인구의 약 10~30%가 아토피성 알레르기에 취약하다고 추정한다. 일반적으로, 일반의약품으로 자가 치료를 하는 경우가 많아 알레르기의 심각성이 과소평가되는 경향이 있다. 4,000만 명이 앓고 있는 꽃가루 알레르기(인구의 15~20%)로 인한 치료비로 매년 약 5억 달러가 지출된다. 직원의 병가 및 결근으로 인한 금전적 손실은 측정할 수 없다. 대부분의 알레르기는 비교적 경미하지만, 천식이나 아나필락시스 같은 특정 형태의 알레르기는 입원이 필요할 수 있으며 사망을 초래할 수 있다.

아토피 알레르기에 대한 소인은 강한 가족력을 보인다. 여기서 유전적이라는 것은 특정 물질에 대한 알레르기가 아니라 일반적인 감수성 또는 취약성을 의미한다. 예를 들어, 잡초 꽃가루에 알레르기가 있는 부모가 고양이 털에 알레르기가 있는 자녀를 가질 수 있다. 부모 중 한 명이 아토피 알레르기를 가지고 있는 경우 자녀가 아토피 알레르기를 가질 확률은 최소 25%며, 조부모나 형제도 아토피 알레르기일 경우 그 가능성은 50%까지 증가할 수 있다. 아토피의 실제 원인은 알레르기 항체(IgE) 생성과 비만세포의 증가된 반응성 그리고 알레르기 매개물질에 대한 표적 조직의 증가된 감수성을 선호하는 유전적 프로그램인 것으로 보인다. 알레르기가 있는 사람들은 종종 건초열, 습진, 천식과 같은 다양한 증후군을 함께 나타낸다.

알레르기 발생에 영향을 미치는 다른 요인으로는 나이, 감염, 지리적 위치 등이 있다. 새로운 알레르기는 알레르기가 있는 사람의 삶에서 지속적으로 발생하는 경향이 있으며, 특히 이사하거나 생활방식을 바꾸면서 새로운 노출이 있을 때 더 그렇다. 일부 사람들은 아토피 알레르기가 평생 지속되지만, 다른 사람들은 이를 '극복'하거나, 또 다른 이들은 나중에 갑자기 발생하기도 한다. 알레르기 병리학의 일부 특징은 아직 완전

* 아토피 그리스어 atop(알 수 없는)에서 유래.
* 아나필락시스 그리스어 ana(지나친)와 phylaxis(보호)에서 유래.

임상 연결

### 깨끗한 생활이 알레르기의 원인일 수 있을까?

알레르기 전문의들은 천식, 알레르기성 비염, 기타 아토피성 알레르기와 같은 알레르기 질환의 발생률이 유전적 요인이나 더 나은 진단법과는 무관하게 증가하고 있음을 주시해 왔다. 이러한 증가 현상은 주로 미국과 유럽의 부유한 지역에서 발생했다. 이 현상은 쉽게 설명되지는 않지만, 많은 의료 전문가들은 이를 **위생 가설**(hygiene hypothesis) 또는 **생물다양성 가설**(biodiversity hypothesis)로 설명한다. 이 가설에 따르면, 지나치게 청결한 생활방식과 환경이 면역체계가 정상적으로 발달하는 데 필요한 미생물과의 접촉을 차단한다고 한다. 현대 시설, 생활방식, 항균제의 사용으로 인해 아이들은 비감염성 미생물, 바이러스, 기생충에 노출되지 못한다.

이 가설은 많은 가족 구성원과 함께 자라는 아이들이 더 많은 잠재적 알레르겐에 노출되지만, 알레르기 증상이 덜 나타난다는 사실을 설명하기 위해 처음 가설로 제시됐다. 또한 흙, 감염성 물질, 반려동물 등에 더 많이 노출되는 개발도상국과 농촌 지역에서는 알레르기 발병률이 더 낮다는 점도 관찰됐다.

여기에는 여러 가지 요인이 있지만, 특정 유형의 미생물과의 접촉이 보호반응을 유도하고 향후 면역체계 발달 방향을 결정한다고 여겨진다. 충분하게 미생물과 접촉하지 못한 아이들의 면역계는 가정용 화학물질, 동물과 식물의 분자, 심지어 음식과 같은 알레르기 항원에 반응하도록 형성돼 장기적인 알레르기의 배경을 만든다. 청결 기준을 낮추기 어려운 현실에서 연구자들은 어떤 자극이 사람들을 알레르기로부터 보호할 수 있는지 알아내기 위해 연구를 진행하고 있다. 결국 "조금의 먼지는 해롭지 않다."는 말처럼, 약간의 오염이 오히려 이로울 수 있다는 결론에 도달할 가능성도 있다.

**위생 가설은 11장과 12장에서 논의된 가정용 소독제 및 항생제의 남용과 어떤 연관이 있는지 설명하시오.**

히 설명되지 않았다.

## 알레르겐의 본질과 유입 경로

다른 항원과 같이, 알레르겐도 특정 면역원성을 가지고 있다. 예상대로, 단백질은 탄수화물, 지방, 핵산보다 알레르기를 유발할 가능성이 높다. 일부 알레르겐은 합텐(hapten)으로, 합텐은 분자량이 1,000 이하인 비단백질성 물질이며 체내에서 운반체 분자와 결합해 알레르기 반응을 일으킬 수 있다. 흔히 산업 및 가정용 제품, 화장품, 식품, 의약품에 포함된 유기 및 무기 화학물질이 주로 이러한 종류의 물질에 속한다. 표 16.2는 흔히 알레르기를 유발하는 여러 물질과 그 유입 경로를 열거한 것이다.

알레르겐은 주로 호흡기, 소화기, 피부의 상피층을 통해 유입된다. 소화기관과 호흡기관의 점막 표면은 얇고 촉촉해 외부 물질이 쉽게 침투할 수 있다. 피부의 건조하고 단단한 케라틴층은 상대적으로 침투가 어렵지만, 작은 상처, 분비선, 모낭을 통해 유입이 가능하다. 알레르기 반응이 나타나는 기관이 알레르겐이 들어온 경로와 동일할 수도 있지만 다를 수도 있다.

공기 중에 떠다니는 꽃가루, 집 먼지, 비듬(떨어져 나간 피부 조각), 진균포자와 같은 환경 알레르겐은 흡입물질(inhalants)이라 한다. 각각의 지리적 환경은 특정한 조합의 공기 중 물질을 가지며, 이 조합은 계절과 습도에 따라 달라질 수 있다(그림 16.2a). 가장 흔한 알레르겐인 꽃가루는 소나무와 잡초, 나무, 잔디와 같은 식물의 생식기관에서 계절적으로 방출된다. 꽃가루와 달리 곰팡이 포자는 1년 내내 방출되며 특히 집과 정원의 습한 곳에서 많이 발생한다. 공기 중에 떠다니는 동물의 털과 비듬(피부 조각), 깃털, 개와 고양이의 타액도 흔한 알레르기 원인이다.

집 먼지는 유기물 잔여물, 토양, 인간 피부 세포, 다양한 박테리아와 진균의 혼합체다. 집 먼지에서 대부분의 먼지 알레르기를 유발하는 주요 원인은 부스러기나 미생물이 아니라 이 먼지 속에 흔히 살고 있는 작은 진드기의 분해된 껍질이다. 일부 사람들은 자신의 직장에서 알레르겐에 노출돼 알레르기를 겪기도 한다. 예를 들면, 플로리스트, 목공업자, 농부, 제약업 종사자, 플라스틱 제조업자와 같이 이들의 작업은 공기성 및 접촉성 알레르기를 악화시킬 수 있다.

입으로 유입되는 알레르겐은 섭취물질(ingestant)이라고 하며, 주로 음식 알레르기를 유발한다. 주사로 주입되는 알레르겐은 주사 약물이나 질병 진단, 치료, 예방에 사용되는 기타 물질의 중요한 부작용이다. 주입물질(injectant)의 자연적인 원천은 꿀벌과 말벌을 포함한 벌목의 침에서 나온 독이다. 접촉물질(contactant)은 피부를 통해 들어오는 알레르겐이다. 많은 접촉성 알레르기는 16.5절에 언급된 제4형 지연성 알레르기 유형에 해당한다.

## 알레르기의 기작: 감작과 유발

어떤 사람들은 봄이 되면 공기만 마셔도 재채기와 숨을 쌕쌕거리는데, 왜 다른 사람들은 아무 문제 없이 괜찮을까? 이 질문은 알레르기 반응이 일어나는 사람과 그렇지 않은 사람의 조직에서 일어나는 현상을 비교하면, 그 차이를 어느 정도 설명할 수 있다. 하지만 전 세계 인구의 40% 이상이 알레르기로 고통받고 있다는 점을 감안할 때, 왜 이렇게 많은 사람들이 알레르기를 경험하는지 그 원인을 규명하는 것은 쉽지 않은 일이다. 알레르기가 만약 유용한 기능이 있다면 어떤 기능을 할 수 있을까? 이에 대한 몇 가지 가능성은 **16.1 연결고리 찾기**에 제시돼 있으니 참고하자.

**표 16.2** 유입경로에 따라 분류된 일반적인 알레르겐

| 흡입물질 | 섭취물질 | 주입물질 | 접촉물질 |
|---|---|---|---|
| 꽃가루 | 음식(우유, 땅콩, 밀, 조개류, 대두, 견과류, 달걀, 과일) | 벌목(벌, 말벌) | 국소약 |
| 먼지 | 식품첨가물 | 곤충침 | 화장품 |
| 진균포자 | 경구약물(아스피린, 페니실린) | 약 | 중금속 |
| 비듬 | | 백신 | 세제 |
| 동물의 털 | | 혈청 | 포르말린 |
| 곤충의 몸 | | 효소 | 고무 |
| 포르말린 | | 호르몬 | 용매 |
| 에어로졸 | | | 염료 |

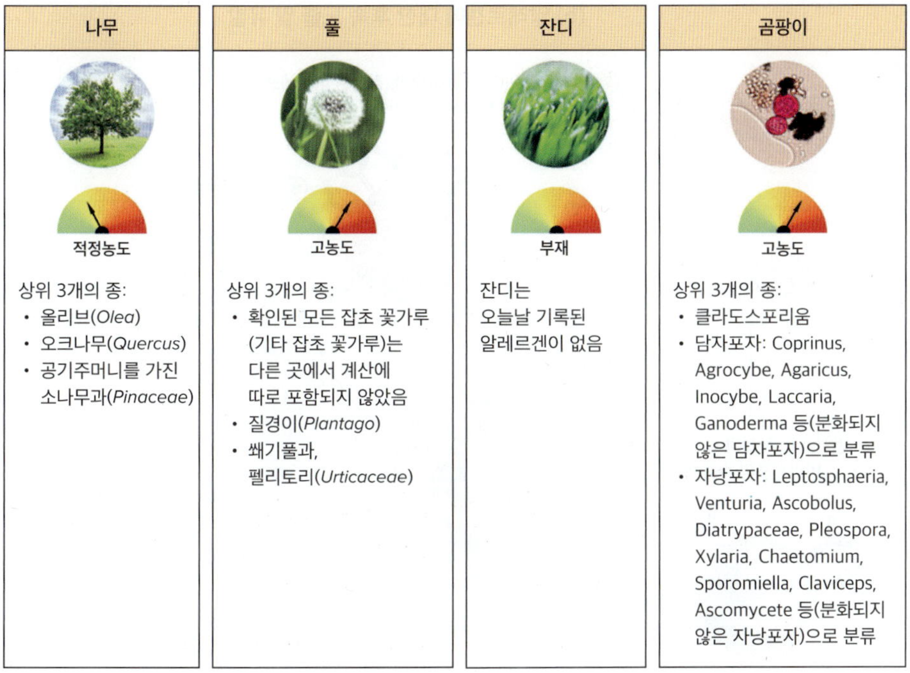

(a)

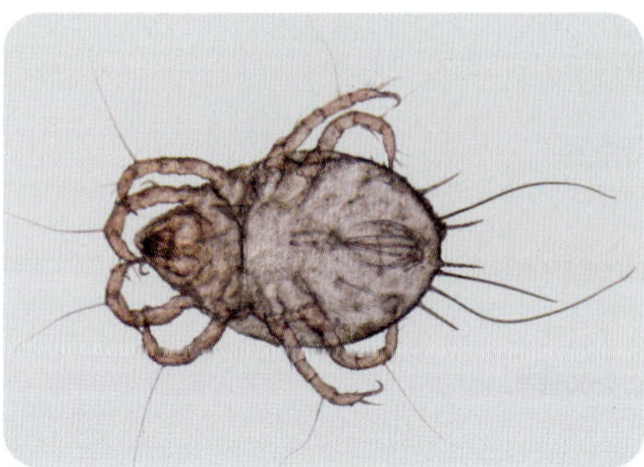
(b)

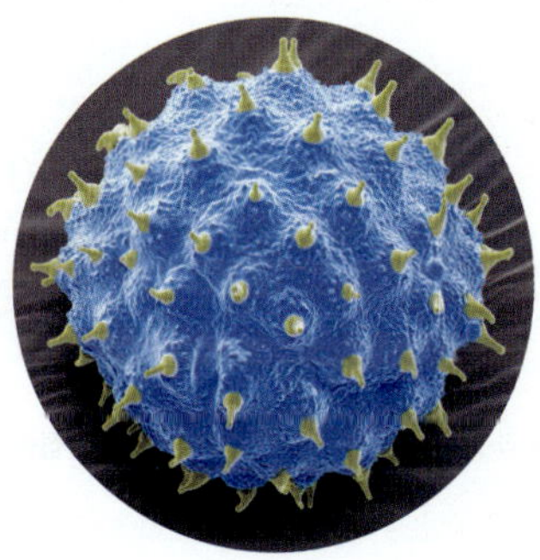
(c)

**그림 16.2** 공기 중 알레르기 유발 물질 모니터링. (a) 식생이 울창하고 기후가 온화한 지역의 공기는 꽃가루와 진균포자와 같은 알레르기 유발 물질이 특히 많이 존재한다. 알레르겐의 양은 계절에 따라 달라지며, 인터넷에서 쉽게 찾아볼 수 있다(pollen.aaaai.org). (b) 집먼지진드기인 *Dermatophagoides*의 주사전자현미경(SEM) 이미지(2,000배). 이 진드기는 주로 집에서 인간의 피부세포를 주식으로 해 살아가며, 침구와 카펫에서 많이 발견된다. 공기 중에 떠다니는 진드기 배설물과 외골격에서 떨어져 나온 미세입자들은 중요한 알레르기원이 된다. (c) 꽃이 피는 단풍나무에서 방출된 꽃가루의 주사전자현미경 사진(1,000배). 한 송이의 꽃에서도 수백만 개의 꽃가루가 방출된다. (출처: American Academy of Allergy, Asthma & Immunology; prill/123RF; Science Photo Library/Alamy Stock Photo)

일반적으로 알레르기는 단계적으로 발전한다(과정그림 16.3). 첫 번째로 알레르겐과의 초기 접촉은 **감작접종**(sensitization dose) 단계로, 이 과정은 면역계를 준비시키는 역할을 하며, 이때는 일반적으로 증상이 나타나지 않는다. 이 과정에서 기억 세포와 면역글로불린이 생성돼, 이후에 동일한 알레르겐에 다시 노출되면 즉각적으로 반응할 준비가 된다. 두 번째 단계인 **유발접종**(provocative dose)에서는 같은 알레르겐에 노출됐을 때 비로소 알레르기 증상이 나타나게 된다. 일부 사례에서는 첫 접촉 시 알레르기 증상이 나타나는 것처럼 보일 수 있지만, 일반적으로는 이전에 알지 못했던 접촉이 있었던 것으로 여겨진다. 예를 들어, 태아가 어머니의 혈류를 통해 알레르겐에 노출됐을 가능성이 있으며, 페니실린과 같은 '숨겨진' 알레르겐이 포함된 음식이 원인이 될 수도 있다.

## IgE 매개 알레르기의 생리학

초기 접촉과 감작 시기 동안 알레르겐은 진입경로를 통해 유입된다(과정그림 16.3, 1~6단계). 꽃가루, 털, 포자와 같은 큰 입자가 축축한 점막에 닿으면 이들 입자는 우선 수지상 세포가 알레르겐을 포획해 가공한 후, 림프절에 있는 도움 T세포의 표면에 제시한다. 여기서 T세포는 B세포와 상호작용해 특정 알레르겐에 반응하도록 활성화한다. 이로 인해 항원에 대한 전형적인 면역 반응과 유사한 과정이 이어지며, 이는 형질세포의 증식을 유도한다. 이 형질세포들은 알레르기의 반응을 유발하는 항체인 **IgE**(immunoglobulin E)를 생성한다. IgE는 다른 면역글로불린과 달리 Fc 영역에 비만세포와 호염구에 대한 높은 친화력을 가지며, 이 IgE가 표면에 있는 비만세포와 호염구에 결합하면 동일한 알레르겐에 대한 반복적인 노출 시 발생하는 반응을 준비하게 된다(과정그림 16.3, 7~10단계).

## 비만세포와 호염구의 역할

비만세포와 호염구가 알레르기에서 하는 주요 역할은 다음과 같다.

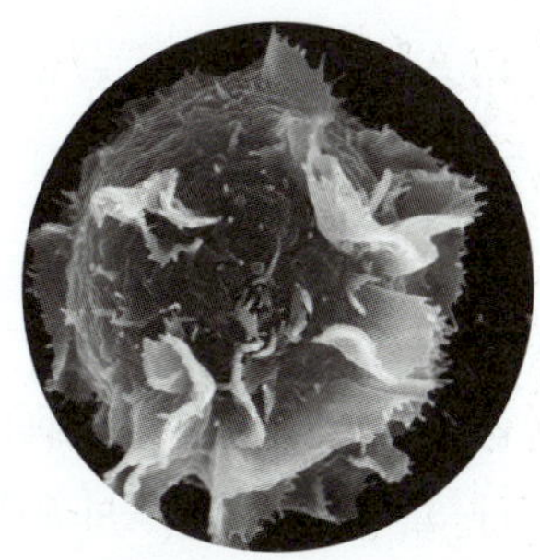
IgE 수용체와 주름진 세포막을 가진 비만세포의 주사전자현미경 사진. (Bridget Wilson/University of New Mexico)

1. 조직 내 어디에나 존재한다. 비만세포는 거의 모든 기관의 결합조직에 존재하지만, 특히 폐, 피부, 위장관, 생식기관에 많이 분포한다. 호염구는 혈액을 순환하며 쉽게 조직으로 이동한다.
2. 감작 기간 동안 IgE 결합 능력(과정그림 16.3)을 가진다. 각 세포는 3만~10만 개의 세포 수용체를 가지고 있으며, 이들은 1만~4만 개의 IgE 항체와 결합할 수 있다.
3. 세포질 과립(분비 소포)에는 생리학적으로 활성화된 사이토카인(히스타민, 세로토닌, 14장에서 소

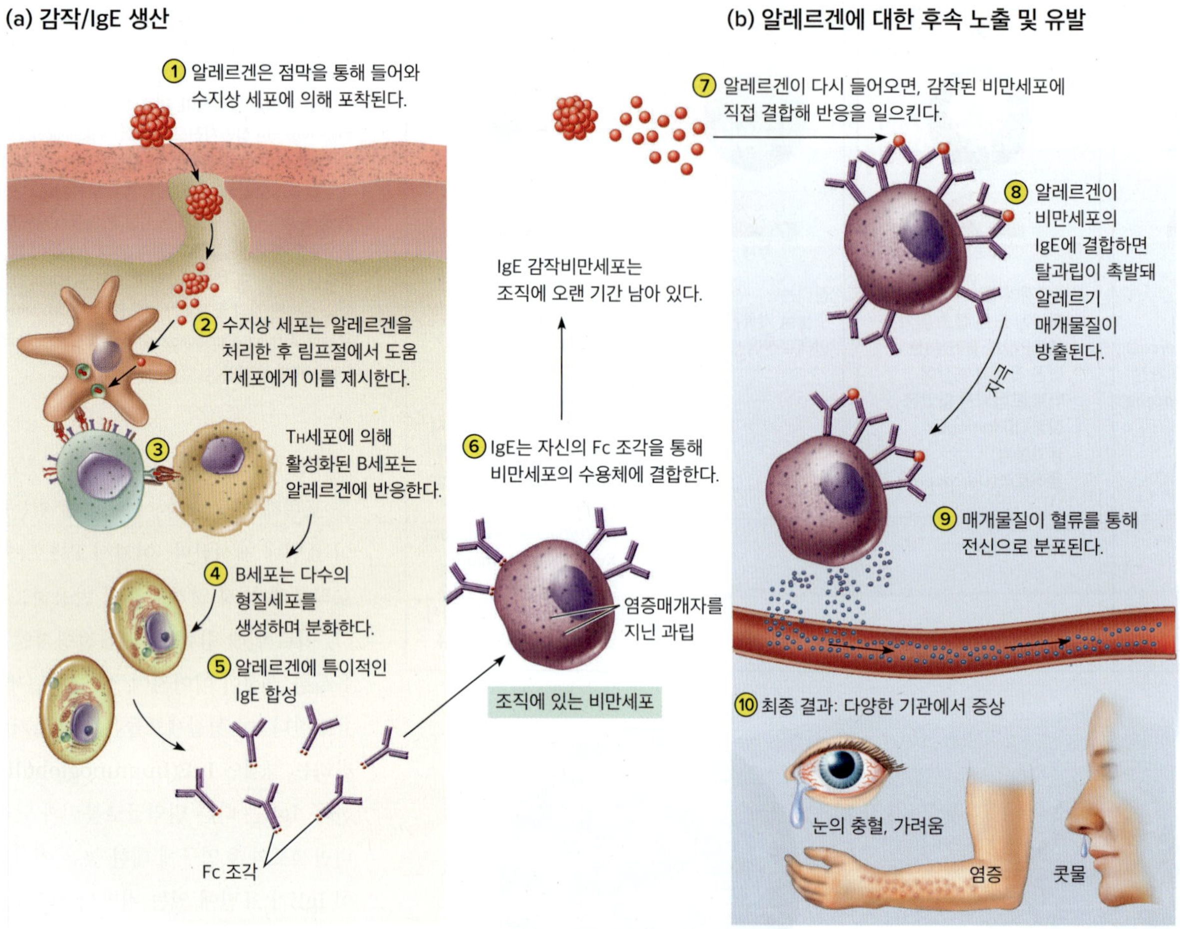


과정그림 16.3 알레르기 반응 동안 세포 반응에 대한 개념도. (a) 감작(감작 접종과 초기 접촉), 1~6단계. (b) 유발(유발접종과 후속 접촉), 7~10단계.

개)을 포함한다.

4. 과립을 분비할 수 있는 능력[**탈과립**(degranulation), 과정그림 16.3과 그림 16.4]을 가진다. 알레르겐이 IgE에 결합하면 그 IgE가 이들 세포 표면에 있는 IgE 수용체에 결합하고, 이때 이들 세포는 과립에 있는 물질을 분비한다.

이제 감작된 세포가 두 번째로 알레르겐에 노출될 때 어떤 일이 일어나는지 살펴볼 것이다.

### 알레르겐과의 유발 접촉

감작 후 IgE에 의해 활성화된 비만세포는 조직에 수년 동안 남을 수 있다. 알레르겐과의 접촉이 오랜 기간 없더라도 사람은 재노출 시 즉각적으로 반응할 수 있는 능력을 유지하게 된다. 이후 알레르겐 분자가 이러한 감작된 세포에 다시 접촉하면, 인접한 수용체와 결합해 탈과립을 촉진한다. 이 과정에서 화학매개물질이 방출되며, 이들은 조직과 혈류로 퍼져 나간다. 사이토카인은 국소적 및 전신적인 반응을 유발하며, 그 반응은 매우 빠르게 나타난다(과정그림 16.3, 10단계). 따라서 알레르기 증상은 알레르겐이 직접적으로 조직에 미치는 작용이 아니라, 비만세포에서 분비된 매개물질이 표적 기관에 미치는 생리학적 효과로 인해 발생하게 된다.

## 사이토카인, 표적 기관, 알레르기 증상

알레르기(및 염증)를 매개하는 다양한 물질이 확인됐다. 비만세포와 호염구가 생산하는 주요 화학매개물질에는 히스타민, 세로토닌, 류코트리엔, 혈소판 활성 인자, 프로스타글란딘, 브래디키닌 등이 있다(그림 16.4). 이 화학물질은 단독으로 또는 결합해 작용하며, 다양한 알레르기 증상을 유발한다. 이들 매개물질이 표적으로 하는 부위는 피부, 상기도, 소화기관, 결막 등이며, 각 기관에서 나타나는 일반적인 반응으로는 발진, 가려움, 홍반, 비염, 재채기, 설사, 눈물 흘림 등이 있다. 전신에 영향을 미치는 표적 기관으로는 평활근, 점막샘, 신경 조직이 있다. 평활근은 혈관과 호흡기 통로의 크기를 조절하는 역할을 하기 때문에 혈류, 혈압, 호흡에 큰 영향을 미칠 수 있다. 또한 신경계에 미치는 매개물질의 영향으로 통증, 불안, 초조, 무기력함 등의 증상이 나타날 수 있다.

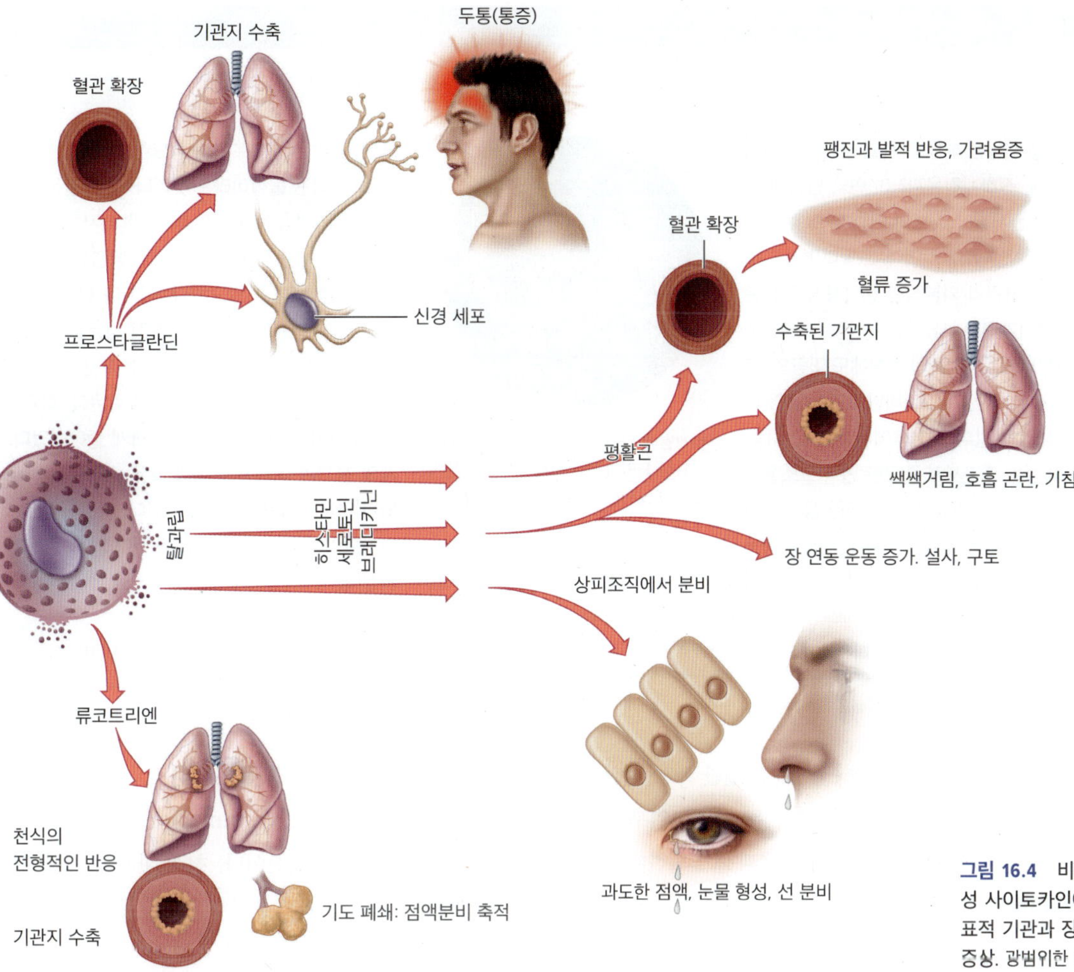


**그림 16.4** 비만세포에서 방출된 염증성 사이토카인에 대한 반응 스펙트럼과 표적 기관과 장기에서 유발하는 일반적 증상. 광범위한 중복 효과에 주의하라.

**히스타민**(histamine)* 은 가장 많이 분비되고 빠르게 작용하는 알레르기 매개물질이다. 히스타민은 평활근, 분비샘, 호산구를 강하게 자극한다. 히스타민이 평활근에 미치는 영향은 위치에 따라 달라지며, 기관지와 소장의 평활근을 수축(constrict)시켜 호흡 곤란과 장 운동을 증가시킨다. 반면, 혈관의 평활근은 이완(relax)시켜 동맥과 정맥을 확장시킨다. 히스타민은 피부에서 **팽진* - 발적반응**(wheel and flare reaction: 붉게 부풀어 오름, 그림 16.6 참조), 가려움증(소양감), 두통을 유발할 수 있다. 더 심각한 반응인 아나필락시스에서는 부종과 혈관 확장이 동반돼 저혈압, 빈맥, 순환 부전, 그리고 종종 쇼크로 이어질 수 있다. 침샘, 눈물샘, 점액샘, 위액 분비샘 등도 히스타민의 표적이다.

**세로토닌**(serotonin)* 은 인간 알레르기에서의 역할이 확실하지 않지만, 히스타민의 작용을 보완하는 것으로 보인다. 동물 실험에서 세로토닌은 혈관 투과성을 증가시키고, 모세혈관을 확장시키며, 평활근 수축, 장의 연동운동, 호흡률을 증가시키는 반면, 중추신경계 활동은 감소시키는 것으로 나타났다.

**류코트리엔**(leukotriene)* 의 한 종류는 '아나필락시스의 서서히 반응하는 물질'로 알려져 있으며, 평활근의 지속적인 수축을 유도한다. 이 류코트리엔은 천식 환자에서 지속적인 기관지 경련, 혈관 투과성 증가, 점액 분비를 일으킨다. 다른 종류의 류코트리엔은 다핵성 백혈구(polymorphonuclear leukocyte)의 활동을 자극한다.

혈소판활성인자(platelet-activating factor)는 호염구, 호중구, 단핵구, 대식세포에서 방출되는 지질이다. 이 인자에 대한 생리적 반응은 히스타민과 유사하며, 혈관 투과성 증가, 폐 평활근 수축, 폐 부종, 저혈압, 피부의 팽진 및 발적 반응을 유발한다.

**프로스타글란딘**(prostaglandins)* 은 강력한 염증 매개물질군으로, 평소에는 평활근 수축을 조절한다. 예를 들어, 출산 시 자궁 수축을 자극

* 히스타민 그리스어 histio(조직)와 amine에서 유래.
* 팽진 매끄럽고 약간 올라온 일시적인 부종(팽진)으로, 붉게 부어오른 피부 부위(발적)로 둘러싸여 있음.
* 세로토닌 라틴어 serum(체액)과 tonin(신장)에서 유래.
* 류코트리엔 그리스어 leukos(백혈구)와 화학 접미사 triene에서 유래.
* 프로스타글란딘 prostate gland(전립샘)에서 유래. 이 물질은 처음 정액에서 분리됨.

16.1 연결고리 찾기

## 알레르기의 기원

왜 인간과 다른 포유류는 그렇게 많은 해를 끼치고 심지어 죽음에 이를 수 있는 알레르기 반응을 진화시켰을까? 이 면역 반응이 단순히 사람들을 괴롭히기 위해 존재한다고 보기 어렵다. 그것은 분명히 보호와 생존에 중요한 역할을 했을 것이다. 그렇다면 IgE, 비만세포, 그리고 강력한 사이토카인의 기본적인 생물학적 기능은 무엇일까? 분석 결과, 알레르기가 있는 사람들은 높은 수준의 IgE를 가지고 있지만, 알레르기가 없는 사람들의 혈청에도 미량의 IgE가 존재한다는 사실이 밝혀졌다. 마찬가지로 비만세포와 염증 매개 물질도 정상적인 인간 생리의 일부다. 14장에서 배운 것처럼, 염증 매개 물질은 혈관 투과성을 증가시켜 중요한 면역 요소들이 손상된 부위로 모이도록 돕는 중요한 기능을 한다. 또한 점액 분비 증가, 위 운동, 재채기, 기침 등 해로운 물질을 배출하는 데 도움을 준다. 차이점은 알레르기가 있는 사람들은 이러한 반응이 과도하고 통제되지 않는다는 점이다.

캘리포니아 대학교의 연구에서는 몇 가지 놀라운 통찰이 발표됐다. 많은 알레르기의 중요한 원인 중 하나는 다당류인 키틴(chitin)이라는 물질이라는 것이다. 이 물질은 곤충의 외골격, 균의 세포벽, 기생충 등에 널리 퍼져 있다. 사람의 몸에 있는 효소가 키틴을 분해하면 작은 항원 분자가 방출된다. 이는 강력한 면역 반응과 염증 반응을 일으킨다. 심지어 림프구와 다른 백혈구에는 키틴과 그 항원에 반응하는 특정 경로도 존재한다. 이 시스템은 이론적으로 원래 기생충, 곰팡이, 키틴을 포함한 다른 병원체를 공격하는 역할을 했을 것으로 추측된다. 하지만 현대의 위생과 치료법 덕분에 이러한 감염이 크게 줄어들었다. 이전의 보호 체계의 잔재가 이제는 천식과 같은 호흡기 알레르기와 같은 '통제되지 않은' 반응을 일으키고 있다. 이것이 바로 바퀴벌레와 집먼지진드기에 대한 알레르기, 어린이 천식 증가의 한 원인으로 여겨진다.

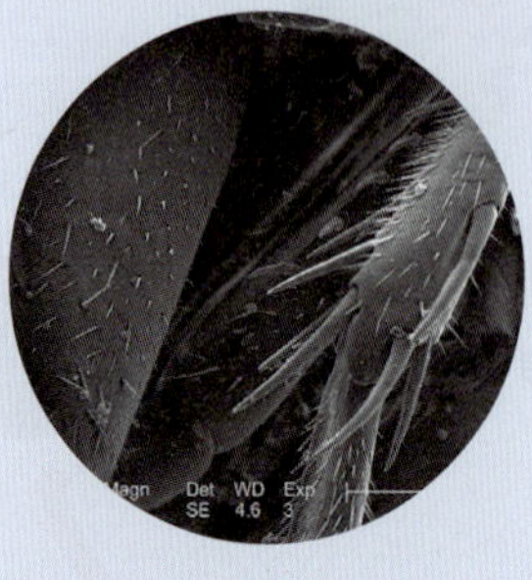


바퀴벌레 키틴 외골격과 복합적 알레르기성 표면의 주사전자현미경 사진. (Janice Carr/CDC)

알레르기의 다른 잠재적인 이점은 무엇인가?

하는 역할을 한다. 알레르기 반응에서 프로스타글란딘은 혈관 확장, 혈관 투과성 증가, 통증에 대한 감수성 증가, 기관지 수축을 유발한다. 일부 항염증 약물은 프로스타글란딘의 작용을 억제함으로써 효과를 발휘한다.

**브래디키닌**(bradykinin)*은 혈액 응고와 주화성에 관여하는 키닌(kinin)이라는 혈장 및 조직 펩타이드군에 속한다. 알레르기 반응에서 브래디키닌은 기관지의 지속적인 수축, 말초동맥의 확장, 모세혈관 투과성 증가, 점막 분비 증가를 유발한다.

## IgE 매개 알레르기 및 비만세포 매개 알레르기와 관련된 특이질환

앞서 설명한 기작은 건초열, 알레르기성 천식, 음식 알레르기, 약물 알레르기, 습진, 아나필락시스 등의 질환 발생의 기초다. 이 절에서는 이러한 질환의 주요 특징을 다루고, 이후에 진단과 치료 방법을 설명할 것이다.

### 아토피성 질환

**건초열**(hay fever)은 **알레르기성 비염**(allergic rhinitis*)을 나타내는 일반적인 용어로, 계절에 따라 흡입한 식물 꽃가루나 곰팡이에 대한 반응, 또는 연중 지속되는 공기 중 알레르기 유발 물질이나 흡입물질에 대한 반응을 의미한다(표 16.2 참조). 주요 표적은 호흡기 점막이며, 주요 증상으로는 코막힘, 재채기, 기침, 다량의 점액 분비, 가렵고 빨개진 눈, 눈물 흘림, 가벼운 기관지 수축 등이 있다.

**알레르기성 천식**(allergic asthma*)은 심한 기관지 수축으로 인해 호흡이 방해되는 호흡기 질환이다. 천식 환자의 기관지는 미세한 양의 흡입성 알레르겐, 음식, 또는 감염성 인자와 같은 자극에 매우 민감하게 반응한다. 천식의 증상은 불편한 호흡 곤란에서부터 치명적인 질식까지 다양하다. 호흡이 힘들고, 숨 가쁨, 쌕쌕거리는 호흡, 기침, 청진 시 **비정상적인 숨소리**(rale)* 등이 다소 심하게 나타난다. 천식 환자의 호흡기는 만성적으로 염증이 있으며, 특히 폐의 비만세포에서 나오는 류코트리엔과 세로토닌 같은 알레르기 화학물질에 과도하게 반응한다. 다른 병리학적 특징으로는 공기주머니에 끈적한 점액 덩어리가 생기고, 폐 손상이 발생해 장기적인 호흡 기능 저하를 초래할 수 있다. 또한 호흡기 평활근의 신경 조절 불균형이 천식과 관련이 있는 것으로 보이며, 이는 환자의 심리적 상태에 영향을 받으며, 신경학적 연관성을 강하게 뒷받침한다.

미국에서 천식 환자 수는 2,000만 명 이상으로 추정되며, 그중 약 1/3은 어린이다. 천식과 그로 인한 사망자는 지난 30년 동안 증가해 왔으며, 이는 천식을 조절할 수 있는 효과적인 약물이 이전보다 더 많이 보급됐음에도 불구하고 발생한 현상이다. 놀랍게도 천식은 아시아와 아프리카의 개발도상국보다 미국과 일부 유럽 국가와 같은 개발된 지역에서 더 흔하게 발생한다. 현대의 단열된 건물들이 실내에서 공기 중 알레르겐과 오존 농도를 높이는 환경을 만든 것이 그 원인으로 제시되고 있다.

* 브래디키닌 그리스어 bradys(느린)와 kinein(움직이다)에서 유래.
* 비염 그리스어 rhis(코)와 itis(염증)에서 유래.
* 천식 그리스어로 '숨을 헐떡이다'를 의미.
* 비정상적인 숨소리 비정상적인 호흡 소리.

이는 알레르기와 천식의 발병에 환경적 요인이 크게 영향을 미친다는 것을 시사한다(**16.1 연결고리 찾기**).

**아토피성 피부염**(atopic dermatitis)은 피부에 극심한 가려움증을 동반하는 염증성 질환으로, 아토피성 **습진**(eczema)* 이라고도 불린다. 알레르겐에 의해 섭취, 흡입, 또는 때때로 피부 접촉을 통해 감작이 일어난다. 보통 유아기부터 시작돼 피부에 붉고 물집이 생기며 진물이 나는 병변(그림 16.5)이 나타난다. 이후 어린이와 성인기에 접어들면서 피부는 건조하고, 비늘처럼 벗겨지며 두꺼워진다. 병변은 얼굴, 두피, 목, 팔과 몸통 안쪽에 발생할 수 있다. 가렵고 고통스러운 병변은 상당한 불편함을 초래하며, 2차 세균 감염에 쉽게 걸릴 수 있다. 한 익명의 작가는 아토피 피부염을 "발진을 동반한 가려움증" 또는 "한 번 긁으면 충분하지 않고, 천 번 긁어도 부족하다."고 적절히 묘사했다.

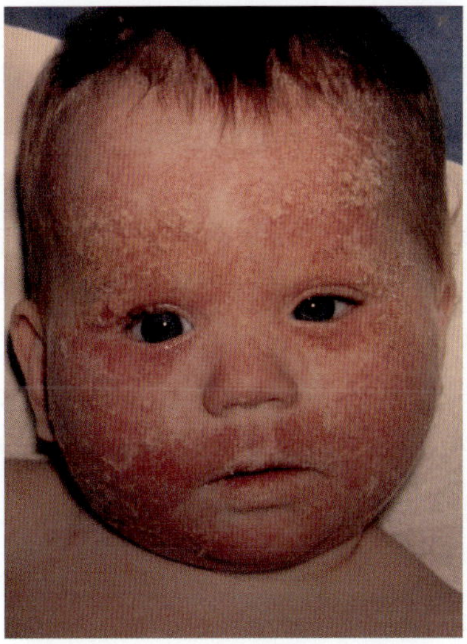

**그림 16.5** 아토피 알레르기에서 나타나는 피부 증상. 아토피성 피부염 또는 습진. 수포와 가피가 형성된 병변은 영향을 받는 영아에게서 흔히 나타난다. 이 질환은 소아 질환의 약 1%를 차지할 만큼 흔하게 발생한다. (출처: DermNet New Zealand Trust)

## 음식 알레르기

일반적인 식단에는 알레르기를 일으킬 수 있는 다양한 화합물이 포함돼 있다. 음식 알레르기는 주로 장을 통해 유입되지만, 피부와 호흡기에도 영향을 미칠 수 있다. 위장 증상으로는 구토, 설사, 복통이 포함된다. 심한 경우, 영양소가 제대로 흡수되지 않아 어린이의 성장 지연과 발육 부진을 초래할 수 있다. 음식 알레르기의 다른 증상으로는 발진, 두드러기(그림 16.5), 비염, 천식, 그리고 때때로 아나필락시스가 있다. 전형적인 음식 과민증은 IgE와 비만세포의 탈과립을 포함하지만, 모든 반응이 이 기작에 의한 것은 아니다. 가장 흔한 음식 알레르기 유발 물질은 땅콩, 생선, 우유, 달걀, 갑각류, 콩이다.[1] 최근 땅콩 알레르기 위험이 있는 아기들을 대상으로 한 연구에서는 생애 초기에 소량의 땅콩을 섭취하면 땅콩에 대한 감작이 크게 줄어든다는 결과가 나왔다. 알레르기 전문의들은 일부 경우에 특정 음식을 아기에게 더 일찍 도입하는 것이 그 음식에 대한 감작을 예방하는 데 도움이 될 수 있다고 보고하고 있다.

## 약물 알레르기

현대 화학요법은 많은 의학적 발전을 가져왔다. 불행히도, 약물이 알레르기 반응을 일으킬 수 있는 외부 물질이라는 특성 때문에 화학요법의 발전에 제약이 있었다. 실제로 약물에 대한 알레르기는 치료에서 가장 흔한 부작용 중 하나다(입원 환자의 5~10%). 알레르겐, 유입 경로, 그리고 개개인의 민감도에 따라 신체의 어떤 조직이든 영향을 받을 수 있으며, 반응은 가벼운 아토피부터 치명적인 아나필락시스까지 다양하다. 가장 흔하게 관련된 화합물은 항생제(페니실린이 가장 흔함), 합성 항균제(설파약물), 아스피린, 아편유사제, 그리고 X선에서 사용하는 조영제 등이 있다. 실제 알레르기를 유발하는 물질은 약물 자체가 아니라 간에서 약물을 처리할 때 방출되는 합텐이다. 페니실린 민감성의 일부 형태는 고기, 우유, 다른 음식에서 약물이 소량 존재하거나, 환경에서 페니실린 진균(*Penicillium*)에 노출된 것에 기인할 수 있다.

## 아나필락시스: 알레르겐에 대한 강력한 전신 반응

(Rob Flynn/USD)

**아나필락시스**(anaphylaxis)라는 용어는 처음에 외부 단백질을 주입받은 동물에서 나타나는 반응을 설명하기 위해 사용됐다. 동물들은 첫 접촉 시 반응을 보이지 않았으나, 나중에 같은 단백질을 재주입하자 급성 증상을 보였다. 이 증상에는 가려움, 재채기, 호흡 곤란, 쇠약, 경련 등이 포함됐으며, 일부는 몇 분 내에 사망에 이르렀다. 인간에게서 나타나는 아나필락시스는 두 가지 임상 유형으로 구분된다. 첫째는 **피부 아나필락시스**(cutaneous anaphylaxis)로, 이는 알레르겐을 국소적으로 주사할 때 발생하는 팽진과 발적의 염증 반응이다. 둘째는 **전신성 아나필락시스**(systemic anaphylaxis) 또는 **아나필락시스 쇼크**(anaphylatic shock)로, 갑작스러운 호흡 및 순환 장애가 특징이며 몇 분 내에 치명적일 수 있다. 인간에게서 알레르겐과 침투 경로는 다양하지만, 벌침과 항생제 또는 혈청 주사가 가장 흔한 원인이다. 꿀벌 및 기타 벌목 곤충의 침은 아나필락시스 쇼크의 주요 원인 중 하나며, 벌독은 노출 후 수십 년간 민감성을 유발할 수 있다.

전신성 아나필락시스의 기본적인 생리적 반응은 아토피와 비슷하지

---

* **습진** 그리스어 ekzeo(끓어오르다)에서 유래.

1 음식 알레르기와 음식 불내증을 혼동하지 말자. 예를 들어, 많은 사람들이 유당불내증을 겪는데, 이는 우유에 포함된 당을 분해하는 효소가 부족하기 때문이다.

만, 화학적 매개물질의 농도와 반응의 강도가 크게 증폭돼 나타난다. 유발접종 시 알레르겐에 노출된 감작 환자의 면역계는 혈액과 조직 내에 화학물질을 갑작스럽게 다량 방출해 다양한 표적 기관에 급격하게 작용한다. 이러한 반응은 호흡 곤란을 유발할 정도로 목 부종을 일으키고 혈압을 급격히 저하시켜 심장마비로 이어질 수 있다. 아나필락시스의 심각한 경우 완전한 기도 폐쇄로 인해 15분 내에 사망에 이르는 사례도 보고된 바 있다. 땅콩 알레르기는 음식 알레르기로 인한 사망 원인 중 가장 흔하며, 미량의 알레르겐에도 빠르게 반응하는 경향이 있다. 땅콩을 섭취한 사람과의 키스나 땅콩이 닿은 유리잔을 공유하는 것만으로도 치명적인 결과를 초래할 수 있다.

## 알레르기 진단

알레르기는 감염이나 다른 질환과 비슷한 증상을 보이기 때문에 환자가 실제로 알레르기를 가지고 있는지 확인하는 것이 중요하다. 필요하거나 가능하다면 특정 알레르겐을 찾아내는 것도 도움이 된다. 알레르기 진단은 비특이적 검사, 특이적 검사, 시험관 내(in vitro) 검사, 생체 내(in vivo) 검사 등 여러 단계의 검사로 이루어진다.

알레르기 반응이 있었는지를 확인할 수 있는 검사 중 하나는 비만세포에서 분비되는 효소인 트립신 분해효소(tryptase)의 혈중 농도를 측정하는 것이다. 이 효소의 농도는 알레르기 반응이 발생할 때 증가한다. 또한 여러 종류의 특이적 시험관 내 검사를 통해 환자의 혈액 샘플에서 알레르기의 중요한 징후를 발견할 수 있다. 예를 들어, 혈액 세포 분석을 통해 호염구와 호산구 수치를 확인할 수 있으며, 이 수치가 높을 경우 알레르기 가능성을 의미한다. 특정 알레르겐에 노출됐을 때 환자의 호염구에서 방출되는 히스타민 양을 측정하는 백혈구 히스타민 방출 검사도 있다. 혈청 검사는 IgE의 양과 유형을 파악하는 데 유용하며, 이는 임상적으로 유의미한 정보를 제공한다(17장 참조).

## 피부 검사

피부 검사는 아토피나 아나필락시스에 대한 민감도를 정확하게 탐지할 수 있다. 이 방법에서는 환자의 피부에 소량의 순수 알레르겐 추출물을 주사하거나 긁거나 찔러서 반응을 유도한다. 제약회사들은 흔한 공기 중에 존재하는 알레르겐(식물 꽃가루와 진균 포자)과 특이한 알레르겐(노새의 비듬, 극장 먼지, 새 깃털)을 포함한 다양한 표준 알레르겐 추출물을 제공할 수 있다. 그러나 음식 추출물을 사용한 음식 알레르기 피부 검사는 대부분의 경우 신뢰도가 낮다.

많은 알레르기를 가진 환자의 경우, 알레르기 전문의는 미리 결정된 방식에 따라 팔 안쪽이나 등에 알레르겐을 진피 내로 주사해 반응을 평가한다(그림 16.6a). 항원에 대한 반응이 나타난 후 약 20분이 지나면 각 부위를 관찰해 히스타민 방출을 나타내는 팽진 반응을 확인한다. 팽진의 지름을 측정해 0(무반응)에서 4+(15 mm 이상)까지의 척도로 평가한

(a)

(b)

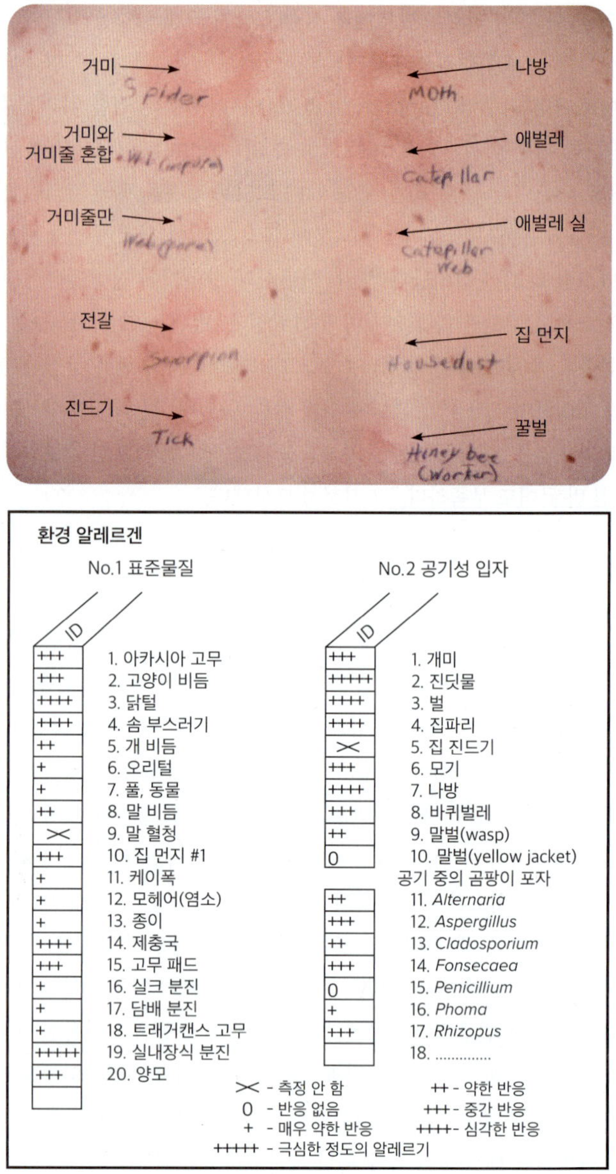


**그림 16.6** **제1형 알레르기 피부 검사 수행 방법.** 팔(또는 팔뚝)에 알레르겐 추출물을 주입하고, 알레르기 전문의는 이러한 주사로 인해 발생할 수 있는 아나필락시스 반응에 대해 매우 신중해야 한다. (a) 절지동물성 알레르겐에 대한 피부 주입 검사 반응 결과로, 반응 강도가 중증(거미)부터 0(애벌레 실)까지 다양하다. (b) 심각한 다중 알레르기를 가진 환자에 대한 일부 일반적인 환경 알레르겐에 대한 피부 검사 기록이며, 일부는 4+ 이상의 강한 반응을 보인다. (출처: Dr. Frank Perlman, MA Parson/CDC)

다. 그림 16.6b는 심각한 흡입 알레르기를 가진 사람의 피부 검사 결과를 보여 준다.

## 알레르기 치료와 예방

일반적으로 알레르기 치료 및 예방 방법은 다음과 같다. (1) 알레르겐 피하기. 하지만 이는 알레르겐에 따라 어려울 수 있다. 예를 들어, 라임은 피하기 쉽지만, 먼지는 피하기 어렵다. (2) 림프구, 비만세포, 또는 화학적 매개물질의 작용을 차단하는 약 복용하기. (3) 알레르겐 탈감작 치료

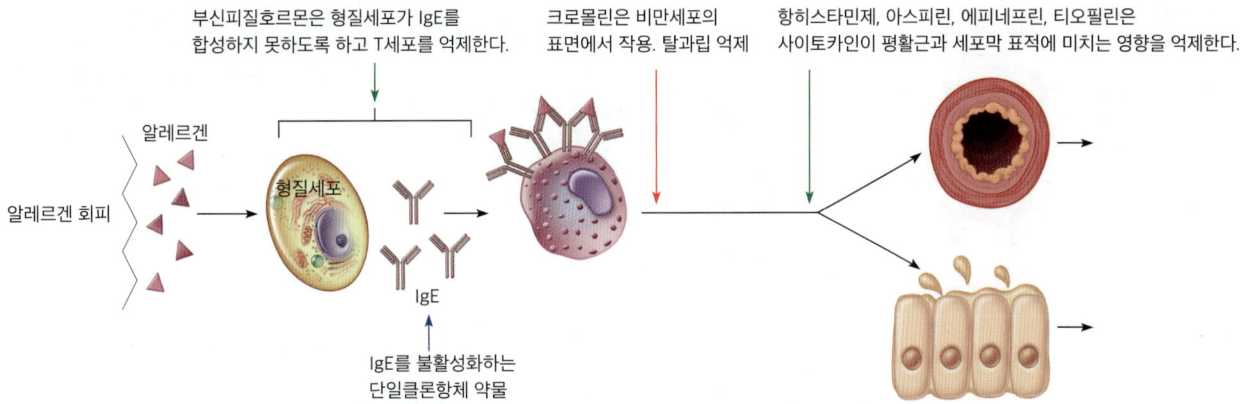


**그림 16.7 알레르기 반응을 피하기 위한 전략.** 여기에는 알레르겐 회피, 면역 반응 억제, IgE 분비 억제, 탈과립 방지, 사이토카인 작용 차단이 포함된다.

받기.

오랫동안 일반적인 의학적 조언은 음식 알레르기를 예방하기 위해 고형 음식을 늦게 시작하라는 것이었다. 특히 땅콩, 달걀, 콩, 생선 등 알레르기 유발 음식을 적어도 아기가 1살이 될 때까지는 피하는 것이 좋다고 여겨졌다. 그러나 최근 연구들은 이와 반대로, 이러한 음식을 어린 나이에 접하는 것이 알레르기 예방에 가장 효과적이라는 결과를 제시한다.

## 접촉성 알레르기 치료법

알레르기 약물의 목적은 IgE 생산과 증상 발현 사이에서 알레르기 반응이 진행되는 경로를 차단하는 것이다(그림 16.7). 부신피질호르몬(corticosteroid)과 같은 항염증 약물을 복용하면 림프구의 활동이 억제돼 IgE 생산이 줄어들지만, 이러한 약물은 위험한 부작용이 있을 수 있어 장기간 복용해서는 안 된다. 일부 약물은 비만세포의 탈과립을 차단하고 염증성 사이토카인의 수치를 낮추는 역할을 한다. 그중 가장 효과적인 약물은 디에틸카바마진(diethylcarbamazine)과 크로몰린(cromolyn)이다. 천식과 비염 환자는 류코트리엔 합성을 차단하는 약물[몬테루카스트(montelukast), 상품명 Singulair]이나 IgE를 비활성화하는 단일클론항체[오말리주맙(omalizumab), 상품명 Xolair]로 증상을 완화할 수 있다.

아토피 알레르기 증상 예방에 널리 사용되는 약물은 **항히스타민제**(antihistamine)다. 이는 대부분의 일반 약국에서 판매되는 알레르기 약물의 주요 성분이다. 항히스타민제는 표적 기관의 히스타민 수용체에 결합해 히스타민의 작용을 방해한다. 많은 항히스타민제는 졸음과 같은 주요 부작용을 유발하지만, 최근 항히스타민제들은 혈액-뇌 장벽(blood-brain barrier)을 통과하지 않아 이러한 부작용이 없는 경우가 많다. 염증 증상을 완화하는 다른 약물로는 진통 효과가 있는 아스피린과 아세트아미노펜(acetaminophen), 호흡기 평활근 수축을 완화하는 기관지 확장제인 티오필린(theophylline)이 있다. 아나필락시스로 고통받는 사람들은 항상 주사형 에피네프린(아드레날린)을 소지하고, 자신의 감작성을 표시하는 신분 태그를 함께 착용하는 것이 권장된다. 에피네프린이 포함된 에어로졸 흡입기는 빠른 회복을 제공한다. 에피네프린은 기도의 수축을 이완시키고 알레르기 유발 매개물질의 방출을 지연시킨다.

피부반응검사로 확인된 특정 알레르겐을 조절된 양으로 주사해 약 70%의 알레르기 환자가 치료 효과를 보고 있다. 이 기술은 **탈감작**(desensitization) 또는 **저감작**(hyposensitization)이라고 불리는 알레르기 면역요법의 일종으로, 알레르겐, IgE, 비만세포 간의 반응을 차단하는 방식이다. 알레르겐 제제에는 순수하고 보존된 식물 항원, 독, 집먼지진드기, 비듬, 진균 등의 현탁액이 포함된다. 저감작의 새로운 방법으로 **설하면역요법**(sublingual immunotherapy, SLIT)이 있는데, 이는 미리 정량된 알레르겐을 혀 밑에 넣어 흡수되도록 하는 방식이다. FDA는 돼지풀, 특정 풀, 집먼지진드기용 SLIT 정제를 승인했으며, 일부 알레르겐에 대해서는 액체 형태의 알레르겐 제제(설하방울)도 이용 가능하다.

최근 임상 연구에서는 심각한 땅콩 알레르기가 있는 어린이를 대상으로 땅콩 추출물을 이용한 탈감작이 성공적으로 이루어진 사례가 보고됐다. 연구에 참여한 환자들은 6개월에 걸쳐 땅콩 단백질을 소량씩 섭취했으며, 이후 추가 6개월 동안 일일 유지 용량을 섭취했다. 연구가 끝날 즈음 대부분의 환자는 땅콩 세 알에 해당하는 1,000 mg의 땅콩 단백질을 안전하게 견딜 수 있었다. 이 경우 목표는 환자들이 소량의 땅콩 단백질로 오염된 음식을 실수로 섭취했을 때 안전하도록 보호하는 것이지, 땅콩버터 샌드위치를 좋아하게 만드는 것이 아니다.

탈감작 치료의 면역학적 기초는 해석에 차이가 있을 수 있다. 한 이론에 따르면 주입된 알레르겐이 IgE 대신 알레르겐-특이 IgG를 높은 수준으로 생성하도록 자극한다는 것이다(그림 16.8). 이러한 IgG **차단 항체**(blocking antibody)는 IgE와 결합하기 전에 알레르겐을 체내에서 제거함으로써 비만세포의 탈과립을 방지할 수 있다고 제안됐다. 또한 이러한 방식으로 전달된 알레르겐이 IgE 자체와 직접 결합해 순환계에서

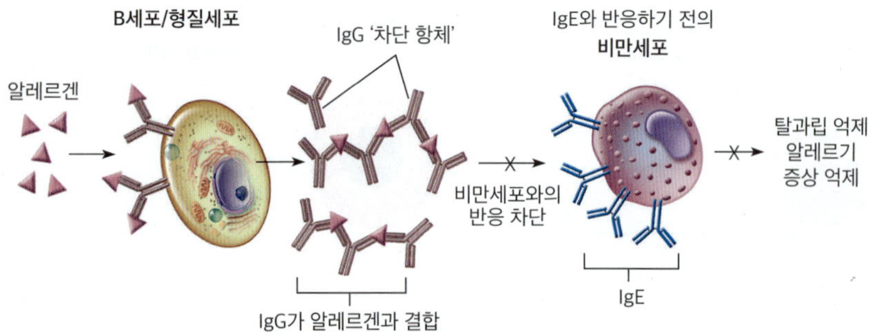


**그림 16.8 알레르기성 탈감작에 대한 차단 항체 이론.** 알레르겐의 주입은 IgE 대신 IgG 항체가 형성되도록 유도한다. 이 차단 항체는 교차 결합해 알레르겐이 비만세포에 있는 IgE와 반응하기 전에 이를 효과적으로 제거한다.

IgE를 제거함으로써 비만세포와의 반응을 차단할 가능성도 있다.

**핵심 점검 16.2**

5. 알레르겐의 몇 가지 예시를 들고 그것이 신체에 접근하는 경로를 설명하시오.
6. 알레르기 반응의 유형과 중증도에 영향을 미치는 여러 가지 요인을 설명하시오.
7. 감작과 유발접종 과정에서 일어나는 현상을 설명하시오.
8. 아토피성 알레르기와 아나필락시스는 어떻게 비슷하며, 또 어떻게 다른가?
9. 꽃가루가 알레르기에서 감작과 유발 과정을 거치는 경로를 추적하시오. 또한 이 과정에서 비만세포, 호염구, IgE, 알레르기 매개물질의 역할을 포함해 설명하시오.
10. 주요 매개물질이 알레르기의 징후와 증상에 미치는 역할을 설명하시오.
11. 주요 아토피 질환의 표적 기관과 증상, 그리고 진단과 치료 방법을 간략하게 설명하시오.
12. 저감작의 방법을 설명하고, 그 효과가 어떻게 나타날 수 있는지에 대한 신뢰할 수 있는 기작을 제시하시오.

## 16.3 제2형 과민증: 외래 세포를 용해하는 반응

**학습목표**

10. 제2형 과민증을 일으키기 위한 조건을 설명한다.
11. 혈액형군이 무엇을 의미하는지 정의하고, 그것이 어떻게 유전되고 발현되는지 설명하며, 수혈과 관련된 주요 의학적 문제를 정의한다.
12. 혈액의 형질을 어떻게 검사하고 기호로 나타내는지 논한다.
13. Rh 인자에 대한 특별한 우려사항, 신생아 용혈성 질환의 원인, 이를 예방하는 방법을 설명한다.

제2형 과민증이라 불리는 질병은 보체가 도움을 주는 항체(IgG 및 IgM)가 세포 표면에 있는 항원에 반응해 세포를 파괴(용해)하는 복합적인 증후군이다. 이 범주에는 수혈 반응과 일부 자가면역질환(16.6절에서 논의)이 포함된다. 파괴의 표적이 되는 세포는 주로 적혈구이지만, 다른 세포들이 관련될 수도 있다.

14장과 15장에서 세포막에 있는 독특한 표면 표지자들의 기능을 설명했다. 일반적으로 이 표지자들은 수송, 인식, 발생에 중요한 역할을 하지만, 한 사람의 조직이 다른 사람의 몸으로 이식될 때 의학적으로 중요해진다. 수혈과 장기 이식에서는 공여자의 세포가 수용자의 림프구에 의해 인식되는 **동종항원**(alloantigen: 같은 종 내에서 다른 분자)을 유입한다. 이러한 반응은 알레르기나 자가면역질환과 같은 면역 기능장애는 아니다. 사실 면역계는 정상적으로 기능하고 있지만, 이식된 조직의 유익한 외래 세포와 미생물의 유해한 세포를 구별할 수 있는 능력이 부족하다.

### 인간의 ABO 항원과 혈액형의 기초

인간 혈액형의 존재는 1904년 오스트리아의 병리학자인 카를 란트슈타이너(Karl Landsteiner)에 의해 처음으로 증명됐다. 그는 수혈에서의 부적합성을 연구하던 중 한 사람의 혈청이 다른 사람의 적혈구를 응집시킬 수 있다는 사실을 발견했다. 란트슈타이너는 이를 바탕으로 네 가지 혈액형을 구별했고, 이를 **ABO 혈액형군**(ABO blood group)이라 부르게 됐다.

15장에서 설명된 백혈구의 **MHC / HLA** 항원과 마찬가지로, 적혈구의 ABO 항원 표지자들도 유전적으로 결정되며, 당단백질로 구성된다. ABO 항원은 3개의 **대립유전자**(allele)* 중 2개(각 부모로부터 하나씩)를 물려받아 유전된다. A, B 또는 O 유전자형이 있으며, A와 B 대립유전자는 O보다 우성이고, 서로에 대해서는 공동우성이다. 표 16.3에서 볼 수 있듯이, 이러한 유전 방식은 특유의 유전자 조합(genotypes)에 따라 네 가지 혈액형(표현형)을 만들어 낸다. 즉, AA나 AO 유전자형을 가진 사람은 A형, BB나 BO 유전자형은 B형, AB 유전자형은 AB형, OO 유전자형은 O형이다. 혈액형에 대한 몇 가지 중요한 사항은 다음과 같다.

1. 혈액형은 우성 항원에 따라 이름 붙여진다.
2. O형 사람의 적혈구는 A 항원과 B 항원이 없지만, 다른 종류의 항원은 존재한다.
3. 적혈구 외의 조직은 A 항원과 B 항원이 존재하는데, 이는 장기이식을 복잡하게 만들 수 있다.

* 대립유전자 그리스어 'allelon'에서 유래. 서로 다른 형태를 가진 유전자, 특정 특성에 대한 유전자의 대체 형식.

표 16.3 ABO 혈액형군의 특성

| 유전자형 | 혈액형 | 적혈구 막에 존재하는 항원 | 혈장 속의 항체 | 미국 내 혈액형 현황 | | |
|---|---|---|---|---|---|---|
| | | | | 백인 (%) | 아시아인 (%) | 아프리카인과 카리브인(%) |
| AA, AO | A | A | 항a | 41 | 28 | 27 |
| BB, BO | B | B | 항b | 10 | 27 | 20 |
| AB | AB | A와 B | 항a, 항b 둘 다 아님 | 4 | 5 | 7 |
| OO | O | A와 B 둘 다 아님 | 항a와 항b | 45 | 40 | 46 |

AB 항원과 혈액형에 대한 그림은 그림 16.9에서 보여 준다. A와 B 유전자는 성숙 과정 동안 적혈구 표면 분자에 말단 당(terminal sugar)을 첨가하는 효소를 각각 암호화한다. A형 적혈구는 N-아세틸갈락토사민(N-acetylgalactosamine)을 붙이는 효소를 가지고 있고, B형 적혈구는 D-갈락토스(D-galactose)를 붙이는 효소를 가진다. AB형 적혈구는 두 가지 효소를 모두 가지고 있어 두 가지 당을 모두 붙이고, O형 적혈구는 말단 분자를 붙이는 유전자와 효소가 결핍돼 항원이 존재하지 않는다.

## A 항원과 B 항원에 대한 항체

개인이 자신의 적혈구 항원에 대해 항체를 정상적으로 생성하지는 않지만, 혈청에는 다른 항원을 가진 혈액과 반응하는 항체가 존재할 수 있으며, 이러한 항체는 다른 혈액형과 접촉한 적이 없더라도 존재할 수 있다. 이것은 수혈 반응의 즉각적이고 강렬한 특성을 설명해 준다. 일반적으로 A형 혈액은 B형 및 AB형 적혈구의 B 항원과 반응하는 항체(항B)를 포함하고 있다. B형 혈액은 A형 및 AB형 적혈구의 A 항원에 반응하는 항체(항A)를 포함한다. O형 혈액은 A와 B 항원 모두에 반응하는 항체를 포함하고 있으며, AB형 혈액은 A나 B 항원에 반응하는 항체를 포함하지 않는다(표 16.3 참조). 이 항체들인 항a(anti-a)와 항b(anti-b)는 어디에서 유래했는가? 면역학자들은 이 항체들이 유아기 동안 자연에서 널리 분포하는 특정 항원에 노출되면서 발생한다고 밝혔다. 이러한 항원은 세균과 식물 세포의 표면 분자며, A와 B 항원의 구조를 모방해 수혈 반응을 일으키는 항체의 생성을 자극한다. 면역계가 이러한 항체를 형성한 뒤 이 항체들은 평생 혈액 속에서 계속 순환한다.

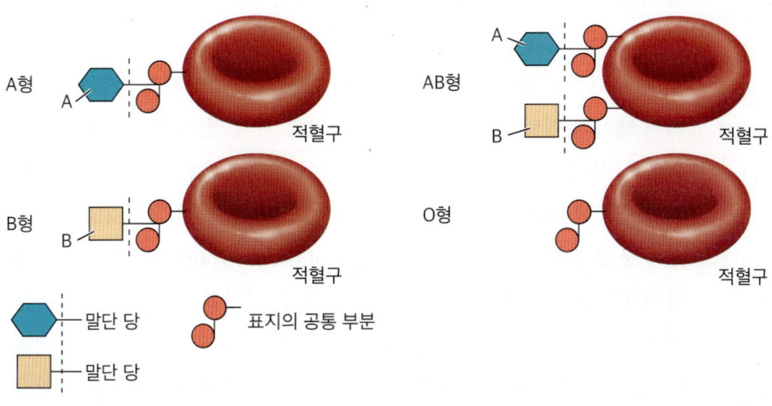


그림 16.9 적혈구에 있는 A와 B 항원(수용체)의 유전적·분자적 근거. 일반적으로 A형, B형, AB형 혈액형을 가진 사람들은 기본적인 적혈구 수용체에 말단 당을 추가하는 효소의 유전자를 물려받는다. O형 혈액형을 가진 사람들은 이러한 효소가 없어서 말단 당이 결여돼 있다.

## 수혈 시의 임상적 고려사항

안전한 수혈은 항상 수혈을 받는 사람과 기증자의 혈액형을 확인하는 것에서 시작된다. 표준 기법을 사용해 혈액 몇 방울을 A형과 B형 항원에 대한 항체가 포함된 **항혈청**(antisera)과 섞고, 그 후 응집 현상이 있는지 확인한다(그림 16.10).

관련된 혈액형을 알면 어떤 수혈이 안전한지 결정할 수 있다. 일반적인 적합성 규칙은 공여자의 적혈구 항원이 수혈받는 사람의 혈액에 있는 항체에 의해 응집되지 않아야 한다는 것이다(그림 16.11). 이상적인 수혈은 혈액형이 완벽하게 일치하는 경우(A형은 A형에게, B형은 B형에게)가 가장 좋다. 하지만 이런 경우에도 수혈 전에 반드시 교차 일치를 확인해야 한다. 다른 혈액형 간 부적합성이 있을 수 있기 때문이다. 이 검사는 기증자의 혈액과 수혈받는 사람의 혈청을 섞어서 응집 현상이 있는지 확인하는 것이다.

특정한 상황(의료 응급 상황, 전쟁터 등)에서는 보편적인 수혈 개념을 사용할 수 있다. 이를 이해하려면 이전 절에서 언급했던 규칙을 적용해야 한다. O형 혈액은 A와 B 항원이 없고 다른 혈액형에 의해 응집되지 않으므로 이론적으로는 어떤 수혈에도 사용할 수 있다. 이 혈액형을 가진 사람을 **보편적 기증자**(universal donor)라고 부른다. 반면, AB형 혈액은 응집 항체가 없으므로 AB형 사람은 어떠한 혈액형도 받을 수 있다. 따라서 AB형 사람은 **보편적 수혜자**(universal recipient)라고 불린다. 비록 두 가지 형태의 수혈이 항원-항체 부적합성이 있어도 기증자의 혈액이 수혜자의 순환계에서 희석되기 때문에 큰 문제가 되지 않는다. 수혈에서 중요한 또 다른 적혈구 표지자(RBS marker)로는 Rh, MN, Kell 항원이 있지만, 이들은 ABO 혈액형에 비해 수혈 위험이 덜하다.

잘못된 혈액형을 수혈할 경우 정도에 따라 다양한 부작용이 발생할 수 있다. 가장 심각한 반응은 공여된 적혈구가 수혜자의 항체와 반응해 보체 연쇄 반응을 유발하며 대량 용혈(massive hemolysis)이 발생하는 경우다(그림 16.11). 이로 인해 적혈구가 파괴되면서 세포 잔해가 사구체(혈액 여과 장치)를 막아 전신성 쇼크와 신부전을 일으켜 사망에 이를 수 있다. 적혈구 파괴로 인해 발생할 수 있는 다른 반응으로는 발열, 빈혈, 황달 등이 있다. 수혈 반응이 발생하면 즉시 수혈을 중단하고, 혈액 내 헤모글로빈을 제거하는 약물을 투여하며, 정확한 혈액형의 적혈구로 재수혈해야 한다.

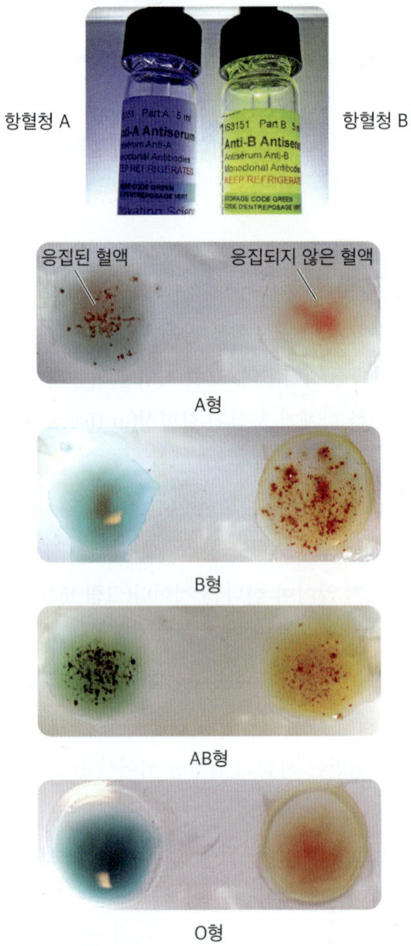


**그림 16.10** 혈액형 해석. 이 검사에서는 혈액 한 방울을 A 항원(파란색)에 대한 항체가 포함된 항혈청 A와 B 항원(노란색)에 대한 항체가 포함된 항혈청 B와 각각 혼합한다. 특정 항원이 존재하지 않으면, 해당 방울의 적혈구는 응집하지 않고 균일하게 퍼진 현탁액 상태로 보인다. 반면, 항원이 존재하면 응집이 발생해 적혈구가 눈에 보이는 덩어리 형태(작은 붉은 입자)로 나타난다. 네 가지 혈액형에 대한 형태와 해석이 나와 있다. (출처: McGraw Hill)

## Rh 인자와 임상적 중요성

임상적으로 중요한 또 다른 적혈구 항원은 **Rh 인자**(Rh factor, 또는 D 항원)다. Rh 인자는 붉은털원숭이(rhesus monkey)에서 처음 발견됐으며, 사람의 약 85%가 적혈구에 Rh(rhesus의 약칭) 인자를 갖고 있다. Rh 인자의 유전 원리는 ABO 혈액형보다 복잡하지만, 간단히 설명하면 사람의 Rh 인자의 유형은 두 가지 가능한 대립유전자 조합에 따라 결정된다. 하나는 Rh 인자를 암호화하는 우성 대립유전자고, 다른 하나는 인자를 암호화하지 않는 열성 대립유전자다. 한 사람에게 적어도 하나의 Rh 대립유전자가 유전되면 $Rh^+$가 되고, Rh 대립유전자가 전혀 유전되지 않은 사람만 $Rh^-$가 된다. 혈액형 표기 뒤에 나타나는 '+' 또는 '−'는 그 사람의 Rh 상태를 나타내며, 예를 들어 $O^+$ 또는 $AB^-$와 같은 형태로 표기된다. 그러나 ABO 항원과는 달리, 사람은 Rh 인자에 대해 선천적인 감수성을 가지지 않으며, Rh 인자가 포함된 혈액과 접촉한 이후에만 감작된다.

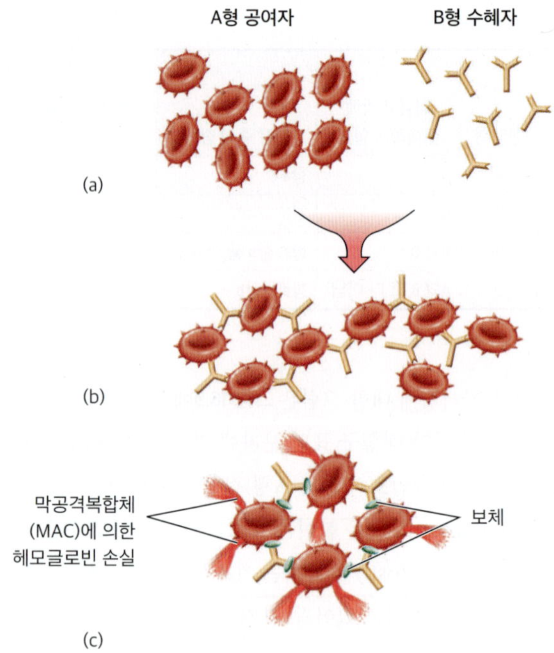


**그림 16.11** 수혈 반응의 미세 관찰. (a) 부적합한 혈액형. A형 공여자의 적혈구는 A 항원을 가지고 있으며, B형 수혜자 혈청에는 공여자 적혈구를 응집시킬 수 있는 항A 항체가 포함돼 있다. (b) 응집된 복합체가 주요 장기의 혈액 순환을 방해할 수 있다. (c) 적혈구에 결합한 항체가 보체를 활성화해 용혈과 빈혈을 유발할 수 있다. 이러한 잘못된 수혈은 혈액은행에서 혈액형 일치를 철저하게 확인하기 때문에 매우 드물게 발생한다.

## 신생아 용혈성 질환과 Rh 부적합성

Rh 부적합성으로 인한 태반 감작의 가능성은 $Rh^-$인 어머니가 $Rh^+$ 태아를 임신했을 때 발생할 수 있다. 어머니와 태아의 밀접한 연결 관계로 인해, 출산 시 태반의 분리가 이루어지면서 태아의 적혈구가 모체 혈류로 유입될 가능성이 생긴다. 어머니의 면역계는 태아 적혈구에 있는 외부의 Rh 인자를 인식하고, 이에 대해 항체와 기억 B세포를 형성하며 감작된다. $Rh^+$인 첫 번째 아이는 일반적으로 영향을 받지 않는다. 감작 과정이 임신 말기에 시작되기 때문에 출산이 항체 형성보다 먼저 이루어져 문제가 발생하지 않기 때문이다. 그러나 어머니의 면역계는 이후 임신 시 다시 이 Rh 인자에 노출되면 강한 면역 반응을 일으킬 준비가 된다(그림 16.12a).

만약 감작된 $Rh^-$ 어머니가 $Rh^+$ 태아를 다시 임신하게 되면, 임신 말기에 태아의 적혈구가 모체 혈류로 유입돼 기억 면역 반응을 유도한다. 이때 어머니의 항Rh 항체가 태반을 넘어 태아의 순환계로 들어가 태아의 적혈구에 결합해 보체 매개 용해를 일으킨다. 그 결과는 치명적인 **신생아 용혈성 질환**(hemolytic disease of the newborn, HDN), 일명 **태아적아구증**(erythroblastosis fetalis)으로 이어질 수 있다. 이 용어는 혈액 내에 미성숙한 적아세포(erythroblast)가 존재하는 것에서 유래됐다. 모체 항체에 의해 자극된 대량의 적혈구 파괴에 대응하기 위해 미성숙 적아세포가 태아의 혈액으로 방출되기 때문이다. 추가적인 증상으로는 심각한 빈혈, 황달, 비장과 간 비대 등이 있다.

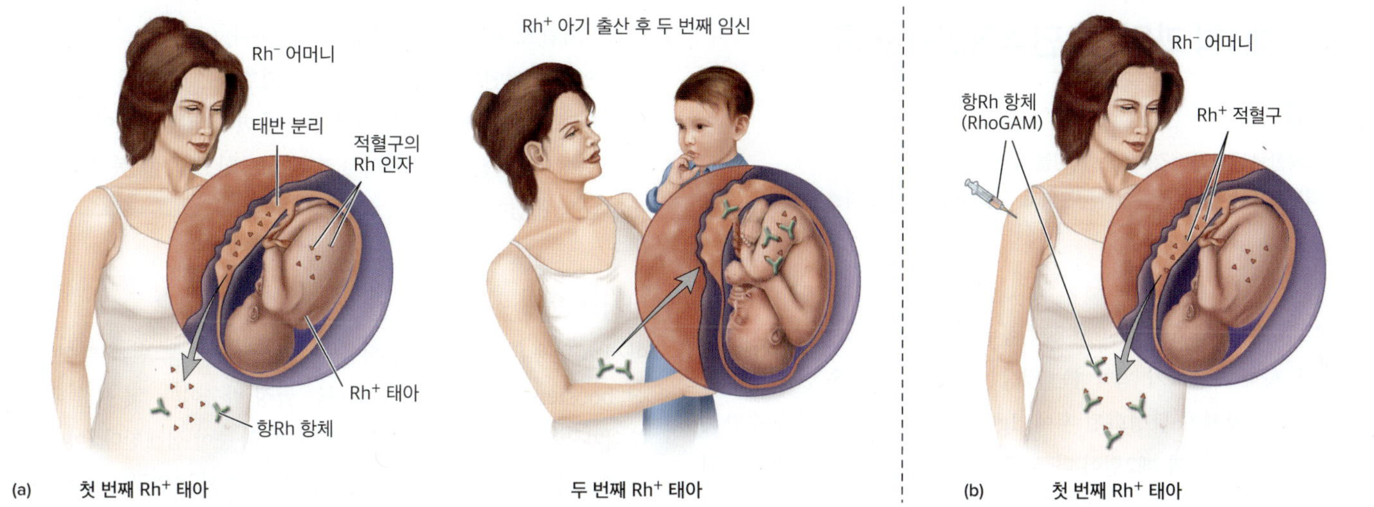


**그림 16.12 Rh 인자 부적합은 적혈구 용혈과 신생아 용혈성 질환을 유발한다.** (a) 자연적으로 발생하는 혈액 세포 부적합은 $Rh^+$ 태아가 $Rh^-$ 모계로부터 성장할 때 발생한다. 모계 면역계의 초기 감작은 태아의 혈액이 태반을 통과할 때 발생한다. 대부분의 경우 태아는 정상적으로 발달하고 질병이 없이 태어난다. 그러나 이후 $Rh^+$ 태아를 임신하면 치명적인 적혈구 용혈 현상을 유발한다. (b) 부적합성 제어: 임신 중 태아에게 전달될 수 있는 Rh 인자의 항Rh 항체(RhoGAM)를 $Rh^-$ 산모에게 투여해 Rh 인자에 결합, 비활성화 및 제거할 수 있다. 일부 사례에서 RhoGAM은 감작이 발생하기 전에 투여하기도 한다.

모자간 혈액형 부적합성은 ABO 혈액형에서도 발생할 수 있지만, Rh 감작보다 빈도가 낮다. 이는 ABO 혈액형 항원에 대한 항체가 IgG가 아닌 IgM 형태기 때문에 다량으로 태반을 통과하지 못하기 때문이다. 또한 모자간의 면역 반응이 일어나지 않는 것 자체도 흥미로운 현상으로, 모체와 태아 간에 항원이 섞일 수 있는 많은 접촉 기회에도 불구하고 거부 반응이 발생하지 않는다. 이는 태반이 태아를 항원으로부터 격리하는 장벽 역할을 하기 때문이라고 여겨진다. 태반은 밀도가 높은 여러 겹의 막으로 둘러싸여 있어 모체의 세포가 통과하지 못하게 하며, 순환 중인 항원을 흡수, 제거 및 비활성화해 태아가 안전하게 보호될 수 있도록 한다.

## 신생아 용혈성 질환 예방

산모에게 Rh 인자가 감작되면, 다른 모든 $Rh^+$ 태아는 신생아 용혈성 질환의 위험에 노출된다. 예방하기 위해서는 임신한 $Rh^-$ 여성의 가족력을 주의 깊게 살펴봐야 한다. 이를 통해 여성에게서 이미 감작됐거나 $Rh^+$ 태아를 임신하고 있을 가능성을 예측할 수 있다. 여성이 낳은 다른 자녀, 그들의 Rh 혈액형 그리고 부계의 Rh 상태도 고려해야 한다. 만약 부계가 $Rh^-$인 경우 그 아이는 $Rh^-$이며 위험이 없지만, 아버지가 $Rh^+$인 경우 아이는 부계의 정확한 유전자 구성에 따라 $Rh^+$일 확률이 50% 또는 100%이다. 만약 태아가 $Rh^+$일 가능성이 있는 경우, 모계는 Rh 인자에 대한 항체[$Rh_0$ (D) 면역글로불린, 또는 RhoGAM[2]]를 포함하는 항혈청으로 수동 면역 접종을 받아야 한다. 이 항혈청은 28~32주에 한 번 투여하고 출산 직후에 다시 투여해, 모계의 면역체계가 모계의 순환계로 빠져나간 태아의 적혈구 세포를 인식하지 못하도록 한다. 이를 통해 Rh 인자에 대한 모계 면역계의 감작을 예방한다(그림 16.12b). 항Rh 항체는 $Rh^+$ 태아를 임신할 때마다 투여해야 한다. 만약 산모가 이전에 $Rh^+$ 태아를 출산했거나 잘못된 수혈로 인해 이미 감작된 경우 효과가 없으며, 이는 혈청학적 검사로 확인할 수 있다.

ABO 혈액형과 마찬가지로, 수혈을 위해서는 Rh 인자가 일치해야 하며, Rh 혈액형을 모르는 경우, $Rh^-$ 혈액을 수혈하는 것은 허용된다.

**핵심 점검 16.3**

13. 제2형 과민증의 기작은 무엇인가?
14. 어떤 사람의 조직이 다른 사람에게 항원성인지, 수혈과 이식이 없었더라면 왜 문제가 되지 않는지 설명하시오.
15. ABO와 Rh 혈액형군의 분자적 기초는 무엇인가?
16. 우리가 가지고 있지 않은 A 항원과 B 항원에 대한 자연적인 과민증은 어디서 유래하는가?
17. 사람은 Rh 인자에 어떻게 감작되는가?
18. 산모와 태아 사이의 Rh 부적합성으로 인해 발생되는 사건을 순서대로 설명하시오.
19. 수혈 방식을 설명하시오. 만약 A형 혈액이 B형 혈액에 수혈됐을 때 어떤 반응이 일어나는지 설명하시오.

2 RhoGAM: 인간 항Rh 혈청의 면역글로불린 분획으로, 여러 사람의 혈청을 혼합하여 제조.

## 16.4 제3형 과민증: 면역복합체 반응

**학습목표**

14. 면역복합체 반응의 배경이 되는 특징을 설명한다.
15. 면역복합체질환의 주요 유형을 구분하고, 그것의 생리학적 효과를 논한다.

제3형 과민증은 항체에 대한 가용성 항원의 반응과 상피조직의 기저막에 항원-항체 복합체가 침착하는 것을 의미한다. 이것은 반복적인 항원의 노출로 보체가 활성화된 후에, IgG 및 IgM 항체 생산을 수반하기 때문이다. 제3형과 제2형이 다른 이유는 항원이 세포 표면에 부착되지 않기 때문이다. 이들 항원과 항체의 상호작용은 조직에 침착될 수 있는 자유부동복합체를 생산하며, **면역복합체 반응**(immune complex reaction) 또는 면역복합체질환을 일으킨다. 이 범주에는 치료-관련 질환(혈청병 및 아서 반응)과 여러 자가면역질환(사구체신염 및 홍반성 루푸스)이 포함된다.

### 면역복합체질환의 기작

초기에 다량의 항원에 노출되면, 면역계는 체액 구획을 순환하는 많은 양의 항체를 생산한다. 동일한 항원이 재차 체내로 들어오면, 항원이 항체와 반응해 항원-항체 복합체를 형성한다(그림 16.13). 이들 복합체는 보체나 호중구와 같은 염증 인자를 유인해 정상적인 면역 반응의 일환으로 항원-항체 복합체를 제거한다. 그러나 면역복합체 질환에서 이들 복합체는 너무 많아 상피조직의 **기저막**(basement membranes)[3] 에 침착돼 접근이 어려워진다. 이에 대응해 호중구는 조직을 소화하는 리소좀 과립을 방출해 해당 부위에 파괴적인 염증 반응을 일으킨다. 제3형 과민증의 증상은 병리학적 측면에 상당 부분 기인한다.

### 면역복합체질환의 유형

동물을 이용한 초기 면역 치료 실험에서 백신과 혈청에 대한 과민반응은 흔했다. 아나필락시스 이외에도 **아서스 반응**(Arthus reaction)[4] 과 **혈청병**(serum sickness)이 발견됐다. 이들 증후군은 특정 유형의 수동면역(특히 동물 혈청)과 관련이 있다.

혈청병과 아서스 반응은 아나필락시스와 유사하게 감작과 이전에 형성된 항체가 필요하다. 아나필락시스와 구별되는 특징은 (1) IgE가 아닌 IgG, IgM 또는 IgA(침전 항체)에 의존적이다. (2) 다량의 항원(아나필락시스처럼 소량의 항원이 아님)이 필요하다. (3) 이들 질환은 수 시간에서 수일까지 지연된다. 아서스 반응과 혈청병은 몇 가지 중요한 점에서 서로 다르다. 아서 반응은 투여된 항원 주변의 혈관 염증에 의한 국소적 피부 손상이다. 혈청병은 혈액을 순환하는 항원-항체 복합체가 다양한 부위의 막에 침착해 시작되는 전신적 손상이다.

#### 아서스 반응

아서스 반응은 일반적으로 처음 주사한 부위에 두 번째 백신(추가 백신: boosters)을 주사할 때 나타나는 급성 반응이다. 몇 시간 내에 해당 부위가 붉어지고, 열이 나고, 부어오르며 통증이 심해진다. 이러한 증상은 주로 혈관 안팎으로의 조직 파괴, 비만세포와 호중구에서의 히스타민 방출에 기인한다. 보통의 경우 이 반응은 자체적으로 제한되고 신속히 제거되지만, 혈관 내 혈액 응고는 때때로 괴사 및 조직 손상을 유발한다.

#### 혈청병

혈청병은 파상풍 치료를 위해 말 혈청을 반복적으로 주사한 후 군인에게서 나타나는 질환을 지칭한다. 또한 동물의 호르몬과 약물 주사로 인해 발생할 수도 있다. 면역복합체는 순환계로 들어가 몸 전체로 운반되고 결국 신장, 심장, 피부 및 관절의 혈관에 침착된다(그림 16.13). 이 질환은

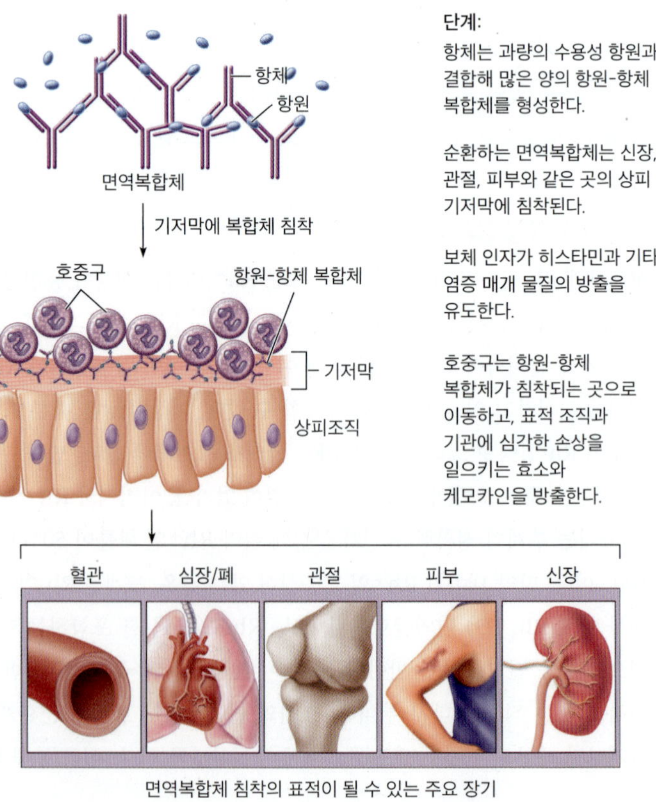


**그림 16.13** 면역복합체질환의 병리. 조직에서 순환하는 항원-항체 복합체의 침착은 주요 기관의 손상을 유발한다.

3 기저막은 상피세포의 기저 부위에 있는 경계 구조로, 일반적으로 순환하는 항원-항체 복합체를 걸러내는 역할을 한다.

4 이 반응은 국소적 염증 반응을 처음으로 발견한 모리스 아르튀스(Maurice Arthus)의 이름을 따서 명명됨.

림프절 비대, 발진, 관절통, 부종, 열, 신장 기능장애 등의 증상을 유발하며 만성질환으로 발전할 수 있다.

**핵심 점검 16.4**

20. 항원, 항체 및 질환의 증상과 관련해 제2형과 제3형 과민증을 비교하시오.
21. 면역복합체질환은 어떻게 유발되는지 예를 들어 설명하시오.

## 16.5 T세포를 수반하는 면역병리학

**학습목표**

16. 제4형 과민증이 무엇을 의미하는지 정의한다.
17. 감염성 인자에 대한 알레르기와 접촉성 피부염의 특징을 설명한다.
18. 접촉성 피부염의 주요 기작을 설명한다.
19. 장기 이식 및 이식된 조직의 거부 반응에 T세포가 어떠한 영향을 미치는지 설명한다.
20. 이식의 종류와 거부 반응을 억제할 수 있는 방법을 설명한다.

### 제4형 지연성 과민증

지금까지 다루었던 면역 반응은 주로 B세포의 관여와 항체로 설명할 수 있다. 주목할 만한 차이점은 제4형 과민증은 주로 면역계의 T세포를 수반한다는 것이다. 제4형 면역기능장애는 항원과 두 번째 접촉 후 하루 또는 수일 후에 증상이 발생되기 때문에 전통적인 지연형 과민반응(delayed hypersensitivity)으로 알려져 있다. 일반적으로 제4형 질환은 T세포가 자기 조직이나 이식된 외래 세포에 표지된 항원에 반응할 때 발생한다. 제4형 과민증의 예는 전염성 인자에 대한 지연된 알레르기 반응, 접촉성 피부염, 이식 거부 반응 등을 포함한다.

### 감염성 과민증

지연성 과민증의 전형적인 예는 결핵균 감염에 의해 감작된 사람에게 결핵균 추출물(tuberculin)을 주사할 때 발생한다. 소위 투베르쿨린 반응은 24~48시간 이내에 주사 부위에 나타나는 급성 피부염이다. 이 방법은 현재 또는 이전의 결핵을 감지하는 데 매우 유용한 진단적인 기술로 선택된 선별 검사 방법으로 사용된다. 이와 유사한 피부 검사를 이용한 기타 감염 질환으로는 한센병(나병), 매독, 히스토플라즈마증, 톡소플라즈마증, 칸디다증이 있다. 이러한 종류의 과민증은 수지상 세포에 의해 포획된 알레르겐을 받아들이는 특정 T세포($T_H1$)에 의해 발생한다. 활성화된 $T_H$세포는 대식세포, 호중구, 호산구와 같은 다양한 염증 세포를 모집하는 사이토카인을 방출한다. 해당 부위에 체액과 세포가 축적되면 투베르쿨린 검사의 양성반응 특징인 붉은 돌기가 생긴다. 만성 감염(예: 3차 매독)에서 발생하는 다른 4형 반응은 중증 장기 손상을 유발하는 육아종(granuloma) 형성이다.

### 접촉성 피부염

가장 흔한 지연성 알레르기 반응인 접촉성 피부염(contact dermatitis)은 덩굴옻나무 또는 독참나무의 송진(**16.2 연결고리 찾기**), 가정 및 개인 용품(장신구, 화장품, 신축성 있는 속옷), 특정 약물에 노출될 때 발생한

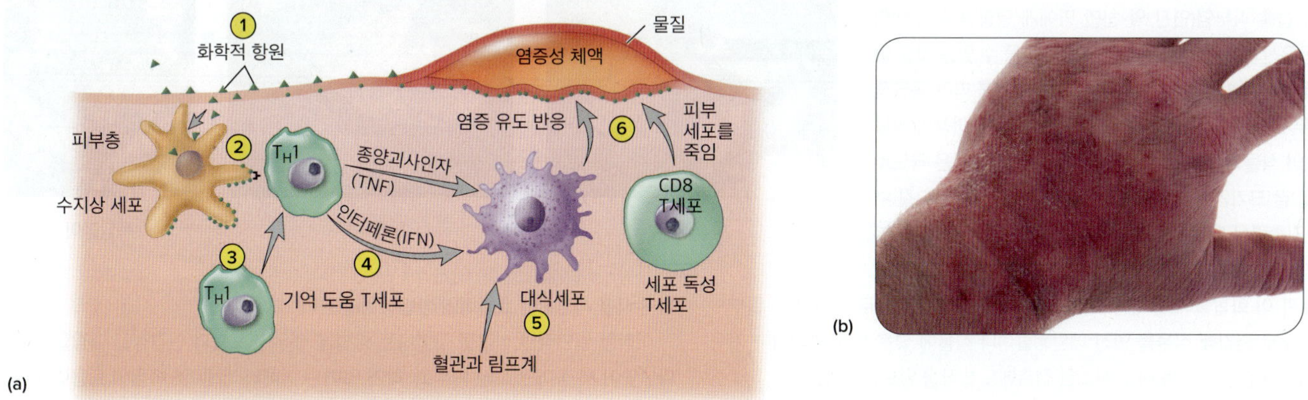


1. 지질-수용성 화학물질은 피부에 의해 흡수된다.
2. 상피층에 가깝게 존재하는 수지상 세포는 알레르겐을 포획해 MHC 수용체에 제시한다.
3. 이전에 감작된 $T_H1(CD4^+)$세포는 제시된 알레르겐을 인식한다.
4. 감작된 $T_H1$세포는 활성화돼 사이토카인을 분비한다(IFN, TNF).
5. 대식세포와 세포독성 T세포가 감염 부위로 모집된다.
6. 대식세포는 강력하고 국소적인 염증 반응을 자극하는 매개물질을 방출한다. 세포독성 T세포는 직접적으로 세포를 죽이고 피부에 손상을 입혀 체액으로 채워진 물집을 만든다.

**과정그림 16.14 접촉성 피부염.** (a) 접촉성 피부염의 발생 과정. (b) 라텍스 장갑에 의한 접촉성 피부염 사례. (출처: BW Folsom/Shutterstock)

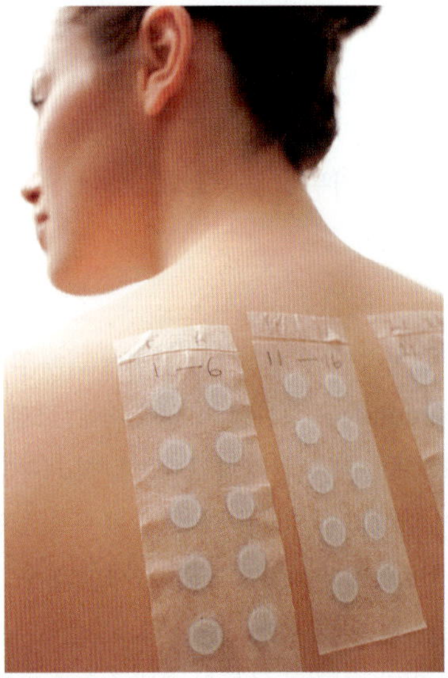

그림 16.15 **접촉성 피부염 테스트.** 대부분의 테스트는 가정용 화학물질, 화장품, 식물성 물질, 금속으로 수행된다. 알레르겐이 함유된 작은 패치를 피부에 부착하고 48시간 동안 유지한다. (출처: Science Photo Library/Age Fotostock)

다. 아토피성 피부염과 마찬가지로 이러한 알레르겐에 대한 즉각적인 반응은 보통 감작과 유발량이 있어야 일어난다. 외피층을 통과한 알레르기 항원인 알레르겐은 랑게르한스세포(피부 수지상 세포)에 의해 처리된 후 T세포에 의해 제시된다. 이후 노출 시 CD8 림프구와 대식세포를 이 부위로 모집하고, 이들 랑게르한스세포는 표피 바로 아래의 피부 조직에 심각한 손상을 입히는 효소와 염증성 사이토카인을 방출한다(과정그림 16.14a). 이러한 반응은 초기 증상인 극심한 가려움증과 물집을 설명해 준다(과정그림 16.14b). 치료가 진행됨에 따라 표피는 두꺼운 층으로 대체된다. 항원의 양과 개인의 민감성에 따라 초기 접촉에서 회복까지 최대 2주 정도 소요된다. 많은 알레르기 전문가는 접촉 알레르겐에 대한 지연성 과민반응을 확인하기 위해 패치검사를 수행한다(그림 16.15).

## 장기 이식과 관련된 T세포

조직 및 장기 이식은 흔한 의학적 시술이다. 비록 장기 이식이 생명을 살리는 수술이라 할지라도, 외부 항원을 찾아 이를 파괴하려는 림프구의 내재된 경향인 **이식 거부 반응**(graft rejection)으로 인해 어려움을 겪는다. 이식 거부 반응에서 발생하는 대부분의 손상은 15장에서 설명하는 세포독성 T세포 및 다른 살해세포(killer cell)에 기인할 수 있다. 이 절에서는 이식 거부, 이식 적합성 검사, 이식에 대한 반응, 이식 거부 반응의 예방 및 이식의 유형과 관련된 기작을 다룰 것이다.

### 이식 거부에 대한 유전적·생화학적 기초: T세포 매개 외부 MHC 수용체 인식

15장에서는 면역 기능에서 **주요 조직 적합성**(major histocompati-

---

16.2 연결고리 찾기

## 예쁘고 성가신 독성 식물들

독옻나무

독참나무

독담쟁이

알레르기성 접촉 피부염(연간 약 천만 명에게 영향을 미치는)의 원인으로 독우산과 속에 속하는 식물군을 따라올 수 있는 것은 없다. 미국 대부분 지역의 숲, 삼림지대 또는 산책로를 따라 독담쟁이, 독옻나무 또는 독참나무, 식물 중 적어도 한 가지 이상의 식물이 자란다. 이 식물의 알레르겐인 우루시올이라는 오일은 극도로 강력해 바늘 끝 크기만 한 양으로도 500명에게 증상을 일으킬 수 있으며, 그 지속력은 매우 길어 식물학자들은 100년 된 식물 표본을 다룰 때 주의해야 한다. 민감도의 정도는 개인마다 다르지만, 미국인 85%가 이 화합물에 잠재적으로 과민방응을 보이는 것으로 추정된다. 일부 사람들은 극도로 민감해 식물을 만진 애완동물이나 식물에 닿은 옷을 만지거나 기화된 우루시올을 흡입하는 등 아주 사소한 접촉에도 발작을 일으킬 수 있다.

사람은 어린 시절 접촉에 의해 처음 민감해진다. 고위험군(소방관, 등산객)은 피부 테스트를 통해 자신의 민감성 정도를 파악해 적절히 주의하고 대비할 수 있도록 권장된다. 몇 가지 특이한 치료제에는 표백제, 버터밀크, 암모니아, 헤어 스프레이, 육류 연화제가 포함된 것이 있다. 상업적 제품은 우루시올을 차단하거나 씻어 낼 수 있도록 한다. 알레르기 연구자들은 우루시올을 함유한 경구 백신이 실험 동물의 민감도를 감소시킬 수 있다는 것을 발견했다. 극도로 민감한 사람들은 독담쟁이 민감화 주사를 사용하는 효과적인 방법이 제공된다.

이러한 일반적인 식물을 구별하는 방법을 배우면 노출과 민감성을 예방할 수 있다. "잎이 세 장이면 그냥 놔두고, 하얀 열매는 피해라."라는 옛 속담이 도움이 될 수 있다. 유튜브에서 이 세 가지 독성 식물을 구별하는 데 도움이 되는 영상을 검색해 보자.

왜 독옻나무에 처음 한 번 노출되는 것만으로도 피부염 반응이 일어날 수 있는지 설명하시오.

(이미지 출처: Robert H. Mohlenbrock @ USDA-NRCS PLANTS Database/USDA SCS. 1991. Southern wetland flora: Field office guide to plant species. South National Technical Center, Fort Worth; Jennifer Anderson, United States, IA, Scott Co., Davenport, Nahant Marsh, 2001)

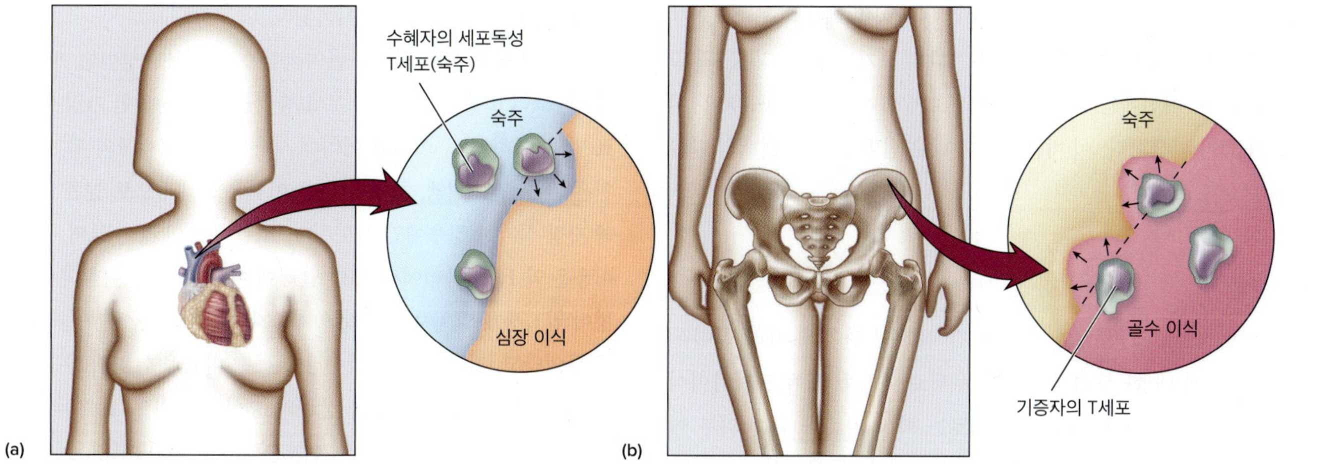


**그림 16.16** 이식에서 발생할 수 있는 반응. (a) 수혜자의 이식 거부 반응에서는 수혜자의 면역계(주로 세포독성 T세포)가 기증된 장기(이 경우 심장)의 세포와 만난 후 장기를 거부하는 반응을 일으킨다. (b) 숙주의 이식 거부 반응은 이식된 조직(골수)에 내인성 T세포를 포함하고 있어 수혜자의 조직을 외부 물질로 인식해 여러 조직과 장기를 공격해 발생한다.

bility, MHC 또는 HLA) 유전자와 표면 표지자의 역할을 기술했다. 일반적으로, MHC Ⅰ형과 Ⅱ형의 유전자와 표지자는 자가 인식과 면역 반응을 조절하는 데 매우 중요하다. 또한 이들 분자는 이식 거부 반응의 시작을 결정한다. 사람의 MHC 유전자는 대규모 유전자 풀에서 유전돼, 각각의 사람 세포는 다양한 세포 표면 분자 패턴의 다양성을 나타낼 수 있다. 그 패턴은 한 사람의 서로 다른 세포에서는 동일하며, 형제와 자매 및 부모는 서로 유사할 수 있지만 인척관계가 멀어질수록 MHC 유전자와 표지자가 유사할 가능성은 낮아진다. 기증자의 조직(이식)이 수혜자와 다른 MHC형 표면 분자를 표지할 때, 수혜자(숙주) T세포는 그것의 이질성을 인식하고 기증된 조직에 대해 면역 공격을 시작한다(그림 16.16a).

### 이식의 숙주 거부

숙주의 특정 T세포가 이식된 조직이나 기관(심장, 신장 또는 간)의 세포 표면에 존재하는 이질적인 MHC Ⅰ형 표지자를 인식하면, 그들은 일반적인 면역조절의 일부로 인터루킨-2를 방출한다. 그 결과 공여된 세포에 존재하는 이질적 항원에 대해 특이적인 도움 T세포와 세포독성 T세포가 증폭된다. 세포독성 T세포는 이식된 조직에 결합해 이식 2주 이내에 거부 과정을 개시하는 림포카인을 분비한다. 이 과정 후반에 이식 조직에 대항해 형성된 항체가 면역 손상을 일으킨다. 마지막으로 혈관 공급을 파괴해 이식된 조직과 기관의 사멸을 촉진한다.

### 숙주의 이식 거부

일부 유형의 면역결핍은 숙주가 이식을 거부하는 것을 방지한다. 그러나 이러한 실패는 심각한 손상으로부터 숙주를 보호해 주지 못한다. 이는 이식 부적합성은 두 가지 면이 있기 때문이다. 일부 이식된 조직(특히 골수)은 승객 림프구라고 하는 고유한 집단을 포함한다. 이로 인해 이식 조직이 숙주를 거부해 **이식편대숙주병**(graft versus host disease, GVHD)을 일으킬 가능성이 매우 높다(그림 16.16b). 이식 조직에 이질적인 MHC 표지자를 지닌 모든 숙주 조직도 공격을 받을 수 있기 때문에

---

임상 사례

## 단순 장기 이식 이상의 것

간 이식을 받은 환자가 3주 후, 간과 신장 기능 저하, 발열, 발진, 설사, 혈액 응고 장애 등의 증상을 보이기 시작했다. 환자는 일주일도 채 지나지 않아 사망했다. 동일한 기증자로부터 장기를 이식받은 다른 3명의 수혜자도 비슷한 증상을 보이며 사망하자, 의사들은 이식 후 감염을 의심했다. 혈액 및 조직 샘플을 질병통제센터로 보냈고, 4명의 환자 모두에서 림프구성 맥락수막염 바이러스(LCMV)가 검출됐다. 이 바이러스는 설치류를 매개로 건강한 사람에게는 경미한 증상만 일으키지만 면역억제 환자에게는 심각한 질환을 초래할 수 있다.

역학자들은 LCMV 감염의 원인을 파악하기 위해 장기 조달 및 이식에 관여된 병원, 기증자의 집과 직장, 그리고 기증자가 사망하기 전 한 달 동안 자주 방문했던 장소 등을 조사했다. 연구진은 야생 설치류에 노출됐을 가능성은 낮다고 판단했지만, 기증자의 가족 중 한 명이 최근 기증자의 집에 있는 창고에서 애완용 햄스터를 데려온 사실이 확인됐다. LCMV와 관련된 증상을 보인 가족 구성원은 없었다. 기증자의 가족들 중 햄스터를 돌보던 한 사람을 제외하고는 LCMV 항체 검사에서 음성 판정을 받았으며, 한 사람만이 LCMV에 대한 IgG 및 IgM 항체를 모두 보유하고 있었다. 햄스터는 여러 가지 검사에 LCMV 바이러스 양성 반응을 보였다.

4명의 장기 이식 수혜자 중 3명은 사망했으나 네 번째 신장 이식 수혜자는 항바이러스제 리바비린을 정맥 투여받고 면역억제제 복용량을 줄인 후 극적으로 상태가 호전됐다.

면역억제제를 줄이는 것이 생존한 수혜자의 상태를 개선했다면, 약물을 완전히 중단하지 않은 이유는 무엇일까?

GVHD의 효과는 광범위하게 전신에 영향을 미치며 해롭다. 구진, 피부 발진은 가장 흔한 증상이다. 영향을 받는 다른 장기로는 간, 장, 근육 및 점막 등이 있다. 이전에는 골수 이식의 약 30%가 이식 후 100~300일 이내에 GVHD가 발생했다. 이 비율은 보다 나은 선별 및 조직 선택의 발달로 인해 감소하고 있다.

### 이식의 분류

이식은 일반적으로 기증자와 수혜자 간 유전적 관계에 따라 분류된다. 개인의 신체 내 한 부위에서 다른 부위로 이식된 조직은 **자가이식**(autograft)이라고 한다. 대표적인 예로는 화상 치료를 위한 피부 이식과 심장 관상동맥우회술을 위한 정맥 사용이다. **동계이식**(isograft)은 일란성 쌍둥이의 조직을 사용한 이식을 말한다. 동종이식은 외부 항원을 포함하지 않기 때문에 거부 반응을 일으키지 않지만, 이러한 유형의 이식에는 분명한 한계가 있다. **동종이식편**(allograft) 또는 **동족이식**(allogenic grafts)은 가장 일반적인 이식 유형으로, 유전적으로 다른 개체 간의 교환이다(두 사람 간). 대부분의 동족이식은 유전적으로 밀접한 상관관계가 요구된다. **이종이식**(xenograft)은 서로 다른 종의 개체 간 조직 교환을 의미한다. 이식 거부 반응을 더 잘 제어할 수 있을 때까지 대부분의 이종이식은 실험적이거나 임시 치료용으로 사용된다.

### 이식 부적합성 방지 및 제어

이식 거부 반응은 수혜자의 조직과 잠재적인 기증자의 조직을 직접 비교함으로써 피하거나 줄일 수 있다. 몇 가지 조직 적합성 절차가 사용된다. 혼합림프구반응(mixed lymphocyte reaction, MLR)에서는 두 사람의 림프구를 혼합해 배양한다. 부적합성이 존재하는 경우 일부 세포가 활성화돼 증식하게 된다. 조직 적합 시험은 혈액형 분류법과 유사하지만, 림프구 표면에 있는 HLA 항원을 밝히기 위해 특정 항혈청을 사용한다는 점이 다르다. 대부분의 이식(골수 이식은 제외)은 ABO 혈액형도 일치해야 한다. 일부 이식(간, 심장, 신장)에서는 약간의 부적합성이 용인될 수 있지만, 더 가까운 일치일수록 성공할 가능성이 더 높기 때문에 가능한 가장 가까운 일치를 찾는다.

## 이식의 실제 사례

오늘날 이식은 미국에서 매년 20만 건 이상의 이식이 이루어질 만큼 그 효과가 입증된 의료 방법이다. 이식은 뇌의 일부를 포함한 모든 주요 장기에 시행된다. 가장 빈번하게 이루어지는 이식 수술은 피부, 간, 심장, 신장, 관상동맥, 각막 및 조혈모세포 이식이 포함된다. 장기 및 조직은 살아 있는 기증자(신장, 피부, 골수, 간), 시체(심장, 신장, 각막)와 태아 조직으로부터 제공된다. 지난 10년 동안 몇 가지 특이한 유형의 이식을 발견했다. 예로 태아의 췌장은 당뇨병의 잠재적 치료제로, 태아의 뇌 조직은 파킨슨병 치료 목적으로 이식된다.

동종 조혈모세포 이식은 면역결핍증, 재생불량성빈혈, 백혈병 및 기타 암, 그리고 방사선 손상으로 고통받는 환자를 위한 가장 일반적인 의료 방법 중 하나다. 이러한 이식에 사용되는 줄기세포의 세 가지 주요 원천은 골수, 말초혈액, 제대혈이다. 이식은 상대적으로 높은 사망률로 인해 가장 심각한 경우에만 시도된다. 또한 비용이 많이 들며, 전체 과정의 비용은 약 10만 달러에서 25만 달러에 이른다. 골수 이식의 경우, MHC 형이 밀접하게 일치하는 적합한 기증자가 필요하다. 이 기증자는 진정제를 투여받고, 접근 가능한 골수강에 특수 바늘을 삽입해 골수 샘플을 채취한다. 가장 적합한 부위는 장골의 능선(골반의 주요 뼈)과 척추 부분이다. 이 과정 동안 특수 주사기를 통해 500~800 mL의 골수를 추출한다. 몇 주가 지나면 기증자의 골수는 자연스럽게 회복된다. 채취한 골수를 이식하는 것은 수혜자의 골수강에 직접 넣을 필요가 없기 때문에 매우 편리하다. 대신, 이를 정맥주사로 순환계에 주입해 새로운 골수 세포가 자동으로 적절한 골수 부위에 자리 잡는다.

수혜자가 수혈을 받도록 하기 위해서는 자신의 혈액 줄기세포를 파괴해 새로운 줄기세포에 대한 거부 반응을 방지하기 위한 화학요법과 방사선 치료를 받아야 한다. 수혈 후 2주에서 한 달 이내에 이식된 세포는 수혜자의 몸에 정착한다. 기증자의 림프구가 여전히 이식편대숙주병(GVHD)을 일으킬 수 있기 때문에, 항-거부 반응 약물이 필요하다. 골수 이식의 놀라운 결과 중 하나는 수혜자의 혈액형이 기증자의 혈액형으로 바뀔 수 있다는 것이다.

최근 줄기세포 이식 기술의 발전으로 기증자의 혈액에서 직접 채취하는 백혈구성분채집술(leukapheresis)* 이 가능해졌다. 혈액에서 줄기세포를 분리하고 세포 식별 및 수집을 위해 유세포 분석기(flow cytometry)를 사용한다(7장 참조). 줄기세포의 또 다른 잠재적 출처는 갓 태어난 영아의 제대혈이다. 제대혈의 큰 장점은 기증자의 수용체가 아직 발달되지 않아 이식 거부 반응을 일으킬 가능성이 적다는 점이다.

**핵심 점검 16.5**

22. 이식의 숙주 거부 반응의 분자 및 세포적 근거와 숙주의 이식 거부 반응에 대해 설명하시오.
23. 이식의 네 가지 유형을 비교하시오.
24. 2개의 서로 다른 조직이 적합하다는 것의 의미는 무엇인가?
25. 골수 이식과 줄기세포 분리와 관련된 시술을 설명하시오.

* 순환하는 혈액에서 백혈구(WBC)를 선택적으로 제거해 수집한 후 나머지 혈액 성분을 다시 순환계로 돌려보내는 과정이다.

## 16.6 자가면역질환: 자신에 대한 공격

**학습목표**

21. 자가면역질환의 병리학적 개요를 설명한다.
22. 자가면역질환의 기원과 어떤 사람이 그 대상에 해당하는지 설명한다.
23. 자가면역질환의 중요한 유형과 그들이 갖는 의학적 악영향을 설명한다.

지금까지 다루었던 면역질환은 모두 외부 항원에 의해 발생한다. 자가면역질환의 경우, 개인이 실제로 자신의 세포에 대해 과민반응을 일으킨다. 이러한 병리학적 과정을 **자가면역질환**(autoimmune disease)으로 설명할 수 있으며, 이 자가면역질환에서는 **자가항체**(autoantibody)와 T세포가 자신의 항원에 대해 비정상적인 공격을 가한다. 자가면역질환의 범위는 매우 다양하다. 일반적으로, 자가면역질환은 여러 주요 장기를 포함하는 전신성 질환이거나 한 가지 장기나 조직만 포함하는 장기 특이적 반응으로 분류된다. 이들은 보통 자가항체가 어떻게 손상을 일으키느냐에 따라서 제2형이나 제3형의 과민증으로 분류된다. 주요 자가면역질환과 그들의 표적 그리고 기초적인 병리는 표 16.4에 제시돼 있다(겔과 쿰스를 상기하기 위해 표 16.1 참조).

### 자가면역질환의 유전 및 성별 연관성

대부분의 경우 자가면역질환의 발병 원인은 불분명하지만, 병에 걸리기 쉬운 감수성은 유전 요인에 의해 결정되고 성별 및 환경적 요인에 의해 영향을 받는다. 자가면역질환은 가족 내에서 군집을 이루며, 심지어 영향을 받지 않은 가족 구성원도 해당 질환에 대한 자가항체를 생성하는 경향이 있다. 보다 직접적인 증거는 주요 조직 적합성 유전자군에 대한 연구에서 나온다. MHC Ⅰ형과 Ⅱ형에 존재하는 주요 조직 적합성 유전자는 특정 자가면역질환의 발생과 연관성을 가진다. 예를 들어, 류머티즘 관절염 및 강직성 척추염과 같은 자가면역관절염은 B-27 인간 백혈구 항원(HLA)형을 지닌 사람에서 더 흔하다. 전신홍반루푸스, 그레이브스병, 중증근무력증은 B-8 HLA 항원과 연관이 있다. 자가면역질환(강직성 척추염 제외)이 왜 남성보다 여성에서 더 많이 발생하는지는 여전히 미스터리로 남아 있다. 여성은 사춘기 이전이나 폐경 후보다 가임기에 더 취약하며, 이는 호르몬과 임신이 면역계에 미치는 영향을 시사한다.

### 자가면역질환의 기원

건강하다는 것은 매우 적은 양의 자가항체만으로도 정상적인 기능이 가능하다는 것을 의미하며, 중간 정도로 조절된 자가항체는 아마도 노화된 세포나 세포 잔해를 처리하기 위해 필요하다. 질병은 이러한 조절 기능이나 인식 체계가 잘못 작동할 때 발생한다. 자가면역질환을 완벽히 설명할 수는 없지만 몇 가지 이론이 제안됐다.

**격리항원설**(sequestered antigen theory)은 배아가 성장하는 동안, 일부 조직에 면역학적 특권이 주어진다. 즉, 그 조직은 해부학적인 장벽 뒤로 격리돼 면역계에 의해 감시되지 않는다. 이러한 부위의 예로는 수막과 혈액-뇌 장벽으로 보호되는 중추신경계, 두꺼운 막으로 둘러싸인 눈의 렌즈, 상피 장벽에 의해 격리돼 있는 갑상샘과 고환에 존재하는 항원 등이 있다. 이러한 항원은 감염, 외상 및 기능 저하로 인해 항원이 노출되며, 면역계에서 이들 항원을 외부 물질로 인식한다.

클론선택설에 따르면, 태아의 면역계는 **금지클론**(forbidden clones)이라 불리는 일종의 자기(self)에 반응하는 모든 림프구 클론을 제거해 관용함으로써 내성을 발달시키고, 반면 외부 항원에 반응하는 클론만을 남겨 둔다. 일부 금지클론은 살아남을 수 있으며, 살아남은 세포는 내성 과정에 노출되지 않았기 때문에 항원으로 오인해 자가항원을 지닌 조직을 공격할 수 있다.

**면역결핍설**(theory of immune deficiency)은 (1) 일부 림프구의

**표 16.4 자가면역질환**

| 질환명 | 표적 | 과민증 유형 | 특징 |
|---|---|---|---|
| 전신홍반루푸스(SLE) | 전신 | II, III | 여러 장기의 염증. 적혈구, 백혈구, 혈소판, 응고인자, DNA에 대한 항체 |
| 류머티즘 관절염, 강직척추염 | 전신 | III, IV | 혈관염. 주된 표적은 관절 내층. 다른 항체에 대한 항체(류머티즘 인자) |
| 경피증 | 전신 | II | 기관에 콜라겐의 과도한 침착. 많은 세포내소기관에 대해 생성된 항체 |
| 하시모토 갑상샘염 | 갑상샘 | II | 갑상샘 여포의 파괴 |
| 그레이브스병 | 갑상샘 | II | 갑상샘자극호르몬 수용체에 대한 항체 |
| 악성빈혈 | 위장내벽 | II | 수용체에 대한 항체가 비타민 $B_{12}$의 이동을 방해 |
| 중증근무력증 | 근육 | II | 신경근육 접합부위에 있는 아세틸콜린 수용체에 대한 항체 |
| 제1형 당뇨병 | 이자 | II | 항체가 인슐린 분비세포의 파괴를 자극 |
| 다발성 경화증 | 수초 | II, IV | 신경세포의 신경돌기 절연체인 수초에 감작된 T세포와 항체가 신경세포를 파괴 |
| 굿파스처증후군(사구체신염) | 신장 | II | 사구체 기저막의 항체에 의한 신장 손상 |
| 류머티즘열 | 심장 | II | A군 연쇄상구균에 대한 항체가 심장 조직과 교차반응 |

수용체 유전자의 돌연변이에 의해 자기에 대한 반응성을 부여하거나, (2) T세포 조절 세포의 기능장애로 자기 관용을 유지하지 못한다는 가설을 제시한다. 이 두 가지 현상 모두 자가면역의 배경이 된다. 정상적으로 MHC Ⅱ형 표지자를 발현하지 않는 비정상적 발현은 자기에 대한 비정상적인 면역 반응을 일으키는 것으로 밝혀졌다. 이와 관련된 현상으로, T세포의 활성화는 자기 항원과 반응할 수 있는 B세포를 잘못 활성화시키는 것으로 알려졌다. 이러한 현상을 방관자효과(bystander effect)라고 한다.

일부 자가면역질환은 미생물 항원이 정상 사람 세포와 유사한 분자 결정기를 가진 경우인 **분자적 모방**(molecular mimicry)에 의해 발생하는 것으로 보인다. 미생물 감염은 조직과 교차반응할 수 있는 항체 형성의 원인이 될 수 있다. 이것은 류머티즘열의 병리에 대한 이론 중 하나다. 분자적 모방을 통한 또 다른 자가면역질환의 예는 피부질환인 건선이다. 비록 이 질환의 병인이 복잡하고, 특정 형태의 MHC 대립유전자의 유전과 관련이 있지만, A군 연쇄상구균 감염 또한 건선에서 중요한 역할을 한다. 과학자들은 연쇄상구균의 표면 단백질과 반응하도록 준비된 T세포가 피부의 각질세포와 반응해 세포 증식을 유발한다고 보고했다. 이러한 이유로 건선 환자들은 종종 연쇄상구균성 인후 감염 후 빈번하게 건선이 재발하는 경우가 많다.

제1형 당뇨병과 다발성 경화증과 같은 또 다른 자가면역질환은 바이러스 감염에 의해 유발될 가능성이 높다. 바이러스는 세포 수용체를 눈에 띄게 변형시켜 면역세포가 바이러스 수용체를 지닌 조직을 공격하도록 유도한다.

일부 연구자들은 대부분은 아니더라도 상당수가 자가면역질환이 미생물적 병인을 가지고 있을 것이라 믿는다. 그 기초는 분자적 모방, 바이러스에 의한 숙주 항원의 변형, 또는 자가면역에 영향을 받는 부위에 아직 탐지되지 않은 미생물의 존재일 수 있다.

## 자가면역질환의 예

### 전신 자가면역질환

가장 심각한 만성 자가면역질환 중 하나는 **전신홍반루푸스**(systemic lupus erythematosus, SLE)* 또는 루푸스다. 이 이름은 코와 뺨을 가로질러 나타나는 특징적인 나비 모양의 발진에서 유래됐다(그림 16.17a). 고대 의사들은 이 발진이 늑대를 닮았다고 생각했다(루푸스는 라틴어로 '늑대'를 의미). 질병의 증상은 매우 다양하지만, 모든 환자는 다양한 장기와 조직에 대해 자가항체를 생산한다. 핵과 미토콘드리아의 핵단백질과 같은 세포 내 물질에 대한 항체 또한 추가적 특징이다. 얼굴 발진 외에도 팔다리와 몸의 피부에 병변이 나타난다. 영향을 받는 다른 장기는 신장, 골수, 신경계, 관절, 근육, 심장 및 위장관이다.

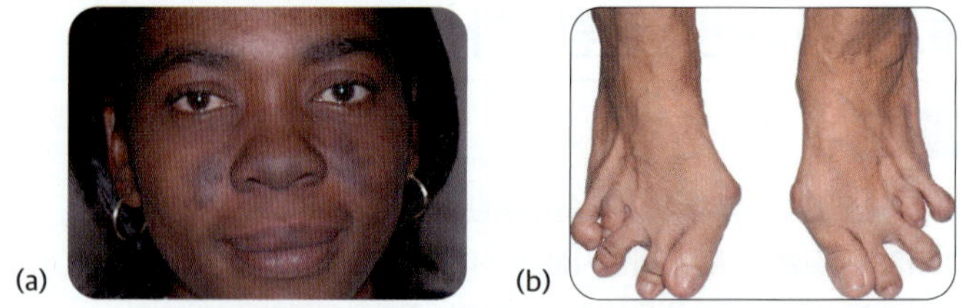


**그림 16.17 일반적인 자가면역질환.** (a) 전신홍반루푸스. 콧등과 뺨을 따라서 발진이 발생하는 증상이 나타난다. 이런 구진과 얼룩은 가슴과 다리에서도 발생할 수 있다. (b) 류머티즘 관절염은 일반적으로 관절의 윤활막을 주된 표적으로 삼는다. 만성 염증은 막의 비대, 관절 연골의 짓무름, 관절을 유착시킨다. 이들의 영향은 거동에 심각한 제한을 가하며, 결국엔 부종과 염좌를 일으킬 수 있다. (출처: Usatine, R. P., Smith, M. A., Mayeaux, E. J., & Chumley, *H. S. The Color Atlas of Family Medicine* (2nd ed.). www.accessmedicine.com. Copyright The McGraw-Hill Companies, Inc. All rights reserved.; UnderhilStudio/Shutterstock)

SLE에서 자가항체-자가항원 복합체는 다양한 장기의 기저막에 침착된다. 주요 증상으로는 신부전, 혈액 이상, 폐렴, 심근염, 피부 병변이 있다. 이 병은 주로 재발과 완화의 주기적 반복을 보인다. 만성 루푸스의 한 형태(원판형 루프스, discoid)는 자외선 노출에 영향을 받아 주로 피부를 손상시킨다. 루푸스의 병인은 여전히 수수께끼다. 일반화된 자기-관용(self-tolerance) 손실이 어떻게 발생되는지 알려져 있지 않지만, 바이러스 감염이나 T세포 기능의 손실로 추정된다. 가임기 여성이 이 질환의 90%를 차지한다는 사실은 임신 중 면역 억제가 관련돼 있음을 시사한다. SLE의 진단은 일반적으로 혈액검사를 통해 이루어진다. 핵 DNA와 RNA 및 다양한 조직에 대한 자가항체(간접형광항체 또는 방사면역 분석 기술에 의해 탐지됨)가 일반적이며, 루푸스 인자[항핵인자(antinuclear factor)]에 대한 양성 반응은 이 질병을 나타낸다. 치료는 스테로이드, 메토트렉세이트(methotrexate)와 단일클론항체 벨리무맙(belimumab, 상품명 Benlysta)에 의한 재발의 통제를 목표한다.

류머티즘 관절염(rheumatoid arthritis, RA)*은 또 다른 전신 자가면역질환으로, 관절에 점진적이고 치명적인 진행성 손상을 초래한다. 일부 환자에서는 폐, 눈, 피부, 신경계에도 영향을 미친다. 질병에 걸린 환자의 관절에서 자가항체는 관절의 활막에 결합해 식세포를 활성화하며 사이토카인의 방출을 촉진하는 면역복합체를 형성한다. 만성 염증은 조직에 상처를 입히고 관절을 파괴시킨다. 손과 발의 관절이 먼저 영향을 받으며, 그 후 무릎과 엉덩이 관절이 영향을 받는다(그림 16.17b). 류머티즘 관절염 유발 원인은 알려져 있지 않지만, 엡스타인-바 바이러스와 같은 감염성 인자가 의심된다. 이 질환의 가장 일반적인 특징은 류머티즘 인자(rheumatoid factor, RF)라 불리는, 다른 항체에 대해 lgM 항체의 존재다. 이 항체는 질병을 일으키지는 않지만 주로 진단 목적으로 사용된다. 다른 자가면역질환보다 류머티즘 관절염 치료제가 더 많이 개

* 전신홍반루푸스 라틴어로 루푸스는 늑대를, 홍반은 붉은색을 의미함.

* 류머티즘 관절염 그리스어 rheuma(체액성 분비물)와 arthron(관절)에서 유래.

발돼 있다. 여기에는 메토트렉세이트, TNF 억제제(에타너셉트, 상품명 Enbrel, 아달리무맙, 상품명 Humira, 인플릭시맵, 상품명 Remicade), 리툭시맙(rituximab, 상품명 Retuxan), 아바타셉트(abatacept, 상품명 Orencia), 토실리주맙(tocilizumab, 상품명 Actrema)이 있다. 이 약물들은 모두 류머티즘 관절염(RA)의 병리학적 원인인 주요 면역세포나 물질을 억제한다.

### 내분비샘의 자가면역질환

때때로 갑상샘은 자가면역의 표적이 된다. **그레이브스병**(Graves' disease)의 근본적인 원인은 갑상샘호르몬(thyroxin)을 분비하는 여포세포막 수용체에 자가항체가 결합하기 때문이다. 여포세포의 비정상적인 자극은 갑상샘호르몬의 과잉 생산과 갑상샘기능항진증(hyperthyroidism)을 일으킨다. **하시모토 갑상샘염**(Hashimoto's thyroiditis)에서 자가항체와 T세포 모두 갑상샘에 반응하지만, 여포세포를 파괴하고 호르몬을 불활성화해 티록신 수치를 낮춤으로써 갑상샘호르몬의 생성을 줄인다. 이러한 반응의 결과로 환자는 갑상샘기능저하증(hypothyroidism)을 겪게 된다.

췌장과 췌장에서 분비되는 호르몬인 인슐린은 또 다른 자가면역의 표적이 될 수 있다. **제1형 당뇨병**(diabetes mellitus)은 이자 베타세포에서 인슐린 생산 또는 세포에서의 인슐린 기능장애로 인해 발생한다. 이 질환은 베타세포를 손상시키는 자가항체와 감작된 T세포와 관련이 있다. 이러한 베타세포의 파괴를 유도하는 복합적인 염증 반응은 분비되는 인슐린의 양을 크게 감소시킨다. 수년 동안 제1형 당뇨병은 흔한 감기와 장염의 공통 원인인 콕사키바이러스 감염과 연관이 있다고 보고돼 왔으며, 이는 분자 모방 때문일 것이다.

### 신경근육의 자가면역질환

**중증근무력증**(myasthenia gravis)* 은 주요 증상인 뚜렷한 근육 약화에서 그 이름이 유래됐다. 이 질환은 모든 골격근에 영향을 미치지만, 일반적으로 눈과 목 근육에서 가장 먼저 증상이 나타난다. 경우에 따라 근육 기능이 완전히 상실되거나 사망에 이르기도 한다. 그 원인은 알려져 있지 않지만 40세 미만의 여성과 60세 이상의 남성에게 가장 많이 나타나며, 다른 자가면역질환과 관련이 있다. 전형적인 증상은 아세틸콜린 수용체에 자가항체 결합에 의해 야기되는데, 아세틸콜린은 신경자극이 시냅스 간격(synapse junction)을 가로질러 근육으로 전달되는 데 필요한 화학물질이다. 면역 공격은 근육세포막을 심각하게 손상시켜 전달이 차단되고 마비가 발생한다. 보통 면역억제 약물을 투여해 혈액에서 자가항체를 제거하는 치료 방법이 사용된다. 자가항체를 생산하는 림프구를 파괴하는 면역독소를 이용한 실험적 치료법의 가능성을 어느 정도 보여 준다.

**다발성 경화증**(multiple sclerosis, MS)은 중추신경계의 백질에 있는 신경세포를 감싸고 있는 절연체인 미엘린수초의 손상과 관련된 마비성 신경근육 질환이다. 근본적인 병리는 자극을 전달하는 신경세포의 능력을 손상시키는 T세포와 자가항체에 의한 미엘린수초의 손상이다. 주된 운동 및 감각 증상은 근육 약화, 떨림, 언어와 시각장애, 마비 증상이다. 대부분의 MS 환자는 청소년기에 최초로 발병하며, 생애 전반에 걸쳐 재발과 경감이 번갈아 나타난다.

몇 년을 걸친 연구에도 불구하고 다발성 경화증의 명확한 원인은 아직 밝혀지지 않았다. 이 질환은 유전학적·환경적 요인과 아마도 바이러스 감염의 연합으로 발생하는 것으로 보인다. 다발성 경화증은 면역 매개 질환이지만, 아직까지 미엘린수초에 대한 공격을 유발하는 항원은 밝혀지지 않았다. 많은 연구에서 홍역, 헤르페스, 풍진과 같은 뇌의 바이러스 감염과 관련이 있다고 보고되고 있다. 다발성 경화증과 엡스타인-바 바이러스 간의 연관성이 입증됐지만, 바이러스를 분리하는 것만으로는 인과관계를 입증하기에 불충분하다.

이 질환은 부신피질호르몬(코르티손), 인터페론 베타, 단일클론항체 약물인 나탈리주맙(natalizumab) 또는 Tysabri를 포함하는 면역 기능을 억제하는 경구용 약물로 치료가 가능하다. 이러한 치료제의 부작용은 정상적인 면역 기능의 손상과 암 발생 위험의 증가다. 여러 합병증을 방지할 수 있는 다발성 경화증 환자의 골수를 채취한 자가조직 줄기세포 이식은 정상적인 면역계로 되돌리는 흥미로운 기술이다.

**핵심 점검 16.6**

26. 자가면역의 병리학적 과정을 설명하시오.
27. 자가면역의 발달에 관한 다섯 가지 가능한 기작을 설명할 수 있는 도표를 그리시오.
28. 표적 기관과 증상을 비교해 자가면역의 네 가지 주요 유형을 기술하시오.

## 16.7 면역결핍질환과 암: 면역 반응의 손상

**학습목표**

24. 면역결핍질환의 유형을 요약한다.
25. B세포, T세포 단독 혹은 두 세포 이상에 대한 1차 면역질환의 기원과 영향을 설명한다.
26. 2차 면역결핍질환의 예를 설명한다.
27. 암의 특성과 형질전환의 기작을 설명한다.
28. 면역 기능과 암 발전의 관계에 대해 설명한다.

면역계의 발달과 기능이 정상적으로 진행된다는 것은 놀라운 일이다.

* 중증근무력증 라틴어 myo(근육)와 esthene(쇠약함)에서 유래.

**표 16.5 면역결핍질환의 일반적인 범주와 예**

| 1차 면역결핍(선천적) |
|---|
| B세포 결핍(낮은 수준의 B세포와 항체)<br>무감마글로불린증(X-연관, X-비연관)<br>저감마글로불린증<br>선택적 면역글로불린 결핍 |
| T세포 결핍(모든 유형의 T세포 결핍)<br>가슴샘무형성증(디조지증후군)<br>만성 점막피하 칸디다증 |
| B세포와 T세포의 중복결핍[중증복합 면역결핍증(SCID)]<br>아데노신탈아민효소(ADA) 결핍<br>인터루킨 결핍에 의한 X-연관 중증복합 면역결핍증<br>위스콧-알드리히 증후군(Wiskott-Aldrich syndrome)<br>혈관확장성 운동실조증(Ataxia-telangiectacsia) |
| 식세포 결핍<br>세디아크-히가시 증후군(Chediak-Higashi syndrome)<br>어린이 만성육아종질환<br>표면흡착분자의 결손 |
| 보체 결핍<br>C 성분 중 하나가 결핍<br>유전성혈관부종<br>류머티즘 관련 질환 |
| **2차 면역결핍(후천적)** |
| 자연적 원인<br>감염: AIDS, 나병, 결핵, 홍역<br>다른 질병: 암, 당뇨병<br>영양 결핍<br>스트레스<br>임신<br>노화 |
| 면역억제제에 의한 결핍<br>방사선<br>중화상<br>스테로이드(코르티손)<br>이식 거부와 암을 치료하기 위한 약물<br>비장 제거 |

때때로 발생에 문제가 생겨 선천적으로 면역계가 약하거나 성장 과정에서 면역계가 약해지는 경우가 있다. 많은 경우에 이러한 '자연의 실험'은 면역결핍 환자에서 나타나는 특정 징후와 증상으로 인해 특정 세포, 조직, 장기의 정확한 기능에 대한 깊은 통찰력을 제공한다. **면역결핍**(immunodeficiency)은 종종 재발성 성격을 지니고, 기회주의적 미생물에 의한 감염 등으로 나타난다. 면역결핍은 크게 두 가지 범주로 나눌 수 있다. **1차적 질환**(primary disease)은 선천적이거나 유전적 문제에서 비롯되며, **2차적 질환**(secondary disease)은 태어난 후 획득되며 자연적 또는 인위적 요인에 의해 발생한다(표 16.5).

## 1차 면역결핍증

면역결핍은 항체 생산과 같은 특이적 면역과 식세포작용과 같은 비특이적 면역에 모두 영향을 미친다. 그림 16.18을 통해 정상적인 림프구 발달 과정에서 결함이 발생할 수 있는 위치와 그로 인한 결과를 살펴보자. 대다수 결핍의 경우 유전적 이상에 기인하지만, 정확한 원인은 알려져 있지 않다. B세포와 T세포의 발생은 어느 시점에서 갈라지기 때문에, B세포와 T세포 중 어느 하나 또는 모두에서 결손이 발생할 수 있다. 그러나 일부 결핍은 다른 세포의 기능에 영향을 미칠 수 있다. 예를 들어, T세포 결핍은 CD4 도움 T세포의 역할로 인해 B세포 기능에 영향을 미친다. 일부 결핍에서는 해당 림프구가 완전히 결핍되거나 매우 낮은 수준으로 존재하는 반면, 다른 결핍에서는 림프구가 존재하지만 정상적으로 기능을 수행하지 못한다.

### B세포 발생 또는 발현에서의 임상적 결손

B세포의 유전적 결핍은 일반적으로 면역글로불린의 발현 이상으로 나타난다. 예를 들어, 특정 면역글로불린 클래스만 결핍되거나, 다른 경우에는 모든 유형의 면역글로불린 수치가 감소하는 것이다. B세포 결핍의 상당수는 X-연관(성연관이라고도 함) 열성 형질로, 유전자는 X 염색체에 존재하며 이 질병은 주로 남자 아이에게 나타난다.

**무감마글로불린증**(agammaglobulinemia)은 용어 그대로 면역글로불린(Ig)을 포함한 혈청의 일부인 감마글로불린이 결핍된 상태를 의미한다. 면역글로불린이 완전히 결핍된 경우는 매우 드물기 때문에 일부 의사는 **저감마글로불린증**(hypogammaglobulinemia)* 이라는 용어를 선호한다. 이들 환자에서 T세포의 기능은 대체로 정상이다. 재발성 중증 세균 감염의 증상은 보통 출생 후 대략 6개월 정도에 나타난다. 가장 빈번하게 관련된 세균으로는 화농성구균(pyogenic cocci), 녹농균(*Pseudomonas*), 헤모필루스(*Haemophilus influenza*)가 있으며, 가장 흔한 감염 부위는 폐, 부비강, 뇌막, 혈액 등이다. 많은 Ig 결핍 환자는 바이러스뿐만 아니라 원생동물에 의해서 재발할 수도 있다. 환자는 종종 소모 증후군(wasting syndrome)과 같은 체중 감소를 나타내며 수명이 단축되지만, 현대 치료법 덕분에 예후가 향상됐다. 이 질병의 유일한 치료법은 면역혈청글로불린을 이용한 수동면역요법과 지속적인 항생제 요법이다.

특정 종류의 면역글로불린의 결핍은 비교적 흔한 질환이다. 유전적으로 조절되지만, 그 원인이 되는 기작은 아직 명확하지 않다. IgA 결핍은 600명 중 1명 정도의 비율로 발생하는 가장 흔한 질환이다. 이들은 정상적인 양의 B세포와 기타 면역글로불린을 가지고 있지만 IgA를 합성할 수는 없다. 결과적으로, 점막으로의 미생물 침입에 대한 방어능력이 부족하며, 반복적인 호흡기와 위장관 감염을 겪는다. 일반적으로 사용하는 Ig의 대체 치료는 IgA보다 IgG가 많기 때문에 치료가 잘 듣지 않는다.

* 저감마글로불린증 그리스어 hypo는 면역글로불린 수치 저하를 나타냄.

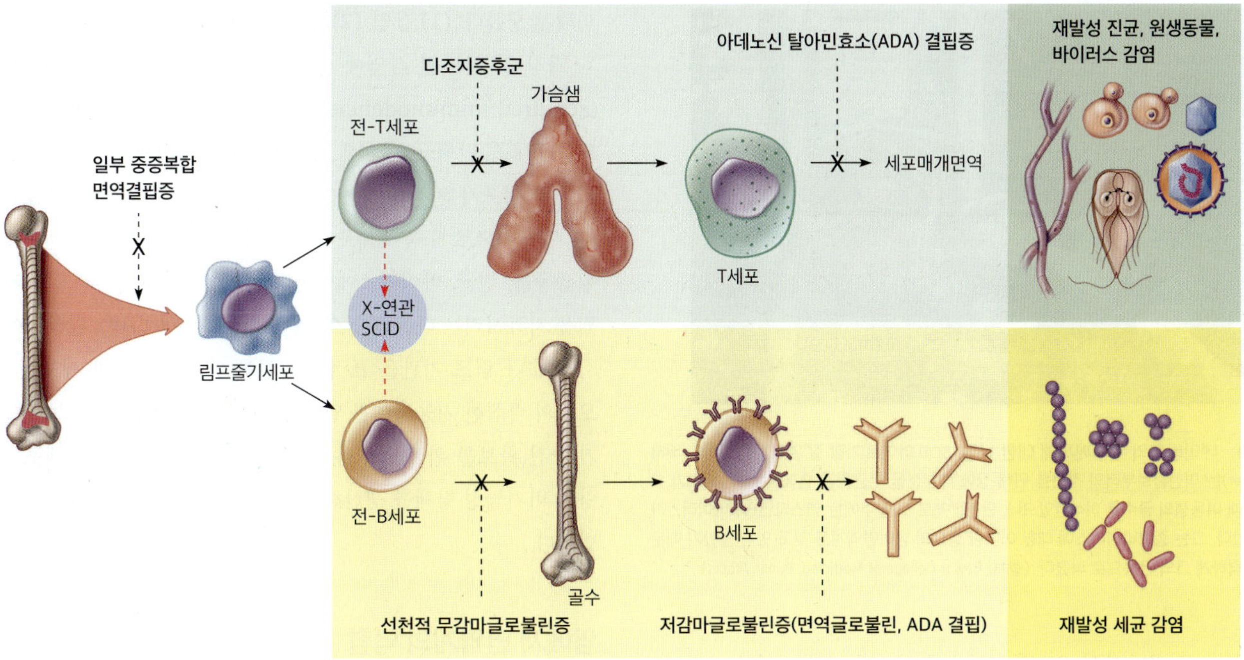


**그림 16.18** B세포와 T세포의 발달 단계와 기능. 이러한 기능에서의 문제 발생은 심각한 면역결핍을 초래한다. 점선은 발달 과정에서 결함이 발생할 수 있는 단계를 나타낸다.

## T세포 발생 또는 발현에서의 임상적 결손

T세포는 면역 방어에서 중요한 역할을 하기 때문에 T세포의 유전적 결함은 심각한 기회 감염, 소모성 질환이나 암을 포함한 다양한 질병을 초래한다. 실제 T세포계열의 기능 이상은 B세포계열의 결함보다 더 치명적이다. 도움 T세포는 대부분의 특이 면역 반응을 돕는 데 필수적이기 때문이다. 결핍은 가슴샘에 있는 미성숙한 T세포에서 성숙한 순환 T세포까지, 발생단계 어디서든 폭넓게 일어날 수 있다.

### 가슴샘의 비정상적 발생

가장 심각한 T세포 결핍은 가슴샘이 미성숙(hypoplastic)하거나 선천적으로 가슴샘이 결여(aplastic)된 경우 발생한다. 가슴샘의 기능장애와 관련된 질환인 **디조지증후군**(DiGeorge syndrome)은 배아의 세 번째와 네 번째 인두(pharyngeal)의 발달 실패로 인해 발생하며, 대부분의 경우 22번 염색체의 결손과 관련돼 있다. 가슴샘 기능에 미치는 악영향은 면역 활동성의 감소부터 세포매개면역, 특히 CD4 또는 도움 T세포계열의 완전한 결핍까지 다양하다. 이는 아이들이 진균, 원생동물, 바이러스에 의한 지속적인 감염에 매우 취약해지게 만든다. 수두(chickenpox), 홍역(measles), 유행성 이하선염(mumps)과 같이 흔하고 일반적인 양성 소아감염은 이런 아이들에게 매우 치명적이다. 약독화된 미생물을 사용한 백신조차도 아이들에게는 위험하다. 디조지증후군의 심각성 중 하나는 B세포를 활성화하는 데 필요한 도움 T세포의 결핍으로 유발되는 항체 결핍이다. 이 증후군의 다른 증상은 심장병, 성장지체, 체력소모, 비정상적인 외모와 림프계 종양의 높은 발생률 등이다. 면역계 회복의 유일한 방법은 가슴샘 조직 이식이다. 또한 감염이 재발하면 수술이나 약물치료로 완화할 수 있다.

## 중증복합면역결핍질환: B세포와 T세포에서의 기능 결핍

**중증복합면역결핍질환**(severe combined immunodeficiency, SCID)은 B세포와 T세포를 포함한 모든 림프구의 기능 이상을 수반하기 때문에 면역결핍질환 중 가장 심각하며 잠재적으로 매우 치명적이다. 일부 SCID는 골수에서 림프구 줄기세포의 완전한 결핍에 기인하며, 일부는 발생 후기에 B세포와 T세포의 기능장애로 인해 발생한다. SCID를 가진 유아는 칸디다증(candidiasis), 패혈증(sepsis), 폐렴(pneumonia) 또는 전신바이러스 감염(systemic viral infection)에 의해 보통 출생 후 수일 내에 T세포 결핍을 나타낸다. 이 질환은 몇 가지 형태를 지닌 것으로 보인다. 가장 흔한 두 가지 일반적인 질환인 스위스형 무감마글로불린증(Swiss-type agammaglobulinemia)과 가슴샘림프조직무형성(thymic alymphoplasia)은 모든 유형의 림프구 수가 극히 적고, 혈중 항체량이 크게 감소돼 있으며, 가슴샘과 세포매개면역이 제대로 발달돼 있지 않다. 두 질병 모두 림프구계 세포 발생에서의 유전적 결함 때문이다.

드문 형태의 SCID는 **아데노신 탈아민효소 결핍증**[adenosine deaminase(ADA) deficiency]으로, 이는 아데노신 대사의 상염색체 열성 결함에 의해 발생한다. 이런 경우, 림프구는 발달하지만, 대사산물은 비정상적인 수준으로 축적돼 세포를 선택적으로 파괴한다. ADA 결핍증이 있는 유아는 재발성 감염에 걸리기 쉽고 전형적인 심각한 소모증을 나타낸다. 일부 SCID는 B세포와 T세포 수용체의 발달 결함으로 인해

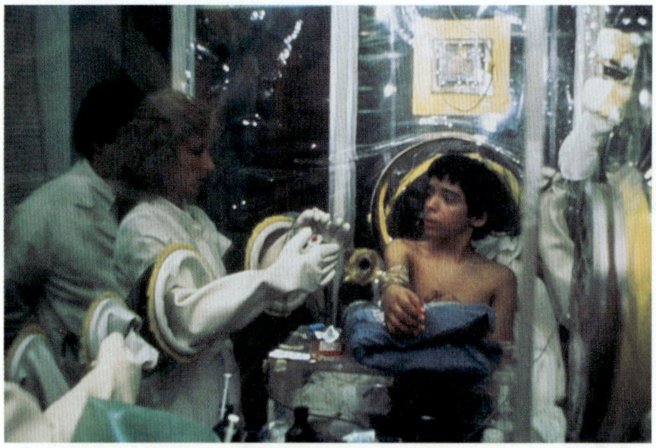

**그림 16.19 데이비드의 수수께끼에 대한 해답.** SCID 아이로 가장 잘 알려진 데이비드 베터(David Vetter)는 미생물로부터의 격리를 위해 생애 대부분을 무균환경 속에서 살았다. 그가 12살이 됐을 때 여동생의 골수를 이식받았으나, 안타깝게도 그 골수에는 엡스타인-바 바이러스가 포함돼 있었다. 그는 종양바이러스에 대한 어떠한 형태의 방어면역계도 갖고 있지 않았기 때문에 암은 급격하게 그의 온몸으로 퍼졌다. (출처: Baylor College of Medicine, Public Affairs)

발생한다. 그중 하나인 X-SCID(X염색체 연관에 의한 결핍)는 5만~10만 명당 1명꼴로 발생한다. X염색체와 연관성이 있기 때문에 남자 신생아에게 주로 발생하며, '플라스틱 버블'에 있었던 아이인 데이비드도 그중 한 명이었다(그림 16.19). 데이비드의 삶은 매우 가슴 아픈 일이었지만, 그는 이 질병을 이해하고 연구할 수 있는 기회를 제공했다. 후속 연구에서 그는 여러 인터루킨 수용체의 필수 분자에 결함이 있는 유전자가 유전됐다는 것을 알았다. 이로 인해 T세포와 B세포 모두 성장, 발달, 반응성을 조절하는 신호를 수신받지 못했다. 세포독성과 체액성 면역이 모두 정지돼 신체가 감염과 암에 취약해졌다.

특이적응면역(specific adaptive immunity)의 심각한 결핍으로 SCID 아동은 기회 감염으로부터 보호하기 위해 철저한 무균기술이 필요하다. 오늘날 장기 생존을 위한 더 나은 옵션은, 멸균된 플라스틱 버블 안에서의 생활보다는 질병 진단 즉시 골수나 줄기세포를 이식하는 것이다. 림프구의 기능성이 결핍됐기 때문에 SCID 어린 환자에게는 골수의 적합성이 그다지 중요하지 않다. 적절한 골수 이식은 약 50%의 치료 성공률을 보였지만, 이식편대숙주질환에 의한 합병증이 발생할 수 있다. 이는 기증된 골수에서 반응성 T세포를 선택적으로 제거함으로써 교정할 수 있다. 일부 유아는 태아의 간이나 줄기세포 이식의 혜택을 받을 수 있으며, 일부 ADA 결핍 환자는 다량의 정상 효소가 포함된 혈액을 주기적으로 수혈받아 건강을 유지할 수 있다. 모든 유형의 SCID에 대한 지속적인 치료법은 유전자 치료다. 지금까지 의학 유전학자들은 결함이 있는 유전자를 대체할 수 있는 정상 유전자를 삽입해 24명의 SCID 어린 환자를 치료했다(그림 10.16 참조).

## 2차 면역결핍증

B세포와 T세포의 2차적 획득 결핍은 네 가지 일반적인 원인 중 하나에 의해 발생한다: (1) 감염, (2) 유기 질환, (3) 화학 요법, (4) 방사선.

가장 잘 알려진 감염에 의한 면역결핍질환은 **후천면역결핍증후군**(acquired immunodeficiency syndrome, AIDS)이다. 이 증후군은 도움 T세포, 단핵구, 대식세포 그리고 항원제시세포를 포함한 여러 유형의 면역세포가 인간면역결핍바이러스(HIV)에 의해 감염될 때 발생한다. 일반적으로 도움 T세포의 고갈과 면역 반응의 기능적 손상은 암과 원생동물, 진균, 바이러스에 의한 기회 감염의 원인이라 인식된다. 면역력을 저하시키는 다른 감염으로는 결핵, 한센병(나병), 말라리아가 있다.

골수나 림프 기관을 표적으로 하는 암은 체액성과 세포성 매개면역 모두의 극심한 기능장애를 일으킬 수 있다. 백혈병에서는 수많은 암세포가 공간 확보를 위해 골수와 정상 세포를 대체한다. 형질세포 종양은 다량의 비기능성 항체를 생산하며, 가슴샘 종양은 심각한 T세포 결핍을 유발한다.

## 암에서 면역계의 역할

**암**(cancer)이라는 용어는 라틴어로 '게(crab)'를 의미하며, 이는 아마도 종양이 퍼질 때의 모양이 게의 팔다리가 뻗친 모양과 비슷하기 때문일 것이다. 암은 비정상 세포의 증식과 새로운 확산을 의미한다. 이 질병은 **신생물**(neoplasm)* 이라는 동의어로도 알려져 있으며, 접미사 -oma로 끝나는 특정적인 용어로 알려져 있다. **종양학**(oncology)* 은 암의 전문 분야를 다루는 의학의 한 분야다.

비정상적인 성장이나 종양은 일반적으로 양성 또는 악성으로 구분된다. **양성 종양**(benign tumor)은 인접한 조직으로 퍼지지 않고, 한 장기 내에 존재하는 덩어리다. 이 덩어리는 대개 성장 속도가 느리고, 둥근 모양을 가지며, 원래 조직과 큰 차이가 없다. 양성 종양은 심장 판막이나 뇌실과 같은 중요한 부위로 성장하지 않는 한 일반적으로 죽음에 영향을 미치지 않는다. **악성 종양**(malignant tumor: 암)을 가장 잘 구분할 수 있는 특징은 정상 조직 내에서 비정상 세포가 통제되지 않고 성장한다는 점이다.

일반적으로 암은 피부나 골수 세포와 같이 분열할 능력을 유지하고 있는 세포에서 유래되며, 반면에 이러한 세포분열 능력을 상실한 성숙한 세포(예: 일부 뉴런)에서는 보통의 경우 암세포화되지 않는다.

연구 결과에 따르면, 암은 유전적 손상이나 특정 유전자의 기능을 변화시키는 유전적 소인과 관련이 있으며, 이러한 요인은 모든 세포에 정상적으로 존재하는 특정 유전자의 기능을 변화시킨다. 이러한 유전적 변화는 정상적인 세포분열 주기를 방해해 정상 세포를 암세포로 형질전환(transform)한다. 암의 발생은 유전자, 유전자 산물, 세포가 받는 외부

* 신생물 그리스어 neo(새로운)와 plasm(형성)에서 유래.
* 종양학 그리스어 onkos(암)에서 유래.

신호 간의 복잡한 상호작용을 포함하며, 한 가지 기작으로 설명되지 않는다. 적어도 8가지의 다른 유전적 결함이 대장암을 유발하며, 또한 많은 유전자가 유방암과 관련 있다.

특정 암에 대한 감수성이 유전된다는 증거가 점점 더 증가하고 있다. 가족 내에서 유전되는 최소 30가지의 신생증후군(neoplastic syndrome)이 보고됐다. 특히 주목할 만한 발견 중 하나는 동물에서의 일부 암이 부모의 생식세포를 통해 자손에게 전달된 내인성 바이러스 유전체에 의해 발생한다는 사실이다. 많은 암은 유전 인자와 환경 인자가 함께 작용하는 경우가 많다. 예를 들어, 폐암은 주로 흡연과 관련이 있지만, 모든 흡연자가 폐암에 걸리는 것은 아니며 모든 폐암 환자가 담배를 피우는 것도 아니다.

면역계는 암을 조절하는 데 어떤 역할을 할까? 이 연관성을 이해하려면 15장에 설명된 특정 림프구의 작용을 살펴볼 필요가 있다. 암세포의 탐지와 제거를 잘 설명하는 개념은 **면역감시**(immune surveillance)다. 많은 전문가들은 암을 유발할 수 있는 잠재력을 가진 세포가 지속적으로 몸 안에서 생겨나지만, 면역계가 이들 세포를 일상적으로 발견하고 파괴해 암이 억제된다고 주장한다. 포유류를 대상으로 한 실험은 세포 매개 면역의 구성 성분이 종양과 그들의 항원과 상호작용한다는 것을 충분히 증명했다. 종양세포의 감시와 파괴에 중요한 역할을 하는 주요 세포는 세포독성 T세포(cytotoxic T cell), 자연살해세포[nature killer(NK) cell], 대식세포(macrophage)다. 이들 세포는 종양세포에서 비정상적이거나 외래의 표면 표지자를 인식하고 종양세포를 파괴한다. 항체는 대식세포와 자연살해세포와 상호작용해 종양을 파괴하는 데 도움을 준다. 암세포를 파괴하는 면역계의 이러한 관여는 여러 가지 특이적 면역치료법에 영감을 주었다.

이렇게 종양에 대한 강력한 방어체계가 있음에도 불구하고 흔한 암의 발생은 어떻게 설명할까? 그 답은 간단하다. 감염에서처럼 면역계도 실패할 수 있으며 실제로 실패한다는 것이다. 어떤 경우에는 암이 면역원성이 충분하지 않을 수 있다. 즉, 자가표지자를 가지고 있어 감시 시스템의 표적이 되지 않을 수 있다. 다른 경우에는 종양 항원이 돌연변이돼 탐지를 피할 수 있다. 앞서 살펴본 것처럼, AIDS나 SCID와 같은 면역결핍을 가진 환자들은 필수적인 T세포나 세포독성 기능을 상실했기 때문에 다양한 암에 더 취약하다. 대부분의 암이 일종의 면역결핍과 관련 있을 수 있으며, 심지어 미세하거나 일시적인 면역결핍일 수도 있다. 15.3절의 T세포에 의한 면역 조절에 대한 논의를 참고하자.

생명을 구하는 의학적 치료의 아이러니한 결과는 환자의 면역계를 억제해 암에 취약하게 만들 수 있다는 점이다. 방사선 치료와 항암제는 많은 종류의 암을 치료하는 데 1순위지만, 이 두 가지 약물은 골수와 다른 체세포에 매우 해롭다. T세포에 의한 이식 거부 반응을 방지하는 일부 면역억제제 역시 신생 세포에 대한 반응을 억제할 수 있다.

**핵심 점검 16.7**

29. 일반적으로, 선천적 면역결핍질환과 후천적 면역결핍질환의 원인은 어떻게 다른가?
30. B세포 결핍, T세포 결핍, 복합결핍에 동반되는 증상에는 어떤 유형이 있는가?
31. 각 유형의 결핍에 관련된 특이적인 질환을 예로 드시오.
32. 암을 정의하고, 양성 종양과 악성 종양 간의 차이를 예를 들어 설명하시오.
33. 암과 면역계의 관계에 대해 설명하시오.

## 사례 연구 Part 2

펜실베이니아 의과대학 의사이자 연구원인 달마우 박사는 카알란의 혈액과 척수액에서 희귀한 자가항체를 발견했다. 항-N-메틸-D-아스파르트산 수용체 또는 항-NMDAR 항체는 2003년 달마우 박사가 처음 발견했다. 항-NMDAR 항체는 외래 항원을 표적으로 하는 대신 뇌를 공격해 '광기'를 일으킨다. 카알란은 뉴욕대학교 의료센터 역사상 최초의 NMDAR 뇌염 진단을 받은 사람이었지만 이 질환을 앓은 첫 번째 사람은 아니었다. 자가항체를 처음 발견한 NYU의 나자르(Souhel Najjar) 박사에 따르면 자가면역뇌염으로 고통받는 사람들의 90%가 진단되지 않은 것으로 추정된다고 한다. "살아 있는 동안 사형 선고나 다름없으며, 많은 사람들이 정신병동이나 요양원에서 허송세월을 하고 있다."고 말했다.

카알란은 염증을 줄이기 위해 정맥 내 면역글로불린과 스테로이드 치료를 받았으며, 혈장 교환술을 통해 혈류에서 자가항체를 선택적으로 제거했다. 퇴원 당시 읽고, 쓰고, 말도 할 수 없었지만 지금은 일도 다시 시작했고 그녀가 쓴 기사는 《Brain on Fire》라는 책으로도 출간됐다. 이에 충분한 자극을 받은 에밀리의 의사들은 자가면역뇌염 검사에 동의했고, 그녀의 상태에 대한 수수께끼는 풀렸다. 그녀의 치료법은 카알란과 유사했으며, 병원에서 퇴원한 지 약 1년 후 에밀리는 처음으로 스케이트장에 돌아왔다.

에밀리와 카알란은 에밀리의 아버지 빌과 함께 '투데이 쇼'에 출연했으며, 빌은 카알란이 자신의 이야기를 공유하지 않았다면 에밀리는 아마도 진단받지 못했을 것이라고 말했다.

- **자가항체는 건강한 사람에서도 소량 발견된다. 그것이 필요한 이유는 무엇인가?**
- **자가항체뇌염을 앓고 있는 환자의 연령은 20세이며, 환자의 3/4이 여성이다. 이것이 질병의 원인이 될 수 있는 요소는 무엇인가?**

**주요 용어로 보는 요약**

**16.1 면역 반응: 동전의 양면**

면역계의 기능이상과 관련된 질병 상태를 연구하는 것을 면역병리학이라고 한다.

A. **알레르기**(allergy)와 과민증은 특정 면역 반응이 과장되고 잘못된 방향으로 표현된 용어다. '알레르기'는 즉각적인 유형의 반응, '과민증'은 다른 유형의 알레르겐에 대한 과민반응을 설명할 때 사용된다.

B. 자가면역은 자가항원에 대한 비정상적인 면역 반응을 의미한다. 면역 기능의 결핍 또는 상실은 **면역결핍**(immunodeficiency)이라 한다.

C. **알레르겐**(allergens)과의 접촉으로 발생하는 즉각적인 알레르기는 특정 사람들에게 영향을 미치는 항원이다. 감수성은 유전된다.

D. 알레르겐은 네 가지 경로를 통해 들어온다. 흡입물질은 호흡기를 통해(꽃가루, 먼지), 섭취물질은 복용에 의해(음식물, 약), 주입물질은 접종에 의해(약, 벌 독), 접촉물질은 피부 표면을 통해 작용한다(화장품, 접착제).

**16.2 알레르기 반응: 아토피와 아나필락시스**

A. 알레르겐과의 첫 접촉 시 특이 B세포는 항원과 반응해 IgE라는 특수 항체를 생성하며, 이 항체는 비만세포와 호염구의 세포막에 있는 Fc 수용체에 고정된다.

1. **감작접종**(sensitizing dose)은 알레르기 반응체계를 준비시킨다.
2. 이후 동일한 알레르겐의 **유발접종**(provocative dose)에 재차 노출되면, 그 알레르겐은 IgE-비만세포 복합체에 결합한다.
3. 이는 탈과립을 야기하며, 그 과립은 혈관 확장과 기관지 수축 같은 생리적 효과와 더불어 매개물질[**히스타민**(histamine), **세로토닌**(serotonin), **류코트리엔**(leukotriene), **프로스타글란딘**(prostaglandin)]을 포함한다.
4. 흔한 아토피 질환에는 **습진**(eczema), 음식 알레르기, **천식**(asthma)이 있으며, 중증 전신반응으로는 **아나필락시스**(anaphylaxis)가 있다.
5. 기타 증상은 발진, 가려움, 홍반, 점액 분비 증가, 통증, 부기, 호흡 곤란 등이다.

B. 알레르기 진단은 호염구의 히스타민 방출 시험, IgE에 대한 혈청학적 분석, 피부 검사(피부에 알레르겐을 주사해 반응 정도를 관찰하는 검사) 등에 의해 이루어질 수 있다.

C. 알레르기는 비만세포로부터 히스타민, 염증 작용, 사이토카인 방출을 억제하는 약물에 의해 제어된다. **탈감작요법**(desensitization)은 정제된 알레르겐의 주입을 의미한다.

**16.3 제2형 과민증: 외래 세포를 용해하는 반응**

A. 제2형 반응은 항체와 외래 세포 그리고 보체와의 상호작용을 통해 이질적 세포의 용해를 유도한다. 수혈 반응에서 사람은 타인의 적혈구 표면에 있는 특수 항원에 감작될 수 있다.

B. **ABO 혈액형군**(ABO blood group)은 유전적으로 결정된다. A형은 적혈구에 A 항원을 가지며, B형은 B 항원, AB형은 A, B 항원을 가지며, O형은 어떠한 항원도 지니고 있지 않다. 이들 항원을 갖고 있지 않은 사람들은 A 또는 B 항원에 대한 항체를 생산한다. 잘못된 혈액형이 수혈되면 항체가 항원과 반응할 수 있다.

C. **Rh 인자**(Rh factor)는 또 다른 RBC 항원으로, 만약 $Rh^-$ 어머니가 $Rh^+$ 태아에 의해 감작된다면 문제가 발생한다. 두 번째 태아는 그 인자에 대해 모체가 생성한 항체를 받을 수 있기 때문에 신생아 용혈성 질환이 발생할 수 있다. 예방은 Rh 면역글로불린을 이용한 치료다.

**16.4 제3형 과민증: 면역복합체 반응**

많은 양의 수용성 외래 항원(혈청, 약물)에 다량 노출 시 작고 수용성인 항원-항체 복합체를 만들어 내는 항체가 생성된다. 이 **면역복합체**(immune complex)는 여러 기관과 조직에 침착돼 손상을 주는 염증 반응을 일으킨다.

**16.5 T세포와 관련된 면역병리학**

A. 제4형 지연성 과민증

1. 항원에 대한 지연 반응은 T세포의 활성화와 손상을 포함한다.
2. 감염성 미생물을 포함하는 알레르겐에 대한 피부 반응. 예로는 투베르쿨린 반응이 있다.
3. 접촉성 피부염은 식물(옻나무, 참나무)과 단순한 환경 분자(금속, 화장품) 노출로 인해 발생한다.
4. 알레르겐에 작용하는 세포독성 T세포는 피부 반응을 유도한다.

B. **이식거부**(graft rejection): 이식된 조직의 이질적 항원에 대한 세포독성 T세포 반응, T세포에 의한 이질적 인간 백혈구 항원(HLA)의 인식과 조직 거부를 의미한다.

1. 숙주는 이식체를 거부할 수 있고, 이식체 또한 숙주를 거부할 수 있다.
2. 이식의 종류에는 자기 신체의 한 부위에서 다른 부위로 이식하는 **자가이식**(autograft), 쌍둥이 간 이식인 **동계이식**(isograft), 같은 종 내 두 개체 간의 이식인 **동종이식**(allograft), 다른 종 간의 이식인 **이종이식**(xenograft)이 있다.
3. 모든 주요 장기는 성공적으로 이식될 수 있다.
4. 동종이식은 조직이 일치(HLA 항원이 상응해야 함)해야 한다. 이식 거부 반응은 약물로 조절된다.

**16.6 자가면역질환: 자신에 대한 공격**

A. 제2형 및 제3형의 특정 과민증에서 면역계가 자신의 분자[**자가항원**(autoantigen)]에 대한 관용을 상실해 **자가항체**(autoantibody)와 감작된 T세포를 생산한다. 전신적이거나 장기 특이적으로 기능 파괴가 일어난다.

B. **자가면역질환**(autoimmune disease)은 유전적으로 결정되며, 여성에서 더 흔히 발생한다.

C. 예로서 **전신홍반루푸스**(systemic lupus erythematosus), **류머티즘 관절염**(rheumatoid arthritis), **인슐린의존당뇨병**(diabetes), **다발성 경화증**(multiple sclerosis) 등이 있다.

**16.7 면역결핍질환과 암: 손상된 면역 반응**

I. **면역결핍질환**: B세포, T세포, 식세포, 보체 등 면역 반응계의 구성요소가 결핍된 상태다.

A. 1차 면역결핍은 유전적 요인에 기반한 선천적 결핍으로, 유전적 결핍은 B세포나 T세포 또는 두 세포 모두에서 나타날 수 있다.

B. B세포 결핍은 **무감마글로불린증**(agammaglobulinemia)이라 한다. 환자는 항체가 결핍돼 중증 재발성 세균 감염이 발생한다. Ig 항체 결핍에서 특정 개별형의 항체가 결여되거나 부족하다.

C. T세포 결핍은 가슴샘이 없거나 비정상적이다. **디조지증후군**(DiGeorge syndrome)은 가슴샘이 발달하지 못한다. 이 질환을 지닌 아이들은 진핵 병원체와 바이러스에 반복적으로 감염되며, 면역 반응은 일반적으로 미발달된다.

D. 중증복합면역결핍질환(SCID)은 림프구계가 소실되거나 결여돼 적응 면역 반응이 없다. 골수 이식 또는 기타 치료 없이는 치명적이다.

E. 2차(획득) 면역결핍은 출생 후 손상(감염, 약물, 방사능)에 의해 야기된다. **HIV/AIDS**가 가장 흔하다. 도움 T세포가 주된 표적으로 수많은 기회 감염과 암으로 발전한다.

II. **암에서 면역계의 기능**

A. **암**(cancer)은 비정상적인 조직의 과잉성장을 말하며, **신생물**(neoplasm)이라고도 알려져 있다. 림프구의 기능이상으로 정상적인 **면역감시**(immune surveillance)의 일부 기능인 종양의 탐지와 파괴의 실패로 암은 계속 성장하고 전이한다.

1. **종양**(tumor)은 **양성**(benign)과 다른 조직으로 전이되는 **악성**(malignant)으로 나눌 수 있다.
2. 암은 거의 모든 세포에서 발생한다(성숙한 세포, 비분열세포는 제외).

B. 암세포는 정상적인 세포분열 조절 기작이 제대로 작동하지 않아 **형질전환**(transform)이 발생하는 것으로, 유전적 변형을 포함하는 공통적인 모든 기작을 공유하는 것으로 보인다.

CHAPTER

# 17 병원체 식별과 감염 진단 절차

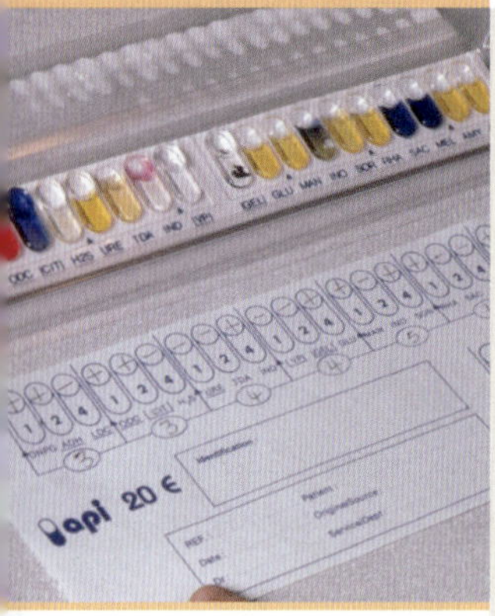

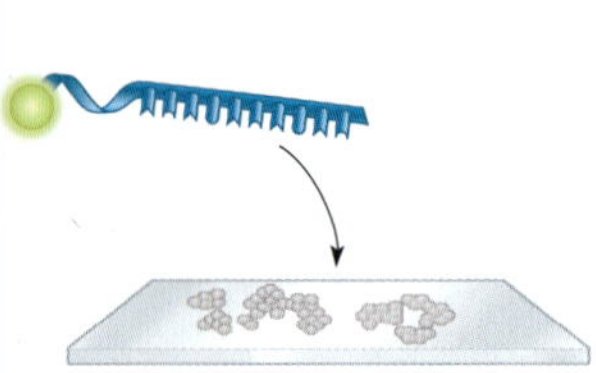

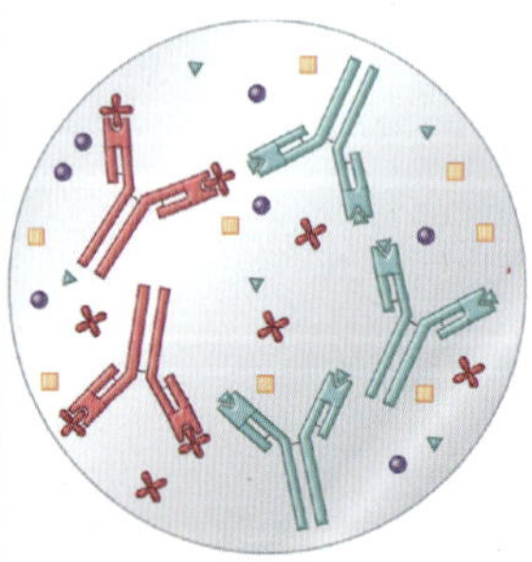

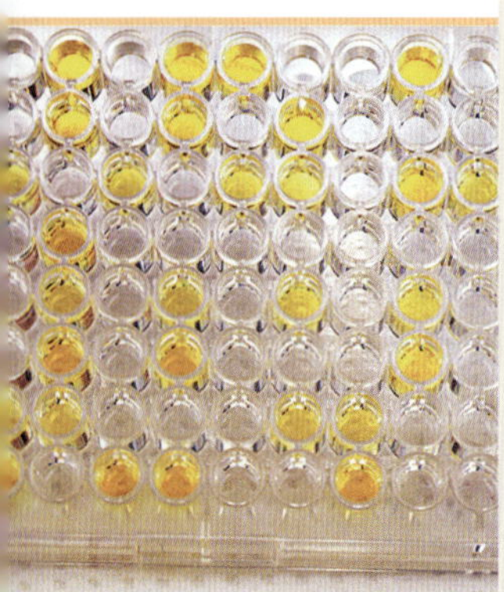

## 이 장의 구성





(이미지 출처: Kristopher Grunert/Corbis; John Watney/Science Source; Hank Morgan/Science Source)

사례 연구 **Part 1**

# 때로는 고양이가 도움이 될 때도 있다

2015년 4월 20일, 5일 동안 열, 근육통, 두통, **광선공포증**(photophobia) 등의 증상을 앓았던 15세 소녀가 소아과 의사에게 진료를 받았다. **염증**(inflammation) 정도를 확인하는 적혈구 침강 속도와 **미생물 감염**(microbial infection)을 확인해 주는 총 백혈구 수는 모두 정상이었다. 독감 검사 결과 또한 음성이었다. 모든 검사 결과를 종합해 의사는 비전염성 질병일 가능성이 높으니 집에 돌아가서 대증치료를 하라고 안내했다.

소녀가 처음 진료를 받은 후 8일 만에 두통과 광선공포증이 재발했고 목이 뻣뻣해졌는데, 39.4℃(102.9℉)까지 열이 났고 **뇌수막염**(meningitis)으로 예진돼 결국 병원에 입원했다. 소녀의 머리에 대한 컴퓨터단층촬영(CT) 검사에서는 이상이 발견되지 않았지만 **요추 천자**(lumbar puncture)를 통해 얻은 뇌척수액에서 백혈구 수치가 높게 나왔고 포도당 수치는 낮게 나와 세균이나 진균 등 특정 미생물에 감염된 것으로 결론지어졌다. 소녀는 결국 항균제와 항바이러스제를 동시에 투여받았는데, 이러한 치료는 뇌수막염의 경우 정확한 감염원을 확인하기 전 흔히 있는 치료과정이다. 엄밀히 말해 뇌수막염은 질병이 아니라 뇌와 척수를 둘러싼 막에 염증이 발생한 상태로, **세균**(bacteria), **바이러스**(viruses), **기생충**(parasites) 또는 **진균**(fungi) 같은 미생물에 의한 감염으로 인해 발생할 수 있다. 미생물 감염 외에도 루푸스, 두부 손상, 암 또는 특정 약물에 대한 반응과 같은 **자가면역질환**(autoimmune disorders)의 결과일 수도 있다. 원인과 관계없이 어린 환자를 적절히 치료하기 위해 의사는 뇌수막염의 원인을 알아야만 했다.

치료 기간 중 **뇌척수액 배양**(CSF cultures)에서 미생물의 성장이 관찰되지 않았고, 단순포진 바이러스에 대한 **중합효소연쇄반응**(polymerase chain reaction, PCR) 검사는 음성이었다. 결핵균(*Mycobacterium tuberculosis*) 또한 PCR, **항산성 염색**(acid-fast staining) 및 배양 검사에서 음성이었다. 추가로 인간면역결핍바이러스, 매독, 라임병, 인간헤르페스바이러스 6형과 7형, *Babesia, Toxoplasma, Histoplasma, Cryptococcus, Blastomyces, Brucella* 종에 대한 검사도 음성이었다. 소녀는 무사히 회복돼 11일 차에 후유증 없이 퇴원했다.

- **환자의 뇌수막염 원인을 파악하기 위해 사용된 각 방법(표현형적, 유전형적, 면역학적 방법)을 어떻게 분류할 수 있는가?**
- **역학자는 이 사례를 의사와 다른 시각으로 본다. 그 이유는 무엇인가?**

이 장 끝에서 사례 연구 Part 2로 이어짐.

(삽화 출처: Vitalii Hulai/Shutterstock)

## 17.1 의학미생물학 개요

**학습목표**

1. 실험실에서 감염원을 동정하기 위해 사용하는 주요 방법을 설명한다.
2. 검체 수집에 사용되는 여러 기술을 설명하고 효과적인 배양을 위한 주의사항을 이해한다.
3. 병원체의 분리, 배양 및 동정 과정에 대해 요약한다.

초반에 언급된 장(3, 4, 5, 6, 10장)에서는 시료에서 미생물을 배양하고 분리하는 다양한 실험법에 대해 소개했다. 이러한 기술은 연구 목적이든 감염성 질병을 진단하기 위한 목적이든 미생물을 연구하고 분류하는 데 매우 중요한 부분이다. 미생물을 연구하는 많은 전문가와 미생물학을 처음 접하는 학생들에게 가장 중요한 관심사는 시료나 미생물 **배양액**(cultures)에서 미지의 미생물을 어떻게 동정할 것인가 하는 것이다. 미생물학자들이 세균을 속(genus)과 종(species) 수준까지 동정하는 방법은 크게 세 가지로 구분할 수 있다. **표현형적**(phenotypic) 방법은 육안 또는 현미경으로 관찰한 미생물의 형태나 미생물의 생리학적 또는 생화학적 특성을 통해 분류하는 방법이며, **면역학적**(immunologic) 방법은 혈액(혈청 포함) 및 기타 체액의 분석을 통해 분류하는 방법이다. **유전형적**(genotypic) 방법은 미생물의 유전자를 분석해 분류하는 방법이다.

이러한 다양한 실험법의 분석 결과를 통해 각 미생물에 대해 고유한 프로파일을 만들 수 있다(그림 17.1). 최근에는 유전형적 방법의 중요성이 커지고 있으며, 미생물의 유전적 프로파일 데이터베이스가 방대해지고 정확도가 높아짐에 따라 이 방법이 미생물을 동정하는 가장 빠르고 정확한 수단으로 여겨진다. 그러나 여전히 전통적인 방법을 통해 동정해야 하는 미생물이 있다. 이런 이유로 생화학적 검사와 신속진단검사는 여전히 임상실험실에서 중요한 역할을 한다. 질병을 유발하는 일부 미생물에 대해 혈청학(serology)은 여전히 매우 신뢰할 수 있는 방법이며, 많은 사람들을 빠르고 경제적으로 선별할 수 있어 선호되고 있다. 다음 절에서는 미생물의 배양법과 혈청학적 및 유전형적 분석법을 소개할 것이다. 세균 동정 방법에 대한 추가적인 정보는 부록 C에서 확인할 수 있으며, 바이러스의 동정 및 바이러스성 질병의 진단에 필요한 특수 기술은 17.6절에서 다룬다.

### 표현형적 방법

#### 미시적 형태학

동정에 영향을 줄 수 있는 미생물의 특성은 세포의 형태와 크기, 그람 염색 반응, 항산성 염색 반응과 내생포자나 과립, 협막과 같은 특수 구조의 유무 등이 있다. 전자현미경으로 분석할 경우 세포벽, 편모, 선모, 핌브리아 같은 미세한 구조의 특징도 정밀하게 밝혀낼 수 있다. 미시적 분석은 배양 전 검체를 예비평가하는 데도 사용되며, 이 과정을 통해 분석하고자 하는 감염체의 범위를 세균, 곰팡이, 원생동물 등으로 좁히는 경우도 있다.

#### 거시적 형태학

육안으로 평가할 수 있는 배양 특성은 진단에 매우 유용하다. 여기에는 집락의 질감, 크기, 형태, 색소 생성 여부, 성장 속도, 선택 배지 및 감별 배지에 대한 특이한 반응 등이 있다.

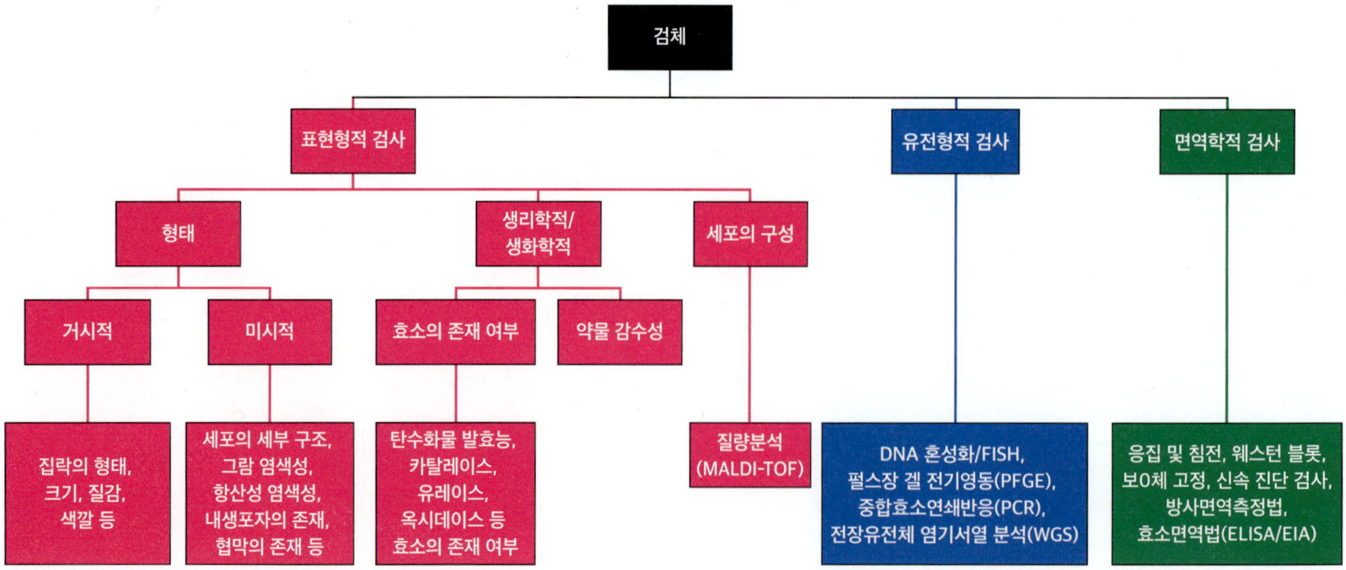


그림 17.1 진단 방법의 개요. (출처: Berry Chess/McGraw Hill)

### 생리학적/생화학적 특징

생리학적 및 생화학적 특징은 전통적으로 세균 동정의 주된 방법이었다. 세균이 생산하는 효소나 기타 생화학적 특성은 각 종의 화학적 특성을 비교적 안정적으로 표현한다. 특정 효소의 존재를 확인하고 영양 및 대사 활성을 평가하기 위한 수십 가지의 진단 검사 방법이 존재한다. 예를 들어, 당 발효 검사, 단백질 및 다당류와 같은 고분자를 소화하거나 대사할 수 있는 능력, 가스의 생성 여부, 카탈레이스(catalase, 과산화수소 분해효소), 옥시데이스(oxidase, 산화효소) 및 디카르복실레이스(decarboxylase, 탈카복실화효소)와 같은 효소의 존재 여부, 항균성 약물에 대한 감수성 등이 있다. 배양물의 주요 생화학적 반응을 기록하는 특수한 신속 동정 검사 시스템은 데이터 수집과 분석 과정을 간소화했다.

### 유전형적 방법

세균이 가진 유전물질 자체를 분석하는 것은 세균의 동정과 분류에 엄청난 혁신을 가져왔다. 유전형적 방법은 표현형적 방법에 비해 많은 장점이 있는데, 그중 하나는 미생물을 실제로 배양할 필요가 없다는 것이다. 몇십 년 동안 연구자들은 실험실에서 배양할 수 있는 미생물보다 배양할 수 없는 미생물이 훨씬 더 많다는 것을 깨달았고, 배양법의 한계를 느꼈다. 이러한 한계를 극복할 수 있는 게 바로 유전형적 분석법이다. 또 다른 장점은 방법이 점점 더 자동화되고 있으며, 표현형적 방법보다 결과를 더욱 빠르고 신속하게 얻을 수 있다는 점이다.

### 면역학적 방법

인간에게 침입한 세균, 바이러스 등의 병원체는 항원으로 작용해 면역체계에 의해 인식될 수 있는 분자를 가진다. 항원에 대한 면역 반응 중 우리가 익히 알고 있는 것은 항체의 생성이다. 항체는 항원에 단단히 결합할 수 있는 물질이다. 항원-항체 반응의 특성은 혈액(또는 다른 조직) 시료에서 확인할 수 있다는 것이다. 특정한 항체가 존재한다는 것은 그 항체의 생산을 유도하는 특정 항원에 감염됐다는 것을 의미한다. 이 방법은 종종 미생물 자체를 검사하는 것보다 간편하고, 특히 바이러스 감염 여부를 확인할 때는 더더욱 그렇다. 실제로 대부분의 HIV 검사에서는 사람의 혈액에서 HIV에 대한 항체의 존재 여부를 검사한다. 이러한 기술을 기반으로 한 실험실 키트는 여러 병원체를 빠르게 동정하는 데 유용하다. 이 방법은 17.4절에서 더 자세히 다룰 것이다.

### 감염체 추적하기: 검체 수집

진단 방법에 관계없이 검체를 수집하는 것은 임상팀 모두가 공통적으로 수행하는 일이다. 실제로 감염체의 동정과 치료의 성공은 검체가 어떻게 다뤄지는지(수집, 처리, 저장 등)에 달려 있다. 검체를 수집하는 주체는 연구자, 의학 기술자, 간호사, 의사 또는 환자 자신이 될 수 있다. 이때 검체가 환경이나 환자로부터 오염되는 것을 방지하는 것이 중요하며, 이를 위해 멸균된 검체 용기와 멸균된 도구를 포함해 일반적인 무균 절차를

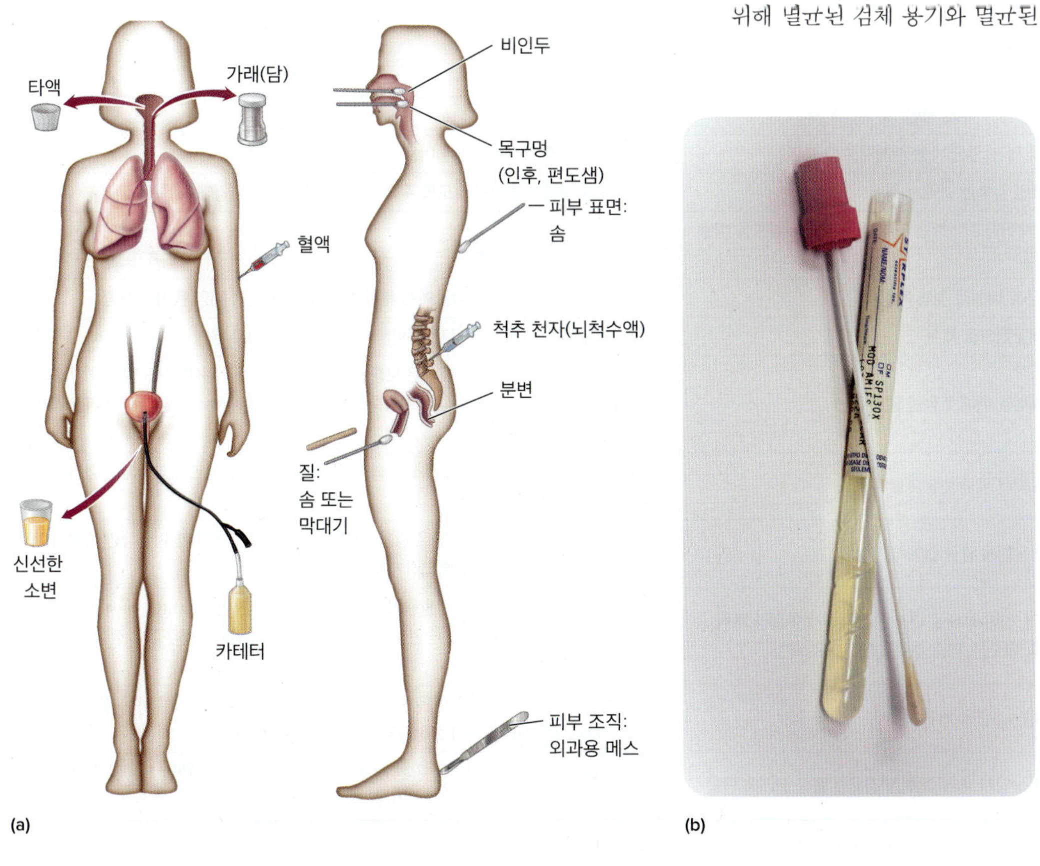


**그림 17.2** 검체 수집. (a) 임상실험실에서 수집하는 검체 부위와 수집 절차. (b) 멸균된 휴대용 면봉—컬처렛(culturette)이라고도 함. 이것은 호기성 휴대용 면봉의 일종이다. (출처: Barry Chess)

철저히 준수하는 것이 필수다. 그림 17.2a에서 가장 일반적으로 수집되는 검체 부위와 절차를 설명한다.

일반적으로 정상적으로 상주하는 미생물(상재균) 균총(microbiota)이 존재하는 부위에서는 감염된 부위에서만 검체를 수집할 수 있도록 주의해야 한다. 일반적인 수집 방법 중 하나는 휴대 가능한 멸균된 면봉(그림 17.2b)을 이용하는 것이다. 이 휴대용 면봉은 검체의 수집, 운반과 더불어 검체를 원래 상태로 유지할 수 있게 해 준다. 목구멍과 비인두 부위에서 검체를 채취할 때는 면봉이 혀나 뺨, 타액에 닿지 않도록 주의해야 한다. 타액은 특히 주의해야 하는데, 소량의 타액에도 수백만 마리의 세균이 포함돼 있을 수 있고, 대부분은 감염과는 관계없는 상재균이기 때문이다. 가래는 호흡기 하부의 표면, 특히 폐를 덮는 점액 분비물인데, 가래 채취 시에는 타액에 오염되지 않도록 기침을 통해 배출시키거나 카테터를 이용해 채취해야 한다. 피부의 경우 병변의 특성에 따라 면봉으로 표면을 닦아 내거나 더 깊은 층을 채취하기 위해 외과용 메스로 긁어낼 수 있다. 질이나 자궁경부 또는 요도의 점막 검체는 면봉이나 막대기로 수집할 수 있다.

멸균된 소변이 필요한 경우에는 일반적으로 카테터라는 얇은 관을 통해 방광에서 직접 무균 채취할 수 있다. 또 다른 방법으로는 바깥 요도를 깨끗하게 닦은 후 첫 소변을 버리고 중간 소변을 채취하는 것이 있다. 후자의 경우 검체에 몇 가지 상재균이 포함될 가능성이 있지만, 감염체와 충분히 구별할 수 있다. 때로는 '첫 소변(dirty catch)'이 필요하기도 하다.

혈액, 뇌척수액, 조직액 같은 무균 검체는 멸균된 바늘로 흡인해 채취해야 한다. 이 경우 천자 부위의 소독이 매우 중요하다. 이 외에 검체로 사용될 수 있는 부위로 질, 눈, 이도(ear canal), 비강(모두 면봉을 사용함), 외과적으로 제거된 병변(생검)이 있다.

적절하게 수집된 검체는 즉시 실험실로 운반해야 하며, 일정 시간 보관해야 할 경우 적절한 방법으로 저장(보통 냉장상태)해야 한다. 특히 소변, 대변, 가래와 같이 무균상태가 아닌 검체는 실온에서 쉽게 변질돼 상재균이 과도하게 성장할 수 있으며, 이것은 감염체의 분리를 방해할 수 있다. 또한 세포의 수와 비율을 변화시켜 분석을 더 어렵게 만들 수 있다. 대부분의 검체 운반 장치에는 미생물의 성장을 억제하도록 비영양 유지 배지, 완충 장치, 산소 또는 무산소에 의한 미생물 손상을 막기 위한 장치 등이 포함돼 있다.

검체 수집 지침에 대한 요약은 표 17.1에서 확인할 수 있다.

**핵심 점검 17.1**

1. 병원체 및 감염을 동정하고 진단하는 주요 기술을 요약하시오.
2. 검체 채취의 일반적인 원칙을 설명하시오.
3. 검체에서 미생물의 성장(오염) 방지와 임상실험실에서의 신속함이 왜 중요한지 설명하시오.
4. 미생물을 동정하고 감염의 징후를 확인하기 위해 사용되는 검사의 종류를 요약하시오.

**표 17.1 검체 수집의 일반적 지침***

| 검체 종류 | 수집 방법 | 참고 |
|---|---|---|
| 피부 농양 또는 욕창 | 멸균 솜으로 괴사 조직 제거. 멸균 바늘/주사기로 액 흡인 | 조직 검체는 면봉보다는 흡인을 이용. 혐기적 환경에서 운반 |
| 혐기적 배양물 | 멸균 주사기로 조직 표면 깊숙한 곳에서 채취 | 검체가 공기 중에 노출되지 않도록 주의. 채취 즉시 혐기적 환경에서 운반 |
| 혈액 | 아이오딘으로 혈액을 채취하고자 하는 피부 소독. 진공시험관을 이용해 채혈 후 튜브로 옮김 | 즉시 혈액 배양 용기에 보관 |
| 골수 | 추출 부위의 외과적 절개. 바늘로 검체 채취 | 대부분의 검체는 흉골 또는 장골에서 채취. 배양을 위해 혈액 배양 용기에 옮김 |
| 척수액(CSF) | 요추 천자를 이용해 무균적으로 채취 | 멸균 튜브에 옮김. 냉장보관 금지. 처치를 위해 즉시 실험실로 운반 |
| 대변 | 멸균된 용기에 검체 일부를 취해 뚜껑을 닫고 운반 | 1시간 이상 보관 시 냉장보관. 배양은 보통 장내 병원체 배제를 위해 사용. 원충의 낭포(cysts)와 영양체(trophozoites), 장내 기생충의 알(ova)과 유충(larvae)을 검출하기 위한 특수 키트 이용 |
| 생식/비뇨기 | 자궁경부 점막 및 요도막을 멸균 면봉으로 채취 | 채취물은 즉시 고농도의 이산화탄소와 함께 선택 배지에 바로 평판배양하거나 혐기적 환경에서 운반. 즉시 실행할 것 |
| 호흡기 하부 | 기침을 유도해 가래를 운반용 멸균 컵에 뱉게 함 | 환자는 검체 채취 전 양치하고 물로 입을 헹궈야 함. 기침으로 채취가 어렵다면 네뷸라이저를 이용해 멸균 생리식염수를 흡입하게 해 가래를 유도 |
| 호흡기 상부 | 구강 점막 세척 및 제거. 병변 부위를 면봉으로 강하게 문질러 채취. 인후 배양을 위해 인후, 편도선, 염증 부위를 면봉으로 채취 | 감염 조직의 흡인물은 검체로서 활용하기 좋음. 인후 검체는 인후염(strep throat) 검사에 사용. 특별한 요청이 있는 경우 다른 인후 병원균(바이러스 제외)에 대해 검사. 정상 조직과 타액이 섞이지 않도록 주의 |
| 소변(두 가지 방법) | 멸균 용기에 깨끗한 중간 소변을 채취 | 외부 생식기를 깨끗이 씻고, 여성은 음순을 벌리고, 남성은 음경 포피를 뒤로 밀어 단시간에 100~200 cc 검체 채취. 즉시 실험하지 않을 경우 냉장보관 |
| | 방광에 멸균 카테터를 삽입해 채취. 채취한 검체는 멸균 용기에 담음 | 요도 입구를 닦고 헹굼. 방광염을 위한 검체는 카테터로 수집한 검체만 사용할 수 있음. 인공도뇨관을 가진 환자는 미생물이 이미 존재할 수 있음 |

*검체 수집과 관리에 대한 자세한 설명은 다음 링크를 참조하시오. http://www.dshs.state.tx.us/LAB/bac_guidelines.shtm#guidelines.

## 17.2 표현형적 방법

학습목표

4. 직접적인 표본 검사 방법에 대해 설명한다.
5. 배양기술과 배지 선택의 목적을 간략히 설명한다.
6. 생화학적 및 기타 검사 방법의 원리에 대해 설명한다.
7. 세균성 병원체의 동정에 어떤 흐름도와 비교표가 사용되는지 설명한다.

### 즉각적이고 직접적인 검체 검사 방법

신선한 검체나 염색된 검체를 직접 현미경으로 관찰하는 것은 병원체의 특성을 잠정적, 추정적으로 확인하거나 확실한 특징을 파악할 수 있는 가장 빠른 방법 중 하나다. 세균에 가장 자주 사용되는 염색 방법은 그람 염색과 항산성 염색이며, 다양한 종을 식별할 수 있는 유용한 방법이다. 하지만 특정 미생물에는 소용이 없는데, 이러한 경우에는 형광 염료로 표지된 항체로 미생물의 존재를 형광으로 강조해 염색하는 방법을 적용할 수 있으며, 이러한 방법을 직접면역형광항원검사법[direct immunofluorescent antibody(DIFA) test]이라 한다(과정그림 17.3). 이 검사는 실험실에서 배양하기 어려운 매독, 라임병을 유발하는 스피로헤타와 같은 세균에 유용하게 사용할 수 있다.

검체를 분석할 수 있는 또 다른 방법은 직접항원검사(direct antigen testing)를 하는 것이다. 이 기술은 알려진 항체를 사용해 세균이 가진 표면 항원을 동정한다는 점에서 DIFA 검사와 유사하다. 직접항원검사에서는 반응을 육안으로 바로 관찰할 수 있다는 것이 차이점이다(그림 17.10 참조). 신속한 임상 진단을 위한 검사 키트는 *Staphylococcus aureus*, *Streptococcus* 속, *Neisseria gonorrhoeae*, *Haemophilus influenzae*, *Neisseria meningitidis*, *Salmonella*에 이용할 수 있다. 그러나 검체에 매우 적은 양의 미생물이 존재할 경우에는 이러한 직접적인 검사 방법이 효과적이지 않기 때문에 정확한 동정을 위해서는 감도가 높은 방법을 사용해야 한다.

### 검체 배양

#### 분리 배지

미생물 분리에 사용되는 배지는 매우 다양하기 때문에 검체의 특성에 따라 어떤 배지를 사용할지 어느 정도 선택해야 한다. 검체 내에 병원체의 수가 너무 적어서 다른 미생물의 간섭을 받기 쉬운 경우에는 검사하고자 하는 병원체를 선택적으로 증식시킬 수 있는 농축(증균) 배지를 사용하는 경우가 많다. 대변, 점액, 소변과 같이 검체 자체에 존재하는 미생물의 종류와 수가 많으면 상재균의 일부를 억제시키고 표적 미생물을 더 두드러지게 만드는 선택 배지가 사용된다. 이러한 배지는 공통점(그람 양성 또는 그람 음성)을 가진 미생물 여러 종류를 보편적으로 선택적 배양 또는 억제할 수 있는 중간 정도의 선택력을 가지거나, 특정 종류의 미생물에 특이적으로 작용하는 매우 강한 선택력을 가질 수 있다. 한 가지 예로, 심각한 식중독 원인 세균인 *Listeria monocytogenes*만 선택적으로 자라게 하는 배지가 있다. 이 배지는 항생제를 포함해 여섯 가지의 선택적 인자를 포함하고 있어 검체에서 병원체를 단번에 검출할 수 있는 이점을 갖는다.

대부분의 경우, 검체는 혈액 반응이나 발효 양상의 특성을 확인하기 위해 혈액 한천 배지나 만니톨염 및 맥콘키(MacConkey) 한천 배지와 같은 분별 배지(differential media)에 접종되기도 한다. 환자의 혈액은

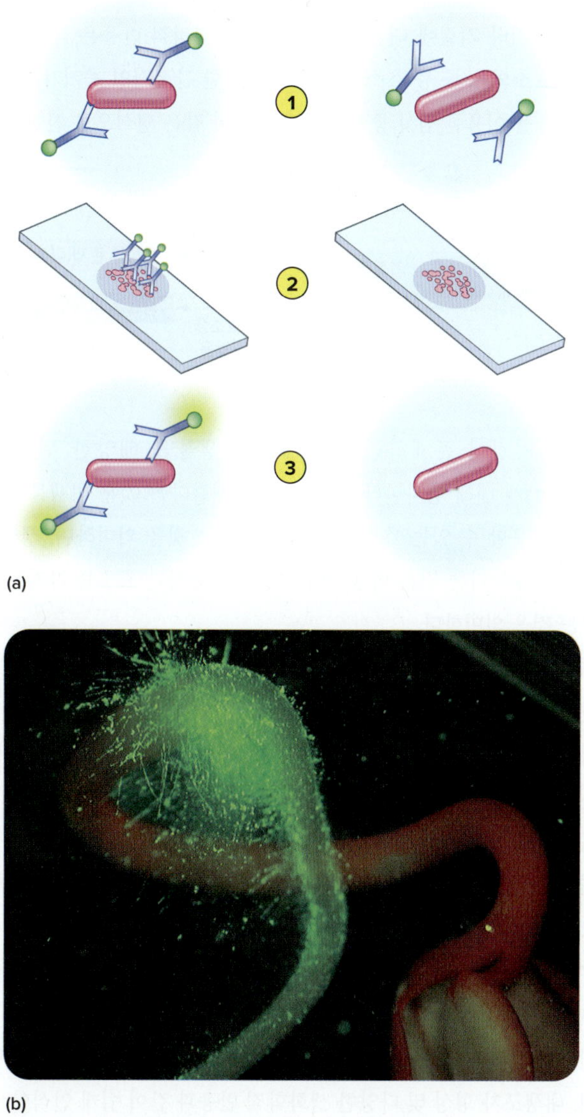


과정그림 17.3 직접면역형광항원검사법. (a) 자외선을 조사하였을 때 형광을 내는 마커 분자(초록색)를 표지(태깅)한 특이성이 알려진 항체(파란색)를 슬라이드 글라스 위 검체에 첨가한다. 항체가 검체 내 미생물(분홍색)을 인식하면 결합한다. (2) 슬라이드를 세척해 결합되지 않은 항체를 제거한다. (3) 검체에 자외선을 조사해 항체의 형광을 관찰한다. (b) 무(radish) 씨앗에 있는 *Listeria monocytogenes*(형광의 점). 일반적으로 무는 생으로 섭취하기 때문에 세균 오염은 큰 문제가 될 수 있다. (출처: Barry Chess/McGraw Hill; Photo by Lisa Gorski, USDA-ARS)

주기적으로 미생물의 성장 여부를 확인할 수 있도록 일정 간격으로 배양액을 회수할 수 있는 특수한 배양 용기 내 액체 배지에서 배양된다. 분리 배지, 분별 배지, 생화학적 배지의 다양한 예는 3장에서 소개했다. 특정 미생물의 동정을 위한 후속 단계가 정확하게 실시되기 위해서는 미생물의 형태는 반드시 분리된 집락으로서 순수 배양된 상태로 존재해야 한다. 다른 미생물과의 혼합 또는 오염은 부정확한 동정 결과를 초래할 수 있다. 임상 미생물학자는 이러한 분리된 집락으로부터 감염체의 현미경적 형태와 염색 반응, 배양 특성, 운동성, 산소 요구량, 생화학적 특성에 대한 정보를 얻는다.

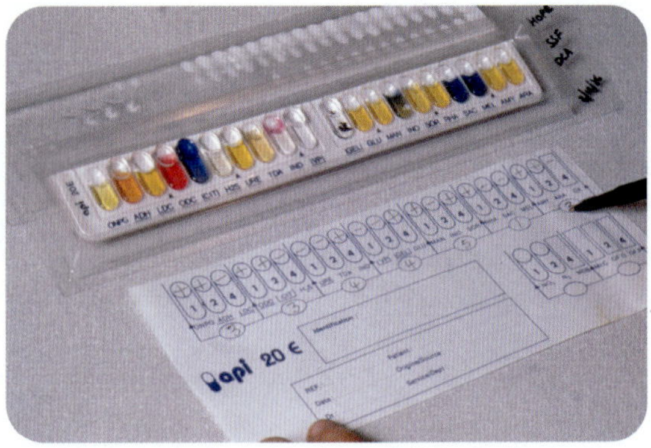


**그림 17.4** 실험실에서 미생물의 신속 동정에 사용되는 검사 키트. API 20E는 그람 음성의 장내 세균을 동정하는 데 유용한 20가지의 생화학적 검사가 가능한 키트다. 각각의 작은 큐플(cupules)에는 단일 검사를 위한 건조 배지가 들어 있다. 검사하고자 하는 세균 현탁액을 각 큐플에 접종해 키트를 배양한다. 배양 후 확인된 반응을 숫자로 표현해 생성된 숫자 프로필은 세균의 종류를 동정하는 데 사용할 수 있다. (출처: John Watney/Science Source)

## 생화학적 검사

영양소와 기타 기질에 대한 세균의 다양한 생리적 반응은 특정 세균이 가지는 효소의 종류 등 효소계의 유형에 대한 간접적인 증거가 된다. 이러한 반응을 이용한 검사 중 대부분은 아래와 같은 형식으로 진행된다.

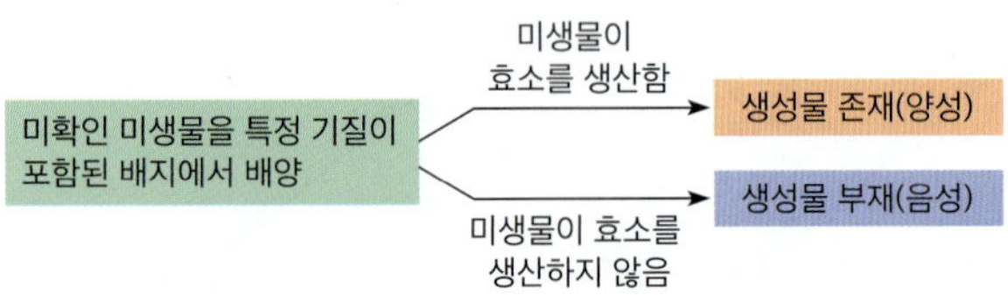


특정 기질이 존재하는 배지에서 미생물을 배양한 뒤 생성물(product)에 대해 검사한다. 생성물이 존재한다는 것은 미생물이 특정 기질에 반응할 수 있는 효소를 가지고 있다는 것을 의미하며, 생성물이 존재하지 않는다는 것은 미생물이 기질에 반응하는 효소를 가지고 있지 않다는 것을 의미한다.

주요 생화학적 검사 방법은 탄수화물 발효능(산, 가스 등의 생성), 젤라틴, 전분 및 기타 중합체의 가수분해능, 카탈레이스, 옥시데이스, 코아굴레이스(coagulase)와 같은 효소 반응, 대사로 인한 다양한 부산물 생산 등을 검사하는 것이다. 현재 많은 검사법이 신속하고 소형화된 형태로 수행되고 있는데, 작은 개별 튜브나 공간에서 최대 23가지 특성을 동시에 결정할 수도 있다(그림 17.4). 생화학적 특성의 복잡성을 감안할 때 중요한 장점은 이러한 시스템이 컴퓨터화된 분석에 쉽게 적용될 수 있으며, 이것은 결과 도출을 쉽게 만든다.

세균을 동정하기 위해 공통적으로 적용할 수 있는 도표는 다소 인위적이지만 편리하다. 이것은 세균의 운동성, 산소 요구성, 그람 염색 반응, 형태, 내생포자 형성 및 다양한 생화학적 반응과 같이 쉽게 인식할 수 있는 특성을 기반으로 하며 흐름표로 설정될 수 있다(그림 17.5). 흐름표에는 선택할 수 있는 반대 특성(예: 그람 양성 또는 그람 음성)까지도 함께 보인다. 흐름표에 따라 선택을 하면 해당 특성 조합에 부합하는 속 또는 종의 이름이 나타난다. 그러나 일반적인 특징의 변이가 흐름표에 사용된다면 결과가 잘못될 수 있기 때문에 보다 정확한 정보를 위해 많은 실험실에서는 진단표(diagnostic tables)를 더 선호한다. 이 책에서는 두 시스템을 모두 다룬다.

각 미생물이 고유의 단백질과 핵산의 조합을 가지고 있다는 사실을 미생물 동정 수단으로 사용할 수도 있다. **매트릭스 보조 레이저 탈착/이온화 비행시간**(matrix-assisted laser desorption/ionization-time of flight, MALDI-TOF)은 빠르고 강력한 자동 동정 수단이다. 이것은 미생물 시료를 휘발성 화합물(매트릭스)과 결합시켜 금속판에 작은 점으로 만들어 분석하는 방법이다. 레이저 빔으로 점을 조사하면 매트릭스와 시료 모두 고체에서 기체로 변환되고 시료의 DNA와 단백질 분자가 이온화된다. 이 이온을 분석해 시료의 고유한 스펙트럼을 생성한다(각 종의 DNA와 단백질은 고유하기 때문). 스펙트럼을 이미 알려진 스펙트럼 데이터베이스와 비교하면 미생물을 동정할 수 있다(과정그림 17.6).

## 기타 검사

대부분의 경우에는 형태학적 또는 생화학적 검사만으로는 미생물을 정확하게 동정하기 어려워 다른 검사를 병행한다. 특히 식중독의 발병을 추적하거나 독감과 COVID를 구분하고자 할 때와 같이 역학적 정보가 필요할 때는 유전형적 또는 혈청학적 검사를 추가로 수행하기도 한다.

*Mycobacterium leprae*, *Treponema pallidum*과 같은 세균을 배양하기 위해 동물이 필요하기도 하며, 리케차, 클라미디아, 바이러스 등을 배양하기 위해 조류의 배아나 세포 배양이 필요하기도 하다. 동물 접종은 때때로 세균이나 진균의 독성을 검사하기 위해 사용되기도 한다.

항생제 감수성 검사는 치료에 사용할 약물을 결정하는 데 중요할 뿐만 아니라(그림 12.18 참조), 감수성을 가지는 항생제 패턴을 통해 *Streptococcus*, *Pseudomonas*, *Clostridium*의 일부 종을 추정적으로 동정할 수도 있다. 항생제는 또한 다양한 배지에 선택력을 부여하는 요소로 사용되기도 한다.

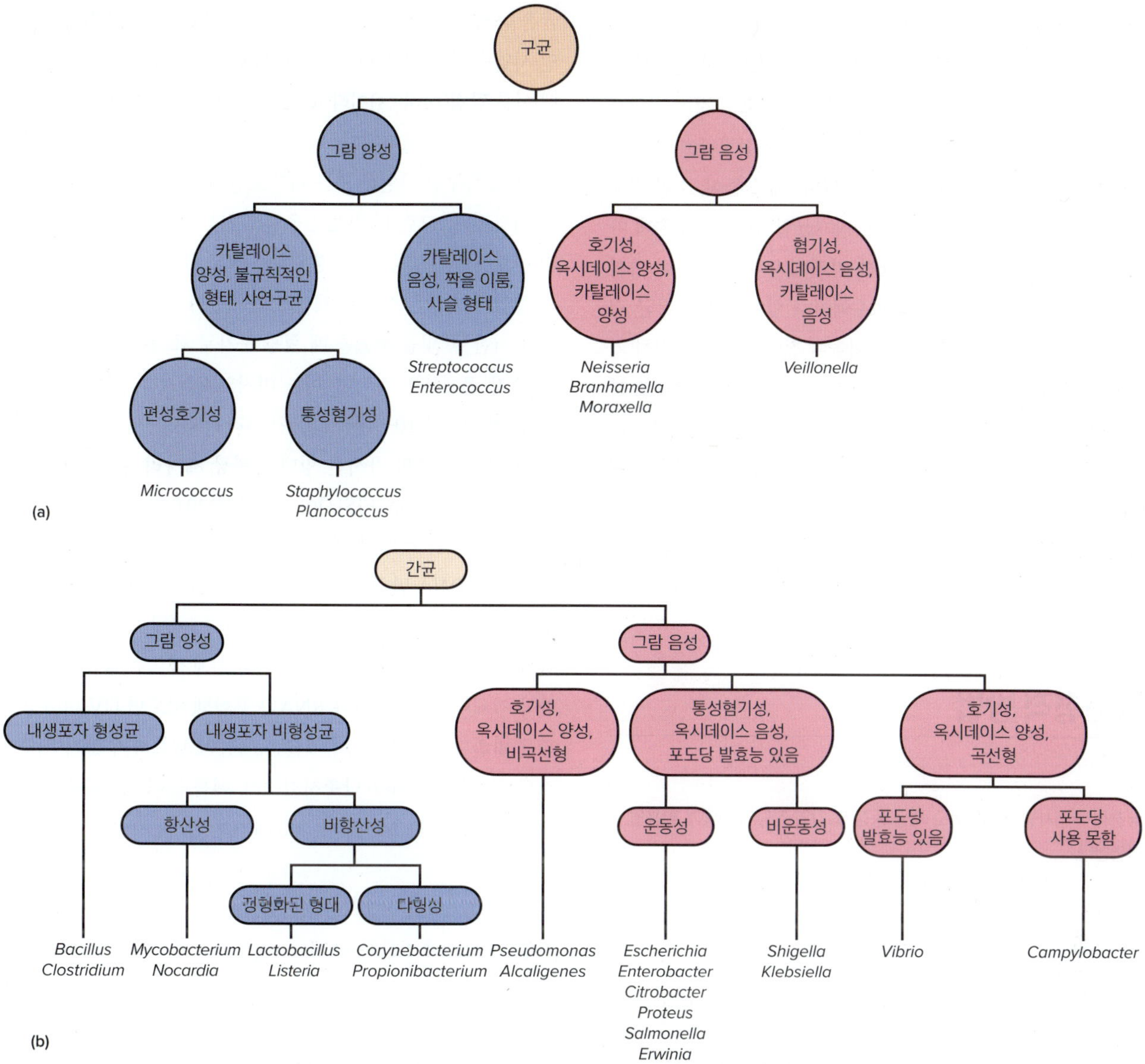


**그림 17.5** 검체에서 분리한 그람 양성 및 그람 음성 세균의 속(genera)을 구분하기 위한 흐름도. (a) 구균과 (b) 임상적으로 중요한 간균.

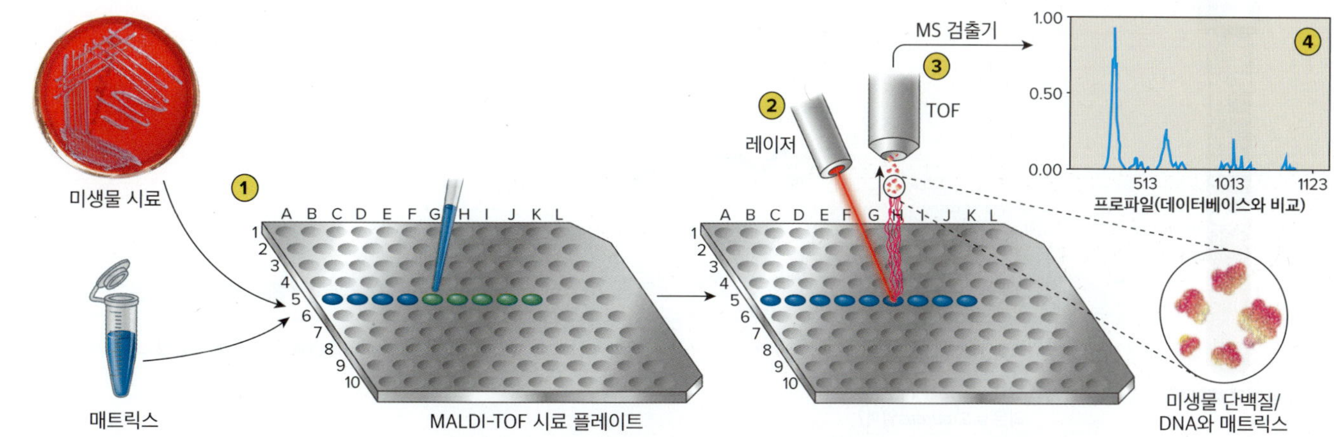


**과정그림 17.6** **MALDI-TOF를 이용한 세균 식별.** (1) 미지의 세균과 휘발성 매트릭스를 혼합해 금속판에 도포한다. (2) 레이저 빔으로 세균과 매트릭스를 가열해 가스로 변환하고 세균의 DNA와 단백질 분자를 이온화한다. (3) 이온은 time-of-flight 튜브를 통해 이동하면서 크기에 따라 분리된다. 작은 이온은 큰 이온보다 더 빨리 이동할 수 있다. (4) 각 이온의 질량 대 전하 비(m/z)는 스펙트럼으로 표시되며, 이를 다른 세균이 생성한 스펙트럼(데이터베이스)과 비교해 세균을 식별한다. (출처: Barry Chess/McGraw Hill; James Redfearn/McGraw Hill)

### 배양의 임상적 중요성

환자와 기회감염균이 있는 이 시대에 답하기 어렵지만 필요한 질문이 있다. 분리한 미생물이 임상적으로 정말 중요한가? 그리고 그것이 병원체인지 또는 상재균총의 일부인지 구별해 낼 수 있는가? 검체의 미생물 수는 이 질문에 답할 수 있는 유용한 기준 중 하나다. 예를 들어, 소변 검체에 존재하는 몇 마리의 *Escherichia coli*는 상재균일 수 있으나, 수백 마리의 *E. coli*는 감염됐음을 의미한다. 반면, 가래에 존재하는 단 한 마리의 *Mycobacterium tuberculosis*나 뇌척수액이나 혈액과 같은 무균 검체에서 기회감염균이 존재하는 경우에는 이들이 질병 발생에 분명히 기여할 것이라는 것을 알 수 있다. 특정 미생물이 검체에서 반복적으로 분리된다면 이것이 질병 원인인 병원체일 수 있으나, 그 진단에는 주의가 요구된다. 임상실험실이 직면한 또 다른 문제는 상재균에 존재하는 병원체와 그 형태는 유사하면서 병원성이 더 강한 병원체를 구별하는 것이다. 의학미생물학자가 동정이 어려운 병원체를 동정하기 위해서는 전문지식과 더불어 실험실 분석 장비의 도움을 받아야 한다.

## 17.3 유전형적 방법

학습목표

8. 다양한 유전형적 검사법을 이해하고 세균 동정 및 감염 진단에 어떻게 활용될 수 있는지 설명한다.

### 유전자 탐침을 이용한 DNA 분석

생물체의 DNA에 있는 뉴클레오타이드의 서열은 생물체마다 고유하다. 혼성화(hybridization)라는 기술을 사용하면 DNA의 일부를 분석해 세균을 동정할 수 있다. 이 기술에서는 특정 미생물의 DNA 서열과 상보적인 서열을 가진 작은 단일가닥의 DNA(또는 RNA) 조각을 필요로 하는데 이를 **탐침**(probes)이라고 부른다. 탐침은 추후에 이미지화될 수 있도록 형광 분자로 표지된다. 이 분석은 검체 또는 배양된 세포에서 추출한 DNA를 특수한 나일론 또는 니트로셀룰로오스 필터에 부착시키는 것으로 시작된다. 그런 다음 탐침을 첨가하는데, 이때 추출된 DNA가 탐침과 상보적인 서열을 가질 경우에는 서로 결합하고, 그렇지 않은 경우에는 결합되지 않은 상태로 개별로 존재한다. 필터에 결합되지 않은 탐침을 제거한 후 빛을 쪼였을 때 형광 분자로 표지된 탐침이 검출되면 해당 DNA가 존재하는 것이며, 이는 미지의 DNA를 검출할 수 있음을 의미한다. 이 기술은 10장에서 설명된 여러 DNA 분석 방법의 기초가 된다.

DNA 혼성화와 유사한 형태로 **형광 제자리 부합법**(fluorescent in situ hybridization, FISH)이 있다(그림 10.6 참조). 배양되지 않은 혈액, 피부 병변 또는 목에서 채취한 검체를 슬라이드에 올리고 형광 염료 마커가 있는 DNA 탐침[종종 펩타이드-핵산 탐침(peptide-nucleic acid probe, PNA)이라고도 함]과 반응시킨다. 이때 사용되는 탐침은 위와 마찬가지로 특정 미생물의 핵산 서열과 상보적으로 결합하도록 설계된다. 만약 검체에 해당 DNA나 RNA가 포함돼 있으면 UV 현미경 아래서 형광을 발한다(그림 17.7). 이 기술은 배양이 필요하지 않기 때문에 진단에 소요되는 시간을 매우 단축시켰는데, 예를 들어 패혈증을 확인하기 위한 혈액 배양 검사는 24시간이 소요되는 반면, 이 기술은 90분 만에 진단이 가능하다.

감염병 역학조사에 사용되는 DNA 기반 기술 중 하나는 **펄스장 겔 전기영동**(pulsed-field gel electrophoresis, PFGE)이다. 이 기술은 제한효소를 사용해 세균이 가지는 게놈의 큰 부분, 종종 수백만 개의 염기쌍을 분석해 DNA 프로파일을 생성하는데, 이것은 그 세균의 '유전자 지문'과 같다. 세균별로 생성된 DNA 프로파일을 비교·분석해 여러 검체

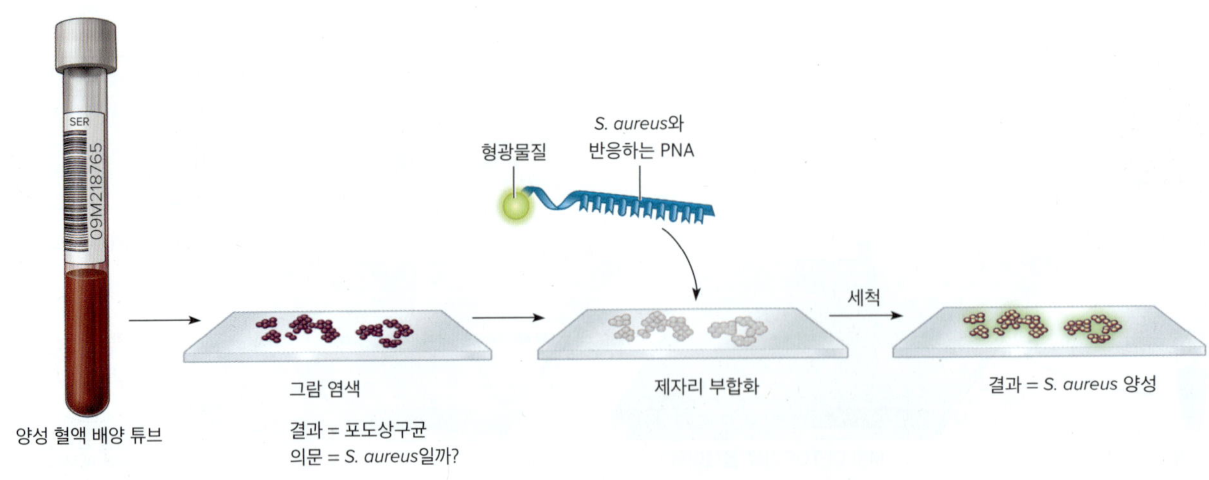


그림 17.7 혈액 배양된 *Staphylococcus aureus*를 동정하는 펩타이드-핵산(PNA) FISH 검사. 분리된 포도상의 구균 형태를 현미경으로 확인한 뒤 두 번째 슬라이드를 준비해 형광물질로 표지된 펩타이드-핵산 탐침과 반응시킨다. 탐침은 *Staphylococcus aureus* DNA의 상보적 서열을 갖고 있다. 슬라이드를 세척한 뒤 UV를 쬐었을 때 형광이 확인되면 탐침과 반응한 DNA가 존재한다는 것이며, 이는 *Staphylococcus aureus*가 동정됐음을 의미한다.

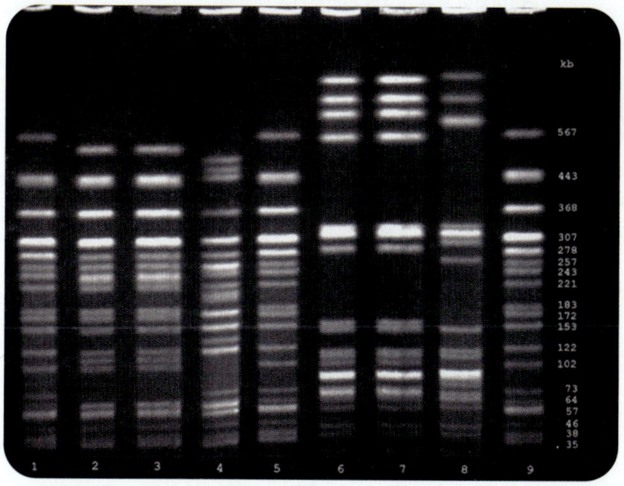


**그림 17.8** 식중독을 앓은 아이에게서 분리한 *E. coli*와 아이가 섭취한 식품에서 분리한 *E. coli* 균주와의 연관성을 확인하기 위해 사용된 펄스장 겔 전기영동(PFGE). 식중독을 앓은 아이로부터 채취한 검체에서 분리한 *E. coli*의 DNA는 레인 2와 6에 위치해 있다(레인 2와 6은 각각 다른 제한효소를 이용했기 때문에 DNA 프로파일이 다르게 나타남). 원인 식품으로 추정되는 사슴 고기에서 분리한 *E. coli*의 DNA는 레인 3과 7에 위치해 있다. 레인 2와 3에서 동일한 DNA 프로파일이 관찰됐으며(동일한 크기의 DNA 밴드가 나열돼 있음), 레인 6과 7에서도 마찬가지였다. 이는 아이로부터 분리된 *E. coli*와 사슴 고기로부터 분리된 *E. coli*가 동일한 병원체라는 것을 의미한다. 다른 레인은 대조군과 DNA 표지자이며, 각 밴드의 크기는 킬로베이스(kb)로 오른쪽의 숫자로 표시돼 있다. (출처: Terry Rabatsky-Her, Comments to Author, Douglas Dingman, Ruthanne Marcus, Robert Howard, Aristea Kinney, and Patricia Mshar/CDC)

에서 분리한 병원체가 동일한 병원체인지 확인할 수 있어 대규모 감염병 발생 시 역학조사에 유용하다(그림 17.8). DNA 염기서열 분석 비용이 점차 저렴해지면서 PFGE 기술의 대부분은 전장유전체 염기서열 분석으로 대체되고 있는 추세다.

## 동정에서 중합효소연쇄반응과 리보솜 RNA의 역할

중합효소연쇄반응(polymerase chain reaction, PCR)은 DNA와 RNA 분석에 매우 유용한 기술이다. 이 기술은 특정 DNA 단편을 빠르게 증폭해 수백만 개를 만들어 낼 수 있으며(그림 10.8 참조), 매우 민감하고 정확해서 소량의 시료에서도 DNA 증폭이 가능하다. 법의학 및 분자생물학 분야에서 널리 사용되는 기술이지만, 미생물 동정에도 적용 가능하다. 이 기술을 사용하면 전통적인 배양 기법 없이도 몇 시간 만에 병원체를 동정할 수 있다.

PCR 기반 검사는 많은 세균과 바이러스 감염을 진단하는 데 널리 사용되며, 임질과 클라미디아증을 진단하는 데도 자주 사용된다. 실시간 PCR(real-time PCR)은 시료에서 추출한 DNA의 증폭량을 실시간으로 기록하고 식별하는 기술이다.

PCR은 다른 기술과 결합돼 다양한 응용이 가능하다. 만약 시료에 RNA가 있다면(예를 들어 RNA 바이러스나 리보솜으로부터 유래된 RNA), 역전사효소(reverse transcriptase, RT)를 사용해 RNA를 DNA로 역전사시킨 뒤 이를 PCR로 증폭할 수 있다. RT-PCR은 SARS-CoV-2와 같은 RNA 바이러스를 분석하는 데 유용하다. PCR을 통해 합성된 DNA는 탐침, 혼성화, 프로파일링, 염기서열 분석에 활용될 수 있다.

미생물 식별을 위한 가장 강력한 기술 중 하나는 **전장유전체 염기서열 분석**(whole genome sequencing, WGS)이다. 이것은 PCR 기술과 자동화된 DNA 염기서열 분석 기술을 결합해 몇 시간 만에 세균의 유전체를 분석할 수 있는 분석법이다. 이 과정에서 수백만 개의 작은 DNA 단편이 생성되는데 이것을 각각 '리드(read)'라고 한다. 이 리드들을 컴퓨터 알고리즘으로 분석해 겹치는 서열을 찾아 결합한다. 이 과정을 수백만 번 반복하면 전체 DNA 염기서열을 조립할 수 있다(과정그림 17.9).

생명체 간 진화적 유사성은 리보솜 RNA 서열을 비교해 분석할 수 있다(생명체가 가진 리보솜의 절반이 리보솜 RNA인 것을 기억하자). 리보솜은 모든 세포에서 동일한 기능(단백질 합성)을 수행하며, RNA 서열은 오랜 기간 비교적 안정적으로 유지된다. 따라서 리보솜 RNA 서열에서 차이가 나타난다면, 이는 조상에서부터 어느 정도 거리가 있음(진화적 계통이 다름)을 나타낼 가능성이 높다. 이를 통해 생명체의 상위 분류[1장에서 언급된 생명의 세 가지 역(domain)]뿐만 아니라 개별 종의 동정이 가능하다.

### 임상 사례

## 직장에서의 나쁜 하루 … 또는 그렇지 않은 하루

75세 남성이 만성 무릎 통증을 호소하며 내원했다. 감염 여부를 확인하기 위해 통증이 있는 관절에서 체액을 채취해 배양했다. 그 결과, 그람 염색에서 그람 가변성(gram-variable)의 구형간균(coccobacilli)이 발견됐고 자동 미생물 동정 시스템(AMIS)에서 *Francisella tularensis*로 동정됐다. 이 세균은 1급 선택 병원체로 분류돼 있는데, 1급 선택 병원체에 해당하는 미생물은 생물 테러에도 활용될 수 있을 만큼 위험하여, 특정 프로토콜을 즉시 발동시켜야 하는 등 긴급성이 높다. 분석에 사용된 배양액은 개방형 실험실에서 다루어졌기 때문에 최대 24명이 병원체(공기를 통해 퍼지는 것으로 알려짐)에 노출됐다. 이에 아이다호 실험실국과 동부 아이다호 공중보건국이 병원체 노출 문제를 지원하고 지침을 제공하기 위해 소집됐다. 실험실 직원 24명 중 19명이 노출 위험에 처한 것으로 판단돼 즉시 예방적으로 항생제 치료를 시작했다. 배양액은 확인 분석을 위해 아이다호 연구소로 보내졌는데, 이 분석은 48시간 정도 걸릴 것으로 예상됐다.

아이다호 주립 기준 연구소의 확인 검사에는 여러 가지 비배양 기반 기술이 있다. 중합효소연쇄반응을 사용해 생물 테러 가능성이 있는 *Francisella* 또는 *Brucella*의 DNA 유무를 확인했으나, 두 종 모두 DNA가 없었다. 16S rRNA 유전자의 시퀀싱 결과, 해당 균주는 생물 테러 가능성이 없는 *Veillonella parvula*로 밝혀졌다. 이에 치료를 받고 있던 실험실 직원들의 항생제 처방을 중단하고, *V. parvula*에 알맞은 항생제 치료를 받을 것을 지시했다.

**배양 검사 전에 PCR 또는 DNA 시퀀싱 같은 빠른 동정 방법을 사용했다면 이 시나리오는 어떻게 바뀌었을까?**

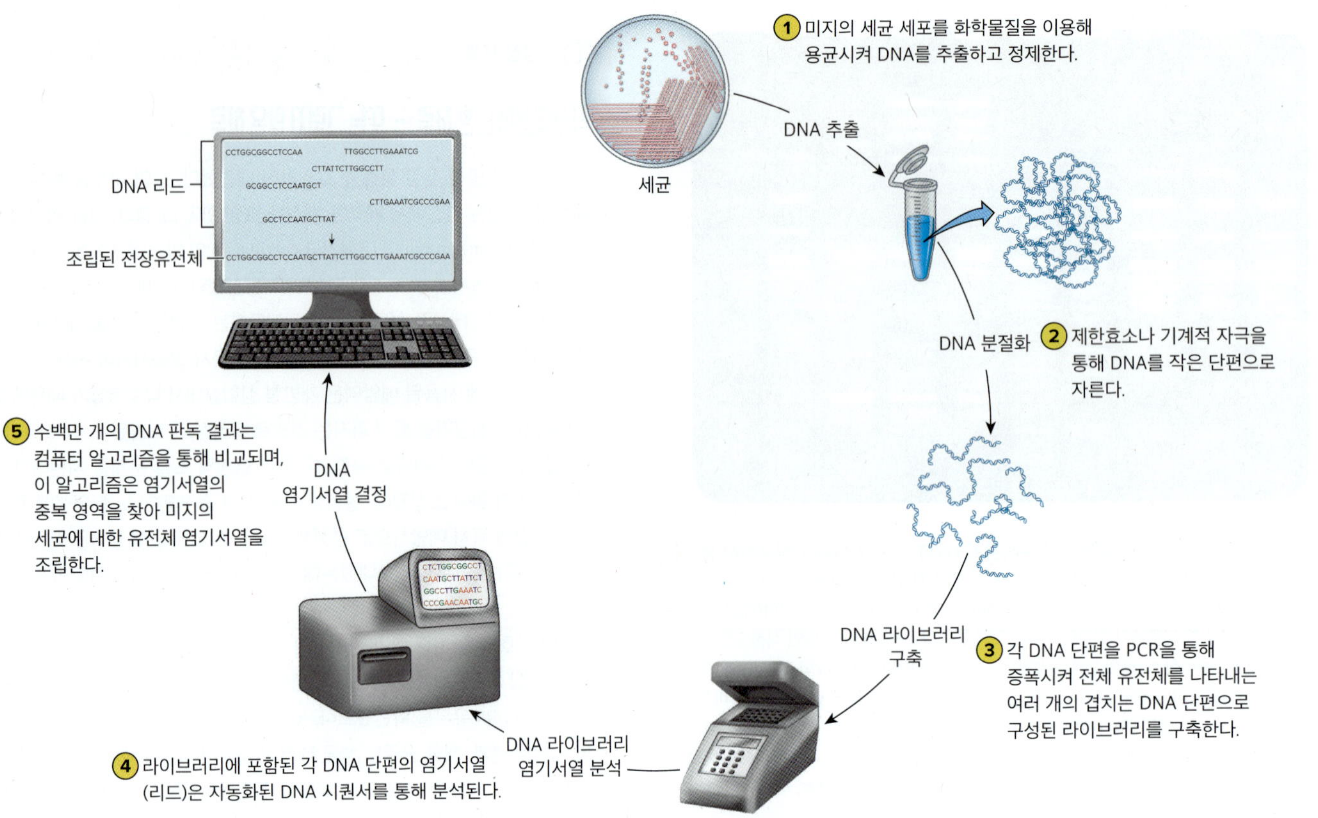


**과정그림 17.9** **전장유전체 염기서열 분석.** 이 과정을 통해 미지의 세균의 유전자 염기서열을 빠르게 확인할 수 있다. 다양한 배양 방법을 사용하면 어떤 생명체나 바이러스의 염기서열도 확인할 수 있다. (출처: Centers for Disease Control and Prevention https://www.cdc.gov/pulsenet/pathogens/protocol-images.html#wgs)

**핵심 점검 17.2~17.3**

5. 검체를 분석하기 위한 직접 검사, 추정 및 확정 검사, 배양 및 분리, 생화학적 검사, 유전자 탐침 방법에 어떠한 기술이 쓰이는지 서술하시오.
6. 임상에서 분리한 균주가 감염에 관여하는지 여부를 판단하는 데 중요하게 여겨지는 요인을 간략하게 설명하시오.
7. 동정 기술에서 PCR의 용도를 서술하시오.

## 17.4 면역학적 방법

**학습목표**

9. 면역학적 검사의 배경 목표를 설명한다.
10. 항원-항체 반응으로 병원체를 어떻게 검출하고 정량화하는지 이해한다.
11. 응집과 침전을 구분하고 병원체의 진단에 어떻게 사용되는지 설명한다.
12. 웨스턴 블롯과 보체 고정 검사의 기본 방법을 설명한다.
13. 직접 및 간접 면역학적 형광 항체 검사의 결과를 해석한다.
14. 생체 내 검사가 시험관 내 검사와 어떻게 다른지 설명한다.

면역 반응 중에 형성되는 항체는 감염과 싸우는 데 중요하기도 하지만, 그 외에 실질적 가치를 가진다. 항체의 양이나 특이성과 같은 특성은 환자가 미생물이나 다른 항원과 접촉했다는 증거가 될 수 있으며, 이것이 혈청학적 검사의 기본이다. **혈청학**(serology)은 전통적으로 혈청의 체외 진단 검사를 다루는 면역학의 한 분야다. 혈청학적 검사는 우리가 익히 알고 있듯 항체가 항원에 대해 극도로 특이적이라는 것에 기반을 두고 있으며, 특정 **항원**(antigen, Ag)이 특정 **항체**(antibody, Ab)에 노출되면 항체와 단단히 결합하는 성질을 이용한 것이다. 이 상호작용을 시각화할 수 있으면 항체(또는 항원)를 감지, 동정 및 정량화하는 강력한 도구로 사용할 수 있다. 이 계획은 상황에 따라 양방향으로 작동한다. 하나는 특이성이 알려진 항체를 사용해 미지의 항원을 감지하거나 동정하는 것이다(그림 17.10). 또는 정체를 알고 있는 항원을 사용해 항체의 존재를 감지할 수도 있다(그림 17.11). 현대의 혈청학적 검사는 혈청뿐만 아니라 다른 검체 영역으로도 확대됐다. 소변, 뇌척수액, 전체 조직 및 타액도 환자의 면역 상태를 확인하는 데 사용할 수 있다. 이러한 검사와 기타 면역 검사는 의심되는 진단을 확인하거나 특정 집단의 질병을 선별하도록 도와준다.

### 면역학적 검사의 일반적인 특징

면역학적 검사는 매우 다양하며, 이들은 모두 항원과 항체 간 상호작용에 기초를 두고 있다. 이 책에서는 응집, 침전, 보체 고정, 형광 항체 검사

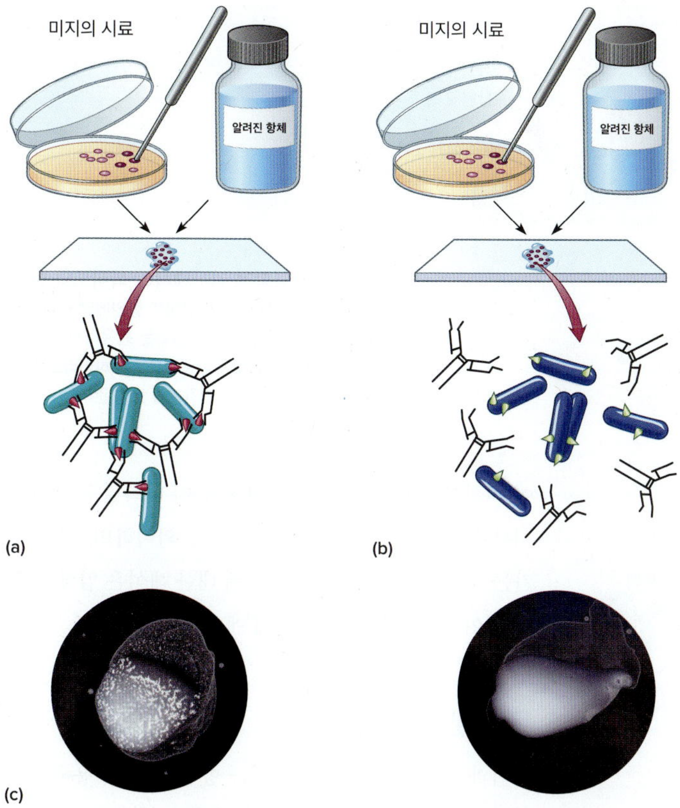


**그림 17.10 항체를 이용한 미지의 세균에 대한 혈청학적 분류.** (a) 미지의 미생물 시료를 알려진 특이성의 항체와 반응시킨다. 항체가 미생물 시료를 인식하고 결합해 세포가 응집된다면 양성 반응으로 간주한다. (b) 항체가 미생물 시료를 인식하지 못하고 응집이 발생하지 않으면 음성 반응으로 간주한다. (c) 양성 반응(왼쪽)과 음성 반응(오른쪽)에서의 응집 형태. (출처: Barry Chess/McGraw Hill; Barry Chess)

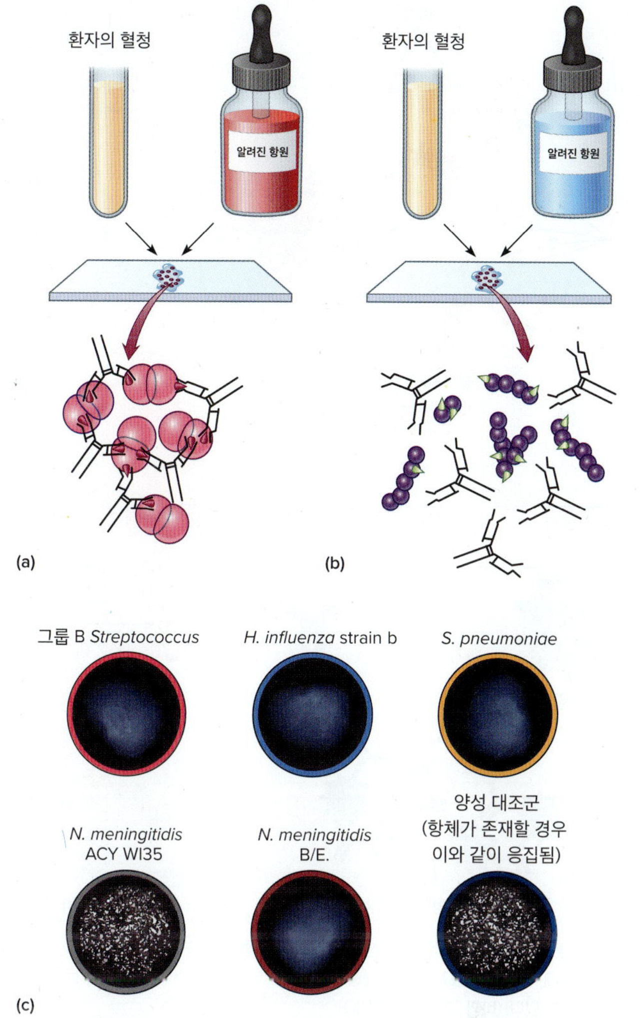


**그림 17.11 환자의 혈청을 이용한 혈청학적 검사.** (a) 항체의 존재가 확인되지 않은 환자의 혈청을 단일 항원과 반응시킨다. 혈청 내 항체가 존재할 경우, 이 항체가 항원을 인식하면 눈에 띄는 반응이 관찰된다(응집 반응 또는 이 외의 반응). (b) 환자의 혈청에 항원과 반응하는 항체가 없으면 반응이 발생하지 않는다. (c) 다섯 가지 다른 항원에 대한 항체의 존재 여부를 확인하는 혈청학적 검사. 검사 결과, 환자의 혈청에는 감염 이력 또는 과거 백신 접종 이력을 의미하는 *Neisseria meningitidis*에 대한 항체가 존재한다. 다른 네 가지 항원을 인식하는 항체는 없었다. (출처: Thermo Fisher Scientific Inc.)

및 면역분석법에 대해 다룰 것이다. 먼저 면역학적 검사의 일반적인 특성을 이해하고, 각 유형에 대해 구체적으로 살펴보자.

가장 효과적인 혈청학적 검사라고 하면 매우 특이적이고 민감해야 한다(그림 17.12). **특이도**(specificity)는 특정 항체 또는 항원에만 반응하는 성질로, 관련성이 없거나 적은 항체 또는 항원에는 반응하지 않는 것을 뜻한다. **민감도**(sensitivity)는 매우 적은 양의 항체 또는 항원도 감지할 수 있는 감도를 뜻한다. 민감도가 높은 검사법은 약하게 양성인 환자(항체 또는 항원을 적게 가지고 있는 상태를 의미함)도 진단해 낼 수 있다. 현대에 와서 단일클론 항체를 사용하면서 특이도가 크게 향상됐고, 방사능, 효소, 전자기기를 이용하는 시스템으로 민감도가 향상됐다.

## 항원-항체 상호작용의 시각화

항원(Ag)과 항체(Ab)의 결합은 전자현미경 없이는 볼 수 없으며, 육안(또는 광학현미경)으로 이 반응을 관찰하기 위해서는 양성 또는 음성 결과를 확인할 수 있는 특별한 방법이 필요하다. 세포와 같은 큰 항원의 경우에는 항체가 항원에 결합하면서 거시적 또는 미시적으로 관찰할 수 있는 큰 덩어리 또는 응집체가 형성된다(그림 17.13a). 쉽게 관찰하기 어려운 작은 항원-항체 복합체는 이를 시각화하는 특수한 지표가 필요한데, 항원-항체 반응의 최종 결과는 그 반응물에 특별한 염료 또는 형광 시약을 표지해 확인할 수 있다. 유사하게, 항원이나 항체에 방사성 동위원소를 붙여 추적자로서 사용하기도 하는데, 이는 사진 필름으로 감지할 수 있다.

항원-항체 반응은 **역가**(titer) 또는 혈청 내 항체 농도를 측정하는 데 사용할 수 있다. 역가는 튜브나 여러 개의 웰(well)이 있는 마이크로 플레이트에서 혈청 시료를 연속적으로 희석하고 이들을 항원과 혼합하여 결정한다(그림 17.13b). 항원과 눈에 띄는 반응을 일으키는 시료의 가장 높은 희석배율로 역가를 결정하는데, 역가는 이 희석배율의 역수다(예: 희석배율이 1/32이면 역가는 32임). 시료에 항원이 존재하면서 더 많

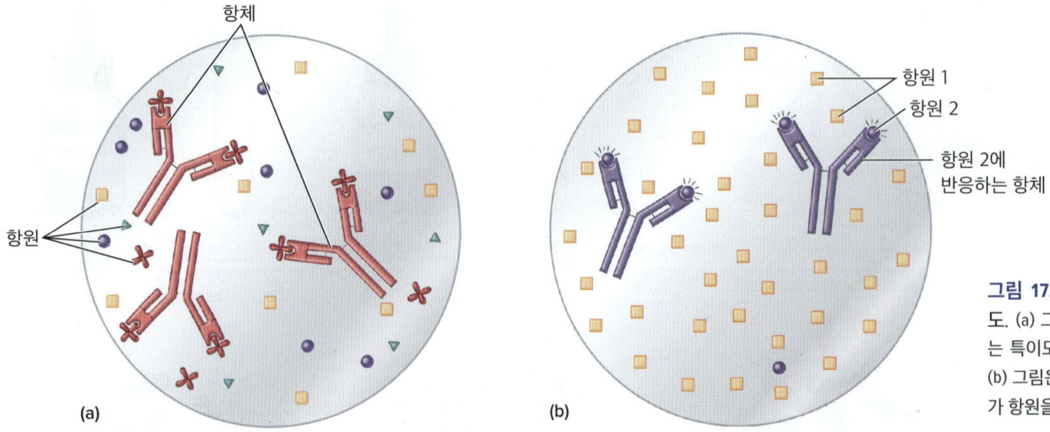


**그림 17.12** 면역학적 검사에서의 특이도와 민감도. (a) 그림은 항체가 한 가지 유형의 항원에만 결합한다는 특이도를 보여 준다. 다른 항원과는 반응하지 않는다. (b) 그림은 항원이 매우 낮은 수준으로 존재하더라도 항체가 항원을 감지할 수 있다는 민감도를 보여 준다.

이 희석한 시료에서 항원-항체 반응이 나타날수록 해당 시료에 항체가 많이 존재한다는 것을 의미하며, 이때 역가는 높게 관찰된다. 분석 결과에 대한 해석은 **임상 연결 "양성이 음성으로 바뀌었을 때"**에서 설명된다.

## 응집 및 침전 반응

응집과 침전의 본질적인 차이는 항원의 크기, 용해도와 위치다. 적혈구 또는 세균과 같이 세포 표면에 항원임을 결정하는 인자를 가지고 있는 경우에는 응집 반응이 일어난다. 단백질과 같은 가용성 분자가 항원으로 작용하는 경우에는 침전 반응이 일어난다. 어찌됐든 두 경우 모두 항원과 항체가 적절히 결합하면, 하나의 항원은 여러 항체에 의해 상호 연결돼 너무 커져서 부유 상태를 유지할 수 없는 불용성의 3차원 응집체를 형성하면서 침전된다.

## 응집 검사

응집 검사에서 양성인 경우에는 항원이 항체에 의해 육안으로 볼 수 있을 정도로 큰 덩어리를 형성한다. **응집**(agglutination) 검사는 통상적으로 혈액은행에서 수혈을 준비하기 위해 ABO와 Rh(Rhesus) 혈액형을 확인하기 위해 수행된다. 혈액 속 적혈구는 혈액형 항원을 갖고 있는데, 이 항원과 반응하는 항체가 포함된 항혈청을 소량의 혈액 시료와 혼합해 응집 여부를 판독한다(그림 16.10 참조). **비달 검사**(Widal test)는 살모넬라의 감염과 파상열을 진단하기 위한 시험관 응집 검사의 한 예다. 이 검사를 통해 특정 항체를 검출하는 것 외에 혈청의 역가도 알 수 있다.

응집 검사를 변형해 사용할 수도 있는데, 급속혈장리아진(rapid plasma reagin, RPR) 검사는 매독 항체를 검사하는 데 일반적으로 사용되는 여러 검사 중 하나다.

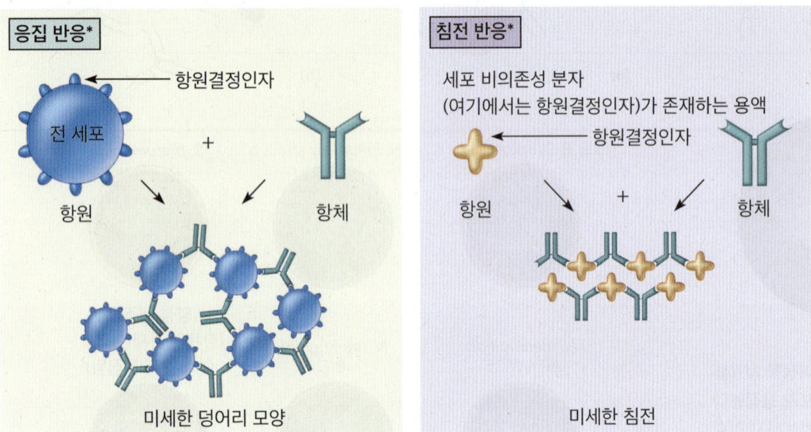


(a) 응집은 세포 전체의 덩어리이며, 침전은 세포 비의존성(cell-free) 분자(예: 항원, 항체)가 있는 용액 내에서 항원-항체 복합체가 형성된다는 것을 의미한다. 두 반응 모두 시험관에서 눈에 띄는 덩어리나 침전물을 관찰할 수 있다((b)와 그림 17.14 참조).

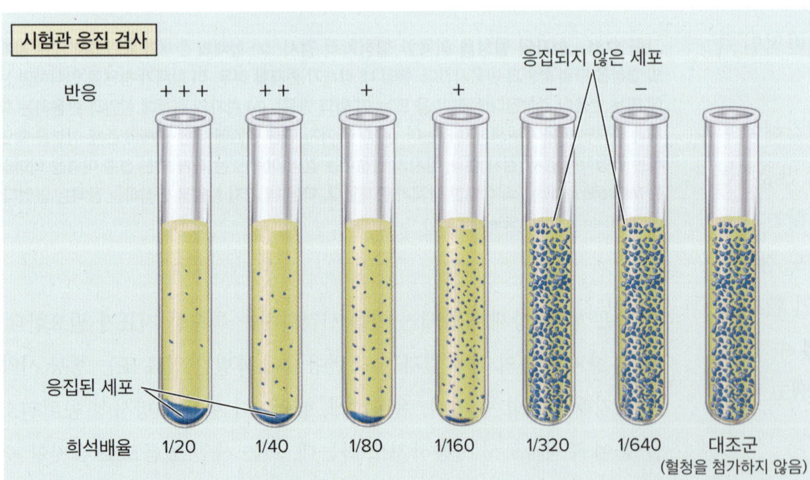


(b) 시험관 내 응집 검사. 환자의 혈청 시료를 생리식염수로 연속적으로 희석하는데 이때 항체를 절반씩 묽게 만드는 방식으로 연속적으로 진행한다. 희석된 시료에 동일한 양의 항원(이 그림에서는 파란색의 세균 세포)을 첨가한다. 대조군은 혈청 없이 항원만 첨가한다. 반응 및 원심분리 후 각 시험관에 대해 대조군 대비 응집 반응이 나타났는지 관찰한다(대조군에서는 응집 반응이 전혀 관찰되지 않아야 함). 역가는 응집 반응이 관찰된 시험관 중 가장 높은 희석배율의 역수와 동일하다. 위 그림에서의 역가는 160이다.

* 이 그림에서는 IgG를 항체로 표현했으나, IgM 또한 이 반응에 관여한다.

**그림 17.13** 항원-항체 검사. (a) 항원-항체 반응에서의 응집 및 침전 반응을 시각화하는 세포적/분자적 모식도. (b) 혈청에서의 항체 역가를 결정하기 위한 응집 검사.

임상 연결

### 양성이 음성으로 바뀌었을 때: 혈청학적 검사 결과의 해석

혈청학적 검사에서 환자의 혈청이 양성 반응을 보인다는 것—**혈청 양성**(seropositive)—은 무엇을 의미할까? 대부분의 경우 특정 미생물에 대한 항체가 혈청 시료에 존재한다는 것을 말한다. 그러나 항체가 존재한다고 해서 반드시 환자가 현재 질병을 앓고 있다는 것을 의미하지는 않기 때문에 결과의 해석은 신중해야 한다. 환자가 가지는 항체는 과거의 감염 또는 예방 접종을 통해 미생물이나 그 항원과 접촉해서 형성됐을 가능성도 존재한다. 환자의 병력을 확인하기 위한 선별 검사에서 특정 항원(예: 풍진)에 대한 항체를 발견하는 것은 중요한 의미를 가지는데, 이미 환자가 항체를 보유하고 있다는 것은 해당 감염원에 대해 어느 정도의 방어능력이 있음을 보여 주기 때문이다.

진행 중인 감염이나 질병을 진단하는 데 혈청학적 검사를 사용하는 경우에는 시간이 지남에 따라 항체 역가가 증가하는 것이 보여야 한다. 아래의 그림은 이러한 검사를 사용해 여러 질병에 해당할 수 있는 비특이적 증상이 있는 환자를 진단하는 방법이다. 예를 들어, 라임병은 관절염이나 바이러스 감염으로 오인될 수 있는데, 그림에서 보듯 라임병의 원인 병원체인 *Borrelia burgdorferi*에 대한 항체 역가는 6주 동안 꾸준히 증가했다(파란색 막대). 유사한 증상을 가진 대조군(초록색 막대)에서는 이 미생물에 대한 항체 역가가 증가하지 않았다. 임상의사는 감염 초기에 수집한 검체를 급성(acute) 혈청, 감염 후기에 수집한 검체를 회복기(convalescent) 혈청이라고 한다.

검사에서 고려해야 할 또 다른 중요한 사항은 **생물학적 위양성**(biological false positives)이 가끔 발견된다는 것이다. 이것은 실제로 환자가 미생물에 감염되지 않았음에도 불구하고 양성 반응으로 확인되는 것을 말한다. 매독 및 HIV 검사에서는 혈청에 존재하는 항체 또는 기타 물질이 검사 시약과 교차 반응해 위양성 결과를 발생시킨다. 이러한 위양성은 교차 반응을 최소화할 수 있는 방법으로 재검사해야 한다.

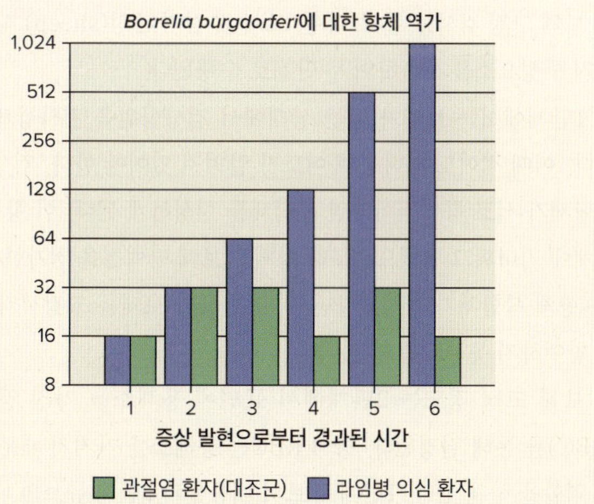


(출처: Barry Chess/McGraw Hill)

위음성 반응(false negative reaction)에 대해 정의하시오. 이 반응을 유발하는 요인은 무엇인가?

저온(4~20℃)에서만 반응하는 항체의 이름을 딴 저온 응집 검사는 결핵성 폐렴을 진단하기 위해 개발됐다. 바일-펠릭스(Weil-Felix) 반응은 리케차 감염을 진단하는 데 가끔씩 사용되는 응집 검사다.

일부 검사에서는 응집 항원을 불활성 입자 표면에 부착한다. 라텍스 응집(latex agglutination) 검사에서 불활성 입자는 작은 라텍스 비드다. 라텍스 응집을 통해 소변에서 임신 호르몬을 확인하거나 *Candida* 효모와 포도상구균, 연쇄상구균, 임질균 등을 검출하고 류머티즘 관절염을 진단할 수도 있다.

## 침전 검사

**침전**(precipitation) 반응에서는 가용성 항원이 항체에 의해 불용성이 돼 침전된다. 이 반응은 시험관에서 관찰할 수 있지만, 침전물은 쉽게 분해된다. 이를 방지하기 위해 대부분의 침전 반응은 한천 겔에서 수행된다. 이러한 기질은 반응물(항체 및 항원)이 자유롭게 확산될 수 있을 만큼 충분히 부드럽지만, 항원-항체 반응으로 생성된 침전물을 제자리에 고정시킬 만큼 충분히 단단한 특징이 있다. 미생물의 동정과 질병 진단에 적용되는 한 가지 기술은 이중확산법(이중면역확산법, Ouchterlony)이다(그림 17.14). 이 검사에서는 항원과 항체가 모두 확산되기 때문에 이중확산(double diffusion)이라 하며, 한천 배지에 작은

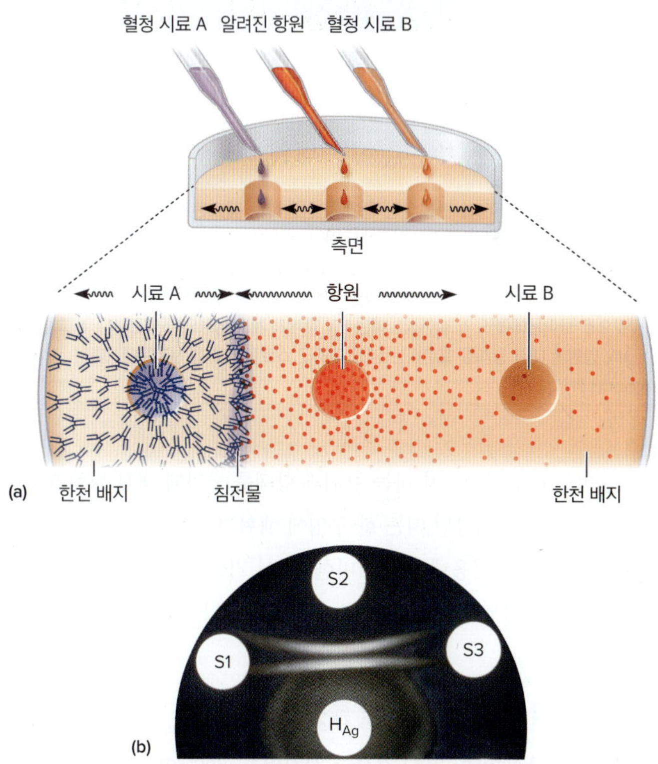


**그림 17.14** 이중확산법을 통한 침전 검사(이중면역확산법). (a) 한천 배지에 작은 구멍을 뚫는다. 이미 알려진 항원을 중앙 구멍에 채우고 검사하고자 하는 혈청을 주변 구멍에 채운다. 항원과 항체 모두 구멍의 주변으로 확산되며, 이때 혈청에 항체가 포함돼 있다면 항원을 인식하고 침전돼 한천에 띠를 형성할 것이다. (b) 곰팡이의 일종인 *Histoplasma capsulatum*을 이중확산법으로 검사한 것. 침전돼 형성된 띠는 중앙에 위치한 *H. capsulatum* 항원과 시료 2 사이에서 관찰된다. 시료 1번과 시료 3번에서는 침전이 관찰되지 않았다. 즉, 시료 2에 항체가 있음을 알 수 있다. (출처: Dr. Errol Reiss/CDC)

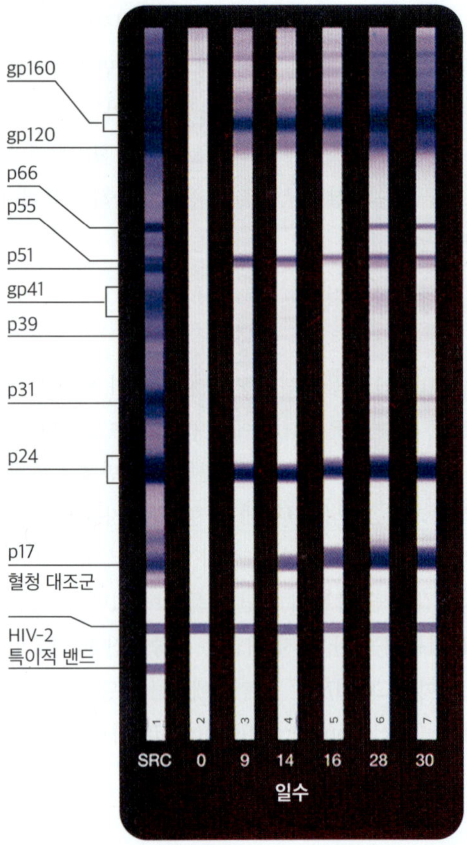


30일 동안 지속적으로 HIV 양성 환자에 대해 웨스턴 블롯 검사를 실시했으며, 밴드의 강도가 점차 증가했다. 이는 HIV 항체가 계속해서 형성되고 있다는 것을 의미한다.

**그림 17.15** **혈액 중 HIV와 반응하는 항체를 검출하는 웨스턴 블롯 검사.** 전기영동으로 HIV 관련 단백질을 사이즈별로 분리하고 분리된 단백질을 나일론 또는 니트로셀룰로오스 막에 옮긴다. 검사하고자 하는 혈청과 막을 일정 시간 반응시키면 항원-항체 반응에 의해 밴드가 나타난다. 30일 동안 HIV 양성 환자의 혈액을 지속적으로 검사했으며 밴드의 강도가 점차 증가하는 것으로 보이는데(밴드가 짙어짐), 이는 HIV 항체가 계속 생성되기 때문이다. 비교를 위해 모든 HIV 항원에 대한 항체를 포함하는 양성 대조군 스트립(SRC)을 사용한다. (출처: Genelabs Diagnostics Pte Ltd.)

구멍을 만들고 검사하고자 하는 항원과 항체를 구멍에 채워 실험한다. 2개의 구멍 사이에 형성된 띠는 한 구멍에 채워진 항체가 다른 구멍에 채워진 항원과 만나 반응했음을 의미한다. 이 기술을 변형하면 알려지지 않은 항체 또는 항원을 확인하는 데 사용할 수 있다.

## 단백질 검출을 위한 웨스턴 블롯

**웨스턴 블롯**(Western blot) **검사**는 **전기영동**(electrophoretic)으로 분리한 단백질을 면역 검사로 검출하는 방법으로, 10장에서 설명된 DNA를 동정하기 위한 서던 블롯(Souther blot) 검사와 유사하다. 이 검사는 시료에서 특정 단백질(항체 또는 항원)을 식별하거나 검증하는 매우 특이적이고 민감한 방법으로 간주된다(그림 17.15). 우선, 검사 물질(대부분의 경우 혈액 또는 기타 조직)을 겔에서 전기영동해 검사 물질에 포함된 단백질을 크기에 따라 분리한다. 분리된 단백질을 나일론 또는 니트로셀룰로오스로 만든 특수 막으로 옮기고 단백질을 고정시켜 '블롯'을 만든다. 블롯을 방사성, 형광 또는 발광 분자로 표지된 항체가 포함된 용액에 넣고 일정 시간 동안 반응시킨다(배양한다). 항체가 결합된 단백질 부위는 특정한 패턴으로 시각화할 수 있는데, 이 패턴을 이미 알려진 양성 및 음성 시료와 비교해 결과를 도출한다. 웨스턴 블롯 검사는 일반적으로 ELISA 검사(17.5절에서 설명)를 통해 확인한 HIV 항체 양성인 사람의 상태를 한 번 더 확인하는 데 사용되는 검사다. 그 이유는 다른 항체 검사보다 더 많은 유형의 항체를 검사할 수 있고 판독 오류와 위양성이 발생할 가능성이 적기 때문이다. 다른 면역학적 검사와 비교했을 때 웨스턴 블롯 검사는 시간과 비용이 많이 소요되지만 매우 높은 수준의 특이성과 민감성이 있어 널리 사용된다.

## 보체 고정

14장에서는 외부로부터 침입한 세포를 파괴하기 위한 방어 시스템으로서 보체의 기능을 소개했다(그림 14.20 참조). 항원 표적 세포를 용해하기 위해 보체의 도움이 필요한 항체를 **용해소**(리신, lysin) 또는 세포용해소(cytolysin)라고 한다. 용해소가 적혈구의 내재적 보체 시스템과 함께 작용하면 세포가 용혈(적혈구가 용해돼 헤모글로빈을 방출)된다. 이 리신 매개 용혈은 **보체 고정**(complement fixation, CF)이라고 하는 유형의 검사의 기초가 된다(그림 17.16). 보체 고정 검사는 일부 바이러스, 리케차 및 진균 감염을 진단하는 데 사용되지만, 종종 더 민감하고 정확한 ELISA 및 유전자 검사로 대체되기도 한다.

보체 고정 검사는 항체, 항원, 보체 및 감작된 양(sheep) 적혈구 등 네 가지 구성요소를 사용하며 두 단계로 수행된다.

1단계에서는 보체가 없는 상태에서 검사항원을 검사항체와 반응시킨다. 이때 적어도 하나는 특이도가 알려져 있어야 한다. 검사항원과 검사항체가 서로 특이적이라면 복합체를 형성하게 된다. 이 항원-항체 복합체에 기니피그 혈액으로부터 정제된 보체 단백질을 첨가한다. 만약 항원-항체 복합체가 형성됐다면, 이 복합체가 보체를 고정시켜 추가 반응에 참여하지 못하도록 할 것이다.

보체 고정 정도는 2단계에서 표면에 용해소를 가진 양의 적혈구(RBC)를 통해 결정된다. 양의 RBC는 용해소를 가지기 때문에 보체 고정 역할을 하게 된다. 1단계 튜브의 내용물과 2단계 튜브의 내용물을 혼합해 육안으로 용혈을 관찰한다.

- 용혈이 발생하지 않으면 보체가 1단계에서 형성된 항원-항체 복합체에 의해 소모됐고, 이는 미지의 항원이나 항체가 혈청에 존재했음을 의미한다. 이 결과를 양성으로 판정한다.
- 용혈이 발생하면 1단계에서 고정되지 않은 보체가 2단계에서 적혈구에 고정돼 결국 적혈구를 용해시키며, 이는 미지의 항원이나 항체가

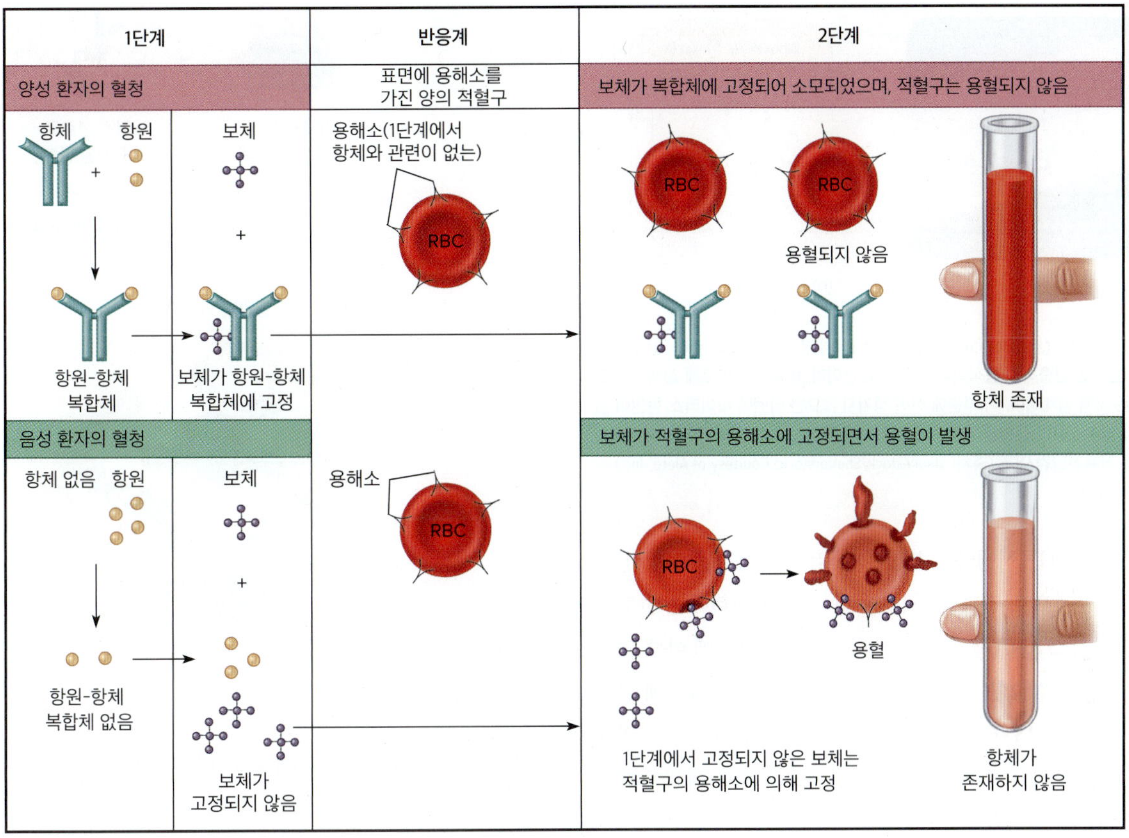


**그림 17.16** **보체 고정 검사.** 그림에서는 특정 감염체의 항체를 검사하기 위해 2개의 혈청 시료를 사용했다. 검사 결과 하나의 튜브에서 혼탁함이 관찰됐다. 혼탁함은 적혈구가 용혈되지 않았기 때문이며, 이는 검사 결과 양성으로 표현된다. 만약 투명하고 분홍색이라면 적혈구가 용혈됐으며 검사 결과는 음성으로 표현된다.

혈청에 존재하지 않음을 의미한다. 이 결과를 음성으로 판정한다.

보체 고정 검사와 유사한 항스트렙토라이신 O(antisteptolysin O, ASO) 역가 검사는 A군 연쇄상구균의 중요한 용혈소인 스트렙토라이신 독소(streptolysin toxin)에 대한 항체(ASO) 수치를 측정하는 검사다. 혈청 시료를 알려진 연쇄상구균 현탁액에 노출시킨 다음 적혈구와 함께 배양한다. 적혈구의 용혈이 없다는 것은 환자의 혈청에 ASO가 있어 스트렙토라이신 독소로 인한 적혈구의 용혈작용을 억제시켰음을 의미하며, 즉 A군 연쇄상구균에 감염됐다는 것을 뜻한다. 이는 홍열, 류마티스열 및 기타 관련 연쇄상구균 증후군을 확인하는 데 유용한 절차가 될 수 있다.

## 신속진단검사 및 현장 검사

혈청학적 검사의 장점 중 하나는 최소한의 교육만으로도 비전문가가 검사를 시행하고 결과를 판독할 수 있다는 것이다. 또한 병원이나 전통적인 실험실을 벗어나 약국, 진료소, 개인 거실, 심지어는 스포츠 경기장 주차장에서도 검사를 실시할 수 있다. 실제로 이 문장이 쓰인 당일에 캘리포니아에서는 47만 4,292건의 COVID-19 검사가 시행됐다. 이는 단순한 숫자처럼 보일 수 있지만 그렇지 않다. COVID-19로 인한 팬데믹 중에 거의 50만 명의 사람들이 신속한 의료 서비스를 받았다는 것을 의미한다. 이 검사가 병원이나 실험실과 같은 제한적인 환경에서만 수행할 수 있는 것이 아니고 비전문가도 검사할 수 있었기 때문에 가능한 숫자였다. 덕분에 의사나 간호사와 같은 전문가들의 의료 기술은 검사 외의 분야에서 더 효율적으로 활용될 수 있었다.

**현장 검사**(point-of-care tests)는 사실 새로운 것이 아니다. 가정용 임신 테스트기는 연쇄상구균 및 포도상구균 신속진단검사와 함께 수십 년 동안 사용돼 왔다. 이들은 모두 항체를 사용하는데, 특정 항원을 감지해 거의 즉각적인 결과를 제공한다. 이러한 검사는 **신속진단검사**(rapid diagnostic tests, RDTs)라고 해서 현재 HIV, B형 및 C형 간염은 물론이고 SARS-CoV-2를 포함한 대부분의 주요 감염원에 대해 실시할 수 있다(그림 17.17). 이 검사는 의학에 혁명을 일으켰다고 해도 과언이 아니다.

COVID-19를 예로 들어 설명하자면, 신속항원검사는 SARS-CoV-2의 단백질을 감지하는 데 의존한다. 검사의 정확도는 인체에 있는 바이러스 입자 수에 따라 달라지기 때문에 감염 과정이 확실히 진행된 사람(예: 증상이 현저히 나타나는 경우)일수록 더 정확하고, 감염 초기에 검사를 받으면 위음성의 결과가 나올 가능성이 높다. 다만 이 검사의 장점은 휴대성과 검사의 용이성인데, 사실상 어디에서나 검사를 받을 수 있고 심지어 몇 분 만에 결과를 얻을 수 있다. 중합효소연쇄반응을 포

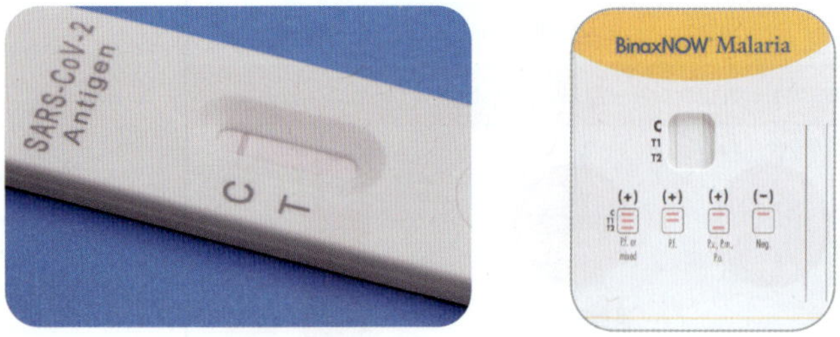


(a) (b)

**그림 17.17 신속진단검사.** (a) SARS-CoV-2(COVID-19) 신속항원검사를 보여 준다. 이 검사는 타액에서 바이러스 항원을 검출하는 방식이다. 'C'는 대조군이며, 반응이 올바르게 진행되고 있음을 보여 준다. 'T'는 타액 검체이며, 이 부분에 선이 생기지 않으면 타액에 바이러스 항원이 없다는 것을 의미한다. (b) 소량의 전혈을 사용해 말라리아의 원인 병원체인 여러 *Plasmodium*의 종을 식별할 수 있는 신속진단검사다. (출처: staukestock/Shutterstock; Courtesy of Alere, Inc.)

함하는 핵산 증폭 검사는 시행하기 복잡하며, 검사에 정교한 실험실 장비가 필요하고 일반적으로 결과를 받는 데 하루 이상 걸린다는 단점이 있다. 반면에 바이러스 RNA를 수백만 배 증폭시키기 때문에 아주 적은 양의 바이러스 입자도 검출할 수 있어 검사 정확도가 거의 100%에 달한다. 신속진단검사는 SARS-CoV-2의 확산을 막고, 감염된 사람이 비행기에 탑승하는 것을 막거나 추수감사절 같은 대규모 모임을 피해야 한다는 것을 알리는 데 필수적이었다.

## 기타 혈청 검사

현미경 관찰과 같이 세포의 활동 변화에 기반하는 검사로 ***Treponema pallidum* 고정화**(*Treponema pallidum* immobilization, TPI) 검사가 있는데, 이는 매독을 검사하는 방법이다. 검사하고자 하는 혈청과 보체가 존재하는 상황에서 *Treponema* 스피로헤타의 운동성이 손상되거나 상실되면 검사 혈청에 항-*T. pallidum*(항체)이 포함돼 있음을 의미한다. **독소 중화**(toxin neutralization) 검사에서는 검사 혈청을 독소를 생성하는 미생물과 함께 배양시킨다. 만약 검사 혈청이 미생물의 성장을 억제하는 경우 독소를 불활성화하는 항독소가 존재한다는 결론을 내릴 수 있다.

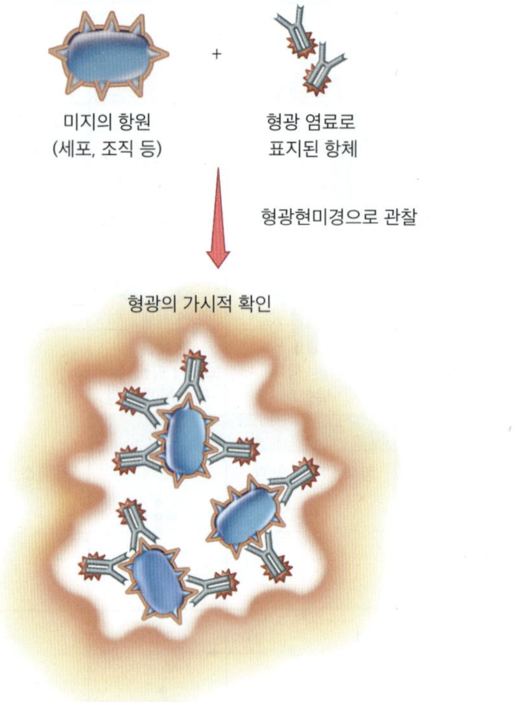


**그림 17.18 면역형광검사 중 직접 검사.** 미지의 항원(Ag)은 형광 항체에 의해 형광으로 표지된다.

**혈청형 검사**(serotyping)는 세포 항원(예: 협막, 편모, 세포벽)에 대한 항혈청을 사용해 특정 세균을 혈청형이라는 범주로 동정, 분류하고 하위 그룹화하는 항원-항체 기술이다. *Salmonella* 혈청형을 분류하는 데 널리 사용되며 연쇄상구균의 수많은 혈청형을 동정하는 기초가 된다(그림 17.10 참조). 팽윤(Quellung) 검사는 항체가 협막의 다당류와 반응

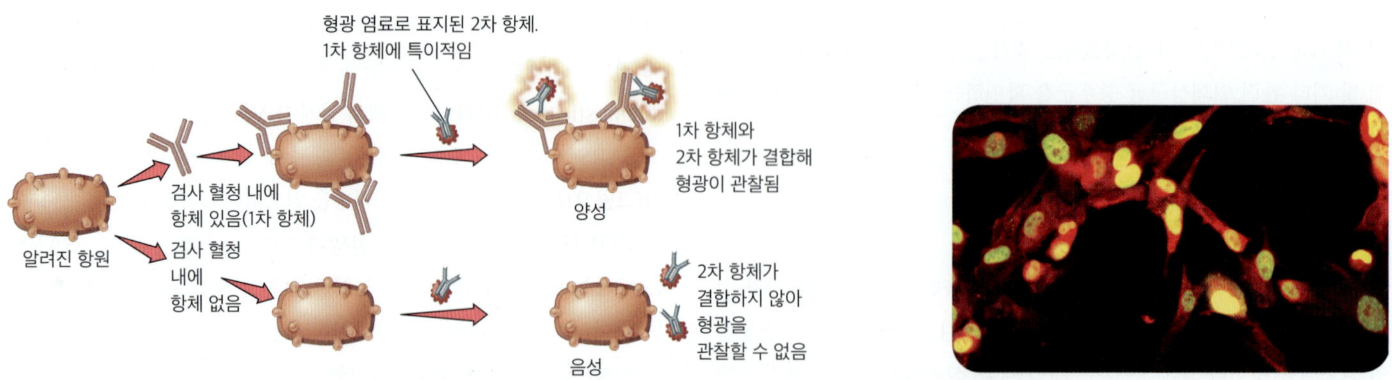


(a) (b)

**그림 17.19 면역형광검사 중 간접 검사.** (a) 알려진 특성을 가진 항원(Ag)은 미지의 항체(Ab)를 식별하는 데 사용된다. 검체 내에 항체(1차 항체)가 있다면, 형광 염료로 표지된 2차 항체가 1차 항체와 결합하면서 양성 반응(형광 응집체 관찰)이 발생한다. (b) 두 가지 다른 바이러스에 감염된 세포의 간접 면역형광염색을 보여 준다. 가운데 녹색 형광의 핵을 가진 세포는 거대세포바이러스이며, 노란색 형광의 핵을 가진 세포는 아데노바이러스다. (출처: CHEMICON® International, Inc.)

해 침전하는 것으로 혈청형을 분류할 수 있는 검사법으로, 폐렴구균과 같이 협막을 가진 세균의 혈청형을 구분할 수 있는 검사다. 이 검사에서 협막은 팽윤되는 것처럼 보이지만, 실제로는 세포 표면에 항원-항체 복합체 덩어리가 형성된 것이다.

### 생체 내 검사

아마도 최초의 면역학적 검사는 시험관이 아니라 생체를 이용해 수행됐을 것이다. 이러한 기술의 전형적인 예 중 하나는 **결핵검사**(tuberculin test)로, *Mycobacterium tuberculosis*에서 정제된 소량의 단백질 유도체(purified protein derivative, PPD)를 피부에 주입하는 검사다. 48~72시간 내에 붉게 부풀어 오르는 두꺼운 병변이 관찰되면 이전에 결핵에 노출됐음을 의미한다. 실제로 생체 내 검사는 혈청학적 검사와 유사한 원리를 사용하지만, 이것은 항원이나 항체를 인간(환자)에게 직접 주입해 육안으로 관찰할 수 있는 어떤 종류의 반응을 유발한다. 결핵검사와 유사한 또 다른 피부 검사는 진균[예: 콕시디오이딘(coccidioidin) 및 히스토플라스민(histoplasmin) 검사] 감염이나 알레르겐(항원)을 평가하는 데 유용하다. 알레르기 반응 검사는 16장에서 다루었다.

### 형광 항체 및 면역형광검사

자외선에 반응해 가시광선을 방출하는 특정 염료의 특성은 3장에서 살펴봤다. 이러한 형광 특성은 진단 면역학의 다양한 분야에서 응용된다. 면역형광검사의 기본 도구는 **형광 항체**(fluorescent antibody), 즉 형광 염료(형광 색소)로 표지된 단일클론항체다.

형광 항체를 사용하는 방식은 두 가지가 있다. 우선 **직접 검사**(direct testing)는 미지의 검체 또는 항원을 슬라이드에 고정하고 알려진 구성의 형광 항체 용액에 노출시키는 방법이다(그림 17.18). 항체가 슬라이드에 고정된 항원과 상보적이라면 항체는 항원과 결합한다. 슬라이드를 세척해 부착되지 않은 항체를 제거한 후 형광현미경으로 관찰하면, 항원과 항체가 서로 결합했을 때 형광 세포 또는 반점이 나타나게 되며, 양성으로 판정한다. 이러한 검사는 세포 표면이나 조직에서 항원을 식별하고 위치를 파악할 수 있다. 이 검사는 매독, 임질, 클라미디아증, 백일해, 레지오넬라증, 흑사병, 트리코모나스증, 수막염, 리스테리아증의 병원체를 식별하는 데 유용하다.

**간접 검사**(indirect testing, 그림 17.19)는 항원과 항체가 직접 결합하는 직접 검사와 달리, 다른 항체의 Fc 영역과 반응하도록 만들어진 형광 항체를 사용하는 것이다(항체는 단백질이며 항원 자체로도 인식될 수 있음을 기억하자). 이 검사에서는 알려진 특성을 가진 항원(예: 세균 배양물)을 미지의 항체를 포함하는 검사 혈청과 반응시킨다. 반응 후 미지의 항체와 반응할 수 있는 형광 항체 용액을 첨가하고 헹구어 검사 혈청에 항원에 부착된 항체가 있는지 시각화한다. 양성의 경우 형광 응집체 또는 세포가 나타나며, 형광 항체가 표지되지 않은 항체와 결합됐음을 의미한다. 음성의 경우 형광 복합체가 나타나지 않는다. 이 기술은 매독과 다양한 바이러스 감염을 진단하는 데 자주 사용된다.

**핵심 점검 17.4**

8. 혈청학과 혈청학적 검사의 기본은 무엇인가?
9. 특이도와 민감도를 구분하시오.
10. 항원-항체 반응을 감지하는 몇 가지 일반적인 방법을 설명하시오.
11. 양성혈청(seropositivity)과 음성혈청(seronegativity)이 의미하는 것은 무엇인가?
12. 위양성 검사 결과란 무엇이며, 이것이 발생하는 원인은 무엇인가?
13. 응집 및 침전 반응의 유사점과 차이점에 대해 서술하시오.
14. 응집 및 침전 반응이 적용되는 검사의 예를 들고, 설명하시오.
15. 보체 고정이란 무엇을 의미하는가? 세포 용해소는 무엇인가?
16. 직접 및 간접 형광항체검사의 원리를 설명하시오.

## 17.5 면역분석법: 고감도 검사

**학습목표**

15. 면역분석법의 주요 유형에 대한 기본 개념을 설명하고, 진단에 어떻게 사용되는지 설명한다.

면역분석법은 항원-항체 반응을 증강시켜 높은 수준의 민감도와 특이도를 동시에 달성할 수 있는 면역학적 검사법이다. 일반적으로 이는 형광 또는 방사성 신호로 표지된 매우 특이적인 항체를 사용해 수행되며, 이것이 민감도를 극적으로 증가시키는 요인이다. 표준화된 면역분석법은 종종 자동화가 가능하기 때문에 오늘날 사용되는 많은 면역분석법이 기존의 면역분석법보다 더 우수하고 빠르며 저렴하다.

### 방사면역측정법(RIA)

방사성 동위원소로 표지된 항체 또는 항원은 각각 상보적인 항원 또는 항체가 미량 존재하는 상황에서도 이들을 정확히 찾아낼 수 있다. 이 검사법은 방사성 동위원소로 표지된 알려진 항원 또는 항체를 검체와 반응시켜 반응 전과 후에 검체에 존재하는 방사능의 양을 비교하는 것으로 실제 작업은 매우 복잡하다. 표지된 화합물은 표지되지 않은 검체 내 물질과 반응 부위를 놓고 경쟁하며, 그 결과 결합된 방사성 동위원소가 대량으로 존재하면 미지의 검사 대상이 존재하지 않았음을 의미한다. 방사능의 양은 동위원소 계수기(isotope counter) 또는 자기방사선법(photographic emulsion, autoradiograph)으로 측정한다. 방사면역측정법은 인슐린과 기타 호르몬 수치를 측정하고 알레르기를 진단하는 데 사용되는데, 주로 알레르기 환자의 IgE를 측정하기 위한 방사면역흡착검사(RIST)와 알레르기 추출물(알레르기 치료용 알레르겐 추출물)을 표준화하기 위한 방사선알레르기흡착검사(RAST) 등으로 활용된다.

### 효소면역측정법(ELISA)

**효소면역측정법**(enzyme-linked immunosorbent assay, ELISA) 또는 효소면역분석법(EIA test)은 항원-항체 복합체의 존재를 색의 변화로 확인할 수 있는 검사로, 이때 관찰되는 색의 변화는 효소를 매개로 한다. 주로 사용되는 효소는 서양고추냉이에서 추출한 과산화효소(peroxidase)와 알칼리성 인산가수분해효소(alkaline phosphatase)로, 두 효소 모두 기질에 노출되면 염료(chromogen)를 방출한다. 이 기술에서는 효소와 더불어 반응물을 흡착(표면에 끌어당김)할 수 있는 플라스틱 소재의 마이크로 플레이트와 같은 고체 지지체를 사용한다.

**간접 ELISA**(indirect ELISA)는 혈청 시료에서 항체의 존재를 감지하는 방법이다. 다른 간접 검사와 마찬가지로 양성 반응은 항원-항체 반응을 통해 확인할 수 있다. 지표로 사용하는 항체[지표항체(indicator antibody)]는 양성의 혈청 시료에서 색의 변화를 유도할 수 있는 효소와 결합돼 있다(그림 17.20). 반응의 개시물은 웰 표면에 흡착된 알려진 항원이며, 여기에 미지의 검사 혈청을 첨가하고 세척한 뒤, 검사 혈청 내 미지 혈청과 반응할 수 있는 지표항체-효소 시약을 웰에 넣는다. 그런 다음 효소에 대한 무색의 기질을 넣어 반응시키고 색의 변화를 관찰한다. 색의 변화는 항체가 환자의 혈청에 존재했음(양성)을 의미한다. 이것은 HIV, 다양한 리케차 종, A형 및 C형 간염 바이러스, 비브리오 콜레라(*Vibrio cholerae*), 위궤양의 원인인 *Helicobacter*에 대한 항체를 확인하기 위한 일반적인 선별 검사로 활용할 수 있다. 위양성이 발생할 수 있으므로 검증 검사(HIV에 대한 웨스턴 블롯 등)가 필요할 수 있다.

**캡처(또는 샌드위치) ELISA**(capture (or sandwich) ELISA)는 항원의 존재를 감지하는 방법이다. 이 검사에서는 알려진 항체를 웰에 흡착시키고 미지의 항원을 포함하는 용액(검체)과 함께 배양시킨다(그림 17.20). 배양 후 결합되지 않은 성분을 세척한 뒤 미지의 항원에 대한 효소 결합 항체를 첨가한다. 항원이 존재하면 효소 결합 항체가 항원에 결합하게 되고, 두 항체 사이에 항원이 있는 '샌드위치' 형태가 된다. 가장 중요한 것은 효소 결합 항체가 이제 웰에 단단히 고정됐다는 것이다. 다음으로, 효소의 기질을 웰에 넣어 배양한다. 항원에 부착된 효소는 기질을 가수분해해 염료를 방출하게 되고, 따라서 웰에서 발생하는 모든 색의 변화는 양성을 뜻한다. 색이 없다는 것은 항원이 존재하지 않았고 이후의 세척에서 효소 결합 항체가 제거됐음을 의미한다. 캡처 기술은 일반적으로 한타바이러스, 풍진 바이러스와 *Toxoplasma*를 감지하는 데 사용된다.

## 17.6 특수 진단 사례로서의 바이러스

**학습목표**

16. 바이러스 감염에서 원인 바이러스를 진단하는 방법을 요약한다.

지금까지 논의한 모든 검사 방법(표현형적, 유전형적, 면역학적 검사)은 다양한 유형의 미생물에 적용할 수 있다. 다만 바이러스는 세포가 아니고(비세포성) 실험실에서 배양하는 게 노동집약적이기 때문에 다소 어려움이 있을 수 있다. 그림 17.21은 바이러스 감염에서 원인 바이러스를 진단하는 데 사용할 수 있는 다양한 기술에 대한 개요를 보여 준다. 이는 증상 관찰에서 직접 현미경 검사, 배양, 혈청학적 및 유전형적 분석에 이르기까지 다양하다.

**핵심 점검 17.5~17.6**

17. 면역분석법에서 직접 및 간접 검사의 절차상 차이점을 설명하고 예를 들어 설명하시오.
18. ELISA 검사에서 양성 반응은 어떻게 나타나는가? 그림 17.20c에서 양성인 웰은 몇 개인가?
19. 생체 내 검사를 면역분석법보다 신뢰할 수 없는 이유를 몇 가지 제시하시오.
20. 그림 17.21의 (a)부터 (f)까지의 각 방법이 표현형적인지, 유전형적인지, 면역학적인지 표시하시오.

(a) **간접 ELISA.** 양성(왼쪽)과 음성(오른쪽) 반응의 비교.
간접 ELISA는 특정 항체의 존재를 감지하는 방법이다.

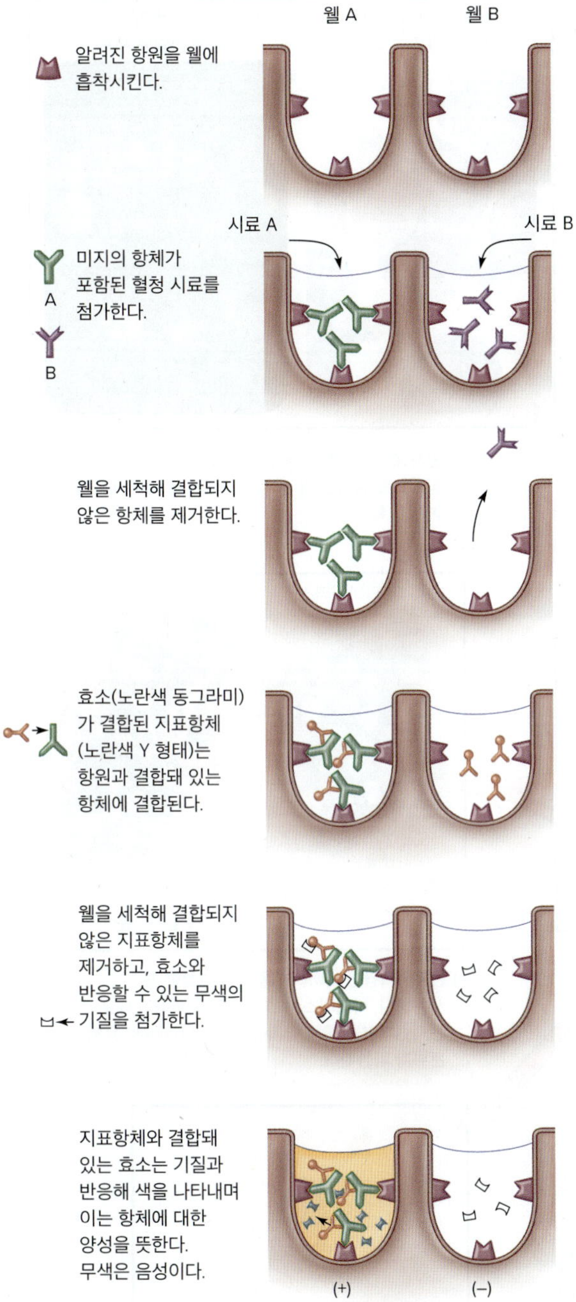


(b) **캡처 또는 샌드위치 ELISA.** 양성(왼쪽)과 음성(오른쪽) 반응의 비교.
캡처 ELISA는 특정 항원의 존재를 감지하는 방법이다.

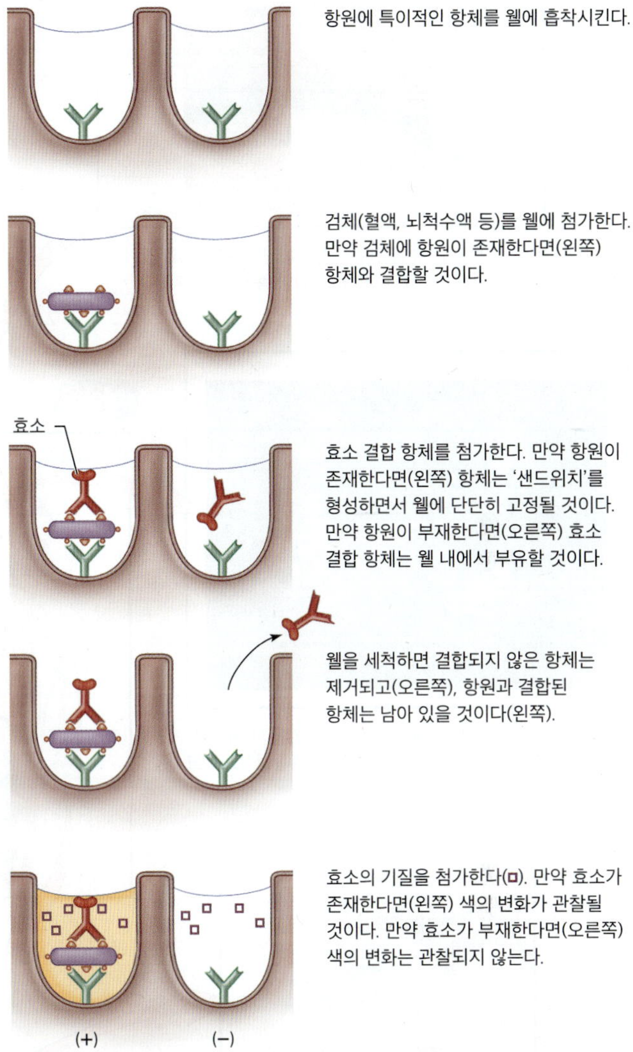


(c) **HIV 항체 검사를 위한 96-웰 플레이트.**
색이 관찰된 웰은 양성 반응을 의미한다.

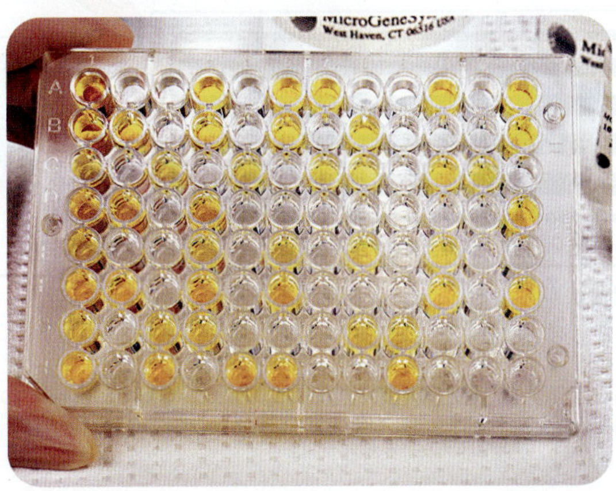

**그림 17.20** 효소면역측정법(ELISA). (a) 간접 ELISA는 검체(혈액, 뇌척수액, 소변 등)에서 특정 항체의 존재를 감지하는 데 사용된다. (b) 캡처 ELISA는 검체에서 특정 항원의 존재를 감지하는 데 사용된다. (c) 양성(노란색)과 음성(투명) 결과를 모두 표시하는 96개 검체가 담긴 ELISA 플레이트의 모습. (출처: Hank Morgan/Science Source)

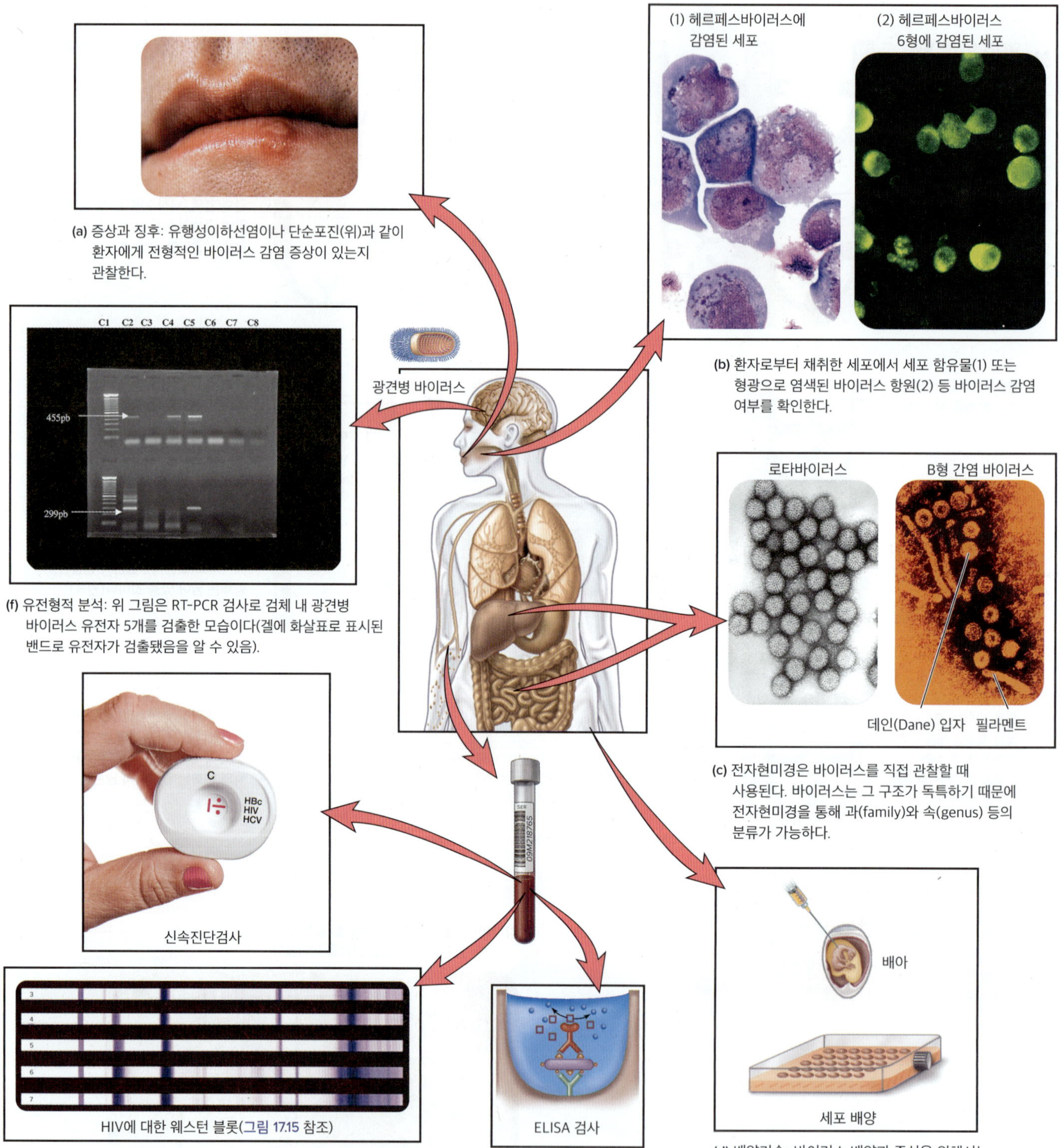


(a) 증상과 징후: 유행성이하선염이나 단순포진(위)과 같이 환자에게 전형적인 바이러스 감염 증상이 있는지 관찰한다.

(b) 환자로부터 채취한 세포에서 세포 함유물(1) 또는 형광으로 염색된 바이러스 항원(2) 등 바이러스 감염 여부를 확인한다.

(f) 유전형적 분석: 위 그림은 RT-PCR 검사로 검체 내 광견병 바이러스 유전자 5개를 검출한 모습이다(겔에 화살표로 표시된 밴드로 유전자가 검출됐음을 알 수 있음).

(c) 전자현미경은 바이러스를 직접 관찰할 때 사용된다. 바이러스는 그 구조가 독특하기 때문에 전자현미경을 통해 과(family)와 속(genus) 등의 분류가 가능하다.

(e) 혈액 및 혈청 기반의 검사

(d) 배양기술: 바이러스 배양과 증식을 위해서는 살아 있는 숙주세포가 필요하다.

**그림 17.21** 바이러스 감염을 진단하는 여러 가지 검사 방법의 개요. (출처: Dr. Hermann/CDC; Zaki Salahuddin, Laboratory of Tumor Cell Biology/National Cancer Institute; Dr. Erskine Palmer/CDC; Bryon Skinner/CDC; Genelabs Diagnostics Pte Ltd.; 2008 Araújo et al; licensee BioMed Central Ltd.)

## 사례 연구 Part 2

이 사례는 미네소타 보건부가 진행한 'Unexplained Critical Illnesses and Deaths Project'라는 프로젝트에 보고된 것으로, 의심은 되나 아직 동정되지 않은 감염원을 검사하는 프로그램이다. 환자의 입원 기간 중 수집된 검체는 프로젝트에서 분석했으며, 혈청 검체 중 하나가 림프구성 맥락수막염 바이러스(lymphocytic choriomeningitis virus, LCMV)를 인식하는 항체(항LCMV 항체)에 대해 양성 반응을 보였다.

LCMV 감염은 대부분 무증상이거나 경미한 발열성 질환을 초래한다. 바이러스에 감염돼 해당 질병에 걸린 사람은 일반적으로 이상성 질환(biphasic illness)을 호소하는데, 첫 번째 단계로 독감 유사 증상(열, 불쾌감, 식욕 부진, 근육통, 두통, 메스꺼움 및 구토)이 최대 일주일 동안 지속된다. 그리고 수일 내 회복한 후 종종 뇌막염(발열, 두통, 목이 뻣뻣함), 뇌염(졸음, 혼란, 감각 및 운동 장애), 뇌막뇌염(뇌와 뇌막의 염증)으로 표시되는 두 번째 단계가 발생할 수 있다. 임신 중 감염은 특히 우려스러운데, 바이러스가 태아에게 전달돼 유산(임신 1기에 감염될 경우)되거나, 태아에 시력 문제 및 정신장애를 포함한 심각한 선천적 결함(임신 후기에 감염될 경우)을 유발할 수 있기 때문이다. 바이러스는 야생의 생쥐, 쥐, 기타 작은 설치류 등에 의해 가장 흔히 운반되며, 가끔 야생 설치류와 가정에서 키우는 설치류(햄스터, 기니피그)가 접촉하게 되면 가정 내 설치류도 바이러스를 운반할 수 있다. 인간은 감염된 설치류의 소변, 배설물, 타액 또는 서식지 조성에 사용되는 재료에 노출돼 바이러스를 흡입하거나 눈, 코, 입 또는 개방병소를 통해 감염된다.

흔치 않은 진단 때문에 CDC의 Viral Special Pathogens 분과에 의뢰됐다. 해당 분과에서는 ELISA 검사를 활용한 혈청학적 분석을 실시했으며, 그 결과 IgM의 역가가 6,400으로 최근에 바이러스에 감염된 적이 있는 것으로 분석됐다. 미네소타 보건부는 감염원을 파악하고, 추가 감염자의 존재, 심각성 여부를 확인했으며, 추가 발생을 예방하기 위한 권고사항을 발표하기 위해 조사를 시작했다. 환자의 가족은 이전에 입원했던 병원의 직원에게 설치류 감염을 보고했다. PCR을 이용해 거주하는 아파트 주방에서 발견된 쥐의 배설물로 LCMV RNA를 검사한 결과 양성 반응을 보였으며, 이는 쥐의 바이러스 감염이 환자의 바이러스 감염으로 이어질 수 있다는 것을 시사한다. 가족은 미국 주택 및 도시 개발부 건강한 주택 프로그램을 통해 통합 해충 관리 서비스를 받았으며, 도시 주택 검사관이 도시 설치류 조사를 수행했고, 부동산 소유주는 전문 살충업체가 30일 이내에 아파트를 처리하도록 하는 명령을 준수했다. 해당 아파트는 복층 형태였으므로, 복층에 사는 모든 가구를 대상으로 설치류 재감염 예방에 대한 교육 자료를 제공했다.

- **LCMV에 대한 감염을 진단하기 위해 어떤 유형의 ELISA를 사용했는가?**
- **이 사례에서는 왜 광학현미경으로 원인 병원체를 확인할 수 없는가?**

## 주요 용어로 보는 요약

### 17.1 의학미생물학 개요

A. **표현형적**(phenotypic) 방법은 미시적 또는 거시적 형태를 확인하고 생리학적 및 생화학적 특성과 함께 화학적 조성을 분석하는 것을 말한다.

B. **유전형적**(genotypic) 방법은 미생물의 유전적인 조성을 검사하는 것을 말한다.

C. **면역학적**(immunologic) 방법은 감염 진단을 목적으로 하여 숙주의 체내에 있는 항체와 미생물의 항원의 항원-항체 반응을 검사하는 것을 말한다.

D. 진단은 정확한 **검체 수집**(specimen collection)에서부터 시작된다. 검체 수집이란 의심되는 감염원이 존재할 것으로 예상되는 환자의 특정 신체 부위, 조직이나 체액을 채취하는 것을 의미한다. 수집 절차는 검체 종류에 따라 다를 수 있다.

E. 실험적인 방법은 추정자료나 확정자료를 제공한다. 때때로 환자에게서 관찰되는 임상적 증상이나 징후를 기반으로 진단하기도 한다. 진단법은 미생물의 종류나 실험실에서 적용 가능한 기술에 따라 달라질 수 있다.

### 17.2 표현형적 방법

A. 미생물이 갖는 대부분의 표현형적 특징은 **미시적**(microscopic) 또는 **거시적**(macroscopic) 형태에서 확인할 수 있다. 많은 감염이 신선한 검체 혹은 염색시킨 검체를 현미경으로 관찰함으로써 진단될 수 있다. 배양할 수 없는 검체의 경우 직접적으로 항체 또는 항원을 검사한다.

B. 검체를 배양하면 검체에 존재하는 미생물 집락의 형태, 생장 특성과 같은 **배양적**(cultural) 특성을 확인할 수 있는데, 이는 미생물을 동정하는 데 유용하다.

C. **생화학적**(biochemical) 검사는 미생물이 특정 효소나 대사체계를 가지고 있는지 결정해 미생물의 동정을 가능하게 한다.

D. 동정된 미생물이 실제로 질병을 일으킬 수 있는지 또는 정상적인 **균총**(microbiota)의 일부인지를 판단하는 것이 가장 중요하다.

### 17.3 유전형적 방법

A. 미생물 동정에서 유전형적 방법은 진단 미생물학에서 활용도가 높아지고 있는 추세다.

B. **탐침**(probes)은 특정 유전자 패턴을 검출할 수 있는, 보다 진보된 기술로 특정 DNA 서열을 결정지을 수도 있다.

C. 중합효소연쇄반응(PCR)은 시료에 있는 특정 DNA를 빠르게 증폭시킬 수 있는 기술로 생명체의 동정에 활용도가 높은 기술이다.
D. DNA 혼성화 탐침으로 특정 DNA 서열의 존재를 검출할 수 있다.
E. 전장유전체 염기서열 분석은 자동화되고 컴퓨터화된 기술을 통해 미생물의 전체 유전체를 몇 시간 내에 분석할 수 있는 기법이다.
F. 리보솜이나 배양물 또는 검체(RNA 바이러스)의 RNA는 DNA로 전환돼 DNA 분석 기술로 처리될 수 있다.

### 17.4 면역학적 방법

A. **혈청학**(serology)은 환자의 혈청을 이용해 감염의 징후를 확인하는 과학 분야로, 예를 들어 혈청에서 특정 미생물에 대항하는 항체를 탐지하는 것이 있다.
B. 혈청학적 검사의 기본은 **항체**(antibodies, Abs)가 특정 **항원**(antigens, Ags)과만 결합한다는 것이다. 알려진 항원은 혈청 시료에 포함된 미지의 항체와 결합할 것이다. 이것은 역으로도 마찬가지인데, 알려진 항체로 미지의 항원을 검출할 수 있다.
C. 이러한 항원-항체 반응은 육안으로 응집이나 침전을 유도하거나 색을 변화시키고 방사능을 방출시킨다. 검사 결과는 양성 또는 음성으로 판독한다.
D. 검사에서 중요한 요소는 높은 **특이도**(specificity)와 **민감도**(sensitibity)다.
E. 검사 방법
   1. **응집**(agglutination) 검사는 항체가 항원 전체 세포와 결합돼 복합체를 형성하면서 가라앉아 눈에 보이는 덩어리를 형성하는 것을 말한다.
      a. 혈액형 검사, 몇몇 세균 및 바이러스성 질병의 검사에 활용된다.
      b. 이 검사로 혈청 내 항체의 양이나 항체의 역가(titer)를 결정할 수 있다.
   2. **이중확산법**(double diffusion precipitation)은 부드러운 한천 겔상에서 항원과 항체가 확산하는 성질을 이용한 것으로, 서로 확산되면서 반응해 항원-항체 복합체가 형성되는 구역을 관찰할 수 있다.
   3. **웨스턴 블롯**(Western blot) 검사는 항원을 겔상에서 여러 개의 크기를 가진 밴드로 분리한 뒤 막(membrane)에 고정시키고 방사성 또는 형광의 분자로 표지된 항체와 반응시켜 항원의 존재를 검출하는 방법이다.
   4. **보체 고정**(complement fixation) 검사는 **용해소**(lysins)를 검출하는 방법이다. 보체 고정을 유도한 항체는 특정 세포를 용해시킨다. 검사하고자 하는 항원과 항체를 보체와 혼합한 뒤 감작된 양의 적혈구와 섞는다. 보체가 항원-항체 복합체에 의해 고정되면 적혈구는 그대로 유지되고(용혈되지 않고) 검사는 양성으로 판정한다. 적혈구가 용혈되면 항원-항체 복합체가 형성되지 않아 보체가 고정되지 않았다는 것이며, 이는 항체가 없다(음성)는 것을 의미한다.
   5. 현장 검사 및 신속진단검사는 최소한의 교육을 받은 분석가가 실험실이 아니더라도 항원이나 항체를 검출할 수 있는 방법이다.
   6. 직접 검사는 알려져 있는 표지된 항체로 미지의 항원(미생물)을 검출하는 방법이다.
      a. 간접 검사는 알려진 항원과 미지의 항체가 반응한 뒤 이 반응이 2차 항체에 의해 가시화돼 미지의 항체를 식별할 수 있게 하는 방법이다.
      b. **면역형광**(immunofluorescent) 검사는 **형광 분자로 표지된 항체**(fluorescent antibodies, FABs)를 세포 또는 항원-항체 반응으로 인해 생긴 세포 응집체를 가시화하기 위해 직접 또는 간접적으로 사용하는 것을 말한다.

### 17.5 면역분석법: 고감도 검사

**면역분석법**(immunoassays)은 항원과 항체의 민감도를 증가시킨 고감도 검사법이다.

A. 방사면역측정법(radioimmunoassay)에서 항원과 항체는 방사성 동위원소에 의해 표지돼 있으며, 이는 동위원소 계수기 등으로 측정된다.
B. **효소면역측정법**(enzyme-linked immunosorbent assay, ELISA)은 미지의 항원 또는 항체를 직접 또는 간접적으로 검출하는 것을 말한다. 양성 결과는 효소-기질 반응에 의해 생성된 색을 가진 입자에 의해 가시화된다.
C. 생체 내 검사를 통해 항원을 신체에 직접 주입해 환자의 면역 상태를 확인할 수도 있다.

### 17.6 특수 진단 사례로서의 바이러스

A. 바이러스 감염의 진단은 환자의 증상을 관찰하거나 미시적 관찰(현미경), 배양, 혈청학적 및 유전형적 분석을 통해 할 수 있다.

ㄱ

## ㅂ

## ㅅ

## ㅇ

## ㅈ

### ㅊ



### ㅋ



### ㅌ

## ㅍ



## ㅎ

### 기타